CIÊNCIAS FARMACÊUTICAS

Imunoensaios

FUNDAMENTOS E APLICAÇÕES

Grupo Editorial Nacional

O GEN | Grupo Editorial Nacional – maior plataforma editorial brasileira no segmento científico, técnico e profissional – publica conteúdos nas áreas de ciências da saúde, exatas, humanas, jurídicas e sociais aplicadas, além de prover serviços direcionados à educação continuada e à preparação para concursos.

As editoras que integram o GEN, das mais respeitadas no mercado editorial, construíram catálogos inigualáveis, com obras decisivas para a formação acadêmica e o aperfeiçoamento de várias gerações de profissionais e estudantes, tendo se tornado sinônimo de qualidade e seriedade.

A missão do GEN e dos núcleos de conteúdo que o compõem é prover a melhor informação científica e distribuí-la de maneira flexível e conveniente, a preços justos, gerando benefícios e servindo a autores, docentes, livreiros, funcionários, colaboradores e acionistas.

Nosso comportamento ético incondicional e nossa responsabilidade social e ambiental são reforçados pela natureza educacional de nossa atividade e dão sustentabilidade ao crescimento contínuo e à rentabilidade do grupo.

CIÊNCIAS FARMACÊUTICAS

Imunoensaios

FUNDAMENTOS E APLICAÇÕES

Adelaide J. Vaz (*in memoriam*)

Farmacêutica-bioquímica. Doutora em Ciências pelo Instituto de Ciências Biomédicas da Universidade de São Paulo (ICB/USP). Livre-docente em Imunologia Clínica pela Faculdade de Ciências Farmacêuticas da Universidade de São Paulo (FCF/USP). Professora-associada da disciplina Imunologia Clínica do Departamento de Análises Clínicas e Toxicológicas da FCF/USP. Professora Titular na Universidade Paulista e na Universidade São Judas Tadeu. Professora e Coordenadora do Curso de Especialização em Análises Clínicas e Toxicológicas da Faculdades Oswaldo Cruz.

Joilson O. Martins

Farmacêutico-bioquímico. Doutor em Ciências, Farmacologia, pelo ICB/USP. Livre-docente em Imunologia Clínica pela USP. Professor-associado do Departamento de Análises Clínicas e Toxicológicas da Faculdade de Ciências Farmacêuticas da USP.

Kioko Takei

Farmacêutica-bioquímica. Especialista em Análises Clínicas pela Sociedade Brasileira de Análises Clínicas (SBAC). Doutora em Ciências pela ICB/USP. Professora-doutora da disciplina Imunologia Clínica do Departamento de Análises Clínicas e Toxicológicas da FCF/USP.

Ednéia Casagranda Bueno

Farmacêutica-bioquímica. Mestre e Doutora em Farmácia, Análises Clínicas, pela Faculdade de Ciências Farmacêuticas da USP. Pós-doutora pelo Centers for Disease Control and Prevention. Professora dos cursos de Farmácia e Biomedicina da Universidade do Vale do Itajaí.

2ª edição

GEN | GUANABARA KOOGAN

Publicado pela Guanabara Koogan, um selo integrante do GEN | Grupo Editorial Nacional
Travessa do Ouvidor, 11
Rio de Janeiro – RJ – CEP 20040-040
Tels.: (21) 3543-0770/(11) 5080-0770 | Fax: (21) 3543-0896
www.grupogen.com.br | faleconosco@grupogen.com.br

- Capa: Editorial Saúde

- Editoração eletrônica: Lira Editorial

- Ficha catalográfica

I31

Imunoensaios: fundamentos e aplicações/Adelaide José Vaz ... [et al.]. – 2. ed. –
Rio de Janeiro: Guanabara Koogan, 2018.
406 p.: il.; 28 cm. (Ciências farmacêuticas)

Inclui bibliografia
ISBN 978-85-277-3350-2

1. Imunologia clínica. 2. Diagnóstico de laboratório. 3. Testes imunológicos.
I. Vaz, Adelaide José. II. Título. III. Série.

18-48279 CDD: 616.079
CDU: 612.017

Meri Gleice Rodrigues de Souza - Bibliotecária CRB-7/6439

Aos Mestres.
Aos Estudantes.

Colaboradores

Alexandre Inácio C. de Paula

Farmacêutico-bioquímico habilitado em Análises Clínicas. Mestre em Análises Clínicas, Microbiologia Clínica, pela Faculdade de Farmácia da Universidade de São Paulo (USP). Preceptor do Programa de Aprimoramento em Microbiologia Clínica do Instituto de Assistência Médica ao Servidor Público Estadual de São Paulo (IAMSPE). Encarregado do setor de Microbiologia do Hospital do Servidor Público Estadual. Relator do Comitê de Ética em Pesquisa do IAMSPE.

Alexandre Wagner Silva de Souza

Médico. Residente em Reumatologia pela Escola Paulista de Medicina da Universidade Federal de São Paulo (Unifesp-EPM). Mestre e Doutor em Ciências da Saúde Aplicadas à Reumatologia pela Unifesp-EPM. Médico-assistente Doutor da disciplina Reumatologia do departamento de Medicina da Unifesp-EPM.

Amauri Antiquera Leite

Farmacêutico-bioquímico. Mestre e Doutor em Análises Clínicas, Hematologia Clínica, pela Faculdade de Ciências Farmacêuticas da Universidade de São Paulo (FCF/USP). Professor-assistente Doutor da disciplina Hematologia Clínica do departamento de Análises Clínicas da Faculdade de Ciências Farmacêuticas de Araraquara da Universidade Estadual Paulista Júlio de Mesquita Filho (UNESP).

Anderson de Sá Nunes

Bacharel em Ciências Biológicas na Modalidade Médica. Mestre e Doutor em Imunologia Básica e Aplicada pela Faculdade de Medicina de Ribeirão Preto da USP. Professor-associado da disciplina Imunologia do departamento de Imunologia do Instituto de Ciências Biomédicas da Universidade de São Paulo (ICB/USP).

André Rinaldi Fukushima

Farmacêutico. Mestre em Toxicologia e Análises Toxicológicas pela FCF/USP. Doutor em Patologia Experimental e Comparada pela Faculdade de Medicina Veterinária e Zootecnia da USP. Professor Adjunto da disciplina Química Farmacêutica do departamento de Farmácia da Universidade São Judas Tadeu.

Antonio Walter Ferreira

Doutor em Ciências pelo ICB/USP. Professor-assistente Doutor do departamento de Doenças Infecciosas e Parasitárias da Faculdade de Medicina da USP. Diretor do Instituto de Medicina Tropical da USP.

Bruna Bizzarro

Biomédica. Especialista em Imunologia pelo ICB/USP. Mestre e Doutora em Ciências, Imunologia, pelo ICB/USP.

Claudia Solimeo Meneghisse

Farmacêutica e bioquímica. Especialista e Doutora em Análises Clínicas pela USP.

Daniela Crema

Farmacêutica-bioquímica. Especialista em Micologia Médica pelo Instituto Adolfo Lutz.

Denise Morais da Fonseca

Bacharel em Ciências Biológicas, Modalidade Médica, pela UNESP. Mestre e Doutora em Imunologia Básica e Aplicada pela Faculdade de Medicina de Ribeirão Preto da USP. Jovem Pesquisadora pela Fundação de Amparo à Pesquisa do Estado de São Paulo (FAPESP) do departamento de Imunologia do ICB/USP.

Dewton de Moraes Vasconcelos

Médico. Especialista em Imunologia pela USP. Mestre em Imunologia Clínica e Alergia pela Faculdade de Medicina da USP (FMUSP). Doutor em Imunologia pelo ICB/USP. Médico Pesquisador do Laboratório de Investigação Médica em Dermatologia e Imunodeficiências (ADEE3003) do Hospital das Clínicas da FMUSP.

Eliana Faquim de Lima Mauro

Bióloga. Mestre e Doutora em Imunologia pelo Departamento de Imunologia do ICB/USP. Pesquisadora Científica Nível VI do Laboratório de Imunopatologia do Instituto Butantan.

Elvira Maria Guerra-Shinohara

Farmacêutica-bioquímica. Especialista em Saúde Pública pela Faculdade de Saúde Pública da USP. Mestre e Doutora em Farmácia, Análises Cínicas em Hematologia, pela FCF/USP. Professora das disciplinas Hematologia Básica e Fisiopatologia de Doenças Hematológicas da FCF/USP.

Elza Regina Manzolli Leite

Farmacêutica-bioquímica. Mestre em Análises Clínicas pela Faculdade de Ciências Farmacêuticas de Araraquara da UNESP. Farmacêutica responsável pelo Laboratório de Imuno-hematologia do Hemonúcleo Regional de Araraquara Prof. Dra. Clara Pechmann Mendonça pela Faculdade de Ciências Farmacêuticas da UNESP.

Fernanda Fernandes Terra
Bacharel em Ciências Biomédicas. Mestranda em Imunologia pela USP.

Guilherme José Bottura de Barros
Cientista de Ciências Fundamentais para Saúde. Mestrando em Imunologia pela USP.

Irene Fernandes
Doutorado sanduíche em Imunologia pela Universidade Católica de Louvain, Bélgica, e pela USP. Pesquisadora Científica Aposentada Nível VI do Laboratório de Imunopatologia do Instituto Butantan.

Isabel Daufenback Machado
Farmacêutica-bioquímica. Mestre em Ciências Farmacêuticas pela Universidade do Vale do Itajaí. Doutora em Ciências Farmacêuticas pela USP. Professora-assistente da disciplina Imunologia Clínica do departamento de Ciências Farmacêuticas da Fundação Universidade Regional de Blumenau (FURB).

Karen K. S. Sunahara
Médica. Título de Especialista em Oftalmologia pelo Conselho Brasileiro de Oftalmologia (CBO). Mestre em Imunologia pela Universidade de Birmingham, Reino Unido. Doutora em Fisiopatologia Experimental pela Faculdade de Medicina da USP.

Luís Eduardo Coelho Andrade
Médico. Especialista em Reumatologia e Patologia Clínica pela Unifesp-EPM. Mestre, Doutor e Livre-docente em Medicina pela Unifesp-EPM. Professor-associado da disciplina Reumatologia do departamento de Medicina da Unifesp-EPM.

Marcelo Genofre Vallada
Médico pediatra. Mestre e Doutor em Ciências da Saúde pela Faculdade de Medicina da USP. Médico Responsável pela Unidade de Vacinas e Imunobiológicos Especiais do Instituto da Criança do Hospital das Clínicas da Faculdade de Medicina da USP. Editor-associado da Revista do Instituto de Medicina Tropical de São Paulo.

Maria Fernanda Malaman
Médica. Especialista em Alergia e Imunologia pelo IAMSPE. Doutora em Medicina pelo departamento de Alergia e Imunologia da Faculdade de Medicina da USP. Professora Titular da Disciplina Clínica Médica do Departamento de Clínica Médica da Universidade Tiradentes, Sergipe.

Mario Hiroyuki Hirata
Farmacêutico-bioquímico. Mestre em Farmácia e Doutor em Ciências dos Alimentos pela Faculdade de Ciências Farmacêuticas da USP. Pós-doutor pela Food and Drug Administration (FDA), EUA, e pela University of Kyoto, Japão. Professor Titular do Departamento de Análises Clínicas e Toxicológicas da USP. Professor da disciplina Biologia Molecular e Farmacogenômica, Bioquímica Clínica, Biosseguranca e Fisiopatologia 2 da FCF/USP.

Marta Ferreira Bastos
Biomédica. Especialista em Toxicologia pelo Centro de Estudos de Venenos e Animais Peçonhentos da UNESP. Mestre em Doenças Tropicais, Biologia Tropical, pela UNESP. Doutora em Ciências, Biologia Molecular, pela Unifesp. Professora-assistente de Doutor da disciplina Biologia Molecular da Faculdade de Ciências da Saúde da Universidade São Judas Tadeu.

Neusa Pereira da Silva
Bacharel em Ciências Biológicas, Modalidade Médica, Unifesp-EPM. Mestre em Microbiologia, Imunologia e Parasitologia e Doutora em Ciências da Pediatria, Reumatologia, pela Unifesp-EPM. Professora-associada, aposentada, da disciplina de Reumatologia do Departamento de Medicina da Unifesp-EPM.

Niels Olsen Saraiva Câmara
Médico. Especialista em Imunologia de Transplantes pela Université de Tours, França. Mestre e Doutor em Nefrologia pela Unifesp. Pós-doutor pelo Imperial College, Inglaterra. Professor titular do departamento de Imunologia do ICB/USP.

Noeli Maria Espíndola
Farmacêutica. Mestre, Doutora e Pós-doutora em Farmácia pelo Departamento de Análises Clínicas e Toxicológicas da FCF/USP.

Regina Ayr Florio da Cunha
Farmacêutica-bioquímica. Mestre em Ciências Biológicas, Microbiologia, e Doutora em Farmácia, Análises Clínicas, pela FCF/USP. Professora-assistente Doutora Aposentada da disciplina Imunologia Clínica do Departamento de Análises Clínicas da FCF/USP.

Rosario Dominguez Crespo Hirata
Farmacêutica-bioquímica. Mestre em Farmácia, Análises Clínicas, e Doutora em Ciência dos Alimentos, Nutrição Experimental, pela USP. Professora Titular das disciplinas Fisiopatologia e Bioquímica Clínica do Departamento de Análises Clínicas e Toxicológicas da FCF/USP.

Sandra do Lago Moraes
Farmacêutica-bioquímica. Doutora em Ciências pelo ICB/USP. Pesquisadora Científica do Instituto de Medicina Tropical da USP.

Sandra Trevisan Beck
Farmacêutica. Doutora em Farmácia, Análises Clínicas, pela USP. Professora da disciplina Imunologia Clínica do departamento de Análises Clínicas e Toxicológicas da Universidade Federal de Santa Maria.

Sandro Rogério de Almeida
Biomédico. Especialista em Micologia Médica pela Unifesp. Mestre e Doutor em Microbiologia e Imunologia pela Unifesp. Professor-associado da disciplina Micologia Clinica do Departamento de Análises Clínicas e Toxicológicas da FCF/USP.

Sérgio Antonio Malaman
Médico Patologista Clínico. Diretor Médico da Imune Vacinações. Ex-diretor do Serviço de Laboratório Clínico do Hospital do IAMSPE.

Yoshimi Imoto Yamamoto
Farmacêutica-bioquímica. Doutora em Imunologia pela USP. Professora Doutora Aposentada da disciplina Imunologia Clínica do departamento de Análises Clínicas e Toxicológicas da USP.

Agradecimentos

Elaborar a 2ª edição do livro *Ciências Farmacêuticas | Imunoensaios* foi uma tarefa tão difícil quanto preparar a 1ª edição, anos atrás. Embora a existência de uma edição prévia tenha apontado as deficiências e as reais necessidades do público-alvo, a responsabilidade de sanar equívocos e trazer informações ainda mais relevantes e atualizadas tornaram o trabalho árduo. Novamente, temos a consciência de que finalizar esta edição é apenas o começo de mais uma jornada. Agradecemos antecipadamente aos leitores que possam vir a contribuir e apontar novos passos a partir deste livro.

No momento, é impossível recordar e mencionar todos os que contribuíram durante o trabalho, mas alguns nomes são inevitáveis e vêm facilmente à lembrança. Portanto, agradecemos ao nosso agente literário, Sr. Ramilson J. L. de Almeida, pela persistência e motivação; à nossa designer, Denise Nogueira Moriama; à Giuliana Castorino, à Tamiris Prystaj e aos demais funcionários da Editora Guanabara Koogan pelo profissionalismo.

Aos colaboradores, que revisaram e atualizaram os manuscritos, comprometidos com a grandeza do processo de produção e divulgação do conhecimento, nossa sincera gratidão.

Somos gratos também a todos que nos auxiliaram com sugestões, termos, nomenclaturas, dúvidas, questionamentos, comentários, elogios e críticas.

Enquanto esta nova edição se desenhava, foi impossível não lembrar e nos emocionar com os mestres do passado e do presente, alguns tirados de nosso convívio desde o lançamento da 1ª edição, como as Professoras Doutoras Adelaide J. Vaz e Sumie Hoshino Shimizu. Para homenageá-las nesta edição, convidamos as Professoras Doutoras Dulcinéia Saes Parra Abdalla e Yoshimi Imoto Yamamoto, a quem também dedicamos esta obra.

Agradecemos aos nossos amigos e familiares que, como sempre, toleraram pacientemente nossa ausência e prontamente nos incentivaram.

Joilson O. Martins
Kioko Takei
Ednéia Casagranda Bueno

Homenagens

Adelaide J. Vaz, nascida em 13 de janeiro de 1958 na cidade de São Paulo, teve uma trajetória brilhante na área de Imunologia Clínica. Em 1976, ingressou no curso de Farmácia na Faculdade de Ciências Farmacêuticas da Universidade de São Paulo (FCF/USP), diplomando-se como farmacêutica-bioquímica em 1982.

Ainda durante a graduação, teve seu interesse despertado pela área de Imunologia, durante um estágio no setor de Sorologia do Laboratório de Análises Clínicas do departamento de Análises Clínicas e Toxicológicas, tendo sido técnica da disciplina Imunologia da FCF/USP. Recém-graduada, iniciou o curso de aprimoramento na seção de sorologia da Divisão de Biologia Médica, sob a orientação da Dra. Mirtes Ueda, do Instituto Adolfo Lutz, onde posteriormente foi contratada como pesquisadora e permaneceu até o início de 1994.

Realizou uma pós-graduação na área de Imunologia Clínica, sob a orientação do Prof. Dr. Antônio Walter Ferreira, tendo defendido sua dissertação de mestrado sobre imunodiagnóstico da neurocisticercose com o tema "Teste imunoenzimático com antígenos quimicamente ligados a suportes para pesquisa de anticorpos em soro e líquido cefalorraquiano", em 1987, no Programa de Pós-graduação em Farmácia, Análises Clínicas, da FCF/USP.

Sua tese de doutorado, defendida em 1993, no curso de Ciências, Imunologia, do Instituto de Ciências Biomédicas da USP, ampliou a abordagem de sua dissertação, retratando o assunto "*Cysticercus longicollis*: caracterização antigênica e desenvolvimento de testes imunológicos para pesquisa de anticorpos em líquido cefalorraquiano no imunodiagnóstico da neurocisticercose humana".

Iniciou sua carreira docente na disciplina Imunologia Clínica da FCF/USP, em 1994, quando teve importante atuação na formação de alunos de graduação, especialização e pós-graduação *stricto sensu*, transmitindo seu profundo conhecimento e experiência prática na área de Imunologia Clínica, com excelente didática e postura ética, tendo recebido diversas homenagens por seu trabalho. Atuou também em outras instituições de ensino superior, inclusive na Universidade Paulista e nas Faculdades Oswaldo Cruz.

Na pesquisa, consolidou a linha de investigação em "Cisticercose humana e animal: aspectos imunológicos e de diagnóstico laboratorial" com grande entusiasmo e dedicação, o que resultou na formação de mestres e doutores na Pós-graduação em Farmácia, Análises Clínicas, da FCF/USP, além de diversas publicações com repercussão nacional e internacional. A solidez de sua carreira acadêmico-científica culminou na tese de livre-docência denominada "Cisticercose: imunodiagnóstico, antígenos e resposta imunológica", defendida em 2001 na FCF/USP.

Seu dinamismo e comprometimento profissional a motivaram a participar do Conselho Regional de Farmácia do Estado de São Paulo, no qual foi Conselheira e Presidente, de 1990 a 1993, atuando firmemente na valorização do profissional farmacêutico.

Tivemos o privilégio de conviver com a Profa. Associada Adelaide José Vaz, no Departamento de Análises Clínicas e Toxicológicas da FCF/USP, durante quase duas décadas. Sua partida precoce, em 2011, deixou saudades de seu sorriso vivaz e jeito inquieto; contudo, seu exemplo como profissional competente nunca será esquecido. Obrigada, Adelaide!

Profa. Dra. Dulcinéia Saes Parra Abdalla

Farmacêutica-bioquímica. Professora Titular do Departamento de Análises Clínicas e Toxicológicas da FCF/USP

Prestamos aqui uma afetuosa homenagem à Profa. Dra. Sumie Hoshino Shimizu, que deixou valiosas contribuições nas instituições onde atuou e grande número de pesquisas realizadas nas áreas de Diagnóstico e Saúde Pública.

Quando se pensa na Dra. Sumie, vem à mente o que mais marcou sua vida acadêmica: a vocação para a Ciência e a dedicação na formação de pesquisadores. Em 1964, graduou-se em Farmácia-bioquímica na USP e atuou nesta instituição desde então. Concluiu o doutorado em Microbiologia e Imunologia pela Faculdade de Medicina em 1969. Seu talento para pesquisa sempre esteve presente – começou logo após a graduação e continuou até o fim de sua vida, que ocorreu precocemente em 2014.

Fez sua trajetória na USP como professora instrutora, doutora, livre-docente, adjunta e titular. Dedicou-se a graduação, pós-graduação e pesquisa, orientando um grande número de teses de mestrado e doutorado e sendo reconhecida por sua liderança científica na área de doenças infecciosas. Sua atuação não se restringiu ao Instituto de Medicina Tropical e à Faculdade de Ciências Farmacêuticas da USP, foi também pesquisadora científica no Instituto Adolfo Lutz.

As ideias criativas que surgiram na mente da Dra. Sumie, com base no conhecimento das técnicas imunológicas e das lacunas existentes no diagnóstico de diferentes doenças, trouxeram importantes contribuições à área. As pesquisas abordavam principalmente a avaliação e o desenvolvimento de novos testes laboratoriais, com o objetivo de trazer melhorias para o diagnóstico, mas também contribuir com a medida da eficácia terapêutica. Para isso, direcionou as pesquisas nas propriedades do antígeno utilizado em testes imunológicos, investigando extratos de diferentes formas evolutivas de parasitos ou de diferentes naturezas químicas, com técnicas imunológicas de execução simples, que ofereciam sensibilidade e especificidade necessárias para a obtenção de resultados de alto desempenho diagnóstico.

Outra abordagem foi a pesquisa de diferentes isótipos de anticorpos, que apresentavam associação com fases clínicas de infecções distintas ou que eram marcadores de cura ou eficácia de tratamento. As afecções estudadas e publicadas em dezenas de periódicos científicos nacionais e internacionais foram numerosas: esquistossomose, doença de Chagas, toxoplasmose, leishmaniose, infecções virais, microbianas, entre outras. Muitos trabalhos foram na área de soroepidemiologia e de grande utilidade em programas de saúde pública. Além disso, propôs um método para controle e garantia da qualidade dos reagentes utilizados nos testes laboratoriais, que contribuiu sobremaneira para a produção de *kits* diagnósticos nacionais.

Sempre com muita ética, Dra. Sumie exerceu sua liderança na busca incessante por novos marcadores diagnósticos e inovações na metodologia. Igualmente, empenhou-se na formação de novos pesquisadores, sem poupar tempo para orientá-los, da elaboração de projetos, execução do trabalho laboratorial, análise crítica dos resultados, redação de teses e artigos científicos à busca por fontes de financiamento em pesquisa. Nessa jornada, a Dra. Sumie também se preocupava com o aperfeiçoamento de seus orientados e com a qualificação de docentes e pesquisadores independentes, incentivando-os e, muitas vezes, proporcionando intercâmbios com universidades ou centros de pesquisa no exterior.

Em seus últimos anos, a Dra. Sumie continuou as pesquisas sobre inovação tecnológica de exames utilizados no diagnóstico de enteroparasitoses, em parceria com a indústria e com pesquisadores da Universidade de Campinas. Destacam-se as invenções que resultaram no sistema diagnóstico de enteroparasitoses por análise computadorizada de imagens e no lançamento de um produto comercial que trouxe avanços na coleta e na análise de múltiplas amostras fecais. Esse produto comercial, denominado TF-Test®, além de muito prático, comprovou ser mais sensível e veio para substituir o método convencional de exame parasitológico realizado em laboratórios clínicos.

O legado que a Dra Sumie deixou na Faculdade de Ciências Farmacêuticas é grande, pois um número significativo de docentes de Imunologia, Microbiologia e Parasitologia do Departamento de Análises Clínicas e Toxicológicas, incluindo a mim, teve a grata satisfação de tê-la como orientadora de seus doutorados. Registramos aqui nossa admiração, gratidão, reconhecimento da importância em nossas vidas e imensa saudade.

Profa. Dra. Yoshimi Imoto Yamamoto

Farmacêutica-bioquímica. Professora Doutora de Pneumologia.

Pesquisadora com ênfase em Imunologia Aplicada

Apresentação da Série

O ensino de Ciências Farmacêuticas no Brasil vem sendo alvo de grande atenção e inúmeras discussões nos últimos anos, o que gerou uma reformulação da estrutura curricular do curso em âmbito nacional. Tal medida visa à formação de farmacêuticos competentes, sagazes, críticos, humanistas, com visão sistêmica, preparados para trabalhar em equipe e comprometidos com a sociedade e a cidadania.

A Faculdade de Ciências Farmacêuticas da Universidade de São Paulo (FCF-USP) é referência nacional e internacional de ensino, pesquisa e extensão universitários. Caracteriza-se ainda por seu comprometimento com o desenvolvimento sustentável nas dimensões científica, social e econômica.

Assim, a FCF/USP tem se mantido atenta às transformações sociais, políticas e científicas, prestando contribuição relevante nas áreas de medicamentos, alimentos e nutrição experimental, análises clínicas e toxicológicas, nas questões de gestão ambiental, farmacovigilância, transgênicos, biotecnologia e biologia molecular, sem se descuidar da atenção farmacêutica.

A criação da Série *Ciências Farmacêuticas* é resultado de todo esse empenho e destina-se tanto a estudantes quanto a profissionais no âmbito das Ciências Farmacêuticas, com o objetivo de lhes fornecer fontes de estudo e pesquisa.

Os profissionais envolvidos na elaboração da Série, como coordenadores e colaboradores, têm ampla capacitação nas áreas específicas de atuação, estando aptos a abordar competentemente os assuntos, dada a sua larga experiência profissional.

Cada um dos temas tratados merece uma reflexão específica, ainda que seja notável a coerência do conjunto, quanto à pertinência dos temas, que atingem de forma gradual e progressiva os distintos âmbitos das Ciências Farmacêuticas.

Oferecemos, assim, àqueles que as estudam e sobre elas se debruçam, um rico material educacional, pelo qual será possível apreciar ou rever orientações relacionadas a saúde e áreas correlatas.

Durante todo o processo, desde o planejamento desta Série até a sua conclusão, manteve-se constante a colaboração do agente literário Ramilson Almeida, cujo empenho nas atividades editoriais e no pleno conhecimento delas foi por nós amplamente reconhecido e valorizado. Deve ainda ser ressaltado o precioso apoio e incentivo da Editora Guanabara Koogan.

A todos os participantes destes volumes, quero expressar minha efusiva gratidão e congratulações pela iniciativa e pela obra realizada.

Profa. Dra. Terezinha de Jesus Andreoli Pinto

Farmacêutica-bioquímica. Ex-diretora da FCF/USP

Apresentação

O livro *Imunoensaios | Fundamentos e Aplicações* foi publicado pela primeira vez em 2007 e teve seus exemplares esgotados, o que nos motivou a fazer esta segunda edição. Ademais, a quantidade de publicações que abordam de maneira sucinta os imunoensaios é incompatível com a importância deles no dia a dia da prática de análises clínicas, o que também nos incentivou não só a reimprimir, mas a rever e aperfeiçoar a obra.

O objetivo da obra é detalhar os fundamentos básicos das técnicas de imunodiagnóstico, por vezes esquecidos em decorrência do notório uso de processos de automatização em análises clínicas, que "robotizou" as técnicas antigamente usadas, muitas vezes também "artesanais".

A dificuldade principal para atualizar esta obra estava em escolher o que manter e o que "reciclar", mas o intuito inicial foi preservado: descrever de maneira ordenada os diversos ensaios utilizados com a finalidade de auxiliar no diagnóstico, no prognóstico e no acompanhamento, bem como no tratamento das diversas afecções clínicas.

Nesta segunda edição, temos 30 capítulos que detalham os princípios e as aplicações dos imunoensaios que consideramos pertinentes à necessidade curricular da prática diária de profissionais na área da saúde.

Joilson O. Martins
Kioko Takei
Ednéia Casagranda Bueno

Prefácio

Ser convidada para prefaciar uma obra é sempre motivo de honra e prazer, uma oportunidade de parabenizar os autores, mas também uma grande responsabilidade.

Na última década, assistiu-se a um impressionante desenvolvimento da biologia molecular, com o advento de novas metodologias que propiciaram, cada vez mais, o aprofundamento dos conhecimentos sobre a biologia de sistemas e processos fisiopatológicos, inclusive na área da imunologia em seus aspectos teóricos e aplicados.

No campo da Imunologia, os imunoensaios continuam a ocupar papel de destaque nos estudos, com a detecção não só de antígenos ou anticorpos, mas também de uma série de moléculas, como peptídios e carboidratos, moléculas complexas, partículas virais etc. Dessa forma, o emprego dos imunoensaios como técnica importante para o diagnóstico clínico e a compreensão da fisiopatologia das doenças ampliou-se para o acompanhamento terapêutico e de medicamentos e *screening* de fármacos e diversas outras substâncias, o que permitiu, por exemplo, utilizar imunoensaios no controle e no monitoramento de alimentos e de poluentes, eventualmente presentes em diversas matrizes biológicas. Portanto, é muito bem-vinda e oportuna a nova edição de *Imunoensaios | Fundamentos e Aplicações*, que traz a atualização de temas relevantes para a área, tornando possível encontrar, em um único livro, tanto os fundamentos quanto as aplicações práticas dos imunoensaios.

A obra conta com 30 capítulos organizados em duas partes. A primeira compreende essencialmente os fundamentos dos imunoensaios e suas indicações, abordando os aspectos gerais e atuais da resposta imune, os antígenos e os anticorpos – bem como sua interação –, os antígenos recombinantes, a imunoprecipitação e a imunoaglutinação, os métodos para estudo da resposta imune celular, o processamento técnico das amostras, o controle de qualidade e o desenvolvimento e produção de *kits* para imunodiagnóstico. A segunda parte é reservada às aplicações dos imunoensaios, abordando principalmente o uso dos testes no diagnóstico e/ou para estudo de aspectos relacionados à fisiopatologia de um amplo espectro de doenças, além de tópicos sobre imuno-hematologia e imunologia dos transplantes.

Não posso deixar, ainda, de destacar a competência e a experiência dos autores na área da imunologia, sobretudo os coordenadores do livro. A obra constitui um instrumento essencial para todos que trabalham na área da saúde, possibilitando ao leitor não só adquirir, mas também aprofundar conhecimentos.

Profa. Dra. Primavera Borelli

Farmacêutica-bioquímica. Professora Titular de Hematologia e Diretora da FCF/USP

Sumário

Parte 1
Fundamentos dos Imunoensaios

Capítulo 1

Resposta Imune | Aspectos Gerais

Sandra do Lago Moraes

Resposta imune

Quando o ser humano entra em contato com determinados agentes estranhos, como vírus, bactérias, fungos e parasitas, uma sucessão de eventos é desencadeada para eliminá-los, conhecida como *resposta imune*. O mesmo tipo de resposta pode ser dirigido contra células tumorais ou, ainda, contra proteínas próprias normais, levando à autoimunidade.

O desenvolvimento dos imunoensaios foi possível graças às interações específicas que ocorrem durante a resposta imune. Na primeira linha de defesa do organismo contra um agente estranho, existem as barreiras físicas e químicas que tentam impedir sua entrada, como a pele e substâncias antimicrobianas produzidas por células epiteliais. Se o agente consegue superá-las, o organismo dispõe ainda de células fagocíticas (macrófagos e neutrófilos) e células *natural killer* (NK) capazes de destruí-lo. Também ocorre a ação de proteínas do sangue, como o sistema complemento e outros mediadores de inflamação, além de citocinas que regulam e coordenam a resposta. Essa defesa inicial é conhecida como *resposta imune inata* e está continuamente pronta para agir contra a invasão de qualquer agente sem necessidade de exposição prévia.

Na segunda linha de defesa, há o desenvolvimento da *resposta imune específica ou adaptativa*, em que ocorrem vários eventos celulares e moleculares após o reconhecimento específico de um determinado agente, alvo da resposta imune específica, chamado de antígeno, e que será mais bem definido no Capítulo 2.

Em indivíduos normais, apenas antígenos estranhos são reconhecidos, ou seja, não ocorre reatividade a substâncias antigênicas próprias, importante propriedade da resposta imune específica. A ausência de discriminação entre substâncias próprias (*self*) e não próprias (*nonself*) leva ao desenvolvimento de doenças autoimunes.

As células responsáveis pelo reconhecimento específico de um antígeno são os linfócitos T e B. As NK também são células linfoides, mas têm ação citotóxica independente desse reconhecimento.

Os linfócitos T e B são produzidos na medula óssea, onde também se diferencia o linfócito B, enquanto o T se distingue no timo. A medula óssea e o timo são chamados de órgãos linfoides primários por essa razão.

Um antígeno é reconhecido especificamente por um linfócito mediante as proteínas presentes em suas superfícies; no linfócito B, são imunoglobulinas ou receptor de células B (BCR, *B cell receptor*); no linfócito T, são os receptores de células T (TCR, *T cell receptor*). Após a diferenciação nos órgãos linfoides primários, os linfócitos circulam e povoam os órgãos linfoides secundários, como linfonodos, baço, tonsilas e placas de Peyer, já carregando seus receptores de superfície que os capacitam a reconhecer e a se ligar a um antígeno individualmente entre vários outros, o que define uma importante propriedade da resposta imune adaptativa, a *especificidade*. A porção desse antígeno reconhecida especificamente é chamada de *determinante antigênico* ou *epítopo*.

A especificidade dos receptores, tanto das imunoglobulinas da superfície do linfócito B quanto TCR da célula T, é determinada por processos genéticos que ocorrem em estágios precoces do desenvolvimento dos linfócitos e que geram grande polimorfismo nas sequências dos receptores. Estima-se que o sistema linfopoético seja capaz de produzir linfócitos com aproximadamente 10^8 a 10^{10} especificidades diferentes. O conjunto de todas as especificidades forma o *repertório de linfócitos* T e B; isso significa que existem linfócitos capazes de se ligar a uma variedade muito grande de antígenos, caracterizando *diversidade*, outra propriedade importante da resposta imune específica.

Duas populações funcionalmente diferentes podem ser distinguidas entre os linfócitos T de acordo com a presença nas superfícies das moléculas CD4 ou CD8. Assim, a maioria das células que expressam CD4 tem ação auxiliar na resposta imune pela produção de citocinas, e as células que expressam CD8 têm ação citolítica, ou seja, são capazes de destruir células que carregam, na superfície, peptídios que reconheçam como estranhos e aos quais se ligam especificamente.

Reconhecimento do antígeno

A primeira fase da resposta imune específica é o reconhecimento do antígeno, um processo bastante complexo que envolve outras moléculas e células, além dos linfócitos T e B.

Os linfócitos B podem reconhecer qualquer tipo de antígeno, como proteínas, polissacarídios, lipídios, ácidos nucleicos e substâncias químicas pequenas. Os T, por sua vez, reconhecem apenas a sequência primária de pequenos peptídios derivados de antígenos proteicos, sendo necessário que esses peptídios estejam ligados a determinadas moléculas próprias e expressos na superfície de células.

As moléculas às quais os peptídios se ligam são codificadas pelo complexo principal de histocompatibilidade (MHC, *major histocompatibility complex*). Duas classes de moléculas do MHC estão envolvidas no processo de apresentação do antígeno aos linfócitos T: as moléculas de classe I e as de classe II.

Apesar de essas duas classes de moléculas diferirem em sua estrutura básica, têm características comuns importantes nas suas funções de apresentação do antígeno. Diferentes regiões são observadas nas moléculas do MHC:

- Região de resíduos de aminoácidos polimórficos que formam uma fenda onde se ligará o peptídio
- Região com domínios globulares característicos das imunoglobulinas, onde se encontram os sítios de ligação às moléculas CD8 e CD4 presentes nas superfícies dos linfócitos T, sendo que classe I tem sítio de ligação para CD8, e classe II para CD4
- Região hidrofóbica que ancora a proteína na membrana
- Região citoplasmática.

Moléculas do MHC classe I são expressas virtualmente em todas as células nucleadas e apresentam antígenos aos linfócitos T CD8+. Assim, quase todas as células podem apresentar antígenos a linfócitos T CD8+ citolíticos e servir como alvo da resposta citotóxica.

As moléculas do MHC classe II, por outro lado, são expressas em condições normais apenas nas células acessórias, como macrófagos, células dendríticas e linfócitos B. As células acessórias têm duas funções importantes; a primeira, de processar antígenos e apresentá-los aos linfócitos T CD4+, sendo chamadas também de células profissionais apresentadoras de antígeno (APC, *antigen presenting cells*); e a segunda, de coestimulação, ou seja, liberação de estímulos para que ocorra a ativação do linfócito T. Várias citocinas produzidas durante a resposta imune podem aumentar a expressão das moléculas do MHC classe II ou induzir sua expressão em células que não as expressavam constitutivamente.

O processo de fragmentação de um antígeno proteico em pequenos peptídios é chamado de *processamento do antígeno* e ocorre de modo diferente dependendo de sua origem. A associação dos peptídios gerados às moléculas do MHC e a expressão desse complexo peptídio-molécula do MHC na superfície de uma célula em condições de ser reconhecido por um linfócito são chamadas de *apresentação do antígeno*.

Antígenos proteicos extracelulares ou exógenos são internalizados pelas APC e processados até pequenos peptídios dentro de vesículas endocíticas pela ação de proteases que agem em pH ácido. Simultaneamente ao processamento, moléculas do MHC classe II são biossintetizadas pelas APC no retículo endoplasmático. Ao serem sintetizadas, essas moléculas ligam-se a uma proteína, a cadeia invariante, na região da fenda, evitando a ligação de peptídios que estejam presentes no retículo endoplasmático.

A molécula do MHC classe II e o peptídio são transportados dentro de vesículas e encontram-se em um compartimento especializado, onde a cadeia invariante é digerida e um fragmento proteico menor ainda permanece ligado à molécula, chamado peptídio invariante associado à classe II (CLIP, *class II associated invariant chain peptide*), que é finalmente removido pela molécula HLA-DM (em humanos) ou H-2 M (em camundongos), permitindo que o peptídio exógeno se ligue à fenda da molécula do MHC classe II. O complexo peptídio-MHC é transportado por meio de vesículas para a superfície da APC e expresso na membrana celular. Ao encontrar a célula com o complexo peptídio-MHC na superfície, o linfócito T CD4+ específico se liga ao peptídio pelo receptor de antígeno.

Antígenos proteicos endógenos, ou seja, aqueles sintetizados no citosol, são processados em pequenos peptídios em um complexo multiproteolítico, o proteassoma. Os peptídios são transportados do citosol para o retículo endoplasmático ligados a uma proteína transportadora associada ao processamento de antígenos (TAP, *transporter associated with antigen processing*) e, ainda no retículo, ligam-se às moléculas do MHC de classe I.

O complexo peptídio-MHC classe I é transportado para a superfície da célula por vesículas exocíticas e poderá, assim, ser reconhecido pelo linfócito T CD8+. Dessa maneira, qualquer célula infectada ou alterada pode apresentar antígeno complexado à molécula de MHC classe I.

Os linfócitos e as células apresentadoras de antígeno comunicam-se pelo contato direto ou secretando citocinas regulatórias com efeitos em ambas as células, as quais interagem simultaneamente com outros tipos celulares ou com componentes do complemento, cininas ou sistema fibrinolítico, levando à ativação de células fagocíticas, à coagulação do sangue ou à cicatrização.

Um dos efeitos mais importantes da comunicação linfócito-APC é a secreção de interleucina (IL)-a pela APC ativada. Primariamente, IL-1 age de forma autócrina, elevando a expressão de moléculas do MHC classe II e de várias moléculas de adesão na superfície da APC, o que aumenta o contato célula-célula e a apresentação de antígeno. Simultaneamente, a IL-1 age de forma parácrina na célula T CD4+ auxiliar, induzindo a secreção de IL-2 e a expressão do receptor de IL-2, o que aumenta a resposta proliferativa.

Ativação dos linfócitos

A ligação ao antígeno após o reconhecimento, quando acompanhada de outros estímulos, leva à *ativação dos linfócitos* T ou B, que é a *segunda fase da resposta imune específica*.

Os linfócitos que não são ativados, por não encontrarem o antígeno específico ou pela falta de coestímulos, morrem dentro de poucos dias após entrarem na periferia. Os que são ativados sobrevivem, sofrem vários ciclos de proliferação e se diferenciam em células capazes de realizar suas funções. Parte dos linfócitos ativados se torna células de memória que sobrevivem por longo período de tempo. A existência dessas células capacita o sistema imune para lembrar-se de reconhecimentos prévios de um antígeno e, a cada novo reconhecimento, ampliar quantitativa e qualitativamente a resposta, o que caracteriza outra importante propriedade da resposta imune específica, a *memória imunológica*.

Todas as células derivadas de uma única célula virgem constituem um clone e são idênticas em todos os aspectos, inclusive quanto aos seus receptores de antígenos, tanto nas células T quanto nas B. Após cada exposição ao mesmo antígeno, o clone específico se expande sem afetar outras células na população, um fenômeno chamado expansão clonal. Cada clone de linfócitos pode responder a apenas um grupo limitado de antígenos reconhecidos pelos seus receptores, e essa restrição clonal é a base primária para a especificidade da resposta imune. Se nenhum contato com antígeno ocorrer, as células de memória específicas tendem a desaparecer em um período de anos ou décadas.

Fase efetora

A terceira fase da resposta imune específica, a *fase efetora*, envolve mecanismos de defesa distintos e especiais para os diferentes microrganismos que a induziram, caracterizando outra importante propriedade da resposta imune específica, a *especialização*. A resposta resultante da ativação dos linfócitos T CD4+ ou CD8+ é conhecida como *resposta imune mediada por células*, enquanto a resultante da ativação de linfócitos B, conhecida como *resposta imune humoral*, é mediada por imunoglobulinas com função de anticorpo.

Os linfócitos T CD4+ têm papel central na resposta imune, pois, quando ativados, se diferenciam em células efetoras que produzem citocinas com diferentes funções, entre as quais promover a ativação de linfócitos B e T CD8+ citotóxicos.

▪ Ativação dos linfócitos T CD4+ auxiliares

Ocorre primariamente na resposta imune e requer, pelo menos, dois sinais: o primeiro providenciado pela ligação do TCR ao complexo peptídio-molécula de classe II do MHC e transmitido pelo sinal do complexo proteico CD3, e o segundo a partir da interação de uma proteína transmissora de sinal na superfície da célula T com um ligante específico na APC.

Uma interação conhecida por gerar tal sinal coestimulatório é a ligação da proteína da superfície da célula T (designada CD28) a outra molécula de uma pequena família de proteínas da superfície da célula apresentadora de antígeno, designada B7. Esses dois sinais juntos induzem os linfócitos T CD4+ a iniciarem a secreção da citocina IL-2 e a expressarem receptores para IL-2 em sua superfície. A IL-2 é uma citocina com ação mitogênica potente para o linfócito T e essencial para sua resposta proliferativa. O principal efeito da IL-2 é autócrino, ou seja, age na própria célula que a está secretando, mas pode ter também efeito parácrino, atuando em células vizinhas, o que é importante para a ativação de células T citotóxicas.

Os linfócitos T CD4+ ativados secretam também outras citocinas que promovem o crescimento, a diferenciação e as funções de linfócitos B, macrófagos e outras células. Dois subgrupos de T CD4+ podem ser definidos pelo tipo de citocinas que secretam: células T *helper* 1 (Th1) e células T *helper* 2 (Th2). O padrão de diferenciação dos subgrupos é definido por diferentes estímulos, como as citocinas presentes durante sua ativação (p. ex., IL-12, indutora de células Th1; e IL-4, indutora de células Th2). No padrão de resposta Th1, as principais citocinas produzidas são relacionadas, sobretudo, com a defesa mediada por fagocitose contra agentes infecciosos intracelulares, como interferona (IFN)-gama, IL-2 e fator de necrose tumoral (TNF)-alfa. No padrão Th2, ocorre predominantemente a produção de IL-4, IL-5, IL-10 e IL-13, relacionadas com produção de anticorpos IgE e reações imunes mediadas por eosinófilos e mastócitos contra helmintos e alergênios e que produzem estímulos crônicos de linfócitos T com pouca ativação de macrófagos.

▪ Ativação do linfócito T CD8+

Assim como os linfócitos T CD4+, também requer dois sinais. O primeiro é providenciado pela ligação do TCR ao complexo peptídio-molécula do MHC classe I expresso na superfície de uma célula e o segundo é por coestimuladores e/ou por citocinas produzidas pelos T CD4+.

Antes de reconhecer e de se ligar ao antígeno, o linfócito T CD8+ é uma célula pré-citolítica, ou seja, ainda não está completamente diferenciado. Ao ser ativado, prolifera e se diferencia em uma célula capaz de destruir aquela à qual está ligado e outras que carreguem o mesmo complexo peptídio-MHC classe I.

A morte da célula-alvo ocorre por dois mecanismos diferentes, um que envolve a formação de poros na membrana com subsequente entrada de água e íons na célula e outro por apoptose ou morte celular programada. Para tanto, o linfócito T CD8+ ativado produz proteínas, como a perforina e as granzimas, que se concentram em grânulos citoplasmáticos ligados à membrana. As membranas do linfócito T CD8+ e da célula-alvo fundem-se e, por um processo de exocitose, o linfócito T CD8+ transfere para a célula-alvo o conteúdo desses grânulos que levam à lise da célula-alvo.

A perforina é uma proteína formadora de poros em membrana celular e as granzimas são serinoproteases que entram na célula-alvo através dos poros formados pela perforina e induzem apoptose. Outro mecanismo que também leva à apoptose é a interação entre a proteína Fas na superfície da célula-alvo ao seu ligante (Fas-ligante) na superfície do linfócito T CD8+, que também ativa o processo de apoptose.

Depois de agir na célula-alvo, o linfócito T CD8+ se desliga sem qualquer lesão. Além de agirem na destruição de células-alvo, os linfócitos T CD8+ secretam citocinas que ativam células fagocíticas e induzem inflamação, como IFN-gama, linfotoxina e TNF-alfa.

▪ Ativação do linfócito B

Inicia-se com a ligação de antígenos multivalentes a duas ou mais moléculas de receptores. Os do linfócitos B são imunoglobulinas de membrana, que participam da resposta imune humoral, tanto liberando sinais bioquímicos para a ativação do linfócito B quanto internalizando o antígeno para vesículas endossomais, onde é processado e, após associação com moléculas do MHC classe II, apresentado ao linfócito T CD4+, conforme descrito anteriormente.

Para que a ativação dos linfócitos B ocorra, são necessários outros sinais além da sua ligação ao antígeno, como aqueles providenciados pela ligação do fragmento C3 d, gerado pela proteólise do componente C3 do complemento, ao receptor de complemento do tipo 2 (CR2) presente na superfície do linfócito B. A resposta dos linfócitos B a antígenos proteicos também requer a cooperação dos linfócitos T CD4+ auxiliares, tanto por estímulos gerados pelo contato célula-célula quanto pela produção de citocinas que agem nos linfócitos B.

O contato entre as duas células permite a ligação da molécula CD40 presente na superfície do linfócito B ao seu ligante (CD40L) na superfície do linfócito T, o que estimula a proliferação e a diferenciação dos linfócitos. A interação CD40-CD40L ainda induz aumento da expressão da molécula B7 na superfície do linfócito B, que emite sinais coestimulatórios ao se ligar à molécula CD28 na superfície do linfócito T.

Citocinas produzidas pelos linfócitos T CD4+ auxiliares, como IL-2, IL-4, IL-5, IFN-gama e TGF-β, além de estimularem a proliferação e a diferenciação dos linfócitos B, ainda participam da mudança de isótipos das imunoglobulinas, da maturação da afinidade dos anticorpos e da diferenciação dos linfócitos B em células de memória.

Parte dos linfócitos B ativados se diferencia em células efetoras, que são produtoras de anticorpos (*plasmócitos*). Essas células aumentam de tamanho em relação ao linfócito B e apresentam citoplasma abundante e núcleo excêntrico. Como células efetoras, diminuem a expressão das imunoglobulinas na superfície e passam a secretar imunoglobulinas com a mesma especificidade. Os anticorpos secretados vão para a circulação e podem se ligar aos antígenos que induziram a resposta e participar de diferentes mecanismos efetores da resposta imune, como neutralização de toxinas, opsonização, ativação do sistema complemento, citotoxicidade celular dependente de anticorpo, hipersensibilidade imediata mediada por IgE e transferência placentária de IgG. Os primeiros anticorpos a serem produzidos são da classe IgM, mas os estímulos gerados pela ligação CD40-CD40L e por citocinas levam à produção de outras classes e subclasses com a mesma especificidade, em um processo conhecido como *mudança de isótipo* da cadeia pesada da imunoglobulina (ver Capítulo 2).

Além da mudança de isótipo, com o decorrer da resposta imune, ocorrem mutações somáticas dos genes de imunoglobulinas, que selecionam linfócitos B produtores de anticorpos com maior capacidade de ligação ao antígeno, ou seja, com maior afinidade. Esse processo, chamado de *maturação de afinidade*, também é dependente de células T CD4+ auxiliares e das interações entre CD40 e CD40L.

Alguns linfócitos B ativados não se desenvolvem em células produtoras de anticorpos e tornam-se células de memória, as quais sobrevivem por mais tempo, expressam imunoglobulinas de superfície de alta afinidade e de diferentes isótipos (IgG, IgA e IgE) e são capazes de responder a novos encontros com o antígeno de maneira muito mais rápida e intensa do que no primeiro encontro.

Antígenos não proteicos, como polissacarídios, glicolipídios e ácidos nucleicos, podem estimular a resposta imune humoral sem o auxílio das células T CD4+ e são chamados de antígenos timo-independentes ou T-independentes (TI). Os anticorpos produzidos em resposta aos antígenos TI são de baixa afinidade, predominantemente da classe IgM e, em geral, não são produzidas células B de memória.

Apoptose

A resposta imune, tanto celular quanto humoral, é controlada de maneira precisa e termina normalmente após a eliminação do antígeno que a induziu, o que caracteriza outra importante propriedade, a *autolimitação*.

A morte programada das células, ou apoptose, é o principal mecanismo que leva ao declínio das respostas imunes ou à homeostasia após a eliminação do antígeno. Além desse controle fisiológico, os linfócitos ativados também acionam mecanismos regulatórios que têm a função de terminar as respostas imunes. Dois desses mecanismos induzem a tolerância periférica, a saber: expressão pelos linfócitos T ativados da molécula CTLA-4, que se liga à molécula B7 e inibe a proliferação do linfócito de células T; e expressão das moléculas Fas e Fas-L (ligante de Fas), cuja interação leva à apoptose, como descrito anteriormente.

A resposta imune humoral também é regulada por um processo chamado *feedback* de anticorpos. Os anticorpos IgG produzidos pelas células B ligam-se aos antígenos específicos e formam imunocomplexos, os quais se unem a receptores para Fc presentes na superfície dos linfócitos B, conhecidos como receptor II de Fcγ (FcγRIIB ou CD32), o que leva à inibição do linfócito B. Anticorpos anti-idiótipos, contra as sequências da região de ligação ao antígeno do anticorpo ou de idiótipos, também regulam a produção de anticorpos.

Bibliografia

Abbas AK, Lichtman AH, Pober JS. Cellular and molecular immunology. 4. ed. Philadelphia: W.B. Saunders Company; 2000.
Abbas AK, Lichtman AH, Pober JS. Imunologia celular e molecular. 4. ed. Rio de Janeiro: Livraria e Editora Revinter Ltda; 2003. p. 384-403.
Calich V, Vaz C. Imunologia. Rio de Janeiro: Editora Revinter; 2001.
Janeway CA, Travers P, Walport M, Capra JD. Immunobiology. The immune system in health and disease. 4. ed. Cleveland: Current Biology Ltd.; 1999.
Roitt I, Brostoff J, Male D. Imunologia. 6. ed. Traduzido por Gubert IC. São Paulo: Manole; 2003.
Stites DP, Terr AI, Parslow TG. Basic & clinical immunology. 8. ed. New Jersey: Prentice Hall International; 1994.
Stites DP, Terr AI, Parslow TG. Medical Immunology. 9. ed. Stamford: Appleton & Lange; 1997.

Capítulo 2

Imunodiagnóstico | Antígeno, Anticorpo e Interação Antígeno-Anticorpo

Irene Fernandes, Noeli Maria Espíndola e Eliana Faquim de Lima Mauro

Conceitos básicos de imunodiagnóstico

Nas últimas décadas, o progresso tecnológico na área da biologia tem permitido o desenvolvimento de métodos capazes de detectar o complexo antígeno-anticorpo (Ag-Ac) com elevada eficiência e confiabilidade.

Além disso, em uma série de moléstias infecciosas, o diagnóstico direto (isolamento, visualização do agente etc.) é por vezes complexo, caro e invasivo e pode ser substituído pelo diagnóstico indireto, utilizando técnicas de detecção de anticorpo ou do complexo Ag-Ac, na medida em que se conhecem os mecanismos imunopatogênicos e a cinética da resposta imune humoral ou a cinética da produção e do metabolismo de antígeno.

O termo *imunodiagnóstico* vem sendo utilizado para designar o diagnóstico laboratorial feito por meio de técnicas imunológicas que revelam hipersensibilidade a determinados antígenos (como as reações intradérmicas e percutâneas, ver Capítulos 13 e 30), e outras que buscam revelar a presença de anticorpo ou de antígeno no organismo do paciente, como os ensaios ou os testes de imunoprecipitação (ver Capítulo 5), aglutinação (ver Capítulo 6), neutralização ou imunoensaios que utilizam sinalizadores da interação Ag-Ac com conjugados-ligantes, como imunofluorescência, radioimunoensaio, imunoenzimáticos, imunofluorimétricos e quimiluminescência (ver Capítulo 7).

Antígeno

É toda estrutura capaz de reagir com células do sistema imune ou de interagir com anticorpo sintetizado contra si próprio. O antígeno pode ser capaz de ativar o sistema imune e induzir a produção de anticorpo, ou seja, apresentar *imunogenicidade*. Para isso, há necessidade de o organismo receptor do antígeno diferenciar o que é próprio, *self*, do que é estranho, *nonself*, para então iniciar uma resposta imune. Outra propriedade do antígeno é a de se ligar ao anticorpo ou a receptores presentes em linfócitos B (BCR, *B cell receptor*) ou linfócitos T (TCR, *T cell receptor*). Essa característica é chamada *antigenicidade*. Enquanto o linfócito B é uma célula apresentadora de antígeno capaz de interagir com qualquer antígeno solúvel, para que uma substância possa interagir com o TCR no linfócito T é necessário que tenha ocorrido o processamento antigênico e que porções da molécula processada (peptídios) sejam expressas em associação com as moléculas do complexo principal de histocompatibilidade (MHC) na superfície celular de uma célula apresentadora de antígenos (ver Capítulos 1 e 26). Todos os antígenos apresentam antigenicidade, ou seja, têm a capacidade de se ligar a anticorpos produzidos contra ele, no entanto, nem todos apresentam imunogenicidade, ou seja, levam à produção de resposta imune específica (celular e humoral).

Haptenos são moléculas pequenas, com peso molecular geralmente menor que 4 kDa, que não são capazes de induzir a síntese de anticorpo, mas reagem com o anticorpo específico. Essas moléculas devem ser ligadas a outras maiores, chamadas *carreadoras* (Figura 2.1), para conseguir estimular o sistema imune. A associação de uma parte proteica da molécula carreadora com o hapteno é denominada *grupo haptênico*, e a menor porção em que se combinará com o linfócito levando ao seu estímulo é conhecida como *determinante antigênico* ou *epítopo*. Em geral, quanto maior e mais complexa for a molécula, maior a possibilidade de ser reconhecida como *nonself* pelo organismo vivo e levar a um estímulo antigênico, ou seja, atuar como imunógeno.

Os determinantes antigênicos podem estar espacialmente separados de modo que duas moléculas de anticorpos são capazes de se ligar a cada um deles, ou então podem estar superpostos, de maneira que um primeiro anticorpo, a ele ligado, interfira estereoquimicamente na ligação de um segundo anticorpo. Nas interações Ag-Ac podem ocorrer também efeitos alostéricos, ou seja, uma alteração conformacional na estrutura do antígeno de modo a influenciar na ligação de um segundo anticorpo.

Os determinantes antigênicos de uma proteína podem ser formados por aminoácidos adjacentes ligados covalentemente, denominados *determinantes lineares*, que ficarão expostos ao anticorpo em sua forma estendida. Algumas vezes, o determinante antigênico só se ligará ao anticorpo após desnaturação (Figura 2.2 A). Frequentemente, os aminoácidos aos quais o anticorpo se liga não se apresentam um ao lado do outro, de forma linear, e só serão acessíveis ao anticorpo quando ficarem justapostos pelo enovelamento da estrutura primária, sendo chamados *determinantes conformacionais*. Nesse caso, o

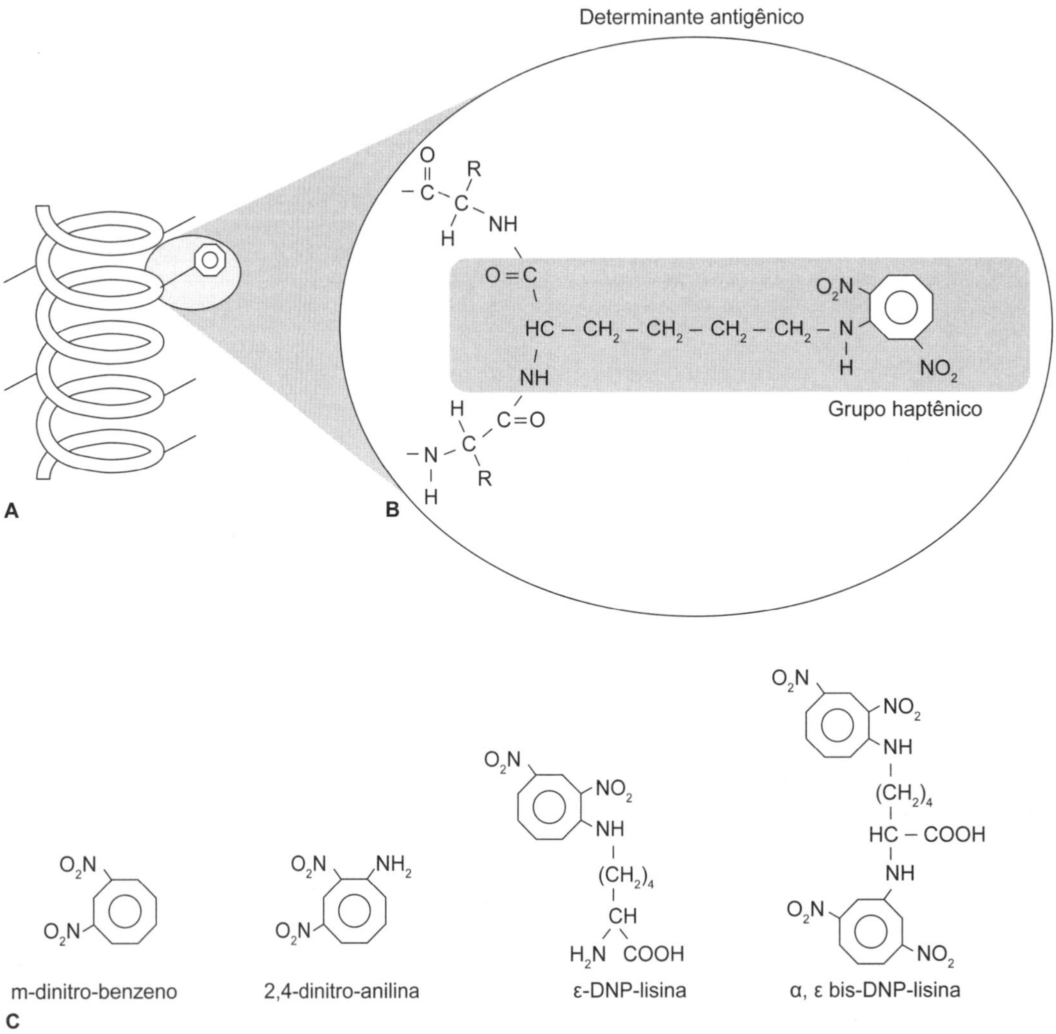

Figura 2.1 Complexo hapteno-carreador. **A.** Complexo hapteno-proteína carreadora. **B.** Determinante antigênico e grupo haptênico. **C.** Haptenos que podem competir com o determinante antigênico. Adaptada de Abbas *et al.*, 2010.[1]

tratamento da proteína por desnaturação modifica sua estrutura, impedindo a ligação com anticorpo (Figura 2.2 B). Os determinantes *neoantigênicos*, ou *neoantígenos*, são produzidos quando a proteína sofre modificações, como fosforilação ou proteólise, que alteram as ligações covalentes da proteína antigênica (Figura 2.2 C).

Os principais fatores que influenciam a imunogenicidade dos antígenos são:

- Natureza química: as proteínas são substâncias que apresentam maior imunogenicidade por serem de alto peso molecular e de composição química complexa, e, como regra geral, quanto maior a molécula antigênica, maior o número de epítopos apresentado ao sistema imune. Consequentemente, a probabilidade de existirem receptores para alguns desses determinantes antigênicos nos linfócitos será maior. Por outro lado, os lipídios (estrutura química simples e de baixa estabilidade), ácidos nucleicos (simples, flexíveis e rapidamente degradados) e carboidratos (moléculas pequenas) necessitam de carreadores para poderem atuar como bons imunógenos. Lipídios, ácidos nucleicos e carboidratos ligados a proteínas (lipoproteínas, nucleoproteínas e glicoproteínas) tornam-se bons imunógenos
- Característica filogenética: quanto maior a distância filogenética entre o organismo que contém o antígeno e o receptor, maior a possibilidade de o antígeno ser reconhecido como *nonself* e desencadear uma resposta imune
- Tamanho e complexidade da molécula: as moléculas maiores e mais complexas apresentam mais epítopos em sua estrutura, aumentando a possibilidade de se ligarem aos receptores de antígeno nas células do sistema imune
- Estrutura espacial: a configuração tridimensional da molécula determina a especificidade imunológica. As estruturas primárias, secundárias, terciárias e quaternárias da molécula irão definir a configuração tridimensional e assim facilitar ou não sua apresentação ao sistema imune
- Acessibilidade: os linfócitos B e T não são capazes de reconhecer epítopos internalizados na molécula antigênica
- Estabilidade: os antígenos que apresentam maior dificuldade de degradação pelo organismo receptor estimulam melhor a resposta imune
- Forma de administração do antígeno: alguns antígenos só induzem a produção de altos títulos de anticorpos quando administrados com adjuvantes, como emulsões de óleo, surfactantes de origem animal ou sintéticos, géis minerais, derivados de bactérias, entre outros. Os adjuvantes que apresentam óleo em sua constituição tornam o antígeno

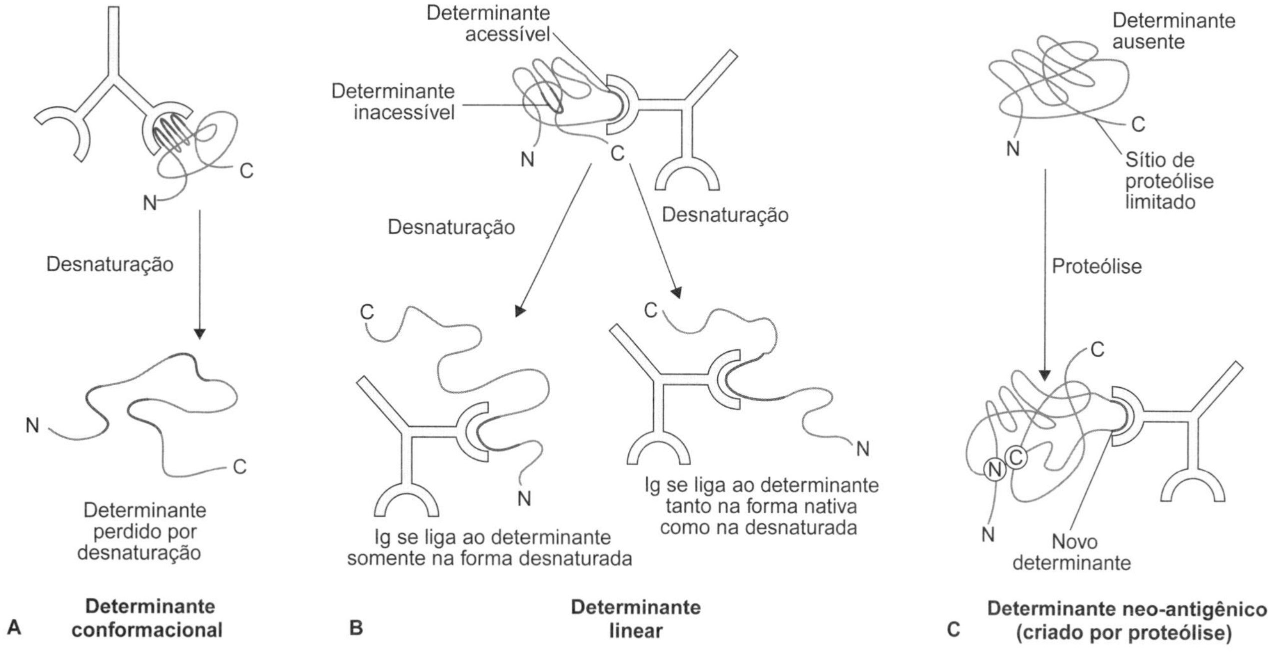

Figura 2.2 Natureza dos determinantes antigênicos: linear (**A**), conformacional (**B**) e neoantigênico (**C**). Adaptada de Abbas *et al.*, 2010.[1]

insolúvel, retardando sua absorção. Além disso, protegem-no do catabolismo enzimático. Portanto, os adjuvantes prolongam a ativação do sistema imune. Alguns, como o adjuvante completo de Freund (ACF), contêm micobactérias que potencializam a resposta imune inata e a consequente resposta adaptativa de linfócitos T e B. Os sais de alumínio são os principais adjuvantes utilizados nas vacinas animais e humanas e sua atividade também está relacionada com a capacidade de liberação lenta do antígeno e a ativação da resposta imune inata. Produtos de microrganismos, como lipopolissacarídios, lipoproteínas, DNA de dupla fita, DNA de simples fita, entre outros, interagem com receptores específicos para padrões moleculares de patógenos (PRR, *pattern recognition receptors*) como os receptores do tipo *toll* (TLR, *toll like receptors*) na superfície de células do sistema imune e potencializam a resposta imune inata e adaptativa. As vias de administração também têm importância na indução da resposta imune. A subcutânea, a intramuscular e a intradérmica são as mais utilizadas, por não favorecerem que o antígeno caia diretamente na circulação sanguínea e seja rapidamente metabolizado. Como a absorção é lenta, a possibilidade de ocorrer processo inflamatório e resposta imune é maior. Já a via intravenosa leva ao processamento rápido do antígeno pelo sistema fagocitário, principalmente em fígado, pulmão e baço

- Hospedeiro respondedor: o hospedeiro pode ou não responder a um antígeno, isso vai depender de sua herança genética, estado nutricional, competência do sistema imune, infecções e/ou doenças concomitantes e idade.

Imunoglobulinas

As imunoglobulinas (Ig) são produzidas por plasmócitos, células originadas dos linfócitos B ativados. A diferenciação dos linfócitos B em plasmócitos ocorre após ativação, decorrente do contato do antígeno com as moléculas de Ig, em geral IgM monoméricas, que fazem parte do receptor de antígeno (BCR) presente na superfície dessas células.

O BCR é constituído pela IgM de membrana (ou IgD), associada não covalentemente com as moléculas invariantes Igα e Igβ, que são ligadas covalentemente entre si e contêm motivos de ativação de imunorreceptores baseados em tirosina (ITAM, *immunoreceptor tyrosine-based activation motif*) nas suas caudas citoplasmáticas que fazem mediação de funções sinalizadoras (Figura 2.3). A cauda citoplasmática da Ig de membrana contém três aminoácidos (lisina, valina e lisina), muito pequena para transmitir os sinais gerados para ativação das células, que só ocorrem quando dois ou mais receptores são aproximados, ou ligados cruzadamente por antígenos multivalentes.

O BCR tem duas funções na ativação dos linfócitos B. Primeiro, a aproximação dos receptores induzida pelo antígeno libera sinais bioquímicos para as células B, iniciando o processo de ativação (primeiro sinal). Segundo, o receptor se liga ao antígeno, internaliza-o nas vesículas endossômicas e, caso o antígeno seja uma proteína, processa-o em peptídios que são apresentados na superfície dos linfócitos B em associação com moléculas de MHC de classe II para reconhecimento por linfócitos T auxiliares. A resposta imune humoral para antígenos não proteicos, como polissacarídios e lipídios, não requer o auxílio de linfócitos T, sendo estes denominados antígenos timo-independentes (TI).

A ligação do antígeno à Ig de membrana aumenta a expressão de moléculas do MHC e coestimuladores aumentando também a capacidade dos linfócitos B de ativarem linfócitos T auxiliares. Os principais coestimuladores expressos na membrana de linfócitos B ativados e que se ligam ao CD28 no linfócito T são B7-1 e B7-2.

Os linfócitos T ativados pelo reconhecimento do antígeno em moléculas de MHC de classe II e coestimulados pelo B7 expressam a molécula de superfície ligante do CD40 (CD40L) que se liga ao receptor CD40 na superfície do linfócito B apresentador do antígeno. A interação entre os linfócitos B e T fornece o segundo sinal necessário para proliferação e diferencia-

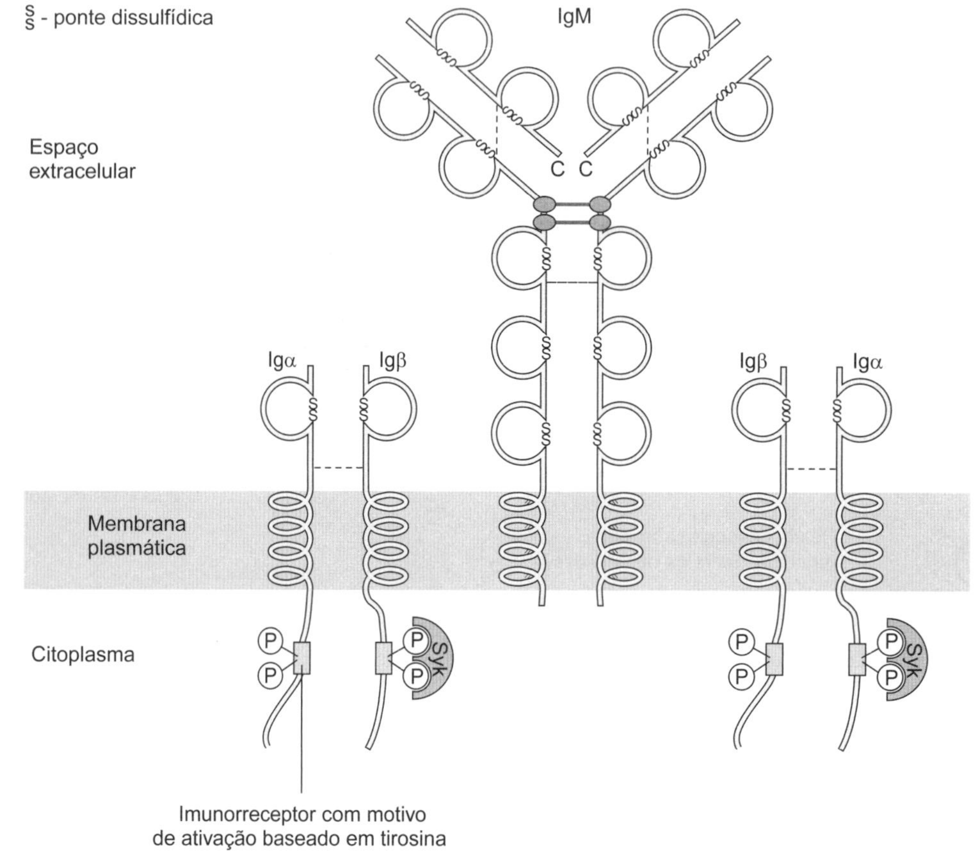

Figura 2.3 Receptor BCR. A IgM de membrana (e a IgD) na superfície dos linfócitos B maduros está associada com as moléculas invariantes Igα e Igβ, que contêm ITAM em suas caudas citoplasmáticas, as quais funcionam como mediadores da sinalização. Adaptada de Abbas *et al.*, 2010.[1]

ção clonal do linfócito B. Além disso, o processo de ativação dos linfócitos B inclui aumento da expressão de receptores de citocinas na membrana celular, o que aumenta a capacidade dessas células de responderem às citocinas secretadas pelos linfócitos T.

Na resposta imune primária, são geradas células B de memória de longa duração. A resposta imune secundária é desencadeada quando o mesmo antígeno estimula as células B de memória, levando à proliferação mais rápida e à diferenciação e produção de quantidades de anticorpos específicos maiores que na resposta primária (Figura 2.4). Por outro lado, a resposta a TI consiste principalmente na produção de anticorpos de baixa afinidade, embora em humanos possa ocorrer resposta típica de memória para antígenos não proteicos, como polissacarídios bacterianos. Esse tipo de resposta do linfócito B e seu desencadeamento é dependente da natureza e da estrutura do antígeno. Por exemplo, patógenos que expressam, na sua superfície, sequências organizadas e altamente repetidas podem ativar os linfócitos B pela ligação cruzada massiva de receptores na superfície celular (multivalente) ou, ainda, os antígenos microbianos podem também ser reconhecidos por receptores da imunidade inata, como os TLR. A ativação do linfócito B também é potencializada quando há, além da interação entre o BCR e o antígeno, o reconhecimento de fragmentos do sistema complemento C3d ou C3dg ligados ao antígeno com o receptor CD21 (CR2) associado às moléculas CD19 e CD81. Esse complexo CD21-CD19-CD81 é chamado de correceptor de célula B.

A resposta imune humoral é iniciada em órgãos linfoides periféricos, como o baço (para antígenos que entram na corrente sanguínea), linfonodos (para antígenos que entram pela pele ou outros epitélios) e tecidos linfoides da mucosa (para antígenos inalados ou ingeridos). As Ig produzidas entram na circulação ou lumens de órgãos da mucosa e realizam suas funções protetoras enquanto os antígenos estiverem presentes, embora os plasmócitos permaneçam residentes nos órgãos linfoides secundários e na medula óssea. As Ig produzidas têm a função de anticorpo, ou seja, a ligação ao antígeno específico.

As moléculas de anticorpos são formadas por duas cadeias pesadas (H, *heavy*) idênticas e duas leves também idênticas (L, *light*). As cadeias H determinam a classe ou isótipo de Ig e são designadas por letras gregas: cadeia γ (IgG), cadeia μ (IgM), cadeia δ (IgD), cadeia α (IgA) e cadeia ε (IgE). As L podem ser do tipo kappa (κ) ou lambda (λ). Cada cadeia L está ligada covalentemente a uma H por uma ponte dissulfídica, e as duas cadeias H estão ligadas entre si por outras pontes dissulfídicas. Ambas as cadeias L e H contêm uma série de unidades homólogas, repetitivas, com cerca de 110 aminoácidos, os chamados *domínios*, que se apresentam sob a forma de estruturas globulares em decorrência de um dobramento na molécula, produzido por pontes dissulfídicas intracadeia (Figura 2.5).

Muitas outras proteínas importantes do sistema imune contêm esses domínios, que, por terem sido inicialmente encontrados nas Ig, fazem com que essas proteínas sejam incluídas na *superfamília das Ig*. Fazem parte: os anticorpos, os TCR e BCR, as moléculas MHC classes I e II e as diversas outras moléculas (Figura 2.6). Essas moléculas têm grande homologia entre a sequência de aminoácidos e são possivelmente resultantes de duplicações de um gene ancestral.

Ambas as cadeias L e H contêm *regiões variáveis* (V) aminoterminais (N-terminais) e *regiões constantes* (C) carboxiterminais. A cadeia H é composta de um domínio variável (VH)

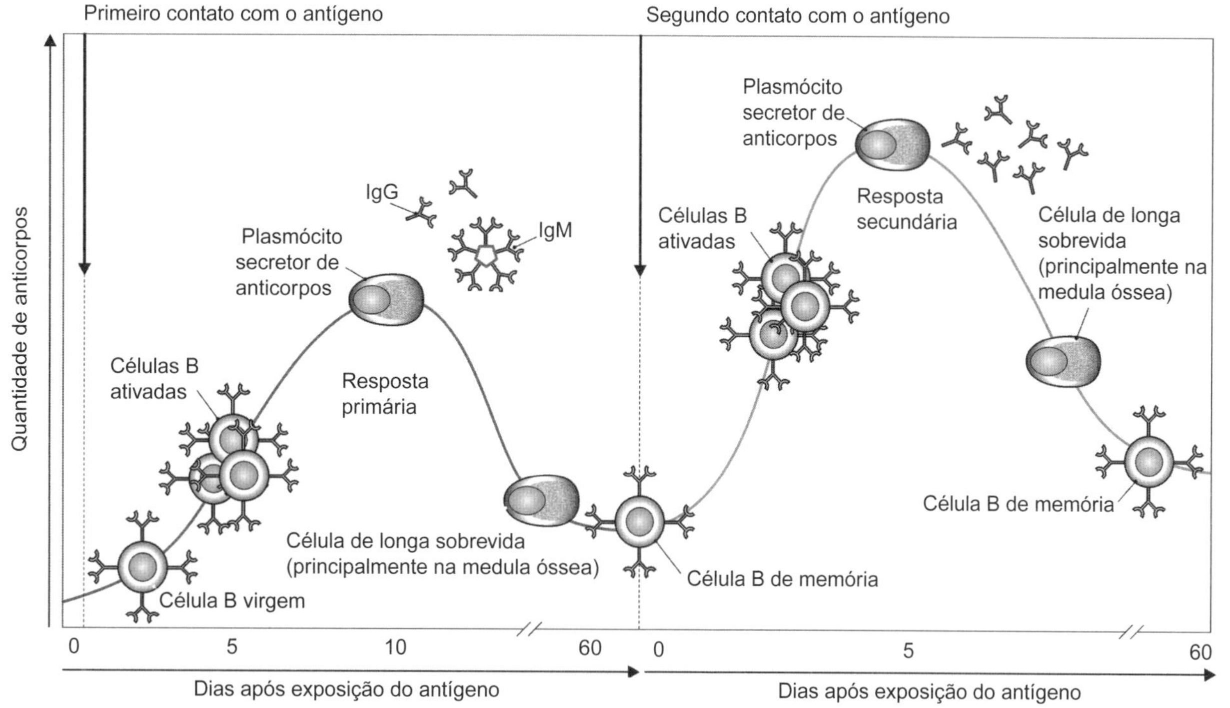

Figura 2.4 Cinética das respostas imunes humorais primária e secundária. Em uma resposta imune primária, linfócitos B "*naive*" são estimulados pelo antígeno, tornam-se ativados e diferenciam-se em plasmócitos secretores de anticorpos específicos para o antígeno. Linfócitos B de memória são também gerados. A resposta imune secundária acontece quando o mesmo antígeno estimula os linfócitos B de memória, levando à rápida proliferação, diferenciação e produção de quantidades maiores de anticorpos que na resposta primária. Adaptada de Abbas *et al.*, 2010.[1]

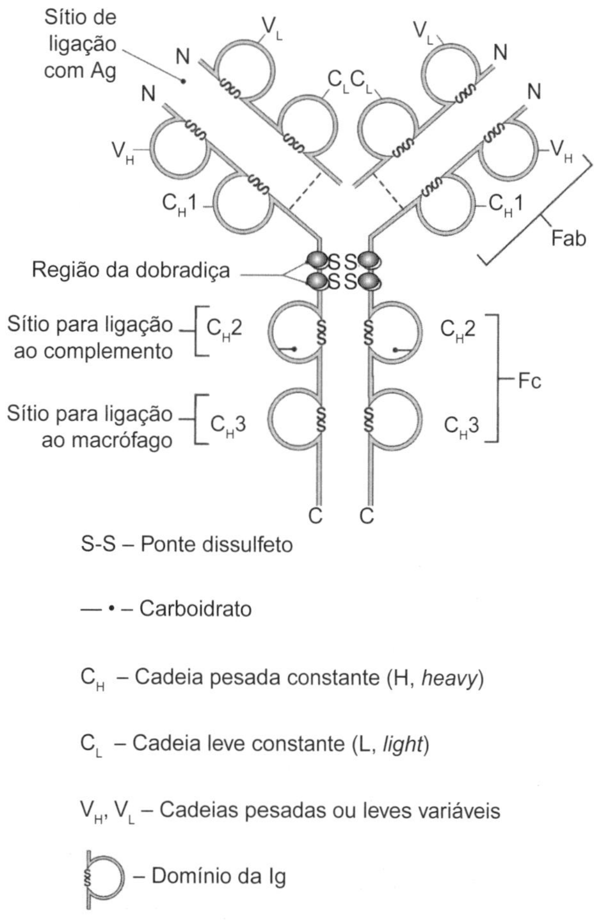

Figura 2.5 Estrutura da molécula de anticorpo. Diagrama esquemático da molécula de Ig. Os sítios para ligação com o antígeno são formados pela justaposição dos domínios da cadeia L com os da H. Fc: fragmento cristalizável. Adaptada de Abbas *et al.*, 2010.[1]

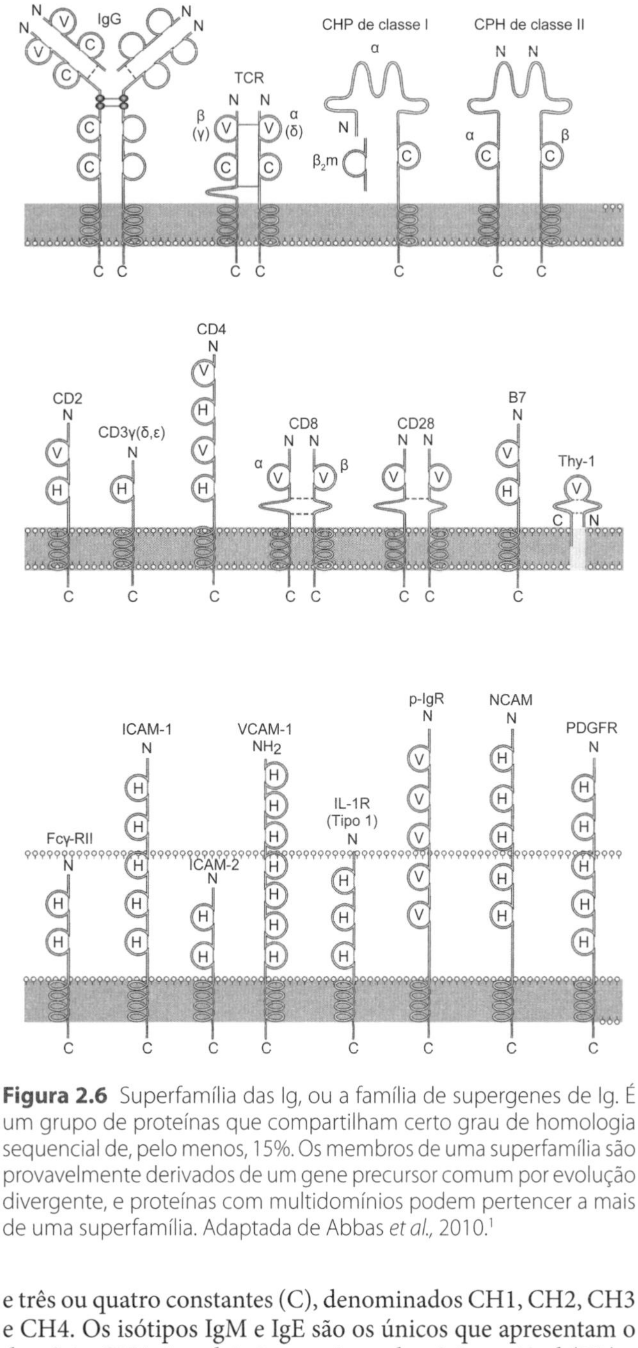

Figura 2.6 Superfamília das Ig, ou a família de supergenes de Ig. É um grupo de proteínas que compartilham certo grau de homologia sequencial de, pelo menos, 15%. Os membros de uma superfamília são provavelmente derivados de um gene precursor comum por evolução divergente, e proteínas com multidomínios podem pertencer a mais de uma superfamília. Adaptada de Abbas *et al.*, 2010.[1]

e três ou quatro constantes (C), denominados CH1, CH2, CH3 e CH4. Os isótipos IgM e IgE são os únicos que apresentam o domínio CH4. A cadeia L possui um domínio variável (VL) e um constante (CL; Figura 2.7).

As regiões variáveis são assim designadas por apresentarem variabilidade na sequência de aminoácidos, que distinguem os anticorpos produzidos por um clone de células B de outro. A VH é justaposta a uma VL para formar o *sítio de combinação* com o antígeno. Essas duas regiões (VH + VL) constituem o *fragmento variável* (Fv). Cada monômero de Ig tem dois sítios idênticos de combinação com o antígeno, sendo, portanto, *bivalente*.

O sítio de combinação com o antígeno é formado por *regiões hipervariáveis* na sequência de aminoácidos (ao menos três com cerca de 10 aminoácidos por região), dentro de cada VH e VL. Essas regiões são espaçadas por segmentos que apresentam uma sequência de aminoácidos mais conservada do que aquelas do segmento hipervariável, denominados segmentos da moldura ou do arcabouço. As regiões hipervariáveis compõem o sítio de combinação com o antígeno e formam uma superfície complementar à estrutura tridimensional do antígeno ligado; por isso são chamadas de regiões determinantes da complementaridade (CDR, *complementary-determining regions*; Figura 2.8). Essas regiões são denominadas CDR1, CDR2 e CDR3, iniciando na região aminoterminal do VL ou VH, respectivamente, sendo o CDR3 o mais variável dos CDR. A cristalografia de raios X proporcionou um melhor estudo das regiões de contato entre antígeno e anticorpo. Essa técnica favoreceu a observação da ligação do epítopo com o anticorpo, revelando a estrutura tridimensional do CDR ligado ao antígeno (Figura 2.9).

A *região da dobradiça* é uma pequena região proteica flexível localizada entre os domínios CH1 e CH2 de certos isótipos, rica em prolina e cisteína. A flexibilidade dessa região permite que o anticorpo se ligue a epítopos distantes, chegando a atingir um ângulo de até 180° (Figura 2.10).

A digestão da molécula de IgG pela papaína resulta em dois fragmentos de ligação ao antígeno (Fab, *fragment antigen binding*) e um fragmento cristalizável (Fc). Os fragmentos Fab possuem uma cadeia L intacta e parte da cadeia H representando um único sítio de combinação com o antígeno. O Fc consiste das regiões carboxiterminais das cadeias H ligadas por uma ponte dissulfídica na região da dobradiça. O Fc é responsável pelas atividades biológicas da molécula do anticorpo, como a ligação com células fagocíticas ou mastócitos, a ativação da via clássica do sistema complemento etc. Quando o fragmento Fc é obtido de IgG de coelho, esse fragmento cristaliza espontaneamente e, por causa dessa propriedade, foi denominado fragmento cristalizável (Figura 2.11).

Por outro lado, a digestão da molécula do anticorpo pela pepsina resulta em um fragmento *F(ab')*$_2$, constituído por duas cadeias L intactas e parte das duas cadeias H incluindo a região da dobradiça. Esse fragmento tem os dois sítios de combinação com o antígeno (bivalente), mas não o domínio Fc, que é degradado pela enzima (ver Figura 2.11). A fração F(ab')$_2$ é capaz de induzir precipitação ou aglutinação com o antígeno, porém as funções dependentes do domínio Fc estão ausentes. O fragmento F(ab')$_2$ pode ser reduzido por mercaptoetanol em dois fragmentos Fab'.

A glicosilação é uma importante modificação pós-traducional de proteínas como os anticorpos, permitindo a inserção de sacarídios em diferentes posições da cadeia polipeptídica. Nesse sentido, apesar de as classes de anticorpo apresentarem uma estrutura comum, processos distintos de glicosilação são descritos para cada classe ou subclasse de anticorpo no que se refere ao tipo, número e localização dos oligossacarídios. Como exemplo, todas as subclasses de IgG apresentam *N*-glicosilação em um sítio conservado no aminoácido Asp 297 da cadeia H, entretanto a glicosilação da porção Fab é variável. Em soros de humanos saudáveis foi observado que somente 15 a 25% das moléculas de IgG apresentam *N*-glicosilação na porção Fab. A cadeia de oligossacarídios associada à região Fc da IgG é do tipo complexa biantenária contendo diferentes monossacarídios na sua composição. Regiões de *N*-glicosilação na porção Fc também foram identificadas nas moléculas de IgM, IgD e IgE.

A IgA é considerada a classe de anticorpo mais glicosilada, visto que ambas as subclasses IgA1 e IgA2 apresentam várias cadeias *N*-ligadas, assim como apresentam cadeias de oligossacarídios *O*-ligadas. Inúmeras observações destacam que o processo de glicosilação da região Fc dos anticorpos pode influenciar na atividade efetora dessas moléculas.

A maioria das funções efetoras dos anticorpos é mediada por ligações das regiões CH com diferentes receptores de superfície celular e macromoléculas, como proteínas do sistema

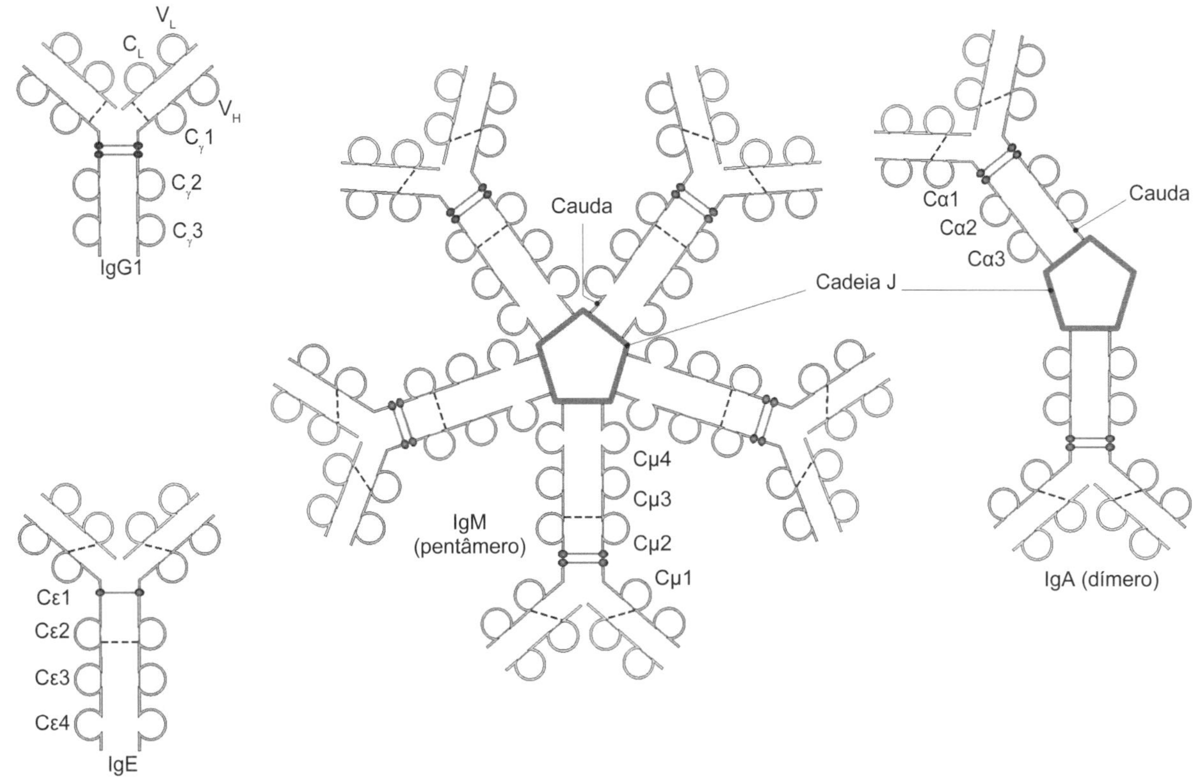

Figura 2.7 Diagrama esquemático dos vários isótipos de Ig. Os isótipos IgM e IgE têm domínios CH4. A cadeia L possui um domínio VL e um CL. Os isótipos IgG e IgE circulam na forma monomérica. A IgA sérica ocorre sob a forma monomérica, mas também na dimérica ou trimérica (não mostrada), enquanto a IgM secretada é pentamérica. IgA e IgM são estabilizadas pela cadeia de união. Adaptada de Abbas *et al.*, 2010.[1]

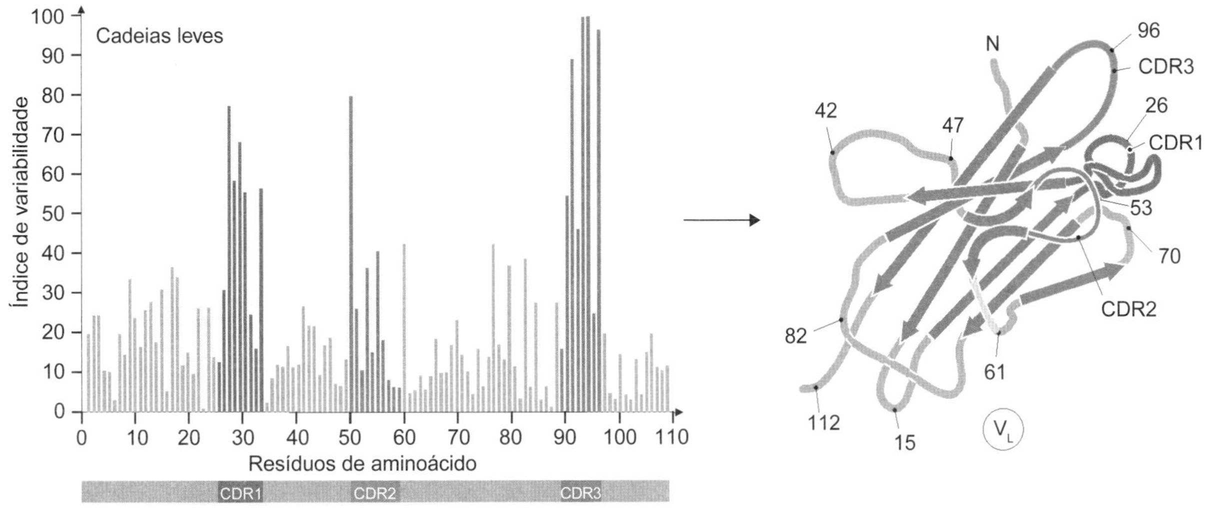

Figura 2.8 Regiões hipervariáveis na molécula de Ig. O histograma representa a extensão da variabilidade definida pelo número de diferenças em cada resíduo de aminoácido entre as cadeias L sequenciadas independentemente, para cada número de resíduo de aminoácido. Esse método de análise foi desenvolvido por Elvin Kabat e Tai Te Wu. Adaptada de Abbas *et al.*, 2010.[1]

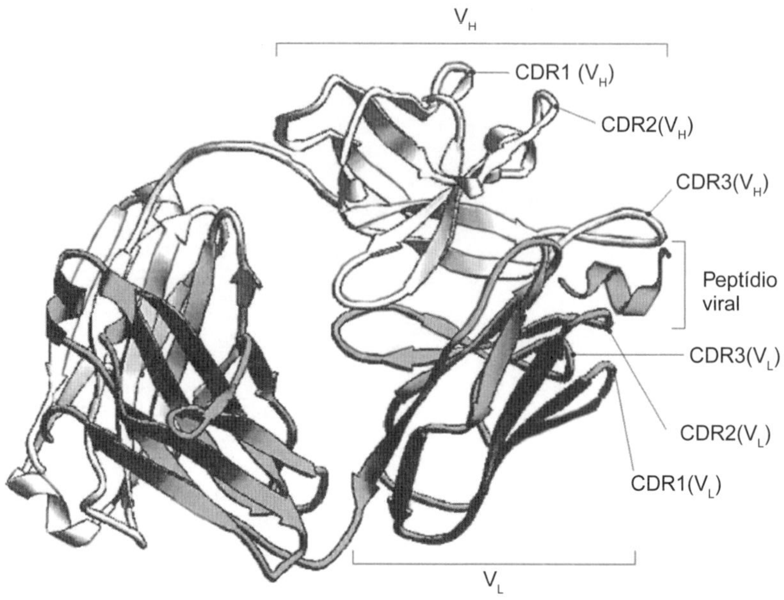

Figura 2.9 Estrutura de um complexo Ag-Ac. Um fragmento de ligação do anticorpo ao antígeno complexado com capsídio viral. O peptídio encontra-se próximo aos CDR tanto da cadeia L como da H. Adaptada de Abbas *et al.*, 2010.[1]

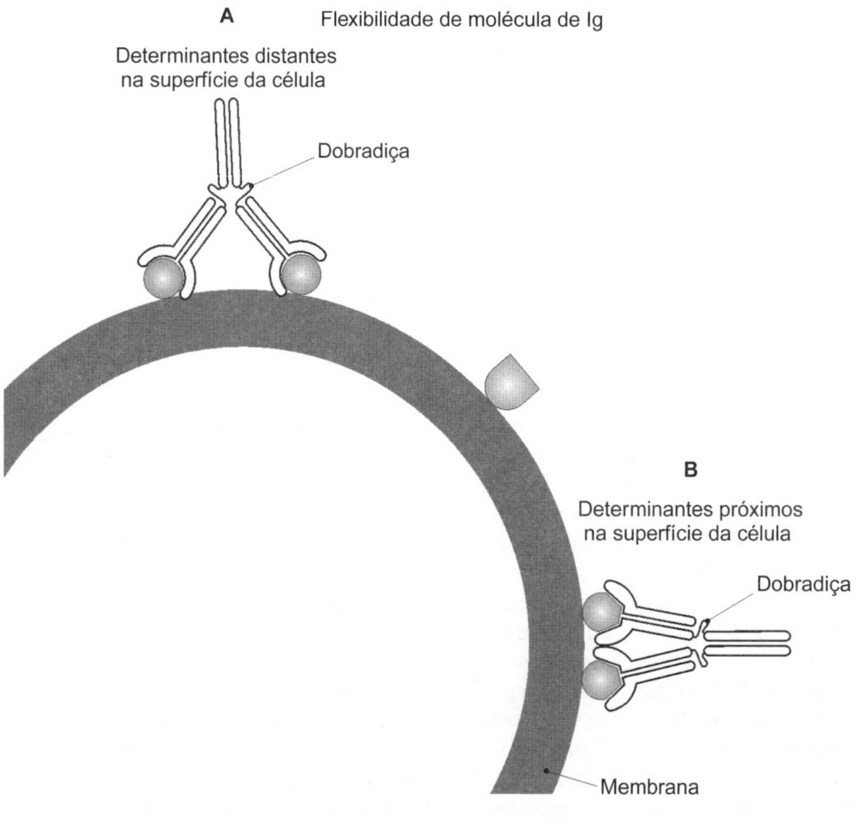

Figura 2.10 **A.** Molécula de Ig tem flexibilidade para se ligar a epítopos distantes, graças à região da dobradiça localizada entre CH1 e CH2, podendo atingir um ângulo de 180°. **B.** A mesma molécula de Ig pode se ligar a epítopos próximos. Adaptada de Abbas *et al.*, 2010.[1]

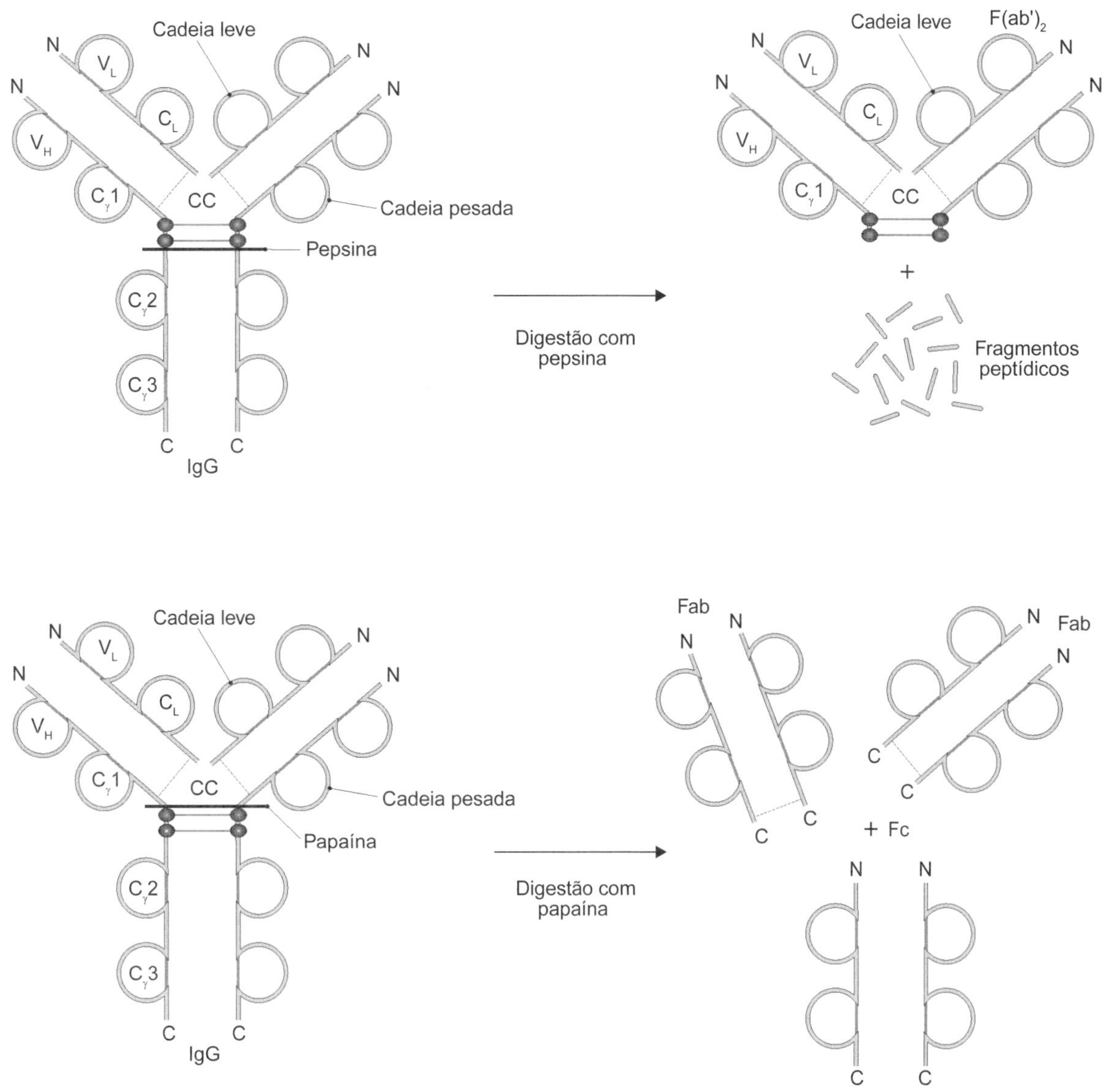

Figura 2.11 Fragmentos proteolíticos de uma molécula de IgG. O sítio de clivagem da molécula pela papaína localiza-se acima da região da dobradiça (seta) gerando dois fragmentos Fab e um Fc. Por outro lado, o sítio de clivagem pela pepsina localiza-se abaixo da região da dobradiça (seta) e dá origem a um fragmento bivalente único, $F(ab')_2$, sendo o Fc degradado.

complemento. Os isótipos ou subclasses de anticorpo diferem na região C e, portanto, nas suas funções efetoras. As funções efetoras mediadas por cada isótipo de anticorpo estão listadas na Tabela 2.1. A neutralização é a única função dos anticorpos mediada inteiramente pela ligação ao antígeno e não requer a participação das regiões constantes da Ig.

A resposta imune humoral é especializada de tal maneira que diferentes micróbios ou antígenos estimulam a célula B a trocar o isótipo de Ig para que ocorra a melhor defesa do organismo. A troca (*switch*) das cadeias H que ocorre durante a síntese das Ig irá determinar a classe da Ig a ser secretada. Os primeiros anticorpos produzidos na resposta humoral são da classe IgM; subsequentemente ocorre a troca da cadeia H e a célula passa a secretar anticorpo de outra classe: IgG, IgA, IgE ou IgD. A especificidade do anticorpo (sítio combinatório) não muda com a troca de classe.

Os principais estímulos para a troca de isótipo durante o processo de ativação do linfócito B são as citocinas derivadas de linfócitos T auxiliares (Th, *T helper*). Diferentes tipos de micróbios estimulam o desenvolvimento de linfócitos T auxiliares do tipo 1 ou 2 (Th1 ou Th2). Os linfócitos Th1 ou Th2 produzem grupos distintos de citocinas e induzem a troca para os diferentes isótipos de cadeia H. Por exemplo, vírus e algumas bactérias estimulam a produção de isótipos de IgG dependentes de Th1, que podem se ligar a fagócitos ou células *natural killer* (NK) e/ou ativam o sistema complemento, enquanto parasitas helmínticos estimulam a produção de anticorpos IgE dependentes de Th2, que se ligam a mastócitos e ativam eosinófilos, potentes em destruir helmintos (Tabela 2.2).

A força de ligação do epítopo pelo anticorpo é chamada de *afinidade*. Por outro lado, *avidez* é a medida da estabilidade geral dos imunocomplexos entre Ag-Ac e depende de três fatores: a afinidade intrínseca do anticorpo pelo epítopo, a valência do anticorpo e do antígeno, e o arranjo geométrico dos componentes interagindo. Os antígenos multivalentes possuem múltiplas cópias de determinantes antigênicos idênticos na mesma molécula. Essas múltiplas valências podem diminuir ou aumentar a afinidade de ligação. O arranjo geométrico das moléculas envolvidas pode contribuir com a afinidade, facilitando ou reduzindo a quantidade de complexos formados.

Como os anticorpos IgM possuem 10 sítios idênticos de interação com o antígeno, podem se ligar a determinantes idênticos repetitivos e, mesmo com baixa afinidade, produzem uma interação polivalente de alta avidez (Figura 2.12).

Interações antígenos-anticorpos

As interações multivalentes entre Ag-Ac são biologicamente significativas, e suas características também podem ser estudadas em sistemas de ensaios *in vitro*, pois imunocomplexos podem ser formados ao misturar o antígeno multivalente com anticorpo específico.

A Figura 2.13 ilustra três situações de interação Ag-Ac:

- Os antígenos podem estar ligados aos anticorpos formando uma extensa rede estável, indicada como *zona de equivalência*
- Os complexos podem ser dissolvidos quando a concentração de antígeno é aumentada (região de excesso de antígenos). Isso ocorre porque a região de ligação do anticorpo fica livre para se ligar ao antígeno que foi adicionado, diminuindo assim a formação de complexos insolúveis
- A redução de imunocomplexos pode ocorrer com o aumento da concentração de anticorpo (região de excesso de anticorpo), onde todo o antígeno estará precipitado e haverá anticorpo livre no sobrenadante (ver Capítulo 5).

A ligação do anticorpo ao antígeno não é covalente. Vários tipos de interações, como forças eletrostáticas, pontes de hidrogênio, forças de van der Waals e hidrofóbicas podem contribuir para essa ligação. A interação Ag-Ac é reversível e segue os princípios termodinâmicos básicos de qualquer interação bimolecular reversível, ou seja, segue a lei das massas de Guldberg e Waage:

$$[Ag] + [Ac] \Leftrightarrow K_A\,[Ag\text{-}Ac]$$

$$\mathbf{K_A} = [Ag\text{-}Ac] \div (\mathbf{[Ag]} + \mathbf{[Ac]})$$

Em que:

- K_A: *constante* intrínseca de *associação* (proporcional à afinidade)
- [Ag]: concentração do antígeno livre
- [Ac]: concentração do anticorpo livre
- [Ag-Ac]: concentração do imunocomplexo formado.

O grau de afinidade da interação Ag-Ac corresponde à concentração de antígeno que irá interagir com a metade dos

Tabela 2.1 Isótipos dos anticorpos humanos.

Ac	Subtipo	Cadeia pesada	Nº de domínios constantes	Região da dobradiça	Concentração no soro (mg/mℓ)	Vida média no soro (dias)	Forma secretora	Massa molecular aproximada (kDa)	Funções
IgA	IgA1	α1	3	Sim	3	6	Monômero Dímero Trímero	150 300 400	Imunidade de mucosa
	IgA2	α2	3	Sim	0,5	6			
IgD	-	δ	3	Sim	Traços	3	--	180	Receptor de antígeno em células B virgens
IgE	-	ε	4	Não	0,05	2	Monômero	190	Hipersensibilidade imediata
IgG	IgG1	γ1	3	Sim	9	23	Monômero	150	Opsonização, ativação do complemento, citotoxicidade mediada por célula dependente de anticorpo, imunidade neonatal, inibição por *feedback* de células B
	IgG2	γ2	3	Sim	3	23	Monômero	150	
	IgG3	γ3	3	Sim	1	23	Monômero	150	
	IgG4	γ4	3	Sim	0,5	23	Monômero	150	
IgM	-	μ	4	Não	1,5	5	Pentâmero	950	Receptor de antígeno em células B virgens, ativação do complemento

kDa: quilodalton.

Tabela 2.2 Propriedades das subpopulações de Th1 e Th2 de linfócito T CD4+.

Propriedade	Subpopulação Th1	Subpopulação Th2
Citocinas produzidas:		
• IFN-γ, IL-2, TNF	+++	-
• IL-4, IL-5, IL-13	-	+++
• IL-10	±	++
• IL-3, GM-CSF	++	++
Expressão de receptor para citocina:		
• Receptor cadeia β para IL-12 e IL-18	++	-
Expressão de receptor para quimiocina:		
• CCR4	±	++
• CXCR3, CCR5	++	±
Ligantes para E- e P-selectinas	++	±
Isótipos de anticorpos estimulados em camundongos	IgG2a (camundongo)	IgE, IgG1 (camundongo) e IgG4 (em humanos)
Ativação de macrófago	+++	-

GM-CSF: fator estimulante de colônia de granulócitos e monócitos; IFN: interferon; IL: interleucina; TNF: fatores de necrose tumoral.

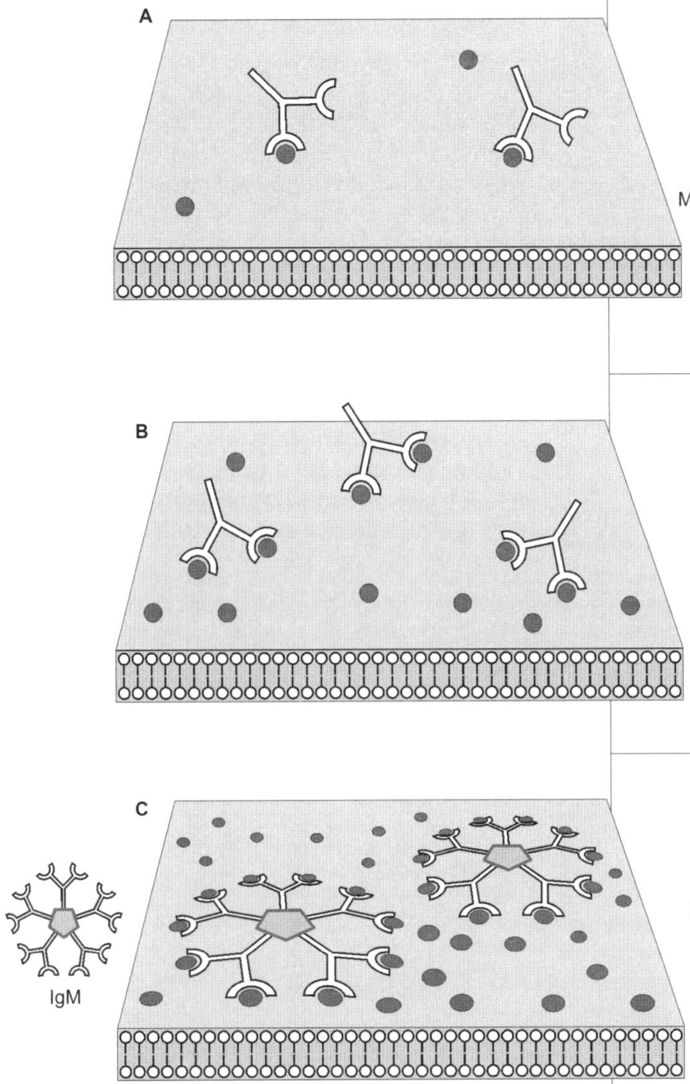

	Valência da interação	Avidez da interação
A	Monovalente	Baixa
B	Bivalente	Alta
C	Polivalente	Muito alta

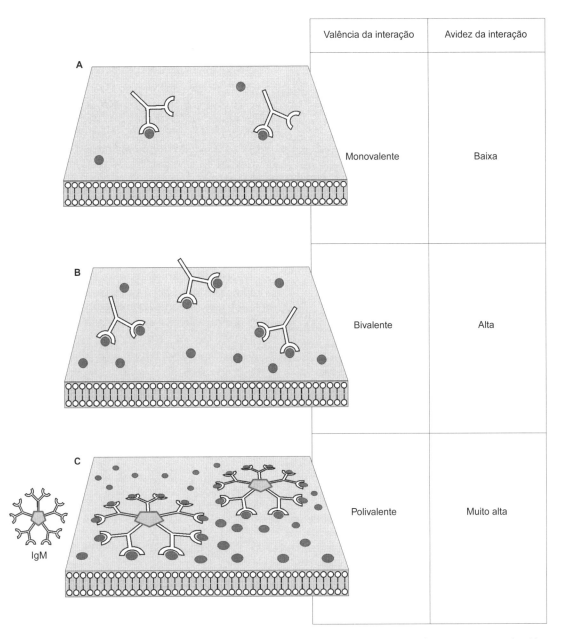

Figura 2.12 Valência e avidez das interações Ag-Ac. **A.** Epítopos distantes interagem com um único Fab. Neste caso, a avidez é baixa embora a afinidade possa ser alta. **B.** Epítopos próximos são ligados por dois Fab, aumentando a avidez da interação. **C.** As moléculas de IgM possuem 10 Fab que podem se ligar a epítopos repetitivos idênticos resultando em interação polivalente de altíssima avidez. Adaptada de Abbas *et al.*, 2010.[1]

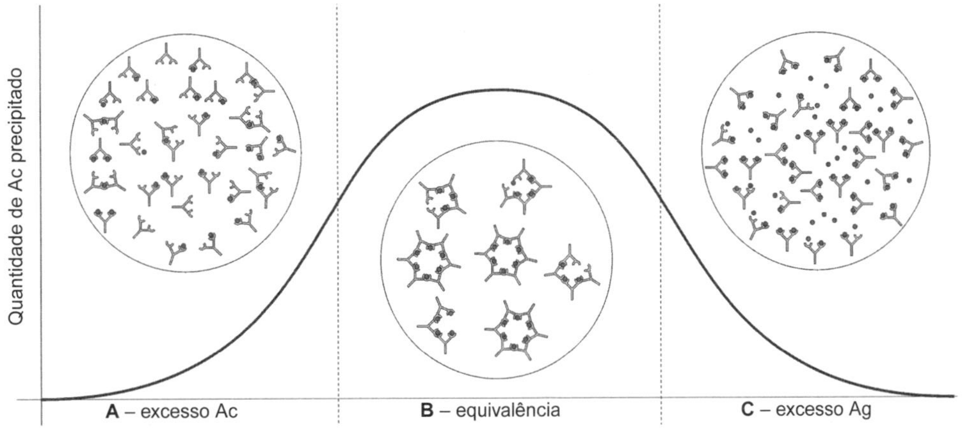

Figura 2.13 Reação de precipitação. **A.** Zona de excesso de anticorpo. **B.** Zona de equivalência. **C.** Zona de excesso de antígeno. Adaptada de Abbas *et al.*, 2010.[1]

anticorpos presentes no sistema e pode ser avaliada pela K_A. Ao analisar o sistema, percebe-se que K_A é diretamente proporcional à concentração de complexos formados, ou seja, quanto maior a K_A mais estável será o complexo formado.

A força de ligação entre um único sítio combinatório de um anticorpo e um epítopo de um antígeno pode ser determinada experimentalmente por diálise de equilíbrio. A mistura dos dois formará um complexo que constantemente se dissociará e voltará a se formar, em uma sincronia de velocidade. Em um dado momento, a velocidade de formação do complexo se igualará à velocidade de dissociação. Esse ponto corresponde ao equilíbrio dinâmico de reação. Fatores como pH, temperatura e tipo de solvente podem alterar a força de interação do complexo Ag-Ac e devem ser mantidos constantes.

A *afinidade* é inversamente proporcional à *constante de dissociação* (K_d), que corresponde à concentração de antígeno requerida para ocupar os sítios combinatórios da metade das moléculas de anticorpos presentes no sistema. Quanto menor a concentração de antígeno necessária para ocupar os sítios, menor será a K_d e maior a afinidade. Por exemplo, no caso dos anticorpos específicos para antígenos naturais, K_d em geral varia de 10^{-7} M a 10^{-11} M, e o soro de um indivíduo imunizado conterá uma mistura de anticorpo com diferentes afinidades para o antígeno, dependendo basicamente das sequências de aminoácidos dos CDR. A afinidade dos anticorpos monoclonais pode ser determinada exatamente, uma vez que esses anticorpos são homogêneos.

Os anticorpos podem ser extremamente específicos para antígeno, distinguindo pequenas diferenças em sua estrutura química. Entretanto, a produção de um anticorpo induzida por uma preparação antigênica pode ocorrer contra um epítopo presente em diferentes antígenos, e assim reconhecer esse epítopo nas diferentes preparações antigênicas, pois, embora os antígenos sejam diferentes, são estruturalmente relacionados. Esse tipo de interação caracteriza uma *reação cruzada.* O antígeno que leva à síntese dos anticorpos é chamado de *homólogo.* O antígeno que tem o mesmo epítopo, mas não foi utilizado para a produção dos anticorpos e apresenta reação cruzada com eles, é chamado de *heterólogo.* Os anticorpos produzidos têm maior afinidade pelo antígeno que levou à sua síntese, ou seja, pelo antígeno homólogo, por possuírem melhor complementaridade. Por outro lado, os anticorpos de baixa afinidade são os que reconhecem pequena porção do epítopo, e proporcionam maior probabilidade de interações cruzadas, por serem pouco complementares.

A *especificidade* fina dos anticorpos aplica-se ao reconhecimento de todas as classes de moléculas. Por exemplo, os anticorpos podem distinguir dois determinantes proteicos que diferem somente em uma única substituição de aminoácido, que tem pouco efeito na estrutura secundária. Como os constituintes bioquímicos de todos os seres vivos são semelhantes, esse alto grau de especificidade é necessário para que os anticorpos gerados em resposta a moléculas microbianas não interajam com moléculas próprias do organismo.

Forças que atuam na interação antígeno-anticorpo

A interação de um anticorpo com um antígeno é feita pela somatória de forças intermoleculares não covalentes. São as mesmas forças que atuam na ligação de proteínas não específicas, a diferença é que os anticorpos têm especificidade. Por serem forças fracas, que ocorrem em sequência, é difícil definir quais atuam em primeiro lugar.

Hidrofóbicas

Força que atua em moléculas e apresenta grupos laterais não polares que repelem a água, como é o caso da valina, da leucina e da fenilalanina, facilitando a aproximação, os choques moleculares e as ligações.

Forças eletrostáticas ou de Coulomb

Quando duas moléculas não estão distantes e apresentam grupos laterais iônicos de cargas opostas ($NH3^+$ e COO^-), elas podem se atrair. Com a aproximação, outros grupos iônicos de cargas opostas presentes nas mesmas moléculas podem atuar fortalecendo a ligação Ag-Ac. A força eletrostática (F) é inversamente proporcional ao quadrado da distância que separa as moléculas com cargas opostas ($F = 1/d^2$).

Pontes de hidrogênio

São forças relativamente fracas que ocorrem em razão da proximidade física entre as moléculas. São forças de atuação entre o hidrogênio de uma molécula e grupos hidrofílicos que possuem elementos do tipo C, H, O, N e S de outra molécula.

Forças de van der Waals

Consideradas a mais fraca das ligações, ocorrem entre o núcleo de um átomo e a nuvem de elétrons de outro átomo, formando dipolos que se atraem. A força de atração é inversamente proporcional à sétima potência da distância ($F = 1/d^7$).

Os anticorpos de alta afinidade se ligarão com maior número de moléculas de antígenos, em menos tempo que os de baixa afinidade, além de formar complexos mais estáveis, ou seja, com tempo de dissociação maior. Por isso, eles são de grande aplicação nas técnicas imunoquímicas, embora o resultado também dependa da avidez, uma vez que ela se correlaciona com a estabilidade geral do complexo.

Anticorpos monoclonais

A utilização de anticorpos como ferramentas de identificação de estruturas tem sido cada vez mais frequente, principalmente no diagnóstico clínico. Entretanto, o uso de misturas de anticorpos diferentes muitas vezes tem aplicação limitada por causa de sua múltipla especificidade para diferentes epítopos antigênicos e heterogeneidade da resposta imune humoral. O soro *policlonal* contém muitos tipos diferentes de anticorpos, produzidos por vários clones de linfócitos B (denominados Acs policlonais), específicos para diferentes antígenos. Mesmo em animais hiperimunes, os anticorpos específicos para um determinado antígeno raramente ultrapassam um décimo dos anticorpos circulantes.

Georges Köhler e César Milstein, em 1975, descreveram a primeira técnica para obtenção de anticorpos homogêneos ou monoclonais de especificidade definida e receberam o Prêmio Nobel em 1984 por essa descoberta.[2] Essa técnica, amplamente utilizada, baseia-se no fato de que cada linfócito B produz anticorpo de especificidade única e consiste na fusão de células secretoras de anticorpos, isoladas de um animal imune, com células de *mieloma*, um tipo de tumor de linfócito B, não secretor de anticorpo, imortal. As células híbridas, ou *hibridomas*, podem ser mantidas *in vitro* indefinidamente e continuarão a secretar anticorpo com especificidade definida. Os anticorpos produzidos pelos hibridomas, derivados de um único clone, são conhecidos como *monoclonais* (AcMo).

Para a fusão celular é necessário utilizar linhagens de mieloma nas quais foram induzidos defeitos na via de síntese de nucleotídios, o que faz com que cresçam em meio de cultura normal, mas não cresçam em meio "seletivo". Da fusão dessas células deficientes com células normais sobreviverão apenas células híbridas imortais, pois as células B normais morrem após 1 ou 2 semanas em cultura.

As primeiras células de mielomas foram obtidas em 1962 a partir de tumor induzido por injeção de óleo mineral pela via intraperitoneal em camundongos BALB/c, cuja linhagem recebeu o nome de plasmocitomas induzidos por óleo mineral (MOPC-1, *mineral oil induced plasmocytomas*). Em 1972, essas células foram adaptadas para sobreviverem em cultura, com a característica de se dividir intensamente em meio de cultura ou em ascite peritoneal, recebendo o nome de MOPC-21. Essas células secretavam Ig e variantes delas foram obtidas após fusão com linfócitos B, dando origem a células secretoras e não secretoras de IgG. As células não secretoras são recomendadas para produção de hibridomas (Tabela 2.3). Mielomas de ratos Louvain obtidos espontaneamente (LOU/c) foram adaptados para cultura após fusão com linfócitos B de rato (S210) e denominados de Y3,Ag1.2.3. Outras variantes desses mielomas também foram obtidas e são indicadas na produção de hibridomas (Tabela 2.4).

A MOPC-21 (renomeada P3 K ou P3), uma variante da MOPC-1, foi utilizada por Köhler e Milstein, em 1975, no experimento em que foi descrita, pela primeira vez, a produção de hibridomas por método de fusão celular.[2] As linhagens de mieloma podem ser transformadas em deficientes da enzima hipoxantina-guanina fosforribosiltransferase (HGPRT) ou timidina quinase (TK) por mutagênese, seguida de seleção em meio contendo substratos para essas enzimas. As células HGPRT-negativas ou TK-negativas são incapazes de sobreviver em meio contendo hipoxantina, aminopterina e timidina (HAT), meio de cultura que requer a existência de enzimas capazes de metabolizar a hipoxantina ou a timidina na presença do antimetabólito aminopterina para que a célula não morra.

Os linfócitos B, parceiros da fusão com mielomas HGPRT-negativos ou TK-negativos, proporcionarão a enzima necessária para a biossíntese de nucleotídios, e somente os hibridomas sintetizarão DNA e crescerão em meio contendo HAT (Figura 2.14).

Os anticorpos monoclonais específicos para um determinado antígeno são produzidos imunizando-se camundongos, ratos ou *hamsters* com o antígeno e retirando-se o baço ou linfonodos desses animais, ricos em linfócitos B. Essas células são misturadas com o mieloma HGPRT-negativo ou TK-negativo, não secretor de Ig, e fundidas usando polietilenoglicol (PEG). Os híbridos são selecionados em meio contendo HAT, em placas de cultura com 96 poços abrangendo *feeder-layer* (células

Tabela 2.3 Células de mieloma (plasmacitomas) induzidas pela inoculação de óleo mineral em camundongos BALB/c.

Linhagem	Cadeias expressas	Secreção de imunoglobulina	Recomendadas para fusão
P3-X63Ag8	γ1, κ	Secretora de IgG1	Não
X63Ag8.653	Não expressa	Não secretora	Sim
SP2O/0-Ag14	Não expressa	Não secretora	Sim
FO	Não expressa	Não secretora	Sim
NSI/1-Ag4-1	κ	Não secretora	Sim
NOS/1	Não expressa	Não secretora	Sim

Tabela 2.4 Células de mieloma obtidas em ratos.

Linhagem	Cadeia expressa	Secreção de imunoglobulina	Recomendadas para fusão
Y3-Ag1.2.3	κ	Não secretora	Não
YB2/0	Não expressa	Não secretora	Sim
IR983F	Não expressa	Não secretora	Sim

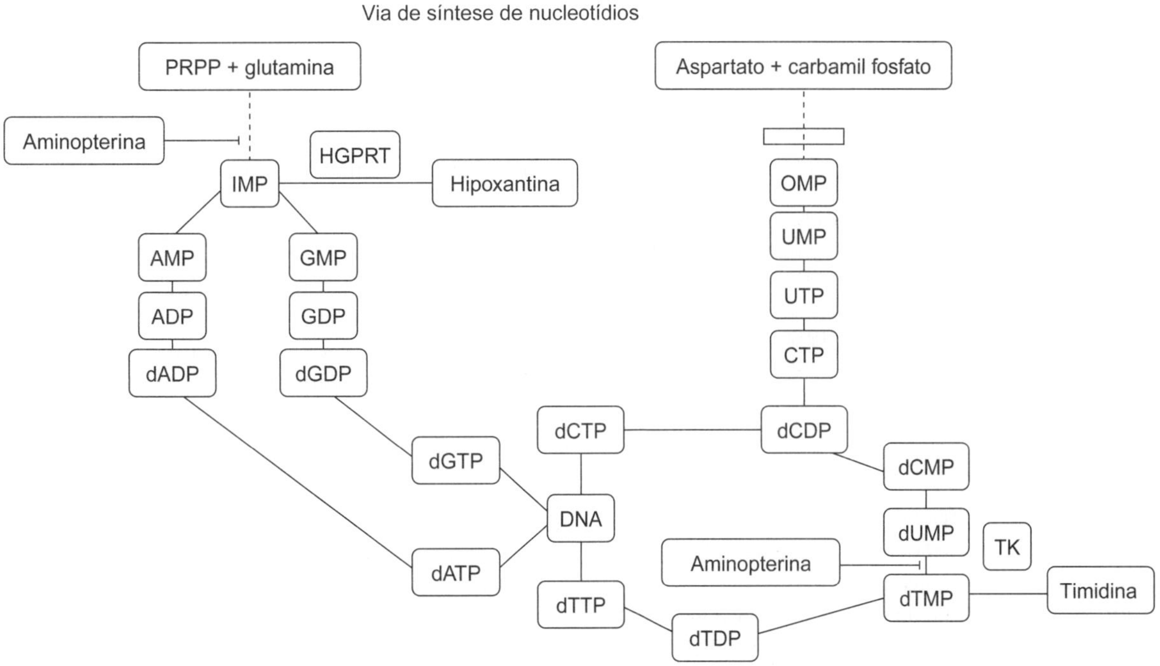

Figura 2.14 Vias esquemáticas e simplificadas envolvendo a síntese de nucleotídios em células de mamíferos, com destaque para os sítios bloqueados pela aminopterina e as enzimas-chave da via de recuperação.

mononucleares obtidas de lavado peritoneal, utilizadas para possibilitar o crescimento da cultura celular). Quando os hibridomas atingem cerca de um quarto dos poços, são testados quanto à presença de anticorpos reativos para o antígeno usado na imunização. O método de triagem dependerá do antígeno utilizado; para os solúveis, as técnicas usuais são imunoensaio enzimático (ELISA, *enzyme-linked immunoassay*) e radioimunoensaio (RIE). Assim que o sobrenadante do poço revela a presença de anticorpos, as células são imediatamente clonadas por diluição limitante ou em ágar semissólido e os sobrenadantes de cada poço são testados novamente para aferir a presença de anticorpos. Os poços positivos são reclonados para garantir a monoclonalidade e testados quanto à isotipia. Os hibridomas podem, então, ser expandidos em cultura (Figura 2.15).

A utilidade dos anticorpos monoclonais resulta de três características: especificidade de ligação, homogeneidade e habilidade para ser produzido em quantidades ilimitadas. Em frascos de cultura *in vitro*, a recuperação é de 10 a 60 μg/mℓ, enquanto *in vivo*, por indução de líquido ascítico em camundongos, era possível obter de 1 a 10 mg/mℓ. Apesar do melhor rendimento do método *in vivo*, o uso desse procedimento não é mais permitido para a produção de monoclonais em virtude do desconforto que causa aos animais e por existirem novas técnicas alternativas *in vitro* desenvolvidas, validadas e adequadas tanto para pesquisa utilizando baixa e média escala como para laboratórios comerciais. Essas novas técnicas incluem o uso de bolsas de cultura de tecidos permeáveis a gás (cultura estacionária) e outros mecanismos para manter as células em suspensão, como garrafas *rollers* ou ainda sistemas com bolhas oscilantes. Alguns tipos de biorreatores encapsulam os hibridomas em polímeros para proteger os hibridomas frágeis. Minifermentadores são os mais promissores métodos *in vitro*, pois permitem a obtenção de grandes quantidades de anticorpos a baixo custo, sem uso de soro.

Outra vantagem única dos hibridomas é o fato de antígenos impuros poderem ser utilizados para produzir anticorpos específicos. Como os hibridomas são clonados antes de utilizados, anticorpos monoespecíficos podem ser selecionados após imunizações com misturas complexas de antígenos. As aplicações dos anticorpos monoclonais são inúmeras e incluem: imunodiagnóstico, diagnóstico de tumores e terapia, identificação de marcadores fenotípicos únicos para determinados tipos celulares e para análise funcional de moléculas secretadas ou de superfície celular. Em algumas aplicações *in vivo*, o anticorpo sozinho é suficiente. Uma vez ligado ao alvo, desencadeia os mecanismos efetores normais do organismo. Em outros casos, o anticorpo monoclonal é ligado a outra molécula, por exemplo, uma fluorescente para auxiliar na visualização do alvo ou um átomo fortemente radioativo, como o iodo-131, para auxiliar na eliminação do alvo.

Alguns anticorpos monoclonais foram introduzidos na medicina humana. Como exemplo, podem-se citar:

- OKT3, que se liga à molécula CD3 na superfície de linfócitos T. É utilizado para prevenir rejeição aguda de órgãos transplantados, por exemplo, rim
- Rituximabe (Rituxan®), que se liga ao CD20 (*cluster of differentiation*), molécula encontrada na maioria dos linfócitos B usada para tratar linfomas de linfócito B
- Daclizumabe (Zenopax®), que se liga a uma parte do receptor para interleucina-2 (IL-2) produzido na superfície de células T ativadas. É empregado na prevenção da rejeição aguda de rins transplantados
- Infliximabe (Remicade®), que se liga ao fator de necrose tumoral-alfa (TNF-α). Tem se mostrado promissor para o tratamento de doenças inflamatórias como artrite reumatoide, apesar de ter como efeito colateral a conversão de casos latentes de tuberculose em doenças ativas
- Herceptin, que se liga a HER-2, um receptor para fator de crescimento encontrado em algumas células tumorais, como câncer de mama e linfomas. É o único monoclonal que parece efetivo contra tumores sólidos.

Existem outros exemplos de monoclonais sendo usados em terapia humana, mas ainda são poucos, considerando-se que já se passaram 40 anos da descoberta do método de produção. A principal dificuldade encontrada no emprego dos anticorpos monoclonais produzidos em camundongos reside no fato de estes serem reconhecidos pelo sistema imune como *nonself*, e o paciente poder apresentar resposta imune contra eles, produzindo anticorpos anticamundongo, denominados anticorpo humano antimurino (HAMA, *human anti-mouse antibodies*). Esses anti-anticorpos fazem com que os anticorpos terapêuticos sejam rapidamente eliminados do hospedeiro, além de formar imunocomplexos que podem causar dano renal.

Para reduzir o problema do HAMA, anticorpos quiméricos ou "humanizados" têm sido produzidos. Para tanto, as regiões variáveis da molécula do anticorpo do camundongo, contendo o sítio de combinação com o antígeno, são fundidas com a região constante da molécula de anticorpo humano por engenharia genética. Como exemplos, os monoclonais infliximabe, abciximabe e rituximabe. Os anticorpos "humanizados" são gerados pela inserção apenas dos aminoácidos responsáveis pelo sítio de combinação com o antígeno (regiões hipervariáveis) na própria molécula de Ig humana, substituindo suas próprias regiões hipervariáveis. Como exemplos, Daclizumabe, Vitaxin®, Mylotarg® e Herceptin®. Em ambos os casos, o novo gene é expresso em células de mamíferos cultivadas em cultura, pois *Escherichia coli* não pode adicionar os açúcares necessários dessas glicoproteínas.

Outras maneiras de solucionar o problema do HAMA estão sendo estudadas. Uma delas visa a explorar a tecnologia dos *transgênicos* para obter camundongos que tenham os genes que codificam para os anticorpos humanos inseridos em seu material genético ou que tenham seus próprios genes para produzirem anticorpos *knocked out*. O resultado seria um camundongo que poderia ser imunizado com o antígeno desejado e produzir anticorpos humanos, e não de camundongos, contra o antígeno, e fornecer células para serem fundidas com as de mieloma para obtenção de anticorpos monoclonais puramente humanos.

Anticorpos Fv de cadeia única

Atualmente, fragmentos de anticorpos recombinantes estão se tornando alternativas terapêuticas populares para os anticorpos monoclonais íntegros, pois são menores, possuem diferentes propriedades vantajosas em certas aplicações médicas e são facilmente sujeitos à manipulação genética. Eles podem ser utilizados em imunoterapia para tratamento de acidentes ofídicos, pois a neutralização das toxinas do veneno independe da porção Fc, que exerce todas as funções efetoras dos anticorpos, exceto a neutralização.

Os fragmentos menores (28 kDa) contendo apenas os domínios VH e VL, conhecidos como Fv e Fv de cadeia única (scFv, *single chain Fv*) podem ser construídos por engenharia genética.

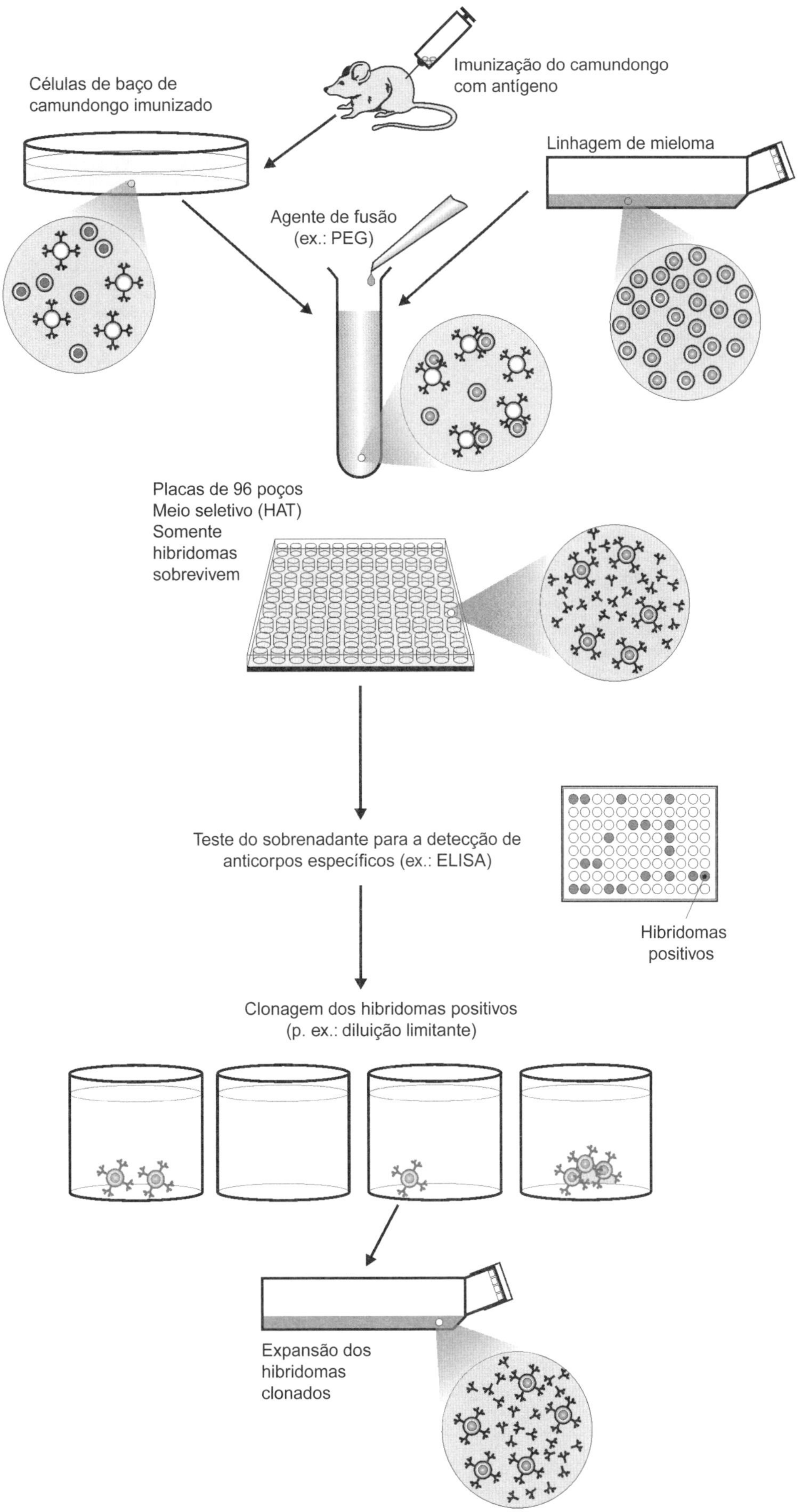

Figura 2.15 Obtenção de anticorpos monoclonais.

Os anticorpos recombinantes contendo fragmentos variáveis de cadeia única scFv contêm os domínios variáveis das VL e VH, ligados por um polipeptídio flexível, por exemplo $(G_4S)_3$, ou por uma ponte dissulfídica (dsFv) ou ambos (sc-dsFv).

Recentemente, duas empresas patentearam técnicas denominadas *nano antibodies* e *domain antibodies* (dAbs) para moléculas de aproximadamente 15 kDa que mimetizam a forma natural de anticorpos encontrados em tubarões (domínio V-NAR) e camelos (VhH). Todos esses formatos podem ser modificados para obter anticorpos de especificidades diferentes (biespecíficos, triespecíficos) ou estruturas (*diabodies, tetrabodies, minibodies*) que oferecem vantagens terapêuticas. Um exemplo de anticorpo utilizado clinicamente hoje em dia e que foi isolado pela metodologia de *phage display* é o adalimumabe (Humira®; Abbott Laboratories), um anticorpo monoclonal específico anti-TNF, utilizado para tratamento de artrite reumatoide e psoríase.

Os anticorpos scFv podem ser obtidos de hibridomas ou de bibliotecas de *phage display*. A tecnologia de *phage display* permite a expressão de uma proteína (como anticorpo) ou peptídios, na superfície de um bacteriófago contendo os genes que codificam a proteína expressa, pois existe uma relação direta entre o genótipo e o fenótipo.

A metodologia de *phage display*, ou seja, apresentação de polipeptídios na superfície de um bacteriófago ou fago filamentoso, que é um vírus capaz de infectar a bactéria *E. coli*, foi estabelecida por Smith em 1985.[3] O princípio desse sistema de expressão reside na ligação física do fenótipo do polipeptídio ao seu genótipo correspondente. As proteínas ou peptídios são geralmente expressas em fusão com a proteína pIII ou pVIII da cobertura do fago.

Tais proteínas de fusão são direcionadas ao periplasma da bactéria ou à membrana interna da célula por uma sequência sinal apropriada que é adicionada ao seu N-terminal. As proteínas de fusão são incorporadas às partículas de fago em formação. A informação genética que codifica para a proteína de fusão expressa é empacotada dentro da mesma partícula de fago na forma de uma molécula de DNA de fita simples (ssDNA, *single strand DNA*). Assim, o acoplamento do genótipo-fenótipo ocorre antes de os fagos serem liberados no ambiente extracelular, assegurando que estes, produzidos no mesmo clone bacteriano, sejam idênticos.

Referências bibliográficas

1. Abbas AK, Lichtman AH, Pober JS. Cellular and molecular immunology. 5. ed. Philadelphia: WB Saunders Co.; 2010.
2. Köhler G, Milstein C. Continuous cultures of fused cells secreting antibody of predefined specificity. Nature. 1975;256:495-7.
3. Smith GP. Filamentous fusion phage: novel expression vectors that display cloned antigens on the virion surface. Science. 1985;228(4705):1315-7.

Bibliografia

Azzazy HM, Highsmith WE Jr. Phage display technology: clinical applications and recent innovations. Clin Biochem. 2002;35(6):425-45.

Booth J, Wilson H, Jimbo S, Mutwiri G. Modulation of B cell responses by Toll-like receptors. Cell Tissue Res. 2011;343(1):131-40.

Brewer JM. (How) do aluminium adjuvants work? Immunol Lett. 2006;102(1):10-5.

Browne EP. Regulation of B-cell response by Toll-like receptors. Immunol. 2012;136(4):370-9.

Calich V, Vaz C. Imunologia. Rio de Janeiro: Reviver; 2001.

Carter PJ. Potent antibody therapeutics by design. Nat Rev Immunol. 2006;6(5):343-57.

Franchi L, Núñez G. The Nlrp3 inflammasome is critical for aluminium hydroxide-mediated IL-1b secretion but dispensable for adjuvant activity. Eur J Immunol. 2008;38(8):2085-9.

Hayes JM, Cosgrave EF, Struwe WB, Wormald M, Davey GP, Jefferis R, et al. Glycosylation and Fc receptors. Curr Top Microbiol Immunol. 2014;382:165-99.

Hua Z, Hou B. TLR signaling in B-cell development and activation. Cel Mol Immunol. 2013;10(2):103-6.

Kenneth M, Travers P, Walport M. Imunobiologia de Janeway. 7. ed. São Paulo: ArtMed; 2010.

Rickert RC. Regulation of B lymphocyte activation by complement C3 and the B cell coreceptor complex. Curr Opin Immunol. 2005;17(3):237-43.

Roitt I, Brostoff J, Male D. Imunologia. 6. ed. São Paulo: Manole; 2003.

Vos Q, Lees A, Wu ZQ, Snapper CM, Mond JJ. B-cell activation by T-cell-independent type 2 antigens as an integral part of the humoral immune response to pathogenic microorganisms. Immunol Rev. 2000;176:154-70.

Wörn A, Plückthun A. Stability engineering of antibody single-chain Fv fragments. J Mol Biol. 2001;305(5):989-1010.

Xue J, Zhu LP, Wei Q. IgG-Fc N-glycosylation at Asn297 and IgA O-glycosylation in the hinge region in health and disease. Glycoconj J. 2013;30(8):735-45.

Zauner G, Selman MH, Bondt A, Rombouts Y, Blank D, Deelder AM, et al. Glycoproteomic analysis of antibodies. Mol Cell Proteomics. 2013;12(4):856-65.

Capítulo 3

Tecnologia de Proteínas Recombinantes

Rosario Dominguez Crespo Hirata e Mario Hiroyuki Hirata

Introdução

A rápida expansão da indústria de biotecnologia tem sido acompanhada de modificações e desafios nos processos de produção eficiente e controlada de proteínas recombinantes em diferentes sistemas para inúmeras finalidades.

A tecnologia de proteínas recombinantes é utilizada para obter e combinar genes de diferentes espécies e expressá-los em vários tipos de hospedeiros. Essa tecnologia possibilita a produção de grandes quantidades de proteínas recombinantes necessárias para fins diagnósticos, terapêuticos e de prevenção de inúmeras doenças humanas.

A escolha do hospedeiro para a produção de proteínas recombinantes depende principalmente das propriedades e do uso final do produto. A bactéria *Escherichia coli* e outros sistemas de procariotos têm sido usados com sucesso para a produção de proteínas pequenas (< 30 kDa) e menos complexas. Por outro lado, para proteínas maiores (> 100 kDa) com várias subunidades ou que requerem modificações pós-traducionais, como a glicosilação, os hospedeiros mais adequados são os sistemas de eucariotos, como as células de leveduras, mamíferos e insetos, e animais e plantas transgênicos.[1]

Neste capítulo, serão abordados sistemas de expressão de proteínas recombinantes em procariotos e eucariotos, as aplicações desses sistemas na produção de antígenos e anticorpos recombinantes para fins diagnósticos e os aspectos de controle de qualidade na produção de proteínas recombinantes.

Vetores de expressão

São utilizados para inserção, replicação e transcrição do gene heterólogo e produção da proteína recombinante, em uma célula hospedeira. A estrutura dos vetores de expressão tem um conjunto de elementos em comum: sítio de origem de replicação; gene de seleção dominante para propagação e manutenção do vetor (gene que confere resistência ou marcador de seleção alternativo), sequência do gene inserido na forma de cDNA, sítios de iniciação da transcrição (promotor) e tradução (sequências Shine-Dalgarno e códon de iniciação), e sinais para término para transcrição e tradução (síntese da proteína). Os principais elementos da estrutura de um vetor de expressão procariótico do tipo plasmidial são mostrados na Figura 3.1.

O sítio de origem da replicação (*ori*) permite que o plasmídeo se replique em número variável de cópias sem integração ao cromossomo bacteriano hospedeiro. Os vetores derivados do plasmídeo pBR32 ocorrem em 25 a 50 cópias/célula hospedeira, enquanto o plasmídeo de clonagem pUC se encontra em 150 a 200 cópias/célula.[2] O número de cópias influencia na manutenção do plasmídeo dentro da célula (estabilidade) durante divisão celular e na taxa de crescimento celular. Em geral, as células com

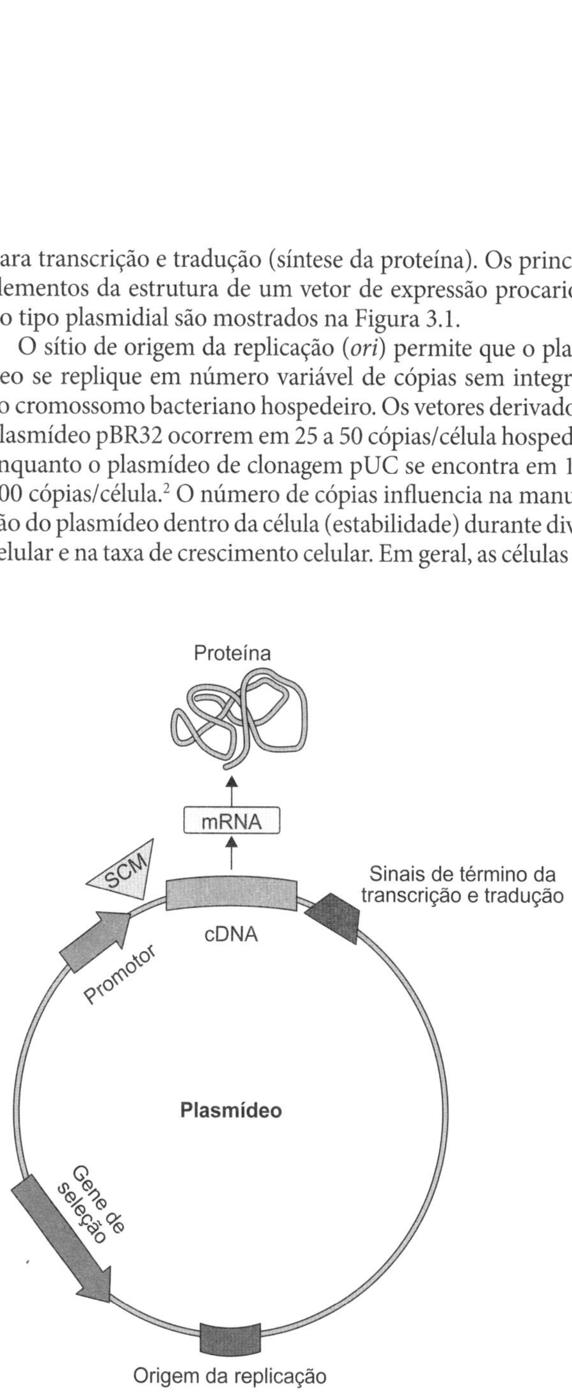

Figura 3.1 Estrutura de um vetor de expressão do tipo plasmidial. SCM: sítio de clonagem múltipla.

menor número de plasmídeos têm maior taxa de crescimento porque utilizam menos maquinaria para a replicação plasmidial. Para a expressão de proteínas em células de mamífero, os vetores são do tipo viral, que também tem um sítio de origem de replicação, como o derivado do vírus de símio 40 (SV40).[2]

O promotor é um elemento posicionado imediatamente à montante (*upstream*) do início da sequência de cDNA do gene a ser expresso e é responsável pela especificidade e eficiência da transcrição. A região promotora tem uma sequência que permite a interação com a RNA polimerase e fatores de transcrição e outros elementos que regulam a transcrição gênica. O promotor frequentemente é o principal determinante da taxa de transcrição do mRNA e, consequentemente, da expressão da proteína recombinante. Na extremidade 3' da região promotora, há um sítio de clonagem múltipla (SCM) com sequências de reconhecimento para várias enzimas de restrição. Essa região possibilita a manipulação genética do plasmídeo, o que permite a inserção do gene heterólogo na posição correta para a transcrição.[3]

Vários promotores fortes com alta taxa de expressão em *E. coli* estão disponíveis. Uma característica importante é a capacidade de o promotor ser fortemente regulado, isto é, eficientemente inibido (*down regulated*) na ausência de indutor. É desejável que ele seja reprimido durante a fase de crescimento celular para atingir alta densidade celular. Após isso, a indução do promotor desencadeará alta taxa de transcrição e tradução (síntese da proteína). O promotor deve ser estruturalmente simples e a etapa de indução, ter baixo custo. Os do tipo *lac*, híbrido *lac-trp* e *trc* são induzidos por isopropil-β-D-tiogalactopiranosídeo (IPTG) e são regulados pelo produto do gene *lacI*, o repressor lac.[2,3] Esses promotores não são completamente reprimidos na ausência de indução e, portanto, não são adequados quando o produto do gene é tóxico para a célula.

O término da transcrição do gene clonado é sinalizado pela presença de sequências específicas na extremidade 3' reconhecidas pela RNA polimerase, denominadas blocos de finalização. Nos sistemas de expressão de mamíferos, esses blocos são responsáveis pela adição de sequências características poli (A) à extremidade 3' do mRNA. As sequências 3'-poli (A) aumentam a estabilidade do mRNA transcrito pela formação de uma alça na extremidade 3'.[4] O conjunto de sequências, constituído de promotor, gene clonado e sinais de finalização, é conhecido como cassete de expressão.

Nos sistemas de expressão, o processo de introdução do vetor de expressão na célula do hospedeiro é conhecido como transfecção. O marcador de seleção presente na estrutura do vetor de expressão (ver Figura 3.1) possibilita a identificação e o isolamento das células transfectadas.

O marcador de seleção em geral é um gene que codifica para uma proteína que confere resistência a um antibiótico. Esse marcador assegura que somente as células que albergam o vetor de expressão se dividirão, resistindo à pressão seletiva do antibiótico. Genes que conferem resistência a ampicilina, tetraciclina e canamicina são comumente usados nos vetores de expressão. O gene da *betalactamase* (*bla*) confere resistência à ampicilina, e as bactérias transfectadas com o gene crescem no meio que contém esse antibiótico.[2,3]

Para outros tipos de hospedeiros, o cassete de seleção codifica uma proteína que corrige uma mutação na via metabólica do hospedeiro ou permite à célula do hospedeiro metabolizar um agente tóxico, possibilitando a seleção das células transfectadas. O número de cópias do gene de interesse pode aumentar em resposta ao agente seletivo por processo de amplificação, fundamental para a maioria dos sistemas de expressão de mamíferos que mantém a estabilidade da expressão da proteína recombinante.[2]

As extremidades 5' e 3' não traduzidas (UTR) do gene devem ser removidas previamente à clonagem no vetor de expressão. A extremidade 3' pode conter sinais para a degradação do mRNA e, se o mRNA é rapidamente degradado, a expressão é baixa. Como os vetores de expressão de eucariotos contêm sítios poli (A) na extremidade 3' do mRNA, se esses sítios não forem do cDNA, serão produzidos transcritos com sequências poli (A) repetidas consecutivamente, o que pode causar instabilidade do mRNA.

A estabilidade da proteína é determinada pela sua sequência primária de aminoácidos, e como tal, é difícil de manipular sem alterar as características do produto. Se a proteína é secretada, o sinal de secreção pode ser aperfeiçoado usando técnicas de engenharia genética e mutagênese sítio-dirigida. A expressão de algumas proteínas em altos níveis pode ser tóxica para a célula e causar problemas na manutenção da viabilidade celular durante as muitas divisões celulares necessárias na produção escalonada (*scale-up*).[3] A troca de um único aminoácido em uma proteína pode remover a sua toxicidade, porém é mais adequado utilizar uma estratégia diferente de expressão que garanta a viabilidade celular sem modificar a sequência da proteína.

A compreensão do processo de expressão gênica permite desenvolver sistemas que apresentam altas taxas de expressão de proteínas heterólogas em diversas linhagens celulares. Entretanto, ocasionalmente, alguns genes têm propriedades inerentes que resultam em baixas taxas de expressão em sistemas heterólogos. Nesses casos, os processos e a escala de fabricação têm que ser adequadamente ajustados.

Sistemas de expressão de proteínas recombinantes

Há uma grande variedade de sistemas de expressão de proteínas disponível. Proteínas podem ser expressas em culturas de células bacterianas, leveduras, fungos, mamíferos, plantas ou insetos, ou ser produzidas por plantas e animais transgênicos.[1,5]

A escolha do sistema de hospedeiro depende de vários fatores, como o tamanho, a estrutura e a estabilidade do produto gênico; requisitos de modificação pós-tradução para a atividade biológica; taxa de crescimento celular e de expressão; expressão intracelular e extracelular. A qualidade, a funcionalidade, a rapidez de produção e o rendimento da proteína recombinante e o baixo custo do processo também são fatores importantes a considerar.[1,2]

O sistema de expressão bacteriano é mais adequado para produção de proteínas heterólogas mais simples (p. ex., antígenos de bactérias e parasitas para fins de imunodiagnóstico) ou proteínas de procariotos (p. ex., toxina tetânica para uso como vacina). Se a proteína é uma molécula multimérica complexa e que requer modificação pós-tradução (p. ex., anticorpo monoclonal para fins terapêuticos), o processo mais adequado é o sistema de expressão em células de mamífero.

Proteínas não glicosiladas são em geral produzidas em *E. coli* ou leveduras, enquanto proteínas glicosiladas são produzidas em células de mamíferos que mimetizam a glicosilação de proteínas humanas. As células de ovário de cobaio chinês (CHO, *chinese hamster ovary*) são muito utilizadas, mas o processo ainda é oneroso e as glicoproteínas produzidas não são exatamente do tipo humano, e, em alguns casos, são muito modificadas. Leveduras, fungos filamentosos e células de insetos têm baixa capacidade de prover a glicosilação de mamíferos, mas a levedura metilotrófica *Pichia pastoris* foi modificada por engenharia genética para produzir um tipo de glicosilação humana.[1,5]

Sistema de expressão em bactérias

O sistema bacteriano *E. coli* foi o primeiro e é o mais amplamente utilizado para a produção de proteínas heterólogas recombinantes. A *E. coli* tem as vantagens da flexibilidade genética (manipulação genética fácil), alta taxa de expressão, produção rápida da proteína recombinante, facilidade de cultivo em alta densidade celular que propicia alto rendimento e baixo custo de processamento.[1,3,6,7] A *E. coli* é usada para produção em larga escala de muitas proteínas humanas comercializadas para fins diagnósticos e terapêuticos. Como tem modificações pós-traducionais limitadas, é preferencialmente empregada na produção de proteínas não glicosiladas.[1]

O crescimento bacteriano atinge altas densidades celulares na suspensão em meios de cultura simples. Por outro lado, a alta taxa de expressão desse sistema pode resultar em falha no dobramento (*folding*) da proteína, tornando-a inativa ou insolúvel.[6,7] Isso ocorre principalmente no caso de proteínas com múltiplas pontes dissulfídricas, as quais dificultam o dobramento correto da proteína formada. Além disso, várias proteínas expressas em *E. coli* acumulam-se intracelularmente na forma de corpos de inclusão inativos insolúveis, dos quais a atividade biológica precisa ser recuperada por processos de desnaturação e redobramento (*refolding*) complexos e de alto custo.[2,8] As proteínas produzidas em *E. coli* geralmente contêm alta concentração de endotoxinas que devem ser cuidadosamente removidas, durante o processo de purificação, pois poderão ativar as vias fator nuclear kappa B (NF-kB) e proteína ativadora 1 (AP-1) e causar reações graves, como febre, em pequenos animais. Além disso, ocorre formação de acetato, tóxico para a célula bacteriana. As principais vantagens e limitações do sistema de expressão em *E. coli* estão indicados na Tabela 3.1.

Progressos recentes na compreensão da transcrição, tradução e dobramento (*folding*) de proteínas produzidas em *E. coli* e o aperfeiçoamento de ferramentas genéticas tornaram essa bactéria mais valiosa para a expressão de proteínas eucarióticas complexas. Seu genoma pode ser modificado com precisão, rapidez e facilidade, o promotor é de fácil controle e o número de cópias do plasmídeo pode ser facilmente alterado. Esse sistema também se caracteriza por fluxo de carbono metabólico que evita a incorporação de aminoácidos análogos, formação de ligações dissulfídricas intracelulares e reprodutibilidade do processo de produção da proteína recombinante controlado por computador (acompanhamento em tempo real). *E. coli* pode acumular a proteína recombinante em até 80% do seu peso seco e sobreviver em várias condições ambientais.[1]

Avanços recentes nos processos de glicosilação, redobramento (*refolding*) e translocação de proteínas, e a coexpressão de chaperoninas, foldases e isomerases tornaram possível o desenvolvimento de cepas de *E. coli* modificadas que acumulam proteínas na forma solúvel, secretam-nas no periplasma, exportam para o meio de cultura ou dirigem-nas para a membrana externa da célula para disposição na superfície.[5,8-11] A decisão de dirigir a proteína expressa para um compartimento celular específico, isto é, para o espaço citoplasmático, periplasmático ou meio de cultura, reside no equilíbrio entre vantagens e desvantagens da expressão, em cada compartimento (Figura 3.2).

As modificações genômicas e funcionais do sistema de expressão têm ampliado a utilização do sistema *E. coli* na produção de uma grande gama de proteínas recombinantes humanas para fins diagnósticos e terapêuticos, como antígenos e anticorpos recombinantes, hormônios [p. ex., insulina, glucagon, hormônio de crescimento (GH), calcitonina, paratormônio (PTH)], fatores de crescimento [p. ex., fator estimulador de colônia de macrófagos e granulócitos (GM-CSF)], citocinas [p. ex., interferon-alfa (IFN-α), interferon-beta (IFN-β)] e agentes fibrinolíticos [p. ex., ativador do plasminogênio tecidual (tPA)].[1,9]

Fatores que afetam a produção de proteínas recombinantes em *E. coli*

Os avanços da tecnologia de DNA recombinante têm permitido a inserção de segmentos de DNA em vetores de expressão (p. ex., plasmidial ou viral) e no DNA cromossômico de microrganismos (p. ex., *E. coli*). Essa tecnologia permite a inserção de cassetes de expressão, a modificação do DNA cromossômico para aumentar o controle do promotor [p. ex., mutação no gene da proteína ligadora de fosfato (phoS)] ou a retenção do plasmídeo. É possível também modificar o metabolismo celular, estabilizar o produto proteico e fazer o dobramento da proteína de forma mais eficiente.[7]

A taxa de síntese proteica, a eficiência do metabolismo do hospedeiro e o dobramento da proteína são importantes fatores que afetam a produção de proteínas recombinantes.

Taxa de síntese proteica

A taxa de síntese proteica (tradução) célula-específica é provavelmente o parâmetro mais importante que afeta a produção da proteína recombinante. A taxa de síntese proteica depende de vários fatores, como dosagem gênica do vetor de expressão, tipo de promotor, estabilidade do mRNA e a eficiência da iniciação da tradução.[4] O alto rendimento da proteína recombinante depende da manutenção/sustentação do sistema de expressão durante o período de produção.

A dosagem gênica corresponde ao número de cópias do vetor de expressão por célula. A produção de proteínas recombinantes em vetores de expressão com baixo número de cópias por célula é menor que em vetores com alto número, mesmo quando o mRNA é estabilizado pela estrutura secundária em alça na extremidade 5'. Contudo, os vetores com menos cópias podem fornecer considerável quantidade de proteína se o promotor for forte (p. ex., promotor T7) e o tempo de expressão prolongado.[4,5] A dosagem gênica baixa também evita a agregação e/ou a saturação da via de secreção. Esse mesmo conceito pode ser explorado com a inserção do cassete de expressão no DNA cromossômico.[5]

Os promotores devem ter pouca ou nenhuma expressão antes da indução e a taxa de expressão deve ser ajustável e confiável, porém com frequência é observada heterogeneidade de expressão após a indução. Isso parece resultar do tipo de promotor e da variabilidade das concentrações iniciais ou das taxas de indução das proteínas de transporte do indutor.[4,5] A indução de baixo custo e automática (sem intervenção do operador) é geralmente desejável para produzir proteínas recombinantes em larga escala. Para essa finalidade, o promotor da fosfatase alcalina (FA) pode ser usado, já que é rigidamente regulado e induzido quando fosfato é privado do meio de cultura, porém essa privação limita a duração da síntese proteica. A utilização da proteína sensível ao fosfato (PstS) com gene *phoS* mutado permite a indução do promotor

Tabela 3.1 Características dos principais sistemas de expressão de proteínas recombinantes

Sistemas	Vantagens	Limitações	Exemplos
Bactérias	Flexibilidade genética Facilidade de cultivo em alta densidade celular Alta taxa de expressão Produção rápida da proteína recombinante Alto rendimento Baixo custo do processo de produção Proteínas não glicosiladas	Dificuldade de dobramento (*folding*) de proteínas com multiplas pontes dissulfídricas Produção de proteínas em corpos de inclusão que são inativas e requerem redobramento (*refolding*) Modificações pós-traducionais limitadas Contaminação da proteína com endotoxinas bacterianas Toxicidade celular por acetato	Insulina, glucagon, GH, PTH, IFN-α, IFN-β, GM-CSF, tPA, antígenos, fragmentos de mAb
Leveduras	Flexibilidade genética Crescimento rápido e em alta densidade Alta taxa de expressão Modificações pós-traducionais complexas Dobramento (*folding*) correto Alta atividade biológica Secreção no meio extracelular Alto rendimento Baixo custo de produção Cepas com produção estável Não produz endotoxina Baixo risco de degradação proteolítica	Padrões de glicosilação incorretos Heterogeneidade da glicoproteína Hipermanosilação Depuração rápida da circulação Risco imunogênico Requerimento de chaperoninas Dobramento correto de algumas proteínas heterólogas	Albumina, insulina, glucagon, GH, GM-CSF, PDGF IFN-α, IFN-β, TNF-α, IL-2, CEA, antígenos, fragmentos de mAb
Células de inseto/ baculovírus	Manutenção fácil Modificações pós-traducionais complexas Dobramento (*folding*) correto da proteína Clivagem correta do peptídio sinal Processamento proteolítico adequado Pouca limitação do tamanho da proteína Vários genes expressos simultaneamente Baixo efeito citopático do baculovírus Alta densidade celular Produção escalonada (*scale-up*) fácil Alto rendimento Biossegurança	Processo lento Glicosilação diferente das células de mamífero Dobramento incorreto da proteína Formação de agregados intracelulares Secreção ineficiente Risco de baixa expressão Imunogenicidade Alto custo de produção	*Virus-like particles* (VLP): HBV, HEV, HPV, HIV-1, rotavírus humano, vírus *influenza*
Células de mamíferos	Modificações pós-traducionais complexas e similares às células humanas Formação de pontes dissulfídricas múltiplas Dobramento correto da proteína Clivagem correta do peptídio sinal Secreção da proteína no meio de cultura Proteínas heterólogas ativas Purificação mais simples Baixa produção de endotoxinas	Sistema de expressão transitório Baixa densidade celular Baixo rendimento e reprodutibilidade Alto custo de produção Risco de contaminação por vírus ou DNA Proteína heteróloga pode ser tóxica para as células	Hormônios esteroides, LH, FSH, hCG, eritropoetina, TGF-β, fator VIII, tPA, mAb
Animais transgênicos	Características das proteínas similares às de células de mamíferos Maior produtividade e custo-efetividade que células de mamíferos (p. ex., leite)	Risco de efeitos deletérios da proteína recombinante nos animais Risco de contaminação com vírus e príons Processo lento (3,5 a 32 meses) Alto custo de manutenção Risco de imunogenicidade	GH, tPA, antitrombina III, fator IX, fibrinogênio, proteína C ativada, α-1-antitripsina, hemoglobina, mAb
Plantas transgênicas	Expressão direcionada Estabilidade da proteína em compartimentos da planta Modificações pós-traducionais complexas Dobramento e montagem corretos de proteínas complexas Alto rendimento Baixo risco de contaminação com patógenos de animal Purificação de proteína relativamente simples Baixo custo de produção Produção em larga escala (*scale-up*)	Glicosilação pode ser incorreta Aspectos regulatórios e de biossegurança Risco de contaminação com pesticidas, herbicidas e metabólitos tóxicos Risco de imunogenicidade Alto custo de purificação, em alguns casos	Albumina, avidina, insulina, GH, IFN-α, IFN-β, fator VIII, tPA, enzimas, antígenos, mAb, vacinas

CEA: antígeno carcinoembrionário; GH: hormônio de crescimento; GM-CSF: fator estimulador de colônia de macrófagos e granulócitos; HBV: vírus da hepatite B; hCG: gonadotrofina coriônica humana; HEV: vírus da hepatite E; HIV-1: vírus da imunodeficiência humana tipo 1; HPV: papilomavírus humano; IFN-α: interferon-alfa; IFN-β: interferon-beta; IL-2: interleucina-2; mAb: anticorpos monoclonais; PDGF: fator de crescimento derivado de plaquetas; PTH: paratormônio; TGF-β: fator de crescimento transformador-beta; TNF-α: fator de necrose tumoral-alfa; tPA: ativador do plasminogênio tecidual.

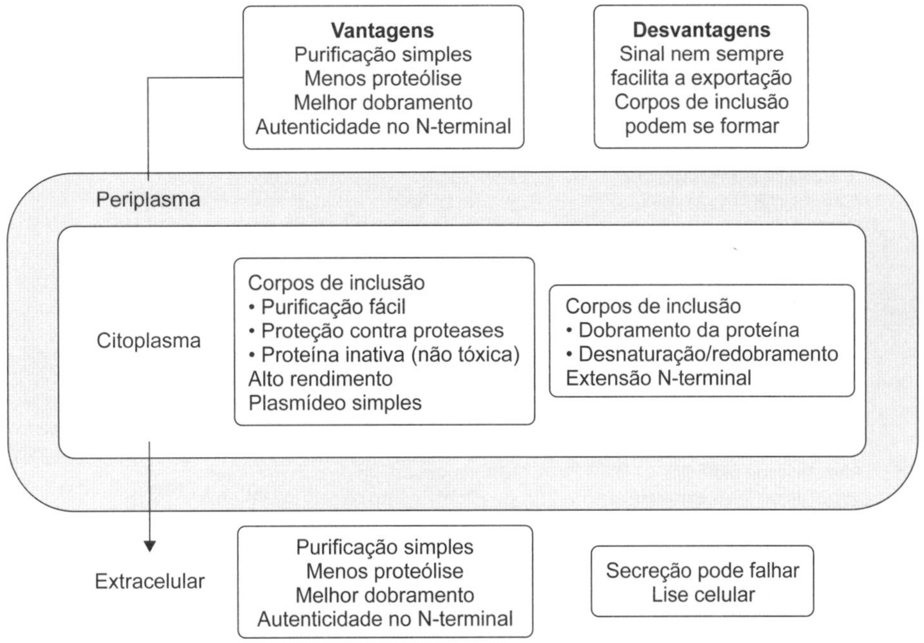

Figura 3.2 Vantagens e desvantagens da produção de proteínas recombinantes em diferentes compartimentos da *E. coli*.

FA em altas concentrações de fosfato, o qual pode ser adicionado continuamente (para evitar a depleção de fosfato) sem reprimir o promotor.

A estabilidade do mRNA também pode afetar as taxas de expressão da proteína recombinante. Modificações na estrutura secundária (alça) na extremidade 5' do mRNA parecem aumentar a meia-vida do mRNA quando a taxa de transcrição é baixa em razão da fraca indução do promotor ou do baixo número de cópias do vetor de expressão. Entretanto, essas modificações no mRNA têm relativamente pouco feito na expressão de proteínas recombinantes quando as taxas de transcrição são altas.[4,5]

Eficiência da iniciação da tradução

A síntese proteica (tradução) é iniciada pela ligação dos ribossomos às sequências *Shine-Dalgarno* (SD) localizadas nos sítios de ligação aos ribossomos (RBS) da sequência de mRNA.[2] O espaço e as sequências entre o RBS e o códon de iniciação (AUG) são importantes para a eficiente iniciação da tradução. Além disso, a estrutura secundária próxima do RBS na sequência imediatamente à jusante (*downstream*) ao códon de iniciação afeta a eficiência da iniciação da tradução. A expressão do produto gênico é maior quando o segundo códon que segue o códon de iniciação é rico em adenina. Outro aspecto relevante é a frequência de ocorrência de códons na *E. coli*, que difere dos encontrados em humanos (*codon usage*). Portanto, genes humanos que contêm códons raros na *E. coli* podem ser ineficientemente expressos, o que pode ser contornado pela coexpressão de tRNA raros.[3,5]

Eficiência do metabolismo do hospedeiro

O aumento da eficiência do metabolismo da *E. coli* pode ser realizado pela limitação do fornecimento de glicose, que diminui seu transporte na célula e evita o acúmulo de acetato. Isso pode ser realizado por diminuição da captação de glicose pela inativação do gene *ptsG*, que codifica o transportador de glicose II, ou a inativação completa do sistema de fosfotransferase para evitar o acúmulo de fosfoenolpiruvato.[5]

Dobramento da proteína e corpos de inclusão

Tipicamente, o acúmulo rápido da proteína heteróloga intracelular está associado com maior probabilidade de agregação da proteína na forma de corpos de inclusão. A formação de corpos de inclusão ocorre por dobramento (*folding*) incorreto da proteína recém-sintetizada, decorrente da elevada taxa de expressão da proteína heteróloga. A formação de corpos de inclusão pode ser útil na purificação do produto recombinante, porém o objetivo comum é produzir proteína solúvel ativa. Para essa finalidade e para a secreção da proteína, a produção mais lenta e sustentada (estável) e o baixo número de cópias são preferíveis. O uso de promotores induzidos pelo frio ou a indução a baixas temperaturas favorece o dobramento correto da proteína recombinante. Além disso, a coexpressão com chaperoninas intracelulares pode aumentar a expressão e a solubilidade da proteína heteróloga em *E. coli*.[5,7,8]

Sistema de expressão em leveduras

As leveduras são organismos unicelulares eucarióticos frequentemente utilizados para produzir proteínas recombinantes com dificuldade de produção em *E. coli* por falha no dobramento ou na necessidade de glicosilação. As cepas de leveduras são geneticamente bem caracterizadas e conhecidas por realizar vários tipos de modificações pós-traducionais. Elas são mais fáceis de manipular e de menor custo operacional comparado com células de inseto ou mamífero, e são facilmente adaptáveis a processos de fermentação.[5] As principais vantagens e limitações do sistema de expressão em leveduras estão listados na Tabela 3.1.

As duas espécies mais utilizadas são *Saccharomyces cerevisiae* e *Pichia pastoris*. A *S. cerevisiae* pode secretar proteínas heterólogas no meio extracelular, promove a glicosilação e é considerada segura por ser um componente da dieta humana. Entretanto, a glicosilação de *S. cerevisiae* é pouco aceitável para a produção de proteínas de mamífero porque os O-oligossacarídios incorporados contêm somente manose, enquanto as proteínas de eucariotos superiores têm cadeias de O-oligossacarídios com ácido siálico. *S. cerevisiae* é utilizada para produzir antígeno de superfície da hepatite, insulina, glucagon, GM-CSF, urato oxidase e outros produtos comerciais.[1,5]

P. pastoris é uma levedura metilotrófica que pode utilizar metanol como única fonte de carbono e energia. Pode expressar vários tipos de proteínas recombinantes em escala laboratorial e industrial porque os promotores do vetor de expressão são os mais fortes e estritamente regulados entre os promotores de outras espécies de leveduras. O sistema de expressão mais comum contém o promotor do gene da *álcool oxidase I* (*AOX1*) induzido pelo metanol e que possibilita a produção em até 30% da fração total de proteína solúvel.[1,5,12,13] Outros promotores são dos genes da *álcool desidrogenase* (*ADH1*), glicerol quinase (*GUT1*) e enolase (*ENO1*). Os marcadores de seleção do sistema podem ser auxotróficos (contêm um gene funcional que não é expresso em cepas geneticamente modificadas, por exemplo, *MET2*, *ARG* e *HIS4*) ou genes que conferem resistência a antibióticos (blasticidina, geneticina e zeocina).[14]

P. pastoris é adequada para a expressão de proteínas heterólogas por várias características importantes:

- Flexibilidade genética com integração de múltiplas cópias do gene heterólogo ao DNA genômico, que promove estabilidade às células transformadas
- Taxa de crescimento rápido
- Alta densidade celular
- Alta taxa de expressão da proteína recombinante
- Capacidade de realizar modificações pós-traducionais complexas (formação de pontes dissulfídricas, dobramento da proteína, glicosilação, metilação, acilação, processamento proteolítico e direcionamento para compartimentos subcelulares)
- Capacidade de secreção da proteína no meio extracelular
- Alto rendimento do produto gênico e baixo custo de produção
- Ausência de endotoxinas e contaminação por bacteriófagos
- Ausência de patogenicidade humana de vírus líticos
- Risco limitado de degradação proteolítica.[1,6,13]

P. pastoris pode executar estágios iniciais de *N*-glicosilação no retículo endoplasmático, mas a síntese de oligossacarídeos complexos e maturação de glicanos por sialilação terminal no aparelho de Golgi não pode ser alcançado, resultando em padrões de glicosilação incorretos e heterogeneidade da glicoproteína, depuração rápida da circulação, e/ou risco imunogênico. Esse problema foi contornado pela substituição de genes que codificam as enzimas de glicosilação da levedura por genes homólogos humanos e, dessa forma, o padrão de glicosilação possibilitou a produção de proteínas *N*-glicosiladas e funcionais, como as proteínas humanas. Outro aspecto é que algumas proteínas heterólogas requerem chaperoninas para o dobramento adequado. *P. pastoris* não é capaz de produzir essas proteínas.[1,6,12]

As leveduras são hospedeiros adequados para a síntese proteínas recombinantes oriundas de diferentes organismos e é utilizada para produzir várias proteínas humanas, como albumina e outras proteínas plasmáticas, hormônios (p. ex., insulina, glucagon), fatores de crescimento [p. ex., GM-CSF, fator de crescimento derivado de plaquetas (PDGF)], citocinas [p. ex. IFN-α, fator de necrose tumoral-alfa (TNF-α), interleucina 2 (IL-2)], marcadores tumorais [p. ex., antígeno carcinoembrionário (CEA)], enzimas [p. ex., enzima conversora de angiotensina I (ECA), FA placentária, neuraminidase], antígenos [p. ex., antígeno de superfície do vírus da hepatite B (HBV)], fragmentos de anticorpos monoclonais (mAb), com fragmento variável (Fv) e Fv de cadeia única (scFv, *single chain Fv*).[1,6,13,15]

Sistemas de expressão em células de inseto/baculovírus

As células de inseto são capazes de realizar mais modificações pós-traducionais complexas que as leveduras. Também têm a melhor maquinaria para dobramento (*folding*) de proteínas de mamíferos e, portanto, são mais adequadas para produção de proteínas recombinantes dessa origem. O vetor de expressão de baculovírus (BEV) é o mais comumente usado.

O BEV é derivado do poliedrovírus de *Autographa californica*, naturalmente patogênico para células de lepidóptero (derivadas da lagarta do cartucho *Spodoptera frugiperda*).[16,17] É de manutenção fácil e fornece alto rendimento da proteína produzida, a um custo menor que o sistema de células de mamífero. Nesse sistema, o gene a ser inserido substitui o gene viral da poliedrina não essencial para o ciclo de vida lítico do vírus. As células de inseto têm mais tolerância às proteínas humanas que as células de bactérias ou leveduras. Por outro lado, o processo é demorado porque requer a produção de estoque de vírus e depois a infecção das linhagens de células de inseto hospedeiras. A infecção viral destrói significante quantidade da população celular e, portanto, produz uma mistura de precursores de proteínas intracelulares (com peptídio sinal não clivado) e proteínas maduras extracelulares sem peptídio sinal. Adicionalmente, a glicosilação de células de insetos é diferente daquela de células de mamíferos e, portanto, pode induzir a antigenicidade e reduzir a meia-vida da proteína recombinante na circulação. Foram feitas modificações em baculovírus para acomodar segmentos de DNA heterólogos grandes, ter menor efeito citopático em células de mamífero e ter bom perfil de biossegurança.[16]

As vantagens do sistema baculovírus são:

- Modificações pós-traducionais eucarióticas, incluindo a fosforilação, *N*- e *O*-glicosilação, clivagem correta do peptídio sinal, processamento proteolítico adequado, acilação, palmitilação, miristilação, amidação, carboximetilação, e prenilação
- Adequados dobramento de proteínas e formação de pontes dissulfídricas
- Alta taxa de expressão. O vírus contém um gene que codifica a proteína poliedrina, que é normalmente produzida em níveis muito elevados e não é necessária para a replicação do vírus. O gene a ser clonado é colocado sob o forte controle do promotor do gene da poliedrina viral que permite a expressão da proteína heteróloga em até 30% da proteína celular
- Alta densidade de cultura em suspensão e fácil produção em larga escala (*scale-up*)
- Biossegurança: os vetores de expressão são preparados do baculovírus, o qual pode atacar invertebrados, mas não vertebrados ou plantas
- Não tem limitação do tamanho da proteína
- Expressão simultânea de genes múltiplos.[1,6]

Os sistemas de células de insetos têm algumas limitações:

- Padrão de glicosilação diferente das células de mamíferos
- Processamento pós-traducional determinado empiricamente para cada construto/recombinante
- Secreção ineficiente da proteína pelas células que pode ser contornada pela adição de sinalizadores de secreção (p. ex., sequência melitina de abelha)
- Dobramento incorreto da proteína ou formação de agregados intracelulares podem ocorrer possivelmente em virtude da expressão tardia no ciclo de infecção. Nesses casos, a coleta das células deve ser realizada na fase inicial após a infecção

- Risco de baixa taxa de expressão que pode ser evitada pelo aperfeiçoamento do tempo de expressão e a multiplicidade de infecção
- Potencial de imunogenicidade por diferenças no padrão de glicosilação
- Alto custo de produção.[1,6]

O sistema células de insetos/baculovírus pode ser utilizado para produzir principalmente partículas similares a vírus (VLP, *virus-like particles*), como antígenos do HBV, vírus da hepatite E (HEV), HIV-1, papilomavírus humano (HPV), rotavírus humano, vírus *influenza* e outros.[18-20]

Sistemas de expressão em células de mamíferos

São utilizados para produção de proteínas que requerem modificações pós-traducionais complexas, como as proteínas humanas. São empregados vários tipos de linhagens celulares, como células de CHO, rim de cobaio recém-nascido (BHK), mieloma de camundongo (NS0 ou SP2/0), rim de macaco verde africano (COS) e rim embrionário humano (HEK 293). Essas linhagens são imortalizadas por transfecção com plasmídeos ou por infecção com vírus DNA ou RNA recombinantes.[5,21-23]

As proteínas recombinantes podem ser expressas em células de mamíferos de forma temporária, utilizando as linhagens COS, CHO e NS0. Nos sistemas de expressão estável, as células de mamífero são portadoras de mutação em gene que afeta o metabolismo celular. A correção desse defeito é realizada pela transfecção das células com vetor plasmidial ou viral com cassete de expressão que contém o gene funcional (marcador de seleção). A expressão do gene funcional permite que somente as células transfectadas se propaguem. Por exemplo, um subclone de células CHO com defeito da di-hidrofolato redutase (DHFR) é utilizado para cotransfecção do gene da DHFR com o gene da proteína recombinante. A amplificação do gene é alcançada pela adição de quantidades crescentes de metotrexato à cultura e subsequente reclonagem. O sistema DHFR/metotrexato e o glutamina sintase (GS)/metionina sulfoximida também tem sido utilizado para aumentar o número de cópias do produto gênico, alcançando alto rendimento das células produtoras. Para alcançar altos níveis de expressão, podem ser utilizados promotores fortes como o do citomegalovírus (CMV).[5,22,23]

A taxa de expressão de um clone de células transfectadas depende da eficiência de transcrição do cassete de expressão que depende do promotor utilizado e do local da integração do plasmídeo de DNA no cromossomo da célula hospedeira. Como a integração do DNA é um processo randômico, o DNA pode integrar-se em uma região do cromossomo em geral altamente transcrita ou pode conter elementos de amplificação ativos. Clones desse tipo expressam proteínas recombinantes em maiores taxas que aqueles nos quais o DNA foi integrado em uma região de transcrição silenciosa.[24]

As células de mamíferos são capazes de realizar regulação epigenética, modificações pós-traducionais (glicosilação, γ-carboxilação, β-hidroxilação, *O*-sulfatação, amidação e fosforilação); formação de pontes dissulfídricas múltiplas que possibilitam o dobramento correto evitando a necessidade de renaturação (*refolding*); processamento proteolítico (clivagem correta de peptídio sinal); e secreção da proteína recombinante no meio de cultura (ver Tabela 3.1). Essas características garantem a produção de proteínas heterólogas ativas e o processo de purificação mais simples, tornando-as produtos para praticamente todas as aplicações diagnósticas e terapêuticas. As células de mamíferos produzem muito pouca quantidade de endotoxinas quando o meio de cultura correto é utilizado, o que é uma grande vantagem para produtos terapêuticos.[1,5,6,21,23,24]

Sistemas de células de mamíferos têm algumas limitações,[1,6,22] como: sistema de expressão transitório; baixa densidade celular; baixo rendimento; baixa reprodutibilidade; alto custo do processo de produção porque requerem meios de cultura complexos e condições de cultivo específicas e bem controladas; risco de infectividade por vírus patogênicos; proteínas humanas com alta atividade podem ser tóxicas para as células de mamíferos (ver Tabela 3.1).

Uso de meios de cultura isentos de componentes derivados de animal e suplementados com hidrolisados de plantas ou meios quimicamente definidos são os meios atualmente recomendados para produzir proteínas recombinantes em células de mamíferos. Tecnologias mais restritivas para melhorar a integração do transgene no genoma das células, a seleção de clones e o uso de vetores mais fortes para aumentar a taxa de expressão, além de modificações na formulação do meio de cultura e condições de cultivo para aumentar a densidade celular, podem aumentar substancialmente o rendimento de produção.[6,25]

As células de mamíferos, principalmente as CHO, são utilizadas para produção de várias proteínas glicosiladas humanas, como fatores de crescimento [p. ex., eritropoetina (EPO), fator de crescimento transformador-beta (TGF-β)], hormônios [p. ex., hormônio luteinizante (LH), hormônio estimulador de folículo (FSH), gonadotrofina coriônica humana (hCG), hormônios esteroides], agentes fibrinolíticos (p. ex., tPA), fatores de coagulação (p. ex., fator VIII) e, principalmente, mAb.[1,21,22]

Sistemas de expressão em animais transgênicos

Os animais transgênicos (geneticamente modificados) são utilizados para a produção de proteínas recombinantes em leite, clara de ovo, sangue, urina e plasma seminal. Até o momento, leite e urina parecem ser as melhores fontes. Proteínas humanas podem ser produzidas no leite de fêmeas de camundongos e ratos, coelhas, cabras, porcas e vacas transgênicas.[1,6]

A expressão transgênica de proteínas heterólogas não lácteas é geralmente menor que a das proteínas produzidas no leite. Na maioria dos casos, a proteína é tão ativa quanto a proteína natural. A purificação de proteínas recombinantes a partir de leite é relativamente simples. A produção no leite é mais custo-efetiva do que em cultura de células de mamíferos, chegando ao rendimento de 1 a 14 g/ℓ de proteína heteróloga por dia durante a lactação. A urina de animais transgênicos é uma fonte interessante para produção de proteínas recombinantes porque a bexiga é usada como um biorreator e a produção é constante, diferentemente do leite.[1]

Algumas dificuldades são a construção de vetores de expressão, expressão previsível do transgene, potenciais efeitos deletérios das proteínas recombinantes na função da glândula mamária ou no corpo dos animais. Há também o risco de contaminação com vírus e príons, que pode ser evitada por seleção cuidadosa dos animais, controles de segurança veterinária e tratamentos específicos, seguindo as diretrizes de boas práticas de produção regulamentares.[6]

As limitações do uso de animais transgênicos para produção de proteínas recombinantes são: tempo para atingir o nível de produção (3,5 meses em camundongos, 32 meses em vacas); alto custo de manutenção dos animais transgênicos; risco de imunogenicidade por causa das diferenças nas modificações pós-traducionais (c-carboxilação, β-hidroxilação; *N*- e *O*-glicosilação, fosforilação e sulfatação), que podem ser espécie e tecido-específicas.[1,6] Na Tabela 3.1, são apresentadas algumas características, limitações e exemplos do uso de animais transgênicos para a produção de proteínas recombinantes.

Sistemas de expressão em plantas transgênicas

Os sistemas de plantas transgênicas têm sido empregados na produção de proteínas eucarióticas porque produzem moléculas funcionais completamente dobradas com propriedades semelhantes às das proteínas naturais. Além disso, as plantas têm a maioria dos processos de modificações pós-traducionais exigidos para a atividade biológica ótima das proteínas. Os produtos de plantas transgênicas não são contaminados com patógenos animais, toxinas microbianas ou sequências oncogênicas e têm baixa imunogenicidade. Essas características possibilitam a aplicação desses produtos para fins farmacêuticos.[6,26]

As plantas transgênicas podem ser produzidas de duas formas, por inserção do gene desejado em um vírus que normalmente se encontra em plantas, tal como o vírus do mosaico do tabaco na planta do tabaco; ou pela inserção do gene diretamente no DNA da planta.[1]

As plantas transgênicas têm vantagens, em relação a outros sistemas de expressão de proteínas recombinantes, como capacidade de modificação pós-traducional (*N*-glicosilação); direcionamento da expressão; estabilidade da proteína em virtude do armazenamento em órgãos específicos da planta (compartimentalização); montagem de forma adequada de múltiplas subunidades da proteína. Em comparação com os sistemas de células de mamíferos e animais transgênicos, têm vantagens adicionais, tais como: maior rendimento; menor custo e tempo de produção; baixo risco de contaminação com vírus e outros patógenos animais, porque os vírus de plantas não são patogênicos para humanos; facilidades de armazenamento e distribuição. O crescimento em escala agrícola requer apenas água, minerais e luz solar, ao contrário de cultura de células de mamífero, que é um processo extremamente delicado e oneroso.[1,27,28] Além disso, a proteína produzida pode ser entregue por via oral pelo consumo de parte da planta na dieta, reduzindo assim o processamento da planta e o custo global de produção.[29]

As limitações do sistema de plantas transgênicas incluem: incapacidade de sintetizar alguns tipos de açúcares e incorporar ácido siálico; risco de imunogenicidade por adição de açúcares não humanos na proteína recombinante; dificuldade em garantir aspectos regulatórios e de biossegurança de plantas geneticamente modificadas, em campos ou estufas; risco de contaminação com pesticidas, herbicidas e metabólitos tóxicos de plantas; o alto custo de purificação da proteína recombinante, que pode ser solucionado pelo direcionamento da síntese ao endosperma de semente, de onde as proteínas podem ser facilmente extraídas.[1,6]

As principais vantagens e limitações de proteínas recombinantes produzidas em plantas transgênicas estão indicadas na Tabela 3.1. As plantas transgênicas podem ser utilizadas para produção de proteínas com fins de pesquisa (caracterização qualitativa e quantitativa), diagnóstico (antígenos e anticorpos), terapia (biofármacos) e prevenção (vacinas) de doenças crônicas e infecciosas. Alguns exemplos de proteínas expressas em plantas são: albumina; avidina (imunoensaios); interferon (p. ex., IFN-α, IFN-β); hormônios (p. ex., insulina, GH); fatores hemostáticos (p. ex., fator XIII, tPA); enzimas (p. ex., lactase, tripsina, β-D-glucuronidase); antígenos [p. ex., vírus da raiva, HIV-1, HBV, vírus sincicial respiratório (RSV) humano]; marcadores tumorais (p. ex., CA- 19-9 associado com câncer colorretal); mAb completos ou fragmentos (p. ex., antivírus da raiva, antiantraz, anticâncer de colón, anticâncer de mama, antilinfoma, IgA para proteção contra perda dentária); e vacinas (p. ex., RSV humano, malária, doença de Alzheimer) foram expressos com sucesso em plantas transgênicas.[26,29,30]

Antígenos recombinantes

A produção de antígenos naturais para fins diagnósticos, embora rápida, simples e de boa relação custo-benefício, tem algumas limitações, como a necessidade de grandes quantidades de material biológico, procedimentos de purificação trabalhosos, baixo rendimento e, em alguns casos, baixa especificidade e sensibilidade.

A tecnologia de proteínas recombinantes possibilita a produção de antígenos em grandes quantidades de forma rápida, menos trabalhosa e mais econômica que os produtos naturais. Os produtos gênicos gerados permitem aumentar a sensibilidade e a especificidade de imunoensaios, tornando-os mais adequados a fins diagnósticos.

Vários sistemas de expressão podem ser empregados na produção de proteínas recombinantes para uso em imunoensaios. Os sistemas de expressão em *E. coli* possibilitam a produção rápida e econômica de vários tipos de proteínas heterólogas, geralmente na forma de proteínas de fusão para ter maior taxa de tradução, estabilidade, solubilidade e rendimento, além de facilitar o processo de purificação ou favorecer a secreção da proteína recombinante. As proteínas de fusão são em geral empregadas como antígenos, em imunoensaio enzimático (ELISA, *enzyme-linked immunoassay*), *Immunoblot*, *Western blot*, imunocromatografia, imunoprecipitação e outros imunoensaios. Também podem ser utilizadas para induzir a produção de anticorpos poli ou monoclonais a serem utilizados em diversos tipos de imunoensaios. Entretanto, o seu uso é limitado em estudos de atividade biológica (p. ex., atividade enzimática) ou na análise da estrutura tridimensional da proteína recombinante. A seguir, são apresentadas algumas aplicações da tecnologia de proteínas recombinantes para produção de antígenos utilizados na pesquisa e no desenvolvimento de ensaios para o diagnóstico laboratorial.[2]

Antígenos recombinantes do vírus da hepatite C

A clonagem do genoma e análise da sequência do vírus da hepatite C (HCV) levaram ao desenvolvimento de testes imunológicos e moleculares para o diagnóstico e o monitoramento da infecção pelo HCV. Vários antígenos recombinantes de HCV foram desenvolvidos para detecção de anti-HCV. Três gerações de testes ELISA foram desenvolvidas com a finalidade de aumentar a sensibilidade e a especificidade. O de primeira geração tinha o antígeno recombinante c100-3 (região não estrutural 4, NS4) em fusão com a superóxido dismutase.

Os de segunda e terceira gerações utilizam antígenos múltiplos (nuclear, NS3 e NS5) e exibem maior sensibilidade e especificidade, porém ainda têm taxa relativamente alta de falso-positivos entre as populações de baixo risco. Um antígeno recombinante múltiplo com quatro epítopos de HCV (C, NS3, NS4 e NS5) foi expresso em *E. coli*, purificado e marcado com biotina para o desenvolvimento de um teste de ELISA para detecção de anti-HCV. O antígeno múltiplo apresentou boa sensibilidade (98,7%) e especificidade (100%), em amostras de pacientes com hepatite C crônica e de doadores de sangue. O desempenho analítico foi similar ao disponível no mercado (Ortho ELISA 3.0).[31,32]

Um teste imunocromatográfico foi desenvolvido para detectar anticorpos antiproteína nuclear do HCV, o qual tem sequências de aminoácidos altamente conservadas entre diferentes isolados. O gene da proteína nuclear do VHC foi clonado no vetor de expressão pET42a e foi expresso em *E. coli* como proteína de fusão com GST, que auxilia no processo de purificação da proteína recombinante por cromatografia de afinidade com glutationa. A reatividade da proteína nuclear foi testada contra soros positivos para VHC pelo teste imunocromatográfico que se mostrou rápido, de fácil execução, altamente sensível e específico para o diagnóstico da hepatite C durante a fase precoce de soroconversão.[33]

Um ensaio de *Western blot* foi desenvolvido para detectar anticorpos anti-HCV genótipo específico. A região do gene da proteína nuclear de isolados de HCV com genótipos 1a e 3a foi clonada no vetor pET19b e expressa no sistema *E. coli* Bl21, como proteína de fusão com poli-histidina na região N-terminal, para facilitar a purificação por cromatografia de afinidade com níquel. Os peptídios recombinantes mostraram reatividade contra os anticorpos anti-HCV total e genótipo-específico, avaliada por *Western blot*.[34]

Outro estudo avaliou a reatividade de uma multiproteína contendo regiões da proteína nuclear e E2 do HCV genótipo 3a com a finalidade de aumentar a sensibilidade e a especificidade da detecção do HCV. As regiões selecionadas foram clonadas no vetor pET28a e a orientação das sequências no vetor foi confirmada por sequenciamento de DNA. A proteína recombinante foi expressa em *E. coli* BL21e purificada por cromatografia de afinidade pelo níquel. A reatividade da multiproteína foi avaliada por *Western blot*, *Immunoblot* e ELISA, revelando alta sensibilidade (100%) e especificidade (98,8 a 100%) para amostras de soros positivos e negativos para HCV, além de ser reativa para soros de pacientes com 30 diferentes genótipos de HCV.[35]

Antígenos do vírus da dengue

O diagnóstico laboratorial da infecção pelo vírus da dengue é feito principalmente por técnicas imunológicas que em geral utilizam extratos brutos de vírus, os quais podem causar reações cruzadas para outros flavivírus. A expressão de proteínas recombinantes baseada em epítopos restritos pode minimizar esse tipo de problema.[36]

A expressão da proteína do envelope (Env) do vírus da dengue de tipo 1 em sistema *E. coli* foi explorada para melhorar o rendimento da produção do antígeno e avaliar a reatividade e a funcionalidade biológica. O gene da Env foi clonado no vetor de expressão pDS20 para gerar uma proteína de fusão com cauda de poli-histidina. A proteína recombinante foi expressa em *E. coli* DE3, na forma de corpos de inclusão, e foi purificada por cromatografia de afinidade contendo níquel após o *refolding*. A cauda poli-histidina da proteína foi reconhecida pelo mAb anti-His6 utilizando *Western blot* e sua funcionalidade biológica foi confirmada por ensaio de ligação com heparana sulfato por teste de ELISA. A proteína recombinante Env também mostrou capacidade de bloquear a ligação do vírus da dengue tipo 1 a células da linhagem BHK *in vitro*. Os anticorpos policlonais de camundongos imunizados com a proteína Env foram capazes de reconhecê-la, estabelecendo assim a imunogenicidade da proteína. Dessa forma, a proteína recombinante Env do vírus da dengue tem potencial aplicação para o diagnóstico e para o desenvolvimento de vacinas.[37]

Um tetrapeptídio da proteína E do vírus da dengue foi expresso em cloroplastos de alface transgênica para alcançar a produção eficiente de antígeno estável e testar a reatividade visando a diminuir as reações cruzadas com outros flavivírus. A proteína recombinante apresentou sensibilidade de 71,7% e especificidade de 100% e não apresentou reação cruzada com soros de pacientes com febre amarela, ou indivíduos saudáveis ou vacinados contra a febre amarela. Dessa forma, o sistema de expressão em plantas transgênicas pode se constituir em uma estratégia alternativa para a produção em grande escala de antígenos recombinantes do vírus da dengue úteis para o diagnóstico laboratorial.[36]

Antígenos recombinantes de *Mycobacterium tuberculosis*

A identificação e a produção de antígenos recombinantes úteis no desenvolvimento de imunoensaios e vacinas mais específicos para o diagnóstico da tuberculose foi possível com a disponibilidade da sequência completa do genoma de *Mycobacterium tuberculosis*.[38]

Antígenos recombinantes de *M. tuberculosis* podem ser produzidos por diferentes sistemas de expressão em hospedeiros heterólogos, como a *E. coli*. Alta taxa de expressão de proteínas de *M. tuberculosis* pode ser obtida pelo uso de vetores de proteínas de fusão, como a GST, proteína ligante de maltose ou cauda de poli-histidina que favorecem a etapa de purificação da proteína recombinante por cromatografia de afinidade (resinas de glutationa-sefarose e Ni-NTA-agarose). As proteínas recombinantes assim produzidas apresentam reatividade específica contra anticorpos do soro de pacientes com tuberculose por *Western blot*.[39,40]

Os genes de três principais proteínas antigênicas de *M. tuberculosis* (Rv3874, Rv3875, Rv3619 c) foram clonados utilizando o vetor de expressão pGEs-TH-1 para alta taxa de expressão em *E. coli*, na forma de proteína de fusão com GST. As proteínas foram purificadas por cromatografia de afinidade após a clivagem da porção GST pela trombina. A imunogenicidade das proteínas recombinantes foi confirmada em coelhos em testes de ELISA, revelando a importância do sistema de expressão *E. coli* e do vetor pGEs-TH-1 para produção de antígenos recombinantes úteis para a caracterização imunológica e para o diagnóstico laboratorial da tuberculose.[40]

Antígenos recombinantes de *Treponema pallidum*

Os testes imunológicos utilizados no diagnóstico laboratorial da sífilis empregam antígenos de *Treponema pallidum* obtidos por propagação da bactéria em coelhos. Esses testes apresentam baixa especificidade porque o processo de purificação dos complexos antígenos treponêmicos, além de trabalhoso, não elimina completamente os componentes teciduais do hospedeiro.

Com a finalidade de desenvolver um teste imunológico mais sensível e específico para o diagnóstico sorológico da sífilis, o grupo de pesquisa dos autores produziu e avaliou três antígenos recombinantes de *T. pallidum*.[41] Os antígenos foram expressos em *E. coli* como proteínas de fusão com GST e foram analisados pela técnica de *Western blot*. A expressão da proteína GST-rTP17 em células de *E. coli* DH5α, até 4 h após a indução com IPTG, pode ser observada na Figura 3.3. Todas as amostras de pacientes com sífilis apresentaram forte reatividade com o antígeno GST-rTP17, enquanto algumas amostras foram negativas ou tiveram reação fraca com os antígenos GST-r TP15 e/ou GST-rTP47. Nenhuma amostra de doadores de sangue sadios ou indivíduos com outras doenças sexualmente transmissíveis foi positiva (Figura 3.4). A especificidade verificada na avaliação desses antígenos indica que são úteis no diagnóstico laboratorial da sífilis.

Os antígenos recombinantes rTP15, rTP17 e rTP47 (em fusão com GST) foram aplicados em membranas de *Immunoblot* e avaliados com amostras de soro de pacientes com diagnóstico clínico e laboratorial da sífilis, doadores de sangue sadios, indivíduos com doenças sexualmente transmissíveis, e pacientes com leptospirose e doença de Lyme[42] (Figura 3.5). O ensaio teve a sensibilidade de 95,1% e especificidade de 94,7%; uma reatividade mais forte foi observada com fração rTp17, como observado no estudo anterior. Os resultados mostraram que a imunorreatividade de proteínas recombinantes de *T. pallidum* por método de *Immunoblot* é adequada para usar em ensaios de diagnóstico para a sífilis.

Antígenos recombinantes de *Toxoplasma gondii*

A toxoplasmose é causada pelo protozoário *Toxoplasma gondii*, e sua forma grave pode ocorrer na infecção congênita ou de indivíduos imunocomprometidos. A toxoplasmose é diagnosticada por testes imunológicos que utilizam geralmente antígenos de *Toxoplasma* lisado (TLA), cuja obtenção é demorada e laboriosa. Os antígenos recombinantes de *T. gondii* têm sido considerados como fonte alternativa para o diagnóstico imunológico da toxoplasmose porque: os antígenos recombinantes são mais homogêneos que os naturais; vários antígenos podem ser utilizados no teste imunológico; o processo de obtenção de antígenos é mais seguro, rápido e menos laborioso que o dos TLA; antígenos recombinantes específicos permitem diferenciar a fase aguda da fase crônica da doença; o teste imunológico tem maior reprodutibilidade com antígenos recombinantes que com TLA.[43]

Várias dezenas de genes que codificam proteínas do *T. gondii* foram clonadas em sistemas de expressão de bactérias e eucariotos. Antígenos recombinantes de *T. gondii* foram produzidos em *E. coli* para testes diagnósticos do tipo IgM e IgG por ELISA principalmente, mas também por *Western blot* e *Immunoblot*, utilizando antígenos isolados, em combinação ou antígenos quiméricos. A maioria das proteínas recombinantes são proteínas de fusão com GST e cauda poli-histidina. No entanto, os antígenos recombinantes produzidos em *E. coli* frequentemente perdem seu valor antigênico em virtude do dobramento incorreto. Além disso, pode ocorrer contaminação do antígeno recombinante de *T. gondii* durante o processo de purificação com proteínas de *E. coli*, o que pode gerar reações cruzadas com soro humano e afetar a sensibilidade e a especificidade do teste diagnóstico. Uma solução para esse problema é a produção dos antígenos recombinantes em sistemas de expressão de eucariotos com mecanismos pós-traducionais mais complexos e o dobramento correto da proteína, que possibilita gerar proteínas recombinantes com conformação quase idêntica à das proteínas naturais. Além disso, essas proteínas não contêm contaminantes derivados das células bacterianas e, portanto, não dão reações cruzadas com soros humanos. O sistema de expressão de *P. pastoris*, em particular, tem sido utilizado com sucesso na produção de vários antígenos recombinantes de *T. gondii*.[43]

Antígenos recombinantes de *Trypanosoma cruzi*

O diagnóstico da doença de Chagas é realizado principalmente por testes imunológicos que utilizam antígenos naturais de *Trypanosoma cruzi* purificados. Embora esses imunoensaios apresentem boa reprodutibilidade, sensibilidade e especificidade, a produção em larga escala é limitada pelo alto custo nos processos de produção de parasitas e purificação de antígenos.[44]

O desenvolvimento de diversos sistemas de expressão bacterianos e eucarióticos tem possibilitado a produção de antí-

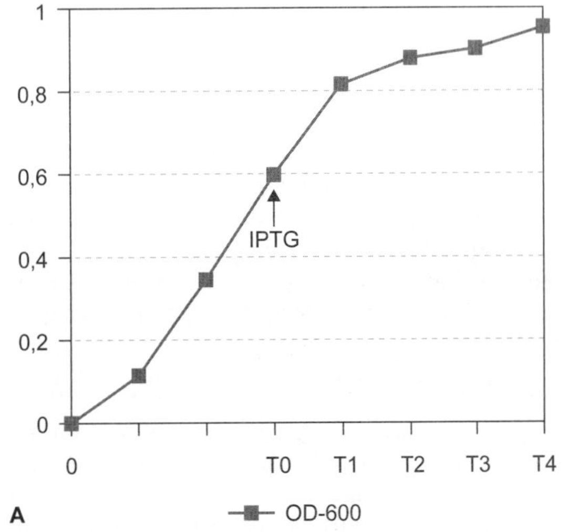

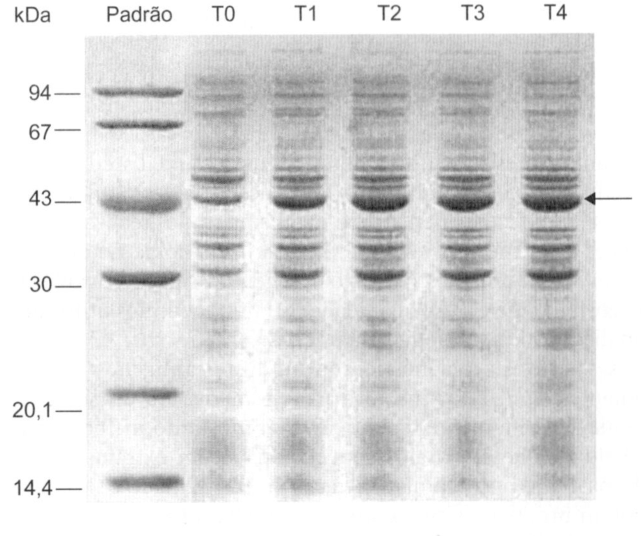

Figura 3.3 Expressão do antígeno recombinante GST-Tp17 de *T. pallidum* em *E. coli*. **A.** Curva de crescimento da *E. coli*. **B.** Produção de GST-Tp17 após a indução com IPTG (SDS-PAGE 10%). Fonte: Sato *et al.*, 1999.[41]

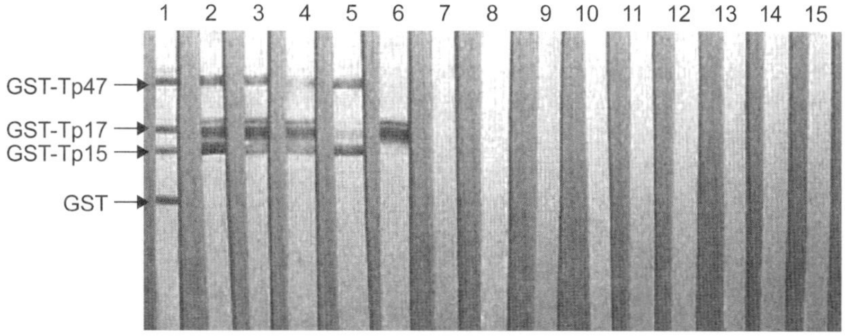

Figura 3.4 Teste de *Western blot* com antígenos recombinantes de *T. pallidum* expressos em *E. coli*. Linha 1: anti-GST; linhas 2 a 6: soro de pacientes com sífilis; linhas 7 a 12: soro de doadores de sangue sadios; linhas 13 a 15: indivíduos com outras doenças sexualmente transmissíveis. Fonte: Sato *et al.*, 1999.[41]

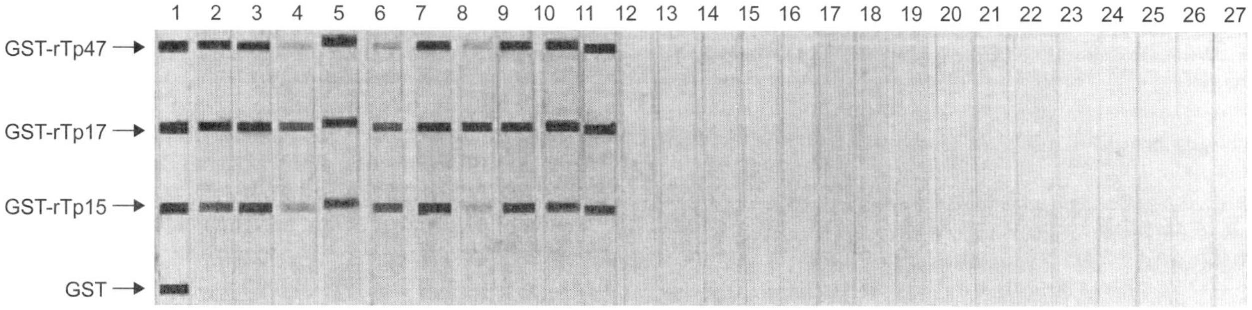

Figura 3.5 Teste de *Immunoblot* com antígenos recombinantes de *T. pallidum* expressos em *E. coli*. Linha 1: anti-GST; linhas 2 a 11: soro de pacientes com sífilis; linhas 12 a 16: soro de doadores de sangue sadios; linhas 17 a 19: soro de indivíduos com outras doenças sexualmente transmissíveis; linhas 20 a 22: soro de pacientes com leptospirose; linhas 23 a 27: soro de pacientes com doença de Lyme. Fonte: Sato *et al.*, 2004.[42]

genos recombinantes de *T. cruzi* em grandes quantidades e com alto grau de pureza. Vários dos genes de *T. cruzi* foram clonados pela triagem de bibliotecas genômicas e de expressão de cDNA utilizando soro de pacientes chagásicos ou de animais infectados com *T. cruzi*. Essas bibliotecas foram construídas em vetores de fagos usando fragmentos randomicamente gerados a partir de DNA genômico ou moléculas de cDNA de mRNA transcritos de formas epimastigotas e tripomastigotas. As análises das sequências de DNA mostrou que vários dos genes clonados apresentam sequências repetidas similares entre si, indicando que os domínios repetitivos dos antígenos são altamente conservados. A alta frequência desses domínios, observada entre diferentes antígenos (FRA, Ag1, JL7, H49 e outros), correlacionou-se com a alta concentração de anticorpos específicos e de alta afinidade no soro de pacientes infectados. Imunoensaios do tipo ELISA, radioimunoensaio e *Immunoblot* foram desenvolvidos utilizando vários antígenos recombinantes e peptídios sintéticos de *T. cruzi*. Estudos multicêntricos mostraram a relevância desses testes no diagnóstico sorológico da doença de Chagas em estudos realizados em países das Américas do Sul e Central. A combinação de antígenos recombinantes múltiplos aumentou significativamente a sensibilidade e a especificidade dos imunoensaios utilizados no diagnóstico sorológico da infecção pelo *T. cruzi*.[44]

Os testes de diagnóstico que utilizam antígenos recombinantes de *T. cruzi*, na forma monomérica ou dimérica de sequências altamente repetitivas, têm mostrado melhor especificidade que os ensaios convencionais com extratos brutos do parasita, mas em alguns casos a sensibilidade é limitada. Foram produzidos genes sintéticos estáveis para quatro antígenos de *T. cruzi* – B13, CRA, TcD, TcE –, cada um contendo entre três e nove repetições de aminoácidos idênticos. Esses genes foram combinados por ligação com sequências que codificam peptídios curtos ricos em prolina, e clonados no vetor pQE-30, dando origem a uma proteína de fusão 24 kDa com cauda de poli-histidina que foi purificada por cromatografia de afinidade com níquel. O antígeno multipeptídico TcBCDE apresentou alta sensibilidade e especificidade analítica por ensaio de *Immunoblot*. O antígeno multipeptídico de *T. cruzi* foi incorporado em um imunoensaio tipo ELISA, que foi validado utilizando um grande número de soros de pacientes bem caracterizados da Bolívia e do Brasil, e revelou excelente desempenho diagnóstico.[45]

Testes diagnósticos de ELISA contendo a proteína recombinante JL7 ou vários peptídios (P013, R13, JL18, JL19, e P0β) de *T. cruzi* foram comparados com ensaio contendo lisado do parasita, utilizando soros de pacientes chagásicos brasileiros e indivíduos não chagásicos. A proteína recombinante JL7 e os lisados do parasita apresentaram os valores mais altos de desempenho analítico, enquanto o peptídio P013 apresentou alta especificidade, mas baixa sensibilidade, e os outros peptídios tiveram menor sensibilidade e especificidade. Os anticorpos anti-JL7 foram detectados principalmente no soro de pacientes com cardiomiopatia chagásica grave, em comparação com os da forma indeterminada, enquanto peptídios falharam em discriminar entre as formas clínicas da doença.[46]

Antígenos recombinantes de *Taenia solium*

O diagnóstico imunológico da cisticercose cerebral, doença causada pela forma cística da *Taenia solium*, pode ser realizado por dois imunoensaios, o ELISA e o *enzyme-linked immunotransfer blot* (EITB). O EITB tem maior sensibilidade e especificidade que o ELISA no diagnóstico de pacientes com lesões cerebrais císticas. Ambos os métodos empregam, como fonte de antígeno, extratos brutos ou purificados de cisticercos obtidos de músculo de porcos. Em razão da dificuldade de obter antígenos naturais de cisticerco de *T. solium*, foram produzidos vários tipos de antígenos recombinantes em sistemas de bactérias e células de insetos, além de peptídios sintéticos, para o imunodiagnóstico da cisticercose.[47]

A sensibilidade e a especificidade dos testes de ELISA para o imunodiagnóstico da cisticercose foram significativamente aumentadas pelo uso de antígenos recombinantes de *T. solium* (estágio larval). Para essa finalidade, dois antígenos distintos (NC-3 e NC-9) foram isolados de uma biblioteca de expressão de cDNA do estágio larval de *T. solium* por triagem imunológica com soros obtidos de pacientes com neurocisticercose. Ambos os antígenos foram expressos como proteínas de fusão com GST, purificados e testados em um ensaio de ELISA para o diagnóstico sorológico da cisticercose humana. A sensibilidade do ensaio ELISA com antígeno NC-3 foi comparável com o do teste padrão EITB.[48]

Um estudo desenvolveu um imunoensaio tipo ELISA contendo glipoproteínas (LLGP) recombinantes de cisticerco de *T. solium* (rGP50 e rT24 H), expressas em sistema de células de inseto/baculovírus, e um peptídio sintético (sTs18var1). A reatividade do ensaio foi avaliada utilizando amostras de soro de indivíduos com cisticercose, com outras parasitoses e sem doenças relatadas. Os antígenos rGP50 e rT24 H e o peptídio sTs18var1 apresentaram alta sensibilidade (93,5 a 99,2%) e especificidade (89,8 a 98,6%) para a detecção de casos com múltiplos cistos viáveis. O teste com rT24 H apresentou melhores resultados com sensibilidade e especificidade similares às do LLPG EITB. O teste de ELISA mostrou-se simples, rápido e específico para detecção de anticorpos contra antígenos de cisticerco de *T. solium*.[49]

Outro estudo testou três antígenos recombinantes e peptídios sintéticos da LLGP, individualmente e em combinações diferentes, pelo imunoensaio EITB, utilizando amostras de soro de indivíduos com e sem neurocisticercose. O ensaio EITB-recLLPG teve sensibilidade e especificidade de 99% para o diagnóstico de neurocisticercose, em diferentes amostras populacionais. As características de desempenho analítico e diagnóstico do EITB-recLLPG foram comparáveis com as do EITB com antígeno natural. Além disso, o EITB recombinante tem potencial de ser utilizado na rotina laboratorial por ter produção menos laboriosa e mais sustentável que o método original.[50]

Anticorpos recombinantes

A produção de anticorpos recombinantes tem aplicação na pesquisa científica, no diagnóstico laboratorial e no tratamento de diversas doenças.[51,52] Os anticorpos recombinantes são utilizados em muitos imunoensaios, tais como ELISA, *Immunoblot, Western blot*, imuno-histoquímica, citometria de fluxo e outros. Além disso, a área emergente de pesquisa proteômica tem uma grande necessidade de ligantes contra diferentes antígenos e variantes proteicos. No diagnóstico laboratorial, os anticorpos recombinantes permitem a detecção de diferentes agentes patogênicos, toxinas, hormônios, marcadores tumorais e outras substâncias, em diferentes tipos de amostras biológicas, além de aplicações terapêuticas, tendo como alvo principalmente doenças inflamatórias e tumorais.[51]

As tecnologias de anticorpos recombinantes possibilitaram o aumento da produção de anticorpos para diferentes aplicações e, por conseguinte, também a necessidade de sistemas de produção eficientes. As imunoglobulinas (Ig) são moléculas complexas com duas cadeias pesadas e duas leves que estão ligadas por ligações dissulfídricas. As Ig têm um domínio do fragmento constante (Fc) e um domínio de ligação ao antígeno, compreendendo o Fv e o fragmento da região de ligação ao anticorpo (Fab). Dessa forma, suas propriedades estruturais requerem um sistema com processo pós-traducional complexo, características que não estão disponíveis em alguns sistemas de expressão e dificultam a produção eficiente de IgG.[51,53]

Os mAb e fragmentos de anticorpos representam os produtos biotecnológicos mais importantes atualmente, com aplicações na terapia e no diagnóstico laboratorial. Como os anticorpos completos são glicosilados, células de mamíferos, que permitem *N*-glicosilação semelhante à humana, são o sistema de expressão mais utilizado atualmente na produção de mAb. No entanto, as células de mamíferos têm vários inconvenientes quando se trata de bioprocessamento e escalonamento (*scale-up*), resultando em tempos de processamento longos e de custo elevado. Por outro lado, os fragmentos de anticorpos recombinantes, que não são glicosilados mas ainda exibem propriedades de ligação ao antígeno, podem ser produzidos em bactérias que são fáceis de manipular e cultivar.[53,54]

Os fragmentos de anticorpos recombinantes, por exemplo, fragmentos de anticorpos monovalentes (Fab, scFv) e variantes modificadas (*diabodies, tretrabodies, minibodies* e anticorpos de domínio único VH e VL; Figura 3.6), conservam a especificidade de direcionamento de mAb inteiros, mas podem ter produção mais econômica e ter outras propriedades únicas e superiores para uma variedade de aplicações diagnósticas e terapêuticas. São empregados na produção de inúmeros reagentes para o diagnóstico laboratorial ou por imagem (p. ex., radionuclídeos, toxinas, enzimas, lipossomas, vírus) e para a pesquisa científica (p. ex., análise proteômica para descoberta de novos biomarcadores), e na produção de biofármacos.[51,52,55]

Os fragmentos anticorpos de cadeia simples recombinantes proporcionam uma estratégia emergente no desenvolvimento de novos reagentes de diagnóstico, como os imunossensores. Em particular, o fragmento scFv pode ser clonado e expresso

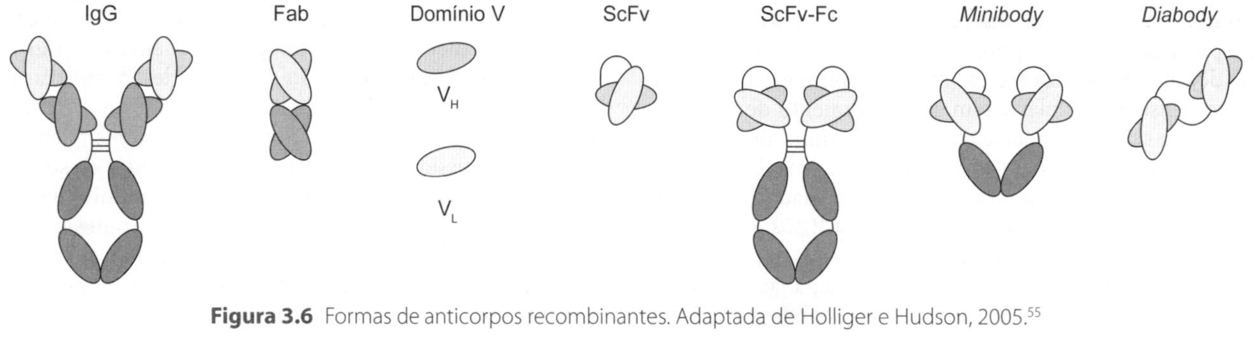

Figura 3.6 Formas de anticorpos recombinantes. Adaptada de Holliger e Hudson, 2005.[55]

em sistemas bacterianos que possibilitam introdução de grupos ligantes no construto para permitir a imobilização e o acoplamento do scFv com nanopartículas. Por exemplo, a introdução de um resíduo de cisteína no terminal C em um construto scFv permite a ligação covalente à superfície de um sensor revestido com ouro para detecção de antígenos. Um sistema de detecção com medições simultâneas revelou a ligação do scFv recombinante ao antígeno específico que foi proporcional à concentração de antígeno.[52]

Anticorpos recombinantes em *E. coli*

Os sistemas bacterianos não são capazes de produzir anticorpos glicosilados inteiros, mas são úteis para a produção de fragmentos de anticorpos. Anticorpos completos podem ser expressos em leveduras, mas contêm alto teor de manose e têm função efetora, como a lise mediada por complemento, defeituosa. Os anticorpos produzidos por sistema de células de insetos/baculovírus ou por plantas transgênicas contêm estruturas de carboidratos diferentes das produzidas por células de mamíferos.[51] A maioria dos anticorpos terapêuticos são produzidos em células de mamíferos para reduzir a imunogenicidade induzida pelo padrão de glicosilação diferenciado de outros sistemas. Entretanto, os avanços na tecnologia de organismos geneticamente modificados (OGM) têm permitido a produção de anticorpos recombinantes com padrão de glicosilação similar ao humano, em células de leveduras, células de inseto e plantas transgênicas.[53]

O sistema *E. coli* é o sistema de produção mais importante para proteínas recombinantes com alto rendimento e produção extracelular. Para a produção de fragmentos de anticorpos funcionais, é preciso que ambas as cadeias da região variável sejam secretadas no compartimento periplásmico da *E. coli*, no qual o ambiente oxidativo permite a formação correta de ligações dissulfídricas e a montagem do fragmento Fv funcional. A coexpressão com isomerases auxiliam no dobramento eficiente dos fragmentos de anticorpos produzidos. Ajustes nas condições de cultivo e densidade celular também podem ser feitos para obter alto rendimento dos fragmentos de anticorpos funcionais.[51,52,54]

Anticorpos recombinantes em *P. pastoris*

As leveduras têm capacidade de realizar modificações pós-traducionais e dobramentos avançados e têm aparelho secretório que aumentam a produção de anticorpos, incluindo a capacidade de secretar Ig inteiras. Têm capacidade de crescimento rápido, flexibilidade genética, necessidade de meios de cultura mais simples e são amplamente utilizadas no processo de fermentação de alimentos.[54]

A *P. pastoris* é a principal levedura utilizada para a produção de anticorpos recombinantes porque tem capacidade global ótima para produzir e secretar proteínas heterólogas sem secretar grande quantidade de suas próprias proteínas, o que simplifica o processamento posterior; consome o metanol como única fonte de carbono, utiliza o crescimento respiratório que resulta em alta densidade celular e tem alto rendimento de produção (até 8 g/ℓ de scFv funcional, em condições otimizadas).[51]

A integração do gene do anticorpo no genoma de *P. pastoris* é imprescindível para garantir a reprodutibilidade e a estabilidade do sistema de expressão. No entanto, a *P. pastoris* tem um grau substancial de recombinação não homóloga, o que foi solucionado pela inativação dessa via em uma cepa geneticamente modificada. Outro aspecto é que a *P. pastoris* prefere o metabolismo respiratório em detrimento do fermentativo, que permite a cultura em densidades celulares muito elevadas (p. ex., 160 g peso seco por célula) sem o risco de acúmulo de etanol.[53,54]

A produção de anticorpos completos é possível em leveduras porque tem capacidade de modificações pós-traducionais complexas, entretanto, o padrão de *N*-glicosilação é diferente do humano. A glicoengenharia de *P. pastoris* foi intensivamente estudada com a finalidade de humanizar o mecanismo de glicosilação em *P. pastoris*, que alcançou sucesso com a produção de uma IgG com estrutura similar à humana e com alto rendimento. A IgG produzida pela cepa de *P. pastoris* modificada apresentou desempenho similar ao do mAb produzido por células de mamífero, em um estudo pré-clínico.[54]

A *P. pastoris* é também considerada um sistema bem estabelecido para a produção de fragmentos de anticorpo. Dois fragmentos de anticorpos recombinantes terapêuticos são comercializados: *Nanobody* ALX0061, um antirreceptor da IL-6 recombinante utilizado para o tratamento da artrite reumatoide; e *Nanobody*1 ALX00171, um fragmento de anticorpo recombinante utilizado no tratamento da infecção pelo RSV.[53]

Anticorpos recombinantes em células de inseto

As células de inseto representam um sistema de expressão eucariótico muito versátil porque podem ser eficientemente transfectadas com vírus específicos de insetos como o baculovírus, considerado seguro para humanos, mamíferos e plantas. A flexibilidade do envelope viral permite o empacotamento/montagem de sequências de genes heterólogos grandes (mais de 20 kb), e o forte promotor poliedrina possibilita a expressão de até 50% do total de proteínas das células de inseto. Tem padrão de glicosilação diferente das células de mamíferos, mas modificações foram introduzidas para obter padrões de glicosilação comparável. Modificações no padrão de glicosilação permitem gerar anticorpos com estrutura e conformação similares às de células de mamíferos, e a coexpressão com isomerases e chaperoninas possibilitam a produção de Ig ativas com alto rendimento. A IgG produzida por sistema de células de inseto/baculovírus mostrou ter atividade funcional como a de ligação ao complemento. O anticorpo anti-*rhesus* D produzido em células de inseto da linhagem Sf-9 mediou a lise de eritrócitos no ensaio de citotoxicidade celular dependente de anticorpo (ADCC).[51]

Anticorpos recombinantes em células de mamíferos

As células de mamíferos são utilizadas na produção de mais de 70% das proteínas recombinantes para uso farmacêutico, incluindo 95% dos anticorpos terapêuticos aprovados para comercialização, apesar do manejo difícil e do custo de produção relativamente alto. Adicionalmente, os processos de pós-tradução, dobramento e secreção avançados são capazes de produzir anticorpos indistinguíveis daqueles do corpo humano com menor efeito imunogênico. Além disso, são altamente eficientes para a secreção de Ig grandes, complexas e de alta qualidade, o que diminui esforços e custos nas etapas de processamento. A utilização de meios de cultura suplementados sem a necessidade de adição de componentes do soro animal, seguindo as boas práticas de fabricação, eliminou o risco de contaminação por patógenos e príons. A produção de IgG por células CHO chega a 12 g/ℓ com o avanço do processo de cultivo e produção industrial (otimização de meio de cultura, taxa de expressão e densidade celular).[51]

Os sistemas de expressão em linhagens de células de mieloma têm sido utilizados para produção de diferentes anticorpos recombinantes úteis como produtos diagnósticos e principalmente terapêuticos. O uso das células de mieloma para a produção de anticorpos recombinantes é vantajoso porque são células secretoras de Ig e são capazes de realizar modificações pós-traducionais adequadas, que são importantes para a função dos anticorpos.[56] Avanços nas técnicas de engenharia genética e de biologia molecular tornaram possível isolar, clonar e expressar regiões variáveis de Ig humanas e de camundongos de quase qualquer especificidade desejável. Células de mieloma podem ser transfectadas com um vetor de expressão que contém os genes da Ig e da GS e são cultivadas em meio isento de glutamina. A amplificação do número de cópias do vetor é induzida por um inibidor de GS específico, metionina sulfoximina. Anticorpos e variantes de anticorpos produzidos em células de mieloma são muito úteis para elucidar os resíduos de aminoácidos e as sequências estruturais que contribuem para a função de anticorpos. Além disso, imunoligantes que resultam da fusão de anticorpos com sequências não imunoglobulínicas, assim como a IgA secretória, foram produzidos em células de mieloma.[56]

▪ Anticorpos recombinantes em animais transgênicos

A expressão de anticorpos humanos em animais transgênicos tem aumentado. Por um lado, a humanização de anticorpos para terapia de derivados de tecnologia de hibridoma é ainda laboriosa e demorada e requer a geração e a caracterização de um conjunto de diferentes versões humanizadas dos anticorpos. Por outro lado, os anticorpos derivados de camundongos ou ratos podem desencadear a resposta imune em humanos.[51]

Anticorpos monoclonais e policlonais humanos podem ser produzidos no leite de camundongos fêmeas e cabras, e até em ovos de galinhas transgênicos. A primeira fase da geração de anticorpos humanos em animais pela imunização foi a transferência de um minilócus humano contendo sequência de Ig desarranjada, variável, diversificada e com elementos de junção ligados a uma cadeia μ humana em camundongo. Nessa construção, 4% dos linfócitos B expressaram anticorpos humanos. A imunização de animais de maior porte contendo *loci* cromossômicos de Ig humana tornou possível produzir maior quantidade de anticorpos. Um exemplo foi a construção de gado transgênico portador de *loci* de cadeia pesada de Ig humana e cadeia leve kappa para imunização contra o antígeno de antraz. A mistura de anticorpos policlonais resultantes consistiu em Ig inteiramente humanas e quiméricas que mostraram alta atividade e proteção em modelos de camundongo *in vivo*. Gado e coelhos foram usados para expressão de um scFv biespecífico dirigido ao proteoglicano associado com melanoma e molécula CD28 humana em células T. O uso de diferentes animais para geração de anticorpos policlonais humanos requer que o lócus gênico da Ig seja bloqueado no animal transgênico.[51]

▪ Anticorpos recombinantes em plantas transgênicas

Os sistemas de plantas transgênicas são capazes de produzir anticorpos recombinantes com propriedades muito semelhantes às de IgG originais em larga escala a baixo custo. O escalonamento (*scale-up*) desse sistema de produção pode ser alcançado de forma mais fácil que o de sistema de células de mamíferos, no qual o escalonamento do processo de fermentação leva ao aumento no custo de produção. Hipoteticamente, o custo da produção de uma IgA expressa em plantas é de até 10% comparado com o de células de hibridoma. Apesar da facilidade de cultivo e do alto rendimento de produção de anticorpos recombinantes, o padrão de glicosilação difere do sistema de mamíferos. Essa limitação tem sido superada por modificações nas plantas transgênicas que possibilitam a coexpressão de genes de mamíferos que promovem um padrão de glicosilação similar ao humano. Também foram produzidos anticorpos não glicosilados para testar a proteção contra a inalação de esporos de antraz em não primatas e a atividade antitumoral em camundongos.[51]

A maioria dos anticorpos produzidos em plantas (*plantibodies*) é expressa na planta do tabaco, mas há outros sistemas de produção, como arroz, lentilha, milho, alfafa, alface e semente de arabidopsis (*Arabidopsis thaliana*). Anticorpos produzidos por ervilhas, arroz e trigo mostraram-se úteis no imunodiagnóstico e na análise de imagem de neoplasias humanas.[57] Anticorpos neutralizantes de HIV-1 produzidos no endosperma do milho e nas folhas de tabaco apresentaram propriedades neutralizantes similares aos produzidos em células CHO ou HEK-293.[51,58] Dois anticorpos derivados de plantas foram testados em ensaios clínicos para fins terapêuticos, um produzido na planta do tabaco que se liga a antígenos estreptocócicos I/II de *Streptococcus mutans*, o principal agente causador da perda de dente por infecção bacteriana, e o outro contra linfoma não Hodgkin.[51]

Fatores que afetam a produção de proteínas recombinantes

Uma vez estabelecido o sistema de expressão/hospedeiro adequado à produção da proteína recombinante, são necessários procedimentos para avaliação (purificação, caracterização, atividade biológica, eficácia e segurança) e controle de qualidade. Esses procedimentos também são importantes no processo de produção em larga escala da proteína recombinante para uso diagnóstico ou terapêutico. No processo de purificação, todas as proteínas contaminantes devem ser removidas para prevenir resposta imunológica cruzada a proteínas da célula hospedeira ou do meio de cultura. Isso geralmente requer procedimentos de purificação complexos e dispendiosos. A toxicidade inespecífica da proteína deve ser avaliada em uma variedade de animais de experimentação e finalmente em voluntários humanos.

A caracterização físico-química da proteína deve ser bem estabelecida e sua atividade biológica, comparada com a da proteína natural. Para os produtos terapêuticos e vacinas, a estabilidade, a farmacologia, a distribuição tecidual, a excreção e a biodisponibilidade da proteína recombinante devem ser determinadas. Além disso, cada lote de material deve ser submetido a rigorosos procedimentos de controle de qualidade para assegurar que a atividade específica de cada lote é reprodutível. Isso é particularmente importante quando o produto biotecnológico é utilizado para fins terapêuticos. Uma vez que todos os procedimentos de avaliação e de controle de qualidade sejam realizados, a proteína recombinante pode ser testada em ensaios clínicos. Isso requer aprovação de autoridades de licenciamento regulatório e de comitês de ética.

Uma abordagem flexível do controle de qualidade das proteínas recombinantes tem sido adotada pelas autoridades regulatórias. Um fator importante é avaliação da qualidade dos reagentes usados na produção, incluindo componentes do meio de fermentação, de forma a minimizar o risco de transmitir agentes causadores da encefalopatia espongiforme pelos produtos terapêuticos.[59]

Controle do processo de produção

A caracterização do produto final é essencial, entretanto o controle do processo de produção e purificação deve ser bem estabelecido para os produtos recombinantes. Vários fatores podem comprometer a consistência, a segurança e a eficácia desses produtos[59], alguns dos quais são apresentados na Tabela 3.2.

Os sistemas biológicos estão sujeitos a mutações genéticas, e a seleção dos genes heterólogos inseridos nas células hospedeiras pode exibir aumento de instabilidade genética. Portanto, procedimentos de avaliação da qualidade e da estabilidade clonal são necessários para verificar se a sequência correta do gene inserido no vetor é replicada e mantida na célula hospedeira durante a produção.[23,60]

Os produtos expressos em hospedeiros heterólogos podem desviar-se estrutural, biológica ou imunologicamente de seus similares naturais. Tais alterações podem surgir ao nível pós-traducional ou durante a produção ou a purificação e podem levar a efeitos clínicos indesejáveis. Procedimentos de controle de qualidade apropriados devem ser utilizados para avaliar modificações estruturais e funcionais das proteínas produzidas.

A escolha do processo de produção influencia a natureza, o número e a quantidade de impurezas potenciais presentes no produto final, e o processo de remoção dessas impurezas. Exemplos disso são as endotoxinas contaminantes de produtos expressos em células bacterianas e o DNA contaminante de produtos expressos em células de mamíferos.

A variabilidade no processo de cultivo durante a produção pode levar a mudanças que favorecem a expressão de outros genes no sistema vetor/hospedeiro ou que causam alteração da proteína recombinante. Essa variação pode afetar o rendimento e as características da proteína produzida (p. ex., grau de glicosilação) e/ou introduzir diferenças qualitativas e quantitativas nas impurezas presentes. Consequentemente, são necessários procedimentos de controle de qualidade para assegurar consistência de condições de produção.[60]

O processo de escalonamento (*scale-up*) da produção, ao nível de fermentação e/ou purificação, é necessário para a transferência da escala laboratorial para a produção em larga escala, em biorreatores. Esse processo pode afetar a qualidade da proteína recombinante, incluindo efeitos na estrutura conformacional, no rendimento e/ou em diferenças qualitativas e quantitativas nas impurezas. Portanto, são necessários procedimentos de controle durante o processo de produção em escala ampliada para verificar a equivalência.[5]

Tabela 3.2 Fatores que afetam a qualidade de produção das proteínas recombinantes

Fatores	Procedimentos de avaliação
Instabilidade genética	Estudos genéticos moleculares
Modificações estruturais e funcionais	Procedimentos de controle de qualidade
Escolha do processo de produção	Número e quantidade de impurezas
Variabilidade no processo de cultivo	Rendimento e características da proteína e impurezas
Produção em escala ampliada	Conformação e rendimento da proteína e impurezas

Caracterização e avaliação da proteína recombinante

A caracterização da proteína recombinante inclui métodos químicos, físicos e biológicos. Para essa finalidade, devem ser utilizadas técnicas analíticas que avaliam tamanho, carga, ponto isoelétrico, massa molecular relativa, perfil de hidrofobicidade e comparação com proteína de referência ou natural. Na maioria dos casos, a determinação da sequência de aminoácidos completa pode ser obtida por sequenciamento dos peptídios liberados por digestão enzimática, após separação por cromatografia líquida de alta eficiência (HPLC, *high performance liquid chromatography*). Devem ser observados: metionina *N*-terminal, sinal *N*-formil-metionina ou sequências líder, ou outras possíveis modificações *N*- e *C*-terminal (processamento proteolítico), assim como modificações pós-traducionais (*N*- ou *O*-glicosilação, acetilação, hidroxilação e γ-carboxilação) e formação de produtos de degradação por reações de desaminação e oxidação.

Algumas proteínas recombinantes são glicoproteínas e podem apresentar estruturas oligossacarídicas diversas de acordo com o sistema vetor/hospedeiro. O perfil oligossacarídico da proteína recombinante produzida deve ser avaliado por técnicas analíticas diferentes (p. ex., focalização isoelétrica quantitativa ou eletroforese capilar, cromatografia de troca iônica, análise e determinação de componentes formossacarídicos, cromatografia de afinidade com lectina e espectrometria de massa).

A conformação e o tamanho da proteína recombinante podem ser avaliados por vários métodos: eletroforese em gel de poliacrilamida, focalização isoelétrica, exclusão por tamanho molecular, troca-iônica de fase reversa, cromatografia de afinidade ou interação hidrofóbica, mapeamento peptídico e subsequente sequenciamento de aminoácidos, *light scattering*, espectroscopia no UV, dicroísmo circular e espectrometria de massa. Além disso, a caracterização adicional do produto por espectrometria de MNR e cristalografia de raios X fornece informações valiosas.

Quando a produção da proteína recombinante atinge o nível de produto final acabado, deve ser estabelecido um conjunto de testes rotineiros de controle de qualidade para os lotes produzidos. Esse conjunto de testes deve incluir ensaios sensíveis e confiáveis para avaliar o grau de pureza (p. ex., DNA da célula hospedeira e/ou do vetor) em cada lote de produto preparado das linhagens celulares de mamíferos. As proteínas celulares residuais devem ser determinadas por ensaios que tenham sensibilidade adequada (p. ex., ppm). Impurezas potenciais tais como DNA somente podem ser determinadas em produtos intermediários da etapa anterior de purificação. A atividade biológica/potência de cada lote deve ser estabelecida (p. ex., unidade de atividade biológica por mℓ) usando, sempre que possível, uma preparação de referência nacional ou internacional calibrada em unidades de atividade biológica. Além disso, a determinação da atividade específica (unidades de atividade biológica por unidade de peso do produto) também deve ser realizada. Finalmente, deve ser avaliada a *correlação* entre a medida da atividade biológica e os resultados dos testes físico-químicos.[59]

Referências bibliográficas

1. Demain AL, Vaishnav P. Production of recombinant proteins by microbes and higher organisms. Biotechnol Adv. 2009;27(3):297-306.
2. Jonasson P, Liljeqvist S, Nygren P-A, Stahl S. Genetic design for facilitated production and recovery of recombinant proteins. Biotechnol Applied Biochem 2002;35(Pt 2):91-105.
3. Rosano GL, Ceccarelli EA. Recombinant protein expression in Escherichia coli: advances and challenges. Front Microbiol. 2014;5:172.

4. Swartz JR. Advances in Escherichia coli production of therapeutic proteins. Cur Opinion Biotechnol 2001;12(2):195-201.
5. Berlec A, Strukelj B. Current state and recent advances in biopharmaceutical production in Escherichia coli, yeasts and mammalian cells. J Ind Microbiol Biotechnol. 2013;40(3-4):257-74.
6. Burnouf T. Recombinant plasma proteins. Vox Sang. 2011;100(1):68-83.
7. Gopal Gj, Kumar A. Strategies for the production of recombinant protein in Escherichia coli. Protein J. 2013;32(6):419-25.
8. De Marco A. Recombinant polypeptide production in E. coli: towards a rational approach to improve the yields of functional proteins. Microb Cell Fact. 2013;12:101.
9. Baeshen MN, Al-Hejin A, Bora RS, Ahmed MM, Ramadan HA, Saini KS, et al. Production of biopharmaceuticals in E. coli: current scenario and future perspectives. J Microbiol Biotechnol. 2015;25(7):953-62.
10. Cornelis P. Expressing genes in different Escherichia coli compartments. Cur Opinion Biotechnol. 2000;11(5):450-4.
11. Jaffé SR, Strutton B, Levarski Z, Pandhal J, Wright PC. Escherichia coli as a glycoprotein production host: recent developments and challenges. Curr Opin Biotechnol. 2014;30:205-10.
12. Damasceno LM, Huang CJ, Batt CA. Protein secretion in Pichia pastoris and advances in protein production. Appl Microbiol Biotechnol. 2012;93(1):31-9.
13. Li P, Anumanthan A, Gao Xg, Ilangovan K, Suzara Vv, Düzgüneş N, et al. Expression of recombinant proteins in Pichia pastoris. Appl Biochem Biotechnol. 2007;142(2):105-24.
14. Ahmad M, Hirz M, Pichler H, Schwab H. Protein expression in Pichia pastoris: recent achievements and perspectives for heterologous protein production. Appl Microbiol Biotechnol. 2014;98(12):5301-17.
15. Gonçalves AM, Pedro AQ, Maia C, Sousa F, Queiroz JA, Passarinha LA. Pichia pastoris: a recombinant microfactory for antibodies and human membrane proteins. J Microbiol Biotechnol. 2013;23(5):587-601.
16. Kost TA, Condreay JP. Recombinant baculovirus as mammalian cell gene--delivery vectors. Trends Biotechnol. 2002;20(4):173-80.
17. Almo SC, Garforth SJ, Hillerich BS, Love JD, Seidel RD, Burley SK. Protein production from the structural genomics perspective: achievements and future needs. Curr Opin Struct Biol. 2013;23(3):335-44.
18. Contreras-Gómez A, Sánchez-Mirón A, García-Camacho F, Molina-Grima E, Chisti Y. Protein production using the baculovirus-insect cell expression system. Biotechnol Prog. 2014;30(1):1-18.
19. van Oers MM, Pijlman GP, Vlak JM. Thirty years of baculovirus-insect cell protein expression: from dark horse to mainstream technology. J Gen Virol. 2015;96(Pt 1):6-23.
20. Yamaji H. Suitability and perspectives on using recombinant insect cells for the production of virus-like particles. Appl Microbiol Biotechnol. 2014;98(5):1963-70.
21. Fliedl L, Grillari J, Grillari-Voglauer R. Human cell lines for the production of recombinant proteins: on the horizon. N Biotechnol. 2015;32(6):673-9.
22. Khan KH. Gene expression in mammalian cells and its applications. Adv Pharm Bull. 2013;3(2):257-63.
23. Le H, Vishwanathan N, Jacob NM, Gadgil M, Hu WS. Cell line development for biomanufacturing processes: recent advances and an outlook. Biotechnol Lett. 2015;37(8):1553-64.
24. Barnes LM, Dickson AJ. Mammalian cell factories for efficient and stable protein expression. Curr Opin Biotechnol. 2006;17(4):381-6.
25. Büssow K. Stable mammalian producer cell lines for structural biology. Curr Opin Struct Biol. 2015;32:81-90.
26. Ko K. Expression of recombinant vaccines and antibodies in plants. Monoclon Antib Immunodiagn Immunother. 2014;33(3):192-8.
27. Desai PN, Shrivastava N, Padh H. Production of heterologous proteins in plants: strategies for optimal expression. Biotechnol Adv. 2010;28(4):427-35.
28. Ullrich KK, Hiss M, Rensing SA. Means to optimize protein expression in transgenic plants. Curr Opin Biotechnol. 2015;32:61-7.
29. Moustafa K, Makhzoum A, Trémouillaux-Guiller J. Molecular farming on rescue of pharma industry for next generations. Crit Rev Biotechnol. 2016;36(5):840-50.
30. Davies HM. Review article: commercialization of whole-plant systems for biomanufacturing of protein products: evolution and prospects. Plant Biotechnol J. 2010;8(8):845-61.
31. He J, Xiu B, Wang G, Chen K, Feng X, Song X, et al. Double-antigen sandwich ELISA for the detection of anti-hepatitis C virus antibodies. J Virol Methods. 2011;171(1):163-8.
32. He J, Xiu B, Wang G, Chen K, Feng X, Song X, et al. Construction, expression, purification and biotin labeling of a single recombinant multi-epitope antigen for double-antigen sandwich ELISA to detect hepatitis C virus antibody. Protein Pept Lett. 2011;18(8):839-47.
33. Mikawa AY, Santos SA, Kenfe FR, Da Silva FH, Da Costa PI. Development of a rapid one-step immunochromatographic assay for HCV core antigen detection. J Virol Methods. 2009;158(1-2):160-4.
34. Ansari MA, Irshad M, Agarwal SK, Chosdol K. Expression of the full-length HCV core subgenome from HCV gentoype-1a and genotype-3a and evaluation of the antigenicity of translational products. Eur J Gastroenterol Hepatol. 2013;25(7):806-13.
35. Ali A, Nisar M, Idrees M, Rafique S, Iqbal M. Expression of hepatitis C virus core and E2 antigenic recombinant proteins and their use for development of diagnostic assays. Int J Infect Dis. 2015;34:84-9.
36. Maldaner FR, Aragão FJ, Dos Santos FB, Franco OL, Da Rocha MQL, De Oliveira RR, et al. Dengue virus tetra-epitope peptide expressed in lettuce chloroplasts for potential use in dengue diagnosis. Appl Microbiol Biotechnol. 2013;97(13):5721-9.
37. Ganguly A, Malabadi RB, Das D, Suresh MR, Sunwoo HH. Enhanced prokaryotic expression of dengue virus envelope protein. J Pharm Pharm Sci. 2013;16(4):609-21.
38. Mustafa AS. Recombinant and synthetic peptides to identify Mycobacterium tuberculosis antigens and epitopes of diagnostic and vaccine relevance. Tuberculosis (Edinb). 2005;85(5-6):367-76.
39. Ahmad S, Ali MM, Mustafa AS. Construction of a modified vector for efficient purification of recombinant Mycobacterium tuberculosis proteins expressed in E. coli. Protein Expr Purific. 2003;29(2):167-75.
40. Hanif SN, Al-Attiyah R, Mustafa AS. Molecular cloning, expression, purification and immunological characterization of three low-molecular weight proteins encoded by genes in genomic regions of difference of Mycobacterium tuberculosis. Scand J Immunol. 2010;71(5):353-61.
41. Sato NS, Hirata MH, Hirata RDC, Zerbini LCMS, Silveira EPR, Melo CS, et al. Analysis of Treponema pallidum recombinant antigens for diagnosis of syphilis by western blotting technique. Rev Inst Med Trop São Paulo. 1999;41(2):115-8.
42. Sato NS, Suzuki T, Ueda T, Watanabe K, Hirata RD, Hirata MH. Recombinant antigen-based immuno-slot blot method for serodiagnosis of syphilis. Braz J Med Biol Res. 2004;37(7):949-55.
43. Holec-Gasior L. Toxoplasma gondii recombinant antigens as tools for serodiagnosis of human toxoplasmosis: current status of studies. Clin Vaccine Immunol. 2013;20(9):1343-51.
44. Silveira SF, Umezawa ES, Luquetti AO. Chagas disease: recombinant Trypanosoma cruzi antigens for serological diagnosis. Trends Parasitol. 2001;17(6):286-91.
45. Hernández P, Heimann M, Riera C, Solano M, Santalla J, Luquetti AO, et al. Highly effective serodiagnosis for Chagas' disease. Clin Vaccine Immunol. 2010;17(10):1598-604.
46. Longhi SA, Brandariz SB, Lafon SO, Niborski LL, Luquetti AO, Schijman AG, et al. Evaluation of in-house ELISA using Trypanosoma cruzi lysate and recombinant antigens for diagnosis of Chagas disease and discrimination of its clinical forms. Am J Trop Med Hyg. 2012;87(2):267-71.
47 Esquivel-Velázquez M, Ostoa-Saloma P, Morales-Montor J, Hernández--Bello R, Larralde C. Immunodiagnosis of neurocysticercosis: ways to focus on the challenge. J Biomed Biotechnol. 2011;2011:516042.
48. Hubert K, Andriantssimahavandy A, Michault A, Frosch M, Muhschelegel FA. Serological diagnosis of human cysticercosis by use of recombinant antigens from Taenia solium cysticerci. Clin Diagn Lab Immunol. 1999;6(4):479-82.
49. Lee Ym, Handali S, Hancock K, Pattabhi S, Kovalenko VA, Levin A, et al. Serologic diagnosis of human Taenia solium cysticercosis by using recombinant and synthetic antigens in QuickELISA™. Am J Trop Med Hyg. 2011;84(4):587-93.
50. Noh J, Rodriguez S, Lee YM, Handali S, Gonzalez AE, Gilman RH, et al. Recombinant protein and synthetic peptide-based immunoblot test for diagnosis of neurocysticercosis. J Clin Microbiol. 2014;52(5):1429-34.
51. Frenzel A, Hust M, Schirrmann T. Expression of recombinant antibodies. Front Immunol. 2013;4:217.
52. Hagemeyer CE, Von Zur Muhlen C, Von Elverfeldt D, Peter K. Single-chain antibodies as diagnostic tools and therapeutic agents. Thromb Haemost. 2009;101(6):1012-9.
53. Spadiut O, Capone S, Krainer F, Glieder A, Herwig C. Microbials for the production of monoclonal antibodies and antibody fragments. Trends Biotechnol. 2014;32(1):54-60.
54. Lee YJ, Jeong KJ. Challenges to production of antibodies in bacteria and yeast. J Biosci Bioeng. 2015;120(5):483-90.
55. Holliger P, Hudson PJ. Engineered antibody fragments and the rise of single domains. Nat Biotechnol. 2005;23(9):1126-36.
56. Yoo EM, Chintalacharuvu KR, Penichet ML, Morrison SL. Myeloma expression systems. J Immunol Meth. 2002;261(1-2):1-20.
57. Perrin Y, Vaquero C, Gerrard I, Sach M, Drossard J, Sotger E, et al. Transgenic pea seeds as bioreactors for the production of a single-chain Fv fragment (scFV) antibody used in cancer diagnosis and therapy. Mol Breed. 2000;6(4):345-52.
58. Rosenberg Y, Sack M, Montefiori D, Forthal D, Mao L, Hernandez-Abanto S, et al. Rapid high-level production of functional HIV broadly neutralizing monoclonal antibodies in transient plant expression systems. PLoS One. 2013;8(3):e58724.
59. Fuchs F. Quality control of biotechnology-derived vaccines: technical and regulatory considerations. Biochimie. 2002;84(11):1173-9.
60. Looser V, Brühlmann B, Bumbak F, Stenger C, Costa M, Camattari A, et al. Cultivation strategies to enhance productivity of Pichia pastoris: a review. Biotechnol Adv. 2015;33(6 Pt 2):1177-93.

Capítulo 4

Parâmetros e Qualidade de Imunoensaios

Antonio Walter Ferreira, Sandra do Lago Moraes e Sandra Trevisan Beck

Precisão diagnóstica e valor clínico dos testes de laboratório

Neste capítulo, serão apresentados os parâmetros intrínsecos e extrínsecos de testes de laboratório, sobretudo os imunoensaios, úteis para a compreensão do valor dos resultados obtidos quando associados a dados clínicos e epidemiológicos do paciente.

O resultado de um teste de laboratório representa uma probabilidade que reflete a situação clínica do paciente no momento da coleta de amostra e, quando bem avaliado, e é uma importante ferramenta de auxílio para o clínico tomar uma decisão ou mudar uma hipótese clínica inicial. Assim, é necessário saber interpretar os resultados em função dos limites do teste utilizado.

Para o clínico, interessa saber com que frequência o teste é positivo em pacientes doentes comparado com a frequência com que resulta negativo nos indivíduos não doentes. Portanto, este capítulo abordará: teste de referência, sensibilidade, especificidade, eficiência, reprodutibilidade, índice kappa, prevalência, valor preditivo positivo (VPP), valor preditivo negativo (VPN), teorema de Bayes e probabilidade, curva de característica de operação do receptor (ROC, *receiver operating characteristic*), taxa de probabilidade (LR, *likelihood ratio*) e chance (*odds*).

Teste de referência

Também chamado de *gold standart test,* é utilizado para definir o verdadeiro estado do paciente. Deve ser definitivo (atingir a real causa da doença tão diretamente quanto possível) e independente do teste que está sendo realizado (não ser parte de um algoritmo que inclua o teste em avaliação nem ser técnica ou biologicamente relacionado com ele). Por exemplo, se o teste em avaliação é um imunoenzimático que diagnostica a infecção chagásica pela presença de anticorpos anti-*T. cruzi* no soro, não é possível utilizar outro teste imunoenzimático de fabricante diferente como teste de referência. Este, para essa patologia, deveria ser a pesquisa de *T. cruzi* no sangue dos pacientes (demonstração direta, xenodiagnóstico, cultivo) ou pesquisa de RNA/DNA por tecnologia de amplificação de ácidos nucleicos.

É importante lembrar que, para definir o teste de referência, é preciso conhecer a evolução clínica da doença e os efeitos patológicos provocados pelo patógeno. Por exemplo, na fase crônica da doença de Chagas, a sensibilidade dos métodos parasitológicos e moleculares é baixa em função do nível de parasitas que circulam. Nesse caso, o teste de referência passa a apresentar índices de sensibilidade menores que a pesquisa de anticorpos anti-*T. cruzi* presentes no sangue do paciente.

Para estudar os diferentes parâmetros sorológicos, pode-se utilizar a Tabela 4.1, de dupla entrada, na qual se relaciona a probabilidade de doença com resultados obtidos no teste.

Sensibilidade

Proporção de todos os pacientes com a doença que apresentam resultados positivos quando o teste em particular é utilizado. A sensibilidade pode ser calculada como o número de verdadeiros resultados positivos dividido pelo número de todos os pacientes com a doença [verdadeiro-positivos (VP) e falso-negativos (FN)]. Isso significaria a taxa de VP ou a verossi-

Tabela 4.1 Combinação binária de resultados entre o diagnóstico verdadeiro de doença e a probabilidade de resultados do teste.

Teste	Doença		Total
	Presente	Ausente	
Reagente	(a) ou VP	(b) ou FP	(a + b) ou VP + FP
Não reagente	(c) ou FN	(d) ou VN	(c + d) ou FN + VN
Total	(a + c) ou VP + FN	(b + d) ou FP + VN	(a + b + c + d) ou *n*

VP + FN e FP + VN são o número de pacientes com e sem a doença, respectivamente.
VP + FP e FN + VN são o número de pacientes com e sem resultado positivo no teste, respectivamente.
VP: verdadeiro-positivo; FP: falso-positivo; VN: verdadeiro-negativo; FN: falso-negativo; *n*: número total de pacientes estudados.

milhança (*likelihood*) do resultado positivo em pessoa doente. O índice de sensibilidade pode ser expresso em porcentagem (%), bastando multiplicar o valor obtido por 100.

Sensibilidade = VP ÷ (FN + VP)

A definição da sensibilidade apresentada refere-se à sensibilidade clínica, que difere da analítica, a qual está relacionada à capacidade da técnica de quantificar concentrações de analitos, anticorpos ou antígenos.

Especificidade

Proporção de todos os indivíduos sem a doença que apresentam resultados negativos quando o teste em particular é utilizado. A especificidade pode ser calculada como o número de verdadeiros resultados negativos dividido pelo número de todos os indivíduos sem a doença [verdadeiro-negativos (VN) e falso-positivos (FP)]. Isso significaria a taxa de VN ou a verossimilhança do resultado não reagente em pessoa não doente. O índice de especificidade pode ser expresso em porcentagem (%), bastando multiplicar o valor obtido por 100.

Especificidade = VN ÷ (FP + VN)

A definição da especificidade apresentada refere-se à especificidade clínica que difere da especificidade do método, a qual pode ser influenciada por inúmeros fatores que levam a resultados FP. Anticorpos naturais e heteroanticorpos, normalmente imunoglobulinas IgM contra diferentes epítopos, são responsáveis por FP no teste de hemaglutinação para a doença de Chagas. Condutas laboratoriais, como o uso de 2-mercaptoetanol em concentração adequada, eliminam anticorpos IgM sem prejuízo na detecção de anticorpos IgG. Indivíduos poli-infectados por parasitas intestinais apresentam um somatório de componentes antigênicos, elicitando a formação de anticorpos que reagem com inúmeros antígenos-alvo dos testes sorológicos em níveis baixos. Isso obriga os pesquisadores a adequarem limiares de reatividade ou a absorverem os soros antes de serem processados.

Atualmente, para melhorar a especificidade dos testes, antígenos de microrganismos obtidos por síntese de peptídios ou recombinação genética têm sido utilizados (ver Capítulo 3). Por outro lado, esse procedimento normalmente leva a uma perda na sensibilidade dos testes.

A dificuldade na obtenção de um painel de soros confiável para que sejam estabelecidos corretamente os valores de sensibilidade e especificidade leva muitos laboratórios a preparar esses painéis a partir de resultados sorológicos de outros testes. Nesse caso, a sensibilidade e a especificidade do teste em estudo serão influenciadas pelos mesmos índices do teste escolhido como referência. Para diferenciar dos parâmetros verdadeiros, essa sensibilidade é chamada de copositividade ou sensibilidade relativa, e a especificidade, de conegatividade ou especificidade relativa.

Eficiência, acurácia ou precisão diagnóstica

Referem-se à relação entre o número de resultados corretos (VP e VN) no teste e o total de indivíduos testados (*n*), isto é, a proporção de diagnósticos corretos. É a relação entre os VP somados aos VN e o total de indivíduos testados. Usando os dados da Tabela 4.1, é possível estabelecer a precisão do teste sorológico pela relação expressa:

Eficiência, acurácia ou precisão diagnóstica = (VP + VN) ÷ *n*

Reprodutibilidade

É definida como a obtenção de resultados iguais em testes do mesmo formato realizados com a mesma amostra biológica por técnicos distintos em diferentes locais.

A reprodutibilidade de resultados é influenciada por diversos fatores que variam desde a qualidade dos reagentes às condições técnicas e operacionais dos laboratórios. Equipamentos mal calibrados, em especial pipetas, desgaste de equipamentos e acessórios, como lâmpadas de microscópios e espectrofotômetros, são responsáveis por falhas na reprodutibilidade dos resultados. Atualmente, grande parte dos laboratórios possui certificação ISO, o que garante a boa qualidade da metrologia no laboratório e critérios de compra de reagentes, previamente avaliados por soroteca confiável. A introdução de soros de referência como rotina diagnóstica auxilia na detecção da ocorrência de erros sistemáticos (avaliação da exatidão) ou acidentais (avaliação da precisão).

A reprodutibilidade dos resultados é fortemente influenciada por erros humanos, principalmente quando o laboratorista inventa variações técnicas que estão em desacordo com os procedimentos descritos pelos fabricantes.

Existem várias opções para avaliar testes, reagentes e serviços. Normalmente, utiliza-se a reprodutibilidade intrateste (repetitividade), que é a obtenção do mesmo resultado, por ensaios realizados, ao mesmo tempo, em duplicatas ou triplicatas, e a reprodutibilidade interteste, que é a repetição de resultados da mesma amostra processada em dias diferentes pelo mesmo teste.

A variação da reprodutibilidade pode ser medida pelo desvio-padrão (DP) ou pelo coeficiente de variação (CV), expressos pelas fórmulas:

$$DP = \frac{\sqrt{\sum (X - mx)^2}}{N - 1}$$

$$CV = \frac{DP \times 100}{mx}$$

Em que:

- X é o valor encontrado para cada ensaio
- mx é o valor médio
- N é o número total de ensaios realizados.

Índice kappa (κ)

Mede a avaliação da reprodutibilidade pelo grau de concordância entre os resultados de dois ou mais observadores. O índice kappa leva em consideração as proporções das concordâncias observadas (PO) em relação às esperadas (PE) e varia de valores negativos até 1.

A Tabela 4.2 mostra como pode ser calculado o índice kappa e a Tabela 4.3 apresenta sua classificação.

$$PO = \frac{(a + d)}{N}$$

$$PE = \frac{[(a + b)(a + c)] + [(c + d)(b + d)]}{N^2}$$

$$\kappa = \frac{(PO - PE)}{(1 - PE)}$$

Tabela 4.2 Combinação binária de resultados obtidos para um mesmo acontecimento entre dois observadores.

Observador 1	Observador 2		Total
	Positivo	Negativo	
Positivo	a	b	a + b
Negativo	c	d	c + d
Total	a + c	b + d	*n*

Tabela 4.3 Classificação do índice kappa.

Valor de kappa	Concordância
0 a 0,20	Ruim
0,21 a 0,40	Fraca
0,41 a 0,60	Moderada
0,61 a 0,80	Substancial
0,81 a 1	Quase perfeita

Prevalência

É o número de casos de uma doença em localidade e tempo determinados. Utilizando a Tabela 4.1:

$$\text{Prevalência} = \frac{(VP + FN)}{N}$$

Prevalência sorológica (Ps) é o número de amostras de soros reagentes para anticorpos IgG para uma doença em localidade e tempo determinados.

$$Ps = \frac{(VP + FP)}{N}$$

$$\text{Prevalência verdadeira} = \frac{Ps + E - 1}{S + E - 1}$$

Valores preditivos

Definidos como a precisão de um teste em prever uma condição médica. Utilizados para responder perguntas como:

- Se o resultado do teste é positivo, qual a probabilidade de o indivíduo do ensaio ter realmente a doença?
- Se o resultado do teste é negativo, qual a probabilidade de o indivíduo do ensaio não ter realmente a doença?

Para responder a essas questões, é necessário conhecer o VPP de um teste com resultado positivo e o VPN com resultado negativo.

VPP é o número de resultados VP fornecidos pelo teste dividido pelo número de todos os resultados positivos do teste. VPN é o número de resultados VN dividido pelo número de todos os resultados negativos.

Usando a Tabela 4.1, é possível expressar os valores preditivos pela fórmula simplificada do teorema de Bayes.

$$VPP = \frac{VP}{VP + FP}$$

$$VPN = \frac{VN}{FN + VN}$$

O valor preditivo é muito influenciado pela prevalência da doença e pela sensibilidade e especificidade do teste. Como exemplo, calcularam-se valores preditivos obtidos de um mesmo teste aplicado a duas populações de área endêmica e não endêmica para uma mesma infecção:

- População 1 = prevalência de 1%
  - N = 10.000
  - S = 99%
  - E = 98%
  - P = 1%.

Teste	Doença		Total
	Presente	Ausente	
Reagente	99	198	297
Não reagente	1	9.702	9.703
Total	100	9.900	10.000

$$VPP = 99 \div 297 = 0{,}333 = 33{,}3\%$$

$$VPN = 9.702 \div 9.703 = 0{,}999 = 99{,}9\%$$

- População 2 = prevalência de 10%
  - N = 10.000
  - S = 99%
  - E = 98%
  - P = 10%.

Teste	Doença		Total
	Presente	Ausente	
Reagente	990	180	1.170
Não reagente	10	8.820	8.830
Total	1.000	9.000	10.000

$$VPP = 990 \div 1.170 = 0{,}846 = 84{,}6\%$$

$$VPN = 8.820 \div 8.830 = 0{,}999 = 99{,}9\%$$

O VPP é bastante afetado pela prevalência da doença na população de estudo, enquanto o VPN não é significativamente alterado. Por isso, em imunoensaios, resultados negativos são bem aceitos, enquanto os positivos frequentemente precisam ser confirmados.

Teorema de Bayes

Trata-se de expressões algébricas para calcular a probabilidade ou não de doença pelo resultado do teste quando a probabilidade do pré-teste [prevalência estimada = p(D)], a sensibilidade e a especificidade são conhecidas.

$$\text{Probabilidade de doença com teste positivo} = \frac{p(D) \times VP}{p(D) \times VP + 1 - p(D) \times FP}$$

$$\text{Probabilidade de doença com teste negativo} = \frac{p(D) \times FN}{p(D) \times FN + 1 - p(D) \times VN}$$

Curva de característica de operação do receptor (curva ROC)

As características de um teste de laboratório, como sua sensibilidade, especificidade, VPP e VPN, não são parâmetros inalteráveis. Esses valores podem mudar, dependendo do limiar de reatividade ou ponto de corte (*cut off point*) estabelecido para o ensaio realizado, ponto a partir do qual o teste será considerado positivo. Em geral, quanto maior a sensibilidade definida para o teste, menor sua especificidade, e vice-versa. O ponto escolhido será definido em função do objetivo do estudo.

Quando é realizada a triagem de doadores de sangue, por exemplo, faz-se necessário um teste com máxima sensibilidade (100%), uma vez que qualquer risco de doença infecciosa transmissível pelo sangue deve ser evitado, minimizando ao máximo a presença de resultados FN. Contudo, a especificidade ficará comprometida (< 100%), podendo ocorrer um número significativo de resultados FP que deverão ser confirmados. Se a prevalência da doença for baixa, o número de resultados FP superará o número de VP.

Já quando a prioridade é a certeza diagnóstica, a especificidade do teste deverá ser priorizada, minimizando a chance de resultados FP, o que agrega ao resultado do teste alto valor clínico. No entanto, haverá resultados FN.

Como nenhum teste diagnóstico apresenta valores de sensibilidade e especificidade de 100%, deve-se procurar um ponto de corte que proporcione valores máximos desses parâmetros, ciente da possibilidade da ocorrência de falsos resultados positivos ou negativos, os quais serão comunicados ao usuário. Por exemplo, um teste com sensibilidade de 95% e especificidade de 98% apresentará 5% de ocorrência de resultados FN e 2% de ocorrência de FP.

É justamente para valorizar o ponto de corte que a curva ROC tem sua maior aplicação, minimizando ao máximo os eventuais falsos resultados. A curva ROC é definida como a descrição gráfica do desempenho de um teste representado pela relação entre a taxa de VP (sensibilidade) e taxa de FP (1-especificidade = inverso da especificidade). Esse procedimento visa a melhor definição da região onde existe sobreposição de dados quando são colocados em gráficos os resultados obtidos de amostras de indivíduos doentes e sadios (Figura 4.1). Representa, portanto, a precisão intrínseca do teste e é ideal para a comparação de testes.

Por definição, os resultados de um teste encontrados na maioria dos indivíduos saudáveis são considerados como valores normais, sendo representados pela média dos valores encontrados nesse grupo acrescido de dois desvios-padrão. Contudo, sempre se devem levar em conta as características do grupo considerado como "normal", pois alguns valores podem sofrer variações com a idade do indivíduo, sexo, dieta etc., fazendo com que esses cortes sofram variações, dependendo da seleção feita para estudo.

Assim, o estudo de diferentes pontos de corte entre os extremos A e B (ver Figura 4.1) permitirá determinar o valor limiar ideal de máxima sensibilidade e especificidade para determinado teste.

Para tanto, podem ser elaboradas curvas ROC construindo um gráfico a partir dos diferentes índices de sensibilidade e especificidade obtidos com diferentes valores de *cut off*. Para cada ponto de decisão são colocados os índices de VP (sensibilidade) representados no eixo das ordenadas e os índices de FP (1-especificidade) representados no eixo das abscissas, mostrando as variações ponto a ponto, para cada *cut off* possível (Figura 4.2).[1]

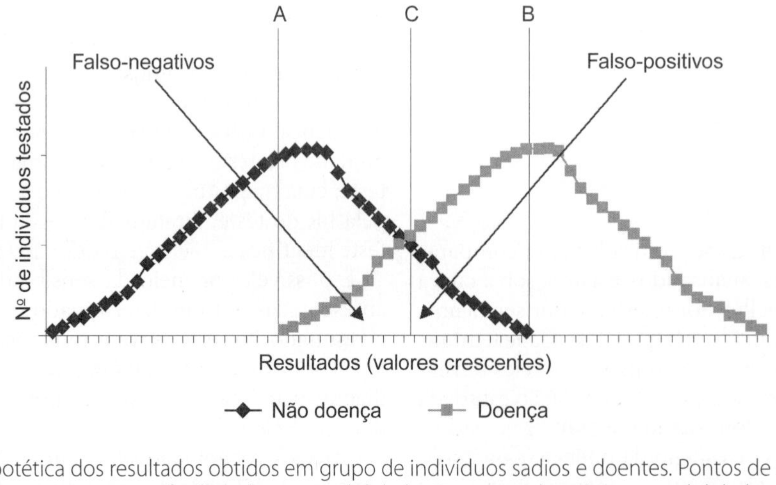

Figura 4.1 Distribuição hipotética dos resultados obtidos em grupo de indivíduos sadios e doentes. Pontos de cortes: A = máxima sensibilidade, baixa especificidade; B = máxima especificidade, baixa sensibilidade; C = ponto de máxima sensibilidade e máxima especificidade para o teste. No *cut off* C estão indicados os falso-positivos e os falso-negativos.

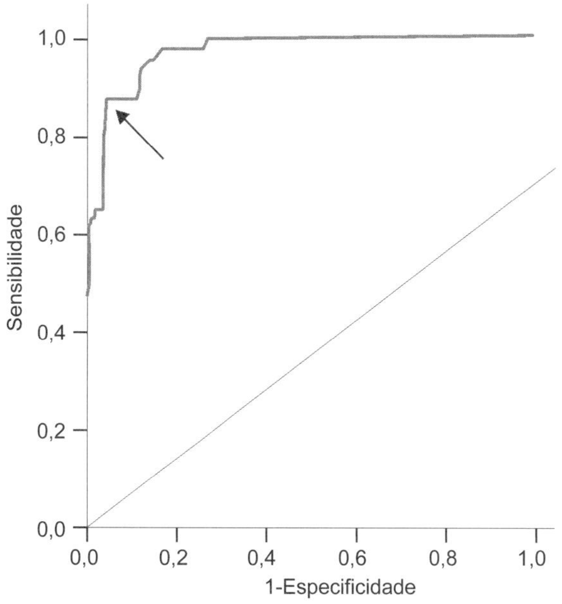

Figura 4.2 Curva ROC. A probabilidade de resultados positivos na presença de doença está plotada no eixo y, na ausência de doença, no eixo X. O ponto mais à esquerda e mais acima corresponde ao melhor ponto de corte para o teste em questão [maior sensibilidade (S)], menor FP (1-E), fazendo o diagnóstico ter mais acurácia. A linha a 45° mostra a pior hipótese de teste.

Se um teste diagnóstico tiver acurácia perfeita, com 100% de VP, a curva ROC irá se sobrepor ao eixo y. Como, na prática, dificilmente tal situação é encontrada, a maior acurácia de um teste será caracterizada por uma alta proporção de resultados VP e uma baixa proporção de resultados FP, correspondendo ao ponto de corte (*cut off*) ideal na curva ROC como o ponto situado mais acima e mais à esquerda.

A acurácia global de um teste pode ser descrita como a área sob a curva ROC. Quando um modelo torna-se mais perfeito (ou seja, alcançando sensibilidade e especificidade próximas a 100%), a área sob a curva aproxima-se de 1; quando o desempenho do modelo torna-se mais randômico, a área sob a curva aproxima-se de 0,5, representado graficamente como uma linha de 45°. Nesse caso, a capacidade de previsão do teste não é superior ao puro acaso, isto é, não possui capacidade discriminatória. Têm-se então:[2,3]

Área sob a curva ROC	Desempenho do teste
0,7	Razoável
Superior a 0,8	Bom
Superior a 0,9	Excelente

As curvas ROC podem ainda ser utilizadas para comparar o desempenho de dois testes, analisando-se a área sob a curva ROC de cada um: quanto melhor for o teste, maior será a área sob a curva (melhor discriminação[4]; Figura 4.3). Cabe lembrar que, quando dois ou mais testes são comparados, eles devem ser avaliados sob as mesmas condições. A população estudada deve ser semelhante à que foi considerada referência na padronização do teste, em termos de estágio da doença, características e estado de saúde do grupo sem a doença. Só assim é possível comparar a acurácia de dois testes.

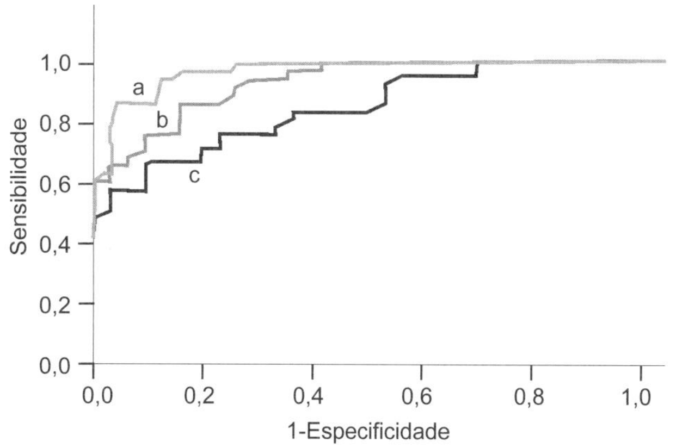

Figura 4.3 Associação de curvas ROC. Curva "a" tem maior acurácia por apresentar maior área abaixo da curva.

Atualmente existem muitos programas de informática associados ou não ao Excel, disponíveis comercialmente ou de livre acesso na internet, que servem para elaboração de curvas ROC para diferentes situações e aplicações.

Likelihood ratio e *odds ratio*

Apresentar sensibilidade e especificidade satisfatórias é tão importante quanto saber a influência que os resultados obtidos de um teste diagnóstico exercerão na decisão clínica.

Raramente um único teste consegue excluir ou confirmar a presença de uma doença com certeza. Na maioria das vezes, um determinado exame diagnóstico é apenas uma das maneiras de aumentar ou diminuir a probabilidade de uma hipótese diagnóstica. Vários fatores são analisados conjuntamente, uma vez que diferentes doentes apresentam fatores de risco e pertencem a faixas etárias distintas, apresentam ou não doenças associadas, com diferentes probabilidades de portarem determinada enfermidade.

Algumas vezes, o exame clínico realizado pelo médico exclui a possibilidade de uma patologia, não sendo necessário realizar testes diagnósticos para que seja descartada (limiar do teste), passando então para outra hipótese. Em outra situação, os sinais e os sintomas são tão evidentes que permitem intervenção imediata (limiar de tratamento ou intervenção), dispensando qualquer exame complementar. Contudo, trata-se de situações extremas.

Na maioria das vezes, os resultados obtidos pelos exames diagnósticos influenciarão a decisão do clínico quanto à probabilidade de um determinado indivíduo apresentar ou não a doença. Um teste diagnóstico será útil apenas se os resultados obtidos modificarem a probabilidade da ocorrência ou não da doença. O teste, nesse caso, ajuda a transformar a probabilidade pré-teste da doença em uma nova probabilidade pós-teste, cuja magnitude e sentido de variação são determinados pela LR do teste, diretamente ligada à acurácia com a qual o teste identifica a doença em questão (Figura 4.4).

É possível, por meio da sensibilidade e da especificidade apresentadas por um determinado teste, calcular o poder que o resultado do teste terá na mudança de opinião do clínico. O LR indicará, então, quantas vezes o resultado de um teste diagnóstico é capaz de mudar a probabilidade de se ter uma doença. Esse valor pode ser calculado[5] tanto para resultados negativos (probabilidade de excluir a doença) como para positivos (probabilidade de confirmar a doença), utilizando uma tabela de dupla entrada 2 × 2, como visto na Tabela 4.1.

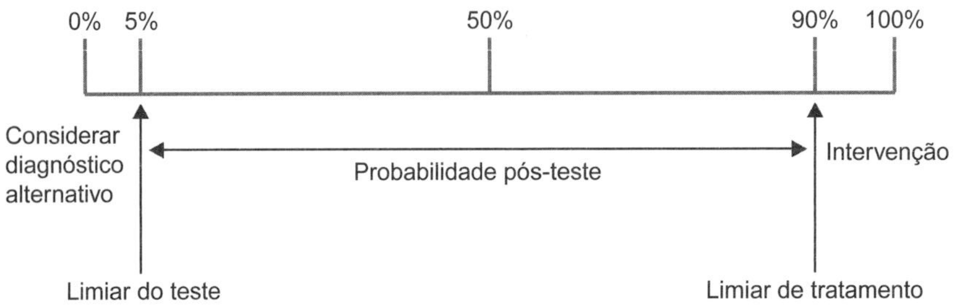

Figura 4.4 Limiar do teste e de tratamento.[5] Adaptada de Hoyden e Brown, 1999.[5]

$$\text{LR para resultado positivo do teste} = \frac{[a \div (a + c)]}{[b \div (b + d)]}$$

ou

$$\text{LR para resultado positivo do teste} = \frac{\text{Sensibilidade}}{(1\text{-especificidade})}$$

e

$$\text{LR para resultado negativo do teste} = \frac{[c \div (a + c)]}{[d \div (b + d)]}$$

ou

$$\text{LR para resultado negativo do teste} = \frac{(1\text{-sensibilidade})}{\text{Especificidade}}$$

Como é possível observar, o valor de LR de um teste está extremamente ligado aos seus valores de sensibilidade e especificidade. Um teste com 50% de sensibilidade e especificidade, apresentando resultado positivo ou negativo, terá um LR = 1.

$$LR\,(+) = 0{,}5 \div (1 - 0{,}5) = 0{,}5 \div 0{,}5 = 1$$

$$LR\,(-) = (1 - 0{,}5) \div 0{,}5 = 0{,}5 \div 0{,}5 = 1$$

Como saber, então, a partir do valor calculado para LR de um teste, a magnitude da mudança de opinião que esse resultado provocou? Para tanto, é necessário saber o conceito de chance (*odds*). O nome será mantido em inglês para facilitar a explanação.

Odds é a chance de ocorrência de um evento, traduzida literalmente como "pontos de vantagem". A probabilidade de ocorrência de um evento e as *odds* são relacionadas, mas não idênticas: a primeira é normalmente expressa como fração decimal, podendo ser transformada em porcentagem. A *odds* é expressa em fração, tendo o número 1 como denominador. Uma expressão, portanto, pode ser convertida na outra conforme necessário.[4]

$$Odds = \frac{\text{Probabilidade}}{(1\text{-probabilidade})}$$

Por exemplo, se a probabilidade for de 0,80 (80%), então:

Odds = 0,80 ÷ (1 – 0,80) = 0,80 ÷ 0,2 = 4/1 (quatro vezes mais chance de ocorrência do evento)

$$\text{Probabilidade} = \frac{Odds}{(Odds + 1)}$$

Por exemplo, se *odds* é igual a 4:1, então:

Probabilidade = (4 ÷ 1) ÷ [(4 ÷ 1) + 1] = 4 ÷ 5 = 0,8 (80%)

Por meio da *odds* (não de valores percentuais), pode-se avaliar de maneira rápida a utilidade de um teste diagnóstico para uma determinada doença, utilizando a seguinte equação:[6]

Odds pré-teste × LR = *odds* pós-teste

Em que a *odds* pré-teste será determinada pelo clínico por meio dos dados epidemiológicos e de sinais e evidências clínicas apresentados pelo paciente após anamnese, descrição da doença existente na literatura e experiência pessoal.[7]

Por meio dessa equação é possível ver que, quando o valor de LR for igual a 1, a utilidade do teste é nula, uma vez que não altera a hipótese diagnóstica inicial. Um teste diagnóstico será útil quando apresentar valores altos ou baixos de LR. Em geral, na literatura, adotam-se os seguintes intervalos:

LR altos	LR baixos	Efeito na probabilidade pós-teste da doença
Maior que10	Menor que 0,1	Grande
Entre 5 e 10	Entre 0,1 e 0,2	Moderado
Entre 2 e 5	Entre 0,2 e 0,5	Mínimo
Igual a 1	Igual a 1	Nenhum

Quanto mais o valor de LR se afasta da unidade (em ambos os sentidos), mais poderoso é o teste em termos discriminativos/diagnósticos.[8] Outra maneira de avaliar a utilidade de um teste diagnóstico é utilizar o nomograma de Fagan, o qual permite de maneira fácil, a partir do cálculo do LR e da probabilidade pré-teste, determinar a probabilidade pós-teste (Figura 4.5).

No exemplo, um teste com LR = 50 altera a probabilidade pré-teste de doença de 30 para 75% após o resultado positivo do teste. Caso se queira comparar a acurácia de dois testes diagnósticos para pesquisa de anticorpos anti-*T. cruzi*, em uma mesma população, tendo:

Teste A	Teste B
Sensibilidade de 99,9%	Sensibilidade de 98,8%
Especificidade de 99,5%,	Especificidade de 99,8%

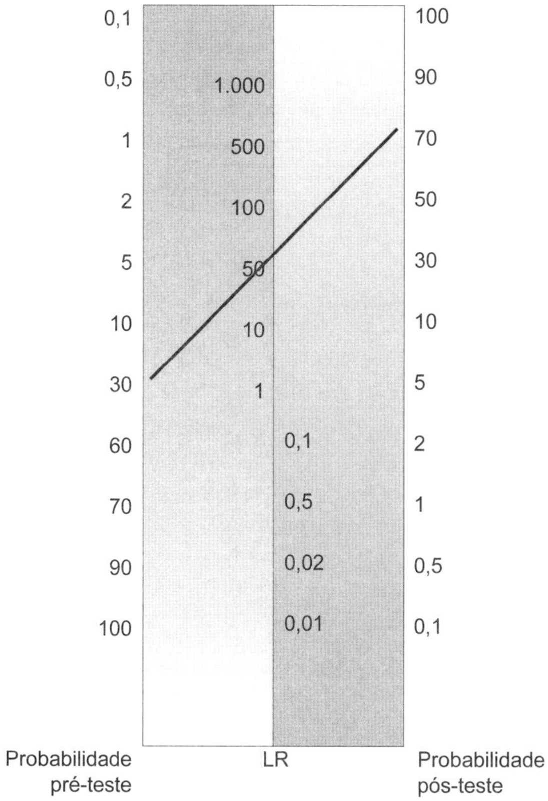

Figura 4.5 Representação esquemática do nomograma de Fagan. Os valores plotados são apenas representativos, não correspondendo ao original. LR: taxa de probabilidade.

É possível calcular o LR (+) e (-) para cada teste:

- Teste A:

LR (+) = 0,999 ÷ (1 – 0,995) = 0,999 ÷ 0,005 = 199,8

LR (–) = 1 – 0,999 ÷ 0,995 = 0,001 ÷ 0,995 = 0,001005

- Teste B:

LR (+) = 0,988 ÷ (1 – 0,998) = 0,988 ÷ 0,002 = 494

LR (–) = (1 – 0,988) ÷ 0,998 = 0,012 ÷ 0,998 = 0,0120

O LR (+) do teste "A" é de 199,8 e do teste "B", 494. Esses dados significam que, após um resultado positivo no teste "B", a probabilidade pós-teste da existência da doença será muito maior que a existente antes da realização do exame. O teste "A" também será capaz de alterar essa probabilidade, mas com menor efeito, apesar da excelente sensibilidade. Entretanto, se o objetivo do clínico é descartar a possibilidade da doença no mesmo paciente, o teste "A" seria vantajoso por apresentar um LR (-) mais baixo.

Os valores de LR não são dependentes da prevalência da doença na população, como os VPP e VPN, sendo então mais estáveis. Contudo, ao se comparar os valores de LR de dois testes, apenas é possível afirmar que um teste com LR = 100 é melhor que um teste com LR = 10 se houver certeza de que as populações usadas para determinar a sensibilidade e a especificidade desses dois testes foram semelhantes, pois variações na população podem acarretar variações nesses parâmetros, como descrito para a curva ROC.[9,10]

O conhecimento sobre o método diagnóstico utilizado, suas vantagens e limitações, pode ajudar a avaliar os resultados obtidos, fazendo uma diferença crucial quando empregados por um bom clínico.

Referências bibliográficas

1. Hanley JA. Receiver operating characteristic (ROC) methodology: the state of the art. Crit Rev Diagn Imaging. 1989;29(3):307-35.
2. Ruttimann EU. Statistical approaches to development and validation of predictive instruments. Crit Care Clin. 1994;10(1):19-35.
3. Kollef MH, Schuster DP. Predicting intensive care unit outcome with scoring systems. Underlying concepts and principles. Crit Care Clin. 1994;10(1):1-18.
4. Carneiro AV. Cardiologia baseada na evidência. Princípios de seleção e uso de testes diagnósticos: propriedades intrínsecas dos testes. Rev Port Cardiol. 2001;20(12):1267-74.
5. Hayden SR, Brown MD. Likelihood ratio: a powerful tool for incorporating the results of a diagnostic test into clinical decision making. Ann Emerg Med. 1999;33(5):575-80.
6. Gambino SR. Odds, probability and likelihood ratios. Lab Report. 1986;8:69-71.
7. Halkin A, Reichman J, Schwaber M, Paltiel O, Brezis M. Likelihood ratios: getting diagnostic testing into perspective. Q J Med. 1998;91(4):247-58.
8. Sackett DL, Strauss SE, Richardson WS, Rosenberg W, Haynes RB. Evidence-based medicine. How to practice and teach EBM. 2. ed. Edinburgh: Churchill Livingstone, 2000.
9. Dujardin B, Van Denende J, Van GA, Unger JP, Van der Stuyft P. Likelihood ratios: a real improvement for clinic decision? Eur J Epidemiol. 1994;10(1):29-36.
10. Sox HC. The evaluation of diagnostic test. Ann Rev Med. 1996;47:463-71.

Capítulo 5

Imunoprecipitação

Adelaide J. Vaz, Isabel Daufenback Machado e Ednéia Casagranda Bueno

Introdução

As técnicas de imunoprecipitação permitem identificar e até quantificar precipitados resultantes da interação antígeno-anticorpo, ambos inicialmente solúveis. Nessa técnica, é necessário que a molécula antigênica seja multivalente quanto ao número de epítopos e, de preferência, que os anticorpos sejam policlonais. Para anticorpos monoclonais, a especificidade única exige que o epítopo esteja acessível e presente em quantidade suficiente na molécula para detecção.

Entre os vários fatores físico-químicos e imunológicos que interferem na quantidade de imunoprecipitado formado, os principais são as concentrações relativas de antígeno e anticorpo. O máximo de precipitação é observado quando as quantidades de antígeno e de anticorpo são equivalentes, diminuindo na presença de excesso de um ou outro componente.

A curva de precipitação clássica pode ser obtida quando o anticorpo em concentração constante interage com o antígeno em diferentes concentrações, apresentando aspecto parabólico (Figura 5.1). A precipitação será máxima na zona de equivalência ou de proporções ideais de antígeno e anticorpo. No entanto, à medida que se adiciona mais antígeno, o imunocomplexo se dissolve. A zona de excesso de anticorpo (ou falta de antígeno) é chamada de pró-zona e proporciona resultado falso-negativo para a pesquisa de anticorpo, o qual é inaceitável, pois ocorrerá justamente quando a concentração de anticorpos for maior que a de antígeno. No intuito de evitar esse problema, devem ser utilizadas diferentes diluições do anticorpo frente à concentração fixa do antígeno. Portanto, a concentração de anticorpo empregada deve ser equivalente à concentração mínima de antígeno detectável.

A visualização de precipitados em meio líquido é difícil, pois tanto as amostras de soros com anticorpos quanto com antígenos apresentam turvação e coloração próprias e variá-

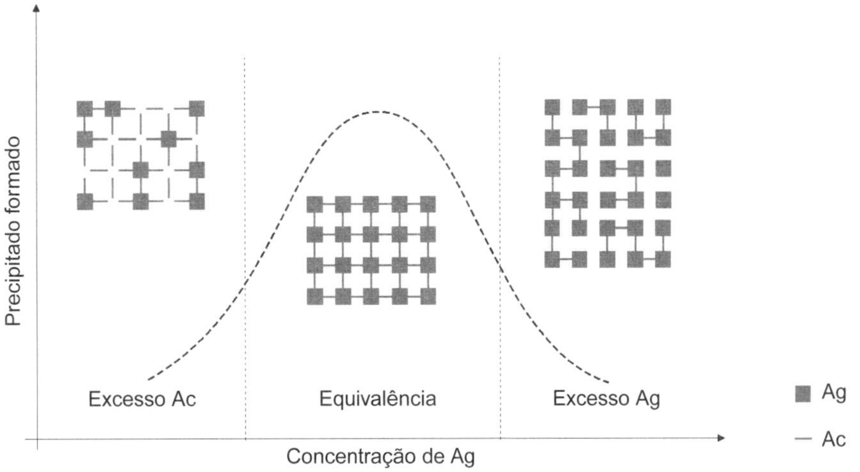

Figura 5.1 Curva de precipitação: intensidade do precipitado formado na interação antígeno-anticorpo com concentração fixa de anticorpo e quantidade crescente de antígeno. Na zona de equivalência, observa-se o imunocomplexo na sua máxima estrutura de malha, permitindo que o imunoprecipitado seja visível, especialmente em meio gelificado. Nas zonas de excesso de anticorpo (pró-zona, antígeno insuficiente) ou de excesso de antígeno (pós-zona, anticorpo insuficiente), o tamanho molecular dos imunocomplexos formados não permite sua visualização, gerando resultados falso-negativos.

veis. Na automação (ver Capítulo 8), esse inconveniente pode ser resolvido por métodos de turbidimetria e nefelometria, mais sensíveis que o olho humano para detectar os imunocomplexos e capazes de corrigir ou anular os interferentes presentes na amostra.

As técnicas manuais de imunoprecipitação, atualmente em uso, são realizadas em meio gelificado, o que facilita a leitura e reduz os volumes necessários para a interação. No entanto, requerem períodos de horas a dias para a difusão do anticorpo e/ou antígeno e a formação visível do imunocomplexo.

Imunodifusão

Baseia-se na difusão de substâncias solúveis por movimentos moleculares ao acaso em meio gelificado, como o ágar ou gel de agarose. Enquanto as moléculas de anticorpos e/ou antígenos estão livres, ocorre a difusão no meio. No momento em que ocorre a interação entre as moléculas, são formados imunocomplexos de elevado peso molecular que, devido ao tamanho, ficam imobilizados no gel, o que permite visualizar o imunocomplexo em decorrência da formação de turvação nítida visível a olho nu, o imunoprecipitado.

Nessas técnicas, além da concentração ideal de cada um dos componentes, também a especificidade e a avidez dos anticorpos e a escolha dos extratos antigênicos definirão a eficiência do teste. Além disso, outros fatores que interferem são qualidade, grau de pureza e homogeneidade do meio gelificado e a temperatura e a umidade do ambiente onde ocorrerá o teste.

Existem quatro combinações dessa técnica: *simples*, em que um dos componentes (antígeno ou anticorpo) está fixado ao gel enquanto o outro migra até a formação do imunocomplexo; *dupla*, na qual os dois elementos migram simultaneamente, um em direção ao outro; *linear ou unidimensional*, com o movimento direcionado por corrente elétrica ou pela gravidade e forma de aplicação; e *radial*, com o movimento ao acaso em todas as direções, a partir do orifício onde se coloca a amostra.

Imunodifusão simples linear

O anticorpo é incorporado ao meio gelificado e a mistura é colocada em um tubo até atingir cerca de 40 mm de altura. Após a gelificação, coloca-se o antígeno no topo da coluna em concentração superior à do anticorpo. O tubo é selado e mantido à temperatura constante. Após 1 semana, observa-se a formação da linha de precipitação na área de equivalência (Figura 5.2). A concentração do antígeno adicionado é proporcional à espessura da linha de precipitação e à distância percorrida pelo antígeno até formar o imunocomplexo.

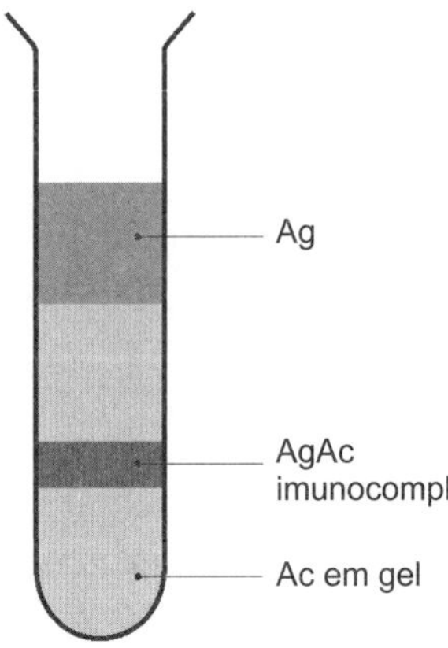

Figura 5.2 Imundifusão simples unidimensional. As moléculas antigênicas em solução se difundem no gel contendo os anticorpos imobilizados que formam o imunocomplexo na área de equivalência.

Imunodifusão simples radial

Uma quantidade padronizada de anticorpo específico é incorporada ao meio gelificado, e a mistura, alocada sobre uma placa ou lâmina. Após a gelificação, são feitos orifícios no ágar para se colocar o antígeno em volumes precisos e a amostra-padrão com concentrações conhecidas do antígeno. O antígeno difunde-se de acordo com seu tamanho molecular e encontra o anticorpo imobilizado no gel, formando o imunocomplexo. À medida que aumenta a concentração de antígeno no gel, o precipitado se dissolve (zona de excesso de antígeno) e o antígeno migra mais, encontrando novas moléculas de anticorpo. Após algumas horas de difusão, atinge-se a zona de equivalência e forma-se um halo bem definido de precipitado. O tempo para difusão depende do coeficiente de difusão da molécula antigênica. Moléculas maiores, como IgM e alfa-2-macroglobulina, necessitam de até 96 h para completar a migração, enquanto as pequenas podem fazê-lo em 24 h.

O diâmetro (D) do halo de precipitação formado é medido, sendo a sua área diretamente proporcional à concentração do antígeno. Para facilitar a confecção da curva-padrão e os cálculos das amostras desconhecidas, utiliza-se o diâmetro elevado ao quadrado (D^2) em substituição ao cálculo da área. A leitura deve ser feita com régua própria para medir o diâmetro, similar ao paquímetro e capaz de detectar décimos de milímetro.

A técnica é utilizada para quantificar proteínas séricas, como imunoglobulinas, frações do sistema complemento e proteínas de fase aguda. A sensibilidade analítica da técnica depende da proporção de anticorpo adicionado ao meio gelificado e está em torno de 10 μg/dℓ, ou seja, não tem utilidade para dosagem de hormônios e de marcadores tumorais.

A técnica requer rigorosa padronização das condições e dos reagentes, como pureza e concentração do gel de agarose, concentração do anticorpo incorporado ao gel, espessura do gel na placa, uniformidade do tamanho do orifício, além de pH e concentração iônica do meio. Na Figura 5.3, são apresentados o esquema da placa de imunodifusão radial e o modelo de curva-padrão obtido. O princípio da técnica de imunodifusão simples radial permitiu o desenvolvimento das técnicas de automação, turbidimetria e nefelometria, que aceleram a obtenção de resultados para alguns minutos (ver Capítulo 8).

Imunodifusão dupla radial

Nesta técnica, os dois componentes, antígeno e anticorpo, difundem-se radialmente em todas as direções, a partir de orifícios no meio gelificado, e encontram-se formando linhas ou arcos de precipitação correspondentes aos imunocomplexos possíveis nessa interação, ou seja, cada arco corresponde a um par de imunocomplexo antígeno-anticorpo. A técnica permite a comparação simultânea de diferentes sistemas, por exemplo, vários antígenos contra o mesmo anticorpo de especificidade e reatividade conhecidas, desde que a interação antígeno-anticorpo tenha atingido a zona de equivalência e esteja presente em quantidade suficiente para formar turvação ou precipitado visível (Figura 5.4).

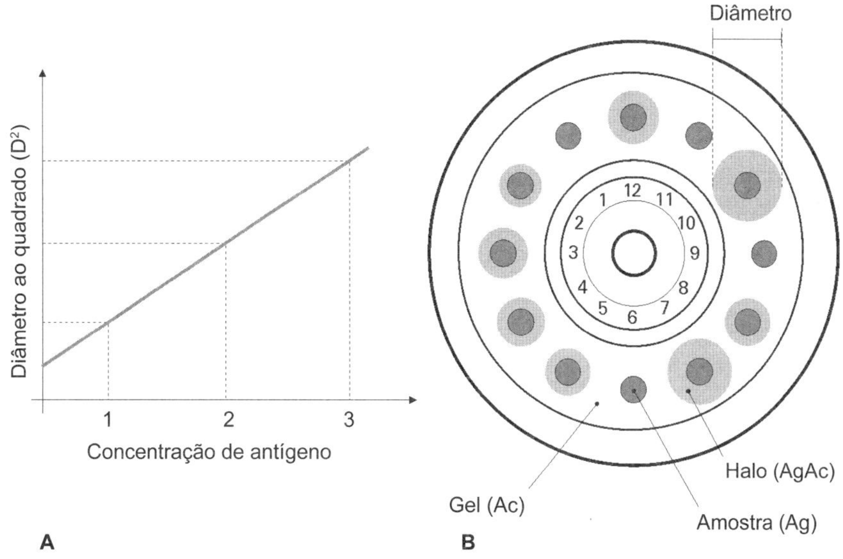

Figura 5.3 Imunodifusão simples radial. **A.** Curva-padrão obtida com dosagem do antígeno em concentrações conhecidas *versus* o quadrado do diâmetro do halo de precipitação formado. **B.** Placa de imunodifusão simples radial mostrando amostras (Ag) formando halos de precipitação com diferentes diâmetros após a difusão no gel contendo anticorpos para a proteína em análise.

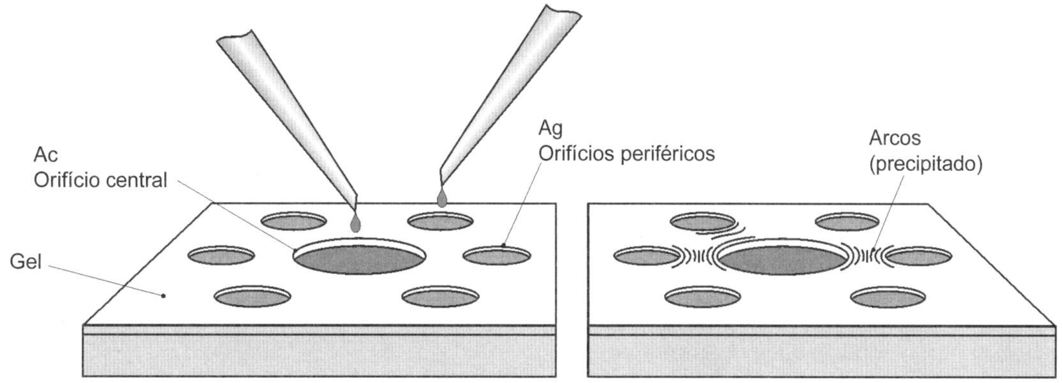

Figura 5.4 Representação da técnica de imunodifusão radial dupla. O soro de referência (Ac) foi adicionado no orifício central, e as amostras de diferentes extratos antigênicos (Ag), nos orifícios periféricos. Arcos ou linhas de precipitação formam-se no gel e podem ser analisados comparativamente entre os extratos.

O método é semiquantitativo, de baixa sensibilidade, e requer o uso de extratos antigênicos em concentração elevada, da ordem de mg/dℓ e soros policlonais de elevada avidez. Tem sido utilizado na caracterização inicial de extratos brutos de antígenos ou de soros hiperimunes obtidos experimentalmente. De acordo com a composição antigênica e a especificidade dos anticorpos utilizados, os resultados mostram os diferentes padrões de arcos de precipitação (Figura 5.5).

A técnica, embora de custo baixo e artesanal, vem sendo substituída por outras de eletroforese em gel de acrilamida para identificar peptídios constituintes do antígeno e *Immunoblot* para caracterizar por especificidade imunológica, tanto antígenos quanto anticorpos (ver Capítulo 7).

Imunoeletroforese

Técnica que combina eletroforese e difusão dupla em meio gelificado, em tempos distintos, com alto poder resolutivo (Figura 5.6). A eletroforese evidencia alguns componentes ou frações antigênicas por diferenças de carga elétrica, conceituada como sendo a migração de moléculas carregadas em um solvente condutor sob a influência de um campo elétrico. Como várias moléculas podem apresentar cargas elétricas próximas, a técnica as distribui em pontos próximos na migração eletroforética. A imunoeletroforese permite a discriminação de um número maior de componentes da mistura de um extrato antigênico ou material biológico, utilizando a especificidade dos anticorpos para cada uma das subfrações de cada componente fracionado por diferenças na carga elétrica.

Para realizar a eletroforese, os suportes mais utilizados são papel de filtro, acetato de celulose, gel de ágar ou agarose e poliacrilamida. Essa técnica possui diferentes fatores interferentes na migração eletroforética: carga, tamanho e forma das moléculas, concentração, força iônica e pH do solvente, temperatura e viscosidade do meio e intensidade do campo elétrico. O ponto isoelétrico (pI) da proteína é fator importante; dessa forma, o pH do meio em que ocorre a eletroforese determina a migração das moléculas.

Para a etapa seguinte, imunodifusão radial de cada componente, é necessário um meio gelificado, portanto, os meios limitam a realização da técnica de imunoeletroforese. A imunodifusão dos componentes antigênicos se faz contra soros policlonais monoespecíficos ou poliespecíficos, formando um arco de precipitação na linha de equivalência. Os soros policlonais também migram radialmente em direção às frações proteicas.

A descrição das substâncias é feita pelas características eletroforéticas (mobilidades diferentes devido a cargas e pI diferentes), pela difusibilidade (velocidade diferente de difusão do antígeno devido à concentração e ao tamanho da molécula) e pela especificidade imunoquímica (depende do soro imune utilizado).

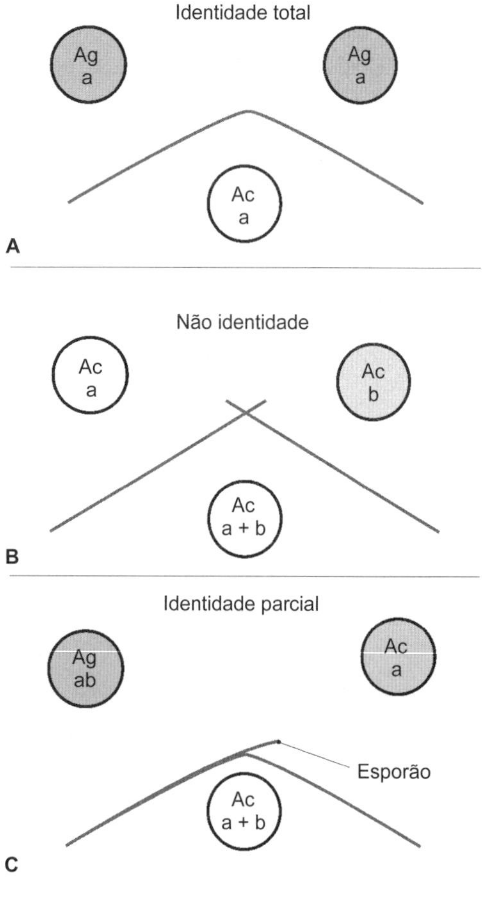

Figura 5.5 Diagrama mostrando padrões de arcos de precipitação obtidos por imunodifusão dupla radial. **A.** Linha de identidade total: ocorre quando os dois sistemas antigênicos analisados têm determinantes antigênicos idênticos (Ag a) que interagem com o anticorpo específico (Ac anti-a), formando linhas coalescentes de precipitação. Não se pode excluir que os antígenos possuam componentes distintos e não reconhecidos pelos anticorpos utilizados. **B.** Linha de não identidade: demonstra que os dois sistemas analisados têm determinantes antigênicos (Ag a e Ag b) não relacionados frente ao soro imune empregado (Ac anti-a e anti-b). Deve-se notar que as linhas se cruzam, ou seja, os componentes antigênicos dos dois antígenos migraram e formaram linhas independentes. **C.** Linha de identidade parcial: com a formação de esporão, ocorre quando os dois sistemas estudados têm um determinante antigênico (epítopo a do Ag ab) em comum em duas moléculas distintas (Ag a e Ag ab), o qual é reconhecido pelo mesmo anticorpo (Ac anti-a), formando a linha contínua que simula a identidade total. Entretanto, um dos sistemas antigênicos apresenta ainda outro(s) epítopo(s) (epítopo b do Ag ab) na mesma molécula que interage com outro anticorpo (Ac anti-b) presente no soro e forma o esporão, o qual é a continuidade do primeiro arco de precipitação para essa molécula.

Após a obtenção do resultado final, o suporte onde foi realizado o teste pode ser lavado para retirada dos componentes não envolvidos na formação dos imunocomplexos. Logo em seguida, o gel é seco para formar um filme de ágar/agarose e tingido com corante para proteínas, como Ponceau S ou Negro de Amido, o que possibilita armazenar como registro documentado de um resultado.

A imunoeletroforese é um método qualitativo que pode ser empregado para detectar substâncias solúveis imunogênicas utilizando anticorpos específicos, desde que os imunocomplexos produzidos tenham tamanho suficiente para formar as linhas de precipitação. Essa técnica também permite caracterizar proteínas de modo confiável, detectando anormalidades estruturais (padrão de mobilidade eletroforética) e alterações nas concentrações (espessura do arco de precipitação formado). Para essa finalidade, é necessário que o ensaio seja feito, em paralelo, com uma amostra controle considerada normal para o estudo.

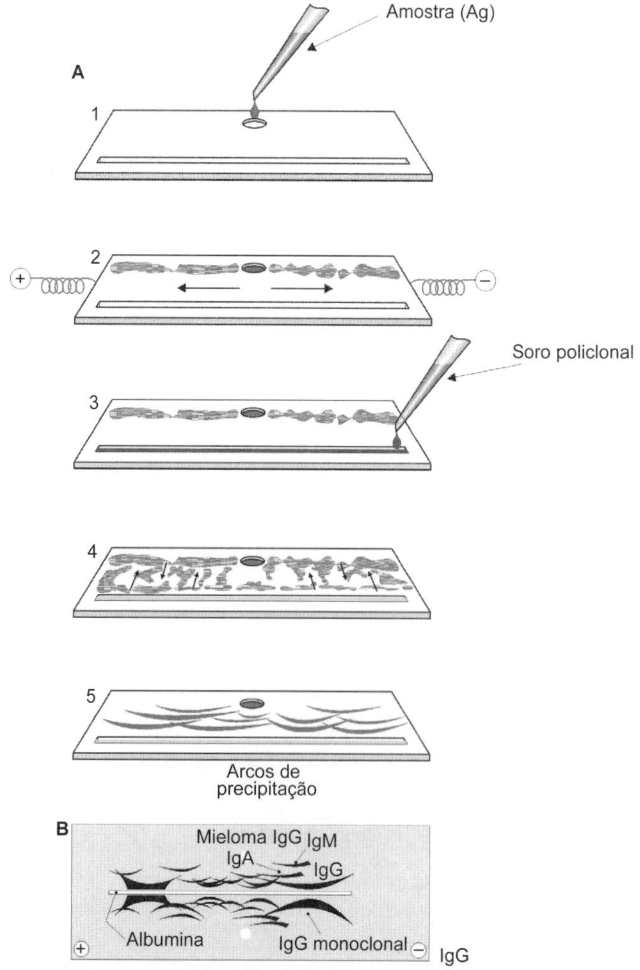

Figura 5.6 Representação esquemática da imunoeletroforese. **A.** A amostra (Ag) é adicionada no orifício da lâmina contendo gel e é submetida à eletroforese (1). Em seguida, adiciona-se soro (Ac) em uma canaleta próxima à amostra aplicada (2). Os componentes antigênicos da amostra e os anticorpos policlonais do soro migram um em direção ao outro por difusão no gel (3) e, quando se formam os imunocomplexos específicos, observam-se os respectivos arcos de precipitação. **B.** Arcos de precipitação de amostra de soro humano. Na parte de cima, amostra de mieloma IgG, evidenciando o arco de IgG em maior concentração do que na amostra normal (abaixo).

A aplicação mais comum atualmente é auxiliar no estudo de gamopatias monoclonais, como o mieloma múltiplo ou a macroglobulinemia de Waldenström. A técnica permite ainda diferenciar gamopatias monoclonais e policlonais, condição secundária causada por doença hepática, distúrbios do colágeno e infecção crônica caracterizada pela elevação de duas ou mais imunoglobulinas (ver Capítulo 15).

Como a técnica não apresenta sensibilidade elevada, não é capaz de detectar bandas monoclonais em baixas concentrações, o que permitiria o diagnóstico laboratorial precoce das gamopatias.

Imunofixação

Ocorre em dois estágios e combina eletroforese e imunoprecipitação, sendo mais sensível que a imunoeletroforese. A amostra é aplicada em seis posições diferentes do gel de agarose, seguida da separação eletroforética de acordo com a carga. Os soros monoespecíficos que contêm anticorpos específicos anti-IgG, -IgA, -IgM, -cadeia kappa e -cadeia lambda são adicionados individualmente sobre cada posição respectiva, seguidos da aplicação de solução fixadora de proteínas. Caso o isótipo complementar esteja presente (p. ex., IgG kappa) em proporções aumentadas na amostra em relação ao padrão normal, os complexos formados precipitam e são fixados no gel, permitindo a identificação com auxílio de um corante (Figura 5.7).

A imunofixação é utilizada para detectar precocemente gamopatias monoclonais, identificar gamopatias biclonais, diagnosticar doença de cadeias pesadas e auxiliar o diagnóstico e o monitoramento de outras doenças linfoproliferativas (ver Capítulo 15).

Eletroimunodifusão

Técnica na qual a migração do antígeno e do anticorpo é dirigida por um campo elétrico, aumentando a velocidade de formação do imunocomplexo e a sensibilidade em relação à difusão natural. Também conhecida por imunoeletrodifusão ou eletroimunoprecipitação, é empregada na detecção e na quantificação de antígenos e anticorpos.

Eletroimunodifusão simples linear (Laurell ou foguete)

O anticorpo incorporado ao meio gelificado é colocado sobre a superfície de uma lâmina, e o antígeno, adicionado em um orifício, sendo o sistema submetido à eletroforese. A partir do orifício, forma-se um cone de precipitação cuja área varia de acordo com a concentração do antígeno na amostra (Figura 5.8). Utilizando-se padrões de concentração conhecida, a técnica permite quantificar o antígeno, mas não é útil para dosagem de imunoglobulinas por apresentar pequena mobilidade eletroforética.

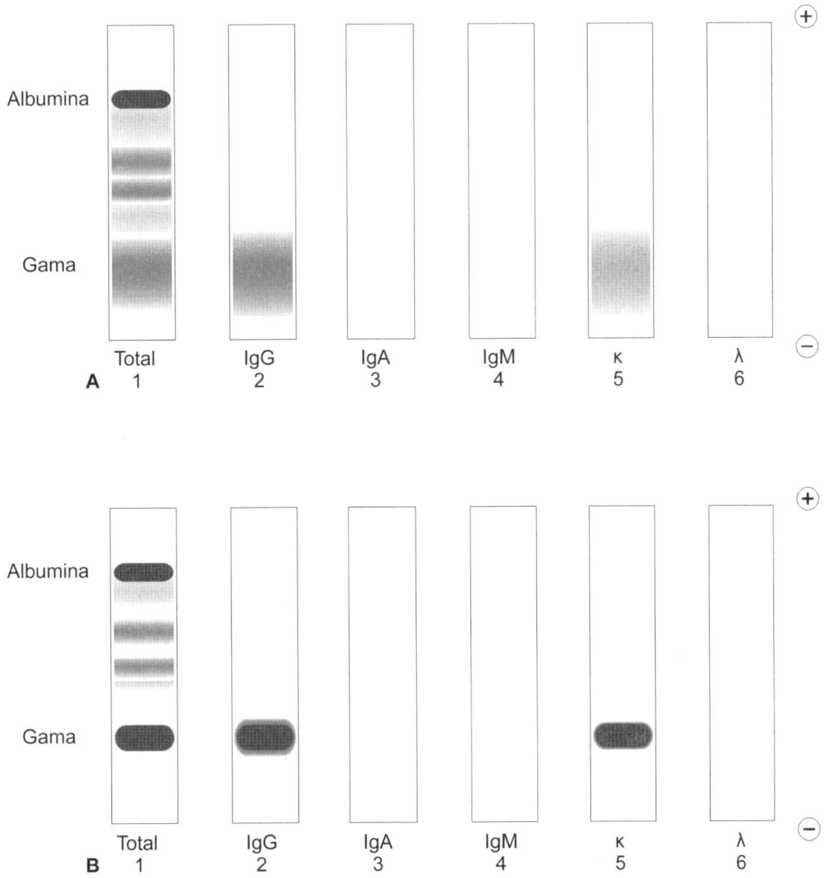

Figura 5.7 Imunofixação: após a eletroforese da amostra realizada em 6 replicatas (1 a 6), são adicionados os respectivos anticorpos antissoro total para as diferentes classes de imunoglobulinas (IgG, IgA e IgM) e para os dois tipos de cadeias leves (kappa e lambda). **A.** No soro humano normal evidencia-se uma fraca turvação com os soros anti-IgG e antikappa e quase não se detectam as outras classes e tipos, devido à baixa concentração em que se encontram. **B.** No soro de mieloma IgG-kappa, visualiza-se claramente essa proteína monoclonal em elevada concentração.

Eletroimunodifusão dupla linear ou contraimunoeletroforese

Utiliza pares de orifícios feitos no ágar, um para o antígeno e outro para o anticorpo, ambos submetidos à eletroforese. O movimento eletroforético e a eletroendosmose concentram rapidamente antígeno e anticorpo na região entre os orifícios, e a mobilidade eletroforética do antígeno e do anticorpo deve ser diferente. O pH do tampão de eletroforese e o meio gelificado permitem otimizar esses efeitos, facilitando a eletroendosmose, que é a migração das moléculas de imunoglobulinas, menos eletronegativas, para o ânodo (polo negativo), enquanto o antígeno é arrastado pela corrente elétrica em direção ao cátodo (polo positivo). Entre os orifícios do antígeno e do anticorpo específico, no gel, forma-se a linha de precipitado (Figura 5.9).

Essa técnica é semiquantitativa e cerca de 10 vezes mais sensível que a imunodifusão dupla. Foi o primeiro método empregado para a detecção do antígeno de superfície do vírus da hepatite B (HBsAg) e de seu anticorpo (anti-HBsAg), sendo empregado também para detecções rápidas de antígenos bacterianos associados à meningite, pneumonia, sepse e artrite séptica.

Automação dos ensaios de imunoprecipitação (ver Capítulo 8)

Nefelometria

Uma das características de soluções coloidais é a pronunciada dispersão da luz. Quando um feixe incidente atravessa um meio contendo partículas, elas interferem na passagem da luz fazendo com que seja dispersa em todas as direções. Esse fenômeno, conhecido como efeito de Tyndall, não altera o comprimento de onda da luz incidente e é independente do tipo de partícula. A luz pode ser observada em todos os ângulos relacionados à direção do seu feixe.

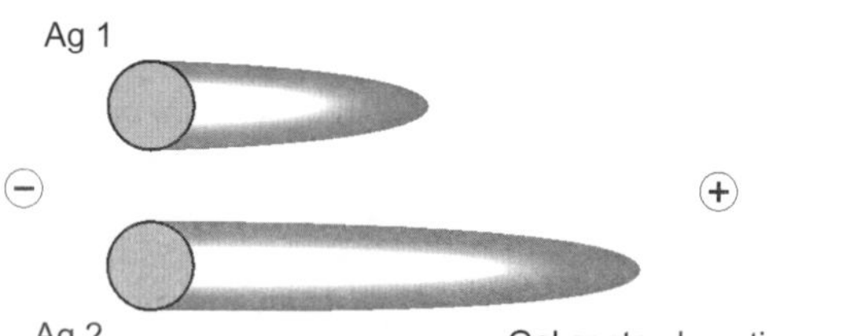

Figura 5.8 Eletroimunodifusão simples linear (foguete) em gel: os antígenos (Ag) migram com a corrente elétrica aplicada e formam os precipitados em formato de foguete, cuja área é proporcional à concentração de antígeno.

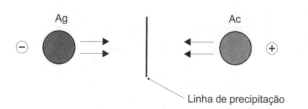

Figura 5.9 Eletroimunodifusão dupla linear: o antígeno migra para o polo positivo movido pela corrente elétrica e o anticorpo se difunde em direção contrária movido pela eletroendosmose, formando a linha de precipitação (imunocomplexo) entre eles.

Segundo o princípio da nefelometria, as reações de precipitação entre antígeno e anticorpo em soluções diluídas produzem aumento da reflexão da luz, que pode ser diretamente medida pela dispersão, cujas quantidade e a natureza dependem da forma e do tamanho das partículas, da concentração e do comprimento de onda da luz e do índice de refração do meio.

As substâncias são medidas pela adição de quantidades constantes de anticorpos específicos puros e opticamente claros a concentrações crescentes da substância em análise. Assim, o feixe de luz incide sobre os imunoprecipitados formados no tubo ou cubeta, e o grau de luz dispersa é medido por uma célula fotométrica como densidade óptica. Os raios de uma fonte de alta intensidade são dirigidos por lentes focalizadoras e passam através da amostra contendo complexos antígeno-anticorpo. Os raios que emergem em ângulo de 70° são dirigidos por outra lente para o detector eletrônico e o sinal pode ser matematicamente relacionado à concentração de antígeno ou anticorpo presente na amostra. Os sistemas ópticos utilizados podem ser lâmpadas de halogênio, *laser* e diodos emissores de luz de alta resolução. As desvantagens apresentadas são o custo relativamente elevado dos equipamentos e dos soros imunes e anticorpos empregados.

A nefelometria é totalmente automatizada, de fácil realização, rápida e precisa, principalmente se forem utilizados nefelômetros que subtraiam os ruídos causados por amostras lipêmicas e hemolisadas e que garantam a leitura na região de excesso de anticorpo. Apenas nessa região ocorre a medida acurada da substância, pois é onde existe relação linear entre a concentração da substância e a densidade óptica. A técnica emprega pequenos volumes de amostra e tem uma sensibilidade adequada para a medida de proteínas de significado clínico.

A metodologia é aplicada nas determinações de proteínas de significado clínico em qualquer fluido corporal, uma vez que elas apresentam tamanho molecular necessário para formar imunocomplexos com anticorpos específicos suficientemente grandes para dispersar a luz.

Turbidimetria

Está sujeita às condições semelhantes dos sistemas nefelométricos. A diferença é que o sinal de detecção é medido pela diminuição da luz incidente ao passar pelo tubo ou cubeta, ou seja, a absorbância, e não a intensidade de luz dispersa. O método não necessita de equipamento especial e as reações podem ser medidas em espectrofotômetros utilizados em bioquímica. As aplicações são as mesmas da nefelometria.

Bibliografia

Mancini G, Carbonara AO, Heremans JF. Immunochemical quantitation of antigens by single radial immunodiffusion. Immunochemistry. 1965; 2(3):235-54.

Oudin J. Méthode d'Analyse immunochimique par Précipitation spécifique en Milieu gélifié', C R Hebd Séanc Acad Sci. 1946; 222:115.

Reis MM. Testes imunológicos: manual ilustrado para profissionais da saúde. São Paulo: Editora Senac; 1999. 146 p.

Sanches MCA. Testes sorológicos. In: Ferreira AW, Ávila SLM. Diagnóstico laboratorial das principais doenças infecciosas e auto-imunes. 2. ed. Rio de Janeiro: Guanabara Koogan; 2001. p. 9-48.

Stites DP, Rodgers C, Folds JD, Schmitz J. Clinical Laboratory methods for detection of antigens and antibodies. In: Stites DP, Terr AI, Parslow TG, editores. Medical immunology. 9. ed. Stamford: Appleton & Lange; 1997. p. 211-53.

Turgeon ML. Immunology and serology. 2. ed. St. Louis: Mosby; 1996. 496 p.

Uchterlony O. The epidemic of cholera in Egypt, 1947-1948. Nord Med. 1949;41(4):167-71.

Vaz CAC. Interação antígeno/anticorpo *in vitro*. In: Calich V, Vaz CAC, editores. Imunologia. Rio de Janeiro: Livraria e Editora Revinter; 2001. p. 119-63.

Wild D. The immunoassay handbook. 2. ed. London: The Nature Publishing Group; 2001. 906 p.

Capítulo 6

Imunoensaios de Aglutinação

Adelaide J. Vaz, Isabel Daufenback Machado e Ednéia Casagranda Bueno

Introdução

O fundamento básico das técnicas de aglutinação é similar ao princípio das de precipitação (ver Capítulo 5), diferindo na adsorção do antígeno ou do anticorpo às micropartículas insolúveis ou células, o que permite leitura visual e rápida. A técnica não possibilita discriminar frações dos componentes antigênicos como observado na precipitação, mas permite utilizar antígenos purificados ou complexos fixados a micropartículas ou células. Além disso, essa técnica, em especial a de microaglutinação, detecta pequenas quantidades de anticorpos, pois possui maior sensibilidade que a imunoprecipitação.

A característica principal da imunoaglutinação é que um dos componentes, antígeno ou anticorpo, apresenta-se na forma insolúvel em suspensão, de forma natural em células ou adsorvido artificialmente a micropartículas ou células.

O teste de aglutinação ocorre quando há formação de agregados suficientemente grandes de micropartículas ou células com múltiplos determinantes antigênicos (ou anticorpos), interligados por pontes moleculares de anticorpos (ou antígenos). Para tanto, ocorrem interações entre os sítios combinatórios idênticos dos anticorpos de maneira simultânea com determinantes antigênicos correspondentes. A visualização do imunocomplexo por meio da formação desses agregados pode ser feita a olho nu ou com auxílio de lupa contra luz indireta, em tubo, lâmina ou placa de microcavidade e ocorrer em questão de minutos ou algumas horas.

O desenvolvimento de imunoensaios com princípio metodológico em técnicas de aglutinação considera diferentes fatores, os quais são importantes na formação dos agregados, como: classe do anticorpo envolvido; concentração iônica e pH do meio; presença de macromoléculas, íons, enzimas e conservantes; tempo e temperatura; padronização adequada da suspensão de micropartículas ou células; concentração ótima do antígeno ou do anticorpo a ser fixado nas micropartículas ou nas células; estabilidade da ligação do antígeno/anticorpo; e acessibilidade dessa molécula às micropartículas ou células.

Têm sido consideradas vantagens das técnicas de imunoaglutinação: elevada sensibilidade; baixo custo; leitura visual; facilidade de execução; e ampla gama de aplicações no diagnóstico laboratorial de doenças infecciosas e não infecciosas.

As desvantagens referem-se a: reprodutibilidade dos lotes de reagentes; acessibilidade molecular para a interação antígeno-anticorpo; estabilidade da ligação do antígeno/anticorpo no suporte; difícil automação; impossibilidade de identificar uma classe específica de anticorpo na mesma reação.

Essas desvantagens têm sido superadas por muitos fabricantes, e o mercado dispõe de bons produtos utilizando variados tipos de micropartículas quimicamente desenvolvidas e empregando antígenos recombinantes e anticorpos monoclonais. Essas características têm aumentado a sensibilidade e a especificidade dos testes, muitas vezes em níveis comparáveis aos imunoenzimáticos (ver Capítulo 7), o que possibilita a pesquisa contínua do uso dessa técnica para diagnóstico rápido e com menor custo de doenças e microrganismos.

Assim como nos testes de imunoprecipitação, a proporção ideal de concentração de anticorpo e de antígeno é fator interferente, ou seja, ensaios utilizando proporções fora da zona de equivalência geram resultados falso-negativos, por não haver a formação de agregados suficientemente grandes para serem detectados (ver Capítulo 5, Figura 5.1).

A visualização da aglutinação depende do tamanho dos agregados formados; dessa forma, a estrutura molecular do anticorpo empregado para detectar o antígeno ou o anticorpo influencia diretamente a reação de aglutinação. Embora todas as imunoglobulinas, por serem bivalentes quanto à função de anticorpos, sejam eficientes para promover a aglutinação, a IgM, por ser pentamérica, apresenta maior eficiência. Apesar disso, a técnica não diferencia a classe do anticorpo aglutinante. Até o desenvolvimento dos testes imunoenzimáticos de captura de IgM (ver Capítulo 7) na hemaglutinação, utilizava-se o tratamento da amostra com 2-mercaptoetanol, um potente agente redutor que, em quantidades ideais e tempo adequado de ação, 1% por 30 min, atua sobre a cadeia J da IgM (ver Capítulo 2), reduzindo a atividade aglutinante. A técnica era executada simultaneamente com amostra tratada e não tratada, e o resultado indicava possível presença de IgM quando o soro tratado apresentava reatividade menor de, pelo menos, dois títulos, que o soro sem tratamento.

Técnicas de aglutinação

Aglutinação direta

Teste no qual o antígeno faz parte naturalmente da célula cuja aglutinação será promovida por anticorpos contra esses antígenos. São exemplos comuns da utilização de anticorpos específicos a identificação de antígenos eritrocitários na tipagem sanguínea e a sorotipagem de bactérias (Figura 6.1). Também é direta a aglutinação de hemácias revestidas de autoanticorpos (anemias autoimunes) por anticorpos anti-Ig (soro de Coombs; ver Capítulos 27 e 30).

Células bacterianas também podem ser utilizadas como antígeno para pesquisa de anticorpos em amostras de soro de pacientes, como na leptospirose, na brucelose e na salmonelose (ver Capítulo 16). No passado, também estiveram disponíveis testes de aglutinação direta para anticorpos anti-*Toxoplasma* e anti-*Trypanosoma*, empregando os respectivos protozoários formolizados como antígenos, mas a baixa sensibilidade desses métodos e a necessidade de grande quantidade de parasitas fizeram com que os testes fossem descontinuados. A pesquisa de crioaglutininas, um dos marcadores laboratoriais de mielomas e algumas doenças autoimunes, é outro exemplo de teste de aglutinação direta utilizando hemácias humanas O Rh negativo como antígeno.

A pesquisa de anticorpos heterófilos da classe IgM, presentes em elevadas concentrações na fase aguda da mononucleose infecciosa causada pelo Epstein-Barr vírus, emprega antígenos heterófilos constituintes de hemácias frescas de carneiro (teste de Paul-Bunnell-Davidsohn) ou formolizadas de cavalo (teste de Hoff-Bauer; ver Capítulo 19).

Os testes de aglutinação direta geralmente são feitos em tubos, incubando amostras de soro em diluições seriadas frente à concentração constante de suspensão de células (antígeno). Após o período de incubação de 30 a 90 min, observa-se a formação de agregados visíveis. Também se pode usar o recurso de corar as células bacterianas e realizar o teste em lâminas ou placas.

Os testes que utilizam hemácias como células antigênicas também podem ser chamados de hemaglutinação direta, como é a tipagem sanguínea de antígenos eritrocitários e a pesquisa de anticorpos heterófilos na mononucleose infecciosa.

Inibição da aglutinação direta

Teste no qual se aplica a propriedade de alguns antígenos virais aglutinarem espontaneamente determinados tipos de hemácias.

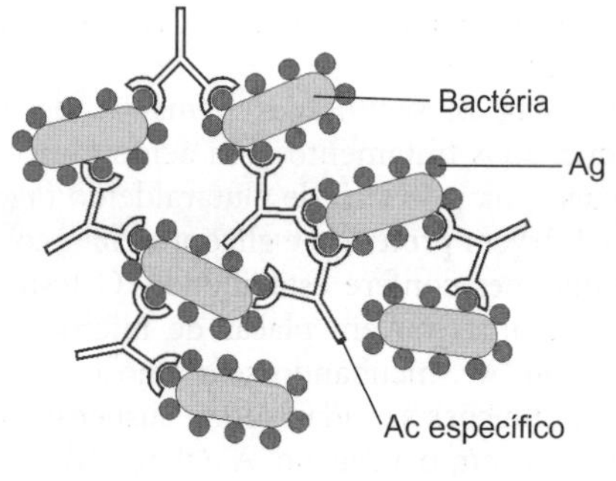

Figura 6.1 Aglutinação direta: anticorpos específicos aglutinam as células bacterianas insolúveis, ligando-se aos determinantes antigênicos apresentados na superfície bacteriana.

O ensaio é útil para identificar a presença de anticorpos inibidores dessa aglutinação no soro do paciente com a infecção.

Esse teste também pode ser denominado inibição da hemaglutinação direta, e o antígeno viral é chamado hemaglutinina. A metodologia é empregada na detecção de anticorpos contra o vírus da rubéola, sarampo, *influenza* e enterovírus, entre outros, e geralmente não permite distinguir anticorpos das classes IgG e IgM. Entretanto, pode ser indicativo de IgM se a amostra for tratada com 2-mercaptoetanol e houver redução de, pelo menos, dois títulos da inibição da hemaglutinação em relação ao soro não tratado. O teste ocorre em duas etapas:

- Incubação do soro em diluições seriadas com a solução antigênica contendo antígeno viral em concentração definida e padronizada
- Adição de suspensão de hemácias, adequadas para a hemaglutinina viral, seguido de nova incubação.

A presença de anticorpos específicos para o antígeno existente no sistema forma imunocomplexos que impedem que o antígeno desempenhe a característica de aglutinar as hemácias (Figura 6.2).

Aglutinação indireta ou passiva

Teste que emprega a absorção de anticorpos ou de antígenos solúveis proteicos ou polissacarídios na superfície de micropartículas inertes (suporte) que não interferem na interação antígeno-anticorpo, como plásticos, gelatina, carvão e hemácias formolizadas e taninizadas de aves e de carneiro.

Um suporte muito utilizado são micropartículas de poliestireno, chamadas látex, homogêneas quanto ao tamanho, com a vantagem de permitir realizar testes rápidos de aglutinação em lâminas ou placas planas e com leitura em minutos.

Suportes com antígeno adsorvido são usados na pesquisa de anticorpos específicos (Figura 6.3 A), enquanto o teste com suporte revestido de anticorpos, conhecido como *aglutinação reversa*, é comumente empregado na determinação semiquantitativa de analitos de significado clínico, por exemplo, a proteína C reativa e a gonadotrofina coriônica na urina (teste de gravidez). Ainda podem ser utilizados na pesquisa de antígenos bacterianos em líquido cefalorraquidiano, antígenos virais em fezes e cepas de *Staphylococcus aureus* meticilina resistente em secreções corpóreas (Figura 6.3 B). Devido à ampla empregabilidade dessa técnica, novas pesquisas têm organizado esforços para desenvolver testes comerciais para doenças parasitárias como doença de Chagas e leishmaniose visceral.

As micropartículas de poliestireno (látex) são esféricas, com aproximadamente 0,8 μm de diâmetro, com cargas negativas que facilitam a adsorção estável de proteínas e, portanto, de antígenos e imunoglobulinas. Como o poliestireno é um polímero plástico sintético, pode ser produzido na forma colorida (azul, verde, vermelho, amarelo), o que facilita a visualização do agregado.

A aglutinação do látex pode ser observada a olho nu em cerca de 2 a 3 min, mas também podem-se empregar métodos automatizados (ver Capítulo 8) quantitativos, como a absorção (turbidimetria) ou a dispersão da luz (nefelometria), melhorando a sensibilidade do teste. A automação baseia-se na perda de luz refletida pela superfície de uma partícula aglutinada, diretamente proporcional ao diâmetro da partícula de látex, que, nesse caso, possui menor tamanho do que no teste visual. Existem no mercado espectrofotômetros que permitem utilizar micropartículas de 0,1 μm mensuradas a 580 nm e micropartículas de 0,2 μm mensuradas a 980 nm.

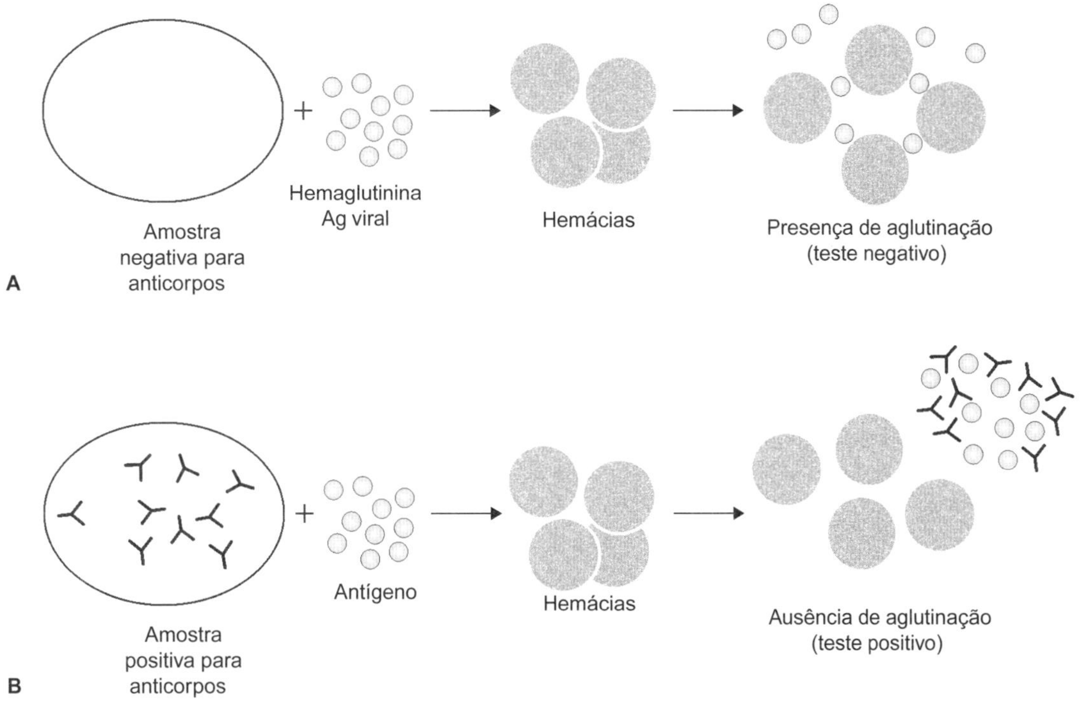

Figura 6.2 Inibição da hemaglutinação direta. **A.** Aglutinação indica ausência de anticorpos. **B.** Ausência de aglutinação indica a presença de anticorpos.

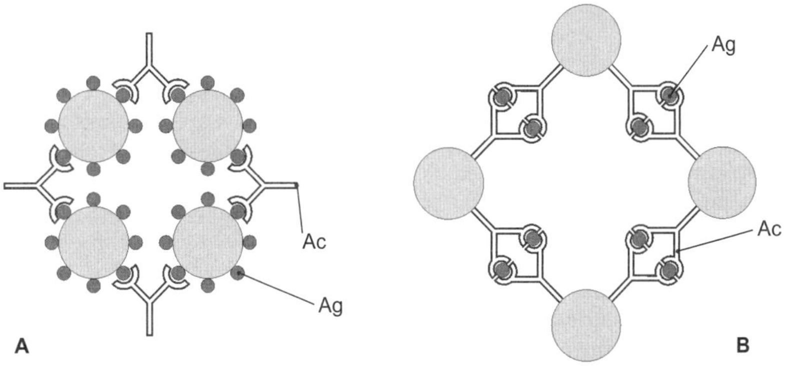

Figura 6.3 Aglutinação indireta. **A.** Com antígeno ao suporte inerte (micropartículas) produz imunocomplexos com o anticorpo específico (amostra) formando agregados visíveis. **B.** Com anticorpo adsorvido às micropartículas, permite detectar o antígeno (molécula) específico na amostra com a formação de aglutinado visível.

Microaglutinação

Técnica realizada em meio líquido, em pequenos volumes, sendo comum o ensaio em microcavidades de placas plásticas. A aglutinação resultante da formação de imunocomplexos acontece em meio líquido e simula partículas em suspensão (malha de tapeçaria ou tapete), enquanto, após certo período, as partículas não aglutinadas (teste negativo) sedimentam no fundo da microcavidade, parecendo um botão.

Na microaglutinação são utilizadas hemácias formolizadas (hemaglutinação) ou micropartículas de gelatina em diferentes cores (Serodia®, Fujirebio INC). Estas últimas usam micropartículas com nanômetros de diâmetro, o que aumenta muito a área onde se ligam antígenos (inclusive recombinantes), tornando a sensibilidade do ensaio semelhante à dos testes imunoenzimáticos. A empresa deu-lhes o nome de *particle agglutination* (PA) e desenvolveu testes para uso em triagem de doadores de sangue, pesquisa de anticorpos anti-HIV, anti-HTLV, anti-HCV etc. Para facilitar a identificação dos diferentes ensaios, em cada um deles são usadas partículas de cor diferente, por exemplo, o teste para anti-HCV usa micropartículas róseas.

Na *hemaglutinação*, são usadas hemácias de aves e de mamíferos, que, após tratamento com ácido tânico, expõem cargas residuais e, na presença de glutaraldeído (agente polimerizador), adsorvem proteínas e glicoproteínas com elevada afinidade, o que lhes confere estabilidade. O teste pode ser executado em lâminas ou em placas de microcavidades de fundo em "U" ou "V", incubando-se a amostra de soro não diluído, ou em diluições seriadas com a suspensão de hemácias sensibilizadas com o antígeno. A agitação da placa ou da lâmina permite a interação do anticorpo com dois antígenos fixados em hemácias distintas, utilizando a característica de bivalência do anticorpo.

O teste positivo em lâmina é observado pela formação de grumos visíveis a olho nu. Quando se emprega a placa de microcavidades, observa-se a formação de um manto ou tapete, composto pela malha de imunocomplexos antígeno-anticorpo e que impede o depósito das hemácias, pela força da gravidade, no fundo da microplaca. O teste pode ser semiquantitativo pela titulação de anticorpos utilizando diluições seriadas da amostra (Figura 6.4).

A leitura é observada geralmente após períodos de 30 a 90 min de incubação, tempo necessário para que as hemácias não aglutinadas sedimentem no fundo da placa. Adicionalmente ao ensaio-teste, deve-se realizar teste-controle, o qual utiliza células não sensibilizadas com a finalidade de verificar se na amostra há anticorpos heterófilos que interagem com antígenos da célula e não com os antígenos ligados à célula, resultando em falso-positivos (ver Figura 6.4 E).

O teste de *hemaglutinação indireta ou passiva* é aplicado na detecção de anticorpos contra uma grande variedade de microrganismos, como *Treponema pallidum*, *Trypanosoma cruzi*, *Toxoplasma gondii* etc. As hemácias estão entre os melhores suportes de antígenos, pois são de fácil obtenção, baixo custo, podem ser estocadas por longo período após tratamento com formaldeído ou glutaraldeído, possuem superfície complexa que facilita a ligação de muitos antígenos e podem ser suspensas em soluções estabilizadoras que evitam reações inespecíficas sem prejudicar a capacidade de aglutinação específica. Por outro lado, têm como desvantagem a dificuldade de reproduzir lotes homogêneos de reagentes e a indesejável necessidade de causar sofrimento, ainda que alguns aleguem que seja mínimo, aos animais dos quais se coleta o sangue.

Dá-se preferência à utilização de hemácias de aves por serem nucleadas, o que reduz o tempo do teste, pois sedimentam mais rapidamente. Os antígenos polissacarídios aderem de imediato às hemácias, enquanto os antígenos proteicos necessitam de pré-tratamento da hemácia com ácido tânico ou cloreto de cromo. A tanização altera a superfície das hemácias quanto às cargas elétricas, de modo a aumentar a quantidade de proteínas adsorvidas e melhorar a sensibilidade do sistema. Os antígenos purificados, quando empregados, permitem produzir testes de maior sensibilidade e especificidade. Outra característica do teste é o uso de pequenas quantidades de reagentes por ser realizado em placas de microcavidades de fundo em "U" ou "V" e por identificar a presença de IgG e/ou IgM pelo pré-tratamento da amostra com 2-mercaptoetanol, que degrada as imunoglobulinas da classe IgM.

Testes de Coombs

Trata-se dos testes que utilizam a hemaglutinação indireta em imuno-hematologia e são aplicados na pesquisa e na identificação de anticorpos contra antígenos eritrocitários em casos de incompatibilidade sanguínea maternofetal, em anemias hemolíticas autoimunes e em provas de compatibilidade pré-transfusionais (ver Capítulos 23 e 27). Baseiam-se na capacidade do anticorpo de sensibilizar as hemácias, mas na incapacidade de aglutiná-las. Para que ocorra a aglutinação, é necessária a adição de um segundo anticorpo, uma antiglobulina ou *soro de Coombs* (anti-IgG humana).

O teste de Coombs pode ser: *direto*, detectando anticorpos previamente fixados às hemácias e relevados diretamente pela mistura do soro de Coombs à suspensão de hemácias lavadas (Figura 6.5 A); e *indireto*, que detecta anticorpos séricos contra antígenos eritrocitários mediante a ligação desses anticorpos às hemácias, seguida da aglutinação pelo soro de Coombs (Figura 6.5 B).

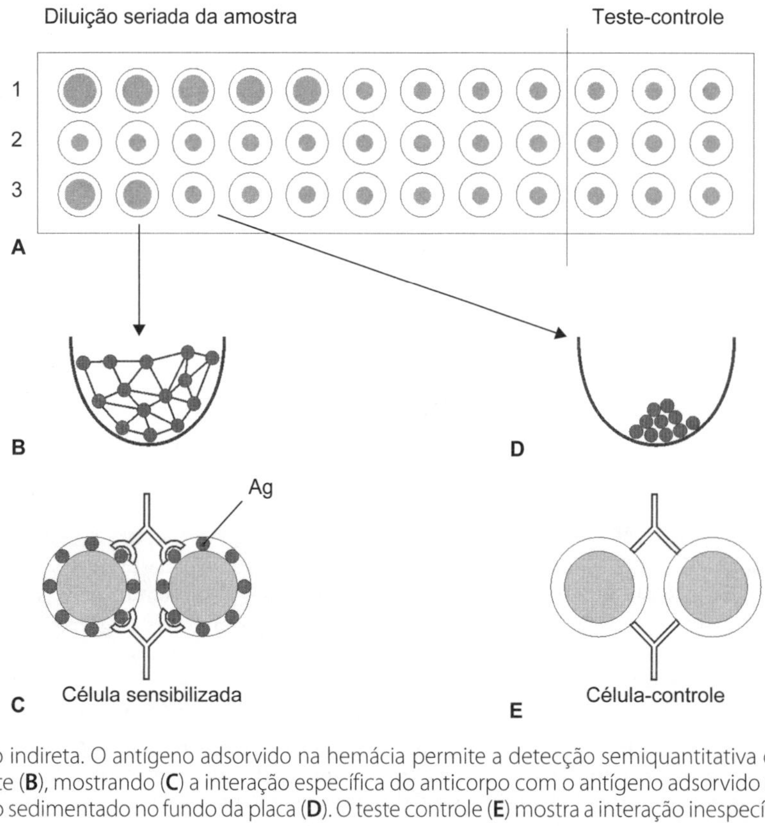

Figura 6.4 Hemaglutinação indireta. O antígeno adsorvido na hemácia permite a detecção semiquantitativa de anticorpos específicos (**A**) com a formação de um tapete (**B**), mostrando (**C**) a interação específica do anticorpo com o antígeno adsorvido na hemácia. O teste negativo apresenta-se como um botão sedimentado no fundo da placa (**D**). O teste controle (**E**) mostra a interação inespecífica de anticorpos da amostra com antígenos da célula.

Inibição da aglutinação indireta

Para amplificar a sensibilidade do método de aglutinação na detecção de antígenos, a variante de inibição introduz uma segunda etapa no ensaio. O teste consiste na adição de antígeno solúvel à amostra contendo anticorpos visando a bloquear os respectivos sítios de ligação. Quando essa mistura é colocada em contato com partículas sensibilizadas com o mesmo antígeno, a aglutinação não é observada. O anticorpo em solução apresenta maior facilidade (acessibilidade) de interagir com os antígenos na amostra do que com aqueles adsorvidos às micropartículas ou células. A técnica é realizada em lâmina e empregada, por exemplo, para diagnóstico de gravidez utilizando urina como amostra. Também é possível misturar o anticorpo à amostra contendo antígenos solúveis, seguido da incubação com partículas sensibilizadas com o anticorpo para o antígeno pesquisado na amostra (Figura 6.6).

O teste recebe a denominação de inibição da *hemaglutinação indireta* quando o suporte empregado para a adsorção de antígeno ou anticorpo é a hemácia. O grau de inibição está relacionado à quantidade de antígeno presente na amostra e à afinidade do anticorpo.

Floculação

Variante da aglutinação indireta, ocorre quando a interação direta de anticorpos específicos com o antígeno leva à formação de imunocomplexos em meio líquido, detectáveis com

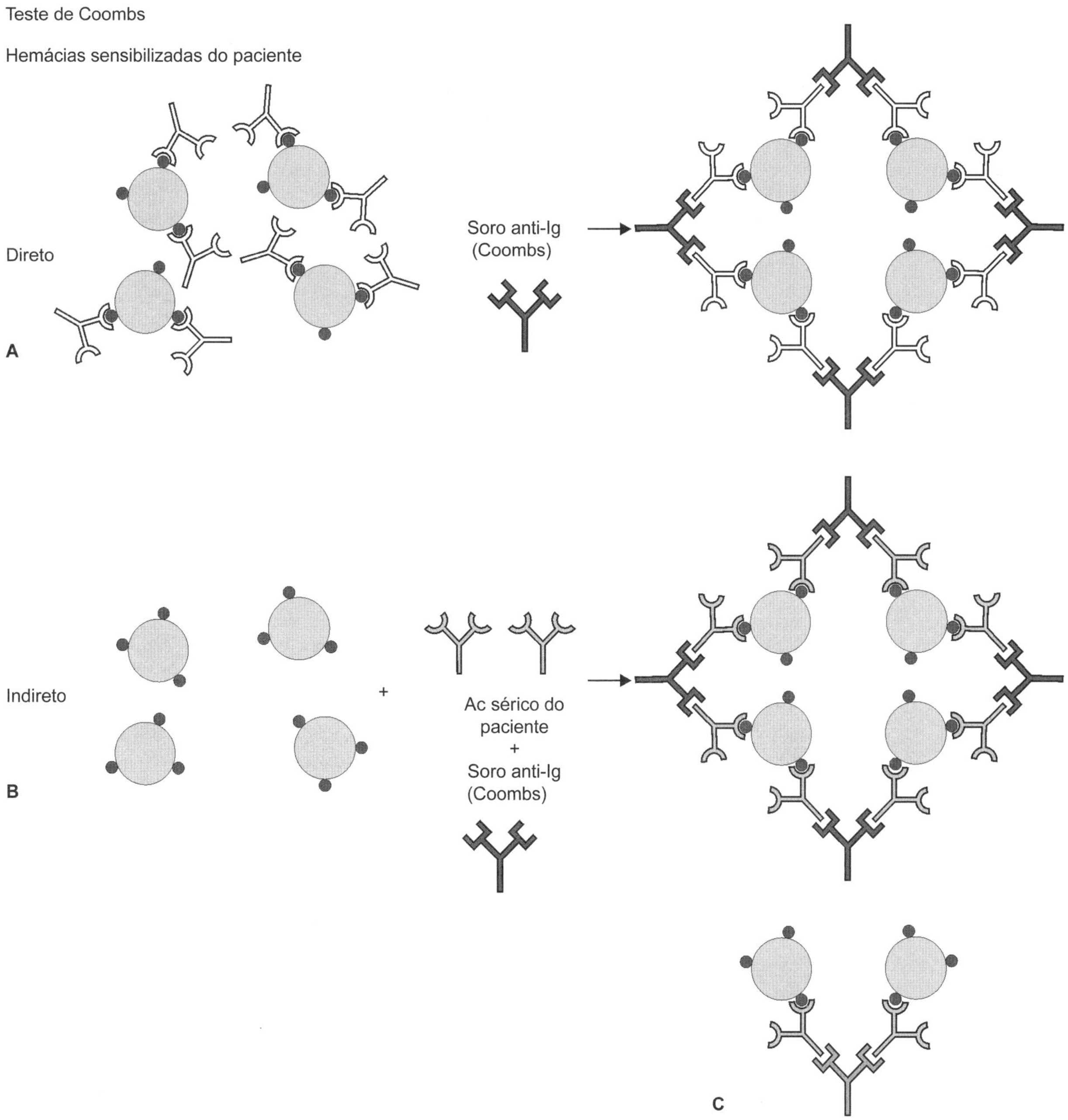

Figura 6.5 Teste de Coombs: pesquisa e identificação de anticorpos contra antígenos eritrocitários. **A.** Teste direto: detecta anticorpos fixados às hemácias relevados diretamente pela adição do soro de Coombs (anti-Ig). **B.** Teste indireto: detecta anticorpos séricos para antígenos eritrocitários mediante a ligação dos anticorpos às hemácias, seguida da aglutinação promovida pelo soro de Coombs. **C.** Detalhe da ação do soro de Coombs.

auxílio de lupa ou microscopia óptica. Essa técnica é o fundamento do *Veneral Disease Research Laboratories* (VDRL), que utiliza uma suspensão antigênica alcoólica de cardiolipina, cristais de colesterol e lecitina, preparada em salina tamponada. É empregada para pesquisa de anticorpos anticardiolipina – chamados de reaginas, frequentes na sífilis (ver Capítulo 16) –, que, presentes na amostra, interagem com a cardiolipina da suspensão antigênica. Os imunocomplexos formados ficam depositados sobre os cristais de colesterol, que é refringente, produzindo grumos visíveis no microscópio óptico (Figura 6.7).

As amostras reagentes são tituladas em diluições seriadas, e a última diluição a apresentar floculação corresponde ao título do soro. Com intuito de evitar o fenômeno de pró-zona, o teste deve ser feito na triagem com a amostra sem diluir e diluída a 1:8, simultaneamente. Esse fenômeno acontece quando há elevada concentração (títulos muito elevados) de anticorpos que proporcionam resultados falso-negativos em ensaios com amostra pouco diluída (Figura 6.8). No Brasil, a exigência da testagem simultânea da amostra pura e diluída é determinada pelo Ministério da Saúde, na Portaria que dispõe sobre o fluxograma laboratorial da sífilis – Portaria nº 3.242, de 30 de dezembro de 2011.[1]

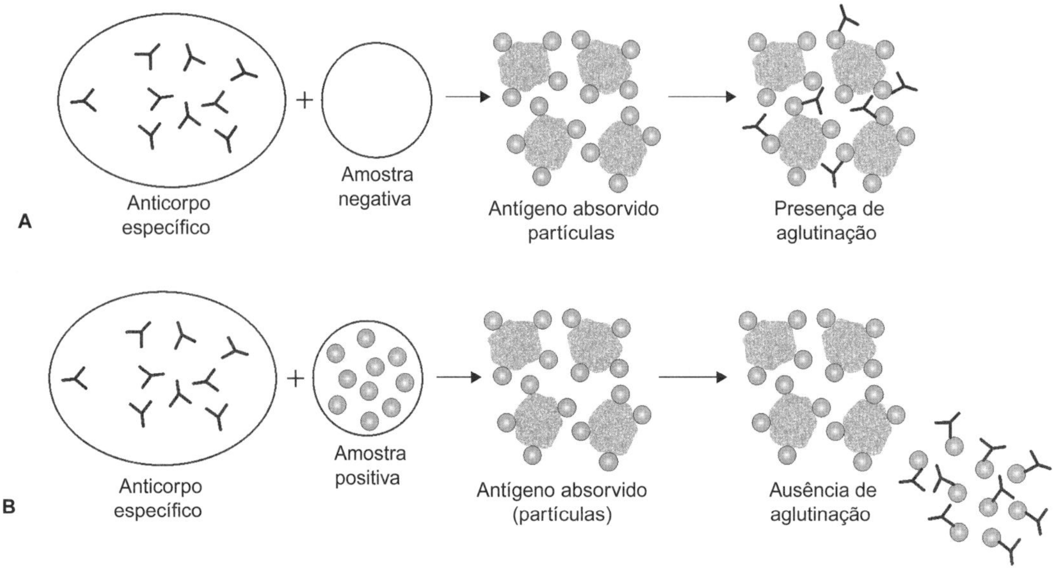

Figura 6.6 Reação de inibição da aglutinação indireta para pesquisa de antígenos em amostras. **A.** Na ausência de antígeno na amostra, anticorpos específicos interagem e promovem a aglutinação das partículas revestidas de antígeno. **B.** Anticorpos específicos interagem com os antígenos da amostra, ficando impedidos de interagir com o antígeno adsorvido ao suporte e inibindo a aglutinação.

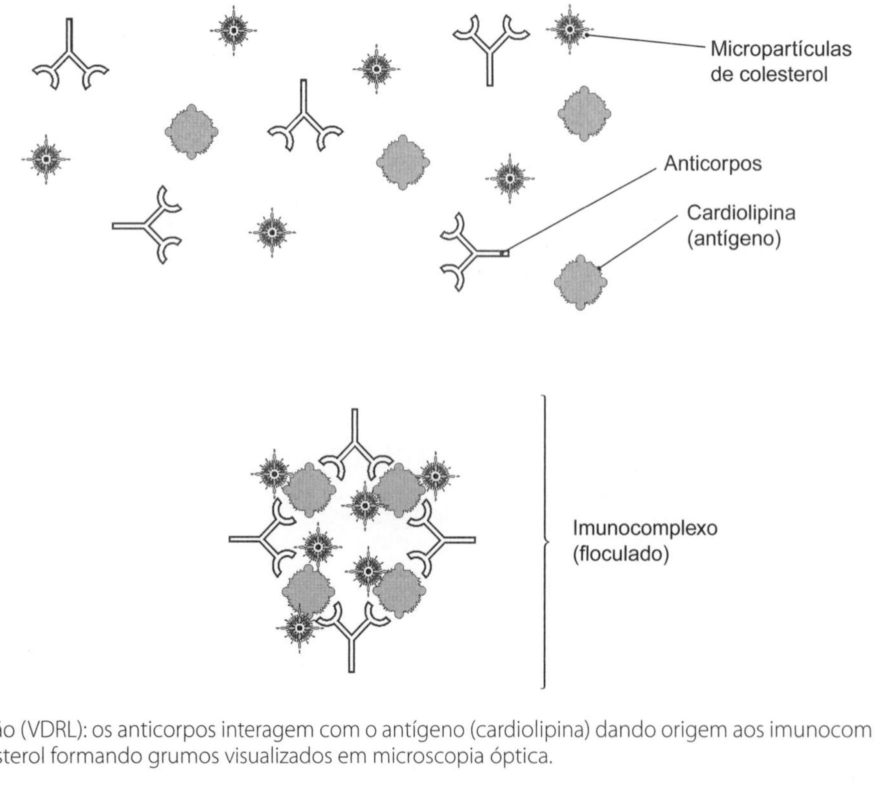

Figura 6.7 Floculação (VDRL): os anticorpos interagem com o antígeno (cardiolipina) dando origem aos imunocomplexos que se depositam sobre cristais de colesterol formando grumos visualizados em microscopia óptica.

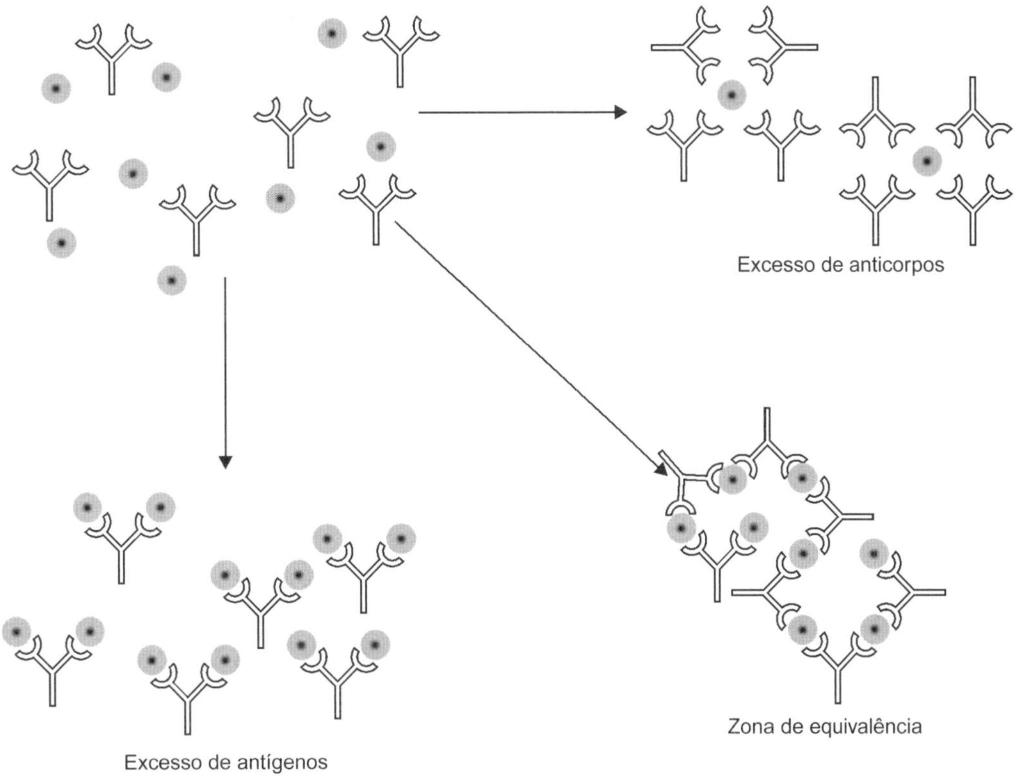

Figura 6.8 Fenômeno de pró-zona observado quando há excesso de anticorpos, ou seja, há anticorpos, mas os imunocomplexos formados não alcançam tamanho visualizável, como ocorre na zona de equivalência. O fenômeno também acontece se houver excesso de antígenos.

Referência bibliográfica

1. Brasil. Ministério da Saúde. Gabinete do Ministro. Portaria nº 3.242, de 30 de dezembro de 2011: dispõe sobre o fluxograma laboratorial da sífilis e a utilização de testes rápidos para triagem da sífilis em situações especiais e apresenta outras recomendações. 2011. Disponível em: http://bvsms.saude.gov.br/bvs/saudelegis/gm/2011/prt3242_30_12_2011.html. Acesso em: 08 fev 2015.

Bibliografia

Boelaert M, Verdonck K, Menten J, Sunyoto T, van Griensven J, Chappuis F, *et al.* Rapid tests for the diagnosis of visceral leishmaniasis in patients with suspected disease. Cochrane Database Syst Rev. 2014;(6):CD009135.

Debebe S. Immunology and serology. Dire Dawa: EPHTI, 2004. 162 p.

Forster AJ, Oake N, Roth V, Suh KN, Majewski J, Leeder C, *et al.* Patient-level factors associated with methicillin-resistant *Staphylococcus aureus* carriage at hospital admission: a systematic review. Am J Infect Control. 2013;41(3):214-20.

Garcia VS, Gonzalez VD, Marcipar IS, Gugliotta LM. Immunoagglutination test to diagnose Chagas disease: comparison of different latex-antigen complexes. Trop Med Int Health. 2014;19(11):1346-54.

Idelevich EA, Walther T, Molinaro S, Li X, Xia G, Wieser A, *et al.* Bacteriophage-based latex agglutination test for rapid identification of *Staphylococcus aureus*. J Clin Microbiol. 2014;52(9):3394-8.

Sanches MCA. Testes Sorológicos. In: Ferreira AW, Ávila SLM. Diagnóstico laboratorial das principais doenças infecciosas e autoimunes. 2. ed. Rio de Janeiro: Guanabara Koogan; 2001. p. 9-48.

Stites DP, Rodgers C, Folds JD, Schmitz J. Clinical laboratory methods for detection of antigens and antibodies. In: Stites DP, Terr AI, Parslow TG, editores. Medical immunology. 9. ed. Stamford: Appleton & Lange; 1997. p. 211-53.

Telelab. Brasil. Ministério da Saúde. Programa Nacional de Doenças Sexualmente Transmissíveis e AIDS/MS. Diagnóstico sorológico as sífilis, 2014. Disponível em: http://telelab.AIDS.gov.br/index.php/component/k2/item/95-diagnostico-de-sifilis. Acesso em: 02 fev 2015.

Turgeon ML. Immunology and serology. 2. ed. St. Louis: Mosby; 1996. 496 p.

Vaz CAC. Interação antígeno/anticorpo *in vitro*. In: Calich V, Vaz CAC, editores. Imunologia. Rio de Janeiro: Livraria e Editora Revinter; 2001. p. 119-63.

Wild D. The immunoassay handbook. 2. ed. London: The Nature Publishing Group; 2001. 906 p.

Capítulo 7

Imunoensaios Utilizando Conjugados

Adelaide J. Vaz, Isabel Daufenback Machado e Ednéia Casagranda Bueno

Introdução

A interação antígeno-anticorpo *in vitro* nem sempre é evidenciada por um fenômeno visível, como precipitação, aglutinação ou lise celular. O avanço no imunodiagnóstico a partir de 1950 possibilitou identificar antígenos ou anticorpos em testes altamente sensíveis, empregando moléculas marcadas com compostos químicos definidos e detectáveis.

As moléculas ligadas covalentemente aos compostos ligantes são denominadas conjugado, definido como duas substâncias ligadas covalentemente e que mantêm as propriedades funcionais de ambas, por exemplo, um conjugado constituído de antígeno marcado com a enzima peroxidase continuará exibindo a antigenicidade original da molécula antigênica e a função da peroxidase de clivar peróxido de hidrogênio (H_2O_2) em água e oxigênio. Essa é uma das principais características requeridas à obtenção de conjugados, uma vez que moléculas conjugadas que modificam sua função não poderão ser empregadas em imunoensaios.

As técnicas podem diferir em relação a vários fatores, como: ligante ou marcador, sistema de revelação desse ligante, molécula conjugada ao ligante, origem dessa molécula e meio onde o ensaio imunológico ocorre. Como ligante e sistema de revelação ou medida, têm-se:

- Radioisótopos (radiação)
- Fluorocromos (fluorescência)
- Substâncias luminescentes, biológicas ou químicas (luminescência ou *glow* de luz)
- Enzimas com substratos cromogênicos (imunoenzimáticos)
- Enzimas com substratos fluorigênicos (fluorimetria)
- Enzimas com substratos luminescentes (quimiluminescência).

A molécula conjugada pode ser uma proteína, antígenos, imunoglobulinas ou haptenos. Os antígenos podem ser representados por moléculas derivadas de patógenos, hormônios, marcadores celulares, marcadores tumorais, entre outros. Os anticorpos podem ser de origem policlonal ou monoclonal. Como haptenos, tem-se uma vasta categoria de moléculas orgânicas.

A fonte e o grau de pureza dessas moléculas influencia a eficiência dos testes, que podem ser realizados em fase sólida (*sistema heterogêneo*) ou em meio líquido (*sistema homogêneo*).

Juntamente com o enorme avanço ocorrido na tecnologia de marcação e detecção de moléculas, também a área de desenvolvimento de equipamentos forneceu diferentes *sistemas de automação*. Assim, para os testes utilizando conjugados, estão disponíveis equipamentos que realizam as etapas de pipetagem, incubação, leitura e processamento de dados (ver Capítulo 8).

Técnicas e ensaios utilizando conjugados-ligantes

▪ Fluorescência

Nos testes de imunofluorescência, são empregados conjugados constituídos de anticorpos ou antígenos ligados covalentemente a moléculas reveladoras denominadas *fluorocromos*, que absorvem luz em comprimento de onda baixo com elevada energia e a emitem em comprimento de onda maior com menor energia, fenômeno conhecido como fluorescência. A absorção de luz por uma molécula de fluorocromo eleva o nível de energia dos seus elétrons, que, ao retornarem ao estado basal, emitem fluorescência de comprimento de onda maior do que o da fonte excitadora original. Se o comprimento de onda de emissão é da região do visível, pode-se visualizar a estrutura celular fluorescente na qual houve a ligação do conjugado. De qualquer maneira, equipamentos com detector de fluorescência podem medir a emissão de luz em variados comprimentos de onda. Os testes de imunofluorescência podem ser classificados de acordo com o componente marcado (antígeno ou anticorpo), pelo método (competitivo ou não competitivo) ou por serem homogêneos ou heterogêneos.

O termo *fluoroimunoensaio* pode ser utilizado quando os componentes marcados são o antígeno ou uma anti-imunoglobulina (anti-Ig) para a pesquisa de anticorpo na amostra, enquanto *imunofluorimetria* é o termo mais recomendado para ensaios em que o anticorpo é marcado para a pesquisa e a dosagem quantitativa de moléculas antigênicas na amostra. As técnicas que utilizam antígenos particulados que devem ser visualizados em microscopia são chamadas testes de imunofluorescência.

O fluorocromo em geral empregado nas reações de imunofluorescência é o isotiocianato de fluoresceína, mas também podem ser utilizados lisamina-rodamina B, 4'-6'-diamino-2-fenil-indol, vermelho Texas e ficoeritrina, cada um deles com emissão de cor em comprimentos de onda diferentes, úteis em testes de identificação simultânea de marcadores celulares, como nas técnicas de *imunofenotipagem* utilizando *citômetro de fluxo* (ver Capítulo 12).

Imunofluorescência

Nas técnicas de *imunofluorescência*, a leitura final do ensaio é realizada em microscópio de fluorescência, composto por fonte de luz de alta intensidade (lâmpada de quartzo-halogênio), filtros de excitação para o fluorocromo e filtros de barreira que removem interferentes e garantem a transmissão eficiente da luz emitida. As lâmpadas de quartzo podem ser ligadas sem necessidade de resfriamento, são baratas e não perdem a eficiência com a utilização, vantagens importantes sobre as antigas lâmpadas de mercúrio (Figura 7.1).

O microscópio pode ser de *epiluminação* ou de *transluminação*. Os microscópios de epiluminação apresentam vantagens por permitirem a combinação entre fluorescência com luz transmitida e/ou contraste de fase, além da troca de filtros para exame de amostras coradas com mais de um fluorocromo com comprimentos de onda diferentes. A principal desvantagem da transluminação é que os raios luminosos de baixo comprimento de onda podem atingir a ocular e causar alguma lesão de retina do operador, motivo pelo qual esses microscópios foram transformados em fonte de epiluminação. Dentre os reagentes e insumos utilizados nas reações de imunofluorescência destacam-se:

- Anticorpos marcados, obtidos de preparações purificadas de gamaglobulina de elevada especificidade, monoclonais ou policlonais
- Antígenos ou amostras fixados à lâmina de microscopia, que deve ser de sílica (vidro) não fluorescente e de espessura mínima
- Uso de glicerina alcalina, cujo pH de 8,5 determina a máxima intensidade na emissão de fluorescência, para montagem da preparação sob lamínulas finas
- Azul de Evans ou vermelho Congo, corantes de fundo que facilitam a visualização da fluorescência.

As técnicas de imunofluorescência ainda são empregadas na rotina laboratorial, mas estão pouco a pouco sendo substituídas por testes imunoenzimáticos, principalmente devido a necessidade de microscopia, subjetividade de leitura e impossibilidade de automação.

Tipos de testes

- **Imunofluorescência direta.** É caracterizada pela detecção do antígeno diretamente em células ou tecidos, intracelular ou de membrana, utilizando um anticorpo específico marcado com fluorocromo. A limitação da técnica restringe-se à necessidade de um conjugado para cada antígeno que se deseja identificar ou localizar (Figura 7.2 A). A imunofenotipagem de células utilizando o citômetro de fluxo também é considerada imunofluorescência direta (ver Capítulo 12).
- **Imunofluorescência indireta.** Utiliza um anticorpo anti-Ig marcado com fluorocromo para detectar anticorpos que se fixaram em antígenos celulares ou particulados. A especifi-

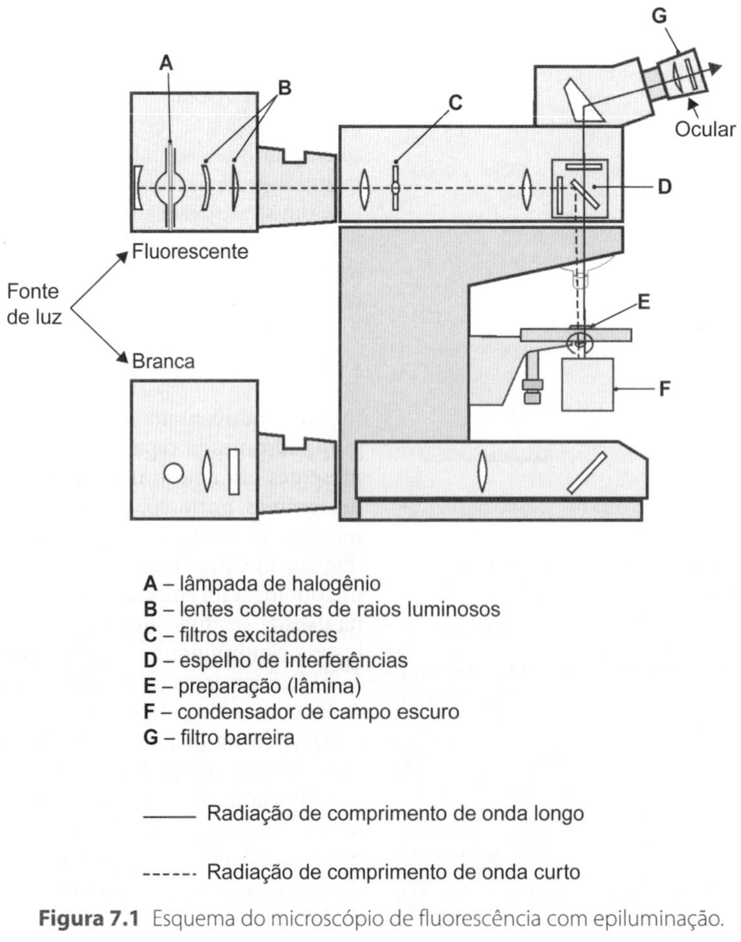

Figura 7.1 Esquema do microscópio de fluorescência com epiluminação.

cidade do conjugado permite identificar diferentes classes de anticorpos nas amostras, como anti-IgG ou anti-IgA. Uma variação dessa metodologia baseia-se na incubação de células ou tecidos com anticorpo específico contra o antígeno a ser detectado, revelado na sequência pela adição de anti-Ig marcada. Em relação à imunofluorescência direta, apresenta como vantagens maior sensibilidade e alternativa de utilização do mesmo conjugado para vários sistemas (ver Figura 7.2 B).

Fluoroimunoensaios (imunofluorimetria) homogêneos

O termo *fluoroimunoensaio* é utilizado quando os componentes marcados com fluorocromos (conjugados) são o antígeno ou uma anti-Ig para a pesquisa de anticorpo ou antígeno na amostra. Os testes são homogêneos, de uma única etapa, nos quais a amostra e os reagentes são homogeneizados em uma cubeta ou tubo e a leitura é realizada em seguida, sem necessidade de lavagens. A técnica de fluorescência polarizada (FPIA, *fluorescence polarization immunoassay*) é a mais usada, mostrando-se útil para determinar a concentração de alguns haptenos.

Tipos de testes

FLUORESCÊNCIA POLARIZADA

A polarização da fluorescência é o produto da reação entre a orientação molecular e a absorção e emissão de fluorescência do fluorocromo presente em uma solução. Quando o fluorocromo está ligado a moléculas pequenas, *haptenos*, essa polarização é mantida. A metodologia é utilizada para quantificar fármacos terapêuticos e outros haptenos em amostras e é um dos exemplos de sistema homogêneo de ensaio imunológico, pois o teste ocorre em uma única etapa em solução, sem necessidade de fase sólida e lavagens.

A molécula marcada como o fluorocromo deve ser de baixo peso molecular, por isso o método é útil para medicamentos e proteínas de baixo peso molecular, mas não para hormônios e marcadores tumorais de peso molecular elevado, pois moléculas grandes não conseguem fazer o movimento de rotação no intervalo de tempo da emissão da fluorescência.

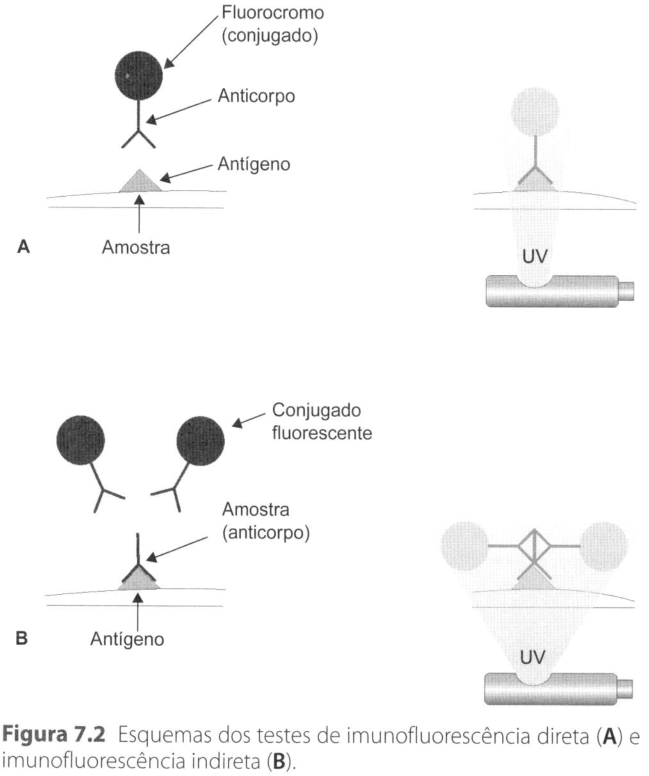

Figura 7.2 Esquemas dos testes de imunofluorescência direta (**A**) e imunofluorescência indireta (**B**).

O método de ligação *competitiva* é muito usado, no qual o hapteno da amostra compete com o hapteno marcado (conjugado) pelos sítios combinatórios do anticorpo específico. Se houver muito antígeno (hapteno) na amostra, os anticorpos serão ocupados e o reagente hapteno-marcado (conjugado) livre em solução movimenta-se rapidamente ao acaso e, quando excitado, emite menos luz polarizada. No caso de não haver hapteno na amostra, o conjugado marcado é que se ligará ao anticorpo específico, formando um imunocomplexo molecular de tamanho grande, cuja movimentação se torna mais lenta. Após excitação do fluorocromo, a luz emitida estará mais polarizada. A polarização detectada é inversamente proporcional à quantidade de antígeno não marcado (hapteno) na amostra e que competiu com o antígeno marcado (Figura 7.3).

SUBSTRATE-LABELLED FLUORESCENT IMMUNOASSAY

É menos usual e emprega três reagentes básicos: *anticorpos específicos* para o antígeno (hapteno) que está sendo pesquisado na amostra; *enzima galactosidase*; *antígeno ligado ao substrato* fluorogênico betagalactosil-umbelilferil-fosfato.

Os anticorpos podem se ligar ao antígeno da amostra, se estiver presente, ou ao antígeno marcado com o substrato. Nesse teste, o antígeno também deve ser de baixo peso molecular, ou seja, um hapteno.

Quando a *amostra não contém hapteno*, os anticorpos livres ligam-se ao hapteno conjugado com o substrato. Como a imunoglobulina tem elevado peso molecular, no imunocomplexo formado, o substrato ficará *inacessível* à ação da enzima por impedimento estérico, e não haverá formação do produto fluorescente (umbelilferona).

Já na *presença do hapteno na amostra* ocorre a ligação dos anticorpos ao antígeno (hapteno) da amostra, e o conjugado (hapteno-substrato) ficará livre e será clivado pela enzima betagalactosidase, formando o produto fluorescente. A intensidade de fluorescência pode ser medida e é proporcional à quantidade de hapteno na amostra.

Como esse teste utiliza também uma enzima (galactosidade), alguns autores classificam-no como teste imunoenzimático, enquanto outros preferem chamá-lo de teste fluorescente, considerando que o produto formado é fluorescente.

Radioimunoensaio

O radioimunoensaio (RIE) foi a primeira técnica imunológica padronizada capaz de detectar e quantificar substâncias presentes em amostras com limite de detecção da ordem de picogramas, portanto, capaz de determinar a presença de hormônios. O primeiro teste foi descrito para quantificar insulina em amostras humanas por Yalow e Berson[1], em 1960, e a metodologia foi amplamente adaptada para outros hormônios na década seguinte. Somente na década de 1990 surgiram os testes de quimiluminescência com maior sensibilidade.

O RIE emprega moléculas de antígeno ou anticorpo marcadas com radioisótipos. O termo *radioimunoensaio* em geral é utilizado na denominação de ensaios com antígeno marcado do tipo competitivo, enquanto os ensaios com anticorpos marcados, do tipo sanduíche, são conhecidos como *imunorradiométricos* (IRMA, *immunoradioradiometric assay*). O ^{125}I é radioisótopo, liga-se facilmente a resíduos de tirosina das proteínas e é comumente empregado devido à meia-vida de 57,5 dias.

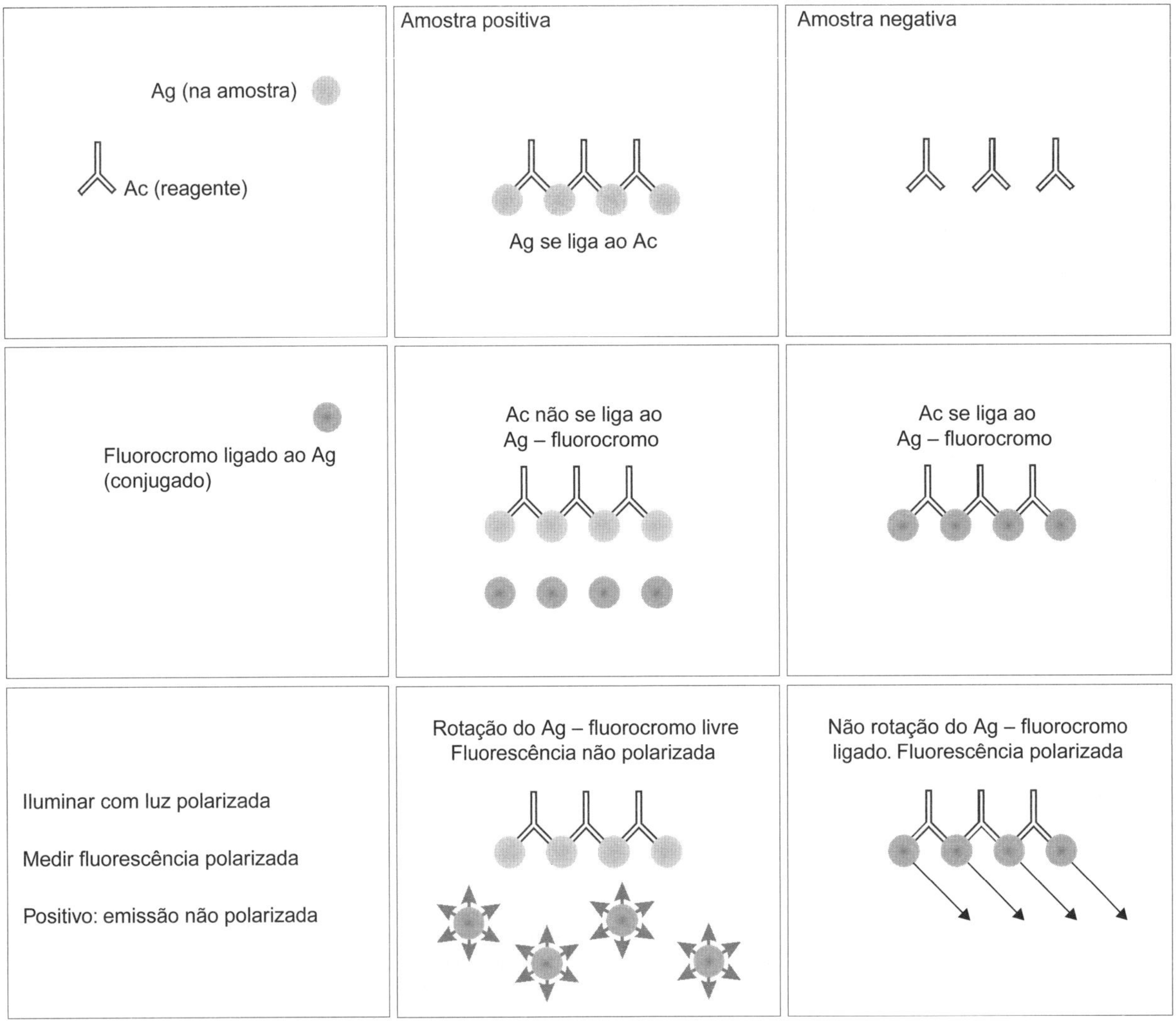

Figura 7.3 Esquema do FPIA mostrando resultados de amostras positiva e negativa.

A quantificação do componente pesquisado é determinada pela contagem do material radioativo presente na reação. Para a contagem de radiações alfa e beta emprega-se contador de cintilações, e nas radiações gama em geral é utilizado contador gama de cristal sólido. Ambos os tipos de teste, RIE e IRMA, permitiram a padronização de técnicas de quantificação de proteínas, hormônios e marcadores tumorais presentes em concentrações inferiores a nanogramas e, portanto, não detectáveis pelos testes de aglutinação e precipitação existentes à época.

A meia-vida dos reagentes utilizados, o risco operacional e a necessidade de medidas especiais e de elevado custo de biossegurança e descarte de material levaram à substituição gradual dessa metodologia por técnicas que empregam reagentes de maior estabilidade e sem riscos, como a quimiluminescência e a eletroquimiluminescência (ver Capítulo 8).

Tipos de radioimunoensaio para quantificação de moléculas (antígenos)

Competição com antígeno marcado

Teste no qual o antígeno a ser detectado na amostra compete com o antígeno radiomarcado, pelos sítios combinatórios da molécula de anticorpos fixados na fase sólida, em uma única etapa, seguida de lavagens e leitura. Como é um teste de competição, a concentração da molécula antigênica na amostra é inversamente proporcional à leitura de radioatividade (Figura 7.4 A). Empregando padrões de concentração conhecida, é construída a curva-padrão, e a concentração de cada amostra é determinada analiticamente.

Competição com anticorpo marcado

Variação também empregada para quantificação de moléculas antigênicas. Nesse método, utilizam-se anticorpos marcados com o radioisótipo para competição com o antígeno presente na amostra e o antígeno fixado à fase sólida na mesma etapa de incubação. Quanto maior a quantidade de antígeno na amostra, maior a ligação dessas moléculas ao anticorpo, formando imunocomplexos que serão retirados pela lavagem e reduzindo a leitura de radioatividade (ver Figura 7.4 B).

Sanduíche (captura de antígeno)

Método em duas etapas, no qual o anticorpo fixo na fase sólida captura especificamente o antígeno da amostra e, após lavagens para retirada dos componentes não específicos, o imunocomplexo é revelado por um segundo anticorpo específico marcado, formando o *sanduíche*. A especificidade desse segundo anticorpo pode ser diferente daquela do fixado ao suporte, ou seja, ser contra um epítopo distinto, conferindo especificidade imunoquímica à metodologia (ver Figura 7.4 C). Esse teste também é chamado de IRMA e utiliza excesso de anticorpos na fase sólida e no conjugado.

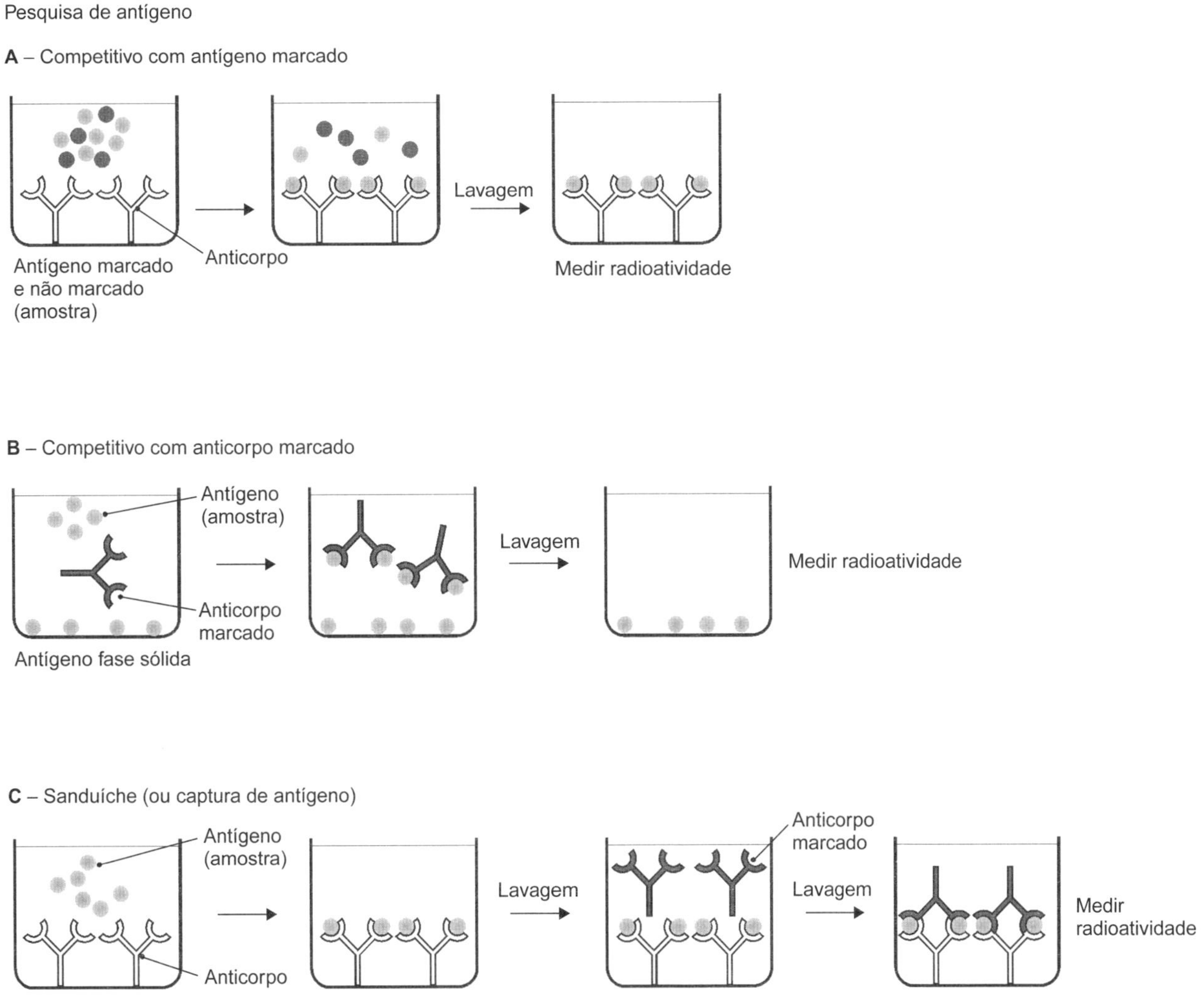

Figura 7.4 RIE para quantificação de antígenos em amostras: competitivo com antígeno marcado (**A**), competitivo com anticorpo marcado (**B**), sanduíche ou captura de antígeno (**C**).

Tipos de radioimunoensaio para detecção de imunoglobulina IgE

Quando o RIE surgiu, várias técnicas já eram utilizadas para detectar anticorpos IgG e IgM em amostras de soro (ver Capítulo 5). No entanto, esses testes não possuem sensibilidade para detecção de IgE total ou específica para algum alergênio (ver Capítulo 30).

Com a padronização dos testes *paper radioimmunosorbent test* (PRIST) e *radioallergosorbent test* (RAST), foi possível disponibilizar para o laboratório clínico um método simples para estudo das alergias. Essas versões usando radioisótopos caíram em desuso com as técnicas imunoenzimáticas utilizando substratos que emitem sinal amplificado, luminescência ou fluorescência, o qual pode ser mensurado por equipamentos na automação. Também a quimiluminescência e a eletroquimiluminescência puderam substituir o PRIST e o RAST.

Curiosamente, embora o nome RAST já não mais se aplique, ainda é comum encontrar solicitações médicas utilizando essa terminologia com o objetivo de solicitar pesquisa de *IgE antialergênios*.

Paper radioimmunosorbent test

As imunoglobulinas humanas da classe IgE da amostra interagem com o anticorpo anti-IgE humana fixado à fase sólida, que, no teste original, era uma membrana de celulose, semelhante a uma folha de papel, e originou o nome do teste. Após a lavagem para retirada dos componentes em excesso, a IgE da amostra é revelada por um segundo anticorpo anti-IgE humana marcado com o radiosótopo, que é então adicionado à reação. A leitura para quantificação do material radioativo presente é realizada após a lavagem, que tem por objetivo retirar o excesso de anti-IgE marcada. A determinação da concentração de IgE total presente na amostra ocorre pelo cálculo que relaciona matematicamente os valores obtidos com curva-padrão.

Radioallergosorbent test

A IgE específica reage com o alergênio fixado ao suporte, sendo revelada pela anti-IgE radiomarcada que é adicionada após a lavagem. A leitura ocorre após outra etapa de lavagem para a retirada da anti-IgE marcada em excesso. Os resultados obtidos são relacionados com curva-padrão para a determinação da concentração de IgE específica na amostra, mostrando boa correlação com a clínica do paciente alérgico. Essa quantificação auxilia a monitorar a evolução terapêutica e natural do processo alérgico.

Autorradiografia

Ensaio que utiliza antígeno ou anticorpo marcado com radioisótopo para a detecção da interação antígeno-anticorpo em metodologias artesanais, com revelação do imunocomplexo (preparado) com emulsão fotográfica. Essa técnica foi substituída pelo *immunodot*, que utiliza conjugados enzimáticos e revelação do imunocomplexo na forma de mancha colorida. Apesar disso, a autorradiografia ainda é utilizada em técnicas de biologia molecular para detecção de ácidos nucleicos.

Ensaios imunoenzimáticos

Também chamados de enzimaimunoensaios, são técnicas que permitem medidas quantitativas diretas da interação antígeno-anticorpo por medida de atividade enzimática sobre um substrato. A metodologia tem substituído o RIE devido à comparável sensibilidade, estabilidade e descarte dos reagentes, e possibilidade de utilização em grande variedade de sistemas de detecção sem as exigências que existem no manuseio de radioisótopos. A enzima utilizada no ensaio deve apresentar:

- Elevada especificidade
- Facilidade de obtenção na forma purificada
- Fácil conjugação a antígenos, anticorpos e haptenos, sem o comprometimento da atividade e interferência na conformação espacial dos sítios ativos da molécula
- Produto da reação estável, de fácil quantificação, com alto coeficiente de extinção molar e que facilite a detecção de pequenas quantidades de enzima
- Estabilidade
- Custo acessível.

Os substratos cromogênicos devem ser estáveis, atóxicos, de baixo custo e produzir uma substância solúvel de cor mensurável ou visível.

Os enzimaimunoensaios podem ser classificados em homogêneos e heterogêneos.

Nos ensaios *homogêneos*, a atividade enzimática é alterada como parte da interação imunológica, não havendo necessidade de separação dos reagentes marcados livres daqueles ligados, ou seja, não apresentam etapas de lavagem. A metodologia é rápida, de fácil execução, adaptável a diferentes graus de automação e usados para a detecção de haptenos e medicamentos, à semelhança da FPIA. As enzimas comumente utilizadas em ensaios homogêneos são lisozima, malato-desidrogenase, glicose-6-fosfato desidrogenase (G6 PDH), ribonuclease A e betagalactosidase.

Imunoensaios enzimáticos homogêneos

Enzyme-multiplied immunoassay technique

É um ensaio homogêneo utilizado para determinar medicamentos (haptenos) em amostras. O método utiliza dois reagentes: anticorpos específicos anti-hapteno e hapteno ligado a uma enzima (conjugado). O conjugado hapteno-enzima mantém sua atividade enzimática intacta e consegue clivar substrato específico.

Quando o anticorpo está livre, ele consegue se ligar ao conjugado hapteno-enzima e a inativação da enzima ocorre por impedimento estérico ou por alteração na sua conformação, não havendo modificação do substrato (Figura 7.5). Quanto maior a concentração do hapteno na amostra, menor o número de moléculas de anticorpo disponíveis para ligar ao hapteno-enzima. Se este fica livre, haverá ação enzimática sobre o substrato, formando um produto mensurável. Assim, a quantidade do produto formado é inversamente proporcional ao hapteno (fármaco) presente na amostra.

A enzima ideal não deve estar presente na amostra e sua ação sobre um substrato deve ser facilmente detectável. Ela também deve reter sua atividade depois de ligada ao hapteno, manter estabilidade nesse conjugado, e, principalmente, ter sua atividade modulada pela presença do anticorpo anti-hapteno. G6 PDH obtida de bactérias (*Leuconostoc mesenteroides*) atende esses requisitos e tem como substrato a nicotinamida adenina dinucleotídio (NAD), que é convertida a NAD hidróxido (NADH), mensurável em espectrofotometria a 340 nm. A G6 PDH de amostras humanas usa NAD fosfato (NADP) como substrato, não havendo, assim, interferência da amostra.

O ensaio *substrate-labelled fluorescent immunoassay* (SLFIA) também pode ser considerado como teste imunoenzimático, aqui classificado como fluoroimunoensaio homogêneo, considerando que o produto formado é fluorescente.

Imunoensaios enzimáticos heterogêneos

São ensaios nos quais a atividade enzimática não é alterada como parte da interação imunológica, sendo necessário separar os reagentes marcados (conjugados) que se ligam à fase sólida daqueles que ficam livres. Isto é, são necessárias *etapas de lavagens* que retiram os componentes não ligados e uma *fase sólida* na qual são fixados os componentes que participam da interação.

A metodologia é empregada para detectar moléculas maiores, e as enzimas mais usadas, que podem ser conjugadas por vários processos e reveladas por diferentes substratos, são a *peroxidase* e a *fosfatase alcalina*, sendo ainda utilizadas as enzimas betagalactosidase, glicose-oxidase, amilase, anidrase carbônica e acetilcolinesterase. Os *substratos* empregados devem ser específicos para a ação enzimática, mas frequentemente se utilizam dois ou mais componentes, um substrato propriamente dito e outro que sofre ação do produto resultante da ação enzimática sobre o substrato (cromógeno), resultando em um produto detectável (colorido).

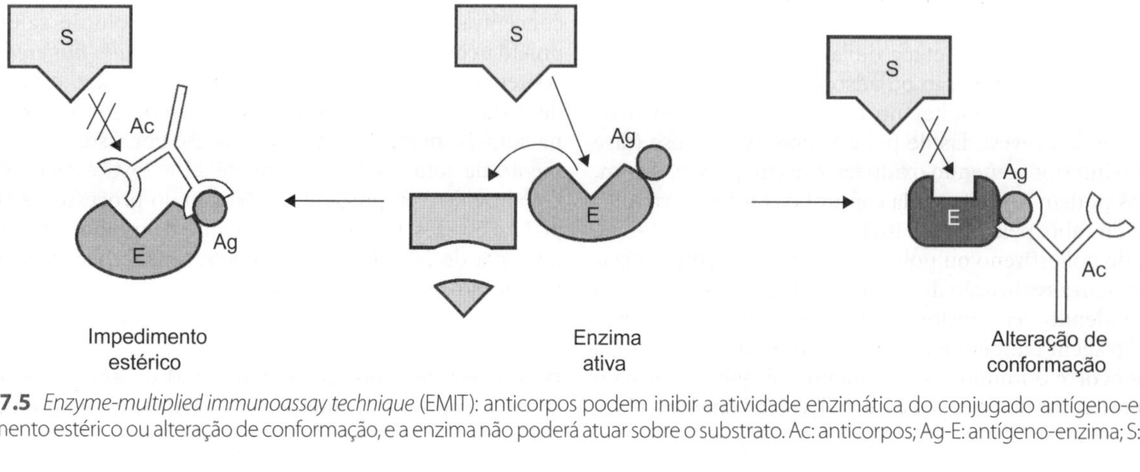

Figura 7.5 *Enzyme-multiplied immunoassay technique* (EMIT): anticorpos podem inibir a atividade enzimática do conjugado antígeno-enzima por impedimento estérico ou alteração de conformação, e a enzima não poderá atuar sobre o substrato. Ac: anticorpos; Ag-E: antígeno-enzima; S: substrato.

ELISA

O imunoensaio enzimático (ELISA, *enzyme-linked immunosorbent assay*) foi desenvolvido nos anos de 1970 e muito difundido comercialmente a partir de 1985, com o ensaio para anticorpos anti-HIV (à época, chamado de anti-HTLV III).

É o ensaio mais comumente empregado nos laboratórios e baseia-se na imobilização de um dos componentes, antígeno ou anticorpo, em fase sólida, e na utilização de um conjugado, que também pode ser antígeno ou imunoglobulina, ligado a uma enzima, com a preservação da atividade enzimática e imunológica. Como o substrato forma um produto colorido, a alteração de cor é monitorada visualmente ou por meio de espectrofotômetro, que determina a relação entre a intensidade da cor e a quantidade do que está sendo analisado na amostra. O ELISA apresenta:

- Elevadas sensibilidade e especificidade
- Rapidez e custo baixo
- Objetividade de leitura
- Possibilidade de adaptação a diferentes graus de automação.

O teste é empregado para detectar antígenos ou anticorpo em um grande número de sistemas. Sua eficiência depende da padronização adequada de cada uma das etapas e reagentes como concentração ideal de cada um dos componentes, tempo de incubação, concentração iônica, proteica e pH do meio. A simples modificação do lote de um sal utilizado em algum dos diluentes pode requerer a revalidação de todas as etapas do ensaio, para garantir a reprodutibilidade do teste (ver Capítulo 10).

FASE SÓLIDA OU SUPORTE

A fase sólida nos testes imunoenzimáticos pode ser constituída por partículas de agarose, poliacrilamida, dextrana, *poliestireno*. Vários desses materiais existem com diferentes características químicas, especialmente o poliestireno, que pode ser tratado para maior ou menor poder de adsorção de proteínas e até unido a acopladores (*linkers*) para facilitar ligações mais específicas com resíduos de açúcares, por exemplo.

Fases sólidas de plásticos podem ser tratadas com produtos químicos, expondo sítios reativos (amino-, carboxi-, hidroxi-, tiol-), que facilitam a ligação de diferentes grupos químicos. Há várias fases sólidas tratadas disponíveis comercialmente.

O polímero de estireno (poliestireno) possui sítios apolares hidrofóbicos, que facilitam adsorção de proteínas, e sítios polares hidrofílicos, que garantem a manutenção da conformação proteica. Os sítios polares formam-se durante a moldagem na presença de oxigênio, e as placas submetidas à esterilização por radiação gama, quando abertas e expostas ao ar, aumentam a quantidade desses sítios reativos.

Os suportes (fase sólida) também se apresentam na forma de tubos, microplacas, partículas, tiras, entre outros. No formato de micropartículas, a etapa de lavagens deverá ser feita por decantação, centrifugação ou adsorção em fibra de vidro. Também podem se apresentar no formato de micropartículas magnetizadas, revestidas de poliestireno ou celulose (fase sólida) e no interior contendo óxido ferroso (magneto). Assim, as lavagens podem ser feitas pela captura das micropartículas na parede do tubo, pela ação de ímãs.

Placas de poliestireno ou polivinil são amplamente utilizadas e permitem a realização de ensaios múltiplos em um único suporte, podendo ser sensibilizadas com antígeno ou anticorpo. A lavagem também é facilitada. Como desvantagem, a área onde ocorre o imunoensaio é menor do que no formato pérola ou micropartícula e, por esse motivo, raramente a placa é usada para ensaios de determinação de moléculas em baixa concentração, como hormônios e marcadores tumorais.

Quando *membrana de nitrocelulose* é empregada como suporte, o teste é denominado *immunodot* ou *dot-ELISA*, apresentando leitura diferenciada, uma vez que o substrato cromogênico, na presença da enzima, forma um produto colorido insolúvel, na forma de uma mancha, no local onde o conjugado enzimático está fixado. Para o *immunodot* também podem ser usadas membranas de difluoreto de polivinilideno (PVDF), *náilon* ou celulose.

A ligação do antígeno ou imunoglobulina à fase sólida deve ser estável e suportar as etapas e condições do ensaio. Soluções ligantes (*coating solution*) incluem íons, pH alcalino para poliestireno e alguns componentes protegidos por propriedade industrial.

Nos ensaios *in house*, é suficiente o uso de solução tamponada carbonato-bicarbonato 0,5 M, pH 8,6, mas a estabilidade da placa sensibilizada será reduzida em relação à validade comum de *kits* comerciais.

AMOSTRA

A amostra, preferencialmente soro ou plasma, deve ser processada na diluição em que uma pequena variação resulte em grande aumento da densidade óptica. A amostra ideal deve ser límpida, sem hemólise e não lipêmica, conservada por até 7 dias entre 2 e 8°C ou congelada a –20°C, desde que evitados processos de congelamento e descongelamento frequentes (ver Capítulo 11).

BLOQUEIO

Após a adsorção da molécula (antígeno ou imunoglobulina) à fase sólida, é necessário bloquear os sítios reativos remanescentes na fase sólida, usando *proteína bloqueadora* que não tenha relação com o sistema antígeno-anticorpo em estudo. São muito utilizadas soluções de leite desnatado, caseína, gelatina e albumina. Em alguns ensaios que usam anticorpos monoclonais, a imunoglobulina de camundongo pode ajudar a reduzir a inespecificidade por anticorpo humano antimurino (HAMA, *human anti-mouse antibodies*; ver Capítulo 15).

DILUENTE DA AMOSTRA

Deve conter componentes que reduzam a adsorção inespecífica de componentes da amostra ao suporte sólido. Os componentes comumente empregados são o Tween 20, detergente não iônico, e proteínas, como leite desnatado, gelatina, albumina bovina e caseína, ou seja, proteínas que foram usadas no bloqueio, mas em menor concentração.

SOLUÇÃO DE LAVAGEM

São usadas soluções isotônicas, pH 6,8 a 7,5, contendo pequena concentração de detergente não iônico. Solução salina tamponada com fosfatos pH 7,2 (PBS, *phosphate buffered saline*) contendo 0,01 a 0,05% de Tween 20 é bastante usual. Sais de fosfato ficam insolúveis a baixa temperatura e cristalizam na solução mantida sob refrigeração. Por isso, o pré-aquecimento da solução de lavagem até 22 a 25°C é recomendado. Geralmente é empregada a repetição do processo de lavagem por 3 a 5 vezes, bem como um tempo de molho (*soaking time*) de cerca de 30 a 60 s entre as lavagens, especialmente após incubação com o conjugado.

CONJUGADOS

Podem ser definidos como moléculas de antígenos ou anticorpos ligados covalentemente à enzima, de modo a conservar as duas funções das duas moléculas conjugadas: atividade enzimática da enzima e antigenicidade do antígeno ou especificidade da imunoglobulina. Contudo, é preciso considerar que a definição de conjugado é mais ampla: *duas moléculas covalentemente ligadas e que preservam suas funções originais*. Exemplos de conjugados:

- Proteína A conjugada com peroxidase. A proteína A é derivada de parede bacteriana (*Staphylococcus aureus*) e apresenta elevada afinidade pela região Fc da IgG humana. Assim, o conjugado irá se ligar à IgG com atividade de peroxidase para formar produto colorido a partir do substrato cromogênico
- Streptavidina-peroxidase. A streptavidina tem afinidade por biotina e irá se ligar a um outro conjugado, por exemplo, hCG-biotina. Ou seja, dois conjugados diferentes são usados no sistema
- Anti-IgG conjugado a corante coloidal. Os corantes coloidais são insolúveis em meio aquoso e formam manchas coloridas (formado de linhas) na fase sólida onde são capturados.

O desempenho do conjugado é influenciado pelo método de conjugação, diluentes empregados e condições de armazenamento. A quantidade ideal do conjugado no teste deve ser determinada para cada lote e cada sistema de ensaio.

SUBSTRATOS CROMOGÊNICOS

Sob ação enzimática, originam produtos coloridos, solúveis ou insolúveis, cuja quantificação é feita pela medida da densidade óptica da solução em espectrofotômetro, ou pela intensidade de cor visual, ou comparada a algum padrão de referência. O substrato utilizado para a enzima peroxidase é o H_2O_2, que pode ser empregado com diversos cromógenos ou doadores de hidrogênio. O cromógeno frequentemente empregado é o orto-fenilenodiamina (OPD) ou tetrametilbenzidina (TMB) para obter coloração solúvel (ELISA), e diaminobenzidina (DAB) ou 4-cloro-1-naftol quando o sistema requer cor insolúvel (*dot*-ELISA, *immunoblot*). A concentração de H_2O_2 é uma variável crítica do teste, devido à estabilidade limitada. Por outro lado, a peroxidase é inibida na presença de excesso de H_2O_2.

Para a enzima fosfatase alcalina, o substrato cromogênico solúvel é o *p*-nitrofenilfosfato (NPP), e para obtenção de produto insolúvel é utilizado 5-bromo-4-cloro-3-indolil-fostafo (BCIP) e *nitroblue* tetrazólio (NBT).

SUBSTRATOS FLUORIGÊNICOS

Alguns testes imunoenzimáticos utilizam substratos que, após ação da enzima, formam compostos que emitem luz fluorescente. Para a enzima fosfatase alcalina, é muito utilizada a solução de 4-metilumbelilferil-fosfato, que após clivagem enzimática forma 4-metilumbeliferona, absorvendo luz a 365 nm e emitindo a 448 nm. O produto formado é chamado de *fluoróforo* e a luz emitida é detectada por um fluorômetro.

SUBSTRATO QUIMILUMINESCENTE

Para ensaios imunoenzimáticos que necessitem de amplificação do sinal (determinação de hormônios, marcadores tumorais), uma opção é o uso de quimiluminescência sistema de revelação. Por exemplo, a enzima fosfatase alcalina age sobre o substrato adamantildioexietano-fosfato, formando o ânion adamantildioxietano, que é instável, emite brilho (*glow*) prolongado de luz e pode ser mensurado por um luminômetro.

ANTÍGENOS

Conjugados ou não à enzima, podem ser naturais, extratos brutos ou fracionados e purificados, peptídios sintéticos ou recombinantes (ver Capítulos 2 e 3). O grau de pureza e a acessibilidade dos epítopos são fatores determinantes na eficiência do teste.

ANTICORPOS

Conjugados à enzima ou não, podem ser policlonais ou monoclonais, totais ou purificados. Também podem ser empregados fragmentos ou frações de imunoglobulinas. A marcação da imunoglobulina com enzima é facilitada pela presença de resíduos de açúcar na fração Fc de imunoglobulinas (ver Capítulo 2).

RESULTADOS

Independentemente do método escolhido, é necessário determinar o limite de reatividade ou *cut off* que permite diferenciar amostras positivas daquelas negativas. Os métodos frequentemente empregados para expressar os resultados são os proporcionais, que empregam a razão entre os valores da amostra e um valor médio de um grupo de amostras de indivíduos não doentes (grupo-controle), e a curva de unidade padrão, na qual os valores são transformados em unidades que fornecem uma escala contínua proporcional à quantidade de anticorpo ou antígeno presente na amostra. A escolha do limiar de reatividade dependerá também dos resultados de validação do ensaio (ver Capítulos 4 e 10).

TIPOS DE ELISA

O ELISA pode ser utilizado para pesquisa de antígenos: competitivo com antígeno marcado; competitivo com anticorpo marcado; e captura de antígeno ou sanduíche, além de também poder ser empregado para pesquisa de anticorpos indireto e captura de imunoglobulina classe-específica.

Na Figura 7.6 são apresentados os esquemas para cada um dos tipos de testes. Seu princípio tem semelhança com os tipos de RIE (ver Figura 7.4), mas nos testes ELISA, após a adição do conjugado enzimático, é necessária mais uma etapa de lavagem e a revelação final da presença do conjugado pela adição do substrato cromogênico. Como a ação enzimática é contínua, após o tempo de incubação é necessário interromper a reação colorimétrica pela inativação da enzima com soluções ácidas ou alcalinas. Nos ensaios *immunodot* (*dot*-ELISA) e *immunoblot*, essa última etapa consiste em lavar o excesso de substrato cromogênico da fase sólida.

COMPETITIVOS

É o método empregado na detecção quantitativa de antígenos. O método de competição com antígeno marcado utiliza reagentes em quantidades limitadas. O anticorpo utilizado deve ligar com a mesma avidez ao antígeno da amostra e ao antígeno marcado. O resultado positivo resulta no desenvolvimento mínimo ou na ausência de coloração, pois a quantidade de antígeno conjugado com a enzima que se ligou ao anticorpo da fase sólida é inversamente proporcional à quantidade de antígeno na amostra (ver Figura 7.6 A). Esse tipo de teste é ideal para a medida de moléculas como alguns *hormônios e marcadores tumorais e alguns antígenos de patógenos*. Os ensaios competitivos, geralmente, apresentam maior especificidade e menor sensibilidade que os métodos não competitivos, mas ainda devem ser levadas em consideração a afinidade e a pureza dos reagentes empregados.

Esse tipo de ensaio competitivo não é adequado para moléculas muito pequenas como os haptenos, substâncias psicoativas e peptídios, que quando conjugados a enzimas perdem sua antigenicidade por impedimento estérico, ou seja, perdem a acessibilidade, porque a molécula enzimática é grande.

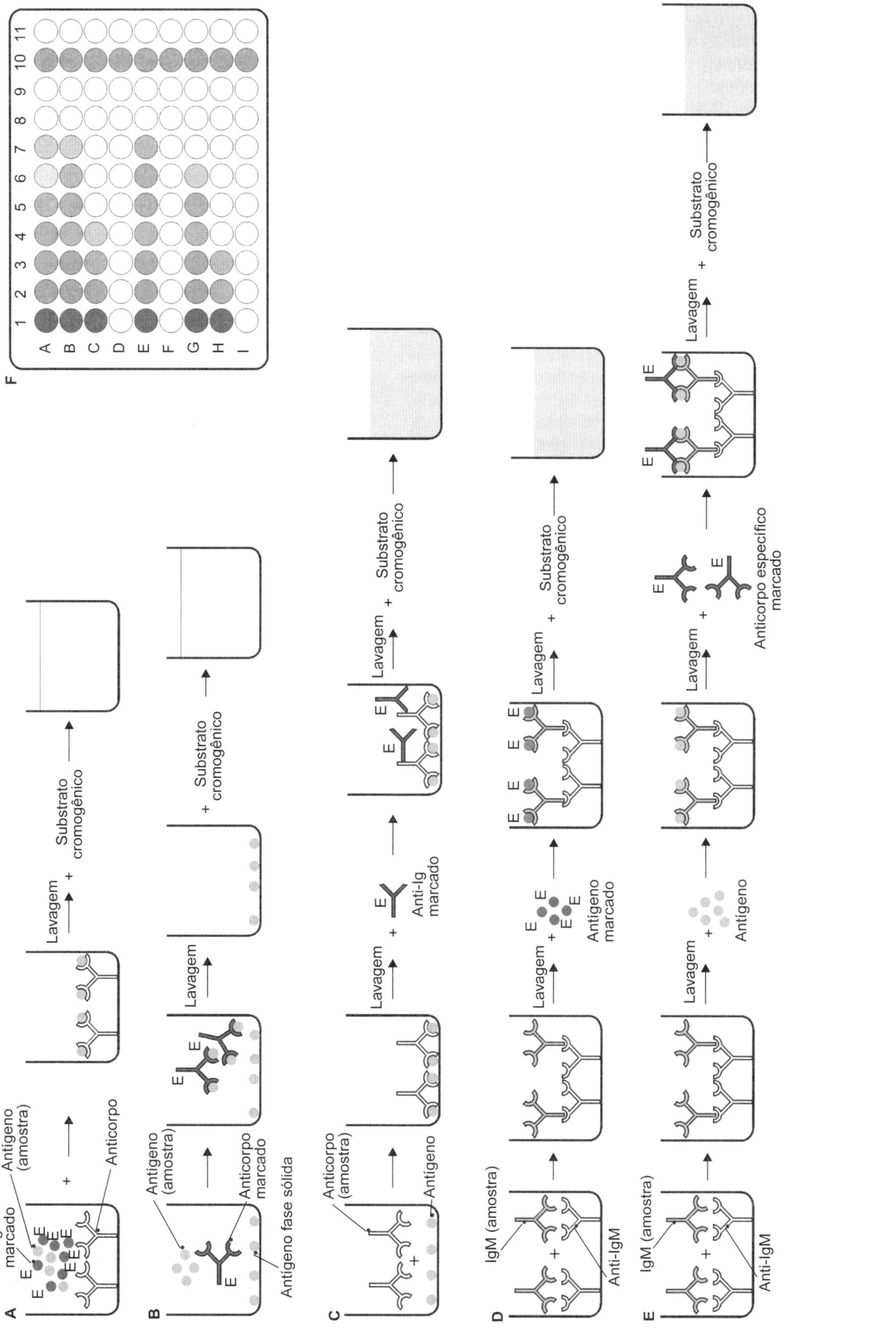

Figura 7.6 Teste imunoenzimático para quantificação de antígenos em amostras: competitivo com antígeno (**A**) e anticorpo marcados (**B**). Teste imunoenzimático para detecção de anticorpos: indireto (**C**), captura de IgM com antígeno marcado (**D**) e captura de IgM com anticorpo marcado (**E**). Representação de resultado de um teste ELISA (**F**).

O método de competição com anticorpo marcado apresenta o mesmo critério de leitura e interpretação que o método anterior (ver Figura 7.6 B). Ambas as variações do teste de competição apresentam o mesmo princípio descrito para o RIE (ver Figura 7.4).

NÃO COMPETITIVOS

São as versões de métodos imunoenzimáticos mais empregadas, tanto na detecção de antígenos quanto de anticorpos. A pesquisa de antígenos utiliza diversos métodos, sendo o de captura de antígeno o mais utilizado para antígenos polivalentes. O princípio desse método foi descrito no ensaio de captura por RIE (ver Figura 7.4). A pesquisa de anticorpos pode ser realizada pelo método indireto e de captura para imunoglobulina classe-específica, como IgM, a mais usual, IgA e IgE.

O *método indireto* apresenta como vantagem a utilização do mesmo conjugado, anti-Ig marcada com enzima, em diferentes sistemas. O conjugado anti-IgG humana, por exemplo, pode ser usado para a pesquisa de IgG específica contra inúmeros microrganismos. A amostra é incubada com o suporte contendo o antígeno previamente fixado, permitindo a ligação dos anticorpos séricos presentes na amostra, específicos contra o antígeno. A especificidade do teste depende da escolha do antígeno. Após a lavagem para a retirada dos componentes não fixados, é adicionado o conjugado enzimático anti-IgG humana, que se fixa às IgG ligadas ao antígeno da fase sólida. Uma nova etapa de lavagem é realizada para a retirada do conjugado não ligado, seguida da adição do substrato cromogênico para o desenvolvimento de cor proporcional à quantidade de enzima presente na reação, a qual, por sua vez, é proporcional à quantidade de anticorpo presente na amostra. A reação enzimática é interrompida pelo acréscimo de solução ácida ou alcalina e a leitura é realizada em espectrofotômetro no comprimento de onda adequado para o cromógeno utilizado (ver Figura 7.6 C).

O método de captura de imunoglobulinas classe-específicas apresenta elevada sensibilidade, impedindo a interferência da IgG específica, que está sempre presente em maior concentração que os demais isótipos de imunoglobulinas, reduzindo assim resultados falso-negativos. Os resultados falso-positivos podem ocorrer devido à ligação do *fator reumatioide* (IgG/IgM/IgA/IgE anti-IgG) com o conjugado ou com a IgG específica e depois com o conjugado. Esse efeito pode ser minimizado utilizando antígeno, complexo antígeno-anticorpo ou fragmentos $F(ab')_2$ marcados com enzima na sequência do teste.

No teste para detecção de *anticorpos* específicos da classe *IgM*, a amostra é incubada com a fase sólida contendo anti-IgM humana previamente fixada, para captura dos anticorpos séricos IgM presentes na amostra. Após a lavagem para a retirada dos componentes não fixados, é adicionado o antígeno marcado com enzima para determinar especificidade da IgM da amostra (ver Figura 7.6 D). Também pode ser utilizada uma etapa a mais no teste, principalmente quando a marcação do antígeno com a enzima não é possível ou resulta em uma molécula não antigênica. Então se usa antígeno não marcado e um segundo anticorpo específico marcado com a enzima (Figura 7.6 E). Uma nova lavagem é realizada para a retirada do excesso de conjugado, seguido da adição do substrato cromogênico para o desenvolvimento de cor proporcional à quantidade de enzima presente na reação. A quantidade do conjugado enzimático presente, por sua vez, é proporcional à quantidade de anticorpo presente na amostra. A reação enzimática é parada pelo acréscimo de ácido e a leitura é realizada em espectrofotômetro no comprimento de onda determinado pelo cromógeno utilizado. Esse modelo de teste também é empregado para a dosagem de IgE total, sendo o anticorpo fixado ao suporte uma anti-IgE humana e o conjugado uma anti-IgE humana marcada com enzima.

SISTEMA BIOTINA-AVIDINA

Método de amplificação que pode ser utilizado para aumentar a sensibilidade dos testes, no qual a enzima presente no conjugado empregado é substituída pela biotina, e um segundo conjugado utilizado, a avidina, tem afinidade pela biotina e é marcada com a enzima.

A *biotina* é uma vitamina hidrossolúvel de baixo peso molecular, 244 dáltons, com elevada afinidade, 10^{15} ℓ/mol, pela proteína avidina de *clara de ovo*. Em geral se usa a streptavidina de bactérias, que é mais inerte por não conter resíduos de carboidratos e assim reduz interações inespecíficas. Cada molécula de streptavidina possui quatro sítios de ligação para biotina.

Por outro lado, a biotinilação de antígenos e imunoglobulinas é um processo de fácil execução e que não acarreta alterações nas proteínas. Além disso, como a biotina é muito menor que as enzimas usuais, geralmente há várias moléculas de biotina por molécula de conjugado. Desse modo, várias moléculas de avidina marcada poderão se ligar ao conjugado biotinilado, amplificando o sinal de leitura do teste. O segundo conjugado pode ser *avidina-enzima*, ou ainda, avidina marcada com outro ligante, como fluorocromos ou substâncias luminescentes. Esse método de amplificação do sinal pode ser aplicado a todos os métodos de imunoensaios (Figura 7.7).

ÍNDICE DE AVIDEZ DE IGG

Os testes imunoenzimáticos do tipo ELISA indireto permitem avaliar a avidez da IgG antígeno-específica presente na amostra. A força de ligação do epítopo (antígeno) pelo sítio combinatório (anticorpo) é chamada de *afinidade*. Por outro lado, *avidez* é a medida da estabilidade geral dos complexos entre antígeno e anticorpo e depende de três fatores: a afinidade intrínseca do anticorpo pelo epítopo, a valência do anticorpo e do antígeno, e o arranjo geométrico dos componentes interagindo (ver Capítulo 2).

Como regra geral, quanto maior a avidez dos anticorpos de uma amostra, maior a estabilidade dos imunocomplexos. Por outro lado, a avidez é uma propriedade da resposta imune que é selecionada na resposta primária. Resumindo, anticorpos de *baixa avidez* predominam na fase aguda/recente da *infecção primária*, e anticorpos de *elevada avidez* são predominantes na resposta de *memória*, ou *secundária*. Assim, a estimativa da avidez de IgG antígeno-específica de uma amostra ajuda a definir se a infecção é recente ou pregressa.

O ELISA é útil para essa avaliação porque é realizado sobre uma fase sólida. O teste é efetuado em duplicata, uma é feita normalmente, e, na outra, a etapa de lavagem após a adição da amostra é feita com solução dissociante. Se nesse segundo ensaio houver desligamento da IgG (em relação ao primeiro), há evidências de que a IgG presente era de baixa afinidade. Outro desenho de teste é diluir a amostra na solução dissociante. São usadas, neste caso, dietanolamina (DEA) 35 mM ou ureia 6 M:

- Método de diluição:
  - Ensaio 1: diluição de soro em diluente
  - Ensaio 2: diluição de soro em diluente + DEA ou ureia. ou
- Método de eluição:
  - Ensaio 1: lavagem após incubação do soro com solução de lavagem
  - Ensaio 2: lavagem após incubação do soro com solução de lavagem acrescida de DEA ou ureia.

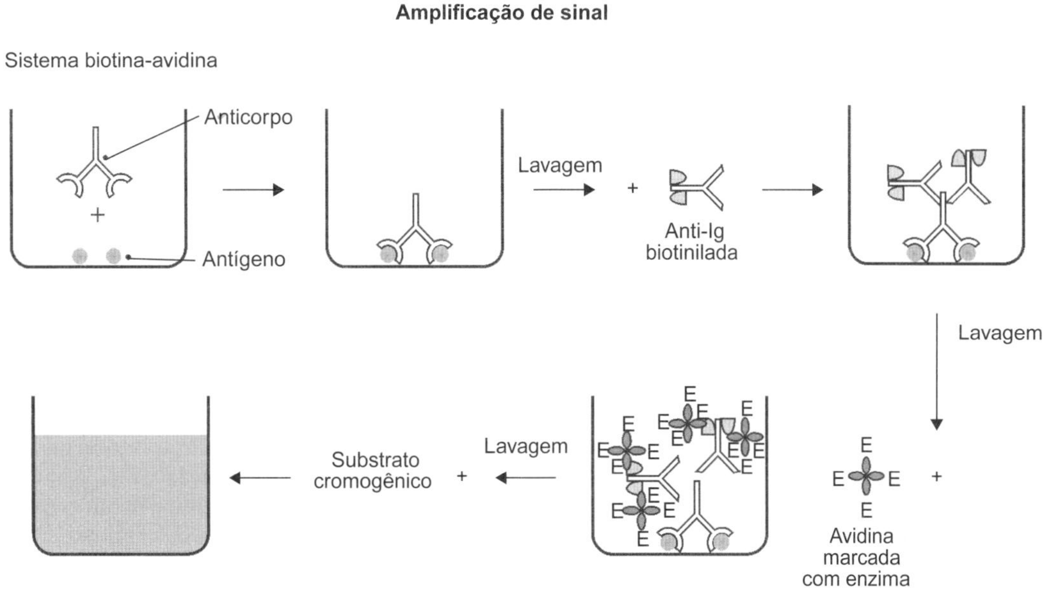

Figura 7.7 Sistema avidina-biotina para amplificação de sinal dos testes utilizando conjugados enzimáticos.

O teste segue normalmente, com incubação com conjugado anti-IgG/enzima e substrato cromogênico. Leitura dos dois ensaios:

$$\text{Índice de avidez (IA)} = (\text{leitura teste 2} \div \text{leitura teste 1}) \times 100$$

Interpretação: é variável, de acordo com a padronização do ensaio, e deve ser informada pelo fabricante do *kit*. Por exemplo:

- $IA \leq 30\%$: IgG de baixa avidez (indica fase aguda/recente)
- $IA \geq 70\%$: IgG de alta avidez (indica fase crônica, infecção pregressa)
- $30\% < IA < 70\%$: resultado inconclusivo.

IMMUNODOT OU DOT-ELISA

É uma variação do teste ELISA, na qual o substrato cromogênico escolhido deve formar um produto estável e insolúvel, no formato de uma "mancha" colorida. O termo vem do inglês *dot*: como *substantivo*, significa mancha; como *verbo*, significa pontilhar. Os formatos de leitura final de *ponto* ou *linha* são os mais usuais.

A fase sólida é constituída de membrana de nitrocelulose ou PVDF revestindo o suporte plástico. Volumes muito pequenos de antígeno (0,1 a 1,0 μℓ) são adsorvidos à membrana, que após bloqueio dos sítios reativos remanescentes é incubada com a amostra e sequencialmente com o conjugado enzimático. Nesse teste, o substrato cromogênico deve formar um produto colorido insolúvel no formato do *dot* original (antígeno ou anticorpo adsorvido na fase sólida).

Immunoblot ("immunoblotting")

É chamado também de "*Western blotting*", embora esse termo se refira ao procedimento de eletroforese em gel e à eletrotransferência para membranas de nitrocelulose, enquanto o termo *imumnoblot* é mais adequado para a interação antígeno-anticorpo (teste imunológico) realizada na membrana de nitrocelulose (*in situ*).

O *immunoblot* vem sendo empregado na área de pesquisa desde a década de 1980 e nos últimos anos vem sendo incorporado à rotina diagnóstica em *kits* disponíveis comercialmente. O teste representa um recurso valioso para:

- Caracterização de frações antigênicas imunodominantes
- Identificação da reatividade específica de anticorpos detectados por um teste de triagem utilizando múltiplas frações antigênicas (*teste confirmatório ou suplementar*)
- Distinção de *perfis de especificidade* de anticorpos que caracterizam determinada fase da infecção ou do tratamento.

Para obtenção das membranas com as frações individualizadas da mistura antigênica, as proteínas são separadas de acordo com o tamanho, por meio de eletroforese em gel de poliacrilamida (PAGE), e, após a separação, elas são transferidas para uma membrana de nitrocelulose onde ficam imobilizadas. Essa membrana é então utilizada como suporte.

Eletroforese

A PAGE utiliza o detergente aniônico dodecil sulfato de sódio (SDS), que confere carga negativa às proteínas facilitando a separação por peso molecular. A técnica foi utilizada por Laemmli[2] em 1970, com a finalidade de determinar a mobilidade das proteínas em gel submetido à corrente elétrica. Essa mobilidade está relacionada ao tamanho (massa molecular) da proteína e é função linear do logaritmo desse tamanho.

A separação depende também do tamanho dos poros do gel. Para melhor resolução de peptídios de pesos moleculares abrangendo uma faixa maior é comum a utilização de gradiente do gel, de 5 a 20%, por exemplo. Desse modo, as proteínas grandes ficarão retidas no início da corrida e os peptídios pequenos irão migrar até o final do gel na eletroforese.

Dependendo da substância antigênica a ser detectada, a amostra de proteínas que será aplicada no gel pode necessitar de um tratamento prévio específico, como a pesquisa de proteínas fosforiladas. Nesse caso, a amostra deve ser tratada com coquetel de inibidores de fosfatases, que é composto por ortovanadato de sódio, ácido etileno glicol-bis (b-amino-etil-eter) N,N,N9,N9-tetra-acético (EGTA) e fluoreto de sódio. Ainda no preparo da amostra, para preservação geral das proteínas corridas no gel de eletroforese é necessário o emprego de um coquetel inibidor de proteases, que evita a degradação das proteínas, composto por 4-(2-aminoetila) benzenosulfonil fluoreto hidrocloreto (AEBSF), aprotinina, leupeptina, bestatina, pepstatina e trans-epoxisuccinil-L-leucilamido (4-guanidino) butano (E-64). De forma geral, a amostra de proteínas é tratada para estar solubilizada e frequentemente também é desnaturada, como quebra de pontes dissulfeto, forças eletrostáticas e pontes de hidrogênio. Na solução de tratamento da amostra podem ser usados agentes dissociantes (ureia, ácido etilenodiamino tetra-acético), redutores (2-mercaptoetanol, ditiotreitol) e detergentes aniônicos (SDS, desoxicolato de sódio) e, às vezes, detergentes não iônicos (Nonidet P-40, Triton X-100, Tween 20). Para garantir a melhor discriminação dos componentes da mistura, é comum também usar aquecimento, até fervura em banho. Essas condições do tratamento da amostra e da SDS-PAGE são estabelecidas experimentalmente para cada extrato antigênico. Na solução de amostra também se adicionam glicerina, que irá facilitar a penetração da amostra no gel, e, como marcador de corrida, o corante azul de bromofenol, cujo peso molecular muito baixo (cerca de 0,65 kDa) irá indicar o fim da corrida (*front*).

As frações antigênicas aplicadas no gel sofrem ação de carga elétrica, migrando para o polo positivo. Durante a migração, as proteínas de menor tamanho migram com maior velocidade que as de tamanho maior, que encontram a barreira física do próprio sistema de gel. O gel da SDS-PAGE pode ser corado para identificar a composição de proteínas e peptídios. São usuais os corantes irreversíveis como o *Coomassie blue*, que detecta facilmente concentrações da ordem de 10 ng, ou a coloração por nitrato de prata, mais sensível, que detecta até 0,1 ng. Ambas estão disponíveis na forma de *kits* comerciais.

Uma vez separadas pelo tamanho, a posição das proteínas é definida por comparação com a migração de um padrão de moléculas de tamanho conhecido. Dependendo da distância percorrida, da concentração do gel e tamanho dos seus poros, é possível determinar com precisão o tamanho molecular de proteínas entre 5 e 250 kDa (Figura 7.8). O logaritmo da massa molecular do peptídio é inversamente proporcional à distância percorrida no gel, medida em *Relative front* (Rf) que é a divisão da distância percorrida pelo peptídio pela distância total da corrida eletroforética (Figura 7.9).

Eletrotransferência

As proteínas separadas são então eletrotransferidas do gel para uma membrana de nitrocelulose, que serve como suporte para o ensaio imunoenzimático. A eletrotransferência pode ser feita em meio semiúmido, por 2 a 4 h, ou, mais eficientemente, mergulhada em solução de transferência em cubas próprias, por até 18 h. Quanto maior o tempo de transferência, mais aquecimento será gerado; por esse motivo, o processo deve ser realizado sob refrigeração (2 a 8°C). Na solução de transferência, o metanol ajuda na fixação das proteínas transferidas na membrana. O metanol pode ter um efeito de reduzir o tamanho dos poros do gel e assim dificultar a transferência de proteínas de elevado peso molecular. Diferentes formulações de solução de transferência podem ser testadas para adequar o processo a cada situação.

A membrana de nitrocelulose (celulose esterificada com nitrocelulose) é muito usada, e possui elevada capacidade de adsorção de moléculas por forças hidrofóbicas. Essa capacidade de ligação (proteínas, ácidos nucleicos, glicoproteínas, lipoproteínas, lipo-oligossacarídios) é até 1.000 vezes maior na nitrocelulose que em plásticos. A membrana de nitrocelulose é de fácil manuseio quando úmida, mas pode quebrar-se facilmente quando seca. Os poros da membrana podem ser de 45 ou 20 μm, preferindo-se o último para peptídios menores. No mercado, há membranas com alto poder de adsorção (*high binding*), como acontece com outras fases sólidas.

Ao final da eletrotransferência, a coloração da membrana com Ponceau S (corante removível por lavagens) evidencia a efetividade da transferência em relação ao perfil de peptídios identificados pela coloração do gel.

Immunoblot

A técnica é um ensaio imunoenzimático realizado sobre a superfície da membrana. Os epítopos expostos podem mostrar conformação espacial distinta da que era apresentada, por exemplo, na placa ELISA. Após a transferência, a membrana também deve ser bloqueada em seus sítios altamente reativos remanescentes.

A amostra contendo anticorpos é incubada com a membrana de nitrocelulose contendo as proteínas previamente separadas por tamanho molecular. Após a lavagem para a retirada dos componentes não fixados, é adicionado o conjugado enzimático anti-Ig humana, que se fixa à imunoglobulina da amostra. Uma nova lavagem é realizada para a retirada do excesso de conjugado, seguida da adição do substrato cromogênico para o desenvolvimento de cor insolúvel, como no *dot*-ELISA. A reação enzimática é interrompida pela retirada do substrato e lavagem da membrana com água, e a leitura é realizada visualmente. A interpretação do resultado é feita pela análise da presença de

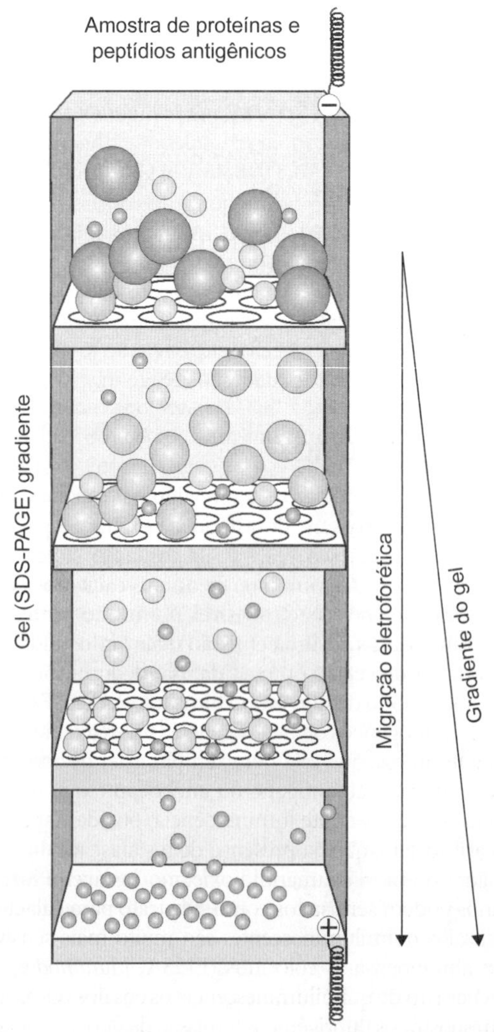

Figura 7.8 Esquema da separação eletroforética dos peptídios na SDS-PAGE. Moléculas maiores ficam retidas mais tempo, e as muito pequenas migram rapidamente com a aplicação do campo elétrico. Na presença do SDS, todas as moléculas ficam com carga residual negativa e migram do polo negativo para o positivo, a favor da corrente elétrica.

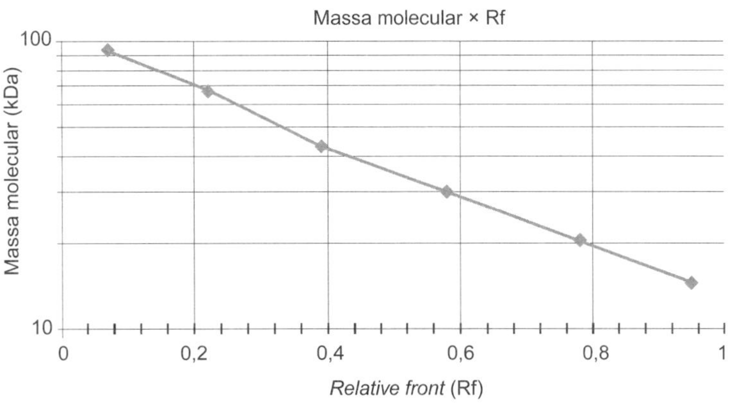

Figura 7.9 Exemplo de curva-padrão obtida na SDS-PAGE para diferentes proteínas-padrão de massa molecular (kDa) conhecida. Os dados de Rf foram obtidos pela divisão da distância percorrida por cada proteína padrão pela distância total da corrida (*front* – indicador azul de bromofenol). Os padrões de massa molecular (94-, 67-, 43-, 30-, 20,1- e 14,4-kDa) são plotados em escala logarítmica na ordenada, e os Rf na abscissa. Exemplo: a distância total da corrida foi de 10 cm e a proteína 14,4 kDa migrou 9,6 cm (Rf = 9,6 ÷ 10 = 0,96).

bandas (desenvolvimento de cor sobre o antígeno fixado), que revelam a presença de anticorpos específicos (Figura 7.10).

Como a área de exposição da fração antigênica é limitada, é comum o uso de amplificação da leitura com o sistema *biotina-avidina* de conjugados ou amplificação do sinal de leitura por quimiluminescência. A técnica de *blotting* também pode ser usada para analisar qualquer interação específica entre uma molécula e seu ligante, por exemplo, toxina-receptor, hormônio-receptor, RNA-cDNA, entre outros.

Controle interno dos testes utilizando conjugados

Uma das maneiras de certificar a qualidade dos reagentes e a eficiência do procedimento dos testes imunoenzimáticos é a inclusão de um controle interno no teste. Nos testes de pesquisa de anticorpos IgG para determinado antígeno, pode-se utilizar um controle que detecte IgG na amostra, independentemente da especificidade, e assim verificar a eficiência do teste imunoenzimático e a estabilidade adequada dos reagentes.

Quimiluminescência

É a emissão de luz produzida em algumas reações químicas quando moléculas passam do estado de excitação para o basal eletrônico. A maioria são reações de oxidação suficientemente energéticas para produzirem intermediários excitados ou produtos que liberam luz no espectro visível. A emissão varia desde um "*flash*" (brilho) de 2 s até uma emissão mais prolongada de 5 a 20 min, e pode ser detectada ou medida usando luminômetro, fotomultiplicador, diodo de silicone ou filme fotográfico. Esses ensaios podem ser homogêneos ou heterogêneos, e os reagentes empregados como luminescentes são, por exemplo, éster de acridina, diretamente conjugado ao antígeno ou anticorpo e que na presença de agentes oxidantes emite luminescência, ou adamantil 1,2-dioxietano aril-fosfato, que na presença de fosfafase alcalina do conjugado gera o ânion adamantildioxietano instável e luz. Outros dioxetanos podem ser usados como substrato para galactosidase.

Os ensaios quimiluminescentes são muito mais sensíveis que os enzimaimunoensaios coloridos (ELISA, *immunodot*). Alguns autores chamam de quimiluminescência os ensaios que usam enzimas com substratos fluorigênicos (emissão de fluorescência), como o FPIA. Para esses autores, a emissão de luz ou fótons de luz, pelo produto, é o critério para classificar como quimiluminescência.

Devido à elevada sensibilidade, os ensaios quimiluminescentes são testes muito usados para determinação de hormônios, marcadores tumorais, peptídios e substâncias psicoativas. Pouca aplicação se espera para pesquisa de anticorpos, mas as empresas produtoras do *kit* acabam por utilizar o mesmo método para vários parâmetros, simplificando o uso da automação.

Uma possibilidade vantajosa da quimiluminescência é que o sinal pode ser amplificado. Por exemplo, um conjugado peroxidase cliva H_2O_2, que, por sua vez, oxida o luminol (substrato luminescente), que libera luz. Se no meio são adicionados *fenóis* ou *naftóis*, a emissão de luz é aumentada em até 1.000 vezes. Esses amplificadores são também chamados de *enhancers*.

Esse sistema de detecção pode ser adaptado para *immunoblot*, sendo a leitura visualizada pela impressão de filme fotográfico. O sistema é chamado ECL® (*enhanced chemiluminescence*), da Amersham Pharmacia Biotech, e é muito útil para pesquisa que requeira técnica ultrassensível (*pg*, *fg*) para estudar proteínas celulares, recombinantes, peptídios, entre outros.

A versão de emissão de luz por lantanídios (terras-raras) sob aplicação de voltagem, eletroquimiluminescência (EQL) da Roche (ECLIA®, *electro-chemiluminescence immunoassay*), é uma versão que tem mostrado de elevada sensibilidade, inclusive para determinação de insulina, um marcador antes só detectável por RIE.

Como a leitura dos ensaios luminescentes necessita de luminômetros e fotomultiplicadores, eles são realizados no formato automatizado (ver Capítulo 8).

Imunocromatografia ou testes rápidos (remotos)

Mais recentemente, tem-se aumentado o interesse por testes rápidos que possam ser realizados à beira do leito. Usualmente denominados testes rápidos ou *testes remotos*, eles dispensam reagentes adicionais ou equipamentos e um técnico especializado. São testes de triagem, portanto, de elevada sensibilidade e, consequentemente, de elevado custo. Em países desenvolvidos, eles têm sido utilizados em consultórios, atendimentos de urgência e até na casa do paciente.

Alguns deles, como de determinação da glicemia (glicosímetros), usam métodos enzimáticos químicos; outros são imunológicos, como o teste de gravidez. Ambos estão disponíveis comercialmente em farmácias e drogarias e são de uso fácil.

Em ambiente extralaboratorial, além dos glicosímetros e teste de gravidez, há vários testes em uso por médicos e profissionais da enfermagem, como aqueles para pesquisa de anticorpos anti-HIV, detecção de elevados níveis de troponina, entre outros.

Um dos métodos imunológicos desses testes emprega corante insolúvel, por exemplo, ouro coloidal (róseo) ou prata coloidal (azul-marinho) como revelador da interação antígeno-anticorpo. O corante pode ser usado ligado a antígeno ou imunoglobulinas. Por ser insolúvel, é colocado próximo ao local onde se aplica a amostra, que, sendo aquosa, possibilitará a migração da amostra e do conjugado.

O sistema é realizado em uma matriz constituída de membrana de nitrocelulose ou náilon, coberta por acetato transparente para facilitar a visualização do teste. O antígeno ou o anticorpo é fixado na membrana na forma de linhas ou pontos e o restante da membrana é bloqueado com proteína inerte como nos testes imunoenzimáticos.

Para detecção de antígenos, podem ser utilizados anticorpos fixados na linha de captura e, como conjugado, um segundo anticorpo marcado com corante. A amostra aplicada liga-se ao conjugado colorido, e, após a migração por cromatografia, a formação do imunocomplexo é revelada pelo depósito do corante coloidal na linha de captura.

Para detecção de anticorpos podem-se utilizar excesso de amostra e quantidade limitada de antígeno marcado com corante para migrar com o anticorpo da amostra. O sanduíche é formado na linha de captura contendo também o antígeno específico. Também pode ser utilizada anti-Ig marcada, que irá se ligar às imunoglobulinas da amostra. Os imunocomplexos serão formados na linha de captura contendo o antígeno específico (Figura 7.11).

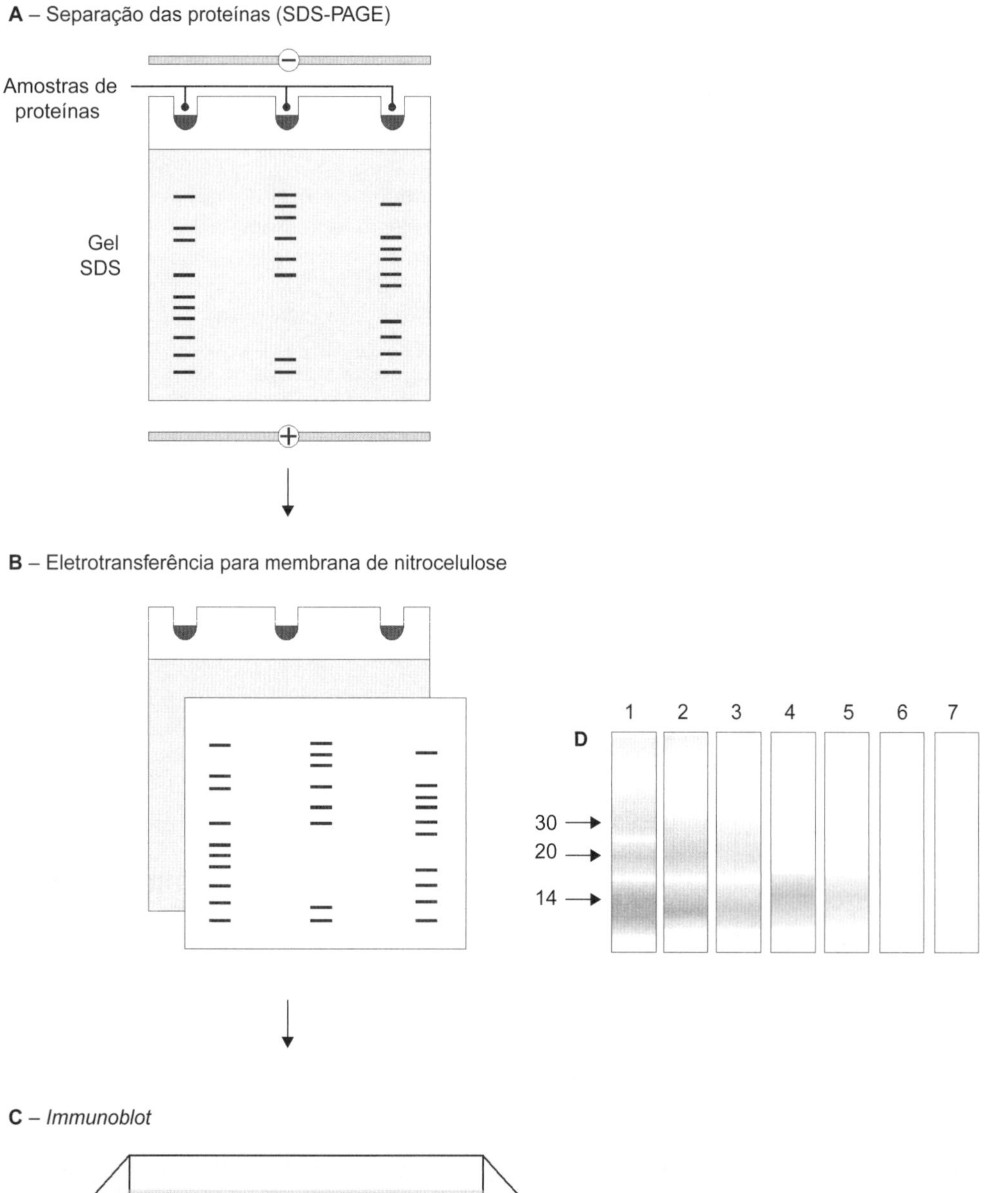

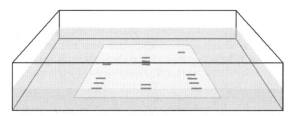

Figura 7.10 A. SDS-PAGE de três misturas antigênicas diferentes (tira 1). **B.** Eletrotransferência dos peptídios do gel para membrana de nitrocelulose (tira 2). **C.** *Immunoblot* (tira 3). **D.** Resultado de teste positivo (tiras 4 e 5) e negativo (tiras 6 e 7).

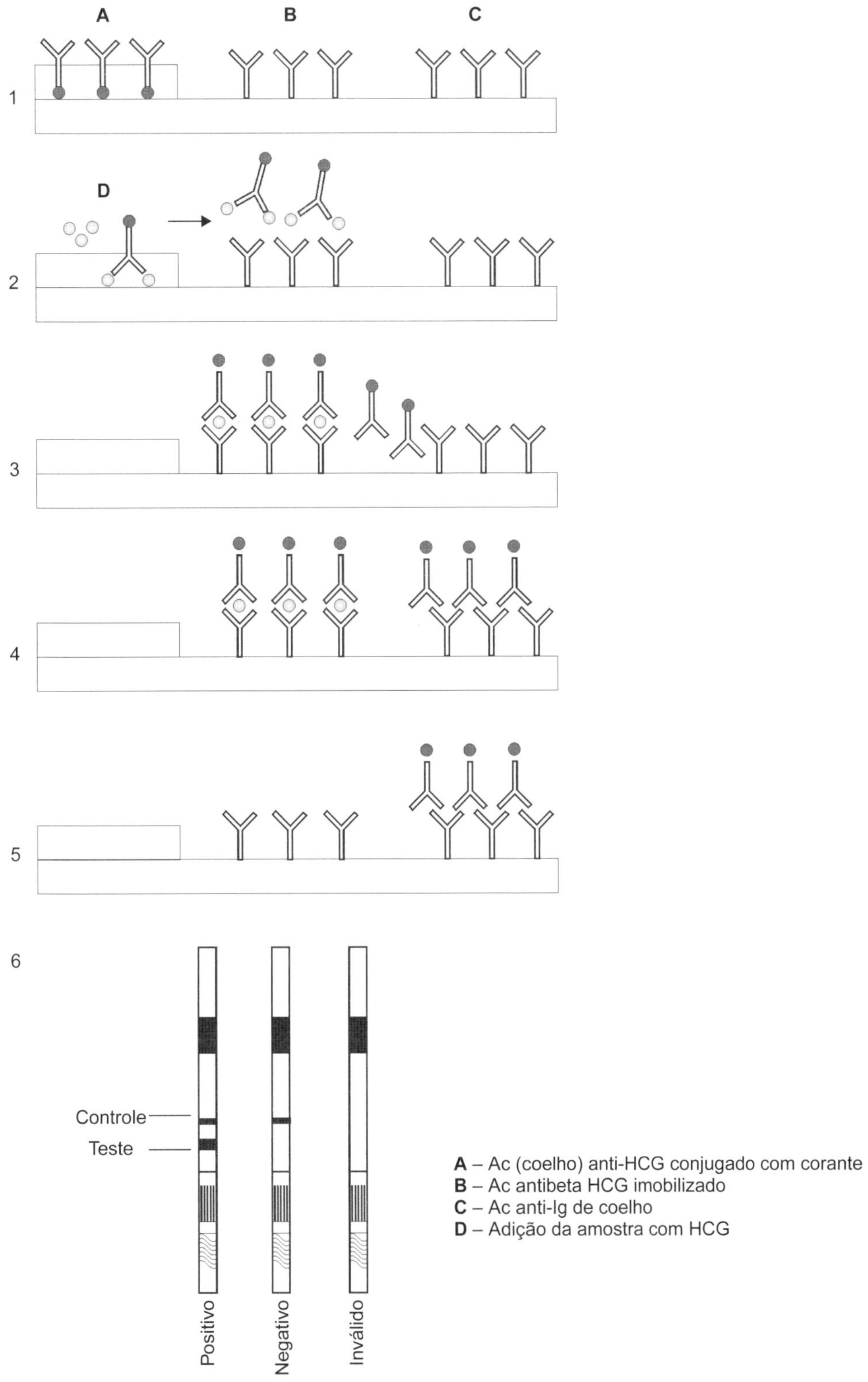

Figura 7.11 Esquema de teste de imunocaptura (imunocromatografia) utilizando conjugado com corante coloidal. No exemplo, pesquisa de beta-hCG (teste de gravidez) em urina. 1. Tira contendo: (**A**) Ac de coelho anti-hCG conjugado com corante coloidal (insolúvel sob uma almofadinha); (**B**) Ac antibeta-hCG imobilizado na primeira linha (teste) e (**C**) Ac anti-Ig de coelho na segunda linha (controle). 2. Adição da amostra (**D**) sobre o *pad* (almofadinha) contendo beta-hCG. A amostra aquosa hidrata o conjugado insolúvel e inicia-se a migração. 3. Na primeira linha forma-se o imunocomplexo (sanduíche) no qual o hCG está, entre o Ac conjugado e o Ac imobilizado na primeira linha. O excesso de conjugado continua migrando (independentemente de a amostra conter ou não hCG) e é capturado pelo Ac da segunda linha. 4. Teste positivo. 5. Teste negativo. 6. A visualização é feita por meio de linhas coloridas (da cor do corante coloidal do conjugado). O teste é invalidado se não se formar a linha-controle, indicando falha em alguma das etapas.

Para assegurar a qualidade dos reagentes e a realização adequada do procedimento, esses testes rápidos utilizam controles internos, como nos testes imunoenzimáticos.

Referências bibliográficas

1. Yalow RS, Berson SA. Immunoassay of endogenous plasma insulin in man. J Clin Invest. 1960; 39:1157-75.
2. Laemmli UK. Cleavage of structural proteins during the assembly of head of bacteriophage T4. Nature. 1970;227:680-5.

Bibliografia

Kricka LJ, Wild D. Signal generation detection systems (excluding homogeneous assays). In: Wild D. The immunoassay handbook. 2. ed. London: The Nature Publishing Group; 2001. p. 159-76.

Mota LMH, Neto LLS, Burlingame R, Laurindo IMM. Comportamento distinto dos sorotipos do fator reumatoide em avaliação seriada de pacientes com artrite reumatoide inicial. Rev Bras Reumatol. 2009;49:223-35.

Sanches MCA. Testes sorológicos. In: Ferreira AW, Ávila SLM. Diagnóstico laboratorial das principais doenças infecciosas e autoimunes. 2. ed. Rio de Janeiro: Guanabara Koogan; 2001. p. 9-47.

Sawasdikosol S. Detecting tyrosine-phosphorylated proteins by Western blot analysis. Curr Protoc Immunol. 2010;11(3):1-11.

Stites DP, Rodgers C, Folds JD, Schmitz J. Clinical laboratory methods for detection of antigens and antibodies. In: Stites DP, Terr AI, Parslow TG, ed. Medical immunology. 9. ed. Stamford: Appleton & Lange; 1997. p. 211-53.

Towbin H, Taehelin TS, Gorson J. Electrophoretic transfer of proteins from polyacrylamide gels to nitrocellulose sheets. Proc Natl Acad Sci USA. 1979;76:4350-4.

Turgeon ML. Immunology and serology. 2. ed. St. Louis: Mosby; 1996. 496 p.

Ullman EF. Homogeneous immunoassays. In: Wild D, ed. The immunoassay handbook. 2. ed. London: The Nature Publishing Group; 2001. p. 177-97.

Vaz CAC. Interação antígeno/anticorpo *in vitro*. In: Calich V, Vaz CAC. Imunologia. Rio de Janeiro: Livraria e Editora Revinter; 2001. p. 119-63.

Vaz CAC. Métodos de importância em imunologia. In: Calich VLG, Vaz CAC. Imunologia. 2. ed. Rio de Janeiro: Livraria e Editora Revinter Ltda; 2009. p. 277-310.

Wild D. The immunoassay handbook. 2. ed. London: The Nature Publishing Group; 2001. 906 p.

Wild D. The immunoassay handbook: theory and applications of ligand binding, ELISA and related techniques. 4. ed. Oxford: Elsevier Science; 2013. 1036 p.

Capítulo 8

Automação em Imunoensaios

Daniela Crema, Kioko Takei e Regina Ayr Florio da Cunha

Introdução

O remarcável campo dos imunoensaios tem despontado, nos últimos 60 anos, como um segmento das Análises Clínicas em constante inovação. A fusão da Ciência e da Tecnologia tem permitido grandes avanços nas áreas diagnóstica e de pesquisa.

Uma larga variedade de sistemas de detecção usando marcadores vem sendo, desde há muito, empregada nos testes imunológicos. O primeiro foi o radioimunoensaio (RIE) utilizando ^{125}I, que possibilitou a detecção de certos analitos em pequenas concentrações, por exemplo os hormônios, os quais outrora eram determinados por dosagens complexas, demoradas e muitas vezes imprecisas.

À época, houve um grande desenvolvimento de estratégias para obter testes cada vez mais sensíveis aumentando o sinal ou reduzindo seu *background*, resultando no aparecimento de *kits* com essas características para testes *in vitro*. Foi exatamente a partir dessa tecnologia, empregando radioisótopos, que se iniciou a automação, por volta do fim da década de 1970.

A exposição à radioatividade, bem como problemas associados ao descarte do material radioativo e à instabilidade inerente dos reagentes radioativos acabaram por estimular o desenvolvimento de técnicas que não se utilizavam de tais materiais.

O emprego de imunoensaios não radioativos teve um significativo efeito no mercado de *kits*, tendo sido desenvolvidos marcadores muito mais específicos e sensíveis do que os radioisótopos especialmente para ensaios imunométricos. Surgiram assim as técnicas que utilizavam enzimas como marcadores da reação, os enzimaimunoensaios (EIA, *enzyme immunoassay*).

A evolução fundamental dos "*desenhos*" em imunoensaio (formato homogêneo, testes imunométricos, anticorpos monoclonais, substâncias não isotópicas e a própria automação) data da última década do século 20.

A introdução da automação no imunodiagnóstico, baseando-se em testes imunoenzimáticos, quimiluminescentes, fluorimétricos, ou outros, bem como uma extensa linha de instrumentos e *softwares*, tem se constituído em plataformas que possibilitam aos laboratórios possuir uma série de informações fundamentais para o diagnóstico de maneira precisa e eficiente.

Os EIA apresentam ainda inúmeras facilidades, como o emprego de reagentes mais estáveis, de fácil obtenção e manipulação, o que os torna instrumento imprescindível para o imunodiagnóstico.

Enzimaimunoensaio

Engvall e Perlman, Van Weeman e Schurus, por volta das décadas de 1970 e 1980, foram os pioneiros no emprego de enzimas como marcadores. Dependendo do tipo de ensaio, se homogêneo ou heterogêneo, nota-se um crescente emprego de diferentes enzimas.

No sistema *homogêneo*, a enzima livre deve ter atividade diferente da ligada, tornando desnecessária a separação física entre elas para a medida da atividade enzimática. Seu emprego na automação é mais simples do que no sistema *heterogêneo*, em que a separação física é necessária, exigindo, portanto, aparelhagem mais complexa. Dentre as vantagens do sistema homogêneo é possível ressaltar:

- Facilidade de execução do ensaio
- Necessidade de um volume de amostra muito pequeno
- Estabilidade da curva de calibração, geralmente de alguns dias, mas chegando às vezes a semanas, o que permite ao laboratório realizar o teste a qualquer momento, sem a necessidade de nova calibração a cada rotina.

O sistema *heterogêneo*, por sua vez, é base da maioria dos equipamentos de imunoensaio mais modernos e fornece resultados de sensibilidade significativos, da ordem de 10^{-8} a 10^{-18} moles de detecção. Esse aumento de sensibilidade se deve a uma série de lavagens que resultam na remoção de componentes que não se ligaram, eliminando, assim, possíveis interferentes e se traduz na escolha de um sistema analisador aprimorado devido aos inúmeros passos sem a interferência do operador.

Automação

Tornou-se, induscutivelmente, desde as décadas de 1980 e 1990, uma tecnologia de ampla utilização e imprescindível ao imunodiagnóstico *in vitro*.

Os novos sistemas do início do século 21 têm sido implementados com diversas características tecnológicas integradas, mas muitas vezes a um custo significativo devido à complexidade dos sistemas empregados.

Tecnologias inovadoras usando reagentes de nova geração, como os obtidos por biologia molecular ou por síntese química, bem como a introdução de novos suportes sólidos, métodos de separação, geração e detecção de sinal, têm sido utilizadas.

O desenvolvimento de *hardwares*, sistemas ópticos como o *laser*, avanços na eletrônica, robótica e engenharia de equipamentos resultaram na criação de novos analisadores automatizados. De modo geral, a capacidade dos equipamentos para realizar testes automáticos de ensaios heterogêneos é de 30 a 200 testes/h. As desvantagens da utilização de equipamentos para imunoensaios são:

- Custo dos equipamentos e dos reagentes, sendo que estes últimos, nos sistemas *fechados*, têm que ser específicos para cada equipamento
- Depreciação do equipamento com o passar dos anos (3 a 5 anos). A vida útil deve ser considerada, pois raramente os equipamentos resistem mais de 10 anos
- Eventuais modificações nos reagentes, que podem tornar o equipamento obsoleto.

Após a década de 1990, com a criação de novas tecnologias e com a evolução da informática, o emprego dos imunoensaios automatizados estendeu-se a diferentes áreas do Laboratório Clínico, como a Bioquímica, a Microbiologia, a Imunologia, a Hematologia, a Hormônios etc.

As vantagens de equipamentos para imunoensaios são:

- Possibilidade de realizar variados ensaios por um único equipamento, tornando a rotina mais prática, o que possibilita a unificação de diferentes áreas técnicas para um laboratório central
- Otimização do espaço físico, com menor número de funcionários, maior facilidade na distribuição de amostras (operação comum a várias áreas), na manipulação de dados, expedição de resultados e outras
- Velocidade na realização dos testes, o que possibilita a não existência de um laboratório de emergência, pois os resultados podem ser obtidos em tempos mais reduzidos e com alta precisão e exatidão quando comparados aos resultados fornecidos pelos equipamentos de menor porte utilizados nos laboratórios de emergência
- Diminuição dos custos devido à aquisição de grandes quantidades de reagentes, resultando em maior facilidade de negociação de preços
- Maior eficiência, rapidez e produtividade, apesar da necessidade inicial de adequação dos laboratórios e do pessoal.

Diante da introdução das novas tecnologias, o *perfil dos profissionais* que atualmente desempenham suas funções nos laboratórios clínicos consiste no domínio dessas novas tecnologias, no conhecimento de equipamentos de informática, na capacidade de interpretação de novos testes, de gerenciar custos, espaço físico e instalações, além de compreender as normas e regulamentações vigentes.

Laboratórios de referência

Efetuam testes raramente solicitados na rotina laboratorial, ou aqueles muito especializados e que requerem reagentes especiais e pessoal altamente treinado.

A realização desses testes infrequentes em laboratórios de rotina encareceria seu custo, portanto o encaminhamento aos laboratórios de referência é mais prático e econômico, uma vez que a centralização de amostras de vários laboratórios menores resulta na possibilidade da utilização de automação pelos laboratórios de referência, baixando os custos.

Objetivos da automação

Dentre os principais objetivos da automação é possível ressaltar:

- Padronização dos procedimentos
- Redução de custos
- Redução do trabalho técnico
- Redução do tempo de processamento
- Aumento da produtividade
- Melhoria nos seguintes parâmetros de qualidade:
  - Precisão, repetitividade e reprodutibilidade
  - Sensibilidade e especificidade
  - Faixa de medição
- Eliminação de erros na entrada de dados:
  - Utilização de tubo primário que reduz o erro e a necessidade de aliquotagem das amostras
  - Uso de código de barras para evitar erros de identificação das amostras e reagentes
  - Uso de interfaces bidirecionais.

Componentes da automação

Compreendem: equipamento, reagentes e computador. As características do equipamento dependem das dos reagentes. O computador, por sua vez, requer programas capazes de gerenciar todas as etapas do processo analítico, otimizando as condições de reação e a sequência de adição de reagentes e amostras, além de processar os dados resultantes dos imunoensaios, gerando assim os resultados, e de apresentar os parâmetros de controle de qualidade.

Tipos de automação

As formas principais de automação são duas:

- Estação de trabalho (*workstations*): cada módulo é responsável por uma única etapa, como: módulo para a pipetagem de amostras ou de reagentes, módulo para as incubações, as lavagens, o desenvolvimento de sinal e a sua leitura. São mais adequadas para grandes rotinas que analisam um único analito ou parâmetro, podendo ainda ser empregadas em casos de painéis fixos de analitos, como para os bancos de sangue
- Sistema integrado: o analisador automático é desenhado de acordo com a metodologia, realizando todas as etapas do teste até obter o resultado, utilizando *software* especificamente programado para o ensaio. Essa é a forma da maioria dos sistemas automatizados.

Para grandes laboratórios em que é necessária uma *macroautomação*, várias formas podem ser empregadas:

- Sistema modular integrado: compreende sistemas analíticos diferentes, mas combinados em um analisador. É o que se observa, por exemplo, em bioquímica clínica e imunoensaios.

Tem a vantagem de poder realizar múltiplos testes a partir de um único tubo de amostra. Em geral, são sistemas fechados e bastante rápidos

- Sistema modular ligado: compreende uma esteira que agrega equipamentos do mesmo ou de diferentes fabricantes, desde que compatíveis. É mais lento, ocupa mais espaço, porém é mais aberto. Apresenta interfaciamento eletromecânico/computador com o sistema de esteira, o que torna também necessário o módulo de controle de processos para esquematizar trabalhos, além de permitir um possível reteste.

Principais características dos sistemas de automação

São resultados do resumo individualizado dos equipamentos mais comumente encontrados no meio, com base em dados obtidos na literatura nos *sites* dos fabricantes, em materiais de divulgação dos fornecedores, bem como em informações coletadas diretamente dos seus fabricantes/representantes.

- **Sistema aberto.** Geralmente destinado aos ensaios bioquímicos, permite que o equipamento realize ensaios com reagentes de diferentes procedências. Considerando que os imunoensaios requerem maior número de etapas de reação quando comparados aos ensaios bioquímicos, essa adaptação nem sempre pode ser feita.
- **Sistema fechado.** Emprega reagentes específicos para um dado equipamento em particular, geralmente proveniente do mesmo fornecedor, com raras exceções. Tem como vantagem a qualidade mais bem controlada pela empresa fornecedora, tendo como desvantagem um custo quase sempre maior.
- **Acesso randômico.** O termo é utilizado para descrever equipamentos que permitem carregar amostras a qualquer momento, podendo realizar vários testes sem a necessidade de o equipamento parar. Dessa forma, qualquer parâmetro do seu *menu* poderá ser continuamente realizado. O acesso randômico é, portanto, muito prático para rotinas de hospitais ou de diagnóstico laboratorial, uma vez que o relatório dos diferentes exames de cada paciente pode ser obtido. Alguns equipamentos permitem o acesso apenas nos intervalos de incubação e nos estágios de lavagem da reação. Uma forma alternativa de acesso randômico é o sistema que permite executar testes unitários (*unitized random-access system*), utilizado em alguns equipamentos que apresentam os reagentes de forma individual e embalados separadamente para cada teste. A maioria dos testes unitários pode, um de cada vez, ser carregada continuamente com amostras e reagentes. A amostra é dispensada dentro de um *pack* de reagentes antes de ser carregada, ou então em pipetadores juntamente com o *pack* de reagentes. Esse analisador, por um lado, tende a ser mais barato que os de acesso randômico; por outro, os reagentes são em geral mais caros. Exemplos desses equipamentos são: VIDAS™ e mini-VIDAS™ da Biolab-Mérieux.
- **Sistemas de rotinas agrupadas por parâmetros (*batches*).** Não permitem o acesso randômico, operam na forma de rotinas agrupadas por parâmetros. Tais equipamentos são úteis para rotinas com parâmetros determinados, como a triagem sorológica de doadores de sangue ou os exames sorológicos para pré-natal, em que todas as amostras são submetidas aos mesmos testes. Parâmetros diferentes podem ser agrupados se a sequência das etapas de procedimento e o tempo de incubação dos testes forem iguais.
- **Sistema multisseletivo (ou multiparamétrico) com operação contínua.** Permite determinar vários parâmetros simultâneos, ou seja, realizar diferentes testes independentemente do tempo de incubação e das etapas de procedimento. Sua capacidade está sujeita ao número de reagentes armazenados no equipamento e ao número de amostras que o aparelho consegue carregar. Não apresenta a mesma flexibilidade que os de acesso randômico, porém é mais útil para exames realizados em painéis, como a determinação de alergênios.

Características funcionais

- **Produtividade ou velocidade de um analisador (teste/minuto ou *throughput*).** Depende do tempo necessário para obter o primeiro resultado, do tempo entre os resultados subsequentes, do número de diferentes ensaios carregados no equipamento e do tempo de incubação, que pode ser fixo ou variável, de acordo com o tipo de teste. É muito importante para grandes laboratórios com necessidade de liberar numerosos resultados em um intervalo curto de tempo.
- **Tubo primário.** Atualmente, a grande maioria dos equipamentos permite o uso do tubo primário, ou seja, do tubo original no qual a amostra de sangue do paciente foi coletada. Alguns equipamentos que não operam com o tubo primário requerem a transferência da amostra para o tubo de amostras, em geral específico para cada equipamento. Muitos equipamentos permitem o uso de tubos especiais para amostras com pequeno volume.
- **Código de barras.** Praticamente a maioria dos equipamentos possui leitor de código de barras que permite identificar as amostras, os reagentes e, também, outros dados, como lote, data de expiração, inventário etc. Sem dúvida, esse recurso agiliza a entrada de amostras no aparelho e evita um dos erros pré-analíticos mais frequentes: engano na identificação ou na troca das amostras.
- **Ensaios de urgência.** Amostras que necessitam de resultados chamados de emergência (*stat*), como testes para doadores de órgãos ou para ajuste de dose terapêutica de um medicamento, podem ser priorizadas para a obtenção rápida de resultados, por meio do seu posicionamento manual na frente das demais. Todavia, pode ser realizada pelo aparelho, por meio do processo operacional de *stat*, sem a necessidade de parada do equipamento e sem prejuízo para os demais testes da rotina que estiverem em andamento no momento.
- **Contaminação por arraste.** Na etapa de introdução da amostra no equipamento, como a pipetagem por agulhas de aspiração ou sondas (*probes*), é necessário um sistema de lavagem perfeito das *probes* para impedir a contaminação por arraste (*carry-over*), isto é, a contaminação de uma amostra com outra pipetada imediatamente antes. As contaminações podem ser evitadas com ponteiras descartáveis, mas o equipamento deve realizar autoverificação (*self-checking*) da precisão nas pipetagens, ou seja, deve controlar se a pipetagem e a dispensação foram completadas, detectando também coágulos, bolhas etc., por meio de sensores de pressão. O controle sobre esse erro é muito importante principalmente para analitos cuja concentração na amostra é extremamente elevada. Dessa forma, é desejável trabalhar estabelecendo-se como meta máxima de contaminação cruzada valores inferiores a uma parte por milhão (ppm).
- **Autodiluição e reteste.** Alguns equipamentos possuem sistema que permite automaticamente realizar diluições e reteste em amostras com leituras (resultados) fora da faixa de medição do ensaio. A retestagem deve também admitir a inclusão de outros testes, de acordo com seu algoritmo. Contudo, isso pode ser feito se o sistema tiver a capacidade de transferir a

amostra ou o *rack* (estante de amostras) da área de descarregamento para a área analítica.

- **Sensores.** Atualmente os equipamentos possuem sensores capazes de detectar o nível das amostras ou de reagentes, bem como a presença de coágulos, fibrinas, bolhas e outros interferentes.
- **Incubação.** Para aumentar o rendimento do equipamento, o tempo de incubação deve ser reduzido. Adequar a temperatura e a agitação acelera a velocidade da reação antígeno-anticorpo permitindo a redução do tempo de incubação. Contrariamente aos primeiros imunoensaios que só trabalhavam com tempo de incubação fixo, os mais recentes permitem trabalhar com tempos diferentes para cada parâmetro. Para tanto, são necessários *softwares* de controle de operação muito complexos.
- **Rastreabilidade e controle da qualidade.** O sistema deve permitir rastreabilidade total das etapas de operação, das calibrações e do controle da qualidade dos resultados. Alguns sistemas utilizam a curva de calibração, armazenada na memória, monitorada pelos resultados dos soros controles incluídos em cada rotina. Todos os dados referentes aos reagentes empregados, como lote, prazo de expiração dos reagentes, volume etc., são armazenados.
- **Redução de resíduos de serviços de saúde.** É de considerável importância, sejam os resíduos sólidos ou líquidos, uma vez que seu descarte requer o cumprimento do Regulamento Técnico para o Gerenciamento de Serviços de Saúde (Resolução RDC nº 33 da Agência Nacional de Vigilância Sanitária, MS, 2003).[1] Alguns equipamentos conseguem operar com reduzido volume de resíduos líquidos.
- **Inventário de reagentes e capacidade de reposição contínua.** O inventário de reagentes é uma informação de grande importância porque permite o conhecimento do número de testes ainda disponíveis. A capacidade de reposição contínua possibilita o funcionamento do equipamento sem pausa.
- **Reagentes prontos para uso (*bulk reagent pack*).** Em geral, os reagentes são prontos para uso e embalados juntamente, como conjuntos analíticos ou *kits* reagentes.
- **Armazenamento de reagentes a bordo do equipamento.** Para rotinas contínuas, é necessário que o aparelho tenha a capacidade de acondicionar os reagentes por tempos prolongados, em compartimentos com temperatura controlada. Deve ainda propiciar a reposição desses reagentes sem comprometer o andamento da análise que estiver sendo realizada no momento.

Considerações técnicas

A escolha de um equipamento tem como ponto decisivo o desempenho diagnóstico dos testes envolvendo os seguintes parâmetros:

- Faixa de medição ou de linearidade (*dynamic range*): permite detectar ou quantificar linearmente amostras com concentrações mínimas ou muito altas do analito, sem que seja necessário repetir o teste em diluições maiores ou menores
- Precisão: indiscutivelmente a automação traz um grande ganho quanto à precisão, melhorando a repetitividade de cada passo do imunoensaio (pipetagem, lavagem, separação e leitura). Não requer duplicatas e é importante que o equipamento escolhido apresente alta precisão interensaios e intraensaios, principalmente no nível de decisão médica (ou limiar de reatividade). A importância dos testes interensaios é útil para avaliação da reprodutibilidade dos diferentes lotes de um determinado reagente
- Exatidão: a automação confere uma alta exatidão para os imunoensaios por meio de soros-controle, calibradores e programas de proficiência
- Sensibilidade: depende do tipo de marcação e dos métodos de detecção, assim como do desenho do ensaio. A detecção de sinais quimiluminescentes, por exemplo, quando comparados aos métodos de detecção colorimétrica ou fluorescente, é muito mais sensível
- Especificidade: de modo geral, a automação utiliza reagentes altamente purificados e de especificidade definida, o que diminui de maneira considerável a frequência de resultados falso-positivos, tornando-os altamente específicos
- Reprodutibilidade: com a automação, é alta a reprodutibilidade dos resultados, uma vez que, normalmente, as variações observadas associam-se a fatores relacionados com erros acidentais ou sistemáticos vistos em processos não automatizados
- Calibração estável: a estabilidade da calibração, em geral de 15 a 30 dias, permite realizar a rotina prontamente, após manutenção do equipamento, durante a validade da curva de calibração, e representa uma economia de testes equivalente ao número de calibradores (em geral de 4 a 6 pontos) empregados para um determinado teste. Os soros-controle monitoram a validade da curva usada naquela rotina.

Considerações operacionais

O equipamento automatizado para imunoensaios deve ser de fácil operação e com mínima necessidade de manutenção. O ideal é um equipamento que se inicialize, que faça a manutenção, calibre, adicione as amostras e reagentes automaticamente, finalize e realize a remoção de resíduos sem a interrupção do funcionamento.

- Eficiência operacional: a eficiência e a autonomia do equipamento dependem da capacidade de carregar grande número de amostras, de reagentes e de reserva de descartáveis, como ponteiras, cubetas de reação e outros. Deve ainda permitir acesso ao inventário de reagentes, utilizar reagentes prontos para uso, estáveis à temperatura ambiente ou armazenados em compartimentos refrigerados, fornecer curvas de calibração de longa validade, armazenadas na memória do computador, entre outros
- Alerta de ocorrências: avisos, como problemas com equipamento, volume insuficiente de amostras, esgotamento da reserva de reagentes a bordo, reagentes, curvas expiradas e outros, são úteis para que possam ser feitas intervenções pelo próprio operador ou a distância, com a assistência técnica dos fabricantes ou de seus representantes. A informação do tipo de ocorrência por meio de códigos de erro facilita a resolução dos problemas
- Biossegurança: especial atenção, quanto à biossegurança, deve ser mantida principalmente nas áreas de carregamento de amostras, de descartes, assim como nas áreas móveis do equipamento
- Facilidade de operação: a facilidade operacional, a objetividade e a racionalização proporcionam fácil treinamento para manuseio do equipamento. É importante observar se o aparelho é comercializado há muito tempo no mercado ou se está prestes a ser substituído por um modelo mais moderno. Deve-se, portanto, fazer constar do contrato que, em caso de mudança de modelo, a empresa fornecedora fará o *upgrade* (atualização) do equipamento

- Manutenção: o monitoramento contínuo das manutenções e dos serviços deve ser cuidadoso, sejam eles diários (geralmente), semanais, quinzenais, mensais ou semestrais. Todos os procedimentos devem ser cuidadosamente realizados
  - Exemplo de procedimentos de manutenção com o analisador *AxSYN* (Abbott Lab):
    - Diária: limpeza das *probes* no início e no fim do uso. Esvaziar o esgoto após cada rotina
    - Semanal: verificar as lâmpadas, a limpeza dos filtros, dos segmentos, das estações de lavagem e dos dispensadores
    - Mensal: limpeza dos carrosséis de processamento e das matrizes, descontaminação das tubulações
    - Semestral: limpeza das tubulações e calibração das *probes*
  - É recomendável:
    - Definir o tipo de desempenho exigido para um determinado imunoensaio para que, em caso de falha, esta seja imediatamente identificada
    - Quando da instalação do novo sistema, checar os aspectos mais importantes, como: controle da qualidade, testes de precisão, testes para *carry-over*, controle da parte eletrônica, controle de temperatura da incubadora etc.
    - Checar esses indicadores periodicamente ou após qualquer avaria.

Menu ou painel de testes

A maioria dos equipamentos automatizados para imunoensaios oferece um vasto *menu* de testes, como marcadores para tireoide, suprarrenal/pituitária, diabetes, fertilidade, anemias, marcadores tumorais, marcadores cardíacos, monitoramento de fármacos e de drogas terapêuticas e de adicção, alergias, sorologia para doenças infecciosas e autoimunes, transplantes, metabolismo ósseo, citocinas e outras proteínas especiais. Alguns incluem testes especializados e exclusivos de um determinado equipamento. Exemplos de *menus* realizados por alguns equipamentos:

- Tireoide: TSH, T4 total, T4 livre, T3 total, T3 livre, captação de T3, tireoglobulina
- Marcadores cardíacos: CK-MB-massa, troponina T, mioglobina, digoxina
- Reprodução/fertilidade: beta-hCG, DHEAS, estradiol, progesterona, testosterona, LH, FSH, prolactina
- Marcadores tumorais: PSA total, PSA livre, CEA, AFP, CA125, CA15-3, CA19-9, CA 72-4, beta-hCG livre, alfafetoproteína, beta-2-microglobulina, NSE
- Metabolismo ósseo: N-telopeptídio
- Metabolismo/hormônio: insulina
- Autoanticorpos: anti-TPO, antitireoglobulina, HEp2 ANA, anti-dsDNA, anticardiolipina IgG e Ig
- Anemia: vitamina B12, folato, ferritina, RBC folato
- Sorologias: HBsAg, HBsAg confirmatório, anti-HBc total, anti-HBc IgM, HBeAg, anti-HBe, anti-HBs, anti-HAV total, anti-HAV IgM, anti-i HIV 1+2, anti-HCV, anti-HTLVI/II, rubéola IgG e IgM, toxoplasmose IgG e IgM, anti-CMV IgG e IgM, anti-*Treponema pallidum*, anti-*Trypanosoma cruzi*, anti-HSV, anti-*Helicobacter pylori*, anti-EBV
- Drogas terapêuticas/medicamentos/antibióticos: carbamazepina, fenitoína, ácido valproico, fenobarbital, ciclosporina A, teofilina, gentamicina, lítio, tobramicina, vancomicina, salicilato, digoxina, digitoxina, álcool etílico
- Outros: IgE, IgE alergênio-específico.

Detecção do sinal

É determinado pelo tipo de sinal emitido pelo reagente marcado. A escolha depende da adequação à metodologia, de modo que resulte em um teste com alta eficiência aliada a menor custo do sistema de detecção. A maioria dos equipamentos automáticos usa um dos seguintes sistemas:

- Espectrofotometria: provavelmente o mais comumente utilizado. As enzimas empregadas no sistema heterogêneo são a peroxidase e a fosfatase alcalina. A cor produzida por um substrato cromogênico resultante da ação enzimática é o sinal a ser lido
- Fluorimetria: geralmente é empregada uma enzima, para converter o substrato fluorigênico em um produto fluorescente. Teoricamente, a espectrofotometria e fluorimetria são capazes de detectar, respectivamente, 10^{-8} mol e 10^{-12} mol do composto. Todavia, o "ruído" resultante da fluorescência de fundo (*background*) produzido por fluoróforos endógenos, tais como bilirrubina, proteína e lipídios, diminui consideravelmente a sensibilidade e a especificidade da fluorimetria. Metodologias como a DELFIA, desenvolvida por Wallac, que utiliza quelatos de lantanídeos como marcadores, podem diminuir o problema
- Luminometria: rapidamente difundida como imunoensaio luminescente ou quimiluminescente, possui elevada sensibilidade e é utilizada principalmente nos ensaios heterogêneos. O sinal emitido é constituído de fótons oriundos da reação química entre o marcador e os reagentes oferecidos para a emissão de luz sob condições específicas.

Computador

Desempenho

O computador ideal deve:

- Controlar, de maneira eficiente, todas as etapas da reação
- Armazenar todas as informações sobre o teste, reagentes e calibrações
- Calcular os resultados, utilizando-se de calibradores ou por meio de padrões de concentrações definidas
- Permitir que o laboratorista tenha rápida decisão sobre a aceitabilidade dos resultados
- Fornecer uma lista de exceções, formatada pelo usuário, que possibilitem investigações adicionais sobre determinados resultados.

Controle da qualidade

O sistema de controle da qualidade é desenhado para assegurar que o resultado obtido esteja dentro de limites aceitáveis de exatidão e precisão. Esse programa deve monitorar o funcionamento do equipamento e a integridade dos reagentes e das amostras. Amostras-controle devem apresentar concentrações próximas na faixa de decisão clínica do resultado. A maioria dos equipamentos armazena os resultados dos soros-controle e demonstra, por meio do gráfico de Levey-Jennings, a precisão dos seus resultados.

Interfaciamento bidirecional

A comunicação com o computador central (*host*) por meio de interface bidirecional é imprescindível para uma rápida expedição de resultados de exames.

Escolha do sistema automatizado para imunoensaios

Não se trata de uma tarefa fácil, pois, apesar de todas as vantagens apresentadas, muitos problemas têm sido observados. A escolha do analisador depende dos objetivos da aquisição.

Fontes de informações sobre analisadores automáticos

São bastante variadas, tanto para os analisadores encontrados no mercado como para aqueles em desenvolvimento. Livros e periódicos especializados, materiais promocionais dos fabricantes, impressos ou em *sites*, são de grande auxílio na escolha.

Devido ao grande número de sistemas disponíveis, uma informação resumida, como a apresentada pela *CAP Today* (publicação do College of American Pathologists)[2] permite visualizar o resumo de modo tabulado, as principais características de cada equipamento, facilitando a comparação entre diferentes sistemas.

As informações mais atualizadas podem ser obtidas diretamente de cada companhia, que fornece dados sobre funcionamento, correlações entre outros instrumentos, precisão, linearidade, faixas de referência e, ainda, sobre espaço físico necessário, voltagem, qualidade da água, resíduos e informações sobre o interfaciamento.

Congressos e eventos dos profissionais da área, como a Sociedade Brasileira de Análises Clínicas (SBAC), a Sociedade Brasileira de Patologia Clínica (SBPC), entre outros, são também boas fontes de informação. *Sites* de fabricantes ou de seus representantes oferecem, facilmente, informações atualizadas de seus equipamentos. Uma boa complementação de informações pode ser obtida em contatos com laboratórios com experiência no uso do equipamento alvo.

Critérios de escolha de equipamento automatizado para imunoensaios

Tipo do laboratório. O tamanho, o perfil de atividades e o volume da rotina do laboratório definem prioridades. Em grandes laboratórios, são preferíveis analisadores de *menu* amplo, acesso randômico, alta produtividade ou velocidade e capacidade de priorizar urgências. Deve-se ainda verificar se o sistema pode ser integrado com a automação planejada para o futuro do laboratório. Laboratórios de pequeno porte devem limitar-se aos equipamentos menores, mesmo que estes não tenham capacidade e velocidade altas. Atualmente, alguns equipamentos permitem realizar ensaios homogêneos e heterogêneos na mesma unidade, possibilitando efetuar, por exemplo, testes bioquímicos e testes para substâncias psicoativas juntamente com os imunoensaios.

Dimensão. A dimensão do equipamento é importante, assim como a sua acomodação, seja o piso ou a bancada, a qual deve suportar, em geral, peso superior a 100 kg sem apresentar trepidações, mesmo com o equipamento em funcionamento. A passagem do equipamento pelas portas do laboratório deve ser observada.

Outros dados. A instalação de um analisador deve ser feita mediante consulta ao serviço de engenharia do laboratório, que, em conjunto com os assistentes técnicos do fornecedor, deve adequar as condições para o bom funcionamento do aparelho, tais como: ambientes com temperatura e umidade controladas, fonte de energia estável e instalação elétrica adequada.

Considerações financeiras

Entre os itens a serem considerados para o cálculo do custo total de um sistema de automação incluem-se, principalmente:

- Custo do instrumento, dos reagentes, calibradores e controles, dos descartáveis, das manutenções, serviços e trabalho técnico, assim como de interfaciamento, que propicia melhora na comunicação e no envio dos resultados
- Investimento financeiro inicial e a depreciação do equipamento.

Limitações dos resultados de imunoensaios

Apesar dos seus resultados altamente precisos e da concepção geral de que erros analíticos são raros, os imunoensaios estão sujeitos a limitações inerentes aos testes imunológicos. Estudos envolvendo sete países demonstraram a ocorrência de 8,7% de resultados falso-positivos, tendo sido apontados como principais fatores de inespecificidade a presença de fator reumatoide e anticorpos heterófilos.

Alguns soros apresentam reatividade contra proteínas animais, principalmente aquelas direcionadas contra imunoglobulinas de camundongo, utilizadas nos testes que empregam anticorpos monoclonais, com prejuízo na especificidade. Muitas das interferências, no entanto, são difíceis de ser esclarecidas ou então são decorrentes de erros pré-analíticos. Na Tabela 8.1 são apresentadas as principais características de alguns equipamentos encontrados no Brasil e no exterior, de forma resumida, porém propiciando uma visão geral e comparativa. Essas informações foram obtidas da revista *CAP Today*, 2015.[2]

Tabela 8.1 Resumo das principais características de alguns equipamentos automatizados para imunoensaios mais utilizados no meio médico.

Fabricante/local	Abbott Diagnostics/EUA		
Nome do equipamento/início de fabricação	Architect i1000SR/2008	Architect i2000 SR/2003	Architect ci8200/2003
Tipo operacional	Acesso contínuo e randômico/amostras manuseadas/*batch*	Acesso contínuo e randômico/*batch*	Acesso contínuo e randômico/*batch*
Acomodação	Chão	Chão	Chão
Entrada de amostras	*Rack*	*Rack*	*Rack*
Testes disponíveis	Hormônios, fertilidade, tireoidianos, enzimas, cardíacos, tumorais, drogas, medicamentos, anemias, sorologia (congênitas), outros	Hormônios, fertilidade, tireoidianos, enzimas, cardíacos, tumorais, drogas, medicamentos, anemias, sorologia (congênitas), outros	Hormônios, fertilidade, tireoide, enzimas, cardíacos, tumorais, drogas, medicamentos, anemias, sorologia (congênitas), outros
Fase sólida	Micropartículas magnéticas	Micropartículas magnéticas	Micropartículas magnéticas

(*Continua*)

Tabela 8.1 (*continuação*) Resumo das principais características de alguns equipamentos automatizados para imunoensaios mais utilizados no meio médico.

Fabricante/local	Abbott Diagnostics/EUA		
Método	QL amplificada	QL amplificada	QL, fotométrico, potenciométrico
Parâmetros simultâneos	25	25	80 a 93
Sistema aberto	Não	Não	Não
Reagentes prontos para uso	Sim	Sim	Sim
Estabilidade dos reagentes a bordo/ refrigeração do compartimento	30 dias/sim	30 dias/sim	3 a 28 dias/sim
Código de barras para amostras e reagentes	Sim	Sim	Sim
Velocidade: testes/hora (depende do teste)	68 a 120	67 a 200	400 a 1.200
Volume mínimo de amostra/volume "morto"	10 μℓ/50 μℓ	50 μℓ/50 μℓ	10 μℓ/50 μℓ
Tubo primário	Sim	Sim	Sim
Detector de coágulos	Sim	Sim	Sim
Diluição do soro pelo equipamento/ reteste automático	Sim/sim	Sim/sim	Sim/sim
Nº de calibradores por parâmetro	2 a 6 pts (depende do teste)	2 a 6 pts	2 a 6 pts
Validade de calibração	Necessária a cada novo lote	Necessária a cada novo lote	Necessária a cada novo lote
Controle de qualidade em tempo real	Sim	Sim	Sim
Amostras de urgência (*stat sample*)	Sim	Sim	Sim
Capacidade de interfaciamento bidirecional	Sim	Sim	Sim
Código de alerta ocorrência	Sim	Sim	Sim
Inventário de reagentes ainda disponíveis	Sim	Sim	Sim
Armazenamento de dados do CQ	Sim	Sim	Sim
Relatório de erros	Sim	Sim	Sim

Referências bibliográficas

1. Brasil. Agência Nacional de Vigilância Sanitária. ResoluçãO RDC N.º 33, de 25 de fevereiro de 2003. Disponível em: http://www.colit.pr.gov.br/arquivos/File/Legislacao/Resolucao_33_rdc_25_fev_2003.pdf. Acesso em 10 jan 2018.
2. CAP Today. Automated immunoassay analyzers. Disponível em: http://www.captodayonline.com/2015/ProductGuides/07-15_CAPTODAY_Automated-Immunoassay.pdf. Acesso em 21 fev 2018.

Bibliografia

Brasil. Resolução RDC nº 306, de 07 de dezembro de 2004. Regulamento Técnico para o gerenciamento de resíduos de serviços de Saúde. Diário Oficial da União. 10 dez 2004.

Butler JE. Enzyme-linked immunosorbent assay. J Immunoassay. 2000;21:165-209.

CAP Today. Automated immunoassay analyzers, June 2017. Disponível em: http://www.captodayonline.com/productguides/instruments/automated-immunoassay-analyzers-june-2017.html?limit=5. Acesso em 21 fev 2018.

Chan DW. Automation of immunoassays. In: Diamandis E, Christopoulos TK, editores. Immunoassay. San Diego: Academic Press; 1996. p. 483-502.

Da Rin G. Pre-analytical workstations: a tool for reducing laboratory errors. Clinica Chimica Acta. 2009;404:68-74.

Darwish IA. Immunoassay methods and their applications in pharmaceutical analysis: basic methodology and recent advances. Int J Biomed Sci. 2006;2(3):217-35.

Diamonds EP, Christopoulos TK. Immunoassay. San Diego: Academic Press; 1996. 1966 p.

Marks V. False-positive immunoassay results: a multicenter survey of erroneous immunoassay results from assays of 74 analytes in 10 donors from 66 laboratories in seven countries. Clin Chem. 2002;48:2008-16.

Paxton A. Making the call on assay interference. CAP Today. 2003;17:72-81.

Paxton A. Keys to curbing tube interference with test results. Disponível em: http://www.captodayonline.com/keys-curbing-tube-interference-test-results/. Acesso em: 17 nov 2017.

Perlstein MT. Immunoassays: quality control and troubleshooting. In: Chan DW. Immunoassay. A pratical guide. San Diego: Academic Press; 1987. p. 149-63

Petterson K. Comparison of immunoassay technologies. Clin Chem. 1993;39:1359-60.

Selby C. Interference in immunoassay. Ann Clin Biochem. 1999;36:704-21.

Sokoll LJ, Chan DW. Choosing an automated immunoassay system. In: Wild D. The immunoassay handbook. 4. ed. San Diego: Oxford; 2013.

Sonntag O. Analytical interferences and analytical quality. Clinica Chimica Acta. 2009;404:37-40.

Wheeler MJ. Automated immunoassay analysers. Ann Clin Biochem. 2001;38:217-229.

Wild D, He J. Immunoassay troubleshooting guide. In: Wild D. The immunoassay handbook. 4. ed. San Diego: Oxford; 2013.

Wild D, Sheehan C, Binder S. Introduction to product technology in clinical diagnostic testing. In: Wild D. The immunoassay handbook. 4. ed. San Diego: Oxford; 2013.

[illegible] alguns exames bioquímicos.

Vários fatores intervêm para determinar o [illegible] de [illegible] do volume mínimo, a estabilidade do [illegible], a melhor forma de armazenamento e transporte da amostra. Assim, o[illegible] elaborados dos Procedimentos Operacionais Padrão [illegible] devem-se seguir as instruções preconizadas.

No entanto, há de se reconhecer que o conhecimento caminha mais rápido do que o [illegible] das [illegible], assim, é obrigatória a [illegible] das instruções [illegible] bem como da [illegible] novos produtos são introduzidos no mercado.

[illegible] de estrogênio [illegible] (ovulação), [illegible] do [illegible] [illegible] ao mesmo tempo [illegible] implantação [illegible] gravidez até que a placenta possa assumir essa função. Caso não ocorra a fecundação do óvulo, os níveis de progesterona caem e ocorre a menstruação. Com isso, o dia do ciclo menstrual reflete diretamente na dosagem desses hormônios, bem como de outros hormônios e analitos relacionados metabolicamente.

O ritmo circadiano ou ciclo circadiano corresponde a um período de 24 h no qual se completam as atividades do ciclo biológico dos seres vivos. Esse ciclo é influenciado principalmente pela luz e pela temperatura, e atua na regulação de processos fisiológicos como a [illegible], temperatura corporal, frequência cardíaca, pressão arterial, sensibilidade à dor, secreção de hormônios, entre outros. Entre os hormônios influencia[illegible]

Capítulo 9

Teste Laboratorial Remoto

Alexandre Inácio C. de Paula

Introdução

Teste laboratorial remoto (TLR) é definido como o teste de laboratório clínico realizado próximo ao local de atendimento do paciente e que fornece resultado imediato. Também é chamado de teste de triagem, teste satélite, teste remoto, entre outros.

Cada vez mais frequente em hospitais, ambulatórios e clínicas, trata-se da forma mais rápida de agilizar o resultado, direcionar e permitir terapêutica precoce e eficaz ao paciente, melhorando seu prognóstico.

Apesar de parecer extremamente simples, o TLR não é livremente intercambiável com os testes tradicionais realizados em instrumentos no laboratório clínico. E embora seja de baixo custo, seu uso excessivo e inadequado causa aumentos significativos no custo dos cuidados. Entretanto, evidências científicas mostram que empregar o TLR melhora os resultados das intervenções na saúde quando comparado a não os utilizar. Portanto, são grandes os benefícios ao paciente que sobrepujam os riscos de divergências entre TLR e testes tradicionais. Lembrando que, embora desenvolvido como consequência do aumento da necessidade de resultados clínicos mais rápidos, não deve ser utilizado de forma única ou como substituto do teste tradicional. Suas limitações devem ser consideradas em todas as populações de pacientes. Nesse sentido, é evidente que se devem usar os TLR para triagem, sendo necessários outros exames laboratoriais para confirmação diagnóstica.

Existem diversas formas de realizar TLR: à beira do leito do paciente utilizando o sangue total obtido por meio de capilar ou picada do dedo; outra opção seria coletar uma amostra de sangue periférico e levá-la para teste na central de enfermagem. E a única diferença entre eles é que o teste da central de enfermagem pode requerer anticoagulação em razão de atrasos para realizar o TLR. O tempo pode ser mínimo, mas suficiente para iniciar a coagulação da amostra. Assim, o dispositivo fabricado para uso doméstico em sangue capilar pode não funcionar bem quando utilizado em ambiente hospitalar em sangue venoso ou arterial. TLR também são normalmente realizados nos banheiros dos pacientes, para análises de componentes químicos em urina por meio de fitas ou pesquisa de sangue oculto em fezes.

Após 2011, com o interesse do governo federal em implantar a Rede Cegonha, que começou a usar TLR em todas as Unidades Básicas de Saúde (UBS), houve grande disseminação desse tipo de teste, dada a urgência em reduzir o número de mortes evitáveis de mulheres e crianças em todo o país.

Alguns TLR prometem resultados em até 10 min e, com isso, há possibilidade de intervenção terapêutica antecipada. Entretanto, a rapidez em obter o resultado não significa necessariamente a melhor assistência ao paciente, principalmente quando o desempenho e a qualidade do TLR não são equivalentes ao resultado do ensaio em laboratório. Por isso, há preocupação com a qualidade do teste, o desempenho incorreto e o treinamento inadequado dos operadores, podendo causar dúvida aos médicos e solicitações de testes desnecessárias para confirmação diagnóstica, aumentando os custos e riscos para o paciente.

Gerenciamento

O tipo de rotina relacionada aos TLR em uma dada instituição será influenciado por algumas questões complexas que devem ser consideradas antes da escolha, como:

- Tipos de TLR realizados
- Volume de TLR
- População de pacientes
- Custo
- Número de operadores dos TLR
- Estrutura de gestão da instituição
- Nível de educação dos operadores
- Nível de dificuldade de realização do teste
- Documentação dos resultados dos testes.

Gestão e controle da qualidade

Em decorrência das variações das metodologias dos testes de imunoensaios, tanto o teste conduzido por TLR quanto o do laboratório central devem ser equivalentes em toda instituição ou sistema de saúde para que haja possibilidade de gerenciar as terapias da melhor forma. Com isso, mesmo que o paciente tenha passado pela sala de emergência, pelo centro cirúrgico, pela UTI e, por fim, pela enfermaria, um TLR deve reproduzir o mesmo resultado do teste tradicional em laboratório, mesmo se feito por diversos operadores. Para alcançar a otimização dos cuidados, o teste deve gerar resultados equivalentes, caso contrário, valores de referência separados precisam ser estabelecidos para interpretação clínica eficaz. Assim, a manutenção de testes de equivalência e confiabilidade dos resultados são os objetivos de esforços da garantia e da gestão da qualidade dos TLR, a fim de atender às necessidades clínicas.

A habilidade dos operadores em realizar os TLR está diretamente ligada à qualidade dos resultados obtidos (Figura 9.1). Os dispositivos são comercializados para serem de fácil utilização e realizados por vários indivíduos com o mínimo de treinamento. Para boa qualidade dos resultados dos testes, os operadores devem ser treinados no método específico e finalmente participar da avaliação para obterem o certificado do treinamento. Eles podem ter níveis diferenciados de formação, como tecnólogos, ensino médio, enfermagem, medicina e outros, porém uma pesquisa demonstrou que, para dispositivos simples, todos podem realizar os testes igualmente bem. Por outro lado, quando o dispositivo envolve etapas e conhecimentos técnicos, a formação torna-se importante e o desempenho depende do nível de educação do operador.

O controle de qualidade é componente integral que forma a base da hierarquia do laboratório de análises clínicas. Os objetivos do desempenho do TLR não são diferentes dos testes tradicionais realizados em laboratório central:

- Fornecer análise precisa e oportuna
- Fornecer relatórios que são úteis para o clínico tratar o paciente
- Formar a informação epidemiológica disponível para autoridades de saúde pública
- Fazer o melhor uso de pessoas, equipamentos e reagentes, no interesse da eficiência
- Gerenciar o uso do teste.

Utilização clínica

A maioria dos TLR é realizada à beira do leito dos pacientes com o intuito de avaliar analitos críticos, como gases sanguíneos, eletrólitos, coagulação, glicose e hemoglobina, além de avaliar os sistemas específicos, como enzimas cardíacas (crea-

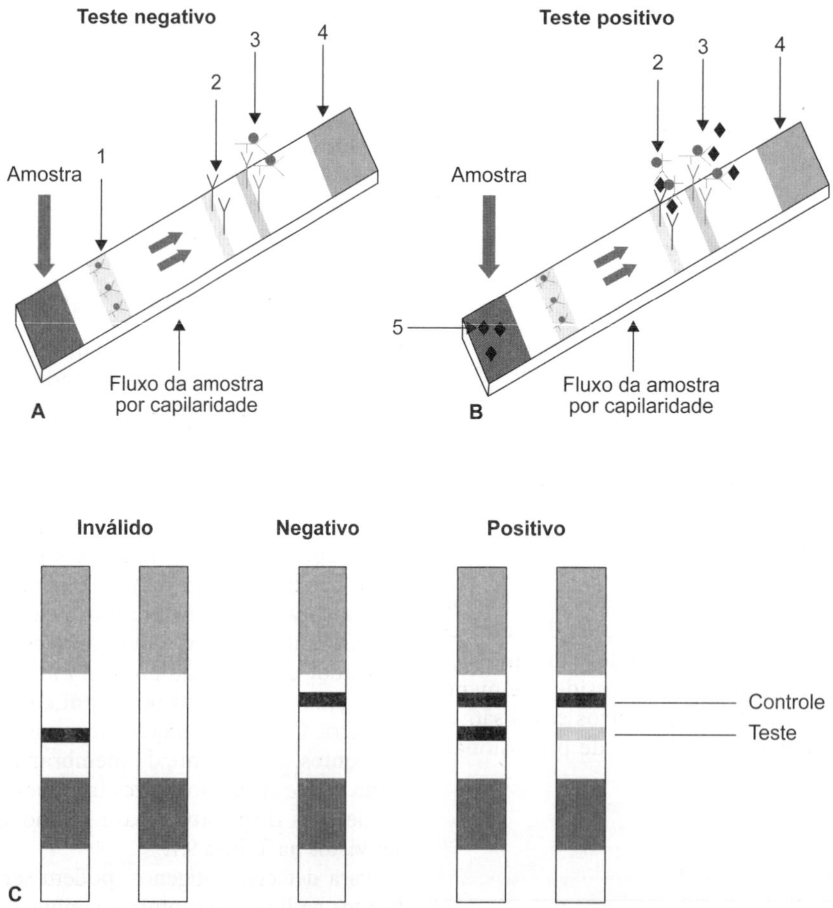

Figura 9.1 Esquema de teste de imunocromatografia utilizando conjugado com corante coloidal. **A.** Representação da tira contendo anticorpo de coelho conjugado com corante coloidal (1), anticorpo antianalito anticorpo conjugado (2), anticorpo antianticorpo de coelho (3) e esponja absorvente (4). **B.** Adição de amostra sobre *pad* (almofadinha) contendo o analito (5). A amostra aquosa hidrata o conjugado insolúvel e inicia-se a migração, sendo que na primeira linha forma-se o imunocomplexo (sanduíche), no qual o analito está entre o anticorpo conjugado e o anticorpo imobilizado na primeira linha. O excesso de conjugado continua migrando e é capturado pelo anticorpo antianticorpo de coelho, independentemente de a amostra conter ou não o analito. **C.** A visualização para interpretação dos resultados é na forma de linhas coloridas conforme a cor do corante coloidal do conjugado. O teste é positivo quando apresenta as linhas teste e controle marcadas, e inválido quando não apresenta linha do controle formada, indicando falha no teste.

tinoquinase, mioglobina e troponina), função renal (creatinina e ureia), enzimas pancreáticas (amilase e lipase) e de metabolismo ósseo (N-telopeptídios). Os TLR também servem para análisar sangue oculto em amostras fecais e gástricas e para avaliação de hipoxia neonatal por meio do couro cabeludo com a medida do pH. Na urina, são avaliados substâncias químicas de metabólitos e componentes físicos, teste de gravidez e substâncias psicoativas. Em diagnóstico microbiológico são avaliados *Streptococcus*, *Helicobacter pylori*, vírus *Influenza*, mononucleose infecciosa, teste de anticorpo doença de Lyme, antígeno de *Legionella*, antígeno de *Cryptococcus*, teste de rotavírus, pesquisa de toxina A/B *Clostridium difficile* e adenovírus.

Em 2011, o Ministério da Saúde implantou um programa educativo relacionado à saúde reprodutiva e sexual durante o acompanhamento pré-natal das gestantes nas UBS. Esse programa tem como objetivo o diagnóstico precoce e o tratamento das DST/HIV/AIDS, sífilis e hepatites virais em gestantes, bem como a prevenção.[1] Para implementar gradualmente os TLR na atenção básica, os centros de testagem e aconselhamento (CTA) foram estrategicamente incluídos para que o acesso aos exames fossem ampliados e pudessem ser incorporados ao Sistema Único de Saúde (SUS).

O assunto mais comum na utilização dos TLR é a possibilidade de resolver dúvidas clínicas rapidamente. Nesses casos, os testes para gases sanguíneos e glicose, por exemplo, têm sido implantados em locais com pacientes clinicamente críticos. Em casos de alteração no teste, é possível a intervenção terapêutica no momento da coleta e da obtenção do resultado do exame, descartando dessa forma o interferente de tempo e podendo analisar mudanças na fisiopatologia da doença no tempo real da terapia empregada. Com isso, os TLR possibilitam tratamentos clínicos mais rápidos, com efeito positivo, principalmente em pacientes de salas de emergências e UTI, resultando em tempos menores de internações.

O número de situações em que os TLR podem ser aplicados aumentou consideravelmente devido ao desenvolvimento de novos diagnósticos rápidos de doenças infecciosas. Isso tem levado a um enorme impacto não só sobre questões de saúde pública, mas também sobre situações clínicas de rotina. Nesse sentido, o TLR preciso e confiável pode melhorar os diagnósticos e consequentemente diminuir equívocos em escolhas terapêuticas. No entanto, o SUS preconiza que os TLR são apenas exames de triagem e devem ser confirmados pelos exames laboratoriais complementares.[1]

A implantação de TLR em atenção primária da saúde é fundamental em casos específicos. Um deles é de pacientes gestantes nas quais deve ser feita a triagem para diagnóstico de sífilis, hepatites e HIV em postos de saúde. O diagnóstico favorece a intervenção médica e diminui consideravelmente a transmissão vertical dessas doenças. Outros casos são de doadores em banco de sangue e acidentes de profissionais de saúde.

Custo

Depende da forma como é gerenciado. Um dos fatores evidentes é o número de operadores, que afeta o custo final de cada teste, em razão do tempo envolvido com treinamento e manutenção das habilidades adquiridas nos treinamentos. Os operadores precisam realizar teste-controle de qualidade para documentar as competências. Portanto, quanto maior o controle de qualidade, maior o custo final do teste em questão.

O volume de testes é outro fator que afeta diretamente o custo. Diferentemente dos testes tradicionais com equipamentos em laboratório, que têm custos relativamente altos na implantação e posteriormente custos variáveis (reagentes) baixos, os TLR têm custos de implantação baixos e custos variáveis geralmente mais elevados quando comparados com os testes tradicionais.

Devido ao somatório de fatores específicos de um dado local, os custos podem variar por causa do número de diferentes dispositivos, de operadores, do volume de testes e da frequência de controle de qualidade realizada. Assim, estimativas de custos em uma instituição não deve ser aplicado à outra.

Dispositivos

Fluxo contínuo

O princípio do ensaio e o procedimento compreendem aplicação de várias gotas de material sobre a membrana. A amostra é absorvida pela esponja e o tampão de lavagem é aplicado como gotas seguindo de uma solução de anticorpo marcado com a fosfatase alcalina.

Tiras de imersão

O formato de tiras de imersão também foi desenvolvido visando a diminuir os custos com insumos de análise, em comparação com o fluxo contínuo. Nesse teste, a tira de imersão contém uma área colorida com o anticorpo na extremidade da fita. O ensaio pode ser realizado assim: a tira é mergulhada na amostra, em seguida, em um recipiente para lavagem e, por fim, em solução marcadora no cromógeno.

Método imunocromatográfico

Para eliminar adição de reagentes como descrito nos métodos anteriores, foram empregadas novas melhorias que resultaram em imunoensaios simples e rápidos. A imunocromatografia consiste na geração de sinais, seguida pelo fluxo lateral em material poroso como uma membrana de celulose coberto com acetato transparente. O analito pode migrar da extremidade proximal para a distal por meio da ação capilar e chegar até a esponja que mantém a taxa de fluxo capilar constante. As zonas de aplicação da amostra, de marcação e de detecção são ajustadas entre as extremidades. Corante insolúvel, como ouro coloidal, é utilizado como revelador da interação antígeno-anticorpo. O corante pode ser ligado ao antígeno ou ao anticorpo a ser pesquisado na amostra. O analito é fixado na membrana na forma de linhas ou pontos, e o restante da membrana é bloqueado com proteína inerte como nos testes imunoenzimáticos. As especificações dos dispositivos para imunoensaios rápidos podem ser vistos na Tabela 9.1.

Para detectar antígenos, podem ser utilizados anticorpos fixados na linha de captura e conjugados a um segundo anticorpo ligado ao corante. A amostra aplicada se une ao conjugado colorido e, após a migração por cromatografia, a formação do imunocomplexo é revelada pelo depósito do corante coloidal na linha de captura.

Para detectar anticorpos, podem-se utilizar excesso de amostra e quantidade limitada de antígenos marcados com corante para migrar com o anticorpo da amostra. O complexo

Tabela 9.1 Especificações dos dispositivos para imunoensaios rápidos (imucromatografia).

Analito (tempo máximo de leitura: 15 min)	Amostra
Helicobacter pylori	Sangue
Troponina I	Soro
Beta-hCG	Urina/soro
HBsAg	Sangue/soro
PSA	Sangue/soro
HIV	Sangue/soro
Toxina A/B *Clostridium perfringens*	Fezes
Rotavírus	Fezes
Cryptococcus neoformans	Líquor
MPT 64 - *Mycobacterium* do complexo *tuberculosis*	Cultura positiva (cepa)
Schistosoma mansoni	Fezes
Giardia lamblia	Fezes
Sangue oculto	Fezes
Vírus sincicial respiratório	Secreção orofaringe
Vírus *influenza* humana A, B e C	Secreção orofaringe
Sífilis	Sangue/soro
Trichomonas varginalis	Secreção vaginal
Streptococcus pyogenes	Secreção orofaringe
Adenovírus	Fezes
Streptococcus pneumoniae	Urina
Dengue	Sangue/soro
Shigella sp	Fezes
Escherichia coli O157	Fezes
Cryptosporidium sp	Fezes
Entamoeba histolytica	Fezes
Epstein-Barr vírus	Sangue/soro
Legionella pneumophila	Urina
Plasmodium sp	Sangue
Rubella vírus	Sangue/soro

é formado na linha de captura contendo também o antígeno específico. Outra possibilidade é utilizar anti-imunoglobulina marcada, que se ligará às imunoglobulinas da amostra, e os imunocomplexos serão formados na linha de captura contendo o antígeno específico. Nessa metodologia imunocromatográfica, a validade do teste é garantida por controles internos como nos testes imunoenzimáticos.

Referência bibliográfica

1. Brasil. Ministério da Saúde. Orientações para implantação dos testes rápidos de HIV e sífilis na Atenção Básica. Brasília: Ministério da Saúde; 2011.

Bibliografia

Christenson RH, Nichols JH, Clarke W. Executive summary. National Academy of Clinical Biochemistry laboratory medicine practice guideline: evidence-based practice for point-of-care testing. Clin Chem Acta. 2007;379:14-28.

Henry JB. Clinical diagnosis and management by laboratory methods. 20. ed. Saunders; 2006. p. 977-80.

International Organization for Standardization. Safety aspects. Guidelines for their inclusion in standards. ISO/IEC, Guide 51. Geneva: ISO; 1999.

Koneman EW, Allen SD, Janda WM, Koneman EW, Schreckenberger PS, Procop GW. Color atlas and textbook of diagnostic microbiology. 6. ed. Philadelphia: J. B. Linpcott Company; 2006.

Mohd Hanafiah K, Garcia M, Anderson D. Point-of-care testing and the control of infectious diseases. Biomark Med. 2013;7(3): 333-47.

Murray PR, Baron JE, Jorgensen JH, Pfaller MA, Yolken RH. Manual of clinical microbiology. 8. ed. Washington: ASM Press; 2003.

Nichols JH. Point of care testing. Clinics in Laboratory Medicine. 2007;27(4):893-908.

Nichols JH. Quality in point-of-care testing. Expert Review of Molecular Diagnostics. 2003;3(5):563-72.

Nichols JH. Risk management for point-of-care testing. Clin Chem. 2014;25(2):154-61.

Wild D. The immunoassay handbook: theory and applications of ligand binding, ELISA and related techniques. 4. ed. Elsevier; 2013.

Capítulo 10

Desenvolvimento, Produção, Validação e Boas Práticas de Fabricação de Produtos para Diagnóstico *In Vitro*

Cláudia Solimeo Meneghisse

Introdução

Em um mundo globalizado, é importante considerar não só a legislação brasileira, mas também a legislação internacional durante o planejamento, o desenvolvimento, a validação e a produção de reagentes para diagnóstico de uso *in vitro* (IVD, *in vitro diagnosis*). As boas práticas de fabricação e controle (BPF) devem ser consideradas desde o início do processo de desenvolvimento, conforme aplicável, para facilitar a implementação durante a produção.

Os produtos para IVD fazem parte de uma categoria conhecida como dispositivos médicos, no Brasil mais conhecidos como produtos para saúde (antigamente chamados de "correlatos"). Apesar de suas particularidades, os IVD são, em geral, regulamentados como uma subcategoria dos dispositivos médicos, tomando-se essa legislação como base.

A tendência atual na área de dispositivos médicos, incluindo produtos para IVD, é a harmonização da legislação, se não em nível global, pelo menos entre comunidades econômicas. Como exemplo, é possível citar a União Europeia (UE), cujos trabalhos de harmonização se iniciaram ainda nos anos 1970, com normas específicas para IVD publicadas em 1998. As diretivas ou regulamentações da UE são comuns a todos os seus estados-membros. Na América do Sul, os países do Mercosul já harmonizaram diversas normas e reúnem-se periodicamente na tentativa de entrar em consenso sobre a legislação sanitária e, assim, facilitar a aprovação de produtos e a circulação de mercadorias entre os estados-membros.

É possível citar também o International Medical Device Regulators Forum (IMDRF), fundado em 2011, do qual o Brasil [Agência Nacional de Vigilância Sanitária (Anvisa)] faz parte, com autoridades sanitárias da Austrália [Therapeutic Goods Administration (TGA)], Canadá [Health Canada (HC)], China [China Food and Drug Administration (CFDA)], União Europeia (European Commission Dictorate-General for Internal Market, Industry, Entrepreneurship and Small and Medium-sized enterprises), Japão [Pharmaceutical and Medical Devices Agency (PMDA); Ministry of Health, Labour and Welfare (MHLW)], Rússia [Russian Ministry of Health (RMH)], Singapore [Health Sciences Authority (HSA)], South Korea [Ministry of Food and Drug Safety (MFDS)] e EUA [US Food and Drug Administration (FDA)].

Entre as iniciativas do IMDRF está o projeto piloto do Programa de Auditoria Única em Produtos para a Saúde (MDSAP, Medical Device Single Audit Program). A iniciativa multilateral tem entre os seus objetivos a operação de um programa de auditoria única e a busca pelo alinhamento da regulação de produtos para saúde. O programa visa permitir que organismos auditores reconhecidos conduzam uma auditoria única de um fabricante de produtos para a saúde que possa contemplar os requisitos relevantes das autoridades regulatórias participantes. O programa tem como parceiros a Anvisa, pelo Brasil; o TGA, da Austrália; o HC, do Canadá; e o FDA, dos EUA e o PMDA do Japão. A RE nº 2.347/2015 reconheceu o Programa de Auditoria Única em Produtos para a Saúde (Medical Device Single Audit Program – MDSAP) para fins de atendimento ao disposto na RDC nº 39/2013 e estabeleceu que os Organismos Auditores que atenderem aos requisitos estabelecidos no âmbito do programa serão reconhecidos pela Anvisa mediante a publicação de ato normativo individual.[1,2]

No Brasil, o Ministério da Saúde, diretamente ou por meio da Anvisa, rege a legislação sobre BPF e boas práticas de distribuição e armazenamento. Essa legislação foi publicada em Diário Oficial e pode sofrer alterações ou complementações sempre que necessário. Além dessa legislação, existem também normas específicas relacionadas aos produtos para IVD, publicadas pela Associação Brasileira de Normas Técnicas (ABNT).[3]

O desenvolvimento de reagentes imunodiagnósticos inicia-se com um projeto, no qual serão definidas todas as características desejadas para o novo reagente e as etapas necessárias para o seu desenvolvimento. A seguir, em uma etapa de pesquisa científica, estudam-se a metodologia, os antígenos e/ou anticorpos a serem utilizados e seu suporte (microplacas, microtubos, partículas de látex etc.) e os parâmetros mínimos necessários para aquele reagente (sensibilidade, especificidade, reprodutibilidade etc.).

O desenvolvimento já deve ser feito pensando na produção em grande escala e no cumprimento das BPF. É ainda durante o desenvolvimento que se deve fazer a validação do produto e do processo.

A validação é uma etapa importante dentro das BPF, pois ajuda a estabelecer as condições ideais para fabricação e controle de qualidade de um produto, monitorando os erros e as variações possíveis.

Com base em todas essas informações, este capítulo traça diretrizes para o desenvolvimento e a produção de reagentes imunodiagnósticos e estabelece os procedimentos de validação a serem adotados em ensaios para IVD, tanto na sua fabricação quanto na implantação em rotina de laboratórios de análises clínicas e bancos de sangue.

Histórico

Desde os primórdios da civilização, as pessoas têm se preocupado com a qualidade e a segurança dos alimentos e medicamentos. Já em 1202, o rei João da Inglaterra proclamou a primeira legislação alimentar inglesa, o Veredito do Pão, que proibia a adulteração do pão com ingredientes como ervilhas ou feijão. A regulamentação de alimentos nos EUA remonta a tempos coloniais.

Na segunda metade do século 18, com a Revolução Industrial na Inglaterra e consequente aumento de problemas de saúde, incluindo acidentes de trabalho, começa a surgir na Europa um movimento sanitarista, com programas de prevenção e saneamento para controle de doenças. Surge, então, na Alemanha, a Polícia Médica, responsável pelas normas de conduta em defesa da saúde pública. Inicia-se a normatização e o controle sobre o exercício da Medicina, o funcionamento de hospitais, o saneamento ambiental e o comércio de alimentos.

Infelizmente, muitos avanços legislativos e tecnológicos deram-se a partir de escândalos na área de saúde pública. Como exemplo, é possível citar a Lei Federal de Alimentos, Medicamentos e Cosméticos (FDCA) dos EUA, que entrou em vigor em 1938, após o desastre "elixir de sulfanilamida" em 1937. Mais de 100 pessoas foram envenenadas e morreram quando o antibiótico sulfanilamida foi dissolvido em dietilenoglicol (DEG) e comercializado como xarope para tosse. O DEG é perigoso para seres humanos, mas, na época, tal informação não era amplamente conhecida e não havia regras que exigiam testes de segurança em novos medicamentos antes de irem à venda.

Outro exemplo foi o escândalo da talidomida. Lançado como um medicamento sedativo no fim da década de 1950, mostrou-se eficaz para amenizar os efeitos de ânsia na gravidez. O medicamento foi vendido a partir de 1957, mas retirado do mercado em 1962, quando se descobriu que era capaz de interferir no desenvolvimento de fetos, causando defeitos congênitos.

Mais recentemente, o escândalo dos implantes mamários da empresa francesa Poly Implant Prothèse (PIP) levou a UE a revisar sua legislação para dispositivos médicos (incluindo produtos para IVD) e intensificar a fiscalização nessa área. A Figura 10.1 resume alguns marcos históricos na implantação da legislação sanitária mundial.

No Brasil, as atividades ligadas à vigilância sanitária foram estruturadas, nos séculos 18 e 19, para evitar a propagação de doenças nos agrupamentos urbanos que estavam surgindo.

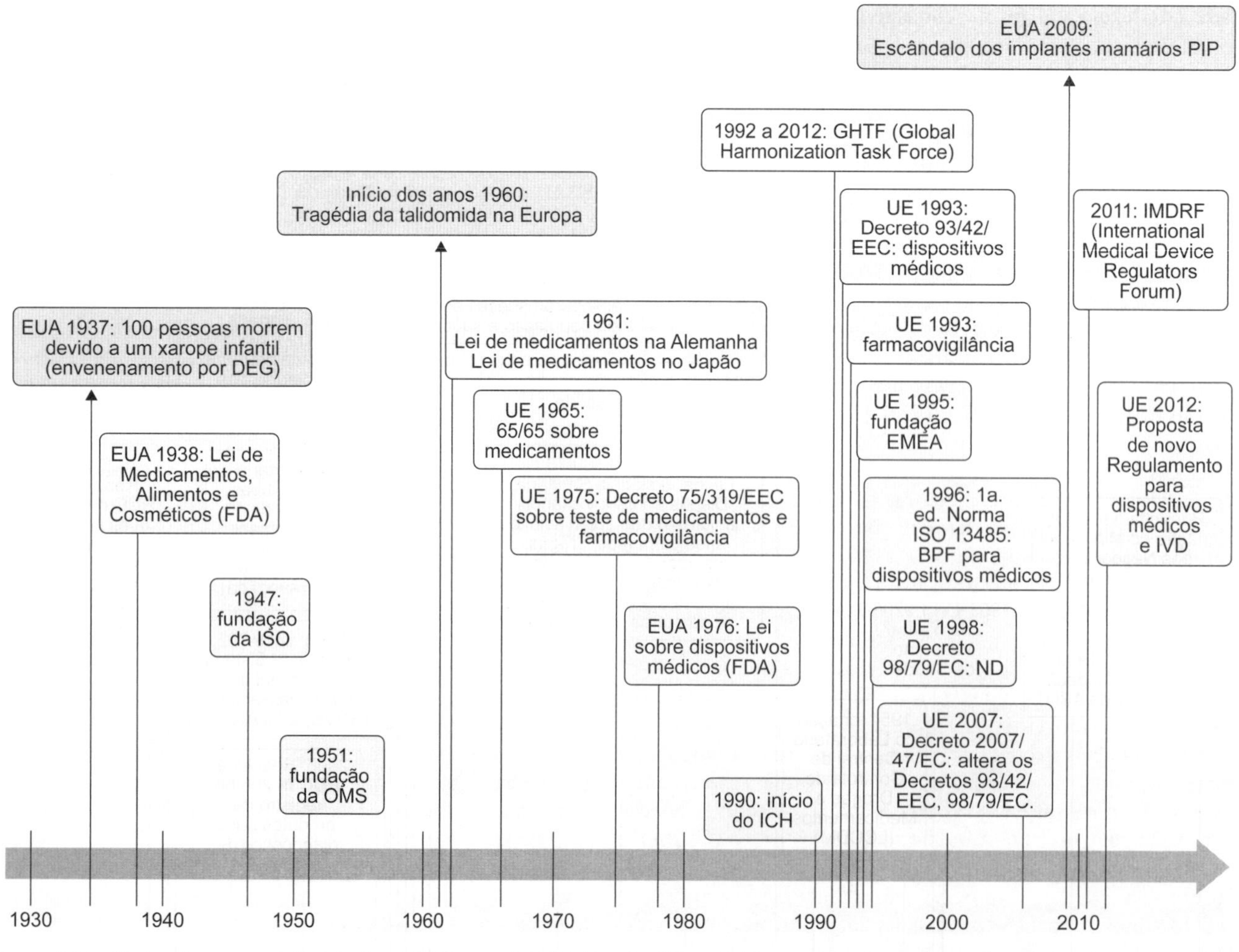

Figura 10.1 Alguns destaques da legislação sanitária mundial. FDA: Food and Drug Administration; GHTF: Grupo de Trabalho de Harmonização Global; ICH: International Conference Harmonization; IMDRF: Fórum Internacional dos Reguladores de Dispositivos Médicos; ISO: International Organization for Stardadization; OMS: Organização Mundial da Saúde; UE: União Europeia.

A execução dessa atividade exclusiva do Estado, por meio da polícia sanitária, tinha como finalidade observar o exercício de certas atividades profissionais, coibir o charlatanismo, fiscalizar embarcações, cemitérios e áreas de comércio de alimentos.

No fim do século 19, houve uma reestruturação da vigilância sanitária impulsionada pelas descobertas nos campos da bacteriologia e terapêutico nos períodos que incluem a I e a II Grandes Guerras. Após a II Guerra Mundial, com o crescimento econômico, os movimentos de reorientação administrativa ampliaram as atribuições da vigilância sanitária no mesmo ritmo em que a base produtiva do país foi construída, bem como conferiram destaque ao planejamento centralizado e à participação intensiva da administração pública no esforço desenvolvimentista.

A partir da década de 1980, a crescente participação popular e de entidades representativas de diversos segmentos da sociedade no processo político moldou a concepção vigente de vigilância sanitária, integrando, conforme preceito constitucional, o complexo de atividades concebidas para que o Estado cumpra o papel de guardião dos direitos do consumidor e de provedor das condições de saúde da população.[3] A Figura 10.2 mostra alguns destaques na legislação sanitária no Brasil.

Definições

- **Validação.** Confirmação por análise e evidência objetiva que os requisitos definidos para uma determinada finalidade conduzem, de forma consistente, ao resultado esperado (RE). Com relação a um projeto, significa estabelecer e documentar evidências objetivas de que as especificações do produto atendem às necessidades do usuário e o seu uso pretendido. Com relação a um processo, significa estabelecer e documentar evidências objetivas de que o processo produzirá consistentemente um resultado que satisfaça as especificações predeterminadas.[4]
- ***Kit*.** Conjunto de reagentes e insumos que definem o sistema diagnóstico.
- **Calibração.** Conjunto de operações que estabelecem, sob condições especificadas, a relação entre os valores representados por uma medição e os correspondentes obtidos com os padrões.
- **Produto para diagnóstico *in vitro* (IVD).** Reagentes, calibradores, padrões, controles, coletores de amostra, materiais e instrumentos, empregados individualmente ou em combinação, com uso determinado pelo fabricante para análise *in vitro* de amostras derivadas do corpo humano, exclusiva ou principalmente para prover informações com propósitos de diagnóstico, monitoramento, triagem ou para determinar a compatibilidade com potenciais receptores de sangue, tecidos e órgãos. Essa definição foi retirada da Resolução RDC nº 36/2015.[5]
- **Verificação.** Confirmação por análise e apresentação de evidências objetivas de que os requisitos especificados foram cumpridos. Inclui o processo de examinar os resultados de uma atividade para determinar a conformidade com as especificações estabelecidas.[6]

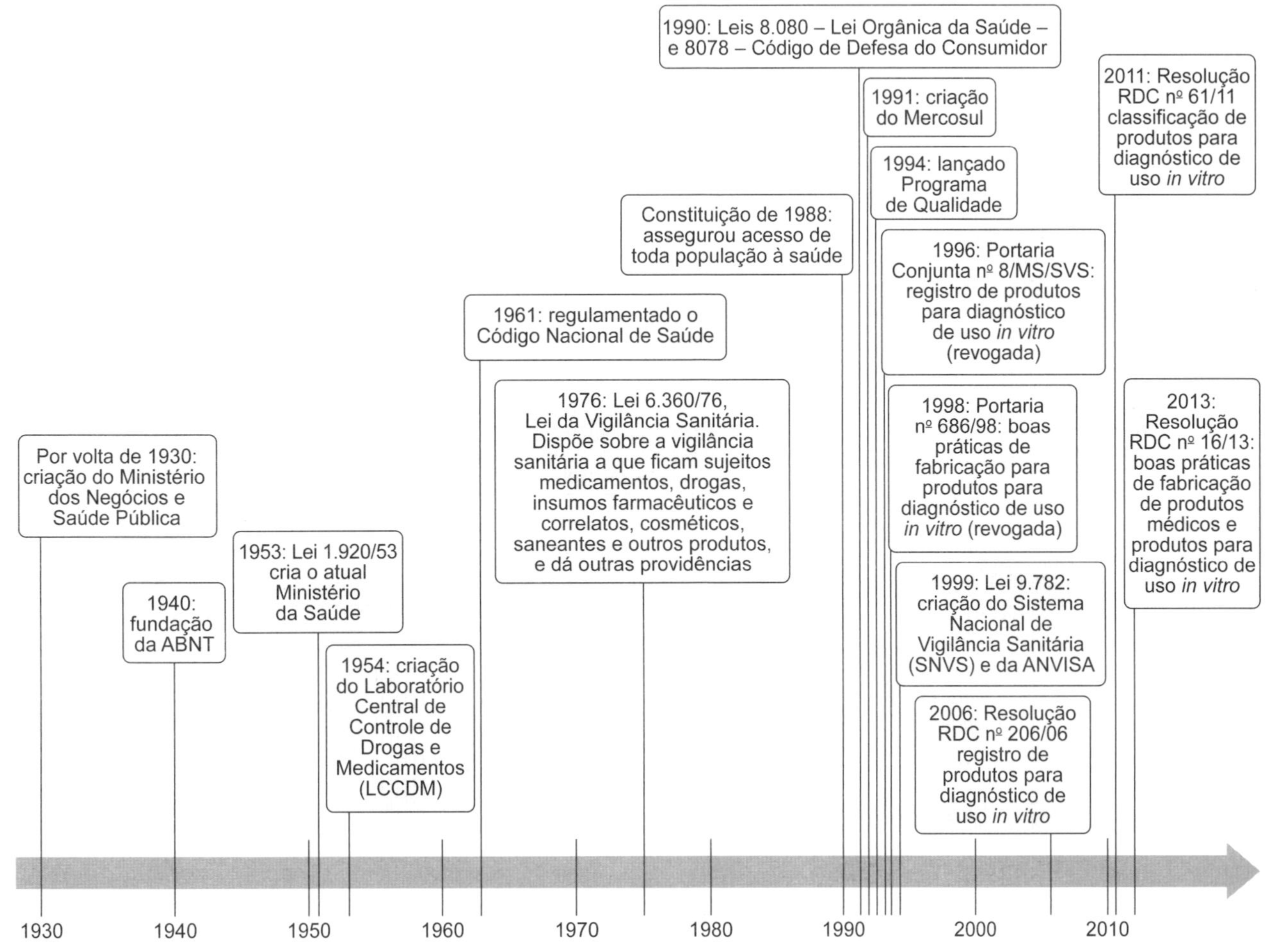

Figura 10.2 Alguns destaques da legislação sanitária no Brasil.

- **Registro mestre do produto (RMP).** Compilação de documentos contendo especificações, instruções e procedimentos para obtenção de um produto acabado, bem como sua instalação, assistência técnica e manutenção.

Desenvolvimento de reagentes imunodiagnósticos

Historicamente, a pesquisa e o desenvolvimento de novas tecnologias e produtos para saúde acontecem, em sua maioria, em universidades e centros de pesquisas públicas ou privadas sem fins lucrativos. Esses novos produtos são, então, transferidos para empresas privadas com o objetivo de produção em série e distribuição ao mercado. A legislação vigente abrangia toda cadeia de distribuição, mas a parte de "pesquisa e desenvolvimento" acabava sendo excluída ou ficando em segundo plano. Não raro, reagentes para IVD funcionavam muito bem em pequenas escalas e fabricação manual, mas não tinham o mesmo desempenho quando fabricados em larga escala.

Daí a importância de a pesquisa e o desenvolvimento serem feitos baseados em um projeto, com fases de planejamento, dados de entrada de projeto, verificação, dados de saída de projeto, controles de alterações, entre outros, a serem detalhados a seguir.

O controle de projeto é abordado em sistemas de gestão da qualidade. Na Europa, no Canadá, na Austrália e em diversos outros países, a regulamentação específica para produtos médicos baseia-se na norma internacional ISO 13485: Produtos para saúde – Sistemas de gestão da qualidade – Requisitos para fins regulamentares (internalizada no Brasil como NBR ISO 13485). Nos EUA, a FDA conta com suas próprias regras de gestão da qualidade, conhecidas como regulamentação do sistema da qualidade (QSR; 21 CFR 820), alinhadas com normas internacionais.

No Brasil, existe um "desentendimento" quanto ao termo BPF, pois a palavra fabricação remete ao entendimento apenas das etapas de produção propriamente ditas. Entretanto, a legislação em vigor hoje no Brasil (e em grande parte do mundo) abrange muito mais do que apenas fabricação. A Resolução RDC nº 16/2013 "estabelece requisitos aplicáveis à fabricação de produtos médicos e produtos para diagnóstico de uso *in vitro*. Esses requisitos descrevem as BPF para métodos e controles usados no *projeto*, compras, fabricação, embalagem, rotulagem, armazenamento, distribuição, instalação e assistência técnica dos produtos médicos e produtos para diagnóstico de uso *in vitro*".[5]

Projeto de pesquisa e desenvolvimento

O processo de fabricação de reagentes para IVD começa com a pesquisa e o desenvolvimento. A primeira etapa no desenvolvimento de um novo produto é elaborar o seu projeto. E entenda-se *novo* não apenas como nova metodologia ou novo parâmetro; mesmo que o produto a ser desenvolvido já tenha similares no mercado, ele será um produto novo, pois terá características específicas. É no projeto que se definem detalhadamente o que se quer desenvolver, qual a metodologia, quais são os parâmetros, as apresentações, a matéria-prima que será utilizada, as etapas da produção, os itens críticos do processo e as etapas de controle de qualidade.

O projeto é a diretriz que serve de guia durante todo o desenvolvimento e a validação de um novo produto. Sem ele, corre-se o risco de se perder durante essas etapas.

A legislação brasileira, específica da área médica, não define como um projeto deve ser elaborado, mas dá algumas orientações sobre controle de projetos, por meio da Resolução RDC nº 16/2013.[5] O controle de projetos é extremamente importante, pois com ele é possível assegurar que os requisitos especificados para o projeto estão sendo obedecidos. Todas as etapas devem ser documentadas, avaliadas e aprovadas por pessoas designadas qualificadas para tal.

É possível entender projeto como um processo que gera um produto. Se o projeto não tiver qualidade, o produto gerado também não terá. Portanto, a qualidade e os controles devem começar no projeto.

A seguir, são descritos os itens *principais* a serem abordados em um *projeto ou plano de desenvolvimento de produto*, tendo em mente que alguns deles são mandatórios, de acordo com as regras de gestão da qualidade. É importante lembrar também que o projeto é dividido em um plano ("o que se pretende fazer") e um relatório , com os resultados obtidos para cada etapa e registros das alterações feitas e aprovadas.

- Título: normalmente é curto e objetivo. É o que identifica e diferencia o projeto de outros
- Introdução: deve conter a apresentação do tema e um breve resumo do que será abordado no projeto. Aqui se coloca também a justificativa, ou seja, o motivo para o projeto
- Objetivo: neste item define-se qual é o produto, objeto do projeto, com todos os detalhes sobre suas características, desde a metodologia aplicada, uso pretendido, até a embalagem final. Aqui é possível colocar também o prazo para sua finalização
- Metodologia e procedimentos (dados de entrada de projeto): item mais extenso do projeto. Deverá conter a descrição dos atributos físicos, indicação de uso, desempenho, compatibilidade, segurança, eficácia, ergonomia, usabilidade, informações provenientes de projetos anteriores e resultados do gerenciamento de risco, entre outros requisitos de um produto para IVD, que são utilizados como base de seu projeto, incluindo também os requisitos legais e regulamentares aplicáveis. Aqui se deve já pensar em qual será a classificação de risco do produto final de acordo com a Anvisa (RDC nº 36/2015[6]) e quais os riscos associados a esse produto, para que eles possam ser mitigados ainda durante a pesquisa e o desenvolvimento. Devem-se listar também as normas nacionais e internacionais específicas para o produto a ser desenvolvido. Caso alguma norma não seja utilizada, deve-se justificar por escrito a sua não aplicabilidade. Neste item também se descrevem as especificações de cada matéria-prima e dos equipamentos a serem utilizados no desenvolvimento do produto, os procedimentos para produção e controle de qualidade durante as etapas de desenvolvimento e produção, a validação do produto e do processo, os testes em campo, se aplicáveis, e como se fará a aprovação e a liberação final do produto. Aqui se devem prever também as necessidades de treinamento e qualificação de pessoal
- Planejamento e desenvolvimento: nesta etapa serão estabelecidos os planos que identificam cada atividade do projeto, as pessoas responsáveis por cada uma e os respectivos prazos para cada etapa do projeto
- Verificação/revisão de projeto: a verificação deverá confirmar se o produto obtido satisfaz os requisitos do produto proposto e se ele está adequado para o uso pretendido. Os resultados da verificação de projeto, incluindo a identificação do projeto verificado, métodos de verificação, data

e nome da pessoa encarregada da verificação, deverão ser documentados. Quando aplicável, a verificação de projeto deverá incluir a validação de *software* e análise de riscos. A revisão de projeto é a sua verificação final, e deverá ser feita por pessoas qualificadas e que tenham responsabilidade direta sobre o projeto. Os resultados das verificações também deverão ser assinadas e documentadas

- Liberação de projeto: após as devidas verificações e revisões, o projeto poderá ser liberado para a produção
- Dados de saída de projeto: nesta etapa descreve-se o resultado em cada fase do projeto e seu resultado final, seja ele positivo ou negativo. É interessante manter um histórico dos principais problemas enfrentados durante o desenvolvimento para que futuramente os mesmos erros não sejam cometidos ou para que possam ser previstos. O dado de saída de um projeto finalizado é a base para o RMP.

Um projeto é sempre flexível e pode ser alterado no decorrer de sua execução para atender a necessidades não previstas no momento de sua criação. Contudo, é importante lembrar que toda alteração deve ser identificada, documentada, verificada, revisada e aprovada antes de ser executada.

A RDC nº 16/2013 pede também que os fabricantes mantenham um *Registro Histórico de Projeto* para cada produto, que deverá conter ou fazer referência a todos os registros necessários para demonstrar que o projeto foi desenvolvido de acordo com os planos aprovados e os requisitos das normas e legislações vigentes.[5]

Desenvolvimento propriamente dito

Durante o desenvolvimento de um produto serão testadas, na prática, as etapas definidas no projeto. É nessa fase que serão testadas e estabelecidas as quantidades a ser acrescentadas de cada matéria-prima, qual sua ordem de adição, os tempos de agitação ou incubação, aquecimentos, resfriamentos, os equipamentos utilizados etc.

Inicia-se o desenvolvimento fazendo-se pequenas quantidades de cada solução envolvida na produção e, depois dos ajustes necessários, parte-se para maiores escalas (*scale up*), para verificar se as características do produto são mantidas.

Ao longo da validação é obrigatório demonstrar que as etapas definidas são reprodutíveis e atendem às especificações do produto.

Todas as alterações devem ser devidamente documentadas e aprovadas. Uma vez que se tenha um produto acabado definido, procedimentos devem ser escritos, com orientações para fabricação. Realiza-se então a transferência para a produção, que fará os primeiros lotes-piloto a serem utilizados na validação final do produto e em eventuais estudos de desempenho, se aplicáveis.

Boas práticas de fabricação

A produção de reagentes imunodiagnósticos deve ser feita seguindo-se as BPF. Como já mencionado anteriormente neste capítulo, a legislação hoje em vigor é Resolução RDC nº 16/2013.[5]

Para todas as etapas da produção, devem-se ter procedimentos escritos descrevendo detalhadamente como deve ser feita a fabricação e os controles de qualidade do produto. Esses procedimentos são os conhecidos procedimentos operacionais padrão (POP) ou RMP.

Nesses procedimentos, serão descritas também as *fórmulas padrão*, ou seja, a "receita de bolo", as quais não devem ser modificadas sem autorização de um responsável e sem os devidos testes e validações. As produções deverão ser acompanhadas por *protocolos de produção*, em que deverão ser registrados os lotes e as quantidades das matérias-primas utilizadas. Os controles de qualidade realizados durante a produção e/ou no produto final também deverão ter registros. Além disso, os protocolos de produção e controle de qualidade devem ser conferidos e revisados por uma pessoa autorizada. Tudo isso fará parte do Registro Histórico do Produto.

O pessoal que trabalhará na produção e no controle de qualidade deve ser qualificado e treinado periodicamente. Deve-se também definir quais são os equipamentos de proteção individual (EPI), como luvas, avental, máscara etc., e os equipamentos de proteção coletiva (EPC), como capelas, exaustores etc., a serem utilizados.

Validação

Tanto a atual Resolução RDC nº 16/2013[5] sobre BPF quanto a Resolução RDC nº 36/2015[6], que estabelece o regulamento técnico de produtos para IVD, abordam aspectos da validação de processos e produtos. A norma brasileira NBR 14864 dispõe sobre procedimentos para validação de reagentes ou sistemas de diagnóstico.

Objetivo

O processo de validação tem por objetivos: assegurar que as condições adequadas de exame e as instruções de uso estejam bem definidas; monitorar o desempenho dos produtos para IVD; avaliar a dimensão dos erros aleatório e sistemático; decidir sobre a aceitabilidade dos produtos para IVD; avaliar seu desempenho quanto à utilidade médica dos resultados obtidos; estabelecer condições ideais de uso, incluindo o controle de qualidade; e desenvolver um plano de controle da qualidade para validar sua eficiência prospectivamente.

A rastreabilidade deve ser garantida em todas as etapas, permitindo a investigação e o esclarecimento de eventuais falhas em alguma delas.

Procedimento

As atividades necessárias à validação e os resultados obtidos em cada etapa, acompanhados de relatório de decisão, devem ser registrados em documentos controlados e arquivados, que comporão o relatório de validação.

Os modelos e os resultados obtidos durante a validação serão repassados aos usuários na forma de informações de desempenho constantes das instruções de uso do produto.

A análise crítica dos resultados obtidos deve ser considerada na elaboração das condições de uso e de um plano de controle de qualidade, incluindo recomendações específicas ao usuário para obter o desempenho desejado dos produtos ou do conjunto de reagentes para IVD.

No procedimento de validação devem ser consideradas as seguintes características de desempenho: condições ideais de padronização, calibração do teste por meio do estabelecimento do *cut off*, avaliação dos índices de sensibilidade e especificidade clínica, comparação de métodos avaliando índices de sensibilidade e especificidade relativas, repetitividade e reprodutibilidade, estabilidade dos componentes do *kit* e critérios de aceitabilidade dos resultados do ensaio (ver Capítulo 4).

Durante o processo de validação deve-se efetuar a etapa de elaboração ou revisão das instruções de uso, contemplando os aspectos importantes para garantir a eficiência dos produtos para IVD, bem como instruções específicas, se houver, para a assessoria técnico-científica. A instrução de uso, além das informações técnicas e metodológicas e de características de desempenho, deve dar destaque ao detalhamento do procedimento de execução do teste, permitindo que o operador realize a medição sem informações adicionais.

A análise crítica do controle de qualidade prospectivo e do acompanhamento de informações dos usuários deve contemplar a possibilidade de implementação da instrução de uso e ajustes na produção, se necessários.

Requisitos da validação

Podem variar de acordo com a metodologia utilizada e o tipo de reagentes que estão sendo empregados, e alguns requisitos não se aplicam a determinados parâmetros. Devido à grande diversidade de metodologias utilizadas para IVD, na elaboração deste capítulo sobre validação foi adotado como modelo um *kit* imunoenzimático (ver Capítulo 7) para pesquisa de anticorpos anti-*Trypanosoma cruzi* (doença de Chagas).

Nesse caso, devem-se considerar as características do método imunoenzimático do exame, a utilidade médica dos resultados na seleção de doadores de sangue e órgãos e as condições de uso manual e automatizado do *kit*.

Validação de processo

Na fase de desenvolvimento de um produto novo, serão ensaiadas diversas formulações, tempo de agitação, ordem de adição dos reagentes, temperatura etc., até se chegar à formulação considerada "ideal" para aquele produto. Uma vez obtida essa formulação, por meio do processo de validação, devem-se simular situações de desvio e definir os limites máximos e mínimos permitidos para cada situação.

Para realizar a primeira fase da validação, devem-se definir quais são as etapas críticas do processo, ou seja, aquelas que interferem na qualidade do produto. Em seguida, é necessário simular situações adversas às condições ideais e testar o produto em cada situação.

Entre as etapas críticas de um processo de produção de um *kit* imunoenzimático é possível citar:

- Tipo e qualidade da água a ser utilizada na produção de seus componentes
- Temperatura do ambiente onde está sendo realizada a produção
- Ordem de adição das matérias-primas para produção de cada componente
- Quantidade de cada componente adicionado à formulação
- Tempo de agitação
- Tempo e temperatura de incubação.

Por exemplo, chegou-se à conclusão de que um determinado componente de um *kit* imunoenzimático, conjugado, deveria permanecer sob agitação durante 1 h após a adição de toda matéria-prima. Se, em vez disso, ele for agitado por 50 min ou por 1 h e 10 min, há alguma interferência no resultado final? Para validar essa situação, é preciso fazer simulações, ou seja, fabricar um lote desse conjugado e deixar agitando por 30 min e testá-lo, depois agitar por mais 10 min (40 no total) e testá-lo novamente, e assim por diante até ultrapassar o tempo de agitação dito ideal. Com isso, é possível descobrir que uma variação de 10 min no tempo de agitação não interfere no processo, mas uma agitação inferior a 50 min, por exemplo, é insuficiente, enquanto uma superior a 1 h e 10 min não interfere em nada no processo. O mesmo se repete para cada parâmetro anteriormente mencionado.

Esta etapa do desenvolvimento ajuda a definir parâmetros e otimizar a produção. Baseando-se nos dados encontrados, são definidas as especificações das etapas de produção, formadas por parâmetros e seus respectivos limites superiores e inferiores (p. ex., tempo de agitação: 1 h +/- 10 min; temperatura: 25 +/- 2°C etc.). Isso permite certa flexibilidade na produção e ainda trabalhar com as margens de erro inerentes a determinados equipamentos.

Parte-se, então, para a validação de processo, ou seja, são estabelecidas e documentadas evidências objetivas de que o processo produzirá consistentemente um resultado que satisfaça as especificações predeterminadas.

Depois, inicia-se a validação do produto acabado, em que apenas se confirma se os limites impostos atendem aos requisitos pré-definidos. Para isso, o produto é fabricado seguindo as orientações estabelecidas durante seu desenvolvimento e realiza-se uma série de ensaios para verificar se esse *kit*, fabricado nessas condições, cumpre as especificações desejadas. Validações de processo e produto podem correr em paralelo.

Validação do produto

Após o desenvolvimento do produto e definição dos limites de variação para as etapas críticas do processo de fabricação, parte-se para a validação do produto. O ideal é que ela seja feita em três lotes do produto para IVD, preferencialmente produzidos na planta e com a equipe que irá fabricá-los.

Amostras

Devem-se utilizar amostras biológicas bem caracterizadas, ou seja, sabidamente positivas ou negativas, que servirão de referência, normalmente obtidas em bancos de sangue, laboratórios de análises clínicas e instituições de pesquisa. Além disso, sempre que houver uma referência internacional (por exemplo, amostra de referência da Organização Mundial da Saúde), esta deve ser incluída.

- **Método de referência (*gold standard*).** Ensaio considerado padrão e confirmatório para determinado parâmetro. Para a pesquisa de anticorpos anti-*T. cruzi*, utilizando testes imunológicos, o método de imunofluorescência indireta (IFI) tem sido considerado teste de referência. No teste IFI para pesquisa de anticorpos IgG anti-*T. cruzi* em laboratórios, o limiar de reatividade utilizado normalmente é 1:40. Já na triagem sorológica em bancos de sangue, têm sido recomendados 1:20 e 1:40.[7]
- **Amostras de referência.** São amostras obtidas de instituições, laboratórios, bancos de sangue, os quais informam os resultados obtidos e métodos utilizados nos testes realizados, por exemplo, para pesquisa de anticorpos anti-*T. cruzi*. A amostra será classificada como de referência quando tiver o resultado do teste de referência.
- **Amostras verdadeiro-positivas.** São amostras que, além de terem resultados positivos nos testes sorológicos, inclusive no de referência, são coletadas de pacientes que apresentam sinais e sintomas clínicos daquela doença.
- **Amostras verdadeiro-negativas.** São amostras que, além de terem resultados negativos nos testes sorológicos, inclusive no de referência, são coletadas de indivíduos que não apresentam sintomas clínicos daquela doença.

Índices e parâmetros

Para definir os índices e os parâmetros a serem considerados, é preciso se basear nas características do teste que será analisado. Para o teste adotado como exemplo neste capítulo (pesquisa de anticorpos anti-*T. cruzi* por ELISA), têm-se as seguintes observações:

- O teste ELISA para pesquisa de anticorpos anti-*T. cruzi* é do tipo qualitativo. Como fornece uma leitura analítica (intensidade de cor) proporcional à quantidade de anticorpos detectados, pode ser considerado semiquantitativo
- É um teste de triagem para uso principal em doadores de sangue, por isso, deve apresentar sensibilidade clínica de 100%.

Portanto, conclui-se que os índices e os parâmetros mais importantes a serem avaliados na validação são: sensibilidade, especificidade, limite de detecção, análise de interferências, repetitividade, reprodutibilidade, estabilidade, erros aleatório e sistemático (ver Capítulo 4).

O desempenho do teste imunoenzimático para pesquisa de anticorpos anti-*T. cruzi* será avaliado comparativamente ao teste de referência IFI. Serão empregadas amostras de referência negativas e positivas. Dentre as amostras positivas serão utilizadas amostras de títulos variados, incluindo aquelas no limite de decisão clínica. Essa análise comparativa permitirá estabelecer também o limite de detecção do teste e a análise de interferências.

Sensibilidade clínica

- **Ação.** Ensaiar, no mínimo, 100 amostras de referência classificadas como positivas pelo teste de referência IFI e, pelo menos, mais dois testes imunodiagnósticos comerciais. Se possível, ensaiar também amostras de pacientes, nas fases aguda e crônica e que apresentem os sintomas clínicos da doença.
- **Resultado esperado.** Todas as amostras positivas devem apresentar resultado positivo no teste ELISA, ou seja, sensibilidade de 100%.

Especificidade clínica

- **Ação.** Ensaiar, no mínimo, 1.000 amostras de referência classificadas como negativas pelo teste de referência IFI e, pelo menos, mais dois testes comerciais.
- **Resultado esperado.** Pelo menos 980 amostras devem apresentar resultado negativo no teste ELISA, ou seja, especificidade mínima de 98%.

Análise comparativa de desempenho

LIMITE DE DETECÇÃO

É a capacidade de identificar a presença de um analito em certas condições ou de determinar a sua quantidade dentro de limites definidos de precisão. Para avaliar o limite de detecção do teste, será avaliada sua sensibilidade relativa em relação ao método de referência IFI.

- **Ação.** Ensaiar 100 amostras de referência classificadas como positivas, com resultados de títulos variados no teste de referência IFI, pelo menos cinco delas com valores abaixo de 1:80, das quais duas no limiar de reatividade recomendado para banco de sangue, 1:20. Também pode ser usado o método de diluição limitante para obter os painéis de limite de detecção. Uma amostra positiva é diluída em amostra negativa em série até identificar a menor diluição que ainda mostra reatividade.
- **Resultado esperado.** Concordância de 100%.

ANÁLISE DE INTERFERÊNCIAS

Interferência é o aumento ou a diminuição irreal na concentração aparente ou na intensidade de um analito devido à presença de uma substância que reage não especificamente com o reagente detector ou com o próprio analito. Para o estudo de interferências no teste, será avaliada a especificidade relativa do teste em relação ao método de referência IFI.

Amostras lipêmicas, ictéricas e com hemólise aparente devem ser incluídas. O efeito de anticoagulantes e gel separador deve ser avaliado em amostras do mesmo indivíduo coletadas em diferentes tubos (ver Capítulo 11).

- **Ação.** Ensaiar 100 amostras de referência classificadas como negativas, todas com resultados inferiores a 1:20 ou não reagentes no teste de referência IFI.
- **Resultado esperado.** Concordância de 100%.

Repetitividade

Índice que corresponde ao grau de concordância entre os resultados do teste realizado sucessivamente com uma mesma amostra, sob as mesmas condições.

- **Ação.** Ensaiar duas amostras de referência classificadas como positivas e que tenham mostrado resultados do teste ELISA próximos ao limite de decisão médica, ou seja, até no máximo duas vezes o valor do *cut off*. O ensaio deverá conter 30 replicatas de cada amostra.
- **Resultado esperado.** As duas amostras devem mostrar reatividade em todas as replicatas. O coeficiente de variação do índice de reatividade (relação leitura/*cut off*) não deve exceder 20%. Coeficiente de variação é a razão do desvio padrão, ou seja, a média dos resultados analisados.

Reprodutibilidade

Índice que corresponde ao grau de concordância entre os resultados do teste realizado em condições diferentes com a mesma amostra.

- **Ação.** Ensaiar duas amostras de referência classificadas como positivas e que tenham mostrado resultados do teste ELISA próximos ao limite de decisão médica, ou seja, até no máximo duas vezes o valor do *cut off*. O ensaio deverá ser realizado em condições diferentes, utilizando-se o mesmo *kit* por dois operadores, e de forma manual e automatizada, quando possível, em dez dias diferentes. Deverão ser obtidas, pelo menos, 30 replicatas.
- **Resultado esperado.** As duas amostras devem mostrar reatividade em todas as replicadas. O coeficiente de variação é a razão entre o desvio padrão e a média dos resultados analisados.

Estabilidade

A norma internacional ISO 23640:2011, trata da estabilidade de reagentes para IVD. Apesar de ainda não ter sido internalizada pela ABNT como norma brasileira, pode ser utilizada como base para estudos de estabilidade de reagente para IVD.

Estabilidade é definida como a capacidade de o reagente para IVD manter as suas características de desempenho dentro dos limites especificados pelo fabricante.[8]

Está dividida em: estabilidades acelerada, de longa duração (também chamada de estabilidade em tempo real) e do *kit* aberto (ou em uso). Recomendam-se os estudos de estabilidade em pelo menos três lotes para estabilidade acelerada e em tempo real; e, pelo menos, em um lote para estabilidade de *kit* aberto (em uso).

Estudo de estabilidade acelerada

São estudos projetados para acelerar a degradação química, biológica ou mudanças físicas de um produto para IVD pelo uso de condições de estresse ambiental com o intuito de prever o prazo de validade do produto. O projeto de uma avaliação de estabilidade acelerada pode incluir condições extremas de temperatura, umidade, luz ou vibração.[8] Os dados assim obtidos, com aqueles derivados dos estudos de longa duração, podem ser usados para avaliar efeitos químicos prolongados em condições não aceleradas e o impacto de curtas exposições a condições fora daquelas estabelecidas no rótulo, como os que podem ocorrer durante o transporte e armazenamento não controlados. Os resultados dos estudos acelerados nem sempre são indicativos de mudanças físicas visualizadas facilmente.[7]

▪ **Ação.** Ensaiar, pelo menos, três amostras de referência classificadas como positivas e outras três como negativas. Esse será o resultado do dia zero do estudo (primeiro dia do estudo de estabilidade). Colocar o *kit* em incubadora com temperatura entre 37 e 40°C. Ensaiar as mesmas amostras nesse *kit*, periodicamente (a cada 3 dias ou a intervalos menores quando os resultados começarem a cair), até a perda de estabilidade.

▪ **Resultado esperado.** A ser estabelecido para cada produto. Após o acompanhamento da estabilidade de longa duração, pode-se estabelecer uma correlação entre os resultados obtidos nas estabilidades acelerada e de longa duração e, com isso, definir por quanto tempo o produto deverá manter-se estável para garantir a validade real estabelecida para ele.

Estudos de estabilidade de longa duração (ou estabilidade em tempo real)

São estudos projetados para estabelecer ou verificar o prazo de validade do reagente quando exposto às condições especificadas pelo fabricante. As condições que podem afetar a estabilidade de um reagente para uso IVD incluem temperatura, condições de transporte, vibração, luz, umidade.[8] Em produtos que já têm prazo de validade e condições de armazenagem definidos, o estudo servirá apenas para confirmar essas informações.

▪ **Ação.** Ensaiar, pelo menos, três amostras de referência classificadas como positivas e outras três como negativas. Esse será o resultado do dia zero do estudo. Manter o *kit* na sua condição ideal de armazenamento (2 a 8°C). Testar as mesmas amostras nesse *kit* periodicamente (mensalmente ou a intervalos menores quando os resultados começarem a cair) até a perda de estabilidade. Os testes devem continuar, mesmo após vencimento do *kit*.

▪ **Resultado esperado.** A ser estabelecido para cada produto, o qual será acompanhado em tempo real até perder a sua validade. A partir desse dado, é possível estabelecer a validade real. Por questões de segurança, recomenda-se que a validade a se atribuir ao produto deva ser um pouco menor do que a real, por exemplo, se o produto é estável por 14 meses, define-se sua validade como 10 ou 12 meses. Isso não é uma regra, apenas uma precaução.

Estabilidade do kit *aberto*

É o estudo de estabilidade realizado no *kit* mantido nas condições de armazenamento indicadas no rótulo ou instruções de uso, mas com reagentes abertos. Para a fase de desenvolvimento de produtos novos, esse estudo terá como objetivo definir a duração do produto depois de aberto.

▪ **Ação.** Ensaiar, pelo menos, três amostras de referência classificadas como positivas e três como negativas. Esse será o resultado do dia zero do estudo. Manter os reagentes e as tiras/microplacas remanescentes guardadas de acordo com as orientações das instruções de uso do *kit*. Testar as mesmas amostras nesse *kit* aberto, periodicamente (semanalmente ou a intervalos menores quando os resultados começarem a cair) até a perda de estabilidade.

▪ **Resultado esperado.** A ser estabelecido para cada produto. Após finalizar o estudo, é possível confirmar por quanto tempo ele pode ser mantido aberto, desde que conservado nas condições indicadas nas instruções de uso.

▪ Intervalo de trabalho

É o intervalo de linearidade na resposta e o método estatístico usado para essa verificação. Em testes quantitativos, trata-se de menor e maior valores obtidos de concentração medidos pelo método. De modo geral, não se aplica à pesquisa de anticorpos em ensaios imunoenzimáticos, apenas a imunoensaios quantitativos para determinação de hormônios, marcadores tumorais, proteínas plasmáticas, substâncias psicoativas, entre outros. Em raras situações, a quantificação de anticorpos é importante, por exemplo, em estudos de imunização, e nesse caso são necessárias amostras-referência com unidades conhecidas, geralmente obtidas por ensaios biológicos como neutralização de toxinas.

▪ Estudo de recuperação

É o aumento mensurável na concentração ou na atividade do analito em uma amostra depois de adicionar uma quantidade conhecida do analito à amostra. Não se aplica à pesquisa de anticorpos em ensaios imunoenzimáticos, apenas a imunoensaios quantitativos da determinação de moléculas.

▪ Avaliação dos erros aleatório e sistemático

Segundo norma NBR 14864 da ABNT:[3]

- Erro aleatório: resultado de uma medição menos a média resultante de um número (n) de medições do mesmo mensurando, feitas sob condições de repetitividade
- Erro sistemático: média resultante de um número (n) infinito de medições do mesmo mensurando, feitas sob condições de repetitividade, menos o valor verdadeiro ou aceito ou esperado como verdadeiro (o valor verdadeiro, o erro sistemático e as causas não são completamente conhecidos)
- Imprecisão: estimativa do erro analítico aleatório pode ser definida como dispersão aleatória de um conjunto de resultados em replicata ou valores expressos quantitativamente por uma estatística como desvio padrão ou coeficiente de variação
- Inexatidão: estimativa do erro analítico sistemático, pode ser definida como a diferença numérica entre o valor obtido e o verdadeiro.

▪ **Ação.** Estabelecer o RE (valor verdadeiro). Ensaiar três amostras, uma negativa e duas positivas, uma de título baixo e outra de título alto, em 3 dias diferentes, cada amostra em 10 replicatas. Calcular o *ratio* [densidade ótica (DO)/*cut off*) para cada resultado. Calcular média, desvio padrão e coeficiente de variação do *ratio* para cada amostra. O RE será considerado como o intervalo entre os valores obtidos de média + dois desvios padrões. Essas três amostras terão resultados que serão chamados de RE negativo, RE positivo baixo e RE positivo alto.

Erro aleatório

- **Ação.** Em 5 dias diferentes, realizar o ensaio das três amostras RE.
- **Resultado esperado.** Os resultados das amostras positivas devem estar no intervalo esperado, e os resultados da amostra negativa devem ser negativos.

Erro sistemático

- **Ação.** Um operador diferente daquele que estabeleceu os valores de RE deve realizar, em um ensaio, 10 replicatas das três amostras RE e calcular média e desvio padrão.
- **Resultado esperado.** Variação de mais ou menos 10% entre o valor obtido e o valor esperado. Os resultados das amostras devem ser concordantes quanto à classificação de positivo e negativo.

Imprecisão

- **Ação.** Um operador diferente daquele que estabeleceu os valores de RE deve realizar, em um ensaio, 10 replicatas das três amostras RE e calcular o coeficiente de variação (razão entre o desvio padrão e a média) das leituras.
- **Resultado esperado.** O coeficiente de variação não deve exceder a 20%. Os resultados das amostras devem ser concordantes quanto à classificação de positivo e negativo.

Critérios de aceitabilidade do reagente para diagnóstico de uso *in vitro*

Deve-se atender a todos os critérios de índices e parâmetros e de avaliação de erros aplicáveis ao *kit* em estudo.

Estabelecimento das condições de uso

A instrução de uso (popularmente chamada de bula) deverá ser elaborada (para produtos em desenvolvimento) ou revisada (para produtos prontos), contemplando os aspectos importantes para garantir a eficiência do produto para IVD. Além das informações técnicas e metodológicas e de características de desempenho, deverá dar destaque ao detalhamento do procedimento do exame utilizando o teste, permitindo que o operador execute a medição sem informações adicionais.

Plano de controle de qualidade e validação prospectivo

Deve prever o acompanhamento do desempenho do produto no mercado, assim como internamente, por meio do estudo de estabilidade de longa duração.

A análise crítica do controle de qualidade prospectivo e do acompanhamento de informações dos usuários deve contemplar a necessidade de ações preventivas e/ou corretivas; incluindo, entre outras, necessidade de alterações no produto para IVD ou complementação ou alteração da instrução de uso do *kit*, sempre que necessário.

- **Ação.** Verificar se são obtidas replicatas válidas dos resultados dos controles do *kit* dentro dos limites estabelecidos e se a estabilidade está dentro do esperado. Analisar criticamente, se houver, todas as reclamações de cliente, realizando testes internos, se necessário.

Registros dos resultados de validação

Devem ser detalhados e adequados, bem como armazenados de maneira ordenada e de fácil entendimento.

Os dados referentes ao produto para IVD, às amostras e aos resultados terão rastreabilidade estabelecida de acordo com critérios da garantia da qualidade.

As atividades necessárias à validação, e os resultados obtidos em cada etapa, acompanhados de relatório de decisão, serão registrados em documentos controlados e arquivados, que comporão o processo de validação. Devem ser definidos o setor e a pessoa responsável por essa documentação.

Recursos humanos

A equipe que participará não só da validação de um produto, mas também de toda cadeia da produção, controle de qualidade, manuseio, vendas e suporte técnico, deve ser treinada e capacitada a realizar as tarefas necessárias. Esse treinamento deve se repetir periodicamente, para garantir a correção das atividades.

Deve haver também orientação sobre os riscos dos produtos com os quais estão trabalhando e a importância do uso de EPI ou EPC, os quais devem ser fornecidos pela empresa.

A equipe deve ser multiprofissional, composta por profissionais com formação específica na área em que irão atuar e habilidades para o desempenho da função.

Instalações

A validação do *kit* deve ser feita no local onde ele será produzido e submetido a controle de qualidade, utilizando-se os equipamentos e as condições ambientais empregados na sua produção.

As áreas da planta de produção devem seguir os padrões preconizados pelas boas práticas de fabricação, com acesso restrito ao pessoal autorizado, proteção contra a entrada de insetos e roedores e climatização, quando necessário. Além disso, deve-se proibir comer, beber e fumar nessas áreas, devendo haver local apropriado para tais atividades.

Todos os equipamentos críticos utilizados na produção devem passar por manutenções preventivas, para evitar problemas durante o uso. Os instrumentos e equipamentos de medição críticos devem também ser calibrados.

As áreas de produção e controle de qualidade devem estar sempre limpas e desinfetadas, além de desratizadas e dedetizadas periodicamente, com produto e processo que não contamine o material da produção.

Os materiais utilizados na produção, bem como os resíduos sólidos e líquidos gerados, devem ser descartados de acordo com as normas e regulamentos locais.

Considerações finais

O papel das agências reguladoras no diagnóstico laboratorial é ajudar a garantir que os reagentes para IVD distribuídos comercialmente sejam seguros e eficazes para suas aplicações previstas.

No Brasil, a Anvisa regula a fabricação e a distribuição de produtos para IVD, sob um enquadramento legal e regulamentar muitas vezes desconhecido para a maioria dos pesquisadores.

As normas de BPF e sistema de gestão da qualidade traçam diretrizes aplicáveis não só à produção como também ao desenvolvimento de produtos para IVD.

O reconhecimento e a aplicação por parte dos pesquisadores, tanto em instituições públicas quanto privadas, das normas regulamentares aplicáveis a produtos para IVD desde sua etapa de pesquisa e desenvolvimento, facilitam o trabalho de transferência para produção e registro desses produtos junto a autoridades sanitárias.

Referências bibliográficas

1. International Medical Device Regulators Forum [homesite]. Disponível em: www.imdrf.org. Acesso em: 17 jan 2018.
2. Programa de Auditoria Única em Productos para a Saúde - MDSAP - ANIVA. Disponível em: http://portal.anvisa.gov.br/piloto-do-programa--de-auditoria-unica-mdsap . Acesso em: 17 jan 2018
3. Associação Brasileira de Normas Técnicas. Norma Brasileira NBR 14864. Diagnóstico *in vitro* - Procedimentos para validação de regentes ou sistemas de diagnóstico, 2002.
4. Eduardo MBP, Miranda ICS. Saúde & Cidadania. Vigilância Sanitária. Instituto para o Desenvolvimento da Saúde. São Paulo: Núcleo de Assistência Médico-Hospitalar e Banco Itaú; 1998. p. 3.
5. Brasil. Ministério da Saúde. Agência Nacional de Vigilância Sanitária. Resolução RDC nº 36, de 26 de agosto de 2015. Dispõe sobre a classificação de risco, os regimes de controle de cadastro e registro e os requisitos de rotulagem e instruções de uso de produtos para diagnóstico in vitro, inclusive seus instrumentos e dá outras providências . Diário Oficial da União nº 164. 27 agost 2015.
6. Brasil. Ministério da Saúde. Agencia Nacional de Vigilância Sanitária. Resolução RDC nº 16, de 28 de março de 2013. Aprova o regulamento técnico de boas práticas de fabricação de produtos médicos e produtos para diagnóstico de uso *in vitro* e dá outras providências. Diário Oficial da União. 01 abr 2013.
7. Ferreira AW, Ávila SLM. Doença de Chagas. In: Ferreira AW, Ávila SLM. Diagnóstico laboratorial das principais doenças infecciosas e auto-imunes. 2. ed. Rio de Janeiro: Guanabara-Koogan; 2001. pp. 241-9.
8. International Organization for Standardization. 23640 (en). *In vitro* diagnostic medical devices - Evaluation of stability of *in vitro* diagnostic reagents, 2011.

Bibliografia

Agência Nacional de Vigilância Sanitária [homesite]. Disponível em: www.anvisa.gov.br. Acesso em: 22 nov 2017.

Brasil. Decreto nº 8.077, de 14 de agosto de 2013. Regulamenta as condições para o funcionamento de empresas sujeitas ao licenciamento sanitário, e o registro, controle e monitoramento, no âmbito da vigilância sanitária, dos produtos de que trata a Lei nº 6.360 de 23 de setembro de 1976, e dá outras providências. Diário Oficial da União. 15 ago 2013.

Brasil. Lei nº 6.360, de 23 de setembro de 1976. Dispõe sobre a vigilância sanitária a que ficam sujeitos os medicamentos, as drogas, os insumos farmacêuticos e correlatos, cosméticos, saneantes e outros produtos, e dá outras providências. Diário Oficial da República Federativa do Brasil, 1976.

Brasil. Ministério da Saúde. Resolução RE nº 1, de 29 de julho de 2005. Autoriza a publicação do Guia para a Realização de Estudos de Estabilidade. Diário Oficial da República Federativa do Brasil, 2005.

Comunidade Europeia [homesite]. Disponível em: www.europa.eu.int. Acesso em: 22 nov 2017.

Comunidade Europeia. Normas aplicáveis a produtos diagnóstico de uso in vitro. Disponível em: https://ec.europa.eu/growth/single-market/european-standards/harmonised-standards/iv-diagnostic-medical-devices_en . Acesso em: 19 jan 2018.

Food and Drug Administration [homesite]. Disponível em: www.fda.gov. Acesso em: 19 jan 2018.

International Organization for Standardization [homesite]. Disponível em: www.iso.org. Acesso em: 22 nov 2017.

Organização Nacional de Acreditação [homesite]. Disponível em: www.ona.org.br. Acesso em: 22 nov 2017.

Pinto TJA, Kaneko TM, Ohara MT. Controle biológico de qualidade de produtos farmacêuticos, correlatos e cosméticos. São Paulo: Atheneu; 2000. p. 27.

Sindicato da Indústria de Produtos Farmacêuticos no Estado de São Paulo. Boas Práticas de Fabricação, 1999.

Capítulo 11

Amostras Utilizadas em Imunoensaios

Adelaide J. Vaz, Isabel Daufenback Machado e Ednéia Casagranda Bueno

Introdução

A validação dos imunoensaios é feita com base nos parâmetros imunológicos de sensibilidade, especificidade, repetitividade, reprodutibilidade e estabilidade (ver Capítulos 4 e 10). Nesse contexto, apenas os ensaios que apresentam bom desempenho nos parâmetros imunológicos podem estar disponíveis para comercialização. No entanto, não raro, o profissional do laboratório clínico depara-se com resultados não adequados para a amostra em análise. Às vezes, uma nova amostra é coletada e, então, o problema é solucionado.

Assim como em todas as áreas do laboratório clínico, os imunoensaios têm sido objeto de padronização e normatização por vários institutos internacionais de referência em Análises Clínicas (*Clinical Chemistry*). Métodos, amostras-referência, calibradores, normas regulatórias, biossegurança, boas práticas em laboratório e algoritmos para investigação laboratorial são alguns dos principais temas explorados por essas instituições nacionais e internacionais.

Sociedades científicas como a Sociedade Brasileira de Patologia Clínica e a Sociedade Brasileira de Análises Clínicas têm colaborado na orientação e no aprimoramento de seus associados no foco da qualidade, com implementação de programas de acreditação e controle de qualidade na rotina laboratorial. Este, por sua vez, visa a rastrear, identificar e corrigir erros nas atividades relacionadas com as etapas pré-analítica, analítica e pós-analítica de um exame laboratorial. Com melhor qualidade, os erros e os desperdícios podem diminuir, aumentando a confiabilidade e a produtividade, e, com isso, haverá melhora da competitividade no mercado.

Testes de proficiência, mais tradicionais na área de bioquímica, também estão disponíveis para imunoensaios. Algumas organizações internacionais têm se destacado na implantação e implementação desses testes: College of American Pathologists (CAP), American Association of Blood Banks (AABB), Centers for Disease Control and Prevention (CDC).

Dessa forma, organismos governamentais também têm estabelecido cada vez mais normas de funcionamento de laboratório e regras de validação de testes laboratoriais, bem como de acreditação (ver Capítulo 10). A tendência no futuro é que a normatização na área de laboratório clínico seja internacional. Por exemplo, algumas instituições envolvidas com esse tema:

- International Standards Organization (ISO)
- European Committee for Clinical Laboratory Standards (ECCLS) na Europa
- National Committee for Clinical Laboratory Standards (NCCLS) nos EUA, cujo nome é, atualmente, Clinical and Laboratory Standards Institute (CSLI).

No Brasil, a Agência Nacional de Vigilância Sanitária, criada pela Lei Federal nº 9.782, de 26 de janeiro de 1999, tem sido responsável pela regulamentação de vários procedimentos, principalmente em Hemoterapia.[1] O Instituto Nacional de Metrologia, Qualidade e Tecnologia (Inmetro) e o Instituto Nacional de Controle de Qualidade em Saúde (INCQS), ambos na cidade do Rio de Janeiro, são instituições federais também envolvidas com normatização e avaliações na área de saúde.

Alguns aspectos referentes às amostras nos imunoensaios são apresentados a seguir. A obtenção de amostra para análise laboratorial está relacionada com a etapa pré-analítica, a qual possui muitos fatores interferentes importantes. Estes, por sua vez, devem ser monitorados com o *Controle de Qualidade Pré-analítico*. Ainda, como a maior parte dos imunoensaios é feita em amostras de soro, a maioria das informações diz respeito a essa amostra.

Neste capítulo, serão abordados alguns dos aspectos pré-analíticos referentes à amostra que são clinicamente relevantes e podem influenciar resultados dos imunoensaios. O objetivo é alertar o laboratorista para esses fatores extrínsecos ao teste imunológico propriamente dito, ressaltando que ainda há muito a ser estudado e considerado, dependendo do formato do teste, da fase sólida, dos componentes, do equipamento, enfim, das variáveis do próprio teste.

Preparo e instruções ao paciente

Certos aspectos dos ensaios laboratoriais referentes ao paciente estão fora do controle médico ou laboratorial. Idade, sexo, etnia, gravidez, período do ciclo menstrual, estresse, dieta, polimorfismos são alguns dos exemplos.

O uso de *medicamentos*, embora teoricamente de controle médico, por vezes está fora do controle laboratorial, devido ao hábito de automedicação e ao conceito errado de que alguns deles não são "remédios". Por exemplo, anticoncepcionais, vitaminas, suplementos alimentares, analgésicos, antitérmicos, laxantes, fitoterápicos, "chás", entre outros.

Como são fatores inerentes ao paciente, devem ser questionados e devidamente anotados. Essas informações serão úteis no momento de interpretar os resultados obtidos e verificar coerência entre os diferentes marcadores analisados.

Normalmente, essa etapa de anotação cabe ao pessoal da recepção, nem sempre da área de saúde. Por esse motivo, vários laboratórios utilizam programas de computador que facilitam a ordem do preenchimento da ficha, além de disponibilizarem um profissional da área de saúde para supervisão dos recepcionistas. Treinamentos constantes depois de identificadas falhas (não conformidades) são obrigatórios e implementam a qualidade do laboratório. Outros fatores variáveis relativos ao paciente podem ser mais bem controlados. Alguns são genéricos, outros específicos ao exame solicitado, principalmente nas dosagens hormonais.

Jejum

Embora esta seja uma variável importante em ensaios bioquímicos, tem menor importância nos imunoensaios. Na metodologia dos imunoensaios de uma etapa, imunoprecipitação e imunoaglutinação, a concentração excessiva de lipídios (hiperlipidemia) pode interferir no desempenho do teste. Na reação de fixação do complemento e inibição de hemólise, lipídios consomem complemento e interferem no resultado.

Em todos os ensaios automatizados, amostras contendo quilomícrons, hipertrigliceridemia, fibrina e partículas podem interferir na fase sólida do teste e até impedir a pipetagem automática. Os volumes são mínimos, e as agulhas ou sondas (*probes*), muito finas, podem entupir. A ultracentrifugação da amostra resolve alguns desses problemas, mas não é comum o uso de ultracentrífuga em laboratório clínico.

Amostras coletadas até 2 h após refeição normal (almoço, jantar), estão na fase pós-prandial, e devem ser evitadas. Além disso, coleta de sangue é um procedimento de estresse para o paciente e deve ser evitada a situação de coleta logo após refeição pesada.

Para imunoensaios, comumente, uma regra quase geral é o jejum de no mínimo 8 h, equivalendo ao período de sono noturno. Como o paciente geralmente está se submetendo também a outros exames (hematológicos, bioquímicos), esse período é bastante adequado. Nos exames de determinação de colesterol e triglicerídios, o jejum ideal é de 12 h. Jejum prolongado, superior a 16 h, também não é adequado para muitos parâmetros bioquímicos e endócrinos.

Se os exames forem apenas para pesquisa de anticorpos e a metodologia aplicada for do tipo imunoenzimático, imunofluorescência ou quimiluminescência, então um período de 4 h de jejum é suficiente. Para bebês lactentes, a coleta imediatamente anterior à próxima mamada (2 a 3 h) é aceitável.

Na dosagem de *fármacos* (ver Capítulo 13) de administração por via oral, a hora e o tipo de alimentação concomitante podem alterar a absorção do fármaco e, por consequência, sua biodisponibilidade. Como os fármacos se ligam a proteínas plasmáticas, a hipoproteinemia pode aumentar a concentração do medicamento livre.

A regra é anotar qualquer alteração do aspecto da amostra de soro diferente do límpido. Dessa forma, com intuito de justificar resultados divergentes com posteriores repetições do ensaio, pode-se informar no laudo as características alteradas das amostras, como soro lipêmico, ictérico ou com hemólise.

Beber água não invalida o jejum, mas alguns pacientes entendem que também podem tomar sucos e café sem açúcar. Cafeína de café, chás e refrigerantes aumentam a concentração de cortisol plasmático em até 50% após 3 h da ingestão. Novamente, deve ser ressaltada a importância do profissional da recepção e coleta, que por meio de questionamentos e conversas pode detectar o uso de algum alimento ou bebida diferente de água.

Álcool

A ingestão deve ser evitada. Os indivíduos podem ser abstêmios ou consumir álcool eventualmente, socialmente ou com frequência. Quando ingerido na forma de abuso (altas doses diárias e com aspectos de dependência), leva o indivíduo à desnutrição proteica secundária, além de efeitos na função hepática. Algumas enzimas hepáticas, como gamaglutamil transferase, fosfatase alcalina e aspartato aminotransferase, podem estar aumentadas. Contudo, essas determinações não usam imunoensaios.

Tabagismo

Deve ser evitado, preferencialmente acompanhando o jejum de 4 h. Cortisol e, mais raramente, hormônio do crescimento podem estar aumentados por até 30 min após inalação de nicotina. O uso crônico do fumo afeta também alguns hormônios, aumentando a concentração plasmática de insulina, peptídio C e androstenediona. Do mesmo modo, o tabagismo gera resultados acima dos valores da população não fumante para antígeno carcinoembriônico (CEA). Gestantes fumantes apresentam redução de gonadotrofina coriônica humana (hCG) e estradiol. A meia-vida da teofilina e de antidepressivos tricíclicos é menor entre os fumantes.

Imunoglobulinas

Aquelas presentes nas amostras podem ser provenientes de transfusões de sangue total em um período de até 6 meses antes da coleta. Felizmente, com raridade se utilizam unidades de sangue total nos procedimentos de hemoterapia. O aspecto interferente permanece para pacientes que receberam transfusão de plasma humano ou seus derivados contendo gamaglobulina. As imunoglobulinas transferidas ao paciente por meio de transfusões podem reagir de forma inespecífica ou serem residuais, induzindo um resultado falso-positivo em uma pesquisa de anticorpos por imunoensaios.

Gravidez

Acarreta mudanças em vários parâmetros hormonais e proteicos que foram explorados em alguns capítulos deste livro. No plasma de gestantes, há aumento de hCG, lactogênio placentário (hPL), cortisol e hormônios tireoidianos.

Nos imunoensaios de detecção de anticorpos, são observadas algumas interações inespecíficas mais frequentes em gestantes. Não se conhece claramente o mecanismo, mas é possível que alterações hormonais, proteicas e hemodinâmicas representadas no soro sanguíneo da gestante sejam responsáveis por resultados falso-positivos nos imunoensaios para pesquisa de anticorpos.

Além da informação sobre gravidez ou possibilidade dela (perguntar a data da última menstruação para as mulheres), é importante anotar a semana gestacional, principalmente na determinação de hormônios.

Exercícios

Alteram a concentração de vários parâmetros bioquímicos e alguns hormônios, principalmente se extenuantes, com perda de água pelo suor. Ocorre aumento da concentração circulante de albumina, glucagon, somatotropina, cortisol e hormônio adrenocorticotrófico (ACTH) e diminuição de insulina. Para minimizar esses efeitos, a coleta de sangue deve ser feita após 30 min de repouso já no laboratório.

Idade

É um parâmetro importante na interpretação de resultados de exames para determinar a concentração de hormônios, proteínas e várias substâncias do metabolismo bioquímico. Mesmo as imunoglobulinas mostram variação de acordo com a idade. Valores de referência devem ser estabelecidos para cada faixa etária.

Na investigação das diversas doenças e afecções, saber a idade do paciente ajuda a estabelecer certo valor preditivo positivo para o resultado, já que na epidemiologia de cada doença há uma faixa etária mais provável de ser acometida.

Amostras de *idosos* também apresentam algumas peculiaridades nos imunoensaios. É possível observar mais comumente gamopatias e ativação policlonal de linfócitos B, doenças autoimunes com hipergamaglobulinemia e, com isso, maior frequência de resultados falso-positivos na pesquisa de anticorpos. Por outro lado, indivíduos idosos mostram alguma deficiência na produção de anticorpos e alguns ensaios podem apresentar resultados falso-negativos. Por exemplo, a produção de iso-hemaglutininas do sistema ABO é reduzida.

Ciclo menstrual e ritmo circadiano

São fatores importantes na análise de resultados de vários exames, especialmente nas dosagens hormonais. A informação sobre o dia do ciclo menstrual ou da hora da coleta deve constar no laudo laboratorial para melhor interpretação clínica das dosagens.

O ciclo menstrual é um processo decorrente da secreção alternada de quatro hormônios: estrógeno, progesterona, hormônio luteinizante (LH) e hormônio folículo-estimulante (FSH). No início de cada ciclo, há liberação hipofisária de pequenas quantidades de FSH e LH, as quais levam ao amadurecimento e ao crescimento dos folículos ovarianos. O crescimento destes induz o aumento de produção de estrógeno, o qual atinge seu pico máximo na metade do ciclo menstrual, durante a ovulação. Nesse momento, a concentração elevada de estrógeno provoca aumento súbito de FSH e LH. Após a ovulação, os elementos residuais do folículo ovariano rompido formam o corpo lúteo, que secreta estrogênio e elevada concentração de progesterona com o objetivo de manter a gestação, até que a placenta possa assumir essa função. Caso não ocorra a fecundação do óvulo, os níveis de progesterona caem e ocorre a menstruação. Com isso, o dia do ciclo menstrual reflete diretamente na dosagem desses hormônios, bem como de outros hormônios e analitos relacionados metabolicamente.

O ritmo circadiano ou ciclo circadiano corresponde a um período de 24 h no qual se completam as atividades do ciclo biológico dos seres vivos. Esse ciclo é influenciado principalmente pela luz e pela temperatura, e atua na regulação de processos fisiológicos, como vigília e sono, temperatura corporal, ritmo cardíaco, pressão arterial, sensibilidade à dor, secreção de hormônios, entre outros. Entre os hormônios influenciados pelo ciclo circadiano, o cortisol é o parâmetro mais afetado ao longo do dia, por isso se preconiza sua coleta entre 7 e 9 h da manhã. Em casos específicos, o médico solicita a coleta da amostra à tarde, entre 16 e 17 h. Para a maioria dos hormônios, os valores de referência foram obtidos em indivíduos com 8 a 12 h de jejum, sendo a coleta realizada também entre 7 e 9 h da manhã. Por isso, é quase regra o paciente procurar o laboratório nesse horário.

O *estresse* é um parâmetro de difícil mensuração, mas tem sido associado com aumento de hormônios, principalmente com a secreção aumentada de cortisol. Ainda, precisa-se considerar que a simples ida ao laboratório e a coleta de sangue são estressantes para muitos pacientes. Dessa forma, ambientes acolhedores e profissionais que compreendam a situação do paciente podem minimizar esse efeito.

Tempo da realização da coleta

Alguns exames hormonais são realizados após estímulo ou supressão de função de órgãos (hipófise, tireoide, gônadas, suprarrenal), chamados *curvas de estímulo/supressão* ou cinética de liberação de hormônios. Nesses exames, é fundamental a coleta nos horários predeterminados, que devem ser anotados no resultado para estabelecer a curva de resposta.

Outros marcadores mostram alteração após algum tempo do evento que originou essa alteração, como marcadores cardíacos após infarto e proteínas de fase aguda após lesão tecidual. O tempo decorrido entre o evento e a coleta deve ser observado para que o resultado tenha valor preditivo elevado.

Os ensaios de *monitoramento* de concentração plasmática de *medicamentos* devem seguir os protocolos padronizados para intervalo de tempo entre a administração do fármaco e a coleta. Estabelecido o estado de equilíbrio (*steady state*), pressupõe-se conhecer após quantas doses é atingido esse nível.

A *janela imunológica* é o período referente ao início dos sintomas e à produção de anticorpos. Esse período é um dos fatores mais importantes dos imunoensaios e que deve ser considerado para cada agente infeccioso. O conhecimento do analista pode ajudar a determinar o período adequado para a coleta. Por exemplo, a coleta de soro para pesquisa de anticorpos anti-HIV com intuito de detectar uma possível infecção em um contato de risco relatado pelo paciente, ocorrido há 3 dias, será frustrada nesse objetivo.

Coleta de sangue

Vários protocolos de uso internacional definem o tipo de amostra para cada analito a ser examinado no laboratório. Sangue total com anticoagulante, soro sanguíneo e plasma são os tipos de amostras obtidas da punção de sangue venoso mais usuais para imunoensaios. Sangue arterial é necessário para alguns exames bioquímicos.

Vários manuais internacionais determinam o tipo de amostra, o volume mínimo, a estabilidade do analito e a melhor forma de armazenamento e transporte da amostra. Assim, na elaboração dos *Procedimentos Operacionais Padrão de Coleta*, devem-se seguir as instruções preconizadas.

No entanto, há de se ter em conta que a tecnologia caminha mais rápido do que a edição dos manuais; assim, é obrigatória a leitura atenta das instruções de uso (bula) do *kit*, bem como da bibliografia referenciada na bula, principalmente quando novos produtos são introduzidos no mercado.

A coleta deve ser um procedimento padronizado e qualquer desvio, relatado. Para evitar *hemoconcentração*, o torniquete não deve ser usado por mais de 1 min, e deve ser afrouxado logo que o sangue comece a fluir. A dificuldade do fluxo de sangue aumenta a probabilidade de *hemólise* e de formação de microtrombos no sangue coletado.

Atualmente, são usuais os tubos com vácuo, nos quais a coleta é feita diretamente da punção. No uso de seringas, deve-se cuidar para não liberar o sangue no tubo com muito vigor, o que pode causar hemólise, e nunca dispensar o sangue com a agulha ainda engatilhada na seringa, pois a hemólise será muito intensa.

Na coleta direta em tubos, recomenda-se uma sequência de coleta para evitar contaminação com anticoagulantes diferentes entre os tubos, uma vez que a agulha é a mesma. A sequência dos tubos é: hemocultura, tubo secos ou com gel, anticoagulantes citrato de sódio, heparina sódica, ácido tetracético-etileno-diamina (EDTA) e fluoreto de sódio.

A identificação adequada do tubo deve ser feita preferencialmente em etiquetas com código de barras. A hora da coleta deve ser registrada, e os tubos coletados, enviados para o setor de processamento de amostras dentro de prazos estabelecidos. Para centrifugação de sangue coagulado, o prazo de espera ideal é de 30 a 60 min.

Em algumas coletas com condições especiais de armazenamento de amostra, o procedimento deve ser seguido desde a etapa da coleta. Por exemplo, para teste de função das proteínas do sistema complemento, é necessário manter o sangue sob refrigeração, pois alguns dos componentes, como *C2*, são extremamente termolábeis. Nesse caso, já na coleta deve haver um contêiner com gelo ou água em gelo para que o tubo seja acondicionado. Outro exemplo, lâminas com *swabs* de raspado endocervical para pesquisa de *Chlamydia trachomatis* por imunofluorescência direta devem ser fixadas em acetona gelada, o mais rápido possível. Amostras coletadas por cateteres podem conter microfibrinas que interferem nos ensaios com sangue total ou plasma.

Obtenção de soro ou plasma

Alguns fatores interferem na qualidade do soro ou plasma obtido:

- Tempo entre a coleta e a centrifugação: deve ter uma faixa de aceitação validada. Para obter soro, deve-se aguardar certo tempo para a formação do coágulo e sua retração ideal. Nesse tempo, não é aconselhável que a amostra seja refrigerada, salvo se essa for a condição ideal de armazenamento para determinado analito
- Centrífuga: velocidade de rotação, temperatura e tempo de centrifugação precisam ser seguidos sistematicamente. Hemólise está diretamente relacionada ao aumento de qualquer um desses requisitos. Modelos com temperatura controlada são ideais, já que a centrifugação gera calor. As condições usuais são: após 30 a 60 min, entre 20 e 25°C, procede-se à centrifugação a 1.000 a 1.500× *g* por 10 a 15 min. A centrífuga pode ser de ângulo fixo ou axial, embora, no primeiro caso, a amostra possa ser separada em ângulo inclinado, o que requer mais cuidado na separação do material. Para aqueles analitos que precisam ser mantidos sob refrigeração, a centrífuga deve ter resfriamento
- Separação do soro ou plasma: após a centrifugação, o plasma ou soro devem ser separados das células sanguíneas para tubos limpos, de uso único (descartáveis), já identificados
- O processo de centrifugação não deve ser repetido, pois altera a relação volume de água entre a célula e o plasma/soro, mudando assim a concentração dos componentes sanguíneos.

Centrífuga

A força centrífuga relativa (fcr) é medida em *g*, e as centrífugas podem ter diferentes rotores. Nem sempre o mostrador indica a unidade de velocidade em rotações por minutos (rpm) e em fcr (*g*). Na Figura 11.1, tem-se o nomograma para fazer a conversão entre as duas unidades, a partir da equação matemática que as correlaciona.

$$\text{fcr} = 1{,}118 \times 10^{-5} \times r \times n^2$$

Em que:

- r: distância radial (raio) do eixo de rotação da centrífuga (em centímetros)
- n: velocidade de rotação em rpm
- $1{,}118 \times 10^{-5}$ = constante que considera a aceleração pela força de gravidade.

No manual de instruções das centrífugas consta o nomograma e até tabelas com as correspondentes unidades para cada rotor.

Tubo primário

Uma exigência altamente recomendável para garantir a rastreabilidade da amostra ao longo de todo o processo é o uso de tubos primários. Aquele obtido na coleta será usado para o exame, proibindo-se repassar a amostra para outro tubo com etiqueta (que seria secundária), evitando assim um erro de identificação da amostra, uma das principais fontes de falhas da etapa pré-analítica. Ainda, usar no processo etiquetas com código de barras para identificar a amostra na sequência dos ensaios junto de *softwares* para interfaceamento dos equipamentos com o lançamento de resultados evita qualquer troca de amostra e/ou resultados, minimizando não somente os erros pré-analíticos e analíticos, mas também os pós-analíticos.

Nas situações em que é inevitável separar a amostra, o soro, o plasma ou células, o procedimento deve ser feito no setor competente utilizando rigoroso processo metódico que garanta a identidade da amostra secundária. A devida anotação desse procedimento pode ser útil em eventual e posterior análise de rastreabilidade.

Para evitar adsorção de proteínas ao tubo, este deve ser de vidro ou policarbonato e descartável.

Soro sanguíneo

Para se obter soro sanguíneo é necessário aguardar a completa coagulação do sangue coletado sem anticoagulante. A retração adequada do coágulo facilita a obtenção de melhor qualidade de soro (sem hemólise) e em maior volume. Após a coleta, a manutenção do tubo por 30 a 60 min em temperatura ambiente (20 a 25°C) promove a adequada retração do coágulo. Para analitos que requerem manutenção em banho de gelo, é comum ocorrer alguma hemólise, e o rendimento de soro é menor. Para amostras de pacientes que usam terapia anticoagulante ou que têm defeitos de coagulação, a formação do coágulo será tardia, e a centrifugação antes de sua formação acarreta intensa hemólise.

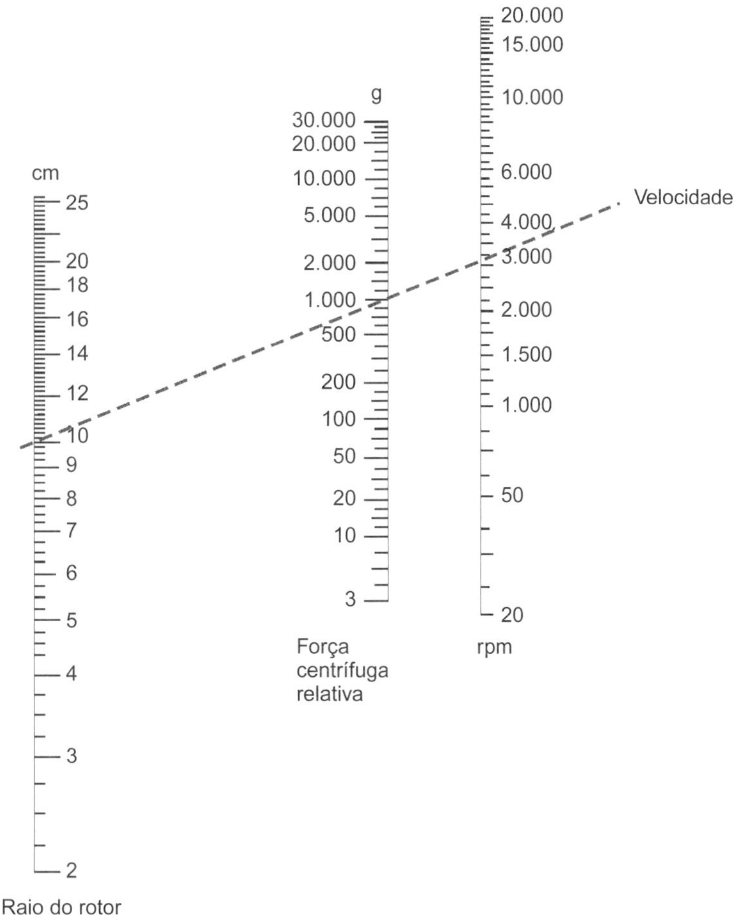

Figura 11.1 Nomograma para cálculo da força centrífuga relativa (fcr) e conversão em rotações por minuto (rpm), de acordo com o raio do rotor da centrífuga.

Aceleradores de coagulação e separadores de coágulo

Aceleradores de coagulação como pérolas de vidro ou sílica foram os primeiros a ser utilizados, e atualmente ainda podem ser empregados. Tromboplastina também pode ser empregada, principalmente se o volume de sangue a coagular for grande, ou para transformar grande quantidade de plasma em soro.

Além de acelerarem a coagulação do sangue para cerca de 15 min, reduzem a presença de fibrina residual no soro separado e melhoram a eficiência de formação do coágulo. A possível hemólise por retração do coágulo também diminui, no entanto, o soro das células coaguladas não é separado. Comercialmente, existem alguns aceleradores de coagulação e separadores de coágulos. A ideia é manter o soro ou o plasma separado no próprio tubo primário da coleta.

Utilizam-se componentes formulados com gel de silicone ou poliéster, ou ainda plásticos e fibras, de composição desconhecida, por serem patenteados. Esses géis possuem uma densidade intermediária entre as células sanguíneas e o soro. Durante a coleta, o gel é mantido no fundo do tubo, mas, devido à centrifugação, sua viscosidade diminui com a umidade que adquire e ele se deposita acima das células. Quando a centrifugação é interrompida, o gel volta a adquirir aspecto de barreira impermeável.

Os fornecedores apresentam instruções rigorosas para tempo de coagulação, velocidade e duração da centrifugação e, principalmente, temperatura de centrifugação e de armazenamento. O ideal é trabalhar entre 20 e 25°C, pois temperaturas mais baixas interferem nas características de densidade/gravidade do gel, e mais altas levam à sua desestruturação, o que acaba contaminando a amostra.

Normalmente, há razoável estabilidade da amostra por 2 a 3 dias nesses tubos. Qualquer alteração no aspecto, na espessura ou na posição do gel deve ser anotada, e o ensaio, realizado com ressalvas. Não se pode repetir a centrifugação desse tubo primário, pois o soro separado se contamina com o líquido resultante da lise celular, abaixo do gel. Se necessário, o soro deve ser retirado do tubo e centrifugado novamente.

Alguns tubos com gel, por problemas intrínsecos ao lote, consequência de manipulação inadequada ou porque a amostra continha algum interferente desconhecido, acabam se desmanchando (ainda que em microquantidades) e se misturam ao soro, o que já é suficiente para interferir na maioria das fases sólidas dos imunoensaios, além de introduzir erros de pipetagem.

Por outro lado, pode ocorrer o fenômeno de adsorção ou absorção de proteínas no gel, que gradativamente reduz os analitos a serem quantificados na amostra. Moléculas de elevado peso molecular também acabam sedimentando após longo período de armazenamento, e como não se deve homogeneizar a amostra com gel, para evitar o desmanche da separação, resultados mais baixos podem ser relatados se o ensaio for feito após muito tempo de armazenamento.

Fármacos, como fenitoína e carbamazepina, também têm concentração reduzida em soro com gel separador decorrente de possíveis trocas entre o medicamento ligado a proteínas séricas, ao gel e às células.

Plasma

Para obter plasma, é necessário utilizar anticoagulante no tubo de coleta do sangue. O tubo deve ser homogeneizado de maneira cuidadosa por inversão imediatamente após a coleta, evitando que se formem microcoágulos. A agitação não pode ser vigorosa para evitar hemólise. Os anticoagulantes mais usuais são heparina e sais de EDTA (geralmente potássio). Mais raramente se usa citrato/dextrose (ACD).

A proporção *anticoagulante:sangue* deve ser rigorosamente atendida. Normalmente, os tubos vêm com indicação de volume a preencher, ou, naqueles com sistema a vácuo, a aspiração de volume ideal é automática.

O plasma é obtido pela centrifugação do sangue total com anticoagulante a baixa rotação (1.000 a 1.500 × *g*) por 5 a 10 min à temperatura de 20 a 25°C, se possível em centrífuga com temperatura controlada. O sangue contendo o plasma deve ser mantido em temperatura ambiente e o plasma separado dentro de 1 h. Temperaturas muito baixas ou muito altas e rotação elevada de centrifugação por períodos prolongados causam hemólise, contaminando o plasma com hemoglobina. Para alguns analitos, como ACTH, é recomendada centrifugação refrigerada (2 a 8°C).

O fabricante do *kit* informa na bula o material ideal para realizar o exame. Essa informação é obtida por experiência científica de literatura e por ensaios de amostras-controle positivas e negativas em diferentes situações na etapa de validação do teste. A bula também deve conter informações sobre o anticoagulante a ser empregado na obtenção do plasma (ver Capítulo 10).

Como nos imunoensaios de detecção de anticorpos, a regra é utilizar o soro sanguíneo. O uso do plasma só é permitido se essa condição tiver sido, de fato, avaliada. É evidente que em situações de impossibilidade de se obter o soro, e o exame tendo sido realizado em plasma, isso deve ser informado no laudo laboratorial.

O uso de plasma em testes imunológicos depende do anticoagulante, da estabilidade do analito e do princípio do teste. EDTA atua quelando íons e pode interferir, por exemplo, na atividade enzimática de fosfatase alcalina, além de interferir, também, na função das proteínas do sistema complemento. Heparina não pode ser usada para estudar crioglobulinas, pois pode induzir precipitados falso-positivos por formação de complexos crioprecipitáveis de heparina com fibronectina e fibrinogênio. E a heparina deve ser livre de fenóis, que são citotóxicos nos ensaios celulares (ver Capítulo 12). Hoje, com os imunoensaios de fase sólida, a interferência dos anticoagulantes é mínima, mas em ensaios de aglutinação e imunoprecipitação essa interferência deve ser monitorada.

Quando se usam anticoagulantes líquidos, é necessário conhecer o fator de diluição do sangue para correção dos volumes de plasma empregados nos testes.

Anticoagulantes contendo inibidores de proteases, por exemplo, aprotinina e pepstatina, são indicados para manter a estabilidade de alguns componentes de extrema labilidade, como ACTH, glucagon, renina, somatostatina e peptídio vasoativo intestinal. Curiosamente, os resultados são mais altos quando não se usam os inibidores de proteases, pois as proteínas degradadas em pequenos peptídios se ligam a maior número de moléculas de anticorpos de captura e conjugado usados nos imunoensaios para determinar essas proteínas.

Sangue total

Embora raramente os imunoensaios sejam realizados em sangue total, a imunofenotipagem de células sanguíneas é uma dessas situações, com condições especiais: a coleta deve ser em heparina, ACD ou EDTA e realizada dentro de 24 h. EDTA de potássio reduz atividade linfoproliferativa e as plaquetas tendem a agregar em ACD, por isso, a heparina é o anticoagulante ideal. Sangue total deve ser processado em 24 h e não deve ser refrigerado. A temperatura de 20 a 25°C garante a melhor estabilidade desse material.

Sangue total por punção digital em testes rápidos já é empregado em alguns imunoensaios de triagem, como anticorpos anti-HIV. Após aplicar a gota de sangue, utiliza-se uma gota de um diluente cuja função é lisar as células para que ocorra a migração das proteínas séricas (anticorpos). Outra opção consiste em usar um diluente contendo anticoagulante, e as células ficam presas em uma estrutura tipo filtro no dispositivo do teste (fita ou sabonetinho). O pré-tratamento desse sangue total em microtubinhos com filtros contendo diluente também é empregado.

Microcapilares

A coleta de sangue em microcapilares é útil para aqueles casos de difícil punção venosa, como bebês e pacientes muito debilitados. Basta uma pequena punção na ponta de dedo e a gota formada flui para o microtubo por capilaridade. Há capilares secos e com diferentes anticoagulantes. No entanto, o volume obtido é muito reduzido e tem pouca utilidade no laboratório. Os imunoensaios utilizam pequenos volumes de amostras, o que facilita o uso desses microcapilares.

Para se obter plasma ou soro de microcapilares, utiliza-se microcentrífuga, que normalmente funciona em velocidade de 6.000 a 15.000 × *g* e consegue separar os componentes celulares do plasma/soro em 90 s de centrifugação.

Interferentes

Nos imunoensaios obrigatoriamente devem ser avaliados os efeitos de alguns interferentes comuns nas amostras. Hemólise, bilirrubina e lipídios (triglicerídios e quilomícrons) são os mais frequentes. Nas instruções de uso dos *kits* de imunoensaios há um item que indica se, e quanto, há de interferência no teste. Nos ensaios atuais, geralmente não se trata de interferentes, exceto se em elevada concentração.

Turvação por gorduras interfere nos ensaios de imunoprecipitação, aglutinação e na reação de fixação de complemento. Hemólise intensa pode produzir *autofluorescência* de fundo na leitura da imunofluorescência (ver Capítulo 7).

Qualquer aspecto fora do normal característico deve ser relatado no laudo, pois, caso seja realizada uma análise posterior e o resultado for muito diferente da primeira análise, provavelmente esse interferente provocou um erro analítico.

Armazenamento e transporte

Nos imunoensaios para pesquisa de anticorpos, as amostras de soro podem ser congeladas a –20°C, ou se possível a –80°C. Alíquotas com pequenos volumes devem ser preparadas, evitando assim congelamentos/descongelamentos sucessivos. As geladeiras e os congeladores devem manter a umidade interna, não sendo possível utilizar os que dispensam descongelamento (tipo *frost free*). A temperatura e a umidade desses equipamentos devem ser monitoradas diariamente pelo menos em dois momentos distintos, um deles no horário de pico de trabalho, quando são mais abertos e fechados.

Os tubos devem ser mantidos tampados, para evitar contaminação ambiental, do operador e também da amostra. Amostras em frascos abertos, mesmo na geladeira, apresentam evaporação por condensação. Estantes com grande quantidade de amostras ficam pesadas e, quando transportadas, acabam balançando e podem respingar amostras entre os tubos que não estejam tampados. Até para a realização de ensaios deseja-se que, se possível, o tubo caminhe tampado pelo equipamento e que as agulhas pipetadoras possam perfurar a tampa. Infelizmente, os produtos químicos da borracha da tampa e o uso de microvolumes nos imunoensaios podem acabar gerando interferentes nos resultados.

Exceto para analitos especiais, o soro ou plasma pode ser mantido em geladeira (2 a 8°C) por no máximo 1 semana, e a partir desse período devem ser congelados. É evidente que não poderão estar no tubo primário (com gel) com as células na porção inferior do tubo, pois o congelamento de hemácia leva à total hemólise. Contudo, como os imunoensaios são também muito aplicados para determinar hormônios, marcadores tumorais, substâncias psicoativas, antígenos e proteínas nas amostras, a conservação e o transporte devem ser avaliados para cada analito. Algumas considerações importantes:

- Teste de antigenemia de citomegalovírus (CMV): a amostra não deve ser congelada, pois inviabiliza a multiplicação viral no cultivo celular em fibroblastos
- Hormônios do tipo peptídios e vitaminas devem ser congelados (–20°C) o mais rápido possível e, assim, armazenados ou transportados até a execução do ensaio. Insulina, peptídio C, gastrina, glucagon, ACTH e vitamina D são exemplos dessa necessidade de congelamento
- Para determinação de função do sistema complemento ou de algum de seus componentes (ver Capítulo 14), o soro deve ser armazenado a –70°C, ou os resultados serão inferiores ao real
- Nos ensaios de imunofenotipagem, identificação de marcadores moleculares de membrana, é imprescindível que a célula esteja viável, pois essas moléculas são expressas (e não constituintes) na membrana celular (ver Capítulo 12). Os ensaios devem ser realizados dentro de 6 a 24 h após a coleta, e a amostra de sangue coletada em tubos com heparina, EDTA ou ACD, mantida em temperatura ambiente (20 a 25°C) até o momento do ensaio
- Para pesquisa de crioaglutininas ou crioglobulinas, as amostras devem ser mantidas a 37°C após a coleta e durante todo o processamento, transporte e eventual armazenamento antes do teste (ver Capítulo 15), com o objetivo de evitar a insolubilização dos criocomponentes a baixas temperaturas
- Antígenos eritrocitários são constituintes de membrana e devem ser analisados em, no máximo, 2 dias, sendo o sangue mantido em temperatura ambiente. A hemólise e a fragilidade das hemácias dificultam os ensaios de aglutinação. De qualquer modo, antes do imunoensaio, a suspensão de células deve ser lavada, por centrifugação, para retirar interferentes plasmáticos (ver Capítulo 29). Nos ensaios de aglutinação, um teste-controle com a suspensão de hemácias do paciente em diluente (aquele usado nos soros específicos antiantígeno) deve ser realizado de maneira obrigatória para verificar se há alguma pseudo ou autoaglutinação (ver Capítulo 6). Essas aglutinações inespecíficas são frequentemente resultado de contaminação bacteriana da amostra, ou são decorrentes de doenças de paciente com disproteinemia (plasmocitoma, cirrose), quando são vistas hemácias em *rouleaux* na extensão hematológica.

O transporte de material biológico é regulado por legislação local e internacional. É necessário garantir a integridade da amostra e evitar a contaminação dos manipuladores e do ambiente. Os contêineres e caixas resistentes de transporte devem prever eventuais acidentes, contendo material absorvente no interior. Símbolos nas etiquetas das caixas devem claramente indicar as medidas de biossegurança a serem tomadas pelas autoridades sanitárias do local onde aconteça o vazamento. Os contêineres devem ter estrutura que evite agitação das estantes e tubos durante o transporte, minimizando a hemólise.

Outros espécimes biológicos usados em imunoensaios

Urina

Algumas determinações hormonais ou de fármacos são feitas por imunoensaios em amostras de urina. A concentração do analito na urina depende da função renal do paciente e também da ingestão de líquidos precedente à coleta. A primeira urina da manhã pode ser a ideal se de fato for a mais concentrada do dia, o que pode não ser verdade para alguns indivíduos, ou em algumas situações específicas.

Para testes qualitativos, amostra coletada ao acaso pode ser empregada, e para quantificação ou análise de capacidade de excreção (*clearance*) prefere-se urina de período de 24 h.

A coleta de urina de 24 h pode ser um problema para o paciente, em relação a onde coletar e como conservar a amostra, e pode reduzir sua qualidade. É recomendado que o laboratório forneça os frascos adequados (descartáveis, estéreis e de material plástico que não adsorva os analitos e proteínas da urina) com instruções claras para o paciente. Como a urina oferece um meio rico para contaminantes bacterianos, o uso de conservantes pode minimizar esses interferentes, principalmente nos imunoensaios. Adição de ácido ascórbico (cerca de 27 g por amostra de 24 h) é satisfatória para a maioria dos imunoensaios.

Em urina de períodos (6, 12 ou 24 h), é necessário anotar o volume e medir o pH. Amostras de urina com turvação devem ser centrifugadas antes dos ensaios. A turvação é consequência de contaminantes, células, leucócitos, germes ou precipitação de cristais urinários. No entanto, durante a centrifugação, o sedimento pode arrastar, por adsorção, alguns componentes proteicos presentes na urina. Para algumas dosagens químicas e bioquímicas pode ser necessário ajustar o pH da urina coletada. Por exemplo, catecolaminas devem ser armazenadas em pH inferior a 2, enquanto a beta-2 microglobulina é denaturada em pH superior a 6. Para garantir a integridade da amostra de urina, a determinação da concentração de creatinina urinária pode ser útil, apesar das variáveis individuais esperadas para o resultado.

Líquido cefalorraquidiano

O líquido cefalorraquidiano (LCR) produzido é resultado da ultrafiltração do plasma através da barreira hematoliquórica (BHL). A BHL é formada pelos vasos sanguíneos (plexo coroide) dos ventrículos. O LCR é reabsorvido pelos sinusoides sagitais superiores e adjacentes. O fluxo no canal espinal é mais lento; sendo assim, a concentração proteica no LCR lombar é três vezes maior que no LCR ventricular, devido ao progressivo equilíbrio entre o LCR e o plasma dos capilares do canal espinal. Pacientes imobilizados apresentam maior proteinorraquia no LCR lombar por esse motivo. Os valores de referência dos analitos devem considerar o tipo da coleta de LCR: lombar, suboccipital ou ventricular.

As proteínas são filtradas para o LCR de acordo com a massa molecular; as menores passam mais facilmente e as maiores, com dificuldade. A concentração de proteínas plasmáticas no LCR é 150 a 250 vezes menor que no plasma. O LCR contém elevadas concentrações das proteínas produzidas no sistema nervoso central (SNC).

Acidentes de punção (transfixação de vasos) contaminam o LCR com sangue, no entanto, essa contaminação também pode ser em razão de hemorragia recente subaracnóidea e, nesse caso, após algumas horas forma-se bilirrubina, que dá aspecto xantocrômico ao LCR.

O aspecto do LCR normal é límpido e incolor. Qualquer alteração de cor ou turvação deve se anotada no resultado de imunoensaios aplicados ao estudo do LCR.

Tais imunensaios incluem a pesquisa de antígenos bacterianos, virais e parasitários, e a pesquisa de anticorpos nas mais diversas infecções que podem afetar o SNC. Na detecção de anticorpos, deve-se ter em mente investigar se eles foram produzidos no local (intratecal) ou se resultam da passagem transmembranas e são provenientes do sangue circulante (ver Capítulo 14).

Líquido amniótico

Amniocentese é o procedimento de obtenção do líquido amniótico e requer punção com agulha através do abdome da mãe e da parede uterina, utilizando anestesia materna e ultrassonografia para segurança da punção. A coleta pode ser realizada após a 16ª semana e oferece risco de perda fetal.

O líquido amniótico não pode ser contaminado com sangue, o que pode invalidar os resultados, por exemplo, de determinação de alfafetoproteína por imunoensaio. O espécime é útil também para investigar a presença de patógenos por diversas técnicas, microbiológicas, virológicas e moleculares, no estudo de infecções congênitas. Antes dos ensaios, o líquido amniótico deve ser centrifugado.

Líquido sinovial

É coletado apenas de pacientes com quadros clínicos que justifiquem a coleta e que se beneficiem dela. O líquido é obtido de articulações com evidente aumento de volume, indicando processo inflamatório. Como são frequentes as artrites de etiologia autoimune, o material é analisado quanto ao dual citoproteico e por alguns imunoensaios. É comum a pesquisa de proteínas do sistema complemento e outras proteínas de fase aguda, fator reumatoide e autoanticorpos antinucleares.

O líquido sinovial é um material mucinoso e deve ser centrifugado para a realização dos imunoensaios. Material do tipo fibrina pode dificultar o uso do líquido sinovial em testes automatizados.

Fezes

A pesquisa de alguns antígenos fecais pode ser realizada por imunoensaios utilizando anticorpos de captura do tipo monoclonais específicos. Estão disponíveis na rotina laboratorial testes para pesquisa de antígenos de rotavírus, de *Entamoeba histolytica*, *Giardia lamblia*, em ensaios do tipo imunocromatografia em tiras ou dispositivos (sabonetinhos). Há também alguns ensaios de aglutinação em micropartículas de poliestireno (látex), de menor custo, mas com maior frequência de reatividade inespecífica. Testes do tipo *immunodot* (*dot*-ELISA) também podem ser usados, embora sejam mais demorados, mas, por conterem mais reagentes e etapas de execução, não são indicados para realização fora do laboratório.

Previamente ao ensaio, é preciso preparar a suspensão de fezes, obtendo-se uma solução o mais límpida possível. A centrifugação é muito usada. Resíduos sólidos de material fecal irão dificultar a migração nos testes rápidos e interferir na aglutinação das partículas, ou interagir na fase sólida dos testes.

Alguns fabricantes vendem junto com o *kit* um conjunto de copinho, contendo diluente, com uma tampa contendo um filtro que termina em forma de conta-gotas, o que facilita a obtenção da solução antigênica fecal. Na amebíase e na giardíase, os métodos parasitológicos podem falhar na visualização dos trofozoítas, porém os imunoensaios são muito mais sensíveis. Nas diarreias por rotavírus, o diagnóstico precoce excluirá a terapêutica antibiótica, e o imunoensaio é a opção diagnóstica. O cultivo viral fica impossível pelo custo, tempo e necessidade de laboratório especializado.

Saliva

De fácil obtenção, é composta de líquido produzido pelas glândulas sublingual (5%), submandibulares (70%) e parótidas (25%). As proporções dependem do tipo de estímulo. A difusão passiva de componentes do plasma é o meio intracelular mais importante na transferência de substâncias para a saliva, assim como a ultrafiltração é o transporte ativo que transfere os componentes extracelulares. Os analitos que são livremente difusíveis e têm concentração independente do fluxo salivar podem ser analisados na saliva. São usuais as determinações de hormônios livres cortisol, progesterona, estradiol e testosterona e os fármacos teofilina, digoxina e diazepam.

Para evitar contaminação com sangue, é necessário se abster de escovar os dentes ou usar antissépticos nas 3 h que antecedem a coleta. Enxágue da boca com água e espera de 10 min antes da coleta para evitar efeito de diluição do enxágue são recomendados. A coleta direta por eliminação em frasco pode ser ajudada se o paciente previamente mascar um material do tipo polipropileno, que estimula a produção de saliva.

Para a coleta de saliva existe um aparato chamado Salivette® (W. Sarstedt Corp., Germany), que consiste em *swab* de algodão absorvente que parece um pequeno rolinho semelhante ao que os dentistas usam. O algodão é mascado pelo paciente por 30 a 90 s, em seguida, é colocado em tubo próprio, que tem duas porções: a superior, onde cabe o algodão, parece uma peneira e vem inserida na parte inferior. Por centrifugação, a saliva é passada para a parte inferior do tubo. O algodão e a parte superior são descartados, e a saliva obtida está límpida, livre de partículas ou material viscoso, interferentes no imunoensaio. O efeito absorvedor do algodão sobre alguns analitos pode interferir nos ensaios.

Como a obtenção de saliva é muito fácil, há alguns estudos de outros tipos de materiais absorventes para que o uso da saliva possa ser ampliado para vários hormônios e medicamentos.

O fluido gengival tem composição similar ao plasma e pode contaminar a saliva, principalmente em casos de gengivites. É também uma opção de coleta de material para ensaios, mas o volume é pequeno e necessita-se de um profissional especializado para a coleta.

Embora a saliva contenha imunoglobulinas, como a IgA secretora, ainda não é usual a determinação de anticorpos em suas amostras. No entanto, vários pesquisadores utilizam esse método, particularmente em estudos epidemiológicos, validando primeiro o método, por meio de ensaios em paralelo de saliva e soro, para os ajustes necessários no sentido de manter a eficiência do método.

Sêmen

É utilizado como antígeno na suspeita de anticorpos antiespermatozoide. É necessário obter material rico em espermatozoides após 3 dias de abstinência sexual e não se pode coletá-lo em preservativos que contêm espermicidas. Deve-se aguardar a liquefação do material, cerca de 30 min após a ejaculação, e usá-lo em 2 h. Os espermatozoides também podem ser analisados por imunofluorescência direta, em busca de anticorpos ou proteínas do complemento na sua membrana.

Biossegurança e descarte

Os aspectos de biossegurança em laboratório clínico abordam os diferentes grupos expostos a algum risco, desde pacientes, funcionários do laboratório, meio ambiente e comunidade externa até transporte e descarte final dos resíduos de laboratório. O laboratório clínico trabalha com materiais biológicos e químicos, e em alguns deles também há material radioativo.

No Brasil, a Biossegurança passa a fazer parte legalmente das atividades laboratoriais, principalmente a partir da criação, em 1995, da Comissão Técnica Nacional de Biossegurança (CNTBio). Hoje, há várias normas que estabelecem o rigoroso controle necessário à atividade laboratorial. É frequente a abordagem desse tema em seminários e congressos, visando a atualizar a comunidade quanto às regras e, principalmente, discutir as experiências de cada grupo na implantação dessas normas. Igualmente, todos os organismos credenciadores e certificadores de qualidade requerem Programas de Biossegurança no Laboratório.

Não é objetivo do capítulo explorar o tema de forma abrangente, mas alguns princípios gerais podem ser lembrados:

- Tratar todo material como potencialmente infeccioso, desde a obtenção, o manuseio e o armazenamento até o descarte final de resíduos
- Contaminação deve ser evitada para preservar a qualidade da amostra
- Riscos para o paciente devem ser avaliados, e as normas de Ética em Pesquisa vigentes no local devem ser seguidas[2]
- Todo procedimento deve ser elaborado considerando qualquer risco para o operador, e as etapas do processo devem ser realizadas de modo a garantir o mínimo risco de acidente
- O Ministério do Trabalho no Brasil regulamenta normas de proteção à saúde do trabalhador, como:[3]
    - Obrigatoriedade de atividade da Comissão Interna de Prevenção de Acidentes (CIPA)
    - Obrigatoriedade de fornecimento de equipamento de proteção individual (EPI)
    - Obrigatoriedade de um programa de prevenção de riscos ambientais (PPRA)
    - Atividades consideradas insalubres
- Indivíduos externos ao laboratório (comunidade em geral) contam com a proteção legal contra qualquer atividade de terceiros que prejudique sua saúde[4]
- Programas e normas de tratamento, descarte e eliminação de resíduos sólidos e líquidos de serviços de saúde (lixo) vêm sendo implementados.[5]

As medidas de segurança laboratorial devem considerar toda a estrutura do laboratório, como:

- Instalações físicas, iluminação, calefação, ventilação, exaustão
- Instalações sanitárias gerais, espaços, armazenagem, vestiários, locais próprios para alimentação
- Prevenção contra incêndios, programas de desratização e desinsetização
- Locais adequados e seguros para armazenagem de produtos biológicos, químicos, líquidos inflamáveis, gases, substâncias radioativas, e descartes de cada um deles
- Proteção pessoal e coletiva, insumos em quantidade para eventuais procedimentos de desinfecção e descontaminação
- Sinalização das áreas, por tipo de risco
- Contêineres próprios para transporte, armazenamento e descarte, de acordo com o tipo de material e risco associado
- Áreas laboratoriais de contenção (nível 3 de biossegurança) e contenção máxima (nível 4), para as atividades previstas para essa condição de trabalho.

Referências bibliográficas

1 Brasil. Presidência da República. Casa Civil. Lei nº 9.782, de 26 de janeiro de 1999. Disponível em: http://www.planalto.gov.br/ccivil_03/leis/l9782.htm. Acesso em 11 jan 2018.
2. Brasil. Ministério da Saúde. Conselho Nacional de Saúde. Resolução nº 196, de 10 de outubro de 1996 Disponível em: http://bvsms.saude.gov.br/bvs/saudelegis/cns/1996/res0196_10_10_1996.html. Acesso em 11 jan 2018.
3. Chagas AMR, Salim CA, Servo LMS. Saúde e segurança no trabalho no Brasil: aspectos institucionais, sistemas de informação e indicadores. Brasília: Ipea; 2011. 396 p.
4. Brasil. Presidência da República. Casa Civil. Lei nº 8.078, de 11 de setembro de 1990. Disponível em: http://www.planalto.gov.br/ccivil_03/leis/L8078.htm. Acesso em 11 jan 2018.
5. Brasil. Ministério da Saúde. Agência Nacional de Vigilância Sanitária. Resolução RDC nº 306, de 07 de dezembro de 2004. Disponível em: http://portal.anvisa.gov.br/documents/33880/2568070/res0306_07_12_2004.pdf/95eac678-d441-4033-a5ab-f0276d56aaa6. Acesso em 11 jan 2018.

Bibliografia

Agência Nacional de Vigilância Sanitária [homesite]. Disponível em: www.avisa.gov.br. Acesso em: 22 nov 2017.

Clinical and Laboratory Standards Institute [homesite]. Disponível em: www.nccls.org. Acesso em 22 nov 2017.

Guder WG, Narayanan S, Wisser H, Zawta B. Samples: from the patients to the laboratory. The impact of preanalytical variables on the quality of laboratory results. Darmstadt: Git Verlag GMBH; 1996. 101 p.

Hirata MH, Mancini J. Manual de biossegurança. Barueri: Manole; 2001. 496 p.

Lima-Oliveira G. Gestão da qualidade laboratorial: é preciso entender as variáveis para controlar o processo e garantir a segurança do paciente. Revista Pharmacia Brasileira. 2011; 82.

Moore KL, Persaud TVN. Embriologia básica. 8. ed. Rio de Janeiro: Guanabara Koogan; 2013. 368 p.

NCCLS. Procedures for the collection of diagnostic blood specimens by venipuncture. Villanova, Pensylvania: Document H3-D3, v. 11, n. 10, 1991.

NCCLS. Procedures for the handling and transport of diagnostic specimens and etiologic agents. Villanova, Pensylvania: Document H5-A3, v. 14, n. 7, 1994.

Tietz NW. Clinical guide to laboratory tests. 4. ed. Philadelphia: WB Saunders Co.; 2000. 1096 p.

Wallach J. Interpretação de exames laboratoriais. 6. ed. Tradução: Greco JB. Rio de Janeiro: Medsi; 1999. 1098 p.

Wilde C. Subject preparation, sample collection and handling. In: Wild D. The immunoassay handbook. 2. ed. London: The Nature Publishing Group; 2001. p. 411-23.

Young DS. Effects of preanalytical variables on clinical laboratory testing. Washington, DC: American Society for Clinical Chemistry Press; 1997.

Capítulo 12

Metodologia Laboratorial para Estudo da Resposta Imune Adaptativa

Anderson de Sá Nunes, Bruna Bizzarro e Denise Morais da Fonseca

Introdução

O *sistema imunológico* é composto por órgãos, células e moléculas com a função primordial de realizar o reconhecimento do ambiente ao seu redor. Apesar de sua função mais estudada historicamente ser a proteção contra patógenos (bactérias, vírus, fungos, protozoários, helmintos, ectoparasitas, entre outros), atualmente é reconhecido seu papel essencial em processos de manutenção da homeostasia como reparo tecidual e tolerância, que ocorrem de maneira integrada com outros sistemas, como o vascular, o endócrino e o neurológico. O reconhecimento descrito é realizado por uma série de receptores, presentes na forma solúvel em fluidos corporais, na superfície das células e em seu citoplasma. A interação desses receptores com seus ligantes dispara sinalizações moleculares características e cascatas bioquímicas, culminando na produção de mediadores que modulam positiva ou negativamente a atividade celular, levando a um estado de imunidade, hipersensibilidade, regulação ou tolerância.

Didaticamente, o sistema imune dos vertebrados é dividido em inato (ou natural) e adaptativo (ou adquirido). O termo "específico", apesar de ainda usado em alguns livros-texto e outros documentos científicos como sinônimo de sistema imune adaptativo/adquirido, carrega uma conotação equivocada de que os mecanismos inatos/naturais seriam totalmente inespecíficos. Hoje se sabe que todo reconhecimento realizado pelo sistema imune possui algum grau de especificidade, mais amplo ou restrito. E apesar de a descrição a seguir apresentar os mecanismos efetores do sistema imune de maneira separada, é importante ressaltar que ambos atuam de forma interdependente, em que o sistema imune inato é essencial para a ativação do sistema imune adaptativo, enquanto este, por sua vez, amplifica e potencializa as atividades do sistema imune inato.

Sistema imune inato

É filogeneticamente mais antigo, está presente em virtualmente todos os metazoários estudados e seus elementos são constitutivos, uma vez que já são pré-formados ou estão prontos para atuar rapidamente. Nos seres humanos, é representado pelas barreiras físicas, químicas e biológicas, por receptores de reconhecimento solúveis, por células da imunidade inata e receptores de reconhecimento associados a essas células. Sua atuação depende do reconhecimento de estruturas conservadas, que podem ser derivadas tanto de microrganismos em geral (MAMP, *microorganism-associated molecular patterns*) e de microrganismos patogênicos (PAMP, *pathogen-associated molecular patterns*) que eventualmente entrem em contato com o organismo humano quanto daqueles liberados pelo próprio organismo humano (DAMP, *damage-associated molecular patterns*), indicando que algum tipo de lesão tecidual ou celular está ocorrendo. Esse reconhecimento é realizado por receptores de reconhecimento de padrões (PRR, *pattern recognition receptors*), codificados pela linhagem germinativa do genoma e que justamente por isso possuem uma diversidade limitada (estimado em algumas centenas), mas que é compensada pela expressão não clonal (uma mesma célula apresenta diversos PRR) e pela relativa promiscuidade de reconhecimento (um mesmo PRR pode possuir vários ligantes) que apresentam. Os principais elementos do sistema imune inato, assim como seus mecanismos de ação (Tabela 12.1), incluem:

- Barreiras físicas (mecânicas), químicas e biológicas:
  - Superfícies epiteliais/mucosas e seus anexos (p. ex., pele, pelos, unhas, tratos gastrintestinal, respiratório, geniturinário etc.)
  - Fluxo de ar ou líquidos (p. ex., urina, lacrimação, tosse, espirro etc.)
  - Secreções, seus componentes e características (p. ex., lágrima, saliva, muco, suor, enzimas, peptídios antimicrobianos, pH, secreções sebácea, gastrintestinal, vaginal etc.)
  - Microbiota comensal
- Receptores solúveis de reconhecimento de padrões moleculares:
  - Pentraxinas (p. ex., proteína C reativa)
  - Colectinas (p. ex., proteína ligante de manose, surfactantes alveolares)
  - Ficolinas
  - Sistema complemento (via alternativa e via das lectinas)
- Células residentes e inflamatórias e seus produtos:
  - Células de alarme (mastócitos, macrófagos e outras células residentes dos tecidos)

 - Fagócitos profissionais (neutrófilos, macrófagos, células dendríticas)
 - Células citotóxicas [eosinófilos, basófilos, células *natural killer* (NK)]
- Receptores de reconhecimento de padrões moleculares, associados a células:
 - TLR: receptores do tipo Toll (TLR1 a TLR9)
 - NLR: receptores do tipo NOD (NOD1, NOD2, família NLRP)
 - RLR: receptores do tipo RIG (RIG-1, MDA-5)
 - CLR: receptores do tipo lectina C (receptor de manose, DC-*sign*, dectina-1, dectina-2)
 - Receptores *scavenger* (SR-A, CD36)
 - Receptores para peptídios *N*-formil *met-leu-phe* (FPR, FPRL10).

Sistema imune adaptativo

É filogeneticamente mais recente, está presente somente nos vertebrados mandibulados (peixes ósseos e cartilaginosos, anfíbios, répteis, aves e mamíferos) e é mediado pelos mecanismos efetores dos linfócitos.

Os genes que codificam os receptores dos linfócitos B (BCR, *B cell receptor*) e dos linfócitos T (TCR, *T cell receptor*) passam por um processo de recombinação somática, cuja diversidade total gerada cria um repertório de reconhecimento potencial que pode chegar a aproximadamente 5×10^{13} determinantes antigênicos (epítopos) nos linfócitos B e 1×10^{18} epítopos nos linfócitos T. Esses receptores são expressos de maneira clonal nos linfócitos imaturos (cada célula expressa somente um tipo de BCR ou TCR), que sofrem etapas de seleção nos órgãos linfoides primários; aqueles que expressam receptores potencialmente autorreativos são eliminados do sistema (mais de 95% do total) enquanto os demais se tornam células maduras e circulam no organismo pelos sistemas sanguíneo e linfático. Os receptores dos linfócitos interagem com alta afinidade com seus respectivos ligantes, conferindo assim uma especificidade bastante refinada quando comparados com os receptores do sistema imune inato. Contudo, para atuar, os clones de linfócitos precisam ser ativados e passar por ciclos de proliferação e diferenciação antes de se tornarem efetores, um processo que demora alguns dias para ocorrer após o primeiro contato com o antígeno. Por outro lado, após esse contato inicial, o sistema imune adaptativo preserva uma proporção das chamadas "células de memória" que, em contatos subsequentes com o mesmo antígeno, atuarão de maneira mais rápida, potente e eficiente.

As células do sistema imune adaptativo estão presentes no organismo como células circulantes no sangue e na linfa; em sítios anatômicos definidos como nos órgãos linfoides secundários ou periféricos, como o baço, os linfonodos e tecidos linfoides associados à mucosa; ou estão ainda distribuídas, virtualmente, em todos os tecidos. Os mecanismos efetores do sistema imune adaptativo são subdivididos de acordo com a principal população de linfócitos envolvida e os produtos derivados dessas células. Assim, considera-se como imunidade adap-

Tabela 12.1 Elementos e mecanismos de ação do sistema imune inato/natural.

Elemento	Mecanismo de ação
Barreiras físicas (mecânicas), químicas e biológicas: • Superfícies epiteliais/mucosas e seus anexos (p. ex., pele, pelos, unhas, tratos gastrintestinal, respiratório, geniturinário) • Fluxo de ar e líquidos (p. ex., urina, lacrimação, tosse, espirro) • Secreções, seus componentes e características (p. ex., lágrima, saliva, muco, suor, enzimas, peptídios antimicrobianos, pH, secreções sebáceas, gastrintestinal, vaginal) • Microbiota comensal	• Dificultam a invasão e a instalação de agentes agressores e/ou patogênicos no organismo hospedeiro • Dificultam a colonização e expulsam mecanicamente eventuais patógenos que cheguem ao local • Criam um microambiente não propício para a sobrevivência da maioria dos patógenos e comprometimento da integridade estrutural desses microrganismos • Competição biológica com os patógenos
Receptores solúveis de reconhecimento de padrões moleculares: • Pentraxinas (p. ex., proteína C reativa) • Colectinas (p. ex., proteína ligante de manose, surfactantes alveolares) • Ficolinas • Sistema complemento (via alternativa e via das lectinas)	• Reconhecem fosforilcolina e fosfatidiletanolamina microbianas • Reconhecem carboidratos com manose e frutose terminais. Surfactantes são moléculas lipofílicas que reconhecem diversas estruturas microbianas • Reconhecem *N*-acetilglicosamina e ácido lipoteicoico, componentes da parede celular de bactérias Gram-positivas • Ligam-se a diversas moléculas presentes nas superfícies microbianas
Células residentes e inflamatórias e seus produtos: • Células de alarme (mastócitos, macrófagos e outras células residentes dos tecidos) • Fagócitos profissionais (neutrófilos, macrófagos, células dendríticas) • Células citotóxicas (eosinófilos, basófilos, células *natural killer*)	• Liberação de moléculas pró-inflamatórias como aminas vasoativas (histamina, serotonina), citocinas/quimiocinas, mediadores lipídicos [prostaglandinas, leucotrienos, fator ativador de plaquetas (PAF)], entre outros • Internalização (fagocitose ou endocitose) de partículas/microrganismos, produção de radicais livres (espécies reativas do oxigênio e do nitrogênio) e ativação da imunidade adaptativa • Grânulos possuem enzimas e outras moléculas capazes de matar patógenos diretamente ou células-alvo infectadas por eles
Receptores de reconhecimento de padrões moleculares, associados a células: • TLR: receptores do tipo Toll (TLR1 a TLR9) – presentes na membrana plasmática e endossomal de diversos tipos celulares • NLR: receptores do tipo NOD (NOD1, NOD2, família NLRP) – presentes no citosol de diversos tipos celulares • RLR: receptores do tipo RIG (RIG-1, MDA-5) – presentes no citosol de diversos tipos celulares • CLR: receptores do tipo lectina C (receptor de manose, DC-*sign*, dectina-1, dectina-2) – presentes na membrana plasmática de fagócitos • Receptores *scavenger* (SR-A, CD36) – presentes na membrana plasmática de fagócitos • Receptores para peptídios *N*-formil *met-leu-phe* (FPR, FPRL10) – presentes na membrana plasmática de fagócitos	• Reconhecem moléculas compartilhadas entre microrganismos • Reconhecem moléculas compartilhadas entre microrganismos, cristais intracelulares, mudanças na concentração de ATP e de íons citosólicos e dano lisossomal • Reconhecem RNA viral • Reconhecem carboidratos com manose e frutose terminais e glicanas presentes na parede celular de bactérias e fungos • Reconhecem diacilglicerídios microbianos • Reconhecem peptídios contendo resíduos de *N*-formilmetionil

tativa humoral aquela mediada pelos linfócitos B, enquanto a imunidade adaptativa celular é mediada pelos linfócitos T. Entretanto, essa classificação também carrega certa imprecisão, uma vez que na maior parte das respostas de linfócitos B a participação dos linfócitos T é necessária. E, de maneira inversa, mecanismos efetores dependentes de células são necessários para aumentar a eficiência das respostas humorais.

A *imunidade adaptativa humoral* exerce seu papel protetor no hospedeiro após ativação dos clones de linfócitos B induzida pelos antígenos. Essas células multiplicam-se (proliferam) e secretam proteínas solúveis conhecidas como anticorpos (também chamados de gamabloblulinas ou imunoglobulinas). As diferentes classes/isótipos de anticorpos exercem uma série de atividades no organismo (Tabela 12.2) e são capazes de se ligar a virtualmente todas as categorias de moléculas (carboidratos, lipídios, proteínas, ácidos nucleicos etc.). Menos mencionadas, mas também importantes, são as funções dos linfócitos B, como células apresentadoras de antígenos (APC, *antigen-presenting cells*) profissionais e secretoras de citocinas (glicoproteínas que realizam a comunicação do sistema imunológico).

A *imunidade adaptativa celular* por sua vez é mediada por duas subpopulações principais de linfócitos T, uma que expressa o correceptor CD4 (auxiliares ou *helper*) e outra o correceptor CD8 (citotóxicos). A ativação dos linfócitos T clássicos depende do reconhecimento de pequenos fragmentos peptídicos derivados de antígenos de natureza proteica, associados a moléculas do complexo principal de histocompatibilidade (MHC, *major histocompatibility complex*), também conhecidas como antígenos leucocitários humanos (HLA, *human leukocyte antigens*), expressos na superfície das APC profissionais (células dendríticas, macrófagos e linfócitos B). Após a ativação, os linfócitos T multiplicam-se (proliferam), sendo que os *linfócitos T CD4+* se diferenciam e exercem seu papel efetor por meio da secreção de citocinas que regulam, positiva ou negativamente, a função de outras células do sistema imunológico (tanto do sistema imune inato quanto do adaptativo), enquanto os *linfócitos T CD8+* exercem seu papel no sistema imunológico promovendo a morte, por citotoxicidade (lise osmótica e apoptose), de células-alvo do hospedeiro infectadas por vírus e bactérias intracelulares e também daquelas que sofreram transformações malignas/tumorais (ver Tabela 12.2).

A integridade do sistema imunológico é essencial para a manutenção de suas funções, entre elas a defesa contra organismos infecciosos e seus produtos tóxicos. A ocorrência de doenças infecciosas de repetição e com características clínicas não usuais (maior duração e gravidade do que o normal, ou causadas por patógeno pouco virulento/oportunista, ou ainda com complicações inesperadas) podem refletir alguma deficiência dos mecanismos de defesa do hospedeiro. A natureza da infecção em um paciente em particular depende em grande parte do componente do sistema imunológico que se apresenta defeituoso. Por exemplo, deficiências na imunidade adaptativa humoral podem resultar em um aumento de infecções por bactérias encapsuladas e alguns vírus, enquanto deficiências na imunidade adaptativa celular costumam estar associadas a infecções virais e outros microrganismos intracelulares (p. ex., bactérias intracelulares, fungos e protozoários). Deficiências combinadas, que afetam ambos os componentes da imunidade adaptativa, normalmente são bastante graves, pois aumentam a suscetibilidade do paciente a todas as classes de microrganismos. Coletivamente, essas situações clínicas são conhecidas como *imunodeficiências*, classificadas em primárias (ou congênitas) e secundárias (ou adquiridas) e que serão abordadas em mais detalhes no Capítulo 28.

As *imunodeficiências primárias/congênitas* são resultantes de defeitos genéticos, que normalmente se manifestam na infância ou na adolescência e afetam aproximadamente 1 em cada 500 indivíduos. Já as *imunodeficiências secundárias/adquiridas* não são herdadas, mas se desenvolvem como consequência de má nutrição, câncer disseminado, tratamento com medicações imunossupressoras ou infecção com determinados patógenos, em especial o vírus da imunodeficiência adquirida (HIV, *human immunodeficiency virus*). Todas essas variáveis deverão ser levadas em consideração para a avaliação laboratorial da imunocompetência de um indivíduo.

Avaliação laboratorial da resposta imune adaptativa

Neste capítulo, serão abordados os fundamentos e as aplicações dos principais ensaios utilizados na avaliação do sistema imune adaptativo. Tendo em vista os inúmeros ensaios

Tabela 12.2 Elementos e mecanismos de ação do sistema imune adaptativo/adquirido.

Elemento	Mecanismo de ação
Linfócitos B (imunidade adaptativa humoral)	Produção de anticorpos: • IgM: ativação da via clássica do sistema complemento, aglutinação e neutralização de toxinas e partículas infecciosas • IgG: ativação da via clássica do sistema complemento, neutralização de toxinas e partículas infecciosas, transferência placentária e proteção do neonato, opsonização • IgA: proteção das mucosas, transferência pelo colostro e proteção de neonatos • IgE: proteção contra doenças causadas por helmintos e mediador do processo alérgico (atopia) • IgD: marcador de maturidade do linfócito B, associado com síndromes autoinflamatórias
Linfócitos T (imunidade adaptativa celular)	Linfócitos T CD4+ ou T *helper* (Th) produtores de citocinas: • Diferenciação em Th1: secreção de IFN-γ induz ativação clássica de macrófagos (atividade inflamatória e microbicida), induz troca de isótipos de anticorpos para subclasses IgG1 e IgG3 (opsonizadoras e ativadoras do sistema complemento) e aumenta atividade dos linfócitos T citotóxicos • Diferenciação em Th2: secreção de IL-4 induz ativação alternativa de macrófagos (envolvido em reparo tecidual), troca de isótipos de anticorpos para subclasse IgG4 (neutralizador) e IgE (resposta contra helmintos e alergias); secreção de IL-5 ativa eosinófilos e ajuda na troca de isótipos para IgA (presente em mucosas e secreções); secreção de IL-13 ajuda na troca de isótipo para IgE e induz produção de muco • Diferenciação em Th17: secreção de IL-17 induz inflamação neutrofílica e aumento de peptídios antimicrobianos; secreção de IL-22 induz aumento do efeito de barreira e produção de peptídios antimicrobianos Linfócitos T CD8+ ou T citotóxicos (Tc): • Exocitose de grânulos citotóxicos (contendo granzimas e perforina) e expressão do ligante de Fas (FasL) causam morte de células-alvo infectadas por vírus ou bactérias intracelulares e também de células tumorais/malignas

disponíveis atualmente, bem como o amplo repertório de parâmetros a serem avaliados, o assunto será explorado dividindo-o em itens:

- Avaliação da capacidade proliferativa de linfócitos T e B
- Avaliação da resposta mediada por linfócitos B
- Avaliação da resposta mediada por linfócitos T.

A avaliação laboratorial da imunocompetência dessas células em um indivíduo inicia-se com um pequeno número de testes de triagem (preferivelmente de baixo custo). Os ensaios recomendados encontram-se resumidos na Tabela 12.3, e a metodologia empregada na realização de alguns deles será discutida ao longo do capítulo.

Avaliação da capacidade proliferativa de linfócitos T e B

A avaliação da proliferação de linfócitos é frequentemente utilizada em pesquisa clínica e experimental como uma maneira de determinar a capacidade dessas células em serem ativadas e mediarem respostas imunológicas em diversos sistemas. Para análise clínica, os linfócitos humanos podem ser obtidos de uma amostra de sangue periférico colhido com heparina e purificados por um processo de centrifugação em gradiente de densidade com *Ficoll-Hypaque*. Um volume de 10 mℓ de sangue fornece aproximadamente 10^7 células mononucleares, que incluem os linfócitos B, os linfócitos T e os monócitos. Amostras clínicas menos comuns podem ser também biopsias de órgãos linfoides secundários (p. ex., linfonodos e baço) ou ainda tumores removidos cirurgicamente e devidamente processados.

O meio de cultura utilizado (RPMI ou DMEM, *Dulbeco's modified Eagle medium*) deve conter glutamina e glicose e ser suplementado com soro (autólogo ou soro humano do tipo AB e, portanto, isento de iso-hemaglutininas). As culturas prontas são então incubadas em estufa rigorosamente controlada (temperatura de 37°C e atmosfera de 5% de CO_2). Como já dito, a ativação dos linfócitos envolve ciclos de proliferação que podem ser induzidos de forma policlonal, por meio de mitógenos. Existem diversos mitógenos policlonais que podem ser adicionados à cultura para ativar seletivamente os linfócitos T, os linfócitos B, ou ambos (Tabela 12.4). A quantidade de ensaios para avaliar essa proliferação também tem crescido ao longo do tempo.

É importante ressaltar que numerosas variáveis técnicas, bem como conceituais, podem afetar os resultados desses ensaios. Podem-se citar, entre outras, o número de células presentes na cultura, a geometria do recipiente de cultura, a contaminação das culturas com células não linfoides ou microrganismos, a dose do mitógeno empregada, o tempo de incubação das culturas, o método utilizado para a coleta das células ao final da cultura e a interpretação dos resultados. A seguir serão apresentados os principais ensaios para avaliar essa proliferação.

Mitógenos

- Quando os BCR ou TCR reconhecem seus antígenos ligantes nas condições adequadas, uma cascata de sinalização bioquímica é iniciada, induzindo a proliferação (mitose) dessas células. Essa resposta mitogênica está em geral acompanhada da ativação e da diferenciação dos linfócitos, que apresentam alterações morfológicas, passando a blastos. O grau de ativação e a consequente proliferação celular são parâmetros para avaliar a resposta imune adaptativa dos indivíduos. Entretanto, como em geral poucos clones de linfócitos são ativados por um dado antígeno, é importante amplificar essa resposta de maneira que ela possa ser avaliada pelas diversas técnicas apresentadas neste capítulo
- Muitas substâncias obtidas da biodiversidade ou sintetizadas em laboratório possuem a capacidade de induzir a ativação e consequente proliferação dos linfócitos (tanto B quanto T) do mesmo modo que fazem os antígenos específicos, porém de maneira policlonal, ou seja, estimulando uma grande proporção de linfócitos, independentemente da sua especificidade antigênica. Esses mitógenos policlonais ligam-se a receptores da superfície celular suscitando um sinal que se assemelha ao que seria dado pelo antígeno. Esse sinal é então interpretado pela célula como indicação para que ela saia do estado de repouso (G0) e entre no ciclo celular (G1) a fim de realizar a mitose
- Os mitógenos policlonais mais utilizados são derivados de plantas e conhecidos coletivamente como lectinas ou fitomitógenos. Entre eles, a fito-hemaglutinina (PHA, *phytohemagglutinin*) é o mitógeno mais extensivamente utilizado, seguido da concanavalina A (Con A). Ambas são utilizadas para estimular a proliferação de linfócitos T, o que também pode ser feito por anticorpos monoclonais anti-CD3 ou uma combinação de anti-CD3 e anti-CD28, direcionados a moléculas de superfície associadas a ativação dessas células. Existem também os mitógenos que estimulam somente os linfócitos B, como os lipopolissacarídios (LPS) extraídos de bactérias Gram-negativas, além de haptenos [trinitrofenil fosfato (TNP) conjugados a proteínas carreadoras], moléculas sintéticas (oligodeoxinucleotídio 2006) e também anticorpos monoclonais direcionados a moléculas de superfície (anti-IgM, anti-CD40) usados sozinhos ou em combinação com anticorpos monoclonais contra citocinas (IL-4, IL-21). Finalmente, existem mitógenos policlonais capazes de estimular a proliferação tanto dos linfócitos B como dos linfócitos T, sendo a lectina conhecida como *pokeweed* (PWM, *pokeweed mitogen*) a mais utilizada.

Tabela 12.3 Testes de triagem utilizados para avaliação laboratorial da imunidade adaptativa.

Teste de triagem	Parâmetro observado
Hemograma completo	Leucopenia ou leucocitose geral ou seletiva
Dosagem de imunoglobulina	Diminuição seletiva do isótipo (IgG, IgA)
Dosagem de iso-hemaglutinina	Diminuição na produção de anti-A, anti-B
Anticorpo contra antígenos vacinais (sarampo, pólio vírus)	Ausência ou diminuição da produção de anticorpos contra antígenos a que o paciente certamente foi exposto (antígenos vacinais)
Dosagem de ácido úrico	Aumento ou diminuição do ácido úrico (este parâmetro pode ser associado à deficiência de enzimas como adenosina desaminase ou purina nucleosídio fosforilase)
Teste do nitroazul de tetrazólio (NBT, *nitroblue tetrazolium*)	Falha na redução do corante NBT associado a defeito de digestão de neutrófilo
Ensaio de atividade hemolítica do complemento (CH50)	Diminuição da atividade lítica do sistema complemento quando ativado pela via clássica (dependente de anticorpo e dos componentes C1, C2 e C4)
Sorologia-HIV	Detecção de anticorpos contra proteínas do vírus
Teste intradérmico ou epicutâneo	Área de enduração desenvolvida após aplicação de antígeno intradérmica ou superficialmente (*patch test*)

Tabela 12.4 Principais mitógenos, alvo celular e potência relativa na indução de proliferação.

Mitógeno	Célula ativada	Proliferação	Tempo (dias)
Hapteno 2,4,6-trinitrofenil conjugado a Ficoll (TNP-Ficoll)	Linfócito B	+	3
Hapteno 2,4,6-trinitrofenil conjugado a albumina de soro bovino (TNP-BSA)	Linfócito B	++	3
Anti-IgM	Linfócito B	+	3
Anti-IgM + IL-4	Linfócito B	+++	3
Anti-CD40	Linfócito B	+	3
Anti-CD40 + IL-4	Linfócito B	+++	3
Anti-CD40 + IL-21	Linfócito B	+++	3
IL-21	Linfócito B	+	3
Lipopolissacarídio (LPS)	Linfócito B	+	3
Resiquimod	Linfócito B	++	3
Oligodeoxinucleotídio 2006 (ODN2006)	Linfócito B	+++	3
Pansorbin + IL-2 + IL-10	Linfócito B	+++	3
Fito-hemaglutinina (PHA)	Linfócito T	+++	3
Concanavalina A (Con A)	Linfócito T	+++	3
Anti-CD3	Linfócito T	++	3
Anti-CD3 + anti-CD28	Linfócito T	+++	3
Fito-hemaglutinina (PHA)	Linfócito T	+++	3
Pokeweed (PWM)	Linfócito B Linfócito T	++	6

Incorporação de nucleotídios radiomarcados

A síntese de DNA realizada pelas células em proliferação após ativação pelo mitógeno pode ser avaliada por meio da incorporação de nucleotídios radiomarcados pelo DNA recém-sintetizado. O mais comum desses nucleotídios é a timidina triciada (^{3}H-TdR), cuja incorporação durante a divisão celular pode ser determinada pela contagem de cintilação emitida pelas células da cultura e captada por um contador de radiação beta (Figura 12.1). Os dados são fornecidos na forma de contagem de cintilações por minuto (cpm) e podem ser trabalhados de diferentes maneiras, o que possibilita uma certa confusão na interpretação dos resultados. Muitos laboratórios apresentam os valores absolutos da emissão das culturas mantidas sem estimulação (células incubadas apenas com meio de cultura – controle negativo) e das culturas estimuladas com o mitógeno escolhido, na forma de cpm, como simples média da triplicata. Outros laboratórios apresentam os resultados sob a forma de relação (média da triplicata, em cpm, da cultura estimulada com o mitógeno/média da triplicata, em cpm, da cultura mantida com meio apenas) constituindo o chamado *índice de estimulação*. Nenhuma dessas apresentações é totalmente satisfatória, sendo mais adequado, talvez, fornecer os dados por ambos os métodos para permitir a melhor interpretação.

Citometria de fluxo

É uma técnica utilizada para análise individual e simultânea de componentes estruturais celulares e partículas microscópicas por meio da medição do desvio de luz incidente sobre uma célula/partícula e de sinais fluorescentes por ela gerados. O citômetro de fluxo permite a caracterização básica da morfologia celular: tamanho relativo e complexidade interna (refletindo vesículas e organelas). Em teoria, os citômetros mais modernos são capazes de detectar qualquer célula ou partícula em suspensão com diâmetro entre 0,2 e 100 μm, além de identificar a emissão de dezenas de espectros de fluorescência pelos fluorocromos disponíveis no mercado. Portanto, esse equipamento permite uma análise detalhada de diversos parâmetros fenotípicos e funcionais de uma única célula e de populações celulares complexas.

Os primeiros citômetros foram desenvolvidos no fim da década de 1940 com a finalidade de se efetuar contagem/detecção de células bacterianas. No início dos anos 1950, esses equipamentos foram adaptados para efetuar contagem de células sanguíneas. No entanto, foi apenas em meados dos anos 1960 que a detecção de fluorescência foi incorporada aos citômetros de fluxo, o que ampliou significativamente a variedade de ensaios fenotípicos e funcionais que podem ser realizados, caracterizando a técnica que se conhece hoje. Conforme será abordado ao longo deste capítulo, a citometria de fluxo permite o estudo de múltiplos parâmetros e propriedades biológicas das células, incluindo morfologia, composição, estado funcional, proliferação, expressão gênica e proteica. Embora tenha sido inicialmente desenvolvida para o estudo de células (cito = célula; metria = medida), incluindo as de mamíferos, bactérias e protozoários, atualmente pode ser utilizada para detecção de moléculas em solução (proteínas, DNA, RNA) pelo uso de partículas recobertas de anticorpos específicos para tais moléculas.

A principal aplicação desse equipamento na rotina clínica tem sido o estudo dos marcadores utilizados para o diagnóstico e o prognóstico das leucemias e linfomas e o monitoramento da contagem de linfócitos T CD4+ sanguíneas de pacientes HIV positivos e detecção da produção de moléculas em solução, como citocinas.

Princípio do método

Os citômetros de fluxo mais comuns são constituídos por três sistemas principais: fluidos, óptico e eletrônico, que são baseados respectivamente no uso de fluxo hidrodinâmico; de radiação *laser* e emissão de fluorescência; e de recursos de informática. Para que as células sejam avaliadas pelo método de citometria de fluxo, elas devem estar dispersas, individualmente, em uma suspensão fluida e tamponada, para então serem forçadas através de um bocal, de modo a originar uma bainha de baixa pressão ao redor delas. Esse efeito "bainha" resulta na formação de um fluxo não turbulento que permite a passagem das células, uma a uma, centralizadas e alinhadas pelo ponto de medição (célula de fluxo). Esse processo é denominado hidrodinâmico e permite que cada partícula seja interceptada individualmente por uma fonte de luz incidente (Figura 12.2), sendo a mais comumente utilizada o *laser*, que é focalizado nas células individualmente no ponto de medição. De acordo com as propriedades físicas e a presença de componentes fluorescentes em cada célula, a luz incidente sofre espalhamento, cujas propriedades, sobre as células analisadas, são de três tipos:

- Espalhamento com baixo ângulo de dispersão, refletindo o tamanho relativo e denominado FSC (do inglês *forward scatter*)
- Espalhamento com um ângulo de dispersão de 90°, refletindo a granulosidade ou complexidade interna e denominado SSC (do inglês *side scatter*)
- Espalhamento com um ângulo de 90° na forma de emissão de fluorescência pela excitação de um fluorocromo.

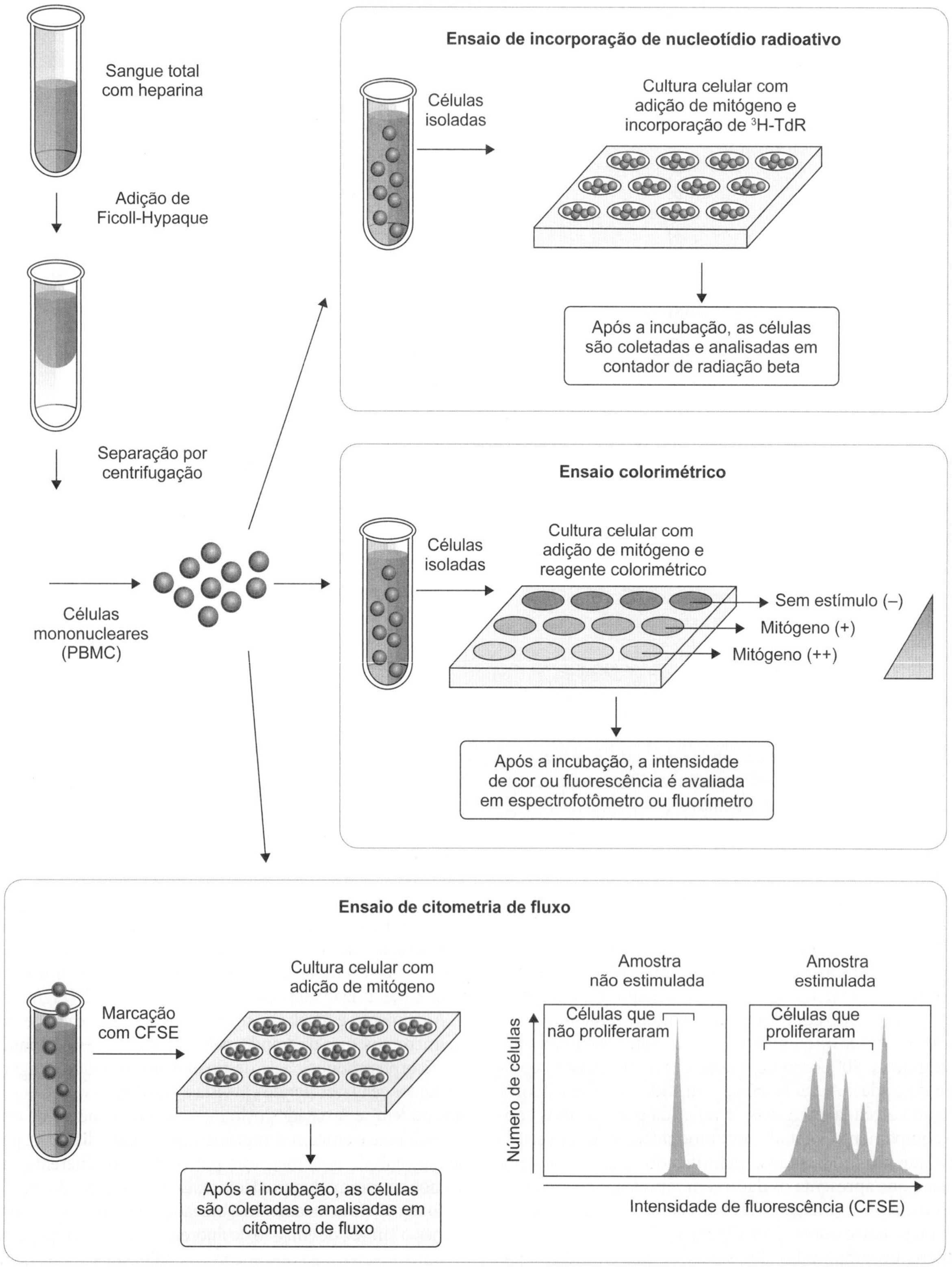

Figura 12.1 Testes para avaliação da capacidade proliferativa de linfócitos: ensaio de incorporação de nucleotídios radioativos (p. ex., timidina triciada), ensaio colorimétrico (p. ex., resazurina) e ensaio de citometria de fluxo [p. ex., diluição de éster succinimidílico de carboxifluoresceína (CFSE)].

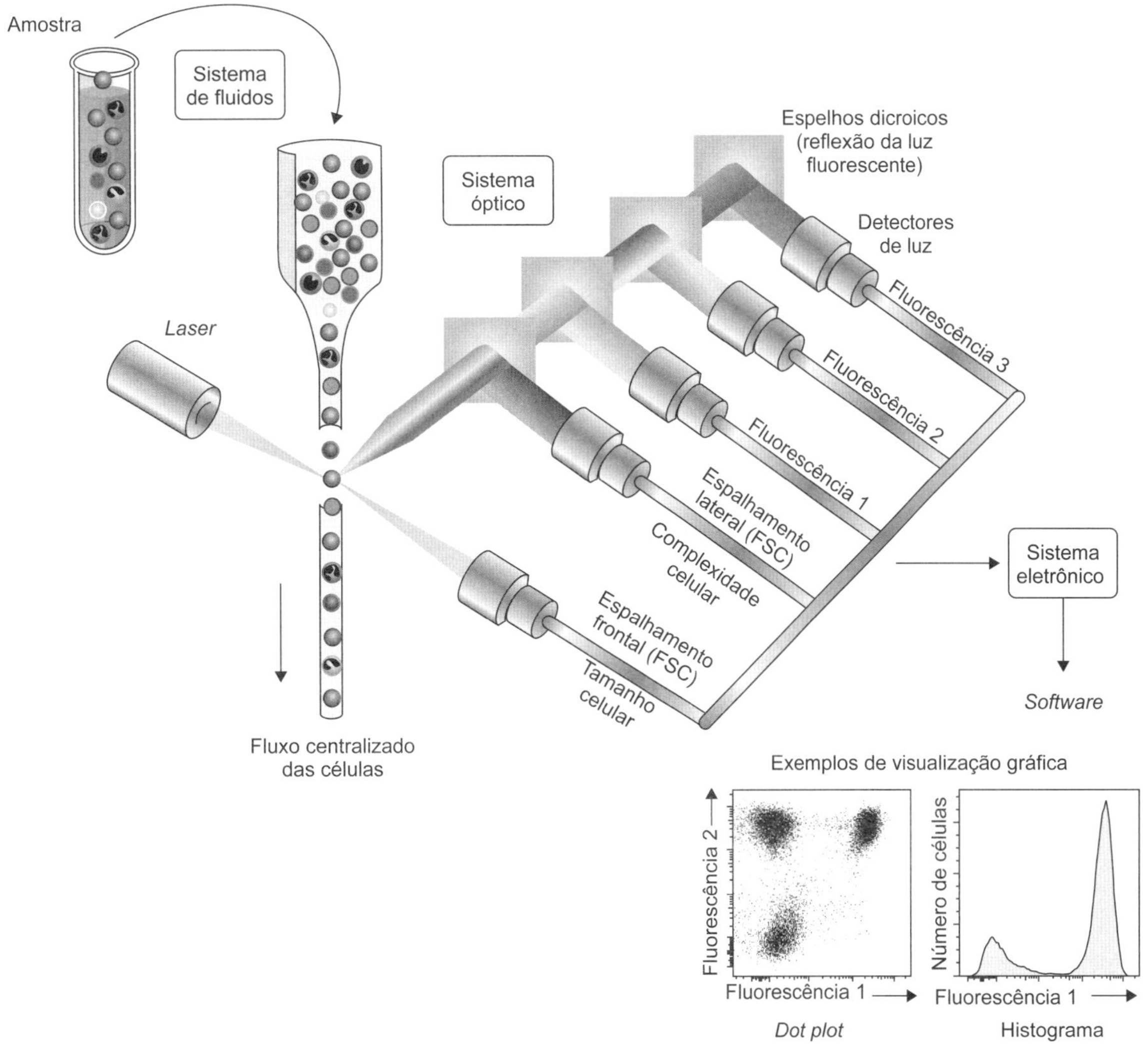

Figura 12.2 Princípios gerais de aquisição e análise de amostras celulares por citometria de fluxo.

A luz incidente é espalhada com baixo ângulo de dispersão e determina o tamanho relativo da célula analisada. Já a luz que é espalhada com um ângulo de 90° caracteriza a estrutura interna da célula (sua granulosidade, refletindo a complexidade de grânulos e organelas citoplasmáticos). Esses dois parâmetros são convertidos em representações gráficas por um *software* (ver Figura 12.2) e permitem a diferenciação celular.

A luz incidente (que é de baixo comprimento de onda) pode ser ainda absorvida por fluorocromos, normalmente conjugados a anticorpos, mas que também podem apresentar outras formulações, ligados às moléculas das células ou a partículas. Fluorocromos são essencialmente corantes, que captam energia da luz em um dado comprimento de onda e a reemitem em um comprimento de onda maior. Essa luz sofre espalhamento em um ângulo de 90° como luz fluorescente (de elevado comprimento de onda). A fluorescência emitida por cada fluorocromo ligado à célula em análise é refletida por espelhos contidos no equipamento, captada por fotodetectores e convertida em sinais que são processados, quantificados e analisados por um *software* que apresenta os dados em representações conhecidas como *dot plots* (imagens de cada célula individualmente) e histogramas, entre outras (ver Figura 12.2).

As diferentes amplitudes dos sinais de luz emitidos pelos fluorocromos são detectadas por um sistema de canais. Também por meio de *dot plots*, de histogramas e de gráficos de X *versus* Y, os eventos celulares são representados e interpretados em várias combinações de parâmetros (análise de multiparâmetros). De maneira simplificada, é como se cada fluorocromo marcasse a célula/partícula de uma "cor" diferente e a combinação dessas "cores" fornecesse as características fenotípicas de cada célula e de populações celulares. Assim, com base no conhecimento sobre as características das células do sistema imune, é possível classificar, por exemplo, os linfócitos, monócitos e granulócitos em uma única amostra. E as informações dos anticorpos conjugados a fluorocromos que se ligam a moléculas da célula podem, por exemplo, discriminar linfócitos B de linfócitos T e ainda caracterizar subpopulações de linfócitos T (Figura 12.3).

Atualmente, encontram-se disponíveis no mercado dezenas de fluorocromos, que, na grande maioria dos casos, estão conjugados a anticorpos monoclonais destinados à imunofenotipagem dos elementos celulares. Tendo em vista o fato de que vários fluorocromos podem ser excitados pelo mesmo comprimento de onda da luz incidente e emitem comprimentos de onda distintos, pode-se efetuar mais de uma marcação por célula com diferentes fluorocromos ao mesmo tempo. Hoje, existem no mercado citômetros de fluxo cujo funcionamento é baseado no uso de espectrometria de massa em vez de emissão de fluorescência. Esses equipamentos permitem o emprego de anticorpos conjugados a íons de metais pesados em vez de fluorocromos, o que aumentou exponencialmente a quantidade de "cores" ou parâmetros passíveis de análise.

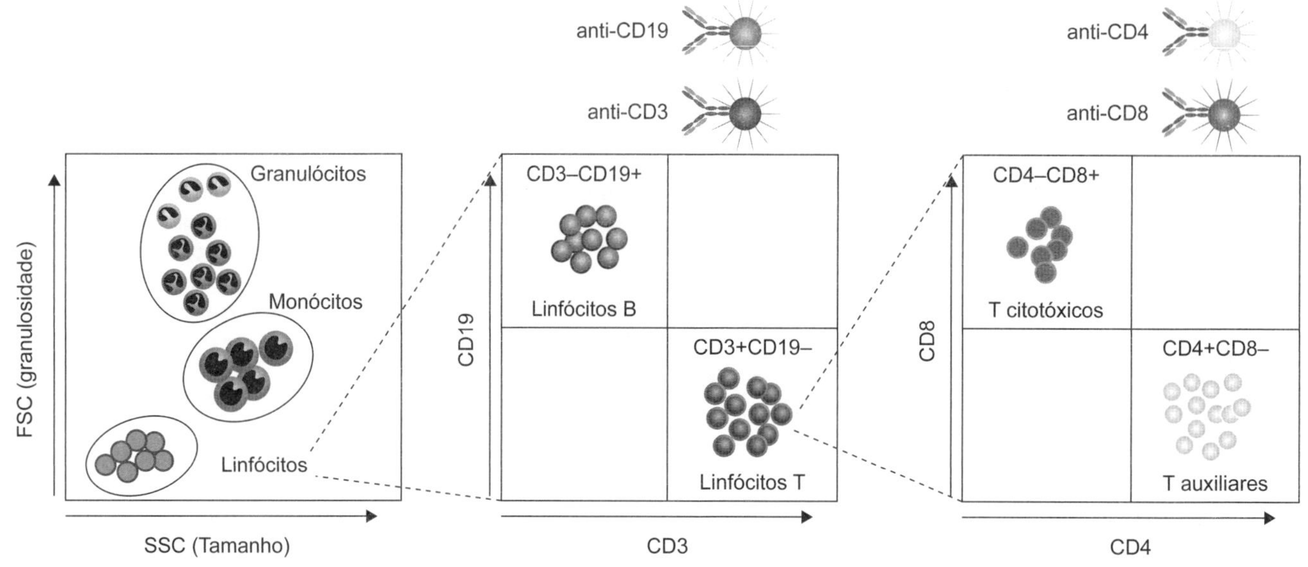

Figura 12.3 Representação de uma análise celular (imunofenotipagem) por citometria de fluxo. Populações de linfócitos, monócitos e granulócitos podem ser identificadas por meio de suas características de tamanho e granulosidade. Populações e subpopulações de linfócitos podem ser fenotipadas por anticorpos monoclonais direcionados a moléculas de superfície (anti-CD19, anti-CD3, anti-CD4 e anti-CD8), conjugados com diferentes fluorocromos.

Avaliação da proliferação celular por citometria de fluxo

Entre as diversas aplicações da citometria de fluxo, estão a avaliação da proliferação celular e a análise do RNA e do DNA contidos na célula, que podem ser usados para examinar a fase proliferativa e a haploidia celular.

Uma das formas mais comuns de avaliar a proliferação celular por citometria de fluxo é por marcação das células com éster succinimidílico de carboxifluoresceína (CFSE, *carboxyfluorescein succinimidyl ester*). O CFSE é um corante fluorescente capaz de atravessar a membrana das células e se ligar de forma covalente às moléculas intracelulares, sobretudo aos resíduos de lisina das proteínas intracelulares. Por conta da força dessa ligação, o CFSE pode ser retido dentro das células por longos períodos e, uma vez incorporado, o corante não é transferido para as células adjacentes. Graças a essa característica, quando uma célula marcada se divide, metade da fluorescência vai para cada célula-filha e assim por diante. Essa queda progressiva pode ser detectada pelo citômetro de fluxo, e, quando a marcação é realizada de maneira apropriada, aproximadamente 7 a 8 divisões celulares podem ser detectadas antes que a fluorescência se torne tão baixa quanto a fluorescência basal (ver Figura 12.1).

A determinação do conteúdo de ácido nucleico celular é realizada por fluorocromos que se ligam estequiometricamente ao DNA e ao RNA [iodeto de propídio (PI) e laranja de acridina], resultando em uma emissão de fluorescência proporcional ao conteúdo de ácido nucleico nas células. O padrão da distribuição da substância fluorescente indica a fase proliferativa da célula e da haploidia celular.

▪ Ensaios colorimétricos

Apesar da alta sensibilidade dos ensaios usando nucleotídios radiomarcados e do grande volume de informações que podem ser obtidas pela citometria de fluxo, ambas as técnicas necessitam de equipamentos caros e especializados. Além disso, o uso de radioisótopos requer treinamento especial, uma série de autorizações legais e gera resíduos radioativos que podem contaminar o ambiente e os indivíduos que os manipulam. Assim, alguns métodos alternativos têm sido descritos nos últimos anos e, embora não sejam tão eficientes quanto os descritos anteriormente, são capazes de avaliar a proliferação de linfócitos de maneira mais barata e com menos riscos associados (ver Figura 12.1). A seguir são comentados dois dos mais comuns.

Teste do 3-(4,5-dimetiltiazol-2-il)-2,5-difenil tetrazólio

É um método colorimétrico que avalia indiretamente a atividade metabólica celular. O princípio dessa técnica consiste na clivagem do 3-(4,5-dimetiltiazol-2-il)-2,5-difenil tetrazólio (MTT) em cristais de formazan, insolúveis em soluções aquosas, pela enzima tetrazólio-succinato-desidrogenase presente na mitocôndria de células viáveis. Os cristais formados pelo formazam podem ser solubilizados com dodecilsulfato de sódio (SDS, *sodim dodecyl sulfate*) gerando uma coloração azul-escura que é medida por espectrofotometria no comprimento de onda de 570 nm. Portanto, quanto maior a quantidade de células viáveis, maior a formação de formazan e, consequentemente, mais alta a leitura obtida. Essa técnica foi descrita em 1983, mas ainda hoje é usada em alguns laboratórios por ser fácil, de baixo custo e oportuna para avaliar um grande número de amostras ao mesmo tempo. Além de ser aplicada para a análise da viabilidade celular, também é utilizada para medir a taxa de proliferação em culturas celulares, entre as quais preparações de linfócitos.

Resazurina (alamarBlue®)

É um composto de cor azul, não tóxico, permeável e não fluorescente que, após sofrer reações de redução em células metabolicamente ativas, é convertido em uma molécula vermelha fluorescente chamada de resorufina. De forma similar ao ensaio com MTT, a quantidade de fluorescência e a variação na coloração produzida durante o ensaio são proporcionais ao número de células vivas e seu metabolismo. Nesse caso, a leitura pelo espectrofotômetro é feita em dois comprimentos de onda:

- 570 nm para detecção da coloração azul gerada pela rezarurina
- 600 nm para detecção da coloração vermelha gerada pela resorufina.

A taxa de proliferação pode ser indiretamente avaliada pela subtração dos valores obtidos entre a densidade óptica (D.O.) das duas leituras, comparando os valores das culturas usadas como controle negativo (células incubadas com meio de cultura somente) e das células estimuladas com o mitógeno escolhido. Quanto mais forte a coloração vermelha na cultura, maior a proliferação celular.

Avaliação da resposta imune mediada por linfócitos B

Os linfócitos B desempenham um papel central na imunidade adaptativa e representam entre 2 e 10% do total de leucócitos circulantes no sangue de adultos normais. Sua ativação resulta principalmente na geração de anticorpos/imunoglobulinas. A avaliação da função dos linfócitos B se faz necessária quando existem suspeitas de imunodeficiências relacionadas com a produção de anticorpos, doenças alérgicas, autoimunidades, ou qualquer tipo de alteração funcional dessas células. A seguir, descrevem-se algumas das metodologias utilizadas em laboratório para o estudo funcional das respostas mediadas pelos linfócitos B.

Avaliação da produção de anticorpos

Determinação da concentração sérica das diferentes classes ou isótipos de imunoglobulinas

Os níveis séricos das imunoglobulinas dependem de uma variedade de fatores ligados ao desenvolvimento (p. ex., histórico de alergia, infecções recorrentes, idade do paciente), fatores ambientais e genéticos como origem étnica, idade e sexo. Na rotina laboratorial, são normalmente determinados os níveis séricos de IgG, IgA, IgM e IgE. Até recentemente, não se reconhecia o valor biológico da determinação de IgD, um isótipo que representa menos de 1% das imunoglobulinas séricas em um indivíduo normal, mas que nos últimos anos tem sido associado a uma série de distúrbios inflamatórios, sendo o mais conhecido a síndrome de hiper-IgD, também denominada deficiência de mevalonato quinase (MKD).

Entre os métodos laboratoriais mais utilizados para a dosagem dos níveis séricos de anticorpos estão: imunodifusão radial simples, turbidimetria e nefelometria (ver Capítulo 5), técnicas de marcação com isótipos radioativos (radioimunoensaio – RIE) e técnicas imunoenzimáticas (ver Capítulo 8). A escolha da técnica a ser utilizada na rotina dependerá de alguns fatores:

- Sensibilidade: a técnica que apresenta a maior sensibilidade para a determinação de imunoglobulinas é o RIE, seguido de imunoensaio enzimático (ELISA, *enzyme-linked immunosorbent assay*), nefelometria, turbidimetria e, por último, imunodifusão radial. Além disso, *kits* comerciais podem possuir diferentes limites de detecção, embora representem a mesma técnica
- Especificidade: alguns testes com grande sensibilidade de detecção podem apresentar baixa especificidade gerando muitos resultados falso-positivos.

A escolha da técnica mais apropriada deve levar em consideração o propósito da realização do exame, a disponibilidade de equipamentos capazes de executar um determinado teste e o custo do exame, de modo a decidir o que deve ser colocado como prioridade. Além disso, algumas técnicas podem ser extremamente sensíveis, porém pouco específicas; já outras técnicas podem ser altamente específicas, mas pouco sensíveis.

Determinação da concentração das subclasses de IgG

As concentrações séricas de IgG1, IgG2, IgG3 e IgG4 correspondem, respectivamente, a cerca de 70, 20, 7 e 3% da concentração total de IgG, com variabilidade de valores de acordo com a idade do paciente. Em alguns indivíduos com processos infecciosos de repetição, os níveis séricos de IgG encontram-se normais ou aumentados. Especialmente nesses casos, é extremamente importante a determinação das subclasses de IgG que podem estar diminuídas. Elas também devem ser avaliadas em pacientes com quadros infecciosos de repetição e deficiência seletiva de IgA, pois esses casos estão frequentemente associados à deficiência da subclasse IgG2.

As subclasses de IgG podem ser quantificadas por vários métodos como imunodifusão radial simples, nefelometria ou turbidimetria. Entretanto, os níveis séricos de IgG4 podem estar muito abaixo dos limites de detecção desses métodos (sensibilidade), sendo necessário o emprego de técnicas mais sensíveis, como ELISA e RIE (ver Capítulo 7).

Produção de anticorpos funcionais

A detecção da concentração sérica das imunoglobulinas não deve ser o único parâmetro avaliado quando se deseja excluir alterações da imunidade humoral; é importante também verificar se essas proteínas são funcionais. Para tanto, pode-se avaliar a função dessas moléculas em algumas situações:

- Pesquisa de anticorpos ativamente produzidos após exposição vacinal: a titulação de anticorpos específicos produzidos contra antígenos vacinais (p. ex., anticorpos produzidos contra o vírus do sarampo ou da poliomielite ou contra o toxoide diftérico e tetânico) pode ser utilizada para análise funcional da IgG. Esse ensaio é particularmente útil na avaliação de pacientes com suspeita de imunodeficiência humoral, mas que tenham níveis de imunoglobulinas séricas normais. Os anticorpos podem ser determinados por métodos como reação de neutralização, inibição de hemaglutinação (ver Capítulo 6) ou ELISA (ver Capítulo 7)
- Determinação do título de iso-hemaglutininas: anticorpos IgM contra polissacarídios de microrganismos que apresentam reação cruzada com os antígenos de grupo sanguíneo ABO (ver Capítulos 6 e 27). Em indivíduos normais, dependendo do tipo sanguíneo, a partir dos 6 meses de idade já se encontram anticorpos anti-A e/ou anti-B com diluições do soro superiores a 1:8 (título 8). Normalmente, esses anticorpos encontram-se ausentes em aproximadamente 50% dos lactentes e em 10% das crianças ao fim do primeiro ano de vida. A determinação desses anticorpos é por meio de técnicas quantitativas de hemaglutinação, e o resultado é obtido na forma de título.

Biossíntese de imunoglobulinas

A ativação dos linfócitos B *in vitro* resulta no aparecimento de quantidades pequenas, porém detectáveis, de imunoglobulinas de origem policlonal. Após 7 a 10 dias de cultura, as imunoglobulinas podem ser medidas por RIE ou ELISA. Alternativamente, os linfócitos B que produzem imunoglobulinas podem ser quantificados pelo ensaio de placa hemolítica invertida. Nesse ensaio, eritrócitos são recobertos com anticorpos anti-imunoglobulina humana (de cabra ou de coelho) e são misturados com os linfócitos B em ágar semissólido, ao qual se adiciona complemento. O aparecimento de placas hemolíticas indica a presença de células produtoras de imunoglobulinas. Esse ensaio, entretanto, não é muito utilizado na atualidade.

Uma variável mais recente detecta os anticorpos produzidos por ELISA, e os linfócitos são estimulados por antígenos adsorvidos às placas de cultivo dos linfócitos B. Assim, os anticorpos específicos ficarão adsorvidos à placa, e, após retirada das células, processa-se a detecção dos anticorpos. O ensaio ganhou o nome de produção de antigênio induzido *in vitro* (IVIAP, *in vitro induced-antigen production*).

Independentemente da forma de detectar o linfócito B produtor de anticorpos específicos, há inúmeras dificuldades nesse ensaio, principalmente devido ao reduzido número de linfócitos B circulantes para cada antígeno.

Imunofenotipagem dos linfócitos B

A imunofenotipagem celular é utilizada quando se deseja investigar, seletivamente, antígenos celulares a fim de se caracterizar e quantificar as populações celulares presentes em uma amostra. No presente momento, uma especial atenção tem sido dada ao desenvolvimento de anticorpos monoclonais contra antígenos de superfície de leucócitos para serem usados na técnica de citometria de fluxo, cujos fundamentos teóricos já foram abordados no item *Citometria de fluxo*. A partir de uma amostra de sangue total, célula mononuclear do sangue periférico (PBMC, *peripheral blood mononuclear cell*) ou células teciduais isoladas, apropriadamente preparadas, é possível discriminar os principais elementos leucocitários do sangue ou do tecido (linfócitos, monócitos e granulócitos). Uma vez que se tenha discriminado todas as populações celulares do tecido em estudo, pode-se delimitar uma região (*gate*) de mapeamento ao redor do grupo celular a ser estudado; dessa forma exclui-se a maioria dos tipos celulares e limita-se a análise somente às células de interesse. Por exemplo, pode-se avaliar a expressão apenas dos marcadores celulares característicos de linfócitos B em subpopulações que já tenham sido pré-selecionadas pelo *gate* de interesse, nesse caso a subpopulação de linfócitos – desconsiderando da análise monócitos e granulócitos (ver Figura 12.3). É possível ainda examinar uma combinação de moléculas indicativas do estado funcional de cada célula, conforme será abordado ao longo deste capítulo.

Para a imunofenotipagem dos linfócitos B, o principal marcador avaliado é o CD19, pois é expresso somente em linfócitos B e em células dendríticas foliculares. Esse marcador é amplamente usado para distinguir linfócitos B de outras células no sangue periférico e quantificá-las. A fenotipagem de linfócitos B é utilizada na clínica para diagnóstico e monitoramento de algumas doenças autoimunes, imunodeficiências e infecções virais.

Avaliação da resposta imune mediada por linfócitos T

Conforme descrito no início deste capítulo, as células do sistema imune adaptativo possuem um sistema de reconhecimento de antígenos que depende da geração de um vasto repertório de receptores. Os linfócitos T representam entre 15 e 35% do total de leucócitos circulantes no sangue de adultos normais e detectam, por meio de seu TCR, pequenos peptídios produzidos por uma complexa maquinaria proteolítica e apresentados pelas moléculas de MHC expressas na superfície das APC. Após o reconhecimento antigênico e a ativação celular, os diferentes subtipos de linfócitos T exercem sua função por meio da regulação das demais células do sistema imunológico ou pela ação efetora direta sobre células-alvo. A subpopulação de *linfócitos T CD4+* é especializada na regulação da resposta imune pela secreção de citocinas que exercem seus efeitos sobre as células do sistema imune inato, assim como sobre as próprias células do sistema imune adaptativo, potencializando a ativação celular ou suprimindo mecanismos efetores. Por outro lado, os *linfócitos T CD8+* possuem a capacidade de lisar diretamente as células-alvo, sendo também denominados *citotóxicos*. Em seres humanos, a razão de linfócitos T CD4+/CD8+ no sangue é de aproximadamente 2:1.

Dessa forma, a análise da integridade funcional dos diferentes subtipos de linfócitos T é realizada pela avaliação da capacidade de tais células serem ativadas e exercerem suas funções específicas, como proliferação, produção de citocinas, recrutamento celular, citotoxicidade etc.

Até muito recentemente, os ensaios de liberação de cromo e a análise de diluição limitante eram as únicas técnicas utilizadas rotineiramente para avaliar a resposta de linfócitos T. Essas metodologias apresentavam muitas desvantagens, como o tempo de execução, dificuldade técnica e baixo limiar de detecção. Nos últimos anos, novos métodos foram desenvolvidos com o intuito de analisar o complexo repertório de funções dos linfócitos T, bem como sua especificidade e funcionamento. Além de mais sensíveis, esses novos métodos fornecem mais informação que os anteriormente disponíveis e são descritos a seguir.

Avaliação da imunidade celular por testes *in vivo* | Teste de hipersensibilidade do tipo tardia

A avaliação da hipersensibilidade do tipo tardia (também conhecida como hipersensibilidade tipo IV) é um teste de triagem prático para avaliar a integridade da imunidade celular adaptativa e a existência de contato prévio com determinados antígenos. Respostas anormais de hipersensibilidade do tipo tardia podem significar infecção ou defeitos da imunidade celular adaptativa, que propiciam o desenvolvimento de estados patológicos infecciosos, autoimunes ou de imunodeficiência.

O teste de hipersensibilidade do tipo tardia pode ser útil na avaliação de pacientes com imunodeficiência não diagnosticada. Pacientes com imunodeficiência primária que venham a falhar, quando desafiados por via intradérmica com antígeno ubíquo, provavelmente desenvolverão sucessivos quadros infecciosos causados por patógenos intracelulares. A análise da hipersensibilidade do tipo tardia pode ser também especialmente importante para avaliar estados de imunodeficiências adquiridas, como é o caso de pacientes infectados pelo HIV. O desenvolvimento de anergia (ausência de resposta ao desafio com o antígeno) em pacientes portadores do vírus prediz mau prognóstico da doença. Por outro lado, o progresso desse parâmetro indica melhora da doença e boa resposta ao tratamento instituído (Quadro 12.1).

Em indivíduos imunocompetentes, o teste de hipersensibilidade do tipo tardia é utilizado como auxiliar no diagnóstico de doenças causadas por fungos e bactérias, como é o caso da tuberculose, histoplasmose, blastomicose e aspergilose. É importante destacar que a positividade desse teste

Quadro 12.1 Fatores que podem afetar o desenvolvimento da hipersensibilidade tipo tardia (tipo IV).

Fisiológicos	• Idade • Gestação
Imunodeficiências primárias	• Síndrome de DiGeorge (aplasia tímica) • Imunodeficiências combinadas graves (várias causas relatadas)
Doenças hereditárias	• Síndrome de Down • Talassemia
Doenças metabólicas	• Diabetes *mellitus* • Uremia, diálise
Doenças infecciosas	• AIDS, pneumonia bacteriana • Doença infecciosa viral aguda (p. ex., sarampo, varicela, gripe)
Medicação	• Corticosteroides e outros fármacos imunossupressores • Quimioterapia

indica resposta imune celular direcionada para os antígenos presentes nesses patógenos, porém não é indício absoluto de infecção ativa. Isso porque indivíduos que entraram em contato com tais microrganismos, ou que tenham sido vacinados contra eles, possuem memória celular reativa aos seus antígenos e, por isso, apresentam positividade no teste. Um exemplo clássico desse fenômeno é a resposta em indivíduos vacinados com bacilo de Calmette-Guérin (BCG), quando desafiados com tuberculina ou derivado proteico purificado (PPD, *purified protein derivative*) no chamado teste tuberculínico ou teste de Mantoux.

Teste intradérmico

É uma das maneiras de se avaliar a hipersensibilidade do tipo tardia e envolve alguns cuidados descritos a seguir:

- Os antígenos utilizados no teste devem ser mantidos a 4°C em condições estéreis e protegidos da luz
- As soluções do teste não devem ser mantidas na seringa por tempo prolongado antes do uso. A agulha a ser empregada no ensaio deve ser de calibre 23/25 × 0,7 mm
- A aplicação deve ser intradérmica, formando uma pápula visível do volume aplicado
- Após 24 a 72 h deve ser medida a área (diâmetro) de enduração (pápula com ou sem eritema) com régua.

O infiltrado inflamatório que surge em 24 a 72 h após a injeção intradérmica de determinado antígeno é primariamente formado por células mononucleares. Esse infiltrado celular e o edema associado resultam em endurecimento e inchaço da pele, sendo o diâmetro da reação utilizado como índice de hipersensibilidade cutânea.

Um paciente pode apresentar hipersensibilidade imediata ao mesmo antígeno do teste, caracterizada pela presença de área papular e eritematosa dentro de 15 a 20 min. Essa reação desaparece em aproximadamente 12 h. A produção de uma enduração igual ou superior a 5 mm de diâmetro no período superior a 24 h é interpretada como teste positivo. Áreas menores e com enduração bem definida sugerem sensibilidade a um antígeno estreitamente relacionado.

Teste epicutâneo

Também conhecido como *patch test*, é comumente utilizado por dermatologistas para avaliar a relação entre determinadas substâncias químicas e o aparecimento de quadros característicos do tipo dermatite de contato. A substância é aplicada na superfície da pele em baixas concentrações e a área é então coberta com curativo. Depois de 48 h da aplicação, remove-se o curativo e examina-se a reação inflamatória. A interpretação de reação de sensibilidade de contato positiva depende do aparecimento de uma reação eritematosa, papular ou vesicular no local do estímulo. Raramente ocorre enduração, uma vez que o estímulo químico não é aplicado por via intradérmica.

Existem vários fatores que podem afetar os resultados do ensaio de hipersensibilidade do tipo tardia. Dentre os mais importantes, é possível citar:

- Antígenos similares obtidos de fontes diferentes
- Utilização de antígenos diferentes da mesma fonte. Por exemplo: diferentes proteínas obtidas de uma mesma cepa de *Candida albicans*
- Perda de antígeno durante a inoculação intradérmica
- Aplicação do antígeno em camadas mais profundas da derme
- Interpretação de área de edema como de enduração (erro de leitura)
- Aplicação consecutiva do teste (efeito reforço ou *booster*), observada em casos em que o teste é repetido com um intervalo menor do que 3 meses.

Avaliação da imunidade celular por testes *in vitro*

Avaliação da síntese de citocinas

As citocinas, proteínas que realizam a comunicação do sistema imunológico, regulam seu funcionamento e promovem sua interação com os demais sistemas do organismo, como o sistema neuroendócrino. Elas têm sido objeto de estudo nas últimas décadas. O envolvimento das citocinas em inúmeras doenças determinou a necessidade do desenvolvimento de métodos capazes de detectar sua produção tanto *in vitro* quanto *in vivo*. Os ensaios mais conhecidos são os *bioensaios*, que envolvem cultura de células dependentes de citocinas ou que respondem à presença delas; os *imunoensaios*, que empregam a reação antígeno-anticorpo, incluindo ELISA (ver Capítulo 7), *enzyme-linked immunospot* (ELISPOT) e citometria de fluxo; a *imunofenotipagem*, também realizada por citometria de fluxo; e mais recentemente os *ensaios baseados em técnicas de biologia molecular*, como hibridização *in situ* e reação da transcriptase reversa, seguida de reação em cadeia da polimerase (RT-PCR) (ver Capítulo 3).

Esses diferentes tipos de ensaio fornecem resultados seguros relativos à quantificação de citocinas nas amostras biológicas. Contudo, cada um deles possui particularidades que geram vantagens e desvantagens em determinadas circunstâncias. De maneira geral, os bioensaios mensuram a quantidade de citocina produzida com atividade biológica e podem ser mais sensíveis; já os imunoensaios detectam tanto as citocinas biologicamente ativas quanto as inativas e, em alguns casos, permitem até a diferenciação entre essas bioformas. O uso de imunoensaio pode ser mais vantajoso em termos técnicos, pois pode ser utilizado também em situações que não envolvam cultura celular (p. ex., amostras de soro, plasma ou homogeneizado de tecidos) e o resultado pode ser obtido em um tempo menor. Paralelamente, como já mencionado neste capítulo, a citometria de fluxo foi adaptada para avaliar mediadores solúveis e pode também fornecer informações únicas sobre o subtipo celular produtor de determinada citocina. A seguir, os métodos de ELISPOT e citometria de fluxo serão comentados, ambos atualmente utilizados na detecção de citocinas para a determinação da ativação da imunidade celular. Vale lembrar que a técnica de ELISA e os ensaios baseados em técnicas de biologia molecular foram abordados nos Capítulos 7 e 3, respectivamente.

O ensaio denominado ELISPOT permite a determinação quantitativa dos clones celulares capazes de produzir uma citocina, em particular após estimulação antígeno-específica ou policlonal (Figura 12.4). A suspensão de células a ser investigada deve ser purificada e adicionada aos poços de uma placa de cultura específica para ELISPOT, os quais foram revestidos previamente com uma membrana de nitrocelulose sensibilizada com anticorpos de captura para a citocina a ser avaliada. As células são então estimuladas utilizando-se antígenos específicos ou mitógenos. No caso de estímulo com mitógenos (ver Tabela 12.4), os linfócitos T CD4+ ou CD8+ podem ser purificados e cultivados isoladamente apenas na presença do mitógeno. Quando o intuito é analisar a resposta específica contra um determinado antígeno, os linfócitos obtidos da amostra precisam ser cultivados na presença de APC que foram incubadas com o antígeno de interesse. O tempo de incubação irá depender do antígeno empregado: proteínas íntegras precisam ser processadas pelas APC para que os peptídios sejam ligados às moléculas de MHC. Esse processo adiciona 4 a 8 h de incubação ao ensaio. Por outro lado, podem-se utilizar peptídios sintéticos que se ligam diretamente às moléculas de MHC expressas na superfície das APC sem a necessidade de processamento antigênico. Nesse ensaio de resposta antígeno-específica, linfócitos B, monócitos ou células dendríticas diferenciadas de monócitos provenientes do próprio indivíduo podem ser usadas como APC.

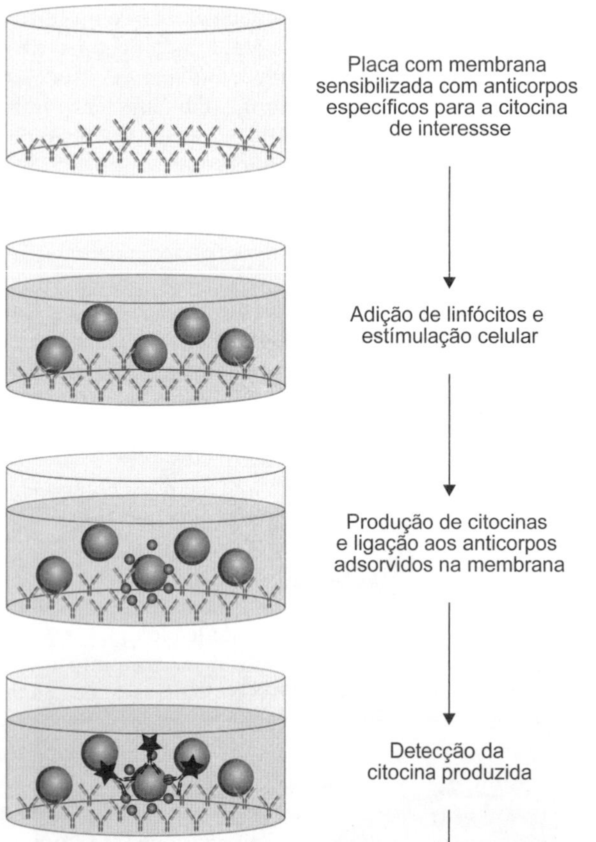

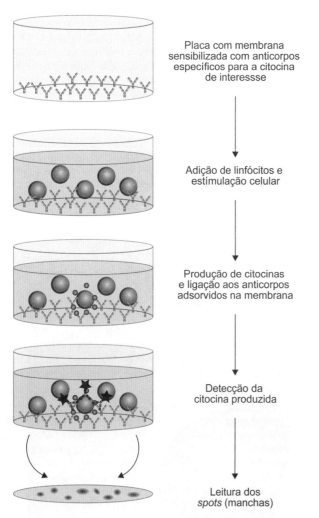

Figura 12.4 ELISPOT: ensaio para determinação de clones celulares capazes de produzir citocina após estímulo com antígeno específico ou mitógeno policlonal.

As citocinas produzidas nessas condições serão capturadas pelos anticorpos aderidos à membrana de nitrocelulose. Para a visualização das citocinas capturadas, é utilizado um sistema revelador que consiste em um anticorpo secundário anti-citocina conjugado a enzima e substrato colorimétrico específico. Alguns minutos após a adição do sistema revelador, surgirão *spots* (manchas) que deverão ser interpretadas como a representação de uma única célula secretora da citocina estudada pelo sistema. Os resultados são fornecidos como o número de células secretoras da referida citocina em relação ao número total de células adicionadas em cultura.

A presença de citocinas em amostras biológicas pode ser detectada por uma adaptação da *citometria de fluxo*, que torna a técnica capaz de detectar moléculas solúveis como citocinas, quimiocinas, anticorpos e outras proteínas. Esse ensaio, conhecido como CBA (*cytometric bead array*), é capaz de avaliar múltiplos parâmetros simultaneamente, podendo detectar até 30 proteínas de uma vez, dependendo dos reagentes e do citômetro de fluxo utilizado, em uma pequena quantidade de amostra, sem perder sensibilidade, especificidade ou reprodutibilidade. Essa técnica é baseada no uso de microesferas com diferentes tamanhos e intensidade de fluorescência, podendo gerar um grande repertório de possibilidades de maneira relativamente simples. Cada grupo de esferas possui uma determinada fluorescência, que pode ser diferenciada no citômetro de fluxo por sua intensidade, e é conjugado com anticorpos específicos para capturar uma determinada molécula. Essas esferas são incubadas com as amostras, curvas-padrão e outros controles, e, a seguir, com anticorpos específicos para as moléculas analisadas, os quais estão conjugados com um fluorocromo diferente do que foi usado inicialmente nas esferas. Assim, é formado um "sanduíche" contendo a esfera, o anticorpo específico para a molécula a ser determinada, a molécula (caso ela esteja presente na amostra) e um anticorpo secundário conjugado com um fluorocromo diferente e que vai reconhecer a mesma molécula (Figura 12.5). Esse complexo é adquirido por um citômetro de fluxo e analisado de acordo com as fluorescências utilizadas. Os dados obtidos pela média da intensidade de fluorescência (MIF, *mean fluorescence intensity*) de cada amostra, que podem ser compilados em uma tabela e

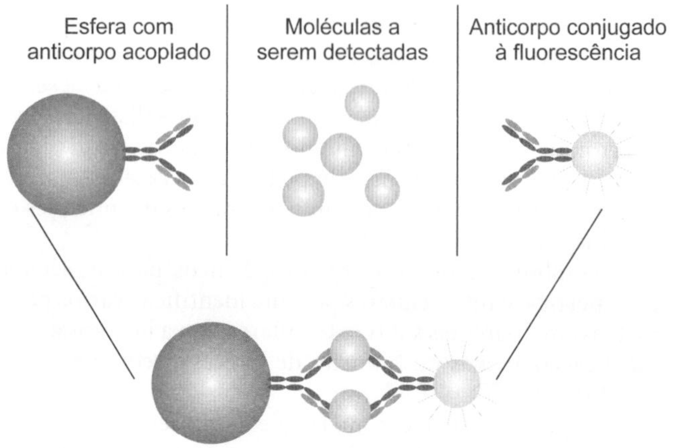

Figura 12.5 Princípio da técnica de CBA para avaliação de moléculas solúveis em amostras por citometria de fluxo.

correlacionados com uma curva-padrão de concentração previamente conhecida, gerando resultados quantitativos para cada molécula analisada.

A produção de citocina(s) por uma célula em particular também pode ser avaliada por meio da sua detecção intracelular por citometria de fluxo. Essa técnica pode ser empregada em células obtidas do paciente, estimuladas ou não para a indução da produção de citocinas. Para tanto, as células estudadas devem primeiramente ser incubadas com anticorpos monoclonais conjugados com fluorocromos e específicos para as moléculas de superfície (extracelular) que identificarão as populações e subpopulações de linfócitos de interesse, como CD3+, CD4+, CD8+, células T gama/delta, CD19+ etc. Posteriormente, as células são submetidas à permeabilização de sua membrana para que os anticorpos empregados na identificação das citocinas tenham acesso à proteína intracelular. Essa condição é atingida com o uso de substância com propriedades detergentes, como a saponina, que causa poros na membrana celular (Figura 12.6). Para que possam resistir ao processo de permeabilização, as células devem ser previamente fixadas com formaldeído ou paraformaldeído. Após a permeabilização, é realizada a incubação das células com anticorpos monoclonais conjugados com diferentes fluorocromos e específicos para as citocinas de interesse. A análise do número de células positivas para a emissão da fluorescência dos anticorpos empregados determinará a presença ou a ausência da citocina em cada população/subpopulação de linfócitos. Essa detecção é realizada com o auxílio de um citômetro de fluxo, já descrita no item *Citometria de fluxo*.

A expressão de muitas proteínas celulares é consequência do estado de ativação celular. Em relação às citocinas, esse fato parece ser particularmente importante, porém a quantidade dessas moléculas, produzidas por uma ou algumas células apenas, é muito baixa para detecção pela maioria das técnicas. Por isso, frequentemente há necessidade de se utilizar algum tipo de estimulação *in vitro* para aumentar a quantidade de citocina produzida e permitir a detecção. Os mitógenos são ativadores policlonais e têm se mostrado altamente eficazes nesse processo. Na citometria de fluxo, os ativadores mais empregados para os linfócitos T são anticorpos contra CD3 e CD28, que simulam a interação com as APC, e os ionóforos de cálcio na presença de ativadores de proteinoquinase, como é o caso da ionomicina e do acetato de miristato de forbol (PMA, *phorbol myristate acetate*). Também é possível fazer o estímulo específico para o antígeno de interesse. Nesse caso, são utilizadas APC incubadas com a proteína antigênica ou os peptídios de interesse, conforme descrito anteriormente na metodologia de ELISPOT. Como a produção da citocina é seguida de secreção, a estimulação *in vitro* é realizada com substâncias que interrompem o funcionamento do complexo de Golgi, como a brefeldina e a monensina, e impedem a liberação das proteínas, permitindo assim o acúmulo de grandes quantidades de citocina no interior da célula.

A combinação de anticorpos específicos para moléculas de superfície e intracelulares permite identificar vários parâmetros em diferentes subtipos celulares sem a necessidade de purificação apenas do linfócito de interesse, como é o caso do ELISPOT.

É importante destacar ainda que essa metodologia pode servir para detecção de qualquer tipo de molécula intracelular, incluindo fatores de transcrição nucleares que determinam, por exemplo, a assinatura molecular de diferentes populações de linfócitos T: Th1, Th2, Th17 e T reguladores, entre outros. Nesse caso, não há necessidade de estimulação celular.

A quantificação das citocinas, independentemente da metodologia escolhida, não está isenta de problemas técnicos:

- A presença de proteínas ligadoras de citocinas nos fluidos biológicos pode reduzir sua detecção pela técnica de ELISA
- Algumas citocinas são dificilmente detectáveis, no soro, em consequência de sua curta meia-vida ou de sua rápida utilização pelas células locais
- As técnicas de hibridização *in situ* e RT-PCR detectam a quantidade de mRNA, e esse dado não necessariamente se correlaciona com a síntese proteica

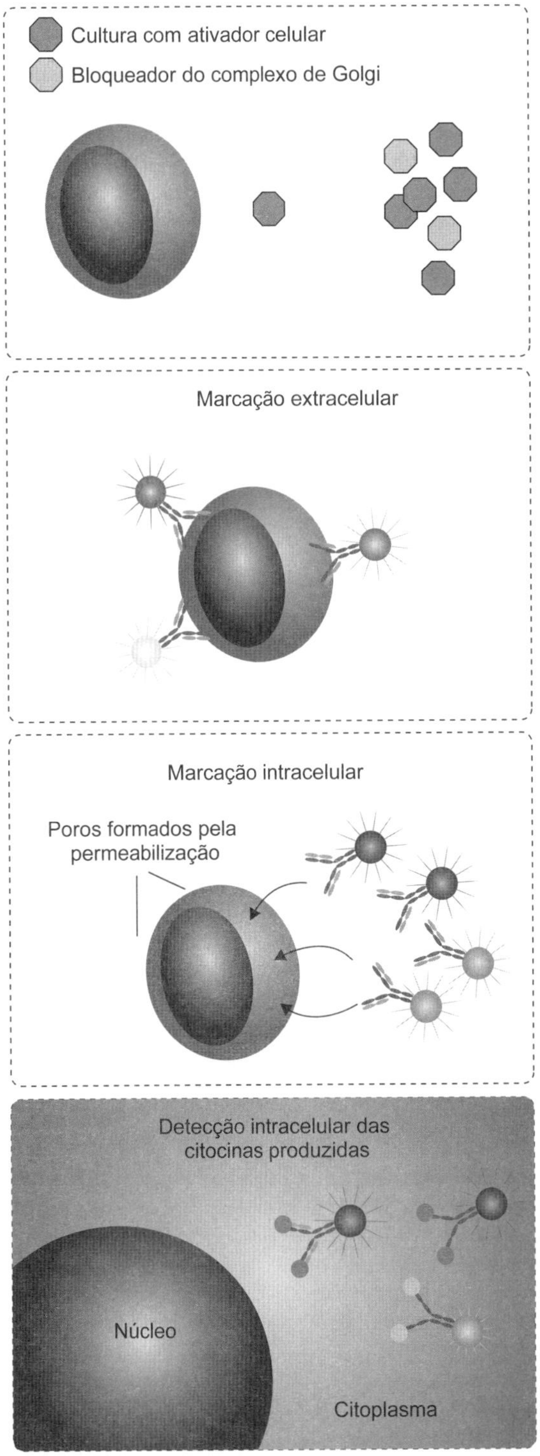

Figura 12.6 Marcação extracelular e intracelular para análise por citometria de fluxo.

- A combinação de marcações de superfície celular com marcação intracitoplasmática por citometria de fluxo pode ser bastante útil, porém há necessidade de se empregar estimulação *in vitro* para avaliar a célula estudada
- Ainda no caso da citometria de fluxo, a técnica detecta, por marcação intracelular, a citocina sintetizada, mas não necessariamente a citocina secretada pela célula.

Avaliação funcional de linfócitos T

Além da detecção da capacidade de produção de citocinas, conforme descrito anteriormente, a avaliação funcional de linfócitos T *in vitro* pode ser realizada por meio de ensaios dependentes de proliferação celular. Para tal, é necessário obter suspensões de celulares mononucleares obtidas do sangue periférico, por exemplo, a partir da separação por centrifugação em gradiente de densidade de Ficoll-Hypaque (ver Quadro 12.4). A seguir são descritas novas técnicas para avaliação funcional de linfócitos T.

Técnica do tetrâmero

Os linfócitos reconhecem, por meio de seu TCR, pequenos peptídios apresentados por moléculas de MHC expressas por APC. A especificidade desse reconhecimento é definida pelas regiões determinantes de complementariedade antigênica presentes na molécula de TCR. Dessa forma, é possível identificar a especificidade dos linfócitos empregando moléculas sintéticas de MHC ligadas a peptídios de interesse e conjugadas com fluorocromos.

Essa metodologia é conhecida como *técnica do tetrâmero*, pois utiliza quatro moléculas de MHC-peptídio-fluorocromo ligadas de maneira não covalente para a identificação dos linfócitos antígeno-específicos. A afinidade da interação entre a molécula do TCR e o complexo MHC-peptídio é bastante fraca ($K_d = 10^{-5} - 10^{-7}$ M) com um tempo de dissociação < 1 min, o que dificulta a efetiva ligação do complexo ao TCR. Essa deficiência pode ser compensada utilizando-se um complexo multimérico fluorescente (MHC-peptídio-multimérico) no lugar de moléculas isoladas, visto que a ligação de tetrâmeros MHC-peptídio aos TCR possui avidez muito maior que a afinidade da molécula isolada. Linfócitos ligados ao tetrâmero podem ser identificados pela detecção de fluorescência por citometria de fluxo. Por meio dessa técnica é possível ainda identificar a subpopulação de linfócito antígeno-específico e o padrão de citocinas produzidas por esse linfócito, conforme abordado anteriormente. Dessa forma, uma das vantagens de se utilizar a técnica do tetrâmero é que a célula avaliada pode ser caracterizada por seus marcadores de superfície e estado funcional.

Dímeros ou tetrâmeros de MHC-peptídio têm sido utilizados para quantificar, caracterizar e purificar linfócitos T CD8+ específicos para determinados antígenos. Mais recentemente, têm sido desenvolvidos tetrâmetros eficientes para detecção de linfócitos T CD4+ antígeno-específicos.

Técnica de imunoescopo

O repertório dos linfócitos T de um indivíduo é determinado pela junção das sequências variáveis das cadeias alfa e beta do TCR. Essas sequências têm origem durante a recombinação de genes da região variável presentes na linhagem germinativa da célula, processo que é denominado rearranjo VDJ. A terceira região hipervariável, ou CDR3 (região determinante de complementariedade), das cadeias alfa e beta do TCR resulta desse evento combinatório, e seu comprimento é, portanto, variável. Utilizando *primers* específicos, as regiões do CDR3 podem ser amplificadas e seus tamanhos e distribuição podem ser analisados por eletroforese, técnica conhecida como imunoescopo. Dezenas de genes de V beta e quatro ou cinco genes J beta são conhecidos em camundongos e humanos, assim, a combinação de todos os segmentos V e J com todos os tamanhos de CDR3 representam mais de 2.000 possibilidades que podem ser analisadas em uma amostra. A técnica de imunoescopo propicia informações acerca do repertório dos linfócitos T e, se combinada com a tecnologia do tetrâmero, pode também avaliar a diversidade epitópica dos clones de linfócitos T.

Avaliação da função efetora das células

Cultura mista de linfócitos

A cultura mista de linfócitos (CML) é um ensaio de estimulação antigênica, em que os linfócitos T são ativados e respondem contra um antígeno de histocompatibilidade alogênico presente em linfócitos ou monócitos de outro indivíduo. Essa análise é possível em função das propriedades dos genes que codificam as moléculas de MHC, que estão entre os mais polimórficos do genoma humano. Esse polimorfismo determina diferenças antigênicas fundamentais entre os indivíduos e faz com que linfócitos T de um indivíduo respondam contra células de outro que possui diferente haplótipo de MHC. Os antígenos responsáveis pela estimulação dos linfócitos T na CML são as moléculas do MHC de classe II (HLA-DR, -DQ e -DP) presentes em outros linfócitos ou monócitos, e as células respondedoras são, inicialmente, os linfócitos T e mais tardiamente os linfócitos B (fenômeno que pode ser detectado pelo aumento da síntese de anticorpos).

Esse teste pode ser realizado de forma unidirecional, em que apenas as células de um dos indivíduos respondem ao estímulo alogênico, ou bidirecional, quando ambas as células presentes em cultura são capazes de responder ao estímulo. Na CML unidirecional, as células estimuladoras são irradiadas ou tratadas com mitomicina para impedir a síntese de DNA sem, contudo, matar a célula. Assim, a detecção (utilizando radioisótopos, citometria de fluxo ou técnicas colorimétricas) reflete a proliferação das células não irradiadas ou que não foram tratadas com mitomicina. Na CML bidirecional, as células de ambos os indivíduos são estimuladas e a proliferação representa a resposta final de ambas as células, sendo, portanto, impossível distinguir a contribuição individual de cada uma. As condições de cultura costumam ser idênticas às empregadas na estimulação linfocitária.

Esse ensaio é altamente sensível e extremamente suscetível a uma série de interferentes de ordem técnica. Por isso, com o intuito de controlar as condições experimentais, são utilizados vários controles, que incluem cultura de células singênicas de pares irradiados e não irradiados e cultura de células alogênicas de pares irradiados. O primeiro par-controle fornece dados acerca da proliferação basal dos linfócitos, enquanto o segundo garante a adequada inativação das células estimuladoras.

Citólise mediada por células ou ensaio de citotoxicidade

Técnica para avaliar a função efetora citotóxica de linfócitos T, em particular T CD8+, que se diferenciaram a partir de uma estimulação antigênica prévia. A atividade citotóxica de linfócitos é, em geral, testada por ensaios radioativos, que detectam a liberação de conteúdos citoplasmáticos da célula-alvo. Nesse ensaio, células-alvo são marcadas com ^{51}Cr e colocadas em cultura, a 37°C por 4 a 8 h, com linfócitos T CD8+ isolados de sangue periférico ou tecido do indivíduo. As células-alvo podem ser células tumorais, células infectadas por patógenos intracitoplasmáticos (como vírus) ou células de sangue periférico do próprio indivíduo tratadas com peptídios do antígeno de interesse. Se os linfócitos T CD8+ reconhecerem peptídios expressos pelas moléculas de MHC de classe I da célula-alvo, ocorrerão ativação linfocitária e produção de moléculas que promoverão a lise da célula-alvo, como granzima e perforina. A lise da célula-alvo libera ^{51}Cr para o meio extracelular, permitindo assim a quantificação da capacidade de lise do linfócito (Figura 12.7). Como controle positivo dessa técnica, pode-se utilizar um ativador policlonal do linfócito T para a identificação da capacidade máxima de citólise.

O ensaio de citotoxicidade mediada por célula pode também ser empregado na avaliação funcional das células NK. Nesse caso, mede-se a capacidade das células NK de matar células-alvo específicas, como as células K562 (linhagem de células da eritroleucemia). A capacidade citotóxica da célula é avaliada da mesma maneira que a utilizada para os linfócitos T CD8+, por meio da liberação do ^{51}Cr.

Recentemente, foram desenvolvidas outras metodologias de quantificação da atividade citotóxica de linfócitos que evitam o uso de ensaios radioativos. Uma dessas metodologias é um ensaio de fluorescência no qual se utiliza um corante lipofílico fluorescente (como o PKH-26), que se associa à membrana celular da célula-alvo. Assim, é possível a distinção entre a célula-alvo e o linfócito efetor por citometria de fluxo. Após uma curta incubação com os linfócitos T CD8+ (3 a 4 h), é utilizada uma outra coloração com anexina V-conjugada a fluorocromo e PI para permitir a discriminação entre células vivas, em apoptose ou necróticas. A análise dos dados é feita por citometria de fluxo e expressa pela porcentagem de células positivas para o corante PKH-26 em estágios de apoptose ou necrose. A desvantagem dessa técnica é que não é possível visualizar diretamente a lise da célula-alvo. Além disso, células lisadas precocemente na cultura não podem ser detectadas. Ainda por citometria de fluxo é possível estudar a capacidade citotóxica de linfócitos T CD8+ ativados *in vitro* por meio da marcação da expressão intracelular de granzima B e perforina. Esse ensaio também não permite a visualização da lise da célula-alvo, apenas a capacidade de produção das moléculas efetoras após estímulo.

Aplicações da citometria de fluxo em outras situações clínicas

Infecção pelo HIV

Uma das aplicações clínicas mais comuns da citometria de fluxo é a imunofenotipagem de linfócitos do sangue periférico de pacientes infectados pelo HIV, o agente causal da AIDS, que determina uma perda grave e progressiva da resposta imune.

O receptor para o HIV é a molécula CD4, que funciona como correceptor dos linfócitos T auxiliares, mas também está presente em menor densidade nos monócitos e em células dendríticas. O declínio da razão de linfócitos CD4+/CD8+ e do número absoluto de linfócitos CD4+ é detectável durante todos os estágios da infecção pelo HIV e é o melhor parâmetro para avaliação da progressão da doença.

Alterações de outros leucócitos (populações) também são encontradas na infecção pelo HIV, por exemplo, a contagem absoluta de linfócitos T CD8+ pode estar elevada nos estágios iniciais da infecção, bem como em outras infecções virais como aquelas causadas por citomegalovírus e vírus Epstein-Barr, entre outras. Esse resultado, em somatório à redução de linfócitos T CD4+, leva a uma inversão do coeficiente CD4+/CD8+.

Os monócitos demonstram uma elevada expressão das moléculas HLA de classe II (HLA-DR) nos estágios iniciais da infecção pelo HIV e um progressivo declínio de monócitos HLA-DR positivos com a progressão da doença, o que também pode ser detectado por citometria de fluxo.

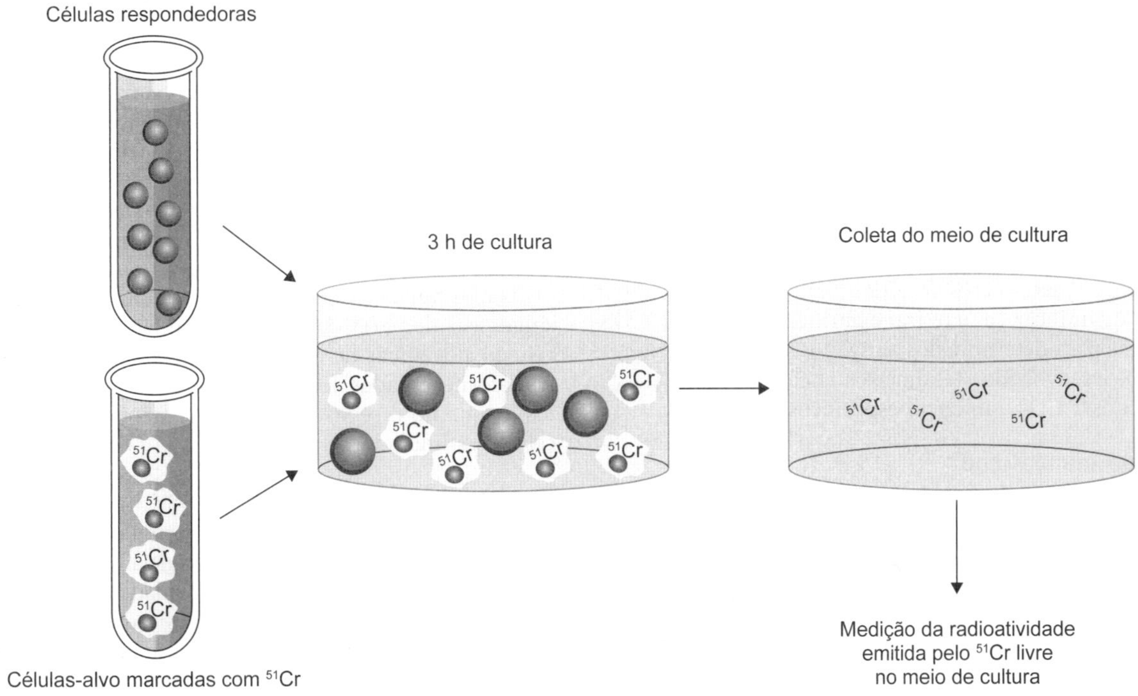

Figura 12.7 Ensaio de lise celular mediada por células citotóxicas (linfócitos T CD8+ e células NK).

Doença granulomatosa crônica

A doença granulomatosa crônica (DGC) é uma imunodeficiência primária decorrente de uma disfunção congênita da atividade de *burst oxidativo* de fagócitos (neutrófilos e macrófagos). A deficiência de formar intermediários reativos do oxigênio (ROS, *reactive oxygen species*) resulta na incapacidade de destruir os patógenos fagocitados, ocasionando sua persistência e cronicidade da infecção.

Testes laboratoriais padrão falham no diagnóstico de casos em que a atividade enzimática é perdida apenas parcialmente pelos fagócitos (indivíduos heterozigotos). Recentemente, a citometria de fluxo permitiu estimar o coeficiente de fagócitos deficientes pelo método da di-hidrorrodamina 123 (DHR). Esse composto não fluorescente passa pela membrana celular do fagócito e é degradado no interior da célula por ROS, transformando-o em rodamina 123 fluorescente. A fluorescência observada nos fagócitos normais contrasta com a ausência de aumento de fluorescência na população deficiente, em uma proporção aproximada de 50/50%. Esse método pode detectar populações deficientes, bem como avaliar o efeito da administração de imunomoduladores usados no tratamento da doença (p. ex., interferon-gama) sobre essas células.

Oncologia

O diagnóstico tradicional e a caracterização de leucemias agudas e linfomas malignos é baseado em critérios morfológicos e citoquímicos. A disponibilidade de um grande número de anticorpos monoclonais contra antígenos mieloides e linfoides, além da introdução da citometria de fluxo, tornou possível determinar a linhagem celular e o estágio de diferenciação da célula maligna (maturidade) tanto em sangue periférico quanto em aspirado de medula óssea. O ensaio de citometria de fluxo para DNA, combinado com a análise de marcadores de superfície celular, tem sido muito utilizado no diagnóstico de leucemias agudas e linfomas com o intuito de detectar pequenas concentrações de células malignas e obter o melhor prognóstico adicional. Por exemplo, a leucemia linfocítica aguda juvenil, com genoma hipodiploide, está associada com pior prognóstico do que a mesma leucemia com genótipo hiperdiploide.

No caso de tumores sólidos, o diagnóstico é baseado principalmente na inspeção microscópica do tecido ou amostra citológica. O diagnóstico citológico e o estágio clínico e patológico da doença fornecem importantes informações para a determinação de um prognóstico. Nos últimos anos, a análise do conteúdo nuclear e do ciclo celular proporcionou informações adicionais sobre o ambiente biológico de neoplasias sólidas. O tecido humano normal em estágio não proliferativo possui um conteúdo nuclear constante (diploide, com 23 pares de cromossomos), porém, aberrações cromossômicas e um conteúdo anormal de DNA (aneuploide) são muito comuns em células malignas. Para avaliação do conteúdo de DNA por citometria de fluxo, é essencial que as células estejam dispersas em uma suspensão homogênea. Amostras citológicas como aspirado ou células de fluidos biológicos são, particularmente, adequadas ao método. Já tumores sólidos precisam ser desagregados enzimática ou mecanicamente antes da análise celular.

Aneuploidia (ou seja, número maior ou menor do que 23 pares de cromossomos nas células) é o parâmetro utilizado para se determinar malignidade celular. O grau de aneuploidia é obtido por meio do índice de DNA, relativo ao conteúdo de DNA da célula tumoral na fase G0/G1, em relação ao conteúdo de DNA das células normais na mesma fase. A sensibilidade da citometria de fluxo para detecção da aneuploidia é ao redor de 1% de diferença. A porcentagem de células na fase de síntese (fase S) fornece informações sobre o estado proliferativo da célula tumoral (crescimento e malignidade).

Bibliografia

Bercovici N, Duffour M, Agrawa S, Salcedo M, Abastado J. New methods for assessing T-cell responses. Clin Diag Lab Immunol. 2000;7:859-64.

Chang HS, Sack DA. Development of a novel *in vitro* assay (ALS Assay) for evaluation of vaccine-induced antibody secretion from circulating mucosal lymphocytes. Clin Diag Lab Immunol. 2001;8:482-8.

de Fries R, Mitsuhashi M. Quantification of mitogen induced human lymphocyte proliferation: comparison of alamarBlue™ assay to ^{3}H-thymidine incorporation assay. J Clin Lab Anal. 1995;9:89-95.

Jason J, Atchibald LK, Nwanyanwu OC, Byrd MG, Kazembe PN, Dobbie H *et al.* Comparision of serum and cell-specific cytokine in humans. Clin Diag Lab Immunol. 2001;8:1097-103.

Kouwenhoven M, Ozenci V, Teleshova N, Hussein Y, Huang Y, Eusebio A *et al.* Enzime-linked immunospot assay provide a sensitive tool for detection of cytokine secretion by monocytes. Clin Diag Lab Immunol. 2001;8:1248-57.

Maddaly R, Pai G, Balaji S, Sivaramakrishnan P, Srinivasan L, Sunder SS *et al.* Receptors and signaling mechanisms for B-lymphocyte activation, proliferation and differentiation – Insights from both *in vivo* and *in vitro* approaches. FEBS Letters. 2010;584:4883-94.

Mire-Sluis AR, Gaines-Das R, Thorpe R. Immunoassays for detecting cytokines: what are they really measuring? J Immunol Meth. 1995;186:157-60.

Quah BJC, Warren HS, Parish CR. Monitoring lymphocyte proliferation *in vitro* and *in vivo* with the intracellular fluorescent dye carboxyfluorescein diacetate succinimidyl ester. Nat Prot. 2007;2:2049-56.

Sottong PR, Rosebrock JA, Britz JA, Kramer TR. Measurement of T-lymphocyte responses in whole-blood cultures using newly synthesized DNA and ATP. Clin Diag Lab Immunol. 2000;7(2):307-11.

Stites DP, James MD, Folds JD, Schimitz J. Métodos laboratoriais clínicos para detecção da imunidade celular. In: Stites DP, Terr AI, Parslow TG. Imunologia médica. 9. ed. Rio de Janeiro: Guanabara Koogan; 2000.

van Belle K, Herman J, Boon L, Waer M, Sprangers B, Louat T. Comparative *in vitro* immune stimulation analysis of primary human B cells and B cell lines. J Immunol Res. 2016;5281823:1-9

Vries E, Noordzij JG, Kuijpers TW, Dongen JJM. Flow cytometric immunophenotyping in the diagnosis and follow-up of immunodeficient children. Eur J Pediatr. 2001;160:583-91.

Wang K, Wei G, Liu D. CD19: a biomarker for B cell development, lymphoma diagnosis and therapy. Experimental Hematology and Oncology. 2012;1:36-42.

Parte 2
Aplicações de Imunoensaios

Capítulo 13

Detecção de Antígenos e Haptenos

André Rinaldi Fukushima, Adelaide J. Vaz e Marta Ferreira Bastos

Introdução

Os imunoensaios podem ser aplicados para a identificação e, às vezes, quantificação, de antígenos e anticorpos. O imunodiagnóstico utilizando a pesquisa de anticorpos é bastante utilizado e mostra excelente eficiência no estudo de inúmeras infecções e afecções humanas.

A produção de grande quantidade de anticorpos frente à entrada de substâncias reconhecidas como estranhas pelo organismo é normalmente observada na resposta imune humana e animal. Desse modo, uma vez que os antígenos envolvidos nessa resposta sejam reconhecidos, bem como esteja bem estabelecida a cinética dessa resposta ao longo do tempo nas diferentes fases (aguda, crônica e cura), podem ser implementados testes que consigam detectar anticorpos, inclusive identificando classe e subclasse da imunoglobulina produzida e mensurando a avidez dessa resposta.

Outra opção dos imunoensaios é a pesquisa de antígenos, entendidos como moléculas e haptenos. Como potencialmente qualquer substância pode ser transformada em um imunógeno, podem ser obtidos anticorpos específicos para essa substância. Com esses anticorpos, podem ser padronizados testes para identificar e quantificar essa substância em diferentes tipos de amostras.

A detecção de moléculas utilizando imunoensaios aplica-se à identificação e à quantificação de antígenos em processos infecciosos, à identificação de moléculas em membranas celulares, atualmente denominada de imunofenotipagem, e à identificação e quantificação de haptenos (drogas e fármacos) circulantes no organismo.

No laboratório clínico, é muito comum a identificação de antígenos eritrocitários na área de imuno-hematologia, aplicados em estudos de herança genética e compatibilidade sanguínea, como em transfusões e em gestantes, especialmente as multíparas. No Capítulo 27 é abordado o conteúdo da área de imuno-hematologia e, no Capítulo 26, a aplicação de imunoensaios em estudos de histocompatibilidade em transplantes.

Uma última e mais recente aplicação dos métodos de detecção e quantificação de moléculas é a determinação de fármacos e drogas circulantes, úteis em estudos de biodisponibilidade, acompanhamento de níveis terapêuticos e/ou tóxicos e na toxicologia forense, identificando drogas ilícitas e seus catabólitos em diversos espécimes biológicos.

Detecção e quantificação de antígenos

▪ Antígenos em processos infecciosos

A pesquisa de antígenos infecciosos ainda permanece como área de investigação contínua, já que a identificação de patógenos, ou de seus produtos, circulantes ou em tecidos, pode fornecer o diagnóstico direto de um processo infeccioso.

O padrão ouro para detectar agentes infecciosos, principalmente bactérias e fungos, ainda é a cultura microbiológica. No entanto, esses métodos podem ser mais demorados devido ao tempo de crescimento inerente a cada microrganismo. Consequentemente, detectar antígenos circulantes é teoricamente mais precoce que anticorpos e pode então, reduzir o tempo da janela imunológica. Também pode acrescentar informações acerca dos mecanismos imunopatogênicos das várias relações parasita-hospedeiro.

Contudo, algumas dificuldades ainda se apresentam para essa detecção de antígenos, principalmente devido à limitada quantidade de antígenos circulantes, e que podem se mostrar modificados ou alterados, sendo por vezes desconhecida sua conformação natural, o que impossibilita obter anticorpos adequados para essa pesquisa. Nessas técnicas, é possível utilizar anticorpos monoclonais ou policlonais específicos (ver Capítulo 2).

As principais metodologias para detectar antígenos infecciosos seriam as metodologias de imunoprecipitação e aglutinação (ver Capítulos 5 e 6, respectivamente), que apresentam a vantagem de ser rápidas e com baixo custo, porém com a desvantagem de serem pouco sensíveis e poderem propiciar a ocorrência de falso-negativos.

Uma alternativa para solucionar esse problema seria a utilização de anticorpos conjugados com radioisótopos ou enzimas, definidos como radioimunoensaio (RIE) e os ensaios imunoenzimáticos, já discutidos no Capítulo 7. O RIE apresenta a vantagem de ter alta sensibilidade, porém como tudo que envolve métodos radioativos, a desvantagem é o risco inerente à radiação e o alto custo dos métodos que envolvem a biossegurança para realizar os procedimentos. Essas desvantagens levaram à ampla utilização dos métodos imunoenzimáticos, que apresentam alta sensibilidade e baixo risco operacional.

Entre os ensaios imunoenzimáticos, o *enzyme-linked immunoassay* (ELISA) ainda é um dos métodos mais utilizados para determinar a presença e/ou a quantificação de antígenos em amostras solúveis. No caso do ELISA para detectar antígenos, o método mais utilizado é o sanduíche. Para essa abordagem, um anticorpo policlonal ou monoclonal específico para o antígeno deve ser imobilizado na placa de poliestireno durante a etapa de sensibilização. Após o bloqueio dos sítios livres (ver Capítulo 7), a amostra fluida (soro, liquor, macerado de tecido, entre outras) deve ser adicionada aos poços da placa. Após tempo de incubação previamente padronizado, será adicionada uma nova solução de anticorpos específicos, que pode ser a mesma mistura, se for de anticorpos policlonais. Mas caso sejam utilizados anticorpos monoclonais, deve-se lembrar que eles deverão ser específicos para outro epítopo presente no antígeno a ser detectado. Essa segunda camada de anticorpo pode ser conjugada à enzima, ou a uma molécula amplificadora de sinal, como a biotina. Assim, a próxima etapa da reação poderá ser a adição do substrato associado ao cromógeno em tampão adequado, ou poderá ainda ser a incubação com estreptavidina/avidina, que apresenta alta afinidade pela biotina, associada à enzima (peroxidase e fosfatase alcalina são as mais utilizadas), seguida da adição do substrato com cromógeno. Embora essa etapa adicional aumente o tempo de realização do ELISA, é importante por amplificar o sinal da reação imunoenzimática, aumentando assim a sensibilidade do ensaio.

Além do ELISA, os antígenos podem ser detectados em amostras de tecido biopsiado, via metodologia de imuno-histoquímica, um método essencialmente qualitativo que tem como objetivo a localização do antígeno na célula ou no tecido, associada à preservação da estrutura tecidual. As etapas envolvidas na imuno-histoquímica são semelhantes às dos ELISA.

Inicialmente, uma biopsia tecidual deverá ser removida e fixada em formol a 10% durante curto período de tempo, aproximadamente 8 a 12 h, para não afetar a integridade dos epítopos. Subsequentemente, a amostra tecidual deverá ser desidratada em gradiente crescente de solução de etanol para dar início ao preparo histológico, com a diafanização que deverá ser realizada por incubação em xilol, seguida imediatamente pela infiltração com parafina e posterior emblocamento em parafina para realizar as secções histológicas em micrótomo. Uma alternativa à utilização da parafina seria o preparo para criopreservação dos tecidos e posterior realização de cortes congelados em criostato. Alguns estudos têm relatado que a não utilização da parafina permite uma melhor conservação dos epítopos para análises imuno-histoquímicas.

É necessário ressaltar que as secções histológicas devem ser coletadas em lâminas de vidro previamente preparadas com soluções adesivas como silânio, gelatina, entre outras. Outro ponto importante é a espessura do corte, que deve ser de aproximadamente 4 μm, favorecendo a imunolocalização dos epítopos.

Após a colocação da secção histológica nas lâminas apropriadas, o tecido sofrerá o processo de desparafinização em xilol (para as amostras processadas em parafina), seguida de reidratação do tecido em gradiente decrescente de soluções de etanol. Diversas vezes existe a necessidade do desmascaramento antigênico, procedimento que visa à recuperação do sítio antigênico por aplicação de temperatura e pH adequados para cada tipo de epítopo. Diferentes metodologias podem ser utilizadas, como uso de micro-ondas, panelas de pressão e autoclaves. Posteriormente a esse longo preparo da amostra, inicia-se a eliminação da atividade de peroxidase endógena, existente em todas as células e tecidos, e que poderia interferir no resultado da análise, uma vez que a enzima mais utilizada nesse teste é a peroxidase. Na maioria das vezes, a eliminação da atividade de peroxidase endógena é feita por incubação com solução de peróxido de hidrogênio durante 5 a 10 min em temperatura ambiente e posterior lavagem. As lavagens, que assim como em outros métodos têm por objetivo remover interações fracas, geralmente são realizadas com soluções tampão como o tris ou fosfato tamponado com cloreto de sódio, pH 7,4.

Em uma fase seguinte, ocorre a eliminação das interações inespecíficas, bloqueando os sítios livres de anticorpos com solução de albumina (utilizada na maioria dos casos), seguida pela incubação com anticorpo primário e/ou específico, que interage com o antígeno que se deseja detectar. Essas incubações podem acontecer à temperatura ambiente ou a 4°C, em períodos de tempo previamente padronizados.

Após incubação com anticorpo primário e lavagem, pode ser realizada a incubação com o anticorpo secundário, que deve ser específico para o anticorpo primário. Nesse momento é bastante importante o conhecimento sobre o isótipo de imunoglobulina utilizado, normalmente IgG, e a espécie na qual o anticorpo primário foi produzido. Por exemplo, se o anticorpo primário foi uma IgG de camundongo, o secundário deverá ser um anticorpo anti-IgG de camundongo marcado com a enzima (peroxidase) ou com biotina, para funcionar como um amplificador de sinal, exatamente como explicado anteriormente para o ELISA. A próxima etapa da técnica de imuno-histoquímica é a incubação com o conjugado, que seria a avidina ou a estreptavidina conjugada à enzima, seguida pela lavagem e subsequente adição do substrato associado ao cromógeno. No caso da imuno-histoquímica, o substrato mais utilizado ainda é a diaminobenzidina (DAB), um composto cancerígeno que deve ser manipulado seguindo todos os padrões de biossegurança e é o responsável pelo desenvolvimento de uma coloração castanho-amarronzada no local onde o antígeno foi detectado (Figura 13.1). Após lavagem para remoção dos resíduos não ligados, a lâmina pode ser contracorada com hematoxilina para marcação dos núcleos celulares. Assim, a imuno-histoquímica é uma metodologia longa, manual e realizada/padronizada por pessoas que precisam ter conhecimento básico sobre o antígeno e os anticorpos e cuidado para realizar o procedimento. Os resultados da imuno-histoquímica podem ser visualizados em microscópio óptico convencional, conforme ilustrado para detectar antígenos virais em músculo e bursa de Fabricius na Figura 13.1 A e B. A marcação do conjugado com fluorescentes em vez de enzima é um método alternativo denominado imunofluorescência e que permitiria a visualização do antígeno em microscópio de fluorescência. É uma metodologia mais sensível que a imuno-histoquímica convencional, conforme ilustrado na Figura 13.1 C, no entanto necessita de módulo de fluorescência no microscópio, o que aumenta o custo do teste.

Além do ELISA e da imuno-histoquímica, métodos de *immunoblotting* também são métodos qualitativos indicados para detectar antígenos infecciosos. Nesse tipo de abordagem, as amostras fluidas deverão ser colocadas sobre uma membrana de nitrocelulose, e as demais etapas de lavagem, bloqueio e incubação com anticorpos primários, secundários, conjugado e substrato seguem o mesmo padrão já relatado para a imuno-histoquímica. A visualização da coloração na membrana indicará a positividade para o antígeno.

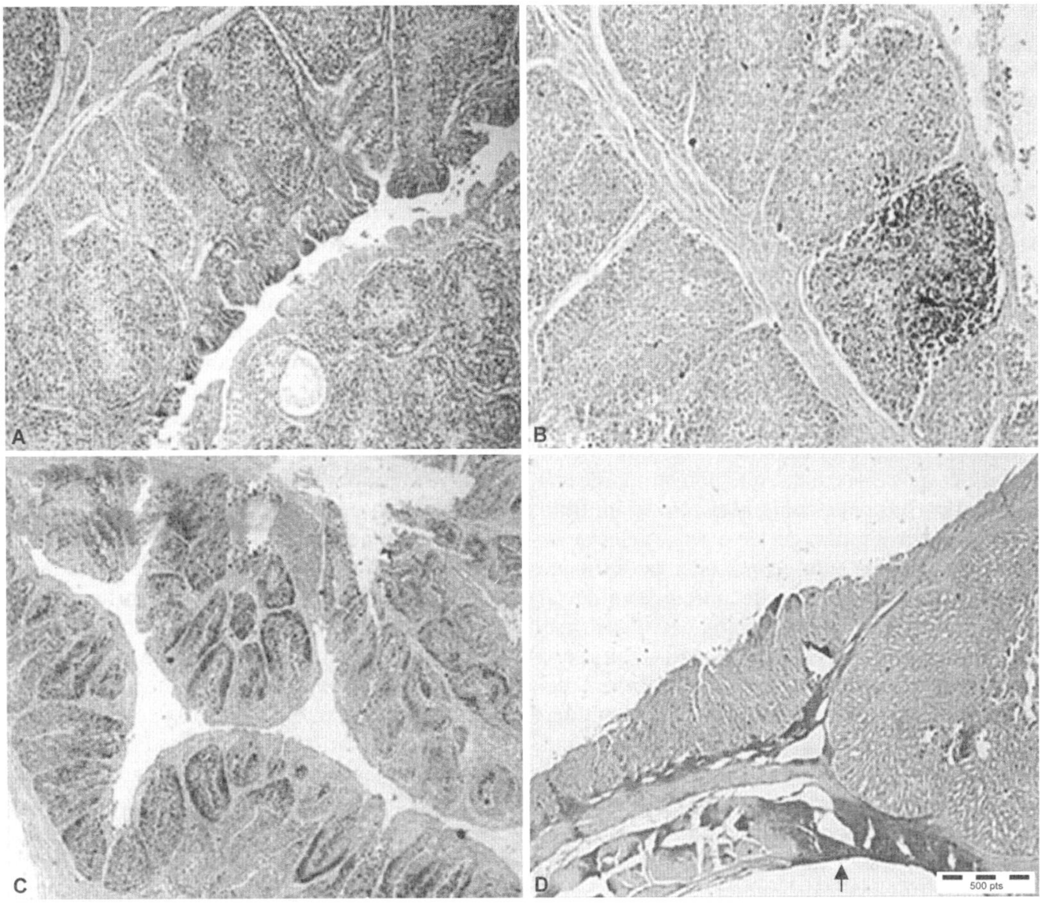

Figura 13.1 A a **D.** Análise imuno-histoquímica da região muscular e da bursa de Fabricius em aves.

O *Western blotting* é um tipo de *immunoblotting* mais elaborado porque permite visualizar o peso molecular dos epítopos identificados e, portanto, mais utilizado em laboratórios de pesquisa. Nessa metodologia, a amostra seria inicialmente separada por uma eletroforese em gel de poliacrilamida (PAGE) utilizando um desnaturante dodecil sulfato de sódio (SDS) para separação das diversas proteínas presentes na amostra de acordo com seu peso molecular (SDS-PAGE). Subsequentemente, as proteínas separadas seriam transportadas para a membrana de nitrocelulose utilizando sistemas de transferências por capilaridade. A membrana contendo as proteínas separadas pela eletroforese será posteriormente bloqueada, lavada e incubada com anticorpos, conjugado e cromógeno conforme discutido no parágrafo anterior.

Antígenos celulares

São aqueles presentes na superfície das células e que por metodologias simples ou mais modernas passaram a ser identificados e utilizados no diagnóstico de diferentes tipos celulares, importantes para avaliação do número de células, por exemplo, as células T CD4+ em indivíduos HIV positivos, ou na imunofenotipagem para caracterizações hematológicas, de células tumorais, entre outras, assim como no acompanhamento de terapias antitumorais.

Um dos antígenos celulares mais conhecidos e determinados são os antígenos eritrocitários, que estão presentes na superfície das hemácias humanas e são constituídos de açúcares ou proteínas associadas à matriz proteica da membrana eritrocitária. Essas moléculas foram denominadas de antígenos, pois induzem a produção de anticorpos quando inoculadas ou injetadas por via parenteral ou por passagem de hemácias fetais para a circulação da gestante ou parturiente, desde que sejam diferentes (estranhas) das moléculas presentes nas hemácias do receptor. Essa característica torna a determinação desses antígenos importante nas áreas de transfusão sanguínea, transplantes e compatibilidade maternofetal, além de estudos antropológicos. No Capítulo 27 são apresentados os aspectos laboratoriais da identificação de moléculas eritrocitárias.

Atualmente, estudos mostram que as células[1] do nosso organismo possuem um ou mais tipos de proteínas de superfície denominadas grupamentos de diferenciação (CD, *clusters of differentiation*). A utilização de anticorpos monoclonais específicos para esses CD permite a identificação (imunofenotipagem) e a quantificação de determinado grupo de células em amostras. A metodologia mais utilizada para essa finalidade é a citometria de fluxo, uma técnica empregada para classificar e contar partículas microscópicas suspensas em um fluxo em meio líquido. Inicialmente, a suspensão de células é incubada com anticorpos monoclonais específicos para o marcador de interesse conjugado a fluorescentes. Em um segundo momento, é utilizado o equipamento, denominado citômetro de fluxo. Nele, as células ou partículas de uma suspensão previamente preparada são aspiradas e forçadas a passar por uma câmara chamada célula de fluxo, que tem por função alinhar e centralizar as células em um fluxo contínuo de líquido de modo que uma única célula seja interceptada pelo *laser*. Um feixe de *laser* em direção ao fluxo da suspensão celular é aplicado, assim cada partícula atingida por esse feixe de luz promoverá uma dispersão que pode ser captada por detectores. Além disso, outros feixes de luz serão disparados para estimular os corantes químicos fluorescentes ligados a anticorpos monoclonais especificamente utilizados para identificação dos CD de interesse. Esse segundo feixe de luz excitaria os corantes fluorescentes emitindo luz de menor frequência que também seria capturada pelos detectores. Desse modo, os dados são plotados em única dimensão para produção do histograma ou ponto bidimensional em parcelas, cujos produtos podem ser sequencialmente separados via intensidade de fluorescência em protocolos específicos para diagnóstico clínico em hematologia. Os dados obtidos no citômetro podem ser analisados em *softwares* específicos.

Moléculas do complexo principal de histocompatiblidade

As moléculas do complexo principal de histocompatibilidade (MHC, *major histocompatibility complex*) foram identificadas inicialmente como responsáveis por rejeição a transplantes e por algumas reações pós-transfusionais com sangue total (contendo também leucócitos). Os estudos em camundongos confirmaram que essas moléculas são codificadas por um complexo gênico altamente polimórfico (ver Capítulo 12 e Capítulo 27).

Como os anticorpos de soros de indivíduos que haviam rejeitado transplantes reconheciam essas moléculas em leucócitos de sangue do doador, elas foram chamadas de antígeno leucocitário humano (HLA, *human leukocyte antigen*, nomenclatura ainda nos dias atuais). No entanto, a denominação antígeno se mostra inadequada, pois são moléculas cuja função biológica não é induzir resposta imune, a qual acontece apenas no processo de transplantes de tecidos e órgãos para receptores não compatíveis com essas moléculas. Além disso, elas estão presentes, ou melhor, são expressas em maior ou menor quantidade em todas as células nucleadas, e não apenas em leucócitos. O papel biológico do HLA na resposta imune é abordado nos Capítulos 12 e 27. Hoje, indica-se que a nomenclatura mais adequada deva ser moléculas do MHC, ou seja, moléculas do complexo gênico de histocompatibilidade.

A descoberta dessas moléculas abriu duas áreas de importante investigação e aplicação médica, a de transplantes, aumentando a possibilidade de escolha de melhor compatibilidade, e, com isso, a sobrevida dos pacientes receptores pode aumentar. A segunda linha de investigação, importante por acrescentar informações científicas relevantes, foi o estudo do papel biológico dessas moléculas na resposta imune, particularmente na apresentação de antígenos.

As moléculas do MHC de classe I são glicoproteínas expressas na membrana da maioria das células nucleadas dos vertebrados. A estrutura é composta de uma cadeia α de cerca de 45 kDa, com três domínios globulares, α1, α2 e α3, de cerca de 90 aminoácidos cada um, e uma porção transmembrana curta com o terminal carboxi- de localização intracitoplasmática. Associada a essa cadeia α há uma molécula constante β2-microglobulina de cerca de 12 kDa, cuja função parece ser a de manter a estrutura da cadeia α, esta, sim, altamente polimórfica. As regiões α1 e α2 formam a fenda ligadora de peptídios e a porção α3 interage com a molécula CD8 expressa em linfócitos T CD8+ (LT citotóxicos). Nos seres humanos, existem três *loci* no braço curto do cromossomo 6 que codificam as moléculas MHC classe I e são chamados HLA-A, HLA-B e HLA-C, todos com elevado grau de polimorfismo.

Como as moléculas do MHC de classe I são responsáveis pela apresentação de peptídios antigênicos aos linfócitos T citotóxicos, elas podem ser expressas por todas as células nucleadas, permitindo assim que todas as células do organismo possam apresentar antígenos endógenos, incluindo então os estranhos, por exemplo, em células tumorais e infectadas por vírus ou outros patógenos intracelulares.

As moléculas do MHC classe II são também glicoproteínas, mas de expressão restrita a linfócitos T CD4+ ativados, linfócitos B e células profissionais apresentadoras de antígeno (macrófagos, células de Langerhans, dendríticas e do epitélio tímico). Desse modo, sua função é a de processamento e apresentação de antígenos exógenos (fagocitados e digeridos com auxílio das enzimas lisossomais) aos linfócitos T CD4+ (LT *helper* ou auxiliador) desencadeando toda a complexidade da resposta imune humoral e celular.

A composição das moléculas de classe II é heterodimérica, com duas cadeias, α e β, ambas com porção carboxiterminal transmembrana e duas porções globulares, α1 e α2, β1 e β2. Os domínios α1 e β1 são mais polimórficos e responsáveis pela formação espacial da fenda ligadora dos pepídios apresentados. As regiões α2 e β2 interagem com a molécula CD4+ aumentando a adesão entre os linfócitos T CD4+ e a célula apresentadora de antígeno, colaborando na sinalização da ativação ou desativação da célula T.

Como se vê, o mecanismo de reconhecimento de antígenos pelos receptores de células T (TCR) é de restrição alogênica, pois depende da formação do complexo peptídio-molécula MHC. Essa restrição alogênica pode ajudar a explicar a predisposição genética para doenças autoimunes, associada com moléculas MHC, bem como a tolerância ou não resposta para determinados antígenos de agentes infecciosos determinando suscetibilidade e resistência individuais.

Atualmente, as metodologias mais utilizadas para identificação das moléculas do MHC podem ser baseadas em Biologia Molecular, como a reação em cadeia da polimerase (PCR) associada ao sequenciamento de DNA, ou em imunodiagnóstico, como a tecnologia de análises de perfil de múltiplas amostras (xMAP), também chamadas de análises multiplex. Essas análises possuem a finalidade de estudos familiares e de compatibilidade para seleção de doadores e receptores em transplantes.

As análises moleculares para identificação do HLA são baseadas inicialmente na amplificação de trechos do DNA em que se encontram os *loci* gênicos que determinam o HLA por PCR e com posterior sequenciamento pelo método de Sanger, que é considerado o padrão ouro para sequenciamento. Nessa metodologia, regiões amplificadas do *locus* gênico do HLA tipos I e II são sequenciadas utilizando os didesoxirribonucleotídios (ddNTP) marcados com fluorescentes diferenciados para os nucleotídios compostos por guanina, citosina, adenina e timina, que apresentam a função de bloquear a síntese de novos fragmentos de DNA. Esses ddNTP são misturados em proporções adequadas aos desoxirribonucleotídios normais dNTP. Durante a PCR, todas as possibilidades de fragmentos são geradas e uma eletroforese que acontece dentro do próprio sequenciador organiza os fragmentos de acordo com o tamanho que foi determinado pela posição de entrada dos ddNTP. A identificação da sequência de nucleotídios é realizada pela leitura do fluorescente associada ao ddNTP que entrou em cada uma das posições dos fragmentos gerados. Essa leitura é feita por um *laser* dentro do sequenciador de DNA, acoplado a um *software* específico. Novas plataformas de sequenciamento, denominadas sequenciamento de nova geração (NGS, *next generation sequencing*), estão sendo implementadas para as análises de *loci* gênicos associados ao HLA e deverão ser brevemente validadas, uma vez que são metodologias mais baratas, rápidas e com alta resolução.

As análises xMAP também têm sido utilizadas para tipificação do HLA, pois permitem a identificação simultânea de diferentes tipos de moléculas-alvo. A metodologia foi desenvolvida utilizando os princípios da citometria de fluxo, portanto, o equipamento específico para realização das análises multiplex também possui fluxo, sistema de emissão de feixes de luz e detectores. São utilizadas microesferas de poliestireno revestidas com anticorpos específicos para cada tipo de MHC tipo I e II, revestidas com corantes fluorescentes (com mais de 500 cores distintas), que permitem a identificação individual das diferentes moléculas de MHC. As microesferas associadas aos antígenos de interesse são hibridizadas com biotina e subsequentemente adiciona-se o conjugado de estreptavidina-ficoeritrina, que emite fluorescência apenas quando a molécula-alvo estiver ligada à microesfera. A leitura é feita no equipamento Luminex® (Luminex® Molecular Diagnosis), que detecta individualmente a interação molecular ocorrida na superfície da microesfera. A tecnologia xMAP possui uma série de vantagens sobre os *screenings* com anticorpos anti-HLA associados ao complemento, a citometria de fluxo e o ELISA, como a rapidez, a flexibilidade, a sensibilidade e a reprodutibilidade das análises.

Imunotoxicologia

O estudo da vulnerabilidade do sistema imunológico e os efeitos adversos após a exposição a xenobióticos culminou nos estudos da imunotoxicologia. Posteriormente, foram padronizados testes de imunotoxicologia, bem como foram estabelecidas diretrizes regulatórias para toxicidade.

Os efeitos imunotoxicológicos podem resultar em imunossupressão, imunoestimulação, hipersensibilidade e autoimunidade. Devido à elevada complexidade do sistema imunológico, todos esses mecanismos podem ser afetados e alterar componentes do sistema imunológico.

Considerando a função de manutenção da saúde, o sistema imunológico deve atuar na integridade de sua competência durante toda a vida do indivíduo, contudo, as interações dos vários componentes celulares e humorais do sistema imune com xenobióticos (fármacos, contaminantes ambientais e substâncias químicas) podem induzir alterações que comprometam a imunocompetência.

A imunotoxicologia é a área de estudo das disfunções causadas ao sistema imunológico como consequência de exposição ocupacional, acidental ou terapêutica a substâncias de origem química, biológica ou física, presentes no meio ambiente, abrangendo tanto o efeito supressivo (imunodeficiências) quanto a exacerbação da resposta imunológica, como alergia (hipersensibilidade) ou predisposição à autoimunidade por neoantígenos formados. Portanto, muitos agentes podem gerar efeitos imunotóxicos levando à disfunção do sistema imunológico, o que pode contribuir para gerar doenças crônicas.

Muitas metodologias e ensaios são comumente usados para avaliar a imunotoxicidade dos xenobióticos, principalmente imunoensaios baseados *in vivo*; já os ensaios *in vitro* apresentam maior participação na determinação de efeitos imunotóxicos e também auxiliam na elucidação de mecanismos de toxicidade de diversos xenobióticos.

A dificuldade da imunotoxicologia consiste em como avaliar esses efeitos ou o potencial risco dessas exposições, de modo a prevenir efeitos tóxicos, mas não impedir o desenvolvimento de novos materiais que, muitas vezes, também trazem benefícios socioeconômicos, sendo alguns usados com finalidades terapêuticas, como próteses, medicamentos e vacinas.

De toda forma, vários experimentos em animais e modelos de cultivo celular *in vitro* têm servido de base para estabelecer a imunotoxicidade de vários xenobióticos, antecipando informações que, na espécie humana, podem levar vários anos e dificultariam a precisão do vínculo entre xenobiótico e efeito observado. No entanto, dados experimentais nem sempre podem ser inferidos para a espécie humana, bem como diferenças metabólicas não podem ser excluídas nos estudos comparativos entre células normais e tumorais, ou entre espécies diferentes de microrganismos.

Mais recentemente, inúmeras agências reguladoras começaram a incorporar testes de imunotoxicologia em suas diretrizes. Atualmente, são adotadas seis diretrizes regulatórias que orientam a utilização de alguns testes.

Curiosamente, alguns xenobióticos mostram efeitos importantes para as funções celulares e podem ser considerados imunomoduladores essenciais para as funções imunológicas, como ferro, zinco, cobre, selênio e manganês.

Parte do conhecimento da área de imunotoxicologia é obtida a partir de experimentos em animais de laboratório, e várias conclusões ainda devem ser validadas em estudos epidemiológicos retrospectivos, experimentais ou translacionais, *ex vivo* em células e tecidos humanos. Duas das áreas da toxicologia já têm aplicação rotineira em laboratórios clínicos: o monitoramento terapêutico e a pesquisa de drogas de uso abusivo em amostras biológicas.

Alguns fármacos possuem toxicidade elevada em concentrações plasmáticas próximas da concentração terapêutica, apresentando uma estreita margem de segurança (Figura 13.2). O monitoramento terapêutico auxilia o estabelecimento da dosagem adequada individualmente para o paciente.

A outra abordagem de interesse é aquela do uso de drogas ilícitas, principalmente quando ocorrem as superdosagens acidentais. A intervenção médica requer conhecimento da classe da droga usada, já que há fármacos antagonistas (antídotos) para algumas. Sabendo qual a droga envolvida, a intervenção terapêutica pode ser mais específica e eficiente. Para padronizar conceitos, consideram-se as seguintes definições:

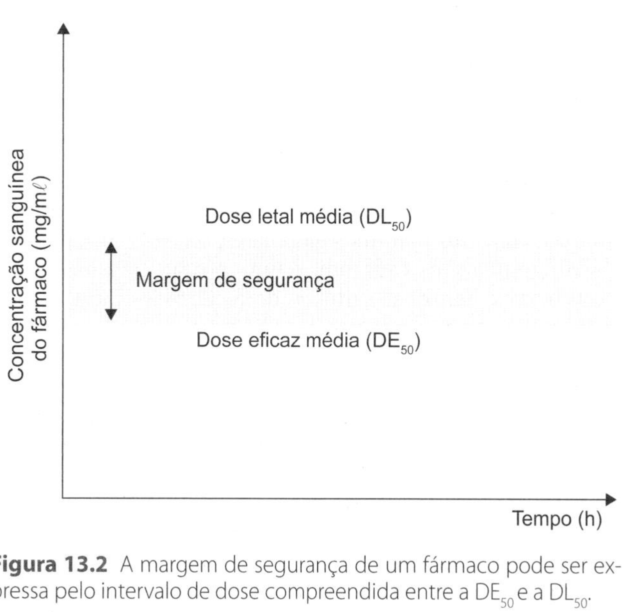

Figura 13.2 A margem de segurança de um fármaco pode ser expressa pelo intervalo de dose compreendida entre a DE_{50} e a DL_{50}.

- Fármaco: toda substância de estrutura química definida (princípio ativo) utilizada para modificar ou explorar sistema fisiológico ou estados patológicos, para o benefício do organismo receptor
- Droga: toda substância ou associação de substâncias capaz de modificar sistema fisiológico ou estado patológico, utilizada com ou sem intenção de benefício do organismo receptor. Inclui substâncias tóxicas maléficas ao organismo que não devem ser chamadas de fármacos.

Como se vê, o fármaco pode ser chamado de droga, porém as drogas ilícitas não devem ser consideradas fármacos. Por outro lado, alguns fármacos com finalidade terapêutica são usados inadequadamente por dependentes químicos e acabam sendo alcunhadas como drogas de uso abusivo.

Protocolos recomendados pela OECD e indicados para testes imunotoxicológicos

A seguir, estão listados de maneira resumida alguns testes preconizados pela Organização para Cooperação e Desenvolvimento Econômico (OECD).

- **Avaliação do peso relativo de timo e baço e celularidade de baço.** Ao final do período de experimentação, são coletados imediatamente o timo e o baço. É realizada a pesagem desses órgãos; posteriormente, o baço é divulsionado em um homogeneizador e por fim é realizada a contagem celular.
- **Avaliação global de células da medula óssea.** Após a obtenção das células da medula óssea, a suspensão celular é homogeneizada, centrifugada e ressuspensa para a contagem de sua celularidade. Procede-se à viabilidade e à contagem global das células nucleadas utilizando-se o corante azul de trypan. O critério de aceitação é de no mínimo 95% de viabilidade das células.
- **Fenotipagem de linfócitos T e B do baço.** Esse tipo de ensaio tem o objetivo de determinar e caracterizar as subpopulações de linfócitos. A técnica mais utilizada é a citometria de fluxo.
- **Morfometria do timo e do baço.** A partir de fragmentos teciduais do timo e do baço previamente fixados em formol, eles são processados e corados utilizando a técnica por hematoxilina e eosina para avaliação da morfometria. A partir da utilização de microscopia e *softwares* de reconhecimento de área, é estabelecida a razão entre as áreas da região cortical e medular, no caso do timo (C/M), calculadas pela fórmula C/M = área total do córtex/área total da medula. Entre regiões de polpa vermelha e polpa branca no caso do baço (PV/PB), os cálculos são feitos segundo a fórmula PV/PB = área total da polpa vermelha/área total da polpa branca.

Avaliação de atividade de neutrófilos circulantes e de macrófagos peritoneais com a técnica de *burst* oxidativo e fagocitose

- **Elicitação de macrófagos peritoneais.** Esse método é utilizado para recrutar macrófagos para a cavidade abdominal, para o qual é usada uma solução de tioglicolato injetada diretamente por via intraperitoneal no animal. O tioglicolato permite a migração dos macrófagos para a região peritoneal para sua posterior coleta.
- **Coleta de macrófagos peritoneais elicitados pelo tioglicolato.** Após 5 dias da injeção de tioglicolato, injeta-se uma solução de tampão fosfato-salino (PBS, *phosphate buffered saline*) gelada no abdome dos animais, realiza-se uma massagem nessa região e, posteriormente, faz-se a coleta da suspensão de células puncionando a cavidade peritoneal. A quantificação dessas células ocorre normalmente, por contagem em câmara de Neubauer. Essa padronização é importante para a atividade fagocítica de macrófagos peritoneais e a resposta ao "*burst*" oxidativo.
- **Coleta de neutrófilos circulantes.** Normalmente os neutrófilos utilizados são os circulantes na corrente sanguínea. A coleta ocorre por punção venosa direta utilizando tubo heparinizado.

Reação de hipersensibilidade do tipo IV e avaliação dos níveis séricos de anticorpos específicos

Para a realização desse ensaio, é necessário um passo de sensibilização, à qual se utiliza uma solução de *keyhole limpet hemocianine* (KLH) emulsionada em adjuvante incompleto de Freund (KLH-I), que será injetada subcutaneamente na região da cauda do animal. Sete dias após a última sensibilização, mede-se o volume do coxim plantar da pata esquerda determinado por meio de pletismógrafo, sendo esta a primeira medida plantar.

Ainda neste dia, é preparado o *heat-aggregated* KHL (ha-KLH) injetando a solução por via intradérmica no coxim plantar da pata esquerda do animal. Após 24 h, o edema é medido novamente por meio do volume plantar com o pletismógrafo. A avaliação da reação de hipersensibilidade do tipo IV (DTH, *delayed-type hipersensitivity*) é expressa a partir da diferença entre o valor obtido na mensuração do coxim plantar da pata após 24 h e aquele valor da mensuração antes do inóculo (a primeira medida). Ainda são mensurados os níveis séricos de anticorpos anti-KLH do isótipo M (IgM) e do isótipo G (IgG) pela técnica ELISA.

Avaliação das citocinas séricas

Para a mensuração das citocinas séricas, uma das técnicas usuais é o ELISA. As citocinas IL-2, IL-4, IL-10, TNF-α e INF-γ são as recomendadas para esse ensaio, os soros utilizados são de animais imunizados com KLH e não imunizados.

Imunoensaios aplicados na determinação de drogas circulantes

A quantificação de determinada droga circulante é feita por técnicas imunoquímicas e cromatográficas.

Dentre as técnicas analíticas cromatográficas destacam-se cromatografia líquida de alto desempenho (HPLC, *high-performance liquid chromatography*) e cromatografia gasosa, ambas podendo ser acopladas ao detector de espectrometria de massa (GC/LC-MS). Essas técnicas requerem equipamentos sofisticados e ainda são de elevado custo, especializadas e nem sempre disponíveis, mas fornecem resultados com elevada acurácia e são usadas para estabelecer as concentrações de padrões primários e secundários empregados nos imunoensaios. O custo elevado das técnicas analíticas, bem como a não disponibilidade para aplicação rápida em grande número de amostras, faz com que os imunoensaios sejam aplicados na etapa de triagem.

Os testes imunológicos quantitativos podem substituir as técnicas cromatográficas na etapa de triagem, especialmente para monitoramento terapêutico, quando os resultados devem estar disponíveis em poucas horas, antes da decisão de dosagem para a próxima administração.

São utilizados imunoensaios homogêneos nos ensaios *enzyme-multiplied immunoassay technique* (EMIT) e fluorescência polarizada (FPIA) (ver Capítulos 7 e 8), especialmente desenvolvidos para quantificar moléculas pequenas, como as drogas (haptenos) em matrizes biológicas como sangue, soro, plasma, urina etc. A padronização desses métodos requer detalhado conhecimento da farmacocinética, incluindo absorção, distribuição e ligação a proteínas e células, metabolismo e excreção. Esses ensaios detectam até nanomoles da substância com elevada exatidão, permitindo acompanhar as variações ao longo do tempo, ajudando também o estudo farmacocinético de novos fármacos.

Ensaios imunocromatográficos rápidos também são de grande utilidade e, embora apenas qualitativos, podem distinguir em uma única fase sólida várias drogas em geral empregadas, principalmente as de uso abusivo.

Principais imunoensaios aplicados na determinação de drogas (haptenos)

Como as drogas são moléculas muito pequenas, elas funcionam como haptenos, ou seja, são imunógenos apenas quando ligados a proteínas, mas interagem adequadamente com os anticorpos (antigenicidade).

Essa característica dificulta a obtenção dos anticorpos necessários para os testes. Para isso, os haptenos (drogas) são acoplados a proteínas e depois selecionam-se os anticorpos que interagem com a droga, mas não com a proteína acoplada. Nesse sentido, o ideal é a obtenção de anticorpos monoclonais a partir de hibridomas imortais (ver Capítulo 2). Alguns dos testes mais usados são (ver Capítulo 7):

Enzyme-multiplied immunoassay technique

A EMIT é uma técnica rápida por método homogêneo, ou seja, apenas uma etapa de incubação sem separação de fase (suporte ou fase sólida) nem necessidade de lavagens. É particularmente útil para moléculas pequenas, justamente o caso das drogas em geral.

Concentrações conhecidas do hapteno conjugado com uma enzima (p. ex., glicose-6-fosfato desidrogenase) são incubadas com a amostra do paciente e com anticorpos específicos anti-hapteno. Se os anticorpos se ligam ao hapteno (droga ou fármaco) da amostra, não há alteração na atividade enzimática do conjugado-hapteno. Quando sobram anticorpos (ou seja, a amostra apresenta baixas concentrações do fármaco ou droga), eles se ligam no conjugado-hapteno. Como a imunoglobulina é uma molécula grande, ela impede espacialmente a ação da enzima sobre um substrato. É, portanto, um ensaio de inibição da atividade enzimática do conjugado. A atividade da enzima é diretamente proporcional à concentração da droga ou fármaco na amostra do paciente.

Enzimaimunoensaio com substrato fluorescente (imunofluorimetria)

Uma versão menos usual é semelhante à usada no EMIT, só que neste caso o fluorocromo é inibido pela presença do anticorpo ligado. O mais usual é a FPIA, na qual o conjugado é o próprio fármaco ou droga (hapteno) ligado ao fluorocromo. Por ser de baixo peso molecular, esse conjugado apresenta intensa rotação após ser excitado por luz polarizada. Assim, a luz emitida pelo fluorocromo excitado será despolarizada (elevada rotação da molécula).

Quando há menor quantidade do hapteno na amostra, os anticorpos livres se ligarão no conjugado (hapteno-fluorocromo), tornando-se uma molécula muito grande (a imunoglobulina tem elevado peso molecular). A rotação (despolarização) é então reduzida e a luz emitida continua sendo polarizada. A concentração do fármaco na amostra é diretamente proporcional à despolarização da luz fluorescente emitida.

Testes rápidos (imunocromatografia)

A utilidade desses testes é que o médico-assistente ou o pessoal da enfermagem pode realizar o ensaio. As dificuldades de enviar amostras ao laboratório e esperar os resultados podem retardar decisões clínicas, principalmente em casos de superdosagem tóxica. Um dos primeiros testes não imunológicos muito útil nessas situações é a detecção de álcool em ar expirado, que se cora com dicromato de potássio (bafômetro). Entretanto, as tentativas de ensaios químicos com as drogas de uso abusivo foram infrutíferas.

A obtenção de anticorpos específicos e a sua conjugação com corantes coloidais insolúveis permitiram a padronização dos testes rápidos. É necessário que os anticorpos de captura e do conjugado se liguem em epítopos distintos da droga para compor o imunocomplexo na forma de linha colorida (ver Capítulo 7).

Contudo, os testes serão rápidos apenas se puderem ser usados em amostras de sangue total (punção digital), saliva ou urina. As interferências de células sanguíneas na migração no dispositivo (fita, cassete ou sabonetinho) e as enzimas interferentes e variáveis na saliva (nem todas as drogas são detectáveis em saliva) fizeram com que as pesquisas se voltassem para a urina. Na urina, encontram-se a droga e os catabólitos da droga, que são os produtos usados para obtenção dos anticorpos. A Figura 13.3 mostra um esquema de teste rápido para detectar catabólitos de drogas em urina.

Os imunoensaios não possuem sensibilidade absoluta, mas conseguem detectar níveis de intoxicação em superdosagens e são úteis na triagem inicial dos usuários de drogas de uso abusivo.

O teste é simples: a amostra é misturada (em uma almofadinha absorvente no próprio dispositivo) com anticorpos monoclonais marcados com corante coloidal e migra na membrana de náilon ou nitrocelulose bloqueada. No caminho da migração, os imunocomplexos encontram linhas contendo o segundo anticorpo monoclonal que captura o imunocomplexo colorido. Assim, sobre a linha de captura forma-se um produto colorido insolúvel (mancha).

Os testes disponíveis usam um conjunto de anticorpos para algumas classes de drogas mais frequentes: anfetaminas, opiáceos, benzodiazepínicos, canabinoides, metadona, barbitúricos e cocaína.

Detecção e quantificação de fármacos

A prescrição dos fármacos é realizada partindo-se de uma quantidade específica a ser administrada em uma única dose ou por meio de doses múltiplas conforme os objetivos farmacoterapêuticos.

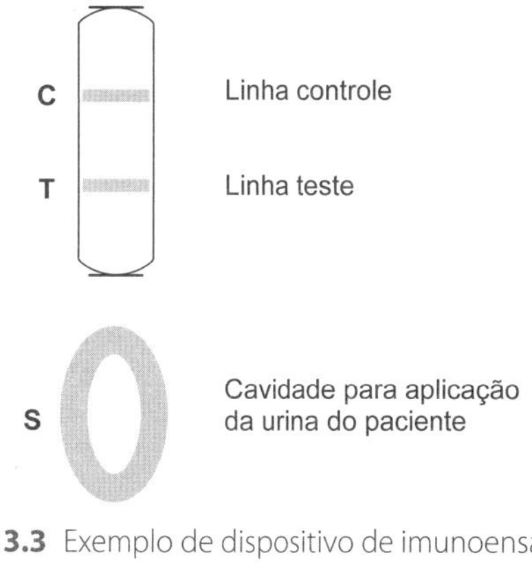

Figura 13.3 Exemplo de dispositivo de imunoensaio rápido.

Da administração de uma dose conhecida até a manifestação dos efeitos terapêuticos, os fármacos deverão cumprir diversos processos no organismo, os quais são organizados, didaticamente, em três fases:

- Fase farmacêutica: estuda os processos de desintegração da forma farmacêutica, liberando o fármaco para um meio onde ele poderá ser dissolvido adequadamente com o objetivo de facilitar seu processo de absorção. No caso de formas farmacêuticas sólidas administradas por via oral, a desintegração dos comprimidos, das cápsulas e das drágeas será determinante no estabelecimento do período de latência, da velocidade de absorção e da disponibilidade do fármaco. Uma vez desintegrada a forma farmacêutica, inicia-se o processo de dissolução da substância ativa com a finalidade de disponibilizar o fármaco para que ele possa ser absorvido
- Fase farmacocinética: estuda quantitativamente os processos de absorção, distribuição, biotransformação e excreção das drogas. Nesses processos o fármaco administrado deverá atingir a circulação sanguínea e ser distribuído para todo o organismo, ou a sistemas específicos, por meio da ligação ou não a proteínas plasmáticas. Processos de biotransformação dos fármacos deverão ocorrer com o objetivo de converter os fármacos circulantes em metabólitos de polaridade crescente a fim de que possam ser excretados pelo organismo. Os principais sítios de biotransformação de fármacos estão localizados no fígado, no intestino e nos rins. A excreção renal é o principal processo de eliminação de xenobióticos, seguida pela excreção fecal e biliar
- Fase farmacodinâmica: estuda o alvo das drogas, o mecanismo de ação e seus efeitos sobre o organismo. A quantidade de fármaco que atinge o local de ação ou tecido-alvo será dependente das fases farmacêutica e farmacocinética, portanto as propriedades físico-químicas do fármaco administrado, características da formulação empregada na elaboração da fase farmacêutica e estado orgânico do paciente influirão na quantidade de fármaco que manifestará seus efeitos terapêuticos ou não no organismo humano. Exceto para a via injetável intravenosa, todas as outras vias de administração de fármacos cumprirão todos os processos integrantes das três fases de ação dos fármacos.

Uma das formas de determinar a eficiência de um medicamento administrado durante as três fases de ação dos fármacos é a determinação da concentração plasmática de um fármaco, a qual permite estabelecer a dosagem ideal para cada paciente.

Considerando-se que a biodisponibilidade pode ser definida como o estudo de tudo que ocorre desde a administração de um fármaco até que ele seja liberado no organismo na sua forma ativa, tornando-o biodisponível, deve-se utilizar de processos de quantificação do fármaco ativo circulante no organismo para se realizar o monitoramento terapêutico desse agente como uma maneira de avaliar sua *performance* nos pacientes.

Entretanto, existem fármacos que possuem um baixo índice terapêutico e que são extremamente importantes na terapia. Eles são considerados ferramentas mais do que úteis, praticamente indispensáveis no tratamento de algumas patologias, e para esse tipo de fármaco o monitoramento terapêutico se faz indispensável. O monitoramento de um fármaco circulante é útil quando:

- Tanto os efeitos desejados (terapêuticos) quanto os não desejados (colaterais, adversos e tóxicos) mostram correlação com a concentração plasmática desse fármaco
- Há uma grande variabilidade individual (idade, doença predominante, funções hepática e renal) que interfere na capacidade metabólica e excretora do paciente
- A concentração plasmática ótima para os efeitos terapêuticos está próxima da concentração tóxica, como digoxina e teofilina. É o que se denomina estreita faixa de segurança ou medicamentos com baixo índice terapêutico
- Os fármacos mostram relação não linear entre a dosagem e a concentração plasmática disponível, por exemplo, para fenitoína.

Principais medicamentos monitorados por imunoensaios

O monitoramento terapêutico pode ser empregado em diferentes situações, sendo de destaque casos em que os fármacos envolvidos sejam de baixo índice terapêutico ou que apresentem variáveis farmacocinéticas que dificultam o estabelecimento seguro da posologia. Em algumas situações, como digitálicos e alguns anticonvulsivantes, os sintomas tóxicos podem ser semelhantes aos da doença, gerando a dúvida de que o paciente não está recebendo a dose terapêutica.

Em outras situações, às vezes, os fármacos são de recirculação entérica e, em algumas situações específicas, são de uso em pacientes com condições metabólicas e de excreção bastante afetadas, como transplantados e na vigência de câncer. Nessas situações, faz-se necessário o monitoramento terapêutico, cuja determinação quantitativa da droga livre, ou ligada à albumina ou ainda ligada a eritrócitos pode ser realizada com testes imunológicos automatizados, e o resultado, liberado rapidamente para decisão da próxima prescrição.

Em situações menos frequentes, o monitoramento terapêutico também pode ser empregado em suspeita de não aderência do paciente ao tratamento, com o objetivo de esclarecer a dúvida do prescritor e supervisionar o tratamento do paciente.

Alguns exemplos de fármacos que requerem controle terapêutico são anticonvulsivantes (fenobarbital, fenitoína, carbamazepina, ácido valproico), antiasmáticos (teofilina), imunossupressores (ciclosporina), antineoplásicos (metotrexato) e cardiotrópicos (digitoxina e digoxina).

Como as dosagens são administradas a determinados intervalos e por diversas vias, deve-se mensurar o intervalo de tempo para a coleta da amostra após a administração.

Antibióticos devem ser avaliados no nível de pico, por exemplo, 30 a 60 min após injeção intramuscular. Digoxina deve ser avaliada quando atinge o nível circulante constante, cerca de 8 h após a primeira administração. Em algumas situações, é interessante conhecer o nível antes da administração seguinte (nível pré-dose). O nível de pico máximo geralmente é alcançado após o equilíbrio entre a dose e a velocidade de metabolismo e excreção, e isso ocorre após cerca de cinco meias-vidas do fármaco. Para fármacos com risco de toxicidade, a dose seguinte ao pico máximo já terá maior risco.

Outro fator interferente a ser considerado é o tipo de amostra que reflete de fato a concentração disponível do fármaco. É necessário considerar que as moléculas de drogas se ligam a proteínas plasmáticas, ou a hemácias. Nesse caso, pode ser necessário um pré-tratamento da amostra para extrair ou desligar o fármaco do ligante, e dessa forma determina-se o total de fármaco circulante. A partir de resultados prévios da farmacocinética, pode-se estabelecer uma boa correlação entre o valor total e o livre. No entanto, pode haver muita variação entre os pacientes com relação aos níveis das proteínas ou das células ligantes, por exemplo, hipoalbuminemia ou aumento de alfa-1-glicoproteína ácida, o que caracteriza um problema. Novamente, a partir do conhecimento prévio de qual é a proteína ou célula ligante, são solicitados exames paralelos para determinar a concentração desse ligante. Na Figura 13.4 encontram-se as estruturas químicas dos fármacos apresentados.

Fenobarbital

É o principal agente da classe dos barbitúricos, os quais agem deprimindo não seletivamente o sistema nervoso central (SNC; ver Figura 13.4). É usado no tratamento de todas as formas de epilepsia, exceto nos casos de ausência de convulsões. Atua aumentando o limiar para convulsão e reduzindo a amplitude do foco epiléptico pela potencialização da ação do ácido gama-aminobutírico (GABA). É administrado por via oral ou injetável (intramuscular ou intravenoso).

O nível terapêutico plasmático do fenobarbital é 15 a 40 μg/mℓ e níveis tóxicos são relatados a partir de concentrações superiores a 40 μg/mℓ.

Os efeitos tóxicos manifestam-se como depressão, letargia, sedação, estupor e até coma. Em idosos e crianças, é descrito o efeito paradoxal, com hiperexcitabilidade e confusão mental, o qual pode ser interpretado erroneamente como níveis subterapêuticos.

Fenitoína

É agente da classe das hidantoínas empregado no tratamento e prevenção de convulsões na epilepsia, principalmente em casos de crises generalizadas (ver Figura 13.4). Também é usado para tratar nevralgia do trigêmeo. Comumente, é administrado por via oral, porém, em caso de emergência, pode ser administrado intravenosamente. Fenitoína é mal absorvida e com grande variação pela via intramuscular. Em níveis sanguíneos altos, a capacidade das enzimas metabolizadoras é excedida e aumentos posteriores na dose do fármaco poderão levar a aumentos desproporcionais de sua concentração sanguínea, portanto, o monitoramento terapêutico faz-se útil nessas situações. A fenitoína aparentemente reduz a amplitude das descargas epilépticas por meio da potencialização da ação do GABA.

Os níveis plasmáticos terapêuticos são alcançados em concentrações variando de 10 a 20 μg/mℓ, e acima de 20 μg/mℓ podem aparecer os sinais de toxicidade, caracterizados por movimentos anormais dos olhos, náuseas, vômitos, confusão, insônia e coma. Hipersensibilidade não relacionada à dose (erupções cutâneas), acne e hiperplasia gengival são descritas na toxicidade crônica. Nesses casos, o mais provável é o que os efeitos adversos dependam da suscetibilidade individual.

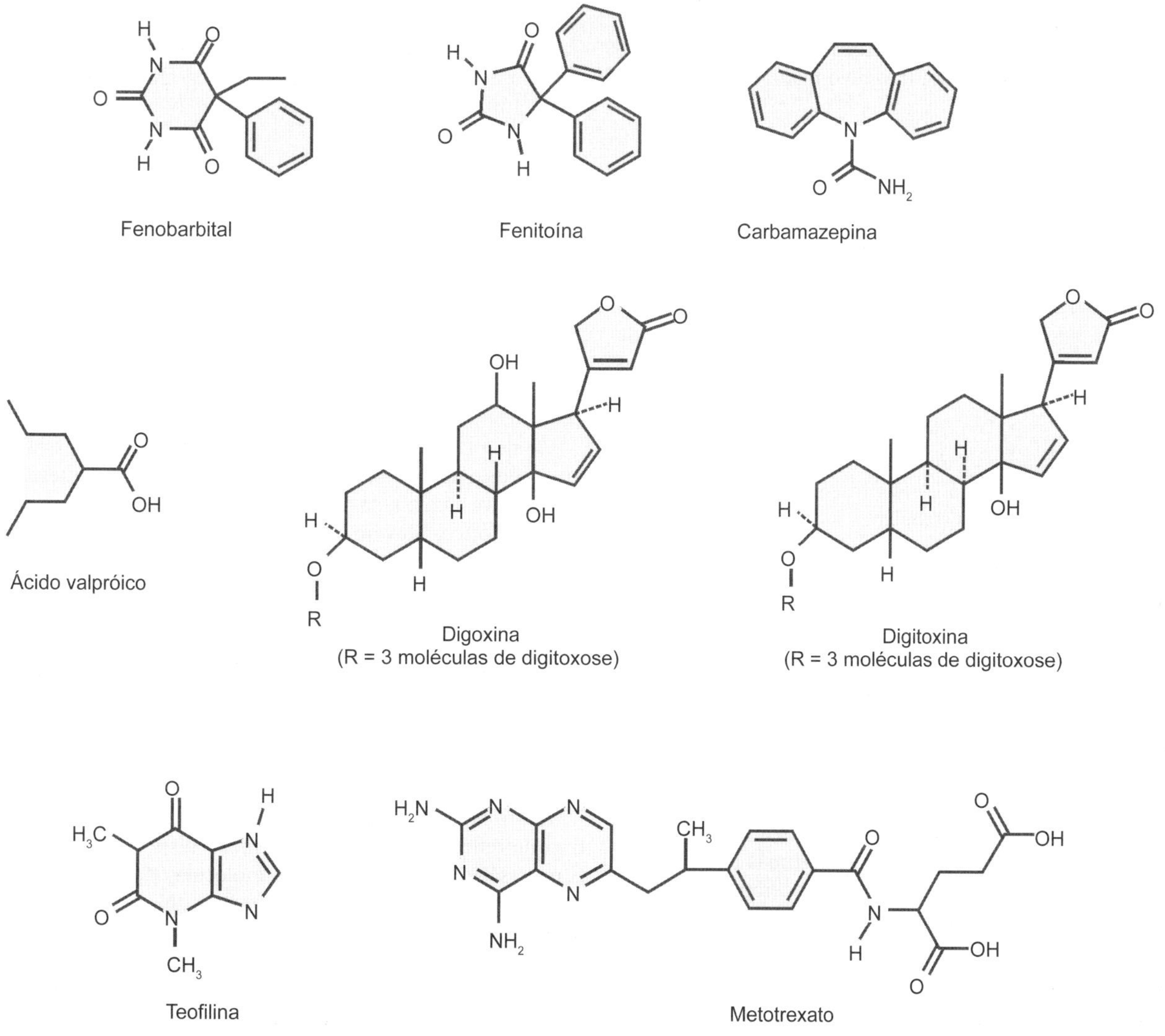

Figura 13.4 Estruturas químicas de alguns fármacos.

Carbamazepina

É um anticonvusivante de estrutura tricíclica (ver Figura 13.4) administrado por via oral em casos de convulsões parciais ou generalizadas do tipo tônico-clônicas, mas não em crises primárias. É ineficaz em crises de ausência. Também tem utilidade na nevralgia do trigêmeo e em alguns casos de distúrbio afetivo bipolar (antigamente denominado psicose maníaco-depressiva) que não respondem ao lítio. A carbamazepina é biotransformada hepaticamente, e após 3 a 4 semanas de uso pode-se observar um fenômeno de autoindução enzimática, dificultando o estabelecimento de níveis sanguíneos estáveis.

Os níveis terapêuticos adequados são de 4 a 12 μg/mℓ, e acima desses níveis potencialmente aparecem os efeitos tóxicos, caracterizados por náuseas, vômitos, cefaleia, confusão, agitação e visão dupla. Raramente ocorrem reações de hipersensibilidade (erupções cutâneas e lesões hepáticas e renais).

Ácido valproico

É um eficiente anticonvulsivante (ver Figura 13.4) de uso em quase todos os tipos de convulsões, administrado comumente por via oral e, em situações de emergência, por via intravenosa. Atua deprimindo seletivamente o SNC por meio da potencialização da ação do GABA.

Os efeitos terapêuticos são observados em níveis de 50 a 100 μg/mℓ de plasma e, acima disso, manifestam-se efeitos tóxicos como náuseas, vômitos, confusão, tremores. Alopecia transitória (com subsequente crescimento de cabelos encaracolados), aumento de apetite, edema e lesões hepáticas são descritos em alguns casos de hipersensibilidade.

Teofilina

A teofilina (ver Figura 13.4) faz parte da classe das metilxantinas que, por mecanismos não totalmente claros (em parte bloqueia receptores de adenosina), tem sido útil para tratar pacientes com doença pulmonar obstrutiva reversível (dispneia crônica, crises de asma). Com o surgimento dos corticosteroides e dos agonistas beta-2 de ação longa, a teofilina tem sido colocada em segunda linha pelos consensos atuais.

É um fármaco de administração por via oral, com níveis tóxicos (> 20 μg/mℓ) próximos dos terapêuticos (10 a 20 μg/mℓ), manifestados por taquicardia, arritmias, cefaleia, vômitos, insônia e convulsões. A aminofilina, uma etilenodiamina da teofilina, também tem sido monitorada por imunoensaios por possuir perfil semelhante ao da teofilina.

Ciclosporina

É agente de origem natural obtido de um fungo e possui uma estrutura bastante complexa na forma de um polipeptídio cíclico composto por 11 aminoácidos. É um imunossupressor mais específico que as drogas citotóxicas. Inibe ativação de LT *helper* (CD4+) e reduz a transcrição (produção) de IL-2. Usado na prevenção de rejeição a transplantes e rejeição enxerto *versus* hospedeiro. Em doses maiores é útil no tratamento da rejeição em curso. Pode ser usado em doenças reumáticas autoimunes sistêmicas graves (artrite reumatoide, psoríase), por curtos períodos.

Os níveis terapêuticos efetivos da ciclosporina são variados e, para piorar, alguns métodos detectam também metabólitos inativos. A partir de níveis plasmáticos superiores a 300 μg/mℓ, têm sido relatados efeitos colaterais graves (lesão renal, hipertensão, disfunção hepática), principalmente em transplantados. As provas de alteração hepática ou renal dão a dimensão das lesões, mas essas alterações são igualmente observadas se estiver ocorrendo rejeição desses órgãos. O efeito mais dramático é a imunossupressão intensa acarretando infecções oportunistas potencialmente fatais, como meningoencefalite citomegálica.

Metotrexato

É um agente quimioterápico antineoplásico da classe dos antimetabólitos antagonistas do ácido fólico (ver Figura 13.4). É muito usado na terapia de manutenção de leucemia linfoblástica aguda, comum na infância. Também tem sido usado no tratamento de artrite reumatoide e psoríase graves. Nesses dois últimos casos, atua como imunossupressor, e as doses são menores e os intervalos maiores.

O metotrexato inibe a enzima di-hidrofolato redutase e a síntese de purinas e pirimidinas necessárias para a síntese de ácidos nucleicos. É utilizado por via oral, injetável (intramuscular ou intravenosa) e intratecal (no canal espinal) na terapêutica profilática de metástases.

A dose potencialmente tóxica ocorre a partir de 0,01 μmoL/ℓ, e basicamente induz supressão de medula óssea, ulceração de mucosas e, mais raramente, infiltração pulmonar e lesões hepáticas. No caso de metotrexato, a toxicidade é dependente da duração da exposição (tempo de uso).

Digoxina e digitoxina

São glicosídios esteroides (ver Figura 13.4) cardioativos com propriedades inotrópicas e eletrofisiológicas. A digitoxina tem tempo de meia-vida maior e excreção basicamente via biliar, com reabsorção intestinal, o que lhe confere maior risco de toxicidade.

Os digitálicos são administrados por via oral para tratamento de insuficiência cardíaca congestiva, prevenção de arritmias supraventriculares e controle de fibrilações. A digoxina pode ser usada também via intravenosa em infusão lenta e contínua. Níveis terapêuticos são menores para digoxina (0,8 a 2 ng/mℓ) que para digitoxina (15 a 30 ng/mℓ).

Intoxicação digitálica é relatada com concentrações plasmáticas acima de 2,4 ng/mℓ para digoxina e acima de 40 ng/mℓ. Há soros $F(ab')_2$ que neutralizam os digitálicos e podem ser empregados nos casos de intoxicação. Os efeitos tóxicos são gerais (náuseas, vômitos, distúrbios visuais, fadiga, cefaleia, delírios e alucinações) e podem simular níveis baixos de digitálicos (arritmias e falhas cardíacas). Por isso, a determinação dos níveis plasmáticos dos digitálicos é importante para estabelecer se há intoxicação ou subdosagem terapêutica.

No entanto, os imunoensaios para determinação de digoxina apresentam alguns problemas de inespecificidade, devido a substâncias endógenas que são conhecidas como fatores digoxina-*like*, variáveis nos pacientes e detectados de maneira não uniforme pelos anticorpos empregados nos testes. Mesmo indivíduos que nunca usaram digoxina podem apresentar esses interferentes. A escolha de anticorpos específicos e possível pré-tratamento da amostra podem tornar a determinação mais eficiente.

Drogas de uso abusivo

Podem ser ilícitas e lícitas, ambas causando dependência química. As ilícitas são aquelas que não têm uso médico, mas o uso abusivo delas, além do problema médico-social, acarreta também consequências sociais e forense-legais.

As drogas lícitas até possuem indicação médica em situações de rigoroso controle legal, mas o seu uso abusivo leva a agravos à saúde do usuário com consequências sociais na comunidade.

Mais recentemente, acrescente-se o uso de esteroides androgênicos anabolizantes que fazem parte das drogas de uso abusivo entre esportistas e atletas. Nesse caso, além dos efeitos de toxicidade, como doenças cardíacas, carcinoma de fígado e rim, também fica caracterizada a fraude nas competições, conhecida como *doping*. Como os exames são obrigatórios durante as competições, e os resultados definem o destino de alguns competidores, os testes aplicáveis são os cromatográficos, espectrometria de massa e HPLC. Mesmo nessa abordagem, alguns trabalhos têm mostrado que o tratamento prévio da amostra no sentido de aumentar a concentração da droga pode aumentar a sensibilidade da detecção. Isso é importante porque o uso do anabolizante é inaceitável e qualquer quantidade detectada é proibida. Uma abordagem a imunoensaios nesse caso é passar a amostra por coluna de imunoafinidade com anticorpos policlonais específicos para isolar o anabolizante da matriz complexa da amostra. As moléculas assim obtidas são então processadas pelos métodos analíticos credenciados para o exame de *doping*.

Aplicações dos ensaios para detecção de drogas

Centros de tratamento de dependência química

Os pacientes que se submetem ao tratamento costumam informar as drogas que usam. No entanto, como a maior parte é obtida de forma ilegal, nem sempre é possível saber a composição certa dessas preparações. Os resultados da análise de urina ajudam a evidenciar o padrão de drogas de uso abusivo e tornam-se cruciais para o tratamento adequado.

Por outro lado, alguns pacientes, principalmente de ambulatório, não resistem ao uso da droga em algumas ocasiões, e os exames rotineiros de urina podem ajudar também a evidenciar esse insucesso, permitindo redirecionamento terapêutico. Os testes devem ser sensíveis para detectar o uso de pouca quantidade da droga.

Emergências médicas

Intoxicações por superdosagem acontecem acidentalmente com usuários de drogas, geralmente na administração intravenosa. Estupor, depressão respiratória, hipotensão, alucinações, confusões, alterações cardíacas e até coma e morte são relatados.

Muitas vezes, esses indivíduos chegam aos serviços de emergência médica sem qualquer informação ou acompanhante confiável que possa relatar o que foi usado. E mais, muitas vezes a droga estava contaminada com outras e foi adquirida pelo usuário sem a informação adequada. Potenciação entre drogas de origem desconhecida pode desencadear a intoxicação.

Nesses casos, a coleta de urina por sonda vesical e a aplicação de imunoensaios podem identificar presuntivamente a(s) droga(s) a que o indivíduo esteve exposto. Com esse dado, a interferência médica tem chance de ser mais efetiva. Para essa aplicação, os testes nem precisam ser muito sensíveis, já que acontece a superdosagem. Assim sendo, os testes rápidos são bastante úteis.

Clínicas psiquiátricas

Muitos dos sintomas psiquiátricos aparecem nos usuários de drogas. Definir se os sinais apresentados são de fato psiquiátricos ou por uso abusivo de drogas é fundamental para a triagem diagnóstica, investigação de possível etiologia e tratamento.

Por exemplo, sonolência pode ser narcolepsia ou depressão, mas também é um dos sintomas de uso abusivo de drogas sedativas, como benzodiazepínicos e barbitúricos.

Drogas estimulantes como anfetaminas e cocaína podem, no uso prolongado e em altas doses, simular psicoses. Alucinações e esquizofrenia podem ser efeitos de uso abusivo de alucinógenos [fenciclidina e dietilamida do ácido lisérgico (LSD)].

Medicina forense

Em algumas situações judiciais pode ser fundamental comprovar o uso ou não de drogas, por exemplo, custódia de crianças, casos suspeitos de tentativa de suicídio ou de acidentes de dosagem de drogas ou mistura de drogas desconhecidas. Os imunoensaios aplicados à medicina forense têm apenas caráter presuntivo, uma vez que podem mostrar falsos resultados. De qualquer maneira, são rápidos e de uso fácil, o que os torna testes adicionais aplicados em toxicologia forense.

A tendência é o desenvolvimento de testes rápidos do tipo imunocromatográficos em dispositivos ou fitas, e de aplicação em amostras de saliva, que possam ser aplicados na triagem de indivíduos suspeitos de uso de drogas. Evidentemente, a comprovação deve ser feita posteriormente por toxicologistas usando métodos analíticos.

No caso de amostras de cadáveres, os imunoensaios mostram pior desempenho devido aos interferentes presentes em condições variáveis e nem sempre avaliados no desenvolvimento dos testes.

Medicina do trabalho

É sabido que alguns usuários de drogas aparentam vida normal, inclusive trabalhando. A identificação desses usuários não pode ter finalidades constrangedoras, punitivas ou restritivas, mas sim o encaminhamento para centros de tratamento. Como a prevalência deve ser baixa, os imunoensaios são aplicáveis a essas triagens. A rapidez e o custo baixo também favorecem essa escolha.

Na Europa e América do Norte essa busca de casos entre a população normal já faz parte da rotina de medicina preventiva, com o cuidado de confirmar os casos falso-positivos por ensaios analíticos (GS/MS) antes de qualquer ação.

Ensaios aplicados às drogas

Os métodos imunoenzimáticos são amplamente utilizados na rotina de análise de fármacos em fluidos biológicos ou em outras matrizes, podendo ser empregados de maneira mais restrita ou mais abrangente, variando desde análise de uma única amostra até métodos automatizados, capazes de realizar centenas de análises por dia.

Do ponto de vista toxicológico, os imunoensaios são considerados técnicas de triagem para análise de drogas de uso abusivo, em função de sua baixa especificidade e, consequentemente, grande número de falso-positivos. Outro fator limitante é o desenvolvimento de *kits* em sua grande maioria para análises em urina, a qual é uma matriz de exposição recente e não possibilita correlação com quantificação, portanto sua aplicação em análises toxicológicas com finalidade forense fica restrita à triagem. Nos casos de achados necroscópicos em cadáveres, a urina nem sempre está disponível.

A quantificação é uma informação importante nas análises com finalidade forense. Para tanto, fazem-se necessárias outras matrizes biológicas para a análise, sendo o sangue a matriz forense de eleição para as quantificações, pois reflete as concentrações circulantes no momento da coleta.

Entretanto, o ambiente forense propicia, em sua maioria, amostras compostas de matrizes biológicas complexas, como sangue total cadavérico, conteúdos estomacais, lisados de fígado, rins e, em menor parte, urina.

Atualmente, são aceitos dois tipos de testes para pesquisa de drogas de uso abusivo em amostras humanas: testes de triagem (incluindo os imunoensaios rápidos qualitativos e analíticos) e testes forenses. Estes últimos requerem que o teste de triagem seja confirmado por ensaios específicos, como CG-MS ou HPLC-MS. Os testes forenses também exigem a cadeia de custódia (que garante a identificação e rastreabilidade legal da amostra) para a validade do laudo.

Nas situações médicas de urgência decorrente do uso abusivo da droga ou em acompanhamento de indivíduos em terapêutica de desintoxicação, a aplicação de imunoensaios pode ser suficiente.

Entre os grupos de drogas de uso abusivo já identificáveis por imunoensaios, têm-se opiáceos (morfina, heroína e metadona), benzodiazepínicos, barbitúricos, cocaína, anfetaminas, LSD e tetra-hidrocanabinol (THC). Os anticorpos altamente específicos para o grupo químico são obtidos por imunização com a droga ligada a polímeros de aminoácidos ou peptídios, ou ainda proteínas, uma vez que a molécula da droga é um hapteno.

As formas isoméricas da anfetamina e metanfetamina podem ser detectadas por reação cruzada em alguns testes. A L-metanfetamina é pouco estimulante do SNC e tem indicação em alguns descongestionantes inalatórios. A obtenção de anticorpos isômero-específicos deve resolver o problema.

Os imunoensaios mais empregados são RIE, EMIT, FPIA, ELISA, e há alguns testes rápidos para triagem com vários anticorpos. Uma dificuldade apresentada por todos eles é a reatividade cruzada, maior ou menor, entre compostos derivados que são comuns nessas drogas. Outros medicamentos como clorpromazina, procainamida, ranitidina e cloroquina são responsáveis por falso-positividade na detecção de anfetaminas por alguns ensaios. Outro problema são alterações na amostra de acordo com condições de conservação, por exemplo, na presença de substâncias oxidantes ou redutoras.

Entre as anfetaminas, têm destaque alguns derivados que compõem preparados como "*ecstasy*" [metilenodioxi-anfetamina (MDA) e metilenodioximetanfetamina (MDMA)].

Nesse sentido, existe um grande desafio analítico relacionado com a investigação de matérias putrefatas, uma vez que muitos imunoensaios apresentam um falso-positivo para anfetaminas ou mesmo *ecstasy* devido à presença das aminas de putrefação (putrecina e cadverina) que interagem com os anticorpos.

Em virtude da demanda cada vez mais numerosa em todas as aplicações na área de uso abusivo de drogas, várias empresas têm investido em tecnologia de imunoensaios para detectar essas moléculas em diversos tipos de amostras, e as perspectivas são de disponibilidade comercial de *kits* no futuro próximo.

Bibliografia

Abbas AK, Litchmann AH, Pillai S. Major histocompatibility complex molecules and antigen presentation to t lymphocytes. In: Cellular and molecular immunology. 8. ed. Philadelphia: Elsevier Saunders; 2015. p. 107-36.

Bontadini A. HLA techniques: typing and antibody detection in the laboratory of immunogenetics. Methods. 2012;56(4):471-6.

Carapito R, Radosavljevic M, Bahram S. Next-generation sequencing of the HLA locus: methods and impacts on HLA typing, population genetics and disease association studies. Hum Immunol. 2016;77(11):1016-23.

Cetofanti J, Houts T. Bulk reagent random-access analyzers: ETS® Plus System (Emit®). In: Wild D. The immunoassay handbook. 2. ed. United Kingdom: Nature Publishing Group; 2001. p. 313-5.

Chasin AAM. Parâmetros de confiança analítica e a irrefutabilidade do laudo pericial em toxicologia forense. Revista Brasileira de Toxicologia. 2001;14(1):15-21.

Dunbar SA, Hoffmeye MR. Microsphere-based multiplex immunoassays: development and applications using Luminex® xMAP® technology. In: Wild D. The immunoassay handbook. 4. ed. London: Elsevier; 2013. p. 157-74.

Fukushima AR, Barreto ER, Fernandes ML, Ferrari J, Franca W, Marcal H et al. Aplicação de imunoensaios para análise de fármacos e drogas de abuso em sangue total, com finalidade forense. Rev Inter. 2009;2:49-61.

Gonçalves GA. Citometria de fluxo e suas aplicações. In: Carvalho CV, Ricci G, Affonso R. Guias de práticas em biologia molecular. São Paulo: Yendis; 2014. p. 273-322.

Goodman LS, Gilman A. As bases farmacológicas da terapêutica. 12. ed. Rio de Janeiro: Guanabara Koogan; 2002.

He J. Practical guide to ELISA development. In: Wild D. The immunoassay handbook. 4. ed. Philadelphia: Elsevier; 2013. p. 381-93.

Koller LD. A perspective on the progression of immunotoxicology. Toxicology: 2001;160:105-10.

Melo ASA. Análise de perfil de múltiplas amostras (xMAP). In: Carvalho CV, Ricci G, Affonso R. Guias de práticas em biologia molecular. São Paulo: Yendis; 2014. p. 263-72.

Moffat AC. Clarke's isolation and identification of drugs. 2. ed. London: Pharmaceutical Press; 2004.

Naoum Paulo C. Avanços tecnológicos em hematologia laboratorial. Rev Bras Hematol Hemoter. 2001;23(2):111-9.

OECD. OECD guidelines for the testing of chemicals: repeated dose 28-day oral toxicity study in rodents. 2008. Disponível em: https://ntp.niehs.nih.gov/iccvam/suppdocs/feddocs/oecd/oecdtg407-2008.pdf. Acesso em: 24 nov 2017.

Provan D, Singer CRJ, Baglin T, Lilleyman J. Oxford handbook of clinical haematology. 4. ed. Oxford: Oxford Univesity Press; 2016. 1280 p.

Renshaw S. Immunohistochemistry and immunocytochemistry. In: Wild D. The immunoassay handbook. 4. ed. London: Elsevier; 2013. p. 357-77.

Singh J, Banga HS, Brar RS, Singh ND, Sodhi S, Leishangthem GD. Histopathological and immunohistochemical diagnosis of infectious bursal disease in poultry birds. Veterinary World. 2015;8(11):1331-1339.

Valdes R Jr, Jortani SA, Gheorghiade M. Standards of laboratory practice: cardiac drug monitoring. National Academy of Clinical Biochemistry. Clin Chem. 1998;44:1096-109.

Vaz AJ, Lima IV. Imunotoxicologia dos metais. In: Azevedo FA, Chasin AAM. Metais: gerenciamento da toxicidade. São Paulo: Atheneu; 2003. p. 399-414.

WHO. Guidance for immunotoxicicity risk assessment for chemicals. Switzeland: Geneva; 2014.

Wilson JF, Smith BL. Evaluation of detection techniques and laboratory proficiency in testing for drugs of abuse in urine: an external quality assessment scheme using clinically realistic urine samples. Ann Clin Biochem. 1999;36:592-600.

Capítulo 14

Proteínas Plasmáticas

Adelaide J. Vaz e Joilson O. Martins

Introdução

As proteínas plasmáticas e do soro são importantes para o diagnóstico clínico e o monitoramento de doenças e diversas condições clínicas. Por meio da dosagem das proteínas plasmáticas é possível identificar infecções, doenças autoimunes, bem como acompanhar estados inflamatórios. A dificuldade em interpretar as correlações entre as proteínas plasmáticas faz com que haja um diagnóstico equivocado de diversas condições inflamatórias, infecciosas e autoimunes.

Os imunoensaios aplicados para identificar e semiquantificar proteínas foram inicialmente a imunoeletroforese (IEF), ainda nos anos 1950. Os resultados apenas comparavam amostras normais com as amostras em estudo e avaliavam visualmente a intensidade dos arcos de precipitação. A eletroforese demonstrou frações com distintas mobilidades, de acordo com a carga elétrica de seus componentes em pH alcalino: albumina, alfaglobulina, betaglobulina e gamaglobulina, em ordem decrescente de mobilidade. O uso de acetato de celulose como suporte demonstrou que a zona de migração alfa é constituída de duas frações, alfa-1 e alfa-2-globulina. Como as bandas separadas aparecem na forma de áreas ou zonas distintas, essa eletroforese foi chamada de eletroforese de zona. Em 1965, Mancini *et al.*[1] padronizaram a imunodifusão radial simples, método que permitiu a quantificação analítica de proteínas plasmáticas. Esses métodos mostram sensibilidade da ordem de mg/dℓ e são úteis para determinar quase todas as proteínas em amostras de soro ou plasma. No entanto, são de execução manual e tempo longo para obter o resultado, o que dificulta a utilização do método para dosar proteínas de fase aguda, que necessitam de resultados urgentes. As técnicas de aglutinação rápida ajudaram a contornar o problema, embora não se prestem para adequada quantificação.

A IEF combina três técnicas: separação eletroforética das proteínas, difusão das proteínas separadas em meio semissólido e imunoprecipitação de cada proteína com os respectivos anticorpos. Uma importante aplicação da IEF é a identificação de paraproteínas (gamaglobulinas monoclonais), mas por muito tempo foi utilizada para avaliar semiquantitativamente as proteínas plasmáticas, incluindo as imunoglobulinas monoclonais (ver Capítulos 5 e 15). A eletroforese é realizada geralmente em fitas de acetato de celulose, em pH 8,6, sob voltagem que permita a corrida na fita em cerca de 30 min. Hoje, são vários os fabricantes desses insumos, inclusive alguns em sistemas totalmente automatizados, garantindo a reprodutibilidade do método. Após a separação eletroforética, as proteínas são fixadas e coradas para identificar cada fração (zona). A utilização de um densitômetro para semiquantificar a intensidade da coloração mostrará um gráfico em forma de picos ou bandas (intensidade *versus* fração), chamado eletroferograma.

Com o surgimento da focalização isoelétrica, foi possível introduzir alto poder de resolução à eletroforese na separação de diferentes proteínas. O método usa gradiente de pH com anfólitos, de modo que, de acordo como o ponto isoelétrico (pI), cada proteína irá migrar e se estabelecer em uma determinada posição na fita da corrida. A focalização isoelétrica pode ser realizada na primeira dimensão e, posteriormente, as proteínas separadas por pI podem ser fracionadas de acordo com a massa molecular (tamanho) em uma segunda corrida (segunda dimensão) por eletroforese em gel de poliacrilamida. Essa eletroforese bidimensional (eletroforese 2-D) permite o estudo de misturas proteicas complexas, e sua aplicação no estudo de proteínas plasmáticas pode distinguir diferentes isoformas de uma mesma proteína, migrando em pH distintos. Acredita-se que, em breve, a eletroforese 2-D deverá fazer parte da rotina de laboratórios clínicos.

As proteínas podem ser determinadas também por métodos químicos, do tipo colorimétrico, que detectam ligações peptídicas, mas não conseguem diferenciar a conformação e a composição de cada um dos constituintes proteicos. As globulinas ficam insolúveis (precipitado) em solução saturada de sulfato de amônio, ao contrário da albumina sérica. Esse é o fundamento do método bioquímico de determinar proteínas totais e globulinas.

As proteínas plasmáticas são espécie-específicas e, assim, é possível obter anticorpos com especificidade para cada proteína imunizando animais heterólogos. Por exemplo, coelhos imunizados com albumina humana produzem anticorpos antialbumina humana, que podem então interagir com a albumina humana em diferentes amostras e formar imunocomplexos que serão quantificados por imunoensaios.

Com a automação dos testes homogêneos do tipo imunoprecipitação, nefelometria e turbidimetria houve um grande avanço na determinação de proteínas plasmáticas. Atualmente, é rotina laboratorial a determinação quantitativa de vários marcadores, por exemplo, imunoglobulinas, frações do sistema complemento, transferrina, além de proteínas inflamatórias, como proteína C reativa (PC-R) e alfa-1-glicoproteína ácida (GPA).

Outro problema, já contornado, é que os imunoensaios de uma etapa (imunoprecipitação e aglutinação) sofrem efeito do fenômeno pró-zona, quando há excesso de um dos componentes, antígeno ou anticorpo, formando um imunocomplexo tamanho menor e levando a resultados falsamente reduzidos (ver Capítulo 5). Atualmente, há *kits* adequados para diferentes faixas de detecção, por exemplo, baixa, normal e elevada. Assim são aplicáveis também a amostras de urina e líquido cefalorraquidiano (LCR), entre outras.

Testes automatizados do tipo imunoenzimáticos ou de quimiluminescência também são empregados na determinação de proteínas plasmáticas. Como usam dois reagentes, captura e conjugado, ou conjugado e competidor, são de custo mais elevado, mas muito úteis para proteínas em baixíssima concentração e para sua investigação em experimentos ou em outros fluidos (sobrenadante de culturas celulares, líquidos cavitários).

Os imunoensaios utilizando conjugados reveladores também são empregados para detecção de várias outras proteínas. Quando a concentração da proteína é muito baixa pode ser necessário empregar radioimunoensaio ou eletroquimiluminescência. Hormônios são também proteínas, mas não serão abordados neste capítulo. Marcadores tumorais serão abordados no Capítulo 15.

Aqui serão abordadas algumas das importantes proteínas circulantes, úteis como marcadores de afecções humanas e de aplicação rotineira em laboratórios clínicos. A apresentação será feita, seguindo a Foundation for Blood Research[2], em:

- Proteínas plasmáticas não específicas
- Proteínas plasmáticas em determinadas condições clínicas.

Proteínas plasmáticas não específicas

Uma das principais aplicações das proteínas plasmáticas é avaliar o estado inflamatório do paciente. A concentração de algumas proteínas circulantes eleva-se em resposta a estados inflamatórios ou após traumas teciduais. Infecções e extensas lesões teciduais, inclusive necrose de células tumorais, são alguns exemplos desses estados de estresse fisiológico.

Vários agentes infecciosos causam lesões ao invadirem tecidos e se multiplicarem. Outros eventos como traumas e hipoxia teciduais também são lesivos. Para limitar a invasão dos patógenos e para restaurar tecidos lesados, o organismo humano desenvolve o processo inflamatório mediado por macrófagos, que, além da capacidade fagocítica, secretam citocinas com diversas funções biológicas.

Algumas dessas citocinas, como fator de necrose tumoral alfa (TNF-α) e interleucinas 1 e 6 (IL-1 e IL-6), muitas vezes em conjunto com IL-8 liberada de polimorfonucleares neutrófilos, têm ação fundamental no desencadeamento da inflamação. Essas citocinas também atuam no local da agressão, sobre fibroblastos e células endoteliais, induzindo proliferação celular com objetivo de cicatrização. Migração e acúmulo de leucócitos ativados, vasodilatação, diapedese e concentração de transudatos comprimindo terminações nervosas (calor, rubor, edema e dor) são indicações de inflamação local.

Se o processo se amplifica ou dissemina, as citocinas também atuam sistemicamente, estimulando hepatócitos a aumentar a produção e secreção de algumas proteínas. Surge então a *resposta de fase aguda*, evidenciada pelo aumento da concentração dessas proteínas circulantes, que são chamadas de proteínas de fase aguda.

Situações de estresse ou condições inflamatórias que ocorrem em traumatismos, cirurgias, necroses teciduais, infarto e neoplasias também podem alterar o nível de produção de algumas proteínas, levando também à resposta de fase aguda. Assim, as proteínas de fase aguda independem do agente causal e, por isso, são consideradas marcadores genéricos de processo inflamatório ou imunidade inata.

A elevada concentração produzida dessas proteínas de fase aguda é detectada no local da lesão tecidual e também circulante. Amostras de soro, plasma, LCR, líquido amniótico, urina, líquidos de derrames cavitários, sobrenadante de exsudatos e ascites podem ser empregados. No entanto, os *kits* disponíveis estabelecem valores de referência apenas para amostras de soro ou plasma. Uma das dificuldades de utilizar amostras biológicas diferentes de soro ou plasma é ajustar a diluição adequada da nova amostra e avaliar os possíveis interferentes dessa amostra (ver Capítulo 11).

As proteínas de fase aguda, como referido anteriormente, são produzidas em elevada quantidade em decorrência de agressões, lesões e necroses teciduais. Essa produção é resultado do aumento da síntese proteica hepática por estímulo de citocinas (IL-1, IL-6, IL-8 e TNF-α) liberadas do processo inflamatório iniciado. A concentração dessas proteínas de fase aguda tem boa correlação com a extensão da agressão inicial, e a sua produção desvia os padrões de síntese hepática, com consequente redução da albuminemia, por consumo e diminuição da síntese. A determinação da albumina sérica serve como marcador negativo da inflamação, ou seja, haverá um decréscimo da albuminemia, nem sempre evidente, pois pode não atingir valores inferiores ao normal. Outras podem expressar um aumento menos intenso, dificultando a avaliação do resultado de uma única amostra quando se desconhece a concentração de referência do paciente antes do episódio agudo, como as proteínas do sistema complemento.

As funções das *proteínas de fase aguda* são diversas e nem todas claramente estabelecidas. Processos de agressão ao organismo iniciam o processo inflamatório com afluxo de leucócitos para o local, e consequente produção e liberação de citocinas, mediadores inflamatórios e enzimas proteolíticas. O papel das proteínas de fase aguda ainda é objeto de investigação, mas parece que estão envolvidas também na remoção de restos celulares e na inibição dos processos enzimáticos proteolíticos da inflamação, minimizando a lesão em torno do foco do processo e auxiliando na cicatrização. Algumas proteínas de fase aguda têm a função de *conter a ação das proteases* [alfa-1-antitripsina (AAT)], reduzindo assim a destruição de tecidos que estão nas áreas circunvizinhas da lesão. Outras têm a função de *recolher e transportar* restos celulares do local, conservando substâncias vitais como íons ferro [haptoglobina (HPT)]. E ao final, para iniciar o *processo de cicatrização*, a quantidade de fibrina requerida é obtida do fibrinogênio plasmático.

Pacientes com deficiência congênita de alguma das proteínas, ou com comprometimento hepático decorrente do uso de drogas ou portadores de doenças como cirrose, ou, ainda, em doenças com perda proteica, apresentarão menor expressão do aumento das proteínas de fase aguda.

A indicação clínica de ocorrência de processos agudos pode ser medida também por outros parâmetros, como febre, leucocitose e aumento da velocidade de hemossedimentação (VHS). No entanto, esses indicadores são inespecíficos, enquanto a determinação das proteínas de fase aguda fornece informações mais distintas sobre o processo e como pacientes respondem ao balanço lesão/cicatrização. Por meio do monitoramento das proteínas de fase aguda também é possível acompanhar a evolução do processo.

As proteínas de fase aguda incluem PC-R, GPA, AAT, HPT, proteínas do sistema complemento e proteína amiloide A [também chamada de amiloide sérico A (SAA)].

O nível de aumento de cada uma delas no processo é variado de acordo com a extensão da lesão tecidual, por exemplo:

- PC-R pode aumentar até dezenas de vezes seu valor normal
- AAT e HPT duplicam ou quadruplicam o nível fisiológico normal.

Peculiaridades gerais da utilização dos marcadores de fase aguda devem ser consideradas:

- Certos indivíduos podem ser deficientes genéticos na produção de alguma das proteínas
- Fármacos anti-inflamatórios, principalmente corticosteroides, reduzem o processo inflamatório e, consequentemente, a produção das proteínas de fase aguda
- Recém-nascidos, pacientes muito debilitados e indivíduos com desnutrição proteica grave apresentam produção limitada desses marcadores
- Doenças hepáticas agudas, e especialmente a cirrose hepática, prejudicam a utilidade das proteínas de fase aguda (sintetizadas no fígado)
- Intensas e prolongadas perdas proteicas irão reduzir albumina, que é fonte para a síntese proteica das proteínas de fase aguda. Situações desse tipo ocorrem em gastroenteropatias graves, desnutrição, insuficiência e lesão renal, e na vigência de ascite ou derrames cavitários.

A PC-R é o marcador mais sensível a processos agudos, justamente porque é menos afetada por essas interferências. Embora seja inespecífica quanto à causa, a determinação da concentração de proteínas de fase aguda pode auxiliar na definição do diagnóstico e principalmente no acompanhamento, em amostras seriadas, como marcador cinético de evolução e prognóstico. A seguir são listadas as principais proteínas de fase aguda.

Proteína C reativa

Componente plasmático que foi descrito pela primeira vez, na década de 1930, como uma proteína existente no soro de pacientes que se liga à fração C de pneumococos e que aparecia aumentado na vigência dessa infecção. Esse aumento era detectável por técnicas simples como a precipitação em meio líquido, o que facilitava seu estudo. Posteriormente, verificou-se que essa proteína de fase aguda está aumentada sempre que há lesão e/ou necrose teciduais e também se liga a outros polissacarídios e lipoproteínas, nucleoproteínas e derivados de fosforilcolina. Essa capacidade de ligação justifica que seja considerada proteína removedora, mas também pode funcionar como opsonina para fagocitose e participar da ativação do sistema complemento via alternativa.

Em relação à VHS, a PC-R é um marcador mais precoce de fase aguda e também retorna a valores normais antes, devido à meia-vida curta, de algumas horas, após a interrupção do processo inflamatório. Por outro lado, ao contrário dos interferentes do exame VHS, a dosagem de PC-R não é influenciada por anemia, policitemia, macrocitose, insuficiência cardíaca congestiva e hipergamaglobulinemia.

A determinação da concentração sérica de PC-R é útil para monitorar, identificar e acompanhar:

- Processos agudos infecciosos e inflamatórios
- Processos de isquemia ou infarto de outros tecidos
- Infarto agudo do miocárdio, com pico máximo em 12 a 48 h após o infarto
- Lesões teciduais ou necroses por qualquer etiologia, inclusive tumorais
- Queimaduras, traumatismos, pós-cirúrgico
- Reagudização de processos reumáticos autoimunes ou inflamatórios
- Processos com mecanismos de hipersensibilidade por imunocomplexos (vasculites e glomerulonefrite)
- Evolução e terapêutica.

Valores de PC-R persistentemente elevados indicam que o processo continua e provavelmente tem causa infecciosa. A pesquisa de PC-R em amostras de LCR raramente é utilizada, mas é descrita como marcador auxiliar diferencial de meningites viral e bacteriana, com valores menores na etiologia viral.

Em sangue de cordão umbilical, achados de valores elevados de PC-R (acima de 13 mg/dℓ) sugerem corioamnionite (ruptura prematura de membranas).

Os métodos de aglutinação rápida em látex são muito usados na triagem, e a imunoturbidimetria é utilizada para quantificar amostras com valores alterados. Os soros utilizados são policlonais, aumentando a eficiência do método. Para determinar a PC-R, um dos critérios mais importantes é a rapidez de execução do ensaio.

Alfa-1-glicoproteína ácida

É chamada também de orosomucoide ou mucoproteína e sua determinação vem substituindo a antiga dosagem de mucoproteínas com vantagens de sensibilidade e especificidade.

GPA é uma proteína de cerca de 44 kDa com alto conteúdo de carboidratos, o que dificulta sua identificação na eletroforese que usa corantes específicos para proteínas. Embora sua função não seja clara, é considerada proteína de fase aguda que pode permanecer elevada por períodos mais longos que a PC-R, inclusive servindo de marcador de monitoramento de alguns *processos crônicos* autoimunes e reumáticos.

Quando a GPA está em níveis elevados, pode interferir na biodisponibilidade de alguns medicamentos como a lidocaína, pois se formam complexos GPA-fármaco que mantêm o medicamento inativo.

Valores aumentados de GPA em até 50% do valor normal são observados em processos inflamatórios agudos e crônicos, algumas neoplasias, doenças autoimunes, traumas, queimaduras, e também em obesos e no uso de medicamentos indutores enzimáticos. Valores reduzidos são observados na vigência de doença hepática crônica, estados desnutricionais, síndrome nefrótica e gastroenteropatias com perda proteica.

Haptoglobina

Sua principal função biológica é a complexação de hemoglobina livre (Hb), sendo os complexos HPT-Hb removidos por hepatócitos com consequente armazenamento do ferro. Como também é produzida na fase aguda de processos de lesão tecidual, a concentração de HPT circulante pode depender do balanço da síntese aumentada e do consumo pós-hemólise, se a hemólise estiver ocorrendo.

Baixos níveis de HPT são observados pós-hemólise e por deficiência hepática ou perdas proteicas. O aumento pós-lesão tecidual pode ser detectado no exsudato inflamatório e no plasma ou soro.

A principal indicação da determinação da HPT é o acompanhamento de possíveis processos hemolíticos intravasculares, como a hemólise crônica (esferocitose hereditária, deficiência de piruvato quinase), e na investigação de reação pós-transfusional, quando a dosagem deve ser feita na amostra pré-transfusão e em amostra coletada 6 a 24 h pós-transfusão.

Proteínas do sistema complemento

A concentração sérica de C3 c e C4 reflete o resultado do balanço:

- Síntese aumentada por estímulo de resposta aguda *versus* consumo no local da lesão.

O componente C3 entra na ativação da cascata de formação do complexo de ataque à membrana, independentemente da via ativada (clássica, alternativa ou das lectinas). Já o C4 participa da via alternativa e é componente importante da via clássica. Devido à labilidade do componente C3, prefere-se determinar a concentração do fragmento C3 c. Assim, na avaliação do sistema complemento como marcador de fase aguda são determinadas as concentrações de C3 c, C4 e CH50.

Nos processos agudos, as proteínas do complemento comportam-se como proteínas de fase aguda, com leve aumento da concentração, refletindo o estímulo da síntese hepática. A característica de marcador de inflamação do sistema complemento torna útil seu estudo investigativo e de acompanhamento em doenças reumatológicas, infecções, doenças renais e hematológicas.

A determinação dos componentes do sistema complemento também pode incluir o C5, por exemplo, em doenças dermatológicas como penfigoide bolhoso e epidermólise bolhosa, devido à deposição predominante desse componente em membrana basal de pele.

Nos processos crônicos, como doenças autoimunes do tecido conectivo, em fase ativa, devido ao consumo pelos imunocomplexos (hipersensibilidade tipo III), são esperados valores diminuídos das proteínas do sistema complemento, principalmente na fase de recidiva/reagudização. Valores reduzidos de C3 c e C4 também são encontrados em pacientes com glomerulonefrites por imunocomplexos após infecções por estreptococos.

As *deficiências* de fatores do sistema complemento, quantitativas ou funcionais, aparentemente são raras, e podem ser investigadas pela determinação dos componentes específicos ou pela prova funcional de atividade do sistema complemento. Nos pacientes com insuficiência hepática grave ou cirrose, há reduzida produção das proteínas do sistema complemento.

O papel importante do sistema complemento desde a fase primária de infecções determina quadros clínicos de imunodeficiência em indivíduos deficientes de complemento. De modo curioso, a deficiência de IgG também leva à redução da concentração do componente C1q, possivelmente porque a ligação de C1q a IgG deve protegê-lo do catabolismo.

Deposição de proteínas do complemento, especialmente C5b, em tecidos pode ser observada por imuno-histoquímica ou imunoperoxidase utilizando anticorpos anti-C5b conjugados com marcadores fluorescentes ou enzimáticos.

Proteína A amiloide sérica

É uma proteína presente em baixas concentrações no soro. Está relacionada com a proteína A amiloide fibrilar presente em tecidos. Aparentemente a SAA é precursora da proteína A fibrilar de tecidos. A proteína A de tecido está associada com *amiloidose secundária* decorrente de processos inflamatórios, na qual não há deposição de cadeias leves de imunoglobulinas. No soro, a SAA tem massa molecular de 100 a 180 kDa, e, nos tecidos, as porções de proteína amiloide são menores, cerca de 12 kDa.

Nos processos inflamatórios agudos, principalmente na vigência de amiloidose secundária, ocorre um aumento significativo da SAA circulante. Esse marcador ainda não é usual em laboratório clínico, mas faz parte do estudo de amiloidose.

Proteínas inibidoras de proteases

O processo inflamatório induz produção de enzimas proteolíticas e do tipo serinoproteases a partir da ativação dos sistemas complemento, da coagulação, fibrinolítico e das calicreínas. Essas proteases, além de mecanismos importantes de citotoxicidade, podem ser responsáveis por acrescentar efeitos lesivos a tecidos onde estejam presentes.

A modulação dessas enzimas é feita por proteínas com função de inibição de proteases, sendo a AAT a mais abundante, neutralizando tripsina, calicreína, renina, uroquinase, plasmina, colagenase e elastases, especialmente elastase lisossomal liberada de polimorfonucleares (PMN).

Assim, o principal papel da AAT é regular a extensão do processo lesivo inflamatório. Sua ação é maior em pH ligeiramente alcalino, daí seu papel ser mais importante no trato respiratório que no gastrintestinal.

São descritos alguns alótipos (polimorfismo genético) da AAT, sendo mais frequente o tipo inibidor da protease tipo M (PiMM, *protease inhibitor type M*), e a capacidade inibitória é diretamente proporcional a esse fenótipo.

Na vigência de processo inflamatório agudo, e menos frequentemente crônico, observa-se aumento de 3 a 4 vezes o valor normal, com pico em 24 h. Valores muito aumentados são observados em tuberculose e adenocarcinomas.

Embora a determinação da concentração de AAT seja indicada também para monitorar processos agudos, é comum a suspeita de deficiência na produção dessa proteína, por etiologia genética ou por insuficiência hepática.

Em *deficientes* homozigotos, é descrita a colestase neonatal com evolução rápida para cirrose, e em heterozigotos há maior risco para doenças hepáticas, do tecido conectivo e glomerulonefrites. Na deficiência de AAT associada com tabagismo, verifica-se enfisema pulmonar de progressão rápida.

Além da AAT, também estão incluídas entre as proteínas inibidoras de proteases, alfa-2-macroglobulina, inibidor de C1 esterase, antitrombina III, proteína C e antiplasmina, que podem ser investigadas no laboratório clínico.

A alfa-2-macroglobulina inibe amplo espectro de proteases, incluindo tripsina, trombina e colagenase, podendo ser detectada por métodos simples como imunodifusão radial, turbidimetria e nefelometria. A determinação da concentração de inibidor de C1 esterase é importante na suspeita de angioedema hereditário, ocasionado pela deficiência ou disfunção desse inibidor que, além de inibir os componentes iniciais da ativação do complemento via clássica, C1 s e C1r ativados, também participa da inibição de outros fatores dos sistemas da coagulação e fibrinolítico.

Na Tabela 14.1 são listadas as principais proteínas de fase aguda, função biológica e alterações no processo inflamatório.

Proteínas séricas

São chamadas com mais frequência de proteínas plasmáticas, independentemente do material biológico ensaiado.

Tabela 14.1 Principais proteínas de fase aguda, função biológica e alterações no processo inflamatório.

Proteína	Função biológica	Início da alteração (horas)	Pico (dias)	Magnitude da resposta
Proteína C reativa	Ativar complemento, opsonização, citotoxicidade, ligar polissacarídios, lipoproteínas	6 a 8	2 a 3	↑↑↑↑
Alfa-1-glicoproteína ácida	Transportar proteínas	24 a 48	4 a 5	↑
Haptoglobina	Remover hemoglobina livre	6 a 12	12 a 48	↑↑
Sistema complemento	Opsonização, anafilatoxina, citotoxicidade, quimiotaxia	12 a 24	24 a 72 (> para redução)	↑ ou ↓↓ (consumo)
Alfa-1-antitripsina	Inibidor de proteases Regula extensão do processo	12 a 24	24 a 48	↑↑ ou ↓↓ (deficientes)
Alfa-2-macroglobulina	Inibidor de proteases	24 a 48	Variável	↑ ou
Proteína A amiloide sérica	Inibidor de HDL, inibir resposta celular	6 a 8	Variável	↑↑↑

A determinação da concentração total de proteínas plasmáticas fornece informação sobre o *status* nutricional do paciente ou para acompanhamento de doenças associadas com perdas proteicas. O uso do soro para essa análise exclui o fibrinogênio. O ensaio para determinar *proteínas totais* utiliza técnica de princípio químico, método de Lowry, no qual íons Cu^{+2} em meio alcalino reagem com compostos com mais que duas ligações peptídicas formando um complexo químico de cor violeta.

Melhor caracterização das proteínas plasmáticas é realizada pela *eletroforese de proteínas*, que é a migração de moléculas carregadas em um solvente condutor sob influência de corrente elétrica. As proteínas possuem cargas positivas e negativas e, de acordo com seu pI e variações de pH do meio, podem migrar para o polo positivo ou negativo. Outra técnica de identificação semiquantitativa para proteínas é a *IEF*, que combina a eletroforese e a imunodifusão com soros contendo anticorpos antiproteína (ver Capítulo 5).

Por IEF é possível identificar cerca de 25 diferentes proteínas plasmáticas:

- Albumina e pré-albumina
- Fração α_1: AAT, GPA e alfalipoproteína
- Entre a fração α_1 e fração α_2: alfa-1-antiquimitripsina, C1 s, C1r, inibidor de C 1 esterase, ceruloplasmina
- Fração α_2: HPT, alfa-2-macroglobulina, ceruloplasmina, betalipoproteínas
- Região β_1 e β_2: componentes fator B, C3, C4 e C5 do sistema complemento, transferrina, antitrombina III, hemopexina e uma parte das imunoglobulinas, IgA em maior quantidade e apenas parte da IgM e IgG
- *Fração gama* corresponde às imunoglobulinas IgG, IgM e IgA, além do C1q do complemento, PC-R, fibrinogênio, plasminogênio.

Em amostras de soro não se detectam fibrinogênio e plasminogênio, e como a IEF não detecta valores normais de C1q e PC-R, tem-se na fração gama o alvo para estudar as imunoglobulinas policlonais ou monoclonais. As principais proteínas plasmáticas que comumente são quantificadas por imunoensaios são a pré-albumina, a albumina, as proteínas do sistema complemento e as imunoglobulinas.

Pré-albumina

É definida na eletroforese como a única fração que migra mais rápido que a albumina, estando presente em concentração sérica muito baixa. Possui meia-vida muito curta, cerca de 2 dias, e sua taxa de síntese é muito sensível à ingestão adequada de proteínas, sendo utilizada como um marcador nutricional de curto período.

Devido à reduzida concentração circulante, a pré-albumina só é detectada por métodos sensíveis, como a nefelometria. Na eletroforese de soro ou plasma, quando aparece a fração pré-albumina, é mais provável que seja apolipoproteína (Apo), que é possível detectar em pacientes heparinizados.

As funções da pré-albumina são a ligação de parte da tiroxina e o transporte de vitamina A. A proteína ligante de retinol tem também a função de transportar a vitamina A, mas como é muito pequena acaba excretada na filtração glomerular, enquanto a vitamina A ligada à pré-albumina mantém-se circulante e pode ser disponibilizada para todo o organismo.

Uma variante da pré-albumina, detectável por estudos genéticos, é fonte para a síntese de um componente amiloide betafibrilar, associado à amiloidose familiar com polineuropatia.

Como a conformação espacial da pré-albumina é mais compacta que a albumina, a pré-albumina atravessa mais facilmente para o espaço do LCR, onde pode ser visualizada de forma bem definida na eletroforese e no eletroferograma dessa amostra. A identificação da banda pré-albumina em uma fita de eletroforese sempre indica que a amostra ensaiada era LCR.

Albumina

Possui massa molecular de cerca de 66 kDa e tem função importante na manutenção da pressão osmótica, como fonte endógena de aminoácidos e no transporte de moléculas pequenas, incluindo fármacos. Albumina é o componente de maior concentração sérica, correspondendo a quase dois terços do total proteico circulante. A diminuição dos seus níveis está relacionada ao comprometimento de síntese, por exemplo, nutrição insuficiente, síndrome de absorção ou disfunção hepática, ou à perda, por nefropatias, enteropatias, ou ainda ascites.

Em algumas doenças, a diminuição da albumina pode ser parcialmente compensada pelo aumento de outras proteínas plasmáticas, como na cirrose, que apresenta aumento de imunoglobulinas policlonais, e na síndrome nefrótica, que mostra níveis aumentados de alfa-2-macroglobulina.

A presença de *albumina na urina* é considerada anormal, mesmo que em baixas quantidades. Em alguns indivíduos saudáveis, após exercícios extenuantes, têm sido observados valores detectáveis e transitórios de albuminúria. A determinação de baixos valores de albuminúria, chamada de *microalbuminúria*, por imunoensaios sensíveis tem importância no acompanhamento de pacientes diabéticos com o objetivo de detectar precocemente a nefropatia diabética e suas complicações.

No LCR, a presença de albumina é normal em valores muito baixos, e essa determinação serve para os estudos da integridade da barreira hematoliquórica, uma vez que a albumina não é sintetizada no LCR, ou seja, toda albuminorraquia é proveniente do plasma por ultrafiltração meníngea, e essa difusão depende da integridade das barreiras hematoliquórica e hematencefálica.

Para determinar albumina em LCR, pode-se recorrer à concentração prévia da amostra, o que requer grande volume, ou aos imunoensaios de sensibilidade analítica adequada para essa amostra. Há, inclusive, reagentes de nefelometria ou turbidimetria para concentrações muito baixas (*very low concentration*).

Valores aumentados de albuminorraquia indicam aumento da permeabilidade das barreiras hematencefálica e hematoliquórica, causado por traumas ou inflamação. A determinação da proporção de albumina no LCR/albumina sérica ajuda a avaliar a integridade da barreira hematencefálica. Os resultados não terão significado se ocorrer acidentes de punção com sangue circulante na amostra de LCR coletada.

$$\text{Índice albumina LCR/soro} = \frac{\text{albumina LCR (mg/d}\ell\text{)}}{\text{albumina soro (g/d}\ell\text{)}}$$

Valores até nove são compatíveis com barreira íntegra; índices superiores a nove indicam lesão das membranas; de 9 a 14, discreta alteração; entre 14 e 30, alteração moderada; e acima de 30 há comprometimento grave da integridade da barreira. Em LCR de crianças até 6 meses, esses índices são discretamente elevados em função da imaturidade das membranas.

Proteínas do sistema complemento

Como visto, a determinação das proteínas do sistema complemento tem aplicação como proteínas de fase aguda. Entretanto, na suspeita de imunodeficiências ou de consumo por imunocomplexos, também é importante a avaliação do sistema complemento.

A seguir, resume-se a aplicação da determinação dos componentes do sistema complemento.

- **Inibidor de C1 esterase.** A deficiência desta proteína que controla a ativação do sistema complemento é característica do angioedema hereditário. Os métodos imunométricos, enzimáticos ou turbidimetria avaliam a concentração da proteína. Nos casos clínicos suspeitos em que essa avaliação mostre resultados normais é necessário fazer o ensaio de atividade enzimática da proteína, pois alguns pacientes mostram a forma inativa do inibidor de C1 esterase.
- **C1q.** A avaliação do componente C1q em soro é útil em pacientes com imunodeficiências, e com vasculites e urticária. A redução de C1q circulante faz com que maior número de imunocomplexos fique circulante. IgG ou IgM complexados com antígenos circulantes ligam-se a C1q e assim são removidos pelos esplenócitos, no baço, ou por macrófagos, no fígado.
- **C2.** Este componente é extremamente lábil e, desde a coleta, o sangue deve ser mantido em banho de gelo. Em seguida, o soro obtido em centrífuga refrigerada deve ser congelado até o ensaio, preferencialmente a –80°C. Valores muitos baixos de C2 circulante podem ser causados por deficiência genética, principalmente se associada com algumas moléculas de histocompatibilidade, HLA-A25, HLA-B18 ou HLA-DR2. Muitos desses indivíduos apresentam maior suscetibilidade a infecções bacterianas, mas outros mostram alguma doença autoimune. A síndrome lúpus-*like* também está associada à deficiência de C2.
- **C3.** A determinação deste componente central do complemento é a mais solicitada. O C3 participa de todas as vias de ativação do sistema complemento. Duas situações distintas ocorrem: o componente C3 é uma proteína de fase aguda e está ligeiramente aumentada em processos agudos, infecciosos ou inflamatórios. Esse aumento pode não ser percebido, pois a faixa de normalidade é grande. A outra situação, mais frequente, é a investigação de valores reduzidos de C3 circulante. Alguns pacientes com deficiência de C3 mostram maior suscetibilidade a infecções. Contudo, o mais frequente é que os valores baixos sejam consequência do consumo, principalmente por imunocomplexos, em doenças autoimunes (glomerulonefrite e vasculite). Pacientes com insuficiência grave hepática apresentam valores baixos de C3. Os métodos utilizados determinam a fração C3 c, que é muito estável e não sofre interferência de temperatura de obtenção e armazenamento da amostra.
- **C4.** Este é um importante componente analisado em laboratório. Como faz parte da ativação via clássica, valores reduzidos concomitantes de C3 e C4 corroboram consumo por imunocomplexos, que estão frequentemente associados a doenças autoimunes.
- **C5.** A deficiência de C5 é a mais frequente das imunodeficiências que envolvem o sistema complemento. Aumento da suscetibilidade a infecções bacterianas e associação com lúpus eritematoso sistêmico são as características dessa deficiência. Na doença de Leiner, ocorre predisposição a infecções do trato gastrintestinal e de pele com eczemas, associada à disfunção do C5, que está em concentração normal, mas falha em promover a fagocitose.
- **C6, C7 e C8.** A deficiência de algum destes componentes reduz a função de citotoxicidade da ativação do sistema complemento. Infecções graves por bactérias, especialmente *Neisseria*, são frequentes nesses casos.

Imunoglobulinas

No Capítulo 2 são apresentadas a estrutura química e a função das imunoglobulinas. Elas representam um grupo de glicoproteínas relacionadas e semelhantes, compostas de cerca de 82 a 96% de proteínas e 4 a 18% de carboidratos. As imunoglobulinas classificam-se de acordo com a cadeia pesada H em IgG, IgM, IgA, IgD e IgE, por ordem de concentração sérica em adulto saudável.

Imunoglobulina M

É secretada normalmente como um pentâmero da forma H_2 L_2 e, por isso, tem elevado peso molecular, cerca de 900 kDa. Na fase inicial da resposta imune primária e na fase aguda de infecções, a IgM é a primeira a ser produzida, sendo considerada marcador de fase aguda/recente. Como é o primeiro anticorpo a ser secretado pelos linfócitos B (LB) ativados, a afinidade ainda é reduzida, já que não houve seleção dos clones de elevada afinidade, processo que ocorre mais tardiamente e visa ao estabelecimento de clones de memória que serão secretores de IgG.

A menor afinidade da IgM deve ser considerada quando é pesquisada como anticorpo nos imunoensaios, podendo inclusive justificar algumas reatividades cruzadas que ocorrem na presença de elevada concentração de IgM. A forma pentamérica da IgM tem dez sítios combinatórios e, assim, é o melhor anticorpo para as técnicas de aglutinação e precipitação. Também promove mais facilmente a interação concomitante do antígeno e facilita a ativação do sistema complemento.

Essas características permitiram o desenvolvimento dos primeiros testes imunológicos (imunoprecipitação, aglutinação e reação de fixação do complemento), ainda no início do século 20, que mostraram razoável eficiência na fase aguda das doenças, mas não conseguiam com a mesma eficiência, por falta de sensibilidade, detectar todos os casos de infecção crônica e de cura, quando o predomínio fosse de IgG.

A forma monomérica da IgM apresenta-se inserida na membrana de LB e é receptora de antígenos nessas células, podendo ser detectada em autoimunidades. A deficiência seletiva de IgM raramente é descrita.

Imunoglobulina G

É a principal imunoglobulina constituindo o anticorpo da resposta secundária (imunidade de memória), possui quatro subclasses e atravessa a placenta. No recém-nascido, os anticorpos presentes são IgG materna, exceto se tiver havido infecção intrauterina, quando o bebê pode apresentar imunoglobulinas produzidas por ele, dentre as quais a IgM.

A IgG fixa complemento, e várias células fagocíticas possuem receptores para fragmento cristalizável (Fc) de IgG, que é chamado também de opsonina (facilitador da fagocitose). Células *natural killer* (NK) também possuem receptores de Fc de IgG, o que direciona a especificidade citotóxica dessas células.

A detecção de anticorpos IgG específicos não esclarece se a infecção é recente ou passada. Nesses casos a avaliação da avidez do soro pode auxiliar a definir o caso, já que anticorpos IgG de baixa afinidade são produzidos inicialmente, e os de alta afinidade são selecionados para resposta de memória imunológica.

Subclasses de IgG

Foram identificadas a partir de estudos utilizando soro de coelhos imunizados com IgG monoclonal de soros de pacientes com mielomas. Os soros policlonais obtidos conseguiam identificar e absorver quatro frações distintas de IgG, que foram denominadas IgG1, IgG2, IgG3 e IgG4.

Na década de 1980, com a tecnologia de produção de anticorpos monoclonais, pôde-se identificar e estudar a função dessas subclasses. A homologia entre as frações Fc de cada subclasse de IgG é de cerca de 95%. A maior heterogeneidade ocorre na região da dobradiça entre os domínios CH2 e CH3 da cadeia pesada, determinando diferenças na flexibilidade da molécula, de acordo com as pontes dissulfeto intercadeias H. Outra diferença é na localização da ponte S-S com a cadeia leve, pois a IgG1 tem cisteína no aminoácido 220 e as outras subclasses, na posição 131.

Embora ainda pouco estudados, há também alótipos IgG distintos na população, que correspondem a pequenas diferenças nas sequências de aminoácidos da cadeia H. Esses alótipos são marcadores genéticos, mas provavelmente não implicam variações de função. Na Tabela 14.2 são apresentadas algumas propriedades das subclasses de IgG.

Imunoglobulina A

O monômero é encontrado circulante. Na forma dimérica e com a Fc protegida pelo componente S (secretor), a IgA é encontrada nas secreções e na saliva, onde representa a principal imunoglobulina, justamente por ser mais resistente à degradação enzimática nesses locais. No ser humano, é encontrada em elevadas concentrações no colostro e no leite materno, com importante papel de defesa para o bebê. Poucos testes imunológicos de detecção de anticorpos da classe IgA estão disponíveis no mercado. Um dos problemas nessa determinação é que a deficiência seletiva de IgA é frequente na população humana, relatada como 0,1%. Portanto, esses testes requerem obrigatoriamente que se verifique previamente se a amostra contém IgA detectável.

Há duas subclasses de IgA: aquela predominante no soro e IgA2 dimérica nas secreções, associada ao componente secretor, o qual é produzido por células epiteliais de mucosas. Na passagem por essas células, a IgA dimérica se liga a esse componente.

A determinação de IgA secretora em saliva é solicitada para pacientes com maior frequência de infecções orais e gastrintestinais. Os anticorpos utilizados nesse ensaio devem reconhecer o componente secretor ligado à Fc da IgA. A IgA secretora parece ter papel também na proteção a alergias, pois, ligando-se a moléculas alimentares e derivadas de microrganismos não patogênicos, evitaria que fossem absorvidos e induzissem respostas alérgicas. Essa hipótese é corroborada pelo achado de maior frequência de alergias respiratórias e alimentares em imunodeficientes IgA.

Imunoglobulina E

Tem como característica a baixa concentração sérica e cerca de 100 aminoácidos adicionais na porção Fc, formando o quinto

Tabela 14.2 Propriedades das subclasses de IgG.

Propriedades	Subclasse			
	IgG1	IgG2	IgG3	IgG4
Massa molecular (kDa)	150	150	170	150
Aminoácidos na dobradiça	15	12	62	12
Pontes S-S na dobradiça	2	4	11	2
Valores em adultos (média) em mg/dℓ	490 a 1.140 (700)	150 a 640 (380)	20 a 110 (51)	8 a 140 (56)
% total de IgG	45 a 75	15 a 50	2 a 8	1 a 12
Meia-vida (dias)	21	21	7	21
Transferência placentária	++	+	++	++
Resposta para proteínas Polissacarídios Alergênios	++ + +	+/- ++ –	++ – –	+/- – ++
Ativação de complemento via clássica (C1q)	++	++	+++	-
Ligação a receptor Fcγ em macrófagos	++	+/-	+++	+
Ligação à proteína A	++	++	+	++

domínio da cadeia H, com elevada afinidade para o receptor FcεR de mastócitos e basófilos, células que contêm mediadores autacoides, como a histamina e a serotonina. Por essa razão, é chamada de imunoglobulina anafilática. Curiosamente, está envolvida na resposta imune a helmintos, embora, devido a menor concentração em relação à IgG, seja difícil a sua detecção em testes imunológicos de IgE específicos.

No estudo das alergias tipo I, são realizados exames de detecção de anticorpos IgE antialergênios específicos. Estão disponíveis testes com dezenas de alergênios, painéis para alergia respiratória (antígenos de ácaros, poeiras, fungos, insetos, pelos e epitélios de animais etc.), alimentar (oleaginosas, frutos do mar, carnes, leguminosas, cereais etc.) e até alguns fármacos, corantes e conservantes (ver Capítulo 30).

A reduzida concentração de IgE, mesmo nos casos de alérgicos, faz com que apenas testes muito sensíveis consigam detectar essa imunoglobulina. O método imunoenzimático com substrato fluorigênico e fase sólida com área expandida (polímeros de celulose ativada, micropartículas) é o mais indicado, e substituiu o radioimunoensaio (ver Capítulo 8).

Imunoglobulina D

É expressa em LB juntamente com a IgM monomérica de superfície. Está presente apenas no LB em diferenciação após ativação antígeno-específica, mas não em plasmócitos secretores de anticorpos. Não é estudada como anticorpo sérico no imunodiagnóstico.

Produção intratecal de IgG

Os imunoensaios para pesquisa de anticorpos no LCR devem ser interpretados com atenção. Imunoglobulinas atravessam as barreiras hematencefálica e hematoliquórica lesadas ou com aumento de permeabilidade, consequência de inflamação (meningites).

Para validar os resultados positivos para anticorpos em LCR, deve-se avaliar se, de fato, as imunoglobulinas estão sendo produzidas no sistema nervoso central (SNC).

O SNC é um sítio imunologicamente privilegiado, ou seja, não mantém resposta imune de memória, e apenas se houver processo local de infecção ou autorreatividade (antígenos exógenos ou autoantígenos) é que ocorre a resposta imune. O LCR expressa de maneira indireta o que acontece no espaço intravascular do SNC, daí sua grande utilidade como espécime de análise laboratorial.

Os imunoensaios em LCR devem ser padronizados para essa matriz. O LCR é muito menos rico em proteínas que o soro ou o plasma, e, como a interação antígeno-anticorpo acontece melhor em meio proteico, o diluente da amostra deve suprir a deficiência de proteínas do LCR. Outro problema é ajustar a diluição adequada para o teste. A regra é que no LCR as concentrações de anticorpos sejam muito menores do que no soro. O LCR é produzido continuamente e reabsorvido, o que torna o local da punção, lombar ou suboccipital, mais uma variável a ser considerada.

Um índice que ajuda a definir que esteja ocorrendo produção intratecal de IgG é a determinação paralela das concentrações totais de albumina e também de IgG nas amostras de LCR e de soro. Os valores na amostra de soro são expressos em g/dℓ e na amostra de LCR em mg/dℓ.

$$\text{Índice 1: IgG LCR} \div \text{Alb LCR}$$

$$\text{Índice 2: } \frac{\text{IgG LCR} \times \text{Alb soro}}{\text{IgG soro} \times \text{Alb LCR}}$$

Há evidências de síntese intratecal de IgG se: índice 1 > 0,27 e índice 2 > 0,70. A *síntese intratecal* de IgG indica processo imune local (agente infeccioso ou autoimune). Nesses casos, a detecção de anticorpos específicos no LCR mostra elevado valor preditivo positivo.

Transferrina

Principal proteína que migra na região beta (betaglobulina), é responsável pelo transporte de ferro circulante (íon férrico). As células precursoras de eritrócitos possuem receptores superficiais de membrana para transferrina. A determinação da transferrina sérica é usada para acompanhar anemias. É uma proteína de massa molecular de cerca de 79,5 kDa, com dois domínios homólogos, cada um deles com elevada afinidade para ferro.

A transferrina é produzida no fígado, sendo regulada pela concentração de ferro circulante e presente nas proximidades dos hepatócitos. Anteriormente aos métodos de imunoprecipitação e automação (turbidimetria e nefelometria), a concentração de transferrina era estimada pelo método bioquímico de capacidade de ligação do ferro, de menor precisão que os imunoensaios.

Nas deficiências de ferro, os valores de transferrina sérica podem até duplicar em relação ao normal, e, como na gravidez é esperada alguma deficiência de ferro, é comum um leve aumento durante a gestação. Nesses casos, a suplementação com sulfato ferroso aumenta a saturação da transferrina e os valores circulantes da proteína voltam ao normal.

É importante ressaltar que pacientes com grave insuficiência hepática podem não produzir níveis normais de transferrina. Em casos de nefropatias com perdas proteicas, associadas à anemia hipocrômica, a transferrina ligada ao ferro pode ser excretada na urina. Nos processos inflamatórios agudos, a transferrina comporta-se como a albumina, mostrando discreta diminuição.

Com a característica de migração compacta na região das betaglobulinas, a transferrina em elevadas concentrações pode simular uma beta-paraproteína na eletroforese de proteínas. A realização da IEF confirmará que não é uma imunoglobulina monoclonal.

Ferritina

É responsável pelo armazenamento de ferro intracelular (células do sistema reticuloendotelial, fígado, baço, medula óssea) e pode ligar até 4.500 átomos de ferro e também metais tóxicos como alumínio e berílio. A concentração de ferritina circulante em indivíduos sadios correlaciona-se com o estoque de ferro (1 ng de ferritina circulante, ou seja, cerca de 8 mg estoque Fe). Por esse motivo, a determinação da ferritina é um bom marcador para avaliar deficiência de ferro, mostrando valores baixos nas anemias ferroprivas. Em contrapartida, valores elevados de ferritina são observados quando há excesso de ferro (transfusão, hemodiálise, medicação), infecções e processos inflamatórios crônicos. Pacientes com deficiência de ferro e com quadros crônicos podem apresentar valores falsamente normais de ferritina. A concentração elevada de ferritina também está associada a algumas neoplasias, como leucemia aguda mielocítica, linfoma de Hodgkin, neuroblastoma, e nesses casos pode ser útil como marcador tumoral no acompanhamento laboratorial do paciente.

Ceruloplasmina

É uma glicoproteína de cerca de 140 kDa. Principal proteína plasmática transportadora de cobre (95%), liga-se a até oito átomos de cobre. Embora a função ainda não seja clara, parece transferir o cobre ao citocromo C oxidase (vital para produção de energia nos processos agudos) e serve para proteger a matriz do tecido inflamatório de íons superóxido.

Na síntese de colágeno e elastina, tanto a ceruloplasmina quanto o cobre parecem essenciais. A atividade de oxidase da ceruloplasmina pode ser empregada em métodos colorimétricos para estimativa de concentração, mas atualmente os imunoensaios são os métodos de escolha.

Ausência ou valores muito reduzidos de ceruloplasmina estão associados com doença de Wilson (processo degenerativo, autossômico recessivo e raro) e acúmulo de cobre em tecidos, causando defeitos de reabsorção tubular renal com excreção de proteínas, glicose e outros elementos. Valores reduzidos também são encontrados em pacientes com cirrose biliar primária, hepatites graves e insuficiência hepática.

Valores aumentados de ceruloplasmina são observados em processos inflamatórios, especialmente na fase aguda, e em mulheres gestantes ou sob terapia estrogênica.

Beta-2-microglobulina

Beta-2-microglobulina (B2 M) é a cadeia constante associada às moléculas de histocompatibilidade (MHC) classe I (HLA-A, -B, -C), expressas potencialmente em todas as células nucleadas (ver Capítulo 26).

A determinação de B2 M livre pode ser feita em soro ou LCR. Níveis elevados de B2 M no LCR podem indicar envolvimento do SNC em pacientes com leucemia ou linfoma. Após terapia intratecal (dentro do canal espinal), a determinação pode ser útil no monitoramento e na evolução da doença.

Proteínas plasmáticas em determinadas condições clínicas

Em várias condições clínicas, as proteínas plasmáticas podem auxiliar no acompanhamento do paciente. Em doenças inflamatórias, como artrite reumatoide e espondilite anquilosante, os níveis de PC-R podem ser relacionados com a atividade da doença. No lúpus eritematoso sistêmico, por sua vez, a PC-R elevada fala a favor de infecção e não de inflamação. No diabetes não dependente de insulina, geralmente os níveis séricos de ferritina estão elevados e essa elevação também é diretamente proporcional ao tempo de doença. Além disso, a ferritina sérica também está associada a aumento de risco cardiovascular. Na clínica, essas ferramentas são muito importantes, pois podem auxiliar na escolha terapêutica, bem como na substituição de fármacos. Nesta seção serão abordadas as proteínas plasmáticas em duas importantes condições clínicas: a aterosclerose e o infarto do miocárdio.

Marcadores da aterosclerose

A aterosclerose é uma das principais causas de morbimortalidade no mundo. O diagnóstico precoce pode evitar a doença arterial coronariana, e vários fatores de risco estão associados ao prognóstico, como tabagismo, obesidade, diabetes, sedentarismo e, principalmente, hipercolesterolemia. Estudos mais recentes também buscam marcadores laboratoriais sensíveis que possam precocemente indicar alterações.

A PC-R tem sido identificada como um desses marcadores, aparecendo em concentrações normais nos testes convencionais, mas já com alterações discretas dentro desses valores. Para isso utiliza-se a determinação chamada de *ultrassensível*, que mede com acurácia a faixa dentro do normal (inferior a 9 mg/ℓ), a qual não era estudada nos processos inflamatórios, pois é encontrada em indivíduos saudáveis.

Entre os marcadores de risco para a doença coronariana e o infarto do miocárdio, tem-se a determinação da Apo A-1 e da Apo B, assim como o cálculo da razão Apo B/Apo A-1. Em pacientes que reduzem o colesterol à custa de medicação, a determinação das Apo assume importante papel no acompanhamento do paciente.

A Apo A-1 é o principal constituinte proteico das lipoproteínas de alta densidade (HDL) e a Apo B é o constituinte das lipoproteínas de baixa densidade (LDL). Valores aumentados de Apo A-1 são observados na gravidez, nas doenças hepáticas e com uso de estrógenos, enquanto valores diminuídos são relatados em hipolipoproteinemia, colestase, sepse e aterosclerose.

A razão Apo B/Apo A-1 mede a correlação LDL/HDL indicando risco de aterosclerose e doença coronariana. Quanto menor a relação, menor o risco, sendo esperados valores de 0,35 a 1,15 para mulheres e de 0,45 a 1,25 para homens.

Como as Apo estão presentes em concentrações de mg/dℓ, os métodos imunométricos com anticorpos policlonais monoespecíficos são suficientes para a acurácia do teste.

Outros marcadores vêm sendo estudados e, na medida em que resultados são obtidos em estudos prospectivos e retrospectivos, alguns devem ser incorporados à rotina laboratorial em busca de marcadores que permitam estabelecer prognóstico para aterosclerose e risco para doenças cardiovasculares. Podem-se citar alguns mais recentes: lipoproteína a, homocisteína e peptídio natriurético B.

Marcadores cardíacos e infarto do miocárdio

O diagnóstico do infarto do miocárdio utiliza marcadores laboratoriais incluindo marcadores bioquímicos, como creatinoquinase (CK) músculo (M) e cérebro (B), e marcadores inflamatórios, como a PC-R. Os ensaios devem ser realizados com rapidez e elevada acurácia. Como o processo do infarto desencadeia várias alterações ao longo do tempo e proporcionais à lesão inicial, o acompanhamento cinético dos marcadores deve ser realizado e, portanto, os métodos devem indicar com eficiência pequenas alterações.

A CK é uma proteína quimérica composta de duas subunidades com atividade enzimática: M e B. A CK-MM está nos músculos esqueléticos (99%) e cardíaco. A CK-MB corresponde a 30% da CK do coração, e apenas 1% dos músculos esqueléticos. Assim, a CK-MB é a subunidade mais específica para verificar lesão de músculo cardíaco. Apenas em raros casos de grande extensão de lesão muscular (polimiosites, distrofia muscular ou grave trauma muscular) a determinação da CK-MB pode representar o resultado de processos de músculo esquelético.

A determinação da atividade enzimática da CK não é específica de lesão cardíaca, e, assim, é necessário determinar a subunidade CK-MB. Os imunoensaios do tipo imunométrico com anticorpos policlonais e monoclonais estão disponíveis, utilizando métodos imunoenzimáticos ou quimiluminescência, automatizados e liberando rapidamente os resultados.

A CK-MB atinge níveis elevados em 18 a 24 h após o infarto e retorna ao normal em 72 h, exceto se ocorrer novo episódio de necrose muscular nesse período, quando permanece elevado. No entanto, como não é específico de infarto do miocárdio e pode estar normal em lesões com baixo nível de necrose cardíaca, não é usado como marcador único.

Mioglobina e troponina são proteínas cardíacas que aparecem aumentadas após lesão do músculo cardíaco, mais frequentemente após infarto. A especificidade da mioglobina é um pouco menor, pois também está presente em músculos esquelético e liso. Pacientes com insuficiência renal aguda ou crônica também mantêm níveis elevados de mioglobina. Apesar dessa inespecificidade, é um marcador mais sensível que a CK-MB e a troponina-T, tendo utilidade à admissão do paciente no hospital.

Os testes para determinação de mioglobina estão disponíveis em vários formatos, competitivos e imunométricos, geralmente com anticorpos policlonais, e usando testes com ligantes (enzimas, quimiluminescência, fluorocromos). Há também os testes por turbidimetria (imunoprecipitação), rápidos e de menor custo.

A troponina cardíaca T (cTnT) aparece aumentada em paralelo com CK-MB, mas em níveis mais elevados e que permanecem aumentados durante maior intervalo. Assim, a troponina também é um bom marcador para confirmar infarto em relato de sintomas no período anterior a 10 dias. A cTnT faz parte do filamento contrátil muscular do coração, que também inclui miosina e actina. Embora não seja um marcador muito precoce, é bastante específico para indicar lesões cardíacas. Pode aparecer aumentado em anginas sem infarto, mas nesses casos a CK-MB estará normal. Valores elevados de cTnT estão associados a maior risco de gravidade e, quando muito elevados, auxiliam o médico na decisão terapêutica.

Uma dificuldade nos imunoensaios para determinar cTnT é a variabilidade de padronizações e valores de referência. Em pouco tempo, essas padronizações devem ser estabelecidas e valores de *cut off* mais adequados devem ser preconizados. Os testes são do tipo imunométrico com dois anticorpos distintos (captura e revelação) e conjugados de elevada sensibilidade para o sinal (quimiluminescência, imunofluorimétricos).

Como visto antes neste capítulo, marcadores de fase aguda como a PC-R também são empregados como marcadores cardíacos. A PC-R é inespecífica para causa e local da lesão, mas é sensível o suficiente para evitar que pacientes muito no início do processo sejam dispensados da admissão hospitalar.

Referências bibliográficas

1. Mancini G, Carbonara AO, Hermans JF. Immunochemical quantitation of antigens by single radial immunodiffusion. Immunochemistry. 1965;2:253-4.
2. Craig W, Ledue T, Ritchie R. Plasma proteins: clinical utility and interpretation. Scarborough, ME: Foundation for Blood Research, 2004

Bibliografia

Akintoye E, Briasoulis A, Afonso L. Biochemical risk markers and 10-year incidence of atherosclerotic cardiovascular disease: independent predictors, improvement in pooled cohort equation, and risk reclassification. Am Heart J. 2017;193:95-103.

Bertouch JV, Roberts-Thompson PJ, Feng PH, Bradley J. C-reactive protein and serological indices of disease activity in systemic lupus erythematosus. Annals of the Rheumatic Diseases. 1983;42(6):655-8.

Cioffi M, Rosa AD, Serao R, Picone I, Vietri MT. Laboratory markers in ulcerative colitis: Current insights and future advances. World J Gastrointest Pathophysiol. 2015;6(1):13-22.

Czopowicz M, Szaluś-Jordanow O, Mickiewicz M, Moroz A, Witkowski L, Markowska-Daniel I, Reczyńska D, Bagnicka E, Kaba J. Agreement between commercial assays for haptoglobin and serum amyloid A in goats. Acta Vet Scand. 2017 Oct 2;59(1):65.

Dodig S, Čepelak I. The potential of component-resolved diagnosis in laboratory diagnostics of allergy. Biochem Med (Zagreb). 2018;28(2):020501.

Gayer CRM, Pinheiro GRC, Andrade CAF, Freire SM, Coelho MGP. Avaliação da proteína amiloide A sérica na atividade clínica da artrite reumatoide. Rev Bras Reumatol. 2003;43:199-205.

Gille-Johnson P, Hansson KE, Gårdlund B. Clinical and laboratory variables identifying bacterial infection and bacteraemia in the emergency department. Scand J Infect Dis. 2012;44(10):745-52.

Henry JB. Clinical diagnosis and management by laboratory methods. 20. ed. Philadelphia: WB Saunders Company; 2002.

Jeppsson JO, Laurell CB, Franzen B. Agarose gel electrophoresis. Clin Chem. 1979;25:629-35.

Kaye TB, Guay AT, Simonson DC. Non-insulin-dependent diabetes mellitus and elevated serum ferritin level. J Diabetes Complications.1993;7(4):246-9.

Llorens X, Lagrutta SF. The acute phase host reaction during bacterial infection and its clinical impact in children. Pediatr Infect Dis J. 1993;12:83-9.

Lowry OH, Rosebrough NJ, Farr L, Randall RJ. Protein measurement with Folin phenol reagent. J Biol Chem. 1951;193:265-8.

Macedo AC, Isaac L. Systemic Lupus Erythematosus and Deficiencies of Early Components of the Complement Classical Pathway. Front Immunol. 2016;7:55.

Manzo C, Milchert M.Polymyalgia rheumatica with normal values of both erythrocyte sedimentation rate and C-reactive protein concentration at the time of diagnosis: a four-point guidance. Reumatologia. 2018;56(1):1-2.

Miyamoto S, Stroble CD, Taylor S, Hong Q, Lebrilla CB, Leiserowitz GS, Kim K, Ruhaak LR. Multiple Reaction Monitoring for the Quantitation of Serum Protein Glycosylation Profiles: Application to Ovarian Cancer. J Proteome Res. 2018;17(1):222-233.

Moura R. Técnicas de laboratório. 3. ed. São Paulo: Atheneu; 1997.

Rizzo LV. Complexo principal de histocompatibilidade. In: Calich V, Vaz C. Imunologia. São Paulo: Livraria e Editora Revinter Ltda; 2001. p. 165-77.

Tourtellote WW, Staugaitis SM, Walsh MJ. The basis of intra-blood-brain barrier IgG synthesis. Ann Neurol. 1985;17:21-5.

Turgeon ML. Diagnostic tests in medical laboratory immunology. In: Turgeon ML. Immunology & serology in laboratory medicine. 2. ed. St. Louis: Mosby; 1996. p. 437-44.

Uhlar MA, Whitehead AS. Serum amyloid A: the major vertebrate acute-phase reactant. Eur J Biochem. 1999;265:501-23.

Voltarelli JC. Febre e inflamação. Medicina. 1994;27:7-11.

Wu AHB. Cardiac markers. In: Wild D. The immunoassay handbook. 2. ed. London: The Nature Publishing Group; 2001. p. 623-34.

Capítulo 15
Marcadores Tumorais

Adelaide J. Vaz e Karen K. S. Sunahara

Introdução

Marcador tumoral consiste em uma molécula que, independentemente da sua função (enzimática, hormonal, ou não funcional), é produzida por células neoplásicas e secretada nos fluidos biológicos (sangue, líquidos cavitários e de excreção), com capacidade de ser detectada e mensurada por exames não invasivos realizados *in vitro*. Geralmente, são proteínas ou seus derivados (glicoproteínas, nucleoproteínas, peptídios) que também são produzidos por células do tecido normal, mas em baixas concentrações. O papel dessas moléculas na fisiologia do organismo nem sempre é totalmente esclarecido. Os imunoensaios usados no estudo de marcadores tumorais são preferencialmente realizados com a utilização de anticorpos monoclonais.

Os marcadores tumorais, além de serem detectados nos fluidos biológicos, podem, muitas vezes, ser identificados na membrana das células dos tecidos envolvidos na neoplasia. Por exemplo, a imunofenotipagem de marcadores de membrana de leucócitos pode fornecer informação da célula tumoral em leucemias e linfomas.

O marcador tumoral ideal, em razão da importância dos resultados, seria aquele que apresentasse elevada sensibilidade e especificidade. É evidente que essa não é a realidade atual na aplicação dos imunoensaios no estudo de tumores, pois a concomitância desses dois parâmetros é difícil de ser obtida (ver Capítulo 4). No entanto, tais marcadores consistem em uma ferramenta complementar importante aos exames de patologia, pois, além da morfologia da célula tumoral, é possível também utilizar anticorpos marcados para revelar a presença de determinadas moléculas tumorais. Dessa forma, é importante que, durante a coleta do material para exames, raspados de tecidos e biopsias, haja cautela em manter a antigenicidade dessas moléculas, o que nem sempre ocorre, uma vez que há necessidade de preservação e fixação das células e cortes histológicos para análise anatomopatológica.

O marcador tumoral ideal não existe, mas os existentes e aplicáveis seriam mais bem denominados de *marcadores associados a tumores*. O conceito de associação prevê que a frequência de um determinado marcador na população doente seja significativamente maior do que na população-controle. Esses marcadores, apesar de ressalvas, vêm sendo muito utilizados pelas vantagens de poderem ser determinados em amostras de soro e por serem sensíveis para detecção precoce de recidivas/metástases. A seguir, são listadas as características ideais de um marcador tumoral:

- Elevada sensibilidade: detectável após pequeno número de células sofrerem alteração fenotípica e produzirem o marcador, o que aumentaria a precocidade do diagnóstico. A *sensibilidade* pode ser incrementada pelo uso de testes imunoenzimáticos com reveladores do tipo luminescência, fluorescência ou radioatividade, que aumentam a intensidade do sinal de detecção do imunocomplexo. A detecção do sinal pode ser amplificada com o sistema de dois conjugados, como biotina-avidina (ver Capítulos 7 e 8)
- Elevada especificidade: a molécula deve ser preferencial ou exclusivamente produzida por células tumorais. Assim, o marcador tumoral estaria ausente em indivíduos sadios e em doenças hiperplásicas benignas. Para garantir uma elevada *especificidade* é necessário que os anticorpos de captura e revelação sejam muito específicos, o que é possível com o emprego de anticorpos monoclonais. A Figura 15.1 ilustra o conceito de um teste sanduíche bimonoclonal, ideal para a determinação de marcadores tumorais. É importante ressaltar que, ainda que o resultado seja específico, o resultado positivo deve ser interpretado no contexto do conhecimento acerca da molécula detectada.

Sendo assim, para interpretar o resultado, deve-se levar em conta:

- Meia-vida: a molécula tumoral com meia-vida reduzida seria rapidamente metabolizada (algumas horas ou poucos dias) e assim sua concentração refletiria rapidamente a expansão ou a redução da massa tumoral
- Concentração proporcional à massa de células tumorais: esta condição, como anteriormente mencionada, poderia auxiliar na decisão da escolha terapêutica. Embora não seja totalmente verdadeiro, é claro que concentrações muito elevadas ou associação com outros marcadores podem, em um estudo retrospectivo, informar dados que permitam estabelecer algum critério prognóstico

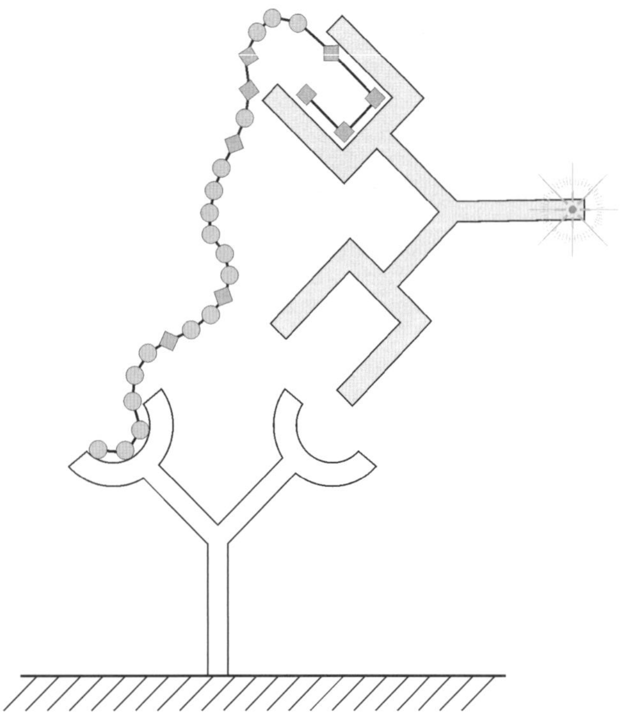

Figura 15.1 Esquema de imunoensaio com ligante revelador, tipo sanduíche, para determinar moléculas, utilizando anticorpos monoclonais para diferentes epítopos na molécula.

- Ensaios quantitativos: os ensaios deveriam ser quantitativos, mas a determinação de um marcador tumoral geralmente não serve para diagnóstico. No entanto, uma vez estabelecida e confirmada sua associação com a neoplasia presente, essa determinação servirá para acompanhamento do caso ao longo do tempo. Nesse acompanhamento cinético, é crucial que os resultados possam ser comparáveis em exames sucessivos a determinados intervalos de tempo.

Por fim, os resultados deveriam ser discriminatórios e bem definidos para separar pacientes com neoplasia (primária ou metástase) da população sem a neoplasia. Infelizmente, há uma sobreposição de resultados incluindo os dois grupos, o que significa que resultados falso-positivos e falso-negativos ocorrem.

Como já dito, os métodos imunométricos requerem uma padronização analítica precisa e reprodutível, sendo também dependente da evolução dos reagentes, ou seja, da tecnologia de anticorpos monoclonais. Não obstante, ainda são necessários os calibradores primários ou secundários, além de rigoroso controle de qualidade intraensaio usando controles de concentração conhecidos dentro da faixa de detecção linear do teste (controles alto, médio e baixo). Ademais, como o exame pode a cada tempo ser realizado em locais distintos, é necessário que haja bom coeficiente de determinação entre os testes de diferentes fabricantes. Felizmente, alguns fabricantes de controles bem caracterizados têm disponibilizado amostras comercialmente.

Uma das fronteiras do conhecimento na área de novos marcadores tumorais reside na obtenção de muitos novos anticorpos monoclonais a partir de imunização de camundongos com extratos de tumores. Isso nem sempre significa que será identificada uma nova molécula tumoral, pois nessas moléculas há determinantes e epítopos distintos que podem ser reconhecidos por diferentes anticorpos. A pesquisa desses domínios antigênicos é feita em estudos retrospectivos e prospectivos com amostras conhecidas e justifica que, por vezes, um novo marcador seja na verdade já conhecido, porém detectado por outro epítopo.

Muitos marcadores tumorais apresentam alto peso molecular e com densidade alta de resíduos de açúcares, podendo até formar polímeros (dímeros, tetrâmeros etc.) em proporções diversas, variando assim os resultados obtidos em uma mesma amostra. Os macrocomplexos podem, inclusive, sedimentar na armazenagem das amostras que, se não forem adequadamente homogeneizadas, acrescentam mais uma variável ao ensaio.

Como referido anteriormente, o estudo dos marcadores tumorais nem sempre se aplica ao diagnóstico, embora sua identificação e quantificação no contexto de achados clínicos e exames de imagem estabeleçam o nível pré-tratamento. A sua investigação laboratorial tem aplicações importantes e rotineiras na clínica médica:

- Triagem e diagnóstico: ainda muito limitados devido à baixa especificidade, mas em algumas situações já são aplicados para triagem, como antígeno prostático específico (PSA) para câncer prostático e calcitonina para câncer medular tireoidiano. Os resultados mostram maior valor preditivo quando associados a exames clínicos
- Prognóstico: em algumas situações os marcadores tumorais podem auxiliar na definição da estratégia de tratamento. Por exemplo, antígeno carcinoembrionário (CEA) e o câncer de cólon, e alfafetoproteína (AFP) e o carcinoma testicular são marcadores que, quando presentes, indicam pior prognóstico
- Monitoração do sucesso terapêutico: restrito aos casos em que, comprovadamente, o marcador esteja associado ao tumor
- Seguimento (*follow-up*): tem utilidade no acompanhamento do caso, detectando precocemente o aparecimento de metástases.

Embora o padrão dos principais marcadores (Tabela 15.1) seja válido para a maioria dos pacientes, pode não refletir a situação de cada um deles ou de todos eles. Por isso, geralmente está indicada a investigação não apenas do marcador mais associado àquele tipo de tumor, mas de vários marcadores, de modo que, se algum ou alguns deles venham a se confirmar como associados ao tumor, possam servir para o acompanhamento.

Resposta imunológica e os tumores

Considerando que a célula neoplásica deve ser eliminada, espera-se que o sistema de defesa assuma papel importante na vigilância aos tumores. Esse conceito é enfatizado pela maior frequência de tumores em indivíduos imunocomprometidos, principalmente nos casos da diminuição da resposta de linfócitos T. Portanto, em muitas situações, a imunoestimulação é importante coadjuvante na terapêutica do câncer. De fato, se imaginar que a grande maioria da população está exposta aos mesmos fatores etiológicos exógenos associados ao desenvolvimento de células neoplásicas, é fácil aceitar que a resposta de defesa tenha participação importante naqueles que não desenvolvem o câncer.

O conceito de imunocomprometimento tem sido assumido por alguns autores como preferencial em relação ao termo imunodeficiente, e imunocomprometido pode ser definido como o estado de não resposta funcional, devido a algumas circunstâncias que às vezes causam depleção de um compartimento imune específico, às vezes, consequente a disfunções induzidas por agentes físicos, biológicos e químicos (ver Capítulo 28). Entre estes últimos, têm-se os fármacos imunossupressores, inclusive anti-inflamatórios corticosteroides, e medicamentos citotóxicos diretos, usados na prevenção e no tratamento de rejeição a transplantes, no controle de doenças autoimunes e na terapêutica antineoplásica. Alguns tipos de neoplasias parecem mais associados ao estado imunocomprometido por uso de imunossupressores, como o sarcoma de Kaposi, câncer de pele e linfoma não Hodgkin. Pacientes em uso prolongado de fármacos citotóxicos mostram maior frequência de leucemias e linfomas, e aqueles expostos à radiação mostram maior associação com tumores sólidos.

Todos os componentes efetores do sistema de defesa, independentemente de respostas específica e/ou inespecífica, contribuem potencialmente para a eliminação de células tumorais. Contudo, é a resposta de linfócitos T (resposta imune celular) que parece estar mais diretamente envolvida no controle do desenvolvimento e do crescimento das células tumorais.

Os linfócitos T CD4+ (*T helper*) são também responsáveis por mecanismos efetores contra células alteradas ou infectadas por liberarem citocinas que ativam outros compartimentos de defesa, incluindo fagocitose, ativação de células *natural killer* (NK) e produção de anticorpos e ativação do subgrupo de linfócitos T CD8+ com potente ação citotóxica.

Os linfócitos T CD8+ são importantes na lise direta de células infectadas e tumorais, e sua ação é restrita às moléculas de histocompatilidade HLA classe I, presentes em todas as células do indivíduo. Os linfócitos CD8+ citotóxicos são induzidos à proliferação por ação de citocinas liberadas por linfócitos CD4+, como interferon (IFN)-γ, fator de necrose tumoral (TNF)-α e, principalmente, interleucina (IL)-2. Após ativação e expansão clonal, os linfócitos T citotóxicos sofrem diferenciação para células efetoras ou tornam-se células de memória. No exame hematológico de sangue circulante, os linfócitos atípicos representam, na sua maioria, os linfócitos T citotóxicos ativados.

A fase efetora da citotoxicidade desses linfócitos T ocorre após a conjugação com a célula-alvo expressando o antígeno específico, e culmina com a liberação dos grânulos armaze-

Tabela 15.1 Alguns dos principais marcadores tumorais utilizados na prática do laboratório clínico.

Marcador	Indicação mais frequente	Outras situações	Principal aplicação
AFP	Hepatocarcinoma Câncer testicular (associado a beta-hCG)	Aumentado no líquido amniótico em defeitos do tubo neural Cirrose e hepatites	Seguimento
Beta-hCG (livre)	Câncer testicular Coriocarcinoma (mola hidatiforme)	Gravidez	Diagnóstico e seguimento de câncer testicular Associado a AFP: pior prognóstico
CEA	Câncer colorretal Trato digestivo (+ CA 19-9) Mama (+ CA 15-3)	Fumantes, cirrose	Seguimento quando associado a outro marcador; melhor para câncer colorretal
PSA	Câncer de próstata Mais sensível e menos específico que PAP	Prostatite aguda Adenoma e hiperplasia benigna de próstata Aumentado pós-toque retal em ciclistas e equitadores	Triagem, diagnóstico e seguimento de câncer de próstata
CA 125	Câncer ovariano Maior sensibilidade para adenocarcinoma seroso do que mucinoso	Patologias do epitélio celômico (ascite cirrótica, peritonites, pericardites) Endometriose, cistos ovarianos	Triagem para câncer ovariano, incluindo indicação cirúrgica
CA 19-9	Carcinomas trato digestivo Pâncreas Trato biliar Colorretal (+ CEA) Gástrico (+ CEA)	Patologias benignas de pulmão, fibrose cística, pancreatites	Alta especificidade para carcinomas de pâncreas e trato biliar
CA 15-3	Câncer de mama Maior sensibilidade associado a CEA	Patologias hepáticas benignas	Seguimento de câncer de mama
Calcitonina	Câncer medular de tireoide	Feocromocitomas; insuficiência renal crônica; hiperparatireoidismo	Triagem, diagnóstico e seguimento de câncer medular tireoidiano
Tireoglobulina	Câncer diferenciado de tireoide	Doenças da tireoide Graves, bócio nodular, tireoidites Muito imunogênico, pode estar complexado a anticorpos	Seguimento de câncer de tireoide
CA 72-4	Marcador específico de neoplasia (TGI, mucinoso de ovário, pâncreas)	Raríssimo em doenças benignas	Útil para confirmar neoplasias quando associado a outro marcador órgão-específico
β_2-M	Útil em alguns linfomas, leucemias e mieloma múltiplo	Rejeição aguda de transplante renal Doenças renais e autoimunes, AIDS	Embora pouco específico e sensível, pode ser útil no seguimento do caso
Cyfra 21.1	Câncer de pulmão (não pequenas células) Alguns tipos de câncer (bexiga, cérvix, cabeça e pescoço)	–	Seguimento de câncer de pulmão de não pequenas células
NSE	Câncer de pulmão (pequenas células)	Neuroblastoma Infartos e hemorragias cerebrais	Seguimento de câncer de pulmão de pequenas células
BTA	Câncer de bexiga Muito sensível e específico se detectado em urina	Estrutura relacionada com fator H que regula a ativação da via alternativa do sistema complemento	Seguimento de câncer de bexiga do tipo carcinoma de origem epitelial

AFP: alfafetoproteína; beta-hCG: betagonadotrofina coriônica humana; CEA: antígeno carcinoembrionário; PSA: antígeno prostático específico; PAP: fosfatase ácida prostática; CA: *cancer antigen*; TGI: trato gastrintestinal; β_2-M: beta-2-microglobulina; NSE: enolase específica de neurônios; BTA: antígeno tumoral de bexiga.

nados no citoplasma do linfócito T. Nesses grânulos existem substâncias cuja ação conjunta culmina na lise ou na apoptose da célula-alvo, atualmente identificadas como perforina e granzimas. A *perforina* forma poros na membrana da célula-alvo podendo desencadear sua lise osmótica, enquanto as *granzimas* estão associadas à apoptose celular. *Proteoglicanos* de alto peso molecular liberados pelo linfócito citotóxico parecem formar uma barreira que o protege da ação das substâncias citotóxicas. É provável que também o aumento da expressão de ligante do Fas (CD95L) no linfócito T CD8+ ativado atue na molécula Fas (CD95) da célula-alvo induzindo a morte celular. Como se vê, a resposta citotóxica parece fundamental na indução da morte de células neoplásicas, e um dos mecanismos de possível escape a essa citotoxicidade pode ser a não expressão de Fas na célula tumoral.

Por outro lado, a resposta de linfócitos T CD4+ depende da apresentação de antígenos por células dendríticas no contexto HLA classe II, e uma vez ativada secretará, por exemplo, TNF-α, que tem ação citotóxica em membranas celulares. Entre outros, mais dois mediadores liberados são IFN-γ e IL-2, as duas principais citocinas da resposta de defesa celular.

As células NK respondem a células infectadas por vírus e que sofreram transformação tumoral e são inibidas na presença de células com expressão aumentada de HLA classe I. Aparentemente, células infectadas por vírus e células transformadas, muitas vezes neoplásicas, diminuem a expressão de HLA classe I e por isso a citotoxicidade mediada por células NK tem papel importante na defesa contra tumores. As células NK são ativadas por IL-2, IFN-γ e IL-12, que são produzidas pelos linfócitos T CD4+, aumentando assim sua atividade citotóxica.

Anticorpos podem auxiliar nos efeitos citotóxicos mediante ativação do sistema complemento, se a célula-alvo possuir receptores para C5b. A IgG também pode ligar-se via Fc aos receptores de células NK, aumentando a especificidade do processo citotóxico. Macrófagos também possuem esse receptor (FcgR) que, com células NK e o sistema de complemento, compõem a chamada citotoxicidade dependente de anticorpos (ADCC).

A célula neoplásica geralmente é de origem monoclonal, portanto, todas as células descendentes serão idênticas. Desse modo, se algum elemento específico for identificado nessa célula neoplásica, poderá ser detectado durante toda a evolução desse tumor, incluindo cura, recidivas e resposta à terapêutica. As diferenças morfológicas da célula tumoral em relação às células normais são utilizadas na patologia clínica para firmar diagnóstico de certeza, e em algumas situações estabelecer prognóstico. O uso de anticorpos monoclonais tumor-específicos tem mostrado que o papel dos anticorpos também é importante na terapêutica antineoplásica.

Não se pode descartar também a possibilidade de que em muitos casos de câncer as células tumorais apresentem fatores de escape à resposta de defesa do hospedeiro. As células neoplásicas podem secretar substâncias imunomoduladoras e imunossupressoras, como o fator transformador de crescimento beta (TGF-β), que pode atuar como supressor por inibir a diferenciação de linfócitos T citotóxicos. Outros fatores secretados podem também modular a expressão antigênica associada à imunotolerância, reduzir a expressão das moléculas de histocompatibilidade, dificultando a apresentação aos linfócitos, e produzir mucinas que podem ocultar ou mascarar os antígenos celulares do tumor.

As células tumorais apresentam capacidade de promover falha na resposta a sinais reguladores de crescimento celular e reparo tecidual e induzir proliferação autônoma independente de estímulos exógenos. Tal proliferação geralmente é acelerada em relação à célula normal e muitas vezes invasiva e metastática via linfática e sanguínea.

Várias são as situações associadas à etiologia da neoplasia, principalmente aquelas que envolvem alterações genômicas celulares. A transformação maligna da célula parece ser induzida por fatores como mutação, translocação, inserção de promotores, entre outros. Substâncias químicas com atividade mutagênica e efeitos de radiação ionizante lesiva sobre o DNA estão certamente envolvidos, ainda que parcialmente, na etiologia do câncer.

A etiologia biológica na oncogênese também está estabelecida em algumas infecções virais. Na oncogênese viral, parecem mais frequentes os vírus DNA que, possivelmente ao se incorporarem no genoma da célula hospedeira, podem induzir transformação celular. Por outro lado, infecções intracelulares de longa duração, como é o caso de alguns vírus, que estimulam processos imune-inflamatórios repetitivos e crônicos com geração quase constante de excesso de radicais livres, também podem induzir alteração celular, sem dar tempo necessário ao processo de regeneração e correção de mutações. Um exemplo seria o vírus da hepatite C (HCV), que nos casos de cronicidade está associado a carcinoma hepático. Outros exemplos de infecções virais associadas à etiologia neoplásica são vírus Epstein-Barr associado ao linfoma de Burkitt e carcinoma nasofaríngeo; alguns genótipos de papilomavírus (HPV) associado com carcinoma cervical e genital; e vírus linfotrópico da célula T humana (HTLV)-I e leucemia de célula T. Na oncogênese viral, aparentemente, vários fatores estão envolvidos, já que o risco relativo (RR) também depende da população de estudo. De fato, fatores de predisposição genética devem sempre ser considerados na etiologia do câncer. Uma forma de entender a predisposição a determinadas afecções é o cálculo do RR e do risco absoluto (RA) associados a um determinado marcador.

Risco relativo

É a chance que um indivíduo, com um determinado marcador, tem de desenvolver uma afecção ou doença quando comparado a indivíduos que não possuam aquele marcador.

$$RR = (Pp \times Ca) \div (Pa \times Cp)$$

Por exemplo, se um determinado *marcador* está presente em 80% dos pacientes com a doença e em apenas 10% dos indivíduos sem a doença, tem-se:

- Pp: porcentagem de pacientes com a doença e marcador *presente* = 80
- Pa: porcentagem de pacientes com a doença e marcador *ausente* = 20
- Cp: porcentagem de indivíduos sem a doença e marcador *presente* = 10
- Ca: porcentagem de indivíduos sem a doença e marcador *ausente* = 90.

$$RR = (80 \times 90) \div (20 \times 10) = 7.200 \div 200 = 36$$

Ou seja, um indivíduo que apresente o marcador terá 36 vezes mais chance de desenvolver essa doença.

Risco absoluto

É a chance que um indivíduo, com um determinado marcador, tem de desenvolver uma doença, considerando a *prevalência* real dessa doença na população.

$$RA = (Pp \div Cp) \times \text{prevalência}$$

Por exemplo, se a prevalência da doença na população geral for de 0,5% e se considerada a situação do exemplo anterior de RR = 36, tem-se:

$$RA = (80 \div 10) \times 0,5 = 4\%$$

Ou seja, de cada 100 indivíduos com o marcador, apenas 4% desenvolvem de fato a doença.

Imunologia dos tumores

Esta área de estudo abrange o estudo da resposta imune do hospedeiro aos tumores, das suas propriedades antigênicas, das consequências de sua presença sobre o sistema de defesa do organismo e dos mecanismos envolvidos no seu aparecimento e desenvolvimento.

Esses estudos contribuem com informações úteis para estabelecer *terapia imune estimulante* e até mais específica para o tratamento e acompanhamento da evolução do tumor. Nessa área da ciência, é preciso considerar que a compreensão dos mecanismos envolvidos tanto na resposta imune quanto no desenvolvimento das neoplasias ainda possui vários vazios que estão sendo continuamente preenchidos com informações científicas de fronteira, por vezes com resultados conflitantes ou contraditórios, mas não excludentes entre si, dada a diversidade genética dos hospedeiros e as variações ambientais.

Imunoestimulação auxiliar no tratamento das neoplasias

Bacilo Calmette-Guérin

O bacilo Calmette-Guérin (BCG) tem sido utilizado em algumas situações de malignidade celular. Seu uso como vacina para tuberculose se faz em concentração reduzida e menor número de doses. Já na imunoestimulação devem-se empregar doses repetidas e maiores concentrações. Um de seus usos mais difundidos é a aplicação intravesical como adjuvante na terapêutica profilática do câncer de bexiga. Tem sido utilizada a preparação liofilizada da cepa Moreau-Rio de Janeiro, em aplicações semanais por 42 dias. Os resultados têm demonstrado uma redução nas recidivas e uma melhor resposta quando associado à terapêutica clássica.

Os componentes da micobactéria, como o muramil dipeptídio e algumas *heat shock proteins*, têm sido associados ao efeito imunoestimulante do BCG. Esse efeito se expressa com aumento da atividade de macrófagos, células NK e linfócitos T e B. É possível que essas proteínas atuem como *superantígenos*, ligando-se à porção variável Vα ou Vβ dos receptores de antígenos de linfócitos T (TCR). Como essa ligação não é antígeno-específica, a ativação que se observa é policlonal, o que parece contribuir para a melhora da imunocompetência. No entanto, cabe lembrar que a superestimulação do sistema imune pode desencadear respostas não desejadas do tipo hipersensibilidade celular granulomatosa ou por imunocomplexos, e por isso a terapêutica imunoestimulante deve ser avaliada no contexto risco-benefício.

Citocinas

Os componentes da resposta imune também têm sido estudados na imunoterapia. As citocinas, glicoproteínas de peso molecular menor que 80 kDa, têm se mostrado promissoras por serem capazes de modular a resposta imune. São subdivididas em IFN, IL e fatores estimulantes de colônia (indutores de proliferação celular).

Citocinas são moléculas solúveis, capazes de transmitir às outras células, em geral próximas à célula secretora (efeito parácrino), informações que induzem modificações funcionais, proliferação e até morte por apoptose. Há citocinas que agem em receptores da própria célula secretora (efeito autócrino). O nome interleucina, usado para várias delas, vem da sua função de comunicação intercelular. Embora os linfócitos T e macrófagos ativados sejam as principais células produtoras e secretoras de citocinas, linfócitos B, células apresentadoras de antígeno, fibroblastos, células endoteliais e leucócitos produzem também várias citocinas.

Algumas das principais citocinas são produzidas por células apresentadoras de antígenos (IL-1 e IL-12), outras por macrófagos ativados (IL-1, IL-6 e TNF-α) e outras por linfócitos T (IL-2, IL-4, IFN-γ). O papel desses mediadores é variável e fundamental na modulação da resposta imune. A IL-1 estimula linfócitos T e é um dos indutores de febre; IL-2 tem papel central na imunomodulação, estimulando proliferação e diferenciação de NK, monócitos, macrófagos, linfócitos T e B; IL-4 estimula produção de IgE pelos linfócitos B ativados; IL-6 modula a hemopoese e participa da reação de fase aguda induzindo hepatócitos a secretar proteínas de fase aguda; IL-12 induz proliferação e diferenciação de linfócitos; TNF-α, além de citotóxico, participa na regulação da resposta imune-inflamatória e mobiliza gordura, sendo um dos responsáveis pela caquexia em algumas doenças crônicas; IFN-γ estimula macrófagos, aumenta a expressão do receptor de IL-2 em linfócitos T citotóxicos e a expressão de moléculas de histocompatibilidade, aumentando assim a eficiência da apresentação de antígenos.

Os IFN alfa e gama têm sido empregados como imunomoduladores em doenças neoplásicas e infecções crônicas. A IL-2 também é estudada em câncer. A despeito dos efeitos estimulantes da resposta imune e do efeito favorável no prognóstico, os efeitos colaterais são intensos e decorrentes da própria função da citocina, ou seja, sintomas exacerbados de processo inflamatório (febre, anorexia, mal-estar, dores de cabeça, artralgias, dislipidemias etc.), só que como são distribuídas sistemicamente e seu uso é prolongado, esses efeitos podem ser agravantes do quadro do paciente.

Anticorpos monoclonais

Anticorpos policlonais ou monoclonais (ver Capítulo 2) podem ser usados em prevenção de rejeição a enxertos e doenças autoimunes. Soro antitimócitos, anticorpos anti-CD8+, anti-TNF-α, podem funcionar como moduladores imunossupressores.

Na década 1980, a metodologia de obtenção de anticorpos monoclonais permitiu o estudo de moléculas específicas associadas a várias doenças. Na mesma época, os ensaios imunológicos que dispensam o uso de radioisótopos (radioimunoensaios) tornaram-se mais sensíveis, detectando concentrações de cerca de picogramas (10^{-12}) em amostras biológicas complexas como sangue e líquidos de exsudatos (cistos e ascites). Além desses avanços, os exames de imagem e a tecnologia de exploração genômica permitiram a expansão sem precedentes do conhecimento acerca das neoplasias.

A célula neoplásica, geralmente menos diferenciada que a célula normal, expressa em sua membrana e secreta moléculas que podem ser detectadas por anticorpos específicos. Por outro lado, a importância do sistema de defesa na *vigilância aos tumores* adquire significado científico relevante a partir da observação de associação entre imunodeficiência celular e crescimento tumoral, especialmente como se pode notar mais recentemente com a AIDS, os transplantes e os efeitos colaterais dos fármacos citotóxicos antineoplásicos e imunossupressores.

Na imunoterapia das neoplasias, anticorpos monoclonais podem servir de carreadores de medicamentos citotóxicos. Devido a sua especificidade aos antígenos tumorais, a dose de medicamentos pode ser menor, o alvo mais bem atingido, sendo os efeitos colaterais reduzidos, e são chamados de anticorpos monoclonais conjugados a rádio ou quimiofármacos. É importante lembrar que os anticorpos monoclonais produzidos em camundongos devem ser humanizados, ou seja, a Fc da imunoglobulina monoclonal deve ser da espécie humana. Já foram descritos indivíduos que produzem anticorpos anticamundongo e que por isso não podiam mais se submeter à administração do produto, por desencadear hipersensibilidade por imunocomplexos, apresentando vasculites, nefrite e artrites graves. Anticorpo humano antimurino (HAMA, *human anti-mouse antibodies*) é o nome dado a esses anticorpos heterólogos formados. Os HAMA presentes no soro também interferem nos imunoensaios que usam anticorpos monoclonais.

A abordagem de produção de anticorpos monoclonais antígeno-tumoral-específico permanece como área de interesse de vários pesquisadores. O uso desses anticorpos em imunoensaios, na imunoterapia e até talvez na imunização de pacientes são os melhores exemplos desse interesse.

HAMA são observados em frequências variadas na população humana. O período de detecção desses anticorpos também é variável, embora teoricamente possam ser detectados por longos períodos devido à memória imunológica induzida. Em alguns casos, é possível entender esse aparecimento, como nos indivíduos que recebem terapêutica com imunoglobulinas ou produtos derivados de fonte animal, como vacinas, hormônios, contendo essas imunoglobulinas como contaminantes. Outra possibilidade menos provável é a ingestão de alimentos contendo proteínas animais, especialmente em pacientes com processo inflamatório crônico da mucosa intestinal, formando anticorpos de reação cruzada com imunoglobulinas de camundongo. Entretanto, na maioria dos casos de HAMA positivo não se compreende o mecanismo de sua formação.

Sintomas relacionados a esses HAMA não são claros, e aparentemente alguns relatos de literatura são prováveis associações ao acaso. É certo que pacientes com HAMA positivo terão a formação de imunocomplexos quando receberem terapêutica contendo anticorpos dessa espécie com as consequentes reações indesejáveis. Há alguns *kits* comerciais para determinar HAMA (ETI-HAMAK, da Sorin Biomedica e Enzygnost HAMA, da Behringwerke) em amostras humanas. Os HAMA podem interferir nos testes imunológicos que utilizam anticorpos monoclonais de camundongos, tanto na captura de antígenos quanto nos conjugados. Nos testes tipo sanduíche essa interferência pode ser mais significativa (ver Capítulo 7).

Na detecção de marcadores tumorais, em que um anticorpo (geralmente monoclonal de camundongo) está na fase sólida e um segundo anticorpo monoclonal conjugado será acrescentado, espera-se que o sanduíche entre os dois anticorpos seja feito apenas pelo marcador tumoral. Contudo, se a amostra contiver HAMA, o sanduíche pode conjugar esses HAMA entre os dois anticorpos monoclonais da fase sólida e o conjugado. Nesse caso, a leitura final indicará que foi formado o sanduíche e induzido o erro de falso-positividade, ou seja, detecção de marcador tumoral inexistente.

Por outro lado, os anticorpos HAMA podem interferir ligando-se a conjugados ou anticorpos de captura (de camundongos), dificultando sua capacidade de reagir com os componentes presentes na amostra, e então produzindo resultados inferiores aos verdadeiros.

Para minimizar a interferência dos HAMA, devem-se usar agentes bloqueadores. Fragmentos de imunoglobulina, ou IgG policlonal ou soro de animal não imune podem ser adicionados aos diluentes. Os HAMA da amostra podem ser retirados por precipitação em polietilenoglicol (PEG) ou proteína G-Sepharose. Podem-se também redesenhar os testes: os anticorpos de animais usados nos testes podem ser tratados para retirada da Fc, ou quimerizados com Fc de IgG humana.

Neoplasias de linfócitos

Algumas características dos linfócitos neoplásicos são comuns a todas as células tumorais, como:

- Expansão clonal a partir de uma célula normal, mantendo, perdendo ou alterando suas funções
- Malignidade: formando massa tumoral e capacidade de invadir e proliferar em outros tecidos (metástases)
- Manutenção de seus marcadores celulares de membrana e de secreção, os quais, uma vez identificados, podem ser estudados por testes laboratoriais.

Com algumas peculiaridades:

- Possibilidade de se manifestar como leucemias (fase sistêmica) ou linfomas (associados a tecidos e/ou órgãos linfoides), e podendo uma fase desencadear outra
- Frequente associação com doenças autoimunes (especialmente os linfomas)
- Neoplasias de células T: é comum a anergia ou resposta deficiente a mitógenos, com maior predisposição para infecções crônicas e recorrentes devido à deficiência instalada
- Prognóstico: melhor para célula em fase final de diferenciação. Por esse motivo, os *mielomas*, proliferação de células linfoplasmocitoides B, são os de melhor prognóstico.

O estudo das neoplasias de linfócitos conta com auxílio da identificação de marcadores celulares de membrana, atualmente identificados com anticorpos monoclonais conjugados. A identificação pode ser feita no tecido por técnicas de imuno-histologia ou imunocitoquímica, ou então em suspensão de células, de sangue circulante ou de aspirados, por imunofenotipagem em citometria de fluxo.

Também são muito usuais na abordagem diagnóstica dessas neoplasias as técnicas morfológicas, citogenéticas, a análise de DNA em citometria de fluxo e as análises moleculares, estas últimas em acelerado e crescente desenvolvimento.

Neste capítulo, serão abordados apenas o estudo laboratorial das chamadas *gamopatias monoclonais* que incluem o mieloma múltiplo, macroglobulinemia de Waldenström, doença de cadeia leve e de cadeia pesada.

As gamopatias monoclonais consistem em um grupo de patologias secundárias à proliferação de células produtoras de imunoglobulinas (plasmócito ou célula linfoplasmacitoide). Nesses casos, é possível detectar, em concentrações elevadas, a *proteína monoclonal*, também chamada de *proteína M* ou *paraproteína*. A nomenclatura de *imunoglobulina monoclonal* poderia ser a melhor para identificar essa proteína, mas também pode ocorrer produção de apenas cadeias, leves ou pesadas, sem a estrutura da imunoglobulina e ainda assim ser produto de um único clone secretor, e por isso *proteína monoclonal* é mais usual.

Como ocorre expansão monoclonal da célula secretora, sem atender aos critérios de funcionalidade da resposta imune, entende-se que a célula mostra aspectos que a classificam como neoplásica. Plasmocitomas isolados podem ser identificados em agrupamentos em medula ou lesões ósseas, ou extramedular, e podem ser secretores de proteína monoclonal ou não. O estudo dos *plasmocitomas* não secretores não utiliza as técnicas imunológicas descritas neste capítulo.

A grande quantidade de células em proliferação determina alguns sintomas devido à massa de células e acúmulo de mediadores inflamatórios e citocinas, como fadiga, perda de peso e mal-estar geral. Como as células se infiltram em tecidos linfoides, podem aparecer linfadenopatia, esplenomegalia e lesões ósseas.

Gamopatia monoclonal de significado indeterminado

Alguns indivíduos sadios idosos apresentam paraproteína monoclonal, no soro sanguíneo e/ou na urina, geralmente em menor concentração que nos casos malignos, mas não apresentam características clínicas que confirmem o caso como mieloma. A maioria desses indivíduos continua em evolução benigna e apenas alguns mostram posteriormente o desenvolvimento de mielomas malignos. O paciente deve ser acompanhado por hematologista que, a intervalos regulares, busca alguma alteração clínica ou laboratorial que indique o desenvolvimento tumoral. Nessas buscas, é importante a quantificação da paraproteína encontrada, pois o aumento dessa fração alterada ou a diminuição da concentração de imunoglobulinas policlonais estão associados frequentemente à progressão para mieloma.

Gamopatias monoclonais transitórias e benignas são detectadas em alguns processos infecciosos ou inflamatórios crônicos (tuberculose, doenças autoimunes), polineuropatias e lipodistrofias, especialmente em pacientes idosos, embora, nesses casos, o mais frequente seja o achado predominante de gamaglobulinas policlonais.

Mieloma múltiplo

É definido como proliferação neoplásica de um clone de plasmócitos secretores de imunoglobulina monoclonal, circulantes ou localizados em lesões ósseas às vezes visíveis em radiografias.

A caracterização isotípica da proteína monoclonal fornece um dado relevante, pois a quantificação dessa molécula, por exemplo, IgA kappa, servirá de marcador tumoral, para acompanhamento da evolução do mieloma.

No Brasil, não se tem dados oficiais. Nos EUA, a incidência do mieloma múltiplo, de acordo com o Instituto Oncoguia, é de 0,7% e afeta idosos, sendo raramente descrito em crianças e jovens. As principais manifestações são dores ósseas, perda de peso, fadiga, anemia, suscetibilidade a infecções, sendo frequente o aparecimento de plasmocitoma no crânio. Este último achado é visualizado em radiografia e pode ser, às vezes, palpável ao exame médico. A radiografia também pode mostrar lesões osteolíticas em outros ossos.

As principais complicações são decorrentes da debilidade do paciente, da quimio e radioterapia, e da concentração plasmática da proteína monoclonal, destacando-se infecções múltiplas e graves, hiperviscosidade sérica, comprometimento renal e pancitopenia.

A biopsia da medula óssea, mielograma, demonstra infiltrado plasmocitoide na maioria dos casos. As alterações morfológicas são variadas, mas cada paciente irá apresentar células monomórficas confirmando a origem monoclonal da neoplasia. Os mielomas IgG representam quase 60% das gamopatias, seguidos pelos mielomas IgA com 20% e da doença das cadeias leves com 10%. Os achados laboratoriais no mieloma múltiplo incluem:

- Proteína monoclonal no soro (92% dos casos)
- Proteína monoclonal na urina após lesão renal (75% dos casos)
- Proteinúria de Bence Jones (cadeias leves na urina).

Macroglobulinemia de Waldenström

Proliferação linfoide difusa neoplásica monoclonal de plasmócitos produzindo IgM pentamérica. A biopsia de medula óssea evidencia um infiltrado de células linfoplasmocitoides. Também há produção de cadeias leves livres que são detectadas na urina.

Na macroglobulinemia, o excesso de IgM circulante aumenta muito a viscosidade plasmática, que é responsável pela precocidade de sintomas neurológicos e lesões hemorrágicas retinianas com distúrbios visuais. Também são frequentes lesões renais e ósseas líticas. O procedimento de plasmaférese, indicado para remover IgM plasmática, reduz viscosidade, minimizando as lesões teciduais.

A macroglobulinemia de Waldenström é uma neoplasia rara, com incidência de cerca de 3 em 1 milhão de acordo com a American Cancer Society e a mediana de idade dos pacientes é de cerca de 60 anos. As manifestações clínicas frequentes são semelhantes às do mieloma múltiplo, como dores ósseas, perda de peso, fadiga e fraqueza, acrescidas de distúrbios neurológicos e visuais, associados à hiperviscosidade sérica. Hepatoesplenomegalia e linfadenopatia também são relatadas.

Os achados laboratoriais incluem:

- Proteína M no soro: IgM em alta concentração
- Hiperviscosidade sérica e velocidade de hemossedimentação (VHS) aumentadas
- Presença de crioglobulinas.

Doença das cadeias pesadas

Nesta doença muito rara, aparecem cadeias pesadas H de imunoglobulinas de origem monoclonal. É possível que na célula tumoral tenha ocorrido algum defeito na junção *V* e *C* durante a síntese proteica. É frequente que essas cadeias pesadas sejam anormais, por exemplo, com deleção de porções da Fc ou da região da dobradiça.

Elas são encontradas inicialmente apenas no soro e mais tarde também na urina. Cadeias gama (de IgG) estão associadas a linfoma maligno, e cadeias alfa (de IgA), a linfoma abdominal com infiltração linfoplasmática de intestino. Como as leucemias de células B podem também estar associadas com doenças das cadeias pesadas ou leves, pode ocorrer a solicitação médica dessa identificação em amostras de sangue e urina do paciente. Os imunoensaios para detecção e quantificação de cadeias H devem utilizar anticorpos específicos (monoclonais) que discriminem cadeias H livres das cadeias da imunoglobulina íntegra.

Doença das cadeias leves

Mostram como característica peculiar a produção de cadeias leves de imunoglobulinas, kappa ou lambda, de origem monoclonal, e que podem ser detectadas na circulação e na urina. São chamadas de *proteínas de Bence Jones*. Como a massa molecular das cadeias leves é baixa, cerca de 25 kDa, a concentração sérica raramente é muito elevada, pois a proteína acaba sendo excretada na urina. O achado dessas cadeias leves livres está associado a linfomas malignos e alguns mielomas. Os exames laboratoriais com amostras de soro podem não detectar o aumento discreto de cadeias leves, e apenas o exame da urina mostrar a alteração. A insolubilização dessas cadeias leves em tecidos pode levar a depósitos de amiloide, chamados de amiloidose.

Gamopatias com mais que uma fração monoclonal

Embora muito raramente, observam-se dois picos monoclonais nos exames eletroforéticos. São as chamadas gamopatias *biclonais* e podem ser consequência de gamopatias de longa evolução com sincronismo de produção de proteínas distintas. Por exemplo, mieloma IgG (pico 1) com cadeias leves (pico 2), ou macroglobulinemia primária de Waldenström com IgM pentamérica (19S) e posterior aparecimento de IgM monomérica (7S), ou ainda mielomas IgA com moléculas monoméricas e diméricas.

Estudo laboratorial de proteínas monoclonais

Eletroforese de proteínas

A eletroforese de proteínas séricas é utilizada na avaliação qualitativa de concentração e aspecto eletroforético das proteínas. A eletroforese de proteínas plasmáticas permite identificar diferentes regiões de migração: albumina, alfa-1, alfa-2, beta-1, beta-2 e gamaglobulina. As imunoglobulinas encontram-se dispersas nas regiões beta e predominantemente gama. A IgA encontra-se mais próxima à região beta, a IgM entre beta e gama e a IgG mostra padrão mais difuso que abarca as regiões beta e gama, com acúmulo maior na região gama.

O eletroferograma da corrida eletroforética mostrará a intensidade da distribuição das proteínas e um gráfico característico, a albumina no *front* da corrida e a região gama a partir do ponto de aplicação na fita de acetato de celulose. Na presença de imunoglobulina monoclonal, a eletroforese mostra a região gama com um pico de elevada concentração, ao contrário do aspecto uniforme e em formato de sino, que seria esperado para o plasma normal policlonal. Como é um único pico, é chamado de monoclonal. Um aspecto por vezes encontrado principalmente em líquido cefalorraquidiano inflamatório de pacientes com esclerose múltipla é a fração gama oligoclonal, ou seja, alguns pequenos picos ao longo da região betagama. A Figura 15.2 representa esquemas de fitas de eletroforese corada e os respectivos gráficos (eletroferograma) de algumas corridas.

Imunoeletroforese de imunoglobulinas

No Capítulo 5 foi apresentado o fundamento da técnica de imunoeletroforese. A técnica combina eletroforese do soro, seguida de difusão dupla em meio gelificado utilizando anticorpos específicos para os isótipos de imunoglobulinas, cadeias pesada e leve. O resultado da amostra deve ser comparado, em teste paralelo, com o resultado de amostra normal. Um esquema de resultado possível para um soro com mieloma IgG e soro normal é mostrado na Figura 15.3. A leitura inclui duas observações: o aspecto da migração das imunoglobulinas (mono-, oligo- ou policlonal) e a intensidade do arco de precipitação, que dá ideia das concentrações da proteína.

Imunofixação

Esta técnica é mais simples, disponível comercialmente, mas de custo muito mais elevado que a imunoeletroforese. Consiste na eletroforese da amostra de soro em várias fitas. Cada fita é incubada com anticorpo específico para cadeias pesadas (IgG, IgM, IgA) e leves (kappa e lambda) de imunoglobulinas, seguida de lavagem e coloração do complexo formado com corantes de proteínas (*Ponceau S*, negro de amido ou *coomassie blue*).

A técnica é sensível apenas para quantidades elevadas de imunoglobulinas, que é o caso de proteína monoclonal em gamopatias, por isso na leitura do soro normal (Figura 15.4) é visível apenas a IgG e cadeias kappa. A formação de bandas largas indica aspecto policlonal, enquanto bandas finas concentradas em área menor sugerem origem monoclonal da imunoglobulina.

Determinação da concentração de imunoglobulina monoclonal

São determinadas as concentrações das imunoglobulinas IgG e subclasses, IgA, IgM, IgE (raro), cadeias leves kappa e lambda. O objetivo é quantificar a *imunoglobulina monoclonal*, inclusive quanto à cadeia leve, e verificar o perfil imune humoral do paciente, pois as outras imunoglobulinas estarão com concentrações mais reduzidas à medida que há progressão da doença. O achado de concentração elevada não significa imunoglobulina monoclonal; para isso, uma das técnicas eletroforéticas deve ser usada também.

A determinação das imunoglobulinas plasmáticas é feita utilizando as técnicas de imunoprecipitação (ver Capítulo 5), de preferência por automação, turbidimetria ou nefelometria. A quantificação de IgE requer métodos mais sensíveis, como imunoenzimáticos e quimiluminescência (ver Capítulo 7), mas pode também ser detectada por métodos de imunoprecipitação, se for a imunoglobulina monoclonal presente em concentrações elevadas. Como comercialmente só se dispõe de técnicas muito sensíveis para IgE, deverá ser necessária a diluição prévia da amostra. Os mielomas IgE são muito raros e, de fato, o mais frequente é o mieloma IgG, possivelmente porque, sendo os clones de IgG (linfócitos B) mais frequentes, também será maior a probabilidade de algum deles se tornar neoplásico.

Os resultados irão indicar o isótipo da imunoglobulina de maior concentração, entre as quais deve estar a monoclonal. É importante lembrar que essa concentração estará elevada se comparada ao valor normal. Geralmente as outras classes estarão em concentração abaixo do esperado, em razão da expansão do clone neoplásico e da redução das funções das células normais.

A concentração elevada de imunoglobulinas não significa por si só que haja uma proteína monoclonal entre elas. Por exemplo, nas doenças autoimunes ocorre com frequência a hipergamaglobulinemia, geralmente IgG, mas são *policlonais* e refletem apenas o exagero da resposta autoimune. Igualmente, em processos de hiperimunização, pode-se encontrar uma fase de hipergamaglobulinemia. De maneira geral, as hipergamaglobulinemias policlonais significam aumentos muito mais discretos que aqueles observados nos mielomas, especialmente no curso natural da neoplasia sem intervenção terapêutica.

A determinação da concentração das cadeias leves das imunoglobulinas, se kappa ou lambda, fornece um dado interessante. Na espécie humana é mantida uma razão constante de κ:λ de cerca de 2:1. Se houver uma proteína monoclonal em elevada concentração, a proporção κ:λ estará diferente do normal, uma vez que essa proteína tem sempre a mesma composição. Nos casos de hipergamaglobulinemia policlonal a proporção κ:λ se mantém dentro dos valores esperados.

Uma das principais vantagens da determinação da concentração da imunoglobulina alterada, bem como sua classificação quanto às cadeias pesada e leve, por exemplo, IgA-kappa, é que a simples determinação dessa proteína irá servir como marcador (marcador tumoral) para acompanhamento da evolução da doença, incluindo resposta ao tratamento e possíveis recidivas pós-tratamento. Ou seja, a simples coleta de sangue e o teste serão suficientes para esse acompanhamento. É evidente que se deverá ter em conta a meia-vida da imunoglobulina circulante, que é variada, cerca de 20 dias para IgG, 10 dias para IgM, 6 dias para IgA e 2 dias para IgE.

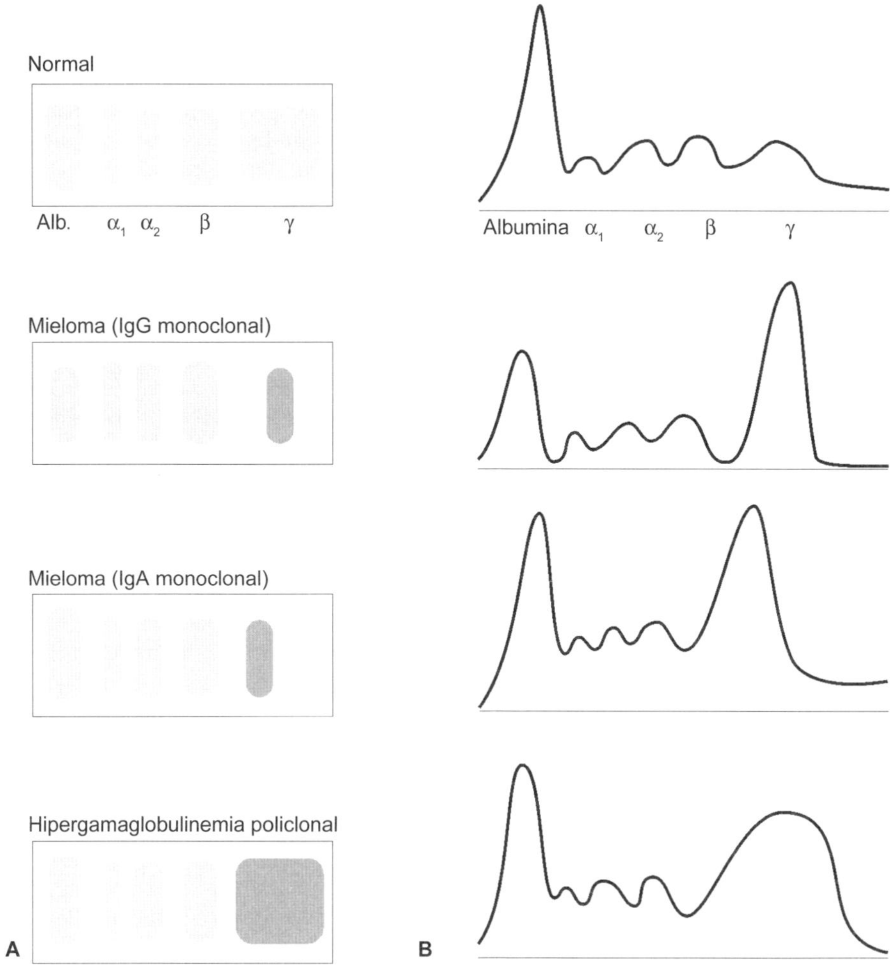

Figura 15.2 Padrão de eletroforese de amostras de soro (**A**) e respectivo eletroferograma (**B**).

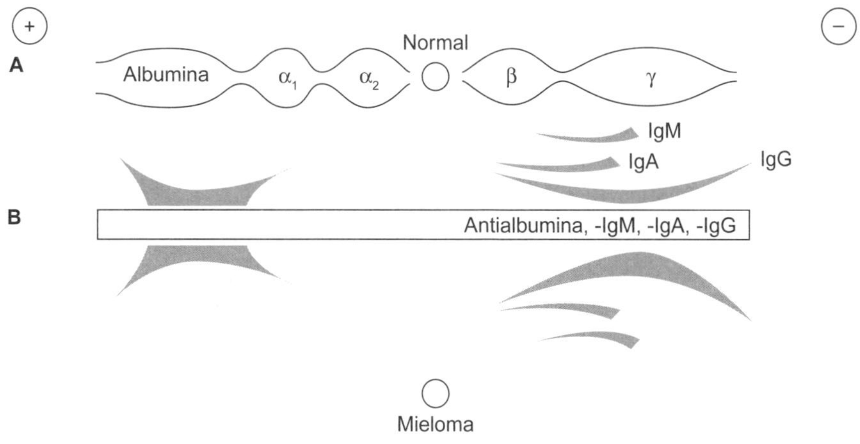

Figura 15.3 Esquema da imunoeletroforese mostrando arcos de precipitado para IgG, IgA e IgM de amostra normal (**A**) e amostra de paciente com mieloma IgG (**B**).

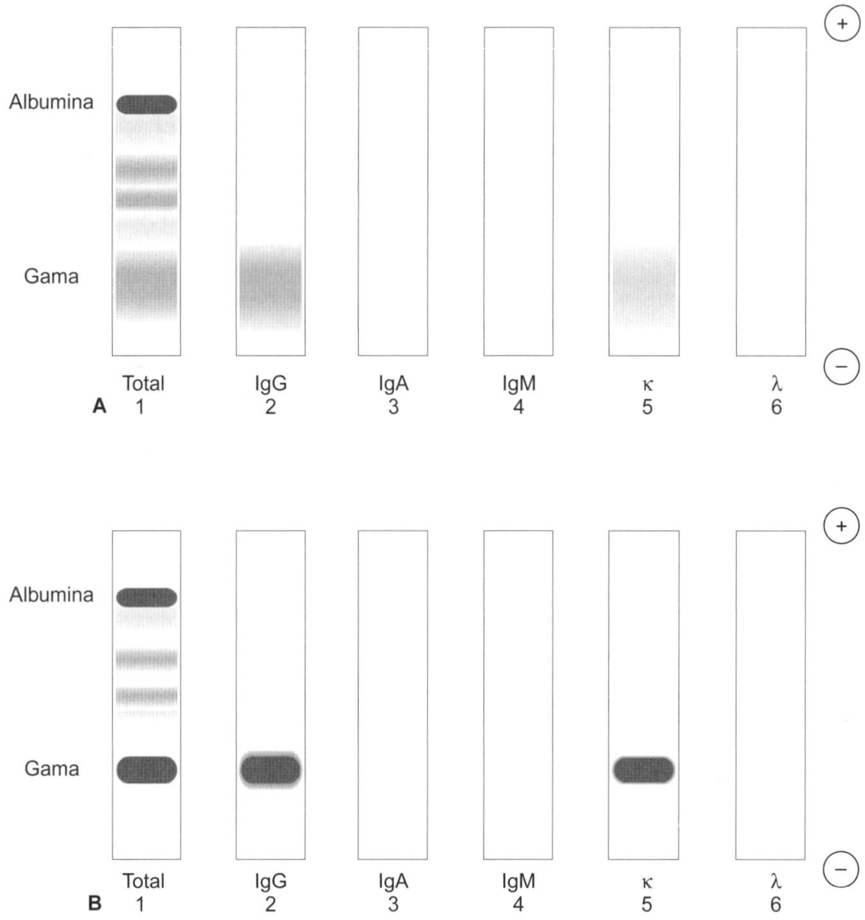

Figura 15.4 Imunofixação para a detecção de imunoglobulina monoclonal. **A.** Amostra normal. **B.** Amostra de paciente com mieloma IgG kappa.

▪ Proteínas de Bence Jones na urina

O uso deste marcador laboratorial é bastante antigo e decorre da observação de paraproteínas em urina de pacientes com alguns tipos de câncer. Essas paraproteínas são as cadeias leves (kappa ou lambda) livres. Como são de baixo peso molecular, cerca de 25 kDa, passam precocemente na filtração glomerular, antes mesmo da albumina.

O teste original era bastante simples, mas de reduzida sensibilidade e pouco específico, sofrendo interferências variadas como contaminantes bacterianos na urina. O ensaio químico consistia em aquecer a urina previamente neutralizada (pH de cerca de 7) em banho-maria a 40 a 60°C. A turvação da urina é indicativa da proteinúria de Bence Jones, com a característica adicional de que o precipitado formado se redissolve a 100°C. Posteriormente, esse precipitado redissolvido podia ser analisado por testes imunológicos para identificação das cadeias leves lambda ou kappa, o que aumentava a especificidade do ensaio.

O teste mais adequado ainda é a detecção e a determinação da concentração dessas cadeias usando ensaios de imunoprecipitação, como a imunodifusão radial simples, ajustados para concentrações reduzidas esperadas na urina, para evitar o fenômeno de pró-zona. Outra opção é a prévia concentração da urina utilizando filtros de capacidade de retenção de 10 kDa.

▪ Crioglobulinemia

Criogobulinas representam um conjunto de imunoglobulinas, geralmente em baixíssimas concentrações, cuja principal característica é se tornarem insolúveis a temperaturas baixas. Em situações patológicas de hipergamaglobulinemia, a concentração de crioglobulinas pode estar aumentada e ser detectável visualmente. Essa insolubilização também pode ocorrer em tecidos como endotélio vascular de capilares, desencadeando ativação do sistema complemento e consequente resposta inflamatória de hipersensibilidade, exagerada e com lesões teciduais.

As crioglobulinas podem ter origem policlonal, como na hipergamaglobulinemia característica das doenças autoimunes, e muito raramente de outros processos de imunização natural ou ativa. Ou ainda, podem ser de origem monoclonal, portanto, presentes em gamopatias monoclonais, incluindo mielomas.

O exame é simples na primeira etapa. Amostra de soro recém-obtida em jejum, para garantir sua limpidez, é mantida em repouso em microtubos ou capilares transparentes em temperaturas de 4 a 8°C por até sete dias, sendo diariamente observada a formação de precipitado ou turvação visível.

No caso de positividade, o precipitado formado deve ser centrifugado e lavado em centrífuga refrigerada (4°C). Em seguida, esse sedimento deve ser caracterizado quanto à composição: primeiramente deve ser dissolvido em banho-maria a 37°C, o que indica que de fato são crioglobulinas. Se isso ocorrer, deve-se determinar a concentração das proteínas que compõem o crioprecipitado (agora dissolvido) e caracterizá-las por imunoeletroforese, que determinará a origem dessas globulinas, se monoclonais ou policlonais.

Principais marcadores tumorais

Alfafetoproteína

Corresponde a uma glicoproteína com massa molecular de cerca de 69 a 70 kDa, com 590 aminoácidos e 4% de resíduos de carboidratos, e com homologia parcial à albumina, que não contém açúcares. Em indivíduos sadios, os valores de AFP são baixos, sendo ela sintetizada no fígado e no trato gastrintestinal. Na vida intrauterina é sintetizada no fígado fetal e no saco vitelino.

A concentração de AFP no soro fetal eleva-se rapidamente até a 12ª à 14ª semana gestacional, caindo a valores menores no nascimento a termo. No recém-nascido, continua reduzindo-se nas primeiras semanas de vida, em razão da meia-vida da AFP de 3 a 4 dias. Por volta do oitavo mês de vida, o bebê apresenta valores séricos de AFP próximos dos de adultos saudáveis, inferiores a 0,25 ng/dℓ.

As funções da AFP no crescimento e na diferenciação fetal são desconhecidas, mas é reconhecido seu papel na função de transporte da albumina, manutenção da pressão osmótica sérica e ligação a estrógenos, embora de menor intensidade que a globulina ligante de hormônios sexuais. O possível papel imunorregulador na relação enxerto-hospedeiro materno-fetal tem sido sugerido em razão das observações da importância da AFP na formação fetal.

Aplicações da determinação de AFP

Defeitos do tubo neural

Correspondem a uma anormalidade fetal que resultam em malformações como espinha bífida e anencefalia. Os valores de AFP no feto, no líquido amniótico e no soro materno estarão elevados em relação ao esperado.

A triagem é feita em amostras de soro da gestante no intervalo da 15ª à 20ª semana gestacional, quando o valor preditivo do resultado é mais elevado. Valores superiores a 2 ou 2,5 múltiplos da mediana do valor normal (MOM) indicam necessidade de melhor investigação clínica, pois também podem ocorrer em gestação múltipla, idade gestacional subestimada, morte fetal e até tumores. A investigação clínica é feita por exame de ultrassonografia e amniocentese. O líquido amniótico é analisado quanto aos aspectos celulares e proteicos e se realiza a determinação das concentrações de AFP e colinesterase. Nos defeitos de tubo neural observa-se aumento superior a 2 MOM de AFP e aumento acentuado da acetilcolinesterase no líquido amniótico.

Investigação da síndrome de Down

A síndrome de Down (SD) é associada a reduzidos níveis de AFP e estriol nos sangues materno e fetal no segundo trimestre gestacional. Por outro lado, os valores de gonadotrofina coriônica humana (hCG), especialmente da subunidade β livre, estão elevados em relação ao normal. Embora ainda não seja claro o mecanismo que leva à síndrome, parece ocorrer um desequilíbrio entre os produtos placentários (aumento de hCG) e fetal (diminuição de AFP e estriol), suposição sustentada pelo aumento também da progesterona e de outros produtos placentários. Vale ressaltar que os valores desses marcadores na SD se sobrepõem muito aos valores encontrados em gestações normais, o que reduz muito a triagem clínica da SD, principalmente em gestantes idosas.

Marcador tumoral

Como a AFP está presente em elevadas concentrações no feto quando da descoberta da associação também com câncer hepático, foi chamada de *antígeno oncofetal* (como vale também para o CEA). Daí se supõe que essas moléculas – equivocadamente chamadas de antígenos – tenham papel na divisão e na diferenciação celular, bem como no crescimento fetal.

A determinação de AFP aplica-se mais especificamente aos tumores hepáticos. Em doenças hepáticas, hepatites virais crônicas e cirroses, também é possível observar aumento de AFP, em alguns casos talvez como efeito da associação dessas doenças com desenvolvimento de carcinoma hepático.

Em tumores testiculares, nos quais o β-hCG é o marcador tumoral mais específico, o aumento também de AFP indica pior prognóstico porque essa proteína está associada com o tipo de carcinoma embriônico não seminomatoso de testículo. Pacientes com doenças hepáticas crônicas benignas podem apresentar aumento de AFP, geralmente estabelecido em um platô. Gestantes no primeiro trimestre também mostram valores elevados.

Gonadotrofina coriônica humana

Os hormônios glicoproteicos são constituídos de uma cadeia alfa de cerca de 92 aminoácidos, comum a todos os membros desses hormônios, e uma cadeia beta específica para cada um deles: hCG, hormônio luteinizante (LH), hormônio foliculoestimulante (FSH) e tireotropina ou hormônio tireoestimulante (TSH).

A fração beta-hCG possui 145 aminoácidos e partilha homologia com a cadeia beta-LH, por isso, os testes imunológicos de detecção e quantificação de hCG em amostras de soro utilizam anticorpos monoclonais. Deve-se lembrar que os testes de gravidez realizados em urina não precisam dessa especificidade, pois apenas o hCG é encontrado em urina e somente quando as concentrações séricas maternas estão muito elevadas.

Na gestação, o hCG é produzido pelas células trofoblásticas placentárias, iniciando-se logo após a implantação do óvulo, atinge níveis máximos por volta da 10ª à 12ª semana, e decai gradativamente mantendo níveis elevados até o final da gravidez. No sangue fetal, esses níveis são apenas 2 a 3% dos valores maternos, e hCG não mostra associação com tamanho do feto. Os mecanismos que induzem a produção de hCG na gestação e as possíveis funções desse hormônio não são totalmente elucidados.

No sangue e na urina, hCG é encontrado na forma intacta, mas também como cadeias alfa e beta livres. Assim, os diferentes testes imunológicos comerciais podem detectar diferentes, embora similares, concentrações na mesma amostra. Geralmente, os *kits* usam anticorpos antibeta-hCG específicos, mas ainda assim persistem variações individuais e não constantes que, por vezes, dificultam estabelecer faixas estreitas de valores esperados em cada fase da gravidez.

Aplicações da determinação de hCG

Detectar gravidez

Sem dúvida, esta é a principal e mais conhecida aplicação da determinação qualitativa (positiva ou negativa) e quantitativa de hCG.

Muitos dos testes disponíveis conseguem detectar a elevação dos valores normais já a partir de 1 semana pós-implantação do óvulo, ou seja, por volta do período esperado da menstruação. Alguns testes, ultrassensíveis, podem detectar a gravidez no 2º a 3º dia pós-implantação, e por isso são úteis em verificar a eficiência de procedimentos de gravidez assistida (fecundação *in vitro*).

A meia-vida de hCG é variada e, por isso, dependendo da concentração atingida, pode ser detectado por até algumas semanas após a interrupção da gravidez.

A detecção de hCG em amostras de soro é muito específica, pois os produtores de anticorpos usados nos *kits* certificam-se que mesmo altas concentrações de LH, FSH e TSH não interfiram nos resultados. Os testes em urina, principalmente os de aglutinação, por vezes mostram alguma inespecificidade, não devido aos anticorpos usados, mas mais frequentemente devido a interações inespecíficas de componentes da urina com as micropartículas empregadas no ensaio.

Acompanhamento da gravidez

A determinação quantitativa de hCG consecutiva em intervalos de 2 a 4 dias pode ajudar a acompanhar possíveis riscos de morte fetal. Nesse caso, é importante utilizar o mesmo método, e a aplicação é mais eficiente por volta da 8ª semana, pois antes disso a variação é grande e por vezes não permite estabelecer valores esperados. Na insuficiência placentária, o hCG mostra valores abaixo do normal esperado. Na gravidez ectópica observa-se elevação de hCG e o resultado negativo exclui a gravidez na vigência de sinais clínicos de dor abdominal baixa. Na SD, os valores de hCG são geralmente elevados em relação ao normal, bem como na pré-eclâmpsia.

Marcador tumoral

Os tumores de células germinativas e coriocarcinomas de testículos são caracterizados por aumento sérico de hCG intacto e principalmente das subunidades alfa e beta. Esse hormônio também está associado a alguns tumores de mama, pulmão e intestino. Sua determinação é solicitada na vigência de sinais clínicos ou em grupos com fatores de risco associados, portanto não é utilizado como triagem.

Antígeno carcinoembrionário

CEA e AFP foram as primeiras moléculas propostas como marcadores tumorais, ambos presentes em elevadas concentrações na vida fetal e por isso chamados de oncoantígenos tumorais. A imunização de coelhos com extratos de células tumorais de cólon intestinal induziu a produção de anticorpos que foram pré-absorvidos com extrato de intestino normal. Os anticorpos livres pós-absorção foram capazes de reconhecer CEA em amostras de soro. Esse antígeno tem sido o marcador tumoral mais solicitado em laboratórios clínicos, em número atualmente muito próximo do PSA.

O CEA representa um conjunto de proteínas não mucinosas, expressas em superfície celular com variações antigênicas, provavelmente controladas por 10 genes localizados no cromossomo 19. São altamente glicosiladas, cerca de 60% de sua massa constituída de manose, N-acetilglicosamina, fucose, galactose e ácido siálico. Os oligossacarídios ligam-se a asparagina pelo NH_2 ao contrário das mucinas (como CA19-9 e CA15-3), que contêm açúcares *O*-ligados a resíduos de serina ou treonina.

O esqueleto proteico é altamente conservado em todas as variantes de CEA e é o alvo dos anticorpos utilizados nos testes. Ainda assim, é recomendável que o seguimento do caso seja feito com o mesmo conjunto de reagentes. As variações de glicosilação podem estar associadas a alguns tipos específicos de células, mas os dados ainda não são consistentes.

CEA é também secretado por células epiteliais do trato gastrintestinal e eliminado nas fezes, e apenas parte dele aparece no sangue. Parece ter papel protetor no "*turnover*" do epitélio digestivo.

Na padronização e na validação dos testes atuais é empregada uma preparação Referência Internacional da Organização Mundial da Saúde (CEA 76/601) que tem mantido a confiabilidade nos testes disponíveis.

Quando da introdução desse marcador na rotina, na década de 1970, observou-se que fumantes mantêm valores normais de cerca de duas vezes o valor de indivíduos não fumantes. É possível que seja também uma proteína anti-inflamatória como a alfa-1-antitripsina (ver Capítulo 14).

Aplicações da determinação de CEA

O CEA é útil quando associado aos aspectos clínicos e outros marcadores tumorais. Embora seja o principal marcador tumoral de câncer colorretal não mucinoso, detecta apenas parte dos casos. Alguns pacientes não mostram correlação entre o declínio ou a subida dos níveis de CEA com a regressão ou a recidiva do tumor, talvez porque a proteína mostre heterogeneidade na expressão, na dependência de fatores ainda desconhecidos.

É muito utilizado na investigação de outros tumores porque aparece aumentado também em alguns casos de câncer de pulmão, mama, estômago, ovário, pâncreas e outros. Curiosamente, o CEA pode aparecer aumentado apenas na etapa de disseminação (metástase) desses tumores. Resultados ligeiramente elevados podem aparecer em processos benignos inflamatórios do pulmão e do trato digestivo.

Antígeno prostático específico

É uma glicoproteína de massa molecular de cerca de 34 kDa, com função de serino-protease e papel muito provável na liquefação do líquido seminal na vesícula seminal. Como tem função proteolítica, provavelmente participa de processo de autoclivagem, o que confere labilidade a essa proteína. O PSA é produzido pela próstata, embora molécula semelhante tenha sido encontrada também em alguns tumores de mama. Na próstata, o PSA está restrito ao citoplasma de células acinares e ducto epitelial.

Em indivíduos sadios, é encontrado em baixas concentrações e em duas formas, uma livre e outra complexada a proteínas inibidoras de proteases: alfa-2-macroglobulinemia, alfa-1-antiquimiotripsina e alfa-1-inibidor de protease. Nas formas complexadas, alguns epítopos da molécula estão inacessíveis, bloqueados pelas proteínas inibidoras de proteases. Assim, a escolha adequada de anticorpos monoclonais permite a determinação da concentração de PSA total (livre + complexado) e da fração livre.

O PSA é marcador é muito utilizado devido à especificidade da sua determinação. Testes ultrassensíveis (< 0,1 ng/mℓ) estão disponíveis para detectar muito precocemente recidivas e metástases pós-cirúrgicas e pós-terapêuticas. Alguns anticorpos monoclonais anteriormente usados nos testes de detecção de PSA mostraram reatividade cruzada com calicreínas, que normalmente são indetectáveis em amostras de soro ou plasma.

Aplicações da determinação de PSA

O câncer de próstata representa importante causa de tumores em homens e o diagnóstico precoce do tumor primário representa a melhor abordagem para o sucesso terapêutico e a cura. Caso se encontrem valores elevados de PSA (> 10 ng/mℓ) e sinais clínicos sugestivos, indica-se a realização de biopsia de próstata, que pode confirmar o diagnóstico. Por essas razões a determinação de PSA tem sido proposta como triagem em exames de rotina anual de homens a partir dos 50 anos de idade. Representa também um excelente marcador para acompanhar a evolução do caso e recidivas posteriores ao tratamento inicial. Os valores encontrados também mostram alguma correlação com a extensão do tumor, e por isso é um marcador considerado no prognóstico.

PSA é antigenicamente distinto da fosfatase ácida prostática (PAP) que é uma enzima lisossomal de 102 kDa com cerca de 15% de conteúdo de açúcares. A detecção de PAP mostra maior especificidade para câncer de próstata, sendo utilizada em conjunto com PSA. Os ensaios iniciais de PAP eram bioquímicos baseados na atividade enzimática da molécula, mas mostravam algumas interferências com outras isoenzimas. Os testes imunológicos hoje disponíveis para determinar PAP usam anticorpos que não interagem com outras fosfatases ácidas (de eritrócitos, leucócitos, plaquetas, fígado e outros tecidos).

A determinação conjunta de PSA e PAP e adicionalmente o exame clínico de toque retal aumentam muito o valor preditivo e a sensibilidade do diagnóstico precoce do câncer prostático.

Outras situações em que os níveis de PSA podem estar levemente elevados (até cerca de 10 ng/mℓ) são prostatites benignas agudas e hiperplasia crônica benigna de próstata. Também se observam valores aumentados transitoriamente após exame de toque retal. Ciclistas e equitadores são outro grupo que apresenta aumento de PSA circulante.

Nesses casos benignos, pode-se realizar a determinação da fração livre de PSA, que deve estar acima de 25% do total para excluir provável malignidade. A determinação da proporção PSA livre/total não tem significado para valores de PSA acima de 10 ng/m ℓ, pois valores alterados, independentemente da fração livre ou ligada, devem ser investigados com mais detalhe clínico.

▪ *Cancer antigen* 125

O anticorpo monoclonal obtido pela imunização dos camundongos com células de adenocarcinoma ovariano tem permitido o estudo do marcador *cancer antigen* (CA) 125, fortemente associado com tumores malignos ovarianos. Os testes atuais de quantificação desse marcador são de segunda geração e já usam outros anticorpos monoclonais mais específicos.

Como outros marcadores, CA 125 circulante mostra-se como um agregado glicoproteico de elevada massa molecular, sendo a menor subunidade de cerca de 210 kDa, aparentemente de composição não mucinosa. A clonagem dessa molécula deve esclarecer sua estrutura. Por técnicas imuno-histoquímicas, tem sido relatada a presença de pequenas quantidades do antígeno CA 125 em tecidos variados: pleura, pericárdio, peritônio, tubas uterinas, endométrio e endocérvix, e abundantemente em líquido amniótico, mas não é derivada do feto. Por isso, CA 125 pode ser encontrado circulante em maiores concentrações em hiperplasias ou inflamações desses tecidos.

Igualmente ao CA 19-9, a diluição da amostra pode detectar níveis mais elevados do que aparentavam com a amostra não diluída, em razão da intensa polimerização da molécula nas amostras mais concentradas, dificultando a ligação dos anticorpos de captura ou de revelação.

Aplicações da determinação de CA 125

O CA 125 é o principal marcador em carcinomas serosos ovarianos, que frequentemente invadem cavidade peritoneal ocasionando formação de ascites. A determinação do nível de CA 125 pré-operatório e pré-quimioterapia é útil para acompanhar sucesso da intervenção e posterior recorrência.

CA 125 também pode ser marcador importante em alguns tipos de neoplasias de pulmão, mama e endométrio.

Condições benignas envolvidas com aumento de CA 125 são: cirrose, endometriose grave, cistos ovarianos, pericardites e no primeiro trimestre gestacional. Líquidos de ascites e derrames pleurais também podem ter aumento desse marcador.

Como se observa, a falta de especificidade desse marcador torna-o pouco útil na triagem e no diagnóstico do câncer de ovário. Por outro lado, é o mais associado a esse câncer, sendo empregado no acompanhamento do caso ao qual se aplique.

▪ *Cancer antigen* 19-9

Esta glicoproteína mucinosa de 210 kDa que se agrega em polímeros (600 a 2.000 kDa) foi descrita inicialmente como monosialogangliosídio de superfície de células de carcinoma colorretal. Trinta por cento do conteúdo proteico é serina, treonina e prolina, característica das mucinas. O conteúdo de carboidratos é elevado e em parte mostra estrutura semelhante ao antígeno Lewis^{a}, sem o conteúdo siálico. Por isso, o CA 19-9 foi também chamado de "antígeno sialo-Lewis^{a}".

O papel fisiológico do CA 19-9 é desconhecido, mas mucinas de células epiteliais indicam papel protetor e as estruturas de gangliosídios estão envolvidas em algumas interações celulares.

A composição de CA 19-9 torna a molécula altamente sensível a neuraminidases bacterianas, exigindo cuidado na conservação da amostra. A molécula se agrega e desagrega de maneira não homogênea, e por vezes anticorpos anticarboidratos se complexam em parte da molécula. Talvez, por isso, a diluição da amostra com elevada concentração de CA 19-9 apresente resultados mais elevados do que a amostra não diluída, ou seja, a diluição da amostra reduz os efeitos interferentes e os resultados são mais confiáveis.

Indivíduos com genótipo Lewis^{a-b-} não possuem a enzima fucosil-tranferase e por isso não sintetizam CA 19-9. Embora apenas 5% da população tenha esse genótipo, ele deve ser considerado quando do estudo de tumores gastrintestinais.

Aplicações da determinação de CA 19-9

A principal utilidade é na investigação de tumores gastrintestinais, especialmente pâncreas, vesícula biliar, estômago e colorretal. Embora altamente específico, a sensibilidade é maior apenas nos estágios mais tardios do tumor, o que inviabiliza seu uso na triagem de casos. Nos casos neoplásicos avançados, os valores estarão muito acima (10 a 100 ×) do normal, enquanto valores levemente aumentados podem estar mais frequentemente associados a cirrose e outras hepatopatias, pancreatites e fibrose cística.

▪ *Cancer antigen* 15-3

É uma mucina de elevada massa molecular (cerca de 400 kDa) reconhecida por anticorpos monoclonais que também identificam moléculas de leite humano. O CA 15-3 encontrado em câncer de mama parece ser heterogêneo quanto ao tamanho molecular e à porcentagem de glicosilação dessas moléculas. A maioria dos anticorpos monoclonais já obtidos para células de câncer de mama reconhece uma sequência pequena do antígeno, mas bastante repetitiva nas moléculas existentes. Essa característica gera as variações inter e intraensaios já falados para o CA 19-9.

CA 15-3 é bastante sensível a proteases e neuraminidases, o que acrescenta um cuidado especial no armazenamento das amostras para evitar contaminação microbiana. O papel do CA 15-3 em condições normais parece ser a diferenciação das células epiteliais mamárias, já que também está presente no leite humano.

Aplicações da determinação de CA 15-3

CA 15-3 é o marcador tumoral mais associado ao câncer de mama, embora de baixa sensibilidade. Curiosamente, um número de casos expressa esse marcador apenas na etapa de metástases do câncer de mama, por isso o ensaio é sempre solicitado em acompanhamento desse câncer, mesmo quando não se mostrava um marcador inicial no tumor primário.

Embora a associação de CA 15-3 e CEA aumente a sensibilidade do estudo do câncer de mama, o CEA apresenta as desvantagens de especificidade já mencionadas, o que acaba por invalidar a associação dos marcadores na maioria das pacientes. Valores elevados de CA 15-3 estão descritos em alguns casos de doenças benignas hepáticas, pulmonares, ovarianas e da própria mama.

A Tabela 15.1 resume alguns dos principais marcadores tumorais utilizados na prática do laboratório clínico. Os principais tipos de neoplasias de acordo com os marcadores tumorais indicados para análise laboratorial são mostrados na Tabela 15.2.

Testes rápidos para marcadores tumorais

Apesar das dificuldades apontadas para o uso em larga escala dos testes imunológicos para detecção de antígenos tumorais, é certo que, quando se mostram específicos em um determinado paciente, seria interessante dispor do teste na forma de testes simples de execução em única etapa, como o ensaio imunocromatográfico de imunocaptura. No entanto, o emprego limitado desses ensaios, aliado ao custo de desenvolvimento do produto, tem dificultado a disponibilidade desse tipo de teste. Dentre todos, com certeza o PSA parece ser o marcador mais promissor para essa abordagem, já que seu emprego na triagem do câncer de próstata em indivíduos com mais de 50 anos demandará o teste rápido de aplicação em larga escala. Evidentemente, o ideal é que se possa utilizar com amostras de punção digital, ou seja, uma gota de sangue total, facilmente obtida em clínicas e ambulatórios médicos.

Tabela 15.2 Principais tipos de neoplasias de acordo com os marcadores tumorais indicados para análise laboratorial.

Órgão/tecido	Marcador de escolha	Marcador associado	Indicação*				
			Triagem[a]	Diagnóstico	Prognóstico	Monitorar tratamento[b]	Seguimento (recidivas)[b]
Estômago	CA 19-9	CA 72-4				++	++++
Fígado	AFP	CEA		+		+++	+++
Mama	CA 15-3	CEA			+	+++	+++
Mieloma	β_2-M			+	+++	++	++
Ovário	CA 125	CA 72-4 CEA	+	+	+	++++	++++
Pâncreas Vias biliares	CA 19-9			++	+	+++	++++
Próstata	PSA	PAP	+++	+++	+	++++	++++
Reto/cólon	CEA	CA 19-9	+	+	++	++++	++++
Testículo	Beta-hCG livre AFP			++	 ++	++++	++++
Tireoide (medular)	Calcitonina	CEA	+++	+++	+	++++	++++

*Como auxiliar ou suplementar. [a] Para grupos de alto risco (dados epidemiológicos que justifiquem a triagem). [b] Nos casos em que foi identificado como marcador. AFP: alfafetoproteína; beta-hCG livre: betagonadotrofina coriônica humana (cadeias livres); β_2-M: beta-2-microglobulina; CEA: antígeno carcinoembrionário; PAP: fosfatase ácida prostática; PSA: antígeno prostático específico.

Bibliografia

Abbas AK, Lichtman AH, Pillai S. Imunologia celular e molecular. 8. ed. Rio de Janeiro: Livraria e Editora Revinter Ltda; 2015.

Atwater SK. Neoplasms of the immune system. In: Stites DP, Terr AI, Parslow TG. Medical immunology. 9. ed. Stamford: Appleton & Lange; 1997. p. 651-77.

Barbuto JAM. Imunidade celular. In: Calich V, Vaz C. Imunologia. 2. ed. São Paulo: Livraria e Editora Revinter Ltda; 2009.

Fonseca FP, Lopes A. Carcinoma *in situ* urotelial. Atualização no diagnóstico e na conduta terapêutica. Acta Oncology. 1997;17:12-6.

Gorczynski R, Stanley J. Imunologia dos tumores. In: Gorczynski R, Stanley J, eds. Imunologia Clínica. Traduzido por Cosendey CH. Rio de Janeiro: Reichmann & Affonso Editores; 2001. p. 297-321.

Greenberg PD. Mechanisms of tumor immunology. In: Stites DP, Terr AI, Parslow TG, editores. Medical immunology. 9. ed. Stamford: Appleton & Lange. 1997. p. 631-9.

Kricka LJ. Human anti-animal antibody interferences in immunological assays. Clin Chem. 1999;45:942-56.

Rosenberg SA. A new era for cancer immunotherapy based on the genes that encodes tumor antigens. Immunity. 1999;10:281-7.

Sogn JA. Tumor immunology: the glass is half full. Immunity. 1998;9:757-63.

Suresh MR. Cancer markers. In: Wild D. The immunoassay handbook. 2. ed. London: Nature Publishing Group; 2001. p. 635-63.

Suresh MR. Classification of tumor markers. Anticancer Res. 1996;15:1-6.

Turgeon ML. Immunoproliferative disorders. In: Turgeon ML. Immunology and serology in laboratory medicine. 2. ed. St. Louis: Mosby-Year Book; 1996. p. 327-39.

Wu J, Nakamura R. Human circulating tumor markers: current aconepts and clinical applications. Chicago: American Society of Clinical Pathologists Press; 1997.

Capítulo 16

Infecções Bacterianas

Adelaide J. Vaz e Karen K. S. Sunahara

Introdução

Uma série de microrganismos habita o corpo humano e é benéfica para a manutenção da saúde. Constituída por bactérias e fungos, a microbiota normal tem funções importantes como facilitar o sistema imune na defesa aos patógenos e auxiliar na absorção de nutrientes.

As infecções geralmente ocorrem por um desequilíbrio na interação hospedeiro-patógeno, seja pela incapacidade do organismo em eliminar o patógeno, ou pela alteração topográfica da microbiota normal. Assim, a infecção consiste na invasão e na colonização de tecidos por patógenos que escaparam do mecanismo de defesa natural. De fato, a maioria das bactérias é impedida de infectar o ser humano por barreiras físicas e mecanismos enzimáticos presentes nos tratos respiratório, gastrintestinal e urogenital.

Algumas espécies bacterianas que formam a chamada *microbiota normal* das mucosas e da pele têm duas funções importantes para o binômio saúde-doença:

- Por estar em elevada concentração, acabam competindo (espaço e alimento) com as espécies patogênicas
- Por serem estranhas ao hospedeiro, também estimulam o sistema imune das mucosas, o qual se mantém vigilante e ativo durante todo o tempo.

No entanto, essa microbiota normal torna-se extremamente patogênica caso atinja a circulação. Por exemplo, após lesões mecânicas de tecidos, em queimados e acidentados, as bactérias presentes na pele podem formar abscessos ou, ao ganhar a corrente sanguínea, podem expressar seu caráter patogênico em indivíduos com grave *imunodeficiência* celular T (ver Capítulos 12 e 28). A imunodeficiência humoral IgA seletiva também estabelece maior frequência de infecções de mucosas, mas como a resposta T está preservada, geralmente não ocorre intensa disseminação na maioria dos casos.

Neste capítulo, interessam as infecções bacterianas mais importantes e para quais as técnicas imunológicas são relevantes para o diagnóstico, os estudos de imunopatogenicidade ou o desenvolvimento, a produção e o controle de qualidade de vacinas.

Infecção bacteriana e resposta imune

Os objetivos do sistema de defesa nas infecções bacterianas podem ser resumidos em:

- Dificultar aderência da bactéria às células epiteliais das mucosas
- Neutralizar toxinas e substâncias imunossupressoras bacterianas, que são muitas vezes responsáveis pela virulência e patogenicidade bacteriana
- Conter a disseminação dos microrganismos
- Reduzir a multiplicação bacteriana, mantendo um adequado equilíbrio parasita-hospedeiro
- Eliminar eventuais bactérias que tenham aderido à mucosa
- Eliminar as bactérias infecciosas
- Cicatrizar eventuais lesões causadas
- Estimular resposta imune humoral e celular antígeno-específica
- Manter resposta protetora de memória.

Para alcançar esses objetivos há os mecanismos de defesa do hospedeiro:

- Imunidade inata: barreiras físicas (pele, cílios dos brônquios), pH ácido estomacal, enzimas (p. ex., lisozima em lágrima e secreções), microbiota normal (não patogênica em equilíbrio com o hospedeiro), ativação das vias alternativa e das lectinas do complemento (por componentes da membrana e da parede bacteriana)
- Anticorpos: incluindo IgA secretora antígeno-específica e de reatividade cruzada para bactérias patogênicas e não patogênicas
- Inflamação: decorrente da invasão bacteriana de células epiteliais e da mucosa. Ocorre fagocitose com ingestão, fusão fagolisossoma, digestão (oxidativa e não oxidativa) e apresentação de antígenos aos linfócitos
- Mediadores inflamatórios e citocinas: produzidos por células ativadas e apresentando diversas funções
- Produtos da ativação do sistema complemento: C5a, C3a e C4a são fatores quimiotáticos para neutrófilos e aumentam a permeabilidade vascular; C3b é uma opsonina para fagocitose, encontra receptores na superfície da bactéria; C56789 é um complexo de ataque à membrana com ação citolítica

- Resposta humoral: presença de IgA. A forma dimérica de IgA secretora inclui o componente secretor S que confere resistência da IgA à proteólise por enzimas das mucosas. A subclasse IgA_2 é mais encontrada nas secreções e a IgA_1 predomina na circulação
- Resposta celular: linfócitos T citotóxicos e células *natural killer* (NK) estão envolvidos na lise bacteriana.

Mecanismos de agressão ao hospedeiro

São responsáveis pela patogenicidade e virulência de muitas das infecções bacterianas:

- Produção e excreção de *exotoxinas*: algumas bactérias produzem e secretam toxinas que são responsáveis pela patogenicidade e virulência. Por exemplo, toxinas diftérica (inibe síntese proteica), colérica (ativa adenilciclase com aumento de cAMP e alterações celulares com excreção de água e eletrólitos), tetânica (fixa-se a gangliosídeos do sistema nervoso central – SNC, bloqueando neurônios transmissores e resultando em atividade excitatória não regulada, chamada de paralisia espástica com espasmos musculares prolongados) e botulínica (bloqueia a transmissão de fibras dos nervos colinérgicos, resultando em paralisia flácida)
- *Endotoxinas*: lipídio A do lipopolissacarídio (LPS) da parede de bactérias Gram-negativas é considerado endotoxina por fazer parte da estrutura da bactéria, podendo assim atuar mesmo na presença de bactérias mortas. A principal ação ocorre quando da lise bacteriana e grande liberação de LPS. Lipídio A do LPS na circulação ativa os sistemas do complemento e da coagulação, células inflamatórias e endotélio vascular, com produção de citocinas e mediadores inflamatórios. Por consequência, ocorrem febre, distúrbios vasculares, tromboses, hipotensão e choque. São exemplos dessas complicações a febre tifoide e a meningite meningocóccica
- Utilização de *nutrientes* do hospedeiro causando lesões teciduais: as bactérias produzem enzimas líticas para obter alimentos. Por exemplo: proteases (*Pseudomonas*), nucleases (*Strepctococcus pneumoniae*) e glicosidades (*Shigella*). *Proteus mirabilis*, durante a infecção urinária, produz urease por utilizar a ureia da urina e, como resultado, a amônia gerada pela bactéria causa lesões teciduais na mucosa urinária
- *Imunopatogênicos*: em algumas infecções bacterianas, as lesões teciduais são decorrentes da resposta imune-inflamatória. Por exemplo, citotoxicidade por deposição de imunocomplexos chamada de hipersensibilidade tipo III (glomerulonefrite por *Streptococcus pyogenes*) e resposta granulomatosa chamada de hipersensibilidade tardia tipo IV (*Mycobacterium tuberculosis*, *Treponema pallidum* na fase terciária da infecção).

Mecanismos de evasão bacteriana

Interferem nos mecanismos de defesa do hospedeiro. Alguns exemplos são:

- Inibição ou interferência na cascata de ativação do sistema complemento: cápsula do *S. pneumoniae*, proteína A do *Staphylococcus aureus* resistente ao complexo de ataque à membrana
- Inibição da fagocitose: envelope externo de *T. pallidum*, proteína M de *S. pyogenes* e cápsulas bacterianas (*S. pneumoniae*, *Neisseria*)
- Inibição da fusão fagolisossoma, impedindo morte bacteriana intracelular: sulfatídios na superfície (*M. tuberculosis*)
- Produção de proteases com ação contra IgA (*Neisseria gonorrhoeae* e *meningitidis*, *Haemophilus influenzae*)
- Variações antigênicas escapando da resposta imune específica formada para cepas distintas de infecções anteriores.

Imunoensaios e infecções bacterianas

Uma das principais aplicações dos imunoensaios é o diagnóstico laboratorial das infecções bacterianas. A regra no diagnóstico laboratorial é o uso de técnicas *microbiológicas* que evidenciam a bactéria diretamente por microscopia com auxílio de colorações próprias, ou por isolamento e expansão em meios de cultura. O cultivo microbiológico permite a obtenção da cepa bacteriana em quantidades suficientes para exames morfológicos, bioquímicos, genômicos, metabólicos, bem como análise da capacidade de a cepa se multiplicar na presença de determinados antibióticos e quimioterápicos (antibiograma).

O procedimento *gold-standard* (padrão ouro ou teste de referência) de investigação de infecções bacterianas é o isolamento, a identificação da cepa bacteriana e a execução do antibiograma, determinando os quimioterápicos capazes de eliminar a cepa isolada.

Uma das dificuldades da técnica microbiológica é que nem todas as bactérias causadoras de infecções são facilmente cultiváveis. Para aquelas em que o diagnóstico microbiológico está bem estabelecido, há o inconveniente do longo tempo necessário para o crescimento bacteriano, para as provas bioquímicas e para o desafio de crescimento em meios contendo antimicrobianos. Várias horas ou alguns dias podem ser gastos para se obter o laudo final. A automação desses métodos tem reduzido esse tempo, mas ainda se passam várias horas até o resultado. A pesquisa na área de genoma bacteriano tem fornecido informações que, em breve, devem auxiliar na disponibilização de testes de biologia molecular [*nucleic acid tests* (NAT)], os quais poderão ser automatizados na forma de testes rápidos como *microarrays* (microarranjos) para detecção de sequências gênicas de diferentes bactérias em grande variedade de espécimes biológicos (ver Capítulo 3).

Alguns métodos permitem identificar apenas grupos de bactérias, como a prova da catalase. A catalase é uma enzima liberada por várias espécies de cocos (p. ex., *Staphylococcus, Escherichia coli*) e capaz de dissociar o peróxido de hidrogênio em água e oxigênio, inibindo a fagocitose.

Os métodos microbiológicos, regra geral, não são suficientes para identificar grupos, subgrupos, tipos e subtipos. Essas variáveis nas cepas de uma mesma espécie normalmente representam estruturas proteicas, glicoproteicas, açúcares ou lipo-oligossacarídeos, específicos da cepa e que podem ser analisadas por imunoensaios para identificação de antígenos (moléculas). Para esses ensaios são necessários anticorpos policlonais ou, mais recentemente, monoclonais. Os primeiros testes usavam soros de animais imunizados, e por isso é comum o uso da terminologia *sorotipagem de bactérias*, por exemplo, "os estreptococos são classificados em sorogrupos de acordo com os carboidratos da camada média de sua parede". Mais recentemente, em alguns estudos, o termo *imunotipo* tem sido usado, por exemplo, para alguns lipo-oligossacarídeos de cápsula de *N. meningitidis*.[1]

Os ensaios imunológicos, que inicialmente eram de aglutinação direta utilizando a bactéria íntegra, hoje utilizam métodos imunoenzimáticos de captura, com elevada sensibilidade, e podem ser realizados também com extratos ou sobrenadantes de exsudatos coletados do paciente.

Para fins de estudos epidemiológicos, inclusive de *vigilância epidemiológica*, pode ser necessário identificar também grupos ou tipos de uma determinada bactéria, por exemplo, *N. meningitidis.* A, B ou C. A correlação com o tipo do agente é importante, porque a decisão de iniciar a imunoprofilaxia vacinal deve ser baseada na determinação da cepa vigente naquele surto, considerando sua virulência e a associação com epidemias.

Além do teste imunológico que permite identificar características antigênicas sutis, como resíduos diferentes de açúcar, as técnicas de biologia molecular também são utilizadas, cada vez com maior frequência.

Aplicação dos imunoensaios

O objetivo deste item é ilustrar algumas das principais situações em que os testes imunológicos são empregados na investigação laboratorial e no estudo imunológico das infecções bacterianas. Para uma abordagem pedagógica, os tópicos serão divididos em:

- Bactérias que produzem toxinas (toxigênicas)
- Bactérias capsulares
- Bactérias intracelulares
- Sífilis
- Miscelânea.

Bactérias que produzem toxinas

Neste grupo, as bactérias importantes para o estudo imunológico são: clostrídios, *Corynebacterium diphtheriae*, *Vibrio cholerae* e *S. pyogenes* grupo A. Esta última infecção bacteriana está associada à febre reumática aguda (FRA) e à glomerulonefrite difusa aguda (GNDA), ambas de elevada morbidade. As outras bactérias apontadas têm na toxina importante fator de virulência.

Observou-se, desde o século passado, que indivíduos que sobreviviam à infecção primária ficavam imunes à doença. Dessa maneira, como a toxina pode ser neutralizada por anticorpos, a ideia da imunização ativa (*vacinação*) específica para a toxina surgiu e possibilitou uma enorme redução da letalidade por essas afecções (ver Capítulo 29).

Os principais clostrídios de interesse clínico causam tétano (*Clostridium tetani*), botulismo (*C. botulinum*) e gangrena gasosa (*C. perfringes*).

O *tétano* é universalmente prevenido com vacinação já nos primeiros meses de vida. O *botulismo* e a *gangrena gasosa* ocorrem em situações específicas, sendo eventos muito raros, o que não indica vacinação da população geral. Como os clostrídios são microrganismos telúricos, situações de guerra ou catástrofes naturais como terremotos tornam a população mais exposta ao risco. Nesses casos, grupos de risco podem ter acesso a vacinas e aos soros imunes antitoxina específica.

A difteria é outra infecção bacteriana toxigênica grave que pode ser prevenida com vacinação. As vacinas tetânica e diftérica aplicadas na infância induzem proteção de longa duração, mas há esquema de vacina em adultos, principalmente para o tétano em áreas urbanas. Na vacina tríplice bacteriana (DPT), além dos toxoides diftérico e tetânico, também é incluída a *Bordetella pertussis* (coqueluche). Nas vacinas com a bactéria morta, a *Bordetella* funciona também como adjuvante. Mais recentemente, tem-se preferido o uso de alguns toxoides (principalmente a toxina pertússica) devido a algumas complicações associadas com a imunização usando a bactéria íntegra.

Na produção de soros e vacinas, vários fatores estão envolvidos e serão abordados no Capítulo 29. O desenvolvimento de novas vacinas também será explorado nesse capítulo.

Na área de soros imunes e vacinas, desde a etapa da pesquisa até o controle de qualidade final do produto, os testes imunológicos são utilizados para comprovar a imunogenicidade do antígeno, bem como a qualidade e a quantidade de resposta imune humoral produzida. Quando o imunógeno deve induzir resposta celular T protetora, como na tuberculose, também é necessário comprovar o desenvolvimento desse tipo de resposta (ver Capítulo 12).

No caso de soros e vacinas para bactérias toxigênicas é necessária a produção de anticorpos IgG de alta afinidade e que sejam efetivamente neutralizantes da toxina. Por esse motivo, também devem ser feitos testes imunológicos e biológicos em animais demonstrando que os anticorpos produzidos bloqueiam (neutralizam) o efeito tóxico específico daquela toxina bacteriana.

Um exemplo é o teste de Schick para estudo da infecção e da imunidade por *C. diphtheriae.* Se o indivíduo possuir anticorpos específicos circulantes produzidos por imunização anterior, quando da inoculação subcutânea da toxina diftérica, haverá neutralização da ação necrosante da toxina no local da inoculação.

Em algumas situações pode ser útil a detecção da toxina em produtos alimentares, como a toxina botulínica. Testes imunológicos de elevada sensibilidade para detecção de antígenos (ver Capítulo 13) são utilizados para essa finalidade. Instituições de pesquisa e as próprias empresas produtoras de alimentos têm interesse nessa análise.

O *V. cholerae* causa uma infecção grave em indivíduos expostos à ingestão de alimentos e água contaminados com fezes infectantes. A resistência bacteriana no meio ambiente torna fácil desencadear epidemias ou surtos. Nesses grupos expostos é altamente recomendável a vacinação.

Tanto na produção da toxina quanto na detoxificação da molécula (toxoide), seja para imunizar animais para obtenção de soros hiperimunes ou para imunizar humanos, é necessária a utilização de imunoensaios que, além da detecção, quantifiquem a toxina presente. Esses testes usam anticorpos policlonais e monoclonais.

Outras bactérias toxigênicas

Algumas bactérias toxigênicas apresentam maior complexidade de fatores de virulência e patogenicidade, sendo a produção de toxinas o principal deles.

B. pertussis é responsável pela coqueluche, praticamente eliminada na população vacinada na infância com a DPT (tétano, difteria e coqueluche). O extrato de *Bordetella*, como citado anteriormente, pode atuar como adjuvante na vacina, por facilitar o processo imune-inflamatório e aumentar a insolubilidade do extrato antigênico vacinal.

O gênero *Staphylococcus* pertence à família Micrococcaceae, que inclui outros três gêneros: *Planococcus*, *Micrococcus* e *Stomatococcus*. Os *Staphylococcus* são compostos por mais de 30 espécies, sendo os microrganismos que mais produzem doença em humanos e, por isso, mais frequentemente isolados em amostras laboratoriais. O nome do *S. aureus* deve-se à produção de um pigmento carotenoide amarelo-ouro, enquanto o *S. epidermidis* tem o nome devido à sua predominante colonização de pele e mucosas íntegras, sendo considerado microbiota normal nesses locais. *S. aureus* também é colonizador de pele e mucosas, especialmente fossas nasais.

Uma vez que haja quebra das barreiras naturais de defesa, os estafilococos invadem tecidos lesados e se disseminam por via hematogênica, causando bacteremias graves. Essa gravidade deve-se também ao fato de esses patógenos apresentarem frequentemente multirresistência antimicrobiana.

Curiosamente, os estafilococos não induzem boa imunidade específica protetora, o que os torna potenciais agentes causadores de doenças supurativas e de infecções hospitalares, em queimados e pós-cirúrgicos. Em pacientes debilitados, causam uma doença dermatológica com bolhas ou esfoliações difusas e toxemia sistêmica. A forma localizada é chamada de impetigo bolhoso e a disseminada é a síndrome esfoliativa da pele escaldada. São determinadas pela toxina epidermolítica do *S. aureus.*

Streptococcus beta-hemolítico do grupo A

A espécie *S. pyogenes* representa um importante grupo de cocos Gram-positivos, dispostos em cadeia e que causam infecções piogênicas. A parede bacteriana é formada por três camadas. A mais interna contém mucopeptídios responsáveis pela rigidez e forma da bactéria. A camada média contém diferentes carboidratos imunologicamente distintos e que permitem a divisão da espécie em grupos A, B, C. Na camada externa são encontradas as proteínas M, R e T; nas proteínas M e T se encontram as diferenças antigênicas utilizadas para a sorotipagem.

O *S. pyogenes* excreta toxinas importantes no mecanismo patogênico da infecção, como a toxina eritrogênica responsável pelas erupções cutâneas na escarlatina. Outras exotoxinas incluem as enzimas hialuronidase, nicotinamida adenina dinucleotidase (NADase), desoxirribonuclease (DNase) e estreptoquinase, todas imunogênicas.

S. pyogenes do grupo A é um dos principais agentes causais de infecções bacterianas do trato respiratório superior, sendo comuns amidalites, faringites agudas e crônicas. Mais raramente, pode causar erisipela em membros inferiores, principalmente em pacientes imunocomprometidos e com problemas vasculares. Outros grupos dessa espécie bacteriana também são encontrados, mas são as cepas do grupo A as que possuem como principal fator de virulência a produção e a excreção de enzimas citotóxicas e hemolíticas, as principais delas chamadas de estreptolisina O (SLO) e S (SLS).

A SLO corresponde a um imunógeno potente que induz produção de anticorpos específicos, principalmente em infecções crônicas e recorrentes.

O *S. pyogenes* também produz uma fibrinolisina que dissolve rede de fibrina; hialuronidase que cliva ácido hialurônico em tecido conectivo; toxina eritrogênica responsável pela escarlatina e *rash* (erupções) cutâneo que podem ocorrer com a infecção. Como a bactéria pode estar na microbiota normal de pele, é uma infecção que ocorre frequentemente em pacientes feridos e queimados, apresentando-se na forma grave. A estreptoquinase de elevada capacidade citotóxica é comercializada como medicamento trombolítico de utilidade terapêutica em tromboses e infartos agudos do miocárdio.

As infecções por *Streptococcus* do grupo A não tratadas estão associadas à GNDA e à FRA. A GNDA pode ser decorrente de mecanismos de hipersensibilidade tipo III por formação de imunocomplexos na vigência de excesso de antígenos (infecção crônica ou sem controle) e anticorpos. A FRA ocorre algumas semanas após a infecção inicial e pode resultar em sequelas graves, pois sucedem lesões autoimunes em miocárdio e válvulas cardíacas. Aparentemente, há reação cruzada entre os anticorpos dirigidos para uma pequena sequência da proteína M do estreptococo do grupo A e os antígenos estruturais cardíacos, provavelmente vimentina do citoesqueleto de válvulas cardíacas. A especificidade desses anticorpos depende da apresentação dos antígenos e há associação com antígeno leucocitário humano (HLA) classe II DR7 e Dw53. Apesar dessa restrição de predisposição genética, o acompanhamento laboratorial de infecções estreptocóccicas, principalmente em crianças e jovens, é muito preconizado na prática médica.

Um bom marcador laboratorial para acompanhamento da infecção é a determinação de níveis anormalmente elevados de *anticorpos anti-estreptolisina O* (anticorpo ASLO), já que a SLO é específica de *S. pyogenes* grupo A.

IMUNOENSAIOS DE DETECÇÃO DE ANTÍGENOS ESPECÍFICOS DE *S. PYOGENES* GRUPO A

Como o diagnóstico microbiológico, incluindo sorotipagem, pode demorar até 2 dias, os imunoensaios podem ser úteis na triagem de pacientes com suspeita de infecção por *S. pyogenes* grupo A. A aplicação dos testes rápidos deve-se à indicação de terapêutica mais contundente na vigência da infecção por cepas do grupo A, visando reduzir a morbidade das sequelas de GNDA e FRA. Em casos de urgência do diagnóstico da infecção por *Streptococcus* do grupo A, podem ser usados testes rápidos de detecção de antígenos específicos desse grupo utilizando *swabs* de secreções ou feridas. A secreção coletada geralmente é tratada por alguns minutos com um líquido que acompanha o *kit*. O ácido nitroso desse líquido promove a extração de antígenos polissacarídeos grupo-específicos, que serão complexados com anticorpos presentes no reagente do *kit*. Nos testes de imunocaptura, esses anticorpos são conjugados a corantes coloidais e, assim, uma mancha colorida é formada na área de captura do imunocomplexo.

Podem ser empregados os testes de aglutinação (ver Capítulo 6), imunoenzimáticos ou os testes de imunocaptura (ver Capítulo 7), com anticorpos monoclonais. Os resultados dos *kits* disponíveis mostram concordância superior a 90% com os resultados da cultura bacteriológica.

Quando o resultado do teste rápido é negativo, vale a pena prosseguir na investigação utilizando o cultivo microbiológico do material. Por outro lado, se as bactérias já estiverem mortas, o cultivo pode ser negativo, apesar do teste de detecção dos antígenos bacterianos positivo.

Sondas de DNA potencialmente devem substituir os imunoensaios na detecção de antígenos, mas ainda não estão disponíveis.

Vale lembrar que as infecções nem sempre mostram sintomas ou lesões no local onde o material para o diagnóstico direto foi coletado. Por isso, há grande utilidade nos imunoensaios que detectam infecção pela presença de anticorpos.

IMUNOENSAIOS DE DETECÇÃO DE ANTICORPOS NA INFECÇÃO POR *S. PYOGENES* DO GRUPO A

Como a SLO é uma exotoxina, a obtenção desse antígeno é muito fácil, bastando filtrar as culturas em meio líquido. Em 1932, Todd estudou a resposta imune de produção de anticorpos ASLO utilizando o antígeno SLO e padronizou ensaios de inibição da hemólise.[2] A partir dessa padronização, estabeleceu-se um parâmetro de quantificação dos anticorpos em Unidades Todd. Os testes atuais usam, na padronização, amostras-referência obtidas pelo método de Todd. É importante lembrar que a maioria dos indivíduos possui alguma quantidade de anticorpos ASLO, por isso o limiar de reatividade (*cut off*) dos testes atuais detecta apenas níveis elevados de anticorpos; portanto, provavelmente associados a infecções crônicas ou de maior disseminação.

A dosagem de ASLO por neutralização da hemólise foi muito utilizada, e ainda o é em alguns locais, mas foi sendo substituída por testes automatizados. A SLO é citotóxica e lisa hemácias humanas, de coelho ou de carneiro. Na presença de anticorpos específicos, a ação da SLO é neutralizada inibindo a hemólise. O soro do paciente é diluído em diferentes concentrações e, assim, o método é semiquantitativo. Como nesse ensaio de neutralização a toxina deve estar ativa, a SLO deve ser mantida na forma reduzida para manter capacidade hemolítica. Como a SLO é inativada pelo oxigênio do ambiente, à solução de SLO são adicionadas substâncias redutoras.

Lipídios e contaminantes bacterianos podem ligar-se à SLO e promover falsa positividade, pois vão mimetizar a ação neutralizante dos anticorpos. Por isso, é realizada a deslipidização do soro previamente ao ensaio, para o qual se recomenda rigoroso jejum de 12 h.

Atualmente são mais usuais os testes de aglutinação rápida manual ou os testes automatizados (turbidimetria e nefelometria) para detecção dos anticorpos ASLO, nos quais não é necessária a funcionalidade da SLO na sua forma reduzida e na qual a interferência dos lipídios das amostras é menor. Turvação intensa pode interferir na leitura dos métodos automatizados e interagir com as partículas de poliestireno dos testes de aglutinação. A ultracentrifugação das amostras a 90.000 *g* por 10 min resolve o problema, mas não é comum que os laboratórios clínicos possuam ultracentrífugas.

Testes para detecção de anticorpos específicos para outras enzimas imunogênicas do *Streptococcus* podem ser úteis. Embora não sejam usuais, a detecção de anticorpos anti-DNAse B é um dos mais recomendados, principalmente para estudar pacientes com piodermites estreptocóccicas, grupo que aparentemente produz baixos níveis de ASLO.

Anticorpos anti-hialuronidase e antiestreptoquinase também aparecem em pacientes com FRA e GNDA e, em conjunto com a ASLO, aumentam a sensibilidade do diagnóstico laboratorial pela presença de, pelo menos, um desses anticorpos.

Ao contrário dos testes para ASLO, os outros ensaios não são facilmente obtidos no mercado, restringindo-se a instituições de pesquisa.

DIAGNÓSTICO DIFERENCIAL ENTRE ARTRITES E FEBRE REUMATOIDE AGUDA

Como um dos sinais clínicos da febre reumática é a inflamação de articulações acompanhada de dor reumática, cujo mecanismo envolvido é a deposição de imunocomplexos nas articulações, é frequente a necessidade de distinguir a FRA de outras artrites.

Por esse motivo, é muito comum o pedido da trinca de exames ASLO, fator reumatoide e proteína C reativa (PC-R), já nos primeiros exames de triagem dos pacientes (ver Capítulo 14, Capítulo 24 e Capítulo 25).

Bactérias capsulares

Neste grupo de bactérias, serão apresentadas *H. influenzae*, *N. meningitidis* e *S. pneumoniae*, pela importância que adquirem no meio médico como causa de infecções, especialmente meningites.

Esse grupo é facilmente identificado microscopicamente em colorações rotineiras e multiplica-se em meios de cultura disponíveis. Para identificação morfológica em microscópio, a bactéria deve estar íntegra em quantidade suficiente, enquanto os meios de cultivo permitem a expansão clonal da cepa bacteriana e por isso são mais sensíveis. No entanto, a microbiologia requer tempo para obtenção do resultado final, nem sempre compatível com a urgência médica, o que é o caso de meningites de fácil contágio. Outra dificuldade encontrada é que, na vigência de terapêutica antimicrobiana, as bactérias podem estar inviáveis para isolamento *in vitro*, resultando em culturas negativas.

Testes rápidos de detecção em antígenos bacterianos em líquido cefalorraquidiano (LCR) são úteis e várias empresas têm desenvolvido esse tipo de teste. Esses testes são considerados de triagem diagnóstica e necessitam de confirmação posterior. Antígenos bacterianos podem estar solúveis ou degradados, ou podem constituir a própria bactéria íntegra. Os anticorpos empregados nos testes são capazes de detectar as moléculas antigênicas em qualquer das formas de apresentação, desde que não haja desnaturação dos epítopos. Para evitar essa desnaturação, o espécime clínico deve ser recém-coletado, ou armazenado, se for o caso, a baixas temperaturas.

Os testes de aglutinação com partículas sintéticas (poliestireno ou látex, por exemplo) revestidas com anticorpos são os preferidos, devido ao baixo custo e à facilidade de execução, embora requeiram técnico habilitado na execução e na leitura final e possam resultar em falsa positividade por interferência da amostra com as micropartículas.

A contraimunoeletroforese é ainda muito utilizada em laboratórios de saúde pública. Os resultados são bons, mas a técnica é trabalhosa e requer pessoal treinado para execução e leitura (ver Capítulo 5).

Os anticorpos escolhidos para detectar os antígenos bacterianos podem ser policlonais obtidos por imunização de coelhos com as frações imunogênicas bacterianas escolhidas como prevalentes, conservadas na espécie bacteriana, e estáveis no organismo hospedeiro. Esses soros policlonais são preferencialmente fracionados para obter fração gama, onde estão as imunoglobulinas. Deve-se lembrar que nessa fração há uma grande quantidade dos anticorpos desejados, já que o procedimento utilizado foi de hiperimunização. Contudo, outras imunoglobulinas do animal também estarão presentes e poderão interferir nas amostras, gerando resultados falso-positivos.

Outro modo de obtenção de anticorpos altamente específicos para utilizar nos testes é a purificação em colunas de imunoafinidade. Colunas de Sepharose acopladas com moléculas antigênicas capturam os anticorpos específicos da fração gama e, assim, são separados.

Anticorpos monoclonais podem ser a escolha, devido à especificidade. No entanto, como esses testes rápidos são empregados na triagem e por isso devem ser de máxima sensibilidade, mesmo que alguns falso-positivos sejam encontrados, a escolha ainda recai sobre os anticorpos policlonais. Deve-se também considerar que os antígenos bacterianos são multivalentes e que, para garantir o encontro deles, é preferível aumentar as probabilidades de especificidades dos anticorpos. Para contornar esses problemas, podem ser usados vários anticorpos monoclonais, de modo a incluir todos aqueles que detectem os antígenos imunodominantes no patógeno.

Testes para detecção de anticorpos específicos para bactérias capsulares também são muito usados no desenvolvimento de vacinas e nas pesquisas que envolvem o tema imunidade nas meningites bacterianas (ver Capítulo 29).

Como as cápsulas dessas bactérias não são bons imunógenos, a produção de anticorpos no indivíduo infectado é baixa. Essa é uma das razões de as vacinas nesse caso promoverem uma proteção de curta duração. Por outro lado, existem muitas cepas variantes na mesma espécie, justificando a não indução de proteção duradoura nos indivíduos infectados.

As vacinas têm, apesar disso, grande valor em situações de surtos e epidemias, pois conseguem reduzir o número de casos e a gravidade da maioria deles, minimizando os índices de letalidade e sequelas na população exposta ao risco.

Sorotipagem

A identificação de tipos, subtipos e imunotipos de bactérias isoladas em meio de cultura pode ser realizada por testes de aglutinação direta. Uma suspensão de bactérias, vivas ou formolizadas, é colocada em contato com os respectivos soros imunes específicos e, após homogeneização por determinado tempo e em condições adequadas, observa-se a aglutinação ou não da amostra. Como a técnica tem o problema de ocorrência de zona de excesso de antígenos ou de anticorpos (pró-zona), as quantidades de bactérias e do soro contendo anticorpos devem ser rigorosamente estabelecidas, ou então são incluídas várias diluições da amostra (ver Capítulo 6). A técnica de aglutinação direta depende basicamente da qualidade dos anticorpos empregados e da pureza da cepa que está sendo analisada.

Bactérias intracelulares

Neste grupo serão utilizadas, como exemplo de importância, as micobactérias *M. tuberculosis* e *M. leprae*, que causam, respectivamente, tuberculose e hanseníase.

Essas e outras bactérias, como *Brucella* e *Listeria*, escapam do sistema imune por conseguirem sobreviver e se multiplicar dentro de macrófagos. Ou seja, são fagocitadas, às vezes, até por opsonização com C3b ou IgG, mas escapam do processo digestivo das enzimas lisossomais do macrófago, possivelmente porque inibem a fusão fagolisossoma, inibindo alterações da membrana lisossômica. Apesar disso, indivíduos com infecção branda e em boas condições físicas conseguem superar a doença e desenvolver imunidade protetora duradoura, a qual é transferível em animais de experimentação por transferência de linfócitos T.

Embora a resposta humoral esteja presente, é predominante a resposta celular do tipo hipersensibilidade tardia, envolvendo o tipo de resposta Th1 (ver Capítulo 1). Nesse mecanismo, linfócitos T ativados liberam interferon gama (IFN-γ), que ativa os macrófagos para mecanismos dependentes e independentes de oxigênio. Na inflamação crônica, ocorre também lesão tecidual no entorno do processo, com tentativas de reorganização dos tecidos. No caso da infecção pelo *Mycobacterium*, a dificuldade de eliminar o agente pode resultar em acúmulo de macrófagos que liberam fatores angiogênicos e fibrinogênicos, que estimulam a formação de tecido de granulação e acúmulo de linfócitos e fibrose. Esse granuloma típico pode persistir e aumentar seu tamanho em casos sem tratamento, mas visa a conter a expansão do agente agressor. Na ocorrência de imunodeficiência T, principalmente de linfócito T CD4+, o granuloma parece não manter mais sua organização, e assim permite a liberação do microrganismo que atingirá novos tecidos e células, de maneira oportunista.

A resposta imune na infecção por micobactérias constitui hipersensibilidade do tipo IV, ou tardia, ou mediada por células. São outros exemplos dessa hipersensibilidade as infecções por *Leishmania* (na forma mucocutânea) e por *Schistosoma mansoni* (os ovos retidos no fígado e na mucosa intestinal).

Ocorre ativação de linfócitos T pela exposição aos antígenos bacterianos induzindo uma resposta de memória que, na maioria dos casos, é protetora. Esse fato permitiu que a vacinação reduzisse a letalidade da tuberculose ao longo do século 20.

A resposta T parece depender também da carga bacteriana. Macrófagos infectados produzem citocinas que, além de ativar a resposta imune, são responsáveis em parte pela lesão tecidual, como o fator de necrose tumoral alfa (TNF-α). Se as células T conseguem formar um granuloma bem definido e limitado, podem até conseguir eliminar as células infectadas e destruir as bactérias liberadas. Também pode persistir um foco pequeno de consistência central mole constituído principalmente de material caseoso, algumas vezes por muito tempo, limitando o processo infeccioso e as lesões teciduais. São esses casos que podem reativar se ocorrer imunodeficiência celular T CD4+.

Já na vigência de grande carga bacteriana, comum nas primoinfecções de indivíduos não vacinados, o granuloma formado pode ser menos organizado, com liquefação do tecido caseoso por enzimas liberadas de macrófagos rompidos. Haverá então grande extensão de lesão tecidual, como formação de cavidades pulmonares e disseminação bacteriana.

A parede celular das micobactérias contém um complexo macromolecular chamado lipoarabinomanan, que é imunogênico para linfócitos B, tanto na tuberculose quanto na hanseníase, mas que parece ser responsável por supressão de resposta T. Os ácidos micológicos da parede também se encontram em tamanho menor em outros gêneros de bactérias (*Corynebacterium*, *Nocardia*) e são úteis na identificação da espécie de micobactéria. Glicolipídios de micobactérias também são estudados.

Desde Robert Koch que, em 1890, obteve um extrato bruto proteico (tuberculina) a partir de culturas autoclavadas de bacilos da tuberculose, a centrifugação e a filtração desse extrato proteico inicial deram origem ao derivado proteico purificado (PPD, *protein purified derivative*) usado nos testes intradérmicos de hipersensibilidade tipo celular tardio (teste de *Mantoux* ou do PPD). As proteínas de micobactérias são as de maior interesse para a imunologia, devido à imunogenicidade que apresentam. Vários trabalhos prosseguem, ainda hoje, na identificação desses antígenos e na busca de outros marcadores laboratoriais de detecção de anticorpos para melhor compreensão da imunopatogenicidade na tuberculose.

Infelizmente, apesar da vacinação disponível, os aspectos desnutricionais graves em que se encontra boa parte da humanidade continuam permitindo que a tuberculose ainda seja uma das doenças infecciosas fatais juntamente com a malária e a AIDS. Entre a população exposta ao risco estão também os indivíduos portadores da bactéria e que conseguem manter um equilíbrio com o patógeno, mas não conseguem eliminá-lo. Por esses motivos, a identificação laboratorial de indivíduos com a infecção latente ainda é área de investigação científica.

O estudo imunológico da tuberculose é feito utilizando a hipersensibilidade tardia, com formação de nódulo ou pápula com ou sem eritema após 48 a 72 h da inoculação intradérmica de componentes antigênicos. O teste original era chamado de "reação de Mantoux", pois usava um extrato solúvel bruto de *M. bovis* atenuado. Hoje emprega-se o PPD, que é mais específico para *M. tuberculosis* (quase ausência de resposta cruzada com *M. leprae*) e tem menor chance de imunizar o paciente. No entanto, tem sido observado que o teste PPD em indivíduos vacinados ou infectados equivale a um reforço (*booster*) vacinal com aumento da reatividade em testes posteriores.

O PPD consiste em uma mistura de antígenos comuns às cepas do complexo *M. tuberculosis* e da cepa vacinal bacilo Calmette-Guérin (BCG). A Organização Mundial da Saúde indica as recomendações de preparo do PPD, de aplicação do teste e interpretação de leitura. O teste é feito pela aplicação de 2 unidades de tuberculina (UT), via intradérmica na parte anterior do braço. A leitura é realizada após 72 a 96 h da aplicação e consiste na observação e na medida do diâmetro de área de enduração (pápula) no local da aplicação. Há uma escala de resultados muito utilizada nos laboratórios:

- 0 a 5 mm = não reator (negativo)
- 5 a 9 mm = reator fraco
- > 10 mm = reator forte.

A presença de eritema ou flictênulas também deve ser relatada. Como alguns pacientes podem mostrar uma intensa resposta imune-inflamatória, convém orientá-los a retornar antes do prazo ou procurar o médico, caso isso aconteça.

Vale lembrar que a positividade do teste intradérmico indica apenas a detecção de linfócitos T específicos preexistentes, e que pode ocorrer em vacinados, imunes naturalmente, curados e também naqueles com infecção ativa latente ou disseminada. Embora seja esperado que nestes últimos a resposta seja mais exagerada, não há um ponto de corte definido para o diâmetro da pápula que separe indivíduos sadios imunes de pacientes doentes. Outras desvantagens do teste são: necessidade de o paciente retornar para leitura do resultado, variabilidade na aplicação e na leitura do teste e resultados falso-negativos em imunodeprimidos T.

O diagnóstico de certeza da tuberculose ativa conta com recursos de imagem (radiografia, tomografia, ressonância nuclear) e dos exames microbiológicos, baciloscopia e cultivo, cada vez mais sensíveis, específicos e rápidos.

Sífilis

Entre os treponemas (ordem Spirochaetales, família Treponemataceae), três subespécies da espécie *T. pallidum*, estreitamente relacionadas entre si, causam doenças no ser humano. A subespécie *pallidum* causa a sífilis, a *pertenue* causa a bouba e a *carateum*, a pinta. A bouba e a pinta são menos contagiosas e os aspectos clínicos geralmente se restringem a lesões cutâneas. A sífilis é a mais importante, devido a:

- Caráter cosmopolita
- Elevada virulência do *T. pallidum*
- Transmissão sexual, parenteral e vertical
- Forma congênita grave
- Evolução crônica de forma inaparente.

Curiosamente, é uma infecção de fácil diagnóstico e tratamento geralmente com penicilina benzatina e derivados. Recomendações especiais devem ser observadas durante a gravidez. Pacientes alérgicos à penicilina podem ser tratados com doxiciclina ou tetraciclina. A ceftriaxona também apresenta eficácia em alguns casos. Esses dados tornam o estudo laboratorial da sífilis um dos mais importantes e frequentes exames de triagem de gestantes e doadores de sangue. Hoje, há fluxogramas que incluem também testes rápidos para triagem da sífilis.

Aspectos clínico-epidemiológicos

A via de transmissão da sífilis é o contato direto com pele, mucosa ou tecidos íntegros ou lesados, que permita a penetração da bactéria. Assim, representa uma doença sexualmente transmissível (DST), e como o doente não tratado pode ser transmissor por longos períodos de tempo, a sífilis é muito prevalente em todo o mundo.

A transmissão por via sanguínea (transfusões e hemoderivados, objetos perfurocortantes contaminados) é mais elevada se o portador transmissor estiver na fase de disseminação sistêmica com elevada bacteriemia. A infecção perinatal por contato com sangue infectado durante o parto e com leite na amamentação também é possível.

A capacidade invasiva do *T. pallidum* e a facilidade de aderência à fibronectina resultam no tropismo bacteriano por tecido placentário. Lesões sifilíticas visíveis na placenta são relatadas em mulheres infectadas quando do exame visual da placenta expelida no parto. A invasão do tecido fetal embrionário ocorre com facilidade. O que determina quadros mais ou menos graves nesse feto é o período gestacional em que foi infectado. O tratamento precoce da gestante ajuda a reduzir, ou mesmo evitar, sequelas mais graves.

Bebês sem lesões aparentes também se beneficiam de diagnóstico e tratamento, pois na ausência de tratamento a infecção prossegue danosa aos tecidos em desenvolvimento.

As lesões típicas demonstradas no local da inoculação ou nos tecidos afetados são chamadas de *cancro duro*. Esse cancro mostra-se como uma ulceração indolor, não pruriginosa, de bordas endurecidas, acompanhada de linfadenopatia regional. A ausência de dor, coceira ou incômodo torna as mulheres as principais portadoras assintomáticas e transmissoras. Em homens, a lesão aparente sem diagnóstico pode levar à automedicação inadequada, e a cicatrização que ocorre espontaneamente pode ser interpretada equivocadamente como cura. Nesse caso, prosseguem a infecção disseminada e a transmissão.

O diagnóstico é fundamental para interferir na cadeia epidemiológica de transmissão e para estabelecimento precoce da terapêutica, que está disponível e é reconhecidamente eficaz nas fases iniciais da infecção.

IMUNOPATOGENIA

A virulência do *T. pallidum* desencadeia intensa resposta imune-inflamatória, que, embora não consiga eliminar o patógeno, acaba participando de processo celular local com lesões do tipo hipersensibilidade tardia granulomatosa. Enquanto isso, o treponema continua invadindo novos tecidos, escapando assim da eliminação e reiniciando novas lesões. A resposta imune-inflamatória lenta e progressiva continua participando da formação dessas novas lesões teciduais.

O treponema produz mucopolissacarídeos que dificultam a fagocitose e parecem atuar como imunossupressores locais no mecanismo de evasão.

A resposta imune celular e humoral, embora seja apenas parcialmente protetora, controla de alguma maneira o processo infeccioso. Indivíduos com deficiência T mostram quadros de sífilis invasiva mais precocemente.

Os treponemas pela via linfática alcançam a corrente sanguínea antes mesmo que seja totalmente formado o protossifiloma no local da lesão. Do ponto de vista clínico, a sífilis evolui cronicamente em fases distintas, sendo flutuante quanto a alguns aspectos dermatológicos e sintomáticos em períodos curtos, com períodos assintomáticos mais longos.

Sífilis primária

Após o período de incubação de 10 a 90 dias (média de 21 dias), pode ser observado o protossifiloma ou a lesão primária no local da inoculação. Essa ulceração é geralmente única, indolor, com bordas salientes, firmes e endurecidas, e o paciente mostra linfadenopatia satélite regional. O cancro é formado por material mucoide com sulfatação do ácido hialurônico.

A cicatrização completa da lesão primária é espontânea, e ocorre em 4 a 6 semanas. Nesse meio tempo, o *T. pallidum* já atingiu a corrente circulatória e está em franca disseminação. Os anticorpos são detectados concomitantemente ou em até 10 dias após o início da lesão, dependendo do período de incubação. O isolamento e a identificação do treponema em exsudato coletado da lesão primária, por microscopia de campo escuro, têm elevada sensibilidade, cerca de 95%, dependendo da qualidade e da precocidade da coleta após o início da lesão.

Sífilis secundária

Assim que o *T. pallidum* invade a corrente sanguínea e linfática, ocorre uma disseminação para todos os tecidos e órgãos. As lesões vão se repetir como aconteceu na fase primária, mas agora de maneira generalizada. Algumas semanas após a cicatrização da lesão primária, pode-se evidenciar o processo de lesões em pele, mucosas, fígado, baço, rim, coração, ossos e articulações. Clinicamente, podem ser relatadas lesões cutâneas, indolores e não pruriginosas, do tipo papulares, maculosas, papuloescamosas, pustulares e nodulares. O diagnóstico clínico dermatológico pode confirmar a sífilis. As lesões cicatrizam espontaneamente e podem reaparecer na etapa seguinte, fase latente, a intervalos não definidos.

Outras manifestações clínicas do secundarismo na sífilis são inespecíficas: mal-estar, anorexia, cefaleia, artralgia, febre e linfadenopatia. Algumas complicações incluem a síndrome nefrótica moderada ou nefrite hemorrágica, por provável mecanismo de deposição de imunocomplexos e resposta de hipersensibilidade tipo III.

Alguns autores acreditam que nessa fase também já possa ocorrer disseminação até o SNC, pois os treponemas às vezes são isolados em LCR nessa fase secundária, que é altamente infectante, podendo o *T. pallidum* ser isolado também de lesões cutâneas, sangue e leite materno.[3] Anticorpos IgM e IgG estão presentes em elevadas concentrações, e na vigência de tratamento vão se reduzindo de maneira lenta e gradativa. Sem tratamento, essa queda também ocorre, no entanto é muito mais lenta.

Sífilis latente

Nos primeiros anos após a fase secundária acontece a fase latente *precoce*, caracterizada pela presença de anticorpos em elevada concentração e pela ausência de sintomas. A fase latente ocorre no início, ainda muito infectante, e alguns pacientes relatam reincidência de lesões mucocutâneas. A transmissão vertical é altamente provável nessa fase.

Na ausência de tratamento, a fase latente prossegue para a etapa *tardia*, de duração muito variável, que termina quando os sintomas da fase terciária aparecem. Os treponemas que invadem o SNC e os tecidos vasculares determinarão as consequências da sífilis. Os testes imunológicos detectam a maioria dos pacientes na fase latente tardia. Contudo, a eficiência de tratamento nessa fase pode não ser total.

Indivíduos com imunodeficiência celular T, por exemplo, AIDS e uso de imunossupressão nos transplantados mostram uma fase latente mais curta, possivelmente porque, como a resposta imune não consegue conter parte do processo infeccioso, os treponemas invadem mais rapidamente maior quantidade de tecidos e não há processo cicatricial suficiente.

Sífilis terciária

Esta fase é pouco infectante, devido ao menor número de treponemas circulantes. Esse dado confirma a imunidade parcialmente protetora. No entanto, as lesões em tecido nervoso e vascular comprometem todos os órgãos. A fase tardia é chamada de fase destrutiva e é decorrente do processo crônico imune-inflamatório.

A forma benigna da sífilis terciária é chamada de *gomosa*. Ocorre precocemente em pacientes não tratados, que apresentam lesões granulomatosas em olhos, ossos, vísceras (coração, fígado, cérebro) e pele. Alguns autores consideram essa forma como complicação da fase latente tardia.[3]

A forma *cardiovascular* ocorre em alguns pacientes, manifestando-se como vasculites e aneurismas graves. A *neurossífilis* aparece mais tardiamente em pacientes imunocompetentes, até 30 anos após a infecção, e determina sinais e sintomas graves: demência, psicoses, distúrbios neurológicos periféricos (*tabes dorsalis*), acidentes vasculares cerebrais e meningites. O isolamento do treponema em LCR confirma o diagnóstico da neurossífilis. A presença de anticorpos específicos de produção intratecal no LCR por métodos de elevada sensibilidade e especificidade [*fluorescent treponemal antibody absorption* (FTA-abs) e imunoensaio enzimático (ELISA) com antígenos treponêmicos] também é considerada marcador de diagnóstico da neurossífilis.

Sífilis congênita

Gestantes com sífilis não tratada, em especial nas fases secundária e latente precoce, apresentam probabilidade de 70 a 100% de transmissão placentária. A sífilis congênita pode manifestar-se de maneira precoce, ao nascimento, semelhante à fase secundária, com lesões mucocutâneas, linfadenopatia difusa, hepatoesplenomegalia, lesões oculares, comprometimento renal e do SNC. Outros sintomas podem aparecer mais tardiamente, após alguns anos, e incluem: neurossífilis, surdez, comprometimento vascular, fronte olímpica, nariz em sela, tíbia em sabre e dentes de Hutchinson – estes últimos como consequência de malformações ósseas e cartilaginosas. Esses sintomas mais tardios podem retardar o diagnóstico da sífilis congênita até a fase de adolescência.

Cerca de 40% dos casos de sífilis congênita evoluem para morte fetal (aborto espontâneo, natimortalidade ou morte neonatal). O diagnóstico imunológico de infecções congênitas está apresentado no Capítulo 22. No caso da sífilis, além das dificuldades diagnósticas típicas da infecção congênita, acrescenta-se a dificuldade de isolar o treponema.

Aspectos microbiológicos

O *T. pallidum* é um espiroquetídio delicado (5 a 15 μ × 0,09 a 0,20 μ), contendo em média 14 espiras (ondulações). O número de espiras depende da etapa de divisão celular, que se faz longitudinalmente. Sua espessura mínima impede que a bactéria seja visualizada facilmente ao microscópio óptico comum.

Em microscopia eletrônica, o *T. pallidum* exibe uma estrutura de corpo procariótico envolvido por estruturas membranosas, entre as quais se enrola um filamento helicoidal de estrutura fibrilar, chamado de filamento axial, que está inserido em grânulos citoplasmáticos em cada extremidade do microrganismo, e é responsável pela locomoção do treponema.

O movimento do treponema vivo é outra peculiaridade, que permite distingui-lo de outros espiroquetídios saprófitas presentes nas mucosas oral e genital. Em meios de baixa viscosidade, o movimento do *T. pallidum* é rotatório em torno do seu eixo longitudinal. Esses movimentos são feitos por contração contínua das espiras. Em meios mais viscosos, como nas lesões teciduais ricas em ácido hialurônico, além do movimento rotatório, observa-se propulsão do microrganismo no meio.

O *T. pallidum* não é cultivável em meios artificiais, ovos embrionados ou cultura de tecidos e células. O isolamento e a manutenção de cepas de *T. pallidum* são feitos em coelhos. A inoculação intratesticular em coelhos imunossuprimidos e mantidos em ambiente com temperatura entre 18 e 21°C provoca orquite acentuada após 10 a 12 dias. O primeiro isolado obtido em coelhos foi feito de LCR de um paciente, em 1912, e denominada cepa Nichols.[4] A estabilidade genômica do microrganismo possibilita que essa cepa seja até hoje empregada em todo o mundo para o preparo dos antígenos treponêmicos usados nos testes imunodiagnósticos.

O metabolismo bacteriano é microaerófilo e, geralmente, o *T. pallidum* possui pouca resistência fora do organismo. Em algumas horas à temperatura de geladeira, a maioria dos treponemas perde sua capacidade infecciosa. Essa baixa resistência dificulta a transmissão por meio de objetos. A transmissão sexual é eficiente se houver lesões com abundância de bactérias e não for utilizada nenhuma barreira protetora.

Os *métodos diretos* utilizados para observar o *T. pallidum* em secreções e tecidos devem preferencialmente empregar microscopia de campo escuro, que tem melhor resolução. A coleta do material de lesões (protossifiloma) ainda é o fator determinante da sensibilidade do método. Como o microrganismo é invasivo e se forma uma enduração em torno dele, é necessária a escarificação da lesão até a obtenção do exsudato interno, rico em treponemas. Essa coleta é dolorosa para o paciente, que não tinha essa queixa anterior, e por isso pode recusar o consentimento para a coleta.

O método de escolha é a coleta de material de lesões e observação imediata a fresco em *microscopia de campo escuro*, para que, além da visualização do microrganismo, seja possível relatar espessura, refringência, tipo e número de espiras e o tipo de movimentos específicos.

Preparações com material fixado com corantes não necessitam de exame imediato, mas não permitem observar o movimento bacteriano. São descritas as *colorações* com tinta da China, Giemsa e prata (Fontana-Tribondeau). Em cortes histológicos, a demonstração das espiroquetas utilizando anticorpos específicos marcados com fluoresceína ou enzimas (imunoperoxidase) mostra elevada sensibilidade. A preservação adequada da amostra para imuno-histologia deve considerar a manutenção da antigenicidade. A fixação de lâminas por calor direto pode desnaturar quase todos os antígenos específicos.

Como se vê, o isolamento microbiológico de cepas de *T. pallidum* não é a regra laboratorial. Também se deve perceber que esse método de obtenção da bactéria dificulta e encarece a obtenção de extratos antigênicos treponêmicos para uso nos testes imunológicos.

Antígenos

Ao contrário da cepa Nichols de *T. pallidum*, outros treponemas saprófitas são cultiváveis em meios líquidos. Entre eles o *T. phagedenis* biotipo Reiter, que possui alguns antígenos comuns ao *T. pallidum*.

Como as amostras de soro dos pacientes podem conter anticorpos contra esses treponemas não patogênicos, o emprego de extratos do treponema de Reiter é útil para *absorção* dos anticorpos gênero-específicos, aumentando a especificidade dos testes com os antígenos treponêmicos (*T. pallidum*).

Essa *absorção* é muito simples, pois basta bloquear os anticorpos com antígenos solúveis da solução absorvente (*sorbent*) na própria diluição da amostra, sem necessidade de centrifugação ou qualquer tratamento adicional.

Os constituintes antigênicos do *T. pallidum* estão relacionados com as estruturas que compõem a bactéria. Na membrana citoplasmática são encontrados proteínas e fosfolipídios (fosfatidilcolina e monoglicosil-diglicerídio), considerados inespecíficos. Na parede celular do *T. pallidum* também são também encontrados ácido murâmico e glicoproteínas, que são antígenos comuns a outras bactérias. Externamente, na superfície do *T. pallidum*, são encontradas as proteínas espécie-específicas e algumas de reatividade cruzada. Poliosídeos de superfície também são específicos.

O estudo da composição de mistura antigênica complexa como o extrato total de *T. pallidum* deve utilizar técnicas de fracionamento desses antígenos, como a eletroforese em gel de poliacrilamida em presença de dodecilsulfato de sódio (SDS-PAGE) e anticorpos monoclonais ou policlonais monoespecíficos (ver Capítulo 7). Por *immunoblot*, a fração 47 kDa de extrato total parece ser a imunodominante e tem sido estudada por vários autores.

Imunidade

Embora não haja imunidade totalmente protetora, a resposta imune na sífilis induz um estado de resistência parcial à reinfecção. Os anticorpos produzidos já foram identificados como sendo das classes IgM, IgA, IgE e IgG. Inicialmente, foram estudados quanto à capacidade de fixar complemento e induzir citotoxicidade com imobilização do *T. pallidum* em experimento *in vitro*, teste *T. pallidum immobilization* (TPI). O TPI é considerado o ensaio de referência para padronização do estudo de antígenos e validação de soros-referência. A resposta celular é dependente de linfócitos T CD4+, chamada de hipersensibilidade tardia ou tipo IV. O conteúdo mucopolissacarídico do envoltório do *T. pallidum* é potencialmente imunossupressor e pouco imunogênico. No entanto, anticorpos, linfócitos, macrófagos profissionais e mucopolissacaridase produzidos pelo hospedeiro acabam bloqueando a adesão do treponema aos tecidos e determinam a cicatrização das lesões. Entretanto, a capacidade de invasão do *T. pallidum* consegue fugir dessa defesa, estabelecendo-se em tecidos próximos.

DIAGNÓSTICO IMUNOLÓGICO

A dificuldade do diagnóstico microbiológico tornou a detecção de anticorpos na sífilis o método diagnóstico de escolha no laboratório clínico. É possível dividir os imunoensaios da sífilis, de acordo com o antígeno empregado, em testes cardiolipínicos e treponêmicos.

TESTES CARDIOLIPÍNICOS

O antígeno *cardiolipina* (monoglicosil-diglicerídio) é uma emulsão da cardiolipina adsorvida a cristais de colesterol em solução alcoólica e estabilizada com solução aquosa proteica de lecitina. Faz parte do teste VDRL e é empregado há mais de 60 anos. É uma floculação (ver Capítulo 6) e foi padronizado pelo *Venereal Diseases Research Laboratory*.

Duas variantes desse teste incluem micropartículas de carvão: o *rapid plasm reagin* (RPR) e o Carbotest. Nesses dois testes há uma facilidade maior de leitura a olho nu em fundo branco, enquanto no VDRL o uso de microscópio ou lupa de aumento é o preconizado para leitura.

Na presença de anticorpos anticardiolipínicos (reaginas), ocorre uma aglutinação da cardiolipina, chamada de floculação, por não existir uma partícula no teste. Os cristais de colesterol aos quais está adsorvida a cardiolipina se agregam, formando microflocos, visíveis com auxílio de lupa ou microscópio.

As amostras reagentes devem ser tituladas por diluições sucessivas. Outra peculiaridade desses métodos é que, já na triagem, devem ser feitos dois testes, um com a amostra não diluída e outro com amostra diluída 1:8, isso para evitar o fenômeno de pró-zona. Na sífilis secundária, os títulos chegam a 1:1024, e nessa faixa de concentração pode ocorrer a falso-negatividade da amostra pura por excesso de anticorpos (ver Capítulo 6).

O título do VDRL ou RPR é dado como o inverso da diluição, mas, por hábito, acaba se liberando o resultado do título na forma de diluição, por exemplo, "soro reagente 1:8". O acompanhamento do caso comprovado em tratamento pode ser feito pelo título do VDRL e, por isso, esse método muito simples e barato deve ser realizado com o máximo rigor técnico, para que os resultados expressem adequadamente a concentração dos anticorpos.

No VDRL original, ocorria interferência dos fatores do complemento, o que tornava obrigatória a inativação do soro. Hoje, nos diluentes do reagente é adicionado ácido tetracético-etileno-diamina (EDTA), que se liga ao cálcio, impedindo assim a ativação inicial do complemento. O uso do plasma não é recomendado pela presença do fibrinogênio e seus produtos.

O VDRL e suas variantes são altamente sensíveis, mas como os componentes fosfolipídicos são comuns a outras células, ocorrem falso-positivos. As *reações cruzadas* mais frequentes são com autoanticorpos em doenças do tecido conectivo, lúpus eritematoso sistêmico, artrite reumatoide, colagenoses e outras doenças autoimunes, com cerca de 20 a 40% desses pacientes mostrando VDRL positivo em títulos baixos, até 1:8. Outras reações cruzadas são observadas em infecções agudas bacterianas e virais, pneumonia por micoplasma, malária, hanseníase, e não são bem conhecidas as causas. O VDRL também apresenta inespecificidade aumentada em amostras de soro de idosos e gestantes, sem que se compreendam as razões. Mesmo na população adulta jovem saudável, cerca de 1% mostra títulos baixos no VDRL, transitória ou cronicamente.

Convém lembrar que o extrato cardiolipínico foi usado já em 1903 por Wassermann, que padronizou a técnica de reação de fixação do complemento (RFC), que levava seu nome.[5] Na RFC o extrato antigênico lipídico deve estar em meio alcoólico, pois lipídios inativam o complemento que é empregado como reagente no teste. Até a década de 1980, a RFC de Wassermann também fazia parte da rotina laboratorial.

As amostras com resultado positivo no VDRL, provenientes de indivíduos sem dados clínicos direcionados para a sífilis, devem ser analisadas por testes treponêmicos.

TESTES TREPONÊMICOS

Utilizam antígenos do *T. pallidum* de difícil obtenção a custo elevado. São de elevada sensibilidade e especificidade. A especificidade não é absoluta e por isso, quando empregados na triagem, acabam também sendo de baixo valor preditivo de positividade.

O algoritmo ideal para triagem diagnóstica da sífilis utilizando testes imunológicos em indivíduos sem suspeita clínica da infecção é: realizar testes cardiolipínicos e confirmar os casos positivos com testes treponêmicos.

Como visto, os testes cardiolipínicos são baratos, mas de execução manual, um inconveniente em grandes rotinas de triagem, como em hemocentros para seleção de doadores de sangue. Nesse caso, os testes treponêmicos automatizados como o imunoenzimático ELISA podem ser a solução.

Os testes treponêmicos disponíveis são a hemaglutinação ou microaglutinação de partículas, a imunofluorescência e o teste ELISA. Nos dois últimos, o emprego de conjugados anti-IgM específicos e a absorção das IgG da amostra permitem também verificar a precocidade da infecção.

Anticorpos IgM aparecem nas fases primária e secundária e são um bom marcador para confirmar infecção congênita. Como são testes de elevada sensibilidade, a sua positividade pode ser de longa duração, mesmo após o tratamento.

Inclusive nos casos tratados precocemente nas fases primária e secundária, a positividade dos testes treponêmicos pode persistir vários anos, ao contrário do VDRL, que chega negativar ou pelo menos evidenciar claramente a queda da reatividade pela diminuição dos títulos.

A *absorção* de anticorpos antitreponemas saprófitas e antiborrelias deve ser realizada nos testes treponêmicos para sífilis. O bloqueio desses anticorpos inespecíficos é feito com uma solução de proteínas solúveis de *T. phagedenis* de Reiter na etapa de diluição da amostra. A maioria dos *kits* utiliza esse absorvedor na solução diluente da amostra, sem necessidade de etapa adicional de pré-tratamento.

O teste mais usual para confirmar a especificidade dos anticorpos é o teste de imunofluorescência indireta *FTA-abs*, que usa a bactéria íntegra *T. pallidum* como antígeno. A leitura em microscópio de campo escuro para fluorescência é difícil, pois a espessura do treponema é reduzida. Nos testes positivos, a fluorescência facilita essa visualização, mas nos testes negativos é necessário confirmar que havia antígenos fixados. Controles de referência negativos e positivos de reatividade alta e baixa, bem como a participação em programas de controle de qualidade externo, manutenção e calibração dos filtros e lâmpada do microscópio são fundamentais para garantir a validade dos resultados liberados.

Várias empresas disponibilizam o teste ELISA com extrato solúvel total de *T. pallidum*, de execução automatizada ou semiautomatizada. A maioria detecta anticorpos IgG, mas pode ser adaptado no laboratório para detectar IgM, desde que se absorvam os anticorpos IgG da amostra.

O *immunoblot* tem sido estudado por vários pesquisadores que buscam identificar frações antigênicas específicas tanto para confirmar diagnóstico quanto para acompanhar tratamento e para estudo mais adequado do LCR na neurossífilis e dos casos de infecção congênita. Embora o diagnóstico imunológico da sífilis esteja muito bem estabelecido, algumas dificuldades ainda permanecem:

- Resultados falso-positivos na triagem com cardiolipina
- Obtenção de antígenos treponêmicos em larga escala a custo baixo
- Inexistência de testes comerciais adequados para detectar IgM específica
- Deficiência de marcadores específicos para acompanhar tratamento
- Dificuldade em distinguir infecção curada de ativa
- Dificuldade de confirmar diagnóstico da forma congênita
- Persistência duradoura de anticorpos circulantes após a cura, chamada de cicatriz sorológica.

Estudos com *Nested polymerase chain reaction* (Nested-PCR) têm sido realizados em nível de pesquisa e vêm apresentando cerca de 82% de sensibilidade e 95% de especificidade. No entanto, na rotina as técnicas de biologia molecular ainda não estão disponíveis.[6-8] A Tabela 16.1 resume o desempenho dos imunoensaios na sífilis. A Figura 16.1 mostra a evolução da sífilis, de acordo com as fases clínicas e os testes de diagnóstico laboratorial.

Tabela 16.1 Sensibilidade e especificidade dos testes de acordo com a fase da sífilis.

Teste	Índice	Fase			
		Primária (%)	Secundária (%)	Latente (%)	Terciária (%)
VDRL	S	70 a 80	100	74 a 90	60 a 75
RPR	E	95 a 99	95 a 99	95 a 99	95 a 99
FTA-abs	S	92 a 100	100	97 a 100	97 a 100
ELISA	E	99 a 100	99 a 100	99 a 100	99 a 100

S: sensibilidade; E: especificidade.

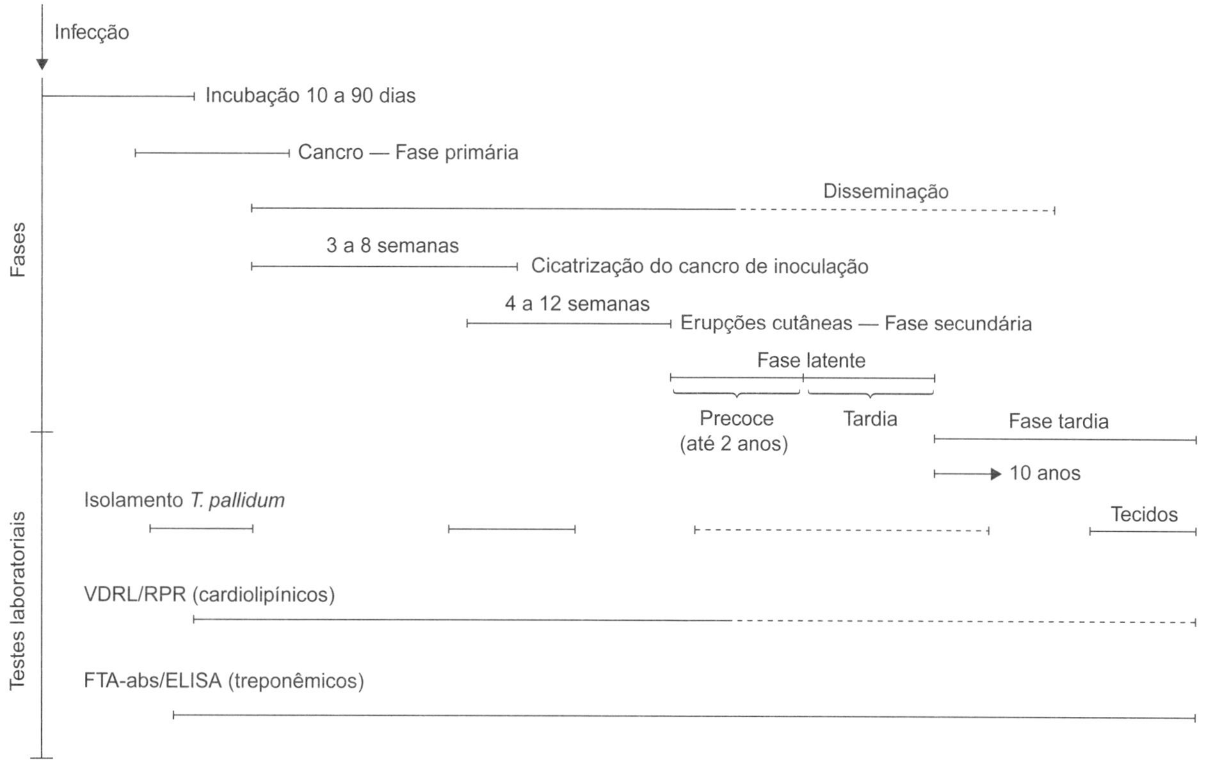

Figura 16.1 Evolução natural da sífilis, de acordo com as fases clínicas e testes de diagnóstico laboratorial.

Miscelânea

Leptospirose

A leptospirose humana é uma antropozoonose de distribuição mundial, com maior incidência em áreas pobres ou regiões afetadas por catástrofes naturais. As leptospiras são evidenciadas em animais vertebrados e invertebrados que se tornam portadores e excretam a bactéria na urina. O contato da pele ou mucosa íntegra ou lesada com a bactéria viável inicia a infecção. No meio urbano, os ratos são o principal foco de disseminação da leptospirose para o ser humano, por contato com esgotos contendo urina de ratos. A mordedura de rato também pode transmitir a infecção.

É uma doença de período de incubação de 10 a 14 dias, ou seja, após enchentes e calamidades nas quais se sabe que houve contaminação do ambiente com esgotos (moradia de ratos), espera-se um número maior de casos de leptospirose humana. Também é considerada doença ocupacional, pois é de risco para trabalhadores que têm contato com o subsolo das cidades.

A espécie *Leptospira interrogans,* com seus mais de 200 *sorovares* agrupados em 25 sorogrupos, é a patogênica para o ser humano. As cepas *L. biflexa* não são patogênicas, são mais facilmente cultiváveis e servem de fonte alternativa segura para obtenção de antígenos para os testes de pesquisa de anticorpos.

Os sintomas da leptospirose humana são pleomórficos, muitas vezes brandos, simulando estado gripal. A *Leptospira* produz toxinas e enzimas responsáveis pelos quadros mais graves, pois causam lesão de endotélio vascular generalizada. A vasculite e a hemólise podem levar à icterícia. Dores musculares geralmente estão presentes. Algumas cepas como a *L. interohaemorragiae* estão associadas aos quadros graves, que incluem meningite, insuficiência renal e icterícia.

O diagnóstico tem importância para que a terapêutica antimicrobiana (penicilina, ampicilina, doxaciclina ou tetraciclina) seja instituída, reduzindo a morbidade e a letalidade da doença. Os critérios laboratoriais preconizados de diagnóstico indicativo para leptospirose são:

- Isolamento da *Leptospira* (de sangue, urina ou LCR) em cultivo
- Aumento de duas a quatro vezes do título de anticorpos aglutinantes observado em amostras coletadas na fase aguda (início dos sintomas) e convalescença (2 a 3 semanas depois).

Além de requererem laboratório especializado para cultivo e manutenção de cepas de leptospiras, são desvantagens desses critérios:

- Isolamento microbiológico muito demorado
- Necessidade de segunda coleta de sangue e demora para confirmar o diagnóstico.

A pesquisa de anticorpos específicos utilizando testes mais sensíveis pode contornar essas dificuldades. Vale lembrar que o período curto de incubação da infecção aos sintomas mantém a maioria dos pacientes na janela imunológica por até 1 semana já apresentando sintomas. Teste de detecção de anticorpos IgM ajudam a reduzir esse período de janela.

O teste-referência é o *microscopic agglutination test* (MAT), que é realizado em laboratórios de saúde pública qualificados em São Paulo. A técnica utiliza cepas vivas de diferentes *sorovares* representantes de diversos sorogrupos prevalentes. O soro do paciente é incubado em várias diluições, a partir de 1:100, com suspensão bacteriana de cada cepa e a leitura realizada em microscopia de campo escuro em aumento de 400 a 1.000 ×. A aglutinação microscópica indica anticorpos.

O MAT é trabalhoso e necessita de culturas vivas, com risco operacional e requer manutenção contínua dos repiques de cultivo de várias cepas. São ensaiadas inúmeras cepas frente a diversas diluições, o que torna a execução e a leitura muito demoradas. Apenas laboratórios de Saúde Pública têm condição de realizar esse teste.

Uma variação do teste inclui a adição de soro fresco de cobaia (fonte de complemento) e a leitura feita pela observação de morte das bactérias. É considerado teste positivo quando mais que 50% das bactérias morrem, ou seja, são neutralizadas pelos anticorpos.

A Fundação Oswaldo Cruz/Bio-Manguinhos do Ministério da Saúde produz o "Leptoteste" ou *slide agglutination test* (SAT), de fácil execução. Utiliza cepa *L. biflexa* não patogênica, formolizada; o teste é feito em lâmina com uma única diluição da amostra, e a leitura visual se faz com auxílio de lupa contra luz. O uso de corantes proteicos como *ponceau S* na suspensão bacteriana aumenta a sensibilidade da leitura, por facilitar a visualização dos agregados. Como o teste não usa as cepas patogênicas, o resultado positivo é presuntivo da infecção e indica investigação mais específica. Mesmo assim, é de grande utilidade, a baixo custo, na análise de grande número de amostras, ou em locais onde não se disponha de recursos laboratoriais especializados. As amostras positivas, em número menor, serão encaminhadas para os centros de referência.

O teste ELISA para detecção de IgM específica utilizando extratos antigênicos *sorovares* predominantes pode ser uma alternativa cada vez mais difundida, pela maior sensibilidade do próprio teste, tornando o diagnóstico mais precoce.

Em populações altamente expostas à infecção é comum encontrar indivíduos com elevados níveis de anticorpos por longos períodos. Ainda não está claro se esses anticorpos são protetores total ou parcialmente.

Salmoneloses

O gênero *Salmonella* compreende um grande número de espécies como variedade antigênica (sorotipos), que infectam diferentes espécies animais. Os sorotipos que mais frequentemente infectam o ser humano pertencem à espécie *S. enterica.* A forma mais grave da infecção, febre tifoide, é causada pelos sorotipos *S. typhi* e *S. paratyphi* A e B. Os sorotipos são agrupados de acordo com semelhanças antigênicas.

Os principais antígenos de *Salmonella* que distinguem seus sorotipos são: somático (antígeno "O"), flagelar (antígeno "H") e capsular (antígeno "K"). Cada sorotipo pode expressar mais que um antígeno. O grande número de sorotipos deve-se à capacidade de criar mosaicos de genes para seus antígenos por recombinação, alterações de comprimento, duplicações e mutações pontuais.

Algumas cepas causam gastrenterite por ingestão de alimentos e água contaminados com bactérias viáveis. Carnes, ovos de galinha e leite bovino têm sido associados a essas salmoneloses intestinais. A industrialização dos alimentos, pasteurização, cozimento, congelamento e antibióticos ministrados aos animais reduziram consideravelmente esse risco.

A febre tifoide é transmitida apenas entre humanos devido à contaminação fecal de água e alimentos. Alguns indivíduos portadores sadios mantêm a contaminação bacteriana no ambiente. Algumas situações potencialmente causam surtos, como catástrofes naturais (terremotos, enchentes) e ruptura de ductos de esgotos em centros urbanos. Para essas populações de risco existe uma vacina constituída de antígenos polissacarídicos da cápsula de *S. typhi* (antígeno Vi), de boa eficiência para prevenir epidemias, embora induza imunidade de curta duração, cerca de 3 anos, pois os antígenos constituídos de açúcares não são os melhores imunógenos.

Ao contrário da salmonelose intestinal, na *febre tifoide* há disseminação bacteriana para a circulação sanguínea e linfática. Na fase de bacteriemia, ocorre invasão de baço, fígado e rins, com excreção pela urina e bile e reinfecção intestinal. Nessa etapa, a *Salmonella* pode ser isolada de sangue, urina e fezes. A síndrome apresenta febre, cefaleia, prostação, esplenomegalia, leucopenia e complicações renais e hepáticas. Alguns pacientes se curam espontaneamente sem tratamento, e até 1 a 5% da população é portadora saudável da *S. typhi* na mucosa intestinal.

Como a febre tifoide tem a etapa de invasão sistêmica, ocorre a resposta imune com produção de anticorpos IgM e IgG. A presença de elevados níveis de IgM na fase aguda permite que testes de aglutinação direta mostrem resultados positivos significativos. Utiliza-se uma suspensão bacteriana de *S. typhi* (e *S. paratyphi* na febre paratifoide) como antígeno, tratada com fenol (para antígenos somáticos "O") ou com formaldeído (para antígenos flagelares "H"). Anticorpos anti-H são mais específicos, mas também aparecem em indivíduos vacinados. O teste em duas amostras pareadas coletadas com intervalo de 1 semana evidenciará a elevação dos títulos dos anticorpos. É importante lembrar que essa técnica de aglutinação sofre o efeito do fenômeno de pró-zona, que é contornado pela diluição da amostra. O teste é realizado com dez diluições sucessivas em tubos e cada um deles deve ser lido. A leitura de aglutinação das bactérias é muito leve e sutil e deve ser feita por homogeneização branda do tubo contra luz e auxílio de lupa, comparando com a leitura do tubo-controle que contém apenas a suspensão bacteriana. Ainda hoje esse teste leva o nome de teste de Widal, que padronizou o ensaio.

Chlamydia trachomatis

É uma bactéria intracelular obrigatória, Gram-negativa, que se multiplica no citoplasma da célula hospedeira e se agrega em corpúsculos elementares intra e extracitoplasmasmáticos. Os antígenos de grupo são representados por açúcares associados ao LPS, e os antígenos espécie-específicos são representados por proteínas associadas à membrana externa (MOMP, *major outer membrane proteins*) em conjunto com outros antígenos tipo-específicos. Os sorotipos A, B e C estão associados com tracoma, e os tipos L1, L2 e L3, com linfogranuloma venéreo. Uretrites não gonocóccicas e cervicites são geralmente causadas pelos sorotipos D-K.

C. trachomatis é reconhecida como uma das principais causas de doenças venéreas. Infelizmente, a maioria dos pacientes, principalmente mulheres com infecção cervical, é assintomática ou oligossintomática, o que mantém elevada a taxa de transmissão sexual.

A infecção crônica não tratada pode evoluir para complicações como doença pélvica inflamatória, aborto e partos prematuros em gestantes, gravidez ectópica e infertilidade nos casos de comprometimento das tubas uterinas levando à fibrose. Em homens, a clamidiose parece mais frequente que a gonorreia, sendo a disúria o principal sintoma. A epididimite está descrita em alguns casos não tratados.

Recém-nascidos de parto normal podem se infectar ao passar pelo canal vaginal, e, nesse caso, a mucosa conjuntival é afetada (tracoma). Usam-se solução de Credé (nitrato de prata) ou colírio com tetraciclina ou eritromicina em recém-nascidos para prevenir a oftalmia gonocóccica neonatal, muito mais grave, sendo possível que também reduzam os casos de infecção por *Chlamydia.* A infecção nasofaríngea de recém-nascidos também pode ocorrer no momento do parto, e em alguns casos desenvolve-se em seguida pneumonia no recém-nascido.

Tracoma é o nome dado à infecção, geralmente endêmica, da conjuntiva ocular com comprometimento irreversível da córnea, levando à cegueira. Essa forma de sequela está associada a condições sanitárias muito pobres e à falta de tratamento, afetando, por isso, áreas da África, Sudeste Asiático e Oriente Médio, onde é chamada de "tracoma endêmico". No Brasil, na década de 1980, houve aumento no número de casos no interior do estado de São Paulo, o que levou à implantação de um sistema de busca ativa para vigilância epidemiológica da doença.[9]

O diagnóstico de certeza é feito pela identificação do microrganismo em cultivo de células McCoy. O *swab* de secreções ou raspado de lesões devem ser transportados em meios adequados. O método microbiológico é pouco sensível quando a leitura é feita por colorações com corantes.

Anticorpos monoclonais marcados com fluorocromos (*imunofluorescência direta*) aumentam muito a sensibilidade da identificação em cultivo e podem ser usados diretamente em material de raspado de endocérvix, de uretra ou conjuntiva, ou ainda de secreção nasofaríngea. O material deve ser fixado por metanol e acetona a frio e assim que possível congelado, para evitar desnaturação antigênica. O enriquecimento do material em cultivo de células McCoy aumenta a sensibilidade.

A imunofluorescência direta identifica os corpúsculos elementares extracelulares e intracelulares que parecerão como pontos minúsculos. Um teste típico positivo parecerá "céu estrelado" com pontos verdes brilhantes se os anticorpos monoclonais forem marcados com fluoresceína. São fatores cruciais na eficiência do método: a coleta adequada do material (quantidade de células epiteliais infectadas e não apenas de pus), a conservação e a fixação da amostra, bem como a realização do teste antes da degradação antigênica.

Testes rápidos seriam muito úteis para uso em consultório, mas são pouco usuais no meio médico. Como na maioria dos casos de infecção não há relato de sintomas, seria boa a sugestão de realização obrigatória do exame nas amostras coletadas rotineiramente de endocérvix vaginal, por ocasião das visitas regulares ao ginecologista.

Os ensaios de biologia molecular para detectar DNA ou rRNA de *C. trachomatis* já estão disponíveis comercialmente, mas só para alguns tipos de amostras (as técnicas de amplificação sofrem efeitos interferentes presentes em algumas amostras – ver Capítulo 3). O custo dos testes moleculares (reagentes + área física + recursos humanos) ainda é mais elevado que o dos imunoensaios, mas a sensibilidade justifica sua utilização.

A detecção de anticorpos séricos anti-*C. trachomatis* é de baixa sensibilidade e especificidade, mas é recurso adicional nos casos de infecção sistêmica, como doença pélvica inflamatória e pneumonia. Há testes que parecem detectar anticorpos espécie-específicos (*C. trachomatis* e *C. pneumoniae*).

Os testes disponíveis no mercado são do tipo imunoenzimático para detectar anticorpos IgG e IgA. A positividade para anticorpos IgA parece confirmar infecção ativa, enquanto IgG perdura na etapa de cura.

Helicobacter pylori

Inicialmente denominada de *Campylobacter pylori*, é uma bactéria Gram-negativa fina em forma de espiral, microaerófila, que coloniza e sobrevive no antro estomacal.

H. pylori é urease-positiva, e o teste de inalação de ureia marcada com ^{14}C que será exalada como $^{14}CO_2$ é utilizado junto com endoscopia para firmar diagnóstico. A produção de grande quantidade de amônia, de reconhecida toxicidade, parece ter papel importante na sobrevivência da bactéria em meio ácido, bem como a participação na indução de lesões teciduais.

Algumas gastrites e úlceras péptica e duodenal estão fortemente associadas com a infecção crônica por *H. pylori*. A associação com câncer de estômago não pode ser descartada, embora outros fatores devam estar envolvidos. Como a causa é bacteriana, o diagnóstico diferencial se faz necessário, para a escolha terapêutica antimicrobiana.

Os métodos microbiológicos diretos para diagnóstico da infecção por *H. pylori* são difíceis e requerem material obtido por biopsia. O teste da urease no tecido gástrico é também confirmatório da infecção.

O diagnóstico presuntivo de detecção de anticorpos é uma opção útil, pelo baixo custo e facilidade de execução, mesmo em crianças.

Os testes de detecção de anticorpos anti-*H. pylori*, IgG ou IgM e principalmente IgA são de grande utilidade para a triagem de pacientes infectados, desde que apresentem sintomas como dispepsia ou dor estomacal, quando o valor preditivo dos resultados é mais elevado. Anticorpos IgA aparecem mais precocemente e IgG são mais persistentes. Já IgM é raramente encontrada, pois o mais provável é que os sintomas, só aparecendo na fase crônica, dificultem a detecção dos anticorpos IgM, que devem ter estado presentes no início da infecção.

Resultados positivos dos testes de detecção de anticorpos também estão associados à melhora pós-terapêutica antimicrobiana específica e podem ajudar a confirmar o diagnóstico etiológico em populações com dificuldade de acesso a exames de imagem. Reações cruzadas dos anticorpos são relatadas e esperadas, por exemplo, com *Campylobacter jejuni*.

Borreliose

A doença de Lyme é causada por um espiroquetídeo, *Borrelia burgdorferi*, transmitido por carrapatos do gênero *Ixodes*, infectados de camundongos, cervos ou pessoas. Aparentemente, a presença do carrapato deve ser prolongada para que ocorra a transmissão. A doença evolui de maneira crônica com alguma exacerbação aguda caracterizada como "eritema migrans", febre, fadiga e dores articulares, semelhantes à gripe. A forma crônica é grave, pois afeta sistema nervoso (lesão de nervos periféricos, torpor e paralisia facial) e coração.

A epidemiologia da doença de Lyme mostra que é endêmica no norte da Europa e em algumas regiões dos EUA. No Brasil, não há estudos sistemáticos relatando a infecção, mas é possível que esteja presente nas áreas rurais. O diagnóstico imunológico pode ser feito por imunofluorescência ou imunoenzimáticos para pesquisa de anticorpos IgG e IgM.

Mycoplasma pneumoniae

Causa a chamada pneumonia atípica primária e traqueobronquites que afetam crianças e jovens, com elevada morbidade e até 10% de letalidade. Como o diagnóstico microbiológico é difícil para micoplasmas, os testes imunológicos para detectar anticorpos foram objeto de alguns trabalhos. Inicialmente, observou-se que cerca de 50 a 70% dos pacientes com pneumonia por *M. pneumoniae* produzem elevados níveis de aglutininas (IgG e IgM) inespecíficas e possuem uma característica peculiar. Essas imunoglobulinas foram chamadas de *crioaglutininas*, pois aglutinam hemácias frescas de carneiro e humanas (tipo O Rh negativo) em temperaturas de 2 a 8°C. Essa aglutinação é reversível pelo aquecimento por 30 min a 37°C, ao contrário dos anticorpos heterófilos da mononucleose infecciosa que mantém a aglutinação a quente.

A pesquisa de anticorpos IgG e IgM antígeno-específicos pode ajudar no diagnóstico. Hoje ainda se empregam extratos brutos no teste ELISA, o que reduz muito a especificidade do teste. Por outro lado, vários pesquisadores têm identificado frações gênero-específicas. Anticorpos IgM e IgG são observados na fase aguda e na vigência da infecção. IgM desaparece em alguns meses e IgG permanece longos períodos. Os testes para detectar IgM anti-*M. pneumoniae* deve ser do tipo captura, para evitar a interferência da IgG. Em pacientes com suspeita clínica, amostras pareadas coletadas com intervalo de 10 dias fornecem resultados mais preditivos, pois se detectará a subida da concentração dos anticorpos específicos.

O elevado custo do desenvolvimento comercial desses testes, aliado à reduzida demanda de casos, contribui para a escassez do imunodiagnóstico das infecções por micoplasma. O mais provável é que as técnicas moleculares de hibridização e PCR sejam as empregadas no futuro, com a vantagem de identificar a espécie e possíveis cepas distintas das espécies de micoplasmas.

Riquetsioses

As riquétsias são bacilos ou cocobacilos Gram-negativos, agrupados em gêneros: *Rickettsia*, *Coxiella*, *Rochalimaea (Bartonella)* e mais recentemente, *Ehrlichia*. As doenças e as infecções que causam no ser humano são, entre outras, febre maculosa, tifo exantemático, febre Q, febre das trincheiras, tifo murino e tifo do carrapato. Clinicamente, os sinais e sintomas não são específicos, como febre aguda elevada, anorexia, cefaleia, eritemas na pele, geralmente de evolução benigna, apesar da morbidade elevada. A erliquiose pode ser mais grave, pois afeta medula óssea e leva à anemia e leucopenia, podendo ser fatal.

A importância dessas febres deve-se à transmissão por artrópodes. A inoculação de secreções de picadas de ácaros e carrapatos ou contato da pele com fezes de pulgas ou piolhos infectados são as formas mais descritas. A febre Q é transmitida por inalação de material contendo *Coxiella burnetii*.

O diagnóstico microbiológico é feito por inoculação de tecidos em animais, ovo embrionado ou cultura de células. Portanto, é muito especializado e pouco disponível. A resposta de defesa imunológica é prejudicada, pois as riquétsias invadem macrófagos e conseguem, então, se multiplicar. No entanto, há intensa produção de anticorpos IgM e IgG específicos que podem ser detectados por testes imunoenzimáticos de elevada sensibilidade.

Um teste muito antigo, anterior à identificação adequada dessas bactérias, era o de Weil-Félix, por aglutinação direta de suspensão bacteriana fenolizada de *Proteus vulgaris*. Esse teste é mais eficiente na fase aguda (presença de IgM) e a reatividade cruzada deve-se aos antígenos somáticos. A especificidade não é boa, mas o valor preditivo positivo é elevado se houver dados clínico-epidemiológicos direcionando a etiologia.

A pesquisa de anticorpos IgG e IgM por imunoensaios enzimáticos vem sendo utilizada em centros de pesquisa. A padronização adequada dos antígenos empregados ainda é objeto de pesquisa.

Outra opção de imunoensaio mais adequada é a confirmação do patógeno em tecidos utilizando anticorpos específicos conjugados com fluorocromos (imunofluorescência direta). Como a demanda por esses testes é baixa, a disponibilidade de testes comerciais é limitada, e o diagnóstico fica restrito a laboratórios de pesquisa.

Referências bibliográficas

1. Rouphael NG, Stephens DS. Neisseria meningitidis: biology, microbiology, and epidemiology. Methods Mol Biol. 2012;799:1-20.
2. Todd EW, Hewitt LF. A new culture medium for the production of antigenic streptococcal hæmolysin. J Pathol. 1932;35:973-4.
3. Bittencourt MJS, Brito AC, Nascimento BAM, Carvalho AH, Drago MG. Nodular tertiary syphilis in an immunocompetent patient. Anais Brasileiros de Dermatologia. 2016; 91(4):528-30.
4. Giacani L, Jeffrey BM, Molini BJ, Le HT, Lukehart SA, Centurion-Lara A et al. Complete Genome Sequence and Annotation of the Treponema pallidum subsp. pallidum Chicago Strain. Journal of Bacteriology. 2010;192(10):2645-6.
5. Ortel TL. Antiphospholipid syndrome laboratory testing and diagnostic strategies. American Journal of Hematology. 2012;87(1):S75-81.
6. Hussein MZ, Abou-Elnoeman SA, Al- Fikky AA, El-Samadouny EI, Shaaban AAM. Evaluation of Rose Bengal Test, Standard Tube Agglutination Test and Nested PCR for the diagnosis of Human Brucellosis. The Egyptian Society of Medical Microbiology. 2006;15(2).
7. Metwally L, Mcbride KA. Development of a basic membrane protein genetargeted nested pcr assay for the direct detection of T. pallidum DNA in specimens from patients with suspected syphilis. The Egyptian Society of Medical Microbiology. 2006;15(2).
8. Grange PA, Gressier L, Dion PL, Farhi D, Benhaddou N, Gerhardt P et al. Evaluation of a PCR test for detection of treponema pallidum in swabs and blood. J Clin Microbiol. 2012 Mar;50(3):546-52.
9. Lopes MFC, LunalI EJA, MedinaI NH, Cardoso MRA, Freitas HSA, Koizumi IK et al. Prevalência de tracoma entre escolares brasileiros. Rev Saúde Pública. 2013;47(3):451-9.

Bibliografia

Branda JA, Lewandrowski K. Utilization management in microbiology. Clin Chim Acta. 2014;427:173-7.

Brandão AP, Camargo ED, Silva ED, Silva MV, Abrão RV. Macroscopic agglutination test for rapid diagnosis of human leptospirosis. J Clin Microbiol. 1998;36:3138-42.

Castro AFP, Toledo MRF. Riquétsioses. In: Trabulsi LR, Alterthum F, Gompertz OF, Candeias JAN. Microbiologia. 3. ed. São Paulo: Atheneu; 1999. p. 325-8.

Centers for Disease Control and Prevention. Case definitions for infectious conditions under public health surveillance. MMWR. 1997;46:49.

Cole JR, Sulzer CR, Pursell A. Improved microtechnique for the leptospiral microscopic agglutination test. Appl Microbiol. 1973;25:976-80.

Coler RN, Skeiki YA, Vedvick TS, Bement T, Ovendale PJ, Campos-Neto A *et al*. Molecular cloning and immunologic reactivity of a novel low molecular mass antigen of Mycobacterium tuberculosis. J Immunol. 1998;161:2356-64.

Ferreira AW, Ávila SLM. Diagnóstico laboratorial das principais doenças infecciosas e autoimunes. 3. ed. Rio de Janeiro: Guanabara Koogan; 2013.

Gorczynski R, Stanley J. Respostas imunológicas aos micróbios. In: Gorczynski R, Stanley J. Imunologia clínica. Rio de Janeiro: Reichmann & Affonso Editores; 2001. p. 185-207.

Harboe M. Antigens of PPD, old tuberculin, and autoclaved *Mycobacterium bovis* BCG studied by crossed immunoelectrophoresis. Am Rev Respir Dis. 1981;124:80-7.

Jawetz E, Melnick JL, Adelberg EA. Microbiologia médica. 20. ed. Rio de Janeiro: Guanabara Koogan; 1998.

Lee E, Holzman RS. Evolution and current use of tuberculin test. Clin Infect Dis. 2002;34:365-70.

Manual de vigilância do tracoma e sua eliminação como causa de cegueira. Ministério da Saúde, Secretaria de Vigilância em Saúde, Departamento de Vigilância das Doenças Transmissíveis. 2. ed. Brasília: Ministério da Saúde; 2014. Disponível em: http://bvsms.saude.gov.br/bvs/publicacoes/manual_vigilancia_tracoma_eliminacao_cegueira.pdf. Acesso em: 03 jan 2018.

Marcheldon P, Ciota L, Zamaniyan F, Peacock J, Graham D. Evaluation of three commercial enzyme immunoassays compared with the ^{13}C urea breath test for detection of *Helicobacter pylori* infection. J Clin Microbiol. 1997;34:1147-52.

Martinez MB. Infecções do sistema nervoso central. In: Trabulsi LR, Alterthum F, Gompertz OF, Candeias JAN. Microbiologia. 3. ed. São Paulo: Atheneu; 1999, p. 355-7.

Parslow TG. Immunogens, antigens & vaccines. In: Stites DP, Terr AI, Parslow TG. Medical immunology. 9. ed. Stamford: Appleton & Lange; 1997. p. 74-82.

Pottumarthy S, Wells VC, Morris AJ. A comparison of seven tests for serological diagnosis of tuberculosis. J Clin Microbiol. 2000;38:2227-31.

Roe M, Kishiyama C, Davidson K, Schaefer L, Todd J. Comparison of BioStar Stre A OIA optical immunoassay, Abbott TestPack Plus Strep A, and culture with selective media for diagnosis of group A streptococcal pharyngitis. J Clin Microbiol. 1995;33:1551-3.

Schaechter M, Engleberg NC, Eisenstein BI, Medoff G. Microbiologia. Mecanismos das doenças infecciosas. 3. ed. Rio de Janeiro: Guanabara Koogan; 2002. 642 p.

Smith AL. Sistema nervoso central. In: Schaechter M, Engleberg NC, Eisenstein BI, Medoff G. Microbiologia. Mecanismos das doenças infecciosas. 3. ed. Rio de Janeiro: Guanabara Koogan; 2002. p. 479-90.

Tugwell P, Dennis DT, Weinstein A, Wells G, Shea B, Nochol G *et al*. Clinical guidelines, part 2: laboratory evaluation in the diagnosis of Lyme disease. Ann Int Med. 1997;127:1109-23.

Turgeon ML. Part III – Manifestations of infectious diseases. In: Turgeon ML. Immunology & serology in laboratory medicine. 3. ed. St. Louis: Mosby; 2002. p. 173-313.

Ursell LK, Metcalf JL, Parfrey LW, Knight R. Defining the human microbiome. Nutr Rev. 2012;70 Suppl 1:S38-44.

Capítulo 17

Infecções Parasitárias

Adelaide J. Vaz e Yoshimi Imoto Yamamoto

Introdução

As parasitoses representam importante agravo à saúde em regiões com condições socioeconômico-culturais que permitem a manutenção e a disseminação de vários ciclos biológicos de parasitos. Algumas representam zoonoses, outras são transfusionais, ou ainda, causa de infecção congênita e, por isso, também estudadas em regiões de melhor condição de vida em países desenvolvidos.

A migração das populações humanas e o comércio internacional de alimentos são fatores de introdução de parasitoses em áreas onde antes eram inexistentes. Os métodos laboratoriais de diagnóstico contribuem para:

- Estabelecer adequadamente a etiologia da infecção para a correta intervenção terapêutica
- Avaliar a frequência de determinadas parasitoses em diferentes áreas auxiliando no direcionamento de medidas de intervenção local
- Avaliar a eficiência de medidas profiláticas e terapêuticas ao longo do tempo.

O estabelecimento da etiologia de uma infecção é quase sempre complexo. Consiste em uma série de dados clínicos, epidemiológicos e laboratoriais. No último, são incluídos os exames de imagem, como ultrassonografia, tomografia computadorizada e ressonância magnética, embora sejam de difícil acesso à maior parte da população e requeiram profissionais especializados para interpretar os resultados.

Na vigência de infecção parasitária, nem sempre há sintomatologia, e quando os sintomas clínicos estão presentes, essas manifestações podem ser brandas ou mesmo inespecíficas, comuns a outras afecções, o que dificulta o diagnóstico etiológico clínico-epidemiológico. Nas infecções crônicas de longa evolução, é difícil levantar dados epidemiológicos que ajudem a definir o modo de contágio ou a infecção. O diagnóstico laboratorial surge como uma ferramenta auxiliar de grande utilidade na investigação das parasitoses e é possível dividi-lo em *diretos* e *indiretos*.

Os *métodos diretos* são aqueles em que é possível identificar diretamente a presença do parasito ou seus produtos. Incluem:

- Exames a fresco para pesquisa de trofozoítos em fezes
- Colorações temporárias e permanentes (em amostras fixadas) que apresentam maior especificidade para identificar estruturas parasitárias (morfologia) e melhor sensibilidade
- Técnicas de concentração que aumentam a sensibilidade e consistem em centrifugação em variadas soluções, preparo em soluções de diferentes densidades ou temperaturas e até sedimentação espontânea
- Isolamento e cultura para alguns protozoários, em meios de cultura, em cultivo de células e por inoculação em animais de laboratório
- Detecção de antígenos circulantes em fluidos biológicos
- Imuno-histoquímica ou detecção de antígenos *in situ*
- Detecção de material genético (DNA, RNA) parasitário, método que ainda se restringe à pesquisa.

Os métodos *indiretos* são aqueles que detectam a resposta imunológica do hospedeiro., ou seja, a presença de anticorpos da classe G e M no sangue, que podem ser demonstrados por meio de vários testes imunológicos. A aplicação da biologia molecular, embora de grande valor diagnóstico devido aos elevados índices de sensibilidade e especificidade, bastante utilizada em centros de pesquisa, é ainda uma expectativa futura para o campo de diagnóstico das parasitoses.

Imunologia das parasitoses

A compreensão da *fisiopatologia* das parasitoses humanas inclui o conhecimento dos mecanismos imunológicos envolvidos na relação parasito-hospedeiro. Esse conhecimento também contribui para o desenvolvimento de imunoensaios para o diagnóstico laboratorial, bem como para estudos de *vacinas* aplicáveis em animais ou humanos em áreas de risco para parasitoses de difícil controle sanitário.

Uma das principais dificuldades de estudo das parasitoses é a escassez de modelos animais *experimentais* de infecção, às vezes impossibilitando obter muitos dos antígenos parasitários que podem ser aplicados no imunodiagnóstico e nos experimentos.

Como antígenos são essenciais para estudo da imunobiologia das parasitoses, desenvolvimento e aplicação de métodos imunodiagnósticos e para experimentos de imunização, há interesse crescente na tecnologia de DNA recombinante. Nas viroses, esse desenvolvimento é facilitado pela simplicidade genômica do microrganismo. Parasitos são muito mais complexos e ainda há pouco conhecimento a respeito de todo o genoma desses organismos, especialmente os helmintos. Parte do genoma de alguns parasitos, principalmente protozoários, tem sido identificada por tecnologia de DNA recombinante usando anticorpos para identificar antígenos expressos em clones recombinantes. As sondas marcadas de DNA parasitário também podem ser usadas em técnicas de hibridização para detectar genoma parasitário em cortes histológicos (ver Capítulo 3).

Uma característica das técnicas de biologia molecular, em relação aos ensaios imunológicos, é a possibilidade de absoluta especificidade, que permite distinguir cepas parasitárias, o que nem sempre é possível pela identificação dos antígenos expressos.

A relação *parasito-hospedeiro*, na infecção ou na doença, é complexa na maioria das parasitoses importantes para o ser humano. As manifestações da resposta imune do hospedeiro são muitas vezes responsáveis pelas lesões teciduais observadas nas infecções parasitárias, às vezes até mais graves do que aquelas provocadas pela presença e metabolismo parasitário. Por isso, muitas parasitoses são estudadas na imunopatogenia, como: leishmaniose, doença de Chagas, cisticercose, hidatidose, toxocaríase, esquistossomose, entre outras.

A cronicidade é outra característica de muitas das infecções parasitárias, pois, embora haja resposta imune, em geral parcialmente protetora, o hospedeiro não consegue eliminar o parasito. Esse achado também dificulta o desenvolvimento de vacinas, pois não é fácil identificar antígenos imunoprotetores em parasitos, ao contrário do observado em algumas viroses.

Nas infecções crônicas, é comum estabelecer-se um equilíbrio parasito-hospedeiro, no qual a carga parasitária é mantida em níveis de pouco agravo à saúde. Esses níveis de menor número de parasitos também podem apresentar-se como menor virulência parasitária. O que se sabe é que o parasito se mantém em menor número à custa da ação efetora do sistema de defesa do hospedeiro. Se por algum motivo ocorrer redução da sua resposta imune, é comum observar a *disseminação* do parasito com aspectos de maior virulência, causando quadros clínicos graves. Esse desequilíbrio é chamado de *reativação da infecção*, que era preexistente, e o parasito é considerado *oportunista*. Servem de exemplo o protozoário *Toxoplasma gondii* e o helminto *Strongyloides stercoralis*. Essa reativação parasitária passou a ser relatada com maior frequência após o aparecimento da infecção pelo HIV, especialmente nas áreas onde é mais numerosa a população de indivíduos infectados pelo vírus e sem tratamento. Também se pode observar essa imunodeficiência em pacientes com neoplasias tratados com quimioterapia antiblástica e em pacientes transplantados submetidos à terapêutica imunossupressora.

Além da resposta de defesa imune-inflamatória com o objetivo de eliminar o parasito, outros mecanismos imunológicos são relatados nas infecções parasitárias:

- Citotoxicidade mediada por imunocomplexos (hipersensibilidade tipo III): ocorre quando se formam macroimunocomplexos por excesso de antígenos (parasito) e anticorpos (hospedeiro) que se depositam em endotélio de vasos e membrana basal dos glomérulos, iniciando processo inflamatório exacerbado. Com a fixação de complemento nesses tecidos que possuem receptores para os fatores C3b e C5b (produtos da ativação do sistema complemento), serão observadas lesões graves (arterites, vasculites e glomerulonefrites). Por exemplo: malária e cisticercose
- Reação do tipo anafilática: ocorre em infecção parasitária com produção de anticorpos da classe IgE, que se fixam à membrana de mastócitos. Quando da liberação de antígenos parasitários, formam-se imunocomplexos IgE-antígeno na membrana celular do mastócito, desencadeando desgranulação (exocitose de grânulos) com liberação de aminas vasoativas, como a histamina, que podem levar, na forma mais grave, ao choque anafilático. Por exemplo: hidatidose e toxocaríase
- Mecanismos autoimunes: têm sido relatados em infecções crônicas de diferentes etiologias, e entre as parasitoses tem-se como exemplo a infecção pelo *Trypanosoma cruzi*, em que o parasito intracelular e a resposta imunológica do tipo citotóxica com inflamação crônica podem levar ao aparecimento de autoanticorpos contra os antígenos da célula cardíaca infectada. Aumento de mielina no líquido cefalorraquidiano (LCR) tem sido observado em alguns pacientes com neurocisticercose, sugerindo participação de autoimunidade na fisiopatologia da parasitose.

Diagnóstico imunológico

O diagnóstico imunológico indireto de detecção de anticorpos produzidos pelo hospedeiro é de grande importância quando a identificação direta do parasito não é aplicável em larga escala ou é difícil, por exemplo, nas seguintes infecções: toxoplasmose, doença de Chagas (fase crônica), abscesso amebiano, leishmaniose visceral, esquistossomose (fase crônica), larva *migrans* visceral (LMV; toxocaríase), cisticercose e hidatidose.

A *especificidade* da resposta imunológica, portanto, dos anticorpos produzidos é a característica que confere elevado valor preditivo aos imunoensaios. Outra propriedade importante na padronização dos testes imunológicos é a estabilidade dos imunocomplexos formados, a qual é conferida pela *afinidade* das imunoglobulinas, permitindo identificar anticorpos na amostra obtida.

No entanto, duas outras características aparecem dificultando a adequada padronização dos testes imunológicos. A principal é a chamada *memória imunológica*, ou seja, são detectados anticorpos em pacientes com a doença, naqueles que já estão curados da infecção, bem como naqueles que tiveram contato com o parasito, mas não foram infectados, e finalmente, em indivíduos eventualmente vacinados. A outra característica, fundamental na eficiência dos testes, é o tipo de antígeno. Sua qualidade influi diretamente na sensibilidade e na especificidade dos testes padronizados para a detecção de anticorpos. Pesquisas recentes apontam para o uso de proteínas recombinantes, empregadas isoladamente ou misturadas, e até mesmo de antígenos quiméricos apresentando múltiplos epítopos, com o objetivo de melhor diagnosticar não somente a presença de anticorpos, mas de distinguir as fases de infecção e também encontrar testes que possam avaliar a eficácia terapêutica. Em particular em toxoplasmose e doença de Chagas, é importante diferenciar as infecções recentes das passadas, pois a conduta médica é totalmente diferente para cada caso. Outro ponto adverso na padronização de testes imunológicos diz respeito à frequente semelhança (reatividade cruzada) entre os antígenos constituintes dos patógenos. Por exemplo, o conteúdo antigênico do tegumento da maioria dos helmintos é semelhante. Frequentemente, antígenos de excreção-secreção (metabólitos) são semelhantes em parasitos da mesma família.

Essa semelhança antigênica mostra-se como *reatividade cruzada* nos testes imunológicos, que, por sua vez, às vezes só é notada quando se aplica o teste em população exposta a determinados parasitos, e, por isso, os testes imunodiagnósticos de parasitoses precisam ser validados para cada população na qual serão aplicados.

Algumas variáveis devem ser consideradas para o desenvolvimento de imunoensaios para diagnóstico de infecções parasitárias. Esses fatores são determinantes na eficiência do teste utilizado e, infelizmente, nem sempre todos são conhecidos, permanecendo como área de interesse na pesquisa científica:

- O *material biológico* de escolha e a *conservação* da amostra a ser examinada dependem do elemento a ser detectado (antígeno parasitário ou anticorpo produzido pelo hospedeiro)
  - No caso da pesquisa de *anticorpos*, a situação é melhor, o material a ser coletado é geralmente o sangue, e as imunoglobulinas são bastante estáveis quando mantidas em temperaturas baixas. Congelá-las a −20°C pode manter suas características por muitos meses ou anos. Esse requisito pode ser difícil em áreas carentes, até de energia elétrica, e são essas as áreas onde estudos soroepidemiológicos são mais necessários. Ainda faltam estudos que permitam a utilização rotineira de sangue venoso por punção da polpa digital em papel de filtro. Alguns estudos soroepidemiológicos foram realizados com esses eluatos, mas a reprodutibilidade do método e os testes aplicáveis ainda devem ser aprimorados
  - A escolha do material biológico para a pesquisa de *antígenos* pode requerer procedimento mais invasivo, como obter tecidos por biopsias. No caso de material fecal, outro problema se apresenta. O uso de conservantes e antimicrobianos pode modificar os antígenos parasitários, que então não serão detectados por imunoensaios. Por outro lado, a variada flora de antígenos (bacterianos e fúngicos) e a presença de resíduos alimentares, que também são estruturas antigênicas, fazem do material fecal um material biológico de difícil padronização para testes imunológicos
- A resposta imunológica depende da *intensidade* do estímulo antigênico. Quando o parasito se *localiza* em estruturas privilegiadas como o globo ocular ou sistema nervoso central, a resposta imunológica pode ser apenas local, requerendo a coleta de material biológico desse sítio. Por exemplo, humor aquoso na toxocaríase ocular e LCR na neurocisticercose. A obtenção desses espécimes requer profissional especializado e condições adequadas, o que nem sempre é acessível à população
- A *fase de evolução* do parasito (embrião, larva, verme adulto, cisto etc.) envolvida na infecção e as variações antigênicas entre as cepas representam outra dificuldade para a padronização dos testes imunológicos. Por exemplo, na tripanossomíase americana (doença de Chagas), pode-se empregar a forma epimastigota de *T. cruzi* (obtida em meio de cultivo) como antígeno para pesquisa de anticorpos específicos para as formas tripomastigota e amastigota (presentes no hospedeiro humano infectado), pois as diferentes formas partilham antígenos comuns imunodominantes. Antígenos de secreção e excreção têm sido testados no diagnóstico das parasitoses, sendo que na doença de Chagas é utilizado o antígeno obtido de formas tripomastigotas, que mostrou ser específico, não reagindo com soros de leishmaniose na técnica de *Western blotting*. No imunodiagnóstico da toxocaríase, o antígeno de excreção/secreção obtido de larvas mantidas em cultivo por vários meses em meio definido mostrou ser o mais adequado
- Os parasitos apresentam *mecanismos* de sobrevivência à resposta de defesa do hospedeiro, como localização intracelular de alguns protozoários, variação antigênica, adsorção de proteínas do hospedeiro, atração de colágeno e fibrina formando cápsula protetora, composição antigênica de menor imunogenicidade e inibidora de fagocitose e ativação de complemento, liberação local de substâncias supressoras da resposta do hospedeiro, entre outros
- A *resposta de defesa* do ser humano é complexa e diversificada entre os indivíduos, fornecendo obstáculos para a padronização de testes imunológicos aplicáveis em diferentes populações. São variáveis que devem ser consideradas: *status* imune (idade, coinfecções, sexo, imunocompetência, imunodeficiência, predisposição a fenômenos alérgicos etc.) do hospedeiro e mecanismos inespecíficos inflamatórios (patologias crônicas, uso de medicamentos etc.).

Pesquisa de antígenos parasitários

Nesses imunoensaios, é necessário que os antígenos permaneçam na amostra com a estrutura molecular reconhecida pelos anticorpos que estão sendo utilizados para detectá-los. Nos testes de detecção de antígenos é necessário produzir e purificar anticorpos (policlonais ou monoclonais). A produção prévia desses anticorpos implica no uso de antígenos para imunizar animais. Geralmente são usados extratos antigênicos que facilmente são reconhecidos pelos anticorpos obtidos. Mas, quando se utilizam esses mesmos anticorpos para detectar antígenos na infecção natural, pode não se ter sucesso. Uma das razões é que os antígenos na infecção são modificados por processos imune-inflamatórios ou pelo metabolismo parasitário e, portanto, esses podem ser estruturalmente diferentes daqueles antígenos utilizados para obtenção dos anticorpos.

Imunoensaios aplicados *in vivo*

Teste de hipersensibilidade imediata

A composição antigênica dos parasitos, especialmente dos helmintos, ativa resposta de linfócitos T *helper* 2 (Th2), liberando interleucinas (IL)-4, IL-5 e IL-6 e induzindo ativação e diferenciação de linfócitos B a secretar imunoglobinas, dentre as quais é frequente o achado de IgE, possivelmente dependente dos antígenos de tegumento dos helmintos.

Devido a essas características, foram propostos testes *in vivo* de hipersensibilidade imediata para o diagnóstico de infecções sistêmicas por helmintos, como na *hidatidose*, o teste de Casoni. Resumidamente, injeta-se por via subcutânea ou intradérmica, preferencialmente, pequeno volume de antígeno solubilizado e se observa, em 10 a 30 min, a ocorrência de eritema com ou sem prurido. A dificuldade de padronização e de obtenção de preparações adequadas de antígenos, o elevado índice de testes falso-positivos e falso-negativos, e o risco de induzir respostas graves fazem com que esses testes sejam reavaliados quanto à aplicação diagnóstica, uma vez que atualmente é possível identificar a IgE específica para líquido hidático por meio de imunoensaios *in vitro*.

Ao utilizar testes *in vivo*, deve-se considerar sempre a hipótese de a resposta do paciente ser tão intensa que desencadeie fenômenos mais graves, daí a necessidade de realizar esses testes em locais com assistência médica e recursos terapêuticos disponíveis.

Teste de hipersensibilidade tardia

Como em toda resposta imune complexa, nas infecções parasitárias há participação da resposta celular Th1 e de macrófagos. A injeção intradérmica de antígenos no paciente previamente sensibilizado promoverá a migração celular para o local onde foi depositado o antígeno, formando uma pápula ou um nódulo em 24 a 72 h, constituído por essas células (macrófagos, células dendríticas e linfócitos T). Na persistência do antígeno, pode haver uma reação granulomatosa mais intensa. O teste de Montenegro aplicado na investigação laboratorial de leishmaniose mucocutânea é um exemplo de teste de hipersensibilidade tardia para parasitoses. Nos pacientes com maior reatividade é comum o aparecimento de uma área de extensa hiperemia no local da enduração, bem como formação de flictenas e até necrose tecidual. De modo geral, a intensidade da resposta é proporcional à intensidade do estímulo antigênico, mas tanto pode indicar imunização prévia quanto infecção presente. É evidente que indivíduos curados também poderão apresentar teste positivo, geralmente em menor intensidade.

Uma consideração importante nos testes de hipersensibilidade tardia é a possível imunização do indivíduo com o antígeno aplicado, o que é mais provável se ocorrerem múltiplas aplicações. Ao final de algumas aplicações, o paciente apresentará teste positivo indicando essa imunização e não o contato com o parasito.

Imunodiagnóstico de algumas infecções parasitárias

Doença de Chagas

É causada pelo protozoário *T. cruzi* que se desenvolve no tubo digestivo de vetores (triatomíneos) e é eliminado nas fezes desses insetos como tripomastigota metacíclico, durante ou após o repasto sanguíneo, já que o vetor é hematófago. O ciclo biológico do parasito é mantido por vertebrados (reservatório), como tatu, gambá e roedores silvestres. O ser humano acabou entrando nesse ciclo ao desmatar áreas florestais, eliminar animais que eram fonte de alimento para o inseto e, por fim, construir casas com barro, que formam verdadeiros ninhos para acomodar o triatomíneo, que nessas áreas é conhecido como *barbeiro*, pois tem o hábito de picar o rosto de indivíduos que estão dormindo.

As Américas do Sul e Central são consideradas endêmicas para essa parasitose, que, pela área de abrangência, é chamada de *tripanossomíase americana*. Além da infecção vetorial, também são descritas as vias de *transmissão vertical* (intrauterina ou amamentação) e *oral*, por ingestão de alimentos contaminados com vetores (fragmentado em moedores, por exemplo) ou fezes infectadas. Nas áreas urbanas, a via de maior importância na transmissão da doença de Chagas é a *sanguínea*, como em transfusões de sangue e hemoderivados ou em transplantes de órgãos/tecidos. Assim, mesmo em países que não mantêm o ciclo silvestre, mas recebem imigrantes de áreas endêmicas, podem se iniciar focos da infecção pela via sanguínea. Essa preocupação já atinge o continente norte-americano e o europeu.

Devido à necessidade de triagem diagnóstica em larga escala entre doadores, os métodos imunológicos de detecção de anticorpos têm sido constantemente aprimorados e utilizados, muito mais até do que em áreas endêmicas, onde os pacientes, muitas vezes já com sintomas, podem permanecer sem assistência médica.

A confirmação da infecção pelo *T. cruzi* é feita por critérios clínico-epidemiológicos e laboratoriais, destacando-se os métodos parasitológicos diretos, entre os quais se tem a pesquisa direta em microscopia das formas tripomastigotas circulantes em gota espessa ou em concentrado de leucócitos (*Quantitative Buffy Coat* QBC® *Method*).

Métodos parasitológicos indiretos também são aplicáveis, como a inoculação em peritônio de camundongo, o isolamento em meio de cultura e o xenodiagnóstico. Esses métodos parasitológicos são úteis para isolamento de novas cepas do parasito com finalidade de estudos bioquímicos e fisiológicos, bem como para pesquisa e obtenção de antígenos.

Na *fase aguda*, por exemplo, como acontece na infecção pós-transfusional, a parasitemia é mais intensa, a sensibilidade de todos os métodos parasitológicos é considerada elevada, enquanto na *fase crônica*, quando há menor parasitemia, são preferidos os métodos que aumentam o número de parasitos (cultivo, isolamento em insetos ou roedores), ainda que a sensibilidade não ultrapasse 70 a 80%. Nesses casos crônicos, o método de escolha é a detecção de anticorpos circulantes.

Os *métodos indiretos* de diagnóstico da infecção incluem vários métodos imunológicos de detecção de anticorpos anti-*T. cruzi*. Atualmente, esses testes têm elevada sensibilidade e especificidade e por isso são amplamente empregados para indicar ou excluir suspeita clínica e, em larga escala, para triagem de doadores em bancos de sangue e em inquéritos epidemiológicos.

O uso majoritário do imunodiagnóstico da infecção por *T. cruzi* em triagem de doadores de sangue fez com que a padronização desses ensaios buscasse a elevada sensibilidade, ainda que à custa de redução da especificidade. Como consequência, esses testes apresentam valores preditivos de positividade muito baixos em população de reduzida prevalência, que é o caso dos doadores de áreas não endêmicas. Por outro lado, a *janela imunológica* na triagem da infecção por *T. cruzi* passa a ser uma preocupação em áreas não endêmicas.

Vários testes já foram utilizados para o diagnóstico imunológico da doença de Chagas, como a reação de fixação de complemento, os ensaios de imunoprecipitação, aglutinação direta, a hemaglutinação indireta (IHA, *indirect hemagglutination*) e a imunofluorescência indireta (IF). Atualmente, os ensaios imunoenzimáticos são mais utilizados e inúmeros *kits* são comercializados, todos com bons índices de reprodutibilidade e sensibilidade.

Na escolha de antígenos de *T. cruzi*, devem-se considerar a complexidade do parasito e a existência de cepas com variação antigênica. Os antígenos mais utilizados nos testes para captura de anticorpos são extratos brutos ou purificados da forma epimastigota do parasito, facilmente obtida em meio de cultura, com a vantagem de não possuir virulência. Pesquisadores que isolam essas novas cepas contribuem continuamente com informações que permitem a validação de sistemas diagnósticos já existentes e até a sua melhoria em versões mais eficientes. A regra geral é a utilização de extratos parcialmente purificados, com objetivo de garantir a presença de todos os determinantes antigênicos. Mais recentemente, o acréscimo de proteínas recombinantes e até de peptídios sintéticos tem sido utilizado para melhorar a especificidade dos testes, reduzindo os falso-positivos e o consequente custo de descarte de amostras de doadores.

É possível que uma mistura ideal de vários antígenos recombinantes e peptídios específicos, ou frações bioquimicamente purificadas, possa substituir os extratos antigênicos nativos. Entretanto, esse novo antígeno deve conter determinantes antigênicos presentes em cepas de *T. cruzi* isoladas de diferentes regiões endêmicas e ausentes em outros agentes infecciosos; deve ainda ser altamente imunogênico em populações com diferentes perfis genéticos, independentemente da fase aguda ou crônica e, por fim, ser estável e facilmente obtido de modo que permita sua fabricação em larga escala.

Os testes de imunofluorescência e imunoensaio enzimático (ELISA) permitem a análise da classe de anticorpos, sendo que os IgG estão associados a todas as fases da infecção e formas da fase crônica por isso são úteis em estudos epidemiológicos e de triagem. A presença de anticorpos IgM é indicativa das fases iniciais (aguda/recente) da infecção e anticorpos IgA estão relacionados com a forma crônica digestiva.

Uma sugestão proposta é que os testes de triagem possam detectar todas as classes de anticorpos. Ou seja, o sistema de detecção do imunocomplexo formado pela presença de anticorpos na amostra deve ser capaz de detectar ambas as classes de imunoglobulinas IgG e IgM e até IgA. Apesar da validade da proposta, é necessário considerar que anticorpos IgG são sempre presentes em maior quantidade e qualidade (avidez), o que tem tornado a simples detecção de IgG suficiente para atender a eficiência diagnóstica esperada. Em áreas de introdução de novos casos, pode ser útil acrescentar a capacidade de detectar IgM.

O emprego dos testes de alta sensibilidade na triagem de doadores de sangue geralmente implica número significativo de doadores falso-positivos. Esses indivíduos precisam depois de uma melhor avaliação clínico-laboratorial do resultado para definição clara do possível diagnóstico. No esclarecimento do caso tem sido utilizado o teste de imunofluroescência indireta, utilizando como limiar de reatividade (*cut off*) a diluição 1:40 e o critério de positividade de que toda a membrana e o flagelo do parasito estejam fluorescentes. A fluorescência apenas do citoplasma, núcleo ou cinetoplasto geralmente indica reatividade cruzada para outras patologias e justifica o resultado falso-positivo observado nos testes de triagem que utilizam extratos totais do parasito.

Como já visto antes (ver Capítulo 7), a imunofluorescência é realizada manualmente e a leitura requer treinamento técnico aprimorado. Por isso não costuma ser método de escolha em laboratórios de rotina.

O emprego do *immunoblot* poderia auxiliar na confirmação da especificidade dos anticorpos encontrados, e alguns peptídios (obtidos de membrana, flagelo e excreção/secreção) têm sido considerados promissores para esse fim. Essa elevada especificidade é desejada especialmente em áreas onde ocorre infecção por *Leishmania*, principal parasito responsável por reatividade cruzada nos estudos da doença de Chagas. Nesse contexto, o polipeptídio de 150 a 170 kDa purificado do antígeno de excreção e secreção de *T. cruzi* mostrou especificidade para doença de Chagas não reagindo com soros de leishmaniose. A princípio demonstrada no teste de *Western blot*, posteriormente essa fração foi isolada e usada no teste ELISA, apresentando 100% de sensibilidade e 100% de especificidade. O método ainda não está disponível comercialmente, mas tem sido realizado em instituições de pesquisa e ensino.

Em pesquisas recentes, há tentativas para identificar a sequência de peptídios de *T. cruzi* que permitem avaliar o prognóstico da doença, sendo capazes de discriminar as formas crônicas, desde a forma digestiva, a cardíaca e a assintomática. Peptídios da membrana do *T. cruzi* TcCA-2 mostraram reatividade com soros de pacientes na fase crônica não reagindo com soros da fase aguda. Notadamente, os níveis de anticorpo contra o epítopo 3973 eram bastante elevados nos pacientes sintomáticos com envolvimento de alterações cardíacas ou digestivas em comparação aos resultados de pacientes na fase indeterminada, sugerindo que o uso de determinados peptídios poderá indicar o grau de patologia.

Outro desafio dos pesquisadores é a busca de marcadores imunológicos para monitorar a eficácia do tratamento de pacientes portadores de doença de Chagas. Um avanço nesse sentido é a técnica de citometria de fluxo, que foi empregada para detectar anticorpos usando como antígeno tripomastigotas vivos e epimastigotas fixados. Os resultados preliminares desses testes foram promissores, mostrando a possibilidade de, no futuro, empregar tais técnicas para avaliação do tratamento de pacientes.

Com a finalidade de padronizar o diagnóstico, o tratamento, a prevenção e o controle da doença de Chagas, realizou-se uma reunião de cientistas brasileiros junto ao Ministério da Saúde, em 2005. Conforme as diretrizes dessa reunião, para o diagnóstico da doença de Chagas devem ser feitos dois testes, um mais sensível (IHA, IF, ELISA com antígeno bruto ou frações semipurificadas) e outro mais específico (teste com antígeno recombinante específico de *T. cruzi*). Quando os resultados desses dois não concordam (inconclusivos), devem-se repetir os testes e, se ainda continuarem discordantes, deve-se utilizar reação em cadeia da polimerase (PCR) ou *Western blot*. A PCR é um excelente método diagnóstico suplementar devido às altas sensibilidade e especificidade.

Toxoplasmose

T. gondii é um protozoário intracelular com tropismo por tecido nervoso e células embrionárias. A infecção é universalmente disseminada entre os mamíferos e aves e a gravidade do quadro clínico depende da virulência da cepa parasitária e da resistência do hospedeiro. As formas graves incluem:

- Comprometimento ocular
- Forma congênita por transmissão placentária
- Forma de reativação observada entre indivíduos imunocomprometidos.

A reativação pode ocorrer, pois o hospedeiro uma vez infectado torna-se portador de cistos intracelulares, mantidos sob controle por mecanismos imune-inflamatórios celulares. Durante o estado de imunodeficiência, o parasito pode reverter para formas de taquizoítas invasivos, causando quadros graves de retinocoroidites e meningoencefalites, muitas vezes fatais.

A forma ocular pode manifestar-se em razão de cistos latentes e de fenômenos de natureza imunológica e é a forma de maior morbidade nos casos sintomáticos de infecção primária.

A toxoplasmose primária em indivíduos imunocompetentes é geralmente despercebida, com sintomas brandos. Em raros casos evidencia-se intensa linfadenopatia, muitas vezes semelhante à da síndrome da mononucleose infecciosa (*mononucleose-like*), com comprometimento ocular e manifestações pulmonares, meningoencefálicas, hepáticas e cardíacas.

A resposta celular e os anticorpos produzidos durante a infecção primária reduzem a patogenicidade do protozoário, que assume formas císticas de resistência, latente e permanente, caracterizando a forma crônica, mais bem denominada *forma latente*. Os cistos podem ser encontrados em quase todas as células nucleadas e em líquidos cavitários, principalmente em musculatura esquelética, ossos e cartilagens.

O diagnóstico laboratorial da toxoplasmose é feito pela pesquisa de anticorpos IgM e IgG, tentando estabelecer perfis de infecção primária recente ou estado de portador imune. Os testes são solicitados rotineiramente para gestantes e pacientes sob risco de imunodeficiência, como HIV-positivos, transplantados e submetidos à terapêutica antineoplásica. Para esses pacientes também é importante conhecer o *status* imune de doadores de órgãos/tecidos, pois as células transplantadas podem estar infectadas.

Os exames de *identificação direta* do parasito são empregados em algumas situações de difícil esclarecimento quanto à fase da infecção e na forma de reativação. O isolamento do *Toxoplasma* pode ser realizado em amostras de sangue, de preferência da camada leucocitária, sedimentos de LCR, líquido amniótico, lavado brônquico-alveolar, humor aquoso intraocular, triturados de biopsia ou placenta. Utiliza-se a inoculação em peritônio de camundongos ou em culturas celulares de fibroblastos humanos. A pesquisa de antígenos por técnicas imuno-histológicas e a PCR são descritas em laboratórios de pesquisa.

Desde o teste Sabin-Feldman, que utilizava o princípio da fixação de complemento por anticorpos citotóxicos, vários *métodos indiretos* vêm sendo utilizados para o diagnóstico da toxoplasmose, como a IHA, IF e imunoenzimático ELISA. Para a detecção de anticorpos IgM e IgA, o teste ELISA é realizado pelo princípio da captura de imunoglobulinas (ver Capítulo 7).

Na toxoplasmose, IgA anti-*Toxoplasma* está associada à infecção aguda e aparenta desaparecer antes mesmo da IgM, indicando que é um bom marcador para delimitar a fase aguda.

A medida do *índice de avidez* dos anticorpos IgG também auxilia a esclarecer os casos de infecção recente. Anticorpos IgG de baixa avidez são produzidos no início da resposta imune primária. A determinação da avidez é feita por meio de ELISA-IgG modificado, no qual se dissociam os imunocomplexos formados por uma substância caotrópica (p. ex., ureia 6 M), sendo o resultado expresso pela porcentagem de IgG remanescente, fornecida pelo cálculo: (título após ureia/título original) × 100 (ver Capítulo 7).

Os antígenos usados nos testes comerciais são ainda preparados a partir de parasitos íntegros tratados com formol como nos testes de IF, lisados como nos testes de hemaglutinação e ELISA. A obtenção de parasitos é feita em culturas de células ou em camundongos inoculados para esse fim. A produção em massa de parasitos de alta qualidade é laboriosa e de alto custo.

Nas últimas décadas, pesquisadores têm buscado antígenos mais eficazes para detectar os marcadores de infecção aguda, seja por meio de testes capazes de avaliar a avidez de IgG, seja para detecção de IgM e IgA. Com a tecnologia de biologia molecular, vários genes de *T. gondii* foram clonados: os antígenos de superfície SAG1 (P30), SAG2 (P22), SAG3 (P43), e P35; os antígenos de grânulo denso GRA1 (P24), GRA2 (P28), GRA4, GRA5, GRA6, e GRA7 (P29); os antígenos de roptria ROP1 (P66) e ROP2 (P54); e B10 (P41), MAG1 e MIC1. Muitos desses têm sido usados para detecção de anticorpos específicos em amostras de soro, não somente para aumentar a sensibilidade diagnóstica, mas principalmente em busca de antígenos recombinantes que pudessem discriminar as infecções agudas das crônicas. A perspectiva do uso de antígenos recombinantes na produção de reagentes para diagnóstico traz as seguintes vantagens: conhecimento da composição exata do antígeno, possibilidade de emprego de mais de um antígeno e possibilidade de padronização do teste imunológico em função da definição do antígeno.

Algumas proteínas recombinantes têm sido testadas e demonstraram forte reatividade com soros da fase aguda e fraca reatividade com soros da fase crônica, como a P35 e a GRA6, ambas ligadas ao domínio GST. Em outra investigação realizada por pesquisadores brasileiros, foi estudada a eficiência diagnóstica de ELISA com o uso de peptídios derivados de antígeno de secreção e excreção denominados SAG-1, GRA-1 e GRA-7. Os peptídios foram empregados tanto individualmente quanto em quatro combinações, denominados antígeno de peptídio múltiplo (MAP), com o intuito de verificar a eficácia diagnóstica da toxoplasmose recente com uma única amostra de soro. Os resultados mostraram que o MAP-1, mistura de SAG-1, GRA-1 e GRA-7, detectaram eficientemente anticorpos IgM, discriminando bem os soros de casos recentes de toxoplasmose.

O principal marcador sorológico da toxoplasmose recente é a presença de IgM. Contudo, em alguns pacientes, por causa da alta sensibilidade dos atuais imunoensaios, esse anticorpo IgM pode se arrastar por vários meses após a infecção aguda, dificultando assim a interpretação dos resultados. A determinação da fase de infecção é importante para as gestantes porque a toxoplasmose primária, durante a gravidez, pode causar sérias lesões no feto. Com o objetivo de auxiliar no diagnóstico preciso da infecção aguda, fundamental no manejo de mães e seus filhos, pesquisadores têm testado o antígeno recombinante P35 na técnica de IgM-ELISA, que soluciona, em parte, a persistência do IgM frequentemente observado com antígeno lisado do parasito íntegro, reduzindo em 75% a positividade residual observada no IgM-ELISA convencional. Os anticorpos IgM anti-P35 negativam entre 4 e 6 meses após a soroconversão, como foi observado no seguimento de uma gestante.

As proteínas recombinantes também são promissoras na determinação da avidez de IgG, uma vez que a avidez do anticorpo contra essas proteínas amadurece em uma velocidade diferente da observada com os antígenos nativos. O que se busca nessas investigações é uma proteína recombinante que diferencie mais eficazmente a fase aguda da crônica.

Outra possibilidade é o uso de uma combinação adequada de proteínas recombinantes altamente reativas, como a SAG1, e específicas para fase da infecção, com o objetivo de se obter misturas antigênicas que ofereçam altas sensibilidade e especificidade diagnóstica dos imunoensaios.

Produtos quiméricos são uma nova ferramenta para testes diagnósticos. Eles apresentam epítopos de antígenos de *T. gondii* cuidadosamente selecionados, provenientes de diferentes estágios do seu ciclo biológico. Assim, os antígenos quiméricos são uma nova geração de proteínas recombinantes desenhadas que poderão apresentar maior número de epítopos imunodominantes do que as proteínas nativas extraídas do lisado do parasito íntegro.

O desempenho das proteínas recombinantes, isoladas ou em mistura, bem como das proteínas quiméricas, tem sido testado por diferentes pesquisadores. Em função do método de clonagem e expressão, e da técnica de purificação das proteínas recombinantes, os pesquisadores têm obtido índices de sensibilidade e especificidade bastante variáveis, não havendo ainda consenso quanto ao melhor antígeno para detecção apenas da fase aguda.

Dessa maneira, embora os resultados com antígenos recombinantes e produtos quiméricos sejam bastante promissores, ainda carecem de mais estudos para serem utilizados amplamente no campo diagnóstico da toxoplasmose.

A toxoplasmose apresenta três perfis distintos de marcadores humorais IgG e IgM. O *perfil I*, fase *aguda/recente*, está presente na soroconversão recente e caracteriza-se pela presença de IgM e IgG. Pode ser útil a repetição do teste com amostra coletada em intervalos de 7 a 20 dias para confirmar a positividade de IgM e surpreender o aumento exponencial de IgG predominantemente de baixa avidez. A detecção de IgA específica contribui para firmar o diagnóstico de fase aguda.

O *perfil II*, de *transição*, apresenta elevados níveis de IgG com índices de avidez crescentes e redução gradativa da IgM. A IgA deve ser ausente, ou declinando a níveis indetectáveis.

Finalmente, o *perfil III*, característico da infecção *latente* ou crônica, apresenta apenas anticorpos IgG, geralmente em baixos títulos e com elevada avidez. Esse perfil ainda indica que pode ocorrer reativação da infecção.

É importante lembrar que indivíduos negativos para toxoplasmose podem infectar-se a qualquer momento e devem ser monitorados periodicamente.

Na triagem imunológica de *gestantes*, o ideal seria a realização do ensaio antes da gravidez ou o mais precocemente possível, facilitando a interpretação dos resultados. Na maioria dos casos, o teste é realizado na primeira visita pré-natal, para que sejam detectados os casos de infecção e instituído tratamento medicamentoso o mais rapidamente possível. Gestantes soronegativas devem ser monitoradas durante toda a gestação mediante pesquisa de anticorpos anti-*T. gondii* e orientadas quanto aos cuidados profiláticos da infecção. A presença de IgG e ausência de IgM geralmente indica infecção latente crônica, em equilíbrio parasito-hospedeiro, sem risco, ou de risco muito reduzido, de transmissão placentária. É a presença de IgM que sugere infecção aguda ou recente, sendo importante avaliar o tipo de imunoensaio utilizado para estabelecer o período em que ocorreu a parasitemia de risco para infecção fetal (ver Capítulo 22).

O teste ELISA de captura de IgM, pela elevada sensibilidade, pode mostrar reatividade muito prolongada, por meses, dificultando a definição adequada da fase de infecção, enquanto não se introduzirem antígenos recombinantes mais específicos como comentado anteriormente. Nesses casos, a ausência de anticorpos IgA, que desaparecem mais rapidamente, e o achado de elevado nível de avidez dos anticorpos IgG podem definir o caso.

Os testes diretos de detecção do parasito podem ser outra opção suplementar nessa situação. Em recém-nascidos com suspeita de infecção intrauterina, a presença de IgM específico pode confirmar o caso, bem como o isolamento de parasitos ou PCR positiva na camada leucocitária de sangue.

Imunocomprometidos geralmente apresentam resposta imune anômala, dificultando a definição do perfil de infecção, infecção primária ou reativação de cistos parasitários presentes nos tecidos do hospedeiro. Nos casos de meningoencefalites, o LCR para a pesquisa de anticorpos e para isolamento e identificação do parasito é o mais recomendável.

Talvez o aspecto que deva ser mais valorizado no estudo da toxoplasmose é o fato de o diagnóstico laboratorial adequado permitir estabelecer a terapêutica específica, por exemplo, a espiramicina, disponível na rede pública e que pode ser empregada em gestantes, recém-nascidos e imunocomprometidos, reduzindo sobremaneira a morbidade, a letalidade e as sequelas por essa infecção.

Amebíase extraintestinal

Entamoeba histolytica é a única ameba da classe Sarcodina considerada patogênica. A amebíase é de distribuição mundial, com predomínio nas regiões tropicais. Os sintomas clínicos surgem em cerca de 10% dos infectados e caracterizam-se por sintomas gastrintestinais, disenteria e colites (não disentérica). Os indivíduos assintomáticos devem ser tratados, pois a presença dos cistos nas fezes, além de manter a transmissão para outros indivíduos, também pode, a qualquer momento, determinar a invasão da mucosa intestinal com consequente sintomatologia.

Dentre os pacientes sintomáticos, 2 a 10% evoluem para a forma invasiva extraintestinal, de elevada letalidade, com formação de abscessos, principalmente no fígado, embora estes também sejam encontrados nas formas cutânea, pulmonar, cerebral e esplênica. Essa forma invasiva parece ser mais frequente no Oriente Médio, na África e na Índia. São características imunológicas da amebíase:

- Anticorpos circulantes são detectados em pacientes com as formas extraintestinal e invasiva da mucosa intestinal, mais frequentemente do que em pacientes com a forma intestinal branda
- Esses anticorpos podem indicar infecção atual (IgM, IgE, IgG) ou passada (IgG e IgE)
- Testes de hipersensibilidade imediata (IgE) e tardia (celular T) podem ser utilizados, mas a padronização de antígenos adequados é difícil
- Pacientes com abscessos amebianos apresentam resposta de hipersensibilidade tardia menos intensa, sugerindo possíveis eventos de supressão imune desencadeados por antígenos parasitários
- Essa possível supressão parece estar abolida após a cura, pois é relatado que há imunidade protetora em pacientes curados de abscessos hepáticos, indicando participação da resposta celular T no processo de cura e imunidade
- Por outro lado, em pacientes com elevados níveis de anticorpos, pode ocorrer reinfecção com a forma intestinal, mas não o desenvolvimento de formas invasivas, indicando imunidade humoral parcial.

O *diagnóstico parasitológico* é de fundamental importância, mas nem sempre se encontram trofozoítas no material, e a presença de cistos pode requerer técnicas de coloração permanente para identificação morfológica da espécie. Além disso, a sensibilidade dos métodos parasitológicos depende sempre da carga parasitária do indivíduo, da coleta adequada, da preservação da amostra e do tempo entre a coleta e a realização do exame. Também é importante diferenciar *E. histolytica* de *E. dispar*, que apresentam tamanhos e características morfológicas semelhantes. Esta última, 10 vezes mais prevalente que a *E. histolytica*, não apresenta evidência de invasivisidade, sangue oculto nas fezes e inflamação do cólon, nem produz anticorpos contra a ameba. As diferenças antigênicas, bioquímicas e genéticas entre essas duas amebas poderão ser evidenciadas por meio de anticorpos monoclonais, análise de isoenzimas e técnica de biologia molecular.

Diante da dificuldade de distinguir as duas amebas por meio de exame de fezes, os testes imunológicos passam a ser importantes no estabelecimento do diagnóstico. A diferenciação entre *E. histolytica* e *E. dispar* é importante na prevenção da doença invasiva, na conduta terapêutica e na saúde pública.

Devido às dificuldades do diagnóstico direto da amebíase intestinal, a *pesquisa de antígenos* específicos em fezes, utilizando imunoensaios, pode ser de grande utilidade, e alguns *kits* diagnósticos já estão disponíveis comercialmente. Uma das vantagens da pesquisa de antígenos é que componentes degenerados ou degradados do parasito (que não permitem a identificação morfológica) podem ser detectados com eficiência por anticorpos específicos e de elevada afinidade.

A técnica de PCR em tempo real tem demonstrado resultados promissores na detecção de *E. histolytica* não somente nas fezes, como também em sangue, urina e saliva.

Os testes imunológicos para *pesquisa de anticorpos* são úteis nas formas extraintestinais da amebíase. O teste ELISA é o que apresenta melhores resultados, com sensibilidade de cerca de 90% em amostras de soro de pacientes com amebíase hepática e de cerca de 70% em amostras de pacientes com a forma invasiva, que geralmente apresentam sintomas de disenteria e colite. Portadores do parasito exclusivamente intestinal não produzem anticorpos em níveis significativos. Também podem ser encontrados anticorpos em indivíduos que tiveram a infecção no passado ou estão curados.

Cisticercose

A cisticercose humana representa importante problema de saúde pública em áreas carentes de condições sanitárias e de políticas de saúde, bem como em países desenvolvidos que recebem imigrantes de regiões com elevada prevalência de teníase. A dificuldade em detectar e notificar os casos da doença advém da necessidade de confirmação diagnóstica por procedimentos de elevado custo, pouco disponíveis e inacessíveis para grande parcela da sociedade.

O ciclo biológico do complexo teníase-cisticercose envolve o ser humano como o único hospedeiro do verme adulto, *Taenia solium*, que, eliminando ovos nas fezes, contamina o meio ambiente. Em suínos, após ingestão dos ovos, o embrião liberado no intestino delgado atravessa a mucosa e se desenvolve até a forma larvária nos tecidos e órgãos, determinando a cisticercose. Completando o ciclo, o ser humano, ao ingerir carne suína com cisticercos viáveis, desenvolve a teníase, presença do verme adulto no intestino.

A cisticercose humana pode ocorrer acidentalmente quando o indivíduo ingere água e alimentos contaminados com os ovos do parasito. Cisticercos de *T. solium* têm sido observados no globo ocular, nos músculos e no sistema nervoso central, sendo a *neurocisticercose* a forma mais relatada, 60 a 90% dos casos, possivelmente pela gravidade dos sintomas que leva o paciente a buscar auxílio médico.

A sintomatologia da neurocisticercose apresentada depende do número, tamanho, idade, vitalidade, localização, estágio de evolução do parasito e seus processos reacionais sobre o hospedeiro, além da resposta imune-inflamatória do hospedeiro ao parasito.

As apresentações clínicas mais frequentes são: convulsão, hipertensão intracraniana, hidrocefalia, demência, meningite e paresias, isoladas ou associadas. Esses sintomas não são patognomônicos da neurocisticercose e, por isso, o diagnóstico laboratorial é importante para elucidar a etiologia. Embora não haja cura, na neurocisticercose é possível melhora do quadro clínico com intervenção terapêutica, que requer o diagnóstico de certeza etiológica.

Os exames de imagem, tomografia axial computadorizada e ressonância magnética nuclear, permitem a visualização de estruturas do parasito e do processo reacional do hospedeiro. Exames laboratoriais do LCR auxiliam a evidenciar o processo imune-inflamatório na neurocisticercose.

A pleocitose observada no LCR é, geralmente, do tipo linfomononuclear com eosinófilos e neutrófilos; a proteinorraquia revela padrão do tipo gama (policlonal e oligoclonal) no perfil de eletroforese. Essas alterações não são específicas da neurocisticercose ou podem estar ausentes. Assim, o diagnóstico definitivo será à custa de anticorpos específicos, que podem ser detectados por vários testes, mas aqueles mais sensíveis, como o teste imunoenzimático ELISA, são recomendáveis e amplamente utilizados. A sensibilidade e a especificidade relatadas são de 90 a 100% para a pesquisa de anticorpos no LCR. A pesquisa de antígenos de cisticercos, principalmente de excreção e secreção, ampliaria as perspectivas de estudo dos mecanismos imunopatogênicos da neurocisticercose. Em geral, soros são empregados para a pesquisa de antígenos e de anticorpos. Entretanto, recentemente, tem surgido interesse em se utilizar amostras biológicas não invasivas como a urina. Pesquisadores têm demonstrado peptídios antigênicos circulantes, de origem somática, revelados pelo método de *immunoblotting*, na urina, no soro e no LCR, aumentando desse modo a sensibilidade no diagnóstico da neurocisticercose.

A detecção de *anticorpos no soro* pode ser aplicada na triagem de pacientes e em estudos epidemiológicos, mas apresenta menor especificidade, principalmente em populações com outras infecções parasitárias. A padronização desses testes deve contribuir para a ampliação dos recursos diagnósticos e de estudos epidemiológicos, inclusive na Veterinária, em amostras de soros de suínos.

Como a obtenção de antígenos adequados é dificultada pelo tedioso método de extração dos cisticercos de suínos naturalmente infectados, geralmente abatidos clandestinamente, outras opções de fontes de antígenos são procuradas. Dentre essas fontes alternativas, parasitos relacionados e de fácil manutenção experimental podem ser utilizados, como cisticercos de *Taenia crassiceps*, mantidos por reprodução assexuada em peritônio de camundongos. A demonstração de reações cruzadas observadas entre os antígenos de cisticercos de *T. solium* e *T. crassiceps* sugere que os parasitos partilham epítopos importantes, presentes em concentrações suficientes para o uso como fonte de antígeno em testes imunológicos.

A obtenção de antígenos recombinantes e de anticorpos monoclonais para testes de detecção de anticorpos e antígenos, respectivamente, continua sendo objeto de pesquisa de vários autores.

Pesquisadores americanos desenvolveram um *immunoblot* utilizando glicoproteínas de cisticercos de *T. solium* para pesquisa de anticorpos em soro e LCR, obtendo 100% de especificidade e 98% de sensibilidade. Infelizmente, o teste não foi comercializado ainda.

Toxocaríase

A síndrome da LMV manifesta-se pela migração e persistência de larvas vivas de *Toxocara canis*, em tecidos de hospedeiros não habituais, impedindo o completo ciclo biológico do parasito. Ovos do parasito contaminam o ambiente e, em solo argiloso e condições de umidade e calor, poderão se manter embrionados até a ingestão acidental pelo ser humano. O cão é o reservatório natural do parasito e desenvolve o verme adulto no intestino, com postura de ovos nas fezes.

Tem sido observada maior frequência de anticorpos anti-*Toxocara* em crianças, sugerindo possível imunidade protetora em adultos. A maioria dos casos passa como assintomática, mas são descritas as formas clínicas visceral, ocular e atípica ou oculta.

A *toxocaríase visceral* é a forma mais estudada e mais exuberante quanto aos sintomas e resposta imunológica do hospedeiro. O quadro clínico-laboratorial apresenta febre, manifestações pulmonares, às vezes semelhantes às de alergias respiratórias, e hepatomegalia. Os achados laboratoriais incluem anemia, leucocitose, intensa eosinofilia (> 20%) e hipergamaglobulinemia com perfil policlonal.

A toxocaríase humana é estudada por meio de imunoensaios para detecção de anticorpos séricos, sendo o teste ELISA o mais empregado. Os antígenos podem ser extratos somáticos de verme adulto, de ovos embrionados ou de larvas, mas todos determinam reatividade cruzada com outros helmintos, como o *Ascaris lumbricoides*, que é bastante prevalente em crianças de áreas de baixas condições sanitárias.

Os testes utilizando antígenos somáticos brutos requerem pré-tratamento das amostras de soros com extratos de *Ascaris* sp. para absorção de anticorpos de reatividade cruzada.

O antígeno mais específico é o obtido por cultivo de larvas de *T. canis* em meio de cultura, chamado de TES (excreção e secreção). Entretanto, o procedimento para sua obtenção é laborioso e demorado, pois exige a dissecção de ovos embrionados do verme adulto fêmea, manutenção das larvas em meio rico, separação, concentração e purificação dos sobrenadantes.

Nos últimos anos, pesquisadores têm estudado a produção de moléculas recombinantes de 30 kDa, 41 kDa e 120 kDa, que usadas isolada ou associadamente poderão trazer, no futuro, testes mais promissores para detecção de anticorpos específicos.

Os anticorpos IgG anti-*Toxocara* podem permanecer por longos períodos, e podem ser detectados em indivíduos já curados. Os anticorpos IgM permanecem elevados durante a infecção crônica, não sendo possível determinar o tempo de infecção por meio da sua detecção. Anticorpos da classe IgE contra TES e a pesquisa de antígenos circulantes ainda precisam de melhor padronização e avaliação da eficiência. Por isso, a presença de IgG anti-*Toxocara* em pacientes com sintomas clínicos e outros dados laboratoriais indicativos tem sido considerada um bom marcador para confirmar laboratorialmente a LMV.

Esquistossomose mansônica

A espécie *Schistosoma mansoni* é a responsável pela infecção humana por contato com água doce infestada de cercárias eliminadas por moluscos planorbídios do gênero *Biomphalaria*.

Os parasitos adultos, macho e fêmea acasalados, habitam o sistema porta e eliminam ovos embrionados, que em parte conseguem atravessar a mucosa intestinal e são excretados nas fezes. Parte dos ovos se perde no processo migratório, se deposita em tecidos, principalmente no fígado, e aí entra em degeneração, ocasionando intenso processo reacional do hospedeiro. A resposta de defesa do hospedeiro, que se inicia já na infecção pelas cercárias, desencadeia intenso processo imune-inflamatório com reação dos tipos anafilática e granulomatosa. Esse processo de defesa é, em parte, responsável pela imunopatogenia da esquistossomose. Do ponto de vista clínico e anatomopatológico, a esquistossomose pode ser dividida em três grupos: intestinal (maioria nas áreas endêmicas), hepatointestinal e hepatoesplênica.

Alguns ovos podem migrar de maneira errática até o canal espinal, onde também se processa o mesmo mecanismo fisiopatológico que causa mielites, paresias e até paraplegia. Essa forma é chamada de *neuroesquistossomose*, e, nesses casos, a análise laboratorial do LCR é importante para o diagnóstico etiológico diferencial.

O diagnóstico laboratorial da esquistossomose pode ser realizado por meio de testes parasitológicos, anatomopatológicos e imunológicos. A demonstração de ovos do parasito nas fezes ou no material de biopsia é diagnóstico de certeza da esquistossomose, porém pode se apresentar negativa em pacientes com infecção leve (baixa carga de helmintos). Assim, nesses testes a coleta deve ser de três amostras de fezes em dias alternados. Os testes imunológicos de pesquisa de anticorpos específicos e os testes de hipersensibilidade tardia são utilizados em centros de pesquisa, mas não estão disponíveis comercialmente. Como a esquistossomose ainda é prevalente no Brasil, sempre se pode recorrer a esses laboratórios especializados de pesquisa para realizar os testes necessários. Os testes de pesquisa de anticorpos IgG e IgM por imunofluorescência (com cortes parafinados de vermes adultos) ou ELISA (extratos brutos preparados com vermes, larvas ou ovos) são os mais empregados. Nos últimos anos, antígenos purificados foram testados, tais como o antígeno *gut-associated polysacharide* (GASP), antígenos excretados e secretados de vermes adultos, proteína de choque térmico de 70 kDa, proteínas de 31 e 32 kDa, na busca de testes com melhor desempenho. O extrato preparado com ovos (*Schistosoma egg antigen*) e moléculas recombinantes tem demonstrado índices de sensibilidade e de especificidade mais elevados que os obtidos com extratos brutos.

Paralelamente às pesquisas que buscam melhores resultados por meio de seleção de antígenos e de técnicas tais como o *Western blot*, procura-se também avaliar a quimioterapia por meio de detecção de anticorpos e antígenos. Após o tratamento, elevam-se os níveis de anticorpos por 1 a 3 semanas, seguindo-se queda gradativa até a negativação. Anticorpos das classes IgG1, IgG4, IgM e IgE são sugeridos como potenciais marcadores imunológicos para avaliação do tratamento de pacientes.

Hidatidose

A hidatidose humana ocorre na América do Sul, principalmente no Uruguai, na Argentina, no Chile e na região de fronteira do Brasil com Uruguai e Argentina. A espécie *Echinococcus granulosus* é a mais importante no Brasil. O ciclo biológico do *E. granulosus* envolve o cão e outros carnívoros como hospedeiro definitivo (equinococose), eliminando ovos no meio ambiente. Os ovinos, e mais raramente bovinos e suínos, são os hospedeiros intermediários (hidatidose) com cistos em vísceras. Por isso, a parasitose é mais comum em áreas de pastoreio de gado ovino, onde se encontram cães auxiliando o ser humano na atividade de pastoreio. O cão que se alimenta de vísceras de ovinos infectados com cistos hidáticos desenvolverá vermes adultos intestinais e eliminará ovos nas fezes. Por sua vez, os herbívoros no pasto ingerem os ovos e dão continuidade ao ciclo.

O ser humano pode acidentalmente ingerir ovos do parasito e assim passa a ser hospedeiro da forma larvária, hidatidose humana.

O embrião do *E. granulosus* pode migrar para todos os tecidos e órgãos, onde se desenvolve até a forma de cisto. Os cistos hidáticos são encontrados mais frequentemente no fígado e nos pulmões, e mais raramente nos ossos e no cérebro. Os sintomas dependem do crescimento do cisto e de seus eventuais rompimentos , desencadeando reação anafilática devido à elevada concentração de anticorpos IgE que são produzidos pelo ser humano. Exames de imagem como ultrassonografia e ressonância nuclear magnética são empregados para diagnóstico, avaliação clínica e acompanhamento do caso.

Na radiografia simples, a visualização de cistos hialinos (em degeneração) ou calcificados pode decorrer da hidatidose ou de outras patologias. Exames como ecografia ou tomografia computadorizada conseguem evidenciar cistos hidáticos parenquimatosos em fígado, rins, pâncreas ou na região retroperioneal. É importante lembrar que cistos muito pequenos, extraparenquimatosos ou rompidos nem sempre são visíveis nesses exames. A ressonância nuclear magnética pode ser então outro recurso adicional.

Dados clínico-epidemiológicos nem sempre auxiliam no diagnóstico. O achado do parasito em intervenções cirúrgicas ou em necropsias pode confirmar hipótese diagnóstica anterior ou, simplesmente, representar um achado não esperado. Por esse motivo, o diagnóstico imunológico ainda é a principal ferramenta no direcionamento do diagnóstico correto.

As características imunológicas observadas na hidatidose humana são o elevado nível de IgE, que pode desencadear anafilaxia após a ruptura de cistos e liberação maciça de antígenos, enquanto anticorpos IgG são produzidos desde o início da infecção.

O teste intradérmico de Casoni permite leitura imediata (IgE) e tardia (resposta celular T), mas pode mostrar resultados cruzados com outras helmintíases. Essa reatividade cruzada e o risco da injeção intradérmica do antígeno fizeram com que o teste seja cada vez menos usado. No entanto, deve-se considerar que é um teste capaz de detectar a reatividade IgE, um dos principais mecanismos na fisiopatologia da doença.

A membrana externa ou anista do cisto é pouco imunogênica. Ao contrário, antígenos do líquido hidático, provavelmente de excreção e secreção liberadas durante toda a vida do parasito, e em grande quantidade quando do rompimento do cisto, são muito imunogênicos e alergênicos.

Os imunoensaios utilizados para pesquisa de anticorpos contra antígenos do líquido hidático são o ELISA e a imunodifusão radial dupla em gel. A confirmação pode ser necessária nos casos em que haja divergência clínica devido à inespecificidade de alguns peptídios que podem ser reconhecidos cruzadamente por anticorpos dirigidos para outros parasitos, como cisticercos de *Taenia*.

No Brasil, o diagnóstico da hidatidose está restrito a instituições de pesquisa e saúde pública, que têm utilizado os variados métodos, inclusive o *immunoblot*. O perfil de peptídios específicos inclui as frações 8-, 16-, 21- e 38-kDa. Algumas abordagens têm mostrado uma possível especificidade das proteínas 16- e 21-kDa com a forma hepática. As frações 8- e 38-kDa parecem mais bem associadas com a forma pulmonar, mas pode ocorrer reatividade cruzada com outros parasitos.

Bibliografia

Amendoeira MRR, Camillo-Coura LF. Uma breve revisão sobre toxoplasmose na gestação. Sci Med. 2010;20:113-9.

Aquino JL. Amebíase. In: Ferreira AW, Ávila SLM. Diagnóstico laboratorial das principais doenças infecciosas e autoimunes. 3. ed. Rio de Janeiro: Guanabara Koogan; 2013. p. 257-67.

Araujo PRB, Ferreira AW. High diagnostic efficiency of IgM-ELISA with the use of multiple antigen peptides (MAP-1) from *Toxoplasma gondii* ESA (SAG-1, GRA-1 and GRA-7), in acute toxoplasmosis. Rev Inst Trop S Paulo. 2010;52:63-8.

Attallah AM, Ismail H, Masry AS, Rizk H, Handousa A, El Bendary M, *et al.* Rapid detection of *Schistosoma mansoni* circulating antigen excreted in urine of infected individuals by using a monoclonal antibody. J Clin Microbiol. 1999;37:354-7.

Begheto E, Buffolano W, Spadoni A, Pezzo M, Cristina M, Minenkova O, Peterson E, *et al.* Use of an immunoglobulin G avidity assay based on recombinant antigens for diagnosis of primary *Toxoplasma gondii* infection during pregnancy. J Clin Microbiol 2003; 41:5418-18.

Camargo ME, Okay TS. Toxoplasmose. In: Ferreira AW, Ávila SLM. Diagnóstico laboratorial das principais doenças infecciosas e autoimunes. 3. ed. Rio de Janeiro: Guanabara Koogan; 2013. p. 304-15.

Carpenter AB. Immunoassays for the diagnosis of infectious diseases. In: Murray PR, Baron EJ, Jorgensen JH, Landry ML, Pfaller MA. Manual of clinical microbiology. 9. ed. Washington, DC: American Society for Microbiology; 2007. p. 257-70.

Cunha-Neto E, Coelho V, Guilherme L, Fiorelli A, Stolf N, Kalil J. Autoimmunity in Chagas' disease. Identification of cardiac myosin-B13 *Trypanosoma cruzi* protein crossreactive T cell clones in heart lesions of a chronic Chagas' cardiomyopathy patient. J Clin Invest. 1996;98:1709-12.

Dai J, Jiang M, Wang Y, Qu L, Gong R, Si J. Evaluation of a recombinant multiepitope peptide for serodiagnosis of *Toxoplasma gondii* infection. Clin Vaccine Immunol. 2012;19:338-342.

Deshpande PS, Kotresha D, Noordin R, Yunes MH, Saadatnia G, Golkar M, *et al.* IgG avidity Western blot using *Toxoplasma gondii* rGRA-7 cloned nucleotides 39-711 for serodiagnosis of acute toxoplasmosis. Rev Inst Med Trop S Paulo. 2013;55:79-83.

Elefant G, Jacob CMA, Kanashiro EHY, Peres BA. Toxocaríase. In: Ferreira AW, Ávila SLM. Diagnóstico laboratorial das principais doenças infecciosas e autoimunes. 3. ed. Rio de Janeiro: Guanabara Koogan; 2013. p. 351-62.

Ferrari TC, Moreira PR, Oliveira RC, Ferrari ML, Gazzinelli G, Cunha AS. The value of an enzyme-linked immunosorbent assay for the diagnosis of schistosomiais mansoni myeloradiculopathy. Trans Royal Soc Trop Med Hyg. 1995;89:496-500.

Ferreira AW. Doença de Chagas. In: Ferreira AW, Ávila SLM. Diagnóstico laboratorial das principais doenças infecciosas e autoimunes. 3. ed. Rio de Janeiro: Guanabara Koogan; 2013. p. 268-76.

Gaafar MR. Evaluation of enzyme immunoassay techniques for diagnosis of the most common intestinal protozoa in fecal samples. Int J Infect Dis. 2011;15:541-4.

Gilber SR, Alban SM, Gobor l, Bescrovaine JO, Myiazaki MI, Thomaz-Soccol V. Comparison of conventional serology and PCR methods for the routine diagnosis of *Trypanosoma cruzi* infection. Rev Soc Bras Med Trop. 2013;46:310-5.

Gomes YM, Lorena VMB, Luquetti AO. Diagnosis of Chagas disease: what remains to be done with regard to diagnosis and follow up studies? Mem Inst Oswaldo Cruz. 2009;104:115-21.

Holec-Gasior L, Barthlomej F, Drapata D, Lautenbach D, Kur J. A new MIC1-MAG1 recombinant quimeric antigen can be used instead of the *Toxoplasma gondii* lysate antigen in serodiagnosis of human toxoplasmosis. Clin Vaccine Immunol. 2012;19:57-63.

Holec-Gasior L. *Toxoplasma gondii* recombinant antigens as tools for serodiagnosis of human toxoplasmosis: current status of studies. Clin Vaccine Immunol. 2013;20:1343-51.

Jensen AT, Gasim S, Moller T, Ismail A, Gaafar A, Kemp M, *et al.* Serodiagnosis of Leishmania donovani infections: assessment of enzyme-linked immunosorbent assays using recombinant L. donovani. Trans Royal Soc Trop Med Hyg. 1999;93:157-60.

Li S, Maine G, Suzuki Y, Araujo FG, Galvan G, Remington JS, *et al.* Serodiagnosis of recently acquired *Toxoplasma gondii* infection with recombinant antigen. J Clin Microbiol. 2000;38:179-84.

Longhi SA, Brandariz SB, Lafon SO, Niborski LL, Luquetti AO, Schijman AG, *et al.* Evaluation in house ELISA using *Trypanosoma cruzi* lysate and recombinant antigens for diagnosis of Chagas disease and discrimination of its clinical forms. Am J Trop Med Hyg. 2012;87:267-71.

Lou ZJ, Wang GX, Yang CI, Luo CH, Cheng SW, Liao L. Detection of circulating antigens and antibodies in *Toxocara canis* infection among children in Chengdu, China. J Parasitol. 1999;85:252-6.

Magre MS, Pires M, Meireles LR, Angel SO, Andrade Jr HF. Serology using rROP2 antigen in the diagnosis of toxoplasmosis in pregnant women. Rev Inst Med Trop S Paulo. 2009;51:283-8.

Ministério da Saúde. Consenso Brasileiro em Doença de Chagas. Rev Soc Bras Med Trop. 2005;30(suppl III):12-4.

Nakazawa M, Rosa DS, Pereira VRA, Moura MO, Furtado VC, Souza WV, *et al.* Excretory-secretory antigens of *Trypanosoma cruzi* are potencially useful for serodiagnosis of chronic Chagas disease. Clin Diag Lab Anal. 2001;8:1024-7.

Oliveira E, Chieffi PP, Hoshino-Shimizu S. Esquistossomose mansônica. In: Ferreira AW, Ávila SLM. Diagnóstico laboratorial das principais doenças infecciosas e autoimunes. 3. ed. Rio de Janeiro: Guanabara Koogan; 2013. p. 319-28.

Raque R, Kabin M, Noor Z, Rahman SMM, Mondal D, Alan F, *et al.* Diagnosis of amebic liver abscess and amebic colitis by detection of *Entamoeba histolytica* DNA in blood, urine, and saliva by a Real-Time PCR assay. J Clin Microbiol. 2010;48:2798-2801.

Reed SG. Immunology of *Trypanosoma cruzi* infections. Chem Immunol. 1998;70:124-43.

Remington JS, MacLeod R, Thulliez P, Desmont G. Toxoplasmosis. In: Remington JS, Klein JO, Wilson CB, Baker CJ. Infectious diseases of the fetus and new-born infant. 6. ed. Philadelphia: E. Saunders; 2006. p. 947-1091.

Sahu PS, Parija S, Kumar D, Jayachandran S, Narayan S. Comparative profile of circulating antigenic peptides in CSF, serum and urine from patients with neurocysticercosis diagnosed by immunoblotting. Parasite Immunol. 2014;36:509-21.

Saraiva PJ, Fuentefria AM. Hidatidose. In: Ferreira AW, Ávila SLM. Diagnóstico laboratorial das principais doenças infecciosas e autoimunes. 3. ed. Rio de Janeiro: Guanabara Koogan; 2013. p. 337-46.

Silva LA, Cruz AM. Leishmanioses. In: Ferreira AW, Ávila SLM. Diagnóstico laboratorial das principais doenças infecciosas e autoimunes. 3. ed. Rio de Janeiro: Guanabara Koogan; 2013. p. 277-82.

Sloan LM, Rosenblatt J. Evaluation of an immunoassay for the detection of *Entamoeba histolytica* in stool specimens. Am J Trop Med Hyg. 1994;51:180-6.

Souza-Junior VG, Figueiró-Filho EA, Borges DC, Oliveira VM, Coelho LR. Toxoplasmose e gestação: resultados perinatais e associação do teste de avidez de IgG com infecção congênita em gestantes com IgM anti-*Toxoplasma gondii* reagente. Sci Med. 2010;20(1):45-50.

Suzuki Y, Ramirez R, Press C, LI S, Parmley S, Thulliez P, *et al.* Detection of immunoglobulin M antibodies to P35 antigen of *Toxoplasma gondii* for serodiagnosis of recently acquired infection in pregnant women. J Clin Microbiol. 2000;38:3967-70.

Thomas MC, Fernandez-Villegas A, Carrilero B, Maranón C, Saura D, Noya O, *et al.* Characterization of an immunodominant antigenic epitope from *Trypanosoma cruzi* as a biomarker of chronic Chagas disease pathology. Clinical and Vaccine Immunology. 2012;19:167-73.

Toth T, Sziller I, Papp Z. PCR detection of *Toxoplasma gondii* in human fetal tissues. Meth Mol Biol. 1998;92:195-202.

Umezawa ES, Bastos SF, Camargo ME, Yamauchi LM, Santos MR, Gonzalez A, *et al*. Evaluation of recombinant antigens for Chagas disease serodiagnosis in South and Central America. J Clin Microbiol. 1999;37:1554-60.

Umezawa ES, Nascimento MS, Kesper Jr N, Coura JR, Borges-Pereira J, Junqueira CV, *et al*. Immunoblot assay using excreted-secreted antigens of *Trypanosoma cruzi* in serodiagnosis of congenital, acute and chronic Chagas disease. J Clin Microbiol. 1996;34:2143-7.

Vaz AJ, Livramento JA. Neurocisticercose. In: Ferreira AW, Ávila SLM. Diagnóstico laboratorial das principais doenças infecciosas e autoimunes. 3. ed. Rio de Janeiro: Guanabara Koogan; 2013. p. 347-62.

Vaz AJ. Diagnóstico imunológico das parasitoses. In: De Carli GA. Parasitologia clínica: seleção e uso de métodos e técnicas de laboratório para o diagnóstico das parasitoses humanas. São Paulo: Atheneu; 2001. p. 505-40.

Wilson M, Jones JL, McAuley JB. *Toxoplasma*. In: Murray PR, Baron EJ, Jorgensen JH, Landry ML, Pfaller MA. Manual of clinical microbiology. 9. ed. Washington DC. American Society for Microbiology; 2007. p. 2070-81.

Wilson M, Schantz PM, Peniazek N. Diagnosis of parasitic infections: immunologic and molecular methods. In: Murray PR, Baron EJ, Pfaller MA, Tenover FC, Yolken RH. Manual of clinical microbiology. 6. ed. Washington, DC: American Society for Microbiology; 1995. p. 1159-70.

Capítulo 18
Infecções Fúngicas

Sandro Rogério de Almeida

Resposta imune contra fungos

O reino *Fungi* compreende muitas espécies associadas com uma grande variedade de doenças em seres humanos. A relevância clínica das infecções fúngicas (micoses) tem aumentado enormemente nos últimos anos, certamente em decorrência do crescimento no número de indivíduos imunodeficientes, incluindo aqueles infectados com HIV, pacientes transplantados ou com câncer e usuários de imunossupressores (doenças autoimunes).

É conhecido que os mecanismos de defesa do hospedeiro influenciam as manifestações e a gravidade das infecções fúngicas. Em algumas delas, as formas clínicas dependem do tipo e da intensidade da resposta imune do hospedeiro, que, contra fungos, é ampla e vai desde a resposta imune inata até a específica ou adaptativa. A correta integração da resposta imune inata com a adaptativa pode ser fundamental no controle das infecções fúngicas (ver Capítulo 1).

No desenvolvimento da resposta imune adaptativa contra fungos, destaca-se a resposta imune celular como a mais importante no controle da infecção. Por outro lado, a resposta imune humoral ainda é motivo de controvérsia na literatura, e o papel protetor dos anticorpos nas micoses é incerto.

As principais funções de anticorpos em infecções fúngicas são: inibição da aderência, neutralização de toxinas e opsonização da citotoxicidade mediada por anticorpos. Entretanto, a ausência da associação entre deficiências em anticorpos e suscetibilidade contra infecções fúngicas e a presença de anticorpos específicos em pacientes com infecções progressivas têm fornecido evidências contra o papel protetor dos anticorpos.

Por outro lado, alguns autores mostraram que podem existir, sim, vários fatores relacionados à indução de proteção dos anticorpos: o isótipo, a quantidade de anticorpos e a fase da infecção são pontos-chave. Em alguns modelos experimentais, foi possível destacar o caráter protetor nas infecções fúngicas, como a criptococose e a paracoccidioidomicose (PCM).

A produção de anticorpos por indivíduos infectados por fungos tem grande relevância para os imunoensaios aplicados ao diagnóstico laboratorial de micoses. O emprego de ensaios imunológicos é de extrema importância no diagnóstico confirmatório, visto que a demonstração dos fungos em exame direto bem como o isolamento e a identificação de fungos muitas vezes apresentam resultados negativos, principalmente em formas autolimitadas da doença. Além disso, os imunoensaios propiciam obter resultados em menor tempo quando comparadas às micológicas.

Entre os diferentes imunoensaios existentes, testes como imunodifusão radial dupla (ID), contraimunoeletroforese, fixação de complemento, imunoensaio enzimático (ELISA) e *immunoblot* (IB) são frequentemente utilizados para a pesquisa de anticorpos ou antígenos circulantes em micologia (ver Capítulos 5 e 7).

Nos últimos anos, com o aumento do número de pacientes imunossuprimidos, teve-se a necessidade de utilizar o diagnóstico imunológico baseado em detecção de antígenos, e não em anticorpos, principalmente em infecções fúngicas sistêmicas.

O objetivo deste capítulo é descrever as técnicas imunológicas utilizadas no diagnóstico das principais infecções fúngicas, portanto, não será discutida a patogênese das infecções. A seguir, serão destacadas algumas das principais técnicas para imunodiagnóstico de infecções fúngicas.

Reação de fixação de complemento

▪ Histoplasmose

A reação de fixação de complemento (RFC) foi uma das técnicas precursoras do estudo sorológico em infecções fúngicas. Torna-se positiva entre a 2ª e a 4ª semana após a infecção pelo *Histoplasma capsulatum*. Geralmente, altos títulos de anticorpos estão relacionados com a maior gravidade da doença, declinando em um período que varia de 2 a 5 anos, especialmente nos pacientes com a forma pulmonar crônica ou disseminada. Antígenos da fase leveduriforme do *H. capsulatum* têm maior sensibilidade, porém os resultados são menos específicos. A reação é considerada positiva a partir da diluição 1:8 dos soros.

Reações cruzadas ocorrem especialmente com soros de pacientes com PCM, sendo, portanto, a técnica mais adequada para seguimento durante a terapia antifúngica. Geralmente, em caso de histoplasmose ativa, essa prova pode manifestar-se negativa.

O *H. capsulatum* libera alguns antígenos importantes que podem ser detectados, como os antígenos denominados *H* e *M*. A detecção do antígeno *H* indica histoplasmose ativa, podendo ser observada até 2 anos após a cura clínica do paciente; raramente ocorre na ausência de *M*.

Anticorpos fixadores de complemento podem ser demonstrados na maioria dos pacientes com histoplasmose já a partir da quarta semana após infecção, apresentando sensibilidade de 80 a 90%, dependendo do tipo de antígeno utilizado.

Paracoccidioidomicose

A RFC foi uma das primeiras técnicas utilizadas no diagnóstico sorológico da doença. Estudada inicialmente por Moses, em 1916, essa técnica realmente obteve destaque no diagnóstico sorológico da PCM após a padronização por Fava Netto, em 1965, que verificou positividade de 98,4% em 220 pacientes.[1] No entanto, ela está restrita a alguns laboratórios, não sendo empregada amplamente, principalmente pela dificuldade de padronização do método. Em laboratórios que executam a técnica como rotina, a PCM ainda é utilizada e, pela facilidade de execução, prefere-se o micrométodo que permite acompanhar a evolução sorológica de um paciente, com a construção de uma curva sorológica.

Imunodifusão radial dupla

Histoplasmose

A ID é amplamente utilizada no sorodiagnóstico de infecções fúngicas por sua fácil execução, custo baixo e elevadas sensibilidade e especificidade. Os primeiros relatos da utilização da ID na histoplasmose são da década de 1950, detectando seis arcos ou linhas de precipitação quando soros de pacientes portadores de histoplasmose foram avaliados. Duas dessas linhas foram denominadas *M* e *H*, sendo consideradas suficientes para o diagnóstico, com margem de segurança, dessa micose. A reatividade do soro de paciente frente ao antígeno *M* sugeria que o indivíduo havia entrado em contato com o fungo. A faixa *H* era detectável junto com a *M* na vigência de algumas infecções em curso. Indivíduos com reação intradérmica positiva à histoplasmina ou com infecção remota também podem apresentar anticorpos circulantes contra o antígeno *M*.

Até os dias atuais, o ensaio ID (ver Capítulo 5) é o mais empregado para diagnóstico da histoplasmose por apresentar boa sensibilidade e elevada especificidade, além de baixo custo. Detecta anticorpos precipitantes para os dois antígenos glicoproteicos *M* e *H*, que são os principais componentes antigênicos presentes em antígeno obtido do sobrenadante de cultura da fase miceliana do fungo, após 4 meses de cultivo. Anticorpos precipitantes contra antígeno *H* (peso molecular em torno de 120 kDa) ocorrem em pacientes com formas crônicas progressivas e em atividade, mas o antígeno é detectado somente em cerca de 25% dos indivíduos doentes. Precipitinas contra antígeno *M* (peso molecular em torno 94 kDa) são detectados em até 85% dos pacientes durante as formas aguda e crônica da doença. Indivíduos reativos positivos ao teste cutâneo com histoplasmina e com infecção passada podem apresentar anticorpos contra o antígeno *M*. Após recuperação clínica, anticorpos contra o antígeno *H* podem persistir em alguns pacientes.

Paracoccidioidomicose

A ID é o teste mais usado para o diagnóstico da PCM. Quando se utiliza o filtrado de cultura de células leveduriformes, é possível aparecer até três bandas de precipitação: banda 1 (perto do orifício do antígeno), banda 2 (posição intermediária) e banda 3 (perto do orifício do soro). A banda 1 corresponde ao antígeno E2 e ao gp43, e os anticorpos para essa fração são encontrados em 95 a 98% dos soros dos pacientes com a doença ativa. E1 é a última banda a desaparecer depois do tratamento. A reatividade contra a banda 2 está presente em 60 a 65% dos casos e é a segunda banda a desaparecer depois do início da terapia específica, enquanto a banda 3 está presente apenas em 30 a 35% dos casos e é a primeira a desaparecer. O número de bandas reconhecidas correlaciona-se com a gravidade da doença. A reatividade cruzada com *H. capsulatum* e outros fungos pode ocorrer.

A sensibilidade do teste varia de 66 a 100%, atingindo especificidade de 100% e valor preditivo de positividade de 100%. Os resultados podem variar dependendo da preparação antigênica usada, da forma da doença ou do início do tratamento.

O teste apresenta valor de diagnóstico quando ocorre identidade de linhas de precipitação entre soropositivo de referência e soro de estudo. Em geral, emprega-se um antígeno não purificado, obtido de filtrado de cultura da fase leveduriforme do fungo, que contém vários componentes antigênicos, principalmente a gp43. A especificidade do teste fica em torno de 100%, mas reações cruzadas podem ocorrer, principalmente com soros de pacientes com histoplasmose.

Aspergilose

Na aspergilose, os resultados encontrados dependem da forma clínica do paciente. No teste de ID, a forma clínica representada pelo aspergiloma revela anticorpos em mais de 90% dos casos e em cerca de 85% dos pacientes que desenvolvem a forma clínica de aspergilose invasiva. Entretanto, a aspergilose broncopulmonar alérgica revela anticorpos apenas em 50% dos casos. A prova geralmente emprega extratos antigênicos de várias espécies de *Aspergillus*. Reações falso-positivas podem ocorrer devido à presença de polissacarídios que reagem com a proteína C reativa do soro, formando linhas de precipitação, que podem ser eliminadas com tratamento das lâminas em citrato de sódio.

Ensaio imunoenzimático ELISA (ver Capítulo 7)

Paracoccidioidomicose

O teste ELISA tem alta sensibilidade e pode detectar 50 ng de anticorpo por mililitro de soro. É de fácil execução e fornece resultados semiquantitativos. Vários grupos de pesquisadores desenvolveram o teste para o diagnóstico da PCM; entretanto, diferentes preparações antigênicas são utilizadas, tornando difícil comparar os resultados. Em geral, a sensibilidade é alta, mas a reatividade cruzada pode ocorrer principalmente com soros de pacientes com histoplasmose e doença de Jorge Lobo. A fim de resolver o problema de reatividade cruzada, alguns autores recomendam a absorção de soro de PCM com antígenos de células leveduriformes de *Candida albicans* ou *H. capsulatum*, antes do ensaio específico.

No momento, procuram-se proteínas antigênicas purificadas para superar o problema da reatividade cruzada. Esses estudos incluem a gp43 e a fração de 70 kDa. A quantificação da resposta de IgG anti-gp43 é usada não apenas como diagnóstico, mas também como uma maneira de avaliar a resposta ao tratamento. Todos os pacientes apresentam anticorpos anti-gp43 no momento do diagnóstico. Pacientes com forma aguda da PCM tem altos níveis de IgG, e anticorpos IgM anti-gp43 estão presentes em 100% dos soros dos pacientes com a forma aguda e em apenas em 46,6% dos pacientes com a forma crônica. Títulos de anticorpos anti-gp43 diminuem com a melhora clínica durante a terapia. Entretanto, a gp43 também é reconhecida, em menor frequência, por anticorpos de pacientes com histoplasmose, aspergilose e doença de Jorge Lobo.

Recentemente, o antígeno recombinante de 27 kDa foi ensaiado por ELISA na tentativa de serem obtidas respostas específicas de anticorpos e encontrou-se sensibilidade de 73,4% nos pacientes com diferentes apresentações clínicas de PCM. Reações cruzadas intensas foram observadas, principalmente com soros de pacientes com histoplasmose e aspergilose.

Immunoblot (ver Capítulo 7)

Paracoccidioidomicose

O IB possui elevada sensibilidade e foi usado originalmente para caracterizar a resposta humoral aos antígenos de *Paracoccidioides brasiliensis*. Esses estudos também confirmaram a importância do antígeno gp43 e a presença de outros antígenos imunorreativos, alguns destes com reatividade cruzada com soros de pacientes portadores de outras micoses. O antígeno de 58 kDa foi reativo em IB, embora tenha apresentado problemas associados com sua purificação e a homogeneidade. Mais recentemente, demonstrou-se que o antígeno recombinante de 27 kDa é reconhecido por 91% dos soros dos pacientes com PCM. Essa constatação é de considerável interesse porque proteínas recombinantes fornecem uma fonte altamente reprodutível de antígenos definidos.

Histoplasmose

O IB empregando como antígeno as frações *H* e *M* obtidas por cromatrografia de troca iônica a partir de filtrado de cultura e previamente deglicosiladas pelo tratamento com metaperiodato de sódio foi avaliado quanto à especificidade. A análise dos resultados revelou uma maior capacidade discriminatória dessa prova, frente a 20 soros de pacientes com histoplasmose pulmonar aguda, quando comparada às reações de ID e RFC frequentemente utilizadas na rotina diagnóstica. Os autores demonstraram também que a sensibilidade do ensaio foi de 100% e a especificidade subiu de 46,1%, frente a frações *H* e *M* sem tratamento, para 91,2%.

Contraimunoeletroforese (ver Capítulo 5)

Paracoccidioidomicose

A contraimunoeletroforese é uma prova de grande valor, utilizada inicialmente por Conti Diaz, apresentando sensibilidade de 97,2%. Pesquisadores estudando 20 soros de pacientes portadores de PCM, utilizando coluna de Sephadex G-200® para separação das imunoglobulinas, verificaram que os anticorpos precipitantes examinados nas reações eram do tipo IgG. As frações com teor normal de IgA e IgM e com quantidade pequena ou nula de IgG não produziam linhas de precipitação.

Histoplasmose

Alguns autores avaliaram a técnica objetivando a identificação rápida e específica das frações *H* e *M*, estudando 52 soros de pacientes frente a filtrado de cultura, demonstrando que a técnica foi capaz de identificar anticorpos circulantes em 81% dos pacientes. No mesmo estudo, o padrão de reatividade desse antígeno pela ID e RFC mostrou 83 e 88%, respectivamente, de positividade.

Cromoblastomicose

Poucos são os relatos da utilização de técnicas sorológicas para o diagnóstico da cromoblastomicose. A comparação de várias técnicas de imunoprecipitação e ELISA mostrou uma sensibilidade de 53 a 96% de especificidade no teste de ID. Entretanto, utilizando a técnica de contraimunoeletroforese foram observados melhores resultados. Em outro trabalho, identificou-se pela técnica de IB uma fração de 54 kDa específica de *Fonsecaea pedrosoi*. Essa demonstração pode ser extremamente útil para a padronização de técnicas mais sensíveis e específicas para o diagnóstico sorológico da cromoblastomicose.

Aglutinação (ver Capítulo 6)

Paracoccidioidomicose

Pesquisadores utilizaram o teste de hemaglutinação indireta com hemácias sensibilizadas com gp43. Observaram-se reações cruzadas com soros normais e heterólogos em títulos altos até 1:100. Entretanto, soros de pacientes diluídos a 1:800 apresentaram 100% de sensibilidade e especificidade. Apesar de ser uma técnica sensível, específica, de baixo custo e adaptável a qualquer laboratório, é ainda muito pouco difundida nos laboratórios.

Detecção de antígenos

Paracoccidioidomicose

A detecção de antígenos circulantes de *P. brasiliensis* nos fluidos corpóreos de pacientes com PCM pode oferecer precocemente o diagnóstico ou confirmá-lo, quando a detecção do anticorpo não é conclusiva, particularmente em indivíduos imunocomprometidos. Sabe-se, desde há algum tempo, que o antígeno circulante está presente em pacientes com PCM pelo menos na forma de imunocomplexos. Mendes-Gianinni *et al.*[2] relataram pela primeira vez que a molécula de gp43 podia ser detectada no soro de pacientes em ambas as formas clínicas da PCM. Posteriormente, sugeriram que esse antígeno também podia ser detectado em urina. O monitoramento desse antígeno parece ter algum valor prognóstico, pois ele desaparece com o tratamento. Detecção de gp70 circulante também se mostrou um importante marcador sorológico a ser utilizado no acompanhamento do paciente sob terapia antifúngica. Recentemente, relatou-se a presença do antígeno de 87 kDa em soro pelo teste de inibição de ELISA. Por meio desses testes, os pesquisadores conseguiram detectar antígeno em 100% dos casos na forma aguda e em 83,3% na forma crônica multifocal. Contudo, reatividade cruzada foi observada com soros de pacientes com histoplasmose, aspergilose, criptococcose, esporotricose e tuberculose.

Histoplasmose

Com a grande quantidade de pacientes HIV, os testes para detecção de anticorpos perdem sua funcionalidade. Entretanto, a detecção de antígenos torna-se extremamente importante nesses casos.

Padronizou-se o teste ELISA competitivo para detecção de antígeno circulante de *H. capsulatum*, utilizando anticorpo monoclonal contra a fração antigênica de 69 a 70 kDa. Amostras de soro e urina de pacientes portadores das diferentes formas de histoplasmose foram analisadas, sendo a sensibilidade de 71,4% e a especificidade de 85,4% em relação a soros de pacientes com outras micoses, e 98% de sensibilidade com soros humanos de pacientes normais de áreas endêmicas. Utilizando o mesmo antígeno, verificou-se a importância do teste ELISA de competição em pacientes imunocompetentes e com AIDS, que apresentaram as diferentes formas clínicas de histoplasmose, demonstrando a importância e a reprodutibilidade dessa prova no acompanhamento desses pacientes.

Candidíase

Em se tratando do sorodiagnóstico de candidíase disseminada, a pesquisa de antígenos circulantes reveste-se de importância, pois a presença de anticorpos anti-*Candida* não distingue indivíduos com candidíase transitória de formas patentes da doença ou de indivíduos aparentemente normais.

A maioria dos testes sorológicos é dirigida para a detecção de componentes ligados à parede celular ou a antígenos citoplasmáticos, tais como manana, glucana, enolase, proteínas de 47 ou 90 kDa.

Manana foi o primeiro antígeno a ser intensamente pesquisado, e um teste comercial foi desenvolvido utilizando anticorpo monoclonal antimanana. A sensibilidade desse teste é relativamente baixa, com o agravante de não detectar antígenos derivados de *Candida krusei*. Anticorpos monoclonais antiepítopos alfa e beta manana estão sendo usados em testes ELISA.

Aspergilose

A pesquisa de antígenos circulantes na aspergilose está baseada na detecção de açúcares liberados pelo fungo, como a galactomanana. A aglutinação de partículas de látex, que são recobertas por um anticorpo monoclonal IgM antigalactomanana, mostrou elevados níveis de sensibilidade e especificidade com amostra de pacientes comprovadamente doentes. No entanto, um dos problemas é a falta de reprodutividade nos resultados.

Criptococose

O diagnóstico é baseado na demonstração do antígeno polissacarídio solúvel do *Cryptococcus neoformans* por meio de testes de aglutinação de partículas de látex. Desde a década de 1960, quando foi descrita pela primeira vez, a técnica vem sendo empregada, demonstrando altos níveis de sensibilidade e especificidade para o diagnóstico de meningite ou da forma disseminada da doença. Vários testes de aglutinação de partículas de látex são comercializados, a maioria deles com partículas sensibilizadas com anticorpos policlonais. Reações cruzadas com antígenos de outros patógenos podem ocorrer, como *Trichosporon beigelli* ou com fator reumatoide.

Referências bibliográficas

1. Fava Netto C. The immunology of South American blastomycosis. Mycopathologia. 1965;26:349-58.
2. Mendes-Giannini MJS, Camargo ME, Lacaz CS, Ferreira AW. Immunoenzymatic absorption test for serodiagnosis of paracoccidioidomycosis. J Clin Microbiol. 1984;20:103-8.

Bibliografia

Brock EG, Reiss E, Pine L, Kaufman L. Effect of periodate oxidation on the detection of antibodies against M antigen of histoplasmin by enzyme immunoassay (EIA) inhibition. Curr Microbiol. 1983;10:177-80.

Buissa-Filho R, Puccia R, Marques AF, Pinto FA, Muñoz JE, Nosanchuk JD et al. The monoclonal antibody against the major diagnostic antigen of Paracoccidioides brasiliensis mediates immune protection in infected BALB/c mice challenged intratracheally with the fungus. Infect Immun. 2008;76:3321-8.

Camargo ZP, Berzaghi R, Amaral CC, Silva SH. Simplified method for producing Paracoccidioides brasiliensis exoantigens for use in immunodiffusion tests. Med Mycol. 2003;41:539-42.

Camargo ZP, Unterkircher C, Campoy SP, Travassos LR. Production of Paracoccidioides brasiliensis exoantigens for immunodiffusion tests. J Clin Microbiol. 1988;26:2147-51.

Del Negro GMB, Garcia NM, Rodrigues EG, Cano IN, Aguiar MSMV, Lírio VS, et al. The sensitivity, specificity and efficiency values of some serological tests used in the diagnosis of paracoccidioidomycosis. Rev Inst Med Trop São Paulo. 1991;33:277-80.

Esterre P, Jahevitra M, Ramarcel A, Andriantsimahavandy A. Evaluation of the ELISA technique for the diagnosis and the seroepidemiology of chromoblastomycosis. J Mycol Med. 1997;7:137-41.

Gómez BL, Figueroa JI, Hamilton AJ, Diez S, Rojas M, Tobón AM, et al. Antigenemia in patients with paracoccidioidomycosis: detection of the 87-kilodalton determinant during and after antifungal therapy. J Clin Microbiol. 1998;36:3309-16.

Gómez BL, Figueroa JI, Hamilton AJ, Ortiz BL, Robledo MA, Restrepo A, et al. Development of a novel antigen detection test for histoplasmosis. J Clin Microbiol. 1997;35:2618-22.

Greenberger PA, Patterson R. Application of enzyme-linked immunosorbent assay (ELISA) in the diagnosis of allergic bronchopulmonary aspergillosis. J Lab Clin Med. 1982;99:288-93.

Heiner DC. Diagnosis of histoplasmosis using precipitin reactions in agargel. Pediatrics. 1958;22:616-27.

Hommel M, Kieng Troung T, Bidwell DE. Technique immunoenzymatique (ELISA) appliquée au diagnostic serologic des candidoses et aspergilloses humaines. Resultats préliminaires. Nouv Presse Med. 1976;5:2789-91.

Kappe R, Schulze-Berge A. New cause for false-positive results with the Aspergillus antigen latex agglutination test. J Clin Microbiol. 1993;31:2489-90.

Kaufman L, Peralta JM. Evaluation of a *Western blot* test in an outbreak of acute pulmonary histoplasmosis. Clin Diagn Lab Immunol. 1999;6:20-3.

Kostiala AAI, Kostiala I. Enzyme-linked immunosorbent assay (ELISA) for IgM, IgG and IgA class antibodies *Candida albicans* antigens: development and comparison with other methods. Sabouraudia. 1981;19:123-34.

Lacaz CS, Porto E, Martins JEC, Heins-Vaccari EM, Melo NT. Tratado de Micologia Médica Lacaz. São Paulo: Sarvier; 2002.

Marques da Silva SH, Queiroz Telles F, Colombo AL, Blotta MHSL, Lopes JD, Camargo ZP. Monitoring gp43 antigenemia in paracoccidioidomycosis patients during therapy. J Clin Microbiol. 2004;42:2419-24.

Marques da Silva SH, Colombo AL, Blotta MHSL, Lopes JD, Queiroz Telles F, Camargo ZP. Detection of circulating gp43 antigen in serum, cerebrospinal fluid and bronchoalveolar lavage fluid of patients with paracoccidioidomycosis. J Clin Microbiol. 2003;41:3675-80.

Marr KA, Balajee SA, McLaughlin L, Tabouret M, Bentsen C, Walsh TJ. Detection of galactomannan antigenemia by enzyme immunoassay for the diagnosis of invasive aspergillosis: variables that affect performance. J Infect Dis. 2004;190:641-9.

Mendes-Giannini MJS, Bueno JP, Shikanai-Yasuda MA, Stolf AMS, Masuda A, Amato-Neto V, *et al.* Antibody response to the 43 kDa glycoprotein of *Paracoccidioides brasiliensis* as a marker for the evaluation of patients under treatment. J Trop Med Hyg. 1990;43:200-6.

Mennink-Kersten MA, Donnelly JP, Verweij PE. Detection of circulating galactomannan for the diagnosis and management of invasive aspergillosis. Lancet Infect Dis. 2004;4:349-57.

Moses A. Fixação de complemento na blastomicose. Mem Inst Oswaldo Cruz. 1916;8(2):68-70.

Palmer DF, Kaufman L, Kaplan W Caballero J. The complement fixation test. In: Balows A. Serodiagnosis of mycotic diseases. Springfield: Charles C Thomas; 1977. p. 155-78.

Pizzini CV, Zancopé-Oliveira RM, Reiss E, Hajjeh R, Torres M, Diaz H, *et al.* Evaluation of enzyme linked immunosorbent-assay and *Western blot* for diagnosis of histoplasmosis. Rev Invest Clin. 1993;45:155-60.

Reiss E, Cherniak R, Eby R, Kaufman L. Enzyme immunoassay detection of IgM to galactoxylomannan of *Cryptococcus neoformans*. Diagn Immunol. 1984;2:109-15.

Romero H, Guedez E, Magaldi S. Evaluation of immunoprecipitation techniques in chromoblastomycosis. J Mycol Med. 1996;6:83-7.

Scott EN, Felton FG, Muchmore HG. Development of an enzyme-linked immunoassay for cryptococcal antibody. Mycopathologia. 1980;70:55-9.

Sepulpeva R, Longottom JL, Pepys J. Enzyme-linked immunosorbent assay (ELISA) for IgG and IgE antibodies to protein and polysaccharide antigens of *Aspergillus fumigatus*. Clin Allergy. 1979;9:359-71.

Sidrim JJC, Moreira JLB. Fundamentos clínicos e laboratoriais da micologia médica. Rio de Janeiro: Guanabara Koogan; 1999.

Swanink CM, Meis JF, Rijs AJ, Donnelly JP, Verweij PE. Specificity of a sandwich enzyme-linked immunosorbent assay for detecting *Aspergillus* galactomannan. J Clin Microbiol. 1997;35:257-60.

Taborda CP, Camargo ZP. Diagnosis of paracoccidioidomycosis by dot immunobinding assay for antibody detection using the purified and specific antigen gp43. J Clin Microbiol. 1993;32:554-6.

Taborda CP, Camargo ZP. Diagnosis of paracoccidioidomycosis by passive haemagglutination assay of antibody using a purified and specific antigen-gp43. J Med Vet Mycol. 1993;31:155-60.

Taborda CP, Casadevall A. Immunoglobulin M efficacy against *Cryptococcus* neoformans: mechanism, dose dependence, and prozone-like effects in passive protection experiments. J Immunol. 2001;166:2100-107.

Vidal MS, Castro LG, Cavalcante SC, Lacaz CS. Highly specific and sensitive, immunoblot-detected 54 kDa antigen from *Fonsecaea pedrosoi*. Med Mycol. 2004;42:511-5.

Villalba E. Detection of antibodies in the sera of patients with chromoblastomycosis by counter immunoelectrophoresis. I. Preliminary results. J Med Vet Mycol. 1988;26:73-4.

Zancope-Oliveira RM, Bragg SL, Reiss E, Wanke B, Peralta JM. Effects of histoplasmin M antigen chemical and enzymatic deglycosylation on cross-reactivity in the enzyme-linked immunoelectrotransfer blot method. Clin Diagn Lab Immunol. 1994;1:390-3.

Capítulo 19

Infecções Virais que Acometem o Ser Humano

Kioko Takei, Joilson O. Martins e Regina Ayr Florio da Cunha

Introdução

Todos os vírus são parasitas intracelulares obrigatórios e dependem do metabolismo da célula hospedeira para a sua replicação. De acordo com o seu conteúdo genético, são classificados em DNA ou RNA vírus. O ácido nucleico é envolto por um nucleocapsídio, composto de subunidades de proteínas idênticas (capsômeros) arranjados geometricamente, formando estruturas helicoidais, icosaédricas ou de simetria complexa. Alguns vírus são envoltos, externamente, por envelope de camada bilipídica onde se inserem proteínas e glicoproteínas virais. As partículas virais que infectam o ser humano apresentam dimensões variando entre 25 e 30 nm e 225 e 300 nm.

Muitas das cerca de 400 espécies de vírus que infectam o ser humano não estão associadas a qualquer doença, mas alguns são causadores frequentes de infecções agudas, crônicas e latentes. Os vírus podem resultar em doenças agudas como o sarampo, infecções crônicas benignas como o citomegalovírus (CMV) e crônicas cuja evolução pode culminar em morte, como a infecção pelo vírus da imunodeficiência humana (HIV).

Doenças clinicamente semelhantes, como as infecções virais das vias respiratórias superiores, podem ser causadas por muitos vírus, enquanto um único vírus como o Epstein-Barr (EBV) pode causar diferentes doenças, como a mononucleose infecciosa (MI), o linfoma de Burkitt e o carcinoma de nasofaringe. O mesmo vírus, como o CMV, pode causar, na maioria dos indivíduos normais, infecções assintomáticas e, paradoxalmente, ser altamente virulento em indivíduos imunocomprometidos. Alguns exemplos de doenças virais e suas principais características virológicas e clínicas podem ser vistos na Tabela 19.1.

Mecanismos de infecção viral

Os vírus possuem informações genéticas em seu DNA ou RNA, porém, não possuem maquinaria biossintética para o processamento da informação. Apresentam tropismo para certos tipos celulares, ou seja, necessitam infectar uma célula hospedeira que permita sintetizar as suas proteínas. Para tanto, ligam-se às moléculas de membrana da célula hospedeira, as quais atuam como receptores específicos.

Um típico ciclo de vida de um vírus pode ser assim descrito: após a fusão da membrana viral com a célula, ocorre a penetração do vírion (partícula viral completa, infectante) ou de uma parte contendo o genoma e as enzimas essenciais. Esses materiais são transportados para o citoplasma, onde ocorre liberação do seu ácido nucleico.

A biossíntese do ácido nucleico e das proteínas virais ocorre no núcleo ou no citoplasma da célula hospedeira com a participação de enzimas diferentes, dependendo do grupo viral ou do tipo do ácido nucleico viral. Após a montagem das novas partículas virais a partir das proteínas recém-sintetizadas, segue-se a liberação dessa nova geração de partículas. Posteriormente à organização do envelope viral, os novos vírions podem ser liberados por brotamento ou, no caso de vírus sem envelope, por citólise, estando, assim, prontos para infectar novas células ou tecidos adjacentes.

Infecção lítica ocorre quando há citólise da célula hospedeira infectada. Infecção persistente ocorre quando a liberação das partículas virais se faz lentamente, mantendo-se a célula hospedeira íntegra. Certos vírus permanecem latentes no hospedeiro, após a infecção aguda resolvida, sem replicação ativa, podendo manter-se não infecciosos até que sejam ativados por algum estímulo, resultando na produção de novas partículas virais infecciosas.

Consequências da infecção viral nas células do hospedeiro

Uma vez dentro das células, os vírus podem causar lesões teciduais ou doenças por um ou mais mecanismos:

- A replicação viral interfere na síntese e nas funções das proteínas do hospedeiro e pode causar uma série de alterações morfológicas – *efeito citopático* –, que podem culminar com a lise celular. Esse efeito pode ser um importante sinal na identificação do vírus nos testes de cultura de vírus
- A liberação de novos vírions pode levar à lise da célula infectada – *efeito lítico*

Tabela 19.1 Agente etiológico, tipo genômico e principais manifestações clínicas.

Agente viral	Família	Genoma	Doença
Respiratórios			
Adenovírus	Adenoviridae	DNA	Infecções do trato respiratório superior e inferior, conjuntivite, diarreia
Rinovírus A e B	Picornaviridae	RNA	Infecções do trato respiratório superior
Vírus Coxsackie	Picornaviridae	RNA	Pleurodinia, herpangina, doença da mão-pé-boca
Coronavírus	Coronaviridae	RNA	Infecções do trato respiratório superior
Vírus *influenza* A a C	Orthomyxoviridae	RNA	*Influenza*. Principal causa de gripe pandêmica e epidêmica
Vírus *parainfluenza* 1 a 4	Paramyxoviridae	RNA	Infecções do trato respiratório superior e inferior, crupe
RSV	Paramyxoviridae	RNA	Bronquiolite, pneumonia
Digestivos			
Vírus da caxumba	Paramyxoviridae	RNA	Caxumba, pancreatite, orquite
Rotavírus	Reoviridae	RNA	Diarreia infantil
Agente Norwalk	Caliciviridae	RNA	Gastrenterite
HAV	Picornaviridae	RNA	Hepatite A aguda
HBV	Hepadnaviridae	DNA	Hepatite B aguda e crônica
HCV	Flaviviridae	RNA	Hepatite C aguda e crônica
HDV	Agente subviral Delta vírus	RNA	Hepatite D aguda e crônica (com HBV)
HEV	Caliciviridae	RNA	Hepatite E aguda
Sistêmicos com erupções cutâneas			
Vírus do sarampo	Paramyxoviridae	RNA	Sarampo
Vírus da rubéola	Togaviridae	RNA	Rubéola e síndrome da rubéola congênita
Parvovírus B19	Parvoviridae	DNA	Eritema infeccioso, anemia aplásica, anemia hemolítica crônica
Vírus da vacínia	Poxviridae	DNA	Varíola
Vírus varicela-zóster	Herpesviridae	DNA	Varicela, herpes-zóster
Herpes-vírus simples 1	Herpesviridae	DNA	Lesão herpética (labial), gengivoestomatite, furúnculos, encefalite
Herpes-vírus simples 2	Herpesviridae	DNA	Lesão herpética genital, encefalite
Sistêmicos com distúrbios hematopoiéticos			
CMV	Herpesviridae	DNA	Doença da inclusão citomegálica, CMV congênita
EBV	Herpesviridae	DNA	Mononucleose infecciosa, linfoma de Burkitt, carcinoma de nasofaringe
HTLV-I	Retroviridae	RNA	Leucemia/linfoma de células T do adulto, paraparesia espástica tropical
HTLV-II	Retroviridae	RNA	Provável associação com doença neurológica semelhante à paraparesia espástica tropical e ataxia
HIV-1 e HIV-2	Retroviridae	RNA	AIDS
Arbovírus e febre hemorrágica			
Vírus da dengue 1 a 4	Togaviridae	RNA	Dengue, febre hemorrágica
Vírus da febre amarela	Togaviridae	RNA	Febre amarela
Vírus Chikungunya	Togaviridae	RNA	Atralgias, artrite, alterações musculoesqueléticas, poliartralgias
Vírus Zika	Flaviviridae	RNA	Zika
Crescimentos verrucosos			
HPV	Papillomaviridae	DNA	Condiloma, carcinoma cervical
Sistema nervoso central			
Vírus da poliomielite	Picornaviridae	RNA	Poliomielite
Vírus da raiva	Rhabdoviridae	RNA	Raiva
JC vírus	Papovaviridae	DNA	Leucoencefalopatia multifocal progressiva
Vírus das encefalites arbovirais	Togaviridae	RNA	Encefalite oriental, do Oeste e venezuelana

Adaptada de Samuelson J, 2000[1] e McAdam e Sharpe, 2010.[2]
RSV: vírus sincicial respiratório; HAV: vírus da hepatite A; HBV: vírus da hepatite B; HCV: vírus da hepatite C; HDV: vírus da hepatite D; HEV: vírus da hepatite E; HPV: papilomavírus humano; HTLV: vírus linfotrópico T humano; IFD: técnica de imunofluorescência direta; Ac: anticorpo; RT-PCR: reação em cadeia de polimerase após transcrição reversa; LCR: líquido cefalorraquidiano.

- Os vírus não citopáticos podem causar a infecção latente, com *reativação* em condições de imunossupressão e estresse psicológico do hospedeiro
- Na replicação viral, componentes virais não utilizados na montagem da partícula viral podem se acumular sob a forma de *corpúsculos de inclusão*, como o corpúsculo de Negri, cuja detecção pode ser de valor diagnóstico na infecção pelo vírus da raiva
- Certos vírus que possuem envelope podem formar *sincícios* ou células gigantes multinucleadas, pela fusão de muitas células adjacentes, como no caso da infecção pelo HIV
- Em certas condições, alguns vírus podem alterar geneticamente as células infectadas do hospedeiro, induzindo à *proliferação descontrolada* dessas células anormais e levando à transformação neoplásica, como o papilomavírus (HPV), vírus linfotrópico T humano (HTLV)-I, vírus da hepatite B (HBV), EBV e outros
- Células citotóxicas do sistema imune [linfócitos T e células *natural killer* (NK)] podem reconhecer as proteínas virais expressas na superfície da célula infectada causando lesão celular por mecanismo *imunopatológico*, como no caso das células hepáticas infectadas por HBV ou vírus da hepatite C (HCV)
- Os vírus *danificam* as células envolvidas na *resistência inata* antimicrobiana do hospedeiro, favorecendo infecções secundárias, como a lesão viral do epitélio respiratório que permite a instalação de microrganismos, causando doença (p. ex., pneumonia)
- Os vírus podem induzir, indiretamente, *autoimunidade* por expor, durante a resposta inflamatória, antígenos normalmente inacessíveis ao sistema imune
- O mimetismo molecular, decorrente da homologia entre os antígenos próprios do hospedeiro e os do vírus, pode levar à *quebra de tolerância imunológica* aos constituintes próprios, desencadeando uma resposta autoimune
- A infecção viral das células do sistema imune, como linfócitos T CD4+ e macrófagos, leva à sua *depleção* com prejuízo das funções por elas exercidas, como ocorre, por exemplo, na infecção pelo HIV
- A coexistência, no soro, de partículas virais (antígenos) e de anticorpos específicos pode resultar na formação de *imunocomplexos* nos fluidos corpóreos, com consequente depósito nos rins, nos vasos sanguíneos ou nas articulações, ativando resposta inflamatória que leva ao dano tecidual, muitas vezes com a participação do sistema complemento.

Resposta imunológica

Na fase inicial de uma infecção viral, antes da resposta adaptativa, os processos de defesa envolvidos na resposta imune inata baseiam-se na:

- Inibição da replicação viral por ação de interferonas (IFN) nas células infectadas e nas não infectadas adjacentes, por meio de mecanismo antiviral baseado na síntese de enzimas pela célula infectada que interfere na transcrição do DNA/RNA viral. As IFN também potencializam a resposta imune humoral adaptativa, aumentando a expressão das moléculas do antígeno leucocitário humano (HLA) de classes I e II, ativando os clones de linfócitos T *helper* 1 (Th1), células NK e macrófagos
- Morte das células infectadas mediadas por células NK. Células NK ativas aparecem dentro de 2 dias de infecção, antes mesmo do desenvolvimento da resposta imune adaptativa. Essas células constituem os principais mecanismos de defesa contra os vírus, pois reconhecem proteínas virais expressas na superfície de células infectadas, independentemente da presença do HLA-I, levando-as à lise. Mais tardiamente, durante a resposta imune adaptativa, podem também interagir com o IgG ligado às células infectadas, por meio de seu receptor gama para Fc (FcγR), em um mecanismo conhecido por citotoxicidade celular dependente de anticorpo (ADCC)
- Ativação de macrófagos teciduais residentes, na fagocitose de partículas virais ou na fagocitose mediada pela opsonização por proteínas do complemento, que agem como opsoninas inespecíficas (p. ex., C3b). A fagocitose é um mecanismo importante quando os patógenos se encontram no sangue ou nos fluidos corpóreos. No entanto, os vírus sendo intracelulares, só são encontrados nos fluidos no início da infecção ou no momento da liberação de novas partículas virais pelas células infectadas. Assim, para os vírus, a fagocitose não é o principal mecanismo de defesa do hospedeiro.

Quando os vírus conseguem vencer as defesas inatas, segue-se a resposta imune adaptativa que é mediada pelas imunidades celular e humoral.

Defesa celular

A eliminação dos vírus intracelulares no sítio de replicação viral é feita, com eficiência, por linfócitos T citotóxicos (LTc), na sua maioria CD8+, que reconhecem os antígenos virais em associação com as moléculas de HLA da classe I, expressas na superfície das células infectadas, resultando em morte celular.

As proteínas virais são processadas no citoplasma da célula hospedeira em proteassomas, gerando peptídios citosólicos que são transportados para o retículo endoplasmático e são associados às moléculas do HLA-I. Quanto mais precoce for a expressão desses peptídios, mais rápida será a apresentação desses antígenos e o consequente controle da infecção por mecanismos efetores.

Os linfócitos T *helper* (LTh) CD4+ exercem importante papel na imunidade antiviral, pois a maioria das respostas humorais contra as proteínas virais é timo-dependente, necessitando da cooperação dessa subpopulação para o *switch* de classes de imunoglobulinas nos linfócitos B (LB) e maturação da sua afinidade (ver Capítulos 1 e 2). Os LTh CD4+ também têm importante papel na indução da citotoxicidade do LTc CD8+ e no recrutamento e ativação de macrófagos para o local da infecção, por meio da ativação da subpopulação Th1 produtora de IFN-γ e interleucina-2 (IL-2). As células Tc ativadas diferenciam-se em LTc efetoras, que podem matar qualquer célula nucleada infectada.

Defesa humoral

A defesa humoral é feita por anticorpos específicos que bloqueiam a ligação dos vírus com os receptores celulares, impedindo sua entrada na célula-alvo. Os anticorpos constituem a principal barreira contra a disseminação viral ao impossibilitar a propagação dos vírus para as células vizinhas ou para tecidos e, principalmente, para a corrente circulatória.

Entretanto, os anticorpos não conseguem acessar o vírus quando a infecção já é intracelular e a replicação viral já se iniciou. Assim, os anticorpos são capazes de prevenir a instalação da infecção viral, mas não são capazes de eliminar uma infecção já estabelecida.

Os mecanismos de bloqueio da disseminação de partículas virais livres envolvem a neutralização da infectividade, sendo os mais importantes:

- Ligação dos anticorpos neutralizantes com glicoproteínas do envelope viral, bloqueando a ligação do vírus à célula ou impedindo a sua entrada
- Opsonização específica de partículas virais com anticorpos IgG propiciando o *clearance* feito pelos fagócitos via FcγR
- Ação do complemento na opsonização específica mediada por anticorpos, com lise viral pelo dano ao envelope e às células infectadas, pela ativação da via clássica
- Proteção das superfícies mucosas mediada por anticorpos da classe IgA eficientes na neutralização do vírus, impedindo a sua entrada através das vias respiratórias ou intestinais, prevenindo, assim, as reinfecções.

Diagnóstico laboratorial

Entre os inúmeros métodos de diagnóstico das infecções virais, os mais empregados para fins de investigação são:

- Cultura do vírus em linhagens celulares suscetíveis
- Microscopia eletrônica e imunomicroscopia eletrônica
- Citologia e histologia: imuno-histoquímica e hibridação *in situ*
- Detecção do ácido nucleico: reação em cadeia da polimerase (PCR) e outras técnicas de amplificação do ácido nucleico, incluindo-se os testes quantitativos
- Imunoensaios para detecção de antígenos e/ou anticorpos: imunofluorescência (IF), imunoperoxidase ou ensaio imunoenzimático (EIA, *enzyme immunoassay*), fluoroimunoensaio (FIA), quimiluminescência (QL) e suas derivações como eletroquimiluminescência (EQL), QL amplificada, e outros.

Como consequência do extraordinário progresso em terapias antivirais específicas, o diagnóstico viral específico tornou-se imprescindível, o que resultou no acelerado desenvolvimento de novas tecnologias de detecção tanto virológicas, sorológicas, como também moleculares. Indiscutivelmente, a epidemia da infecção pelo HIV/AIDS desde os anos 1980 favoreceu o desenvolvimento de métodos diagnósticos para outros agentes virais (ver Capítulo 7).

A introdução das técnicas com conjugados marcados e de tecnologias moleculares para a obtenção de anticorpos monoclonais, antígenos recombinantes, bem como peptídios sintéticos, e de novos sistemas de geração de sinal da reação, resultou na substituição de testes virológicos convencionais, como a cultura, por imunoensaios. *Kits* comerciais para a detecção de antígenos e anticorpos em uma grande variedade de infecções virais estão disponíveis no mercado, com alto grau de automatização.

Isolamento viral por cultura

Em linhagens celulares, apesar das dificuldades técnicas, é um dos métodos virológicos mais antigos. É útil na caracterização do vírus e também quando não há conhecimento deste, ou há mais de um vírus presente no material. Entretanto, essa técnica exige linhagens celulares específicas, obrigando o laboratório a manter muitas linhagens diferentes em cultura.

A escolha da linhagem celular depende do agente viral que se suspeita encontrar e do material clínico a ser analisado. A urina, por exemplo, da qual se isola principalmente o CMV, deve ser inoculada em fibroblastos.

O *crescimento viral* pode ser observado pelo *efeito citopático* que o vírus produz, ou seja, a alteração na morfologia celular, que pode ser característica e levar à suspeita do agente em questão. O efeito citopático na cultura celular pode ser observado, dependendo do vírus, muito precocemente [p. ex., herpes-vírus simples (HSV)] ou após longos períodos (p. ex., CMV).

Modificações das técnicas convencionais de cultura têm tornado a detecção dos vírus mais rápida. Os anticorpos monoclonais, marcados com fluoresceína ou com peroxidase, permitem detectar os antígenos virais expressos na superfície das células infectadas precocemente no ciclo celular. A visualização é feita diretamente por microscópio de IF ou em microscópio óptico comum, após a adição de substrato cromogênico para a revelação da peroxidase. O emprego desses recursos, aliado à centrifugação para facilitar a infecção da monocamada celular pelos vírus presentes nas amostras, tem sido a base das técnicas virológicas, como a técnica de *shell vial*.

Recentemente, o uso de células geneticamente alteradas tem tornado a metodologia extremamente prática. Nesse sistema, o vírus ativa um promotor que induz a produção da β-galactosidase, cuja presença pode ser revelada por um substrato que produz um precipitado azul sobre a célula infectada.

A técnica de cultivo tem sido utilizada, principalmente, para detectar CMV, vírus varicela-zóster, adenovírus, vírus sincicial respiratório (RSV), *influenza*, *parainfluenza*, rinovírus, enterovírus, vírus da rubéola, sarampo e caxumba. Entretanto, para todos esses vírus, o desenvolvimento de testes rápidos tem propiciado um resultado laboratorial imediato que, em muitos casos, já é suficiente para as decisões clínicas, sustentadas também por outros dados de natureza clínica, laboratorial e epidemiológica.

Os erros pré-analíticos na técnica de pesquisa de vírus são os mais críticos e requerem uma atenção especial. A coleta adequada de material é fundamental para as técnicas de detecção viral. Assim, a escolha do material e o momento da coleta devem ser considerados de modo a obter altos títulos de vírus ou grande quantidade de células infectadas na amostra. No exemplo de um vírus respiratório, o lavado ou o aspirado de nasofaringe fornecem maiores taxas de detecção do que os *swabs* de secreções.

As amostras de tecido e os *swabs* devem ser coletados e mantidos em meios de transporte adequados para a metodologia a ser realizada. Lâminas com amostras de lesões ou de *swabs* de nasofaringe devem ser imediatamente fixadas em acetona. Os fluidos corpóreos devem ser rapidamente transportados em gelo. No teste de antigenemia para CMV, as amostras de sangue devem ser processadas e os leucócitos fixados até 6 h após a coleta, para uma correta quantificação viral.

Detecção de antígenos virais em material clínico

Microscopia e imunomicroscopia eletrônicas

A microscopia eletrônica não é utilizada na rotina diagnóstica das infecções virais, mas pode ser necessária quando não se dispõe de outros métodos de detecção, nos casos de suspeita de vírus emergente ou desconhecido, ou quando a detecção depende da identificação da morfologia viral.

A imunomicroscopia eletrônica combina o método morfológico com o imunológico e, assim, permite uma identificação específica por meio de anticorpos. Essa técnica permite a visualização dos vírus, com elevada sensibilidade, após sua agregação por anticorpos específicos marcados com ouro coloidal. Entretanto, é um método trabalhoso e utiliza equipamento de elevado custo. Portanto, não é adequado para rotina laboratorial de diagnóstico, exceto em casos especiais, nos quais se necessite da detecção e da identificação virais, impossíveis por métodos mais práticos, ou na suspeita de um vírus desconhecido.

Atualmente, várias infecções virais podem ser diagnosticadas por meio de testes rápidos, como a infecção por vírus da dengue (DENV), do RSV, *influenza* etc. Os resultados podem ser obtidos em geral entre 10 e 30 min, na presença do paciente e sem estrutura laboratorial (ver Capítulo 9).

Citologia e histologia

Células infectadas podem apresentar inclusões citoplasmáticas ou nucleares que representam agregados de vírus ou macromoléculas virais. A característica morfológica dessas inclusões pode auxiliar no diagnóstico como, por exemplo, a inclusão citomegálica de morfologia típica na infecção por CMV.

Colorações como Papanicolaou e Giemsa também são utilizadas em preparações citológicas, entretanto, tem-se preferido usar conjugados fluorescentes mais sensíveis.

Imunofluorescência direta e imunoperoxidase

A visualização das proteínas virais na superfície das células infectadas, por técnica de imunofluorescência direta (IFD), depende da quantidade dessas células-alvo no material clínico. Geralmente, é utilizada para detecção dos vírus varicela-zóster e HSV em esfregaços de materiais de lesão de pele, RSV no aspirado de nasofaringe e CMV nos leucócitos periféricos.

O uso de anticorpos monoclonais pode resultar em reação de fraca intensidade devido ao estreito espectro de especificidade. Assim, uma mistura de dois ou mais anticorpos monoclonais pode melhorar a reatividade e a sensibilidade na detecção.

Os anticorpos monoclonais devem ser bem escolhidos, especificamente para cada metodologia. A mistura de anticorpos monoclonais anti-pp65 deve ser empregada em IFD para CMV nos leucócitos, mas, para a técnica de *shell vial*, anticorpos contra proteínas da fase precoce do CMV são os mais adequados.

A técnica de IFD é, no geral, mais sensível que a cultura celular e o uso simultâneo de diferentes fluorocromos, como o isotiocianato de fluoresceína e a rodamina B, pode permitir a detecção de mais de um vírus em um mesmo material clínico. A grande vantagem da IFD é a rapidez (o teste é realizado em horas). Não exige, também, que o vírus esteja viável na amostra, facilitando muito seu manuseio e transporte.

A fluoresceína pode ser substituída por outros marcadores como, por exemplo, a peroxidase, resultando na técnica de imunoperoxidase. A revelação da peroxidase por um substrato cromogênico resulta em uma coloração permanente, e, assim, a lâmina pode ser lida a qualquer momento em um microscópio óptico. Dentre as inovações já feitas nessas técnicas, cita-se o uso de citocentrífuga para a concentração do material e o preparo das lâminas de microscópio contendo as amostras.

Técnicas de amplificação do ácido nucleico

As técnicas moleculares de detecção do ácido nucleico de vírus mudaram, definitivamente, a abordagem de diagnóstico laboratorial pela sua elevada sensibilidade e especificidade, modificando os algoritmos convencionais de diagnóstico e prognóstico (ver Capítulo 3).

A detecção do ácido nucleico viral é rápida e sensível, sendo especialmente útil nos casos em que as técnicas sorológicas ou de cultura viral não são aplicáveis. Métodos imunológicos para detecção de anticorpos podem falhar em indivíduos imunocomprometidos, em recém-nascidos e durante a janela imunológica. Já os métodos moleculares podem detectar o vírus muito precocemente, antes mesmo da detecção dos anticorpos, indicando uma infecção ativa.

Potencialmente, qualquer vírus DNA ou RNA pode ser detectado por métodos moleculares, ressaltando-se que, nos RNA vírus, a transcriptase reversa permite transformar o RNA em DNA complementar (cDNA).

Fundamentalmente, os testes de detecção do ácido nucleico baseiam-se em três procedimentos:

- Não amplificação: como a técnica de hibridação *in situ* (p. ex., EBV) e a de captura híbrida (p. ex., HPV)
- Amplificação do sinal: como a técnica de DNA ramificado (b-DNA®, *branched*-DNA®) (p. ex., HIV e HCV)
- Amplificação da sequência gênica-alvo: a mais utilizada, como a PCR e a *nested*-PCR, PCR após transcrição reversa (RT-PCR), ensaio baseado na sequência do ácido nucleico (NASBA®), reação em cadeia da ligase, ensaio de amplificação mediada por transcrição (TMA®) etc. (p. ex., HIV, HCV e HBV). Técnicas como a *multiplex* permitem detecção simultânea de um ou mais agentes, como o teste de amplificação do ácido nucleico (NAT) para HIV, HBV e HCV, sendo por isso chamado de *triplex*. Caso o resultado seja positivo, será necessária a realização individual do NAT para cada um dos vírus para determinar o agente responsável pela positividade.

Hibridação do ácido nucleico

Duas metodologias de hibridação do ácido nucleico para o diagnóstico clínico têm sido usadas: a hibridação *in situ*, que permite a localização celular, como na detecção do genoma do EBV em tecido tumoral e do HPV em amostras genitais, e hibridação por *dot blot*, como no caso da pesquisa de parvovírus B19 no soro circulante.

Recentemente, sondas (*probes*) não isotópicas com esquema de revelação do tipo EIA, como a captura híbrida com revelação por QL, têm sido muito aplicadas à detecção de vírus. Operacionalmente, após a extração do DNA, as etapas de execução são semelhantes às usadas nas técnicas sorológicas, podendo fornecer resultados semiquantitativos. No tubo revestido de anticorpos, o híbrido DNA-RNA é capturado e interage com o conjugado quimiluminescente. A adição do substrato produz a luz detectada por um luminômetro. Na curva gerada por amostras-padrão, a concentração do DNA pode ser calculada. O teste é mais simples que os outros métodos de biologia molecular e pode fornecer o resultado em cerca de 4 h.

Técnica de amplificação do sinal

É baseada no uso de bDNA®. O alvo não é amplificado, mas a hibridação inicial do ácido nucleico com sondas específicas é amplificada em sucessivas etapas de ligação. Essas ligações se ramificam e aumentam em número, de maneira que, na última etapa de hibridação, sondas marcadas se ligam em quantidades muito grandes, aumentando o sinal de detecção. Apresenta sensibilidade pouco inferior à da PCR, é mais reprodutível e pode, em parte, ser realizada em equipamento automatizado.

Técnica de amplificação do alvo

Apesar da aplicação virtualmente ilimitada do NAT, produtos comerciais licenciados para fins diagnósticos são poucos no mercado, tanto no Brasil quanto no exterior.

A realização da PCR *in house* é limitada pela necessidade de infraestrutura física, equipamentos, reagentes e técnicos especializados, baixa sensibilidade e reprodutibilidade em vários testes e maior possibilidade de contaminação.

A padronização da PCR precisa ser melhorada, bem como a escolha de materiais clínicos para o teste. A qualidade e o desempenho diagnóstico desses testes apresentam grandes variações em diferentes laboratórios e os programas de certificação interlaboratoriais estão apenas começando a ser disponíveis em alguns países.

Os testes moleculares quantitativos podem ser executados em equipamentos parcial ou totalmente automatizados, demonstrando a carga viral, parâmetro utilizado para decidir e acompanhar o tratamento de diversas infecções, como HIV, HCV e HBV. Uma queda significativa no nível de viremia significa uma resposta terapêutica, e a elevação, o aparecimento de mutantes resistentes a essa terapia, não aderência ou não resposta. Fornece, também, informações importantes sobre o prognóstico da infecção e a probabilidade de transmissão congênita/perinatal, como na infecção pelo HIV, em que se verificam maiores taxas de transmissão nas mães com alta carga viral.

No Brasil, os testes quantitativos para HIV, HCV e HBV vêm sendo realizados pelos laboratórios da rede pública, atendendo, gratuitamente, os pacientes infectados. Um grande avanço nas técnicas de NAT pode ser representado pela PCR em tempo real (*real-time* PCR), que tornou viável a utilização de técnicas moleculares na rotina diagnóstica, com alto grau de automação. Nessa técnica, a cada ciclo da PCR há geração de sinal fluorescente, reduzindo o tempo normalmente dispensado para a detecção do ácido nucleico amplificado, obtendo-se o resultado em tempo real. A ocorrência de resultados falso-positivos é menor, pois toda a operação se processa em um tubo fechado, não havendo contaminação do material clínico com o ácido nucleico amplificado de materiais processados anteriormente, erro típico nas reações da PCR, principalmente na técnica *in house*. O processo é feito em equipamento altamente especializado e automatizado, possibilitando a triagem de muitas amostras simultaneamente.

As técnicas moleculares, apesar de sua elevada sensibilidade, só se prestam para os materiais que apresentam o vírus naquela amostra. Assim, nas infecções em que a viremia é intermitente ou esporádica, a amostra de sangue pode se revelar negativa mesmo com infecção, como no caso da hepatite C crônica, em que se verificam oscilações nos níveis sanguíneos de partículas virais.

Em portadores crônicos com baixa concentração viral, escolha e coleta do material clínico, presença de inibidores das enzimas e, sobretudo, escolha de *primers* representam as principais causas de variação nos resultados da PCR.

Técnicas sorológicas

As técnicas sorológicas (imunoensaios) de detecção de anticorpos são consideradas indiretas, pois seus resultados representam a probabilidade de o indivíduo ter tido contato com o agente etiológico da infecção, e não o diagnóstico etiológico propriamente dito. Mostram-se extremamente práticas, pois são capazes de identificar as infecções na fase aguda, crônica, latente ou pregressa, reinfecções e reativações, a qualquer momento em que o sangue for colhido, mesmo na ausência da doença clínica ou do agente circulante.

Muitas das infecções virais são totalmente assintomáticas, como as infecções por CMV, hepatites B ou C e, assim, somente testes de triagem para o exame pré-natal, doadores de sangue, exames periódicos ou pré-operatórios são capazes de identificar indivíduos infectados.

A maioria dos testes são para detecção de anticorpos, principalmente os da classe IgM, IgG (de baixa e alta avidez) e, às vezes, IgA, mas, dependendo do nível de viremia, a detecção do antígeno pode ser feita com sucesso, como a do antígeno *s* de superfície (HBsAg) e do antígeno *e* (HBeAg), ambos do HBV, do antígeno p24 do vírus HIV-1 e do antígeno c22 do *core* do HCV, todos comercialmente disponíveis. Em amostras fecais, partículas de rotavírus também são passíveis de detecção pelo método imunoenzimático.

Enzimaimunoensaio para a detecção de antígenos virais

Ao contrário da IFD e da imunoperoxidase, que detectam apenas os antígenos expressos nas células infectadas, o EIA detecta também antígenos livres existentes na amostra, como vírus em soro, plasma, líquido cefalorraquidiano (LCR), líquido amniótico, urina, fezes etc. Os resultados são mais objetivos que os da IF, pois são feitos por leitura óptica em aparelhos, permitindo automação e a realização de grande número de testes.

O EIA é muito eficiente quando a amostra contém altos níveis de antígenos virais e, especialmente útil na detecção de vírus não cultiváveis ou de difícil cultivo, como rotavírus, HBV, HCV, HIV e adenovírus entérico.

As grandes vantagens das técnicas de detecção de antígeno são a possibilidade de quantificação, a precocidade da detecção, inclusive durante a janela sorológica, quando os anticorpos ainda não estão presentes, e sua utilidade no monitoramento da terapêutica antiviral.

Entretanto, no início do processo infeccioso, em que os antígenos virais e os anticorpos coexistem no plasma, a formação de imunocomplexos pode não permitir a detecção nem do antígeno nem do anticorpo, podendo fornecer resultados falso-negativos. A introdução de uma etapa prévia de dissociação desses imunocomplexos torna-se necessária e pode ser feita por dissociação ácida e pelo calor.

Imunoensaios para detecção de anticorpos

Apesar da indiscutível vantagem das técnicas imunológicas, o diagnóstico baseado na detecção de anticorpos tem as suas limitações.

A resposta imune humoral é lenta e o período entre o momento da infecção e o início da detecção de anticorpos, a chamada *janela imunológica*, representa um período de grande risco de transmissão, principalmente para os bancos de sangue, quando o doador com viremia presente fornecerá resultados negativos na triagem sorológica. Nessa fase, a viremia é muito alta, já que o vírus pode replicar sem interferência do sistema imune, correspondendo a um período de alta transmissibilidade.

A alta heterogeneidade genética de alguns vírus torna difícil a obtenção de um antígeno comum a todas as cepas. O HCV, por exemplo, possui antígenos não estruturais altamente heterogêneos, na ordem de 30% de variação entre as cepas. Em regiões onde se encontra uma alta prevalência de genótipos diferentes do genótipo 1, que é o protótipo do HCV na fabricação de *kits* comerciais, a inclusão de antígenos correspondentes a esses genótipos tem sido feita em alguns testes EIA anti-HCV, resultando em melhor desempenho diagnóstico.

A mutação de certos epítopos considerados comuns a todas as cepas, como o epítopo *a* do antígeno de superfície *s* do HBV, pode resultar em falso-negativos nos testes para a detecção do HBsAg na vigência de infecção ativa, pois os anticorpos monoclonais anti-HBs utilizados no teste não reconhecem o antígeno mutante. Da mesma forma, indivíduos imunes por vacinação podem se reinfectar com o HBV que apresenta a mutação no epítopo *a*.

Resultados falso-negativos também são observados em indivíduos imunocomprometidos que não produzem níveis detectáveis de anticorpos.

Detecção de anticorpos IgM

Em geral, os anticorpos IgM tornam-se detectáveis 1 a 2 semanas após a infecção, com pico em 3 a 6 semanas, declinando a seguir após 3 a 6 meses. Em algumas doenças virais imunomediadas, as manifestações clínicas ocorrem no momento em que os anticorpos passam a ser detectados, como o anti-HBc na hepatite B aguda (ver Capítulo 21), cuja identificação coincide com o aparecimento da sintomatologia.

Laboratorialmente, a despeito da grande importância no diagnóstico de infecções agudas/recentes e congênitas, os testes sorológicos para detecção dos anticorpos IgM apresentam vários problemas:

- Resultados falso-positivos podem ocorrer com fator reumatoide e com anticorpos naturais e heterófilos
- Resultados falso-negativos em pacientes imunocomprometidos ou na presença de excesso de anticorpos IgG específicos (condição conhecida como "IgM oculto")
- Reações inespecíficas frequentes
- Diferença na reatividade entre testes de diferentes procedências.

Assim, para triagem sorológica, na qual se exige elevada sensibilidade, ELISA por captura de IgM, conhecido também por MAC-ELISA, é o mais adequado. Nos testes de detecção de IgM por imunofluorescência indireta (IFI) ou ELISA indireto, é necessária uma etapa prévia de tratamento do soro com anticorpo de carneiro anti-IgG humano para a precipitação do excesso de IgG e a remoção do fator reumatoide.

O momento da coleta é também importante, já que o período de positividade do IgM pode variar de algumas semanas a 1 ano, dependendo do método e do antígeno utilizados, do agente, do estado imunológico do paciente e de outras infecções concomitantes.

Anticorpos IgM podem, ainda, ser detectados em casos de reinfecção ou de reativação, levando, erroneamente, ao diagnóstico de infecção recente. A discriminação entre essas duas situações é muito importante no diagnóstico da infecção durante a gravidez, visto que somente a infecção primária materna é capaz de causar defeito congênito grave (ver Capítulo 22). Nesse caso, o teste de avidez do IgG é capaz de definir a infecção aguda, pela detecção de IgG de baixa avidez, e a reativação ou a reinfecção, pela detecção de IgG de alta avidez.

A comparação entre resultados de testes anti-IgM de diferentes procedências encontrados no mercado tem demonstrado importantes discrepâncias no desempenho diagnóstico desses testes.

Detecção de anticorpos IgG

É a base da maioria dos imunoensaios, devido à sua alta especificidade. Na infecção aguda, essa classe de anticorpos torna-se detectável logo após a identificação de anticorpos IgM, em geral 2 a 3 semanas após a contaminação. Eleva-se rapidamente, alcançando o pico em 1 a 3 meses, após o qual declina lentamente até chegar a títulos baixos que se mantêm por longo tempo, muitas vezes durante a vida toda.

A avidez dos anticorpos IgG é baixa do início da infecção até 3 a 5 meses, quando se torna alta, assim se mantendo enquanto forem detectáveis os anticorpos.

IgG é a única imunoglobulina capaz de atravessar a barreira placentária. Por isso, testes sorológicos são positivos no sangue do recém-nascido, mesmo que ele não esteja congenitamente infectado, pois a positividade se deve aos anticorpos maternos transferidos passivamente à criança. Assim, a pesquisa de IgG no recém-nascido resulta em valores muito semelhantes aos maternos ou até levemente superiores devido ao transporte facilitado de anticorpos via placenta, não sendo, portanto, de valor diagnóstico para as infecções congênitas (ver Capítulo 22).

Detecção de anticorpos IgA

Anticorpos da classe IgA são menos pesquisados, mas têm um comportamento semelhante aos da classe IgM, sendo, portanto, encontrados na fase recente da infecção. Comparados com os testes para detecção de IgM, os testes baseados na detecção de IgA são, em geral, menos sensíveis, manifestando maior variação individual durante o período em que se apresentam positivos.

Tipos de imunoensaios

A detecção de anticorpos é o meio mais utilizado para a triagem de muitas das infecções virais, como: HIV-1 e HIV-2, vírus da hepatite A (HAV), HBV, HCV, vírus da hepatite D (HDV), vírus da hepatite E (HEV), HTLV-I/II, EBV, CMV, rubéola, HSV 1 e 2, sarampo, caxumba, dengue etc.

Neste capítulo, será exemplificada apenas a detecção de infecções mais comumente solicitadas em um laboratório de rotina diagnóstica.

Muitas metodologias sorológicas têm sido descritas, como as reações de precipitação, de aglutinação, de hemaglutinação (HA), de aglutinação de partículas de gelatina (PA) ou de látex, de fixação do complemento (RFC), de IF, de ELISA, de FIA, de QL, QL amplificada, EQL e outras.

O teste de aglutinação do látex tem a grande vantagem de ser simples, rápido e não necessitar de equipamento para a sua realização (ver Capítulo 6). No entanto, a sua sensibilidade é baixa, sendo útil apenas para amostras que apresentam grande quantidade de vírus, como o rotavírus e o adenovírus entérico, nas fezes de crianças com gastrenterite. A especificidade também é baixa, podendo apresentar aglutinações inespecíficas.

Os imunoensaios com conjugados marcados são os mais empregados e praticamente substituíram todas as outras metodologias de diagnóstico. A alta sensibilidade, a capacidade de definir classes de anticorpos, a facilidade na realização dos testes, a praticidade, a objetividade e a possibilidade de automação justificam essa preferência.

Aspectos gerais e diagnósticos das principais infecções virais

As infecções por vírus da rubéola, CMV e HSV são apresentadas no Capítulo 22, e por HIV, HBV e HCV nos Capítulos 20 e 21.

▪ Epstein-Barr vírus

O EBV foi primeiramente descoberto em biopsias de linfoma de Bürkitt por Epstein *et al.* que, em 1964, visualizaram pela microscopia eletrônica uma partícula viral com morfologia típica de vírus do grupo herpes.

A primeira associação entre esse vírus capaz de causar doenças neoplásicas e a MI foi feita por Henle *et al.*, em 1968, com base em dados soroepidemiológicos.

Assim, esse vírus apresenta associação com neoplasias como o linfoma de Bürkitt, endêmico em crianças da África, e o carcinoma de nasofaringe, que tem maior prevalência em algumas regiões da China, da África e do Alasca. Paradoxalmente, o EBV causa a MI, uma doença benigna e autolimitada, muito comum no mundo todo e que acomete, principalmente, adolescentes e adultos jovens.

Entretanto, em populações de nível socioeconômico baixo, a infecção por EBV ocorre na infância, quando tende a ser assintomática ou de expressão clínica pouco característica. Já no adulto, a infecção primária manifesta-se clinicamente na forma da MI clássica em mais de 50% dos casos, dando a falsa impressão de ser uma doença restrita aos adolescentes e adultos jovens. Transmite-se de um indivíduo para outro principalmente pela saliva; por esse motivo, é chamada de doença do beijo.

A infecção tem início na ligação do vírus à proteína CD21 (receptor CR2 do complemento C3 d) na superfície das células epiteliais e dos LB, onde se multiplicam. A infecção dos LB resulta, de um lado, em uma infecção lítica com liberação de novos vírions que infectam o epitélio da orofaringe e são excretados pela saliva; por outro lado, o EBV associa-se, de maneira permanente, ao genoma da célula hospedeira resultando em infecção latente.

O EBV é o único dentre os herpes-vírus que consegue transformar os LB humanos ou o seu precursor em linhagem linfoblastoide capaz de crescer continuamente em cultura. As células B assim imortalizadas pela ação de proteínas do EBV sofrem ativação e proliferação policlonais.

As células T citotóxicas CD8+ e as células NK são as mais importantes no controle da proliferação de células B policlonais, sendo as primeiras a principal população envolvida no aparecimento de linfócitos atípicos no sangue. A ativação das células B resulta em disseminação do vírus na circulação com secreção de anticorpos de várias especificidades, incluindo-se os anticorpos heterófilos utilizados no diagnóstico da MI pela reação de Paul-Bunnell-Davidson.

Aspectos clínicos

Após um período de incubação de 4 a 8 semanas, apresenta-se como uma infecção aguda com a presença de anticorpos heterófilos. A infecção é, na maioria das vezes, assintomática quando acomete crianças de baixa faixa etária, mas, em adultos, manifestam-se na forma de MI clássica, com faringite, febre, linfadenopatia cervical, mal-estar e aparecimento de linfocitose com linfócitos T atípicos no sangue. Entre as complicações mais comuns encontra-se a hepatite com icterícia, com alterações das enzimas hepáticas e, ainda, alteração do apetite. Outras complicações podem envolver o sistema nervoso (meningoencefalite), pulmões (pneumonite), coração (pericardite), baço (esplenomegalia), rins, medula óssea e olhos.

Na maioria dos casos, a MI regride dentro de 4 a 6 semanas, mas, às vezes, a fadiga pode persistir mais tempo. Após a infecção primária, o indivíduo torna-se imune a reinfecções. Entretanto, a infecção latente persiste toda a vida nos LB, nas células epiteliais da orofaringe e na cérvice uterina. Periodicamente, a infecção pode reativar com produção de partículas virais infectantes na orofaringe, período em que o indivíduo é assintomático, mas transmissor da infecção.

A MI pode manifestar-se de forma aberrante com pouca ou nenhuma febre e apenas mal-estar, fadiga, linfadenopatia, assemelhando-se a leucemia/linfoma.

Em indivíduos imunocomprometidos, como receptores de transplantes de órgãos e infectados pelo HIV/AIDS, a proliferação policlonal das células B infectadas por EBV pode ser descontrolada levando à doença linfoproliferativa grave com risco de morte.

Diagnóstico clínico diferencial

Manifestações clínicas semelhantes às da MI e causadas por vários agentes exigem diagnóstico diferencial, como nos casos de:

- Faringites com dor de garganta, fadiga e adenopatia decorrentes das infecções estreptocócicas ou virais
- Esplenomegalia, hepatomegalia, linfocitose, linfócitos atípicos na infecção aguda por CMV e toxoplasmose. Essas infecções são chamadas de síndrome da mononucleose-*like*
- Fase aguda da infecção pelo HIV
- *Rash* cutâneo com vírus exantemáticos, como a rubéola.

Diagnóstico laboratorial

Detecção do vírus

O isolamento do EBV pode ser feito inoculando-se amostras de garganta ou de saliva filtrada em linfócitos fracionados de sangue de cordão, porém esse método não é utilizado na rotina laboratorial diagnóstica, dada a dificuldade de obtenção das células e o longo tempo necessário para a obtenção do resultado (4 semanas).

A detecção do DNA do EBV por técnicas moleculares em material clínico, como a hibridação do ácido nucleico e o NAT, é útil quando aplicada em materiais de indivíduos imunocomprometidos, nos casos em que a sorologia pode não fornecer resultados adequados e suficientemente sensíveis. Técnicas de *Southern blot*, *dot-blot*, PCR e hibridação *in situ* têm sido aplicadas a leucócitos, secreções da orofaringe e materiais de biopsia, obtidos de lesões linfoproliferativas. Entretanto, a presença de genoma do EBV no soro ou no plasma exibe maior correlação com a doença, podendo ser os métodos quantitativos importantes para o diagnóstico e seu monitoramento.

O EBV possui várias proteínas antigênicas em sua constituição. O antígeno do capsídio viral (VCA) e o antígeno da membrana (MA) são antígenos estruturais produzidos após a síntese do DNA viral. Os antígenos precoces (EA) são produzidos durante a fase inicial da replicação viral e podem ser divididos em EA-componente difuso (EA-D) e EA-componente restrito (EA-R), de acordo com a sua distribuição dentro da célula e diferenças na desnaturação frente aos processos de fixação e enzimas proteolíticas. O antígeno nuclear do EBV (EBNA) corresponde ao antígeno de fase latente. Esse antígeno é composto por, pelo menos, seis proteínas, sendo a EBNA-1 a mais importante. A detecção de antígenos do EBV em tecidos pode ser feita por meio do teste de IFD, principalmente para antígenos de fase replicativa, como o VCA e o EA, e um antígeno da fase latente denominado LMP.

Detecção de anticorpos

Os testes sorológicos são os mais utilizados no diagnóstico da infecção primária por EBV.

ANTICORPOS HETERÓFILOS

A pesquisa de anticorpos heterófilos, em geral, é suficiente para o diagnóstico da MI clássica.

Os anticorpos heterófilos são da classe IgM e elevam-se entre 2 e 3 semanas do início da doença, persistindo alguns meses após sua resolução.

A detecção de anticorpos heterófilos baseada na aglutinação de hemácias de carneiro (reação de Paul-Bunnell) ou de cavalo foi o método mais empregado até a introdução de imunoensaios com antígenos específicos do vírus.

A triagem é feita, em uma primeira fase, pela reação de HA entre os anticorpos heterófilos presentes no soro do paciente inativado (aquecido a 56°C por 30 min para a inativação do complemento) diluído, e o antígeno constituído por uma suspensão a 2% de hemácias de carneiro. Após incubação de 2 h, em temperatura ambiente, havendo HA até título de, no mínimo, 56, o teste diferencial de Davidsohn deverá ser realizado em uma segunda etapa.

A segunda fase consiste em realizar o mesmo teste, após absorção com uma suspensão a 20% de rim de cobaia. Como os anticorpos heterófilos da MI não reagem com esse antígeno, a absorção será mínima, demonstrada pela pequena redução de títulos (até 2 diluições) entre a primeira e a segunda fase. Por outro lado, a pré-absorção dos anticorpos heterófilos com suspensão de hemácias bovinas reduz significativamente os títulos se os anticorpos decorrerem do EBV.

Alternativamente a essa técnica, os testes de aglutinação rápida em lâmina utilizando-se antígenos estabilizados de hemácias de cavalo e testes de aglutinação de látex também podem ser utilizados, com resultados em 2 min.

A detecção de anticorpos heterófilos apresenta uma sensibilidade de cerca de 80 a 90% em adultos, mas é de apenas 25 a 50% em população de até 12 anos de idade.

Cerca de 5 a 10% dos casos de MI não são causados por EBV e não apresentam anticorpos heterófilos. Alguns agentes como o CMV, *Toxoplasma gondii*, HIV, adenovírus e vírus da rubéola são conhecidos como associados à síndrome da mononucleose-*like*, porém outros agentes menos comuns podem também estar envolvidos.

Imunoensaios

Tanto a reação de IFI quanto EIA permitem a detecção de anticorpos contra os diferentes componentes antigênicos virais. Os testes imunoenzimáticos comerciais apresentam variação nos resultados entre os diferentes fornecedores, decorrentes de preparações antigênicas diferentes e/ou antígenos recombinantes e/ou peptídios sintéticos. A detecção dos anticorpos contra os diferentes antígenos da fase lítica do EBV permite o diagnóstico da infecção em uma única amostra. Os principais antígenos virais empregados nos testes diagnósticos são: VCA, EA e EBNA.

ANTI-VCA IGM

Detecção de anticorpos IgM anti-VCA é o método mais sensível, e a sua positividade é suficiente para o diagnóstico da infecção aguda por EBV. Esses anticorpos podem ser detectados durante a fase aguda da doença, até cerca de 3 meses, podendo em alguns casos persistir mais tempo.

Fator reumatoide no soro do paciente pode produzir resultado falso-positivo para IgM anti-VCA, devendo ser absorvido previamente ao ensaio, com proteína G ou gamaglobulina agregada pelo calor.

A intensa linfoproliferação que se verifica nessa fase resulta em produção exacerbada de anticorpos de outras especificidades já existentes na memória imunológica do paciente. Assim, anticorpos IgM anti-CMV podem ser detectados em pacientes na fase aguda da infecção por EBV, mas o inverso não é observado, ou seja, anticorpos IgM anti-EBV não são encontrados na MI-*like* induzida por CMV.

ANTI-VCA IGG

Os anticorpos IgG anti-VCA elevam-se, rapidamente, durante a fase aguda da doença, começando a declinar lentamente após semanas e mantendo-se relativamente estável por toda a vida.

ANTI-EA

Anticorpos anti-EA são detectáveis muito precocemente na fase aguda da doença, persistindo meses ou anos. Cerca de 80% dos pacientes apresentam elevação transitória de anti-EA-D, declinando a seguir, com negativação em até 6 meses. O anti-EA-R pode também ser detectado logo após a negativação do EA-D, podendo persistir cerca de 2 anos. Assim, a sua identificação é rara nas infecções agudas.

ANTI-EBNA

É detectado tardiamente, elevando-se gradualmente a partir de 6 a 8 semanas, com pico em 6 a 12 meses após o início dos sintomas, persistindo toda a vida. Esse anticorpo pode estar ausente ou ser detectado somente em baixos níveis em indivíduos imunocomprometidos.

O encontro de IgG anti-VCA e anti-EBNA caracteriza um indivíduo que, no passado, foi infectado por EBV, portanto com infecção latente. Altos títulos IgG anti-VCA e EA-R podem ser observados em pacientes com linfoma de Burkitt, e títulos elevados de anticorpos IgG e IgA anti-VCA e EA-D são detectados nos pacientes com carcinoma de nasofaringe.

A avidez do IgG anti-VCA pode ser útil na distinção entre infecção primária recente, infecção passada e reativação. Um resumo dos achados de anticorpos contra os diversos antígenos do EBV nas diferentes condições clínicas é mostrado na Figura 19.1.

Outras alterações laboratoriais

Hematologicamente, a síndrome da MI é caracterizada por linfocitose absoluta e relativa, com taxas aumentadas de linfócitos atípicos maiores que 10%. Além disso, enzimas hepáticas elevadas são observadas em cerca de metade dos pacientes com MI.

▪ Sarampo

É uma doença antiga, cuja descrição feita por um médico árabe remonta ao século IX. O vírus do sarampo é um vírus RNA da família dos paramixovírus, que inclui a caxumba, o RSV e o vírus *parainfluenza*.

Transmite-se por gotículas respiratórias e é altamente contagioso, com alto grau de morbidade e mortalidade. Replica-se dentro das células epiteliais e células mononucleares (LB, LT, macrófagos) do trato respiratório superior. Uma viremia transitória dissemina o vírus do sarampo para todo o corpo.

Apesar de o sarampo, praticamente, ter desaparecido em um grande número de regiões geográficas, ainda ocorrem mais de 30 milhões de casos anuais, principalmente na África, conforme a Organização Mundial da Saúde. Atualmente, o Brasil possui um Plano Nacional de Eliminação do Sarampo que delineia estratégias e ações de combate à doença.

Durante o período prodrômico, entre 1 semana e 10 dias após a infecção inicial, são observadas manifestações clínicas como tosse, coriza, conjuntivite, lesão oral (sinal de Koplik) e febre, a qual persiste 3 a 4 dias, com temperaturas cada vez mais altas.

A maioria das crianças desenvolve imunidade celular que controla a infecção viral e produz o exantema (*rash*) do sarampo, uma reação de hipersensibilidade cutânea contra os antígenos virais. O *rash* aparece cerca de 2 semanas após a exposição, sendo, inicialmente, mais pronunciado atrás das orelhas e no rosto e, em seguida, em todo o corpo. Persiste cerca de 7 a 10 dias, seguido de fina descamação.

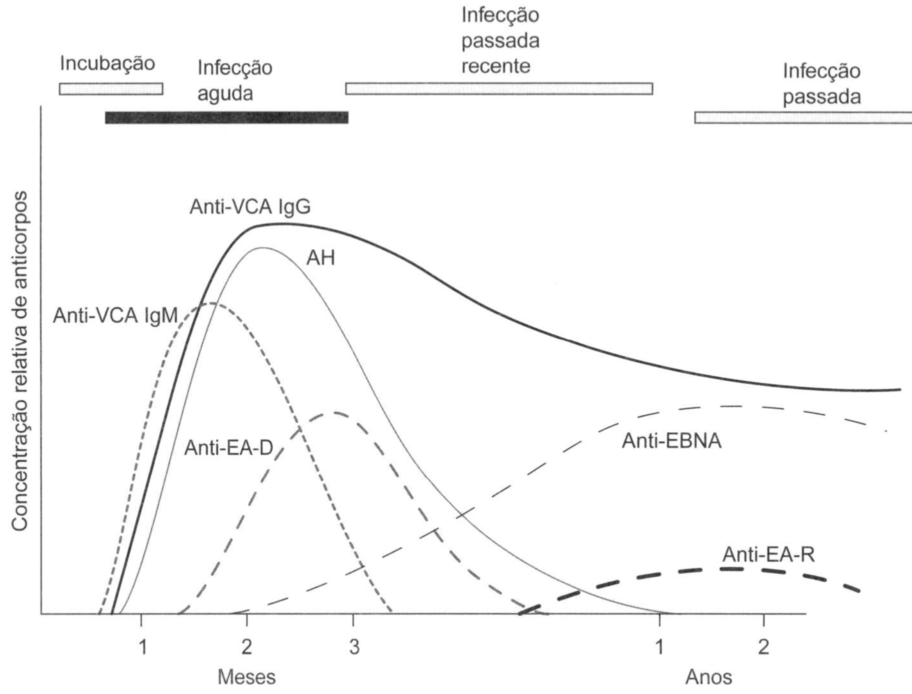

Figura 19.1 Padrões sorológicos de anticorpos anti-EBV e heterófilos em síndromes associadas ao EBV. VCA: cápside viral do EBV; EBNA: antígeno nuclear do EBV; EA-D: antígeno precoce difuso; EA-R: antígeno precoce restrito; AH: anticorpos heterófilos.

A imunidade decorrente da infecção natural é duradoura, com os anticorpos IgG antivírus do sarampo presentes, provavelmente, por toda a vida.

A imunidade humoral protege contra a reinfecção. Entretanto, a imunidade adquirida por vacinação é menos eficiente que a adquirida por infecção natural, podendo desaparecer no adulto jovem. A reinfecção entre os indivíduos vacinados resulta em um sarampo atípico, podendo apresentar pneumonite e *rash* pouco característico. Nesse caso, o teste sorológico é o melhor meio de diagnóstico.

Antes da introdução da vacina antissarampo, as epidemias ocorriam em ciclos de 2 a 5 anos. No Brasil, a primeira dose de vacinação é feita entre 12 e 15 meses de idade, e a segunda dose entre 5 e 6 anos de idade sob a forma de vacina tríplice viral, em conjunto com as de rubéola e caxumba (ver Capítulo 29), fazendo parte do calendário vacinal da rede pública.

Diagnóstico laboratorial

Isolamento viral

Deve ser feito logo no início da fase aguda, quando a concentração viral é maior. As amostras clínicas mais utilizadas são: sangue, soro, urina, secreções da garganta e da nasofaringe. A detecção do vírus na cultura pode ser feita pela visualização do seu efeito citopático ou por IF para detecção de antígenos virais.

O RNA do vírus do sarampo pode ser extraído da cultura de células infectadas ou diretamente do material clínico. Após transcrição reversa, o RT-PCR pode ser feito para o diagnóstico ou ainda para genotipagem, importante para fins epidemiológicos.

Diagnóstico sorológico

O método mais empregado para o diagnóstico laboratorial é o imunoensaio para anticorpos IgM (EIA-IgM), que podem ser encontrados durante o *rash* ou até 1 mês após. *Kits* comerciais são encontrados nas versões de detecção indireta e de captura de IgM. O EIA-IgG é útil para definir os indivíduos imunes, principalmente nos programas de controle do sarampo. O teste de avidez do IgG pode ser útil para diferenciar a resposta primária da secundária. Essas técnicas têm sido utilizadas nos laboratórios brasileiros de referência em saúde pública. Outra técnica disponível para a detecção de anticorpos IgG e IgM é a IFI.

Os métodos sorológicos tradicionais, como o teste de neutralização em placas, a HA e a inibição de hemaglutinação (IHA) para dosagem de anticorpos totais, não têm sido utilizados nos laboratórios de diagnóstico, sendo substituídos por EIA. Todos os testes para diagnóstico de sarampo têm sensibilidade e especificidade entre 85 e 98%.

Caxumba

É uma doença aguda, sistêmica e autolimitada, geralmente assintomática, caracterizada pela parotidite uni ou bilateral, apresentando febre alta e fadiga e, com menor frequência, inflamação dos testículos, pâncreas e envolvimento do sistema nervoso central.

O vírus é transmitido por gotículas respiratórias, multiplicando-se no epitélio do trato respiratório superior. Atinge a corrente sanguínea propagando-se até os tecidos linfoides, onde permanece por 7 a 10 dias. Após esse período, atinge por via sistêmica as glândulas salivares, onde provoca intensa inflamação, com infiltração linfocitária e edema, que caracteriza clinicamente a caxumba.

A vacina é administrada na forma de tríplice viral (rubéola, sarampo e caxumba – MMR), em crianças de 12 a 15 meses de idade, com reforço entre os 5 e os 6 anos de idade, simultaneamente com outra vacina tríplice viral, a DTP (difteria, tétano e coqueluche), e a Sabin contra a poliomielite (ver Capítulo 29). A vacina é constituída por vírus vivo e atenuado e faz parte do calendário vacinal da rede pública.

A detecção do vírus da caxumba pode ser feita pela sua cultura ou com RT-PCR, em materiais como os aspirados de nasofaringe, *swabs* de garganta, saliva, LCR e urina. Para os testes sorológicos, amostras de sangue na fase aguda e na convalescença (14 dias depois) devem ser coletadas para observação da soroconversão; contudo, a detecção do IgM antivírus da caxumba pode ser feita, também, em uma única amostra obtida na fase aguda. Na saliva, esses anticorpos são passíveis de detecção entre 1 e 5 semanas desde o início da doença. A detecção de anticorpos IgM em LCR também é útil no diagnóstico da meningite por vírus da caxumba. Os EIA por técnica de captura do IgM são altamente sensíveis e específicos, sendo os métodos mais utilizados no diagnóstico sorológico da caxumba. Os anticorpos IgG separam os indivíduos imunes dos não imunes, pois essa classe de imunoglobulinas permanece presente toda a vida, após a fase aguda.

Parvovírus B19

É um DNA vírus que, em geral, causa infecção assintomática ou eritema infeccioso em imunocompetentes. Trata-se de uma infecção comum no mundo, com prevalência de anticorpos maior que 50% já aos 15 anos de idade. Em indivíduos imunocomprometidos, a doença assume uma gravidade maior.

A transmissão provavelmente se dá por via respiratória, pois, durante a viremia, o vírus está presente na secreção da nasofaringe. Além desta, outras vias de transmissão são a transplacentária e, raramente, por transfusões de sangue e seus derivados. A infecção, assintomática ou sintomática durante a gestação, na maioria das vezes não afeta o feto, mas, quando ocorre, representa-lhe grave risco, com taxas de transmissão de 25 a 33%, podendo resultar em perda fetal em 1,6 a 9% dos infectados, devido à capacidade do vírus em replicar-se nas células precursoras eritroides e nos tecidos fetais, causando anemia grave e insuficiência cardíaca congestiva. A infecção por parvovírus é a causa de 10 a 15% de todos os casos de *hydrops fetalis* não imunes. Entretanto, em geral não ocorrem sequelas se o feto sobreviver.

Em adultos, dependendo do estado imunológico e hematológico do paciente infectado, assume gravidade incomum. Em pacientes com doença hemolítica, a infecção com parvovírus B19 pode levar à crise aplásica transitória, com início súbito de anemia grave e com ausência de reticulócitos, representando risco para a vida.

Após a infecção primária, a eliminação viral é rápida e o indivíduo torna-se imune, livre de reinfecção, exceto em indivíduos imunocomprometidos nos quais o vírus pode causar uma infecção aguda e/ou persistente, apresentando anemia grave pela deficiência na medula óssea com aplasia de precursores da série eritrocítica.

Manifestações clínicas

Apesar de a infecção ser assintomática em 50% dos adultos e das crianças, o eritema infeccioso é a manifestação mais comum da infecção por parvovírus B19. Um período prodrômico inespecífico é seguido de *rash* malar avermelhado durante 2 a 5 dias e de exantema eritematoso maculopapular no tronco e nos membros. No entanto, as manifestações dermatológicas podem variar e o *rash* ser transitório ou recorrente, por semanas.

Outras manifestações podem ocorrer, como a síndrome da poliartropatia, que acomete principalmente mulheres jovens, rara em crianças, assemelhando-se à artrite reumatoide, na sua fase aguda. O diagnóstico diferencial deve ser feito com a escarlatina, a artrite reumatoide e a rubéola.

Diagnóstico laboratorial

Os métodos virológicos pouco contribuem para o diagnóstico da infecção por parvovírus B19, pois a viremia é transitória (até 7 dias), ocorrendo antes dos sintomas clínicos do paciente, e o vírus é difícil de ser cultivado *in vitro*.

A PCR pode ser positiva por um período de 2 a 6 meses após a infecção aguda por parvovírus B19 e constitui no único método de diagnóstico em indivíduos que não apresentam uma resposta sorológica adequada para a detecção. O DNA pode ser detectado no soro por hibridização por *dot-blot, in situ* e *nested*-PCR.

No feto, a viremia ocorre 3 a 12 semanas após a infecção aguda materna. O diagnóstico fetal pode ser feito no sangue do cordão umbilical e no líquido amniótico por métodos de hibridação *in situ* e, de preferência, por PCR.

Detecção de anticorpos

A dificuldade dos testes de detecção de anticorpos é a obtenção do antígeno viral, pois o vírus não é propagado *in vitro* em quantidades suficientes para o uso nos testes de diagnóstico. Entretanto, as proteínas estruturais VP1 e VP2 e a não estrutural NS1 recombinadas são as mais empregadas como antígenos nos imunoensaios de procedência comercial. Vale ressaltar que EIA que utilizam antígenos estruturais não desnaturados (com estrutura conformacional preservada) têm apresentado melhores resultados quanto à sensibilidade e à especificidade.

Na infecção aguda, o teste EIA por captura do IgM antiparvovírus B19 é o melhor método para o diagnóstico sorológico, detectando mais de 90% dos casos. Positiva-se entre a 2ª e a 3ª semana após a infecção e persiste 2 a 6 meses ou mais. Os testes EIA anti-IgM disponíveis no mercado apresentam uma sensibilidade entre 90 e 97% e especificidade entre 88 e 96%. Reações cruzadas foram observadas com amostras de pacientes com rubéola, CMV, HSV, EBV, fator reumatoide, hepatites A e B. Contudo, a detecção de anticorpos IgM mostra-se pouco sensível no diagnóstico da infecção congênita e o diagnóstico fetal deve ser feito complementando-se os achados sorológicos com os métodos moleculares.

Anticorpos IgG são detectáveis logo após a positivação do IgM e permanecem, em geral, por toda a vida. O teste de avidez do IgG pode também ser útil para distinguir uma infecção recente de uma pregressa. Apesar de os anticorpos IgG serem protetores, mesmo na presença de baixos níveis desses anticorpos, raros casos de reinfecção são encontrados. Outros testes sorológicos, como o *Western blot* e a IF, podem, também, complementar o diagnóstico sorológico.

Dengue

Causada por arbovírus, a dengue é uma das arboviroses mais importantes, senão a mais importante. Estima-se que ocorram aproximadamente 98 milhões de infecções por DENV nas regiões tropicais e subtropicais. Os arbovírus compreendem um grupo heterogêneo de vírus que tem em comum a transmissão por vetores (*arthropode-borne viroses*).

O principal vetor e a espécie mais prevalente do mosquito no Brasil é o *Aedes aegypti*, responsável, portanto, pela transmissão no território nacional. O DENV é um RNA vírus de fita simples e pertence à família Flaviviridae, podendo ser classificado em 4 sorotipos: 1, 2, 3 e 4. Esses 4 sorotipos causam arboviroses em humanos.

Os sorotipos prevalentes nas Américas são 1, 2 e 4 (DENV-1, DENV-2, DENV-4); no Brasil predominam os sorotipos 1 e 2

(DENV-1 e DENV-2). Somente no ano 2000 o sorotipo 3 foi descrito no Rio de Janeiro, tendo sido detectado em 2002 em todo o território nacional.

Sinais e sintomas clínicos

Clinicamente, a infecção apresenta-se como infecção inaparente, dengue clássica (DC), febre hemorrágica, dengue hemorrágica (FHD) e síndrome do choque da dengue (SCD), que pode evoluir para a morte.

A DC, relativamente benigna, inicia-se com febre alta (39 a 40°C), com início abrupto, acompanhada de cefaleia, prostração, mialgia, artralgia, dor retrorbital, erupções maculopapulares acompanhadas ou não de prurido. Alguns outros sintomas como anorexia, náuseas, vômitos e diarreia também podem ser observados.

No final do período febril, podem surgir manifestações hemorrágicas, como petéquias, sangramentos nasais (epistaxe), gengivorragia, além de sangramentos irregulares e acíclicos do útero (metrorragia), entre outros. Casos raros de hematêmese, melena e hematúria podem ser observados.

De acordo com o Centro de Vigilância Epidemiológica da Secretaria de Estado da Saúde de São Paulo, tanto a FHD como a SCD apresentam sintomas semelhantes aos da DC no início do quadro clínico, evoluindo para hemorragias, dores abdominais intensas, palidez cutânea, pele pegajosa e fria, sonolência, dificuldade respiratória, pulso acelerado e fraco, podendo levar o paciente ao choque e à morte. A fisiopatologia envolvida nesses casos tem como base uma resposta imune anômala envolvendo leucócitos, mediadores químicos, como as citocinas, e imunocomplexos, causando aumento na permeabilidade, decorrente de má função vascular endotelial, sem, contudo, haver destruição do endotélio, com extravasamento de líquidos para o interstício, levando à queda da pressão arterial e manifestações hemorrágicas associadas à trombocitopenia. Como consequências a essas manifestações surgem hemoconcentração com redução de volemia, má perfusão tecidual, hipoxia e acidose láctica.

Nas infecções por DENV, a reinfecção pode ocorrer no caso de o indivíduo ser infectado por um sorotipo diferente daquele da primeira infecção. Considerando que a imunidade é sorotipo-específica, um mesmo indivíduo poderá se infectar 4 vezes.

Diagnóstico laboratorial

O diagnóstico definitivo de dengue pode ser feito por:

- Isolamento do vírus: deve ser feito seguindo orientação da vigilância epidemiológica com o objetivo de monitorar os sorotipos circulantes. O período de viremia é de 6 dias e a amostra de sangue deve ser coletada até o quinto dia após o início dos sintomas
- Detecção do antígeno viral:
  - Técnica de imuno-histoquímica de tecidos
  - Teste para detecção de NS1 ELISA: a proteína não estrutural 1 (NS1) do genoma DENV tem demonstrado ser instrumento útil no diagnóstico das infecções agudas. O antígeno dengue NS1 tem sido detectado no soro de pacientes infectados por DENV logo no primeiro dia após o aparecimento dos sintomas até 9 ou 10 dias, quando declinam após o aparecimento dos anticorpos específicos. O teste para NS1 é bastante sensível e específico e pode ser útil no diagnóstico diferencial entre as flaviviroses. O antígeno NS1 do DENV por teste rápido, como o imunocromatográfico, é muito útil na obtenção de resultados em menos de 30 min
  - Detecção de RNA no soro ou tecidos de pacientes: utiliza-se a RT-PCR, a qual é sorotipo-específica e mais sensível que a técnica de hibridação
  - Detecção de anticorpos: é a mais empregada para fins de diagnóstico e pode ser feita por vários métodos, entre eles, ELISA por captura de IgM (MAC ELISA), ELISA IgG e teste de redução de neutralização de placa (PRNT) e microneutralização.

MAC ELISA

ELISA por captura de IgM é o mais comumente empregado no diagnóstico laboratorial e comercialmente encontrado nos *kits* diagnósticos. O teste se baseia na captura de anticorpos IgM contra DENV, que se positiva a partir do 5º ou 6º dia após o início dos sintomas, permanecendo detectável mesmo depois da infecção primária. Uma das limitações do teste é a reatividade cruzada entre outras flaviviroses, o que deve ser considerado em áreas onde múltiplos flavivírus circulam simultaneamente. A detecção de IgM não é útil na determinação do sorotipo devido à reatividade cruzada entre esses, mas é importante pela precocidade no diagnóstico, capacidade de detecção de anticorpos específicos contra qualquer um dos quatro sorotipos conhecidos e pela facilidade na realização do teste em grande número de amostras.

ELISA IgG

É utilizado para detectar infecção de dengue após a fase inicial aguda, cerca de 9 a 14 dias após o início dos sintomas. De modo geral, o teste ELISA IgG falha na especificidade dentro dos sorogrupos complexos de flavivírus.

Dengue primária *versus* dengue secundária pode ser determinada usando-se um simples algoritmo em que amostras com IgG negativa na fase aguda e IgG positiva na fase de convalescença indicam infecções primárias de dengue. Amostras com IgG positiva na fase aguda e com títulos de IgG 4 vezes mais elevados na fase de convalescença (com no mínimo 7 dias de intervalo entre as 2 amostras) significam infecção secundária de dengue (Figura 19.2).

Teste de redução de neutralização de placa e microneutralização

Pode ser usado quando o diagnóstico sorológico específico é necessário, pois esse teste é o instrumento sorológico mais específico para determinação de anticorpos (DENV). O teste é usado para determinar o sorotipo infectante nos soros de convalescentes. O ensaio determina o título de anticorpos neutralizantes no soro do indivíduo infectado e o nível de anticorpos "protetores". É um teste biológico e baseia-se no princípio da interação do vírus com o anticorpo, resultando na inativação do vírus, tornando-o incapaz de infectar e replicar em cultura de células. O teste com microplacas é baseado no mesmo princípio, contudo, ao se utilizar microplacas, a leitura final é colorimétrica, determinando a diluição do ponto-final. Utilizam-se menos reagentes e pode ser empregado para testar várias amostras simultaneamente.

Tratamento

Não havendo tratamento específico para dengue, são adotadas medidas terapêuticas para minimizar os sintomas da doença.

Chikungunya

A globalização e as alterações climáticas têm propiciado a dispersão de vetores e suas doenças. No Brasil, tem-se observado

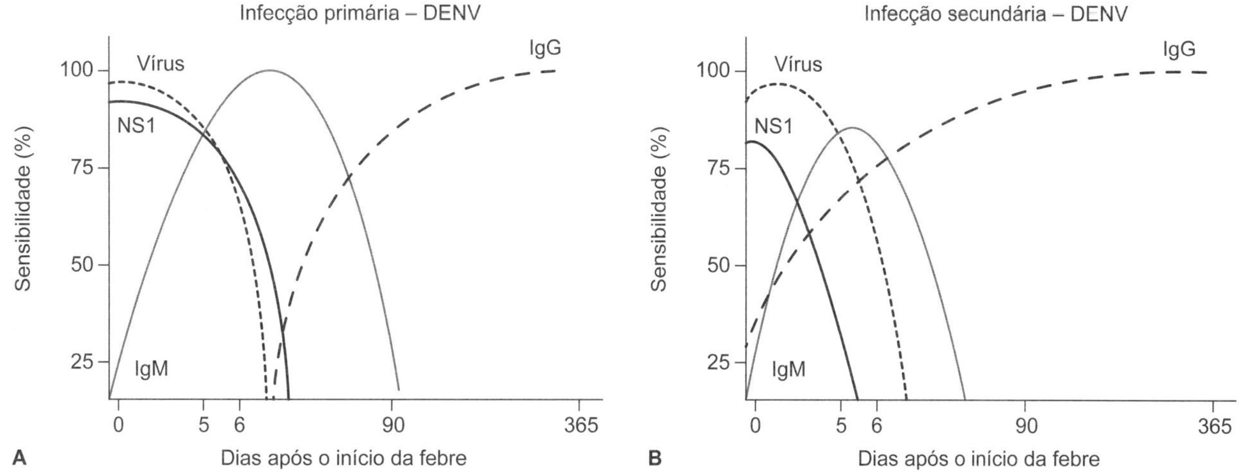

Figura 19.2 **A** e **B.** Curva sorológica da infecção primária e secundária causada pelo DENV.

um rápido processo de disseminação, quase endêmico, de dois novos arbovírus: o vírus Chikungunya (CHIKV), muito conhecido na África e na Ásia, onde causou grandes epidemias em 2004, e aqui foi introduzido em 2014, e o vírus Zika (ZIKV), possivelmente também introduzido no mesmo período.

O CHIKV é um arbovírus reemergente, constituindo-se em um problema de saúde pública principalmente em regiões tropicais e subtropicais. A infecção é frequentemente caracterizada por surtos agudos de febre, erupções na pele e artralgias, sendo frequentemente acompanhada por dor de cabeça, enfraquecimento das juntas e conjuntivite. A infecção por CHIKV está também associada com poliartralgias recorrentes e altas taxas de infecções sintomáticas.

Os arbovírus pertencem a três famílias principais, Flaviviridae, Togaviridae e Bunyaviridae, e são transmitidos notadamente por artrópodes hematófagos (mosquitos, pernilongos e carrapatos). O CHIKV é transmitido entre humanos pelos vetores antropofílicos, mosquitos do gênero *Aedes*: *Aedes aegypti* e *Aedes albopictus*.

O mosquito, ao picar um indivíduo infectado pelo vírus durante a fase da viremia, de 4 a 7 dias após o aparecimento de sintomas, adquire a infecção. Na sequência, o vírus se replica no mosquito por cerca de 10 dias (fase extrínseca), passando a ser capaz de transmitir a infecção para uma nova pessoa.

O CHIKV pertence à família Togaviridae (gênero *Alphavirus*) e foi isolado pela primeira vez em 1952 na Tanzânia. A terminologia chikungunya significa "o homem que anda curvado".

Em termos de estrutura, o CHIKV é constituído genomicamente por um RNA de fita simples, que lhe confere uma plasticidade genética possibilitando múltiplas adaptações.

Estudos genéticos têm revelado que o vírus pode apresentar três diferentes genótipos: WA *(West African)*, ECSA *(East/Central/South African)* e *Asian*. A análise filogenética da história das cepas sugere que o CHIKV se originou na África e tem se disseminado para a Ásia em intervalos de aproximadamente de 50 anos.

Aspectos clínicos

A patologia causada pelo vírus caracteriza-se como doença bifásica (doença aguda seguida por sintomas persistentes). Para tanto, é muito importante o diagnóstico e o acompanhamento dos pacientes em três estágios sucessivos: agudo, pós-agudo e crônico.

A viremia induz a uma resposta imune aguda nos pacientes infectados, o que determina o início dos sintomas clínicos inflamatórios locais e gerais, incluindo articulações e tendões. Os sintomas iniciais do processo inflamatório desaparecem espontaneamente dentro de 2 a 4 semanas, podendo a inflamação das articulações persistir meses, até anos, sem viremia, quando evolui para reumatismo inflamatório crônico.

A taxa de mortalidade é comparável à da *influenza* sazonal (aproximadamente 0,01 a 0,1%) e está principalmente relacionada com pacientes idosos (acima de 75 anos) e/ou com casos de comorbidade.

Estágios clínicos

Clinicamente, a infecção por CHIKV pode ser classificada em:

- Estágio agudo: dias 1 a 21 (D1 a D21)
- Estágio pós-agudo (D21 ao fim do 3º mês)
- Estágio crônico (após 3 meses).

Os estágios pós-agudo e crônico não são observados em todos os pacientes, e a imunidade adquirida parece permanente.

ESTÁGIO AGUDO

SINTOMAS CLÍNICOS

A infecção por CHIKV pode ser assintomática em 5 a 25% dos casos. Após um período de incubação de 4 a 7 dias, os indivíduos que desenvolvem sintomas apresentam febre elevada que aparece acompanhada de artralgia (dores articulares) em geral intensa, afetando principalmente pequenas articulações das extremidades (punho, falanges, tornozelo), bem como mialgias (dores musculares), dores de cabeça e erupções maculopapulares, algumas vezes com prurido, além de edema da face e extremidades e poliadenopatias (aumento dos gânglios linfáticos). Em crianças, podem ser observados sangramentos "benignos", como das gengivas, sendo raro nos adultos. Fraqueza e anorexia são comuns, após a regressão dos sintomas agudos.

DIAGNÓSTICO LABORATORIAL

Os testes laboratoriais para o diagnóstico dependem da fase da infecção em que o paciente se encontra no momento da coleta. Em geral, o diagnóstico inicia-se com testes laboratoriais gerais, como os bioquímicos e hematológicos. Os testes específicos para o CHIKV são realizados por identificação direta do vírus ou do seu ácido nucleico ou da pesquisa de anticorpos.

O isolamento viral é complexo, demorado e requer laboratório especializado, sendo, portanto, realizado em laboratórios especializados de saúde pública ou de pesquisa. Técnicas moleculares para a pesquisa do RNA viral como a RT-PCR são bastante sensíveis, práticas e permitem detectar a infecção muito precocemente, entre 1 e 5 dias, às vezes até 8 dias após o início dos sintomas (ver Capítulo 3).

O teste sorológico mais utilizado é o ELISA, para pesquisa de anticorpos anti-CHIKV IgM, que são detectáveis a partir do 5º dia e IgG, a partir do 6º dia, com pico no 15º dia após aparecimento dos sintomas, persistindo toda a vida (Figura 19.3). Amostras pareadas, uma colhida na fase aguda e a outra 15 dias depois, podem demonstrar infecção se os títulos da segunda amostra forem 4 vezes maiores que os da primeira. Os testes rápidos do tipo imunocromatográficos são práticos e rápidos e não requerem estrutura laboratorial para a sua realização. Em alguns casos atípicos da CHIKV, são necessários testes diferenciais, sendo o mais importante a dengue, cuja possibilidade de coinfecção não deve ser excluída, o que inclusive pode aumentar o número de óbitos.

TRATAMENTO

Não há nenhum tratamento efetivo nesta fase, devendo ele ser adaptado ao contexto e estado clínico do paciente. Inicialmente, a febre e a dor devem ser controladas, além da reidratação e outros procedimentos que se mostrarem necessários. Nos casos graves, o paciente deverá ser encaminhado à unidade de terapia intensiva hospitalar.

ESTÁGIO PÓS-AGUDO

Caracteriza-se principalmente pela dor persistente nas articulações, sobretudo em mais da metade dos pacientes acima de 40 anos de idade e do sexo feminino. Outros parâmetros associados com a persistência dos sintomas articulares são principalmente: gravidade do estado agudo (febre, artrite em mais do que seis articulações, depressão, alto nível de viremia e comorbidade musculoesquelética. Esses sintomas tendem a ser contínuos com surtos de agravamento intercalados com períodos assintomáticos.

SINTOMAS CLÍNICOS

O estágio pós-agudo, portanto, apresenta várias alterações clínicas polimórficas e associadas, predominando a persistência da resposta inflamatória inicial, incluindo artralgia inflamatória, artrite, tenossinovite e bursite, que podem regredir lentamente. Esse estágio também pode incluir grave astenia e desordens neuropsicológicas, especialmente com a persistência da dor.

DIAGNÓSTICO LABORATORIAL

Nesse estágio, é essencial confirmar o diagnóstico de CHIKV sorologicamente (frequente coexistência de IgM e IgG anti-CHIKV), além de outros testes laboratoriais usados para determinar o nível da inflamação, e, se necessário, iniciar uma avaliação pré-terapêutica separando-a de outras morbidades presentes (Quadro 19.1). A avaliação da resposta imune não é necessária nesse estágio, a menos que haja sintomas inflamatórios nas articulações ou sinais anteriores à CHIKV, ou ainda em casos de manifestações inflamatórias resistentes ao tratamento após 6 a 8 semanas.

TRATAMENTO

O objetivo consiste em aliviar a dor e a inflamação do paciente e limitar as consequências do processo inflamatório: articulações frágeis, perda do tônus muscular e perda de aptidão física.

ESTÁGIO CRÔNICO

É definido pela ausência de retorno à condição preexistente após 3 meses. A fase crônica pode durar de poucos meses a vários anos (algumas vezes mais do que 6 anos para um pequeno número de pessoas infectadas). De modo geral, a doença progride para cura sem sequelas, espontaneamente ou após tratamento, ou para persistência de sintomas nas articulações, ou generalizadas, ou ainda para agravamento decorrente de um processo degenerativo.

A qualidade de vida pode ficar seriamente comprometida, o que tem sido muitas vezes observado em pacientes crônicos por anos, em consequência da infecção por CHIKV.

SINTOMAS CLÍNICOS

O diagnóstico está relacionado com a nosologia de cada paciente e depende da presença ou da ausência de sintomas inflamatórios (artrite, tenossinovite, artralgia inflamatória) e do número de articulações envolvido (poliarticular, se o número for ≥ 4). O nível da atividade inflamatória e seu impacto funcional também deverão ser levados em conta.

Quadro 19.1 Estágio pós-agudo Chikungunya e investigação laboratorial recomendada em caso de manifestações reumáticas ou sistêmicas.

Como proceder no estágio pós-agudo	• Confirmação de Chikungunya • Nível de inflamação e resposta imune alterada • Checagem de pré-tratamento • Outras doenças?
Investigação laboratorial	• Sorologia CHIKV (IgG) • Hemograma, hemossedimentação, proteína C reativa • Ionograma, transaminases, glicemia, creatinina, HbA1 c, se diabetes presente • Uricemia, TSH, CPK, sorologia para HIV, hepatites B e C

HbA1 c: hemoglobina glicada; TSH: hormônio estimulante da tireoide; CPK: creatinafosfoquinase.

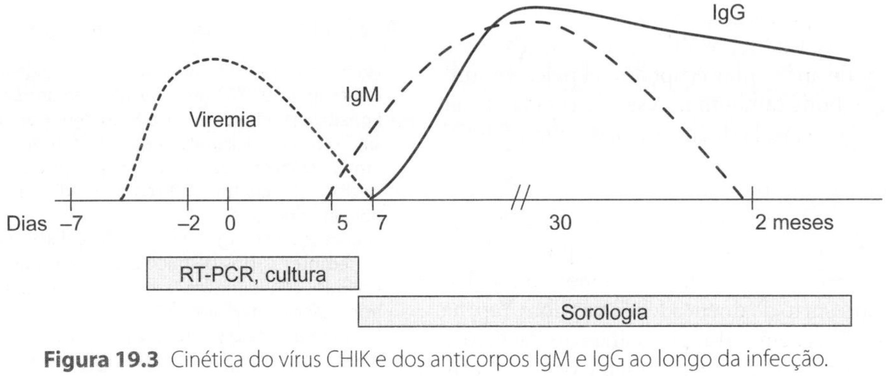

Figura 19.3 Cinética do vírus CHIK e dos anticorpos IgM e IgG ao longo da infecção.

TESTES LABORATORIAIS

É essencial confirmar o diagnóstico de CHIKV por sorologia, assim como foi feito no estágio pós-agudo. Outros testes laboratoriais podem ser realizados para: verificação do nível de inflamação; *screen* para doenças reumáticas de natureza inflamatória; avaliação pré-terapêutica e *screen* para comorbidades (Quadro 19.2).

Quadro 19.2 Chikungunya estágio crônico e investigações laboratoriais para sintomas reumáticos.

Como proceder no estágio crônico	Nível de inflamação e imunodeficiência • Checagem de pré-tratamento • Outras doenças?
Investigação laboratorial para sintomas reumáticos	• Sorologia CHIKV (IgG) • Hemograma, hemossedimentação, proteína C reativa, fator reumatoide (ELISA ou nefelometria), anticorpos antinucleares, complemento C3-C4-CH50, HLA B27 em suspeita de espondiloartrite • Ionograma, transaminases, glicemia, creatinina, HbA1 c, se diabetes presente, urinálise qualitativa • Uricemia, TSH, CPK, sorologia para HIV, hepatites B e C

TRATAMENTO

Compreendem medicações que visam a minimizar os sintomas dos pacientes, como inibidores da dor (acetaminofeno, codeína etc.), medicamentos antineuropáticos, fármacos anti-inflamatórios, terapia corticosteroide, infiltração com corticosteroides etc.

Zika vírus

É importante, como início da abordagem, ressaltar que o ZIKV tem a epidemiologia, os sinais e sintomas clínicos, bem como as características da transmissão em zonas urbanas, muito semelhantes aos do DENV e do CHIKV, causando, todavia, uma doença mais branda.

As epidemias pelo ZIKV poderão ocorrer de maneira global, devido à rápida urbanização, às alterações climáticas contundentes e à própria globalização. O primeiro isolamento do ZIKV foi em 1947 por Dick, Kitchen e Haddow, do soro de uma fêmea de macaco *rhesus* febril, que tinha sido capturada durante um estudo sobre o ciclo silvestre da febre amarela em primatas. O animal foi encontrado na floresta Zika (daí a origem do nome) situada próxima a Entebbe, capital da República de Uganda.

ZIKV é um vírus envelopado, RNA fita simples pertencente à família Flaviviridae, gênero *Flavivirus*, que compreende mais de 50 espécies. Assim como diversas outras flaviviroses, como o vírus da febre amarela (YFV) e o DENV, e os alfavírus como CHIKV, ZIKV é transmitido por espécies de mosquitos *Aedes*.

ZIKV é o agente causal da febre Zika, uma doença febril indiferenciada que pode apresentar erupções na pele, conjuntivite e artralgia, e que pode também não ser detectada ou ser confundida com outros casos de doenças febris, como DENV ou CHIKV.

Durante os 60 anos seguintes à sua descoberta, ZIKV permaneceu como um patógeno obscuro, confinado a regiões da África e da Ásia, tendo sido muito pouco responsável por doenças humanas. Em 2007, contudo, ZIKV emergiu da obscuridade, causando um surto de doença febril nas ilhas Yap, na Micronésia, espalhando-se, em 2014, pelas ilhas do Pacífico, e no início de 2015 foi identificado pela primeira vez no Brasil. No fim desse mesmo ano, ZIKV já tinha se disseminado por toda América do Sul, América Central, Caribe e México.

Embora ZIKV tenha sido inicialmente responsável por doença febril leve, com morbidade limitada e sem mortalidade, registros do Brasil indicam que a infecção durante a gestação pode estar associada com graves defeitos nos recém-nascidos, mais notadamente microcefalia fetal.

A análise filogenética de sequências de cepas ZIKV, incluindo a cepa Yap do primeiro surto, identificou duas linhagens principais, a *africana* e a *asiática* e revelou que a cepa Yap pertencia à linhagem *asiática*. Possivelmente, sua introdução nessas ilhas deveu-se aos viajantes com viremia, ou ainda à importação de mosquitos infectados, como tem sido especulado, inclusive inferindo tal hipótese da disseminação do ZIKV pelas Américas e ilhas do Pacífico.

Estudos filogenéticos demonstraram que a cepa do Brasil tem correlação com a da Polinésia Francesa, a qual é derivada da ilha Yap. Todas essas cepas pertencem à linhagem *asiática*.

No Brasil

Em março de 2015, 24 pacientes deram entrada no hospital Santa Helena, em Camaçari, 50 km de Salvador, com doença febril, erupções cutâneas, artralgia e conjuntivite. Em 7 pacientes foi detectado RNA ZIKV, enquanto em três foi detectado RNA CHIKV, confirmando a disseminação de ZIKV pela América do Sul e também a dificuldade de confirmação de diagnóstico de ZIKV somente à luz das características clínicas isoladamente.

Ainda em 2015, em Salvador, foram investigados 14.835 casos de doença exantemática de caráter indeterminado, cujo diagnóstico laboratorial permitiu demonstrar a existência de circulação simultânea de ZIKV, CHIKV, DENV-1 e DENV-3.

ZIKV também foi identificado, por RT-PCR no soro de 8 pacientes, em Natal, RN, os quais apresentaram sinais e sintomas de uma doença inicialmente denominada "dengue-*like*".

Os casos foram aparecendo por todo o país e em maio de 2015 foi feita a primeira detecção e sequenciamento de um caso autóctone de transmissão do ZIKV, de um paciente HIV positivo, no Rio de Janeiro. Determinou-se, por meio da análise filogenética da sequência de ZIKV do Brasil, que todas as cepas, aqui isoladas, eram da linhagem asiática, especulando-se que a sua introdução no Brasil tenha sido durante a Copa do mundo. O Quadro 19.3 apresenta os dados da doença no país.

Transmissão

O principal modo de transmissão de ZIKV é por picada de mosquitos do gênero *Aedes*, incluindo as espécies *Aedes aegypti* e *Aedes albopictus*, também considerados vetores mais importantes na transmissão de DENV e CHIKV.

Quadro 19.3 Zika: dados da doença no Brasil.

- No período de 1 de janeiro de 2015 a 12 de novembro de 2016 foram notificados 309.783 casos de infecção por Zika
- Em 22 de janeiro de 2016, o Brasil reportou um aumento de casos de síndrome de Guillain-Barré nacionalmente
- Em 27 de janeiro de 2016, o Brasil reportou 4.180 casos suspeitos de microcefalia, contrastando com a média de 163 casos relatados nacionalmente por ano
- O Comitê de Emergência da OMS declarou, em fevereiro de 2016, que os recentes surtos de microcefalia e outras desordens neurológicas no Brasil configuravam "estado de emergência em Saúde Pública de importância internacional"
- Prevê-se que o ZIKV continue a se espalhar e, provavelmente, chegará a todos os países e territórios onde o *Aedes aegypti* é encontrado

Em outras partes do mundo, outras espécies têm surgido como responsáveis pela transmissão, de maneira ainda discreta e dependendo de características regionais, por exemplo, o *Aedes africanus*, como transmissor de ZIKV, em Uganda.

Outros modos de transmissão de ZIKV incluem: transmissão sexual, transfusional e perinatal. A pandemia de ZIKV nas Américas deveu-se a um dramático surgimento de casos de microcefalia fetal e infantil por todo o Brasil, sugerindo transmissão intrauterina. A confirmação dessa correlação foi descrita em dois casos de microcefalia fetal, nos quais o RNA ZIKV foi detectado no líquido amniótico, mas não no sangue periférico, de duas mulheres que apresentaram sintomas compatíveis com febre ZIKV durante a gestação. Manifestações oculares em três crianças com possível microcefalia associada a ZIKV também têm sido relatadas.

O risco de graves sintomas neurológicos no feto, associados à infecção por ZIKV durante a gestação, fez com que o CDC (Centers for Disease Control and Prevention, EUA) emitisse um alerta para mulheres gestantes ou que estejam tentando engravidar que evitem viajar para países onde a transmissão de ZIKV esteja em curso.

Sintomas clínicos e testes laboratoriais de rotina

Os sintomas clínicos apresentados por pacientes com infecção por ZIKV aguda incluem uma combinação de febre, dor de cabeça, dor retro-orbital, conjuntivite, erupções maculopapulares, mialgias e/ou artralgia.

A febre frequentemente é baixa (em torno de 38°C), embora tenham sido registrados casos com febre superior a 40°C. A duração dos sintomas é geralmente de 2 a 7 dias, mas as erupções e as artralgias podem persistir no mínimo 2 semanas ou mais. Contagens hematológicas e testes bioquímicos de rotina apresentam-se normais para a maioria dos pacientes. Achados anormais, quando presentes, são discretos e consistem em leucopenia, trombocitopenia e, eventualmente, elevação de transaminases.

De modo geral, em pacientes com ZIKV, frequentemente o diagnóstico inicial é de DENV ou de forma branda de CHIKV. Conjuntivite e edema periférico são mais comumente associados a infecções por ZIKV do que na DENV e CHIKV. Estudos comparativos entre essas doenças ainda não foram estabelecidos.

Vale a pena ressaltar que 80% dos pacientes com infecção por ZIKV permanecem assintomáticos ou desenvolvem manifestações clínicas brandas, podendo não ser detectáveis. Não havendo tratamento específico, os testes específicos para ZIKV não são realizados na população geral.

Gestação

A transmissão vertical da Zika é a mais preocupante, resultando em anomalias congênitas. Apesar de os sintomas clínicos serem brandos, a infecção durante a gravidez está associada a graves consequências, como: perda fetal, insuficiência placentária, retardo no crescimento intrauterino e acometimento do sistema nervoso central. Doença neurológica como a síndrome de Guillain-Barré tem sido relatada.

Segundo diretrizes estabelecidas pelo CDC e divulgadas pela Agência Nacional de Saúde Suplementar, para *gestantes sintomáticas* residentes em áreas afetadas pelo Zika deve ser feito, imediatamente, teste para diagnóstico de Zika por PCR ou pesquisa de anticorpos IgM. Se o teste for positivo ou inconclusivo, deve-se realizar ultrassonografia (USG) seriada e considerar amniocentese para a PCR caso a USG revele microcefalia ou calcificação intracraniana.

As *gestantes assintomáticas* devem ser investigadas por exames laboratoriais específicos no início e no meio da gestação, sendo recomendada USG seriada se o teste for positivo ou inconclusivo. Para as que forem negativas, USG devem ser realizadas entre 18 e 20 semanas, pré-natal de rotina e teste diagnóstico na metade do segundo trimestre de gestação.

Em qualquer momento da gestação, a detecção da microcefalia ou de calcificações intracranianas pode ser feita. Devem ser realizados novo teste sorológico e amniocentese (após 15 semanas de gestação) para detectar a presença ou não do ZIKV por PCR.

Diagnóstico laboratorial específico

Cultura de Zika vírus

Os métodos de cultivo para detecção de ZIKV são empregados em laboratórios de pesquisa e de saúde pública, não sendo normalmente utilizados para fins de rotina diagnóstica. O método de referência para isolamento de ZIKV e outras arboviroses é por inoculação desses vírus intracerebralmente em ratos.

ZIKV é também cultivável em cultura de células de várias linhagens, incluindo células Vero (células renais semelhantes a fibroblastos, oriundas de macaco verde africano) e em LLC-MK2 (células de rim de macaco *rhesus*), bem como em *Aedes pseudocutellaris* (MOS61) e *Aedes albopictus* (C6/36).

Detecção de antígeno

Diferentemente do diagnóstico de DENV, no qual testes com o antígeno NS1 são largamente utilizados, os testes de detecção de antígenos do ZIKV não estão disponíveis para fins de diagnóstico.

Detecção de RNA viral

Pode ser feita nos primeiros 7 dias de doença empregando-se a técnica de PCR. Dentre as amostras clínicas que podem ser usadas, citam-se: soro, plasma, urina, saliva e fluido amniótico. Os melhores resultados para diagnóstico de ZIKV têm sido com o teste RT-PCR, empregando-se sequências derivadas do vírus isolado na epidemia de 2007 nas ilhas Yap. Estudos demonstraram que os resultados positivos do teste se deram nas amostras colhidas nos 3 primeiros dias da doença, sugerindo que o período de detecção da viremia por ZIKV é relativamente curto.

Testes sorológicos para diagnóstico

As primeiras evidências de infecção por ZIKV apareceram via identificação de anticorpos neutralizantes ZIKV em soro humano. Levantamento sorológico realizado na Nigéria verificou que soros capazes de neutralizar ZIKV em experimentos com ratos também foram fortemente associados à neutralização de DENV e YFV, sugerindo uma reatividade cruzada. O Laboratório de Diagnóstico de Arbovírus (CDC) preconiza o uso de MAC ELISA, que consiste em um teste qualitativo para detecção de IgM anti-ZIKV e deve ser feito em amostras de soro ou de LCR colhidas a partir do 4º dia de doença até 2 a 12 semanas em indivíduos que atendem a critérios clínicos e/ou epidemiológicos dessa infecção.

Os testes de neutralização por redução de placa (PRNT), também indicados para amostras coletadas na fase aguda, são altamente sensíveis, porém de difícil execução. Entretanto, os resultados da detecção de anticorpos anti-ZIKV IgM são apenas presuntivos devido à possibilidade de eles serem falso-positivos, principalmente em pacientes com histórico de infecções por outros flavivírus. Os resultados negativos sugerem ausência dessa infecção, mas não permitem a exclusão definitiva da infecção pelo ZIKV.

Conforme o CDC, a confirmação de anticorpos IgM ZIKV requer testes adicionais feitos pelo próprio CDC ou por laboratórios qualificados por ele indicados e com a consultoria e algoritmo preconizados pelo CDC. Os laboratórios devem comunicar todos os resultados positivos às autoridades de saúde pública.

O que pode ocasionar interferência no diagnóstico dos testes sorológicos inclui:

- Reatividade cruzada com outros flavivírus, tais como DENV
- Vacinação: contra febre amarela e vírus da encefalite japonesa.

Algoritmo para diagnóstico do ZIKV

A Organização Pan-Americana da Saúde (OPAS) apresentou, em 29 de junho de 2015, um guia de vigilância nas Américas para detecção laboratorial e diagnóstico de ZIKV, seguido de um algoritmo para diagnóstico de Zika em laboratórios de referência.

Esse algoritmo consiste na detecção da doença, tanto na fase aguda quanto na fase de convalescença, e na orientação para testes específicos para diagnóstico de ZIKV, apenas após realização de testes com resultados negativos para dengue e Chikungunya (Figura 19.4 e 5).

Tratamento

Vários estudos demonstram que o desenvolvimento de uma vacina ZIKV segura e eficaz para humanos poderá ser alcançado em breve, visto que essa doença despertou a atenção de pesquisadores em todo o planeta. No entanto, até o momento, não existe tratamento específico nem vacina para prevenção.

Influenza

O vírus *influenza* é uma das causas mais comuns de infecções respiratórias no ser humano. Conhecido como gripe, está entre as mais graves por causarem alta morbidade e mortalidade, principalmente quando acomete crianças, idosos e indivíduos com alguma doença crônica, como doença pulmonar crônica, doença cardíaca ou diabetes.

As epidemias de *influenza* são conhecidas desde a idade média, ou antes, e de tempos em tempos têm causado grandes pandemias como as que ocorreram em 1889, 1918 e 1968. A pandemia de 1918 causou a morte de mais de 50 milhões de pessoas no mundo. A mais recente, de 2009, causada pela *influenza* A, de origem suína, o H1N1, surgiu no México, atingiu os EUA e o Canadá e se espalhou pelo mundo.

A *influenza* B pode causar epidemias, mas não pandemia, já a *influenza* C é endêmica e esporadicamente causa doença respiratória, porém branda. Dessa forma, somente a *influenza* A será aqui abordada, por ser essa a mais importante entre as causadoras da gripe em humanos.

Características virais

O vírus *influenza* pertence à família Orthomyxoviridae e consiste em um RNA vírus, de polaridade negativa e envelopado. O seu genoma é constituído por 8 segmentos e cada um deles codifica pelo menos uma proteína. Externamente, o vírus é coberto com projeções, que consistem em três proteínas: a hemaglutinina (H), glicoproteína situada no envelope viral, responsável pela ligação do vírus à célula hospedeira; a neuraminidase (N), que atua na liberação de novas partículas virais; e a proteína matriz 2 (M2). A *influenza* C tem o seu RNA dividido em 7 segmentos e apenas uma proteína de superfície. Cada segmento de RNA é encapsulado por nucleoproteína para formar complexo RNA-nucleoproteína.

Os subtipos da *influenza* A são classificadas de acordo com as diferenças antigênicas encontradas nas glicoproteínas da superfície viral, como a hemaglutinina, em número de 16 (H1-H16), e a neuraminidase, de 9 (N1-N9). A nomenclatura da *influenza* baseia-se nas diretrizes da Organização Mundial da Saúde e consiste em:

- Tipo: A, B ou C
- Local de isolamento
- Número do isolamento
- Ano de isolamento.

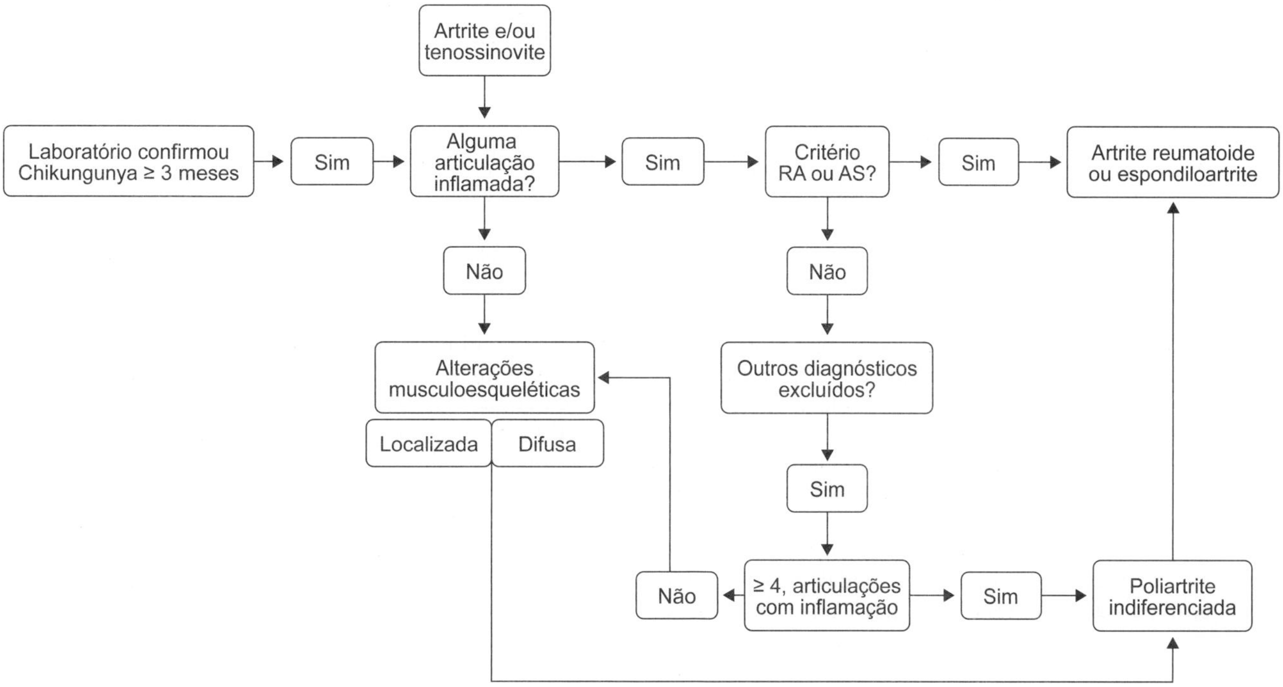

Figura 19.4 Algoritmo para diagnóstico da infecção por ZIKV depois de testes negativos de dengue e Chikungunya.

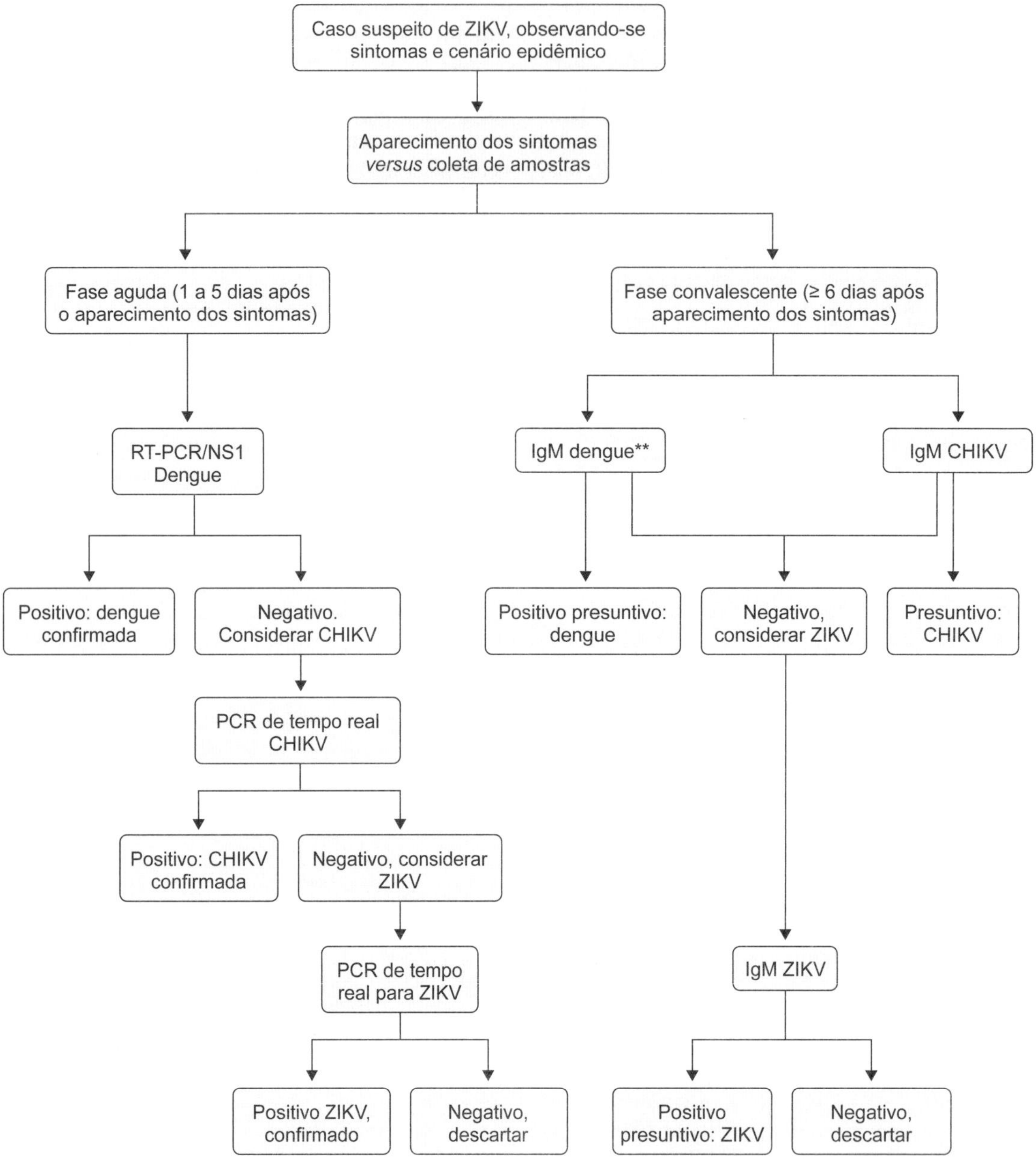

Figura 19.5 Algoritmo para diagnóstico da infecção por ZIKV. *IgM DENV pode ser positivo em pacientes infectados por ZIKV, resultando em uma possível reação cruzada em áreas de circulação do DENV. Além disso, na fase aguda, deverão ser priorizados testes moleculares.

Por exemplo, A/New California/7/2009 (escolhido para a vacina contra *influenza* pandêmica). As *influenza* A e B são semelhantes, mas a C apresenta diferenças maiores. Atualmente, os subtipos A(H1N1) e A(H3N2) são os mais prevalentes no ser humano, mas *influenza* de origem aviária também podem ser encontradas, como a A(H7N9).

A *influenza* A infecta uma variedade de animais de sangue quente, como pássaros, suínos, cavalos, humanos e outros. As aves aquáticas constituem o seu reservatório natural e provavelmente são responsáveis pela disseminação desse vírus. Apesar de alguns subtipos serem altamente virulentos para essas aves ou para outras espécies animais, outros podem não ser patogênicos e, assim, manter a infecção por vários séculos.

Mutações

Dois mecanismos principais são responsáveis pelas mutações:

- Mutação pontual (*drift* antigênico), que é menor, mas é a causa pela qual a vacinação precisa ser anual para que a imunização funcione contra os antígenos presentes nos vírus em circulação
- Rearranjo entre segmentos de RNA viral (*shift* antigênico) de dois ou mais subtipos quando eles infectam a mesma célula (coinfecção), resultando no surgimento de um novo subtipo.

Os suínos são suscetíveis à *influenza* aviária e humana (duplo rearranjo), como o H3N2, ou à *influenza* aviária, suína e humana (triplo rearranjo), como ocorreu para o H1N1. A neuraminidase permite a liberação de novas partículas virais recém sintetizadas pela glicosilação da ligação do ácido siálico presente entre as células hospedeiras e a superfície do vírus, assim permitindo que o vírus atinja as secreções ou outros fluidos do hospedeiro.

Aspectos clínicos

A transmissão se faz por gotículas de saliva como ocorre com a *influenza* sazonal. O vírus acomete trato respiratório superior e inferior. A replicação da *influenza* A atinge o pico 48 h após inoculação na nasofaringe e diminui lentamente até 6 dias.

A gripe é uma doença sazonal. Ocorre nos meses frios, como outono e inverno, e se caracteriza por início abrupto, febre alta, calafrios, tremores, dor de cabeça, prostração, anorexia e sintomas respiratórios como dor de garganta, tosse e coriza. A infecção pode ser autolimitada ou grave, com duração aproximada de 1 semana.

Na pandemia de 2009, os casos mais graves da doença ocorreram em crianças e adultos jovens. A menor frequência desses eventos em adultos maiores de 60 anos se deve, provavelmente, à exposição ao vírus antigenicamente relacionado, no passado, e que lhes conferiu imunidade cruzada.

Os anticorpos contra as hemaglutininas são neutralizantes conferindo imunidade. A vacina é o meio mais eficaz de proteção, mas tem duração limitada devido às mutações que ocorrem continuamente como meio de escape imunológico. Assim, a revacinação anual com a cepa predominante no meio é necessária.

Diagnóstico laboratorial

O diagnóstico da *influenza* pode ser feito por cultura, teste de IFD, detecção do RNA do H1N1 e indiretamente pela detecção de anticorpos específicos no soro ou nas secreções respiratórias (ver Capítulos 3 e 9).

O teste rápido para diagnóstico da *influenza* fornece resultado em menos de 30 min, é fácil de realizar e tem alta especificidade. Baseia-se no principio de imunoensaio enzimático ou na imunocromatografia. A sensibilidade varia muito, em torno de 60 a 70%, mas o seu valor preditivo positivo é mais alto quando a prevalência do vírus circulante é mais alta na população. Comercialmente, estão disponíveis testes que detectam *influenza* A+B, A e B separadamente e somente a A.

Referências bibliográficas

1. Samuelson J. Doenças infecciosas. In: Contran RS, Kumar B, Collins T. Robins: patologia estrutural e funcional. 6. ed. Rio de Janeiro: Guanabara Koogan; 2000.
2. McAdam AJ, Sharpe AH. Doenças infecciosas. In: Kumar V, Abbas AK, Fausto N, Aster JC. Robins & Contran: bases patológicas das doenças. 8. ed. Rio de Janeiro: Elsevier Editora Ltda.; 2010.

Bibliografia

Abbink P, Larocca RA, De La Barrera RA, Bricault CA, Moseley ET, Boyd M, *et al.* Protective efficacy of multiple vaccine platforms against Zika virus challenge in *rhesus* monkeys. Science. 2016;353(6304):1129-32

Aid M, Abbink P, Larocca RA, Boyd M, Nityanandam R, Nanayakkara O *et al.* Zika virus persistence in the central nervous system and lymph nodes of *rhesus* monkeys. Cell. 2017;169(4):610-20.e14

Bailey RE. Diagnosis and treatment of infectious mononucleosis. Am Fam Phys. 1994;49:879-85.

Brown KE, Young NS. Parvovirus B19 in human disease. Annu Rev Med. 1997;48:59-67.

Burkitt D. A sarcoma involving the jaws in African children. Brit J Surg. 1958;46:218-23.

Campos GS, Bandeira AC, Sardi SI. Zika virus outbreak, Bahia, Brazil. Emerg Infect Dis. 2015;21(10):1885-6.

Centers for Disease Control and Prevention. Zika e gravidez. Disponível em: https://www.cdc.gov/mmwr/zika_reports.html. Acesso em: 20 jun 2017.

Coffey LL, Failloux AB, Weaver SC. Chikungunya virus-vector interations. Viruses. 2014;6(11):4628-63.

Cugola FR, Fernandes IR, Russo FB, Freitas BC, Dias JL, Guimarães KP, *et al.* The Brazilian Zika virus strain causes birth defects in experimental models. Nature. 2016;534(7606):267-71.

Ebell MH. Epstein-Barr virus infectious mononucleosis. Am Fam Phys. 2004;70:1279-87.

Fauci AS, Morens DM. Zika Virus in the Americas. Yet another arbovirus threat. N Engl J Med. 2016;374:601-4.

Girard MP, Tam JS, Assossou OM, Kieny MP. The 2009 A (H1N1) influenza virus pandemic: a review. Vaccine. 2010;28:4895-902.

Gray JJ. Avidity of EBV VCA-specific IgG antibodies: distinction between recent primary infection, past infection and reactivation. J Virol Method. 1995;52:95-104.

Henle G, Henle W, Diehl V. Relationship of Burkitt's tumor-associated herpes-type virus to infectious mononucleosis. Proc Natl Acad Sci. 1968;59:94-101.

Kao CL, King CC, Wu HL, Chang GL. Laboratory diagnosis of dengue virus infection: current and future perspectives in clinical diagnosis and public health. J Microbiol Immunol Infect. 2005;38:5-16.

Kosasi H, Alisjahbana B, Nurhayati, Mast Q, Rudiman IF. The epidemiology, virology amd clinical findings of dengue virus infections in a cohor of indonesian adults in Western Java. Plos Negl Trop Dis. 2016;10(2):e0004390.

Lanciotti RS, Lambert A. Phylogenetic analysis of chikungunya virus strains circulating in the Western Hemisphere. Am J Trop Hyg. 2016;94(4):800-3.

Larocca RA, Abbink P, Peron JP, Zanotto PM, Iampietro MJ, Badamchi-Zadeh A *et al.* Vaccine protection against Zika virus from Brazil. Nature. 2016;536(7617):474-8.

Linde A. Epstein-Barr virus. In: Murray PR, Baron EJ, Jorgensen JH, Pfaller MA, Yoken RH. Manual of clinical microbiology. 9. ed. Washington, DC: ASM Press; 2007. p. 1331-40.

Ma W, Kahn RE. The pig as a mixing vessel for influenza viruses: human and veterinary implications. J Mol Gen Med. 2009;3(1):158-66.

Ministério da Saúde. Secretaria de Vigilância em Saúde. Secretaria de Atenção Básica. Chikungunya: manejo clínico. 2017. Disponível em: http://portalarquivos.saude.gov.br/images/pdf/2016/dezembro/25/chikungunya-novo-protocolo.pdf. Acesso em: 16 ago 2017.

Ministério da Saúde. Secretaria de Vigilância em Saúde. Secretaria de Atenção à Saúde. Orientações integradas de vigilância e atenção à saúde no âmbito da Emergência de Saúde Pública de Importância Nacional: procedimentos para o monitoramento das alterações no crescimento e desenvolvimento a partir da gestação até a primeira infância, relacionadas à infecção pelo vírus Zika e outras etiologias infecciosas dentro da capacidade operacional do SUS; 2017. Disponível em: http://bvsms.saude.gov.br/publicacoes/orientacoes_emergencia_gestacao_infancia_zika.pdf. Acesso em: 19 ago 2017.

Mlakar J, Korva M, Natasa T, Popović M, Poljšak-Prijtelj M, Mraz J, *et al.* Zika virus associated with microcephaly. N Engl J Med. 2016;340(10):951-8.

Murray PR, Baron RJ, Jorgensen JH, Landry ML, Pfaller MA. Manual of clinical microbiology. 9. ed. Washington: ASM Press; 2007.

Musso D, Gubler DJ. Zika virus. Clin Microbiol Rev. 2016;29(3):487-524.

Najealicka A, Hou W, Tang Q. Biological and historical overview of Zika virus. World J Virol. 2017;6(1):1-9.

Nsoesie EO, Kraemer MU, Golding N, Pigott DM, Brady OJ, Moyes CL, *et al.* Global distribution and environmental suitable for chikungunya virus, 1952 to 2015. Euro Surveill. 2016;21(20).

Nunes MRT, Faria NR, Vasconcelos JM, Golding N, Kraemer MUG, de Oliveira LF, *et al.* Emergence and potential for spread of Chikungunya virus in Brazil. BMC Med. 2015;13:102-12

Pannuti CS. Soro-epidemiologia do vírus de Epstein-Barr (VEB). Rev Saúde Publ. 1981;25:93-100.

Paul JR, Bunnell WW. Classics in infectious diseases. The presence of heterophil antibodies in infectious mononucleosis. Rev Infect Dis. 1932;4:1062-8.

Sandrok A, Kelly T. Clicnical review: update of avian influenza A infections in humans. Crit Care. 2007;11(2):209-54.

Secretaria de Estado da Saúde de São Paulo, Centro de Vigilância Epidemiológica Prof. Alexandre Vranjac. Informe técnico: atualização das medidas de controle para o sarampo e rubéola, 2005. Disponível em: http://www.saude.campinas.sp.gov.br/vigilancia/informes/informe_tec_sarampo_fev2005.pdf. Acesso em: 04 jan 2018.

Simon F, Javelle E, Cabie A, Bouquillard E, Troisgros O, Gentile G *et al.* French guidelines for management of chikungunya (acute and persistent presentations). Médecine et Maladies Infectieuses. 2015;45(7):243-63.

Tolfvenstam T, Rudén U, Broliden K. Evaluation of serological assays for identification of parvovirus B19 immunoglobulin M. Clin Diag Lab Immunol. 1996;3:147-50.

Vasconcelos PFC. Doença pelo vírus Zika: um novo problema emergente nas Américas? Rev Pan-Amaz Saude. 2015;6:2.

Vikran S, Zhao J, Liu K, Wang X, Biswas S, Hewlett I. Current approaches for diagnosis of influenza virus infection in humans. Viruses. 2016;8:7-15.

Virology online. Discuss the role of serology in virus diagnosis in the early 21st century. Disponível em: http://virology-online.com/questions/89-1.htm. Acesso em: 10 jan 2006.

Waggoner J, Pinsky BA. Zika virus: diagnostics for an emerging pandemic threat. J Clin Microbiol. 2016;54(4):860-67.

Wolf MA. Mononucleose infecciosa. In: Ferreira AW, Ávila SLM. Diagnóstico laboratorial das principais doenças infecciosas e autoimunes. 3. ed. Rio de Janeiro: Guanabara Koogan; 2013.

Xu J, Raff TC, Muallem NS, Neubert AG. Hydrops fetalis secondary to parvovirus B19 infections. JABFP. 2003;16:63-8.

Zerbini M, Musiani M, Gentilomi G, Venturoli S, Gallinella G, Morandi R. Comparative evaluation of virological and serological methods in prenatal diagnosis of parvovirus B19 fetal hydrops. J Clin Microbiol. 1996;34:603-8.

Capítulo 20

Infecções Virais | HIV e HTLV

Kioko Takei e Joilson O. Martins

Introdução

A síndrome da imunodeficiência adquirida (AIDS) corresponde ao estágio final da infecção por vírus da imunodeficiência adquirida (HIV), quando as manifestações clínicas de uma grave imunodeficiência são observadas, decorrentes da incapacidade do paciente em controlar infecções oportunistas e processos neoplásicos.

A AIDS foi reconhecida em 1981 e o seu agente etiológico, HIV-1, foi identificado em 1983. É altamente patogênico e responsável pela pandemia que vem assolando o mundo desde a sua descoberta. Segundo estimativa feita em 2012, cerca de 35,3 milhões de indivíduos no mundo são infectados, e é no sul da África onde se encontra a maior prevalência.

Em 1986, foi isolado o HIV-2, menos patogênico e de distribuição geográfica restrita principalmente ao oeste da África e a outras regiões do mundo em menor frequência. Tanto HIV-1 como HIV-2 pertencem ao gênero *Lentivirus*, família Retroviridae.

O HIV-1 e o HIV-2 diferem na sua organização genômica, mas apresentam a mesma estrutura básica de todos os retrovírus, exceto as glicoproteínas do envelope viral, sendo a gp125 e a gp36 do HIV-2 mais distintas antigenicamente das do HIV-1, cujo envelope apresenta gp41 e gp120. Nos testes sorológicos, o antígeno gp36 é empregado para identificar a presença de anticorpos contra HIV-2. Ambos podem causar a AIDS, porém o HIV-2 é mais benigno, menos transmissível e progride mais lentamente para imunodeficiência que o HIV-1.

A rápida mutação e a recombinação viral resultam em uma grande variabilidade genômica, sendo o HIV-1 classificado em quatro grupos principais: M (*main*), O (*outlier*), N (*non-M, non-O*) e P.

O grupo M é o mais predominante no mundo todo e responsável pela pandemia global. É dividido em nove subtipos, denominados A, B, C, D, F, G, H, J e K, e dentro de cada subtipo subdividem-se em diferentes variantes. Nas infecções mistas com dois ou mais subtipos, pode ocorrer transferência do material genético de um para o outro, resultando em formas recombinantes cuja prevalência vem se mostrando em elevação. O subtipo B é o mais prevalente, seguido de subtipos C e F, mas essa distribuição é muito complexa, pois varia de acordo com diferentes regiões geográficas. O grupo O é mais raro e apresenta distribuição mais localizada, principalmente na região oeste da África.

O HIV-2 é dividido em 8 subtipos, de A a H. A distinção entre a infecção pelo HIV-1 e pelo HIV-2 é importante, pois, além da menor patogenicidade, alguns agentes antirretrovirais eficazes para HIV-1 podem não o ser para o HIV-2.

Transmissão

As principais vias de *transmissão*, tanto do HIV-1 como do HIV-2, são a sexual e a sanguínea, porém a transmissão vertical, na sua maioria perinatal, assume um papel epidemiológico importante nas regiões em que a endemicidade é alta.

A maior taxa de transmissão sexual é observada na fase aguda da infecção, quando a quantidade do HIV no sangue atinge níveis extremamente elevados.

Atualmente, a transmissão por meio de transfusão de sangue ou de seus componentes, ou ainda por transplante de órgão ou de tecido tem sido muito rara devido à exclusão de doadores por testes laboratoriais de elevada sensibilidade.

Acidentes ocupacionais, com exposição ao material contaminado com sangue ou outros fluidos corpóreos de pacientes infectados, têm merecido especial atenção com obrigatoriedade aos profissionais de saúde conhecer e aplicar com rigor todas as normas de biossegurança. Entretanto, em caso de acidente, a profilaxia para o HIV com antirretrovirais feita até 2 h pós-acidente é considerada ideal. Admite-se que, até 48 h após o acidente, a profilaxia ainda seja eficaz na prevenção da transmissão.

A transmissão vertical pode ocorrer ainda no útero, principalmente após 36 semanas de gestação, mas a maioria ocorre no momento do parto. O risco de transmissão, de aproximadamente 25%, em mães infectadas sem tratamento pode ser reduzido em cerca de 10 vezes se elas forem devidamente tratadas com terapia combinada antirretroviral durante a gravidez, durante o parto e no recém-nascido. A transmissão por aleitamento materno é maior nas primeiras 4 semanas de vida e aumenta com o tempo dessa prática. Em países com nível socioeconômico baixo, o aleitamento materno é recomendado mesmo com maior risco de transmissão do HIV. O risco médio de transmissão do HIV pode ser visto na Tabela 20.1.

Tabela 20.1 Risco médio de transmissão de HIV-1.

Tipo de exposição	Risco médio (%)
Relação sexual (1vez)	0,01 a 1
Uso de droga injetável (1 vez)	0,5 a 1
Transmissão vertical	12 a 50
Aleitamento materno	12
Transmissão nosocomial	0,1 a 1
Transfusão de sangue contaminado	90
Transmissão ocupacional	Inferior a 0,3

Adaptada de Schüpbach, 2003.[1]

Resposta imune à infecção pelo HIV e marcadores laboratoriais

Após a transmissão, na sua grande maioria por via sexual, o HIV se instala na mucosa do local de entrada, infectando linfócitos T CD4+, macrófagos e células dendríticas. A replicação viral inicial é seguida de disseminação aos linfonodos locais e depois, sistemicamente, através da corrente sanguínea.

A ausência da resposta imune nessa fase da infecção favorece intensa replicação do HIV, com pico de viremia elevado, o que torna o indivíduo altamente infectante. No início da resposta imune, quando se encontra grande número de LT CD4+ ativado, a transmissão para nova célula-alvo é favorecida. Concomitantemente à elevação da viremia, o número de LT CD4+ circulante cai drasticamente devido à sua destruição pela ação direta ou indireta do HIV. Na tentativa de controlar a infecção, observa-se aumento de número dos LT CD8+ que, em geral, ocorre antes da detecção de anticorpos anti-HIV. Assim, a proporção entre o número de LT CD4+ e LT CD8+ circulante se inverte, com predomínio do LT CD8+.

Com o início da produção de anticorpos anti-HIV, essa fase inicial da infecção caracterizada pela redução transitória do número de LT CD4 circulante é seguida da recuperação desse número até próximo à normalidade. Apesar disso, o sistema imune não é capaz de eliminar o HIV, que pode manter a replicação mínima, ou nos LT de memória ou nos macrófagos.

Fase aguda

Clinicamente, essa fase é transitória e ocorre cerca de 3 a 6 semanas após a infecção. Persiste 1 a 2 semanas e regride espontaneamente. Somente 50 a 70% dos infectados apresentam alguns sintomas que são, em geral, inespecíficos e, por isso, não devidamente diagnosticados. As manifestações clínicas são semelhantes aos de um resfriado comum ou de uma mononucleose, com febre, linfadenopatia generalizada, dor de garganta, mialgia, artralgia, fadiga, *rash* maculopapular, úlcera oral, perda de peso, sudorese noturna e outros. Em alguns pacientes, pode ocorrer diarreia, hepatite leve, pancreatite e manifestação neurológica passageira.

Nessa fase, os marcadores laboratoriais mais importantes são: detecção do RNA do HIV por técnica molecular, detecção do antígeno p24 e a soroconversão nos testes anti-HIV.

O primeiro marcador laboratorial detectado é o *RNA do HIV*, após alguns dias a 2 semanas de infecção, em geral em torno de 10 dias. Atinge o pico em 3 a 6 semanas, podendo chegar a níveis de 10^8 a 10^9 cópias de RNA do HIV-1/mℓ de plasma.

Testes que detectam o *antígeno p24* têm sido empregados visando à detecção precoce da infecção, ainda durante a janela imunológica, período em que o vírus está presente no plasma, mas os anticorpos ainda não são detectáveis. Os primeiros testes apresentavam sensibilidade limitada, mesmo mediante dissociação ácida dos imunocomplexos formados pelo antígeno p24 e os anti-p24, ambos presentes simultaneamente no plasma do paciente infectado. Sucessivos avanços aumentaram a sensibilidade dos testes, permitindo identificar cerca de 7 dias após o início da detecção do RNA do HIV, quando a concentração do ácido nucleico é de aproximadamente 10.000 cópias/mℓ.

O teste para detecção do antígeno p24 do HIV tem sido ainda proposto para o acompanhamento da progressão da doença com correlação negativa com a contagem do LT CD4+, podendo também ser útil no monitoramento do tratamento.

Fase de latência clínica ou fase crônica

Com o início da resposta *imune humoral* e controle da viremia, o RNA viral passa a ser encontrado em níveis séricos relativamente baixos e estáveis, acompanhados de lento declínio do número de LT CD4+. Essa fase pode persistir por tempo variável, de meses a décadas, dependendo de vários fatores, principalmente do indivíduo e do vírus. O indivíduo aparentemente não apresenta sintomas, sendo indistinguível de um sadio, com exceção da alteração dos parâmetros laboratoriais, como a presença do RNA do HIV no sangue, teste sorológico anti-HIV ou de detecção do antígeno p24 positivos.

AIDS

A contínua ativação e destruição de células do sistema imune resultam, finalmente, em um estado de falência imunológica com manifestações clínicas de imunodeficiência celular que caracteriza a AIDS. A *contagem de LT CD4+* no sangue atinge níveis inferiores a 200 células/mm^3 e continua declinando em contraste com o aumento no número de cópias do RNA do HIV (carga viral) no sangue (Figura 20.1).

O tempo de progressão média para AIDS no adulto depende de muitos fatores, como a genética e resposta imune do indivíduo, a cepa do HIV, a intensidade de replicação viral e a coinfecção com outros agentes infecciosos como o vírus das hepatites B (HBV) e C (HCV), que possuem vias de transmissão em comum. Em geral, é de 10 a 11 anos, mas pode variar de meses a décadas dependendo do indivíduo. Pacientes pediátricos evoluem mais rapidamente para a fase de AIDS, em média de 6 a 7 anos. Atualmente, com recursos terapêuticos eficazes, o tempo de progressão para AIDS tem se estendido cada vez mais.

A profunda imunodeficiência que se instala com a AIDS não permite mais que o indivíduo controle processos tumorais e se defenda de infecções, ainda que, em condições normais, esses microrganismos não sejam patogênicos. Infecção do sistema nervoso central é grave, resultando em manifestações neurológicas, como demência e neuropatia sensorial.

Em 2013, o Ministério da Saúde, por meio do *Manual Técnico para o Diagnóstico da Infecção pelo HIV*[2] e baseado nos trabalhos de Fiebig *et al.*[3], divulgou o estadiamento laboratorial da infecção pelo HIV-1 de acordo com o padrão de reatividade aos diferentes testes laboratoriais (Tabela 20.2).

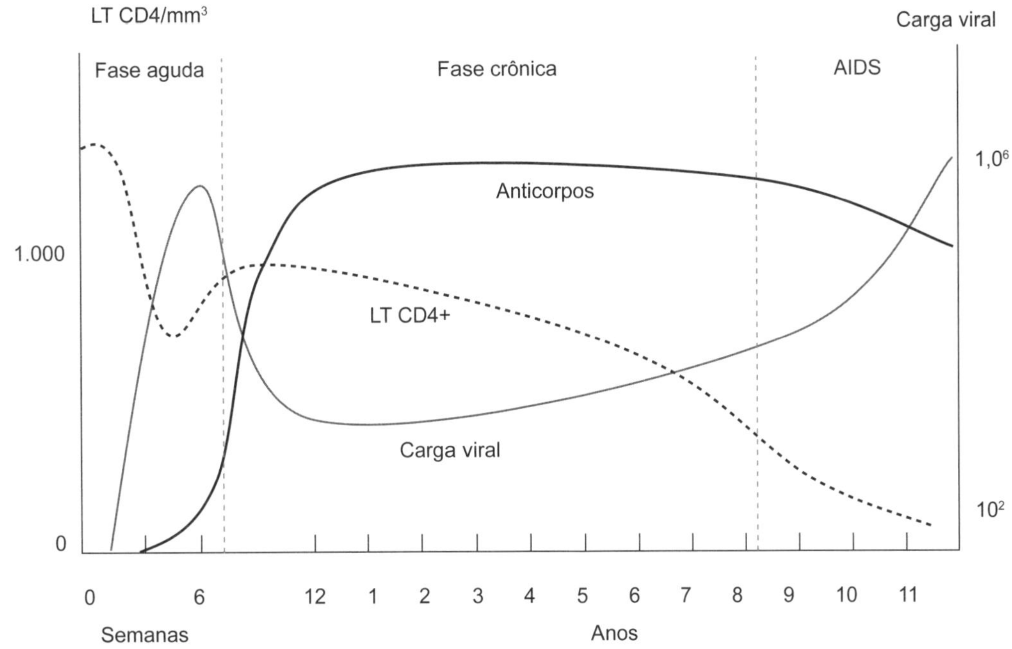

Figura 20.1 Parâmetros laboratoriais de acordo com fases da infecção pelo HIV-1.

Tabela 20.2 Classificação de Fiebig para o estadiamento da infecção pelo HIV-1.

Estágio	Marcador				Duração em dias IC (95%)	
	RNA	Antígeno p24	EIA 3ª geração	WB	Individual	Cumulativo
0	-	-	-	-	10 (7 a 21)	10
I	+	-	-	-	7 (5 a 10)	17
II	+	+	-	-	5 (4 a 8)	22
III	+	+	+	-	3 (2 a 5)	25
IV	+	+	+	IND	6 (4 a 8)	31
V	+	+	+	+(- p31 c)	70 (44 a 122)	101
VI	+	+	+	+(+ p31 c)	Sem limite de duração	Sem limite de duração

EIA: imunoensaio enzimático; WB: *Western blot*.
Adaptada de Cohen *et al.*, 2010[4] e Ministério da Saúde, 2013.[5]

Testes diagnósticos para infecção pelo HIV/AIDS

▪ Testes diagnósticos

O desenvolvimento de testes laboratoriais para o diagnóstico da infecção pelo HIV ocorreu em rápidas etapas, contribuindo para um notável avanço tecnológico que beneficiou também o diagnóstico laboratorial de diferentes patologias. A cada novo aperfeiçoamento importante, os testes receberam denominações numéricas sucessivas, como: primeira, segunda, terceira e a mais recente, de quarta geração.

Testes de primeira geração

Inicialmente, os testes eram baseados somente na detecção de anticorpos da classe IgG, por teste imumoenzimático de fase sólida (ELISA, *enzyme linked immunosorbent assay*) indireto, empregando-se como antígeno o lisado purificado de células H9 infectadas pelo HIV. A baixa sensibilidade desses testes por detectarem apenas anticorpos da classe IgG e a baixa especificidade pela insuficiência do processo de purificação do lisado viral resultavam na detecção da soroconversão somente em torno de 45 a 90 dias após a infecção e com muitas reações inespecíficas.

Testes de segunda geração

Realizado também por ELISA indireto, porém os antígenos de origem viral foram substituídos por peptídios sintéticos e/ou recombinantes, correspondentes aos epítopos mais importantes do HIV. Com o ganho na sensibilidade, esses testes passaram a apresentar período de soroconversão reduzido, em torno de 1 a 2 meses.

Testes de terceira geração

São baseados no método sanduíche, e passaram a detectar não só a IgG, que é predominante, como também todas as outras classes de imunoglobulinas, notadamente a IgM, que é produzida muito precocemente após infecção, tornando possível identificar a soroconversão em torno de 22 a 30 dias.

Resumidamente, no imunoensaio tipo sanduíche, os antígenos ligados à fase sólida são incubados com amostra do paciente (em excesso), permitindo que anticorpos das classes IgG, IgM ou IgA anti-HIV se liguem aos antígenos fixados na fase sólida. Após lavagens para remoção dos anticorpos que não reagiram, o conjugado constituído de antígenos do HIV marcados com enzima ou substância quimioluminescente é adicionado. Dessa maneira, o conjugado só reagirá se os anticorpos da amostra estiverem ligados ao antígeno da fase sólida. A presença da enzima ou de marcador quimiluminescente pode ser revelada por diferentes técnicas de geração de sinal que consiste na emissão de luz para teste de quimiluminescência (QL, *chemiluminescence assay*), fluorescência para fluoroimunoensaio (FIA, *fluorescent immunoassay*) e coloração para ELISA (ver Capítulo 7). A quantidade de sinal emitido é proporcional à concentração de anticorpos anti-HIV presentes na amostra de soro/plasma. A vantagem desse desenho de teste é a detecção de qualquer classe de imunoglobulinas anti-HIV (IgG, IgM, IgA) presente, principalmente a IgM, que é produzida precocemente durante a infecção (Figura 20.2).

Testes de quarta geração

Recentemente, os testes de *quarta geração* vêm sendo recomendados com sucesso para triagem de infecção pelo HIV-1 (incluindo-se o grupo O) e/ou HIV-2, por detectarem simultaneamente os anticorpos e o antígeno p24 do HIV. O princípio da detecção dos anticorpos é o mesmo da terceira geração, porém, para o antígeno p24, é necessária a ligação do anticorpo monoclonal anti-p24 à fase sólida para que este capture o antígeno p24 presente na amostra. O complexo [anti-p24/p24] formado reagirá com o conjugado anti-p24 marcado, que ao reconhecer o p24 do complexo irá se fixar à fase sólida por meio deste antígeno Após lavagens, o sinal emitido pela revelação do marcador indicará a presença de anticorpos e/ou antígeno p24, porém não discriminará qual deles determinou a positividade. A ausência de sinal traduz uma reação negativa para ambos. Testes de quarta geração tornaram os imunoensaios extremamente sensíveis, sendo capazes de detectar a infecção em torno de 16 dias (Figuras 20.3 e 20.4).

Atualmente, um teste comercial típico de imunoensaio para a detecção de anticorpos ou antígenos/anticorpos (Ag/Ac) é baseado em tecnologias avançadas, como ELISA, FIA, QL e suas modificações, como a eletroquimiluminescência e a quimiluminescência amplificada.

Para rotinas menores ou aquelas realizadas em lote de testes, ou seja, mesmo ensaio para todas as amostras, o ELISA tem sido preferido devido ao menor custo e possibilidade de ser realizado em equipamentos de menor porte. Já em grandes laboratórios ou em situações que exigem que vários ensaios sejam feitos simultaneamente em uma só amostra, os equipamentos são de grande porte, totalmente automatizados e multiparamétricos. Esses equipamentos são, na maioria, baseados em sistema fechado, ou seja, o equipamento foi desenhado para operar somente como *kits* diagnósticos da mesma empresa/marca. Para tanto, a tecnologia baseada na QL ou no FIA é a mais adequada e, portanto, amplamente utilizada devido a sua alta sensibilidade, especificidade, reprodutibilidade e grande produtividade (ver Capítulo 8).

Testes rápidos

Os testes rápidos (TR) ou testes laboratoriais remotos (TLR) são imunensaios simples, de fácil execução, cujo resultado pode ser obtido em 10 a 30 min. Pode ser feito tanto em ambiente laboratorial como não laboratorial, com profissionais de diferentes formações, desde que suficientemente capacitados para a sua realização. Esses testes vêm sendo cada vez mais utilizados para a detecção de uma imensa variedade de parâmetros laboratoriais, com a vantagem de poderem ser realizados individualmente, a qualquer hora do dia e na presença do paciente.

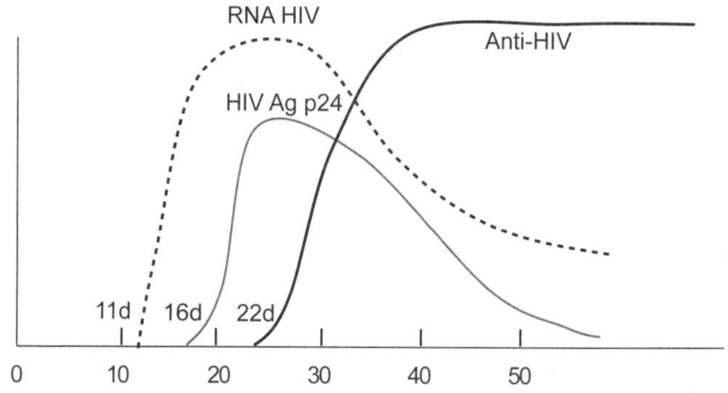

Figura 20.3 Sequência de positivação de marcadores precoces da infecção pelo HIV-1.

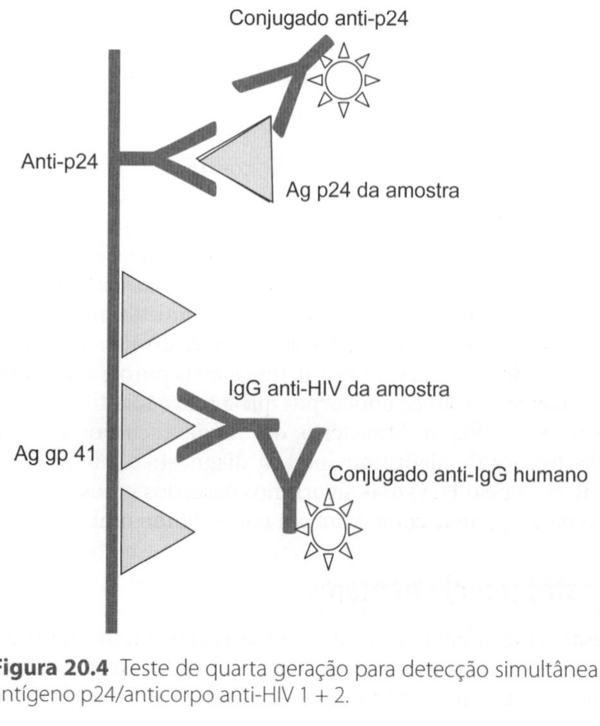

Figura 20.4 Teste de quarta geração para detecção simultânea de antígeno p24/anticorpo anti-HIV 1 + 2.

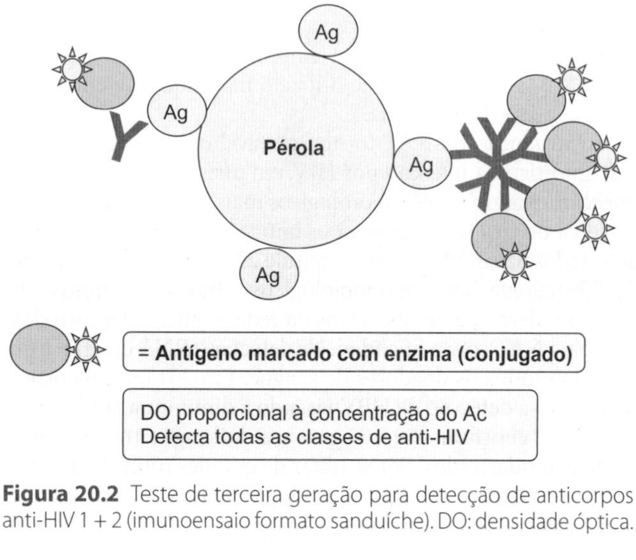

Figura 20.2 Teste de terceira geração para detecção de anticorpos anti-HIV 1 + 2 (imunoensaio formato sanduíche). DO: densidade óptica.

São especialmente úteis em casos de urgência, quando o teste para HIV é necessário, porém, sem tempo suficiente para aguardar resultados obtidos na rotina do laboratório que, em geral, necessitam de 2 a 4 h para a sua realização.

O TR é recomendado em várias situações, como necessidade de detecção da presença ou não da infecção pelo HIV em pacientes atendidos em unidades de emergência, principalmente em acidentes envolvendo sangue ou outros fluidos corpóreos, parto ou aborto espontâneo em gestantes sem sorologia prévia para anti-HIV, acidentes de trabalho com material perfurocortante contaminado com material biológico, exposição ocupacional ao material potencialmente infetado, população móvel ou de difícil acesso e outros. É útil também para locais onde a infraestrutura é precária ou então laboratórios de pequeno porte em que o TR se torna mais prático e econômico que o uso de *kits* convencionais que dependem de equipamentos de alto custo.

Os TR baseados na tecnologia *imunocromatográfica ou de fluxo lateral* são os mais utilizados por serem simples e rápidos. Neles, a amostra é colocada em um ponto específico localizado em uma das extremidades da fase sólida, como uma tira de membrana de nitrocelulose, de onde migra por capilaridade resultando em fluxo lateral. Os anticorpos, se presentes, entram em contato, sequencialmente, com os reagentes imobilizados em locais específicos na fase sólida. Ao final da migração, a positividade é expressa pela coloração observada na região padronizada para a leitura, e a negatividade, pela ausência de cor na amostra.

Nos TR baseados na tecnologia conhecida como *immunodot,* os antígenos são imobilizados em um ponto (*dot*) da fase sólida, o qual fica exposto em uma abertura ("janela") da embalagem plástica fechada, contendo no seu interior material absorvente. A adição sucessiva de amostra e demais reagentes do teste permite a reação com o antígeno fixado e o excesso de reagentes é eliminado por lavagens, que são absorvidos no interior da embalagem. A visualização da cor caracteriza a positividade do teste, e a ausência de cor, a negatividade. Muitos TR comerciais utilizam o conjugado anti-IgG humano marcado com ouro coloidal, que apresenta uma coloração rósea e muito estável, mesmo à temperatura ambiente.

Alguns TR, conhecidos como *multispot test*, permitem detectar separadamente o anti-HIV-1 do anti-HIV-2 por meio de fase sólida, que contém múltiplos *dots*, sendo cada um deles sensibilizados com antígenos diferentes, como os específicos do HIV-1 (gp41 e p24) e o gp36 do HIV-2.

Em todos os TR, as linhas de controle devem sempre desenvolver cor para garantir a validade do teste. O TR para o diagnóstico da infecção pelo HIV é distribuído gratuitamente para os serviços de saúde da rede pública pelo Departamento de DST, AIDS e Hepatites Virais do Ministério da Saúde. O mercado oferece também TR que permitem utilizar o fluido oral. Nesse caso, o coletor deve ser apropriado para a obtenção do fluido cervicular gengival, que é mais puro e apresenta maior concentração de anticorpos que a saliva total.

Recentemente, o Ministério da Saúde incorporou, nas várias opções de algoritmos para o diagnóstico laboratorial da infecção pelo HIV, dois algoritmos baseados no uso de TR tanto para o sangue como também para o fluido oral.[2]

▪ Testes complementares

Apesar da excelência dos imunoensaios como testes de triagem, eles estão sujeitos a resultados falso-positivos e falso-negativos. Para minimizar o risco de um resultado inespecífico, todas as amostras com resultados reagentes ou inconclusivos nos testes de triagem devem ser submetidas a um teste complementar/confirmatório, antes que o resultado final seja liberado ao paciente.

O teste de *Western blot* (WB; ver Capítulo 7) foi o mais utilizado nas últimas décadas. É altamente específico, porém menos sensível que os imunoensaios em geral. Caracteriza-se pela detecção de anticorpos específicos para frações antigênicas individuais: gp160, gp120, p66, p55, p51, gp41, p31-, p24 e p17, transferidas para membrana de nitrocelulose após separação eletroforética em gel de poliacrilamida do lisado viral do HIV obtido por cultura em células H9.

As bandas resultantes são interpretadas de acordo com os critérios recomendados pelos fabricantes, que definem os resultados como: positivo, negativo e indeterminado. Os resultados indeterminados ou inconclusivos podem ser elucidados por meio de testes moleculares ou, então, por acompanhamento sorológico dos pacientes para se verificar uma possível soroconversão.

O WB não consegue detectar os infectados quando as amostras forem colhidas no período pré-soroconversão (janela imunológica) resultando em falso-negativos, mesmo na presença do vírus no soro/plasma em concentrações extremamente elevadas, típico dessa fase quando o indivíduo é altamente infectante.

Alguns fabricantes oferecem o teste de *immunoblot* (IB) como alternativo ao WB. Nesse teste, as frações antigênicas sintéticas ou recombinantes são colocadas na forma de linhas, separadamente uma das outras, em locais específicos da tira de nitrocelulose, de modo que, ao final da reação, a visualização de linhas reativas defina o resultado do teste conforme o critério de interpretação dos fabricantes. Os testes atuais definem também se a positividade é atribuída à presença de anticorpos contra HIV-1 ou HIV-2.

O teste de *imunofluorescência indireta* (IFI) também pode ser utilizado como complementar. Nesse teste, o antígeno consiste em uma cultura de LT CD4+ infectados pelo HIV e o controle da reação, de células não infectadas. A observação da fluorescência somente nas células infectadas e não nas células-controle indica reação positiva.

▪ Testes para detecção de RNA ou cDNA do HIV

Atualmente, testes moleculares como de amplificação de ácidos nucleicos (NAT) têm substituído, com vantagem, os testes complementares tradicionais como o WB, IB e a IFI. Eles são baseados em tecnologias, como a reação em cadeia da polimerase (PCR), teste mediado por amplificação de ácidos nucleicos (TMA) etc., com grande impacto na pesquisa e em quase todas as áreas da Medicina.

A introdução do NAT tornou possível obter precocemente o diagnóstico da infecção por HIV, em torno de 10 dias após a infecção, quando os testes sorológicos mais sensíveis necessitam de cerca de três semanas para os anticorpos específicos serem detectados na circulação (ver Capítulo 23). No Brasil, o Instituto de Tecnologia em Imunobiológicos (Bio-Manguinhos da Fiocruz) oferece, a hemocentros da rede pública (Hemorrede), o *kit* para NAT com a finalidade de detectar o RNA do HIV e do HCV em todos os doadores de sangue. Em 2014, foi incorporado ao *kit* a detecção de HBV visando a diminuir a janela imunológica e certificar maior segurança do sangue transfusional ou de hemoderivados. Por se tratar de grandes rotinas, os testes são realizados em uma plataforma automatizada com grande capacidade de processamento.

A quantificação do RNA em pacientes infectados pelo HIV (carga viral) constitui uma importante ferramenta para o diagnóstico e o prognóstico da infecção com a finalidade de iniciar o tratamento e monitorar a eficácia terapêutica, bem como detectar o possível surgimento de mutações que poderão inviabilizar o esquema terapêutico em uso e a necessidade de troca por novas abordagens.

O nível plasmático do RNA do HIV em conjunto com a contagem de LT CD4+ são considerados os parâmetros mais importantes para o acompanhamento da infecção. A contagem seriada do CD4+ deve ser feita 3 a 4 vezes/ano e apresenta estreita correlação com a evolução da doença. São considerados alterados valores inferiores a 500 células/mm^3, risco de infecções oportunistas quando < 200 células/mm^3 e imunodeficiência grave quando < 50 a 100 células/mm^3.

Observa-se uma correlação inversa entre quantificação do RNA plasmática e contagem de CD4+, sendo de pior prognóstico quanto maior for o valor da carga viral. Nesses pacientes, a destruição dos LT CD4+ e a progressão para a AIDS será mais rápida. O estabelecimento do valor basal da carga viral é importante, pois os resultados das determinações posteriores serão analisados comparativamente a esse valor. Tanto a contagem do LT CD4+ como a carga viral devem ser realizadas no mesmo laboratório, para possibilitar comparações entre os resultados.

O teste para a carga viral pode ser feito com os reagentes produzidos no próprio laboratório (*in house*) ou adquirindo-se componentes dessa reação, comercialmente. Entretanto, essa prática vem sendo cada vez mais substituída por *kits* comerciais prontos para uso devido à grande demanda desse teste nos laboratórios clínicos e nos bancos de sangue. Alguns *kits* disponíveis no nosso mercado podem ser citados, como: PCR em tempo real (*real time PCR*), amplificação baseada na sequência do ácido nucleico (*Nuclisens* NASBA, *nucleic acid sequence based amplification*) e DNA ramificado (bDNA, *branched*-DNA; ver Capítulo 3).

Entretanto, o uso de metodologias diversas e a expressão de resultados entre diferentes testes de quantificação do RNA do HIV dificultam a interpretação dos resultados da carga viral. Assim, os resultados expressos em cópias do RNA/mℓ devem ser convertidos em seus respectivos logaritmos (log_{10}).

A variação de 0,5 log_{10} ou 3 vezes de diferença entre os resultados de duas determinações são consideradas significativas e representam flutuação na produção de partículas virais. Diferenças de até 0,3 log_{10} não devem ser consideradas significativas, pois podem ocorrer devido às variações biológicas, mesmo em pacientes com infecção estável.

A detecção do RNA do HIV é, também, muito importante no diagnóstico da infecção pelo HIV em crianças de até 18 meses, período em que os anticorpos maternos resultantes da passagem transplacentária podem ainda estar presentes na circulação da criança não infectada e produzir resultados falsopositivos em testes de detecção de anti-HIV.

O limite de detecção da carga viral depende da metodologia ou do *kit* empregado. Em geral, situa-se entre 5 e 50 cópias do RNA do HIV/mℓ do plasma. Resultados próximos a esse limite inferior devem ser interpretados com cautela, pois podem indicar ausência do HIV ou então presença, mas em quantidades não detectáveis pela metodologia empregada.

A quantificação do cDNA do HIV no sangue e nos tecidos é clinicamente relevante por detectar reservatórios latentes de HIV. Esse dado é útil no prognóstico da progressão da infecção para AIDS, pois determina a persistência viral em células infectadas e a sua implicação na patogênese da AIDS.

O Departamento de DST, AIDS e Hepatites Virais do Ministério da Saúde, por meio de *Manual Técnico para o Diagnóstico da Infecção pelo HIV* estabelece os fluxogramas para os testes para HIV, onde se pode obter e disponibilizar atualização sobre o diagnóstico laboratorial, abordagem sobre o vírus, estágios da doença, falhas e erros no diagnóstico da infecção, entre outros.[2]

HIV-1

É um RNA vírus, possui duas fitas simples de RNA e, como os demais retrovírus, o seu genoma é composto de genes: *env*, *gag* e *pol* que codificam, respectivamente, glicoproteínas do envelope, proteínas estruturais e enzimas.

O gene *env* codifica a proteína precursora do envelope viral, a gp160 que origina, após clivagem, a gp120 e a gp41. Ambas reconhecem receptores localizados na superfície das células do hospedeiro (LT CD4+) promovendo a ligação do HIV.

O gene *gag* codifica a proteína p55, que origina 4 proteínas estruturais do capsídio viral, p24, p9 e p7 (que envolvem o RNA do HIV) e p17 (que constitui a matriz lipoproteica que reveste a superfície interna da sua membrana).

O gene *pol* codifica as enzimas cruciais para o ciclo de replicação viral, como a p66 e a p51, que são componentes da transcriptase reversa. Eles fazem a transcrição do RNA viral para o DNA complementar (cDNA). Outros produtos do gene *pol* são: a integrase (p31), que integra o DNA viral ao cromossomo da célula hospedeira, originando o chamado provírus; protease (p10), que cliva os precursores proteicos do *gag* e *pol* em unidades ativas menores; a RNAse e a ribonuclease. O genoma do HIV possui ainda genes regulatórios que controlam a replicação viral e a infectividade, como: transativador (*tat*), regulador de expressão viral (*rev*), fator negativo (*nef*) e outras enzimas como *vif, vpr e vpu* (Figura 20.5). Os produtos dos genes do HIV-1 e do HIV-2 estão apresentados na Tabela 20.3.

▪ Ciclo de replicação viral

A partícula viral do HIV-1 mede cerca de 100 nm e é revestida de membrana rica em lipoproteínas onde se localizam

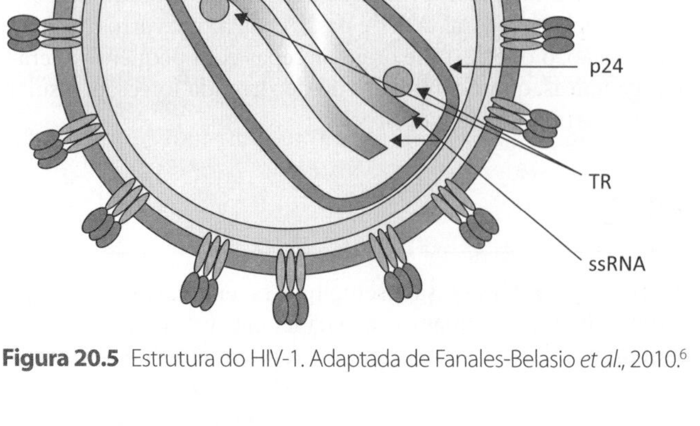

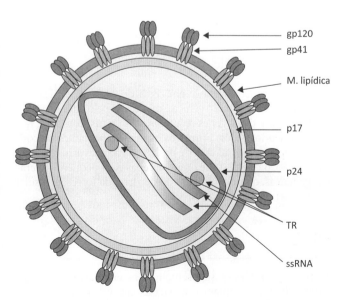

Figura 20.5 Estrutura do HIV-1. Adaptada de Fanales-Belasio *et al.*, 2010.[6]

Tabela 20.3 Produtos dos genes do HIV-1 e HIV-2.

Gene	Produtos	HIV-1	HIV-2
Envelope (*env*)	Precursor da glicoproteína do *env*	gp160	gp140
	gp do envelope externo	gp120	gp105/125
	gp transmembrana	gp41	gp36
Core (*gag*)	Precursor da proteína do *gag*	p55	p56
	Proteína do capsídio viral	p24	p26
	Proteína da matriz	p17	p16
Polimerase (*pol*)	Componente da transcriptase reversa	p66	p68
	Componente da transcriptase reversa	p51	p53
	Integrase	p31	p31/34
	Protease	p10	p10

Adaptada de Ministério da Saúde, 2013[5] e Murray, 2007[7].

heterodímeros glicoproteicos compostos de gp120 na superfície externa e gp41 transmembrana. A ligação entre o gp120 e o gp41 não é covalente e, dessa maneira, o gp120 pode soltar-se espontaneamente e ser encontrado livre no plasma ou no tecido linfático.

A replicação viral inicia-se com a interação entre o gp120 do HIV-1 e o receptor celular presente no LT CD4+. A ligação é estabilizada pelo receptor de quimiocinas que atua como correceptor do CD4, sendo o CXCR4 (T-trópico) indutor de sincícios, expressos também em várias células, e o CCR5 (M-trópicos) não indutor de sincícios, presentes em macrófagos, células dendríticas e LT ativados. Essas interações resultam na mudança conformacional do gp120 e do gp41, o qual promove a fusão do HIV-1 com a membrana de LT CD4+. A seguir, o capsídio contendo o RNA viral e as enzimas são liberados no citoplasma celular (descapsidação). A enzima transcriptase reversa (TR) funciona como DNA polimerase RNA dependente e, assim, sintetiza o cDNA. Após síntese do cDNA, a RNase H degrada o RNA, e o DNA polimerase dependente do DNA duplicará o cDNA. Assim, o DNA resultante, de dupla fita, ao ser transportado para o núcleo, pode ser integrado ao genoma da célula hospedeira pela ação da integrase, resultando no denominado DNA proviral. Por outro lado, o cDNA pode servir de molde para a síntese do RNA viral, necessário para a montagem de novas partículas virais.

Ao final do ciclo de replicação, a nova partícula viral é liberada, por brotamento, através de membrana celular do LT infectado, levando junto com ele diferentes proteínas do hospedeiro, como proteínas do HLA das classes I e II e proteínas de adesão que facilitarão a ligação à outra célula-alvo (Figura 20.6).

Todo o ciclo completa-se em cerca de 24 h. A ativação da transcrição e da expressão gênica é modulada pelo fator de transcrição celular e pelos genes regulatórios do vírus, como *tat*, *rev*, *nef* e *vrp*, sendo os dois primeiros os mais importantes no controle da replicação viral. A RT é passível de muitos erros durante a replicação, o que permite originar cepas com pequenas alterações genéticas, que, acumuladas no decorrer da infecção, resulta em grande número de *quasispecies*.

HIV-2

O HIV-1 e o HIV-2 são semelhantes em vários aspectos, porém diferentes quanto a virulência e patogenicidade. Enquanto o HIV-1 se disseminou rapidamente pelo mundo, o HIV-2 permaneceu restrito a determinadas regiões, mas é no oeste da África onde se concentra a maioria dos infectados. Outras regiões apresentam também importante prevalência desse vírus, como a Europa, notadamente em Portugal, e os continentes americano e asiático, provavelmente devido à emigração da África.

O HIV-2 é nitidamente menos patogênico que o HIV-1 e apresenta menor taxa de transmissão, o que pode ser atribuído à menor carga viral em indivíduos assintomáticos. Os testes sorológicos para anti-HIV 1+2 incluem peptídio contendo epítopo imunodominante da glicoproteína principal do HIV-2, gp36 em conjunto com os antígenos gp41 recombinantes e/ou peptídios sintéticos do HIV-1 (incluindo-se o do grupo O), detectando, assim, ambas as infecções. Amostras reagentes devem ser submetidas aos testes suplementares capazes de distinguir entre os dois tipos de HIV, sendo o WB e a PCR os mais empregados. Muitos dos TR disponíveis detectam e diferenciam os anticorpos contra HIV-1 daqueles do HIV-2.

HTLV I/II

O vírus linfotrópico de células T humano (HTLV) foi isolado pela primeira vez em 1980, de um paciente com linfoma cutâneo de células T nos EUA, e a seguir no Japão, de pacientes com leucemia/linfoma de células T de adulto (ATL ou ATcLL, *adult T-cell leucemia/lymphoma*).

Dois anos depois, foi descoberto o segundo HTLV em paciente com tricoleucemia. Os dois vírus eram muito semelhantes, porém distintos em muitos aspectos, sendo assim chamados de HTLV-1 e HTLV-2. A transmissão ocorreu de primatas para humanos e, após sucessivas evoluções por passagens entre espécies, resultou no atual HTLV-1 e HTLV-2.

Ambos são membros do gênero *Deltarretrovirus*, família Retroviridae e possuem estrutura genômica com homologia de cerca 85% na região do gene *gag* e de 65% na região do *env*.

Apresentam no seu genoma 2 fitas simples, idênticas de RNA. Os genes estruturais, *gag*, *env* e *pol*, são comuns aos retrovírus, porém possuem uma região chamada de pX, provavelmente envolvida na oncogênese. São encontrados genes reguladores, como *tax*, *rex* e *HBZ*, e outros com função pouco conhecida.

Ambos os vírus têm ampla distribuição mundial, porém são mais prevalentes na África Subsaariana, no sul do Japão, no Caribe, na América Central e do Sul. A infecção por HTLV-2 é endêmica entre os índios da América, porém restrita a certas regiões.

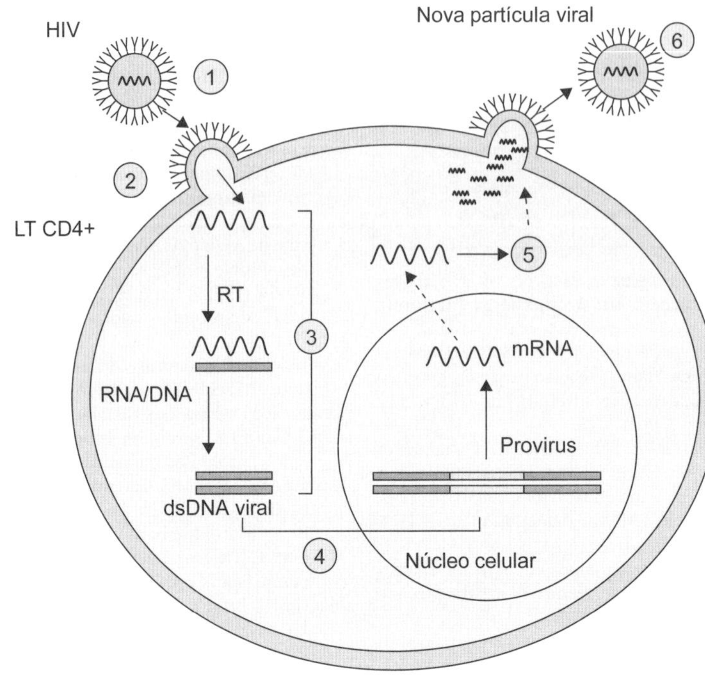

Figura 20.6 Ciclo de replicação do HIV. 1. Ligação, fusão e entrada. 2. Descapsidação. 3. Transcrição reversa. 4. Integração do DNA viral no cromossomo da célula hospedeira. 5. Síntese de proteínas e montagem do HIV. 6. Brotamento e liberação do HIV. Adaptada de Fanales-Belasio *et al.*, 2010.[6]

Estima-se que cerca de 10 a 20 milhões de pessoas no mundo estejam infectadas pelo HTLV-1, porém a maioria é assintomática. Apenas 5%, aproximadamente, desenvolvem a doença após décadas de infecção.

As vias de transmissão mais importantes são: aleitamento materno, sexual, transfusão de sangue e transplantes. No aleitamento materno ocorre a passagem de células T do leite da mãe infectada para o filho. Dependendo da carga viral materna, do tempo de aleitamento e da resposta imune materna, a transmissão pode chegar a taxas de 20%. A transmissão intrauterina é mais rara, cerca de 5%.

A manifestação clínica mais importante do HTLV-1 é a ATL, que pode ocorrer em 2 a 4% dos infectados. Consiste em linfoproliferação maligna de LT CD4+ e é extremamente grave, tipicamente fatal. Outra doença importante que pode ocorrer em 1 a 2% dos infectados é a paraparesia espástica tropical (TSP, *tropical spastic parapresis*), conhecida também pelo nome mielopatia associada a HTLV (HAM-HTLV *associated mielopaty*) e caracterizada como uma doença degenerativa lentamente progressiva, com envolvimento do trato corticospinal e torácico. Manifesta-se, principalmente, por fraqueza muscular nas pernas, hiper-reflexia, incontinência urinária e impotência, mas outras manifestações como oculares, dermatológicas e psiquiátricas podem ocorrer. O diagnóstico laboratorial é feito pela detecção de anticorpos anti-HTLV-1/2 no soro ou no líquido cefalorraquidiano.

O HTLV-2 não está associado à malignidade, mas, raras vezes, pode estar relacionado a doenças neurológicas semelhantes à HAM/TSP. Observam-se diferenças no tropismo entre os dois tipos virais, sendo LT CD4+ para o HTLV-1 e LT CD8+ para o HTLV-2. Atualmente, são descritos mais dois novos retrovírus, o HTLV-3 e o HTLV-4, porém a sua associação com doenças é pouco conhecida.

O diagnóstico laboratorial da infecção por HTLV-1 e HTLV-2 é feito por testes sorológicos, sendo o ELISA e a QL os mais empregados na triagem. Os testes de terceira geração, usados atualmente, detectam anticorpos contra frações antigênicas recombinantes e/ou peptídios sintéticos específicos do HTLV, baseados no formato sanduíche. Os antígenos mais empregados consistem em: GD21 (proteína do envelope viral recombinante tanto do HTLV-1 como do HTLV-2), rgp46-I e rgp46-II, respectivamente do tipo 1 e do 2, além de p19, p24, p26, p28, p32, p36 e p53. O critério de interpretação deve ser o preconizado pelos fabricantes, que classificam os resultados como positivo, negativo e indeterminado.

Entretanto, esses testes são passíveis de resultados falso-positivos e, ainda, não permitem distinguir entre o HTLV tipo 1 e o tipo 2. Assim, as amostras reagentes necessitam ser confirmadas pelo teste suplementar, sendo o WB o mais empregado. A modalidade imunoensaio de linha (LIA, *line immunoassay*) pode ser empregada como alternativa ao WB com a vantagem de a leitura ser mais fácil, pois as reações ocorrem sobre cada uma das frações antigênicas colocadas sobre o suporte sólido, em locais determinados e identificados adequadamente. Literaturas recentes demonstram a superioridade desse teste quanto à sensibilidade em relação ao WB. Assim, além de confirmar os resultados do teste de triagem, distingue entre os dois tipos de HTLV pela presença ou não de reatividade contra frações específicas para cada um.

A sensibilidade do WB para detecção de anti-HTLV-1 varia em torno de 92,3 a 100% e a especificidade, de 86 a 97,5%, conforme literatura, e, para HTLV-2, sensibilidade de 73 a 85% e especificidade de cerca de 100%. Entretanto, a frequência de resultados indeterminados, ou seja, de amostras que não preenchem critérios de positividade nem de negatividade, é geralmente muito elevada, necessitando de um segundo teste confirmatório. Atualmente, testes moleculares vêm sendo cada vez mais utilizados como teste suplementar/confirmatório, facilitados pela disponibilidade de reagentes e equipamentos no mercado, além do custo que vem se tornando mais acessível. A PCR em tempo real tem sido a mais utilizada nas rotinas de diagnóstico, porém a sua sensibilidade ainda não é a ideal, principalmente para diagnóstico em pacientes coinfectados com HIV e HTLV.

Publicações governamentais e de institutos e centros de pesquisa podem ser encontradas, como referência, para diagnóstico da infecção pelo HIV e HTLV, como as Diretrizes, Manual Técnico e Recomendações e outros, que propiciam a atualização e a padronização de condutas laboratoriais.

Referências bibliográficas

1. Schüpbach J. Viral RNA and p24 antigen as markers of HIV disease and antiretroviral treatment success. Int Arch Allergy Immunol. 2003;132:196-209.
2. Brasil. Ministério da Saúde. Secretaria de Vigilância em Saúde. Departamento de DST, AIDS e Hepatites virais. Manual Técnico para o Diagnóstico da Infecção pelo HIV. 3. ed. Brasília, 2016. Disponível em: http://www.aids.gov.br/pt-br/node/57787. Acesso em: 04 jan 2018.
3. Fiebig EW, Wright DJ, Rawal BD, Garret PE, Schumacher RT. Dynamics of HIV viremia and antibody seroconversion in plasma donors: implication for diagnosis and staging of primary HIV infection. AIDS. 2003;17:1871-9.
4. Cohen MS, Gay CLG, Buch MP, Hecht FM. The detection of acute HIV infection. J Infect Dis. 2010;202(Suppl2):270-7.
5. Brasil. Ministério da Saúde. Secretaria de Vigilância em Saúde. Departamento de DST, AIDS e Hepatites virais. Manual Técnico para o diagnóstico da Infecção pelo HIV, 2013.
6. Fanales-Belasio E, Raimondo M, Suligoi B, Buttò S. HIV virology and pathogenetic mechanisms of infection: a brief overview. Ann Ist Super Sanita. 2010;46(1):5-14.
7. Murray P. Manual of clinical microbiology. 9. ed. Washington, DC: ASM Press; 2007

Bibliografia

Albertoni G, Girão MJBC, Schor N. Mini review: current molecular methods for the detection and quantification of hepatitis B virus, hepatitis C virus, and human immunodeficiency virus type l. Int J Infect Dis. 2014;25:145-9.

Banghan CRM, Ratner L. How does HTLV-1 cause adult T-cell leukaemia/lymphoma (ATL)? Curr Opin Virol. 2015;14:93-100.

Brasil. Ministério da Saúde. Secretaria de Vigilância em Saúde. Departamento de DST, AIDS e Hepatites virais. HIV, Estratégias para utilização de testes rápidos no Brasil. Brasília, 2010.

Brasil. Ministério da Saúde. Secretaria de Vigilância em Saúde. Departamento de DST, AIDS e Hepatites virais. Manual Técnico para o Diagnóstico da Infecção pelo HIV. 2. ed. Brasília, 2014.

Brasil. Ministério da Saúde. Secretaria de Vigilância em Saúde. Departamento de DST, AIDS e Hepatites Virais. Guia de manejo clínico da infecção pelo HTLV. Brasília, 2013.

Campos KR, Gonçalves MG, Caterino-de-Araujo A. Short Communication: Failures in Detecting HTLV-1 and HTLV-2 in Patients Infected with HIV-1. AIDS Res Hum Retroviruses. 2017 Apr;33(4):382-385.

Campos KR, Gonçalves MG, Fukasawa LO, Costa NA, Barreto-Damião CH, Magri MC, *et al.* Comparação de testes laboratoriais para o diagnóstico da infecção por vírus linfotrópico de células T humanas do tipo 1 (HTLV-1) e tipo 2 (HTLV-2) em pacientes infectados por HIV. Rev Inst Adolfo Lutz. 2015;74(1):57-65.

Caterino de Araujo A, Alves FA, Campos KR, Lemos MF, Moreira RC. Making the invisible visible: searching for human T-cell lymphotropic virus types 1 and 2 (HTLV-1 and HTLV-2) in Brazilian patients with viral hepatitis B and C. Mem Inst Oswaldo Cruz. 2018 Feb;113(2):130-134.

Caterino de Araujo A. SMARTube: A New Approach to Detect Acute HIV Infection Based on an Old In Vitro-Induced Antibody Production Technique. AIDS Res Hum Retroviruses. 2017 Jun;33(6):511-512.

Centers for Disease Control. National Center for HIV/AIDS, Viral Hepatitis, SDT and TB Prevention. Laboratory testing for the diagnosis of HIV infection. Updated Recommendation. Atlanta, 2014.

Costa EAS, Magri MC, Caterino-de-Araújo A. The best algorithm to confirm the diagnosis of HTLV-1 and HTLV-2 in at-risk individuals from São Paulo, Brazil. J Virol Methods. 2011;173:280-3.

Maartens G, Celum C, Lewin SR. HIV infection: epidemiology, pathogenesis, treatment and prevention. Lancet. 2014;384:258-71.

Magri MC, Brígido LFM, Morimoto HK, Caterino-de-Araújo A. Molecular characterization of HTLV-1 and HTLV-2 and routes of virus transmission in HIV-infected patients from the southeastern and southern Brazil. Retrovirol. 2014;11(Suppl 1):47.

McNulty M, Cifu AS, Pitrak D. HIV Screening. JAMA. 2016;316(2):213-4.

Mitchel EO, Stewart G, Bajzik O, Ferret M, Bentsen C, Shriver MK. Performance comparison of the 4th generation Bio-Rad Laboratories GS HIV Combo Ag/Ac EIA on the Evolis™ automated system *versus* Abbott Architect HIV Ag/Ab Combo, Ortho anti-HIV-1+2 EIA on Vitros ECi and Siemens HIV-1/O/2 enhanced on Advia Centaur. J Clin Virol. 2013;585:e-79-e84.

Paiva A, Casseb J. Origin and prevalence of juman T-lymphotropic virus type 1 (HTLV-1) and type 2 (HTLV-2) among indigenous populations in the Americas. Rev Ins Med Trop São Paulo. 2015;57(1):1-13.

Percher F, Jeannin P, Martin-Latil S, Gessain A, Afonso PV, Vidy-Roche A, *et al.* Mother-to-child transmission of HTLV-1 epidemiological aspects, mechanisms and determinants of mother-to-child transmission. Viruses. 2016;8:1-9.

Riddell J 4th, Cohn JA. Reaching high-risk patients for HIV preexposure prophylaxis. JAMA. 2016;316(2):211-2.

Selik RM, Mokotoff ED, Branson B, Owen SM, Whitmore S, Hall HI. Revised surveillance case definition for HIV infection – United States, 2014. MMWR. 63(3):11, 2014.

Silva CMD, Alves RS, Santos TSD, Bragagnollo GR, Tavares CM, Santos AAPD. Epidemiological overview of HIV/AIDS in pregnant women from a state of northeastern Brazil. Rev Bras Enferm. 2018;71(suppl 1):568-576.

Capítulo 21

Infecções Virais | Hepatites

Kioko Takei e Joilson O. Martins

Introdução

O termo hepatite engloba todos os processos inflamatórios do fígado de diversas etiologias, como:

- Vírus: hepatite A (HVA), hepatite B (HBV), hepatite C (HCV), hepatite D (HDV), hepatite E (HEV) e hepatite G (HGV), que, por serem vírus hepatotrópicos, têm como alvo principal o fígado. Outros vírus também podem causar a hepatite, como citomegalovírus, herpes, Epstein-Barr, vírus da rubéola e da dengue, porém, ela é secundária à infecção principal
- Bactérias
- Parasitas
- Doenças autoimunes
- Drogas e álcool
- Doenças metabólicas
- Outros.

Apesar da diversidade de etiologias, as hepatites manifestam-se clinicamente de maneira muito semelhante, como cansaço, mal-estar, febre, náuseas, anorexia, desconforto na região do abdome e, em alguns casos, icterícia, colúria (urina escurecida) e acolia fecal (fezes esbranquiçadas). As hepatites de origem viral são na maioria assintomáticas, mas podem evoluir para formas graves como a cirrose e o carcinoma hepatocelular (CHC), anos a décadas após a infecção.

O diagnóstico das hepatites virais baseia-se fundamentalmente nos dados clínicos, epidemiológicos e laboratoriais. Os testes laboratoriais são decisivos para definir o agente causador, podendo ser por meio de testes sorológicos específicos e/ou pela detecção do ácido nucleico viral. Os testes bioquímicos e hematológicos são importantes para avaliar o dano hepático e de sua função, mas não esclarecem a etiologia da doença.

Os vírus hepatotrópicos podem ser distinguidos de acordo com sua forma predominante de transmissão em:

- Vírus de transmissão fecal-oral: HAV e HEV
- Vírus de transmissão parenteral: HBV, HCV, HDV e HGV.

Essas vias de transmissão representam diferenças no comportamento epidemiológico, como no caso do HAV e HEV, cuja transmissão fecal-oral resulta da contaminação de água e alimentos com resíduos fecais, principalmente em regiões de condições higiênico-sanitárias precárias. Nas regiões litorâneas, a contaminação de moluscos marinhos que habitam locais onde os esgotos são lançados constitui importante via de transmissão do HAV. Essa capacidade de provocar epidemias a distância deve-se à alta estabilidade do HAV no ambiente, mantendo a sua infectividade mesmo sob condições adversas.

Em instituições fechadas onde ocorre o confinamento de indivíduos (principalmente creches, orfanatos e instituições psiquiátricas), funcionários, crianças e pacientes infectados, com conduta higiênica inadequada, podem disseminar o HAV para as pessoas não imunes. A taxa de transmissão será maior se o transmissor estiver na fase de incubação da hepatite A, quando a excreção viral nas fezes atinge o seu pico. Essas características favorecem a disseminação viral na população na forma de surtos epidêmicos.

Nas hepatites B e C a via parenteral é o principal modo de transmissão, porém para o HBV a via sexual também é muito importante. Por ser na maioria das vezes assintomático, o indivíduo infectado desconhece o estado de portador e não se previne adequadamente para evitar a transmissão, podendo inclusive doar sangue nos bancos de sangue.

O período prodrômico das hepatites agudas caracteriza-se por sintomas inespecíficos semelhantes ao um resfriado comum, com dor de cabeça, febre baixa, fadiga, mialgia, anorexia, náuseas e vômitos e podem variar de alguns dias a semanas. Na fase ictérica, quando presentes, observam-se ainda colúria (urina escurecida), acolia fecal (fezes esbranquiçadas) e esplenomegalia. Raros indivíduos na fase aguda apresentam uma forma extremamente grave, a hepatite fulminante com insuficiência aguda grave e falência hepática.

As provas bioquímicas mais importantes são as dosagens das enzimas hepáticas [alanina aminotransferase (ALT) e aspartato aminotransferase (AST)], que se elevam muito precocemente, antes mesmo dos sintomas clínicos, mantendo-se em níveis elevados e declinando a seguir à normalidade em até 6 a 8 semanas. A concentração sérica da ALT, nas hepatites, é mais elevada que a AST e é útil no diagnóstico, no monitoramento e como critério de cura após tratamento. Outras provas séricas como a fosfatase alcalina, a gama glutamiltransferase (GGT) e as bilirrubinas totais e fração direta auxiliam na avaliação da função hepática.

O HGV, também conhecido como GB vírus-C (GBV-C), foi descrito em 1995. Trata-se de um vírus RNA de fita simples que pertence à família Flaviviridae. O HGV pode ser transmitido por várias vias, como sangue e derivados, sexual e a vertical (de mãe infectada para o filho).

Até o momento, não se conhece a real participação do HGV (testes moleculares e métodos sorológicos) como causador das hepatites devido à sua alta prevalência na população normal. Quase todos os portadores são assintomáticos e, apesar de muitas pesquisas feitas para demonstrar a associação entre esse agente e a doença hepática grave, não foram obtidos resultados conclusivos. Assim, não será abordado neste capítulo, já que os testes laboratoriais não são realizados como rotina para diagnóstico, triagem de doadores de sangue e exames pré-natais.

A Tabela 21.1 mostra, resumidamente, as principais características das hepatites causadas pelos vírus A, B e C. Listam-se, a seguir, os antivirais disponíveis no Brasil para tratamento da hepatite C crônica:[3]

- Daclatasvir (DCV): inibidor do complexo enzimático NS5A
- Simeprevir (SIM): inibidor de protease NS3/4A
- Sofosbuvir (SOF): análogo de nucleotídio, que inibe a polimerase do HCV
- Associação de ombitasvir (3D, inibidor do complexo enzimático NS5A), dasabuvir (inibidor não nucleosídico da polimerase NS5B), veruprevir (inibidor de protease NS3/4A) e ritonavir (potencializador farmacocinético)
- Associação de ledipasvir (LED, inibidor do complexo enzimático NS5A) e sofosbuvir (SOF, análogo de nucleotídeo que inibe a polimerase do HCV)
- Associação de elbasvir (EBR, inibidor do complexo enzimático NS5A) e grazoprevir (GZR, inibidor da protease NS3/4A).

Tabela 21.1 Principais características dos vírus das hepatites A, B e C.

Características	HAV	HBV	HCV
Virologia			
Genoma	RNA simples fita, polaridade positiva (7.500 bases)	DNA parcialmente duplicada (3.200 bases)	RNA simples fita, polaridade positiva (9.600 bases)
Estrutura	280 nm, nucleocapsídio e não possui envelope*	42 nm, nucleocapsídio e envelope	50 nm, nucleocapsídio e envelope
Classificação	*Hepatovirus*, família Picornaviridae	*Orthohepadnavirus*, Hepadnaviridae	*Hepacivirus*, família Flaviviridae
Genótipos	3 genótipos principais de origem humana e 6 subtipos	8 genótipos	6 genótipos principais e 50 subtipos
Frequência de mutações	Desconhecida	Baixa	Alta
Meia-vida viral	Desconhecida	2 a 3 dias	3 h
Produção viral	Desconhecida	10^{10} a 10^{12} vírions/dia	10^{12} vírions/dia
Epidemiologia			
Prevalência mundial	> 1,5 milhão de infecções/ano	350 milhões de infectados cronicamente	170 milhões de infectados cronicamente
Transmissão	Oral-fecal	Via parenteral (sangue e derivados e por uso de drogas IV), sexual e vertical	Via parenteral (sangue e derivados e drogas IV) e outras vias
Infecciosidade	2 semanas antes até 1 semana após o início da icterícia ou do aumento dos níveis de enzimas hepáticas	–	–
Historia natural da infecção			
Incubação (dias)	15 a 50 Média 28	40 a 112 Média 60 a 90	40 a 120
Manifestações clínicas	Mais assintomática em crianças (até 6 anos) Frequentemente sintomática em adultos	Frequentemente assintomática em adultos	Cerca de 80% assintomática
Persistência de infecção	Autolimitada, não evolui para crônica	Transmissão vertical: RN: > 90% crônicos, < 10% em adultos	70 a 85% de crônicos após infecção aguda
Tratamento			
Tratamento baseado no IFN-α	–	IFN-α peguilado Lenta redução na viremia < soroconversão para anti-HBs	IFN-α peguilado + ribavirina Eliminação viral em 45 a 85% dependendo do genótipo Redução rápida da viremia
Tratamento sem IFN-α	Cuidados básicos	Análogos de nucleotídios ou de nucleosídios Não elimina cccDNA Rápida redução da viremia	Antivirais de ação direta Rápida redução da viremia Não elimina cccDNA do HBV

*Descrito recentemente como HAV com envelope viral.
EIA: ensaio imunoenzimático; cccDNA: circular covalentemente fechado.
Adaptada de Shin *et al.*, 2016[1]; Ministério da Saúde, 2015[2].

Hepatite A

O HAV pertence ao gênero *Hepatovirus* da família Picornaviridae. Possui genoma constituído por RNA de fita simples, de polaridade positiva, que codifica uma poliproteína de 2.225 aminoácidos do qual resultam três proteínas estruturais do capsídio viral (VP1, VP2 e VP3). A VP4, também do capsídio viral, é encontrada apenas durante a formação da partícula viral e não no vírus maduro. As proteínas não estruturais, 2A, 2B, 2V, 3A, 3B, $3C^{pro}$ e $3D^{pol}$, são essenciais na replicação viral, que começa com a descapsidação do RNA viral do qual uma cópia do RNA complementar de polaridade negativa é produzida (intermediário replicativo). Este servirá de molde para a síntese de RNA de polaridade positiva cuja função é ser decodificada para produção de novas proteínas virais ou então utilizada para a formação de novas partículas virais.

No ser humano, distinguem-se três genótipos do HAV, o HAV-I, o HAV-II e o HAV-III, sendo o tipo I o mais prevalente. Uma vez introduzido no indivíduo por via oral, o HAV resiste ao pH do estômago e alcança o intestino, de onde passa para as vias mesentéricas e para o fígado, local em que ocorre a replicação viral. As novas partículas virais são excretadas pela bile e eliminadas pelas fezes.

▪ Epidemiologia e aspectos clínicos

A infecção por HAV é altamente prevalente nos países em desenvolvimento, dado o modo de transmissão fecal-oral característico das baixas condições higiênico-sanitárias. Com frequência, a transmissão de HAV ocorre logo na infância quando, em geral, a infecção é assintomática ou oligossintomática. Consequentemente, quase 100% dos indivíduos dessas regiões chegam à vida adulta imunes ao HAV, com anticorpos séricos anti-HAV da classe IgG.

Já nas regiões onde a população apresenta nível socioeconômico mais alto e condições de saneamento melhores, a prevalência de anticorpos é mais baixa, o que traduz a existência de população adulta ainda suscetível ao HAV.

Segundo a Organização Mundial da Saúde (OMS), a estimativa mundial é de 1,4 milhão de novos casos/ano. No Brasil, ocorrem cerca de 130 novos casos/100 mil habitantes, porém tem-se observado tendência a queda, desde 2006.

A hepatite A apresenta curto período de viremia e não evolui para formas crônicas, tornando o risco de transmissão por transfusão sanguínea insignificante. É uma doença benigna, autolimitada e assintomática quando adquirida na infância, com raros casos de hepatite fulminante. Seu início é abrupto e os sintomas são semelhantes aos de outras hepatites virais.

Após a fase aguda da infecção, seja ela sintomática ou assintomática, o indivíduo torna-se imune, pois os anticorpos IgG produzidos são protetores e previnem contra novas infecções.

O HAV apresenta heterogeneidade antigênica pequena, o que garante a proteção cruzada para as diferentes cepas.

▪ Diagnóstico

O diagnóstico da fase aguda é feito pela detecção de anticorpos anti-HAV IgM no soro. Estes positivam cerca de 1 semana após a infecção e persistem cerca de 4 meses ou até 6 meses em alguns casos.

Os anticorpos anti-HAV IgG são detectáveis logo após a positivação do IgM e permanecem toda a vida. O encontro de IgG não auxilia no diagnóstico da fase aguda da doença, já que não diferencia anticorpos adquiridos na infecção recente daqueles adquiridos no passado, mas identifica se os indivíduos são imunes ou suscetíveis à infecção por HAV.

Nas regiões de baixa prevalência da infecção por HAV e com alta frequência de indivíduos não vacinados, o diagnóstico laboratorial deve ser feito por meio dos testes para detecção de anti-HAV IgG e para IgM. A ausência de IgG exclui a infecção e a presença de IgG e IgM confirma a infecção aguda por HAV (Figura 21.1).

A vacinação é altamente eficaz e recomendada dependendo do grau de endemicidade. No Brasil, a vacina contra hepatite A é oferecida nos postos de saúde, pelo Ministério da Saúde, para crianças de 1 a 2 anos em uma única dose, com proteção permanente em 95% dos vacinados.

Atualmente, também estão disponíveis as vacinas combinadas para hepatites A e B, compostas, respectivamente, de vírus inativado do HAV e antígeno HBsAg recombinante. São recomendadas para todas as idades em indivíduos não imunes.

Hepatite B

O HBV foi descrito pela primeira vez por Blumberg *et al.*[4] em 1965, com o nome de antígeno australiano, por ter sido encontrado pela primeira vez em um aborígene australiano. Muitos nomes foram dados à hepatite B e ao HBV no passado, como hepatite soro-homólogo, hepatite de longo período de incubação, antígeno australiano, antígeno Au e AuSH.

▪ Vírus

O HBV pertence ao gênero *Hepadnavirus* da família Hepadnaviridae. Possui genoma constituído de DNA parcialmente duplicado, de 3,2 kb, que, com a enzima DNA polimerase, é envolto em nucleocapsídio proteico ou *core* (HBcAg) de 27 nm. Externamente, é recoberto por um envelope lipoproteico proveniente da célula infectada onde o vírus foi produzido.

Os genes *S*, *core*, *pol* e *X* codificam, respectivamente, as proteínas do envelope, do capsídio, do DNA polimerase e da proteína regulatória X do HBV.

As proteínas virais do envelope, produtos dos genes *pré-S1*, *pré-S2* e *S*, respectivamente, grande, média e pequena, constituem o HBsAg (antígeno s). Os genes *core* e *pré-core* (*C* e *pré-C*) codificam as proteínas do capsídio viral (HBcAg), e o HBeAg constitui um produto processado do gene *pré-C* que é liberado

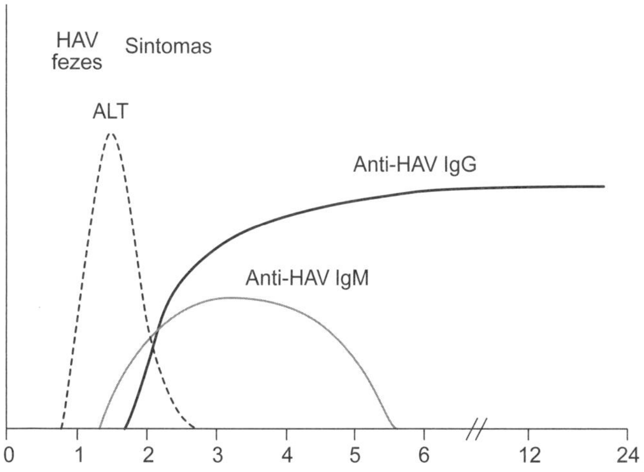

Figura 21.1 Marcadores sorológicos da hepatite A aguda.

livre na circulação e é um importante marcador de replicação viral e infectividade. O gene *pol* codifica a enzima polimerase que tem várias funções, entre as quais a de transcriptase reversa. O *HBx* modula as várias etapas do ciclo celular e tem sido, recentemente, implicado na patogênese do CHC.

A replicação do HBV é bastante complexa e ocorre de maneira peculiar, envolvendo múltiplas etapas, inclusive a transcrição reversa do RNA intermediário (pregenômico) para o DNA, mecanismo também utilizado pelos retrovírus para possibilitar a integração do DNA no cromossomo da célula hospedeira.

A taxa de mutação de *Hepadnavirus* é muito superior à de demais DNA vírus. A ausência de atividade revisora da polimerase viral não possibilita o reparo dos erros ocorridos durante a transcrição reversa e permite que as mutações sejam frequentes. O acúmulo de população viral com divergência na sequência completa de nucleotídios, de 8% ou mais, classificam-no em dez diferentes genótipos, designados pelas letras A a J e, dentro desses, em subtipos. No Brasil, são encontrados os genótipos A, B, C e D, com predominância do A.

Os genótipos/subtipos do HBV têm sido alvo de muitas pesquisas que relatam a influência na atividade e na progressão da hepatite B, a taxa de soroconversão para anti-HBe, o padrão de mutação da região do *core* e a resposta ao tratamento. A diversidade genética do HBV e a distribuição geográfica mundial são bastante diversas e oferecem dados para a história da evolução do vírus.

A partícula viral completa (partícula de Dane), infectante, apresenta tamanho aproximado de 42 nm. Entretanto, a grande maioria das partículas encontradas no plasma consiste apenas em HBsAg, que estão na forma de partículas subvirais, esféricas (17 a 25 nm) e tubulares (média de 20 nm). Essas partículas não são infectantes por não conterem o genoma do HBV.

Epidemiologia

A hepatite B é considerada um problema de saúde pública global. Cerca de 2 bilhões de indivíduos no mundo são infectados por HBV e 350 a 400 milhões sofrem de infecção crônica.

As consequências mais graves dessa infecção são insuficiência hepática, cirrose e CHC, o qual leva à morte cerca de 1 milhão de infectados no mundo, por ano.

Dados recentes[5] mostram que cerca de 45% dos infectados por HBV pertencem às áreas altamente endêmicas (prevalência média > 8%), como China, Sudeste Asiático, maioria dos países da África e das ilhas do Pacífico e Amazônia. Nessas regiões, grande parte das transmissões ocorreu na infância. Aproximadamente, 43% dos infectados pertencem à região de média endemicidade (2 a 7%), como parte central, sul e sudoeste da Ásia, leste e sul da Europa, Rússia e Américas Central e do Sul. Apenas 12% pertencem à área de baixa endemicidade (< 2%), como América do Norte, Europa, Austrália, Japão e parte do Brasil.

Atualmente, com a introdução da vacina contra hepatite B, a prevalência dessa infecção tem mostrado importante queda. Entretanto, ela ainda é variável dependendo da cobertura vacinal da população.

Aspectos clínicos

Clinicamente, a infecção pelo HBV ocorre de modo muito variável, sendo subclínica ou inaparente na maioria dos casos. Apenas 25 a 35% deles expressam sinais e sintomas da doença acompanhados ou não de icterícia.

O período de incubação é o mais longo entre os vírus hepatotrópicos, sendo de 1 a 16 semanas (alguns até 24 semanas), mas pode ser menor se o inóculo for grande e transmitido por via percutânea.

O HBV não é diretamente citopático. A agressão e a lesão dos hepatócitos são decorrentes do mecanismo imunológico, com resposta celular mediada por linfócitos T citotóxicos contra as células hepáticas infectadas.

O curso da infecção depende da complexa interação entre o sistema imune do hospedeiro e o HBV, o que resulta em diferentes expressões clínicas, desde as subclínicas até as mais graves com insuficiência hepática e progressão para cirrose e CHC, após cerca de 2 a 3 décadas, respectivamente.

As formas clínicas das hepatites B podem ser classificadas em agudas e crônicas. A *hepatite B aguda* é em geral benigna e autolimitada, com raros casos de falência hepática aguda (hepatite fulminante). Os sinais e sintomas são semelhantes aos de uma infecção viral inespecífica, motivo pelo qual o indivíduo não procura um serviço médico e assim não tem o diagnóstico estabelecido, exceto em casos mais aparentes como as formas ictéricas.

A hepatite B fulminante é extremamente grave, mas rara, com frequência de cerca de 0,1 a 0,5% das hepatites agudas. Decorre da resposta imune exacerbada, com lesão maciça das células hepáticas infectadas, resultando em alta taxa de mortalidade.

A resolução da hepatite depende de uma vigorosa resposta celular policlonal contra os epítopos derivados de várias regiões do envelope, do nucleocápsidio e da polimerase do HBV, que ao destruírem as células hepáticas infectadas eliminam o HBV. Contribui também, para a eliminação viral, as citocinas antivirais como a interferona gama (IFN-γ) e fator de necrose tumoral (TNF), assim como os anticorpos neutralizantes anti-HBs que protegem contra novas infecções por HBV. As lesões hepáticas e as alterações enzimáticas voltam à normalidade com o decorrer do tempo.

Nos indivíduos com deficiência na resposta imune observa-se maior suscetibilidade para se tornarem crônicos, por serem incapazes de montar uma resposta adequada à eliminação viral.

A *infecção crônica* caracteriza-se pela persistência do HBsAg e pela presença de DNA do HBV no plasma por mais de 6 meses. Cerca de 95% dos recém-nascidos, 20 a 30% de crianças entre 1 e 5 anos e < 5% dos adultos tornam-se crônicos.

No caso de transmissão vertical, os recém-nascidos ou crianças da baixa faixa etária podem apresentar falta de reatividade ao HBV. Essa condição, provavelmente, deve-se à tolerância imunológica aos antígenos virais, o que permite a persistência do HBV sem muita agressão hepática, apesar de apresentarem altos níveis de viremia, com cronificidade em cerca de 90% dos casos. O HBeAg, molécula pequena e solúvel, ao atravessar a barreira placentária, expõe o feto a esse antígeno, induzindo à tolerância parcial do seu sistema imune ao HBV. A imaturidade imunológica do feto/recém-nascido pode também ser considerada como um fator adicional desfavorável. As condições que levam à evolução para o CHC não são bem conhecidas, mas provavelmente são multifatoriais. A maioria dos pacientes com CHC possui o DNA do HBV integrado nas células hepáticas resultando na ativação e na supressão de vários genes. Mesmo não sendo diretamente oncogênica, essa condição associada a fatores do hospedeiro pode levar à transformação neoplásica dos hepatócitos.

Marcadores laboratoriais

Na *infecção aguda*, o primeiro marcador detectável é o *DNA do HBV*, cerca de 3 semanas após a infecção, por técnicas moleculares. Testes como a reação em cadeira da polimerase em tempo real (*real-time PCR*) são extremamente sensíveis;

podem ser automatizados para grandes rotinas e adquiridos comercialmente com capacidade de detecção, em geral, de $\leq$ 10 UI/mℓ de soro ou plasma. Testes quantitativos são menos sensíveis que os qualitativos, mas apresentam ampla faixa de linearidade, sendo muito importantes para seguimento terapêutico. Entretanto, os testes atuais vêm apresentando grandes avanços na capacidade de detectar níveis mínimos de viremia.

Sorologicamente, primeiro marcador detectado é o antígeno de superfície do HBV (HBsAg), cerca de 30 a 40 dias após a infecção, raras vezes até 120 dias, antes mesmo das alterações das ALT e dos sintomas clínicos, e persiste cerca de 3 a 4 meses após infecção aguda.

Apesar de a diversidade genotípica ser importante, o HBsAg possui um determinante antigênico comum entre todas as cepas encontradas no mundo, denominado pela letra *a*, o qual define o sorotipo do HBV. Este constitui o antígeno das vacinas por conferir proteção contra todos os sorotipos e também o alvo dos anticorpos monoclonais empregados nos imunoensaios para detecção de HBsAg. A sequência de aminoácidos da região *a* define os subtipos que são definidos por dois determinantes antigênicos mutuamente exclusivos (d/y e w/r) com quatro variantes (w1 a w4), como: adw2, ayw4 etc.

O HBeAg é detectado no sangue na forma solúvel, logo após a detecção do HBsAg. Sua presença reflete uma intensa replicação viral, com carga viral elevada (10^9 a 10^{11} cópias/mℓ), podendo persistir cerca de 10 semanas na hepatite B aguda. Em pacientes crônicos, esse marcador é associado a um mau prognóstico, refletindo a persistência de replicação viral e alta carga viral, progressão para doença avançada e maior taxa de transmissão.

A soroconversão para *anti-HBe* é associada à diminuição de replicação viral e ao início da resposta imune, indicando um bom prognóstico.

O antígeno do *core* central, denominado HBcAg, localiza-se no nucleocapsídio, ou às vezes no citoplasma dos hepatócitos de indivíduos infectados, e por isso não é encontrado livre na circulação. Somente os anticorpos anti-HBc são encontrados no plasma ou no soro, sendo da classe IgM no início da infecção até cerca de 6 meses depois. Os anticorpos da classe IgG, produzidos logo após o IgM persistem longo período, em geral toda a vida. A sua presença no soro marca a infecção por HBV no presente ou no passado.

O anti-HBs é o último marcador detectado, geralmente entre 1 e 10 semanas após a negativação do HBsAg e traduz a imunidade contra infecção por HBV.

Contudo, no período entre a negativação do HBsAg e a positivação do anti-HBs, os testes sorológicos podem não ser capazes de detectar nenhum dos dois marcadores livres na circulação. Esse período, conhecido como *janela do core*, deve-se à formação de imunocomplexo entre os dois marcadores (HBsAg/anti-HBs) quando eles estão presentes no plasma em proporções de equivalência. Nesse caso, o único marcador detectável é o anti-HBc e corresponde ao período em que ainda há potencial risco de transmissão, mas os testes para HBsAg são negativos. Dessa maneira, a triagem sorológica mais empregada para diagnóstico da infecção por HBV é baseada na realização simultânea de dois testes: detecção do HBsAg e de anti-HBcIgG ou anti-HBc total (IgG + IgM).

Nos indivíduos vacinados, anticorpos anti-HBs são os únicos marcadores encontrados, já que o antígeno empregado na vacina é composto unicamente das proteínas recombinantes do HBsAg.

Desse modo, o encontro de anti-HBs e anti-HBc caracteriza indivíduos que se tornaram imunes após infecção natural por HBV, e o encontro apenas de anti-HBs caracteriza aqueles com imunização resultante da vacinação.

A Figura 21.2 mostra os marcadores sorológicos principais e as suas interpretações nas hepatites B aguda e crônica.

Vários algoritmos para a triagem sorológica da infecção pelo HBV têm sido propostos de acordo com finalidade do teste, como para diagnóstico da infecção aguda ou crônica, triagem de doadores de sangue ou de órgãos e leite materno, determinação da imunidade contra hepatite B (por meio da infecção natural ou de vacinação), para o exame pré-natal com objetivo de identificar risco de transmissão vertical, ou então para identificar e evitar risco de transmissão ocupacional por acidentes de trabalho.

O Ministério da Saúde, por meio de Manual Técnico para o Diagnóstico das Hepatites Virais[2], apresenta diversos *fluxogramas* para que os laboratórios clínicos possam optar por aquele que melhor atende as suas necessidades e condições de realização do teste. O Quadro 21.1 mostra dois fluxogramas, um para teste rápido e outro para imunoensaio para detecção de HBsAg e anti-HBc total, entre os vários apresentados no Manual.

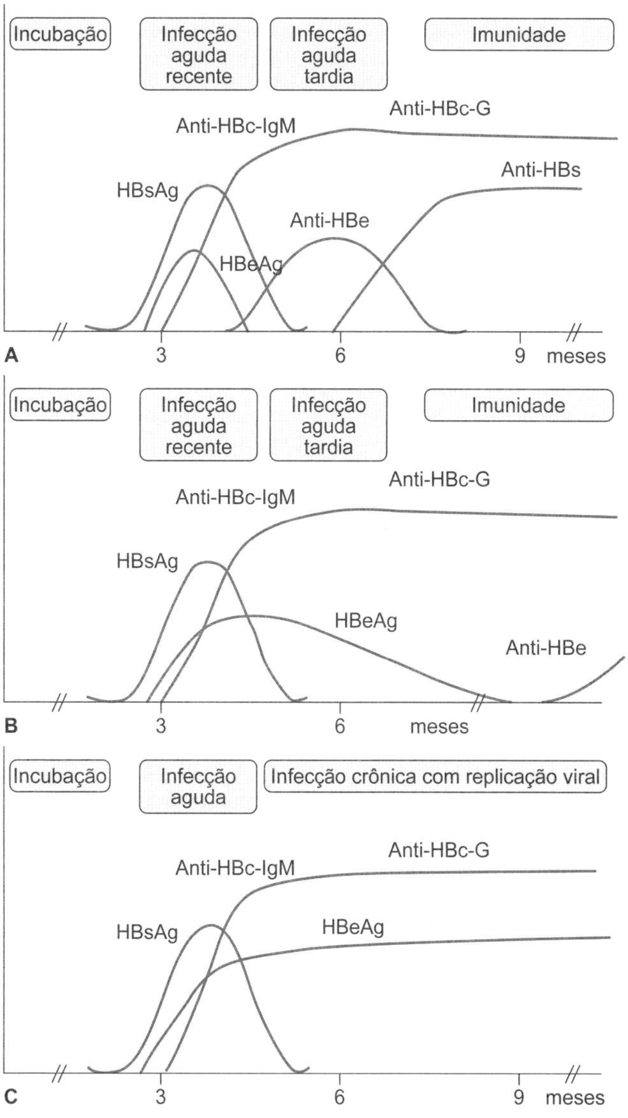

Figura 21.2 **A.** Marcadores sorológicos da hepatite B aguda. **B.** Marcadores sorológicos da hepatite B crônica com soroconversão tardia. **C.** Marcadores sorológicos da hepatite B crônica sem soroconversão.

Quadro 21.1 Triagem sorológica para diagnóstico da infecção pelo vírus da hepatite B.

Teste rápido para HBsAg em punção digital, soro ou plasma	Fazer teste rápido: • Se não reagente: resultado liberado como "amostra não reagente para HBsAg" • Se reagente: encaminhar o paciente para o serviço de saúde para confirmação do diagnóstico do HBV
Imunoensaio para HBsAg e confirmado por anti-HBc total	• Fazer HBsAg: ° Se não reagente, resultado liberado como "amostra não reagente para HBsAg" ° Se reagente: fazer anti-HBc total • Anti-HBc total ° Se não reagente, fazer carga viral ° Se reagente, resultado liberado como "amostra reagente para HBV" • Carga viral ° Se não detectável, resultado liberado como "amostra não reagente para HBsAg" ° Se detectável, resultado liberado como "amostra reagente para HBV"

Adaptado de Ministério da Saúde, 2015.[2]

Para triagem sorológica de doadores de sangue, os testes para o diagnóstico da infecção pelo HBV devem ser feitos de acordo com a legislação, respeitando-se as normas técnicas vigentes. Atualmente, a Portaria nº 158[6] estabelece regulamentos técnicos de procedimentos hemoterápicos que são redefinidos periodicamente de acordo com a Política Nacional de Sangue, Componentes e Derivados. Assim, é obrigação do profissional estar sempre atualizado quanto a essas normas, portarias, diretrizes e outras padronizações (ver Capítulo 23).

A triagem sorológica convencional, utilizada em muitos laboratórios para o diagnóstico da infecção por HBV, é feita por meio de dois testes que são realizados simultaneamente: um para a detecção do antígeno de superfície do HBV (HBsAg) e um para anticorpos anti-HBc da classe IgG ou IgG+IgM (anti-HBc total). Resultados negativos em ambos os testes excluem a infecção por HBV.

Quando ambos os testes são positivos, o teste para detectar anti-HBc IgM permite diferenciar os casos agudos (anti-HBc IgM positivo) e os crônicos/infecção resolvida (anti-HBc IgM negativo). As amostras HBsAg reagentes devem ser submetidas aos testes para detecção do HBeAg e do anti-HBe.

Na hepatite aguda, o HBeAg positivo está associado à intensa replicação viral e alta transmissividade. Já os anticorpos anti-HBe correlacionam-se com o declínio da replicação e a evolução favorável. Em alguns pacientes, a ausência do HBeAg pode ocorrer em casos de hepatite grave mesmo na presença de anti-HBe e elevados níveis de viremia. Uma hipótese seria a infecção por vírus mutante que não expressa HBeAg.

Na hepatite crônica, o HBeAg indica mau prognóstico, associado à evolução para formas mais graves de hepatite. Já a negativação do HBeAg e a soroconversão para o anti-HBe estão associadas a melhor prognóstico, seguidas de provável soroconversão para anti-HBs.

O último marcador a positivar em uma hepatite aguda com evolução para cura é o anti-HBs, que, sendo neutralizante, confere imunidade contra novas infecções por HBV. Tanto os anticorpos anti-HBc quanto anti-HBs permanecem longo tempo ou a vida toda, na maioria dos infectados.

HBsAg positivo com anti-HBc negativo pode ocorrer na fase final do período de incubação, a chamada fase *pré-soroconversão*, quando o indivíduo apresenta o vírus no plasma mas ainda não atingiu níveis detectáveis de anticorpos específicos. O mesmo padrão pode ser visto em indivíduos imunocomprometidos.

A situação mais comum na rotina de diagnóstico sorológico da hepatite B é a presença única de anti-HBc, com ausência do HBsAg ou de outros marcadores. Várias interpretações podem ser dadas a esse perfil anômalo:

- Infecção ativa com nível de viremia baixo, indetectável por testes sorológicos
- Infecção passada remota com negativação do anti-HBs e persistência do anti-HBc
- Transferência passiva de anti-HBc (e/ou anti-HBs) materno para recém-nascido não infectado, nascido de mãe com infecção por HBV no presente ou no passado
- Janela imunológica do *core*, na fase final da infecção aguda em que o HBsAg está presente no plasma mas se apresenta complexado ao anti-HBs e nenhum dos dois são detectados livres na circulação; nessa fase somente o anti-HBc será positivo
- Infecção por cepa de HBV que sofreu mutação no antígeno *a*, alvo de testes para HBsAg
- Falso-positivo para anti-HBc.

A interpretação mais provável dos resultados de testes sorológicos pode ser observada, resumidamente, na Tabela 21.2. A Figura 21.3 apresenta um fluxograma para diagnóstico do HBV.

Hepatite D

O HDV é um vírus híbrido que possui o RNA e o nucleocapsídio do HDV, mas o envelope viral é do HBV.

O HDV foi descoberto em 1977 por Rizzetto *et al.* na Itália, quando os pesquisadores, por meio da técnica de imunofluorescência, observaram nos hepatócitos de pacientes com formas graves de hepatite B crônica um novo antígeno, inicialmente chamado de antígeno da hepatite Delta.

Anos mais tarde, comprovou-se tratar de um vírus satélite dependente do HBsAg do HBV, sendo denominado HDV. Essa dupla infecção é atualmente um grave problema de saúde pública por causar infecções muito graves e de difícil tratamento.

O HDV pertence ao gênero *Deltavirus* da família Deltaviridae e é considerado um vírus incompleto ou defectivo, que necessita do antígeno de superfície do HBV (HBsAg) para a sua replicação.

É o menor entre os vírus RNA humano, medindo 35 a 37 nm de diâmetro. Possui genoma constituído de uma fita simples de RNA circular de aproximadamente 1.700 nucleotídios, a qual codifica uma única proteína estrutural, o antígeno de hepatite Delta, que é posteriormente associado ao antígeno de superfície do HBV, formando uma partícula viral completa. Esse mecanismo é ainda pouco conhecido.

▪ Epidemiologia

Segundo dados da OMS[7], aproximadamente 15 milhões de indivíduos no mundo são cronicamente infectados por HBV e HDV, e, entre os que são positivos para HBsAg, 5% também são infectados pelo HDV.

A hepatite D é endêmica principalmente nas regiões onde há alta prevalência de infecção por HBV, como a Amazônia, a África, a região do Mediterrâneo e a Ásia Central. Nas últimas duas décadas, sua prevalência no mundo vem diminuindo em consequência da vacinação contra HBV.

Tabela 21.2 Interpretação de resultados sorológicos da infecção por HBV.

Marcadores sorológicos da hepatite B						
HBsAg	**Anti-HBc total**	**Anti-HBc IgM**	**HBe Ag**	**Anti-HBe**	**Anti-HBs**	**Interpretação**
+	+	+	+	-	-	Hepatite B aguda
+	-	-	-	-	-	Incubação
±	+	-	-	+	+/-	Soroconversão anti-HBe
-	+	-	-	-	+	Imune após infecção natural
-	-	-	-	-	+	Imune (vacinado)
+	+	-	+	-	-	Crônico: mau prognóstico
+	+	-	-	+	-	Crônico: bom prognóstico
-	+	+	+	-	-	Possível mutante *a*
-	+	+	-	-	-	Janela sorológica do *core*
+	-	-	+	-	-	Possível imunodeficiência
-	+	-	-	-	-	Infectado no passado, RN de mãe positiva mutante *a*, falso-positivo

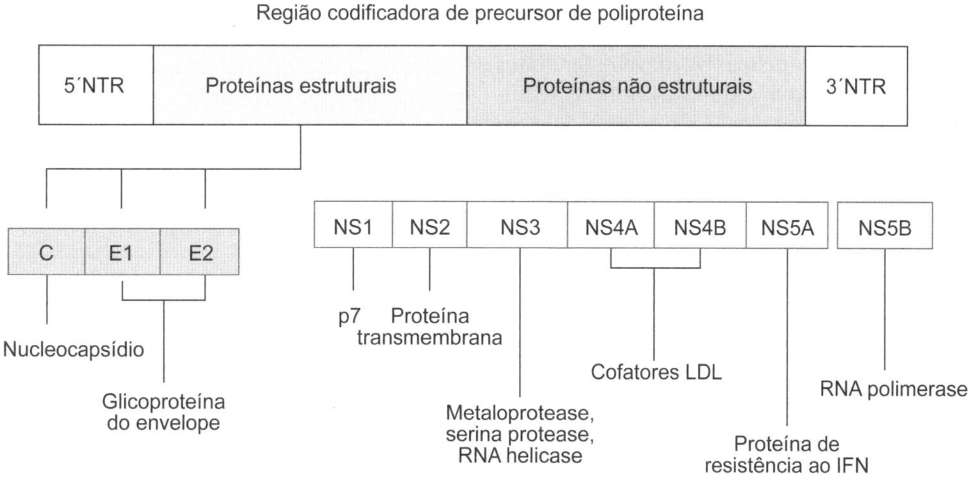

Figura 21.3 Fluxograma para diagnóstico laboratorial da infecção por HBV. Adaptada de Ministério da Saúde, 2015.[2]

O HDV, por ser um RNA vírus, é desprovido de mecanismo de reparo de erros durante a replicação viral, resultando em genoma altamente variável de até 37% na sequência de nucleotídios. Diferença > 20% classifica-o em diferentes genótipos.

Os genótipos do HDV descritos atualmente são 8 (1 a 8) e distribuídos em diferentes regiões do planeta. O genótipo 1 do HDV é o mais prevalente no mundo, e os demais, 2 a 8, apresentam localização mais restrita. O genótipo 3 pode ser encontrado no norte da América do Sul, notadamente na região Amazônica, onde é frequentemente associado às formas muito graves de hepatite.

Modos de transmissão e aspectos clínicos

Coinfecção

A via transmissão do HDV é a mesma do HBV. Quando transmitido simultaneamente com o HBV para um indivíduo suscetível para ambos, resulta em infecção aguda dupla que pode variar de simples alteração discreta das enzimas hepáticas até hepatite fulminante. Em geral, o curso clínico da hepatite D aguda é mais grave que a infecção apenas por HBV, com hepatite fulminante observada em cerca de 5% dos casos.

A evolução para crônicos é a mesma tanto para infecção por HBV como para HDV, pois o vírus D depende da resolução do vírus B. Dessa maneira, a hepatite D crônica ocorre somente em indivíduos que não conseguiram eliminar o vírus B, resultando em crônicos por infecção dupla, B e D.

Superinfecção

Quando o HDV é transmitido para um indivíduo já previamente portador de HBV crônica, este passa a ter dupla infecção, resultando em hepatite G aguda, com maior probabilidade de hepatite fulminante e progressão mais rápida para doença hepática grave quando comparada com a infecção somente pelo HBV. A superinfecção é de difícil resolução e persiste enquanto o paciente não eliminar o HBV. Em 10 a 15% dos infectados, pode ocorrer cirrose em cerca de 2 anos. Fatores associados a essa evolução incluem a replicação ativa do HBV/HDV com alta carga viral e os diferentes genótipos de cada um dos vírus.

Diagnóstico sorológico e molecular

Laboratorialmente, a coinfecção caracteriza-se pela sobreposição de marcadores da fase aguda da hepatite B (HBsAg, anti-

HBc IgM) e da hepatite D (HDAg e anti-HD IgM). O anti-HBc IgM é encontrado somente na coinfecção e não na superinfecção, tornando esse marcador o de escolha para diferenciar os dois modos de infecção.

O HDAg é encontrado no fígado, mas sua presença no plasma é transitória; assim, a sua detecção somente é recomendada quando não se dispõe do teste para RNA do HDV. O anti-HDV IgM deve ser interpretado com cuidado, pois pode também ser encontrado nas formas crônicas da hepatite D.

A viremia (RNA do HDV) nem sempre é detectável nas formas subclínicas e discretas. Já nos casos graves, HDAg e RNA do HDV são detectados precocemente no soro, seguida pela soroconversão anti-HD IgM e IgG.

Testes moleculares quantitativos, como a PCR com transcrição reversa (RT-PCR) no plasma, são úteis no monitoramento do tratamento da hepatite D crônica. Testes atuais como a *real-time PCR* são capazes de detectar grandes variações de viremia de cerca de até 10^7 cópias de RNA/mℓ do HDV no soro.

Hepatite C

Com a identificação dos HBV na década de 1960 e do HAV na década de 1970 e a padronização de testes sorológicos, a esperada diminuição das hepatites pós-transfusionais (HPT) não foi observada. Essa hepatite, a maioria crônica e transmitida por via parenteral, recebeu na época a denominação de hepatite não A não B (NANB).

Nos bancos de sangue, na tentativa de excluir doadores infectados por vírus NANB, métodos alternativos de triagem de doadores foram introduzidos: a dosagem de ALT para detectar alterações da concentração de enzimas hepáticas e a detecção de anti-HBc, pois tanto o HBV como o vírus NANB compartilham a mesma via de transmissão por sangue. Apesar de não serem testes específicos do agente viral, os dois parâmetros auxiliaram na redução da HPT.

Em 1989, Choo *et al.*[8] identificaram o primeiro antígeno recombinante que reagia com soros de pacientes convalescentes de hepatite NANB. Seguiram-se sucessivas descobertas, e o novo vírus foi denominado vírus da hepatite C (HCV).

Estudos realizados[9,10], a seguir, demonstraram que a maioria das HPT NANB era decorrente do HCV.

O HCV pertence ao gênero *Hepacivirus*, da família Flaviviridae, o qual inclui também muitos vírus transmitidos por artrópodes, como dengue, febre amarela e outros. A partícula viral completa, ou *vírion*, possui genoma constituído de RNA de fita simples, de polaridade positiva, o qual é envolta por proteína do *core* ou nucleocapsídio e externamente pelo envelope de bicamada lipídica que contém duas glicoproteínas, a E1 e a E2.

O HCV é hoje um dos graves problemas de Saúde Pública no mundo. Para essa infecção ainda não há vacina, imunização passiva nem terapias eficazes. Não há, também, imunidade cruzada entre os diferentes genótipos; assim, um indivíduo pode se reinfectar por HCV de um outro genótipo diferente do primeiro.

Após a introdução do teste para detecção dos anticorpos anti-HCV, a frequência da HPT mostrou queda drástica entre os receptores de sangue.

A prevalência mundial da infecção pelo HCV é estimada em 170 milhões. No Brasil, aproximadamente 1 a 2 milhões estão infectados, e a sua distribuição varia de acordo com a região, sendo de 0,34 a 1,2% entre doadores de sangue.

O HCV é um RNA vírus que se replica preferencialmente nos hepatócitos, não sendo diretamente citopático. Apresenta considerável diversidade genômica, resultante de altas taxas de mutações, que associadas à falta de uma vigorosa resposta imune por células T do hospedeiro levam os indivíduos a infecções crônicas. É a principal causa de transplante hepático em pacientes com falência hepática.

Transmissão

A via de transmissão predominante é a sanguínea. A maior prevalência da infecção é encontrada entre os usuários de drogas injetáveis, de 55 a 90%. A transfusão de sangue contaminado era tida como uma importante via de transmissão antes da década de 1990, quando os testes sorológicos de pesquisa de anticorpos anti-HCV ainda não eram disponíveis.

O risco de transmissão por via sexual é baixo, de cerca de 1 a 3%, e a transmissão ocupacional por acidente perfurocortante é menor que 2%. A transmissão vertical é rara, mas pode ser observada em gestantes com alta carga viral. A contaminação do recém-nascido pelo leite materno não ocorre ou é raríssima, pois o HCV é inativado por secreções digestivas. Não há casos registrados de transmissão por saliva.

Aspectos clínicos

A infecção aguda por HCV é tipicamente assintomática ou muito discreta, com icterícia em menos de 20% dos infectados. Assim, o diagnóstico da infecção por HCV é casual e feito, geralmente, na ocasião da doação de sangue, do *check up*, do pré-natal ou do pré-operatório, sendo rara a realização do teste em pacientes com queixa clínica de hepatite.

Apenas cerca de 30% dos infectados desenvolvem alguns sintomas durante o curso da infecção, como fadiga, mal-estar, anorexia e icterícia. Muitas manifestações extra-hepáticas são relatadas, como a crioglobulinemia essencial mista, a glomerulonefrite e manifestações dermatológicas como as vasculites.

Após a fase aguda, 70 a 85% dos pacientes tornam-se crônicos, apesar da integridade da resposta imune humoral e celular. A persistência viral decorrente da evasão imunológica é atribuída às intensas mutações genéticas que originam as *quasispécies* e às altas taxas de replicação que resultam em elevada carga viral (da ordem de 10^5 a 10^{10} UI/mℓ). A meia-vida do HCV de apenas 2,7 h favorece a alta rotatividade das gerações virais, acumulando populações mutantes com o passar do tempo.

Dos pacientes infectados cronicamente, cerca de 20 a 30% desenvolverão cirrose hepática em um período médio de 20 anos, e 1 a 5%, CHC após 20 a 30 anos de infecção. Muitos fatores do hospedeiro têm sido apontados como risco para a progressão para doença hepática crônica, como idade, sexo masculino, condições imunossupressoras e uso de álcool.

Diagnóstico laboratorial

O RNA do HCV é o primeiro marcador detectado no plasma, em média entre 1 e 3 semanas após a infecção. A seguir, antígeno do *core* do HCV pode ser detectável, aproximadamente 20 a 30 dias de infecção, seguido da detecção de anticorpos anti-HCV por volta de 30 a 120 dias.

A elevação da ALT, decorrente da lesão hepática, pode ser observada entre 1 e 3 meses de infecção, com níveis séricos tipicamente flutuantes na fase crônica.

O diagnóstico e o acompanhamento laboratorial da hepatite C podem ser feitos baseando-se nos seguintes testes, sendo os três primeiros por imunoensaios e os dois últimos por técnicas moleculares:

- Detecção de anticorpos anti-HCV
- Detecção qualitativa e quantitativa do antígeno do *core* do HCV
- Detecção simultânea do antígeno/anticorpo do HCV
- Detecção qualitativa e quantitativa do RNA do HCV
- Genotipagem.

Testes sorológicos

O HCV não é cultivável *in vitro*, assim, os antígenos virais não estão disponíveis. Antígenos de especificidade definida como recombinantes e/ou peptídios sintéticos são utilizados nos testes diagnósticos, em misturas, para maior eficiência.

O HCV possui um genoma constituído de aproximadamente 9.600 nucleotídios. Codifica uma poliproteína de cerca de 3.000 aminoácidos, posteriormente clivados em, pelo menos, 10 proteínas estruturais (derivadas da região do capsídio ou do *core*, e as glicoproteínas do envelope, E1 e E2) e não estruturais (p7, NS2, NS3, NS4A, NS4B e NS5A e NS5B). Dessas proteínas, a c100-3r (recombinante), derivada do clone inicial 5.1.1 da região NS4, constituiu o antígeno para os imunoensaios de *primeira geração*.

A adição das proteínas recombinantes c22-3r (região do *core*) e c33 cr (NS3) ao antígeno de primeira geração geraram antígenos usados nos testes de *segunda geração*. A substituição dos antígenos c22-3r e c33 cr recombinantes pelos peptídios sintéticos, c22p e c100p, juntamente com c33r e a introdução de uma nova fração, a NS5r (ambos recombinantes), originaram testes de *terceira geração*. Esses testes são atualmente sensíveis e os mais utilizados no mundo, pela alta sensibilidade e capacidade de detecção precoce de anti-HCV (Tabela 21.3). A Figura 21.4 mostra a organização genômica do HCV.

Para tornarem os testes sorológicos para diagnóstico da infecção pelo HCV mais precoces, os testes que detectam simultaneamente antígeno do *core* e anticorpo anti-HCV estão disponíveis no mercado, na forma de *kits* de quarta geração.

Os *kits* diagnósticos comerciais utilizam como antígenos proteínas ou peptídios do HCV correspondente ao genótipo 1. Sucessivas modificações foram sendo introduzidas nos testes anti-HCV visando a incrementar a sensibilidade, como a inclusão de antígenos HCV dos genótipos 2 e 3 em alguns testes comerciais.

A detecção de anticorpos anti-HCV da classe IgG é a base da maioria dos imunoensaios. Os testes atuais são baseados em tecnologias altamente sensíveis e específicas, como a quimiluminescência, a eletroquimiluminescência, a quimiluminescência amplificada, o fluoroimunoensaio e ELISA. São, em geral, realizados em analisadores automáticos multiparamétricos, de grande produtividade e rapidez, com reagentes estáveis e prontos para uso.

Testes manuais baseados em ELISA podem ser encontrados para uso em rotinas menores ou então na forma de testes rápidos que podem ser feitos em até 30 min na presença do paciente.

Tabela 21.3 Gerações de imunoensaios para detecção de anti-HCV.

Geração	Ano	Antígenos	Sensibilidade (%)	Soroconversão (dias)
1ª	1990	C100-3r	70	Cerca de 120
2ª	1992	C22-3r + C33 cr + C100-3	88 a 85	88
3ª	1994	C22-p + C33r + C100 p + NS5	> 99	66

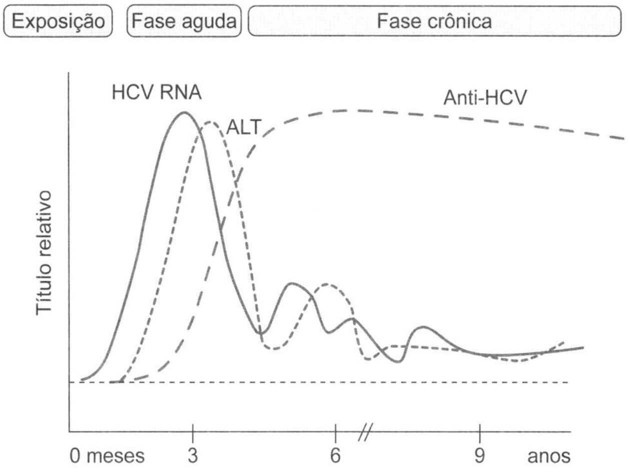

Figura 21.4 Organização genômica do HCV.

A sensibilidade do teste anti-HCV é difícil de ser determinada devido à falta de um *gold standard* que seja referência para a avaliação dos resultados de um novo teste. Os testes atuais apresentam sensibilidade superior a 99,5% em populações de alta prevalência. Assim, um teste negativo é suficiente para excluir a infecção crônica por HCV em indivíduos imunocompetentes. Entretanto, em pacientes submetidos à hemodiálise ou a transplantes de órgãos ou em indivíduos imunocomprometidos, a sensibilidade do enzimaimunoensaio (EIA) anti-HCV é muito baixa, variando de 50 a 95%, de acordo com o grau de comprometimento da imunidade.

A especificidade dos testes EIA anti-HCV recentes tem sido estimada em torno de 99,5%, contudo, em populações de baixo risco, como em doadores de sangue, o valor preditivo positivo é muito baixo. Resultados falso-positivos podem ocorrer com doenças autoimunes ou por reações cruzadas com outros agentes virais, tornando imprescindível a realização de testes suplementares de maior especificidade.

Anti-HCV IgM podem ser detectados em 50 a 93% dos pacientes na fase aguda e em 50 a 70% na fase crônica. Portanto, esse marcador não pode ser recomendado para diagnóstico da fase aguda. A Figura 21.5 ilustra a curva sorológica dos parâmetros laboratoriais mais importantes no diagnóstico da hepatite C.

Testes suplementares

O teste sorológico mais empregado é o *immunoblot* (IB), que apesar de sua alta especificidade, por utilizar os mesmos antígenos empregados no EIA, é mais propriamente denominado teste complementar e não teste confirmatório.

O IB, cujo protótipo era conhecido como *recombinant immuno binding assay* (RIBA) Chiron Co., EUA, foi o primeiro teste a ser lançado no mercado, na época como confirmatório aos resultados do ELISA anti-HCV. Consiste em um ensaio qualitativo utilizado para detectar anticorpos específicos para cada fração antigênica do HCV no soro ou no plasma. Os antígenos individuais são fixados linearmente sobre uma fita de náilon ou nitrocelulose. A adição da amostra do paciente permite que os anticorpos presentes fixem aos antígenos imobilizados. O imunocomplexo formado é revelado por meio de conjugado anti-IgG humano marcado com enzima, que, ao reconhecer o IgG da amostra, liga-se levando consigo o marcador. A presença desse marcador, em geral peroxidase ou fosfatase alcalina, é revelada por adição do substrato específico e

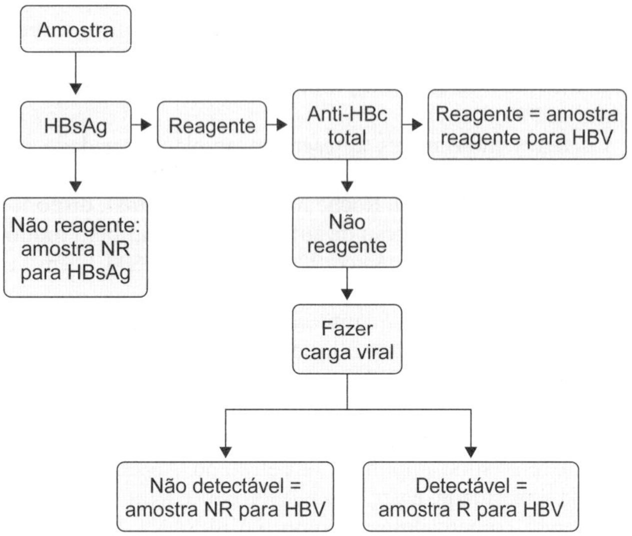

Figura 21.5 Marcadores laboratoriais da hepatite C.

do cromógeno que precipita no local da reação revelando as bandas coloridas. A ausência de coloração traduz uma reação negativa e a presença é lida em escala de intensidade de cor de 1+ a 4+ e interpretada conforme as instruções de fabricantes. As bandas que não preencherem o critério de negativo e de positivo são classificadas como indeterminadas. Os antígenos c33 c e NS5 são obtidos como proteína de fusão com superóxido dismutase (SOD) humano. O SOD recombinante é incluído nas tiras como controle, devido à reatividade inespecífica em alguns indivíduos, gerando resultados falso-positivos nas duas bandas citadas.

Um resultado positivo no IB confirma anticorpos anti-HCV, mas não distingue entre a infecção atual e a passada, sendo necessários testes adicionais, como a detecção de RNA do HCV e a dosagem de ALT.

Resultados negativos no IB podem ser interpretados como falso-positivos no imunoensaio de triagem. Entretanto, como os testes de triagem mais modernos, sobretudo os automatizados, são mais sensíveis que os IB, uma segunda amostra de sangue deve ser solicitada quando permanece a suspeita da infecção por HCV. Esse procedimento permite verificar se não se trata de fase precoce da infecção na ocasião da coleta da amostra inicial, quando os níveis de anticorpos ainda eram insuficientes e detectáveis somente com ensaios de elevada sensibilidade. Resultados indeterminados não permitem definir a presença ou não da infecção e podem representar indivíduos na fase de soroconversão ou de resultados EIA falso-positivos, principalmente se a amostra for de indivíduo com baixo risco de infecção. Nesse caso, deve-se realizar a PCR ou então fazer a repetição da sorologia após aproximadamente 1 mês, para verificar a probabilidade de uma completa soroconversão, ou, então, fazer a detecção do RNA do HCV.

O IB, em geral, não apresenta resolução ótima, tendo alta frequência de resultados indeterminados em populações de baixa prevalência. Por outro lado, com a notável melhora na especificidade dos testes atuais para triagem pelo EIA, muitos autores consideram que o IB, apesar do seu alto custo, não contribui com informações relevantes para o diagnóstico, sendo recomendado o emprego de técnicas moleculares nas amostras positivas por EIA.

Detecção do antígeno do core do HCV

A detecção qualitativa e quantitativa do antígeno do *core* HCV foi desenvolvida como alternativa aos testes moleculares. O teste qualitativo visa a reduzir o período de janela imunológica observado nos ensaios de detecção de anticorpos, principalmente em doadores de sangue, e o teste quantitativo, como alternativo à determinação de carga viral em pacientes sob tratamento.

Apesar de sua sensibilidade ser inferior à dos testes moleculares, a detecção do antígeno do *core* é econômico e de fácil realização por empregar os mesmos equipamentos já utilizados para os testes sorológicos. As gerações atuais desse teste têm apresentado melhora significativa na sensibilidade. Em geral, é capaz de detectar aproximadamente 3 fmol/ℓ correspondentes a cerca de 1.000 UI/mℓ de RNA do HCV. Apesar disso, o teste para antígeno do *core* do HCV não pode, ainda, substituir a detecção do RNA do HCV, conforme diretrizes para os bancos de sangue.

Testes rápidos

Os testes rápidos para detecção do anti-HCV vêm sendo introduzidos na rotina diagnóstica da infecção por HCV devido às muitas vantagens que oferece: pode ser realizado diretamente na presença do paciente; é simples e rápido na execução; pode ser procedido fora do laboratório de rotina, sem a exigência de infraestrutura; não necessita de profissional especializado desde que ele seja devidamente habilitado; e permite o uso de diferentes tipos de amostras, como sangue total, plasma, soro e saliva (ver Capítulo 9).

Um teste rápido típico como o imunocromatográfico é baseado no uso de tiras de membrana de nitrocelulose onde se encontram imobilizados antígenos recombinantes do HCV correspondentes ao *core*, proteínas NS3, NS4 e NS5 e controle do reagente. Amostras do paciente e o tampão para migração são adicionados na área determinada, em uma das extremidades da membrana. Ao fluir lateralmente, os anticorpos da amostra reagirão com o conjugado impregnado na membrana. Esse conjugado, constituído de antígenos do HCV marcado com ouro coloidal, reagirá com os anticorpos da amostra do paciente formando imunocomplexo (anti-HCV/antígeno marcado). A seguir, esse imunocomplexo é capturado por antígenos imobilizados na membrana, formando uma linha rósea no local da reação (linha teste) e revelando anticorpos anti-HCV na amostra. Os componentes não ligados continuam a fluir para a extremidade da membrana até atingir a área do controle (linha controle), onde são capturados pelo reagente, produzindo uma linha rósea, que valida o teste.

Este será negativo apenas se a banda controle estiver colorida. O resultado será positivo se as duas bandas (da reação e do teste) estiverem róseas. Caso nenhuma banda seja detectada, o teste deverá ser invalidado e refeito. Outros desenhos de testes podem ser encontrados comercialmente, dependendo do fabricante. A sensibilidade do teste rápido é de aproximadamente 95% em relação à detecção de RNA do HCV em pacientes crônicos.

Testes moleculares

Os testes moleculares para detecção do RNA do HCV baseiam-se na amplificação da região 5' não codificadora, por ser ela a mais conservada do genoma do HCV. São atualmente considerados o melhor método de diagnóstico da infecção ativa, além de possibilitar diagnóstico precoce, mesmo antes da detecção de anticorpos (janela imunológica), da avaliação da resposta terapêutica e do critério de eliminação viral (ver Capítulo 3).

A janela imunológica de 1 a 2 meses por testes convencionais para detecção de anti-HCV pode ser reduzida a cerca de 10 a 12 dias com a técnica de amplificação do ácido nucleico (NAT), o que pode diminuir significantemente a transmissão do HCV por transfusão sanguínea ou de hemocomponentes. Nos bancos de sangue, a NAT pode ser realizada individualmente para cada amostra ou em *minipools* (em geral, mistura de seis amostras). Caso a técnica apresente resultado positivo, as amostras que compõem o *minipool* devem ser desmembradas e testadas individualmente para identificar o doador infectado pelo HCV (ver Capítulo 23).

O diagnóstico da infecção ativa, por detecção da viremia, diferencia daqueles que tiveram a infecção no passado, mas eliminaram espontaneamente o vírus, mantendo apenas os anticorpos residuais, como ocorre em cerca de 15 a 20% dos infectados. Nesse caso, a detecção de anti-HCV será positiva, mas sem viremia.

Os testes moleculares qualitativos são extremamente sensíveis, capazes de detectar quantidades mínimas de RNA do HCV no soro, com limite de detecção mínimo em torno de 10 UI/mℓ. São fundamentais para confirmar o diagnóstico nas amostras com resultados indeterminados nos testes sorológicos, principalmente em pacientes imunocomprometidos nos quais os anticorpos anti-HCV podem não ser detectados.

Testes moleculares quantitativos visam a determinar a quantidade de vírus circulantes por volume de amostra. Esses resultados não mostram correlação com os sintomas ou o grau de lesão hepática. A determinação da carga viral no início do tratamento é o mais importante parâmetro para avaliar a resposta ao tratamento, por meio de determinações sequenciais feitas após 12, 24 meses ou 3 anos de tratamento, dependendo do genótipo do HCV.

Os resultados da determinação de carga viral devem ser expressos em UI/mℓ ou cópias/mℓ para se tornarem comparáveis com resultados obtidos em diferentes laboratórios. As variações nos resultados durante o tratamento são interpretadas em *log*. A não detecção do RNA do HCV deve ser expressa como "indetectável", e esse resultado, juntamente com a normalização da ALT, constitui um dos critérios para definição da resposta terapêutica sustentada.

A detecção do RNA do HCV no soro, tanto qualitativa como quantitativa, requer manipulação cuidadosa devido à instabilidade do RNA. Para garantir uma ótima sensibilidade, recomenda-se que o soro ou plasma seja separado do sangue dentro de 4 h após a coleta e mantido congelado a –70°C até o momento da realização do teste.

A sensibilidade da RT-PCR, quando realizada *in house*, é de cerca de 1.000 cópias do RNA do HCV/mℓ, mas pode detectar quantidades ao redor de 100 cópias ou menos com a técnica de *nested-PCR*, que consiste na dupla amplificação de parte do genoma viral, fazendo a amplificação secundária de um fragmento genômico ainda menor da região conservada 5´NC (ver Capítulo 3).

Atualmente, a *real-time PCR* é o teste mais empregado para fins de determinação de carga viral. Além de alto grau de automação, os reagentes estão disponíveis no mercado na forma de *kits*.

A técnica de amplificação mediada por transcripção (TMA) é uma técnica de amplificação isotérmica que utiliza duas enzimas, a transcriptase reversa e a T7-RNA polimerase. Tanto a *real-time PCR* como a TMA apresentam elevada sensibilidade nos testes qualitativos, de 5 a 10 UI/mℓ, e uma ampla faixa de medição nos testes quantitativos.

Para os bancos de sangue, testes de NAT são obrigatórios para a triagem de doadores de sangue. Para tanto, a sensibilidade deve ser de 100% não sendo aceitável nenhum resultado falso-negativo. É, também, exigida especificidade acima de 99%.

Os testes moleculares apresentam ampla linearidade ou faixa dinâmica de detecção. Os testes como RT-PCR (Amplicor HCV Monitor™ test 2.0, Roche Molecular Systems), disponíveis em *kits* e com alto grau de automação, são também muito empregados no meio médico. Detectam entre 600 UI/mℓ e 850.000 UI/mℓ.

A técnica molecular quantitativa baseada na amplificação do sinal é também muito utilizada, como o de DNA ramificado (bDNA, *branched* DNA), que pode ser realizado com alto grau de automação. Nesse teste, o genoma viral é inicialmente hibridado com sondas específicas de captura. Após sucessivas hibridações, o sinal amplificado é detectado. Apresenta ampla faixa de linearidade, entre 520 e 8.300.000 UI/mℓ e pode ser encontrado comercialmente como o VERSANT HCV RNA *assay*, versão 3,0 (Bayer Diagnostics, EUA).

Genotipagem do HCV

Os genótipos do HCV constituem fator preditivo independente para a resposta ao tratamento antiviral. Os genótipos 1 e 4 estão associados a uma resposta pobre ao tratamento com IFN, seja em monoterapia ou em combinação com a ribavirina, diferentemente dos genótipos 2 e 3. Os melhores resultados, medidos pelo parâmetro virológico para pacientes com genótipo 2 ou 3, são alcançados com períodos de 6 meses de tratamento, enquanto pacientes com genótipo 1 necessitam prolongar o tempo de tratamento por 1 ano.

O genoma do HCV é altamente heterogêneo, resultado do acúmulo de mutações que ocorreram durante a sua evolução. É classificado em 7 genótipos principais, designados por números arábicos de 1 a 7, diferindo entre si em 31 a 34% na sequência de nucleotídios. Dentro de um mesmo genótipo, são classificados em subtipos, quando se observam diferenças de 20 a 23%, designados pelas letras minúsculas do alfabeto, como subtipo, 1a, 1b, 2a etc., com um total de mais de 60 subtipos. Diferenças menores constituem as *quasispécies*, que são vírus estreitamente relacionados, porém distintos.

A determinação do genótipo é fundamental e constitui um dos critérios para a escolha do esquema terapêutico. Não se observa imunidade cruzada entre os genótipos, o que torna o desenvolvimento das vacinas mais complexa.

A determinação do genótipo do HCV por sequenciamento e por análise filogenética é o método de referência e é baseada na diferença na sequência de nucleotídios da região 5´ UTR.

A técnica por imunoensaio (técnica de sorotipagem) consiste na detecção de anticorpos contra epítopos genótipo-específicos da região NS4 ou da região do *core*. Essa técnica, apesar de ser mais prática, é menos sensível e também menos específica que os demais métodos, principalmente em pacientes imunocomprometidos ou em indivíduos submetidos à hemodiálise. Em cerca de 10% dos casos, não é capaz de determinar os diferentes subtipos, sendo necessário um método de genotipagem por biologia molecular no reteste.

A análise de hibridação reversa dos produtos da PCR com sondas da região 5´ UTR genótipo-específicas (INNO-LiPA HCV II, Innogenetics, Bélgica) dispostos linearmente em tiras de nitrocelulose é uma técnica muito empregada e de fácil visualização do resultado.

Hepatite E

A epidemia pelo HEV foi relatada pela primeira vez na Índia, em 1955, mas o agente etiológico foi descrito como sendo um novo vírus somente em 1983. O HEV é um vírus RNA pertencente ao gênero *Hepevirus* da família Hepeviridae, o qual compreende vírus de mamíferos (humanos e suínos), aves e peixes.

Epidemiologia

Tanto a epidemiologia quanto as características clínicas diferem entre países em desenvolvimento e desenvolvidos. O vírus é classificado em quatro genótipos principais (HEV 1 a HEV 4), sendo os genótipos 1 e 2 mais prevalentes em países em desenvolvimento e os genótipos 3 e 4 em países desenvolvidos.

Em *países em desenvolvimento* com baixa condição higiênico-sanitária, a hepatite E ocorre como infecção esporádica ou como epidemias ocasionais, devido à contaminação de água e alimentos por HEV, típico de via de transmissão fecal-oral.

Apesar de a via de transmissão ser semelhante à do HAV, esse vírus apresenta epidemiologia peculiar dependendo da região geográfica, do seu grau de desenvolvimento e da distribuição de genótipos. Nos países em desenvolvimento, a exposição ao HAV ocorre muito cedo, de modo que aos 10 anos de idade a maioria já foi infectada. A hepatite A na infância é assintomática ou oligossintomática, mas torna o indivíduo imune, com a presença de anticorpos anti-HAV da classe IgG. Já a infecção por HEV ocorre mais tardiamente, com baixa prevalência de anticorpos anti-HEV IgG até os 10 anos, mas mostra um considerável aumento em torno de 15 a 30 anos de idade.

O HEV apresenta alta prevalência no Sudeste Asiático, na África, no México e em alguns países latino-americanos. Na América do Sul, grandes variações de prevalência, de < 1 a 20%, podem ser relatadas na literatura, dependendo das regiões estudadas, porém, a utilização de testes sorológicos de sensibilidade e especificidade diversas deve ser considerada na análise comparativa entre regiões.

No Brasil e na Argentina, estudos epidemiológicos são semelhantes aos encontrados em países desenvolvidos com predomínio do genótipo 3 nas infecções em humanos e em suínos. Nos *países desenvolvidos* como da Europa, da América do Norte, a Nova Zelândia e o Japão, a transmissão não está totalmente esclarecida, mas provavelmente ocorre por consumo de carnes mal cozidas de origem suína infectadas por HEV.

Aspectos clínicos

As manifestações clínicas da hepatite E observadas tanto em países em desenvolvimento quanto em desenvolvidos são semelhantes, porém, nesses últimos, a icterícia é mais frequente, em torno de 75% dos casos.

A infecção por HEV é autolimitada, com a presença de anti-HEV IgG, que confere imunidade. Entretanto, a evolução para doença hepática crônica e a rápida progressão para cirrose podem ser observadas em receptores de transplante de órgãos, imunocomprometidos e pacientes submetidos à quimioterapia.

Após um período de incubação de 2 a 6 semanas, a infecção por HEV pode manifestar-se com febre, mal-estar, anorexia, náuseas, dor abdominal, hepatomegalia e icterícia em cerca de 40% dos pacientes.

A hepatite E aguda pode ser assintomática, leve ou grave, mas é autolimitada, com os sintomas regredindo dentro de uma a algumas semanas.

Entretanto, em *gestantes no último trimestre* de gravidez, a infecção assume uma gravidade incomum, com taxa de mortalidade de 20 a 25%. As causas da morte são pouco conhecidas, mas problemas obstétricos como hemorragia, eclâmpsia ou hepatite fulminante têm sido apontados. Observa-se, ainda, maior frequência de nascimentos prematuros com risco aumentado de morbidade e de mortalidade.

Diagnóstico laboratorial

O diagnóstico viral mais utilizado é a detecção do RNA do HEV por RT-PCR no soro ou nas fezes, mas outros métodos mais complexos, como a cultura e a microscopia eletrônica, podem ser utilizados para fins de pesquisa.

Na fase aguda, o RNA do HEV pode ser detectável no sangue antes dos sintomas da doença até cerca de 3 semanas após o início deles. Já nas fezes, o HEV pode ser detectado por mais 2 semanas.

A detecção de anticorpos IgG e IgM por imunoensaios é baseada no uso de antígenos recombinantes ou peptídios sintéticos correspondentes às proteínas estruturais derivadas principalmente da ORF2, que são neutralizantes, e utilizadas para estudos de vacinação.

Anticorpos anti-HEV IgM tornam-se detectáveis aproximadamente 2 semanas após o início dos sintomas, permanecem em níveis altos por cerca de 2 meses e negativam em até 5 a 6 meses. Os anticorpos da classe IgG são detectáveis logo após o IgM, com pico em 1 mês, e permanecem positivos longos períodos até uma ou mais décadas. A permanência dos anti-HEV IgG após infecção ainda não é bem estabelecida. Testes rápidos do tipo imunocromatográfico também são encontrados comercialmente e são úteis em particular para rotinas pequenas.

Com técnicas de elevada sensibilidade para a triagem sorológica de doadores infectados pelo vírus das hepatites virais esperava-se a eliminação total das HPT. Contudo, elas continuavam a ocorrer, sugerindo a existência de outros vírus das hepatites ainda desconhecidos.

Na década de 1990, TT vírus (TTV) e SEN vírus (SENV) foram alvos de estudos de investigação de novos vírus responsáveis por hepatites associadas à transfusão sanguínea. Ambos são vírus DNA de fita simples, distantemente relacionados, apresentando altas taxas de prevalência na população geral mesmo nos grupos de baixo risco de infecção, incluindo-se crianças. A associação com alterações séricas de ALT não são em geral observadas. Apesar de serem descobertos em pacientes com HPT, esses vírus não apresentam características de ser causadores de hepatites virais. As técnicas moleculares vêm revelando novos vírus, mas nenhum com potencial clínico importante, até o momento.

Referências bibliográficas

1. Shin EC, Sung PS, Park SH. Immune responses and immunopathology in acute and chronic viral hepatitis. Nat Rev Immunol. 2016;16(8):509-23.
2. sBrasil. Ministério da Saúde. Secretaria de Vigilância em Saúde. Departamento de DST, AIDS e Hepatites Virais. Manual Técnico para o diagnóstico das Hepatites Virais. Brasília, 2015.
3. Brasil. Ministério da Saúde. Secretaria de Vigilância em Saúde. Departamento de Vigilância, Prevenção e Controle das IST, do HIV/AIDS e das Hepatites Virais. Protocolo Clínico e Diretrizes Terapêuticas para Hepatite C e Coinfecções. Disponível em: http://www.aids.gov.br/pt-br/pub/2017/protocolo-clinico-e-diretrizes-terapeuticas-para-hepatite-c-e-coinfeccoes. Acesso em 25 mai 2018.
4. Blumberg BS, Alter HJ, Visnich S. A "new" antigen in leukemia sera. JAMA. 1965;191:541-6.

5. The Polaris Observatory Collaborators. Global prevalence, treatment, and prevention of hepatitis B virus infection in 2016: a modelling study. Lancet Gastroenterol Hepatol. 2018.
6. Brasil. Ministério da Saúde. Portaria nº 158, de 4 de fevereiro de 2016. Brasília, 2016. Disponível em: http://bvsms.saude.gov.br/bvs/saudelegis/gm/2016/prt0158_04_02_2016.html. Acesso em 25 abr 2018.
7 WHO. Global hepatitis report, 2017. World Health Organization; 2017. 83p. Disponível em: http://www.who.int/hepatitis/publications/global-hepatitis-report2017/en/. Acesso em 25 abr 2018.
8. Choo QL, Kuo G, Weiner AJ, Overby LR, Bradley DW, Houghton M. Isolation of a cDNA clone derived from a blood-borne non-A, non-B viral hepatitis genome. Science. 1989;244(4902):359-62.
9. Weiner AJ, Kuo G, Bradley DW, Bonino F, Saracco G, Lee C et al. Detection of hepatitis C viral sequences in non-A, non-B hepatitis. Lancet. 1990;335(8680):1-3.
10. Rosa D, Campagnoli S, Moretto C, Guenzi E, Cousens L, Chin M et al. A quantitative test to estimate neutralizing antibodies to the hepatitis C virus: cytofluorimetric assessment of envelope glycoprotein 2 binding to target cells. Proc Natl Acad Sci U S A. 1996;93(5):1759-63.

Bibliografia

Akiba J, Uemura T, Alter HJ, Kojiro M, Tabor E. SEN virus: epidemiology and characteristics of a transfusion-transmitted virus. Transfusion. 2005;45(7):1081-8.

Alvarado-Mora M, Locarnini S, Rizzetto M, Pinho JRR. An update on HDV: virology, pathogenesis and treatment. Antiviral Ther. 2013;18(3 Pt B):541-8.

Ashraf A, Abdel H, Suhail M, Al-Mars A, Zakaria MK, Fatima K, et al. Hepatitis B virus, HBx mutants and their role in hepatocelular carcinoma. World J Gastroenterol. 2014;20(30):10238-48.

Aziz H, Aziz M, Gill ML. Analysis of Host and Viral-Related Factors Associated to Direct Acting Antiviral Response in Hepatitis C Virus Patients. Viral Immunol. 2018 Apr;31(3):256-263. d

Barreto AMEC, Takei K, Sabino EC, Bellesa MAO, Salles NA, Nishiya AS, et al. Cost-effective analysis of different algorithms for the diagnosis of hepatitis C infection. Braz J Med Biol Res. 2008;41(2):126-34.

Bassit LC, Takei K, Hoshino-Shimizu S, Nishiya AS, Sabino EC, Focaccia R, et al. New prevalence estimate of TT virus (TTV) infection in low- and high-risk population from São Paulo, Brazil. Rev Inst Med Trop São Paulo. 2002;44(4):233-4.

Blumberg EA. Prevention of hepatitis B virus infection in the United States: Recommendations of the Advisory Committee on Immunization Practices: A summary of the MMWR report. Am J Transplant. 2018 May;18(5):1285-1286.

Brasil. Ministério da Saúde. Departamento de Gestão e Incorporação de Tecnologias em Saúde. Comissão Nacional de Incorporação de Tecnologias no SUS (CONITEC). Testes de amplificação de ácidos nucleicos (NAT) para detecção dos vírus da imunodeficiência humana (HIV) e da hepatite C (HCV). Brasília, 2014.

Centers for Disease Control and Prevention. HCV Guidance: recommendations for testing, managing, and treating hepatitis C. MMWR. 2013;62(18):362-5.

Chu C-J, Hussain M, Lok AF. Hepatitis B virus genotype B is associated with earlier HBeAg seroconversion compared with hepatitis B virus genotype C. Gatroenterol. 2002;122(7):1756-62.

Dienstang JL. Hepatitis B virus infection. NEJM. 2008;359(14):1486-500.

Dubuisson J, Cosset FL. Virology and cell biology of the hepatitis C virus life cycle. An update. J Hepatol.2014;61(S3-S13).

Fonseca JCF. Natural history of chronic hepatitis B. Rev Soc Bras Med Trop. 2007;40(6):672-7.

Grupta E, Meenu B, Choudhary A. Hepatitis C virus: screening, diagnosis and interpretation of laboratory tests. Asian J Transfus Sci. 20014;8(1):19-25.

Thimme MHH. Innate and adaptative immune response in HCV infections. J Hepatol. 2014;61(1 Suppl):S14-S25.

Horvat R, Tegtmeier GE. Hepatitis B and D viruses. In: Murray PR, Baron EJ, Jorgensen JH, Landry ML, Pfaller MA. Manual of clinical microbiology. 9. ed. Washington, DC: ASM Press; 2007. p. 1641-59.

Huang CR. Hepatitis D virus infection, replication and cross-talk with the hepatitis B virus. World J Gastroenterol. 2014;20(40):14589-97.

Kamar N, Dalton HR, Izopet J. Hepatitis E virus infection. Clin Microbiol Rev. 2014;27(1):116-38.

Kamili SK, Drobeniuc J, Araújo AC, Haydens TM. Laboratory diagnostics for hepatitis C virus infection. Clin Infect Dis. 2012;55(S1):S43-8.

Li H-C Lo SY. Hepatitis C virus. Virology, diagnosis and treatment. World J Hepatol. 2015;7(10):1377-89.

Marwaha N, Sachdev S. Current testing strategies for hepatites C virus infection in blood donors and the way forward. World Gastroenterol. 2014;20(11):2948-54.

McMahon BJ. The natural history of chronic hepatitis B virus infection. Hepatology. 2009;49(5 Suppl):S45-S55.

Mendes LC, Stucchi RS, Vigani AG. Diagnosis and staging of fibrosis in patients with chronic hepatitis C: comparison and critical overview of current strategies. Hepat Med. 2018 Apr 3;10:13-22.

Mixon-Hayden T, Dawson GJ, Teshale E, Le T, Cheng K, Drobeniuc J, et al. Performance of architect HCV core antigen test with specimens from US plasma donors and injecting drug users. J Clin Virol. 20105;66:15-8.

Murali AR, Kotwal V, Chawla S. Chronic hepatitis E: a brief review. World Hepatol. 2015;7(19):2194-201.

Murray PR, Baron EJ, Jorgensen JH, Landry ML, Pfaller MA. Manual of Clinical microbiology. 9. ed.. Washinton, DC: ASM Press; 2007.

Noureddin M, Gish R. Hepatitis delta: epidemiology, diagnosis and management 36 years after discovery. Curr Gastroenterol Rep. 2014;16(1):365.

Olivero A, Smedile A. Hepatitis Delta virus diagnosis. Semin Liver Dis. 2012;32(3):220-7.

Pungpapong S, Kim WR, Poterucha JJ. Natural history of hepatitis B virus infection: an update for clinicians. Mayo Clin Proc. 2007;82(8):967-75.

Polaris Observatory Collaborators. Global prevalence, treatment, and prevention of hepatitis B virus infection in 2016: a modelling study. Lancet Gastroenterol Hepatol. 2018 Mar 26. pii: S2468-1253(18)30056-6.

Ramezani A, Gachkar L, Eslamifar A, Khoshbaten M, Jalivant S, Abidi L, et al. Detection of hepatitis G virus envelope protein E2 antibody in blood donors. Int J Infect Dis. 2008;12(1):57-61.

Ribas-Apricio RM, Valdez-Salazar H, Aparicio-Ozores G, Ruiz-Tachiquin MR. Serotypes and genotypes of the hepatitis B virus in Latin America. Ann Res Rev Biol. 2014;4(8):1307-18.

Scott JD, Gretch DR. Hepatitis C and G viruses. In: Murray PR, Baron EJ, Jorgensen JH, Landry ML, Pfaller MA. Manual of clinical microbiology. 9. ed. Washington, DC: ASM Press; 2007. p. 1437-52.

Smith BD, Jewet A, Drobeniuc J, Kamili S. Rapid diagnostic HCV antibody assays. Antivir Ther. 2012;17(7):1409-13.

Tillmann H. Hepatitis C core antigen testing: role in diagnosis, disease monitoring and treatment. World J Gastroenterol. 2014;20(22):6701-6.

Trépo C, Chan HLC, Lok A. Hepatitis B virus infection. Lancet. 2014;384:2053-63.

Yoo J, Hann HW, Coben R, Conn M, DiMarino AJ. Update Treatment for HBV Infection and Persistent Risk for Hepatocellular Carcinoma: Prospect for an HBV Cure. Diseases. 2018 Apr 20;6(2). pii: E27

World Health Organization. Hepatitis C. Disponível em: www.who.int/mediacentre/factsheets/fs164/en/. Acesso em: 15 mai 2017.

World Health Organization. Hepatitis D. Disponível em: www.who.int/mediacentre/factsheets/fs164/en/. Acesso em: 15 mai 2017.

[illegible]

último codificado pelo gene Foxp3.

A função supressora do ITreg é manter a tolerância imunológica aos antígenos self, por meio de um complexo mecanismo, para preservar, em parte, a homeostase imunológica. Age também no controle de doenças autoimunes, reações inflamatórias crônicas ou supressão da resposta imune adquirida.

Na gravidez, a função do ITreg é fundamental para a tolerância materna aos antígenos do feto. De fato, o número de ITreg circulante aumenta no início da gravidez, período em que o seu papel é fundamental, tem um pico no segundo trimestre e declina no final e no período pós-parto.

[illegible]

interpretar os resultados sorológicos requer cuidado, considerando o estado fisiológico peculiar que é a imunidade na gestação. No feto ou no recém-nascido, o sistema imune ainda em desenvolvimento não responde dentro dos padrões conhecidos da resposta de um adulto, por isso a interpretação de resultados dos imunoensaios exige especial atenção.

Adaptação imunológica materno-fetal

A gravidez, apesar de ser um estado fisiológico considerado pela maioria das mulheres, requer, para o seu sucesso, uma com-

Capítulo 22

Infecções Congênitas e Perinatais

Kioko Takei e Joilson O. Martins

Introdução

O diagnóstico imunológico das infecções congênitas inicia-se com a abordagem da mãe. A gravidez requer adaptações fisiológicas globais que incluem também o sistema imunológico. Assim, uma breve revisão sobre os eventos imunológicos mais importantes que ocorrem durante a gestação torna-se importante para que a interpretação dos resultados dos imunoensaios seja feita dentro desse contexto e para o entendimento de eventuais resultados anômalos ou inespecíficos.

Uma vez diagnosticada uma infecção materna potencialmente transmissível ao feto, sobretudo se for infecção primária e em idade gestacional precoce, ou ainda, se for observada alguma anormalidade fetal nos exames de imagem, o diagnóstico intrauterino deve ser realizado considerando-se os materiais clínicos e as metodologias mais adequadas para a idade gestacional.

Na fase inicial da gestação, os espécimes biológicos, como de biopsia da vilosidade coriônica ou do líquido amniótico (LA), são uteis para o isolamento do agente infeccioso, detecção do seu ácido nucleico ou ainda para a detecção de antígenos do agente.

Por volta da 20ª à 22ª semana de gravidez, a coleta do sangue do cordão umbilical já se torna possível, permitindo realizar, além da pesquisa do agente, também os testes sorológicos.

Ao nascer, os sangues da mãe e do recém-nascido devem ser ensaiados pelas diversas metodologias. O acompanhamento laboratorial pode ser necessário por meses ou por anos, no caso de suspeita de uma infecção congênita ou perinatal.

Interpretar os resultados sorológicos requer cuidado, considerando o estado fisiológico peculiar que é a imunidade na gestação. No feto ou no recém-nascido, o sistema imune ainda em desenvolvimento não responde dentro dos padrões conhecidos da resposta de um adulto, por isso a interpretação de resultados dos imunoensaios exige especial atenção.

Adaptação imunológica materno-fetal

A gravidez, apesar de ser um estado fisiológico saudável para a maioria das mulheres, requer, para o seu sucesso, uma complexa integração e coordenação de muitos processos biológicos, incluindo funções metabólicas, endócrinas, vasculares e imunológicas. Para o sistema imunológico materno, o feto pode ser comparado a um enxerto semialogênico, sendo, antigenicamente, metade próprio (*self*) e metade não próprio (*nonself*).

A condição que permite ao feto evadir-se da rejeição pelo sistema imune materno tem sido objeto de muitas pesquisas, e, ainda hoje, muitos dos eventos imunológicos e hormonais são pouco conhecidos ou estudados somente por meio de modelos animais.

A gravidez é reconhecida muito precocemente pelo sistema imune materno. Relação imunológica bidirecional entre o feto e a mãe ocorre, de um lado, pela apresentação do antígeno fetal e, do outro, pelo reconhecimento desses antígenos pelo sistema imune materno.

Após o reconhecimento de antígenos de origem fetal, o sistema imune materno desenvolve um amplo mecanismo de tolerância e proteção do embrião/feto. Os principais eventos observados em uma gravidez normal são a ação imunomoduladora de certos hormônios, como a progesterona e gonadotrofina coriônica, e do sistema imune materno envolvendo a participação de linfócitos T reguladores (LTreg), expressão na placenta de moléculas de histocompatibilidade principal (MHC) não clássicas, de diferentes citocinas, alteração do equilíbrio T *helper* 1 (Th1) e T *helper* 2 (Th2) e outros.

Muitos trabalhos tem atribuído um papel central dos *LTreg* na tolerância aos aloantígenos paternos. Essas células, antes conhecidas com LT supressoras, fazem parte de uma pequena população de cerca de 5 a 10% dos LT CD4+ periféricos e expressam na sua superfície o CD25 (LT CD4+ CD25+), este último codificado pelo gene *Foxp*3.

A função supressora do LTreg é manter a tolerância imunológica aos antígenos *self*, por meio de um complexo mecanismo, para preservar, em parte, a homeostase imunológica. Age também no controle de doenças autoimunes e autoinflamatórias por meio da supressão de resposta imune indevida.

Na gravidez, a função do LTreg é fundamental para a tolerância materna aos antígenos do feto. De fato, o número de LTreg circulante aumenta no início da gravidez, período em que o seu papel é fundamental, tem um pico no segundo trimestre e declina no final e no período pós-parto.

A interface entre os compartimentos materno e fetal é feita pelos trofoblastos placentários, que são tecidos de origem embrionária e ficam em contato com a circulação sanguínea materna durante toda a gravidez.

Diferentes tipos de trofoblastos expressam moléculas tecido-específicas, mas expressam pouca ou nenhuma das moléculas polimórficas do antígeno leucocitário humano (HLA) de classe I (HLA-A e HLA-B). Dessa maneira, a típica apresentação de antígenos derivados do feto para as células T e *natural killer* (NK), no contexto do HLA de classe I, não é observada nos trofoblastos, principalmente das vilosidades e extravilosidades. Em contraste, genes da classe I, não clássicos, menos polimórficos e de baixa expressão em condições normais e restritos somente a alguns tecidos, como o HLA-G, podem ser observados na placenta e nos citotrofoblastos extravilosos nas células endoteliais de vasos fetais das vilosidades coriônicas e nas células do LA. O baixo nível de polimorfismo torna o *HLA-G* materno e o de herança paterna muito semelhantes, dificultando uma resposta imune materna aos antígenos herdados do pai, principalmente pelos linfócitos T citotóxicos.

Além disso, o HLA-G, com auxílio do HLA-E, parece exercer um papel fundamental na relação materno-fetal, protegendo os trofoblastos da citólise mediada por células NK e por LT CD8+. Foi descrito, também, que a molécula solúvel do HLA-G induz apoptose, mediada por Fas/FasL, nas células T CD8+ e células NK.

O balanço entre os números de *Th1/Th2*, na gravidez, com vantagem para o Th2, pode explicar a diminuição na resposta celular e o aumento na síntese de imunoglobulinas. Assim, a proporção aumentada das citocinas do tipo Th2, como as interleucinas (IL)-4 e IL-10, estimula a proliferação de células B e inibe a produção de citocinas tipo Th1, como a IL-2, a IL-6, a interferona gama (IFN-γ) e o fator de necrose tumoral alfa (TNF-α). Estes últimos são prejudiciais à gravidez por estimular as células T citotóxicas e as células NK.

Esses eventos podem ser demonstrados, de um lado, pela remissão temporária de doenças autoimunes maternas, como a artrite reumatoide, que é mediada por resposta Th1, e, de outro lado, pela exacerbação de doenças baseadas na produção excessiva de autoanticorpos, como o lúpus eritematoso disseminado. As doenças infecciosas causadas pelos microrganismos intracelulares, como a toxoplasmose, também são exacerbadas, já que nesses casos a resposta Th1 é fundamental para controle do patógeno.

As *citocinas* produzidas pela resposta imune materna monitoram várias fases da gravidez, entre elas a implantação do óvulo fertilizado, a estimulação do desenvolvimento da placenta, a produção de hormônios gestacionais e outras.

Outros mecanismos de proteção ao feto têm sido descritos em humanos e experimentalmente em animais, como a produção, pelos trofoblastos e macrófagos, de enzimas que degradam o triptofano, sem o qual as células T citotóxicas são inibidas.

Transmissão de infecções para o feto

A infecção fetal tem início com a inoculação do agente na placenta durante a fase de viremia, bacteriemia ou parasitemia materna, podendo ou não atingir o feto. A transmissão via ascendente pelo canal vaginal pode ocorrer, porém é menos frequente e restrita a alguns agentes, como o herpes-vírus.

A idade gestacional na ocasião da infecção materna é muito importante, sendo muito mais grave aquela surgida no início da gravidez. Do mesmo modo, as infecções primárias maternas são as que resultam em maior acometimento fetal, geralmente com graves sequelas.

Infecções recorrentes, como por citomegalovírus (CMV), resultam em maior taxa de transmissão, mas de menor gravidade para o feto, sendo a maioria assintomática. O risco para o feto também é mínimo nas reinfecções maternas por vírus da rubéola. Isso se deve provavelmente à proteção parcial da imunidade prévia materna.

Na infecção pelo HIV, a maior taxa de transmissão é observada em mães sintomáticas e em estágio mais avançado da doença, no qual altos níveis de viremia são observados. Assim, para a maioria dos agentes, a resposta imune humoral materna previne ou limita a infecção placentária e, consequentemente, protege o feto contra uma doença congênita grave.

No 3º trimestre gestacional, a taxa de transmissão fetal é bem maior (40 a 50%) que no 1º trimestre (10%). Ao contrário, dano fetal grave ocorre mais nas transmissões ocorridas no 1º e no início do 2º trimestre, períodos em que os órgãos do feto estão em formação.

Patogênese da doença congênita

A infecção do embrião ou do feto pode resultar em: morte do embrião e reabsorção, aborto, natimorto, prematuro (nascimento de crianças viáveis antes de 37 semanas), grave sequela ao nascer ou recém-nascido totalmente assintomático.

O mecanismo desses eventos é pouco conhecido. Alguns vírus são capazes de causar morte da célula hospedeira, alteração do crescimento celular e dano cromossômico. Se esses eventos ocorrerem na fase de organogênese, a consequência para o feto será grave, podendo resultar em sequelas irreversíveis, muitas vezes incompatíveis com a vida.

Lesões resultantes de inflamações causadas por microrganismos e não da ação direta do agente sobre as células parecem ser responsáveis pelas anormalidades estruturais que ocorrem na infecção congênita por *Treponema pallidum* (sífilis), herpes simples vírus (HSV) e *Toxoplasma gondii* (toxoplasmose).

Reconhecimento anormal dos componentes próprios (*self*) representa um grande risco quando a infecção ocorre antes de 12 a 13 semanas de gravidez, período no qual o sistema imune fetal não consegue reconhecer o agente infeccioso como *non-self* (não próprio), estabelecendo um estado de tolerância imunológica sem desenvolver uma resposta imune adequada.

A persistência da infecção no período crítico da ontogenia aumenta a probabilidade de perda fetal ou de nascimento de neonato sintomático e com graves sequelas.

Aspectos clínicos

Em geral, a maioria dos recém-nascidos infectados *in utero* pelo vírus da rubéola, CMV, *T. pallidum*, HSV ou *T. gondii* é assintomática, não apresentando sinais de doença congênita, principalmente naqueles cuja infecção materna ocorreu no último trimestre de gravidez.

A evidência clínica de uma doença congênita pode ser observada ainda durante a gestação, por meio de diagnóstico fetal por imagem ou no momento do nascimento, nos primeiros dias ou mais tarde, após anos de vida.

Na mãe com infecção primária no início da gravidez, confirmada clínica e/ou laboratorialmente ou por imagem, o diagnóstico fetal deve ser realizado. Para a coleta do material, deve-se considerar o momento da infecção materna e o intervalo, em dias, necessário para que o agente já possa ser encontrado nos diferentes materiais do feto ou da placenta.

A maioria dos recém-nascidos afetados apresenta baixo peso (resultado do retardo no crescimento intrauterino observado nas infecções como toxoplasmose, vírus da rubéola e CMV), podendo ou não apresentar sintomas ou teratogênese ao nascer. Em alguns casos, as anomalias somente se evidenciam decorridos meses ou anos, como a surdez e o retardo mental. Outras se manifestam durante o desenvolvimento, na infância.

As manifestações clínicas mais comuns de uma infecção congênita, quando presentes ao nascer, são: icterícia, hepatoesplenomegalia, pneumonite, púrpura ou petéquias, lesões do sistema nervoso central, como meningoencefalite e microcefalia, e coriorretinite ou outras retinopatias.

Algumas manifestações são mais associadas a agentes específicos, como:

- Hidrocefalia, coriorretinite e calcificação intracraniana na toxoplasmose
- Catarata, defeito cardíaco congênito, lesão óssea, glaucoma, retinopatia na rubéola
- Microcefalia e calcificação intracraniana na infecção por CMV
- Vesículas na pele ou na mucosa e conjuntivite na infecção por HSV
- Exantema maculopapular e lesão óssea na sífilis.

Acompanhamento da criança com suspeita de infecção congênita

As crianças com suspeita de infecção congênita, mesmo aquelas aparentemente normais, devem ser cuidadosamente acompanhadas por meses ou anos. Algumas disfunções são difíceis de avaliar logo no início da vida, como a audição, cuja sequela é comum nas crianças com CMV e rubéola congênita, ou deficiências visuais e de aprendizado, comuns na toxoplasmose congênita, na rubéola e outros.

Uma vez estabelecida a infecção congênita, os agentes podem persistir até por anos após o nascimento, como ocorre na rubéola e no CMV, sendo uma fonte de disseminação viral na comunidade.

Sistema imune humoral materno

Resposta imune primária

A resposta imune humoral na primeira exposição a um imunógeno caracteriza-se pela produção de anticorpos da classe IgM, após um período de dias a semanas de incubação, dependendo da dose e do tipo de antígeno. Linfócitos B virgens (*naive*) diferenciam-se em plasmócitos secretores de imunoglobulinas e alguns se estabelecem como células de memória. Iniciada a produção de anticorpos da classe IgM, seu nível plasmático eleva-se rapidamente, de maneira exponencial. A seguir, mantêm-se em níveis máximos por um período, variável de semanas a poucos meses, passando a declinar progressivamente, tornando-se indetectáveis entre 3 e 6 meses, dependendo do agente infeccioso e da metodologia de diagnóstico empregada. Os anticorpos da classe IgG são detectados logo após o início da produção dos anticorpos IgM, elevando-se a níveis máximos, nos quais se mantêm por mais tempo que o IgM. O seu declínio é lento, e o IgG antígeno-específico persiste, em geral, anos ou a vida toda.

A maturação da afinidade decorre do grande número de mutações somáticas que ocorrem nos linfócitos B, com a expansão seletiva de clones que produzem anticorpos de alta afinidade. Essa afinidade aumenta a cada nova exposição, com melhora na complementaridade entre os epítopos do antígeno e o sítio de combinação dos anticorpos, favorecendo a especificidade em uma reação sorológica.

A avidez dos anticorpos expressa a força resultante de ligações entre os determinantes antigênicos e os sítios de combinação dos anticorpos e é tanto mais estável quanto maior a avidez. Assim, quando os anticorpos são de baixa avidez, o imunocomplexo formado é reversível e pode se dissociar, fenômeno que constitui a base da determinação de IgG de baixa avidez nas fases iniciais da infecção (Figura 22.1).

Resposta imune secundária

Quando o indivíduo é reexposto ao mesmo antígeno, a resposta imune secundária ocorre muito rapidamente, resultado da expansão das células B de memória, originadas durante a resposta primária. As principais diferenças da resposta secundária em relação à primária são:

- Fase de janela imunológica mais curta, com início de produção de anticorpos mais rápido
- Fase exponencial de produção de anticorpos mais acentuada, com rápida produção de grandes concentrações de anticorpos
- Níveis máximos de anticorpos, cerca de 10 vezes maiores que na fase primária, sendo também mais duradoura
- Fase de declínio mais lenta e persistente
- Predominância de anticorpos da classe IgG
- Avidez alta dos anticorpos IgG.

As diferenças entre a resposta primária e a secundária são a base dos testes de detecção de anticorpos no diagnóstico da infecção materna primária, de maior consequência para o feto.

Os níveis da maioria das classes de imunoglobulinas permanecem estáveis durante a gravidez. Entretanto, alguns autores relatam decréscimos de 15 a 32% nos níveis de IgG, devido a hemodiluição, perda de líquidos pela urina e transferência transplacentária. Essa redução pode aumentar o risco de infecção materna por microrganismos, como os estreptococos. A Figura 22.2 resume o comportamento dos anticorpos em uma resposta imune secundária.

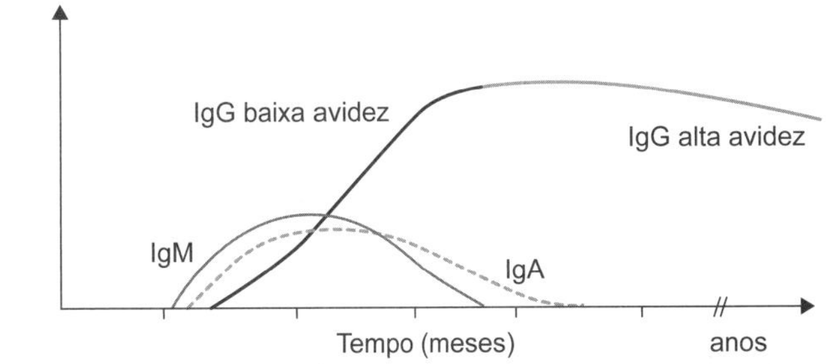

Figura 22.1 Resposta imune humoral na infecção primária.

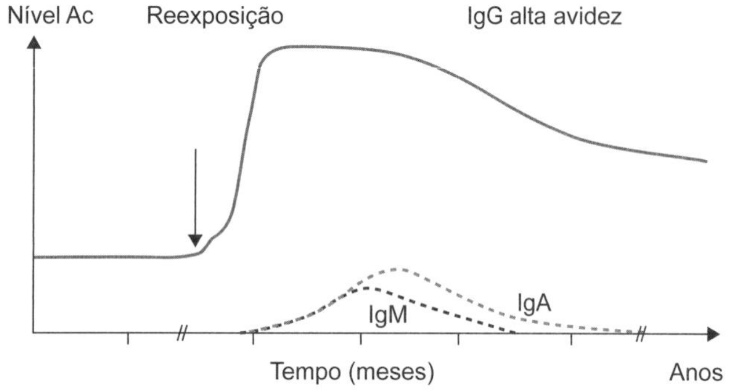

Figura 22.2 Resposta imune humoral na infecção secundária.

Desenvolvimento do sistema imune humoral do feto e do recém-nascido

Em uma gravidez normal, o desenvolvimento do sistema imune humoral para as diferentes classes de imunoglobulinas ocorre em tempos diferentes.

Imunoglobulina G

O transporte de IgG pela placenta inicia-se muito cedo, ao redor da 8ª semana de gestação, porém a concentração do IgG no feto mantém-se baixa, ao redor de 100 mg/dℓ, até a 17ª a 20ª semana, quando começa a se elevar e alcançar nível correspondente à metade da concentração de um feto a termo, perto de 30ª semana.

Ao nascer, a concentração de IgG, geralmente, excede ao materno em 5 a 10% e é constituída quase totalmente de anticorpos maternos. Todas as classes de IgG são transportadas pela placenta, porém a IgG1 e a IgG3 podem ser preferencialmente transferidas, como consequência da alta afinidade dessas imunoglobulinas pelo receptor de Fc-γ dos trofoblastos. No fim da gestação, o nível do IgG1 no feto tende a ser mais alto que o materno.

A síntese de IgG e IgM, no feto, pode ocorrer inicialmente no fígado fetal próximo à 10ª semana de gestação. Na 17ª semana, já é possível encontrar na circulação fetal IgG de alótipo diferente ao do materno.

Aos 2 meses de vida, a quantidade de IgG sintetizada pela criança praticamente se iguala à quantidade de IgG de origem materna, que, por sua vez, diminui com o decorrer do tempo, de modo que no 3º a 4º mês de vida, o nível de IgG na criança é de aproximadamente 400 mg/dℓ. Aos 10 a 12 meses, praticamente toda IgG é originada pela criança. A 1 ano de vida, os níveis de IgG correspondem a aproximadamente 60% de valores de um adulto. Somente após 8 anos para IgG1 e IgG3 e 10 e 12 anos para IgG2 e IgG4, as crianças alcançam níveis séricos de um adulto.

Outras imunoglobulinas não atravessam a barreira placentária e, assim, o achado de IgM ou IgA específicos, no soro do cordão umbilical ou do recém-nascido, significa estimulação antigênica intrauterina decorrente de infecção congênita.

Imunoglobulina M

A concentração de IgM total no soro de neonatos é de cerca de 11 mg/dℓ, podendo ser, em parte, monomérica, ou seja, sem atividade funcional. Após o nascimento, a concentração de IgM eleva-se rapidamente no primeiro mês de vida e mais gradualmente depois, alcançando, após 1 ano de idade, nível correspondente a 60% do encontrado no adulto.

Nível sérico de IgM total em recém-nascidos, superior a 20 mg/dℓ, sugere infecção intrauterina.

Imunoglobulina A

A IgA não atravessa a barreira placentária, sendo sua concentração no sangue de cordão umbilical muito baixa, de cerca de 0,1 a 5 mg/dℓ. Após 1 ano de vida, a concentração sérica é de cerca de 20% do nível de um adulto, continuando a elevar-se até a adolescência. Nível alto de IgA pode ser observado em crianças com infecção congênita.

A subclasse IgA1 é a principal imunoglobulina, correspondente a 90% das encontradas no soro da criança, e a IgA2 corresponde a 60% das encontradas nas secreções. A IgA2 na forma dimérica associa-se ao componente secretor quando passa pelas células epiteliais de mucosas e é secretada, sendo bastante resistente a proteases bacterianas.

Imunoglobulina E

Apesar de a síntese de IgE poder ocorrer precocemente, ao redor da 11ª semana de gestação no fígado e no pulmão fetais, e por volta da 21ª semana no baço, o nível dessa classe de imunoglobulina no soro do cordão umbilical é indetectável.

Imunoglobulina D

A IgD é detectável somente por métodos muito sensíveis, posto que seu nível é da ordem de 0,4 mg/dℓ, aumentando, discretamente, nos primeiros anos de vida. Parece não ter função de anticorpo na circulação e está associada à membrana de linfócitos B maduros. A Figura 22.3 ilustra de maneira resumida os anticorpos séricos encontrados antes, no nascimento e depois dele em uma criança sem infecção congênita.

Os níveis normais de imunoglobulinas IgG, IgM e IgA, nas várias faixas etárias, dependem da população estudada, mas, de modo geral, podem ser considerados os apresentados na Tabela 22.1.

No fim do 1º trimestre de gestação e início do 2º trimestre, o reconhecimento do *self* pelo sistema imune fetal melhora, sendo aos poucos capaz de montar uma resposta imune, que, associada à transferência materna do IgG, torna a sua defesa mais efetiva.

Na *infecção congênita*, a estimulação do sistema imune induz uma resposta celular e humoral muito precocemente, de modo que, ao nascer, os anticorpos das classes G, M e A já podem ser detectados no soro de cordão umbilical por técnicas laboratoriais de rotina.

Tabela 22.1 Níveis de imunoglobulinas séricas de acordo com a faixa etária.

Idade	IgG (mg/dℓ)	IgM (mg/dℓ)	IgA (mg/dℓ)
Recém-nascido	1.031 ± 200	11 ± 5	2 ± 3
4 a 6 meses	427 ± 186	43 ± 17	21 ± 13
7 a 12 meses	661 ± 219	54 ± 19	37 ± 18
1 a 2 anos	762 ± 209	58 ± 23	50 ± 24
3 a 5 anos	929 ± 228	56 ± 18	93 ± 27
9 a 11 anos	1.124 ± 235	79 ± 33	131 ± 60
Adulto	1.158 ± 305	99 ± 27	200 ± 61

Adaptada de Stiehm e Fudenberg, 1966.[1]

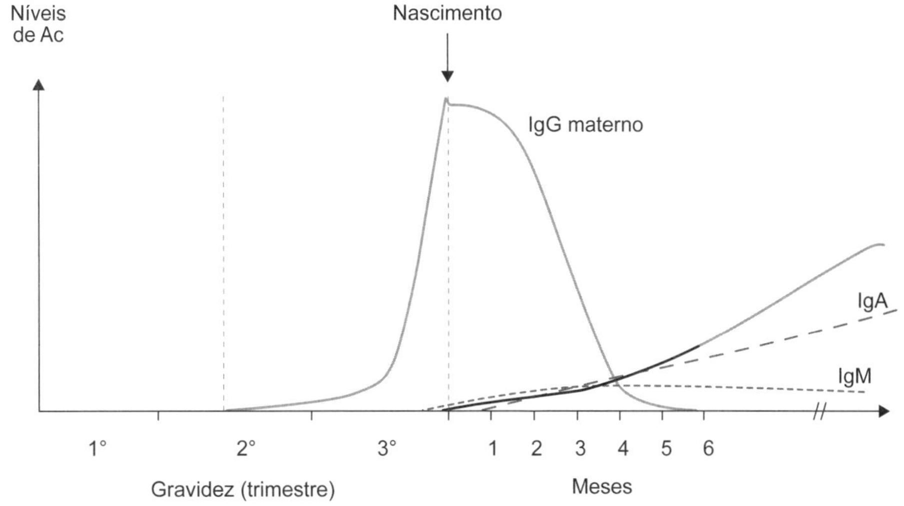

Figura 22.3 Resposta imune humoral de um feto/recém-nascido normal (não infectado congenitamente).

No início, a passagem transplacentária de IgG é nula ou muito baixa, mas aumenta maciçamente no final da gravidez, sobretudo se a infecção materna estiver na fase de convalescença, quando níveis máximos de IgG são encontrados. A grande quantidade de IgG materno, acrescido de IgG produzido pelo próprio feto, resulta em concentrações significativamente maiores dessa classe de imunoglobulina no soro do cordão umbilical do que no soro materno. Assim, no caso do teste de VDRL para sífilis, o encontro de títulos 4 vezes maiores no recém-nascido em relação aos encontrados no soro materno sugere fortemente a sífilis congênita.

Após o nascimento, cerca de metade da IgG materna é eliminada, a cada 28 dias aproximadamente, devido à meia-vida dessa classe de anticorpos. Assim, após 4 a 6 meses de idade, os anticorpos de origem materna tornam-se indetectáveis. Nessa fase, somente os anticorpos sintetizados pela criança estão presentes na circulação, causando a hipogamaglobulinemia fisiológica, devido à sua baixa concentração no plasma. O crescente e gradual aumento de níveis séricos de IgG somente se comparam ao de adulto já próximo à adolescência.

Outras imunoglobulinas (IgA, IgM, IgE, IgD) não atravessam a barreira placentária em nenhuma idade gestacional. Portanto, com exceção da IgG, o feto conta só com a sua própria resposta imune, ainda imatura, contra as infecções intrauterinas.

Anticorpos IgM, apesar de serem o marcador sorológico mais importante da infecção congênita, nem sempre são detectados. Apenas 25 a 50% dos fetos infectados na 20ª à 30ª semana gestacional são capazes de montar uma resposta com produção de IgM específica em quantidade detectável.

A concentração total de IgM, outro parâmetro auxiliar na análise de infecção congênita, também é falho no diagnóstico, já que cerca de 10 a 30% dos infectados congenitamente não apresentam alteração, mesmo em recém-nascidos a termo. A Figura 22.4 ilustra a resposta humoral em uma criança infectada congenitamente.

Diagnóstico laboratorial

Infecção materna

A maioria das infecções *TORSCH* {toxoplasmose, outros [parvovírus B19, infecção pelo HIV, hepatites B e C, Epstein-Barr vírus (EBV), herpes-vírus 6 e 8, varicela, enterovírus etc.], rubéola, sífilis, CMV e herpes-vírus}, apesar de poder causar efeitos devastadores para o feto, podem acarretar infecção materna assintomática, sendo os testes sorológicos para o pré-natal, muitas vezes, o único meio de evidenciar a infecção materna.

Esses testes devem informar o *status* imunológico da mãe, identificando e diferenciando aquelas que nunca tiveram a infecção por um determinado agente (soronegativas) daquelas infectadas no presente ou no passado (soropositivas).

Assim, gestantes com resultados sorológicos positivos para anticorpos IgG, como para o CMV, toxoplasmose, herpes-vírus e rubéola, nos testes realizados na ocasião da primeira consulta pré-natal, indicam uma infecção no passado, com imunidade materna total ou parcial e, dessa maneira, sem risco importante para o feto. Para as gestantes soronegativas no primeiro exame pré-natal é necessário o acompanhamento laboratorial para surpreender uma eventual infecção primária no decorrer da gravidez.

Por outro lado, no caso da sífilis, espera-se um resultado negativo nos testes de triagem (teste não treponêmico), mas, se positivo, este precisa ser devidamente confirmado por um teste treponêmico, de preferência aquele que permite detectar de anticorpos IgG e IgM e assim encaminhar a gestante para o tratamento.

Desse modo, o encontro de anticorpos IgM e/ou IgA durante a gravidez sugere infecção recente com probabilidade de transmissão congênita e é ponto de partida para mais investigações.

Infecção primária materna

Laboratorialmente, o diagnóstico da infecção primária materna é baseado na detecção de anticorpos:

- Soroconversão
- IgM específico positivo
- IgA específico positivo
- IgG de baixa avidez
- Elevação de 4 vezes ou mais no título dos testes sorológicos obtidos em amostras colhidas, em geral, com intervalo de 2 a 4 semanas, dependendo da infecção, sendo uma delas o mais precoce possível, no início dos sintomas, e a outra, na fase de convalescença
- Encontro de ácido nucleico do agente infeccioso detectado pelas técnicas de biologia molecular no sangue do cordão umbilical ou do recém-nascido.

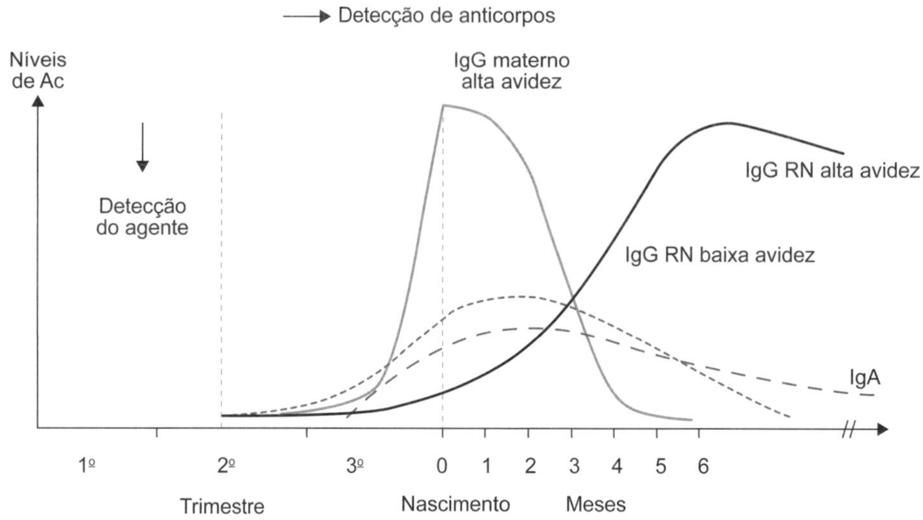

Figura 22.4 Resposta imunológica humoral de um feto/recém-nascido com infecção congênita.

A detecção da *soroconversão* (detecção de anticorpos específicos em indivíduos anteriormente soronegativos) é dificultada pela natureza assintomática da maioria das infecções potencialmente transmissíveis para o feto (p. ex., CMV, rubéola, toxoplasmose) e depende do conhecimento do resultado sorológico anterior à gravidez, o que nem sempre está disponível.

A elevação de títulos, em 4 vezes ou mais, de anticorpos totais ou do IgG (p. ex., VDRL para o diagnóstico da sífilis), nos testes realizados em duas amostras colhidas com intervalos de 2 a 4 semanas, pode ocorrer tanto no início da infecção primária quanto em alguns casos de reinfecções, não permitindo diferenciar entre uma e outra situação.

As duas amostras pareadas devem ser realizadas em uma única rotina, ou seja, a primeira amostra deve ser armazenada para ser utilizada com a segunda, para evitar a oscilação de resultados por uso de reagentes de lotes diferentes ou quaisquer outros fatores, condição nem sempre fácil em laboratórios de grande rotina.

O marcador mais importante de diagnóstico da infecção primária é a detecção de anticorpos IgM específicos contra o agente infeccioso em questão, pois permite o diagnóstico em uma única amostra. A ocasião da coleta do sangue é muito importante, pois deve considerar o período de janela sorológica (período pré-soroconversão) e o tempo de positividade do IgM durante a infecção aguda. Ambos variam de acordo com o agente e a metodologia empregada.

As técnicas de detecção de anticorpos IgM específicos contra os agentes são de difícil padronização, apresentando, em geral, tanto reações pouco sensíveis como também pouco específicas. Resultados falso-positivos podem ocorrer na presença de fator reumatoide (FR). Muitos testes comerciais não incluem reagentes para pré-absorção do FR da amostra de soro, e, quando feita, a sensibilidade do teste pode ser prejudicada pela redução na concentração de IgG e IgM durante o processo de absorção.

O teste de captura de IgM não requer etapa de pré-absorção do soro, mas a sua positividade não é exclusiva da infecção primária, podendo também ser detectada, geralmente em baixos títulos, nas reativações e reinfecções. Devido à sua alta sensibilidade, mantém-se positivo por longos intervalos, de 6 meses ou mais, dificultando determinar o período em que ocorreu a infecção primária, condição essencial para estimar o risco de transmissão e as consequências para o feto.

Para alguns agentes, a *detecção de anticorpos IgA* específicos contra o agente é empregada para o diagnóstico da infecção aguda/recente, como no caso da toxoplasmose. Entretanto, os testes de detecção de IgA são menos sensíveis que os de IgM, com exceção de alguns capazes de fornecer resultados positivos mais precocemente que os de IgM, mas apresentam variações, dependendo da procedência do teste.

A *avidez do IgG* pode ser uma ferramenta muito importante no diagnóstico diferencial da infecção primária ou da reinfecção ou da reativação, quando a amostra for IgM positiva. Uma baixa avidez [índice de avidez (IA) < 15%] é encontrada, em geral, nos primeiros 3 meses de infecção, e a alta avidez (IA > 60%), aos 6 meses ou mais. No CMV, IA de 30 ± 12% ocorre no início da infecção primária e IA de 88 ± 9% em infecções pregressas. Na toxoplasmose, IA < 30% são encontrados nos primeiros 3 meses de infecção e IA > 60% após 6 meses.

Nas infecções recorrentes, a resposta imune secundária é observada muito rapidamente com altos títulos de IgG de alta avidez e níveis, em geral, baixos ou indetectáveis de IgM e IgA específicos.

Infecção fetal

Materiais

O diagnóstico laboratorial da infecção fetal pode ser feito muito precocemente, graças aos avanços da medicina fetal. A coleta orientada por imagem ultrassonográfica permite obter materiais biológicos, como a biopsia da vilosidade coriônica, o LA ou o sangue do cordão umbilical, dependendo da idade gestacional.

No entanto, as técnicas de coleta são invasivas e apresentam taxas de risco fetal que varia com o tipo de coleta e a idade gestacional. É importante observar que a coleta dos materiais fetais deve ser feita após a infecção aguda materna, decorrido intervalo de tempo necessário para que o tecido já tenha sido invadido. Esse tempo é de cerca de 4 a 5 semanas para o LA e de 6 a 8 semanas para o sangue do cordão umbilical, no caso da infecção congênita por vírus da rubéola. Esse intervalo corresponde ao período necessário para a disseminação do agente, via circulação materna, para a placenta e, depois, para o feto.

Biopsia de vilosidade coriônica

A biopsia da vilosidade coriônica pode ser feita a partir da 8ª à 10ª semana gestacional, mas o melhor período compreende entre a 10ª e a 11ª semana. Apesar da vantagem de permitir a obtenção precoce da amostra, a coleta desse material apresenta risco de perda fetal de cerca de 1 a 5%. Além disso, está sujeita à contaminação por agentes infecciosos da mãe, podendo originar resultado falso-positivo.

Esse material auxilia na demonstração da infecção placentária, mas um resultado positivo pode não se correlacionar com a infecção do feto, como tem sido demonstrado nas infecções por *T. gondii* e por vírus da rubéola, já que nem todos os casos de infecção placentária atingem o feto resultando em infecção congênita.

Os testes laboratoriais empregados são os de detecção do agente, do seu ácido nucleico ou a técnica imunoistoquímica para demonstrar antígenos no tecido.

Amniocentese

A coleta do LA pode ser realizada a partir da 14ª à 16ª semana gestacional até o fim da gestação. Dependendo da finalidade, entre 15 e 30 mℓ do LA podem ser obtidos e constituiem o material mais utilizado para o diagnóstico fetal, tanto pela técnica de isolamento do agente, como a cultura do microrganismo (p. ex., CMV), quanto para os testes moleculares (p. ex., *T. gondii*).

A amniocentese é um procedimento seguro, com raras complicações para a mãe, sendo a possibilidade de perda fetal de 0,2 a 1%.

Cordocentese

A coleta do sangue do cordão umbilical pode ser feita da 15ª à 20ª (22ª para rubéola) semana gestacional até ao fim da gravidez. O procedimento pode ser repetido várias vezes para acompanhamento do tratamento. A punção pode ser feita no ambulatório até a 28ª semana, a partir da qual uma breve permanência no hospital é necessária para confirmar se não houve contração uterina e monitorar o coração do feto.

A coleta deve ser feita com cuidado para evitar a contaminação do material pelo LA ou por sangue materno e assim produzir um resultado falso-positivo, principalmente nos ensaios de pesquisa de anticorpos específicos da classe IgM.

O sangue do cordão umbilical permite tanto a detecção do agente ou do seu ácido nucleico quanto dos imunoensaios para anticorpos específicos fetais.

A cordocentese apresenta risco de 0,5 a 1% de perda fetal.

Sorologia do feto/recém-nascido

O sangue do cordão umbilical ou do recém-nascido não infectado apresenta níveis de IgG semelhantes aos da mãe por ser este de origem materna e, portanto, de alta avidez. A avidez será baixa somente nos casos de a infecção materna ocorrer próximo ao parto, antes do tempo necessário para a maturação de avidez da IgG. Anticorpos IgM e/ou IgA específicos não são detectáveis, pois o feto/recém-nascido está em ambiente livre de agente infeccioso e, assim, não produz anticorpos específicos. Eles passam a ser produzidos somente após o nascimento, quando começam os estímulos antigênicos do meio externo.

A IgG materna é gradativamente eliminada pela criança não infectada, com queda de aproximadamente metade dos níveis séricos a cada mês, de modo que após 4 a 5 meses quase toda IgG de origem materna já se esgotou. Nessa fase, em crianças não infectadas, observa-se a negativação dos resultados dos testes sorológicos.

Já na infecção congênita, o feto infectado inicia a produção de anticorpos IgG, M e A antes do nascimento. Assim, os imunoensaios para detecção de anticorpos IgM e IgA são os mais utilizados no diagnóstico, por serem produzidos exclusivamente pelo feto/recém-nascido infectado.

Entretanto, a competição entre os anticorpos IgG maternos, de transferência passiva, encontrados em grandes concentrações na amostra da criança, e as baixas concentrações de IgM, produzido pelo feto/recém-nascido, prejudica a detecção de IgM, podendo produzir resultados falso-negativos. Nesse caso, a remoção dos anticorpos IgG em excesso, por precipitação com um soro de carneiro anti-IgG humano, pode reduzir a quantidade desses anticorpos na amostra, permitindo detectar o IgM oculto.

O teste de captura de IgM não está sujeito a interferências, pois nessa técnica há seleção e concentração de IgM da amostra de soro por meio da captura dessa classe de anticorpos por anticorpos monoclonais anti-IgM fixados à fase sólida. A detecção é feita pela adição dos antígenos, que se ligam seletivamente às IgM específicas. A revelação é feita com anticorpo específico contra o antígeno empregado, marcado com enzima que reage com o substrato específico, produzindo um sinal (ver Capítulo 7).

Para o diagnóstico da infecção congênita, o imunoensaio para IgM deve ser feito ainda no primeiro mês de vida, quando somente a infecção congênita pode resultar em teste positivo. Nessas crianças, esses anticorpos são detectados por longos períodos, às vezes por anos. Já nas infecções perinatais, a IgM é negativa logo ao nascer, mas se positiva a seguir, mostrando uma soroconversão apenas após o nascimento.

Imunoensaios para a detecção de anticorpos IgA podem ser úteis no diagnóstico da infecção congênita, mas são menos empregados que os testes de IgM, por serem, em geral, menos sensíveis e se mostrarem mais variáveis de acordo com o teste e o paciente.

Em crianças infectadas, a queda dos níveis de IgG é observada inicialmente, mas tornavam a se elevar devido à produção de IgG própria, já iniciada *in utero*. Assim, nessas crianças, os resultados positivos são mantidos, mesmo que em títulos baixos, seguidos de elevação gradual, sem a típica negativação observada em crianças não infectadas. A positividade de IgG específica para o agente pesquisado por período maior que 6 meses (às vezes 1 ano) é um parâmetro para o diagnóstico da infecção congênita.

A maturação da avidez de IgG é lenta nas crianças congenitamente infectadas. IgG de baixa avidez pode ser encontrada, no caso da rubéola, por mais de 1 ano de idade, mas é de difícil detecção até 2 a 3 meses de idade devido à presença de altos títulos de anticorpos de alta avidez que foram transferidos da mãe, principalmente no caso de a infecção materna ter ocorrido no início da gravidez.

Detecção do agente etiológico

É realizada quase exclusivamente em laboratórios de pesquisa, pois são técnicas complexas e demoradas. O isolamento do *T. gondii* requer inoculação intraperitoneal de amostra clínica no peritônio do camundongo e subsequente demonstração do agente ou da resposta anticórpica do animal.

O *T. pallidum* é mantido por inoculação em testículo de coelho, e os vírus, como o da hepatite B (HBV), da hepatite C (HCV), parvovírus B19 e da rubéola, não o são ou são de difícil cultivo.

As técnicas de biologia molecular (ver Capítulo 3), principalmente a *reação em cadeia da polimerase* (PCR), vêm sendo cada vez mais utilizadas, exibindo resultados de grande sensibilidade, principalmente para o LA e o sangue de cordão umbilical. Com a crescente demanda dessa metodologia, também para outras áreas do diagnóstico laboratorial, *kits* industrializados e equipamentos de alta tecnologia estão disponíveis no mercado, tanto para detecção qualitativa quanto quantitativa para DNA ou RNA dos agentes mais importantes.

Atualmente, *kits* comerciais, muitos deles de realização automática, como a PCR em tempo real (*real-time PCR*), já fazem parte da rotina do dia a dia em grandes laboratórios.

Infecção congênita por citomegalovírus

O CMV é membro da família Herpesviridae, e, assim, a infecção primária é seguida pela crônica ou latente por toda a vida do hospedeiro, com reativações periódicas. Tanto a infecção primária quanto as recorrentes (reativação e reinfecção) podem resultar em consequências diferentes, dependendo da integridade imunológica do hospedeiro, como:

- Indivíduos imunocompetentes: infecções ocorrem de forma assintomática na maioria dos casos. Entretanto, cerca de 1% dos infectados desenvolve, entre 3 e 8 semanas após a exposição, doença sintomática com evidências clínicas e laboratoriais da infecção primária
- Indivíduos imunocomprometidos, como os infectados pelo HIV, receptores de transplantes e pacientes com câncer: o CMV assume alta virulência, resultando em doenças graves, como pneumonite, retinite, hepatite, meningoencefalite e doença gastrintestinal, como esofagite e colite. Em geral, a infecção pode ser controlada com medicamentos antivirais
- Fetos e recém-nascidos: é no feto que a patogenicidade do CMV pode causar maior dano, sendo líder entre todos os agentes causadores de infecção congênita. Já infecção perinatal é, em geral, benigna, na maioria dos casos de expressão subclínica.

A *infecção latente* ocorre nas células que apresentam antígenos, como os macrófagos e a células dendríticas, de onde reativam. Essas células transportam CMV por todo o corpo, com infecção produtiva nas células endoteliais, glândulas salivares, tecidos de órgãos sólidos, epitélio do trato urinário e endotélio uterino.

A *reinfecção* pode ocorrer quando o indivíduo, já soropositivo, adquire infecção por uma cepa de CMV geneticamente diferente.

O CMV é cultivável *in vitro*, mas é altamente espécie-específico, propagando-se somente nos fibroblastos humanos ou em células originadas de primatas. Replica-se lentamente, com típico aumento da célula hospedeira, produzindo como característica a inclusão citomegálica citoplasmática e nuclear, e foi dessa característica que originou o nome do vírus. O CMV possui um dos maiores genomas entre os vírus que infectam seres humanos, codificando mais de 200 produtos genéticos.

Transmissão

O CMV é transmitido por contato da superfície mucosa com a secreção infectada, como saliva, urina, sangue, leite materno e secreções genitais, bem como por produtos do sangue e transplante de órgãos.

A viremia ocorre poucas semanas a meses após infecção, período em que o CMV pode ser isolado dos granulócitos circulantes. Logo após a infecção primária, há excreção urinária (antigenúria) em altos títulos, geralmente, por mais de 1 ano, mas, no caso da infecção congênita ou perinatal, essa excreção pode persistir cerca de 5 anos na urina e 2 a 4 anos na saliva.

A transmissão pode ocorrer durante todo o período gestacional (infecção congênita), durante o parto ou aleitamento materno (infecção perinatal), na infância e no adulto (infecção adquirida).

A *transmissão do CMV ao feto* pode resultar em consequências que variam de acordo com a idade gestacional, sendo mais grave quando a transmissão se der na primeira metade da gestação, até cerca de 16 semanas, com sequelas graves, como a calcificação intracraniana e o retardo no crescimento intrauterino.

A infecção primária materna resulta em taxa de transmissão de cerca de 40% (20 a 50%) e é mais grave para o feto do que as infecções recorrentes, resultando em recém-nascido sintomático, na maioria dos casos.

Já nas mães soropositivas antes da gestação, o risco de transmissão congênita é baixo, sendo de 0,5 a 2%. Mesmo nas crianças infectadas, a maioria é assintomática, com baixo risco de apresentarem sequelas, demonstrando assim uma proteção parcial da imunidade humoral e celular materna preexistente. Essa proteção não é absoluta, pois em raros casos foram observadas infecções sintomáticas com acometimento neurológico em mães soropositivas antes da gestação.

A incidência de infecção congênita ou perinatal é mais alta em países em desenvolvimento, onde quase 100% da população já é soropositiva na idade gestacional. Assim, a transmissão vertical é resultado das infecções maternas recorrentes. Nos países desenvolvidos, somente 40 a 60% das mães tiveram a infecção antes da gestação, tornando essa população mais preocupante pela possibilidade de adquirir a infecção primária durante a gravidez.

No Brasil, trabalhos realizados em Ribeirão Preto demonstraram soropositividade materna para CMV de 95%, com incidência de 2,6% de infecção congênita e 38,1% de infecção perinatal. Outros fatores têm sido associados a maior taxa de transmissão do CMV ao feto, mas nenhuma bem definida, como a imunossupressão materna, por exemplo, ou a coinfecção com infecções sexualmente transmitidas.

Aspectos clínicos

A infecção da placenta pela via hematogênica ou de modo ascendente a partir do trato genital precede a infecção do embrião ou do feto. Entretanto, nem todos os casos de infecção placentária resultam em infecção do feto. A lesão dos órgãos parece ser devido à ação direta do vírus e não por um mecanismo imunopatológico, com infecção do endotélio como evento final.

O efeito da infecção por CMV pode resultar em aborto, natimorto e retardo no desenvolvimento intrauterino ou, ainda, crianças sintomáticas com ou sem sequelas até as totalmente assintomáticas.

A infecção por CMV é a mais frequente entre todas as infecções congênitas, com uma incidência de 0,2 a 2,2% de todos os recém-nascidos vivos. Destes, cerca de 10% são sintomáticos ao nascer, dos quais 20% irão a óbito e 90% dos que sobreviverem poderão desenvolver sequelas ao longo da vida, principalmente deficiência auditiva e neurológica.

Mesmo entre os assintomáticos, 5 a 17% desenvolverão alguns sintomas, geralmente nos primeiros 2 anos de vida, como a perda auditiva, o que torna essa infecção a causa mais importante de deficiência auditiva, e algum comprometimento neurológico discreto a moderado (Figura 22.5).

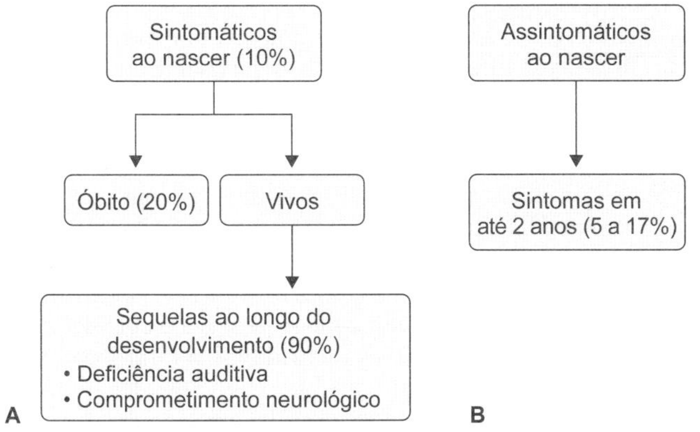

Figura 22.5 A e **B.** Consequências de uma infecção congênita por CMV em recém-nascido sintomático e assintomático. Adaptada de Liptz *et al.*, 2002.[2]

Nos recém-nascidos, as manifestações clínicas mais comuns da infecção congênita por CMV incluem:

- Prematuridade, baixo peso, icterícia, hepatoesplenomegalia e petéquias
- Sinais neurológicos: microcefalia, retardo mental, anormalidade motora, perda auditiva neurossensorial bilateral ou unilateral e dificuldade no aprendizado
- Coriorretinite, retinite pigmentar, atrofia ótica, estrabismo
- Pneumonites e outros.

A mortalidade nos recém-nascidos sintomáticos infectados congenitamente é de 4 a 12% nas primeiras 6 semanas de vida, aumentando para 30% até completar o primeiro ano.

Diagnóstico imunológico da infecção adquirida | Infecção primária

A resposta imune celular e humoral e os componentes da resposta inata estão envolvidos na proteção contra o CMV, principalmente as células T CD8+ e as células NK. Essa resposta não previne a infecção por uma nova cepa viral, mas parece proteger contra a doença sintomática mais grave.

O uso de imunoensaios na sorologia é o principal meio de diagnóstico da infecção primária por CMV, sendo a detecção da soroconversão a forma mais segura de diagnóstico. Entretanto, essa infecção, por ser tipicamente assintomática, não possibilita a coleta de sangue no momento adequado, ou seja, antes ou muito precocemente na fase aguda, quando o paciente ainda é soronegativo. Pela mesma razão, é também difícil obter a segunda amostra, na fase de convalescença, para verificar a conversão do resultado de negativo para positivo.

Em indivíduos imunocompetentes, anticorpos *IgM* são detectados precocemente na infecção primária, com pico em 1 a 3 meses, declinando a seguir, até negativação em 6 meses, raras vezes em até 1 ano.

Apesar de a IgM anti-CMV ser o método mais prático de diagnóstico de infecção primária, observam-se vários fatores que influenciam negativamente no desempenho diagnóstico desses testes, como:

- Resultados não concordantes entre testes comerciais de procedências ou lotes diferentes, principalmente pela diferença na composição antigênica ou na proporção dos epítopos disponíveis para a reação
- Persistência prolongada de IgM muitos meses após a infecção primária, dificultando a interpretação de um resultado positivo
- Reaparecimento da IgM anti-CMV em cerca de 40% dos casos de reativação ou reinfecção
- Resultados falso-positivos após infecção por EBV, o qual é um potente estimulador de células B e pode levar à produção de anticorpos da classe IgM contra outros agentes com os quais, no passado, o paciente já teve contato, inclusive o CMV. Reação cruzada pode também ocorrer entre anticorpos IgM dos dois vírus, devido à presença de antígenos semelhantes entre si, por serem, ambos, vírus do grupo herpes
- Interferência dos anticorpos IgM com especificidade contra antígenos celulares, provenientes da contaminação da preparação antigênica por componentes das células utilizadas no cultivo do vírus
- Testes com antígenos recombinantes não apresentam ainda uma avaliação definitiva. A falta de um teste que seja padrão-ouro dificulta a comparação e a análise dos resultados dos novos testes. A detecção do DNA do CMV não é adequada como padrão, uma vez que a excreção viral é intermitente em indivíduos imunocompetentes, e os resultados negativos e positivos podem se alternar em um mesmo indivíduo
- Interferência do FR eventualmente presente no soro, bem como de grande excesso, como descrito anteriormente. Recomenda-se, assim, o teste de captura da IgM e o teste de avidez da IgG. Muitas vezes, a detecção do vírus ou do seu ácido nucleico torna-se necessária quando os testes sorológicos não permitem decisão.

Os anticorpos *IgG* são também precocemente detectados, com pico em 1 a 2 meses após o início da infecção e persistem toda a vida. O teste de avidez da IgG, baseado na diferença de afinidade funcional da IgG nas infecções recentes e passadas, permite o diagnóstico da infecção primária por um período de 4 a 5 meses após o início da infecção. O encontro de IgG de baixa avidez traduz uma infecção primária e o de alta avidez exclui a infecção primária.

O IA médio de uma infecção primária, após 3 meses, é menor que 20% (baixa) e, entre 4 e 6 meses, de 30 e 50% (intermediária). Assim, o encontro de IA de 50% em uma amostra coletada no primeiro trimestre de gravidez pode ser associado a maior risco de transmissão fetal, e IA > 65%, a menor risco.

O teste de antigenemia não apresenta uma sensibilidade adequada, mesmo em amostras colhidas no início da infecção. A detecção do DNA do CMV por PCR para o diagnóstico da infecção primária em gestantes é mais sensível no início da infecção, mas muitas vezes apresentam resultados não concordantes entre diferentes laboratórios.

O diagnóstico molecular deve ser feito em amostra de urina de recém-nascido, por sua maior sensibilidade em relação à amostra de sangue. A amplificação do mRNA pode monitorar a transcrição de produtos virais e assim correlacionar-se com a infecção ativa, sendo útil para pacientes imunocomprometidos.

Testes moleculares quantitativos têm apresentado alta correlação com a doença citomegálica pós-transplante, mas a carga viral no sangue materno não tem mostrado correlação importante com a taxa de transmissão congênita do CMV nem com a gravidade da infecção fetal.

Diagnóstico laboratorial da infecção congênita

A imunidade materna parece não proteger contra a transmissão ao feto após uma reativação ou reinfecção, mas resulta em uma infecção menos virulenta. Não se verifica, também, uma associação entre a intensidade da resposta anticórpica materna e a gravidade da infecção congênita.

Entretanto, a resposta linfoproliferativa, um dos testes de avaliação da imunidade celular, mostrou estar baixa em recém-nascidos com infecção congênita ou perinatal, principalmente nos casos sintomáticos, mostrando haver uma supressão da resposta imune celular específica ao CMV. De fato, recentes trabalhos têm demonstrado que muitos produtos gênicos do CMV apresentam propriedades imunomoduladoras supressoras.

Diagnóstico intrauterino e no recém-nascido

Para o LA, a PCR é o método de escolha no diagnóstico da infecção congênita, e a carga viral, nesse material, é um parâmetro promissor como preditivo de prognóstico clínico dessa infecção.

A coleta do LA deve ser realizada entre 21 e 22 semanas de gestação, pois, antes da 20ª semana, resultados falso-negativos podem ser observados. Além disso, deve ser feita decorridas 6 a 9 semanas após a infecção materna, período necessário para que o vírus seja detectável nesse material.

Entretanto, nem todos os resultados positivos pela PCR são também positivos pela cultura do vírus, e, nesses casos, menor frequência de infecção fetal tem sido relatada. Contudo, se a positividade for para ambos os testes, a probabilidade da infecção fetal é de 94%.

A cordocentese pode ser feita em torno de 21 semanas de gestação e permite realizar, no sangue do cordão umbilical, a detecção do vírus e/ou a PCR, assim como o teste sorológico para IgM, além de contagem de plaquetas e teste de função hepática.

O exame fetal por ultrassonografia pode revelar microcefalia, ascite, hepatomegalia, dilatação ventricular, retardo no crescimento intrauterino, derrame pericárdico, calcificação intracraniana, calcificação abdominal e outros. Entretanto, a sensibilidade desse exame é baixa, de 30 a 50%.

No recém-nascido, o diagnóstico da infecção congênita por CMV pode ser feito por detecção do vírus ou do seu ácido nucleico e por testes sorológicos para IgM, avidez da IgG e acompanhamento de níveis séricos de anticorpos IgG específicos por 6 meses a 1 ano.

Imunoensaios

Apesar da baixa sensibilidade, em torno de 80%, testes de detecção da IgM anti-CMV auxiliam o diagnóstico da infecção congênita por CMV.

Anticorpos IgM podem ser detectados, muitas vezes, por longos períodos (6 a 9 meses) após a infecção primária, bem como durante a reativação e a reinfecção. Assim, entre as gestantes IgM positivas, apenas 7,5% resultam em infecção congênita, podendo-se considerar a positividade de IgM apenas um ponto de partida para investigar o real risco para o feto, por meio de outros testes.

Nos recém-nascidos não infectados, os anticorpos IgG de transferência placentária são gradualmente eliminados dentro de 6 meses ou, às vezes, até 12 meses. Já nos infectados congenitamente, os anticorpos IgG mantêm-se sempre positivos, com declínio inicial, seguido de elevação progressiva de títulos, o que constitui um dos critérios de diagnóstico sorológico da infecção congênita.

Testes laboratoriais de detecção do citomegalovírus ou seus componentes

Cultura do vírus

A maioria das crianças congenitamente infectadas excreta grandes quantidades de vírus na urina ou nas secreções respiratórias. Assim, o isolamento do vírus na urina ou na saliva, nas primeiras 2 ou 3 semanas de vida, representa o método mais seguro de diagnóstico da infecção congênita por CMV, pois, além de ser um teste de diagnóstico definitivo, somente a infecção congênita resultará em cultura positiva nesse período. Exames realizados posteriormente não distinguem uma infecção congênita da perinatal, pois ambos podem ser positivos.

O método de cultura é demorado, necessitando de 3 a 4 semanas para se obter o resultado. A revelação por anticorpos fluorescentes contra as proteínas precoces do CMV ou a técnica do *shell vial* (antigenemia CMV) constitui um modo de obtenção rápido de resultados, podendo-se finalizar o exame em 48 h após a inoculação do material clínico, com sensibilidade de 80 a 90% e especificidade superior a 95%. O método de cultura depende das condições de transporte e processamento das amostras e é a maior causa de erros pré-analíticos desse método, podendo levar a resultados falso-negativos.

Reação em cadeia da polimerase

Além do diagnóstico intrauterino, testes moleculares podem ser feitos na urina ou no sangue dos recém-nascidos. Esse teste é sujeito a resultados falso-positivos por DNA de outros materiais ou ainda de sangue materno, que pode ter contaminado o sangue do cordão umbilical.

A sensibilidade da PCR varia entre diferentes laboratórios, mas geralmente se situa entre 80 e 100%, comparando-se com os métodos de cultura. Também nesse caso, a coleta do material nas primeiras 3 semanas de vida é importante para distinguir a infecção congênita da perinatal.

A determinação da carga viral nos leucócitos periféricos de recém-nascidos mostra que a alta carga viral correlaciona-se com a infecção congênita sintomática. O monitoramento dessa carga viral pode ser útil no acompanhamento de tratamento antiviral de recém-nascidos infectados.

Antigenemia pp65 no sangue

Esse método é de pouco auxílio no diagnóstico da infecção congênita, para a qual menos da terça parte dos recém-nascidos infectados fornece resultados positivos. Outras alterações laboratoriais incluem: concentração sérica das aminotransferases, trombocitopenia e hiperbilirrubinemia conjugada.

Rubéola

Até 1941, rubéola era considerada uma doença benigna da infância, autolimitada e sem nenhuma consequência grave. A primeira descrição do efeito teratogênico do vírus foi feita durante uma epidemia que assolou a Europa, na década de 1940, por Norman McAlister Gregg, oftalmologista que descreveu um grupo de crianças com catarata e algumas com doença cardíaca congênita em um curto período de tempo no País de Gales, todas nascidas de mães que tiveram rubéola no início da gravidez.

A síndrome da rubéola congênita (SRC) foi assim descrita, complementada com novas informações a cada epidemia, como a pandemia que ocorreu no mundo, em 1962 a 1965. Entretanto, a partir de 1969 e 1970, houve uma grande mudança na epidemiologia da rubéola com a introdução da vacinação para seu vírus, inicialmente nos EUA, no Canadá e na Inglaterra. A rubéola e a SRC praticamente desapareceram nos países desenvolvidos, ficando restritas a certos grupos populacionais segregados.

Vírus da rubéola

É membro da família Togaviridae e contém um RNA de fita simples, de 9.762 nucleotídios, sendo único membro do gênero *Rubivirus*. Possui um nucleocapsídio de simetria cúbica, envolto em uma lipoproteína do envelope, que apresenta projeções, formadas de duas glicoproteínas, E1 e E2.

Respostas celular e humoral são produzidas contra as três estruturas, mas é na glicoproteína E1 que se localizam os principais epítopos imunodominantes. A vacina da rubéola protege contra todas as cepas, pois, apesar de apresentarem dois genótipos, o vírus é antigenicamente homogêneo.

A transmissão ocorre via inalação do aerossol contendo altas concentrações de partículas virais, que infectam células do trato respiratório superior e da faringe, em que ocorre a primeira multiplicação. Segue-se a viremia, que resulta na infecção sistêmica, com envolvimento de vários órgãos, incluindo a placenta.

O vírus é excretado na nasofaringe por cerca de 1 semana antes do *rash* (eritema papular) até 1 a 2 semanas após, raras vezes excedendo esse intervalo. Nos recém-nascidos com rubéola congênita, a excreção viral persiste longos períodos, sendo assim uma fonte de infecção para os suscetíveis.

Em crianças, sintomas constitucionais são ausentes ou muito discretos, mas no adulto podem ocorrer febre, mal-estar seguido de *rash* cutâneo. Com o desenvolvimento da resposta imune humoral, o *rash* desaparece, assim como a viremia.

A rubéola pós-natal pode vir acompanhada de complicações, principalmente das articulações. Artrites e artralgias transitórias de 3 a 4 dias, raras vezes mais, são as mais frequentes, podendo ocorrer em mais de 50% das mulheres jovens com infecções naturais e em cerca de 40% após a vacinação. O mecanismo provável é imunopatogênico, uma vez que os vírus da rubéola podem ser detectados no líquido sinovial formando imunocomplexos.

O diagnóstico laboratorial é essencial, pois a maioria dos casos é totalmente assintomática. Algumas infecções são clinicamente indistinguíveis da rubéola, como a infecção por parvovírus B19, que pode, também, apresentar febre, exantema e acometimento das articulações. O parvovírus B19 não é teratogênico, mas pode resultar em insucesso da gestação, principalmente no segundo trimestre da gravidez. Diagnóstico diferencial deve ser feito, também, entre herpes-vírus humano 6, dengue e sarampo.

Vacinação antirrubéola

Após o licenciamento da vacina constituída de vírus da rubéola vivo e atenuado, nos anos 1960, a epidemiologia da doença mudou completamente. A cepa RA27/3, cultivada em células diploides humanas, fornece o imunógeno cuja taxa de soroconversão é de 95% em vacinados maiores que 11 meses.

No estado de São Paulo, o Centro de Vigilância Epidemiológica, por meio de Programa Controle da Rubéola e da Síndrome da Rubéola Congênita, iniciou, em 1992, o programa de vacinação de crianças de 1 a 10 anos, substituindo a vacina monovalente contra o sarampo por vacina tríplice viral, a MMR (*measles, mumps, rubella*), que consiste em vírus da rubéola da cepa RA 27/3 combinada com os vírus do sarampo e da caxumba e que passou a fazer parte do calendário vacinal da rede pública. Tornou, ainda, obrigatória a notificação da rubéola e da SRC.

A primeira dose de vacina tríplice viral deve ser administrada aos 12 meses de idade e, a segunda, aos 5 a 6 anos simultaneamente com o segundo reforço de DTP (difteria, tétano e coqueluche) e Sabin.

Os efeitos adversos da vacina são poucos, mas artrites e artralgias podem ocorrer em cerca de 40% dos vacinados, principalmente mulheres jovens. Por ser uma vacina constituída de vírus vivo, é contraindicada aos pacientes imunocomprometidos e às gestantes.

Na rubéola naturalmente adquirida, os anticorpos persistem 20 ou mais anos, provavelmente toda a vida, mas em alguns casos os seus níveis séricos podem declinar com o passar dos anos para valores inferiores a 10 UI/mℓ. Esses indivíduos, quando desafiados com a vacina nasal, demonstram um rápido aumento nas concentrações de anticorpos contra rubéola, típico da resposta imune secundária, mas com viremia rara ou baixa e, provavelmente, insuficientes para causar lesão fetal. De fato, nenhum caso de SRC foi observado em vacinação realizada, inavertidamente, em mulheres no início da gravidez.

No Brasil, na campanha contra rubéola que incluía, também, mulheres em idade gestacional, mais de 6.000 grávidas foram inadvertidamente vacinadas, mas nenhum caso de rubéola congênita foi detectado.

Síndrome da rubéola congênita

Transmissão ao feto

A transmissão do vírus da rubéola ao feto pode ocorrer durante todo o período de gestação, porém o risco fetal depende da idade gestacional, provavelmente devido à variação na estrutura placentária. Assim, taxas de infecção congênita, de acordo com o período da rubéola materna, têm sido relatadas na literatura como sendo:

- Primeiro trimestre: 67 a 90%
- Segundo trimestre: 25 a 67%
- Terceiro trimestre: 35 a 100%.

Não há transmissão ao feto quando a rubéola ocorrer antes da gravidez. Durante a viremia materna, a infecção da placenta pode levar o agente até o feto que, estando no início da gravidez, tem seu sistema de defesa ainda imaturo e pode resultar em embriopatia por vírus da rubéola com necrose celular, sem nenhuma resposta inflamatória. As células infectadas têm vida curta e número reduzido nos órgãos. Estudos experimentais demonstram que a indução anormal de apoptose pode ocorrer em células infectadas e também nas células vizinhas não infectadas.

A lesão fetal é multifatorial, resultante do dano celular vírus-induzido e do efeito do vírus sobre a mitose. Tais eventos, se ocorrerem no início da gravidez, podem resultar no retardo e desorganização da organogênese do feto, expressa como recém-nascido de baixo peso, com anomalias estruturais em olho, coração, cérebro, surdez neurossensorial e outros órgãos (Tabela 22.2 e Figura 22.6).

As anormalidades no feto dependem da idade gestacional em que ocorre a rubéola materna e é mais grave quanto mais precocemente a rubéola primária ocorrer na gravidez. Assim, o risco estimado de defeito congênito é de 90% na rubéola

Tabela 22.2 Principais manifestações clínicas da rubéola congênita.

Órgão envolvido	Efeito
Cérebro	Microcefalia Retardo mental
Olho	Catarata Microftalmia
Ouvido	Surdez
Coração	Cardiopatia congênita
Fígado, baço	Hepatoesplenomegalia Púrpura trombocitopênica Anemia
Geral	Baixo peso Mortalidade infantil maior

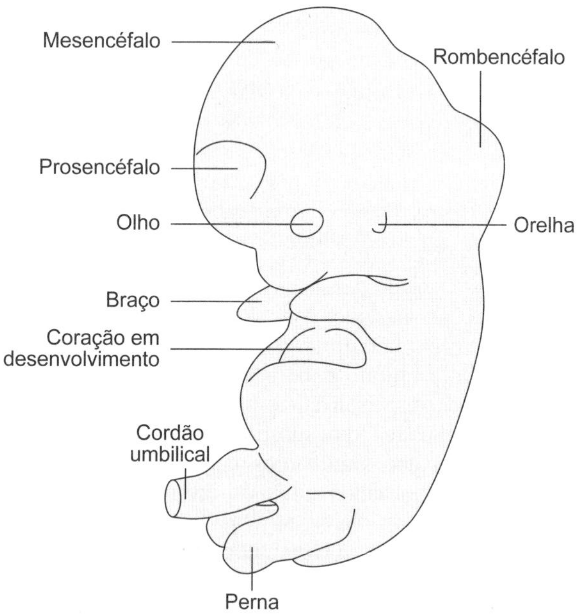

Figura 22.6 Embrião de 40 dias com aproximadamente 2 cm.

antes de 11 semanas de gravidez; 33% entre 11 e 12 semanas; 11% de 13 a 14 semanas; 24% entre 15 e 16 semanas; e praticamente ausente após 16 semanas. A surdez e a retinopatia são, muitas vezes, as únicas manifestações da rubéola congênita.

A reinfecção, mais comum em pessoas vacinadas do que naquelas que tiveram infecções naturalmente adquiridas, é na maioria dos casos assintomática, sendo o risco para o feto praticamente ausente. Durante todo o período intrauterino, o vírus estabelece uma infecção crônica persistente com o envolvimento de muitos órgãos. Após o nascimento, ele mantém a excreção viral nas secreções respiratórias e na urina por meses a anos, constituindo, assim, uma fonte de disseminação viral e transmissão para os indivíduos suscetíveis.

Alguns mecanismos têm sido apontados para a persistência viral nos fetos/recém-nascidos, como a pouca eficiência em montar sua resposta imune celular e a tolerância imunológica à proteína E1 do vírus da rubéola.

Aspectos clínicos

As manifestações da SRC podem ser detectadas ao nascer, mas em alguns casos só se tornam aparentes após meses ou anos de vida. As principais manifestações são:

- Transitórias: púrpura trombocitopênica neonatal, anemia hemolítica, hepatite, hepatoesplenomegalia, linfadenopatia, miocardite, meningoencefalite, lesões ósseas, baixo peso
- Permanentes: surdez, doença cardíaca congênita, catarata, glaucoma, microftalmia, retinopatia pigmentar, microcefalia, retardo psicomotor
- Tardias: diabetes *mellitus*, hipo e hipertireoidismo, menopausa precoce, osteoporose, panencefalite subaguda.

Em uma grande revisão de casos de SRC confirmada laboratorialmente, a frequência das principais sequelas foi: deficiência auditiva (60%), doença cardíaca congênita (45%), microcefalia (27%), catarata (25%), baixo peso (< 2.500 g) ao nascer (23%), púrpura (17%), hepatoesplenomegalia (19%), retardo mental (13%) e meningoencefalite (10%).

Diagnóstico laboratorial da rubéola adquirida

O diagnóstico pré-natal da rubéola congênita inicia-se com o diagnóstico da rubéola primária materna. Anticorpos neutralizantes antivírus da rubéola podem ser detectados por *teste de inibição de hemaglutinação (IHA)* e hemólise radial simples. O IHA foi utilizado por muitas décadas e é considerado referência para o diagnóstico sorológico da rubéola, apresentando alta correlação com a imunidade. Entretanto, é um teste de difícil padronização, com muitas etapas e que utiliza reagente perecível e de difícil obtenção, como as hemácias de aves de 1 dia de vida (pinto, ganso ou pombo).

Atualmente, devido à complexidade desse teste, a maioria dos laboratórios utiliza o teste imunoenzimático tipo *ELISA* ou quimiluminescência para IgG e IgM. A concentração de anticorpos IgG de 10 UI/mℓ é a mais adotada como limiar de reatividade (*cut off*), sendo os valores superiores associados à imunidade.

A detecção de *anticorpos IgM* é a técnica mais utilizada e prática de diagnóstico da infecção recente por vírus da rubéola. Esses anticorpos são detectados muito precocemente, cerca de 3 dias após o *rash*, atingindo o pico em 7 a 10 dias. Seus níveis declinam rapidamente, entre 1 e 2 meses pela técnica de IHA, mas podem permanecer positivos durante períodos prolongados de 2 a 6 meses, raramente 1 ano, nos imunoensaios mais modernos.

A atual metodologia de detecção da IgM antirrubéola, como a captura de IgM, e o uso de recursos de geração de sinais potentes tornaram os testes bastante sensíveis, o que deixou a interpretação clínica dos resultados mais complexa devido à persistência desses anticorpos IgM muito tempo após a infecção primária e a sua detecção nas reinfecções. Todos os cuidados para evitar resultados falso-negativos e falso-positivos devem ser tomados, como já descrito anteriormente.

Os *anticorpos IgG* antivírus da rubéola são detectados dentro de 3 a 4 dias após o início dos sintomas, atingindo o pico em 2 semanas. Em seguida, declinam lentamente, persistindo toda a vida na maioria dos indivíduos (Figura 22.7).

A reinfecção pode ocorrer, mas é mais frequente nos indivíduos imunizados por vacinação, nos quais os anticorpos IgM podem ser detectáveis, ainda que em baixos níveis, e podem dificultar o diagnóstico, pois, associados à súbita elevação dos níveis de IgG, podem ser interpretados como uma infecção primária. O encontro de anticorpos IgG de alta avidez auxilia no diagnóstico da reinfecção.

Diagnóstico laboratorial da rubéola congênita | Intrauterino

O diagnóstico laboratorial da rubéola congênita pode ser feito no feto, muito precocemente, pela coleta de vilosidade coriô-

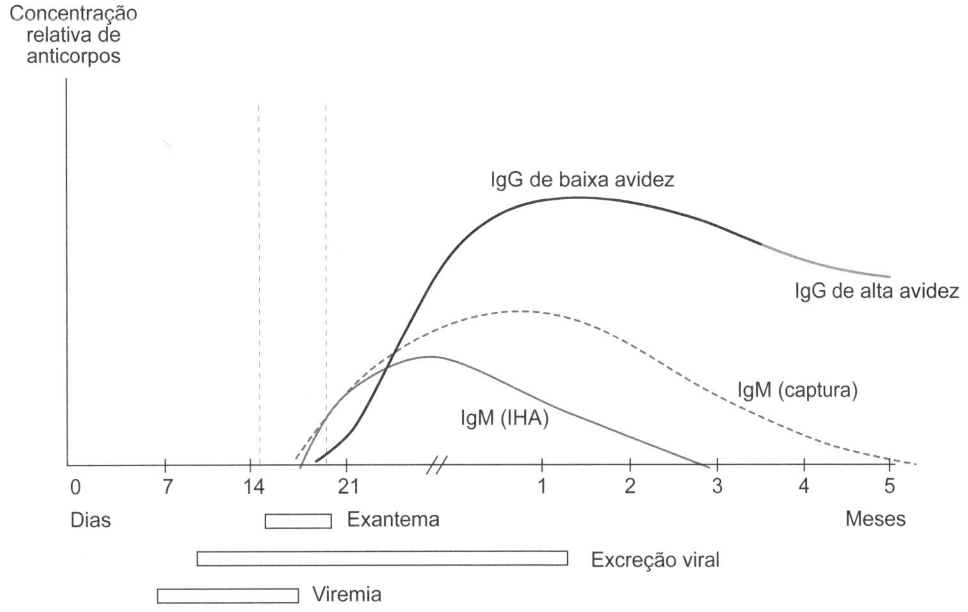

Figura 22.7 Curva sorológica da rubéola primária materna.

nica, amniocentese e cordocentese. Nesses materiais, são aplicadas técnicas de detecção do vírus da rubéola, como a cultura, pouco utilizada, a técnica de imunoistoquímica e a detecção do RNA do vírus da rubéola por técnicas moleculares.

A biopsia das vilosidades coriônicas é pouco recomendada devido à elevada taxa de perda fetal. A presença do vírus no material de biopsia deve ser interpretada com cuidado, pois um resultado positivo pode não representar uma infecção fetal.

A amniocentese deve ser feita após 15 semanas de gestação e pelo menos 8 semanas após a infecção materna. Testes moleculares realizados no LA necessitam de melhores padronizações e têm fornecido resultados conflitantes entre diferentes relatos, variando a sensibilidade entre laboratórios.

A cordocentese é atualmente a melhor técnica de diagnóstico fetal e deve ser realizada após 22 a 24 semanas de gravidez. O sangue permite realizar tanto técnicas virológicas e moleculares quanto sorológicas.

A PCR após transcrição reversa (RT-PCR) tem mostrado alta sensibilidade no sangue fetal e resultados mais consistentes entre diversos autores, e é uma ferramenta de escolha para o diagnóstico intrauterino da rubéola congênita.

Testes sorológicos para o diagnóstico da SRC devem levar em conta o padrão de resposta imune, que é peculiar e única. Observa-se uma resposta por anticorpos IgM prolongada, lenta maturação da avidez da IgG e resposta imune celular reduzida, como parte do efeito do vírus sobre o feto ainda em formação. O efeito devastador sobre o feto é mais acentuado quanto mais precoce for a infecção durante a gravidez.

Apesar de o feto conseguir sintetizar a IgM a partir da 20ª semana de gestação, a presença de IgM específica na rubéola é quase sempre observada somente após a 22ª à 24ª semana, e os imunoensaios podem mostrar resultado falso-negativo quando a coleta for realizada antes desse período. Nesse caso, uma segunda amostra colhida mais tarde pode apresentar melhor sensibilidade.

A passagem placentária da IgG materna a partir de 17 semanas, ainda em baixos níveis, aumenta para quantidades elevadas a partir de 38 semanas, atingindo, no momento do nascimento do bebê, níveis semelhantes ou maiores que os da mãe.

Diagnóstico laboratorial da síndrome da rubéola congênita em recém-nascido

O vírus pode ser isolado das secreções respiratórias em cerca de 80 a 90% dos recém-nascidos com SRC durante o primeiro mês de vida, e vai diminuindo progressivamente no primeiro ano. O método de cultura é muito elaborado e praticamente feito apenas em laboratórios especializados, mas a RT-PCR tem demonstrado alta sensibilidade e vem substituindo o isolamento viral.

Após o nascimento, os anticorpos maternos transferidos passivamente são catabolizados atingindo níveis mínimos em 3 a 5 meses. Entretanto, a síntese da IgG na criança recupera esses baixos níveis voltando a se elevar novamente. Assim, a típica negativação da IgG antirrubéola em crianças não infectadas não existe na rubéola congênita. A persistência de resultado positivo da IgG antirrubéola mais de 6 meses a 1 ano constitui outro dos recursos de diagnóstico da rubéola congênita.

Os anticorpos IgM são detectados em quase todos os casos de SRC após 3 meses de vida, nos testes mais sensíveis, como o teste de captura da IgM, mas declinam em seguida para menos de 50% aos 12 meses e raras vezes são detectados aos 18 meses.

A maturação da avidez de IgG ocorre muito lentamente na SRC, podendo a IgG de baixa avidez ser detectada por cerca de 3 anos. Assim, quando não foi possível detectar a IgM em tempo adequado, a avidez de IgG pode auxiliar no diagnóstico da SRC.

Um método alternativo seria a vacinação de criança com forte suspeita de SRC, mas negativa para anticorpos antirrubéola. No entanto, crianças com SRC não respondem à vacinação contra rubéola, possivelmente pelo efeito imunossupressor do vírus, ou devido à tolerância induzida na vida intrauterina.

Outras alterações laboratoriais, como a eritroblastose, a trombocitopenia, a anemia e as enzimas hepáticas, podem, também, ser observadas.

Sífilis congênita

A infecção por *T. pallidum*/sífilis está descrita no Capítulo 16. Assim, somente alguns aspectos da transmissão vertical, da clínica e do diagnóstico laboratorial da sífilis congênita serão abordados neste capítulo.

A sífilis congênita é uma infecção causada pela disseminação hematogênica do *T. pallidum*, da gestante infectada para o seu concepto.

A notificação tanto da sífilis congênita quanto da gestante é compulsória e vem mostrando aumento dessa infecção nos últimos anos. Em 2016, no Brasil, foram notificados 20.472 casos de sífilis congênita, dos quais 285 culminaram em óbito.[3]

Transmissão congênita

A transmissão fetal pode se dar em qualquer idade gestacional, sendo maior com sífilis materna não tratada e com estágios primário e secundário, quando se observam taxas de 70 a 100%, reduzindo para cerca de 30% nas demais fases (40% na fase latente precoce e para 10% na latente tardia). Assim, quanto mais tempo decorrer entre o início da infecção materna e a gestação, menor será a taxa de transmissão (Tabela 22.3). Pode haver morte perinatal em 40% das crianças infectadas.

Aspectos clínicos

A sífilis congênita é uma doença que envolve múltiplos órgãos com extensa reação imune-inflamatória de evolução crônica. Mais da metade dos recém-nascidos com sífilis congênita são assintomáticos, e os sintomáticos podem apresentar sinais e sintomas pouco característicos, dificultando o diagnóstico clínico.

A doença pode resultar em abortamento (perda gestacional com até 22 semanas de gravidez ou peso menor que 500 g), natimorto (morte fetal após 22 semanas de gestação ou com peso superior a 500 g), prematuridade, feto hidrópico, recém-nascidos sintomáticos e recém-nascidos assintomáticos.

As manifestações da sífilis congênita pós-natal podem ser divididas em dois estágios: precoce, quando ocorre até 2 anos de vida, e tardio, quando as manifestações surgem após 2 anos de idade.

Os achados mais característicos das manifestações precoces são: prematuridade e baixo peso (10 a 40%), hepatomegalia com ou sem esplenomegalia (33 a 100%) e alterações ósseas na radiografia (75 a 100%). Pode haver outras manifestações como rinite sanguinolenta, coriza, obstrução nasal, alterações respiratórias, pneumonia, icterícia, anemia grave, hidropisia, edema, pseudoparalisia dos membros, fissura peribucal, condiloma plano, pênfigo palmoplantar e outras lesões cutâneas, febre, choro ao manuseio, e outros. Muitas manifestações não estão presentes no momento do nascimento, mas podem se desenvolver até os 3 meses de vida.

Tabela 22.3 Sensibilidade do teste de VDRL e taxa de transmissão de acordo com a fase da sífilis materna.

Período do contato sexual	Sensibilidade do VDRL	Evolução da sífilis	Taxa de transmissão
3 semanas	75%	Sífilis primária	70 a 100%
6 a 8 semanas	100%	Sífilis secundária	90%
< 1 ano	Títulos baixos	Latência precoce	Cerca de 30%
> 1 ano	Títulos baixos ou negativos	Latência tardia Sífilis terciária	Cerca de 30%

As manifestações tardias incluem sinais e sintomas como: tíbia em forma de lâmina de sabre, fronte olímpica, nariz em sela, dentes incisivos medianos superiores deformados, mandíbula curta, arco palatino elevado, surdez neurológica por volta dos 8 a 10 anos de idade e dificuldade de aprendizado.

Muitos desses sinais não são patognomônicos da sífilis congênita, podem ser encontrados em outras infecções congênitas. Assim, na maioria das vezes, a suspeita da sífilis congênita inicia-se com resultado positivo da sorologia materna.

Diagnóstico da sífilis nos exames sorológicos para pré-natal

Na população de baixo risco, o teste de triagem sorológica para sífilis, no exame pré-natal de rotina, deve ser feito no primeiro e no início do terceiro trimestre da gravidez.

Já em população de alto risco ou de alta prevalência, recomenda-se que seja feita, além da sorologia de rotina, a repetição dos exames bem próximo ao parto para monitorar a gestante quanto a uma eventual infecção primária ou uma reinfecção, transmitida posteriormente à realização dos exames pré-natal de rotina, principalmente quando se suspeita de que seu parceiro não foi adequadamente tratado.

O Ministério da Saúde[4] recomenda um dos três fluxogramas para o teste de triagem para sífilis. No fluxograma 1, a triagem é feita com testes não treponêmicos, como o VDRL ou RPR (ver Capítulo 16). Devido à alta frequência de resultados falso-positivos nesses testes, as amostras reagentes ou inconclusivas são confirmadas por teste treponêmico, como TPHA, ELISA ou quimiluminescência. Recomenda-se que, na impossibilidade da realizar testes confirmatórios, resultados do teste não treponêmico (VDRL e RPR) sejam considerados para o diagnóstico, sobretudo em mulheres não tratadas anteriormente de maneira adequada. Esse algoritmo é apropriado para rotinas pequenas que executam a triagem sorológica para sífilis de modo manual.

Já no fluxograma 2, a triagem inicia-se com o teste treponêmico, e as amostras reagentes ou inconclusivas são submetidas aos testes não treponêmicos.[4] A vantagem desse algoritmo é a possibilidade de automação, principalmente para grandes rotinas. Os testes não treponêmicos oferecem a vantagem de ter os resultados associados à fase da sífilis e ainda ser muito úteis no monitoramento do tratamento (ver Capítulo 16).

Em gestantes sem nenhum teste durante a gestação, pelo menos um teste rápido deve ser feito no próprio centro obstétrico. No fluxograma 3, útil também em diversas outras situações, a triagem é feita por um teste rápido treponêmico. Resultados reagentes devem ser confirmados por teste treponêmico de metodologia diferente daquela utilizada na triagem. Contudo, alguns testes rápidos apresentam baixa sensibilidade nas amostras com baixos níveis de anticorpos, sendo próximos a 100% somente quando os títulos da RPR são iguais ou maiores que 1:16. Esses testes são, em geral, feitos por pessoal não especializado, e, assim, a qualidade dos resultados depende do teste e do nível de treinamento técnico do profissional.[4]

Alguns estudos têm demonstrado que o teste imunocromatográfico com antígeno treponêmico apresenta sensibilidade de 93,6%, especificidade de 92,5% e boa correlação com o *fluorescent treponemal antibody adsorption test* (FTA-ABS), sendo muito útil em situações de emergência. O teste anti-HIV também deve ser realizado em gestantes com sífilis para prevenir a transmissão do HIV, que ocorre mais facilmente nessa população.

Diagnóstico laboratorial da sífilis e da sífilis congênita

É feito pela demonstração do *T. pallidum* no material de lesão ou nos fluidos corpóreos, por meio de métodos como: microscopia de campo escuro, imunofluorescência direta ou exame histológico.

O encontro de anticorpos IgM anti-*T. pallidum* indica uma infecção congênita e pode ser alcançado por testes como FTA-ABS, ELISA e *immunoblot* (ver Capítulo 16). Contudo, a sensibilidade desses testes é baixa na sífilis congênita e um resultado negativo não exclui o diagnóstico. Em alguns países em desenvolvimento, apenas o VDRL, que também detecta anticorpos IgG e, portanto, atravessa a barreira placentária, tem sido realizado para o diagnóstico sorológico da infecção congênita. Nesse caso, os títulos de anticorpos no soro materno e no da criança devem ser comparados, considerando-se como significativos para sífilis congênita títulos quatro vezes maiores na criança em relação aos da mãe.

Para os testes laboratoriais, soros de cordão umbilical não são recomendados, pois pode ocorrer mistura do sangue do recém-nascido com o materno, além da intensa hemólise muitas vezes observada em coletas inadequadas e que podem alterar os resultados laboratoriais. Nos recém-nascidos assintomáticos, mas com suspeita de sífilis congênita, devem ser realizados o exame do líquido cefalorraquidiano (LCR), a radiografia de ossos longos e o hemograma.[5]

O exame do LCR deve ser feito em todos os recém-nascidos que se enquadrarem na definição de caso, pois a conduta terapêutica depende da confirmação da neurossífilis. Havendo alteração liquórica, o tratamento deverá ser feito com penicilina G cristalina, e não com penicilina benzatina, que não é indicada aos casos de neurossífilis, pois não mantém nível treponemicida no LCR de neonatos.

Não há um teste padrão-ouro para o diagnóstico laboratorial da neurossífilis. Assim, o diagnóstico é feito associando-se dados de sorologia e alterações liquóricas como celularidade, proteinorraquia e teste positivo para VDRL.

Leucocitose (mais de 25 leucócitos/mm^3) e elevada proteinorraquia (mais de 150 mg/dℓ) no período neonatal são evidências de sífilis congênita. Para crianças com mais de 28 dias de vida, devem ser considerados os seguintes valores: LCR com VDRL positivo, mais de 5 leucócitos/mm^3 e/ou mais de 40 mg/dℓ de proteínas.

O VDRL positivo no LCR deve ser interpretado como neurossífilis, independentemente das alterações liquóricas. Apenas o VDRL deve ser usado nesse material, pois o RPR não foi validado adequadamente para uso em LCR.

Entretanto, apesar da alta especificidade do VDRL no LCR, sua sensibilidade é baixa, de 30 a 78% nos casos de neurossífilis. Resultados falso-positivos podem ocorrer se o LCR for contaminado pelo sangue, pois, então, os anticorpos são decorrentes da difusão passiva do sangue para o LCR, e não de uma infecção ativa do sistema nervoso central. Um resultado negativo permite excluir a possibilidade de neurossífilis, com boa segurança.

Em crianças sintomáticas, mais de 95% das que apresentam envolvimento do sistema nervoso central podem ser diagnosticadas somente pelos exames clínicos e laboratoriais, que devem incluir pesquisa de anticorpos IgM, PCR e radiografia.

Em crianças com sífilis confirmada, segue-se o tratamento e seguimento ambulatorial no primeiro ano de vida. O seguimento sorológico por VDRL deve ser feito com 1, 3, 6, 12 e 18 meses de intervalo, interrompendo-o quando o teste negativar.

Toxoplasmose congênita

Neste capítulo, somente o aspecto laboratorial da infecção congênita por *T. gondii* será apresentado (ver Capítulo 17). A toxoplasmose é uma das infecções mais frequentes no mundo, com alta prevalência de anticorpos nos adultos, apesar de importantes diferenças geográficas.

A transmissão ocorre pelo consumo de carnes cruas ou mal cozidas, contaminadas por cistos teciduais ou, então, em contato com fezes de gato ou água contaminadas com oocistos do parasito. A transmissão fetal ocorre via hematogênica através da placenta.

A maioria dos casos de toxoplasmose não é diagnosticada, por ser subclínica. Sintomas, quando existem, são semelhantes aos de um resfriado comum com raros casos mais graves, que levam o paciente ao médico para o diagnóstico etiológico.

Após infecção primária, o parasito mantém-se indefinidamente no hospedeiro, de forma inativa latente, enquanto o sistema imune persistir competente.

A gravidade da toxoplasmose congênita é relacionada à infecção primária e à idade gestacional da infecção materna, sendo mais grave quanto mais cedo a transmissão ocorrer na gestação. Em gestantes imunes antes da concepção, o *T. gondii* é raramente transmitido ao feto.

A taxa de infecção fetal é de cerca de 30 a 40%, distribuídas de acordo com a idade gestacional na ocasião da infecção materna, sendo:

- 1º trimestre: 14 a 25%
- 2º trimestre: 29 a 54%
- 3º trimestre: 59 a 65%.

Em geral, a incidência da toxoplasmose congênita é de 1 a 10 casos por 10.000 nascidos vivos, variando de acordo com fatores socioeconômicos, culturais, étnicos, climáticos e o tipo de cepa do parasito prevalente na região. Trabalhos no Rio Grande do Sul demonstraram uma incidência média de 6 casos por 10.000 nascimentos.[6]

A toxoplasmose durante a gravidez pode resultar em abortos e prematuros, mas, entre os recém-nascidos, a maioria não manifesta sinais clínicos de infecção congênita. Contudo, podem apresentar sequelas mais tarde, como as manifestações oculares, que podem surgir meses ou até anos após o nascimento. Alguns casos manifestam hepatoesplenomegalia e icterícia, e as sequelas mais graves incluem microcefalia, hidrocefalia, coriorretinite, uveíte, surdez e retardo no desenvolvimento psicomotor. A tétrade clássica de Sabin (hidrocefalia, coriorretinite, calcificação intracraniana e retardo mental) pode não estar presente em todos os casos.

Diagnóstico laboratorial

Diagnóstico fetal

O diagnóstico fetal da toxoplasmose congênita pode ser feito no LA e no sangue fetal após, respectivamente, 20 e 22 semanas de gestação, ocasião em que o exame de ultrassonografia é também realizado.

A detecção do parasito pode ser feita no LA. Já no soro do cordão umbilical, além dos métodos parasitológicos, podem ser feitos testes sorológicos e outras determinações séricas.

O isolamento do parasito é o método mais seguro de diagnóstico de infecção congênita e pode ser feito a partir de tecidos da placenta, de LA e de sangue. Esses materiais podem ser empregados no teste de inoculação em camundongo ou então para cultura em tecidos, como os fibroblastos humanos. Ambos apresentam baixa sensibilidade, de cerca de 66 a 67%, tanto no sangue como no LA.

Testes moleculares podem ser feitos no LA, no sangue ou no LCR de crianças com suspeita de toxoplasmose congênita. A PCR no LA tem mostrado alta sensibilidade e especificidade, sendo a melhor técnica de diagnóstico intrauterino.

Outras alterações laboratoriais podem auxiliar no diagnóstico da toxoplasmose, como a determinação da bilirrubina sérica (direta), o aumento de leucócitos e eosinófilos, a diminuição de plaquetas e a elevação da IgM sérica total. A combinação dessas alterações orienta nova coleta de material fetal, mesmo que o teste específico para anticorpos tenha sido negativo.

A detecção de IgM e/ou IgA e/ou IgE antitoxoplasma no soro do cordão umbilical ou do sangue de recém-nascido estabelece o diagnóstico sorológico de infecção congênita. Entretanto, a sensibilidade desses testes é baixa, e, assim, resultados negativos não excluem a infecção congênita.

Em recém-nascidos, a produção de IgM e IgA parece ser menor quando o feto foi infectado no início da gestação, devido à falta de resposta imune do feto até cerca de 20 a 22 semanas de gestação.

Diagnóstico sorológico

Após a padronização do teste para a detecção de anticorpos anti-*T. gondii* por Sabin e Feldman, em 1948, outros testes como a reação de fixação do complemento, hemaglutinação indireta, teste de aglutinação direta e a imunofluorescência indireta (IFI) foram empregados, por muito tempo, para diagnóstico sorológico da toxoplasmose.

A IFI ainda é muito utilizada no diagnóstico, mas pode resultar em falso-positivos pela presença de anticorpos antinúcleo, por erros na leitura devido à fluorescência polar (ocorrência de IgM natural) e leitura subjetiva da fluorescência. Entretanto, por seu longo tempo de uso e interpretação clínica dos resultados bem conhecida, o teste de IFI tem sido considerado referência, muito útil na elucidação dos soros com suspeita de IgM residual por imunoensaios de sensibilidade muito alta.

A especificidade de testes para IgM e IgA no sangue periférico, por ELISA, tem sido relatada em torno de 99% para ambos, e no cordão umbilical, de 96 e 92%, respectivamente. Outras modalidades de imunoensaios, como o ELFA para IgM, têm mostrado alta sensibilidade, de 93,5 a 100%, e alta especificidade, de 99,3 a 98,6%.

Na toxoplasmose adquirida, três perfis sorológicos são identificados (Figura 22.8): infecção recente, fase de transição e infecção pregressa. Os imunoensaios utilizados na identificação desses perfis têm sido teste de fixação do complemento, hemaglutinação passiva, testes imunoenzimáticos ou de imunofluorescência para anticorpos IgG e IgM.

Entretanto, com o desenvolvimento de novos testes, a maioria automatizada, algumas interpretações têm sido revistas. O encontro de IgM residual, o qual não é significativo clinicamente, pode ser interpretado indevidamente como infecção recente com graves problemas para as gestantes.

Novos parâmetros que distinguem a infecção aguda da crônica, como o teste de avidez de IgG, podem ser muito úteis, pois os anticorpos de baixa avidez podem ser detectados por 3 a 4 meses, definindo os casos de infecção recente. Estudos da cinética de avidez da IgG, em grávidas cuja soroconversão foi constatada, mostraram que mulheres com IgG de alta avidez haviam sido infectadas por *T. gondii* pelo menos 3 a 5 meses antes.

Infecção congênita por herpes-vírus

▪ HSV tipos 1 e 2

A infecção humana por HSV é de distribuição mundial e pode ser causada por HSV do tipo 1 (HSV-1) e do tipo 2 (HSV-2). Ambos são geneticamente semelhantes e causam infecções primárias, latentes e recorrentes, e replicam-se na pele e em mucosas no local da entrada do vírus (orofaringe ou órgãos genitais), onde causam lesões vesiculares e infectam os neurônios locais.

A infecção primária é geralmente assintomática, mas pode variar de uma leve faringite até uma infecção disseminada, podendo levar o paciente à morte, especialmente os imunocomprometidos na resposta celular T.

Em hospedeiros imunocompetentes, a infecção primária resolve-se em semanas, mas os vírus continuam latentes nas células nervosas do hospedeiro.

Em pacientes imunocomprometidos, como os infectados pelo HIV ou receptores de transplantes, a doença pode ser grave, disseminada ou prolongada.

A reativação pode ocorrer repetidas vezes, com ou sem sintomas, e resulta na extensão do vírus dos neurônios para a pele ou mucosas.

O herpes genital caracteriza-se por vesículas nas mucosas genitais e na genitália externa, que são rapidamente convertidas em ulcerações superficiais, circundadas por um infiltrado inflamatório.

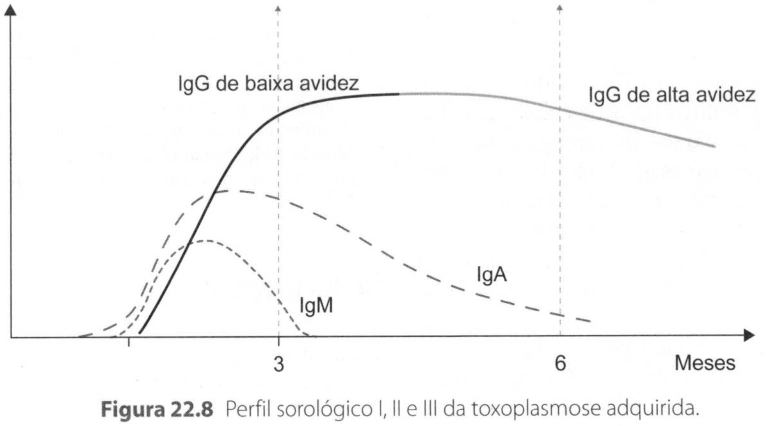

Figura 22.8 Perfil sorológico I, II e III da toxoplasmose adquirida.

Não há imunidade cruzada entre os dois vírus, podendo o indivíduo já soropositivo para HSV-1 infectar-se por HSV-2, mas, nesse caso, a doença manifesta-se de forma mais leve.

A maioria da população já é soropositiva aos 20 anos de idade. Assim, resultados sorológicos positivos em uma amostra isolada não significam infecção ativa.

A resposta imune para o HSV envolve o sistema imune celular e humoral. Os anticorpos são dirigidos contra componentes estruturais e não estruturais do HSV e uma intensa reação cruzada surge entre os dois tipos.

Após a infecção primária, os níveis de anticorpos declinam, mas tornam a se elevar na recorrência ou na infecção pelo tipo geneticamente diferente.

A reação cruzada com outros herpes-vírus só é observada com vírus varicela-zóster (HZV). Em pacientes com infecção prévia por HSV, a infecção por HZV pode elevar os títulos de anticorpos anti-HSV e vice-versa, exercendo um papel de *booster*.

Infecção congênita/perinatal

Entre os herpes-vírus, o CMV é o agente mais comum de infecção congênita. Outros membros da família Herpesviridae são mais associados a infecções perinatais.

A infecção neonatal por HSV é relativamente incomum, mas apresenta alta morbidade e sequelas graves.

Todos os herpes-vírus são patogênicos para os recém-nascidos, e transmitidos, verticalmente, por várias vias:

- Transplacentária (infecção congênita)
- Infecção ascendente
- Durante o parto, pela passagem pelo canal do parto infectado
- Imediatamente pós-parto, pelo aleitamento materno.

A infecção transplacentária é muito rara, mas se a infecção materna ocorrer na fase inicial da gestação pode causar infecção generalizada, com malformações congênitas e lesões neurológicas, oculares e de outros órgãos.

A infecção neonatal, nos EUA, tem sido relatada como 1 caso em cada 3.200 nascimentos e se tem observado frequência maior entre mulheres recentemente infectadas e menos naquelas com infecção recorrente, provavelmente porque a imunidade materna confira certa proteção e diminua a transmissão.[7]

A infecção neonatal é, na maioria, causada por HSV-2, resultado do contato com secreções genitais maternas que albergam o vírus. A infecção neonatal por HSV-1 é, geralmente, transmitida após o nascimento por contato íntimo com indivíduos portadores, sintomáticos e assintomáticos.

Imunoensaios para HSV

Testes como enzimaimunoensaios (EIA), quimiluminescência, hemaglutinação, IHA, *immunoblot*, IFI e teste de neutralização podem ser empregados. A maioria não é tipo-específica. Reações inespecíficas podem ocorrer na IFI devido à indução de receptores Fc por HSV em muitos tipos de células em cultura, mas podem ser evitadas com o uso de conjugado fluorescente anticomplemento, o qual não reage com a IgG presente nas células por causa da ligação com o receptor Fc, mas reage com o complemento que se ligou ao complexo antígeno-anticorpo resultante da reação imunológica entre a IgG específica e o antígeno viral presente nos fibroblastos infectados utilizados como fonte de antígeno.

EIA pode ser tipo-específico se o antígeno utilizado for as glicoproteínas G1 (gG1) e gG2 recombinantes. A triagem sorológica materna não faz parte do perfil padrão de exames pré-natal, mas pode ser feita por imunoensaios baseados no uso de glicoproteínas G como antígeno, que permite diagnosticar separadamente a infecção por HSV-1 e por HSV-2. Quando a lesão ativa por herpes-vírus é constatada na gestante, medidas profiláticas como parto por cesariana podem reduzir o risco de transmissão. Entretanto, a infecção primária é inaparente e dificulta o diagnóstico das gestantes que excretam o vírus.

Varicela-zóster vírus

O varicela-zóster vírus (VZV), agente etiológico da varicela (catapora) e do herpes-zóster, pode causar doença de grande morbidade para a mãe e para o recém-nascido. A varicela é uma resultante da infecção primária por VZV, e uma doença da infância relativamente benigna. O herpes-zóster é decorrente da reativação da infecção latente por VZV e ocorre, geralmente, em idosos e imunodeficientes que já tiveram a varicela.

A transmissão do vírus é sempre transplacentária, disseminado por via hematogênica resultando em infecção congênita, mas a transferência de anticopos maternos confere uma proteção parcial. Duas formas de doença fetal podem ocorrer: a síndrome da varicela congênita e a varicela neonatal.

A síndrome da varicela congênita ocorre somente nos casos de infecção primária materna, nos primeiros 6 meses de gravidez, quando acomete cerca de 2% dos casos, dos quais 30% dos recém-nascidos vão a óbito no primeiro mês de vida. As lesões podem ser graves com envolvimento neurológico, oftalmológico, esquelético e cutâneo.

A varicela neonatal, tipicamente, acomete crianças expostas ao VZV no final da gravidez, próximo ao parto. Nesse caso, a IgG materna não teve tempo suficiente para ser transferida ao recém-nascido.

Testes sorológicos de detecção de IgM são pouco sensíveis. A prevenção pode ser feita pela administração de imunoglobulina imune que reduz o risco de transmissão, contudo, o melhor meio de prevenção é a vacinação anti-herpes-zóster antes da gravidez.

Referências bibliográficas

1. Stiehm ER, Fudenberg HH. Serum levels of immune globulins in health and disease: a survey. Pediatrics. 1966;37(5):715-27.
2. Lipitz S, Achiron R, Zalel Y, Mendelson E, Tepperberg M, Gamzu R. Outcome of pregnancies with vertical transmission of primary cytomegalovirus infection. Obstet Gynecol. 2002;100:428-33.
3. Ministério da Saúde. Secretaria de Vigilância em Saúde. Boletim Epidemiológico. 2017;48(36):5-6.
4. Brasil. Ministério da Saúde. Secretaria de Vigilância em Saúde. Manual técnico para diagnóstico da sífilis. Brasília: Ministério da Saúde; 2016.
5. Secretaria do Estado da Saúde de São Paulo. Coordenadoria de Controle de Doenças. Centro de Referência e Treinamento SDT/AIDS. Guia de bolso para o manejo da sífilis em gestantes e sífilis congênita. 2. ed. São Paulo: Secretaria do Estado da Saúde de São Paulo; 2016.
6. Bischoff AR, Friedrich L, Cattan JM, Ubert FAF. Incidência de toxoplasmose congênita no período de 10 anos em um hospital universitário e frequência de sintomas nessa população. Bol Cient Pediatr. 2015;4(2):38-44.
7. Moroni RM, Tristão EG, Urbanetz AA. Infecção por herpes simples na gestação: aspectos epidemiológicos, diagnósticos e profiláticos. Femina. 2011;39(7):345-50.

Bibliografia

Alijotas-Reig J, Llurga E, Gris JM. Potentiating maternal immune tolerance in pregnancy: A new challenging role for regulatory T cells. Placenta. 2014;35(4):241-8.

Alijotas-Reig J, Melnychuk T, Gris JM. Regulatory T cells, maternal-foetal immune tolerance and recurrent miscarriage: new therapeutic challenging opportunities. Med Clin (Barc). 2015 Mar 15;144(6):265-8.

Andrews JJ. Diagnosis of prenatal infections. Curr Opin Obstet Gynecol. 2004;16:163-6.

Avelar JB, Silva MGD, Rezende HHA, Storchilo HR, Amaral WND, Xavier IR, Avelino MM, Castro AM. Epidemiological factors associated with Toxoplasma gondii infection in postpartum women treated in the public healthcare system of Goiânia, State of Goiás, Brazil. Rev Soc Bras Med Trop. 2018 Jan-Feb;51(1):57-62.

Brasil. Ministério da Saúde. Guia de Vigilância em Saúde. Brasília: Ministério da Saúde, 2014. Disponível em: www.saude.gov.br/bvs. Acesso em: jun 2016.

Coelho RAL, Kobayashi M, Carvalho Jr LB. Prevalence of IgG antibodies specific to Toxoplasma gondii infection among blood donors in Recife, Northeast, Brazil. Rev Inst Med Trop S Paulo. 2003;45:229-31.

Dupouy-Camet J. Immunopathogenesis of toxoplasmosis in preganancy. Obstet Gynecol. 1997;5:121-7.

Egger M, Metzger C, Enders G. Differentiation between acute primary and recurrent human cytomegalovirus infection in pregnancy, using a microneutralization assay. J Med Virol. 1998;56:351-8.

Ferreira AW, Camargo ME. Toxoplasmosis and the laboratory: diagnosis and a constant striving for improvement. Rev Inst Med Trop S Paulo. 2002;44:119-20.

Fretcher BJ, Sever JL. Toxoplasmosis. Ped Rev. 1991;12:227-36.

Hedman KM, Lappalainen M, Seppälä, I, Mäkelä O. Recent primary toxoplasma infection indicated by a low avidity of specific IgG. J Infect Dis. 1989;159:736-40.

Hill JA. Cytokines considered critical in pregnancy. Am J Reprod Immunol. 1992;28:123-6.

Holliman RE, Raymond R, Renton N, Johnson JD. The diagnosis toxoplasmosis using IgG avidity. Epidemiol Infect. 1994;112:399-408.

Jiang SP, Vacchio MS. Multiple mechanism of peripheral T cell tolerance to fetal "allograft". J Immunol. 1998;160:3086-90.

Köstlin N, Ostermeir AL, Spring B, Schwarz J, Marmé A, Walter CB et al. HLA--G promotes myeloid-derived suppressor cell accumulation and suppressive activity during human pregnancy through engagement of the receptor ILT4. Eur J Immunol. 2017;47(2):374-84.

LaRocca C, Carbone F, Longobardi S, Matarese G. The immunology of pregnancy: regulatory T cells control maternal immune tolerance toward the fetus. Immunol Letters. 2014;162:41-8.

Mentlein R, Staves R, Rix-Matzen H, Tinneberg HR. Influence of pregnancy on dipeptidyl peptidase IV activity (CD26 leukocyte differentiation antigen) of circulating lynphocytes. Eur J Clin Chem Biochem. 1991;29:477-80.

Mor G, Cardenas I. The immune system in pregnancy: a unique complexity. Am J Reprod Immunol. 2010;64:425-43.

Mozzatto L, Procianoy RS. Incidence of congenital toxoplasmosis in Southern Brazil: a prospective sutudy. Rev Inst Med Trop S Paulo. 2003;45:147-51.

Munhoz C, Izquierdo C, Ginovart G, Margall N. Recommendation for prenatal screening for congenital toxoplasmosis. Eur J Clin Microbiol Infect Dis. 2000;19:324-5.

Naessens A, Jenum PA, Pollak A, Decoster A, Lappalainen M, Villena I et al. Diagnosis of congenital toxoplasmosis in the neonatal period: a multicenter evaluation. J Pediat. 1999;135(6):714-9.

Newton ER. Diagnosis of perinatal TORCH infections. Clin Obstet Gynecol 1999;42:59-70.

Newton ER. TORCH infections. Clin Obstet Gynecol. 1999;42:57-8.

Nilsson LL, Djurisic S, Hviid TV. Controlling the immunological crosstalk during conception and pregnancy: HLA-G in reproduction. Fontiers in Immunol. 2014;5:5-10.

Pass RF, Arav-Boger R. Maternal and fetal cytomegalovirus infection: diagnosis, management, and prevention. F1000Res. 2018 Mar 1;7:255.

Peretti LE, Gonzalez VDG, Marcipar IS, Gugliotta LM. Diagnosis of toxoplasmosis in pregnancy. Evaluation of latex-protein complexes by immnunoagglutination. Parasitology. 2017;144(8):1073-8.

Priddy KD. Immunologic adaptations during pregnancy. JOGNN. 1997;26:388-94.

Remington JS, McLeod R, Thulliez P, Desmonts G. Toxoplasmosis. In: Remington JS, Klein JO. Infectious disease of the fetuses and newbon infant. 5.ed. Philadelphia: E.B. Saunders; 2001. p. 205-346.

Revello GM, Gerna G. Diagnosis and management of human cytomegalovirus infection in the mother, fetuses, and newborn infant. Clin Microbiol Rev. 2002;15:680-715.

São Paulo. Coordenadoria de Controle de Doenças. Portaria CCD-25 de 18-07-2011. DOE de 30-07-2011, seção 1, p. 42.

Souza S, Bonon SHA, Costa SCB, Rossi CL. Evaluation of an in-house specific immunoglobulin G (IgG) avidity ELISA for distinguishing recent primary from long-term human cytomegalovirus (HCMV) infection. Rev Inst Med Trop S Paulo. 2003;45:323-6.

Steinborn A, Seidl C, Sayehli C, Sohn C, Sifried E, Kaufmann M et al. Anti--fetal immune response mechanism may be involved in the pathogenesis of placental abruption. Clin Immunol. 2004;110:45-54.

Szekeres-Bartho J. Immunological relationship between the mother and the fetuses. Intern Rev Immunol. 2002;21:471-95.

Watanabe A, Duarte-Garci EC, Carvalho GG. Gestação: um desafio imunológico. Semin C Biol Saúde. 2014;35:147-62.

Zenclussen AC. Adaptative immune responses during pregnancy. Am J Reprod Immunol. 2013;69:291-303.

Wallon M, Peyron F. Congenital Toxoplasmosis: A Plea for a Neglected Disease. Pathogens. 2018 Feb 23;7(1).

Capítulo 23

Infecções Transfusionais

Kioko Takei e Joilson O. Martins

Introdução

A transfusão sanguínea é um procedimento que vem sendo tentado desde o século 17 com muitas experiências negativas, incluindo aquelas realizadas entre animais de espécies diferentes.

O primeiro registro bem documentado e publicado ocorreu em 1829, por James Blundell, que obteve êxito na transfusão de sangue para uma paciente com hemorragia pós-parto. Muitos efeitos graves resultantes da transfusão sanguínea foram sendo conhecidos e superados com estudos ao longo do tempo, diminuindo casos de insucessos.

As diferenças antigênicas entre sangue de animais de espécies diferentes, descritas por Landois, e entre animais da mesma espécie representaram um incontestável avanço para o desenvolvimento dessa ciência. A descoberta do sistema ABO feita por Landsteiner, no início do século 20, rendeu-lhe o Prêmio Nobel. Novas descobertas importantes se sucederam, como o sistema Rh, outros antígenos eritrocitários e os efeitos desse procedimento no organismo, que tornaram a transfusão sanguínea uma ciência complexa, mas indispensável para a Medicina.

A transmissão de agentes infecciosos, como bactérias, vírus e protozoários por transfusões sanguíneas tem sido objeto de inúmeras pesquisas envolvendo grandes investimentos, com o objetivo de desenvolver novas tecnologias de detecção que garantam a máxima segurança do sangue transfusional.

A transfusão de sangue infectado transmite, diretamente para o receptor, grande quantidade do agente infeccioso em curto espaço de tempo e sem nenhuma barreira que dificulte a sua entrada na corrente circulatória. Para o receptor, cuja condição clínica já se encontra comprometida, o risco de aquisição da infecção é extremamente alto e, em geral, apresenta período de incubação diminuído em relação a outros modos de aquisição da infecção.

Agentes infecciosos transmitidos pelo sangue

Uma grande diversidade de agentes infecciosos é potencialmente transmissível pelo sangue, como vírus, bactérias e parasitas, tornando a transfusão sanguínea um procedimento de risco, de grande complexidade e regulamentado por legislação específica rigorosa. Os agentes mais importantes transmissíveis pelo sangue são:

- Vírus: vírus da hepatite B (HBV), da hepatite C (HCV), da hepatite A (HAV), da imunodeficiência adquirida (HIV 1 e 2), linfotrópico das células T humanas tipos I e II (HTLV-I e II), citomegalovírus (CMV), Epstein-Barr vírus (EBV), herpes-vírus (herpes simples, herpes-zóster, HHV-6 e HHV-8), parvovírus B19, dengue
- Bactérias: *Treponema pallidum*, *Brucella abortus*, agente da doença de Lyme, *Mycobacterium leprae*, *Rickettsia rickettsii*
- Parasitas: *Trypanosoma cruzi*, *Plasmodium* sp, *Toxoplasma gondii*, leishmanias e microfilárias.

Os principais critérios que definem a necessidade de triagem de uma infecção podem ser resumidos a seguir:

- Transmissibilidade por transfusão de sangue ou de seus derivados
- Patogenicidade: alguns agentes de reconhecida patogenicidade, como HIV 1, HIV 2, HCV e HBV, são triados sorologicamente em doadores de sangue no mundo todo. No entanto, em vírus como HTLV-II, cujo potencial patogênico ainda não está claramente estabelecido, não é feita uma triagem específica, e sua detecção ocorre em conjunto com o HTLV-I, que tem patogenicidade comprovada
- Presença de agente infeccioso circulante no momento da coleta de sangue: alguns agentes estão presentes no sangue periférico de maneira intermitente ou em quantidades mínimas, principalmente quando a infecção se torna crônica e distante da fase aguda, como o *T. cruzi*
- Causa de infecções assintomáticas: indivíduos aparentemente saudáveis, apesar de infectados, consideram-se aptos a doar sangue. Nesses casos, apenas o teste laboratorial é capaz de identificar a infecção, como aquelas por HCV, HTLV e outros
- Persistência prolongada do agente na corrente sanguínea: portadores crônicos ou latentes são capazes de transmitir o agente, por transfusão sanguínea, a qualquer momento da coleta de sangue. Já nos casos de infecções por vírus,

como o HAV e o parvovírus B19, a transmissão só é possível durante um curto período de viremia. Nesses casos, a triagem laboratorial de rotina não é realizada

- Infecções que apresentam longo período de incubação ou janela imunológica prolongada (período entre a infecção e a detecção de marcador laboratorial específico): a infecção pelo HBV é preocupante nesse aspecto, pois apesar da elevada sensibilidade dos testes sorológicos, estes não são capazes de detectar os infectados durante essa fase, período em que a taxa de transmissão é alta
- Prevalência da infecção na população: o agente deve ser prevalente na população. Algumas infecções, como a malária, são restritas a regiões endêmicas. Certos vírus, bastante comuns na população, como o CMV, sendo a maioria dos receptores já soropositiva, não necessitam de triagem, exceto quando o sangue for destinado a receptores imunodeficientes soronegativos ou a pacientes sob imunossupressão, como indivíduos submetidos a transplante de medula óssea
- O agente infeccioso é estável no sangue armazenado ou, em alguns casos, na fração plasmática. Bactérias como o *T. pallidum*, agente etiológico da sífilis, apesar da obrigatoriedade dos testes de triagem sorológica, tornam-se não viáveis e sem potencial de transmissão após refrigeração por 48 a 72 h
- Disponibilidade de testes de triagem adequados: métodos de detecção de anticorpos são as formas mais clássicas para triagem. Contudo, a sorologia é passível de resultados falso-positivos e negativos. Além disso, um indivíduo soropositivo pode não ser mais transmissor de infecção e apresentar apenas anticorpos de memória. Os testes moleculares, por sua vez, identificam muito precocemente o agente no sangue, porém são de tecnologia bem mais complexa e onerosa. Nesses testes moleculares, a positividade depende da presença do agente no momento da coleta do sangue. Em muitas infecções crônicas, essa presença é intermitente ou tem baixas concentrações, podendo fornecer resultado negativo mesmo se houver infecção.

No Brasil, as infecções cuja triagem laboratorial é obrigatória são: HIV-1 e 2, HBV, HCV, HTLV-I e II, doença de Chagas e sífilis. A prevalência dos marcadores conforme literatura encontra-se citada a seguir. Essas taxas são menores do que as encontradas na população geral, já que doadores com comportamento de risco para infecções ou com antecedentes que sugerissem infecção transmitida por sangue haviam sido excluídos da doação:

- HIV (*immunoblot* positivo): 0,04 a 0,3%
- HBV:
  - HBsAg + anti-HBc: 0,12 a 4,6%
  - Anti-HBc isolado: 1 a 2%
- HCV: 0,1 a 2%
- HTLV (*immunoblot* positivo): 0,01%
- Sífilis: 0,05 a 0,8%
- Infecção por *T. cruzi*: 0,03 a 1,2%.

A seleção adequada de doadores de sangue reduz de maneira significativa o risco de transmissão de agentes infecciosos. A exclusão de doadores de risco pode se iniciar antes mesmo da doação de sangue, por meio de questionários respondidos anonimamente, nos quais o próprio candidato poderá optar pela utilização de seu sangue somente para fins de pesquisa e não para transfusão.

Na transmissão de agentes infecciosos, deve-se considerar, ainda, a fração sanguínea de maior risco. Alguns agentes, como o HTLV-I/II e o CMV, são transmissíveis apenas por elementos figurados do sangue, por estarem presentes somente nos leucócitos. Nesses casos, a desleucocitação pode reduzir o risco de transmissão. Outros são transmissíveis apenas pelo plasma, como o HBV. Já o HCV pode ser encontrado nos leucócitos e no plasma. Portanto, para realizar testes moleculares, deve-se considerar a fração do sangue que permite detectar o agente com maior êxito.

Doadores de sangue

Testes utilizados para triagem laboratorial

Testes sorológicos

Laboratorialmente, a triagem de doadores de sangue para identificação e exclusão de doadores infectados por agente infecciosos é feita por meio de métodos sorológicos e moleculares. Na triagem de doadores de sangue, alguns testes que detectam simultaneamente antígeno e anticorpo (Ag/Ac) podem ser empregados como alternativa ao teste de detecção de anticorpo, como os testes para diagnóstico das infecções pelo HIV e pelo HCV.

Os testes utilizados na triagem de doadores devem apresentar elevada sensibilidade e alto valor preditivo negativo, pois resultados falso-negativos podem levar à transfusão de sangue contaminado, transmitindo a infecção ao receptor. Resultados falso-positivos podem aumentar o número de descarte de bolsas de sangue, porém, podem ser elucidados pela aplicação de testes complementares mais específicos.

Assim, para garantir uma alta sensibilidade na escolha de um teste sorológico de triagem, devem-se considerar:

- Tecnologia capaz de fornecer altos índices de sensibilidade, como ELISA, fluoroenzimaimunoensaio (FIA), quimiluminescência (QL) e suas versões, como QL em micropartículas (CMIA), eletroquimiluminescência (EQL), quimiluminescência amplificada (QL amp) e outros (ver Capítulos 8 e 9)
- Limiar de reatividade ou *cut off* (CO) deslocado para valores de corte inferiores aos usados para o diagnóstico, garantindo o máximo de sensibilidade, mesmo resultando em algum prejuízo da especificidade (ver Capítulo 4)
- Testes que utilizem antígenos de alta reatividade e de detecção precoce, como os antígenos do *core* e o NS3, na composição antigênica do teste anti-HCV
- Testes que detectem anticorpos específicos da classe IgM e IgG em regiões onde a infecção é endêmica e de transmissão ativa, por exemplo, para a doença de Chagas
- Testes que utilizem antígenos altamente purificados, recombinantes ou peptídios sintéticos, que, além da alta especificidade, apresentem sensibilidade elevada, pois apenas os antígenos mais importantes se ligam à fase sólida, não havendo adsorção de impurezas que produzem reações inespecíficas. Em geral, são utilizadas misturas de antígenos de especificidade definida para alcançar melhor sensibilidade.

Em virtude do grande volume das rotinas nos bancos de sangues, os imunoensaios devem possibilitar a automação (ver Capítulo 8). O sistema pode ser aberto (permite o uso de reagentes de diferentes procedências) ou fechado (só permite o reagente especialmente desenhado para aquele equipamento). O sistema multiparamétrico, ou seja, aquele que permite a realização simultânea de vários testes diferentes, propicia maior produtividade do equipamento; deve também ser equipado com leitora de código de barras tanto para amostras quanto para os reagentes e operar com tubo primário para evitar erros pré-analíticos.

Teste molecular

Os sucessivos avanços nas técnicas de amplificação de ácido nucleico (NAT, *nucleic acid amplification test*), iniciados no fim dos anos 1990, tornou essa tecnologia acessível a laboratórios de rotina e bancos de sangue. Atualmente, os reagentes são encontrados comercialmente, devidamente padronizados e prontos para uso, podendo o teste ser realizado em equipamentos com alto grau de automação.

A reação qualitativa em cadeia da polimerase (PCR), na forma de multiplex, detecta simultaneamente a presença de ácidos nucleicos de HIV, HCV e HBV em um único teste. Se a amostra for positiva, é necessário realizar o teste específico para cada um dos componentes para identificar o agente infeccioso.

A legislação vigente[1] determina que "o NAT para HIV, HCV e HBV, a ser utilizado pelo serviço de hemoterapia, deve ser capaz de detectar em 95% das vezes 600 UI/mℓ para HCV, 600 cópias/mℓ para HIV e 300 UI/mℓ para HBV na amostra do doador".

Algoritmos para triagem laboratorial

No Brasil, o Ministério da Saúde, por meio da Portaria 158 de 5 de fevereiro de 2016 "redefiniu o regulamento técnico de procedimentos hemoterápicos para a captação, proteção ao doador e ao receptor, coleta, processamento, estocagem, distribuição e transfusão de sangue humano venoso e arterial para diagnóstico e prevenção de doenças".[1] A Portaria define os testes e os algoritmos para detecção de infecções transmitidas pelo sangue e seus derivados a serem seguidos obrigatoriamente pelos bancos de sangue em todo o território nacional, assim como o controle de qualidade e outros procedimentos para garantir a qualidade do sangue transfusional e a rastreabilidade.[1]

Os testes devem ser feitos no tubo primário, coletados diretamente do doador e com reagentes devidamente registrados na ANVISA, validados previamente no laboratório de triagem sorológica de doadores de sangue para cada lote/remessa, incluindo os controles e seguindo o algoritmo citado nos anexos da Portaria[1], conforme resumo a seguir:

- HIV 1 e 2 – dois testes em paralelo:
  - Detecção de anticorpos anti-HIV 1 (que inclua a detecção do HIV do grupo O) e anti-HIV 2 ou um teste para detecção combinada de antígeno p24 do HIV + anticorpo contra HIV 1+2 e grupo O
  - Detecção do RNA do HIV (NAT)
- HBV – três testes em paralelo:
  - Detecção do antígeno de superfície contra o HBV (HBsAg)
  - Detecção de anticorpo contra capsídio do HBV, o anti-HBc (IgG ou IgG + IgM)
  - Detecção do DNA do HBV por NAT
- HCV – dois testes em paralelo:
  - Detecção de anticorpo contra o HCV ou detecção combinada de antígeno do *core* do HCV + anticorpo contra HCV
  - Detecção do RNA do HCV (NAT)
- HTLV I/II – um teste para detecção de anticorpos anti-HTLV-I/II
- Doença de Chagas – um teste para detecção de anticorpos anti-*T. cruzi*
- Sífilis – um teste para detecção de anticorpo contra antígeno treponêmico ou não treponêmico.

Conforme Portaria 158, 2016[1], os algoritmos para a triagem sorológica para anticorpos contra HTLV-I/II, doença de Chagas e sífilis seguem o fluxograma apresentado na Figura 23.1:

- Teste inicial não reagente: liberação da bolsa de sangue para uso
- Teste inicial reagente ou inconclusivo: repetir em duplicata. Se não reagente nos dois ensaios, liberar a bolsa para uso. Se for reagente em um dos testes ou nos dois, descartar a bolsa e convocar o doador para repetir os testes.

Para a triagem de infecções pelo HIV, HCV e HBV, além dos testes sorológicos, é necessária a realização paralela do NAT (Figura 23.2):

- Teste sorológico e NAT não reagentes: liberar a bolsa para uso
- Teste sorológico reagente ou inconclusivo e NAT reagente: descartar a bolsa. Repetir a sorologia inicial em duplicata. Qualquer que seja o resultado da repetição, o doador deve ser convocado para coletar nova amostra e para orientação. Investigar a possibilidade de soroconversão, caso haja suspeita
- Resultado sorológico não reagente e NAT reagente: descartar a bolsa. Convocar o doador para nova coleta e investigar a possibilidade de soroconversão
- Resultado sorológico reagente e NAT não reagente: repetir em duplicata o teste inicial. Se o resultado sorológico for não reagente em ambos: liberar a bolsa. Se o resultado sorológico for reagente em um ou ambos os testes: descartar a bolsa. Convocar o doador para nova coleta e/ou orientar o doador e investigar a possibilidade de soroconversão.

Qualidade do sangue

No Brasil, a garantia da qualidade do sangue é resultado de um conjunto de ações que envolvem políticas de sangue, regulamentações, vigilância sanitária e implementação de recursos técnico-científicos modernos.

A adoção das normas de boas práticas de laboratório, com programas internos e externos de controle de qualidade (CQ), o

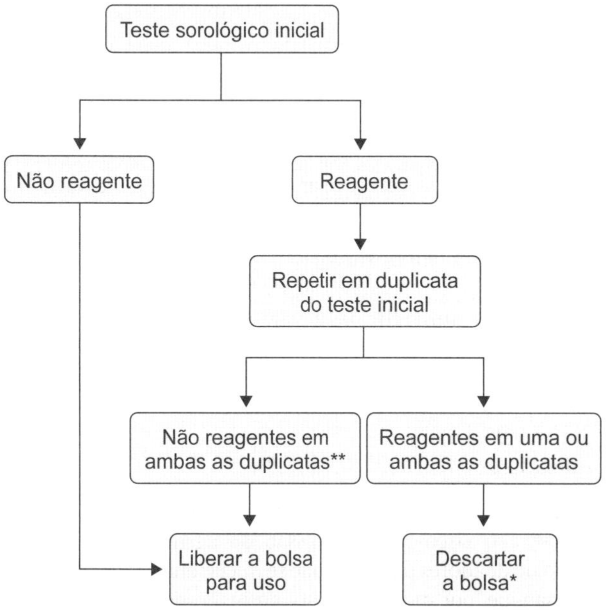

Figura 23.1 Triagem sorológica de doadores de sangue: HTLV-I/II, sífilis e doença de Chagas. *Convocar o doador para nova amostra e/ou orientação. Se necessário, investigar soroconversão do doador (retrovigilância).**Avaliar a necessidade de investigar as causas de falso-positivo na triagem inicial. Adaptada de Ministério da Saúde, 2016.[1]

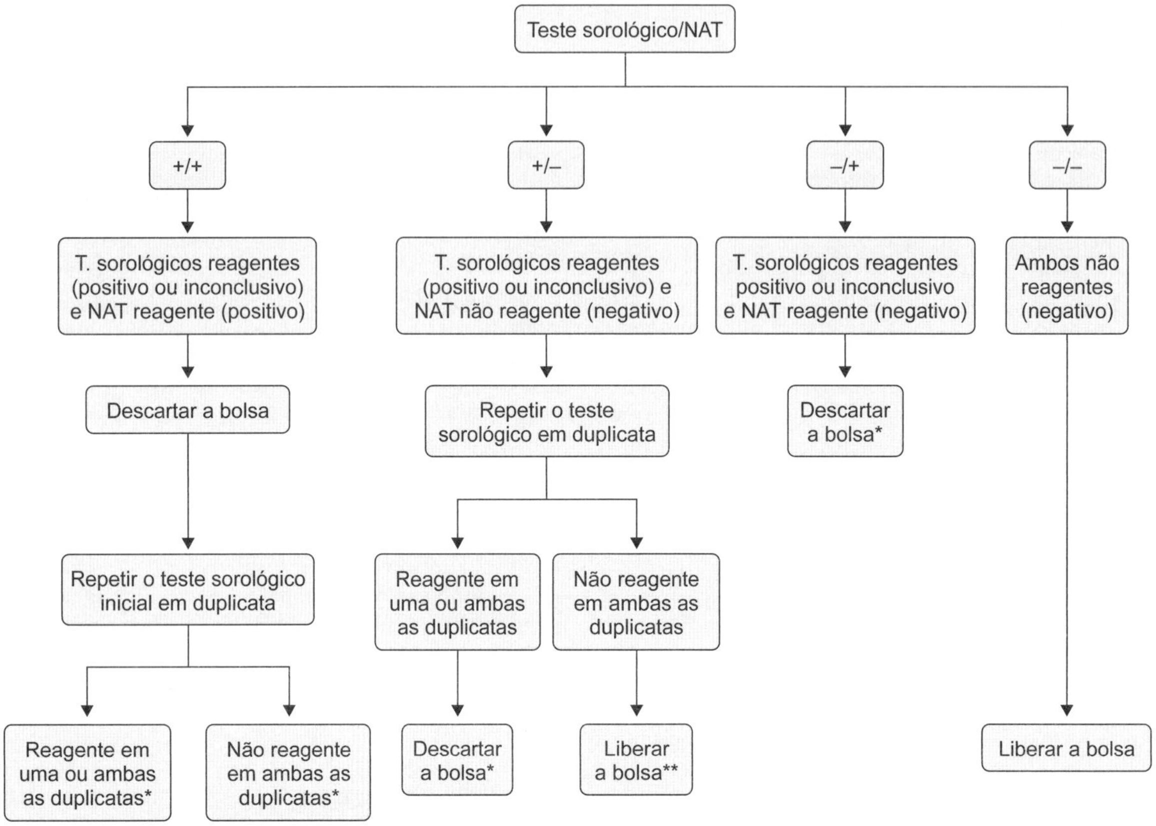

Figura 23.2 Triagem sorológica de doadores de sangue: HIV, HBV e HCV. *Convocar o doador para nova amostra e/ou orientação. Se necessário, investigar soroconversão do doador (retrovigilância). **Avaliar a necessidade de investigar as causas de falso-positivo na triagem inicial. Adaptada de Ministério da Saúde, 2016.[1]

uso de reagentes de boa qualidade e de equipamentos bem calibrados e a realização de testes por pessoal capacitado são condições essenciais para manter o risco de transmissão de agentes infecciosos dentro dos limites aceitáveis (ver Capítulo 4).

Para o controle de qualidade interno (CQI), deverá ser utilizado, além daquele fornecido pelos fabricantes, *kit* adquirido comercialmente ou padronizado no próprio laboratório obedecendo aos critérios de boas práticas de laboratório.

O controle de qualidade externo (CQE), também chamado de Programa de Proficiência, pode demonstrar o desempenho global dos laboratórios participantes, permitindo identificar erros e proceder a ajustes necessários. Para tanto, são distribuídos aos laboratórios multipainéis que consistem em um conjunto de diferentes soros com reatividades variadas para cada um dos parâmetros obrigatórios na triagem sorológica de bancos de sangue. Os resultados são desconhecidos para o laboratório participante, que envia seus resultados obtidos e só depois ficará sabendo o resultado de seu desempenho.

Risco de transmissão de agentes infecciosos | Modelo matemático

Os testes utilizados atualmente apresentam sensibilidade próxima do ideal e resultados falso-negativos extremamente raros; assim, pode-se calcular o risco de transmissão de um agente infeccioso por meio de modelo matemático que considera o período de janela diagnóstica e a prevalência da infecção na população. O risco estimado de infecção por transfusão sanguínea, por exemplo, na Europa e nos EUA, é de aproximadamente 1 em 50.000 a 1.6 milhão (para HBV, HCV e HIV-1/2).[2] Além disto, com a introdução da pesquisa do antígeno p24 do HIV, o risco estimado de transmissão desses agentes mostrou drástica redução com a implementação do NAT em *minipools* devido à detecção precoce da infecção, quando os testes sorológicos resultavam negativos decorrentes do período de janela imunológica.

Retrovigilância

Toda vez que o resultado de um doador for reagente ou inconclusivo e a doação anterior for não reagente, o serviço de hemoterapia deve adotar medidas de retrovigilância para detectar uma possível soroconversão. Quando somente o teste sorológico for positivo (NAT negativo), ele deve ser confirmado na mesma amostra da triagem utilizando um teste sorológico de outra origem, fabricante ou com outra metodologia.

Caso se confirme a soroconversão, o serviço de hemoterapia deverá rastrear o destino de todos os componentes do sangue das doações anteriores. A retrovigilância da última doação não reagente e todas as doações feitas até 6 meses antes (3 meses se for por NAT) deverá ser feita de acordo com as normas vigentes.

Uma alíquota da amostra de cada doação deverá ser armazenada em temperatura igual ou inferior a 20°C e os registros referentes à doação e à transfusão deverão ser armazenados por 20 anos ou mais.

Triagem sorológica e molecular

A aplicação de imunoensaios na triagem sorológica e molecular da infecção por HIV, HTLV-I e II, HBV e HCV pode ser consultada nos Capítulos 20 e 21.

HIV

O primeiro caso relatado de infecção pelo HIV 1 pós-transfusional ocorreu em 1982, nos EUA, e a implementação dos imunoensaios para anticorpos anti-HIV 1, em 1985. No Brasil, a triagem sorológica para anticorpos anti-HIV tornou-se obrigatória em todo território nacional a partir de 1988 e o NAT a partir de 2013. A triagem para o HIV é feita por dois métodos:

- Sorológico, que pode ser tanto teste de detecção dos anticorpos anti-HIV 1 (incluindo o grupo O) e 2 (anti-HIV 1 + 2) ou aqueles que detectam simultaneamente os anticorpos descritos e também o antígeno p24 do HIV 1 (também conhecido como Combo, Duo ou HIV Ag/Ac)
- Detecção do RNA do HIV (NAT).

A redução do período de janela imunológica associada à elevada sensibilidade dos testes empregados tornou a transmissão do HIV por transfusões de sangue e derivados extremamente rara, da ordem de 1:1.500.000 ou mais.

Vírus da hepatite B

Está presente no sangue e em seus hemoderivados, sêmen, líquidos vaginais e saliva. Assim, procedimentos como transfusão sanguínea, compartilhamento de agulhas entre os usuários de drogas, contatos sexuais e a transmissão perinatal de mães infectadas são as principais vias de aquisição da infecção.

Cerca de 10% das hepatites pós-transfusionais são decorrentes do HBV. Sem dúvida, a vacinação a partir de 1985 também contribuiu decisivamente para a redução do risco de infecção por HBV.

A triagem sorológica da hepatite B é feita detectando-se o HBsAg, por ser este o primeiro marcador sorológico detectável na circulação, e o anti-HBc-IgG + IgM ou total, por estar presente durante o período da janela do *core*, quando o HBsAg pode não ser detectado por se encontrar complexado com o anti-HBs.

A taxa de transmissão por transfusão para HBV é mais alta que para HIV e HCV devido ao longo período de janela. Em maio de 2016, a Resolução de Diretoria Colegiada do Ministério da Saúde (RDC/MS) 75[3] introduziu o NAT para HBV como teste obrigatório para triagem de doadores de sangue, o qual deve ser realizado em paralelo com os testes sorológicos para HBsAg e anti-HBc IgG ou total (ver Capítulo 21).

Com implementação do NAT, a infecção oculta pelo HBV, ou seja, HBsAg negativo na presença de HBV circulante, vem sendo revelada, por ser também transmissível por transfusão sanguínea. A sua prevalência entre doadores de sangue tem sido estimada em 8,5 por um milhão de doações.

Vírus da hepatite C

A infecção aguda por HCV é assintomática na maioria dos casos, porém cerca de 70 a 85% dos infectados evoluem silenciosamente para a fase crônica. Após anos ou décadas, cerca de um terço dos pacientes crônicos pode desenvolver cirrose e/ou carcinoma hepatocelular. Assim, por longo tempo, os indivíduos infectados sentem-se aptos a doar sangue. Os testes, sorológico e molecular, exercem um papel fundamental na identificação desses indivíduos. A triagem do HCV para os doadores de sangue, assim como para HIV, inclui:

- Um teste sorológico de pesquisa de anti-HCV ou então teste combinado que detecte antígeno + anticorpo
- Detecção do RNA do HCV por NAT. Segundo a Portaria 158[1], os *kits* destinados à triagem de doadores de sangue só podem ser aceitos se apresentarem sensibilidade de 100% e especificidade de 99% para garantir a total ausência de falso-negativos.

Vírus linfotrópico de células T humanas tipos I e II

O HTLV-I é um retrovírus endêmico no Japão, na África subSaariana, no Caribe, no Irã e em certas partes do Brasil (ver Capítulo 20). O HTLV-II é endêmico em algumas populações de indígenas nativos do Brasil, do Panamá, da África Central e dos EUA. Ambos são considerados oncovírus e incorporam-se ao DNA da célula infectada, permanecendo latente toda a vida do hospedeiro, que se torna portador.

A transmissão só acontece por produtos celulares sanguíneos e em amostras estocadas até 14 dias e ocorre em cerca de 20 a 60% dos receptores de sangue contendo o HTLV-I ou HTLV-II. Esses receptores irão desenvolver a doença em 20 a 50% dos casos, geralmente décadas após infecção.

Doença de Chagas

A infecção por *T. cruzi* afeta quase 6 milhões de pessoas na América Latina (ver Capítulo 17). No Brasil, as prevalências variam de acordo com as regiões, sendo estimadas entre 1 e 2,4% da população. As migrações de povos têm disseminado a infecção para fora das regiões endêmicas, tornando a transfusão sanguínea uma das principais vias de transmissão em regiões urbanas. A prevalência estimada de doença de Chagas no Brasil entre candidatos à doação de sangue é de cerca de 0,18%, mostrando uma acentuada queda nas últimas décadas.[4]

O diagnóstico sorológico é o mais empregado na triagem sorológica de doadores de sangue e se baseia na detecção de anticorpos anti-*T. cruzi* por meio de imunoensaios de alta sensibilidade, como ELISA ou por QL. Os antígenos totais do parasita e os de especificidade definida, como recombinantes e/ou peptídios sintéticos, são os mais empregados, porém, esses últimos podem ser usados em misturas, como ocorre em alguns *kits* comerciais. O uso de mistura de antígenos requer rigorosa padronização e controle na etapa de sensibilização da fase sólida, para assegurar reprodutibilidade entre os diferentes lotes de reagentes para imunoensaios.

Entretanto, a falta de padronização de alguns preparados antigênicos pode produzir resultados divergentes entre os testes e resultados falso-positivos, como os observados em pacientes com leishmaniose.

Sífilis

As vias de transmissão principais são a sexual e a congênita, mas acidentalmente pode ser transmitida por transfusões sanguíneas. Com uma triagem eficiente de doadores de sangue por testes sorológicos e com o uso de sangue estocado sob refrigeração, a transmissão desse agente tem sido muito baixa.

A triagem sorológica da sífilis, segundo a legislação vigente, pode ser feita por meio de teste treponêmico, como VDRL e RPR, ou não treponêmico, como ELISA e QL (ver Capítulo 16). O segundo, por ser automatizável, é recomendado a laboratórios que realizam grandes quantidades de amostras.

Muitos autores têm relatado que a refrigeração por 48 a 72 h torna o sangue não infeccioso, porém, o potencial de infecção depende da concentração da espiroqueta no inóculo.[5] Teoricamente, a transmissão é possível, por até 5 dias em sangue refrigerado, em amostras que apresentem alta concentração do treponema.

A transmissão sanguínea do *T. pallidum* só ocorre quando ele se encontra na circulação. Na fase em que não há bacteriemia ou ela é muito reduzida (fase tardia da doença), a transmissão é mínima. Em sífilis secundária, devido às altas concentrações do agente na corrente circulatória, observam-se altas taxas de transmissão quando o sangue é fresco. Nessa fase, porém, os imunoensaios, treponêmicos e não treponêmicos atingem o máximo de sensibilidade, praticamente 100%, com exceção de amostras com fenômeno de pró-zona, que fornecem resultados falso-negativos nos testes não treponêmicos (ver Capítulo 6).

Em indivíduos não tratados, os títulos de testes não treponêmicos declinam lentamente na fase latente até atingir níveis baixos ou não reagentes e assim permanecem longo período. Nos tratados, a negativação do teste treponêmico ocorre em tempos diferentes, sendo mais rápida quanto mais precoce for o tratamento. Já os testes treponêmicos podem permanecer positivos mesmo após tratamento eficaz. Dessa maneira, na triagem de doadores de sangue, o teste treponêmico detecta todos aqueles que apresentam a infecção ativa ou tiveram infecção sifilítica no passado, resultando em maior prevalência de resultados reagentes.

Infecções com triagem obrigatória em condições específicas

Citamegalovírus

A infecção por CMV e o seu diagnóstico laboratorial estão descritos no Capítulo 22. CMV é um membro do grupo herpesvírus que se caracteriza, como todos os vírus desse grupo, pela capacidade de permanecer longo período latente no hospedeiro.

A infecção primária por CMV é assintomática, na maioria dos infectados, seguida pela infecção inaparente sem dano detectável ou manifestação da doença. Contudo, pode ser reativada em uma imunossupressão grave, seja por medicamentos, seja por doença.

As partículas virais infecciosas são excretadas nos fluidos corpóreos de pessoas infectadas, incluindo o sangue, de maneira intermitente e sem qualquer sinal ou sintoma. A transfusão de sangue contendo o vírus para um receptor suscetível, principalmente aquele com comprometimento imunológico, é muito grave, sendo a principal causa de morbidade e mortalidade, como ocorre em pacientes infectados pelo HIV, pacientes com neoplasias, os submetidos à hemodiálise e os receptores de transplantes de órgãos. Os pacientes de maior risco são os receptores de transplante de medula óssea alogênica e de células-tronco, devido à rigorosa imunossupressão a que eles são submetidos.

Segundo Portaria vigente[1], são exigidos exames laboratoriais de alta sensibilidade para detecção de CMV quando o sangue for destinado a pacientes submetidos a transplante de células progenitoras ou de órgãos, recém-nascidos de mães CMV negativo ou com sorologia desconhecida e peso inferior a 1.200 g ao nascer, e nos casos de transfusão intrauterina.

Devido à alta prevalência de soropositivos entre os doadores de sangue, a seleção de componentes de sangue soronegativos para CMV constitui uma grande dificuldade, principalmente se a demanda for de plaquetas, produto necessário para quase todos os transplantes.

A mesma Portaria[1] permite o "uso de componentes celulares desleucocitados em substituição à utilização de componentes soronegativos para CMV". A desleucocitação é feita por meio de filtros especiais que permitem a remoção de 99% dos leucócitos do hemocomponente, resultando em um produto com menos de 5×10^6 leucócitos por unidade de sangue.

Malária

É um problema de saúde pública no mundo. Acomete populações de regiões tropicais e subtropicais, principalmente de países com condições econômicas precárias, onde é líder em morbidade e mortalidade. No mundo, a África concentra a maioria dos casos, sendo a população infantil a mais atingida.

No Brasil, a malária distribui-se predominantemente na região da Amazônia, onde a transmissão é vetorial, mas devido à migração de povos das regiões endêmicas para os grandes centros, verifica-se a urbanização dessa infecção, com riscos de transmissão por transfusões sanguíneas.

Testes de detecção de plasmódio ou de seus antígenos devem ser realizados na triagem de doadores de sangue nas regiões endêmicas de malária. Entretanto, esses testes diretos, como a pesquisa do parasita em gota espessa, apresentam sensibilidade muito baixa e estão sujeitos a erros humanos, podendo resultar em falso-negativos. A malária transmitida por transfusão é mais grave, com altas taxas de letalidade.

Técnicas moleculares, como a PCR, têm sido sugeridas em substituição às parasitológicas, por sua alta sensibilidade. Fora dessas regiões, critérios clínicos e epidemiológicos são adotados na triagem de doadores contra a malária, como exclusão de doadores que viajaram para região endêmica nos 12 meses anteriores; indivíduos que residiram na região endêmica ou que tiveram a malária, mas se mantêm sem sintomas por mais de 3 anos. O combate à malária é muito difícil e necessita de maior atenção de todo o mundo.

Outros agentes transmissíveis

A transmissão da hepatite A é extremamente rara. A ausência de portadores crônicos e a presença de sintomas auxiliam na exclusão de doadores de sangue durante o breve período de viremia e explicam o motivo pelo qual a hepatite A pós-transfusional é tão rara. Alguns casos relatados de transmissão sanguínea de hepatite A ocorreram em pacientes que se submeteram ao tratamento com fator VIII e fator IX, na Europa e nos EUA. Assim, recomenda-se a vacinação de indivíduos suscetíveis, em tratamento com fatores de coagulação derivados do plasma.[6]

Outros vírus como o da hepatite G (HGV) e o TT vírus (TTV), altamente prevalentes na população, têm sido atribuídos a alguns casos de hepatites pós-transfusionais, porém, evidências mostram que, apesar de esses vírus poderem ser transmitidos por sangue ou por seus produtos, não são hepatotrópicos, nem causadores da hepatite.

Infecções como leishmaniose, doença de Lyme, brucelose, malária, babesiose, toxoplasmose, as causadas por EBV e por vírus do *West Nile* são raramente transmitidas por transfusão.

Recentemente, o vírus Zika tem sido considerado teoricamente possível de ser transmissível por transfusão sanguínea, por ter sido detectado na circulação em raros doadores de sangue. No entanto, não há casos documentados suficientemente para melhor investigação.

Referências bibliográficas

1. Brasil. Ministério da Saúde. Portaria 158 de 04 de fevereiro de 2016. DOU, n. 25, seção 1, pp. 37, 2016.
2. Vrielink H, Reesink HW. Transfusion-transmissible infections. Curr Opin Hematol. 1998;5(6):396-405.
3. Brasil. Agência Nacional de Vigilância Sanitária. Resolução RDC nº 75 de 02 de maio de 2016. DOU, n. 83, 2016.
4. Dias JC, Ramos Jr ANR, Gontijo ED, Luqueti A, Shikanai-Yasida MA, et al. II Consenso Brasileiro em Doença de Chagas. Epidemiol Serv Saúde. 2016;25(num. esp.):7-86.
5. van der Sluis JJ, Onvlee PC, Kothe FCHA, Vuzevski VD, Aelbers GMN, Menke HE. Tranfusion syphilis, survival of traponema pallidum in donor blood. Vox Sanguinis. 1984;47:197-204.

6. Soucie JM, Robertson BH, Bell BP, McCaustland KA, Evatt BL. Hepatitis A virus infection associated with clotting factor concentrated in the United States. Tranfusion. 2003;38(6):573-79.

Bibliografia

Allain JP. Emerging viruses in blood transfusion. Vox Sang. 1998;74(Suppl.2):125-9.

Blajchman MA, Vamvakas EC. The continuing risk of transfusion-transmitted infections. NEJM. 2006;355(13):1303-4.

Brasil. Agência Nacional de Vigilância Sanitária (ANVISA). Critérios técnicos para gerenciamento do risco sanitário do uso de hemocomponentes em procedimentos transfusionais frente à situação de Emergência em Saúde Pública de Importância Nacional por casos de infecções por vírus Zika no Brasil. Nota Técnica conjunta no. 001/2015. CGSH/GGPBS/GGMON. Disponível em: http://portal.anvisa.gov.br/documents/33840/330709/Nota+T%C3%A9cnica+Conjunta+n%C2%BA+01+de+2015/e26cc5fc-ebd4-4851-b2f5-940da46e635c. Acesso em 30 mar 2017.

Brasil. Agência Nacional de Vigilância Sanitária. Resolução RDC n. 34, de 11 de junho de 2014. Diário Oficial da União. 16 jun 2014.

Brasil. Ministério da Saúde. Manual técnico para o diagnóstico das hepatites virais. Secretaria de Vigilância em Saúde. Departamento de DST, AIDS e Hepatites Virais. Ministério da Saúde, Brasília (DF), 2015.

Brasil. Ministério da Saúde. Manual técnico para o diagnóstico da infecção pelo HIV. 3. ed. Secretaria de Vigilância em Saúde. Departamento de DST, AIDS e Hepatites Virais. Ministério da Saúde, Brasília (DF), 2016.

Brasil. Ministério da Saúde. Manual técnico para o diagnóstico da sífilis. Secretaria de Vigilância em Saúde. Departamento de DST, AIDS e Hepatites Virais. Ministério da Saúde, Brasília (DF), 2016.

Butler EK, McCullough J. Pathogen reduction combined with rapid diagnostic tests to reduce the risk of transfusion-transmitted infections in Uganda. Transfusion. 2018 Apr;58(4):854-861.

Candotti D, Laperche S. Hepatitis B Virus Blood Screening: Need for Reappraisal of Blood Safety Measures? Front Med (Lausanne). 2018 Feb 21;5:29.

Centers for Disease Control and Prevention (CDC). HIV transmission throughtransfusion – Missouri and Colorado, 2008. MMWR. 2010;59(1):1335-9.

Centers for Disease Control and Prevention (CDC). Possible transfusion--associated immune deficiency syndrome (AIDS). MMWR. 1982;652-4.

Consenso Brasileiro em Doença de Chagas, 2. Epidemiol Serv Saúde. 2016;25(num esp):7-86.

Ferreira AW, Belem ZR, Reed SG, Campos-Neto A. Enzyme-linked immunosorbent assay for serological diagnosis of Chagas disease employing Trypanosoma cruzi recombinant antigen that consistis of four different peptides. J Clin Microbiol. 2001;39:4390-5.

Goodnough LT, Shander A, Brecher ME. Transfusion medicine: looking to the future. Lancet. 2003;361:161.

Goodnough LT. Risks of blood transfusion. Crit Care Med. 2003;31(Suppl.):S678-86.

Greenwalt TJ. To test or not to test for syphilis: a global problem. Tranfusion. 2001;41:976.

Klein HG, Hrouda JC, Epstein JS. Crisis in the Sustainability of the U.S. Blood System. N Engl J Med. 2017 Oct 12;377(15):1485-1488.

Long EL. HIV Screening via Fourth-Generation Immunoassay or Nucleic Acid Amplification Test in the United States: A Cost-Effectiveness Analysis. PLoS One. 2011; 6(11): e27625.

Marwaha N, Sachdev S. Current testing strategies for hepatitis C virus infection in blood donors and the forward. World J Gastroenterol. 2014;20(11):2948-54.

Malhotra R1, Morgan DA. p24 antigen screening to reduce the risk of HIV transmission by seronegative bone allograft donors. Natl Med J India. 2000 Jul-Aug;13(4):190-2.

Mollison PL, Engelfiet CP, Contreras M. Blood transfusion in clinical medicine. 10. ed. Oxford: Blackwell Science; 1997.

O'Brien SF, Yi QL, Scalia V, Fearon MA, Allain JP. Current incidence and residual risk of HIV, HBV and HCV at Canadian Blood Services. Vox Sang. 2012;103(1):83-6.

Reeves JD, Doms RW. Human immunodeficiency virus type 2. J Gen Virol. 2002;83(Pt 6):1253-65.

Seo FH, Whang DH, Song EY, Han KS. Ocult hepatitis B virus infection and blood transfusion. World J Hepatol. 2015;7(3):600-6.

Silveira JF, Umezawa ES, Luquetti AO. Chagas disease recombinant Trypanosoma cruzi antigens for serological diagnosis. Trends Parasiltol. 2001;17(6):286-91.

Sinzger C, Jahn G. Human cytomegalovirus cell tropism and pathologenesis. Intervirology. 1996; 39(5-6):302-19.

Tendero DT. Laboratory diagnosis of cytomegalovirus (CMV) infections in immunodepressed patients, mainly in patients with AIDS. Clin Lab. 2001;47(3-4):169-83.

Umezawa ES, Bastos SF, Coura JR, Levin MJ, Gonzalez A, Rangel-Aldao R, et al. An improved serodiagnosis test for Chaga's disease employing a mixture of Trypanosoma cruzi recombinant antigens. Transfusion. 2003;43(1):91-7.

Weber B, Fall EH, Berger A, Doerr HW. Reduction of Diagnostic Window by New Fourth-Generation Human Immunodeficiency Virus Screening Assays. J Clin Microbiol. 1998 Aug; 36(8):2235-9.

Ziemann M, Thiele T. Transfusion-transmitted CMV infection – current knowledge and future perspectives. Transfusion Med. 2017;27(4):238-48

Capítulo 24

Autoimunidade e Doenças Autoimunes Órgão-específicas

Kioko Takei e Joilson O. Martins

Introdução

Autoimunidade é uma falha na autotolerância, levando ao não reconhecimento dos antígenos próprios (*self*). Ou seja, o organismo organiza uma resposta imune mediada por células T ou B contra antígenos próprios (*self*). Na doença autoimune, a resposta imune é deletéria, levando à lesão tecidual ou de órgãos, implicando existência de manifestações clínicas.

Embora a resposta imune adaptativa seja função essencial para a defesa do organismo contra os agentes infecciosos, os erros nessa resposta podem também levar a lesões teciduais e doenças de fundo imunopatológico:

- Quando a resposta imune ocorre de forma inadequada, pode provocar a reação de hipersensibilidade, responsável por fenômenos alérgicos e causadora de lesão em tecidos ou órgãos (ver Capítulo 30)
- Quando o sistema imune apresenta falha ou deficiência na resposta, resulta nas imunodeficiências, que tornam o indivíduo suscetível às infecções e, possivelmente, ao desenvolvimento de tumores (ver Capítulo 28)
- Quando há falha na autotolerância, ou seja, o sistema imune perde a capacidade normal de distinguir entre os componentes próprios (*self*) e os do alheio (*non-self*), montando uma resposta imune inadequada contra si próprio, estabelecendo, assim, a doença autoimune.

A autoimunidade pode fazer, no entanto, parte do processo normal de uma resposta imune, como a reatividade contra as próprias células transformadas nos processos malignos e na presença de infecções intracelulares (ver Capítulos 1 e 2). Dessa maneira, a autorreatividade pode ocorrer contra vários tipos de componentes do *self*, como os nativos, os alterados e os transformados.

Até o momento, pouco se conhece sobre as causas do descontrole que transformam a resposta imune normal em um processo aberrante cujo evento final culmina na agressão aos próprios órgãos, envolvendo múltiplas partes do corpo. Cada uma das atuais teorias explica, em parte, um fenômeno ou mecanismo autoimune, mas não todos eles. Apesar do dano celular ou tecidual ser causado por células T, por anticorpos, ou por ambos, a presença de anticorpos é quase sempre observada, independentemente de estarem ou não implicados na patogênese da doença autoimune.

Laboratorialmente, os autoanticorpos são importantes meios de diagnóstico, de prognóstico, de definição das formas clínicas, de monitoramento de atividade da doença e de fator preditivo no desenvolvimento futuro de uma doença autoimune. Na pesquisa, os autoanticorpos constituem uma valiosa ferramenta para o estudo da biologia celular, marcando a localização dos antígenos nas diferentes fases do ciclo celular, sua natureza e suas funções biológicas.

Os autoanticorpos, principalmente aqueles específicos de uma determinada doença autoimune, podem surgir muitos anos antes do início das manifestações clínicas. Os anticorpos contra o componente E2 da desidrogenase láctica são produzidos pelo indivíduo décadas antes do desenvolvimento da cirrose biliar primária. Do mesmo modo, os anticorpos anti-GAD podem ser detectados ainda na infância ou anos antes das manifestações clínicas do diabetes *mellitus* tipo 1.

Desencadeamento de doenças autoimunes

As causas da autorreatividade são multifatoriais, relacionadas a fatores ambientais, infecciosos, hormonais, imunológicos, produtos químicos e outros ainda desconhecidos. Provavelmente, esses fatores e os do hospedeiro interagem de maneira complexa, ocasionando uma profunda alteração do sistema imune. Como resultado, verifica-se, entre outros, a produção de diferentes autoanticorpos, alteração da função de células T, defeito na fagocitose, o que desencadeia a doença.

▪ Fatores genéticos

A suscetibilidade, na maioria das doenças autoimunes, está fortemente associada aos fatores genéticos. De fato, observa-se associação entre o antígeno leucocitário humano (HLA) e muitas das doenças autoimunes, como, por exemplo, a espondilite anquilosante e o HLA B27, a artrite reumatoide (AR) e o HLA DR4, o lúpus eritematoso sistêmico (LES) e o HLA DR3, a esclerose múltipla e o HLA DR2 e, por fim, a doença de Hashimoto e o HLA DR5. A influência dos fatores genéticos pode ainda ser observada pela concordância na ocorrência da mesma doença autoimune entre gêmeos idênticos, por exemplo, a concordância de 57% para o LES e 34% para a AR. Contudo, é também evidente a importância de outros fatores na suscetibilidade à doença, já que, sendo homozigotos, taxas maiores de concordância seriam esperadas. Muitas doenças autoimunes são geneticamente complexas, com o envolvimento de vários genes. No entanto, a predisposição a uma determinada doença ou acometimento de órgão entre parentes próximos pode ser observada em alguns casos.

Fatores hormonais

A suscetibilidade a uma doença autoimune é nitidamente polarizada para um dos sexos, como no caso do LES, mais prevalente entre as mulheres na idade adulto-jovem (meia-idade), mostrando a influência dos estrógenos nessa condição; o que, no entanto, não explica como as mulheres pós-menopausa também podem desenvolver o LES. Outras doenças autoimunes também mais prevalentes entre as mulheres são: artrite reumatoide, esclerodermia, tireoidite de Hashimoto, doença de Graves, esclerose múltipla e *miastenia gravis*. O inverso ocorre na espondilite anquilosante e na síndrome de Goodpasture, com maior prevalência entre os homens.

Fatores ambientais

Fatores ambientais como agentes infecciosos, medicamentos, agentes químicos, toxinas, luz ultravioleta, fumo, obesidade, estresse físico e psicológico, entre outros, têm sido implicados como desencadeantes das diferentes doenças autoimunes.

Mecanismos envolvidos na indução da autoimunidade

Entre as várias teorias propostas sobre o mecanismo da indução da autoimunidade, atualmente as mais aceitas têm referido, sobretudo ao mimetismo molecular, disseminação de epítopos (*epitope spreading*), desregulação da rede idiotípica, defeitos na apoptose e superantígenos.

Mimetismo molecular e reatividade cruzada

Ocorre quando um agente infeccioso compartilha um determinado epítopo com um autoantígeno localizado em alguma célula ou tecido do organismo. Assim, a resposta imune contra essa porção do agente infeccioso resulta em clones que produzem anticorpos que reagem cruzadamente contra o próprio tecido. Por exemplo, os anticorpos contra os carboidratos de estreptococos reagem cruzadamente contra antígenos glicoproteicos localizados nas válvulas cardíacas. Na espondilite anquilosante são observadas reações cruzadas entre os epítopos do HLA B27 e *Klebsiella pneumoniae.*

Disseminação de epítopos

A lesão de tecidos decorrente do processo autoimune pode expor ao sistema imune outros antígenos nativos ou alterados provenientes do tecido lesado. Esses antígenos podem ativar linfócitos específicos, provocando a exacerbação da doença. Assim, pode ocorrer expansão policlonal de células B e produção de anticorpos contra múltiplos epítopos, alguns envolvidos na patogenicidade. Esse mecanismo explica a razão pela qual, uma vez instalada, a doença autoimune tende a ser crônica e, em geral, progressiva. Experimentalmente, foi observado que a injeção de anti-DNA em camundongos resultou não somente nos anticorpos anti-DNA como também em uma variedade de outros autoanticorpos associados ao LES, como anti-SS-A/Ro, anti-Sm e anti-ssDNA.

Rede idiotípica

O sítio de combinação de um anticorpo na região variável das imunoglobulinas (idiótipo) é complementar ao epítopo do antígeno específico. Esses idiótipos correspondem ao antígeno para os anti-idiótipos, ou seja, são reconhecidos pelo sistema imune como estranhos, induzindo à produção de anti-idiótipos. Em condições normais, a interação específica entre os anti-idiótipos e os idiótipos chega a um estado de equilíbrio nos quais aqueles inativam estes, modulando a resposta imune. Qualquer desvio nesse processo pode resultar em processo autoimune.

Apoptose

Um dos mecanismos de morte dos linfócitos T ou B potencialmente autorreativos é a apoptose. Na perda de estímulos apoptóticos, os clones autorreativos não eliminados podem continuar a proliferar nos tecidos periféricos, resultando na ativação e produção de células T autorreativas ou autoanticorpos. Por outro lado, a apoptose é um processo que possibilita a regulação negativa de células que já cumpriram a sua função ou, ainda, de células danificadas ou senis. A demora dos fagócitos na remoção dessas células mortas ou o excesso de material apoptótico acumulado pode resultar em exposição prolongada das proteínas normalmente inacessíveis, bem como das proteínas alteradas durante o processo de apoptose. Essa condição promove uma resposta imune, com produção de autoanticorpos contra múltiplos componentes celulares próprios. O LES constitui um exemplo desse fenômeno: durante o processo apoptótico, o DNA, fragmentos de proteínas intracelulares, intranucleares e fragmentos de membrana são liberados, com consequente indução de autoanticorpos contra esses elementos celulares.

Exposição de um antígeno sequestrado

Durante o desenvolvimento do sistema imune fetal, um antígeno pode se encontrar sequestrado em algum lugar inacessível do organismo (cristalino do olho, por exemplo). Quando esse antígeno se torna exposto, após uma lesão tecidual provocada por vírus, a resposta contra ele pode desencadear uma doença autoimune.

Anormalidade na apresentação do antígeno

Normalmente, a apresentação dos antígenos pelas células apresentadoras de antígenos não induz uma resposta autoimune. Entretanto, quando essa apresentação é feita fora dos padrões normais, por meio de células apresentadoras não profissionais, ou então na presença de distúrbio no balanceamento das citocinas, pode haver ativação de clones de linfócitos T autorreativos e consequente resposta autoimune.

Superantígenos

Ativam grandes populações de linfócitos T e B por meio da ligação ao HLA fora do sítio de apresentação antigênica. A expansão indevida dos linfócitos potencialmente autorreativos pode levar, então, à autoimunidade.

Imunopatologia | Hipersensibilidade

Os distúrbios causados por resposta imune descontrolada ou excessiva, levando à lesão tecidual e à doença, são chamados fenômenos de hipersensibilidade. Esta pode resultar em espectros clínicos bastante variáveis, podendo ser dividida em quatro tipos, para fins didáticos e de acordo com os mecanismos efetores ou pela natureza da resposta imune.

Hipersensibilidade do tipo I

Envolve os mecanismos de alergia, com a participação de anticorpos IgE (ver Capítulo 30). Na imunopatogênese das doenças autoimunes, mecanismos efetores baseados nas hipersensibilidades dos tipos II, III e IV são os responsáveis pelos processos inflamatórios e lesões teciduais, sendo as dos tipos II e III mediadas por anticorpos e a do tipo IV, por linfócitos T (LT) e macrófagos. Entretanto, nas doenças autoimunes, em geral, há participação de mais de um tipo de mecanismo efetor.

Hipersensibilidade do tipo II

Os anticorpos das classes IgG e IgM combinam-se com os antígenos que fazem parte da superfície de determinadas células, resultando nas lesões dessas células ou tecidos por meio de ativação de mecanismos inflamatórios. Os anticorpos podem, também, reagir com as moléculas receptoras localizadas na superfície celular e interferir nas funções celulares normais, ativando os receptores ou bloqueando a ligação destes com a proteína ligante, provocando uma destruição celular maciça, que ocorre por vários mecanismos:

- Opsonização e fagocitose: os anticorpos ligados aos antígenos da superfície celular podem ativar o complemento resultando na opsonização com a opsonina C3b e na fagocitose das células que apresentam esse antígeno (ver Capítulos 1 e 2). Por exemplo: anemia hemolítica autoimune e púrpura trombocitopênica autoimune
- Inflamação mediada por complemento e Fc: os anticorpos ligados aos antígenos na superfície celular podem ativar o sistema complemento com geração de vários fragmentos com propriedades biológicas. O C5a, que é um fator quimiotático, recruta os macrófagos e neutrófilos que liberam citocinas, proteases e mediadores inflamatórios, levando à destruição dos tecidos locais. A IgG ligada a um antígeno expõe região da Fc que se liga ao receptor Fcγ (FcgR) dos neutrófilos e macrófagos, resultando na secreção de produtos tóxicos que levam à inflamação e destruição celular local. Por exemplo, febre reumática aguda, glomerulonefrite mediada por anticorpo, como na síndrome de Goodpasture. Além disso, o C5a age como anafilotoxina ativando a degranulação de mastócitos teciduais e liberação de aminas vasoativas e substâncias pró-inflamatórias
- Bloqueio ou estimulação de receptores: os autoanticorpos que reagem contra os receptores presentes na superfície celular podem simular a ação de hormônios, ou outra proteína ligante, específica para esse receptor. Por exemplo, os anticorpos antirreceptores do hormônio estimulante da tireoide (TSH) ao se ligarem com os receptores de TSH, simulam a ação desse hormônio e, assim, estimulam as células tireoidianas a produzirem mais hormônios da tireoide (T3 e T4), resultando em hipertireoidismo. A regulação negativa (*feedback* negativo) ocorre quando os níveis de hormônios da tireoide se elevam muito, inibindo a liberação do TSH pela hipófise. No caso de a estimulação ter sido feita por meio de anticorpos, esse controle não ocorre e a estimulação é contínua, resultando em um acúmulo excessivo de hormônios da tireoide, o que explica o hipertireoidismo. Os anticorpos contra receptores podem também bloquear a ligação da proteína ligante com o receptor, inibindo a estimulação deste. Outro exemplo importante é a ligação dos anticorpos contra o fator intrínseco das células parietais da mucosa gástrica, que bloqueiam a ligação desse fator com a vitamina B12, diminuindo, assim, a sua absorção e resultando em anemia perniciosa. Os anticorpos antirreceptores de acetilcolina, por exemplo, também impedem a ligação da acetilcolina ao seu receptor, resultando na fraqueza muscular característica da *miastenia gravis*.

Hipersensibilidade do tipo III

Os autoanticorpos se ligam aos autoantígenos solúveis formando imunocomplexos. Quando isso ocorre em ambiente em que a disponibilidade de antígeno é grande e contínua, formam-se imunocomplexos de tamanho pequeno e em grande quantidade (ver Capítulo 5). Quando não são adequadamente removidos, esses imunocomplexos podem depositar-se em qualquer lugar do organismo, principalmente nos tecidos ou nos vasos sanguíneos, local onde são observadas reações inflamatórias decorrentes da ativação do complemento. Essa ativação leva ao recrutamento de neutrófilos, os quais se ligam aos imunocomplexos pelos seus receptores Fcγ. Os neutrófilos causam danos aos tecidos no local da deposição, principalmente nos pequenos vasos, nos glomérulos e nas articulações, resultando, respectivamente, em vasculite, glomerulonefrite e artrite. Esses danos podem levar ao surgimento de doenças como LES e glomerulonefrite pós-estreptocócica. A deposição desses imunocomplexos também é facilitada quando estes apresentam cargas positivas ligando-se a superfícies negativas, como a membrana basal dos glomérulos e dos vasos. Nesses locais, a pressão hidrostática alta auxilia nessa deposição.

Hipersensibilidade do tipo IV

Quando os LT CD4+ do tipo Th1 autorreativos perdem a tolerância, podem induzir à produção das citocinas do tipo 1 (IL-2, INF γ e TNF), resultando na ativação dos macrófagos e causando lesão dos tecidos pelos mediadores inflamatórios. Os LT CD8+ destroem diretamente as células-alvo que apresentam o antígeno associado ao HLA de classe I. As principais doenças autoimunes mediadas por LT autorreativos são órgão-específicas, como a tireoidite de Hashimoto e o diabetes *mellitus* do tipo 1. Nessas doenças, são encontrados infiltrados mononucleares (linfócitos e macrófagos) e destruição de células-alvo, como, por exemplo, as células β das ilhotas produtoras de insulina, resultando em diabetes por falta de insulina.

Espectro das doenças autoimunes

Alguns autoanticorpos ou linfócitos T autorreativos demonstram especificidade aos antígenos de distribuição tecidual restrita a um determinado órgão, resultando em doença órgão-específica, como: *miastenia gravis*, diabetes, esclerose múltipla, doença de Graves, tireoidite de Hashimoto, gastrite autoimune e outras.

No outro extremo, algumas doenças são sistêmicas, envolvendo praticamente todos os órgãos, como LES e as doenças reumáticas em geral. Entre os dois extremos, há uma série de doenças que são específicas para órgãos, porém, os seus autoanticorpos reagem com outros antígenos localizados não só no órgão envolvido mas também em outras células. Por exemplo, na cirrose biliar primária, a infiltração de células imunológicas inflamatórias ocorre nos pequenos ductos biliares, mas os anticorpos antimitocôndria (AMA) podem reagir com mitocôndrias de outros órgãos (Figura 24.1).

Um paciente pode ter mais de uma doença autoimune. A superposição de doenças diferentes de um determinado extremo do espectro autoimune pode ocorrer com certa frequência. Pacientes com anemia perniciosa podem também apresentar autoanticorpos contra a tireoide, portanto, a ocorrência de doenças da tireoide nesses indivíduos é maior. O inverso também é observado, ou seja, pacientes com doença autoimune da tireoide podem apresentar autoanticorpo contra o estômago, alguns chegando a desenvolver anemia perniciosa.

No grupo das doenças reumáticas, a superposição também é comum, como no caso da artrite reumatoide, da síndrome de Sjögren, da dermatopolimiosite e outras que frequentemente estão associadas ao quadro laboratorial e clínico do LES (ver Capítulo 25). Já a superposição de doenças de dois extremos opostos é mais rara.

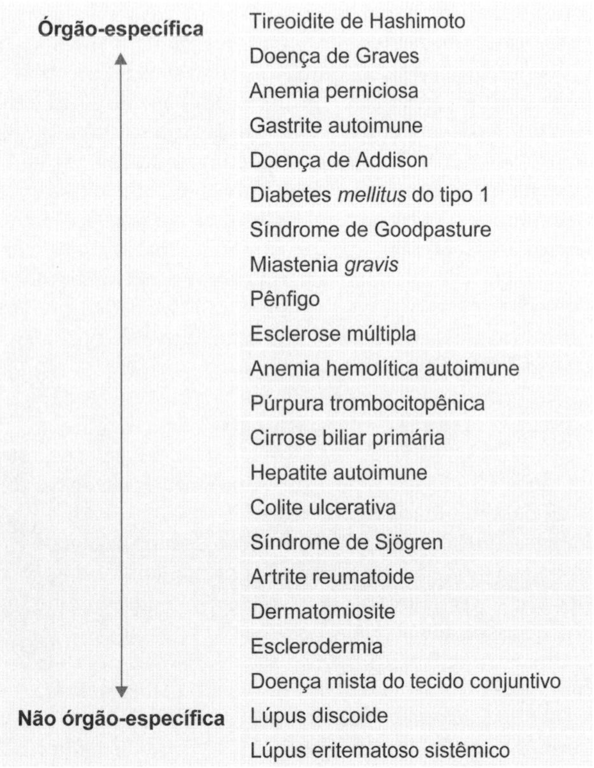

Figura 24.1 Espectro de especificidade das doenças autoimunes quanto ao alvo. Adaptada de Schmitt, 2003.[1]

Importância laboratorial dos autoanticorpos

A patogênese das doenças autoimunes baseia-se na agressão do sistema imune celular e/ou humoral às células e aos tecidos do paciente. No entanto, quase todas essas doenças apresentam autoanticorpos circulantes. Laboratorialmente, a detecção dos autoanticorpos é útil para diversos fins:

- Diagnóstico: a maneira mais prática para se realizar o diagnóstico laboratorial de uma doença autoimune é pela detecção de autoanticorpos. Alguns são marcadores específicos da doença, como, por exemplo, o anti-DNA nativo e o anti-Sm para o LES
- Atividade da doença: alguns autoanticorpos estão implicados na patogênese da doença e, assim, apresentam correlação com a sua atividade, como o anticorpo anti-DNA nativo (dsDNA, ou *double stranded* DNA) na patogênese e na exacerbação do LES
- Preditivos da doença: os autoanticorpos podem ser marcadores preditivos do desenvolvimento da doença autoimune no futuro, pois muitos são produzidos bem antes do início das manifestações clínicas e, portanto, a sua detecção significa que o processo autoimune já está em curso. Anticorpos anticélulas das ilhotas de Langerhans são detectáveis meses ou anos antes do início da doença. Alguns autoanticorpos detectados durante a gravidez estão associados ao maior risco de desenvolvimento futuro da doença autoimune respectiva. Por exemplo, gestantes com fator reumatoide, ou anticorpos anti-TPO, ou anticorpos antinúcleo no soro, apresentam maior risco de manifestarem, posteriormente, artrite reumatoide, tireoidites e LES, respectivamente
- Formas clínicas: alguns autoanticorpos que diferenciam a forma clínica da doença (p. ex., o anticentrômero na esclerose sistêmica) são associados à forma CREST e o anti-Scl-70, à forma difusa.

Diagnóstico laboratorial

Para se considerar uma doença como autoimune é necessário haver uma reação definida contra antígenos *self* como componente principal da fisiopatologia. A agressão a células e aos tecidos próprios se deve ao sistema imune celular e/ou humoral. Entretanto, qualquer que seja o mecanismo de agressão, a presença de autoanticorpos é quase sempre uma constante e a sua detecção constitui a forma mais prática de diagnóstico sorológico. Para tanto, é necessário um autoantígeno altamente reativo e de especificidade definida para que um teste forneça uma alta eficiência diagnóstica.

Como em outras áreas de diagnóstico, tecnologias de produção de antígenos recombinantes ou de anticorpos monoclonais têm tornado as técnicas sorológicas suficientemente sensíveis e práticas para o diagnóstico de doenças autoimunes na rotina laboratorial. Uma grande diversidade de testes apresentados na forma de conjunto (*kit*) para diagnósticos é oferecida no mercado.

A tecnologia de antígenos recombinantes pode ser útil para outras finalidades, como mapeamento de epítopos, estudo da interação antígeno-anticorpo e, futuramente, imunoterapia antígeno-específica.

Técnica de imunofluorescência indireta

A reação de imunofluorescência indireta (IFI) vem sendo utilizada há cerca de 5 décadas e continua sendo útil nos laboratórios de diagnóstico clínico. Baseia-se na reação entre os antígenos localizados nas células ou nos tecidos e os autoanticorpos específicos presentes no soro do paciente. A revelação do complexo antígeno-anticorpo formado é feita por um conjugado anti-IgG fluorescente, que produz padrões característicos de fluorescência de acordo com a localização celular ou tecidual do antígeno em que o anticorpo do paciente se ligou. Esse padrão de imunofluorescência mostra correlação com a patologia ou grupos de patologias.

Como fonte de antígenos, células em cultura ou seções de tecidos são utilizadas de acordo a doença ou a presumível presença de autoanticorpos. A existência de vários alvos antigênicos, presentes em uma célula ou tecido, possibilita detectar anticorpos de várias especificidades em uma única reação.

A desvantagem da IFI é a dificuldade de automação e a leitura que, sendo subjetiva, está sujeita às variações individuais de acordo com o observador.

Exemplos de testes de IFI mais empregados para o diagnóstico sorológico incluem as detecções de anticorpos antinúcleo em cultura de células HEp2; de anticorpos anti-dsDNA em *Crithidia luciliae* (protozoário obtido por cultura); anticorpos antimitocôndria e antiglomérulo em cortes de rim de rato; anticorpos antimúsculo liso e células parietais em cortes de estômago de rato; e outros.

Testes imunoenzimáticos

As técnicas imunoenzimáticas estão cada vez mais difundidas com o aperfeiçoamento da tecnologia de purificação e de obtenção de antígenos. Entretanto, reações inespecíficas são frequentes quando a pureza do antígeno não é adequada. Antígenos obtidos de tecidos humanos estão, em geral, representados em quantidades mínimas e são de difícil purificação, pois exigem a remoção de outras proteínas potencialmente antigênicas.

Os antígenos recombinantes trouxeram um grande avanço no diagnóstico. Alguns mais importantes, tanto para diagnóstico como para seleção do candidato ao uso na terapia, estão apresentados na Tabela 24.1.

Muitas proteínas são de difícil expressão, pois os produtos recombinantes podem ser tóxicos para as células, instáveis ou então obtidos na forma insolúvel.

A tecnologia do DNA recombinante possibilita também obter proteínas quiméricas que têm a vantagem de produzir proteínas que reconhecem maior número de epítopos. Por exemplo, os dois autoantígenos mais importantes no diagnóstico de diabetes do tipo 1, a isoforma de 65 kDa da descarboxilase do ácido glutâmico (GAD 65) e a proteína do antígeno 2 das ilhotas de Langerhans semelhante à tirosina fosfatase (IA-2) têm sido combinados, com sucesso, em uma proteína de fusão. O antígeno assim obtido é capaz de detectar, simultaneamente, os anticorpos anti-GAD 65 e anti-IA2 e possibilitar, em um único teste, detectar indivíduos com risco de desenvolver diabetes do tipo 1, com maior sensibilidade.

Doenças autoimunes órgão-específicas

Cerca de 20% da população é afetada por doença autoimune ou doença inflamatória mediada pela resposta imune anormal. Alguns exemplos de doenças autoimunes órgão-específicas serão abordados neste capítulo e as não órgão-específicas (doenças autoimunes reumáticas), no Capítulo 25.

Diabetes *mellitus* tipo 1

O diabetes *mellitus* consiste em um grupo heterogêneo de distúrbios que apresenta a hiperglicemia como característica comum. Os tipos 1 e 2 são as variantes mais comuns, que diferem entre si nos padrões genéticos, na resposta à insulina e na etiopatogenia. Em ambos, complicações a longo prazo, como neuropatia, nefropatia e retinopatia, podem ocorrer. O diabetes tipo 1, também chamado de diabetes *mellitus* insulinodependente (IDDM), é responsável por cerca de 10% dos casos da doença, e o tipo 2, insulino não dependente (NIDDM), responde por cerca de 90%. Por não se tratar de uma doença autoimune, o diabetes tipo 2 não será abordado neste capítulo.

O diabetes tipo 1 é caracterizado pela deficiência grave de insulina decorrente da destruição das células β pancreáticas por um mecanismo imunomediado. Caracteriza-se clinicamente pelo início súbito, perda de peso, sede, poliúria e letargia. Com a queda na produção da insulina, ocorre a produção de cetonas, que podem ser detectadas na urina, no sangue e na respiração, e levar o paciente à cetoacidose e ao coma hiperosmolar, que são situações de emergência. O diabetes do tipo 1 ocorre geralmente em crianças e adultos jovens, mas, às vezes, pode começar mais tarde, na idade adulta. Histologicamente, o pâncreas dos pacientes com diabetes do tipo 1 mostra atividade imunológica, ausente nos pacientes com diabetes do tipo 2 ou em indivíduos sadios. Observa-se, nas ilhotas de Langerhans, infiltrado linfocitário, na maioria CD8+, com número variável de LT CD4+ e macrófagos. Anticorpos e componentes do sistema complemento podem também ser encontrados.

Os principais alvos do ataque autoimune são contra o GAD e a insulina, provavelmente expostos ao sistema imune do indivíduo suscetível por pancreatite após uma infecção na infância, ou por apoptose após um processo normal de renovação das suas células. Normalmente, os produtos da apoptose são rapidamente removidos pelos macrófagos ou por células dendríticas imaturas. Contudo, quando a apoptose ocorre na presença de forte resposta inflamatória, as células dendríticas imaturas recebem um sinal para a sua maturação, o que também acaba ativando os linfócitos T.

Muitos anos antes de se manifestar abruptamente como diabetes do tipo 1, a reação autoimune contra as células beta já teve início. Somente após a destruição de mais de 90% das células beta a doença se manifesta clinicamente.

Fatores associados à predisposição ao diabetes tipo 1

Fatores genéticos

A predisposição genética parece ser decorrente das variações genéticas na molécula do HLA da classe II, que afetam o reconhecimento pelos receptores de células T ou alteram a forma de apresentação do antígeno, podendo levar a uma reatividade imunológica anormal. Apresentam predisposição ao diabetes *mellitus* tipo 1 os pacientes que possuem alelo de risco tais como os antígenos leucocitários humanos (HLA), especialmente os alelos HLA-DRw3 e DRw4, adicionalmente a outros anticorpos específicos, tais como autoanticorpos antitirosina fosfatase (anti-IA2), autoanticorpos anti-insulina (anti-ICA) e/ou autoanticorpos antidescarboxilase do ácido glutâmico (anti-GAD).[2]

A importância de fatores genéticos na etiologia do diabetes tipo 1 é observada pela taxa de concordância entre gêmeos dizigotos, de 5 a 10%, e em homozigotos, de 27 a 38%. A incidência do DM1 varia com a região. Segundo a última edição do Atlas IDF 2017, o Brasil apresenta cerca 88.300 crianças com idade até 20 anos portadores do DM1, o que classifica o país em terceiro lugar neste *ranking*, perdendo apenas para os EUA (169.900) e a Índia (128.500).[3]

Tabela 24.1 Exemplos de antígenos recombinantes de interesse no diagnóstico sorológico e outros fins.

Anticorpos contra	Principal doença associada
Alfafodrin	Síndrome de Sjögren
Anexina V	Síndrome antifosfolipídica
Antígeno de penfigoide bolhoso BP230 kDa	Penfigoide bolhoso
Antígeno mitocondrial (subunidade E3) e	Cirrose biliar primária
Antígeno mitocondrial PDH E2 (52 e 70 kDa)	Cirrose biliar primária
Beta 2 glicoproteína I	Síndrome do anticorpo antifosfolipídico
BPI (ANCA)	Fibrose cística
BP 180 kDa	Penfigoide bolhoso
Calpastatina	Artrite reumatoide
CENP A e CENP B	Esclerose sistêmica forma limitada
Citocromo P450 – IA2	Hepatite autoimune tipo 2
Citocromo P450-2D6/LKM1	Hepatite autoimune tipo 2
Colágeno IV, domínio NC1	Síndrome de Goodpasture
Desmogleína 1	Pênfigo foliáceo
Desmogleína 3	Pênfigo *vulgaris*
Fibrilarina	Esclerose sistêmica forma difusa
GAD 65 e GAD 67	Diabetes do tipo 1
Gly-t RNA sintetase	Polimiosite/Dermatomiosite
H^+/K^+ATPase	Gastrite autoimune
IA-2 (ICA 512) e IA-2 beta	Diabetes do tipo 1
Jo-1 (histidil-*t*RNA sintetase)	Polimiosite
Ku 70 kDa e Ku 86 kDa	Miosites (raro, pouco conhecido)
La (SS-B)	Síndrome de Sjögren, lúpus eritematoso sistêmico
LC1	Hepatite autoimune tipo 2
Macrogolgin	Esclerodermia e síndrome de Sjögren
Mi2	Dermatomiosite
Mieloperoxidase (ANCA)	Vasculite sistêmica
PM Scl (100 kDa e 75 kDa)	Síndrome de superposição polimiosite/esclerodermia
Proteína ribossômica P0, P1 e P2	Lúpus eritematoso sistêmico
Proteína Sp100	Cirrose biliar primária (incerto)
Proteinase 3 (ANCA)	Síndrome do anticorpo antifosfolipídico
Receptor de TSH (fragmento)	Doença de Graves
Ro SS-A (52 kDa e 60 kDa)	Lúpus eritematoso sistêmico, síndrome de Sjögren
Scl 70	Esclerose sistêmica
SLA/LP	Hepatite autoimune tipo 1
Sm B´/B e Sm D1-3	Lúpus eritematoso sistêmico
Tireoglobulina	Doença de Hashimoto
TPO (seguimento C2)	Doença de Hashimoto
Transglutiaminase tecidual	Doença celíaca
U1 snRNP 68/70 kDa	Lúpus eritematoso sistêmico, DMTC
U1 snRNP A e U1 snRNP C	Lúpus eritematoso sistêmico, DMTC
U2 Sm B´´	Lúpus eritematoso sistêmico

Adaptada de Schmitt, 2003.[1]

Fatores ambientais

Entre os fatores ambientais, os vírus parecem ter uma participação importante no desencadeamento do diabetes tipo 1. Tendências sazonais de novos casos da doença têm sido observadas associadas às infecções virais comuns, como as causadas pelos vírus da coxsackie, caxumba, sarampo, citomegalovírus, rubéola e após a mononucleose infecciosa. Postula-se que, nessas infecções, mesmo uma lesão leve das células beta possa expor os antígenos normalmente inacessíveis ao sistema imune, iniciando uma resposta autoimune.

A outra hipótese é o mimetismo molecular que ocorre entre as proteínas virais que compartilham a mesma sequência da proteína encontrada nas células beta.

Autoanticorpos de interesse diagnóstico

ICA

As evidências de que o diabetes *mellitus* do tipo 1 era causado por um processo autoimune vem de longa data[4-7], quando se observou que as células pancreáticas se coravam na presença de soros de pacientes com diabetes tipo 1, no teste de IFI. Esses anticorpos foram chamados de anticélulas de ilhotas, ou ICA, e traduzem apenas a presença de autoanticorpos, mas não a sua especificidade ao nível molecular. A dificuldade na padronização do ICA por IFI, que necessita de pâncreas humano como fonte de antígeno, e a subjetividade na leitura do teste têm sido importantes limitações ao seu uso na rotina diagnóstica.

ANTI-GAD E ANTI-IA-2

Entre os ICA, dois antígenos foram identificados mais tarde: GAD e IA-2, cujos anticorpos são, na maioria das vezes, detectados anos antes do início dos sintomas clínicos, podendo ser considerados como um marcador preditivo da doença. O GAD pode existir sob duas formas: GAD 65 e GAD 67, sendo o primeiro o antígeno mais relevante. Resposta celular *in vitro* e os anticorpos anti-GAD mostram maior sensibilidade no diagnóstico comparado aos anticorpos anticélulas de ilhotas.

A clonagem e a obtenção de antígenos GAD e IA-2 recombinantes propiciaram melhor padronização dos testes diagnósticos, demonstrando notável melhora na proficiência desses testes.

Anticorpos anti-GAD e/ou anti-IA-2 ocorrem em 70 a 90% dos pacientes com diabetes do tipo 1 recentemente diagnosticados. Os anticorpos anti-IA-2 e anti-insulina (IAA) apresentam alto valor preditivo de desenvolvimento futuro da doença em pacientes de baixa faixa etária. Já no adulto, o anticorpo anti-GAD mostra maior preditividade.

IAA

Os anticorpos anti-insulina (IAA) não estão associados ao ICA e parecem um dos primeiros a ser produzidos na fase anterior ao desenvolvimento clínico do diabetes tipo 1. A lise das células das ilhotas e a exposição da pró-insulina propicia o início da resposta autoimune. Os anticorpos antirreceptor da insulina também podem competir com a insulina.

O IAA pode combinar-se com a insulina circulante formando imunocomplexos. Assim, indivíduos tratados com a insulina de origem animal por um período maior que 2 semanas começam a produzir anticorpos anti-insulina. Esse fato deve ser considerado nos ensaios para a detecção da anti-insulina. Além disso, variações na sensibilidade e especificidade entre os reagentes de diferentes procedências têm sido observadas nos testes para o IAA.

No diabetes tipo 1, a produção de autoanticorpos de várias especificidades parece ser mais importante que o título individual de anticorpos de uma única especificidade. Estudos envolvendo parentes de primeiro grau demonstraram que o desenvolvimento do diabetes do tipo 1, no decorrer de 5 anos, depende do número de especificidade de autoanticorpos detectados:[6]

- 10% na presença de um anticorpo
- 50% na presença de dois anticorpos
- 80% ou mais na presença de três anticorpos.

Os autoanticorpos podem, também, auxiliar na definição da etiologia e na classificação dos diabetes:

- Cerca de 5 a 10% dos adultos aparentemente portadores do diabetes do tipo 2 podem apresentar anti-GAD. Esses indivíduos apresentam diferenças nas características imunológicas, genéticas e metabólicas quando comparados aos indivíduos diabéticos sem o anti-GAD que, apesar de não demandarem uso de insulina quando diagnosticados, têm alto risco de precisar dela no futuro, cerca de 6 anos pós-diagnóstico. Essa subpopulação de pacientes é chamada de diabetes do tipo 1 lentamente progressivo ou diabetes autoimune latente do adulto (LADA)
- Apesar de os anticorpos associados ao diabetes do tipo 1 serem úteis para o diagnóstico laboratorial, não são eles os causadores da doença. Entretanto, as suas detecções têm importância diagnóstica e prognóstica. Os autoanticorpos possibilitam o diagnóstico precoce da doença, antes mesmo das manifestações clínicas, como já relatado anteriormente. A detecção deve ser feita mais de uma vez, se o teste for feito com o propósito de determinar a preditividade para o desenvolvimento futuro da doença
- A presença associada a dois ou mais anticorpos, o anti-IA-2 isolado ou associado, além de valor diagnóstico, indicam também a probabilidade de progressão mais rápida para a doença.

Associação com outras doenças autoimunes

Os pacientes e seus parentes com diabetes do tipo 1 apresentam um risco aumentado de ter outras doenças autoimunes, como tireoidites (25%), doença celíaca (7%) e gastrite autoimune (20% com anticorpos anticélula parietal). Essas associações devem ser lembradas para se detectar precocemente a existência de outras condições autoimunes.

Doenças autoimunes da tireoide

A tireoide é controlada pela hipófise, que produz o hormônio estimulante da tireoide (TSH) que, por sua vez, estimula a produção e a liberação dos hormônios T3 e T4, os quais exercem um retrocontrole negativo, regulando a sua própria produção a fim de manter a homeostase. O nível de TSH apresenta correlação negativa com a concentração desses hormônios e, assim, constitui um excelente parâmetro para a avaliação laboratorial de hipertireoidismo ou de hipotireoidismo. No hipertireoidismo, em que os níveis hormonais de T3 e T4 se encontram altos, o nível de TSH está geralmente abaixo do limite normal. Já no hipotireoidismo, que se caracteriza por baixas concentrações séricas de hormônios da tireoide, o TSH alcança níveis superiores ao limite normal. Assim, laboratorialmente, os testes de função tireoidiana incluem dosagens séricas de TSH, T3 e T4 e T4 livre.

As tireoidites autoimunes são as mais frequentes entre as doenças autoimunes órgão-específicas, afetando mais de 3% da população mundial. Clinicamente, são divididas em dois tipos principais: hiperfunção glandular, como na doença de Graves, e hipofunção glandular, como na doença de Hashimoto. Caracterizam-se pela presença de autoanticorpos da classe IgG contra a tireoglobulina (TG ou TGB), a peroxidase [ou peroxidase da tireoide, ou microssomal (TPO)] e a globulina ligadora de tiroxina (TBG); e, mais especificamente para o caso da doença de Graves, pela presença de anticorpos contra os receptores de TSH (TRAB).

Doença de Graves (hipertireoidismo)

Caracteriza-se por um estado hipermetabólico da tireoide com níveis elevados de T3 e T4 livres, por um mecanismo imunomediado. Foi descrita em 1835 por Robert Graves e constitui a causa mais comum das tireotoxicoses (condição em que os tecidos são expostos à quantidade excessiva de hormônios da tireoide, resultando em alterações metabólicas e funcionais de muitos órgãos). Caracteriza-se pela presença de achados clínicos que incluem:

- Hipertireoidismo: manifesta-se, principalmente, com palpitações, pulso rápido, fadiga, fraqueza muscular, perda de peso com bom apetite, diarreia, intolerância ao calor, pele quente, transpiração excessiva, instabilidade emocional, alterações menstruais e tremor fino nas mãos
- Exoftalmo: presente em 20 a 40% dos pacientes com a doença de Graves, consiste na protrusão do globo ocular, edema periorbital e retração palpebral. Nos tecidos retro-orbitários observam-se infiltrados de linfócitos, mastócitos e plasmócitos

- Dermatopatia infiltrativa ou mixedema pré-tibial: consiste nas lesões cutâneas que se apresentam com a aparência de casca de laranja, nas quais podem ser observadas infiltrações linfocitárias e deposição de mucopolissacarídeos
- Hipertrofia e hiperplasia do parênquima tireoidiano: resultam em aumento difuso da glândula tireoide (bócio). A infiltração de linfócitos indica a natureza autoimune desse processo.

A doença de Graves é cerca de 7 a 10 vezes mais comum em mulheres, com prevalência de cerca de 2%, e mais frequentemente na faixa etária entre 20 e 50 anos. A doença intercala períodos de remissão e de exacerbação.

Fatores genéticos são importantes, podendo ser observados cerca de 60% de concordância entre os gêmeos homozigotos. Observa-se associação com HLA B8 e DR3 em caucasianos e HLA B35 e HLABw46 em populações asiáticas, como japoneses e chineses, respectivamente.

Os anticorpos que podem ser detectados no plasma de um paciente com a doença de Graves incluem o anti-TPO, em 75% dos casos, o anti-TGB e o TRAB, em 90%, o qual está envolvido diretamente na patogênese da doença de Graves. Anticorpos antirreceptores do TSH podem ser de vários tipos e reagir com diferentes epítopos do TSH-R, atuando, assim, de forma diferente sobre a glândula tireoide (Figura 24.2):

- Antirreceptor do TSH ou imunoglobulina estimulante da tireoide (TSI): ao se ligar ao TSH-R, mimetiza a ação do TSH, estimulando a liberação dos hormônios da tireoide. Após acoplamento, a estimulação da glândula é contínua e descontrolada, pois não ocorre, nesse caso, o mecanismo de retrocontrole (*feedback*) negativo. A liberação excessiva dos hormônios da tireoide leva o paciente ao estado de hipertireoidismo. Esses anticorpos estão presentes em 90% dos casos da doença de Graves. Nas gestantes doentes, os anticorpos anti-TSH-R, por serem da classe IgG, atravessam a barreira placentária produzindo a doença de Graves neonatal em seus recém-nascidos
- Imunoglobulina estimuladora do crescimento tireoidiano: também dirigida contra o receptor do TSH, tem sido implicada na proliferação do epitélio folicular da tireoide, originando aumento difuso da glândula
- Imunoglobulinas inibidoras da ligação do TSH ou anticorpos bloqueadores: o anti-TSH-R pode também ter um efeito oposto ao da estimulação da glândula tireoide, ligando-se ao TSH-R e bloqueando a ligação do TSH ao seu receptor. Alguns pacientes com a doença de Graves podem apresentar transitoriamente esse anticorpo, denominado anticorpo bloqueador da ligação da tireotrofina, o qual explica o hipotireoidismo em alguns pacientes com a doença de Graves. Esses anticorpos diferem dos demais anti-TSH-R por reagirem com epítopos diferentes encontrados nos receptores de TSH.

Doença de Hashimoto (hipotireoidismo)

A tireoidite de Hashimoto ou tireoidite linfocítica crônica caracteriza-se por uma insuficiência gradativa da glândula tireoide decorrente da destruição da arquitetura folicular normal da tireoide, com intensa infiltração linfocitária e fibrose, típica de uma reação autoimune celular.

A primeira descrição foi feita em 1912, por Hakaru Hashimoto, e consistia em uma glândula de um paciente com

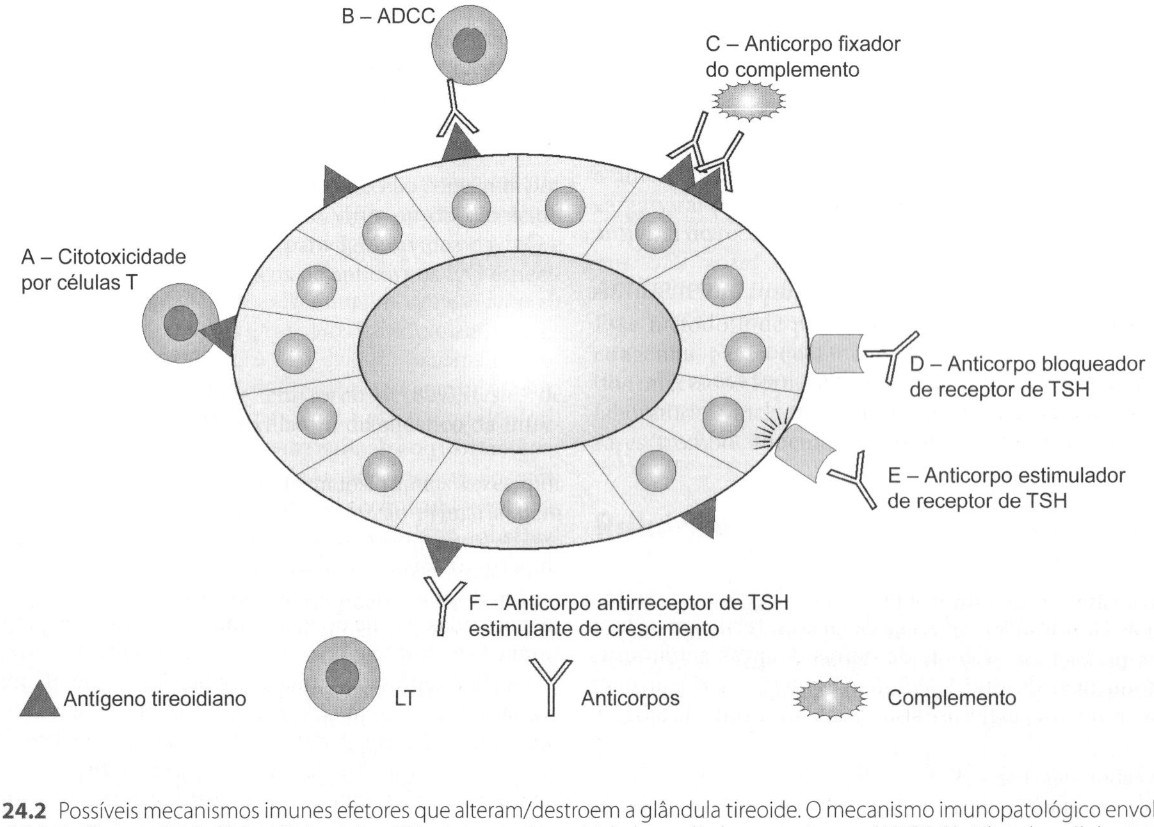

Figura 24.2 Possíveis mecanismos imunes efetores que alteram/destroem a glândula tireoide. O mecanismo imunopatológico envolve tanto a citotoxicidade direta pelos linfócitos T citotóxicos (**A**), quanto a citotoxicidade mediada por anticorpo (ADCC; **B**). A lise das células tireoidianas pode ser mediada pela ação do complemento (**C**). Os vários tipos de anticorpo antirreceptor de TSH (TSH-R) podem atuar de diferentes maneiras, causando: bloqueio da ligação do TSH ao seu receptor (**D**); estimulação do TSH-R por anti-TSH-R com produção excessiva de hormônios da tireoide (**E**); e possível crescimento das células do epitélio folicular por ação dos anticorpos anti-TSH-R (**F**).

bócio apresentando intensa infiltração linfocitária à histologia. Na tireoidite de Hashimoto, um defeito nas células T que reconhecem os antígenos processados da tireoide associados a alguns tipos de HLA resulta em uma resposta imune contra vários antígenos tireoidianos. Assim, células T autorreativas e células B que secretam uma variedade de anticorpos antitireoide podem ativar a citotoxicidade dependente de anticorpo e a fixação do complemento. A destruição das células tireoidianas decorre das células T citotóxicas CD8+ e das células T CD4+, que produzem uma reação inflamatória com recrutamento e ativação de macrófagos. Como consequência, verificam-se danos aos folículos, seguidos de redução de células epiteliais da tireoide e substituição por células mononucleares e fibrose (ver Figura 24.2).

Manifestações clínicas principais incluem fadiga, letargia, intolerância ao frio, bradicardia, irregularidade menstrual, constipação intestinal, aumento de peso, pele seca, edema, reflexo lento, diminuição da capacidade de concentração e depressão. Ocorre um aumento indolor e difuso da glândula tireoide, que pode variar de não palpável até duas a três vezes o seu tamanho normal.

Alguns pacientes podem passar transitoriamente por tireotoxicose, situação conhecida como hashitoxicose, que resulta em concentração elevada de T3 e T4, com concentração de TSH diminuída pela presença de anticorpos anti-TSH-R do tipo TSI (estimulante). Com a destruição contínua da glândula, gradualmente desenvolve-se o hipotireoidismo e, laboratorialmente, observa-se diminuição da concentração sérica de T3 e T4, seguido de aumento de TSH como mecanismo de compensação.

A doença de Hashimoto é a mais frequente entre todas as doenças autoimunes da tireoide, atingindo de 2 a 4% da população. A maior incidência é observada entre indivíduos de 30 a 50 anos, sendo por volta de 4 a 7 vezes mais frequente em mulheres.

A predisposição genética é claramente evidenciada pela concordância de 30 a 60% em gêmeos homozigotos e pela alta incidência de autoanticorpos contra a tireoide em parentes de indivíduos afetados. A associação dessa afecção com vários *loci* genéticos sugere uma base poligênica.

Entre os pacientes com hipotireoidismo, a presença de autoanticorpos contra a tireoide define os casos de doença de Hashimoto. Nesses pacientes, os anticorpos anti-TPO são detectados em 95% dos casos, enquanto o anti-TG é encontrado em 60%. Em cerca de 40% dos pacientes são observados os anticorpos anti-TSH-R, do tipo bloqueador. Os autoanticorpos das tireoidites autoimunes são pouco específicos, podendo ser encontrados também na população normal, em 5% das crianças e em 40% dos idosos.

Associação das tireoidites autoimunes com outras doenças autoimunes

Nos pacientes com doenças autoimunes da tireoide, como a doença de Hashimoto e a doença de Graves, verificam-se também uma maior prevalência de outras doenças autoimunes, como o diabetes do tipo 1, *miastenia gravis*, gastrite atrófica, anemia perniciosa, esclerose sistêmica e síndrome de Sjögren.

Autoanticorpos nas doenças autoimunes da tireoide

Tanto os anticorpos anti-TPO quanto os antitireoglobulina não estão diretamente implicados na patogênese das tireoidites autoimunes. Entretanto, a detecção dos anticorpos específicos contra a tireoide constitui o modo mais prático de diagnóstico.

Anti-TPO

São encontrados em elevados títulos e constitui um dos marcadores mais importantes, tanto para o diagnóstico como para acompanhamento da doença. Esses anticorpos ocorrem precocemente nas tireoidites e apresentam melhor correlação clínica não só com a doença, mas também com altos níveis séricos de tireotrofina, quando comparados com os anticorpos antitireoglobulina. Os anti-TPO, conhecidos anteriormente como antiantígeno microssomal da tireoide, podem ser dosados pelo método ELISA, utilizando-se antígenos recombinantes, com elevada sensibilidade e especificidade.

Antitireoglobulina

Os anticorpos antitireoglobulina (anti-TG) são encontrados em cerca de 60% dos pacientes com a doença de Hashimoto e em 40% com a doença de Graves, e podem ser demonstrados por ELISA, com alta sensibilidade.

TRAB

A detecção de anticorpos antirreceptor de TSH é útil para o monitoramento do tratamento de pacientes com a doença de Graves e como preditivo do risco do recém-nascido em apresentar disfunção tireoidiana quando nascido de mãe afetada. Podem ser dosados por imunoensaios baseados na competição entre os anticorpos e o TSH pelo receptor do TSH. Esses anticorpos estão diretamente associados à patogênese das doenças autoimunes da tireoide, sobretudo na doença de Graves, como dito anteriormente.

▪ Doença autoimune do fígado

Entre as doenças autoimunes do fígado, a hepatite autoimune (HAI), a cirrose biliar primária (CBP) e a colangite esclerosante primária (CEP) são as mais representativas. Laboratorialmente, caracterizam-se por apresentarem hipergamaglobulinemia e uma variedade de autoanticorpos contra antígenos teciduais.

O diagnóstico dessas doenças não é fácil, pois outras condições podem mimetizar essas patologias, como drogas e produtos químicos hepatotóxicos.

Hepatite autoimune

É uma doença inflamatória do fígado muito semelhante, clínica e histologicamente, a outras doenças hepáticas. A causa da inflamação crônica não é bem esclarecida e, histologicamente, caracteriza-se por hepatite de interface, com infiltrado linfoplasmocitário, hipergamaglobulinemia e presença de autoanticorpos de diferentes especificidades. Para o diagnóstico observa-se que a hipergamaglobulinemia é policlonal, com elevados níveis de imunoglobulina G. Além disso, graus variados de disfunção hepática podem ser encontrados, com hiperbilirrubinemia, alargamento do tempo de protrombina e hipoalbuminemia.[8] Informações atualizadas podem ser encontradas no *site* do grupo internacional de hepatite autoimune (The International Autoimmune Hepatitis Group).[9]

A HAI apresenta uma distribuição mundial, mas pode variar entre diferentes regiões. Na Europa, a sua incidência é de cerca de 2 casos por 100.000 indivíduos/ano; nos EUA corresponde a 11 a 23% de todos os casos de hepatite crônica.[10] No Brasil, a HAI tem evolução insidiosa (lenta e progressiva, de semanas a meses), associada à astenia. A alta frequência de cirrose estabelecida já no momento da primeira consulta mostra uma evolução bastante agressiva em alguns casos.

Patogênese

O sistema imune celular exerce um papel central na patogênese das hepatites autoimunes. A participação de linfócitos T CD4+ é fundamental, mas, recentemente, admite-se que as células T CD8+ e células Tgδ também apresentem papéis importantes na patogênese.

Tem sido relatado que a agressão autoimune se inicia com a quebra de autotolerância decorrente da lise dos hepatócitos por LT CD8+, após um processo infeccioso, resultando na apresentação dos autoantígenos inacessíveis ao sistema imune. Outro mecanismo possível é o mimetismo molecular, em que os autoantígenos e agentes exógenos como os microrganismos compartilhariam determinantes antigênicos em comum. Dessa maneira, a resposta ao agente externo acaba agredindo o órgão que também apresenta esse determinante. Em indivíduos com deficiência no controle de apoptose, verifica-se ativação e expansão de LT e LB de forma descontrolada. O sistema imune, então, inicia a produção de autoanticorpos, citocinas pró-inflamatórias e reação de citotoxicidade aos hepatócitos.

Diagnóstico laboratorial

O diagnóstico da HAI necessita da exclusão inicial de hepatites de outras etiologias, como as virais e por drogas, e de doenças semelhantes, como a doença de Wilson, hemocromatose genética, deficiência de α-1 antitripsina, cirrose biliar primária e colangite esclerosante primária.

Em 2015, foram atualizadas as diretrizes de prática clínica para HAI, incluindo um sistema diagnóstico que foi desenvolvido pelo Grupo Internacional de Hepatites Autoimunes (IAIHG, *International Autoimmune Hepatitis Group*).[10] Esse grupo consiste em um comitê que estabelece um consenso sobre o diagnóstico das HAI, utilizando, como critérios, os dados clínicos, histológicos, bioquímicos e a presença de uma variedade de autoanticorpos. Assim, o diagnóstico da HAI pode ser feito com sensibilidade de 97 a 100% e especificidade de 66 a 92%. Além disto, para o diagnóstico sorológico devem-se incluir os dados dos testes de IFI para detecção de anticorpos antinúcleo (AAN), antimúsculo liso (SMA) e antiantígeno microssomal de fígado e rim (LKM-1).

As hepatites autoimunes (HAI) podem ser de dois tipos, 1 e 2. Um terceiro tipo tem sido proposto, mas somente os dois primeiros apresentam fenótipos clínicos distintos. Apesar disso, não há uma diferença significativa na estratégia de monitoramento da doença e, por isso, não têm sido consideradas como entidades separadas pelo IAIHG.[10]

TIPO 1

É o mais comum, correspondendo a 80% de todos os casos de HAI no mundo, sobretudo em mulheres (78%). Caracteriza-se pela presença de anticorpos antinúcleo (AAN ou FAN) e/ou antimúsculo liso (SMA, *smooth muscle antibody*). Em cerca de 10% dos pacientes podem ainda ocorrer outros autoanticorpos, como aqueles contra antígenos solúveis do fígado/autoanticorpos contra antígenos do fígado e pâncreas (anti-SLA/LP).

O antígeno implicado na patogênese das HAI do tipo 1 é o receptor de asialoglicoproteína (ASGP-R), detectado em mais de 90% desses pacientes. O fator genético é observado pela associação com HLA DR3 e DR4. No Brasil, tem sido associado ao HLA DRB1*1301. A coexistência da HAI do tipo 1 com outras doenças autoimunes é frequente (38%), principalmente com as tireoidites autoimunes, sinovites e colite ulcerativa.

TIPO 2

Caracterizado pela presença de autoanticorpos contra antígeno microssomal de fígado e rim do tipo 1 (anti-LKM-1), que é envolvido na patogênese e/ou anticitosol 1 do fígado. Esse tipo de HAI é menos frequente que o tipo 1 (2 a 5%) e acomete mais crianças. O fator genético na HAI tipo 2 é pouco definido devido à baixa prevalência dessa afecção em diversas regiões. No Brasil, tem sido descrita associação com o HLA DRB1*7. A coexistência com outras doenças autoimunes é frequente, principalmente o diabetes tipo 1, vitiligo e tireoidites autoimunes. A presença na HAI do tipo 2 de outros autoanticorpos órgão-específicos é comum, entre os quais anticorpos anticélulas parietais, anti-ilhotas de Langerhans e antitireoide. O autoantígeno, cujo epítopo-alvo é identificado como citocromo mono-oxigenase (CYP2D6), é alvo dos anticorpos anti-LKM-1 e apresenta reatividade cruzada com alguns soros de pacientes com infecções virais, sobretudo o vírus da hepatite C, por apresentarem epítopos de sequências homólogas entre si.

Autoanticorpos

Os autoanticorpos nas HAI não são exclusivos dessa patologia. Os anticorpos AAN, SMA, ASGP-R e LKM-1, apesar de fazerem parte do critério de diagnóstico, são também encontrados nas hepatites A, B ou C e nas infecções por *Epstein-Barr* vírus.

As técnicas empregadas para a detecção dos autoanticorpos nas HAI são baseadas nos testes de IFI. Utiliza-se como fonte de antígeno um substrato multiórgão, ou seja, corte de três fragmentos de órgãos obtidos de um roedor, em geral rato, montados de forma que os blocos de fígado e de rim sejam envoltos em tira de estômago. Esse conjunto deve ser lentamente congelado em vapor de nitrogênio líquido, seguido da realização de cortes com espessuras de 4 a 5 mm, que são fixados em lâmina de vidro, na qual será feita a reação de IFI. A padronização detalhada da técnica, a leitura e a interpretação dos resultados podem ser observadas nos trabalhos de Vergani *et al.*, 2004.[11] Os três tecidos são observados ao microscópio, com o menor aumento (objetiva de 10×), observando-se, em seguida, detalhadamente, em aumentos maiores. As lâminas contendo as montagens são de procedência estrangeira e comercialmente disponíveis.

Alguns autoanticorpos podem ser detectados por imunoensaios, com a utilização de antígenos recombinantes, como o citocromo P4502D6 e 2-oxo-desidrogenase ácida, associados respectivamente ao LKM-1 e ao AMA.

Segundo Czaja[12,13], os anticorpos importantes na HAI podem ser classificados como repertório padrão, repertório suplementar e repertório não padrão (Tabela 24.2).

ANA

A detecção e a quantificação de anticorpos antinúcleo (ANA ou FAN) devem ser feitas por IFI, utilizando-se, preferencialmente, lâminas contendo culturas de células HEp2, disponíveis comercialmente no nosso mercado. Recomenda-se adotar os critérios estabelecidos no IV Consenso Brasileiro para pesquisa de autoanticorpos em células HEp-2[14] e no Relatório do Primeiro Consenso Internacional sobre Nomenclatura Padronizada de Anticorpos Antinucleares HEp-2 (2014-2015)[15], para a definição dos padrões de IFI e para a sua interpretação clínica (ver Capítulo 25).

ANA e/ou SMA positivos são encontrados em cerca de 80% dos pacientes com HAI. ANA no corte de fígado é observado como padrão homogêneo e pontilhado grosso ou fino, em pacientes com HAI. Já nas células HEp2, o padrão homogêneo

Tabela 24.2 Autoanticorpos associados ao HAI e antígenos-alvo.

Repertório padrão	Autoanticorpos contra	Antígeno ou epítopo-alvo
	ANA	Centrômero Ribonucleoproteína
	SMA	Actina, tubulina, vimentina, desmina, esqueletina
	Antimicrossomal de fígado e rim	CYP2D6
Repertório suplementar	P-ANCA	Lâmina da membrana nuclear (possível)
	IgA antiendomísio	Endomísio do esôfago
Repertório não padrão	Antiactina	Microfilamentos
	Antiantígeno solúvel do fígado/fígado e pâncreas	Complexo de ribonucleoproteínas
	Antirreceptor de asialoglicoproteínas	Asialoglicoproteína
	Anticromatina	Cromatina
	Anticitosol do fígado tipo 1	Ciclodeaminase formiminotransferase

Adaptada de Czaja, 2005.[12,13]

é predominante, sendo raros os padrões pontilhado citados. No padrão homogêneo, os principais anticorpos detectados são contra cromatina e histona. Outros padrões de FAN podem também ser observados, mas sem correlação clínica importante.

ANTI-SMA

O anticorpo antimúsculo liso cora a parede de vasos das artérias nos três tecidos, a camada muscular do estômago e o eixo vascular da lâmina própria da mucosa gástrica. O rim mostra os padrões nos vasos (V), glomérulos (G) e túbulos (T), todos eles relacionados com actina F. Nas HAI do tipo 1, 80% dos pacientes apresentam anticorpos antiactina e 20% somente os anticorpos anti-SMA.

ANTI-LKM-1

A presença dos anticorpos antimicrossomais de fígado e rim tipo 1 e a ausência de FAN caracterizam a HAI-2. Os anticorpos anti-LKM-1 podem ser detectados pela técnica de IFI em cortes de fígado e rim de rato em que se observam, no fígado, uma forte fluorescência no citoplasma de células hepáticas, e, no rim, uma fluorescência intensa e difusa na porção P3 do túbulo renal, não corando as células gástricas.

O anti-LKM-1 é encontrado também em casos de hepatite C crônica, porém, é diferente daquele encontrado na HAI, porque os anticorpos reagem com epítopos diferentes.

P-ANCA

Os anticorpos anticitoplasma de neutrófilos padrão perinuclear podem ocorrer em 50 a 96% dos pacientes e em altos títulos na HAI tipo 1, estando, paradoxalmente, ausentes na HAI tipo 2.

Outros autoanticorpos, como os antiendomísio (EMA) da classe IgA, marcador de doença celíaca, podem ocorrer concomitantemente, já que essa doença pode coexistir com a HAI.

Cirrose biliar primária

É uma doença hepática colestática crônica, autoimune e de causa desconhecida, caracterizada pela destruição progressiva dos ductos biliares intra-hepáticos por processo inflamatório não supurativo e cicatrizes portais que podem levar, em alguns pacientes, à cirrose e falha na função hepática, após muitos anos. A prevalência da CBP é bastante variável em diferentes países, indo de 40 a 400 por milhão, sendo mais alta na região norte da Europa.

Ocorre predominantemente em mulheres de meia-idade, com relação mulheres/homens de 6 a 10:1. O fígado apresenta infiltração de LT e anticorpo antimitocôndria (AMA) na circulação em 95% dos pacientes.

O fator genético é evidenciado pela alta concordância de 63% entre os gêmeos homozigotos, sendo também mais frequente em parentes do primeiro grau. Entretanto, não se observa associação específica significativa com alelos do HLA.

Patogênese

O mimetismo molecular tem sido proposto como o evento inicial para a autoimunidade, sugerindo-se como agentes causadores vírus, bactérias e substâncias químicas do ambiente ou encontradas em alimentos.

Evidências de um processo autoimune podem ser notadas pela expressão aberrante do MHC de classe II, pelas células epiteliais dos ductos biliares e pelos infiltrados de LT CD4+, LT CD8+, NK e LB específicas em torno desse ducto. O ataque autoimune é direcionado ao epitélio biliar, com alta especificidade, apesar das proteínas mitocondriais estarem presentes em todas as células nucleadas.

Aspectos clínicos

O início é insidioso, podendo ser assintomático por muitos anos. Cerca de 50 a 60% dos pacientes são assintomáticos no momento do diagnóstico. Fadiga, prurido e desconforto abdominal são os sintomas mais comuns.

A fadiga é encontrada em 78% dos pacientes, mas sem correlação com a gravidade da doença, constituindo causa significativa de incapacidade física. Apesar disso, não se dispõe de terapia eficaz.

O prurido pode ocorrer em 20 a 70% dos pacientes em qualquer estágio, de forma localizada ou difusa, sendo a maior causa de desconforto para o paciente. Não se conhece a causa do prurido, mas parece estar associado ao opioide endógeno.

Após anos, desenvolve-se hepatomegalia típica em 70% dos pacientes e, mais tarde, a icterícia. Há descompensação hepática com cirrose após cerca de duas ou mais décadas, levando à insuficiência hepática que, por sua vez, pode causar a morte, salvo se realizado o transplante hepático.

A frequência de carcinoma hepatocelular é elevada entre os pacientes com CBP histologicamente avançada. Outros achados comuns são hiperlipidemia, hipotireoidismo, osteopenia e a coexistência de outras doenças autoimunes, como síndrome de Sjögren e esclerodermia, artrite reumatoide, tireoidites, anemia perniciosa, glomerulonefrite membranosa e doença celíaca.

Diagnóstico

É baseado em três critérios:

- Presença de AMA no soro, principalmente contra a subunidade E2 do complexo piruvato desidrogenase
- Elevação sérica das enzimas hepáticas, principalmente a fosfatase alcalina, por mais de 6 meses, seguido de colesterol e de bilirrubinas
- Achados histológicos sugestivos.

A presença de todos os três critérios anteriores possibilita fazer o diagnóstico definitivo e de dois define o diagnóstico provável. A necessidade da biopsia hepática é controversa. Outros defendem a sua realização para definir o estágio da doença e para a avaliação da resposta ao tratamento. Os achados histológicos são divididos em quatro estágios. Como o fígado não é afetado uniformemente, para a definição do estágio adotam-se os achados mais avançados encontrados no fígado daquele paciente.

Autoanticorpos na cirrose biliar primária

AMA

O autoanticorpo mais importante na CBP é o anticorpo antimitocôndria (AMA, *anti-mitchondrial antibody*), presente em 95 a 99% dos casos, geralmente em altos títulos. Noventa por cento dos indivíduos assintomáticos que apresentam AMA manifestarão, no futuro, a CBP.

O alvo para os anticorpos antimitocôndria consiste em quatro antígenos, que são membros da família do complexo 2-oxo-desidrogenase ácida. Há uma grande homologia entre esses quatro autoantígenos, mas a reatividade principal é dirigida contra a subunidade E2 do complexo piruvato desidrogenase (PDC-E2), localizado na matriz mitocondrial interna das células do epitélio biliar.

O AMA pode ser detectado por meio de teste de IFI, com células de rim de rato, pois as células epiteliais tubulares constituem uma rica fonte de mitocôndria. O teste de IFI também pode ser feito utilizando-se as células HEp2, que fornecem um padrão citoplasmático pontilhado reticulado.

É importante diferenciar os anticorpos antimitocôndria dos anti-LKM-1. O AMA apresenta uma fraca fluorescência no citoplasma da célula hepática, mas intensa coloração em todos os túbulos renais, especialmente nos pequenos túbulos distais, além de corar as células parietais gástricas com padrão granular muito intenso.

Nos imunoensaios, como ELISA, os antígenos recombinantes possibilitam fazer o diagnóstico com sensibilidade e valor diagnóstico altos. Apresentam, também, um valor preditivo para o desenvolvimento futuro da doença nos 5 a 10 anos seguintes.

SMA E ANA

Outros autoanticorpos também podem ser detectados, como o antimúsculo liso (SMA) em 65% dos pacientes e o fator reumatoide, em 70%.

Autoanticorpos antinúcleo podem ser detectados em cerca de 50% dos pacientes com CBP. Dois padrões são específicos da CBP: tipo pontilhado com pontos isolados (*dots* nucleares) e antiglicoproteína gp210 do poro nuclear. Esses padrões, porém, nem sempre são visíveis na imunofluorescência devido ao padrão citoplasmático mitocondrial e nuclear que impede a sua observação. Outros padrões como o nuclear pontilhado e nuclear centromérico também podem ser observados em alguns pacientes, provavelmente devido à superposição da CBP com outras doenças imunológicas, como a esclerodermia e a síndrome de Sjögren.

Colangite esclerosante primária

A CEP é caracterizada pela inflamação e pela fibrose dos ductos biliares hepáticos e extra-hepáticos. É semelhante à CBP pela presença de fadiga, prurido e altos níveis de fosfatase alcalina. Setenta por cento dos casos apresentam associação com doença intestinal inflamatória. Observa-se, também, infiltrado linfocitário nos ductos biliares, mas os autoanticorpos são vistos em apenas 10% desses pacientes.

Nessa doença, o diagnóstico laboratorial é muito frustrante, pois não há autoanticorpo ou outro marcador sorológico relevante. ANA, SMA e p-ANCA são encontrados em parte dos pacientes, embora estejam presentes também na HAI e na CBP. Assim, somente a colangiografia pode fazer o diagnóstico, e o transplante hepático é a única solução.

Esclerose múltipla

A esclerose múltipla (EM) é uma doença desmielinizante, com episódios de alterações neurológicas, lesões da substância branca, intercalados no tempo por períodos de remissão de duração variável e de novos surtos em espaços distintos, com formação de novas lesões.

Na maioria dos pacientes inicia-se como uma síndrome clínica isolada e, destes, 80% irão desenvolver a EM clinicamente definida. O curso da doença é imprevisível, necessitando de um longo tempo de observação ou de diagnóstico com imagem por ressonância magnética nuclear seriada.

As lesões na EM são multifocais e podem ocorrer em qualquer parte do sistema nervoso central (SNC). Entretanto, as localizações podem variar de paciente para paciente, com predomínio no nervo óptico, substância branca periventricular do cérebro e região cervical da medula espinal.

As placas escleróticas consequentes à destruição da mielina e de infiltrado de células mononucleares ocorrem, principalmente, ao longo dos vasos, e podem ser visualizadas na superfície do tronco encefálico e na medula espinal, onde aparecem como placas múltiplas, vítreas, pardo-acinzentadas, de formato irregular e bem circunscritas. As células inflamatórias, encontradas nas placas da EM, são predominantemente linfócitos T e macrófagos, sendo também encontrados os linfócitos B.

A EM é a mais comum entre todas as doenças desmielinizantes. O início da doença ocorre entre 20 e 40 anos de idade, com predomínio entre mulheres (2:1). No Brasil, a incidência anual da EM é de 5 a 20 por 100.000 indivíduos[16], sendo a sua prevalência variável em diferentes regiões geográficas. América do Norte e Europa apresentam elevadas taxas (> 100/100.000 habitantes), o que contrasta com as taxas mais baixas na Ásia Oriental e África Subsaariana (2/100.000 população). Não se sabe o que determina essa diferença, podendo ser um fator ambiental (tempo de exposição ao sol) ou genético. Assim, o conhecimento da distribuição geográfica da doença e seus dados de sobrevivência favorece melhor compreensão da história natural e a influência dos fatores endógenos e exógenos da EM.[17] O fator genético parece ser fundamental, já que a concordância da doença entre gêmeos homozigotos é de cerca de 30 a 50%. O risco de desenvolver a doença é 20 a 40 vezes mais alto em parentes do primeiro grau em relação à população normal. O HLA DR2 tem sido associado à EM em diferentes populações, mas outras regiões cromossômicas podem também estar envolvidas.

Aspectos clínicos

A EM apresenta um espectro clínico altamente variável e de difícil prognóstico, definido por sinais e sintomas característicos, como acometimento visual, ataxia, fadiga, incontinência urinária, paralisia dos membros inferiores e superiores e outros.

Após o episódio inicial, a remielinização ocorre, em parte, em virtude dos oligodendrócitos imaturos que conferem aparente recuperação clínica do paciente. A doença, entretanto, cursa de forma intermitente, intercalando períodos de remissão e de novos ataques, acometendo outras áreas do SNC. Em parte dos pacientes, contudo, ela pode cursar progressivamente, com rápida evolução.

Patogenia

A etiopatogenia da esclerose múltipla é ainda pouco conhecida. No entanto, é reconhecida como uma doença inflamatória, caracterizada pela infiltração de células imunes no sistema nervoso central. O evento inicial consiste na quebra da barreira hematoencefálica, seguida de infiltração perivenular de células mononucleares constituída, principalmente, de células T autorreativas. Estas reconhecem e atacam os componentes da mielina, resultando em rápida destruição da substância branca, em áreas circunscritas de um milímetro a vários centímetros. Nos modelos experimentais da EM, em camundongos, os clones autorreativos apresentam o fenótipo Th1, mostrando lesões características de hipersensibilidade do tipo IV; entretanto, mecanismo adicional incluindo anticorpos e complemento parece ser necessário para a produção de placas de desmielinização[18] (Figura 24.3).

A quebra da barreira hematoencefálica pode também possibilitar a passagem para o sistema nervoso central de uma população restrita de linfócitos B que, ao reconhecerem os autoantígenos, são ativados e secretam os anticorpos. Esses anticorpos de produção intratecal, por serem provenientes de um número limitado de clones de linfócitos B, são oligoclonais. Alguns mecanismos têm sido sugeridos para explicar como ocorre a exposição dos autoantígenos ao sistema imune:

- Infecção lítica por vírus resultando na destruição de oligodendrócitos e exposição de autoantígenos
- Expressão de antígeno viral na superfície de oligodendrócitos e consequente dano celular imunomediado
- Mimetismo molecular, apontado como o principal fator de reatividade cruzada entre a sequência homóloga dos componentes da mielina e agentes ambientais como os vírus.

O mecanismo imunológico na destruição da mielina é sugerido como decorrente do encontro de células do sistema imune nas placas de EM, como os linfócitos T (CD4+ e CD8+) e macrófagos, os quais produzem lesões nos oligodendrócitos, envolvendo também mecanismos de apoptose. Questiona-se também a participação dos anticorpos no desenvolvimento da doença, já que são encontradas imunoglobulinas de produção intratecal. Imunologicamente, os pacientes exibem uma série de parâmetros aberrantes como:

- Produção local de imunoglobulinas no líquido cefalorraquidiano (LCR): bandas oligoclonais podem ser detectadas no LCR, mas não no soro do paciente com EM. As imunoglobulinas de produção intratecal apresentam especificidades variadas
- Pacientes com EM apresentam uma acentuada reatividade imunológica contra muitos antígenos, como proteína básica da mielina (MBP), antígeno proteolipídico (PLP) e glicoproteína mielínica oligodendroglial (MOG)
- Observam-se sinais de deficiência no mecanismo de supressão imunológica como, por exemplo, a baixa atividade de células CD8+ e níveis diminuídos de diferentes subpopulações de linfócitos
- As lesões inflamatórias da EM podem ser reguladas por linfócitos T, mas mecanismo adicional incluindo anticorpos e complemento parece ser necessário para a produção de placas de desmielinização.

Como fator ambiental, a participação de vírus na patogênese da doença tem sido exaustivamente estudada. Mais de 20 tipos diferentes vírus têm sido especulados como possíveis cofatores, como, por exemplo: Epstein-Barr vírus (EBV), vírus do sarampo, herpes-vírus simples (HSV), vírus da *parainfluenza* tipo 1, vírus linfotrópico de células T humana tipo 1 (HTLV-1), herpes-vírus humano 6 (HHV-6) e vírus varicela-zóster (VVZ).

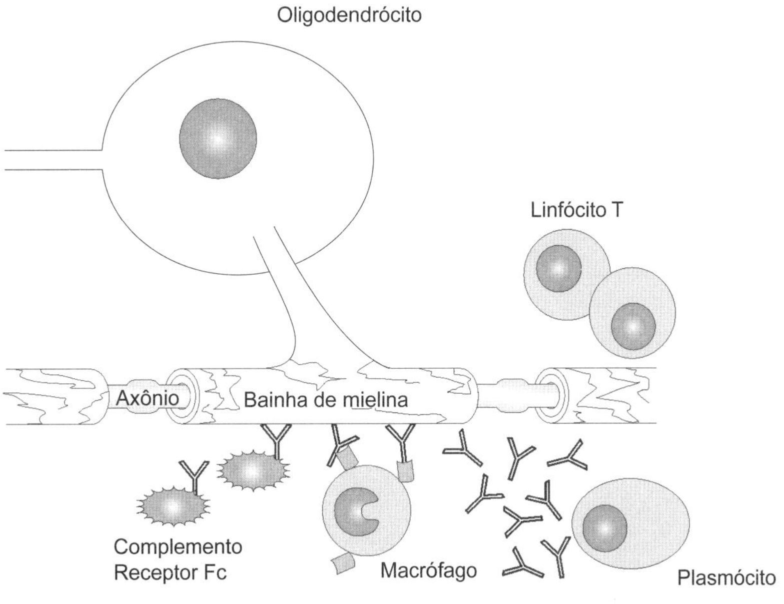

Figura 24.3 Possível mecanismo de lesão da mielina na esclerose múltipla.

Diagnóstico laboratorial por imagem

RMN e bandas oligoclonais

O diagnóstico por imagem é feito pela ressonância magnética nuclear (RMN) seriada.

A imunoativação no sistema nervoso central é observada em 80 a 90% dos pacientes com EM, com bandas oligoclonais que consistem em imunoglobulinas de produção intratecal. Essas bandas podem ser detectadas por eletroforese do LCR, de preferência a eletroforese bidimensional. A quantificação da taxa de síntese de IgG no SNC pode ser feita dosando-se a IgG e a albumina, no LCR e no soro (ver Capítulo 14).

Exame do LCR

Apresenta uma leve proteinorraquia e moderada pleocitose, e a quantificação de proteína básica da mielina liberada em consequência da destruição da mielina pode ser feita por radioimunoensaio. O nível raquidiano dessa proteína eleva-se durante o ataque agudo ou rápida progressão da doença, não sendo encontrado em indivíduos normais nem em pacientes com EM durante o período de remissão.

Primeiro evento desmielinizante sugestivo de EM, anticorpos anti-MOG e anti-MBP têm sido considerados como preditivos de esclerose múltipla clinicamente definida. A presença de tais anticorpos foi associada à precocidade com que novos eventos de desmielinização ocorreram, mostrando uma rápida evolução para EM clinicamente definida. A ausência desses anticorpos foi associada ao longo período (anos) em que os pacientes permanecem livres da doença até os eventos que definem a EM.

Gastrite autoimune

A gastrite crônica caracteriza-se pela presença de processo inflamatório crônico que resulta nas alterações atróficas da mucosa gástrica, com perda de glândulas e metaplasia intestinal. A gastrite atrófica é o estágio avançado de processos crônicos, como as gastrites associadas pela infecção por *Helicobacter pylori*, autoimunidade contra as células glandulares gástricas e outros fatores ambientais. As causas da gastrite crônica são variadas e a gastrite autoimune corresponde a uma parcela de apenas 10% dos que apresentam a gastrite crônica.

Dependendo da localização da lesão na mucosa gástrica, a gastrite crônica pode ser classificada em dois tipos: tipo A, que envolve o fundo e o corpo, mas não o antro, e tipo B, que envolve o antro, o fundo e o corpo.

A gastrite do tipo A, que é de origem autoimune, apresenta autoanticorpo contra os componentes das células parietais, contra o fator intrínseco e contra o receptor de gastrina. Observa-se acloridria, baixa concentração de pepsinogênio I e alta concentração sérica de gastrina, resultado da hiperplasia de células produtoras de gastrina. A anemia perniciosa é associada a esse tipo de gastrite.

A gastrite do tipo B, não autoimune, é geralmente associada à infecção por *Helicobacter pylori* e baixa concentração de gastrina devido à destruição das células produtoras de gastrina (Quadro 24.1).

Quadro 24.1 Principais características das gastrites crônicas dos tipos A e B.

Gastrite crônica tipo A (autoimune)	Não ocorre no antro Anticélulas parietais Antifator intrínseco Antirreceptor de gastrina Acloridria Hipergastrinemia Deficiência de vitamina B12 (anemia megaloblástica)
Gastrite crônica tipo B (não autoimune)	Envolvimento do antro Infecção por *Helicobacter pylori* Hipogastrinemia

Histologicamente, na gastrite autoimune são observados infiltrados inflamatórios de linfócitos e macrófagos na lâmina própria, acompanhados de alterações degenerativas das células parietais e zimogênicas. Nas lesões avançadas há uma drástica redução no número de glândulas gástricas e de células parietais, e as células zimogênicas praticamente desaparecem. A destruição das glândulas e atrofia da mucosa – a gastrite atrófica – resulta na perda da produção do ácido e a mucosa é parcialmente substituída pelas células de morfologia intestinal.

Entretanto, a gastrite atrófica de origem autoimune apresenta relativa ausência de atrofia glandular no antro e, assim, pode apresentar hiperplasia de células produtoras de gastrina. A falta ou a diminuição do ácido resulta na hipergastrinemia, por um mecanismo de inibição do *feedback* que o ácido exerce na liberação da gastrina.

O fator genético é importante, pois a ocorrência dessa doença ou dos autoanticorpos gástricos em parentes de portadores de gastrite autoimune é alta. Os pacientes com a gastrite autoimune, assim como outras gastrites crônicas, têm maior probabilidade (2 a 4%) de desenvolver mais tarde o câncer gástrico, quando comparados à população normal. A gastrite autoimune frequentemente aparece associada a outras doenças autoimunes, como tireoidite de Hashimoto, diabetes do tipo 1 e doença de Addison.

Patogênese

A imunopatogênese da gastrite autoimune baseia-se na agressão às células parietais por meio da resposta imune do tipo Th1 em que se observa, nas lesões recentes da mucosa gástrica, um influxo de células T CD4+ e macrófagos. Em modelo animal, o início do processo autoimune decorre de resposta imune celular patogênica contra o autoantígeno das células parietais, a subunidade beta da H^+/K^+ATPase. Essa resposta parece ser regulada por células T $CD4^+CD25^+$, cuja função biológica tem, recentemente, despertado grande interesse dos pesquisadores como o potencial papel imunorregulador das células T na proteção contra outras doenças autoimunes. A lesão da mucosa gástrica leva à perda acentuada de células parietais, resultando na mudança funcional significativa da mucosa.

A gastrite autoimune apresenta, tipicamente, anticorpos contra células parietais da mucosa gástrica (anticorpo contra proteína heterodimérica da membrana das células parietais, a enzima produtora de ácido, H^+/K^+ ATPase) e contra o fator intrínseco. Assim, nos casos mais graves da gastrite autoimune, a falta de produção do fator intrínseco pela mucosa gástrica leva à anemia perniciosa.

Anemia perniciosa

Descrita pela primeira vez em 1849 por Thomas Addison, o termo anemia perniciosa se aplica apenas às condições associadas com a gastrite atrófica e é a causa mais comum de deficiência de vitamina B12.

A gastrite atrófica é clinicamente silenciosa nos estágios iniciais, mas a perda ou afinamento da mucosa gástrica pode ter se iniciado muitos anos antes do desenvolvimento da anemia perniciosa. Cerca de 10% dos indivíduos com gastrite autoimune podem desenvolver anemia perniciosa, após período de anos. Aproximadamente 1,9% dos indivíduos maiores de 60 anos de idade apresenta anemia perniciosa não diagnosticada.

O mecanismo imunopatológico da anemia perniciosa é bem estabelecido e envolve anticorpos anticélulas parietais e antifator intrínseco, este último necessário para a absorção da vitamina B12 (cianocobalamina) e cuja deficiência resulta na anemia megaloblástica.

Os anticorpos antifator intrínseco podem ser do tipo I, ou seja, de natureza bloqueadora que impede a sua ligação com a vitamina B12; ou do tipo II, ligadora, o qual reage com o complexo fator intrínseco-vitamina B12, impedindo a ligação do complexo aos receptores localizados no íleo (Figura 24.4).

Na anemia perniciosa, a influência dos fatores genéticos é importante, visto que existe alta incidência dessa condição em outros membros da família.

Diagnóstico laboratorial

Anticélulas parietais

O teste mais empregado para a detecção de anticorpos anticélulas parietais é imunofluorescência indireta, utilizando-se como fonte de antígeno o corte de estômago ou rim de rato ou de camundongo. O padrão de fluorescência nas células parietais é citoplasmático granular, semelhante ao padrão fornecido pelos anticorpos antimitocôndria. A distinção entre esses dois anticorpos pode ser feita pela comparação da fluorescência em cortes de rim de rato. Os anticorpos anticélulas parietais reagem com o antígeno lipoproteico das células parietais, mas não com a mitocôndria das células epiteliais dos túbulos renais, enquanto os anticorpos antimitocôndria reagem com as mitocôndrias dos dois tecidos.

Na anemia perniciosa, os anticorpos anticélulas parietais podem ser encontrados em 90% dos pacientes. Esses anticorpos não são exclusivos da gastrite autoimune podendo ser detectados, também, em outras doenças, como gastrite atrófica de outras origens (60%), tireoidites (30%) e diabetes *mellitus* (21%).

Antifator intrínseco

Os anticorpos antifator intrínseco podem ser encontrados em 75% dos pacientes com anemia perniciosa. Esses anticorpos são altamente específicos para essa doença, mas podem ser encontrados em uma pequena parcela de pacientes com a doença de Graves e com diabetes do tipo 1.

Miastenia gravis

A MG é uma doença neurológica, autoimune, que se caracteriza pela fraqueza muscular (astenia), oscilante na intensidade dos sintomas, envolvendo um ou vários grupos musculoesqueléticos, e pela presença de anticorpos antirreceptores de acetilcolina (anti-AChR). A causa da MG é desconhecida, mas o envolvimento desse autoanticorpo na patogênese da doença é bem estabelecido, devido às observações de que bloqueia a transmissão neuromuscular.

A prevalência da MG, no mundo, é de aproximadamente 150 a 250:1.000.000, com incidência anual de 8 a 10:1.000.000. A razão mulher/homem é em torno de 2:1.[19] O início da doença pode ocorrer em dois picos: entre 20 e 40 anos de idade, com maior frequência de mulheres, e entre 40 e 60 anos, quando a proporção entre homens e mulheres é semelhante.

A associação entre a MG e os fatores genéticos, principalmente o HLA, varia de acordo com a etnia. Em caucasianos, o HLA B8 e DR3 estão mais associados aos pacientes que desenvolveram a doença ainda jovens e o B7 e DR2, aos pacientes cujo acometimento se deu em idade mais avançada.

Cerca de 10% dos pacientes com MG apresentam também outras doenças autoimunes, como tireoidites, lúpus eritematoso

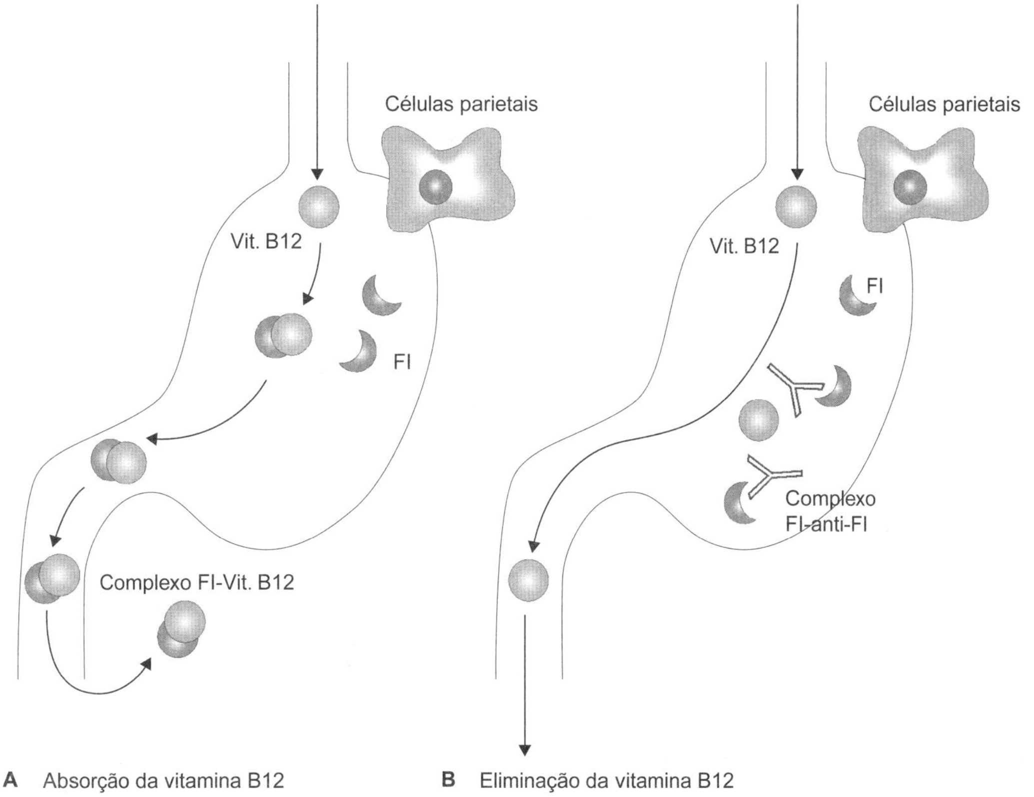

Figura 24.4 Mecanismo autoimune em anemia perniciosa.

sistêmico, polimiosite, síndrome de Sjögren, artrite reumatoide e síndrome miastênica de Lambert-Eaton.

Patogênese

A resposta celular é a primeira a ser implicada na patogênese da MG, seguida de resposta humoral, cujo principal alvo é o receptor de acetilcolina, uma glicoproteína transmembrana localizada na região pós-sináptica da junção neuromuscular.

Os anticorpos anti-AChR causam a redução no número de receptores funcionais de acetilcolina nas membranas, diminuindo o potencial de contração das terminações musculares, resultando em fraqueza muscular. Há muitos mecanismos envolvidos na redução de receptores disponíveis de acetilcolina, após a ligação dos autoanticorpos (Figura 24.5):

- Lesão da membrana muscular focal pós-sináptica mediada por complemento
- Aceleração da endocitose e degradação dos receptores de acetilcolina nas células musculares
- Os anticorpos bloqueiam a ligação da acetilcolina ao seu receptor.

Os anticorpos anti-AChR são altamente específicos e podem ser detectados em 85% dos pacientes com a forma generalizada e em 70% com a forma ocular de MG. Contudo, os seus níveis séricos não se correlacionam com a gravidade da doença.

Outros anticorpos detectados em menor frequência podem ocorrer em certos subgrupos que não apresentam a anti-AChR, chamados de soronegativos, como os antimúsculo estriado e os antirreceptores da tirosinocinase (MuSK), estes últimos encontrados em 10 a 40% desses pacientes.

Aspectos clínicos

A MG apresenta um espectro clínico muito variável, sendo classificada em diferentes subgrupos de acordo com a idade do início da doença, presença ou ausência de anticorpo anti-AChR, gravidade e etiologia da doença. A forma mais comum é a que envolve os músculos dos olhos, resultando em pálpebra caída (ptose) e visão dupla (diplopia), podendo ser, em alguns pacientes, as únicas manifestações. Em 85% dos casos, a MG pode se tornar uma doença generalizada: em cerca de 3 anos afetando os membros, principalmente as partes proximais, grupos de músculos axiais como os músculos do pescoço e também a musculatura facial e bulbar, causando perda de expressão facial, dificuldade de fala, de sucção e de deglutição. A fraqueza muscular é flutuante, aumentando durante o exercício físico e melhorando durante o repouso.

Nos casos graves, os músculos respiratórios podem apresentar súbita piora, com profunda fraqueza muscular podendo causar a crise miastênica, uma emergência neurológica. Nesse caso, o paciente necessita de ventilação artificial e, raramente, pode ser fatal.

A MG neonatal é transitória, com duração de 1 a 3 semanas, causada pela transferência passiva de IgG anti-anti-AChR de mãe afetada para o filho. Observam-se nesses recém-nascidos hipotonia, choro fraco, dificuldade respiratória e outras manifestações.

A MG, em geral, apresenta um bom prognóstico, com sobrevidza de cerca de 70% em 10 anos e de 63% em 20 anos, em virtude do progresso no tratamento, de procedimentos de plasmaférese, timectomia e cuidados intensivos. A MG pode apresentar exacerbação e remissão espontâneas.

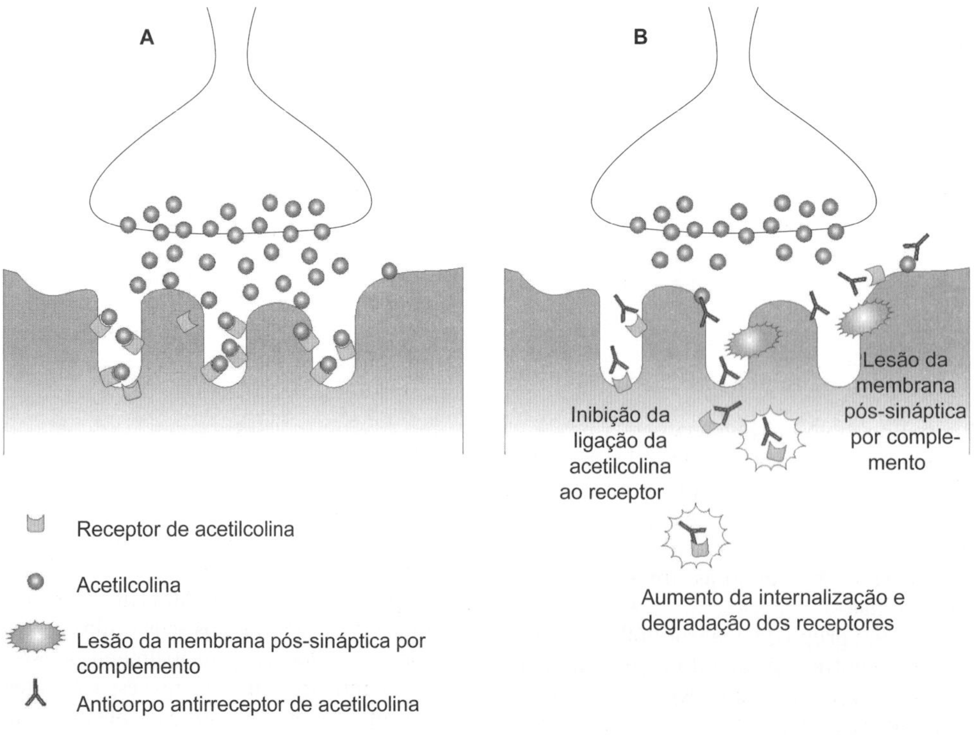

Figura 24.5 Esquema da junção neuromuscular na miastenia grave. **A.** Normal. **B.** Bloqueio da transmissão neuromuscular pela ação dos anticorpos antirreceptores da acetilcolina. A transmissão neuromuscular ocorre ao nível das sinapses, entre a terminação axonal (componente pré-sináptico) e a placa motora (componente pós-sináptico). A placa motora é uma região diferenciada que apresenta pregas regulares, o que produz fendas sinápticas secundárias. Os receptores de acetilcolina estão localizados na parte superior dessas pregas. Os anticorpos antirreceptores de acetilcolina se ligam nos receptores, bloqueando a transmissão neuromuscular e causando a fraqueza muscular. Ocorre ainda a redução de receptores por endocitose e a degradação deles, como também a lesão da membrana muscular pela ação do complemento.

Associação com anormalidades do timo

Não se conhece ainda qual a relação existente entre as anormalidades do timo e a MG. Pacientes com a MG apresentam uma hiperplasia tímica (80%) ou timoma (10 a 15%). Em pacientes jovens, a remoção do timo resulta na rápida melhora de seus sintomas. Já nos pacientes idosos não se observa associação com a anormalidade tímica, nem a timectomia melhora sua condição.

Histologicamente, o timo apresenta anomalias relativamente específicas, com folículos germinativos com região central mais clara, onde se suspeita que a quebra de tolerância imunológica tenha ocorrido.

A administração de drogas inibidoras de colinesterase ou a plasmaférese resultam em melhora clínica do paciente, mas por curto período de tempo. Melhora mais prolongada pode ser obtida com a administração de imunossupressores ou com a remoção do timo.

Diagnóstico

É baseado na história e achados clínicos típicos. A MG pode ser confirmada por ensaios de resposta a fármacos, eletromiografia e, laboratorialmente, pela detecção de anticorpos anti-AChR no soro.

Anti-AChR

O radioimunoensaio é considerado o método *gold standard* para a detecção de anticorpos anti-AChR. Entretanto, os resultados devem ser interpretados com cuidado, pois os soros de pacientes com a MG podem apresentar reação cruzada com algumas bactérias ou com herpes-vírus simples.

Cerca de 10 a 20% dos pacientes com MG não apresentam anticorpos antirreceptores de acetilcolina e, por isso, pertencem ao subgrupo denominado soronegativo. Contudo, anticorpos contra MuSK têm sido detectados nesses pacientes que, em geral, apresentam a forma localizada da doença.

Antimúsculo estriado

Anticorpos contra músculo estriado podem ser detectados por IFI, com positividade de aproximadamente 95% em pacientes com timoma e em dois terços dos sem timoma. Contudo, têm pouca especificidade, podendo estar presente em hepatites, infecções virais e polimiosites, provavelmente devido à reação cruzada com a actina.

Pênfigo

É uma doença autoimune, bolhosa, que acomete a pele e as mucosas, caracterizada pela presença de autoanticorpos contra as moléculas de adesão dos queratinócitos. A interação do autoanticorpo com o antígeno resulta na lise dos sítios de adesão celular (acantólise), com perda da capacidade adesiva das células dentro da epiderme, separando-as umas das outras, formando vesículas e bolhas.

O pênfigo pertence a um grupo de doenças bolhosas autoimunes que se distinguem entre si de acordo com a diferença nos antígenos-alvo e com a distribuição desses antígenos em diferentes regiões do corpo e camadas da epiderme. Nesse sentido, o pênfigo caracteriza-se pela presença de anticorpos contra os componentes dos desmossomos, as desmogleínas, que são responsáveis pela adesão celular. Quanto à localização, há duas formas básicas de pênfigo, a *vulgaris* e o foliáceo, os quais afetam diferentes camadas da pele e podem ou não afetar as membranas mucosas.

Tem-se discutido se alguns casos raros, como o pênfigo paraneoplásico, são ou não uma variante do pênfigo. Neles, observam-se extensas lesões mucocutâneas, anticorpos séricos e fixados aos tecidos, além de uma grande associação com processos neoplásicos linfoides, como leucemia e linfoma, ou, em menor grau, como macroglobulinemia de Waldenströn, sarcomas, timomas e doença de Castleman.

A prevalência do pênfigo entre mulheres e homens é semelhante e o início da doença ocorre, em geral, após 50 anos de idade. O pênfigo mostra uma distribuição geográfica desigual, com taxas de incidência anuais variando entre menos de 0,76 por milhão de habitantes na população da Finlândia e 16,1 por milhão em Israel.[20]

Pênfigo vulgaris

É o tipo mais comum, responsável por 80% de todos os casos de pênfigo no mundo. No pênfigo *vulgaris*, as lesões se desenvolvem nas camadas imediatamente superiores à camada basal e os autoanticorpos reagem com antígenos de desmogleína 3. As lesões envolvem a mucosa, principalmente a oral, onde se apresentam como úlceras persistentes, seguido de acometimento da pele, principalmente couro cabeludo, face e locais em que há fricção e pressão.

A bolha superficial facilmente se rompe, produzindo erosões expostas, sangramento e dor. Quando não tratada, pode levar à descompensação de fluidos e eletrólitos, sepse e morte. Exame histológico da lesão recente pode ser feito por imunofluorescência direta, na qual se observa depósito de IgG e/ou C3 nos espaços intercelulares, em volta dos queratinócitos.

Pênfigo foliáceo

É uma doença menos grave na qual as bolhas ocorrem na camada superficial da epiderme, imediatamente inferior ao estrato córneo, e apresenta anticorpos contra a desmogleína 1. Observam-se raros casos de acometimento da membrana mucosa.

Duas formas de pênfigo foliáceo podem ser reconhecidas, e dentro de cada forma há uma série de subtipos: a forma esporádica, mais comum nos EUA e na Europa, e a forma endêmica, conhecida também como fogo selvagem ou pênfigo brasileiro, presente em certas áreas rurais do Brasil e em países em desenvolvimento. Ambas as formas são clínica e histologicamente semelhantes, mas apresentam diferenças epidemiológicas. A endêmica acomete populações mais jovens e pode atingir vários membros de mesma família. Assim, sugere-se a causa ambiental, como, por exemplo, a participação de inseto vetor.

Patogênese

Não se conhece o mecanismo que dá início à resposta autoimune no pênfigo, mas se sabe que a causa principal é a separação dos queratinócitos que resulta da dissolução de substâncias intercelulares com consequente formação de bolhas. Os autoanticorpos responsáveis estão presentes em 80% dos soros de pacientes durante a doença ativa e os seus títulos correlacionam-se com a atividade da doença, principalmente se estes forem da classe IgG4. Os anticorpos fixados nos espaços intercelulares podem ser encontrados em 90% dos pacientes, a maioria da classe IgG. Anticorpos IgM e IgA também podem ser encontrados, bem como a fração C3 do complemento.

Os autoanticorpos contra desmogleína 1 ou 3 são patogênicos e, por serem da classe IgG, em sua fase ativa, são passivamente transferidos da mãe para o filho, podendo causar uma doença transitória em recém-nascidos.

Diagnóstico laboratorial

O diagnóstico se baseia nos dados clínicos, epidemiológicos e sorológicos. Basicamente, a presença de lesões bolhosas características na pele e nas mucosas e o exame histológico com demonstração de células acantolíticas caracterizam os critérios clínicos e histológicos. Imunologicamente, todas as formas de pênfigo apresentam anticorpos circulantes que reagem com antígeno da superfície dos queratinócitos ou fixados aos tecidos.

Os anticorpos séricos podem ser detectados por testes de imunofluorescência indireta utilizando-se cortes de pele como fonte de antígeno. Os anticorpos fixados podem ser detectados por imunofluorescência direta no material de biopsia da pele, em que se observa a localização do processo. Em ambos os casos, o padrão de fluorescência assemelha-se a uma rede de pescar com coloração nos espaços intercelulares correspondente aos depósitos de IgG.

Antidesmogleínas 1 e 3

No ELISA, testes específicos qualitativos contra a desmogleína 1 e a desmogleína 3 podem ser feitos, em geral com alta sensibilidade e especificidade. Os testes imunológicos são essenciais, dado o grande número de outras condições clínicas semelhantes que dificultam o diagnóstico, como penfigoide bolhoso, penfigoide cicatricial, dermatite herpetiforme e outros.

Síndrome de Goodpasture

É uma doença autoimune rara que acomete a membrana basal do glomérulo e do pulmão e se caracteriza por glomerulonefrite de rápida progressão e hemorragia pulmonar, podendo levar à morte se o tratamento não for feito precocemente.

A presença de autoanticorpos contra o domínio não colagenoso da cadeia α-3 do colágeno IV é típica. Esses anticorpos depositam-se na membrana basal do rim (anti-GBM, *anti-glomerular basic membrane*) ou do pulmão e podem ser visualizados, no teste de imunofluorescência de material de biopsia, como depósitos.

A síndrome de Goodpasture foi descrita em 1919 por Ernest Goodpasture e apresenta uma prevalência de 1:1.000.000 de indivíduos/ano, sendo a incidência discretamente maior em homens com relação às mulheres. Apresenta dois picos de incidência: um no meio da 3ª década e o outro no final da 5ª década. Observa-se uma predisposição genética com associação ao HLA DRB1* 1501 e *1502.

Aspectos clínicos

As manifestações clínicas da síndrome de Goodpasture são variáveis. A maioria dos pacientes apresenta, inicialmente, sintomas respiratórios como hemoptise e tosse. Em seguida, manifestações renais, como glomerulonefrite de progressão rápida, em forma de crescentes, com edema e hipertensão e rápido progresso para insuficiência renal crônica. Se o tratamento não for feito a tempo, o paciente passa a necessitar de hemodiálise por toda a vida ou, então, transplante de rim. A troca terapêutica de plasma (plasmaférese) e a imunossupressão são utilizadas com sucesso e podem resultar em sobrevida, durante a fase aguda, de mais de 90%. Entretanto, essa taxa reduz-se para menos de 50% em 2 anos. Na fase crônica, a mortalidade é bastante elevada.

A síndrome de Goodpasture mimetiza muitas outras doenças como vasculite sistêmica, granulomatose de Wegener, poliarterite nodosa, lúpus eritematoso sistêmico, processos infecciosos e outros. A hemoptise pode também ser causada por outras doenças, como fístula atrioventricular, embolia pulmonar, hipertensão pulmonar, trombocitopenia, aneurisma aórtico, doença pulmonar primária e bronquite.

Patogênese

O mecanismo imunopatológico é a hipersensibilidade de tipo II. Não se sabe qual o mecanismo que desencadeia a produção de anticorpos antimembrana basal, mas se sugere que uma lesão inicial exponha o antígeno do colágeno (cadeia α-3 de colágeno tipo IV) ao sistema imune. Esse evento inicial tem sido atribuído às infecções virais, tabagismo e exposição aos solventes de hidrocarbonetos encontrados em tintas e corantes.

Os autoanticorpos resultantes da resposta imune ligam-se aos antígenos-alvo e os depósitos de imunoglobulinas e complemento na membrana basal danificam o colágeno e lesam a integridade da membrana. A perda da integridade da membrana causa vazamento do sangue e rápida resposta inflamatória, levando à proteinúria, hematúria e oligúria. O dano na membrana basal alveolar resulta em hemorragia pulmonar.

Diagnóstico

Os exames complementares do pulmão incluem a prova de função pulmonar, radiografia, broncoscopia e cultura do lavado brônquico. Para os rins, são feitas dosagens de albumina (aumentada) e creatinina na urina (diminuída), bem como para verificar a presença de células dismórficas.

Anti-GBM

Os testes de imunofluorescência indireta podem ser usados para a detecção de anticorpos anti-GBM glomerular no soro, utilizando-se cortes de rim de primatas como fonte de antígeno. Esse método detecta 87% dos pacientes com a síndrome de Goodpasture.

Reagentes para ELISA anti-GBM são encontrados comercialmente e são mais sensíveis e específicos que a imunofluorescência indireta. Os antígenos empregados podem ser: antígeno total ou fração purificada extraído de membrana basal glomerular, ou recombinante, específico para a cadeia α-3 do colágeno IV. ELISA com antígenos recombinantes tem mostrado sensibilidade de 95 a 100% e especificidade variável, conforme a procedência do reagente, de 91 a 100%.

À biopsia renal, depósito linear de IgG em formação crescente é observado na membrana basal glomerular no teste de imunofluorescência direta. O encontro de autoanticorpos específicos no soro e o depósito linear de imunoglobulinas possibilitam fazer o diagnóstico definitivo da síndrome de Goodpasture.

Referências bibliográficas

1. Schmitt J. Recombinant autoantigen for diagnosis and therapy of autoimmune disease. Biomed Pharmacol 2003; 57:261-268.
2. Oliveira JEP, Montenegro Junior RM, Vencio S. Diretrizes da Sociedade Brasileira de Diabetes 2017-2018. São Paulo: Editora Clannad, 2017.
3. The International Diabetes Federation (IDF). Diabetes atlas. 8. ed.; 2017.
4. Levin L, Tomer Y. The etiology of autoimmune diabetes and thyroiditis: evidence for common genetic susceptibility. Autoimmunity Rev. 2003;2:377-86.
5. Lorenz HM, Hermann M, Kalden JR. The pathogenesis of autoimmune diseases. Scand J Clin Lab Invest. 2001;61(Suppl 235):16-26.
6. Lyons R, Narain S, Nichols C, Satoh M, Reeves WH. Effective use of autoantibody tests in the diagnosis of systemic autoimmune disease. Ann NY Acad Sci. 2005;1050:217-28.
7. Martini A, Burgio GR. Tolerance and autoimmunity: 50 years after Burnet. Eur J Pediatr. 1999;158:769-75.
8. Sebode M, Hartl J, Vergani D, Lohse AW; International Autoimmune Hepatitis Group (IAIHG). Autoimmune hepatitis: From current knowledge and clinical practice to future research agenda. Liver Int. 2018 Jan;38(1):15-22.

9. The International Autoimmune Hepatitis Group [homepage]. Disponível em: http://www.iaihg.org. Acesso em: 26 mar 2018.
10. European Association for the Study of the Liver. EASL Clinical Practice Guidelines: Autoimmune hepatitis. J Hepatol. 2015;63(4):971-1004.
11. Vergani D, Alvarez F, Bianchi FB, Cançado ELR, Mackay IR, Manns MP et al. Liver autoimmune serology: a concensus statement from the committee for autoimmune serology of the International Autoimmune Hepatitis Group. J Hepatol. 2004;41:677-83.
12. Czaja A. Autoimmune liver disease. Curr Op Gastroentoerol. 2005;21:293-9.
13. Czaja A. Current concepts in autoimmune hepatitis. Ann Hepatol. 2005;4(1):6-24.
14. Francescantonio PL, Cruvinel Wde M, Dellavance A. IV Brazilian guidelines for autoantibodies on HEp-2 cells. Rev Bras Reumatol. 2014;54(1):44-50.
15. Chan EKL, Damoiseaux J, Carballo OG, Conrad K, de Melo Cruvinel W, Francescantonio WLC et al. Report of the First International Consensus on Standardized Nomenclature of Antinuclear Antibody HEp-2 Cell Patterns 2014-2015. Front Immunol. 2015;6:412.
16. Evans C, Beland SG, Kulaga S, Wolfson C, Kingwell E, Marriott J et al. Incidence and prevalence of multiple sclerosis in the Americas: a systematic review. Neuroepidemiology. 2013;40(3):195-210.
17. Leray E, Moreau T, Fromont A, Edan G. Epidemiology of multiple sclerosis. Rev Neurol. 2016;172(1):3-13.
18. Dendrou CA, Fugger L. Immunomodulation in multiple sclerosis: promises and pitfalls. Curr Opin Immunol. 2017;49:37-43.
19. Gilhus NE. Myasthenia gravis. N Engl J Med. 2016;375(26):2570-81.
20. Kridin K. Pemphigus group: overview, epidemiology, mortality, and comorbidities. Immunol Res. 2018 Feb 26.

Bibliografia

Abbas AK, Lichtman AH. Imunologia celular e molecular. 8. ed. Rio de Janeiro: Elsevier Editora; 2015.

Adav SK, Mindur JE, Ito K, Dhib-Jalbut S. Advances in the immunopathogenesis of multiple sclerosis. Curr Opin Neurol. 2015;28(3):206-19.

Antel JP, Ludwin SK, Bar-Or A. Sequencing the immunopathologic heterogeneity in multiple sclerosis. Ann Clin Transl Neurol. 2015;2(9):873-4.

Cellini M, Santaguida MG, Virili C, Capriello S, Brusca N, Gargano L et al. Hashimoto's thyroiditis and autoimmune gastritis. Front Endocrinol (Lausanne). 2017;8:92.

Czaja A, Carpenter HA. Autoimmune hepatitis overlap syndromes and liver pathology. Gastroenterol Clin North Am. 2017;46(2):345-64.

Da Silva MB, da Cunha FF, Terra FF, Camara NO. Old game, new players: linking classical theories to new trends in transplant immunology. World J Transplant. 2017;7(1):1-25.

Fröhlich E, Wahl R. Thyroid autoimmunity: role of anti-thyroid antibodies in thyroid and extra-thyroidal diseases. Front Immunol. 2017;8:521.

Hannoush ZC, Weiss RE. Defects of thyroid hormone synthesis and action. Endocrinol Metab Clin North Am. 2017;46(2):375-88.

Holdsworth SR, Gan PY, Kitching AR. Biologics for the treatment of autoimmune renal diseases. Nat Rev Nephrol. 2016;12(4):217-31.

Ichiki Y, Aoki CA, Bowlus CL, Shimoda S, Ishibashi H, Gershwin ME. T cell immunity in autoimmune hepatitis. Autoimmunity Rev. 2005;4:315-21.

Kaplan MM, Gershwin ME. Primary biliary cirrhosis. N Engl J Med. 2005;353:1262-73.

Katsarou A, Gudbjörnsdottir S, Rawshani A, Dabelea D, Bonifacio E, Anderson BJ et al. Type 1 diabetes mellitus. Nat Rev Dis Primers. 2017;3:17016.

Krawitt E. Medical progress: autoimmune hepatitis. N Engl J Med. 2006;354:54-66.

Magliocca KR, Fitzpatrick SG. Autoimmune disease manifestations in the oral cavity. Surg Pathol Clin. 2017;10(1):57-88.

McCuin JB, Hanlon T, Mutasim DF. Autoimmune bullous diseases: diagnosis and management. Dermatol. 2005;18:20-6.

Prat A, Antel J. Pathogenesis of multiple sclerosis. Curr Opin Neurol. 2005;18:225-30.

Rauer S, Euler B, Reindl M, Berger T. Antimyelin antibodies and the risk of relapse in patients with a primary demyelinating event. J Neurol Neurosurg Psychiatry. 2006;77(6):739-42

Romi F, Gilhus NE, Aarli JA. Myasthenia gravis: clinical, immunological, and therapeutic advances. Acta Neurol Scand. 2005;111:134-41.

Schmidt KD, Valeri C, Leslie RDG. Autoantibodies in type 1 diabetes. Clin Chim Acta. 2005;354:35-40.

Scofield RH. Autoantibodies as predictors of disease. Lancet. 2004;363:1544-6.

Sinico RA, Radice A, Corace C, Sabadini E. Antiglomerular basement membrane antibodies in the diagnosis of Goodpasture syndrome: a comparison of different assays. Nephrol Dial Transplant. 2006;21:397-401.

Smallwood TB, Giacomin PR, Loukas A, Mulvenna JP, Clark RJ, Miles JJ. Helminth immunomodulation in autoimmune disease. Front Immunol. 2017;8:453.

Sosenko JM. Staging the progression to type 1 diabetes with prediagnostic markers. Curr Opin Endocrinol Diabetes Obes. 2016;23(4):297-305.

Tao C, Simpson S Jr, Taylor BV, van der Mei I. Association between human herpesvirus and human endogenous retrovirus and MS onset and progression. J Neurol Sci. 2017;372:239-49.

The International Diabetes Federation (IDF). Diabetes Atlas 8th Edition, 2017.

[illegible]

Pesquisa de autoanticorpos

Autoanticorpos são imunoglobulinas que reconhecem antígenos presentes nas células e nos órgãos do próprio indivíduo. Várias doenças reumáticas autoimunes, como LES, esclerose sistêmica, síndrome de Sjögren, artrite reumatoide (AR), doença [illegible]

Capítulo 25

Doenças Reumáticas Autoimunes Sistêmicas

Alexandre Wagner Silva de Souza, Neusa Pereira da Silva e Luís Eduardo Coelho Andrade

Introdução

Diversas doenças inflamatórias crônicas idiopáticas são agrupadas sob a designação de doenças reumáticas autoimunes. Entre elas, encontram-se lúpus eritematoso sistêmico (LES), esclerose sistêmica (ES), polimiosite, dermatomiosite, síndrome de Sjögren (SSj), síndrome do anticorpo antifosfolipídio, vasculites sistêmicas, entre outras. Um dos elementos mais característicos desse grupo de enfermidades é a presença de autoanticorpos circulantes.

Como um todo, as doenças autoimunes acometem cerca de 7% da população mundial, mas a prevalência individual de cada uma delas é bem inferior. De interesse para a reumatologia, a prevalência da artrite reumatoide oscila entre 0,5 e 1% e a do LES entre 0,05 e 0,01%.

O diagnóstico desse grupo de doenças se baseia em critérios diagnósticos que incluem manifestações clínicas e exames laboratoriais, uma vez que não há um agente etiológico conhecido. Muitas das doenças reumáticas autoimunes têm como característica períodos de atividade da doença nos quais há exacerbação de manifestações clínicas acompanhadas de alterações em parâmetros laboratoriais, e períodos de remissão.

Os exames laboratoriais específicos solicitados nos casos de suspeita de doença reumática autoimune compreendem pesquisa e identificação de autoanticorpos, dosagem do complemento total e frações, detecção de antígenos de histocompatibilidade humana, como o HLA-B27, e dosagem e caracterização de crioglobulinas. Obviamente, a investigação complementar dessas enfermidades é muito mais abrangente, uma vez que são condições que afetam múltiplos órgãos, exigindo a avaliação de diversos parâmetros bioquímicos, hematológicos e de exames de imagem.

Pesquisa de autoanticorpos

Autoanticorpos são imunoglobulinas que reconhecem antígenos presentes nas células e nos órgãos do próprio indivíduo. Várias doenças reumáticas autoimunes, como LES, esclerose sistêmica, síndrome de Sjögren, artrite reumatoide (AR), doença mista do tecido conjuntivo, polimiosite, síndrome do anticorpo antifosfolipídio e outras, caracterizam-se por apresentar autoanticorpos. É importante salientar, entretanto, que a existência de autoanticorpos, por si, não caracteriza doença autoimune. Sua valorização para diagnóstico deve sempre levar em consideração o quadro clínico do paciente. Quando se utilizam ensaios ultrassensíveis em laboratórios de pesquisa, observa-se que a maioria dos indivíduos apresenta autoanticorpos, denominados autoanticorpos naturais, que são polirreativos, apresentam baixos títulos, baixa avidez e sua função não é totalmente conhecida. Em contraste, os autoanticorpos presentes em condições patológicas apresentam especificidade restrita, títulos elevados e têm alta avidez.

No laboratório clínico, os ensaios rotineiros são, em geral, ajustados para a detecção de autoanticorpos patológicos. O fato de alguns indivíduos sadios apresentarem positividade na pesquisa de autoanticorpos no laboratório clínico tem uma explicação: como acontece com a maioria dos fenômenos biológicos, existe uma distribuição espectral nas características de expressão dos autoanticorpos naturais. Em conclusão, indivíduos com condições inflamatórias crônicas, e mesmo pessoas hígidas, podem eventualmente apresentar autoanticorpos circulantes, sem que isso constitua indício absoluto de doença, devendo sempre ser feita a interpretação dentro do contexto clínico específico.

Entretanto, existem alguns autoanticorpos que apresentam associação quase que restrita a determinados estados patológicos, sendo denominados marcadores de doença. Como exemplo, podem-se citar os anticorpos antinucleossomo, anti-DNA nativo e anti-Sm, que são biomarcadores específicos de LES. A ocorrência desses autoanticorpos em concentrações séricas expressivas em indivíduos hígidos ou em doença para os quais não são específicos é extremamente improvável.

É importante ressaltar que a maior parte dos autoanticorpos pesquisados na rotina clínica não tem papel patogênico estabelecido, ou seja, não participa diretamente do mecanismo de doença. No entanto, são úteis como auxílio no diagnóstico e, algumas vezes, no estabelecimento do prognóstico e no monitoramento da enfermidade.

Existem testes para rastreamento e identificação de cada tipo de autoanticorpo. Os primeiros prestam-se a detectar a existência de autoanticorpos em geral, enquanto os segundos destinam-se a determinar a especificidade deles. Um dos principais testes utilizados para rastreamento de autoanticorpos é o teste do fator antinúcleo (FAN) por imunofluorescência indireta. Para identificar a especificidade são empregadas outras técnicas, como imunodifusão dupla, contraimunoeletroforese, hemaglutinação passiva e uma variedade de ensaios de fase sólida, como ensaios de quimiluminescência (ELISA, *enzyme-linked immunosorbent assay*).

Anticorpos ou fatores antinúcleos

A técnica usual para rastreamento de autoanticorpos é a imunofluorescência indireta (IFI) em células HEp-2, em que o soro do paciente contém os anticorpos primários, e o anticorpo secundário, ou conjugado, é uma anti-imunoglobulina humana em geral marcada com fluoresceína (Figura 25.1). É possível cultivar as células HEp-2 e montar o teste *in house*, porém, há também vários *kits* comerciais de boa qualidade disponíveis.

O FAN ou a pesquisa de anticorpos antinúcleo (ANA) são as denominações tradicionais dadas ao teste de IFI para a pesquisa de autoanticorpos que reagem com componentes presentes não só no núcleo das células, mas também no nucléolo, na membrana nuclear, nas organelas citoplasmáticas e no aparelho mitótico. Atualmente, há uma forte tendência para substituir os termos ANA e FAN por "pesquisa de anticorpos contra antígenos intracelulares". No meio internacional, por orientação do *International Consensus on ANA Patterns*[1,2], cada vez mais se utiliza o termo HEp-2 IFA baseado no acrônimo para *indirect immunofluorescence assay on HEp-2 cells*, termo que será utilizado neste capítulo. Embora no passado diversos substratos tenham sido utilizados para esse teste, hoje há uma padronização mundial para o uso das células HEp-2, uma linhagem contínua de células tumorais de origem humana.

O teste de HEP-2 fornece três tipos básicos de informação: a primeira é presença ou ausência de autoanticorpos; a segunda, de caráter semiquantitativo, diz respeito à concentração de autoanticorpos no soro, sendo traduzida pelo título, que representa a maior diluição do soro ainda com reação positiva; já a terceira informação é a de que o padrão de fluorescência apresentado pelo soro tem grande relevância clínica. A importância do padrão morfológico é que os vários padrões podem sugerir quais as possíveis especificidades de autoanticorpos envolvidas, uma vez que a localização dos vários antígenos dentro da célula é bastante característica. Dessa maneira, o padrão de fluorescência modula a relevância clínica de um teste de HEP-2 e sugere as próximas etapas da investigação laboratorial dos autoanticorpos envolvidos (Tabelas 25.1 a 25.3). Os diversos padrões de fluorescência têm sido progressivamente normatizados pelos sucessivos Consensos Brasileiros para Padronização dos Laudos de FAN-HEp-2, e recentemente foi realizado o I Consenso Internacional de Padrões de Imunofluorescência de Anticorpos Antinúcleo (ICAP), que deverá contribuir para a padronização da interpretação do exame em nível mundial.

É importante salientar que o padrão de fluorescência pode sugerir, mas não determinar em definitivo, a especificidade do autoanticorpo em questão. Para isso, é necessário recorrer aos testes de identificação da especificidade. Entretanto, o direcionamento dado pelo padrão de fluorescência tem grande relevância no raciocínio clínico e mesmo na racionalização dos exames a serem solicitados na sequência.

Alguns padrões sugerem anticorpos associados a um determinado contexto patológico, devendo ser realizada a pesquisa específica para sua caracterização. É o caso do padrão nuclear homogêneo com placa metafásica corada, sugestivo de anticorpos anti-DNA nativo ou antinucleossomo (Figura 25.2 A), do padrão nuclear pontilhado grosso com a placa metafásica não corada (Figura 25.2 B), que sugere anticorpos anti-Sm ou anti-RNP e do padrão nuclear centromérico (Figura 25.2 C), compatível com anticorpos contra os antígenos CENP-A, CENP-B ou CENP-C. Por outro lado alguns padrões abrangem uma diversidade de possibilidades, não permitindo uma definição preliminar dos possíveis autoanticorpos presentes (Figura 25.2 D).

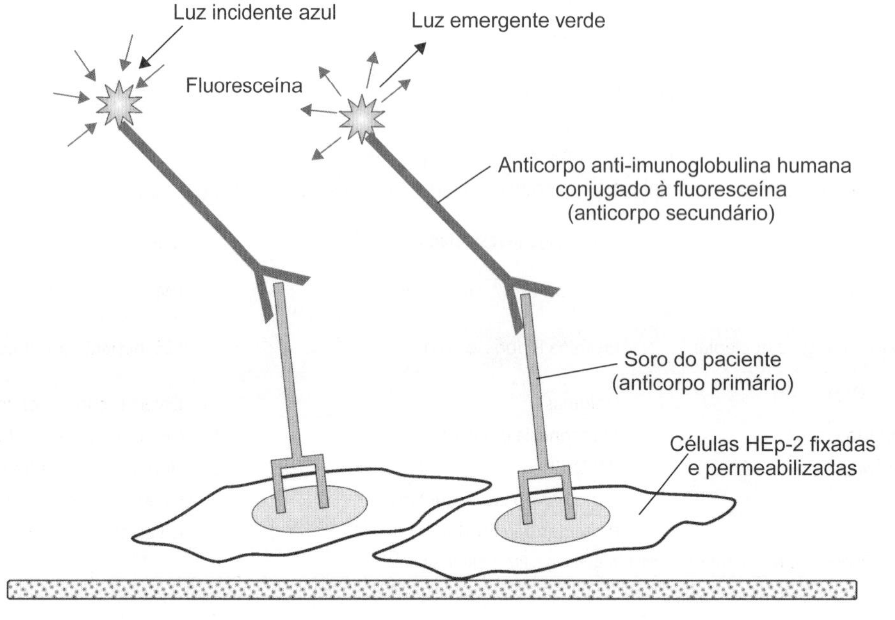

Figura 25.1 Representação esquemática da técnica de imunofluorescência indireta.

Por outro lado, há padrões que sugerem autoanticorpos sem associação com um contexto clínico específico e que podem ser detectados mesmo em indivíduos hígidos, como, por exemplo, os padrões nuclear de raros pontos nucleares isolados, nuclear pontilhado fino denso e citoplasmático pontilhado polar.

A presença ou não de placa metafásica corada é fundamental na interpretação do padrão de fluorescência, uma vez que nela estão situados apenas os cromossomos, constituídos de cromatina (DNA e histona) e proteínas agregadas à cromatina. Vários autoantígenos de interesse em doenças autoimunes estão firmemente ligados aos cromossomos, como histonas, Scl-70, DFS-75, NOR-90 e RNA polimerase I, além do próprio DNA. Por outro lado, existem antígenos que se associam ao RNA (mas não ao DNA ou à cromatina), como Sm, U1-RNA, SS-A/Ro, SS-B/La e Jo-1. Assim, anticorpos contra antígenos que se associam ao RNA não deverão corar a placa metafásica, enquanto anticorpos contra antígenos que se associam ao DNA deverão corá-la, cada um com seu padrão específico.

Tabela 25.1 Padrões de imunofluorescência nuclear: especificidades de autoanticorpos e associações clínicas.

Padrão de imunofluorescência	Autoantígenos associados	Associações clínicas
Homogêneo PM⊕	DNA nativo, histona, nucleossomo	LES idiopático, LES induzido por fármacos
Homogêneo periférico PM∅	Envelope nuclear (lâminas, gp210, p62)	Diversas condições autoimunes e inflamatórias crônicas
Pontilhado fino quase homogêneo PM⊕	Somatório de múltiplos autoantígenos, inclusive DNA nativo, histona, nucleossomo	Pode não ter associação clínica específica, mas pode ocorrer com LES, DMTC e outras doenças autoimunes sistêmicas
Pontilhado fino sugestivo de SS-A/Ro PM∅	SS-A/Ro, SS-B/La	LES, lúpus neonatal, ES, síndrome de Sjögren, CBP, raramente em indivíduos saudáveis
Pontilhado fino simples PM∅	Especificidade não determinada	Diversas condições, inclusive normais
Pontilhado fino denso PM⊕	DFS-75	Diversas condições, inclusive normais; em geral não observado em doenças autoimunes sistêmicas
Pontilhado grosso PM∅	Sm, U1-RNP, U2-RNP	LES, DMTC
Pontilhado grosso reticulado	Ribonucleoproteínas heterogêneas	Diversas condições, inclusive normais
Pontilhado fino sugestivo de Scl-70	Topoisomerase I (Scl-70)	ES forma difusa
Pontilhado pleomórfico	PCNA	LES
Centromérico	Proteínas de 140, 80 e 17 kD do centrômero	ES limitada, CBP, síndrome de Sjögren
Pontos isolados (< 10/núcleo)	p80-coilin	Diversas condições, inclusive normais
Pontos isolados (> 10/núcleo)	sp-100	Diversas condições inflamatórias, CBP

PM⊕: placa cromossômica metafásica corada; PM∅: placa cromossômica metafásica não corada; DMTC: doença mista do tecido conjuntivo; CBP: cirrose biliar primária.

Tabela 25.2 Padrões de imunofluorescência nucleolar: especificidades de autoanticorpos e associações clínicas.

Padrão de imunofluorescência	Autoantígenos associados	Associações clínicas
Nucleolar homogêneo PM∅	Th/To, nucleolina, especificidades não definidas	ES, outras condições quando em títulos abaixo de 1/640
Nucleolar pontilhado (PMt com pontos isolados)	NOR-90, RNA polimerase I	Diversas condições autoimunes, ES
Aglomerado (PMt ao redor dos cromossomos)	Fibrilarina, outros	ES
Nucleolar homogêneo sobre padrão nuclear homogêneo ou pontilhado fino PM∅	PM/Scl	Superposição de ES e PM, formas primárias de PM ou de ES

PM∅: placa cromossômica metafásica não corada; PMt: placa metafásica; PM: polimiosite.

Tabela 25.3 Padrões de imunofluorescência citoplasmática: especificidades de autoanticorpos e associações clínicas.

Padrão de imunofluorescência	Autoantígenos associados	Associações clínicas
Pontilhado fino ou fino denso	Diversos, t-RNA-sintetases (Jo-1)	PM, síndrome antissintetase, miscelânea, inclusive normais
Pontilhado fino denso (dominante) e nucleolar (menos proeminente)	Proteína P ribossômico	LES, hepatite autoimune
Pontilhado polar	Golginas	Diversas condições, inclusive normais
Pontilhado grosso reticulado	Mitocôndria e outros	CBP, miscelânea, inclusive normais
Anéis e bastões (*rods and rings*)	IMPDH2	Hepatite C sob tratamento com ribavirina
Fibrilar	Proteínas do citoesqueleto	Diversas condições, inclusive normais
Centriolar	Proteínas do centríolo	Diversas condições, inclusive normais

CBP: cirrose biliar primária; IMPDH2: inosina monofosfato desidrogenase 2; PM: polimiosite.

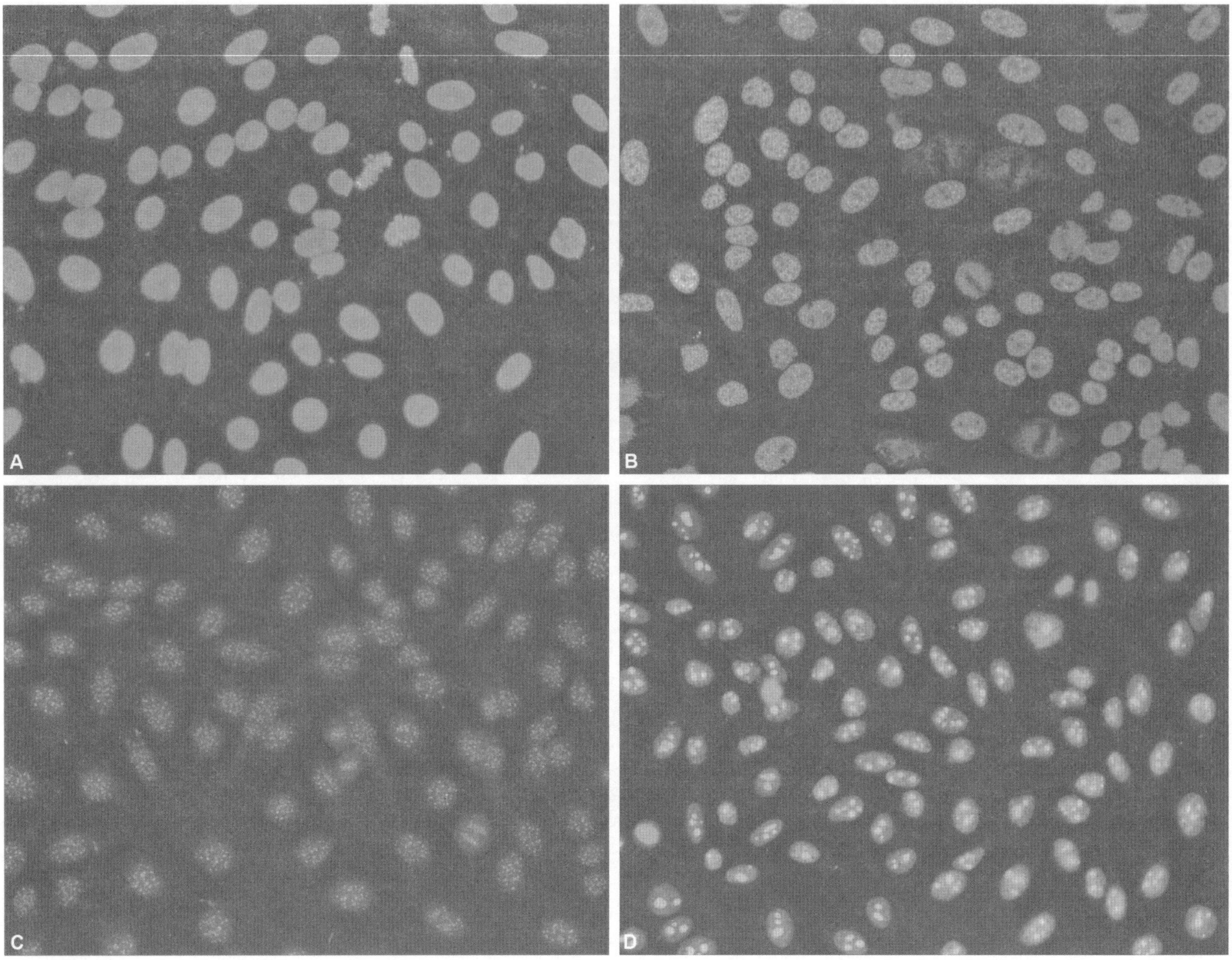

Figura 25.2 Imunofluorescência indireta em células HEp-2 mostrando padrão nuclear homogêneo, cuja característica é: placa cromossômica corada de forma homogênea e intensa em células em anáfase e prófase (**A**); padrão nuclear pontilhado grosso com placa cromossômica não corada nas células em metáfase (**B**); padrão nuclear centromérico (**C**); e padrão nucleolar (**D**).

O teste de HEP-2 é positivo em diferentes frequências na maioria das condições reumáticas autoimunes, mas também em diversas condições inflamatórias crônicas, neoplasias e mesmo em indivíduos hígidos (Tabela 25.4).

Em indivíduos sadios, que apresentam resultado positivo no teste de HEP-2, geralmente são encontrados títulos baixos ou moderados, embora ocasionalmente possam ser observados títulos altos. Alguns padrões de fluorescência aparecem indiscriminadamente em pacientes com doenças autoimunes, portadores de outras condições mórbidas, e mesmo em indivíduos normais. Entre estes se encontram: diversos padrões citoplasmáticos lineares, padrão citoplasmático pontilhado polar (aparelho de Golgi), padrão nuclear pontilhado fino denso e padrão de pontos nucleares isolados (menos de 10/núcleo). Outros, como o padrão nuclear pontilhado grosso e o padrão centromérico, guardam associação mais estreita com condições autoimunes e dificilmente são observados em indivíduos sadios.

No LES não tratado e em atividade, o teste de HEP-2 é positivo na maioria dos pacientes. Esse é um dado importante, pois a ausência de HEP-2 positivo é um forte argumento contra o diagnóstico dessa doença. Em indivíduos hígidos, a frequência de HEP-2 positivo varia conforme as técnicas utilizadas e a população estudada. Tan *et* al.[3] encontraram uma positividade de 33% para o título de 1:40, 13% para o título de 1:80 e 3% para o título de 1:160. Em indivíduos sadios na cidade de São Paulo, encontrou-se uma frequência de 12,8% para crianças e adolescentes entre 1 e 20 anos.[4] Frequência semelhante foi encontrada em um estudo com cerca de 1.000 indivíduos sadios de três grandes cidades do sudeste do país.[4] Recentemente, um grande estudo norte-americano em diversas cidades cobrindo todo EUA mostrou que a frequência de HEP-2 positivo é maior em mulheres e com o aumento da faixa etária, atingindo 22% de mulheres entre 50 e 60 anos.[5] Esses dados enfatizam a baixa especificidade de um resultado de HEP-2 positivo *per se* e denotam a necessidade do uso judicioso do teste, da interpretação integrada do título e do padrão de fluorescência e da complementação com a pesquisa de autoanticorpos específicos.

Diante de um resultado de HEP-2 positivo, deve-se avaliar o significado clínico do teste e a necessidade de solicitar outros exames diagnósticos no contexto clínico apropriado. Um simples exercício de simulação exemplifica bem esse fato. Considerando que a prevalência estimada do LES na população geral seja 0,05% e que a prevalência de HEP-2 positivo nessa mesma população seja de 8%, a solicitação indiscriminada de HEP-2 em 4 mil indivíduos resultaria em 320 resultados positivos, dos quais apenas dois indivíduos teriam de fato LES. Dessa maneira, 318 dos 320 resultados seriam falso-negativos. Obviamente, esse raciocínio apresenta um viés, uma vez que outras enfermidades também cursam com HEP-2 posi-

Tabela 25.4 Frequência de teste de AAN positivo em diversas enfermidades e condições inflamatórias crônicas.

Enfermidade	Frequência de FAN positivo (%)
Lúpus discoide	10 a 40
LES	> 95
Lúpus induzido por fármacos	40 a 50
ES	80 a 90
AR	50 a 60
AR juvenil	15 a 40
Síndrome de Felty	90 a 95
SSj primária	> 90
SSj secundária	50 a 70
Dermatomiosite/polimiosite	30 a 50
Cirrose biliar primária	80 a 90
Infecções crônicas	10 a 50
Neoplasias	20 a 30
Indivíduos sadios	5 a 13
Parentes sadios do 1º grau de LES	25 a 50

tivo. Ademais, não leva em conta as outras dimensões do teste, como título e padrão de fluorescência, que contribuem para a valorização do resultado. Entretanto, ilustra bem o fato de que o teste deve ser solicitado e interpretado de modo criterioso.

Todas essas considerações reafirmam a máxima de que um exame laboratorial deve ser valorizado apenas dentro do contexto clínico. O teste de HEP-2 e mesmo os autoanticorpos específicos não fazem diagnóstico sozinhos, necessitando de uma contrapartida clínica coerente.

Para triagem do teste de HEP-2, a maior parte dos laboratórios clínicos utiliza a diluição inicial de 1:80, mas esse valor pode variar para mais ou para menos, de acordo com o tipo de microscópio, a intensidade de iluminação e outras particularidades técnicas. Títulos de 1:80 e 1:160 são considerados baixos e aqueles acima de 1:640, altos. Os títulos de HEP-2 podem variar ao longo dos meses, mas não guardam necessariamente correlação com o grau de atividade da doença. O padrão de fluorescência também pode mudar ao longo do tempo, o que representa apenas uma mudança no perfil de autoanticorpos apresentados pelo paciente.

Anticorpos anti-DNA nativo

São encontrados quase exclusivamente em pacientes com LES, e considerados biomarcadores específicos dessa doença. Ocorrem com mais frequência e em maiores títulos no LES com glomerulonefrite proliferativa em atividade, frequência intermediária no LES em atividade sem comprometimento renal e em baixa frequência no LES fora de atividade. É, portanto, considerado também um marcador de atividade de doença.

Os testes mais utilizados para sua detecção são a IFI (empregando a *Crithidia luciliae* como substrato) e ELISA, ou quimiluminescência. Menos comumente, utiliza-se a hemaglutinação ou imunoprecipitação (teste de Farr). O teste de IFI em *Crithidia* tem menor sensibilidade, mas grande especificidade para o diagnóstico de LES. Já os testes de ELISA e quimiluminescência possibilitam detecção também de anticorpos de menor avidez e, portanto, têm maior sensibilidade em detrimento da especificidade. Usando-se ELISA e quimiluminescência, pode-se alcançar 1 a 10% de positividade em outras doenças reumáticas autoimunes, geralmente em baixos títulos.

Os testes de ELISA, quimiluminescência e *line blot* (ou *dot blot*) para pesquisa de anticorpos são testes indiretos e compreendem várias etapas. Inicialmente, na fase de sensibilização, o antígeno é imobilizado em fase sólida, em geral por adsorção não covalente à superfície plástica da placa ou da membrana. A seguir, faz-se o bloqueio dos sítios não ocupados pelo antígeno com uma solução contendo uma proteína irrelevante ao sistema. Os soros de pacientes são, então, incubados com o antígeno e a ligação antígeno-anticorpo é detectada empregando-se um anticorpo anti-imunoglobulina humana, geralmente isótipo-específico, conjugado a uma enzima que vai agir sobre a solução cromogênica adicionada em seguida (Figura 25.3). As enzimas mais utilizadas são a peroxidase e a fosfatase alcalina. Há vários substratos que podem ser usados com as diferentes enzimas, cada um resultando em um composto que absorve luz em um dado comprimento de onda. No caso da quimiluminescência, os conjugados contêm compostos que emitem luz mediante reação química específica. Os leitores de placas apresentam filtros para os diferentes comprimentos de onda, sendo apenas necessário selecionar de acordo com o substrato empregado.

Uma importante consideração com relação a qualquer teste de ELISA é a necessidade de antígenos com alto grau de pureza. No caso de DNA nativo é preciso que não haja contaminação com trechos de DNA desnaturado, ou de fita simples, pois, nesse caso, as leituras positivas podem ser decorrentes de anticorpos contra DNA desnaturado, sabidamente não específicos.

De mesmo significado clínico que os anticorpos anti-DNA nativo são os anticorpos antinucleossomo. Tais autoanticorpos reconhecem epítopos supramoleculares da cromatina formados pelo DNA nativo e histonas não H1 (Figura 25.4) e parecem corresponder aos anticorpos antigamente detectados pela técnica das células LE. Atualmente, são pesquisados pela técnica de ELISA com preparações purificadas de nucleossomos, o que apresenta as vantagens de maior sensibilidade e menor possibilidade dos erros metodológicos frequentes inerentes à técnica das células LE. Os anticorpos antinucleossomo são biomarcadores específicos do LES, especialmente quando em títulos moderados ou altos, e têm sensibilidade de cerca de 70%. Ademais, os títulos de anticorpos antinucleossomo correlacionam-se com a atividade da doença, em especial com a nefrite lúpica.

Anticorpos contra antígenos nucleares extraíveis

Diversos antígenos presentes nas células podem ser extraídos de tecidos homogeneizados em soluções salinas. O conhecimento de que as moléculas-alvo de autoanticorpos são evolutivamente conservadas torna possível que sejam empregados extratos de tecidos de vitelo ou coelho como fonte antigênica para a pesquisa desses autoanticorpos. Os antígenos nucleares extraíveis (ENA) compreendem, na verdade, vários antígenos celulares extraíveis e não apenas antígenos nucleares. Historicamente, a denominação ENA refere-se apenas aos antígenos Sm e RNP. Entretanto, vários outros autoantígenos foram posteriormente identificados nos extratos salinos celulares, sendo, portanto, considerados ENA *lato sensu*. A pesquisa de autoanticorpos contra os ENA foi originalmente

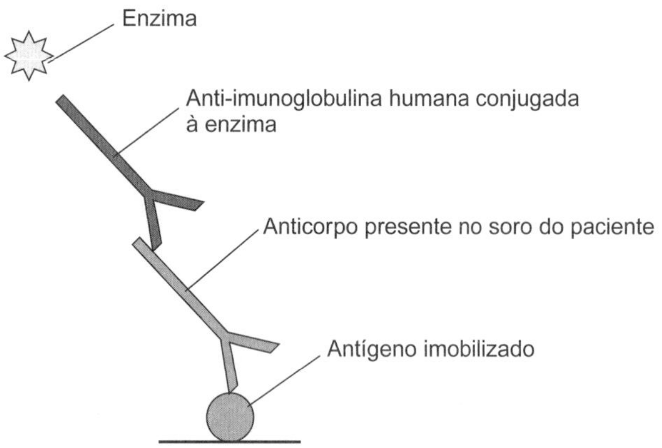

Figura 25.3 Teste imunoenzimático para detecção de anticorpos em soro humano.

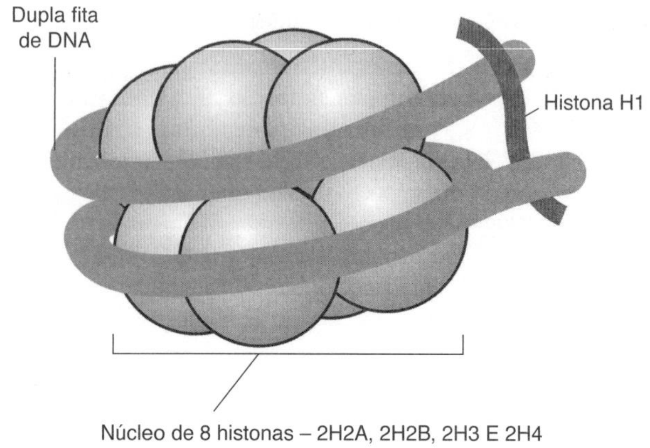

Figura 25.4 Representação esquemática da estrutura do nucleossomo.

estabelecida pelas técnicas de imunodifusão dupla e contraimunoeletroforese. Nessas técnicas, a reação dos autoanticorpos presentes no soro do paciente com os ENA resulta na formação de linhas de precipitação. As linhas obtidas com o soro do paciente são comparadas com aquelas obtidas com soros-padrão, de especificidade conhecida, possibilitando identificar anticorpos anti-SS-A/Ro, anti-SS-B/La, anti-RNP, anti-Sm, anti-Scl-70 e anti-Jo-1, entre outros (Figura 25.5).

Alguns desses autoanticorpos apresentam associação clínica suficientemente restrita para serem considerados marcadores diagnósticos. É o caso dos anticorpos anti-Sm, que ocorrem especificamente no LES, com frequência de 10 a 15% em indivíduos caucasoides e 30 a 40% em negros. Do mesmo modo, anticorpos anti-Jo-1 e anti-Scl-70 têm associação clínica estreita com polimiosite e esclerose sistêmica, respectivamente. Por outro lado, os anticorpos anti-U1-RNP podem aparecer no LES e na doença mista do tecido conjuntivo (DMTC), enquanto os anticorpos anti-SS-A/Ro são encontrados em uma gama mais ampla de enfermidades autoimunes. As associações clínicas dos diversos autoanticorpos estão expostas na Tabela 25.5.

As técnicas de imunodifusão dupla e contraimunoeletroforese foram os métodos responsáveis pela descoberta desses sistemas de autoanticorpos, bem como pelo estabelecimento de suas associações clínicas. São métodos artesanais e demorados, que detectam apenas anticorpos precipitantes e em concentrações suficientes para produzir uma linha de precipitação visível. Ademais, sua realização e interpretação requerem mão de obra especializada. Mais recentemente, os anticorpos contra antígenos nucleares extraíveis (anti-ENA) têm sido testados por meio de ELISA, quimiluminescência e hemaglutinação. Esses testes são mais sensíveis e capazes de detectar anticorpos em baixas concentrações e de baixa avidez, além de serem mais fáceis de executar, podendo ser implementados na maior parte dos laboratórios clínicos, e passíveis de automação. Por isso, há um grande apelo comercial para migração para os ensaios de ELISA, quimiluminescência, hemaglutinação, *dot blot*, *line assay* e ensaios multiplex (Luminex®). Contudo, é necessário ter cautela, pois as associações clínicas dos anticorpos anti-ENA estabelecidas pelos ensaios de imunodifusão em gel nem sempre são mantidas com os ensaios mais sensíveis. Isso é especialmente aplicável quando for baixa a concentração de autoanticorpos no soro do paciente, verificada nos ensaios de ELISA por meio da densidade óptica (DO) ou pela leitura de unidades relativas de luz (RLU) nos ensaios de quimiluminescência. Em outras palavras, um resultado positivo em que a DO estiver próxima ao valor de corte (*cut off*) da reação tem significado duvidoso, não sendo comparável a um resultado positivo obtido por imunodifusão dupla.

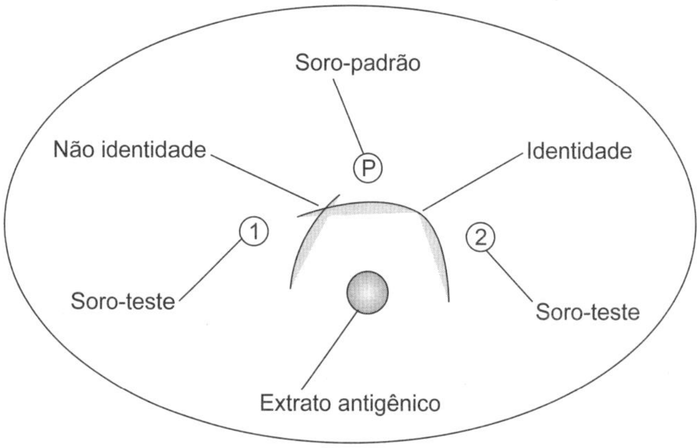

Figura 25.5 Identificação de anticorpos anti-ENA por imunodifusão dupla.

Anticorpos anticitoplasma de neutrófilos

A presença de anticorpos anticitoplasma de neutrófilos (ANCA) pode ser detectada por IFI ou por ensaios em fase sólida (ELISA ou quimiluminescência). O método por IFI emprega, como substrato, neutrófilos fixados em etanol. Existem dois padrões de fluorescência principais a serem observados: c-ANCA (citoplasmático) e p-ANCA (perinuclear). O padrão c-ANCA está geralmente associado à presença de anticorpos antiproteinase 3 (anti-PR3); já o padrão p-ANCA, a anticorpos antimieloperoxidase (anti-MPO). Dois outros padrões de ANCA também podem ser encontrados: c-ANCA atípico, geralmente relacionado a anticorpos anti-BPI (*bacterial permeability increasing protein*) e o p-ANCA atípico, que se associa a anticorpos contra diferentes proteínas, incluindo elastase, catepsina G, lactoferrina e outras. Anticorpos associados ao p-ANCA atípico podem ser observados em dermovasculites por fármacos, especialmente pelo propiltiouracila, em hepatite autoimune tipo I, retocolite ulcerativa e colangite esclerosante primária.

Tabela 25.5 Associações clínicas de autoanticorpos específicos.

Autoanticorpo contra	Associação principal	Associação secundária
DNA nativo	LES	Imunobiológicos anti-TNF
Sm	LES	–
PCNA	LES	–
Proteína P ribossômico	LES	Hepatite autoimune
Nucleossomo	LES	Imunobiológicos anti-TNF
U1-RNP	DMTC	LES, ES, AR
SS-A/Ro	SSj	LES, LE neonatal, ES, PM, CBP
SS-B/La	SSj	LES, LE neonatal
Jo-1	PM	Superposição PM/ES
Scl-70	ES	–
Centrômero	ES	CBP, SSj
Fibrilarina	ES	–
RNA polimerase I	ES	–
RNA polimerase III	ES	–
Ku	Superposição PM/ES	LES
PM-Scl	Superposição PM/ES	ES, PM
ACPA	AR	–

ACPA: anticorpos contra peptídeos citrulinados; AR: artrite reumatoide; PM: poliomisite; CBP: colangite biliar primária; LES: lúpus eritematoso sistêmico.

Os antígenos reconhecidos por ANCA são proteínas que se localizam nos grânulos presentes no citoplasma dos neutrófilos e nos lisossomos de monócitos. O etanol fixa e permeabiliza as membranas das células, possibilitando que a MPO, uma proteína catiônica presente nos grânulos, se desloque para a periferia do núcleo, atraída pela carga negativa dessa organela, dando origem, assim, ao padrão p-ANCA. A PR3 não tem afinidade por cargas negativas, permanecendo nos grânulos. A fixação com paraformaldeído, que não permeabiliza as membranas, resulta apenas no padrão c-ANCA. Portanto, a fixação com etanol é o processo de fixação empregado para revelar os dois padrões.

Os anticorpos PR3-ANCA são considerados marcadores diagnósticos da granulomatose com poliangiite (granulomatose de Wegener), ocorrendo em 80 a 90% dos casos com doença generalizada em atividade e em 40 a 50% daqueles com formas localizadas ou com doença fora de atividade. MPO-ANCA é encontrada em 70% dos pacientes com poliangiite microscópica, em até 50% dos pacientes com granulomatose eosinofílica com poliangiite (síndrome de Churg-Strauss) e em 75 a 80% dos pacientes com vasculite renal limitada associada ao ANCA. Além disso, até 40% dos pacientes com doença do anticorpo antimembrana basal glomerular também apresentam MPO-ANCA.

A identificação da especificidade do ANCA é feita por ELISA ou outros ensaios de fase sólida. A primeira geração de ELISA para detectar anticorpos anti-MPO e anti-PR3 apresentava baixa sensibilidade para detecção desses anticorpos em decorrência de alterações na conformação das respectivas moléculas ao se sensibilizar a placa de ELISA. Recentemente, foram desenvolvidas a segunda e a terceira geração de ELISA para a detecção de MPO-ANCA e de PR3-ANCA com anticorpos de captura e moléculas de ancoragem, respectivamente, que levaram a um ganho significativo na sensibilidade em relação ao ELISA de primeira geração. Atualmente, recomendam-se ambas, IFI e ELISA, para a pesquisa de ANCA em pacientes com suspeita de vasculite associada ao ANCA, já que até 15% dos pacientes apresentará anticorpos detectáveis em apenas uma das técnicas.

Anticorpos antifosfolipídios

Pertencem a uma ampla família de autoanticorpos com reatividade para fosfolipídios de carga negativa e estão associados a manifestações clínicas e laboratoriais heterogêneas. São frequentemente associados a fenômenos tromboembólicos recorrentes, abortos de repetição e plaquetopenia. Esses anticorpos são pesquisados por ELISA, ou outra metodologia de fase sólida, e pela prova do anticoagulante lúpico, métodos que detectam populações diferentes de anticorpos antifosfolipídios. O método de ELISA mais tradicional emprega como substrato o fosfolipídio cardiolipina em presença do cofator sérico beta2-glicoproteína I. Em geral, são pesquisados autoanticorpos das classes IgG e IgM, segundo calibração por padrões internacionais. Os resultados são expressos em unidades GPL, para anticorpos anticardiolipina da classe G, e em MPL, para anticorpos da classe M. Níveis entre 10 e 20 unidades são baixos e de menor relevância clínica; entre 20 e 80 unidades são considerados intermediários e acima de 80 unidades, altos. É comum a flutuação nos níveis desses anticorpos e até mesmo sua negativação, principalmente quando a pesquisa é realizada próximo a um evento tromboembólico. Assim, diante da suspeita clínica da síndrome antifosfolipídio, deve-se considerar a repetição do exame em outras ocasiões. Anticorpos da classe IgA também ocorrem, mas quase sempre associados aos outros dois isótipos (IgG ou IgM), motivo pelo qual muito excepcionalmente se justifica a pesquisa de anticorpos anticardiolipina da classe IgA.

Recentemente, tem sido valorizada a pesquisa de anticorpos contra a β2-glicoproteína I como um marcador adicional da síndrome do anticorpo antifosfolipídio. Até 10% dos pacientes com síndrome antifosfolipídio podem apresentar apenas anticorpos anti-β2-glicoproteína I. Por outro lado, a pesquisa de anticorpos contra outros fosfolipídios (fosfatidilserina, fosfatidiletanolamina, fosfatidilinositol) não parece trazer benefício adicional nem ser vantajosa na prática clínica cotidiana.

A pesquisa do anticoagulante lúpico evidencia uma população de anticorpos antifosfolipídio diferente. Eles interferem no processo de coagulação *in vitro*, ocasionando prolongamento de testes fosfolipídio-dependentes, incluindo o tempo de tromboplastina parcial ativada (TTPA), tempo de veneno de víbora de Russel diluído ou tempo de coagulação do Kaolin. O teste é realizado em 3 etapas: na triagem (etapa 1) demonstra-se o prolongamento do teste de coagulação; para excluir a possibilidade de deficiência de fatores da coagulação (etapa 2), demonstra-se que a mistura com plasma normal não corrige o prolongamento do tempo de coagulação (haveria correção caso o problema fosse deficiência de fator de coagulação); para identificação do fator inibidor específico (etapa 3), o teste é corrigido pela incubação com fosfolipídios de origem plaquetária, que suplantam a capacidade inibitória dos autoanticorpos.

A presença do anticoagulante lúpico é o principal fator de risco para eventos trombóticos arteriais, venosos e manifestações obstétricas da síndrome antifosfolipídio. Anticorpos anticardiolipina e anticorpos anti-β2-glicoproteína I também se associam a manifestações da síndrome antifosfolipídio, especialmente em títulos moderados a altos. Considerando que cerca de 20 a 30% dos pacientes apresentam apenas um dos autoanticorpos, seja o anticoagulante lúpico, sejam os anticorpos anticardiolipina, deve-se ponderar a realização de ambos os ensaios, quando necessário. Pacientes triplo-positivos, ou seja, que apresentam anticoagulante lúpico, anticardiolipina e anti-β2-glicoproteína I, apresentam maior risco de eventos tromboembólicos venosos ou arteriais recorrentes.

Recentemente, o teste de ELISA para detectar anticorpos contra o complexo fosfatidilserina-protrombina tem se mostrado útil para a síndrome antifosfolipídio, pois esses anticorpos se associam às manifestações tromboembólicas e ao anticoagulante lúpico, sendo considerados os principais anticorpos associados à atividade de anticoagulante lúpico.

Fator reumatoide

A denominação "fator reumatoide" (FR) refere-se aos anticorpos que reconhecem epítopos presentes na fração cristalizável (Fc) da molécula de IgG. A maioria desses anticorpos é da classe M, porém, são também encontrados FR da classe IgG e da classe IgA.

Até 80% dos casos de artrite reumatoide do adulto (AR) apresentam FR circulante. Na artrite reumatoide juvenil, a frequência de positividade é mais baixa, exceto na forma poliarticular de meninas mais velhas em que a frequência é semelhante à dos adultos.

O teste mais comumente empregado tem sido, por décadas, a aglutinação com partículas de látex revestidas com IgG, daí a denominação "teste do látex". É um ensaio de execução simples e rápida. Outras modalidades para pesquisa do FR, raramente utilizados atualmente, incluem hemaglutinação com hemácias de carneiro revestidas com IgG de coelho (teste de Waaler-Rose), IFI sobre hemácias ou partículas de látex revestidas com IgG e ELISA. Apenas o FR da classe IgM é avaliado com técnicas do látex e Waaler-Rose, que são baseadas no mesmo princípio: visualização de aglutinação das partículas (látex ou eritrócitos de ovelha) revestidas com o antígeno, IgG humana ou de coelho, quando o FR (no caso anticorpos IgM anti-IgG) presente no soro reage com a IgG. Nos últimos anos têm predominado, por seu melhor desempenho, os testes de nefelometria e turbidimetria, com grande sensibilidade, reprodutibilidade, acurácia e rapidez. Esses testes possibilitam a identificação das três classes de autoanticorpos, ou seja, o FR das classes IgG, IgM e IgA.

Imunoglobulinas com atividade de FR estão presentes no soro da maior parte dos indivíduos, em pequena quantidade e com baixa avidez; nesses casos, a pesquisa do FR é negativa ou fracamente reagente. Em determinadas condições patológicas, surge uma alta concentração de imunoglobulinas com atividade de FR de alta afinidade. As duas condições em que o FR é detectado com maior frequência e em maiores títulos são a artrite reumatoide e a síndrome de Sjögren. Entretanto, o FR é encontrado em frequência variável em um grande número de outras condições mórbidas (Tabela 25.6). Portanto, a especificidade e o valor preditivo positivo do FR para o diagnóstico de artrite reumatoide são restritos.

Anticorpos contra proteínas citrulinadas

Em 1964, Nienhuis e Mandema[6] descreveram um sistema de autoanticorpos, em artrite reumatoide, que reagiam contra grânulos perinucleares de células da mucosa oral humana (Figura 25.6). Esses autoanticorpos foram denominados anticorpos antifator perinuclear (APF). Alguns anos mais tarde, em 1979, foi descrito um sistema de autoanticorpos[7], também em artrite reumatoide, que reagiam com a camada córnea do esôfago de rato, tendo sido erroneamente denominados anticorpos antiqueratina (AKA). Ao fim da década de 1980 foi demonstrado que esses dois sistemas eram relacionados, ambos reconhecendo epítopos da proteína filagrina e de seu precursor, profilagrina. Essas proteínas desempenham papel na maturação de células epiteliais queratinizadas. A pesquisa desses anticorpos é feita por IFI, sendo que para APF são utilizadas como substrato células da mucosa oral humana e para AKA, a seção transversal do terço médio de esôfago de rato. O APF tem maior sensibilidade e o AKA tem maior especificidade para o diagnóstico de artrite reumatoide. Entretanto, APF em títulos iguais ou maiores que 1:80 tem alta especificidade para diagnóstico dessa enfermidade.

Na década de 1990, após intensa investigação quanto à natureza dos epítopos reconhecidos pelos sistemas APF e AKA, foi demonstrado que ambos reconhecem proteínas contendo resíduos de citrulina, ou seja, proteínas citrulinadas.[8] A citrulina é resultante da deiminação da arginina, e tanto a

Tabela 25.6 Enfermidades em que o encontro de fator reumatoide é comum.

Grupo de doenças	Enfermidades específicas
Doenças virais	Hepatite B ou C, mononucleose, *influenza*, AIDS, pós-vacinação
Doenças autoimunes	AR, LES, ES, polimiosite, dermatomiosite, SSj, crioglobulinemia mista, CBP, hepatite autoimune, fibrose pulmonar idiopática (Harman-Hirsch), doença mista do tecido conjuntivo, vasculites
Neoplasias	Principalmente após irradiação ou quimioterapia
Infecções bacterianas	Tuberculose, sífilis, hanseníase, salmonelose, endocardite bacteriana subaguda, brucelose, borreliose
Doenças parasitárias	Malária, calazar, esquistossomose, filariose, tripanossomíase

AR: artrite reumatoide; CBP: cirrose biliar primária.

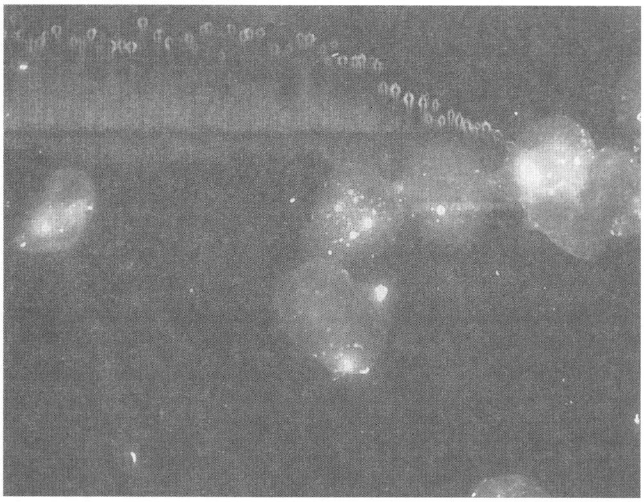

Figura 25.6 Imunofluorescência indireta em células de mucosa oral humana mostrando padrão típico de anticorpos antiprofilagrina, que apresentam reatividade contra grânulos cerato-hialinos presentes no citoplasma.

profilagrina como a filagrina contêm diversos resíduos citrulina. Tomando por base essa informação, a indústria de biotecnologia desenvolveu *kits* de ELISA com múltiplos peptídeos citrulinados, que atualmente estão disponíveis no mercado. Os autoanticorpos detectados são denominados anticorpos contra proteínas citrulinadas (ACPA).

As pesquisas têm demonstrado um bom desempenho do sistema filagrina/citrulina para o diagnóstico de artrite reumatoide.[8] O teste APF tem sensibilidade de 70% e especificidade de 90% para o diagnóstico de artrite reumatoide; anticorpos AKA têm sensibilidade de 45% e especificidade de 97%; e anticorpos antipeptídeos citrulinados, sensibilidade de 78% e especificidade de 95%. Em relação ao clássico FR (sensibilidade de 74% e especificidade de 65%), esses autoanticorpos têm duas vantagens: maior especificidade e aparecimento mais precoce no curso da enfermidade. Esta última característica é de particular importância, uma vez que é justamente nas fases precoces da enfermidade, quando as manifestações clínicas podem ainda não ser suficientes para uma definição diagnóstica e a terapêutica apropriada tem maiores chances de trazer benefício expressivo sobre o curso da doença, que o auxílio diagnóstico laboratorial é necessário.

Dosagem do complemento total e frações

O sistema do complemento é constituído por mais de 30 proteínas, algumas solúveis no plasma, representadas tanto por moléculas capazes de se inserir na bicamada lipídica de células-alvo, formando poros e levando à morte celular, quanto por moléculas regulatórias que podem ser solúveis ou localizadas na membrana celular, impedindo a lesão de células próprias pelo complemento homólogo. O sistema do complemento é ativado de modo sequencial. São bem conhecidas três vias de ativação: clássica, alternativa e a via da lectina ligante de manose. A via clássica é ativada por imunocomplexos e células apoptóticas, a partir de C1q. A via alternativa é ativada pela clivagem espontânea de C3 e pela ligação de C3b, produto de clivagem de C3, à superfície de microrganismos e células tumorais. A via da lectina ligante de manose é ativada pela ligação da lectina com resíduos de manose presentes na parede celular de microrganismos e, a partir daí, segue os mesmos passos da via clássica. As três vias de ativação convergem para a geração de uma enzima denominada C3-convertase, principal ponto de amplificação da cascata do complemento. As etapas finais da cascata do complemento levam à formação do complexo de ataque à membrana (MAC). Cada unidade do MAC é constituída por C5b, C6, C7, C8 e vários monômeros de C9 que polimerizam formando um poro inserido na bicamada lipídica da membrana, interferindo com a permeabilidade seletiva da célula e resultando na sua lise.

O estudo clínico do sistema do complemento tem aplicação nos estados de imunodeficiência em que se suspeita de deficiência congênita ou adquirida de algum componente do sistema do complemento e nas enfermidades associadas à deposição de imunocomplexos. Nestas últimas, a medida do consumo do sistema do complemento é relevante para monitoramento da atividade da doença, visto que os imunocomplexos depositados fixam C1q e ativam a via clássica do complemento.

Algumas doenças reumáticas autoimunes apresentam importante participação de imunocomplexos em sua fisiopatologia. Entre elas se destacam o lúpus eritematoso sistêmico, algumas vasculites necrosantes, as crioglobulinemias e algumas formas de artrite reumatoide com altos títulos de FR circulante. Assim, o monitoramento do consumo do sistema do complemento é importante para auxiliar a definição dos períodos de atividade e de remissão, bem como para avaliar a terapêutica imunossupressora empregada. A atividade de doença é acompanhada de consumo dos componentes do complemento, resultando em baixos níveis de componentes individuais e do complemento total. Com a remissão da atividade de doença, esses parâmetros tendem a se normalizar. Em geral, a fração C2 é a mais sensível, sendo, portanto, a primeira a cair e a última a se normalizar. Deve-se enfatizar, entretanto, que o consumo do sistema do complemento não é um fenômeno específico, estando presente em uma grande variedade de contextos clínicos que cursem com ativação expressiva do complemento (Quadro 25.1).

Quadro 25.1 Condições clínicas associadas à hipocomplementemia.

Déficit de síntese:
- Deficiências congênitas
- Insuficiência hepática grave
- Desnutrição grave
- Síndrome nefrótica
- Lúpus eritematoso sistêmico

Aumento da degradação:
- Doenças autoimunes com participação de imunocomplexos:
  - Lúpus eritematoso sistêmico
  - Crioglobulinemia mista
  - Vasculite necrosante sistêmica
  - Artrite reumatoide grave
  - Glomerulonefrite pós-estreptocócica
  - Glomerulonefrite membranoproliferativa
  - Glomerulonefrite proliferativa idiopática
  - Glomerulonefrite focal esclerosante
- Doenças infecciosas:
  - Endocardite bacteriana subaguda
  - Septicemia por pneumococo ou Gram-negativos
  - Viremia (hepatite B, dengue, sarampo)
  - Parasitoses (malária, babesiose)
  - *Shunt* atrioventricular infectado
- Deficiência de inibidores:
  - Angioedema hereditário (deficiência de inibidor de C1q)
  - Deficiência de inativador de C3b
  - Deficiência do fator H

Há testes funcionais em que se mede a atividade lítica do complemento e testes quantitativos em que se dosam os seus componentes individuais. Os testes funcionais baseiam-se na capacidade de o complemento lisar células opsonizadas com anticorpos. Geralmente são utilizadas hemácias de carneiro revestidas de imunoglobulinas específicas de coelho. Ao se acrescentar o soro do paciente, o sistema do complemento presente na amostra vai ser ativado, resultando na lise das hemácias; a intensidade da hemólise é proporcional à quantidade e à integridade das proteínas do complemento. Essa é a base do teste denominado complemento hemolítico total, ou CH50, que avalia toda a via clássica. Se houver deficiência de um único componente da via clássica, a atividade hemolítica do complemento estará reduzida. No ensaio CH50, o soro terá tantas U/mℓ quanto for a recíproca da diluição do soro capaz de hemolisar metade das hemácias presentes na reação. A faixa da normalidade está em geral entre 170 e 330 U/mℓ, podendo variar entre diferentes laboratórios. Esse ensaio é extremamente útil, mas se deve ter cuidado, pois o sistema do complemento é composto de diversas enzimas sensíveis e termolábeis. Portanto, o manuseio inadequado da amostra (p. ex., manutenção prolongada em temperatura ambiente e acondicionamento em tubos com impurezas) antes da realização do teste pode ocasionar inativação de um ou mais componentes do sistema e resultar em leituras espuriamente baixas do complemento.

Mais recentemente foram desenvolvidos outros sistemas para dosagem da atividade lítica do complemento total, como por exemplo, alguns que utilizam microesferas coloidais revestidas de anticorpo e contendo um sistema cromogênico em seu interior. Nesse caso, a lise das esferas pelo sistema do complemento ocasiona extravasamento do sistema cromogênico, podendo a reação ser quantificada em espectrofotômetro. Enquanto o sistema hemolítico é geralmente preparado no próprio laboratório, esses novos métodos têm a vantagem de estar disponíveis comercialmente e ser adaptáveis a rotinas automatizadas.

A determinação funcional do componente C2 do complemento é realizada pelo mesmo método funcional de imuno-hemólise que o CH50, sendo acrescentado soro humano depletado exclusivamente de C2 ao sistema de hemácias de carneiro revestidas de imunoglobulinas de coelho. No Laboratório de Imunorreumatologia da Unifesp/EPM, a faixa de normalidade é atividade lítica igual ou superior a 70% da atividade obtida com um *pool* de soros normais.

Ao contrário dos ensaios funcionais líticos, há testes em que se dosa a presença física de componentes individuais do complemento. Em geral, tais testes baseiam-se em ensaios imunológicos nos quais anticorpos contra determinado componente do complemento se ligam a este componente, formando imunocomplexos detectáveis por imunodifusão radial, por imunoturbidimetria ou por nefelometria. Esses ensaios são rotineiramente utilizados para dosagem das frações C1q, C3 e C4 do complemento, e são aplicáveis às demais frações, inclusive aos componentes da via alternativa.

É importante considerar que todos os testes mencionados podem acusar resultados dentro da faixa da normalidade, mesmo que haja consumo do sistema complemento. Isso porque, em algumas circunstâncias, o organismo pode sintetizar complemento em ritmo suficiente para manter o seu *pool* dentro da faixa da normalidade. Ademais, como a faixa de normalidade é ampla, determinado valor no terço inferior da faixa da normalidade pode, na verdade, representar consumo para um dado indivíduo cujos níveis fisiológicos sejam mais elevados. Duas abordagens têm sido propostas para circunscrever essa situação: a dosagem dos produtos de ativação do complemento e a dosagem do complexo de ataque à membrana (MAC). Os produtos de clivagem das frações C3 (C3d) e C4 (C4d) estarão aumentados em toda situação de ativação do sistema do complemento independentemente da reposição do *pool* de complemento e de sua faixa de normalidade. Da mesma maneira, o MAC, formado pela combinação de C5b, C6, C7, C8, C9, representa a expressão final da ativação do sistema e pode ser quantificado por ELISA.

Referências bibliográficas

1. Chan EK, Damoiseaux J, Carballo OG, Conrad K, de Melo Cruvinel W, Francescantonio PL et al. Report of the First International Consensus on Standardized Nomenclature of Antinuclear Antibody HEp-2 Cell Patterns 2014-2015. Front Immunol. 2015;6:412.
2. International Consensus on ANA Patterns [homepage]. Disponível em: www.anapatterns.org. Acesso em 18 abr 2018.
3. Tan EM. Autoantibodies and autoimmunity: a three-decade perspective. A tribute to Henry G. Kunkel. Ann N Y Acad Sci. 1997;815:1-14.
4. Mariz HA, Sato EI, Barbosa SH, Rodrigues SH, Dellavance A, Andrade LE. Pattern on the antinuclear antibody-HEp-2 test is a critical parameter for discriminating antinuclear antibody-positive healthy individuals and patients with autoimmune rheumatic diseases. Arthritis Rheum. 2011;63(1):191-200.
5. Satoh M, Chan EK, Ho LA, Rose KM, Parks CG, Cohn RD et al. Prevalence and sociodemographic correlates of antinuclear antibodies in the United States. Arthritis Rheum. 2012;64(7):2319-27.
6. Nienhuis RL, Mandema E. A new sérum fator in patients with rheumatoid arthritis. Ann Rheum Dis. 1964;23:302-5.
7. Young BJ, Mallya RK, Leslie RD, Clark CJ, Hamblin TJ. Anti-keratin antibodies in rheumatoid arthritis. Br Med J. 1979;2(6182):97-9.
8. Alarcon RT, Andrade LEC. Anticorpos antiproteínas citrulinadas e a artrite reumatoide. Rev Bras Reumatol. 2007;47:180-7.

Bibliografia

Conrad K, Humbel RL, Tan EM, Shoenfeld Y. Autoantibodies – diagnostic, pathogenic and prognostic relevance. Clin Exp Rheumatol. 1997;15:457-65.

Dellavance A, Alvarenga RR, Rodrigues SH, Barbosa SH, Camilo AC, Shiguedomi HS *et al.* Autoantibodies to 60 kDa SS-A/Ro yield a specific nuclear myriad discrete fine speckled immunofluorescence pattern. J Immunol Methods. 2013;390(1-2):35-40.

Dellavance A, Gallindo C, Soares MG, Silva NP, Mortara RA, Andrade LEC. Redefining the Scl-70 indirect immunofluorescence pattern: autoantibodies to DNA topoisomerase I yield a specific immunofluorescence pattern. Rheumatology (Oxford). 2009;48:632-8.

Francescantonio PL, Cruvinel WD, Dellavance A, Andrade LE, Taliberti BH, von Mühlen CA *et al.* IV Brazilian Guidelines for autoantibodies on HEp-2 cells. Rev Bras Reumatol. 2014;54(1):44-50.

Keppeke GD, Nunes E, Ferraz ML, Silva EA, Granato C, Chan EK *et al.* Longitudinal study of a human drug-induced model of autoantibody to cytoplasmic rods/rings following hcv therapy with ribavirin and interferon-α. PLoS One. 2012;7(9):e45392.

Pengo V, Banzato A, Denas G, Jose SP, Bison E, Hoxha A *et al.* Correct laboratory approach to APS diagnosis and monitoring. Autoimmun Rev. 2013;12:832-4.

Peter JB, Shoenfeld Y. Autoantibodies. Amsterdam: Elsevier; 1996.

Sinico RA, Radice A. Antineutrophil cytoplasmic antibodies (ANCA) testing: detection methods and clinical applications. Clin Exp Rheumatol. 2014;32(Suppl. 82):S112-7.

Tan EM. Antinuclear antibodies: diagnostic markers for autoimmune diseases and probes for cell biology. Adv Immunol. 1989;44:93-151.

Walport MJ. Complement – first of two parts. N Engl J Med. 2001;344:1058-66.

Walport MJ. Complement – second of two parts. N Engl J Med. 2001;344:1140-4.

Capítulo 26

Imunologia dos Transplantes

Fernanda Fernandes Terra, Guilherme José Bottura de Barros e Niels Olsen Saraiva Câmara

Introdução

Neste capítulo, são apresentados alguns dos tópicos mais importantes da área de imunologia de transplantes, no qual se estuda a compatibilidade de órgãos ou de tecidos entre doador/receptor. Em detalhes, esse campo da imunologia inclui:

- Genes do complexo principal de histocompatibilidade (MHC, *major histocompatibility complex*)
- Moléculas MHC ou, em humanos, moléculas do antígeno leucocitário humano (HLA, *human leucocyte antigen*)
- Mecanismos imunológicos envolvidos nas reações de rejeição aos enxertos.

Histórico

O transplante de órgãos constitui, na prática médica atual, uma forma avançada de terapia destinada a aumentar a sobrevida de pacientes com doenças altamente limitantes, como leucemias, linfomas, insuficiência cardíaca congestiva, insuficiência renal crônica, insuficiência hepática, entre outras.

O primeiro transplante renal em humanos foi realizado em 1933 pelo cirurgião ucraniano Yuri Voronoy, com a finalidade de tratar um paciente portador de insuficiência renal aguda causada pela intoxicação por mercúrio. Contudo, o receptor morreu cerca de 48 h depois. Mais tarde, durante a década de 1950, foram realizados vários transplantes renais em humanos, mas não se utilizou nenhum medicamento imunossupressor para prevenir possíveis rejeições; assim, somente um paciente sobreviveu por cerca de 6 meses.

Em 1952, Jean Dausset, em Paris, descobriu a existência dos antígenos de histocompatibilidade, por meio de uma série de estudos realizados com soro de pacientes previamente transplantados. Em 1954, já em Boston, EUA, o médico Joseph Edward Murray executou o primeiro transplante renal bem-sucedido entre gêmeos HLA idênticos, com enorme sucesso.

Na década de 1960, enfim, os progressos nos testes de histocompatibilidade e na terapia com agentes imunossupressores tornaram o transplante renal uma realidade clínica. O uso aprimorado desses agentes (p. ex., prednisona e azatioprina) reduziu as complicações imunológicas e a taxa de mortalidade pós-transplante.

Até 1978, o transplante renal havia progredido para um estágio em que era evidente a sua contribuição para o tratamento da insuficiência renal, porém, havia muitas dúvidas sobre o futuro dos transplantes de outros órgãos. Felizmente, nesse mesmo ano um novo medicamento imunossupressor foi utilizado pela primeira vez em humanos, e com grande sucesso, a ciclosporina. A introdução da ciclosporina revolucionou os transplantes clínicos em todo o mundo, não somente por possibilitar a execução de um maior número de procedimentos, mas também por aumentar consideravelmente a sobrevida dos pacientes e encorajar o procedimento entre a comunidade médica.

No fim da década de 1980, a retirada de múltiplos órgãos foi padronizada, surgiram novos agentes imunossupressores, como o tacrolimo e os anticorpos monoclonais humanizados, e foi desenvolvida uma nova solução de conservação de órgãos, que levou os resultados de transplantes de rim, coração e fígado a atingirem sobrevida de 80% em 2 anos.

Classificação dos tipos de transplante

Em geral, os transplantes são realizados entre indivíduos da mesma espécie. Contudo, existem modelos experimentais de transplante entre espécies diferentes, denominado xenotransplante ou transplante xenogênico. Entre os transplantes realizados na clínica com indivíduos da mesma espécie, o alotransplante ou transplante alogênico é o mais comum; quando o doador é geneticamente diferente do receptor.

Pode ocorrer com doadores falecidos ou vivos, aparentados ou não. Há ainda o autotransplante ou transplante autólogo, no qual o enxerto provém do próprio receptor. São exemplos a transferência de pele saudável para uma região com queimaduras e a ponte de safena, quando vasos sanguíneos saudáveis são utilizados para substituir o bloqueio das artérias coronárias. Há, ainda, o isotransplante ou transplante isogênico, ou ainda singênico, que corresponde à transferência de órgãos, tecidos ou células entre indivíduos geneticamente idênticos, como no caso de gêmeos univitelinos ou linhagens isogênicas de animais (Figura 26.1). Nos transplantes autólogos e nos isogênicos não existem diferenças antigênicas, por isso, a resposta imune do receptor específico, direcionada a antígenos não próprios presentes, por exemplo, no enxerto, não deve ser observada.

Complexo principal de histocompatibilidade

Os antígenos responsáveis pela rejeição de células, tecidos ou órgãos geneticamente distintos do receptor são chamados antígenos de histocompatibilidade. São codificados por mais de 40 *loci*, incluindo antígenos menores de histocompatibilidade (mHAg, *minor histocompatilibity antigens*), antígenos ABO e de células endoteliais e monócitos. No entanto, o principal alvo da resposta imune são as moléculas do MHC. Descobertos na superfície dos leucócitos, os primeiros produtos gênicos ficaram conhecidos como antígenos leucocitários, motivo pelo qual o MHC de humanos é chamado HLA.

▪ Descoberta

Na metade da década de 1930, Peter Gorer avaliava linhagens isogênicas de camundongos com o objetivo de identificar antígenos do grupo sanguíneo. Durante seus estudos, identificou quatro grupos de antígenos, denominados numericamente I a IV, expressos na superfície de eritrócitos. Em continuidade a esse trabalho e em colaboração com George Snell, estabeleceu-se que os antígenos codificados pelo grupo II eram responsáveis pela rejeição de tumores e tecidos saudáveis transplantados. Snell denominou-os "genes de histocompatibilidade", sendo conhecidos como HLA em humanos e H-2 em camundongos. A denominação H-2 para esse complexo de genes faz alusão aos antígenos de grupo sanguíneo II. Os trabalhos desses pesquisadores deram origem ao conceito de que a rejeição de um tecido estranho por determinado hospedeiro é o resultado de uma resposta imune contra moléculas de superfície celular do enxerto.

▪ Localização e função do MHC

O MHC contém mais de 200 genes dispostos ao longo do braço curto do cromossomo 6, em humanos, e do cromossomo 17, em camundongos. Esse conjunto de genes apresenta importante papel no sistema imune, influenciando em sua resposta aos antígenos. Embora a disposição gênica em humanos e camundongos não seja exatamente a mesma, em ambos os casos estão organizados em regiões que codificam três classes (I, II e III) de moléculas diferentes (Figura 26.2). Apenas as classes I e II codificam glicoproteínas de superfície celular (Figura 26.3) envolvidas na apresentação de peptídeos para os receptores de células T (TCR); já a classe III codifica proteínas solúveis com atividades variadas no sistema imune.

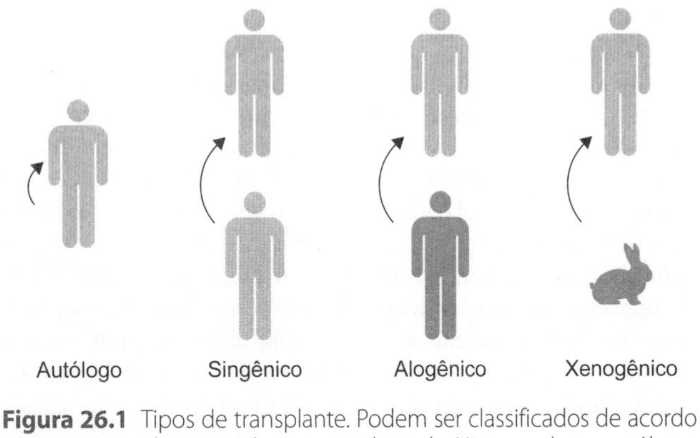

Figura 26.1 Tipos de transplante. Podem ser classificados de acordo com a origem do material a ser transplantado. No transplante autólogo, doador e receptor constituem o mesmo indivíduo; no transplante singênico, doador e receptor são geneticamente idênticos; enquanto no transplante alogênico, o doador é geneticamente diferente do receptor. Quando o doador pertence a uma espécie diferente da do receptor, o transplante é chamado xenogênico.

Locus *do MHC de classe I*

Contém cerca de 20 genes, porém três deles (HLA-A, -B e -C, em humanos) têm papel fundamental na apresentação de antígenos relacionados à rejeição de transplantes. O produto desses três *loci* resulta na expressão de moléculas MHC classe I, as quais são glicoproteínas expressas em todas as células nucleadas formadas pela associação não covalente de uma cadeia alfa com uma cadeia beta.

Cada *locus* do MHC de classe I, HLA-A, -B e -C, codifica uma única cadeia beta polipeptídica que apresenta três domínios extracelulares (a1, a2 e a3), uma região transmembrana e uma cauda citoplasmática que ancora essa proteína na bicamada lipídica da célula. A cadeia beta (b2-microglobulina), por sua vez, é codificada por um gene no cromossomo 15, fora do complexo principal de histocompatibilidade, e é essencial para a expressão das moléculas MHC classe I na superfície celular. Os domínios a1 e a2 formam a fenda, na qual peptídeos com tamanho variável entre 8 e 10 resíduos de aminoácidos oriundos do citosol se encaixam e podem ser apresentados, principalmente, para as células T CD8+ citotóxicas.

Há ainda outras moléculas MHC classe I não clássicas (ou moléculas MHC classe Ib) codificadas pelos *loci* HLA-E, -F, -G e MIC A e B (do inglês, *major histocompatibility complex class I-related chain A and B*), as quais são descritas por apresentarem variabilidade e distribuição tecidual limitadas. Trabalhos recentes atribuem funções imunomodulatórias a essas moléculas, que desempenham importante papel na imunidade inata e na adaptativa ao interagirem com células NK (do inglês, *natural killer*) e células T CD8+ citotóxicas, respectivamente.[1] No transplante, o papel dessas moléculas ainda não está bem estabelecido; porém, parecem ser relevantes quando há compatibilidade quanto às moléculas MHC classes I (Ia) e II.

Locus *do MHC de classe II*

Apresenta cinco *loci* (HLA-DP, -DN, -DO, -DQ e -DR, em humanos), dos quais HLA-DP, -DQ e -DR codificam glicoproteínas denominadas moléculas MHC classe II, expressas constitutivamente em células apresentadoras de antígenos (APC, *antigen presenting cells*), como macrófagos, linfócitos B e células dendríticas. As moléculas MHC classe II são formadas pela associação não covalente de uma cadeia alfa e uma beta, as quais são codificadas por um único *locus* HLA-D (-DP, -DQ ou -DR). Cada cadeia apresenta uma porção transmembrana, uma cauda citoplasmática e dois domínios extracelulares (a1 e a2, b1 e b2). Os domínios a1 e b1 formam uma fenda aberta nas extremidades, na qual peptídeos de 13 a 24 aminoácidos, provenientes da internalização e degradação de proteínas, podem se ligar e serem apresentados, especialmente, para as células T CD4+ *helper*.

Locus *do MHC de classe III*

Codifica uma série de proteínas secretadas, sem relação funcional ou estrutural com as moléculas MHC classes I e II, que

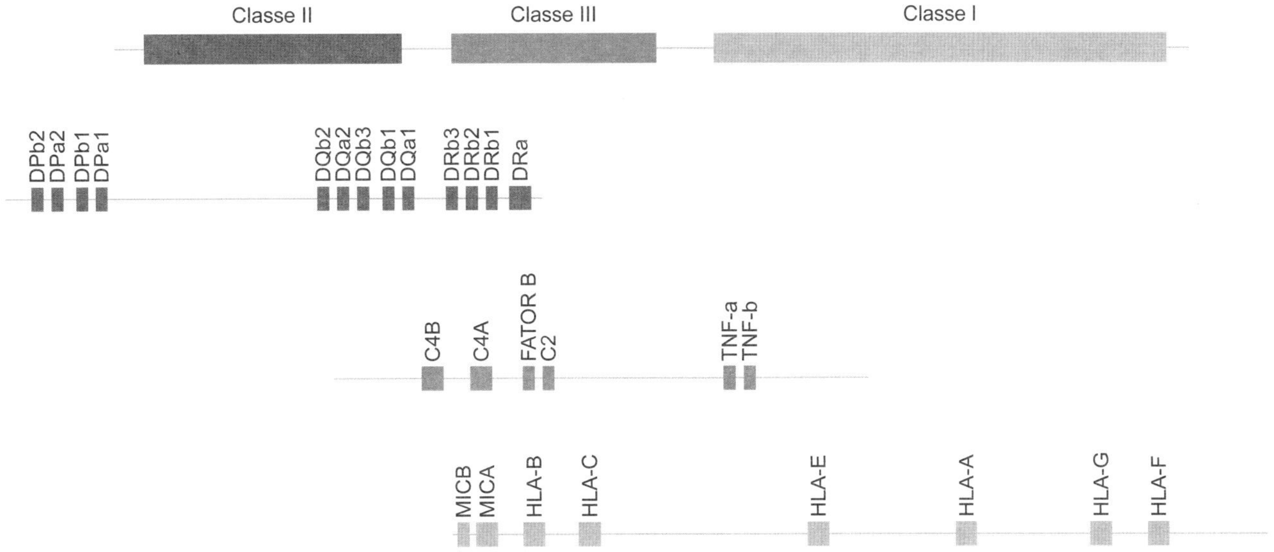

Figura 26.2 Organização genética do complexo principal de histocompatibilidade em humanos. Mapa genético no cromossomo 6, indicando os principais genes presentes em cada classe (I, II e III).

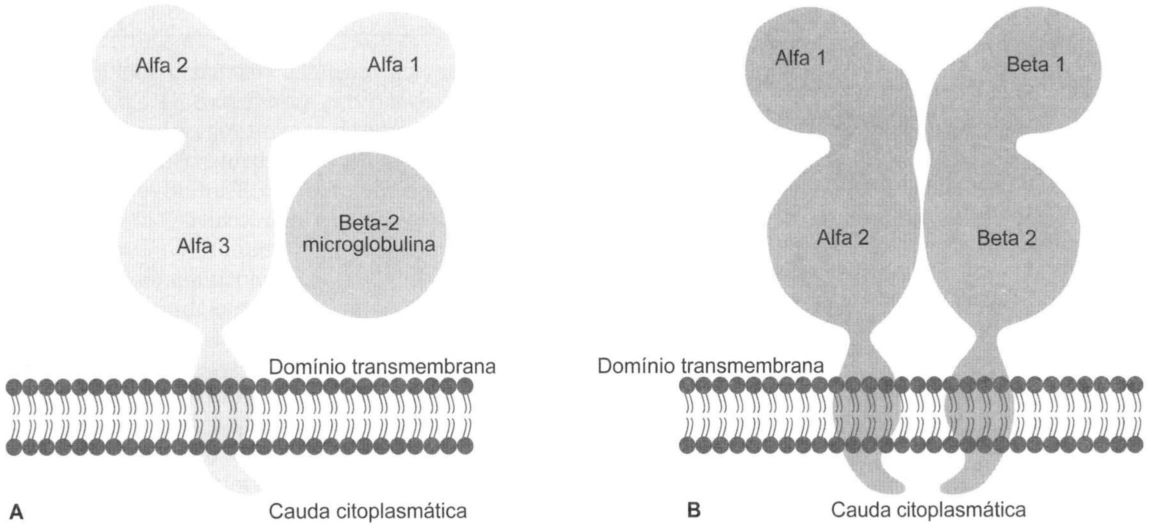

Figura 26.3 Organização estrutural das moléculas HLA classes I (**A**) e II (**B**). Moléculas HLA classe I são formadas por uma cadeia alfa composta por três domínios (a1, a2 e a3) e uma cadeia beta associada não covalentemente (b2-microglobulina). As moléculas HLA classe II são heterodímeros formados por uma cadeia alfa e uma beta com estrutura similar.

apresentam variadas atividades em mecanismos efetores do sistema imune, como componentes do sistema complemento (C4, C2 e fator B), citocinas (p. ex., TNF), enzimas e outras moléculas envolvidas no processamento de antígenos.

Herança

Os genes que constituem o MHC apresentam baixa taxa de recombinação, sendo quase sempre herdados dos progenitores em conjunto, formando um haplótipo (grupo de genes herdados conjuntamente). Portanto, um indivíduo herda um haplótipo da mãe e outro do pai (Figura 26.4). Assim, a chance de irmãos não univitelinos compartilharem dois haplótipos parentais é de 25%, compartilharem um dos haplótipos é de 50% e de os haplótipos herdados serem completamente diferentes, 25%. Além disso, a expressão desses genes é codominante, ou seja, produtos proteicos de ambos os genes parentais são encontrados em uma única célula. Como há três *loci* do MHC de classe I (HLA-A, -B e -C), um único indivíduo apresenta genes para formar seis moléculas MHC classe I diferentes, sendo que todas podem ser expressas na superfície de células nucleadas. De maneira semelhante, há três *loci* principais de MHC de classe II em humanos (HLA-DP, DQ e -DR), cada qual codifica duas cadeias (α e β) e serão herdados de ambos os parentais. Adicionalmente, há mais de um gene funcional de cadeia beta para o HLA-DR e suas cadeias alfa e beta podem se associar dentro de um mesmo haplótipo parental ou combinar as cadeias entre os haplótipos (um gene de cada progenitor), proporcionando maior variabilidade de moléculas MHC classe II que podem ser encontradas na superfície de APC.

Variabilidade

Uma característica do MHC é o alto grau de polimorfismo das moléculas codificadas dentro desse complexo. A presença

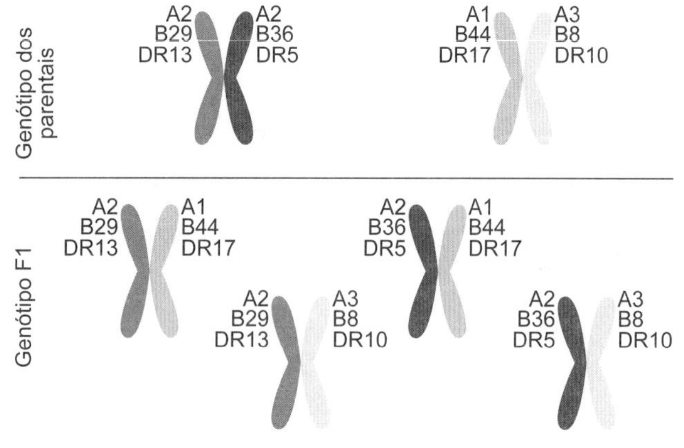

Figura 26.4 Herança dos haplótipos HLA: cada indivíduo herda um haplótipo HLA da mãe e outro do pai, assim, a prole de um casal pode receber quatro diferentes combinações.

de vários genes codificando um mesmo produto (poligenia) e a existência de muitas formas alternativas de genes em cada *locus*, dentro de uma população (polimorfismo), torna possível a denominação do MHC como "geneticamente único". Ocasionalmente, pode ocorrer *crossing over* entre dois cromossomos parentais em novos haplótipos recombinantes, aumentando ainda mais a heterogeneidade na combinação de MHC em uma mesma população.

As variações nas moléculas MHC classes I e II afetam a habilidade de suscitar respostas imunes, bem como a resistência ou a suscetibilidade a alergias e a doenças infecciosas ou autoimunes. A presença de uma grande variedade de moléculas MHC possibilita que um indivíduo apresente vários antígenos distintos e, assim, seja capaz de montar uma resposta imune efetiva para combater um patógeno. Por outro lado, a possibilidade de que um transplante seja bem-sucedido deve-se, em grande parte, ao grau de compatibilidade entre doador e receptor quanto às moléculas MHC.

Ativação das células T alorreativas

A capacidade intrínseca do sistema imune em discriminar antígenos próprios dos não próprios permite-lhe desenvolver uma resposta diante de antígenos estranhos. Tal discriminação é essencial para reconhecer e preparar uma resposta efetiva direcionada a patógenos invasores, porém, ela também é responsável pela resposta contra enxertos alogênicos. No contexto do transplante, essa habilidade é denominada alorreconhecimento e refere-se à identificação e consequente resposta do sistema imune do receptor ante diferenças antigênicas (aloantígenos) entre o enxerto e o receptor. Assim, o alorreconhecimento, na ausência de imunossupressão, promoverá a rejeição do órgão transplantado.

A resposta ao aloenxerto é, fundamentalmente, mediada pelo sistema imune adaptativo, no qual células T (em sua maioria) e B alorreativas do receptor são ativadas após o reconhecimento de aloantígenos do doador. As principais diferenças antigênicas reconhecidas pela imunidade adaptativa do receptor são os produtos do MHC. Sua presença em todas as células nucleadas, a capacidade do receptor da célula T (TCR, *T cell receptor*) interagir e reconhecer o MHC, bem como a alta variabilidade genética dessas moléculas as torna centrais no alorreconhecimento. Existem três vias principais de alorreconhecimento, não mutuamente excludentes, que podem agir simultaneamente ou em contextos diferentes do transplante (Figura 26.5).

A via direta ocorre quando linfócitos T do receptor, por meio do TCR, reconhecem aloantígenos, principalmente complexos peptídeo-MHC do doador, diretamente na superfície de células do doador. Acredita-se que esse tipo de alorreconhecimento desempenhe papel mais relevante no período pós-transplante (precoce), sendo associado a presença de APC do doador no enxerto. Com o tempo, haveria redução numérica dessas células no receptor, sugerindo menor participação dessa via a longo prazo. Contudo, ainda é possível que células endoteliais nos vasos do enxerto ou mesmo células do parênquima do órgão transplantado possam continuar a induzir essa via.

Em indivíduos saudáveis, observa-se alta frequência de células T alorreativas, capazes de reconhecer o enxerto como estranho e promover sua rejeição de modo vigoroso. Considerando o repertório de células T maduras, selecionadas para reconhecerem antígenos próprios com baixa afinidade no contexto do MHC próprio, essa alta frequência de células T com especificidade alogênica direta é contraditória. Dois modelos, baseados na reatividade cruzada do TCR, são propostos para justificar essa observação.

O primeiro estabelece que as células T alorreativas reconhecem moléculas MHC do doador diretamente, independente da interação com o antígeno. Dessa maneira, qualquer molécula MHC não própria poderia ser reconhecida como estranha pelo TCR alorreativo. Em contrapartida, o segundo modelo propõe que o TCR reconhece peptídeos derivados de proteínas normais que são apresentados por MHC não próprio. Nesse caso, diferenças nas moléculas MHC do doador promovem a apresentação de antígenos normais de forma não convencional, promovendo o reconhecimento como não próprio. Contudo, a forma de alorreconhecimento direto mais relevante depende da combinação do MHC do doador e do receptor.

Na via indireta, por sua vez, APC do receptor capturam e processam moléculas MHC classes I e II alogênicas e as apresentam na forma de peptídeos por meio do MHC classe II próprio. Esse tipo de alorreconhecimento é muito similar à forma como o sistema imune normalmente reconhece os antígenos, que são processados pelas APC do hospedeiro e apresentadas no contexto do MHC dele. Como as células apresentadoras são do receptor, acredita-se que essa via desempenhe papel mais relevante na rejeição crônica, quando há menor quantidade de APC do doador.

Por fim, a via semidireta ocorre quando APC do receptor apresentam aloantígenos diretamente para a célula T do receptor. Isso é possível em razão da habilidade das células dendríticas adquirirem complexos peptídeo-MHC intactos de outras APC ou de células nucleadas presentes no enxerto, por contato direto célula-célula ou pela liberação de pequenas vesículas. Dessa maneira, complexos intactos peptídeo doador-MHC doador e complexos peptídeo doador-MHC próprio são apresentados na superfície de uma mesma célula e possibilitam a ativação de células T alorreativas CD4 e CD8. Contudo, ainda não existem evidências clínicas de que essa via seja relevante no contexto do transplante alogênico.

Apesar de o reconhecimento, via TCR, do aloantígeno apresentado pelas moléculas MHC ser essencial ao desenvolvimento da resposta efetora, ainda são necessários outros sinais para que essa célula T alorreativa seja plenamente ativada.

O primeiro sinal corresponde à interação entre um antígeno específico acoplado à molécula MHC e o TCR do linfócito. Essa interação deve resultar em uma ligação estável e, ao mesmo tempo, precisa ser auxiliada pelos correceptores do respectivo linfócito (CD4 ou CD8). Mesmo após a ligação dos

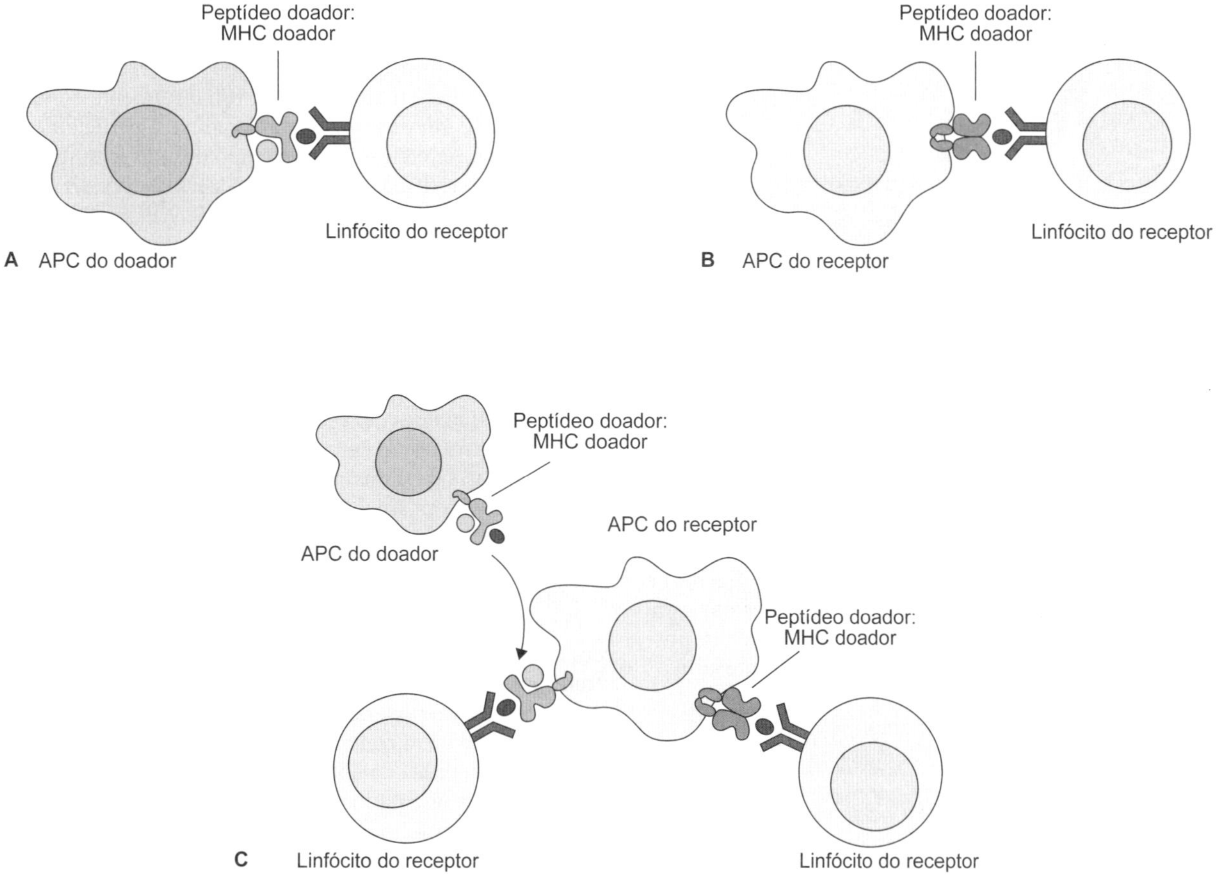

Figura 26.5 Vias de alorreconhecimento. A via direta consiste na apresentação de complexos peptídeo-MHC nas APC do doador para células T do receptor. A via indireta envolve o processamento de aloantígenos do doador pelas APC do receptor, as quais apresentam os aloantígenos do doador no MHC do receptor para os linfócitos T. Na via semidireta, complexos peptídeo-MHC do doador presentes nas células deste são transferidos para as APC do receptor que podem, então, apresentar aloantígenos por moléculas MHC tanto do doador quanto do receptor. Apresentação direta (**A**), indireta (**B**), semidireta (**C**).

correceptores, o linfócito T não é capaz de proliferar e precisará de mais dois sinais que, geralmente, são provenientes da mesma célula apresentadora, portadora do MHC ligado ao TCR. Já o segundo sinal deriva de moléculas coestimulatórias, CD80 e CD86, que promovem a sobrevivência e também a expansão das células T, as quais reconhecem as moléculas coestimulatórias por meio do receptor de membrana CD28. E o terceiro sinal necessário para a ativação do linfócito T ocorre a partir de citocinas produzidas pela própria célula apresentadora ou presentes no microambiente e direcionam esse linfócito para subpopulações específicas (Th1, Th2, Th17 ou T reguladora).

A apresentação do antígeno com os devidos coestímulos e sinais induz a célula a entrar em fase G1 do ciclo celular. Ao mesmo tempo, o reconhecimento pelo TCR ativa a síntese dos fatores de transcrição AP-1, NFAT e NF-κB que se ligarão à região promotora do gene da interleucina 2 (IL-2) e ativarão sua transcrição. A IL-2, ao se ligar ao seu receptor com alta afinidade, é capaz de induzir a proliferação e diferenciação das células T ativadas.

Rejeição ao transplante de órgãos e tecidos

É dividida em três diferentes situações em função do tempo decorrido entre o momento do transplante e o enxerto ser completamente rejeitado, bem como em função dos mecanismos imunológicos por trás da rejeição. Assim, a rejeição é classificada em hiperaguda, aguda e crônica.

A rejeição hiperaguda é mediada por anticorpos preexistentes específicos para antígenos do enxerto e apresentam grande relevância para transplantes vascularizados, como coração e rim. Esse tipo de rejeição ocorre principalmente em pessoas com incompatibilidade ABO, múltiplas gestações, hipersensibilizadas ou que já foram transplantadas. Em todas essas situações, os indivíduos foram previamente expostos a aloantígenos e, assim, a nova exposição no momento do transplante pode promover consequências imediatas. Nesses casos, os anticorpos se ligam ao enxerto e ativam o sistema complemento, que recruta principalmente neutrófilos que irão promover inflamação exacerbada, levando a dano endotelial, trombose, não vascularização do enxerto e, consequentemente, sua perda.

A rejeição aguda ocorre cerca de 1 semana após o transplante e é mediada, principalmente, por células T CD8 citotóxicas ativadas com auxílio de linfócitos T CD4 *helper* de padrão Th1 e Th17. A resposta exercida pelos linfócitos ocorre fundamentalmente em função do reconhecimento de aloantígenos, por moléculas dos complexos principais de histocompatibilidade, moléculas MHC classe I reconhecidas por linfócitos T CD8 e MHC classe II por linfócitos T CD4. Acredita-se que a ativação de linfócitos T CD4 em um padrão Th1, junto a outras células, passa a secretar citocinas pró-inflamatórias que auxiliam na ativação de linfócitos T CD8 efetores que, por sua vez, liberam moléculas citotóxicas, levando as células do tecido transplantado à morte por apoptose.

Durante a rejeição crônica, APC do receptor processam aloantígenos do doador, apresentados via MHC de classe II para linfócitos T do receptor, os quais passam a secretar citocinas, como IFN-γ, que serão capazes de ativar células da imunidade inata, como macrófagos, monócitos e neutrófilos. As células da imunidade inata, por sua vez, passam a liberar citocinas, como IL-1 e TNF-α, e espécies reativas de oxigênio, culminando em um processo inflamatório capaz de estimular células parenquimatosas como fibroblastos e células musculares, bem como promover hipertrofia muscular dos vasos locais e fibrose tecidual. As citocinas podem ainda ativar os linfócitos B, que irão produzir anticorpos contra o enxerto. Esses anticorpos são capazes de fixar complemento intravascular causando liberação de anafilatoxinas, lesão do endotélio vascular, hemorragia, agregação plaquetária e trombose com lesão lítica das células do órgão transplantado. A rejeição crônica é o resultado final dessa agressão gradual e progressiva ao enxerto, com isquemia tecidual e fibrose, que, por sua vez, leva à perda funcional do órgão e, consequentemente, à sua falência.

Em geral, considera-se rejeição alogênica quando temos o sistema imune do receptor reconhecendo e destruindo o órgão transplantado. No entanto, existe uma situação em que a rejeição é promovida pelo enxerto, e não pelo receptor. Essa condição é chamada de *graft versus host disease* (GvHD) e é observada em transplantes de medula óssea quando um receptor imunodeficiente recebe o enxerto contendo células com competência imunológica. Nesse cenário, as células T transferidas com a medula óssea podem reconhecer moléculas MHC nas células do receptor como estranhas e destruí-las. A intensidade da reação é correspondente à incompatibilidade HLA entre doador e receptor, e, em casos extremos, pode levar o receptor a óbito. A escolha cuidadosa do doador, associada à remoção de células T do enxerto e imunossupressão, podem evitar a ocorrência dessa doença.

Avaliação e seleção do doador

Uma etapa fundamental para o sucesso dos transplantes corresponde à correta identificação de potenciais doadores. Para ser admitido como doador de órgãos ou tecidos, devem ser avaliados parâmetros clínicos e imunológicos do indivíduo, com o intuito de assegurar a qualidade do enxerto e a segurança do procedimento. Os critérios para seleção de doadores vêm sendo menos restritivos em razão do crescente déficit de doadores em relação ao número de pacientes que necessitam de transplante. Contudo, condições como insuficiência orgânica que comprometa órgãos ou tecidos a serem doados, presença de condições infectocontagiosas transmissíveis pelo transplante, neoplasias malignas (salvo algumas exceções) e doenças degenerativas crônicas constituem contraindicação absoluta para admissão como doador.

Adequada avaliação clínica e laboratorial do doador apresenta grande impacto na sobrevida do enxerto e do paciente. Durante o processo de admissão de potenciais doadores, exames específicos podem ser recomendados de acordo com o órgão ou tecido a ser transplantado. Contudo, de modo geral, recomenda-se: avaliar a condição física e a tipificação sanguínea ABO do doador; detecção de anticorpos pré-formados, no receptor, dirigido contra antígenos do doador identificado (compatibilidade cruzada ou *cross match*); detecção de anticorpos pré-formados, no receptor, que reconhecem moléculas de HLA e outros antígenos representativos do doador; tipificação das moléculas HLA expressas na superfície das células do doador e do receptor; e sorologia para HIV, HTLV I e II, hepatites virais B e C, doença de Chagas, citomegalovírus e toxoplasmose do doador, entre outras.

A compatibilidade sanguínea de HLA entre doador (vivo ou falecido) e receptor é de extrema importância, visto que a baixa compatibilidade ou sua ausência implica no reconhecimento do enxerto como estranho, resultando, na maioria das vezes, na menor sobrevida do transplante e do paciente. Os antígenos do grupo sanguíneo e os antígenos HLA constituem os principais determinantes na compatibilidade imunológica. Consequentemente, o doador mais adequado é aquele que, além da compatibilidade sanguínea, tem os antígenos HLA mais semelhantes aos do receptor. Por isso, transplantes isogênicos entre gêmeos univitelinos apresentam menor risco de rejeição e maior sobrevida do enxerto. E, à medida que se diminui o grau de parentesco entre doador e receptor, a probabilidade de haver incompatibilidades (*mismatches*, presença de um antígeno no doador e ausência no receptor) aumenta.

O primeiro teste a ser realizado para determinar o doador mais compatível é a tipificação sanguínea (Tabela 26.1). Ela avalia a compatibilidade entre o tipo sanguíneo do doador e do receptor. O transplante segue as mesmas normas que regem a doação de sangue; porém, não há necessidade de compatibilidade do sistema Rh. Os antígenos (aglutinogênios) ABO são oligossacarídeos inseridos na membrana de eritrócitos, linfócitos, plaquetas e células epiteliais, e determinam o tipo sanguíneo do indivíduo. Durante a infância, são produzidos anticorpos (aglutininas) contra os aglutinogênios que o indivíduo não expressa. Em outras palavras, caso um indivíduo com tipo sanguíneo A receba um transplante de um doador com tipo sanguíneo B, os anticorpos anti-B presentes no receptor irão promover a rejeição hiperaguda do enxerto. Em alguns casos específicos, o transplante entre indivíduos com tipos sanguíneos incompatíveis é permitido; porém, o receptor deve ser preparado antes do transplante no sentido de retirar da circulação as aglutininas específicas. Indicado a todos os tipos de transplantes, o teste da tipificação sanguínea é utilizado para pré-selecionar os potenciais doadores aos posteriores testes de compatibilidade imunológica.

A detecção do perfil HLA exerce grande importância na realização de transplantes. Com exceção de gêmeos univitelinos, é raro dois indivíduos não relacionados serem compatíveis para todos os antígenos HLA. Ou seja, o desfecho de transplantes entre indivíduos não relacionados, na ausência de imunossupressão, é invariavelmente a rejeição. Historicamente, *loci* específicos (HLA-A, -B e -DR) apresentam maior relevância para a rejeição do enxerto e, portanto, sua compatibilidade tem maior peso de decisão no momento da seleção do doador. Os ensaios utilizados nos testes de histocompatibilidade para transplantes alogênicos são influenciados pelo enxerto a ser transplantado, bem como pelo protocolo de transplante.

Tabela 26.1 Tipificação sanguínea.

Grupo sanguíneo receptor	Polissacarídeos presentes nas hemácias	Anticorpos presentes no plasma	Pode receber órgãos de doador	Pode doar para receptor
O	Não apresenta	Anti-A, anti-B	O	O, A, B, AB
A	Isoaglutinina A	Anti-B	O, A	A, AB
B	Isoaglutinina B	Anti-A	O, B	B, AB
AB	Isoaglutinina A e B	Não apresenta	O, A, B, AB	AB

A tipificação das moléculas HLA consiste na identificação de alelos do HLA e pode ser realizada por reação da cadeia de polimerase (PCR) ou sequenciamento de DNA. Essa técnica é rotineiramente empregada para seleção de doadores não aparentados para transplantes de células-tronco hematopoéticas. Contudo, no transplante de órgãos sólidos, em que há maior limitação de doadores, essa metodologia é raramente utilizada, visto que afastaria a possibilidade de utilizar órgãos de doadores não aparentados. O principal objetivo desse teste é otimizar a compatibilidade entre doador e receptor, visando evitar a rejeição do enxerto, bem como o desenvolvimento da GvHD.

É necessário, ainda, avaliar a presença de anticorpos pré-formados no receptor que reagem, especificamente, com as células do doador. O teste de reação cruzada (ou *cross match*) pesquisa a presença de anticorpos contra moléculas HLA do doador. Nesse teste, o soro do receptor é analisado diante de um painel de células ou antígenos aderidos a uma superfície sólida que apresenta moléculas HLA bem definidas, e a reatividade pode ser detectada pela citotoxicidade mediada por complemento, ELISA ou citometria de fluxo. Nos métodos, a positividade implica presença de anticorpos contra moléculas HLA do doador e constitui contraindicação ao transplante, visto que o receptor apresenta o potencial de desenvolver rejeição hiperaguda ao enxerto.

Potenciais receptores em lista de espera são avaliados quanto ao grau de sensibilização a antígenos HLA presentes na população, não necessariamente os específicos do doador. Tal reatividade é denominada painel de anticorpos reativos (PRA, *panel reactive antibodies*) e demonstra o percentual de reatividade às moléculas HLA (Figura 26.6). Isto é, o grau de sensibilização representa a dificuldade que um paciente tem para receber um transplante dentro de uma determinada população de doadores. O desenvolvimento de anticorpos anti-HLA pode decorrer da exposição prévia àquele HLA por meio de múltiplas gestações, transfusões sanguíneas ou transplantes anteriores.

Fármacos imunossupressores

Embora seja desejado o maior grau de compatibilidade entre doador e receptor, a não compatibilidade não é impeditiva do transplante, ou seja, mesmo quando incompatível, o transplante pode ser realizado. Entretanto, haverá maior risco de rejeição e o paciente precisará ser submetido à imunossupressão mais intensa. Assim, pode-se considerar que a compatibilidade antigênica e os medicamentos imunossupressores são os principais métodos para prevenir a rejeição alogênica. Ao se considerar a dificuldade de encontrar indivíduos antigenicamente semelhantes, bem como a baixa relevância dessa exigência nos transplantes de órgãos essenciais para manutenção da vida (como coração e fígado), o sucesso do transplante será inteiramente dependente do uso de fármacos imunossupressores que controlem a resposta aloimune.

Diversos casos de rejeição têm sido superados com a utilização de potentes medicamentos imunossupressores, como pode ser observado pela menor incidência de rejeição aguda na clínica desde seu advento. Embora exista grande variedade de fármacos imunossupressores no mercado, eles não demonstram efeito significativo sobre a rejeição crônica e apresentam diversos efeitos colaterais. Ainda assim, a imunossupressão constitui a melhor opção para a preservação do enxerto e, consequentemente, sobrevida do paciente transplantado. Uma estratégia bastante utilizada na clínica é a terapêutica combinada de medicamentos, que possibilita doses reduzidas de cada classe de imunossupressor, limitando, com isso, os efeitos colaterais.

A principal função da imunossupressão é evitar que o sistema imune reconheça o transplante como estranho e, assim, o rejeite. Para isso, as principais estratégias utilizadas são: inibir a ativação das células T, bloquear sua proliferação e evitar o processo inflamatório. Esses alvos não são específicos ao alorreconhecimento e, idealmente, seria necessário um imunossupressor específico

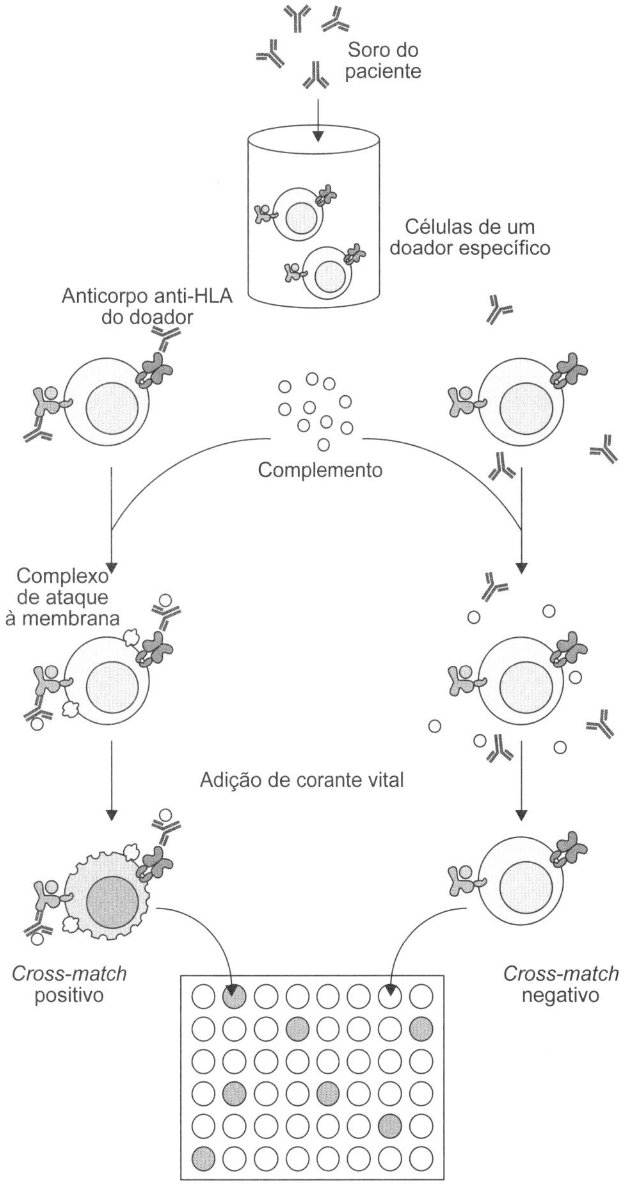

Figura 26.6 Painel de anticorpos reativos por ensaio de citotoxicidade dependente de complemento. O soro do paciente (receptor) é adicionado em cada poço com fatores do sistema complemento. Se o paciente apresentar anticorpos pré-formados anti-HLA do doador, estes se ligarão às moléculas HLA, e a via clássica do complemento será ativada. A ativação do complemento promoverá a formação do complexo de ataque à membrana e consequente morte celular, observada ao microscópio pela adição de corante vital (painel esquerdo). Em contrapartida, se o paciente não apresentar anticorpos anti-HLA do doador, o sistema complemento não será ativado e a célula permanecerá viva (painel direito). Esse procedimento é realizado em uma placa com vários poços, de modo que em cada poço haja células dos potenciais doadores com HLA conhecido. Com isso, é possível enumerar as reações citotóxicas e transformá-las em um percentual que reflete quantos anticorpos aquele paciente apresenta contra os potenciais antígenos na população geral de doadores.

para um antígeno que reduzisse a resposta imune aos aloantígenos do transplante, enquanto preservasse a capacidade de responder a outros antígenos não relacionados. Atualmente, a estratégia tem sido usar as drogas imunossupressoras de modo inteligente para minimizar os efeitos adversos, enquanto se preserva a função do enxerto.

Inibidores da ativação das células T

As células T desempenham papel central na rejeição alogênica. Por isso, inibindo-se sua ativação, contribui-se para a melhoria da sobrevida do enxerto. Sua inibição pode ocorrer em diversos níveis, tais como apresentação de antígenos, moléculas coestimulatórias e sinalização intracelular.

- Anticorpos anti-CD3 (OKT3) inibem a apresentação de antígenos ao bloquear a molécula CD3 que compõe o complexo TCR, levando à eliminação direta de células T funcionais
- Os inibidores de calcineurina, por sua vez, interferem na cascata de sinalização dependente de cálcio que se segue à ligação do complexo antígeno-MHC, como o TCR. A ciclosporina liga-se à ciclofilina e o tacrolimus à proteína FKBP12 (do inglês, *FK-binding protein 12*), bloqueando a capacidade da calcineurina em desfosforilar o fator de transcrição NFAT (do inglês, *nuclear factor of activated T cells*). Quando fosforilado, esse fator de transcrição não transloca para o núcleo e, consequentemente, os genes regulados por NFAT (como IL-2, fator de crescimento das células T) não são transcritos
- Outra maneira de impedir a ativação de células T é por meio de bloqueadores de coestímulo, uma vez que a sinalização de moléculas coestimulatórias é necessária para a boa ativação de células T. A interação de CD80/CD86 ou CD40 presentes nas APC com CD28 ou CD40L/CD154 nas células T fornece a essas células a sinalização necessária e, se ausente, tornam os linfócitos T anérgicos. Assim, anticorpos anti-CD40, bloqueando sua interação com CD40L nas APC, e anticorpos acoplados a CTLA-4 (CTLA4-Ig), que competem com CD80/CD86 pela ligação a CD28, promovem a anergia das células T e evitam que elas destruam o enxerto.

Agentes antiproliferativos

Uma vez ativadas, as células T alogênicas sofrem intensa proliferação, gerando grande quantidade de clones de mesma especificidade. Medicamentos como 6-mercaptopurina, azatioprina e ácido micofenólico inibem a síntese *de novo* de purinas, as quais são necessárias para a síntese de DNA. O bloqueio da divisão celular não é específico para as células T alorreativas; assim, o principal risco associado é a inibição de outras células em divisão não relacionadas (como a medula óssea). Além disso, inibidores de mTOR, como sirolimus, everolimus e temsirolimus impedem a sinalização de IL-2 via mTOR, evitando a progressão do ciclo celular da fase G1 para a fase S.

Agentes anti-inflamatórios

Corticosteroides ligam-se ao receptor de glicocorticoide intracelular e modulam diversas funções celulares. Alguns dos efeitos mais relevantes sobre o sistema imune correspondem à inibição de fatores de transcrição como NFκB e AP-1 (do inglês, *activator protein-1*), consequentemente levando à depleção de células T pela inibição da síntese de IL-2, inibição da diferenciação para subpopulação Th1 e indução de apoptose de linfócitos e eosinófilos.

Referência bibliográfica

1. Kochan G, Escors D, Brecknot K, Guerrero-Setas D. Role of non-classical MHC class I molecules in cancer immunossupression. Oncoimmunology. 2013;2(11):e26491

Bibliografia

Benichou G, Thomson AW. Direct *versus* indirect allorecognition pathways: on the right track. Am J Transplant. 2009;9(4):655-6.
Ferrara JL, Levine JE, Reddy P, Holler E. Graft-*versus*-host disease. Lancet. 2009;373(9674):1550-61.
Gibson T, Medawar PB. The fate of skin homografts in man. J Anat. 1943;77(Pt 4):299-310.
Hall BM. Cells mediating allograft rejection. Transplantation. 1991;51(6):1141-51.
Libby P, Pober JS. Chronic rejection. Immunity. 2001;14(4):387-97.
Medawar P. Second study of behaviour and fate of skin homografts in rabbits. J Anat. 1945;79(157).
Medawar PB. The behaviour and fate of skin autografts and skin homografts in rabbits: a report to the War Wounds Committee of the Medical Research Council. J Anat. 1944;78(Pt 5):176-99.
Medzhitov R, Janeway CA. Innate immunity: impact on the adaptive immune response. Curr Opin Immunol. 1997;9(1):4-9.
Racusen LC, Solez K, Colvin RB. The Banff 97 working classification of renal allograft pathology. Kidney Int. 1999;55(2):713-23.
Rocha PN, Plumb TJ, Crowley SD, Coffman TM. Effector mechanisms in transplant rejection. Immunol Rev. 2003;196:51-64.
Steinman L. A brief history of T(H)17, the first major revision in the T(H)1/T(H)2 hypothesis of T cell-mediated tissue damage. Nat Med. 2007;13(2):139-45.
Walsh PT, Strom TB, Turka LA. Routes to transplant tolerance *versus* rejection: the role of cytokines. Immunity. 2004;20(2):121-31.
Wood KJ, Sakaguchi S. Regulatory T cells in transplantation tolerance. Nat Rev Immunol. 2003;3(3):199-210.

Capítulo 27

Imuno-hematologia

Elvira Maria Guerra-Shinohara, Elza Regina Manzolli Leite e Amauri Antiquera Leite

Introdução

A imuno-hematologia é uma parte complexa das Ciências Biológicas que estuda a importância dos antígenos eritrocitários, plaquetários e leucocitários (HLA) nas incompatibilidades transfusional e materno-fetal. Está relacionada, portanto, à imunologia, hematologia, genética, biologia molecular e bioquímica. Neste capítulo, serão abordados apenas os antígenos eritrocitários e plaquetários, uma vez que os leucocitários foram apresentados no Capítulo 26.

Antígenos eritrocitários

São estruturas apresentadas na superfície das hemácias humanas (membranas eritrocitárias), constituídas de açúcares (carboidratos em glicolipídios ou glicoproteínas) ou proteínas (peptídios em proteínas inseridos na membrana).

Essas moléculas são denominadas antígenos porque podem induzir à produção de anticorpos específicos quando injetados por via parenteral, por meio de transfusões sanguíneas, ou pela passagem de hemácias fetais para a circulação da gestante ou parturiente. Para que haja a imunização, é necessário o paciente ou a gestante não ter em seus eritrócitos os antígenos que estão sendo apresentados ao seu sistema imunológico. Essa característica torna a determinação dessas moléculas antigênicas importante na transfusão sanguínea, nos transplantes e na compatibilidade materno-fetal.

A existência de tais moléculas imunogênicas e antigênicas foi relatada pela primeira vez por Karl Landsteiner em 1901[1], quando identificou os antígenos A e B. Os antígenos apresentam duas importantes propriedades, que são únicas e diferentes para cada antígeno: a imunogenicidade, capacidade de induzir resposta imune, e a antigenicidade, capacidade de ligação do antígeno com o anticorpo. Quanto mais imunogênico, maior a possibilidade de sensibilização com produção de anticorpos; no entanto, quando se fala de antigênicos, trata-se do grau de afinidade entre o antígeno e o anticorpo. Muitas vezes, embora antígenos e anticorpos estejam presentes, a capacidade de ligação é pequena, pela pouca afinidade.

A frequência de pacientes sensibilizados por alguns antígenos imunogênicos pode variar de acordo com a etnia, como é o caso de alguns antígenos do sistema Duffy. O fenótipo Fy(a-b-) está presente em quase 100% dos negros africanos, sendo raro entre caucasoides. Com base nesse dado e no conhecimento de que negros africanos mostram resistência completa à malária pelo *Plasmodium vivax*, mas não à malária por outras espécies, Miller observou que os antígenos Fy^a e/ou Fy^b são receptores essenciais para que os merozoítos da espécie *P. vivax* infectem as hemácias. A ausência desses antígenos em uma região onde a malária é altamente incidente seria uma forma de seleção natural.

Nomenclatura

A padronização da nomenclatura para os sistemas de antígenos eritrocitários se tornou necessária pela existência das diferentes terminologias empregadas há mais de 100 anos. Assim, em 1980, a International Society of Blood Transfusion (ISBT) instituiu um grupo de trabalho para compor uma terminologia numérica de base genética para os antígenos de superfície de glóbulos vermelhos. Importante citar que uma das primeiras publicações sobre essa nomenclatura surgiu em 1990, por Lewis *et al.*: "ISBT Working Party on Terminology for Red Cell Surface Antigens".[2]

Para elaborar a classificação, a ISBT organizou os antígenos de grupo sanguíneos em sistemas, séries e coleções. Os sistemas são compostos por um ou mais antígenos, controlados por um mesmo *locus* ou *loci* do gene, ou ainda por dois ou mais intimamente ligados (genes homólogos), porém, com pouca ou nenhuma recombinação entre eles. Atualmente, são reconhecidos e determinados geneticamente 303 antígenos eritrocitários, contidos em 36 sistemas. Para um antígeno formar um novo sistema, deve ser herdado, definido por um aloanticorpo humano. O gene que o codifica deve ser identificado, sequenciado e sua localização cromossômica conhecida. Além disso, o gene deve ser diferente, e não um homólogo estreitamente ligado a outro que codifique um sistema de grupo existente (Tabelas 27.1 e 27.2).

Coleções são antígenos sorológica, bioquímica ou geneticamente relacionados, os quais ainda não se encaixam nos critérios requeridos para um *status* de sistema. A série 700 é composta por antígenos com incidência menor que 1%, diferentes de todos os outros antígenos, sistemas e coleções. Para fazer parte dessa série, o antígeno tem que demonstrar hereditariedade em pelo menos duas gerações. Na série 901 constam os antígenos de alta incidência populacional, acima de 90% e, assim como na série 700, devem ser distintos de todos os outros antígenos e coleções (Tabelas 27.3 a 27.5).

Nas tabelas, é possível verificar antígenos com números obsoletos (---), que foram atribuídos a uma especificidade e não podem mais ser utilizados para um novo antígeno. A terminologia numérica foi primeiramente desenvolvida visando a armazenar informações em computadores e prover, aos antígenos de grupos sanguíneos, uma classificação genética. Essa terminologia não é muito adequada à comunicação diária, porém, a grafia é utilizada em grande parte das publicações.

Para denominação do sistema, utiliza-se um símbolo alfabético de 2 a 6 letras maiúsculas (p. ex., RH; KEL; GLOB). Os antígenos de grupos sanguíneos têm uma identificação de seis dígitos. Os três primeiros representam o número do sistema, série ou coleção (p. ex., 006 sistema KEL) e os três últimos, o

Tabela 27.1 Sistemas de grupos sanguíneos.

Sistema	Símbolo ISBT	Número ISBT	Número de antígenos	Nome do gene	Localização cromossômica
ABO	ABO	1	4	*ABO*	9q34.2
MNS	MNS	2	48	*GYPA, GYPB, GYPE*	4q31.22
P1 PK	P1 PK	3	3	*A4 GALT*	22q13.2
RH	RH	4	54	*RHD, RHCE*	1p36.11
Lutheran	LU	5	21	*LU, BCAM*	19q13.32
Kell	KEL	6	35	*KEL*	7q34
Lewis	LE	7	6	*FUT3*	19p13.3
Duffy	FY	8	5	*FY, DARC*	1q23.2
Kidd	JK	9	3	*JK, SLC14A1*	18q12.3
Diego	DI	10	22	*DI, SLC4A1*	17q21.31
Cartwright	YT	11	2	*YT, ACHE*	7q22.1
XG	XG	12	2	*XG*	Xp22.33
Scianna	SC	13	7	*SC, ERMAP*	1p34.2
Dombrock	DO	14	8	*DO, ART4*	12p12.3
Colton	CO	15	4	*CO, AQP1*	7p14.3
Landsteiner-Winer	LW	16	3	*LW, ICAM4*	19p13.2
Chido-Rodgers	CH/RG	17	9	*CH/RG, C4A, C4B*	6p21.32
H	H	18	1	*FUT1*	19q13.33
XK	XK	19	1	*XK*	Xp21.1
Gerbich	GE	20	11	*GE, GYPC*	2q14.3
Cromer	CROM	21	18	*CROM, CD55*	1q32.2
Knops	KN	22	9	*KN, CR1*	1q32.2
Indian	IN	23	4	*IN, CD44*	11p13
Ok	OK	24	3	*OK, BSG*	19p13.3
Raph	RAPH	25	1	*RAPH, CD151*	11p15.5
John Milton Hagen	JMH	26	6	*JMH, SEMA7A*	15q24.1
I	I	27	1	*GCNT2*	6p24.2
Globoside	GLOB	28	2	*B3 GALNT1*	3q26.1
Gill	GIL	29	1	*GIL, AQP3*	9p13.3
RhAG	RHAG	30	4	*RHAG*	6p12.3
FORS	FORS	31	1	*GBGT1*	9q34.2
JR	JR	32	1	*JR, ABCG2*	4q22.1
Lan	LAN	33	1	*LAN, ABCB6*	2q36
Vel	VEL	34	1	*VEL, SMIM1*	1p36.32
CD59	CD59	35	1	*CD59*	11p13.33
AUG	AUG	36	2	*ENT1, SLC29A1*	6p21.1

Fonte: International Society of Blood Transfusion[3] e Castilho *et al.*, 2015.[4]

Tabela 27.2 Antígenos de grupos sanguíneos atribuídos aos sistemas.

Sistemas		Número do antígeno																		
		1	2	3	4	5	6	7	8	9	10	11	12	13	14	15	16	17	18	19
1	ABO	A	B	A.B	A1	¼														
2	MNS	M	N	S	s	U	He	Ml												
3	P1 PK	P1	¼	P^{k}	NOR															
4	RH	D	C	E	c	e	f	Ce	C^{W}	C^{X}	V	E^{W}	G	¼	¼	¼	¼	Hr$_{0}$	Hr	hr^{s}
5	LU	Lu^{a}	Lu^{b}	Lu3	Lu4	Lu5	Lu6	Lu7	Lu8	Lu9	¼	Lu11	Lu12	Lu13	Lu14	¼	Lu16	Lu17	Au^{a}	Au^{b}
6	KEL	K	K	Kp^{a}	Kp^{b}	Ku	Js^{a}	Js^{b}	¼	¼	Ul^{a}	K11	K12	K13	K14	¼	K16	K17	K18	K19
7	LE	Le^{a}	Le^{b}	Le^{ab}	Le^{bh}	ALe^{a}	BLe^{b}													
8	FY	Fy^{a}	Fy^{b}	Fy3	… Fy5	Fy6														
9	JK	Jk^{a}	Jk^{b}	Jk3																
10	DI	Di^{a}	Di^{b}	Wr^{a}	Wr^{b}	Wd^{a}	Rb^{a}	WARR	ELO	Wu	Bp^{a}	Mo^{a}	Hg^{a}	Vg^{a}	Sw^{a}	BOW	NFLD	Jn^{a}	KREP	Tr^{a}
11	YT	Yt^{a}	Yt^{b}																	
12	XG	Xg^{a}	CD99																	
13	SC	Sc1	Sc2	Sc3	Rd	STAR	SCER	SCAN												
14	DO	Do^{a}	Do^{b}	Gy^{a}	Hy	Jo^{a}	DOYA	DOMR	DOLG											
15	CO	Co^{a}	Co^{b}	Co3	Co4															
16	LW	¼	¼	¼	… LW^{a}	LW^{ab}	LW^{b}													
17	CH/RG	Ch1	Ch2	Ch3	Ch4	Ch5	Ch6	WH				Rg1	Rg2							
18	H	H																		
19	XK	Kx																		
20	GE	¼	Ge2	Ge3	Ge4	Wb	Ls^{a}	An^{a}	Dh^{a}	GEIS	GEPL	GEAT	GETI							
21	CROM	Cr^{a}	Tc^{a}	Tc^{b}	Tc^{c}	Dr^{a}	ES^{a}	IFC	WES^{a}	WES^{b}	UMC	GUTI	SERF	ZENA	CROV	CRAM	CROZ	CRUE	CRAG	
22	KN	Kn^{a}	Kn^{b}	McC^{a}	Sl1	Yk^{a}	McC^{b}	Sl2	Sl3	KCAM										
23	IN	In^{a}	In^{b}	INFI	INJA															
24	OK	Ok^{a}	OKGV	OKVM																
25	RAPH	MER2																		
26	JMH	JMH	JMHK	JMHL	JMHG	JMHM	JMHQ													
27	I	I																		
28	GLOB	P	PX2																	
29	GIL	GIL																		
30	RHAG	Duclos	Ol^{a}	DSLk	RHAG4															
31	FORS	FORS																		
32	JR	Jr^{a}																		
33	LAN	Lan																		
34	VEL	Vel																		
35	CD59	CD59																		
36	AUG	AUG1	AUG2																	

(continua)

Tabela 27.2 (*Continuação*) Antígenos de grupos sanguíneos atribuídos aos sistemas.

Sistemas		Número do antígeno																				
		20	**21**	**22**	**23**	**24**	**25**	**26**	**27**	**28**	**29**	**30**	**31**	**32**	**33**	**34**	**35**	**36**	**37**	**38**	**39**	**40**
2	MNS	Hil	M^v	Far	s^D	Mit	Dantu	Hop	Nob	En^a	ENKT	'N'	Or	DANE	TSEN	MINY	MUT	SAT	ERIK	Os^a	ENEP	ENEH
4	RH	VS	C^G	CE	D^w	¼	¼	c-like	cE	hr^H	Rh29	Go^a	hr^b	Rh32	Rh33	Hr^B	Rh35	Be^a	Evans	¼	Rh39	Tar
5	LU	Lu20	Lu21	LURC	LUIT																	
6	KEL	Km	Kp^C	K22	K23	K24	VLAN	TOU	RAZ	VONG	KALT	KTIM	KYO	KUCI	KANT	KASH	KELP	KETI	KHUL	KYOR		
10	DI	Fr^a	SW1	DISK																		
Sistemas		**Número do antígeno**																				
		41	**42**	**43**	**44**	**45**	**46**	**47**	**48**	**49**	**50**	**51**	**52**	**53**	**54**	**55**	**56**	**57**	**58**	**59**	**60**	**61**
2	MNS	HAG	ENAV	MARS	ENDA	ENEV	MNTD	SARA	KIPP													
4	RH	RH41	RH42	Crawford	Nou	Riv	Sec	Dav	JAL	STEM	FPTT	MAR	BARC	JAHK	DAK	LOCR	CENR	CEST	CELO	CEAG	PARG	ceMO

Fonte: International Society of Blood Transfusion[3] e Castilho *et al.*, 2015.[4]

Tabela 27.3 Antígenos de grupos sanguíneos nas coleções.

Número	Nome	Símbolo	001	002	003	004	005	006
205	Cost	COST	Cs^a	Cs^b				
207	Ii	I		I				
208	Er	ER	Er^a	Er^b	Er3			
209	Globoside	GLOB				LKE	PX2	
210			Le^c	Le^d				
213		MN CHO*	Hu	M_1	Tm	Can	Sext	Sj

Adaptada de Castilho *et al.*, 2015.[4]

Tabela 27.4 Antígenos de baixa prevalência: série 700.

Número	Nome	Símbolo
700002	Batty	By
700003	Christiansen	Chr[a]
700005	Biles	Bi
700006	Box	Bx[a]
700017	Torkildsen	To[a]
700018	Peters	Pt[a]
700019	Reid	Re[a]
700021	Jensen	Je[a]
700028	Livesay	Li[a]
700039		Milne
700040	Rasmussen	RASM
700044		JFV
700045	Katagiri	Kg
700047	Jones	JONES
700049		HJK
700050		HOFM
700054		REIT

Adaptada de Castilho *et al.*, 2015.[4]

Tabela 27.5 Antígenos de alta prevalência: série 901.

Número	Nome	Símbolo
901008		Emm
901009	Anton	AnWj
901012	Sid	Das
901014		PEL
901015		ABTI
901016		MAM

Adaptada de Castilho *et al.*, 2015.[4]

antígeno específico (p. ex., 006003 antígeno Kp^a). Uma escrita alternativa muito utilizada seria KEL3. Na referência para os fenótipos, o símbolo ou o número do sistema deverá ser precedido por dois pontos e lista de antígenos, utilizando também os sinais de "mais" ou "menos" para indicar sua presença ou ausência, respectivamente (p. ex., 006:1,-2,3,4 ou KEL:1,-2,3,4 ou ainda Fy[a-b+]).

Os genes deverão ser escritos em itálico, ou sublinhados, e o símbolo do sistema seguido por um espaço ou asterisco mais o número do antígeno (p. ex., KEL 3; *KEL 3* ou *KEL*3*). Na genotipagem, os alelos ou haplótipos deverão ser separados por uma barra com asterisco após a denominação do sistema (p. ex., *FY*1/2*) ou o subgrupo sobrescrito (Fy^a/Fy^b), ou ainda a ausência representada por zero (p. ex., *FY*1/0*).

Testes laboratoriais

Detecção de antígenos e anticorpos eritrocitários

Atualmente, existem várias técnicas que podem ser adequadas a cada tipo de rotina. As mais utilizadas são as de aglutinação em tubos, microplacas e gel centrifugação. Cada uma requer adequada padronização de volume de hemácias, soros e potencializadores, como albumina, polietilenoglicol (PEG), LISS, tempo de incubação e centrifugação (ver Capítulo 6).

Identificação de antígenos eritrocitários

Para identificar antígenos eritrocitários, o sangue deve ser coletado com anticoagulante ácido etilenodiamino tetra-acético (EDTA) ou ácido cítrico, citrato de sódio e dextrose (ACD). Visto que entre os indivíduos a quantidade de eritrócitos é variável, é adequado usar suspensão de hemácias padronizada, especialmente em pacientes que apresentem número abaixo ou acima dos valores de referência. Para técnicas de detecção de antígenos em tubo, emprega-se suspensão de hemácias entre 3 e 5%, e para microplacas, em torno de 2%. Sempre que a técnica recomendar, é aconselhável a lavagem prévia das hemácias para remover as proteínas plasmáticas, principalmente tratando-se de hemácias de cordão umbilical, cuja lavagem pode ultrapassar oito vezes, para retirada da geleia de Wharton.

Muitos serviços de hemoterapia preferem a tipagem sanguínea com microplacas, em virtude da necessidade do processamento de grande número de amostras. Esse procedimento otimiza o tempo, pois podem ser testadas amostras de vários indivíduos de uma única vez.

O sistema de cartões utiliza colunas preenchidas com gel Sephadex ou micropérolas de material inerte para identificar antígenos e anticorpos eritrocitários. Alguns desses cartões apresentam as colunas preenchidas somente com gel neutro, acrescido de antissoros (p. ex., anti-A, anti-B, anti-D etc.), soro de Coombs e outros. As vantagens do sistema em cartão são: maior sensibilidade; padronização na leitura quanto à intensidade de aglutinação; os resultados podem ser mantidos por 2 dias e/ou registrados (em aparelhos próprios ou fotografados); não são necessárias lavagens das hemácias nem mesmo nas reações que utilizam a fase de antiglobulina (AGH ou soro de Coombs). Sua maior desvantagem, porém, é o custo mais elevado.

No sistema de gel (cartão), a leitura do resultado ocorre após a centrifugação. É considerado um resultado positivo quando as hemácias não conseguem atravessar completamente o gel e ficam retidas em sua parte superior ou dispersas no meio da coluna, indicando formação de aglutinatos. No resultado negativo, as hemácias livres, não aglutinadas, atravessam os poros do gel, migrando para o fundo do tubo durante a centrifugação (Figuras 27.1 e 27.2).

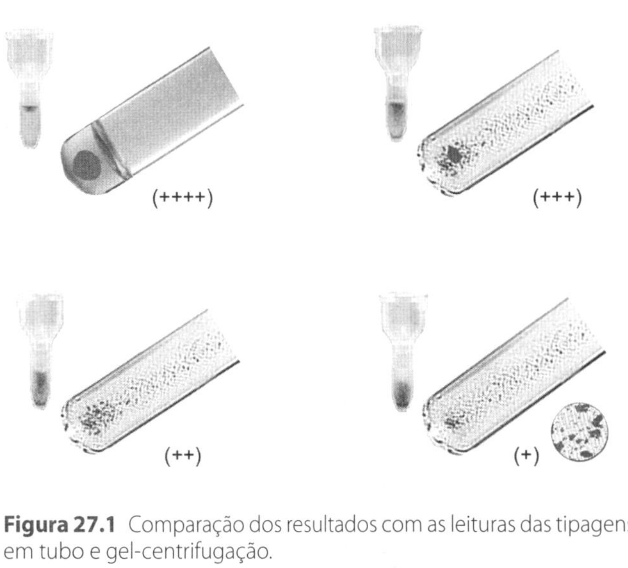

Figura 27.1 Comparação dos resultados com as leituras das tipagens em tubo e gel-centrifugação.

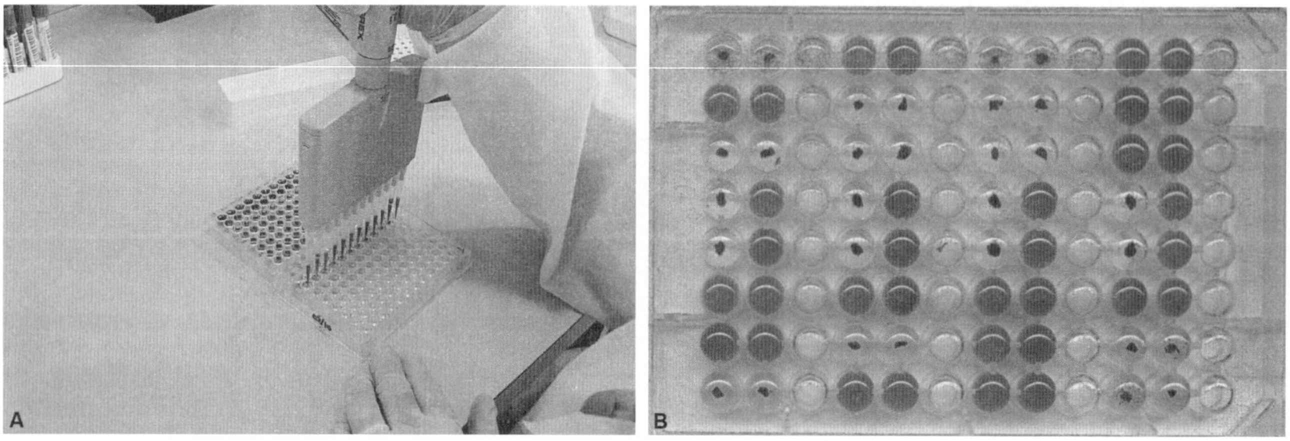

Figura 27.2 A e B. Preparação de microplaca para tipagem sanguínea.

Sistema ABO (sistema 001)

O sistema ABO foi descoberto entre 1900 e 1901 por Karl Landsteiner, que identificou os grupos A, B e O. Em 1902, seus colaboradores Alfredo Castello e Adriano Sturli descobriram o grupo AB. Esse sistema apresenta os antígenos expressos na membrana das hemácias e anticorpos naturais, no plasma, contra o antígeno ausente (Tabela 27.6). Os antígenos ABO podem ser observados após 5 a 6 semanas de gestação.

O sistema ABO não pode ser estudado isoladamente e, sim, com seus associados H, Se e LE, respectivamente os genes *ABO*, *FUT1*, *FUT2* e *FUT3*, que são correlatos, mas independentes. Os produtos desses genes são enzimas (glicosiltransferases) que acrescentam carboidratos à substância precursora. O gene *ABO* está localizado no cromossomo 9 na posição 9q34.2.

A expressão dos genes nas secreções é controlada por outro par de genes alelos denominados secretores (*Se/se*). No entanto, eles não são ativos nos eritroblastos. O gene secretor (*FUT2*) é responsável pela formação de uma enzima 2-alfafucosiltransferase, produzindo o antígeno H solúvel. Indivíduos com genótipo *sese* são chamados não secretores e terão expressão normal dos antígenos H e ABO nos eritrócitos, porém ausentes nas secreções. O gene secretor também está envolvido com a expressão dos antígenos Le. Quando o indivíduo apresentar o gene *FUT3* (*LeLe ou Lele*) expressará o antígeno Le^a em suas hemácias, porém, se ele for secretor, geralmente expressará somente o antígeno Le^b (Tabela 27.7).

A tipagem direta do grupo sanguíneo ABO é realizada utilizando-se as hemácias do paciente suspensas em solução fisiológica contra soros comerciais anti-A, anti-B e anti-AB. Já a tipagem reversa usa o soro ou o plasma do paciente contra hemácias fenotipadas A_1 e B (comerciais). A existência dessas duas metodologias, obrigatórias na determinação do grupo sanguíneo do sistema ABO, garantem maior segurança, pois uma serve de contraprova para a outra, não devendo ocorrer discrepância entre os dois resultados.

Além dessas duas hemácias, A_1 e B, o serviço poderá utilizar hemácias A_2 e O (comerciais). As hemácias A_2 são úteis na presença de subgrupo de A. Alguns subgrupos apresentam anticorpos naturais anti-A_1, podendo, na tipagem reversa, aglutinar as hemácias A_1, embora, na maioria das vezes, com pouca intensidade (w a 1+) – nesse caso, as hemácias A_2 não serão aglutinadas pelo anti-A_1. Hemácias do tipo O podem ser utilizadas como controle negativo; no entanto, se aglutinarem frente ao soro do paciente, a tipagem deverá ser investigada, uma vez que as elas não apresentam antígenos A ou B.

Tabela 27.6 Antígenos e anticorpos (iso-hemaglutininas) presentes no grupo sanguíneo ABO.

Tipo sanguíneo	Antígenos nas hemácias (tipagem direta)	Anticorpos no plasma ou no soro (tipagem reversa)
A	A	Anti-B
B	B	Anti-A
AB	A e B	-
O	H	Anti-A e anti-B

Tabela 27.7 Genes, antígenos presentes nas secreções e fenótipo eritrocitário dos sistemas ABO e Lewis.

Genes herdados	Antígenos presentes nas secreções	Fenótipo eritrocitário
Le, Se, H, ABO	Le^a, Le^b, A, B, H	ABO, Le (a-b+)
Lele, Se, H, ABO	A, B, H	ABO, Le (a-b-)
Le, sese, H, ABO	Le^a	ABO, Le (a+b-)
lele, sese, H, ABO	–	ABO, Le (a-b-)
Le, Se, hh, ABO	Le^{a}*, Le^b, A, B, H	(Oh)**, Le (a-b+)
Le, sese, hh, ABO	Le^a	(Oh)***, Le (a+b-)

* Presente em baixíssimas concentrações. ** Bombay secretor. *** Bombay não secretor.

Em indivíduos secretores que apresentam pequenas quantidades de antígenos ABO nas hemácias pode-se confirmar seu fenótipo com testes de inibição de atividade de anticorpos anti-A e anti-B, por meio de substâncias ABO solúveis presentes na saliva. Os anticorpos da classe IgM são mais fáceis de ser inibidos do que os IgG. As principais fontes de antígenos ABO solúveis são: saliva, plasma, líquido seminal, lágrima, urina, bile e leite. Os indivíduos secretores também podem apresentar enzimas H e Le nos líquidos corpóreos. Os antígenos ABO, como o H e Le, estão presentes nos glicolipídios e glicoproteínas das membranas de diversos tecidos, além das hemácias, devendo ser considerados antígenos de histocompatibilidade (ver Capítulo 26).

Em decorrência dos anticorpos naturais, é crucial, para a transfusão, que haja compatibilidade ABO do concentrado de hemácias a ser transfundido com o soro ou plasma do receptor, caso contrário o paciente poderá apresentar um quadro de hemólise intravascular, seguida de alterações imunológicas e bioquímicas, podendo ser fatal. Os anticorpos do sistema ABO ativam complemento; por isso, quando transfundido hemocomponente ABO incompatível, a reação é hemolítica, podendo levar ao choque anafilático e à coagulação intravascular disseminada (CIVD).

A transfusão mais adequada é a isogrupo, na qual o receptor é transfundido com hemocomponente do mesmo grupo sanguíneo a que pertence, o que ocasiona melhor aproveitamento da bolsa transfundida pelo organismo do receptor (incremento transfusional).

Biossíntese dos antígenos

O gene *H (FUT1)*, localizado no cromossomo 19q13, produz uma enzima chamada α-2-L-fucosiltransferase, responsável pela transferência de uma L-fucose à D-galactose terminal da substância precursora, formando o antígeno H (Figura 27.3). Para formar os antígenos A e B é necessário o antígeno H (sistema 018).

A substância precursora é composta de uma cadeia de hidratos de carbono com a seguinte sequência: N-acetilgalactosamina, D-galactose, N-acetilglicosamina e D-galactose. Portanto, nos indivíduos com gene *H*, há produção da fucosiltransferase que incorpora uma L-fucose à substância precursora, produzindo o antígeno H. O alelo *h* é considerado amorfo, nenhum produto antigênico está associado a ele, ou seja, os indivíduos não produzem o antígeno H, por não apresentarem o gene *H*, sendo portadores do fenótipo Bombay. Neles, a ausência do antígeno H impossibilita a formação de antígenos A e B.

Os indivíduos com gene *H* que herdaram o gene *A* produzem a enzima α-3-N-acetil-D-galactosaminiltransferase, a qual é responsável pela incorporação da N-acetilgalactosamina a D-galactose terminal na qual está ligada a L-fucose que formou o antígeno H. De modo semelhante, os indivíduos com *HH* e *Hh* que herdaram o gene *B*, produzem a enzima α-3-D-galactosiltransferase, responsável pela incorporação da D-galactose à mesma D-galactose terminal do antígeno H. Os indivíduos do grupo sanguíneo AB apresentam as duas enzimas ativas (α-3-N-acetil-D-galactosaminiltransferase e α-3-D-galactosiltransferase), portanto, expressam os dois antígenos nas membranas das hemácias (Figura 27.4).

Gene *O* é amorfo, isto é, não tem produto gênico. Desse modo, o antígeno H não sofrerá transformação nos indivíduos com genótipo *HH* ou *Hh*. O gene ABO é constituído por sete éxons, codificando uma proteína com função enzimática (transferase A ou B) com 353 aminoácidos. O gene *A* é considerado selvagem. O gene *B* difere do gene *A* em sete mutações missense (troca de um nucleotídio) no DNA, e apenas quatro dessas mutações missense levam à mudança dos aminoácidos na proteína e três são silenciosas, não ocorrendo troca porque o códon modificado carreia o mesmo aminoácido na formação da proteína. A presença da sequência dos aminoácidos leucina-glicina-glicina, nas posições 266, 267 e 268, no éxon 7, é que caracteriza o sítio catalítico da transferase A, que transporta a N-acetilgalactosamina até o antígeno H, formando o antígeno A. Na transferase B essa sequência é formada pelos aminoácidos metionina, glicina e alanina, que transporta a N-galactose até o antígeno H, formando o antígeno B (Figura 27.5). Assim, é possível notar que duas das quatro mutações missense estão envolvidas diretamente na mudança do sítio catalítico das transferases A e B (Figura 27.6).

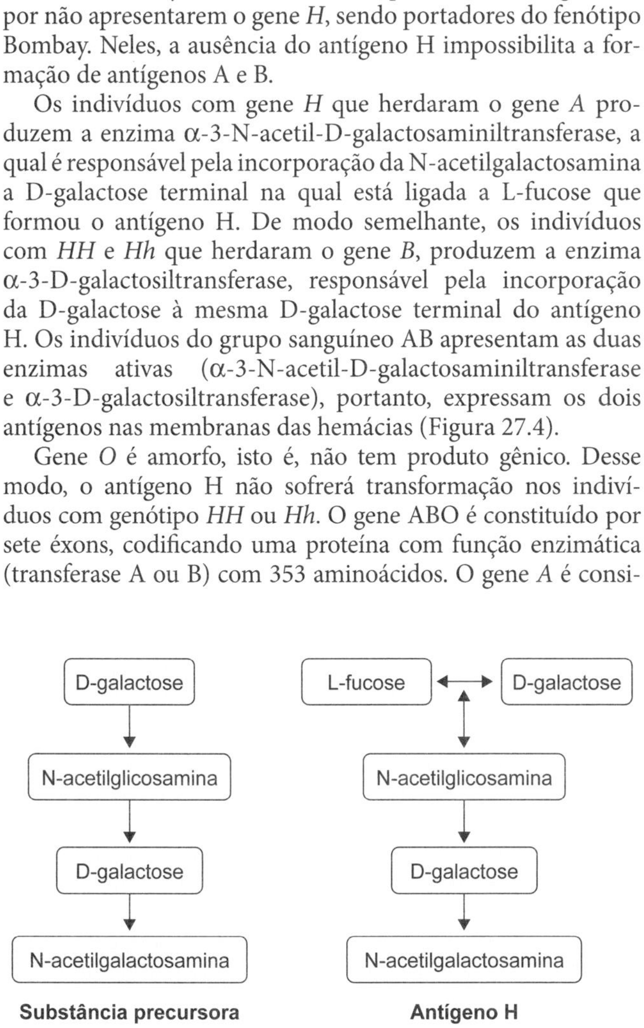

Figura 27.3 Esquema da biossíntese do antígeno H.

Os portadores do gene *O* apresentam a deleção de um nucleotídio na posição 261 (guanina) no 6, que acarreta a formação de um *codon* de parada (*stop codon*), interrompendo a síntese da proteína, que passa a ter apenas 116 aminoácidos, perdendo a sua função enzimática por não apresentar o sítio catalítico da enzima.

Fenótipo Bombay (Oh)

O indivíduo Bombay (Oh) não produz a enzima α-2-L-fucosiltransferase, portanto, não haverá biossíntese dos antígenos H, A e B nas hemácias. Caso o indivíduo não seja secretor (se), também não apresentará esses antígenos nos líquidos corpóreos. As hemácias dos indivíduos Bombay não aglutinam com anti-A, -B e -AB, parecendo pertencer ao grupo sanguíneo O, embora, diferentes deste grupo, também não aglutinem com anti-H.

Resumindo, o indivíduo Bombay não possui nas hemácias os antígenos H (AgH), A (AgA) e B (AgB); e, no soro, apresenta os anticorpos anti-H, anti-A e anti-B. Na necessidade de transfusão, somente poderá receber sangue de indivíduo Bombay, uma vez que os anticorpos anti-H presentes no seu plasma podem destruir as hemácias do grupo O (Quadro 27.1).

Subgrupos de A e B

Os subgrupos de A ou B são identificados pelas discrepâncias encontradas entre as provas (direta e reversa) do grupo sanguíneo ABO. Os subgrupos de A, B e AB são fenótipos que se distinguem de outros do mesmo grupo pela quantidade de antígenos expressos na membrana. Por exemplo, o subgrupo A_1 tem em torno de 1 milhão de sítios antigênicos por hemácia, enquanto o subgrupo A_2, em média, 300 mil. A constatação de subgrupos de A ocorreu ao se observar dois tipos de anticorpos no soro de indivíduos de grupo sanguíneo B, ou seja, anti-A e anti-A_1.

Com o uso dos anticorpos anti-A_1 foi possível observar que 80% dos indivíduos classificados como A reagem positivamente na presença desse anticorpo, sendo classificados como A_1 ou A_1B. No entanto, indivíduos sabidamente do grupo A, cujas hemácias não aglutinam com anti-A_1, mas com anti-H, são caracterizados como subgrupos de A. Aproximadamente 19% dos indivíduos de grupo sanguíneo A são do subgrupo A_2 e uma minoria (< 1%), de outros subgrupos (p. ex., A_{int}, A_3, A_x, A_m etc.).

Quadro 27.1 Antígenos e anticorpos presentes no fenótipo Bombay (Oh).

Tipo sanguíneo	Fenótipo Bombay
Antígenos nas hemácias	Nenhum
Anticorpos no plasma ou soro	Anti-A, Anti-B, Anti-H

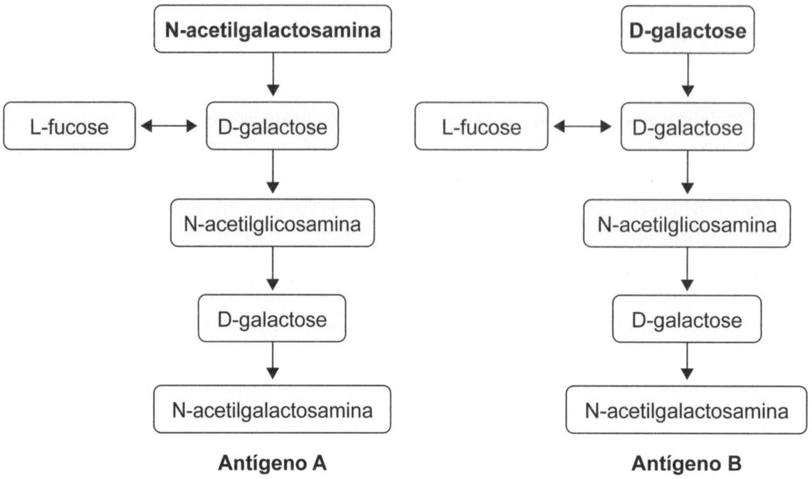

Figura 27.4 Esquema da biossíntese dos antígenos H, A e B.

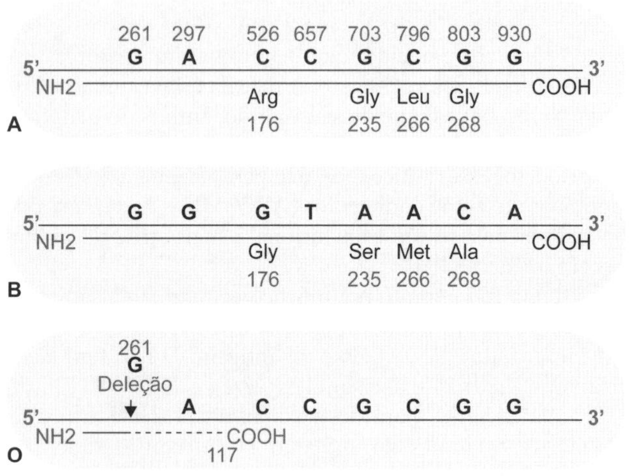

Figura 27.5 Alterações moleculares nos genes A e B.

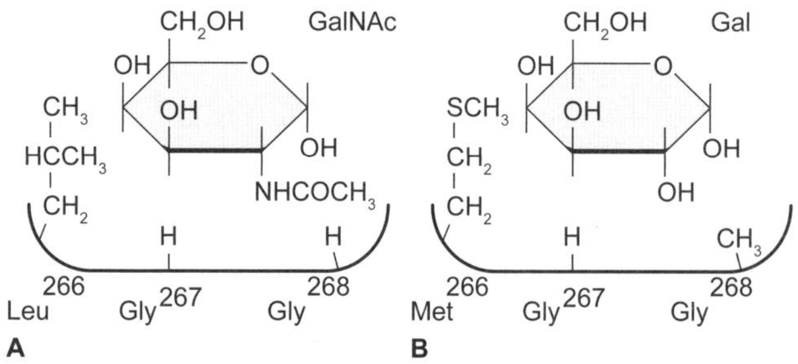

Figura 27.6 Diferença entre os sítios catalíticos das transferases A (**A**) e B (**B**). A sequência leucina-glicina-glicina é o sítio de ligação para o transporte da N-acetilgalactosamina, enquanto na transferase B, a galactose é transportada pelo sítio metionina-glicina-alanina.

Os soros anti-A_1 utilizados para detecção dos subgrupos podem ser preparados com soro sanguíneo de indivíduos de grupo B absorvido com hemácias A_2. Outra fonte de anticorpos humanos anti-A_1 pode ser proveniente de indivíduos com grupo sanguíneo A_2 que apresentam este anticorpo (cerca de 2% dos indivíduos do grupo sanguíneo A_2 e 25% dos indivíduos do grupo A_2B apresentam anticorpos anti-A_1). No entanto, hoje a maioria dos serviços de hemoterapia utiliza soro anti-A_1 comercial de lectina de soja extraído de sementes de *Dolichos biflorus*.

Para a caracterização de subgrupos de A, de B e de AB é importante utilizar o soro anti-H (específico para lectinas da semente da leguminosa *Ulex europaeus*). Como os subgrupos se caracterizam por número menor de antígenos na membrana das hemácias, o uso do soro anti-H é importante, uma vez que no subgrupo sobra antígeno H livre, que não foi utilizado para biossíntese dos antígenos A e B. A aglutinação será mais forte quanto maior for o número de moléculas H livres na membrana do eritrócito.

A quantidade de antígeno H livre nas hemácias varia de acordo com o grupo ABO. O grupo O tem apenas antígenos H na membrana dos eritrócitos, os demais grupos têm concentrações decrescentes desse antígeno livre, ou seja, O > A_2 > B > A_2B > A_1 > A_1B. Essa "sobra" de H ocorre nos subgrupos por existir H de cadeias lineares e de cadeias ramificadas. É certo que os subgrupos têm capacidade de "preencher" apenas os H lineares, enquanto o A_1, B e A_1B completam também as substâncias H ramificadas. Essa deficiência de "preenchimento" está na enzima transferase, que não consegue transferir o açúcar para a cadeia precursora.

Os subgrupos de B são menos frequentes no Brasil que os subgrupos de A, e mais comuns em povos orientais, classificados como B, B_3, B_m e B_x. Os subgrupos do sistema ABO são variantes moleculares da transferase A por mutação pontual ou deleção da enzima nativa, levando à diminuição da atividade catalítica da enzima. Portanto, no subgrupo A_2, a substituição de uma citosina por timina no nucleotídio 467 ocasiona a troca do aminoácido 156 prolina por leucina e a deleção de uma citosina entre os nucleotídios 1059 a 1061, leva à perda do *codon* de parada acrescentando mais 21 aminoácidos à enzima. Essas modificações interferem na atividade da enzima, que passa a formar aproximadamente 300 mil sítios do antígeno A. Apesar dessa diminuição no número de antígenos A, ainda é possível obter uma reação forte com os soros anti-A comerciais de boa procedência, fazendo com que nem sempre se possa distinguir alguns subgrupos dos indivíduos A_1.

Da mesma maneira, os portadores da mutação do nucleotídio guanina por adenina da posição 871, que leva à substituição do aminoácido 291 de ácido aspártico (Asp) por asparagina (Asn), afeta sensivelmente a atividade catalítica da transferase A_3, que só consegue formar aproximadamente 30 mil antígenos A em cada eritrócito. Já os portadores da variante A_x, formada pela substituição de uma fenilalanina (Phe) por isoleucina (Ile) no aminoácido 216, apresentam uma capacidade muito pequena de ligar a N-acetilgalactosamina à substância H, formando em torno de 3 mil antígenos A. Isso dificulta a aglutinação entre as hemácias, prejudicando a elucidação do grupo sanguíneo desses indivíduos pela prova direta.

Subgrupos de A e B, que apresentam baixa quantidade de sítios antigênicos na membrana do eritrócito, são evidenciados pela discrepância encontrada entre a tipagem direta e a reversa. O número de antígenos é tão baixo que, na tipagem direta, os antissoros comerciais anti-A ou anti-B, apesar de ligados aos respectivos antígenos, podem não promover a aglutinação, ou esta ser mais fraca, provocando dúvidas quanto ao grupo sanguíneo. A prova reversa, no entanto, irá demonstrar o anticorpo natural anti-A ou anti-B, contrário ao antígeno presente, ajudando a determinar o grupo sanguíneo do indivíduo (Tabela 27.8).

Problemas técnicos relacionados com a tipagem sanguínea

Resultados falso-negativos podem ser observados em algumas situações, tais como: soro ou antissoro não adicionado à prova realizada; identificação de hemólise como reação negativa; proporção incorreta entre hemácias e plasma, soro ou antissoro; intensidade e/ou tempo de centrifugação incorretos; erros na interpretação ou no registro dos resultados.

É importante mencionar que os recém-nascidos não apresentam os anticorpos naturais anti-A ou anti-B, uma vez que eles serão formados no início da alimentação, momento em que o sistema imune da criança reconhece estruturas semelhantes aos antígenos A ou B, formando os anticorpos naturais, do tipo IgM. Pela falta de anticorpos é desaconselhável a tipagem reversa nessa fase.

Na tipagem ABO, em decorrência da imunossupressão, a prova reversa (anticorpos) e a prova direta (antígenos) podem também ser discordantes em idosos e indivíduos com hipogamaglobulinemia, agamaglobulinemia e leucemias agudas.

Já os resultados falso-positivos podem ocorrer em casos como: utilização de vidraria suja para o teste; contaminação de reagentes, hemácias ou da solução salina fisiológica; erros na interpretação da aglutinação ou no registro dos resultados e outros. Desse modo, é importante observar a concordância entre as provas direta e reversa.

Sistema Rh (sistema 004)

O grupo sanguíneo Rh foi descoberto em 1940 por Karl Landsteiner e Alexandre Wiener, em experimentos com hemácias de macacos *rhesus* inoculadas em coelhos. Nessa época, os pesquisadores observaram que os anticorpos produzidos pelo coelho eram capazes de aglutinar não só as hemácias dos macacos mas também as hemácias humanas em 85% dos indivíduos de etnia branca. O soro anti-D utilizado atualmente não é de macacos *rhesus*, mas, sim, produzido de clones celulares específicos para essa finalidade.[5]

Um ano antes, Philip Levine e Rufus Stetson[6] já haviam relatado um caso parecido, que denominaram eritroblastose fetal, envolvendo um natimorto. A mãe da criança manifestou reação ao receber sangue de seu marido, ambos do grupo O. A mulher teria sido imunizada por antígenos paternos, carreados pelo feto. Esses anticorpos, não pertencentes aos sistemas sanguíneos até então conhecidos (ABO, MN e P), teriam sido responsáveis pela reação transfusional e mais tarde relacionados com o sistema RH.

O sistema RH é muito polimórfico e atualmente são reconhecidos por volta de 49 antígenos, dos quais cinco são os mais importantes: D, C, E, c, e. O antígeno D não tem alelo, portanto, o "d" não existe; muitas vezes a letra "d" é utilizada, didaticamente, para designar ausência desse antígeno. Indivíduos portadores do antígeno D são considerados Rh positivo, enquanto o Rh negativo não apresenta o D.

Os antígenos do sistema RH são expressos apenas nas hemácias. Dois genes controlam a síntese das proteínas Rh: gene *RHD* codifica a produção da proteína RhD e não tem

Tabela 27.8 Tipagem direta e reversa dos subgrupos de A e B (intensidade de reação frequentemente encontrada).

Tipagem direta					Tipagem reversa					
Hemácias do paciente e soros comerciais					Soro do paciente e hemácias fenotipadas					
Anti-A	Anti-B	Anti-AB	Anti-A_1	Anti-H	A_1	A_2	B	O	Substância da saliva de secretor	Interpretação
+4	0	+4	+4	0	0	0	+4	0	A e H	A_1
+4	0	+4	+2	+3	0	0	+4	0	A e H	A_{int}
+4	0	+4	0	+2	+*	0	+4	0	A e H	A_2
+2**	0	+2**	0	+3	+*	0	+4	0	A e H	A_3
0/±	0	0/±	0	+4	0	0	+4	0	A e H	A_m
0/±	0	+1/+2	0	+4	+2/0	0/+1	+4	0	H	A_x
0	0	0	0	+4	+2/0	0	+4	0	H	A_{el}
0	+4	+4		0	+4	+4	0	0	B e H	B
0	+1**	+2**		+4	+4	+4	0	0	B e H	B_3
0	0	0/±		+4	+4	+4	0	0	B e H	B_m
0	0/±	0/+2		+4	+4	+4	0	0	H	B_x

+1 a +4: intensidade crescente da aglutinação.
+* Presença de anti-A1 não é constante nestes fenótipos.
** Aglutinação em padrão de campo misto.
± Aglutinação fraca.

alelo; gene *RHCE*, que contém quatro alelos (*RHCE, RHCe, RhcE, Rhce*), codifica a produção da proteína RhCE (ce).

Os genes *RHD* e *RHCE*, presentes no cromossomo 1, na posição 1 p36.11, apresentam dez éxons, que codificam as proteínas RHD e RHCE, com homologia de 92% entre elas. As proteínas D, C/c e E/e são grandes, com 417 aminoácidos transmembranares passando 12 vezes pela membrana do eritrócito, configurando a existência de seis segmentos extracelulares, onde estão localizados os diferentes epítopos antigênicos (Figura 27.7).

A proteína D difere das proteínas C/c e E/e entre 32 e 36 aminoácidos. A proteína C difere da c em quatro aminoácidos, nas posições 18, 60, 68 e 103. Esta última (103) apresenta troca de serina por prolina e, por estar localizada no segmento extracelular, é responsável pela antigenicidade. A diferença entre "E" e "e" ocorre em um único aminoácido, entre prolina e alanina, na posição 226, no segmento extracelular, justificando a antigenicidade (Figura 27.8).

Os *loci* dos genes *RHD* e *RHCE* são sequenciais e estão estreitamente ligados, sendo transmitidos na forma de haplótipos durante a meiose (transmissão em bloco), conforme definidos em 1996 por Patrícia Tippett.[7] Existem oito haplótipos possíveis: DCe, DcE, dce, Dce, dcE, dCe, DCE, dCE, que combinados em pares resultam em 36 genótipos.

Entre as funções das proteínas do sistema RH estão o transporte de amônia e a estabilidade da membrana, pelas interações com fosfolipídios e proteínas de membrana do citoesqueleto eritrocitário, constituindo grande área de estudos do

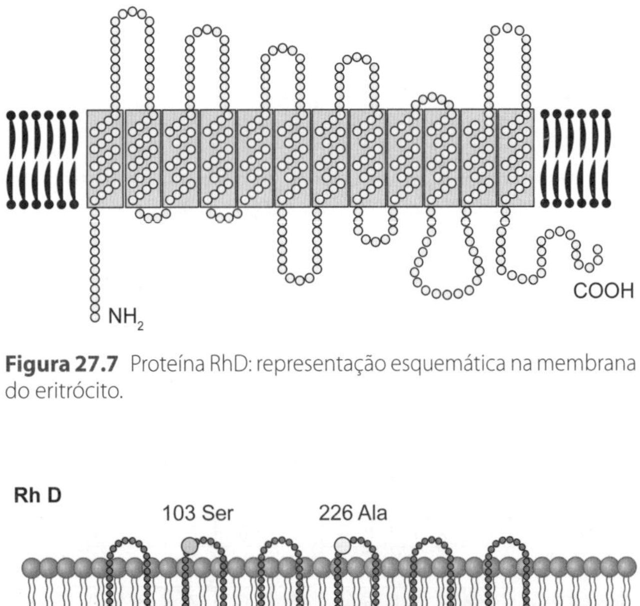

Figura 27.7 Proteína RhD: representação esquemática na membrana do eritrócito.

complexo RH. Um indivíduo Rh_{null} (___/___) sofre de anemia hemolítica por não apresentar antígenos (proteínas) D, C/c e E/e na membrana dos seus eritrócitos.

Várias nomenclaturas foram usadas para designar o sistema RH em decorrência das teorias propostas por Fisher e Race, em 1946, e Wiener *et al.*, em 1963. Segundo Fisher e Race, a herança dos antígenos se faz por meio de genes distintos, porém extremamente ligados, localizados no cromossomo 1. A nomenclatura utilizada pelos autores para designar a terminologia CDE são: R_0, R_1, R_2, r, r', r" e r^y. Ou seja: R_0 = Dce; R_1 = DCe; R_2 = DcE; R_z = DCE; r = dce; r' = dCe; r" = dcE; r^y = dCE. A teoria de Wiener[5] sugere que a produção de cada antígeno seria controlada por um único *locus*, ou seja, um único gene seria responsável pela produção de vários determinantes antigênicos. A terminologia utilizada pelo autor foi Rh-hr. Rh_0 = D; rh' = C; rh" = E; hr' = c; hr" = e.

Variantes do antígeno D

D_{fraco} (antigo D^u)

A denominação D_{fraco} veio em substituição ao que antigamente era chamado de D^u. Indivíduos portadores da variante D_{fraco} têm menor quantidade de antígenos D expressos nas hemácias, de modo que apresentam uma reação de aglutinação fraca ou negativa com soros anti-D (à temperatura ambiente [TA] ou após a incubação a 37°C); no entanto, a aglutinação das hemácias pode aumentar ou ocorrer após a adição de soro de Coombs. Com positividade em qualquer fase, o indivíduo é considerado Rh positivo (Figura 27.9).

O polimorfismo quantitativo, com número reduzido de antígenos RhD por hemácia, ocorre sem aparente perda de epítopos; dessa maneira, o antígeno D apresenta o mosaico completo. A causa da diminuição da expressão está nas mutações de ponto missense no gene *RHD* (substituições de aa nas regiões transmembranares ou intracelulares da proteína). Atualmente, são conhecidas mais de 50 mutações diferentes de RhD_{fraco} caracterizadas pela biologia molecular.

As hemácias de indivíduos portadores da variante RhD_{fraco} são consideradas RhD positivo e, por possuírem o antígeno D completo, podem sensibilizar o receptor ao serem transfundidas em paciente RhD negativo. Os testes laboratoriais para identificação do antígeno D_{fraco} serão descritos mais adiante.

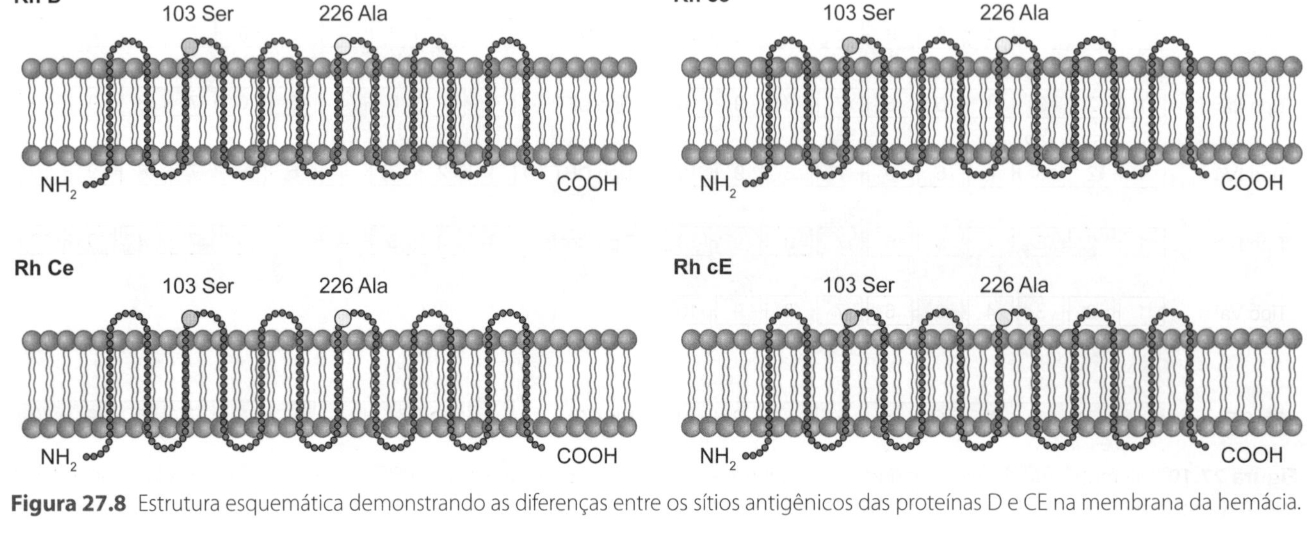

Figura 27.8 Estrutura esquemática demonstrando as diferenças entre os sítios antigênicos das proteínas D e CE na membrana da hemácia.

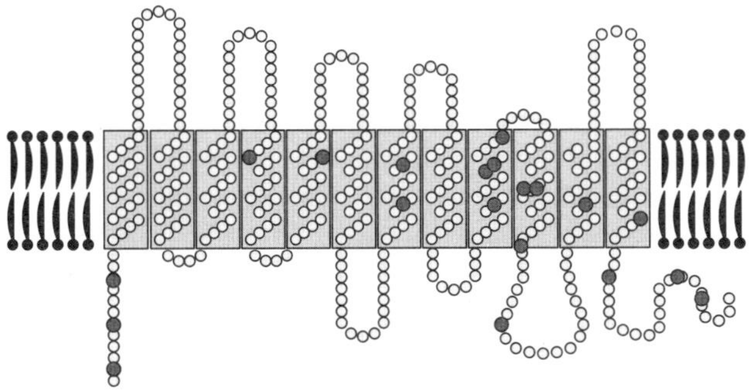

Figura 27.9 Representação esquemática da proteína D_{fraco}. Os pontos em cinza escuro caracterizam mutações transmembranares e intracelulares.

Antígeno D parcial

Essas variantes apresentam alterações qualitativas do antígeno D pela falta de um ou mais epítopos e, quando associadas a alterações quantitativas, dificultam o diagnóstico. Dos mais de 30 epítopos já identificados, nove (epD1 a epD9) são considerados os mais imunogênicos.

Como visto anteriormente, os genes *RHD* e *RHCE* apresentam 10 éxons com homologia de 92%. Os *loci* dos genes *RHD* e *RHCE* estão estreitamente ligados e são transmitidos na forma de haplótipos durante a meiose. Nesse processo, pode ocorrer *crossing over* com inserção e/ou substituição dos epítopos de C e E na molécula D ou mutação de ponto missense no gene *RHD*, provocando alteração de aminoácidos dispersos nas alças extracelulares da proteína. Com isso, a proteína expressa na membrana do eritrócito deixa de ser um D completo por conter partes do CE integradas. Atualmente, estão identificadas por volta de 50 mutações para o $D_{parcial}$ (Figuras 27.10 e 27.11).

A dificuldade na detecção laboratorial de um indivíduo portador de antígeno $D_{parcial}$ depende da variante em questão (quantidade de epítopos alterados). Na maioria das vezes, o $D_{parcial}$ é facilmente fenotipado como RhD positivo, o que pode significar um problema quando se tratar de um receptor de concentrado de hemácias. O paciente $D_{parcial}$, ao receber transfusão de uma bolsa de concentrado de hemácias RhD positivo, pode desenvolver anti-D. Na realidade esses anticorpos são formados contra os epítopos ausentes.

Existe ainda o indivíduo $RhD_{parcial\ fraco}$, que apresenta alterações qualitativas e quantitativas do antígeno D, podendo ser tipado erroneamente como RhD negativo. Caso seja um doador de sangue, o receptor Rh negativo pode desenvolver anti-D quando exposto a essas hemácias.

Algumas variantes de $D_{parcial}$ ou $D_{parcial\ fraco}$, que apresentam deleção de grande quantidade de epítopos, acabam sendo descobertas na clínica médica quando o receptor desenvolve anticorpos anti-D. Muitas vezes, a detecção do antígeno $D_{parcial}$ não depende somente da qualidade dos soros comerciais anti-D (monoclonais ou mono+policlonal), mas também dos clones de produção desse produto. A utilização de antissoros confeccionados com diferentes clones aumenta a diversidade de anticorpos contra um maior número de epítopos. Portanto, o ideal é que um indivíduo $D_{parcial}$ seja considerado RhD positivo quando doador de sangue e RhD negativo quando receptor.

Tipagem

Como no teste de ABO, a tipagem Rh em tubo emprega hemácias a 5% em solução salina fisiológica e soro comercial anti-D. Recomendam-se dois soros comerciais anti-D, preferencialmente de diferentes marcas e clones. Muitas empresas utilizam os mesmos clones para fabricar seus produtos, por essa razão é de grande importância que se observe a composição dos reagentes, ampliando a variabilidade de clones.

O soro anti-D convencional tem alta concentração de proteínas e aditivos que potencializam e facilitam a reação antígeno-anticorpo. Desse modo, na tipagem do antígeno D deve ser usado, paralelamente, outro tubo contendo as hemácias a 5% e

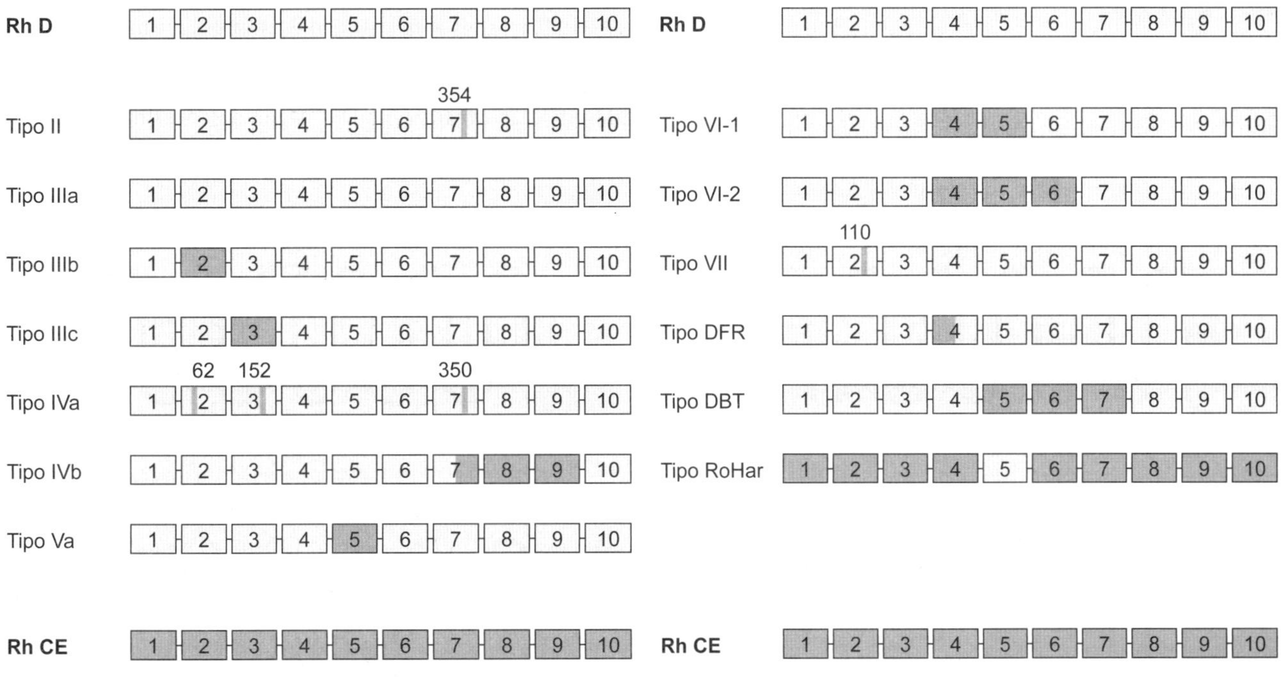

Figura 27.10 Diferentes mutações originando alelos híbridos entre D e CE. Éxons dos genes *RHD* (cinza claro) e *RHCE* (cinza escuro), bem como a integração de parte do CE nos diferentes tipos D variante.

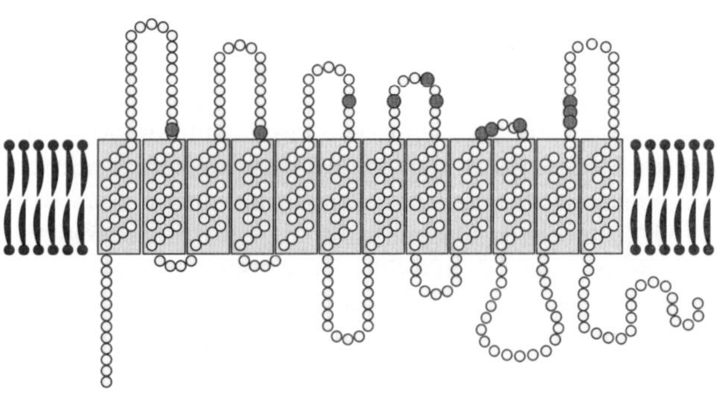

Figura 27.11 Estrutura esquemática da proteína $D_{parcial}$. Os pontos em cinza escuro caracterizam mutações extracelulares.

soro-controle Rh. É necessário que ambos, soro anti-D e controle Rh, sejam da mesma procedência (mesmo fabricante), assim, o controle Rh apresentará as mesmas concentrações de proteínas e aditivos que o reagente anti-D, sem conter o anticorpo.

Importante ainda ressaltar que os tubos contendo anti-D e o controle Rh devem ser analisados juntos em todas as etapas do teste. O resultado da tipagem RhD somente poderá ser aceito se não houver aglutinação do tubo controle em nenhuma etapa. Havendo positividade do controle Rh, o resultado não poderá ser liberado.

A aglutinação diante do controle Rh geralmente ocorre quando as hemácias testadas estão sensibilizadas *in vivo* com anticorpos. Nesse caso, após repetir o teste, confirmando ainda a positividade, deve-se realizar o teste da antiglobulina direta (TAD ou Coombs direto).

TAD positivo pode interferir na tipagem sanguínea, principalmente nos testes Coombs-dependentes (descrito posteriormente). Utilizar um anti-D salino na execução da tipagem pode auxiliar na solução do problema.

Provas laboratoriais para determinar antígeno D_{fraco}

A determinação do antígeno D_{fraco} é efetuada laboratorialmente do seguinte modo: a uma gota de suspensão de hemácias acresce-se uma gota de soro anti-D, centrifuga-se e se verifica a presença ou não de aglutinação. Sem aglutinação, essa amostra é incubada a 37°C por 15 min, centrifugada novamente para observar se há aglutinação. Caso não haja ou se ela for muito fraca, as hemácias devem ser lavadas três vezes com soro fisiológico, para retirar o excesso de anti-D. Adicionam-se, então, duas gotas de soro de Coombs (antigamaglobulina humana). Se houver aglutinação ou aumento da intensidade dela nessa fase, considera-se como D_{fraco} e o indivíduo RhD positivo. Nas reações negativas, após utilizar o soro de Coombs, é importante acrescentar uma gota de hemácias humanas, sensibilizadas por anticorpos IgG. A reação verdadeiramente negativa torna-se positiva. É importante que nos resultados de aglutinação as intensidades sejam anotadas em cruzes: 1+, 2+, 3+.

Anticorpos eritrocitários

Anticorpos naturais e imunes

Os anticorpos podem ser classificados basicamente em dois grupos: naturais e imunes. Anticorpos naturais são aqueles que os indivíduos apresentam sem sensibilização prévia, como no sistema ABO. Esses anticorpos são chamados de iso-hemaglutininas, predominantemente IgM.

As iso-hemaglutininas ou isoaglutininas foram identificadas por Landsteiner ao estudar esses antígenos. A sua produção é induzida por polissacarídeos e por lectinas provenientes de células bacterianas e de vegetais, respectivamente, semelhantemente aos antígenos do sistema ABO. Assim, o indivíduo do grupo A, ao ter contato com antígenos de fontes exógenas semelhantes a A e B, apenas produzirá anticorpos anti-B; da mesma forma, o indivíduo do grupo B produzirá anti-A. Essa resposta imune é do tipo T-independente e, em sua maioria, IgM. O indivíduo do grupo sanguíneo O apresenta anti-AB, sendo grande parte da classe IgG. Este anticorpo, se adsorvido do soro por hemácias do tipo A, ao ser eluído poderá aglutinar hemácias do tipo B (na maioria das vezes mais fracamente), demonstrando não se tratar de um anticorpo específico contra A ou B.

Anticorpos naturais começam a ser detectados a partir dos 3 a 6 meses de idade, alcançando o título máximo por volta dos 5 a 10 anos de vida, permanecendo assim até a fase adulta. No recém-nascido, no idoso, em indivíduos imunodeprimidos com hipogamaglobulinemia, agamaglobulinemia e em pacientes com leucemias agudas, as iso-hemaglutininas podem estar diminuídas ou até ausentes. Os anticorpos anti-A e/ou anti-B imunes ou irregulares ocorrem em função de estímulos com substâncias grupo-específicas A ou B, que podem aparecer nas seguintes situações:

- Heteroimunização por substâncias de origem animal ou bacteriana, como nas infecções bacterianas intestinais, na soroterapia antidiftérica ou antitetânica
- Aloimunização por gravidez ou por transfusão sanguínea incompatível.

Esses anticorpos têm significado clínico quando são ativos a 37°C e/ou detectados na fase de Coombs. São na maioria IgG ou IgM, reagentes até a fase quente. Estão normalmente envolvidos em reação transfusional imediata ou tardia. Considera-se reação imediata quando ocorre até 24 h depois do início da transfusão; após esse tempo, é considerada tardia, podendo surgir dias depois.

Os anticorpos que geralmente causam reação hemolítica são: ABO, Rh, K, Fy, Jk, Ss e Di. Outros que rotineiramente não são considerados "perigosos", porém importantes se reagirem a 37°C são: Le, M, N, P_1 e Lu. Portanto, deve-se ficar atento ao tipo de reatividade do anticorpo *in vitro*, como: temperatura da reação, grau de reatividade, classe do anticorpo, subclasse e capacidade de ativação do complemento. Esses são os anticorpos encontrados mais frequentemente, porém, existem outros também relevantes clinicamente. Alguns podem provocar anemia hemolítica do recém-nascido (HPN).

Os anticorpos podem ser definidos como completos e incompletos. Os completos são denominados "aglutinantes", porque são capazes de aglutinar em meio salino, à temperatura ambiente. Os incompletos, ou "não aglutinantes", necessitam de mecanismos artificiais para redução do potencial zeta, tais como: meio albuminoso, polietilenoglicol (PEG) ou LISS.

Potencial zeta é o equilíbrio entre as forças de coesão e de repulsão que separam as hemácias, impedindo a aglutinação espontânea entre os eritrócitos. Utilizar potencializadores, como albumina bovina a 22%, PEG, solução de baixa força iônica (LISS), entre outros, objetiva reduzir o potencial zeta. No entanto, o uso desses potencializadores deve ser criterioso para não baixar o potencial zeta além do seu ponto crítico, o que pode causar aglutinação inespecífica, provocando uma reação falso-positiva.

Teste de Coombs direto ou teste da antiglobulina direta

Esse teste avalia se a hemácia do paciente está sensibilizada com anticorpos ou com proteínas do sistema complemento. O teste em tubo consiste em lavar 50 μℓ de hemácias três vezes com solução salina a 0,9%, desprezando totalmente o sobrenadante na última lavagem, ressuspendendo para 1 mℓ (± 5%). Dispensar uma gota dessa suspensão em tubo e acrescentar duas gotas de soro de Coombs ou antigamaglobulina humana (AGH) mono ou poliespecífico. Caso o resultado seja negativo, deve-se acrescentar à reação uma gota de hemácias humanas, sensibilizadas com IgG. Na reação verdadeiramente negativa haverá aglutinação das hemácias sensibilizadas. A positividade do teste da antiglobulina direta (TAD) indica a existência de anticorpos aderidos à membrana do eritrócito. Recomendam-se a classificação e a identificação do anticorpo, já que a classe a que pertence é de grande auxílio para o médico no direcionamento do tratamento (Figura 27.12). Para identificar se o anticorpo é contra algum antígeno do sistema eritrocitário, este deve ser eluído das hemácias e analisado contra um painel de hemácias fenotipadas. A técnica em gel centrifugação é muito mais sensível e, geralmente, não necessita de lavagem prévia das hemácias. A suspensão é efetuada de acordo com o fabricante e dispensada no cartão para centrifugação e leitura.

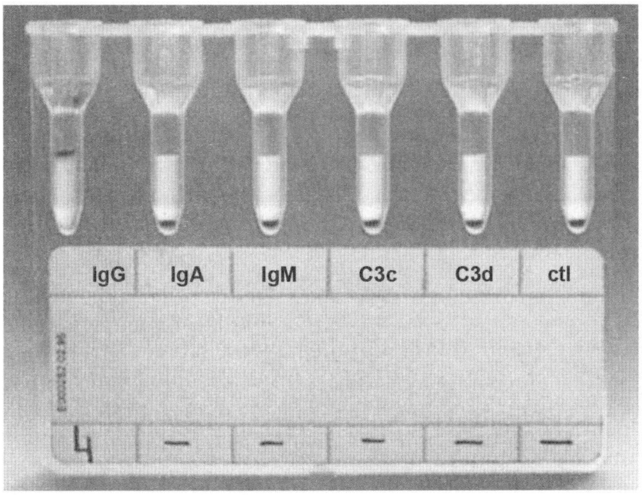

Figura 27.12 Identificação da classe do anticorpo TAD pela técnica de gel centrifugação com positividade para IgG.

Teste de Coombs indireto

Utilizado em muitos ensaios laboratoriais, é assim denominado porque os anticorpos não se encontram previamente aderidos às hemácias, sendo a investigação efetuada de forma indireta, *in vitro*. Para isso, o soro, o plasma ou o antissoro é dispensado com as hemácias a fim de provocar sensibilização.

A técnica de Coombs indireto é usada laboratorialmente em vários ensaios, como: na pesquisa do D_{fraco}, fenotipagem de alguns antígenos eritrocitários, pesquisa de anticorpos irregulares (PAI), identificação de anticorpos irregulares (IAI), prova de compatibilidade transfusional (PC), entre outros. O teste em tubo consiste em três fases: imediata à temperatura ambiente (T.A.), incubação a 37°C (o tempo depende do que está sendo pesquisado) e acréscimo de duas gotas do soro de Coombs mono ou poliespecífico, após três lavagens com soro fisiológico. Entre a leitura imediata e a incubação a 37°C, em alguns testes como PAI, IAI e PC, podem ser adicionados potencializadores (Figura 27.13). Quando executado pela técnica de gel centrifugação, o teste mostra-se mais sensível, de fácil execução e interpretação.

Deve-se sempre estar atentos às bulas dos reagentes, uma vez que o tempo de incubação, fases de leitura (centrifugação) e o soro de Coombs podem variar de acordo com as marcas e os potencializadores a serem utilizados.

A albumina bovina aumenta a constante dielétrica do meio, agindo na ligação entre as hemácias e os anticorpos, expulsando a água. Assim, favorece a diminuição do potencial zeta, o que facilita a atração eletrostática e torna possível a aglutinação por moléculas de IgG. Atualmente, a albumina bovina está sendo substituída pelo PEG, um polímero cuja ação consiste na eliminação de água ao redor das hemácias, facilitando a sensibilização pelos anticorpos. Na comparação entre os dois reagentes, o PEG tem-se mostrado mais eficaz.

A enzima é utilizada para degradar parte das proteínas das membranas das hemácias, possibilitando um rearranjo dos antígenos e facilitando o acesso do anticorpo. Além disso, ao degradar as proteínas, reduz a carga negativa da membrana do eritrócito, diminuindo o potencial zeta. Sua escolha deve ser criteriosamente estudada e usada apenas como teste complementar, uma vez que alguns antígenos proteicos, como o MNS, Duffy, Xg e outros (Tabela 27.9), podem ser degradados, dependendo da enzima utilizada.

O LISS causa menor interferência na união Ag-Ac, facilitando a sensibilização das hemácias em menor tempo de incubação. A American Association of Blood Bank (AABB) preconiza o uso de hemácias sensibilizadas com IgG em todas as reações negativas, após o de soro de Coombs mono ou poliespecífico, para a confirmação do resultado nos testes em tubo.

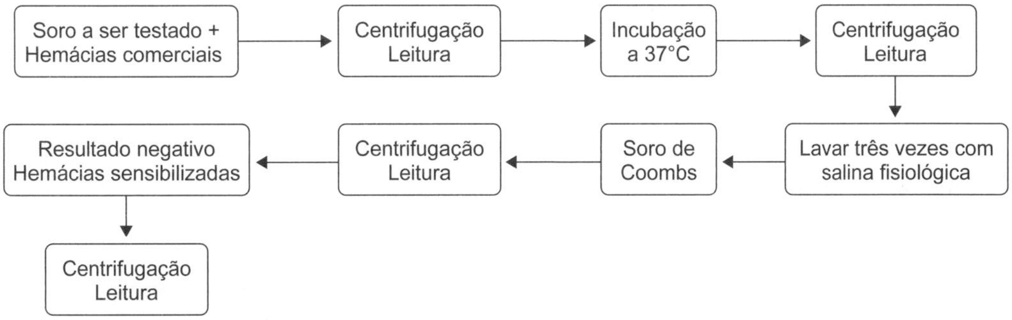

Figura 27.13 Organograma de execução do teste de Coombs indireto.

Tabela 27.9 Diagrama de antígenos para pesquisa de anticorpos irregulares usados na PAI.

Painel de Antígenos para Pesquisa de Anticorpos Irregulares

Rh-hr			Rh-hr						KEL						FY *		JK		LE		P	MNS *				LU		Di
			E	c	e	C^w	K	k	Kp^a	Kp^b	Js^a	Js^b	Fy^a	Fy^b	Jk^a	Jk^b	Le^a	Le^b	P_1	M	N	S	s	Lu^a	Lu^b	Di^a	D	C
I	C^wCDee	$R_1{}^wR_1$	+	+	0	+	+	+	0	+	0	+	nt	+	0	+	+	+	0	+	+	+	+	+	+	0	+	0
II	ccDEE	R_2R_2	+	0	+	+	0	0	+	+	0	+	0	+	+	+	+	0	0	0	+	0	+	+	+	0	+	0
III	ccddee	rr	0	0	0	+	+	0	0	+	0	+	nt	+	0	+	0	+	+	0	0	+	0	0	+	0	+	+

* Antígenos degradados com tratamento enzimático.

Pesquisa de anticorpos irregulares

A pesquisa de anticorpos irregulares (PAI) é, muitas vezes, chamada erroneamente de Coombs indireto, mas, como já visto, o último trata-se de um teste laboratorial utilizado para vários ensaios, entre eles a PAI.

Para sua execução em tubo, é aconselhável o emprego de soro em vez de plasma. Quando se utiliza o plasma, a reação hemolítica, que é de grande importância clínica, não pode ser visualizada. Isso porque o complemento, um dos responsáveis pela hemólise, necessita do cálcio para ser ativado, e este não está disponível quando se coleta o sangue com anticoagulante, uma vez que é quelado pelo EDTA ou pela formação de complexo insolúvel quando usado o citrato de sódio.

Diante disso, é fácil concluir que a inativação do soro por aquecimento a 56°C não é apropriada, pois nesse procedimento se perde o complemento. Outro fator importante é que os anticorpos e complemento são elementos lábeis e podem ser degradados na estocagem; assim, é aconselhável empregar amostra recém-coletada.

Algumas vezes, a PAI pode apresentar resultado "falso-negativo", isto é, o paciente está sensibilizado, porém não é possível observar teste com reação positiva. As causas mais frequentes são erro técnico: falta o antígeno específico no reagente de hemácias ou há pouca quantidade de anticorpos no soro (título baixo). Nesses casos, mesmo com reagentes potencializadores, ainda é possível não se observar a aglutinação.

A PAI é um teste obrigatório na amostra de doadores de sangue (como teste pré-transfusional), para gestantes, principalmente as Rh-negativo, entre outros. O método é o de Coombs indireto, ou seja, coloca-se o soro ou plasma a ser testado contra hemácias comerciais do grupo O, fenotipadas para os antígenos mais frequentes. Como visto anteriormente, o teste é composto por três fases: à temperatura ambiente (meio salino e proteico), a 37°C e fase de Coombs (uso das hemácias sensibilizadas com IgG nos resultados negativos; ver Tabela 27.9). A importância de utilizar hemácias comerciais, não *in house*, é que as empresas procuram disponibilizar a maior diversidade de antígenos possível em seus reagentes. Quando executado pela técnica de gel centrifugação, o teste mostra-se mais sensível, de fácil execução e interpretação.

A PAI passou a ser obrigatória na triagem de doador de sangue porque os anticorpos irregulares, quando encontrados, estão presentes nas bolsas de hemocomponentes, podendo reagir contra as hemácias do receptor, caso encontrem os antígenos correspondentes. Há várias razões que justificam a necessidade da PAI na amostra do receptor. Um exemplo é a possibilidade de o serviço de hemoterapia identificar o anticorpo e providenciar bolsas de sangue compatíveis, em tempo hábil, antes de um procedimento cirúrgico. Outra possibilidade é os anticorpos do receptor apresentarem efeito de dose, isto é, positivarem apenas quando o antígeno está em homozigose. Nesse caso, a PAI pode ser positiva (pelo antígenos em homozigose), mas a prova de compatibilidade negativa, pois o antígeno no concentrado de hemácias a ser transfundido está em heterozigoze (bolsa incompatível). O inverso também é verdadeiro, a PAI poderá se apresentar negativa, pela ausência do antígeno correspondente nas hemácias utilizadas para o teste, porém presente nas hemácias a serem transfundidas; aqui, a prova cruzada será positiva (incompatível). Por essa razão é que, atualmente, ambos os testes são obrigatórios.

Todas as gestantes deveriam ter pelo menos uma PAI durante o período pré-natal. Embora a maior incidência da doença hemolítica do recém-nascido (DHRN) ou doença hemolítica perinatal (DHPN) ocorra por anti-D, outros anticorpos também podem estar envolvidos. No caso do teste apresentar positividade, é necessário titular o anticorpo e recomendar sua identificação. Como exemplo, uma gestante RhD negativo sensibilizada por anti-K. Frente ao resultado de PAI positivo, sem identificação do anticorpo, o médico poderia inferir se tratar de anti-D e deixar de administrar a imunoprofilaxia. Dessa forma, além do anti-K, esta mulher poderia desenvolver também o anti-D. A titulação é necessária para servir de alerta quanto ao aumento de anticorpos séricos no soro da gestante, que podem passar para o feto. Caso este tenha herdado o antígeno paterno correspondente ao anticorpo, poderá desenvolver DHPN.

Quando uma gestante apresenta anticorpos irregulares, é frequente o médico solicitar novo exame no decorrer do período gestacional. Nesses casos, é recomendado que seja guardada uma alíquota da última amostra, em *freezer* a -20°C ou menos. O objetivo é fazer com que, toda vez que a paciente retornar para novo teste, o título do anticorpo seja efetuado utilizando o soro atual e o anterior, paralelamente. O resultado da titulação pode variar de acordo com a quantidade de antígenos presentes nas hemácias, por isso é muito importante que os soros sejam testados com o mesmo lote de hemácias, para comparação.

Identificação de anticorpos irregulares

A identificação de anticorpos irregulares (IAI) é realizada utilizando soro ou plasma do paciente contra um painel de hemácias comercial, fenotipadas pelo método de Coombs indireto. A quantidade de frascos contendo essas hemácias varia de acordo com a empresa fornecedora do painel, apresentando-se em suspensão (a concentração depende da técnica a ser utilizada) e em frascos numerados. As hemácias do painel são do tipo O, RhD positivas e negativas, fenotipadas para os antígenos mais frequentes e sensibilizantes (Tabela 27.10). Acompanha o painel de hemácias um diagrama contendo o perfil fenotípico de cada hemácia.

A presença de aglutinação ante diferentes eritrócitos possibilita identificar o anticorpo. Na Figura 27.14, houve aglutinação nos tubos 1, 2, 3, 8 e 10, portanto, basta procurar em cada uma das colunas do diagrama o perfil de aglutinação obtido.

Prova cruzada ou de compatibilidade maior

A prova cruzada (PC) é realizada antes da transfusão de concentrado de hemácias por meio da técnica de Coombs indireto. O teste em tubo consiste em colocar o soro ou plasma do paciente (100 $\mu\ell$) em contato com as hemácias da bolsa a ser transfundida (uma gota ou 50 $\mu\ell$ de hemácias a ± 5%). O ensaio deve ser executado em todas as fases: salina e proteica à TA, adição de um potencializador, levando a 37°C (o tempo varia de acordo com o reagente utilizado), lavagem das hemácias três vezes em solução salina e descarte total do sobrenadante antes de acrescentar duas gotas de soro de Coombs. Caso o resultado seja negativo, adicionar uma gota de hemácias sensibilizadas com IgG. O teste executado pela técnica de gel centrifugação mostra-se mais rápido, sensível, de fácil execução e interpretação, além de possibilitar o registro dos resultados.

A bolsa de sangue somente é liberada para transfusão se o resultado da prova for negativo em todas as fases. É importante sempre estar atento às bulas dos reagentes, uma vez que alguns potencializadores não permitem leitura em todas as fases do teste (p. ex., PEG). Os tempos de incubação também podem ser diferentes.

Essa prova, importantíssima, avalia a presença de anticorpos do receptor contra as hemácias a serem transfundidas. Multíparas ou pacientes previamente transfundidos podem apresentar anticorpos imunes contra antígenos presentes na bolsa, sendo então a prova cruzada essencial como teste pré-transfusional.

Caso a prova cruzada apresente resultado positivo (incompatível) é necessária a identificação do anticorpo para que se possa escolher uma bolsa de concentrado de hemácias, preferencialmente isogrupo, destituída do antígeno correspondente ao anticorpo presente.

Na transfusão em caráter de urgência, as hemácias podem ser liberadas sem a prova de compatibilidade, mas, sempre que possível, compatibilizar para os antígenos ABO e RhD. Nesse caso, o laboratório deverá seguir com a PC enquanto transcorre a transfusão. Para liberação da bolsa sem a prova de compatibilidade, o médico solicitante deve assinar um termo de responsabilidade, no qual declara estar ciente dos riscos inerentes ao ato.

▪ Doença hemolítica do recém-nascido

Essa enfermidade é causada por incompatibilidade sanguínea materno-fetal com anticorpos maternos imunes (IgG) que atravessam a placenta. Caso o feto tenha herdado os antígenos correspondentes, esses anticorpos os reconhece e se ligam, provocando a destruição de suas hemácias, principalmente na segunda metade da gestação.

A imunização materna comumente decorre de transfusão ou gestações prévias. A quantidade de sangue fetal recebida pela gestante normalmente é insignificante, mas pode ser maior por ocasião da ruptura dos vasos da placenta durante gravidez ou parto.

A DHRN, ou DHPN, geralmente tem início na vida intrauterina. A gravidade da doença depende da quantidade de hemácias hemolisadas, com quadros graves de anemia intraútero que

Tabela 27.10 Diagrama do painel de antígenos utilizado na identificação de anticorpos irregulares.

Rh-hr			Rh-hr						KEL						FY		JK		LE		P	MNS				LU		Di
			E	c	e	C^w	K	k	Kp^a	Kp^b	Js^a	Js^b	Fy^a	Fy^b	Jk^a	Jk^b	Le^a	Le^b	P_1	M	N	S	s	Lu^a	Lu^b	Di^a	D	C
1	C^wCDee	$R_1{}^wR_1$	+	+	0	0	+	+	+	+	0	+	nt	+	+	+	+	+	0	0	+	+	+	+	+	0	+	0
2	CCDee	R_1R_1	+	+	0	0	+	0	0	+	0	+	Nt	+	0	+	+	+	+	0	+	+	0	+	0	0	+	0
3	ccDEE	R_2R_2	+	0	+	+	0	0	+	+	0	+	Nt	+	0	+	+	0	0	0	+	0	+	+	+	0	+	0
4	Ccddee	r´r	0	+	0	+	+	0	0	+	0	+	0	+	0	+	+	0	0	0	+	+	0	+	0	0	+	+
5	ccddEe	r″r	0	0	+	+	+	0	0	+	0	+	0	+	0	+	0	+	+	0	0	+	0	0	+	0	+	0
6	ccddee	rr	0	0	0	+	+	0	0	+	0	+	0	+	0	+	0	+	+	0	+	0	+	0	+	+	+	0
7	ccddee	rr	0	0	0	+	+	0	+	+	0	+	Nt	+	0	+	+	+	0	+	+	0	+	+	+	0	+	0
8	ccDee	R_or	+	0	0	+	+	0	0	+	0	+	0	+	+	0	+	0	0	+	+	0	+	+	+	0	+	0
9	ccddee	rr	0	0	0	+	+	0	0	+	0	+	+	+	0	0	+	0	0	+	+	0	+	0	+	0	+	0
10	CcDee	R_1r	+	+	0	+	+	0	0	+	+	+	0	+	+	+	+	+	0	+	0	+	+	0	+	0	+	0
11	ccddee	rr	0	0	0	+	+	0	0	+	0	+	nt	+	+	+	0	+	0	+	+	+	+	+	+	+	+	0

Nº lote: __________ Validade:¼…./…../…..

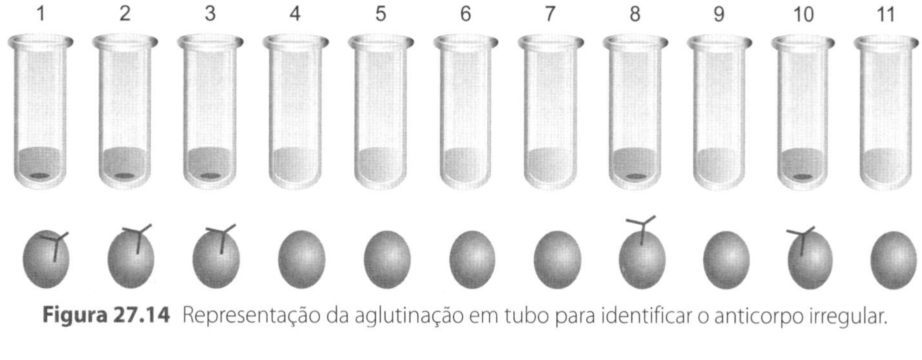

Figura 27.14 Representação da aglutinação em tubo para identificar o anticorpo irregular.

podem levar o feto a óbito por insuficiência cardíaca. A anemia e a icterícia nas primeiras 24 h após o parto podem evoluir com hepatomegalia e esplenomegalia. Em função da intensa hemólise, é comum o aparecimento de eritroblastos circulantes, daí a primeira denominação da doença ter sido eritroblastose fetal.

A criança geralmente nasce sem sinais de icterícia. A hiperbilirrubinemia pode ocorrer após o nascimento, pois, na vida intrauterina, a bilirrubina derivada da hemoglobina passa para a circulação materna, sendo catabolizada no fígado da mãe. No entanto, no recém-nascido, pela reduzida quantidade de glucoroniltransferase hepática, pode haver acúmulo de bilirrubina livre, que é tóxica e lipossolúvel e, quando depositada em células cerebrais, pode causar *kernicterus*, e resultar em deficiência mental grave, lesões neuromotoras e paralisia (Figura 27.15).

Incompatibilidade sanguínea materno-fetal no sistema ABO

A incompatibilidade materno-fetal decorrente do sistema ABO geralmente se dá em crianças do tipo A ou B, geradas por mães do grupo O. Nessas mães, os anticorpos anti-A e/ou anti-B são imunes (IgG). A incompatibilidade materno-fetal ABO é a mais frequente, acometendo, na maioria das vezes, recém-nascidos do grupo A, manifetando-se quase sempre de maneira discreta, embora existam casos de reações fortes, com necessidade de procedimentos drásticos, como a exsanguineotransfusão.

Para diagnóstico dessa incompatibilidade, deve-se realizar o TAD ou prova de Coombs direto nas hemácias do cordão umbilical ou do sangue venoso do recém-nascido (Figura 27.16). Quando o resultado for positivo, para elucidação do caso, o anticorpo poderá ser eluído e testado contra as suspensões de hemácias A1, B e O (3 a 5%). No entanto, deve-se salientar que, em alguns casos, o TAD pode apresentar resultado negativo, devido à hemólise das hemácias sensibilizadas *in vivo*, uma vez que os anticorpos ABO são altamente hemolíticos pela sua capacidade de ativar o complemento. Nessa situação, poderá ser efetuado um teste de hemolisina sérica, utilizando o soro materno contra hemácias do mesmo tipo sanguíneo que as do bebê. A presença de anticorpo acarretará destruição das hemácias (lembrando que, ao utilizar plasma, não ocorrerá hemólise, pela ausência do cálcio).

Na transfusão sanguínea de recém-nascidos, deve-se compatibilizar as tipagens ABO e RhD entre mãe e bebê. Para criança com o mesmo grupo sanguíneo da mãe, o ideal é ser transfundida com sangue isogrupo; no entanto, se forem de grupos diferentes, deve-se efetuar a pesquisa de hemolisina sérica antes da transfusão e, caso positiva, o RN deverá receber sangue do grupo O. O teste de hemólise deve ser executado utilizando o soro da criança contra as hemácias A1 e B.

A prova cruzada deverá ser efetuada após a definição da compatibilidade ABO e Rh. O bebê poderá apresentar anticorpos livres na circulação com título insuficiente para detecção. Por isso, a norma técnica sugere que, quando possível, seja utilizado o soro da mãe, uma vez que ele é o reservatório da imunoglobulina passada para a criança.

Incompatibilidade sanguínea materno-fetal no sistema Rh

A incompatibilidade materno-fetal pelo sistema RH, na maioria das vezes, ocorre pelo anti-D em mulher RhD negativo, sensibilizada pelo contato com hemácias contendo o antígeno D (hemácias RhD positivo) por gravidez ou transfusões sanguíneas prévias (Figura 27.17). Pode ocorrer também por outros antígenos desse sistema, como anti-C, -E, -c, -e, porém, menos comuns.

Anticorpos desenvolvidos por consequência da incompatibilidade materno-fetal geralmente causam problemas nas gestações subsequentes, no entanto, podem ocorrer situações de intercorrências durante a gravidez. Por exemplo, quando um volume de sangue do bebê passa para a corrente sanguínea materna provocando a síntese de anticorpos que podem se tornar prejudiciais ao bebê ainda durante a gestação.

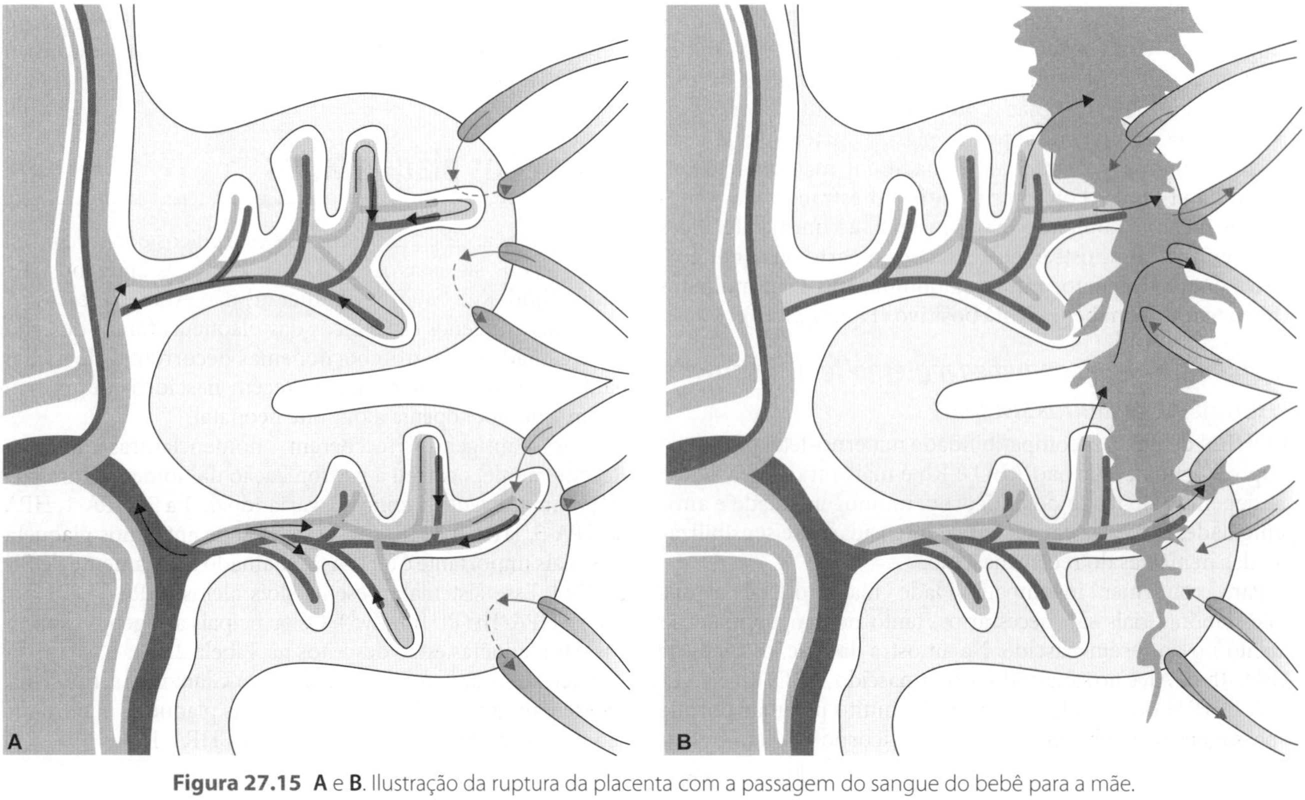

Figura 27.15 A e **B**. Ilustração da ruptura da placenta com a passagem do sangue do bebê para a mãe.

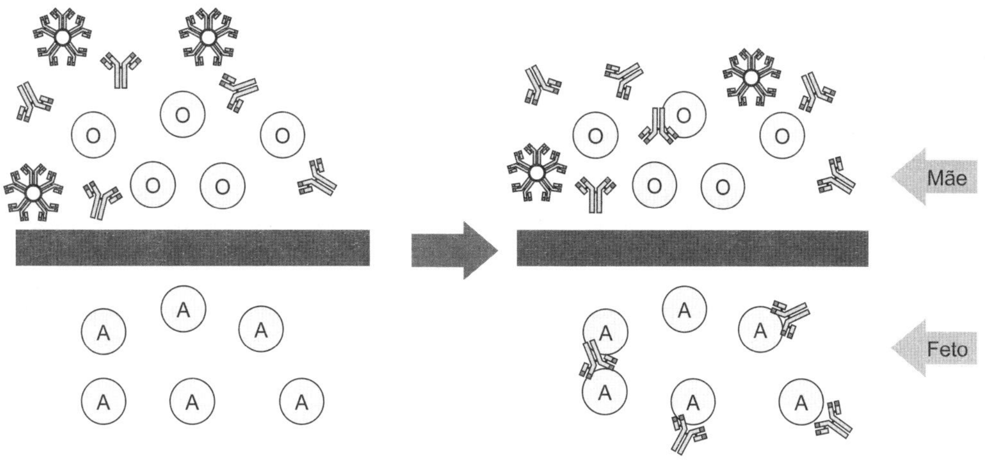

Figura 27.16 Representação da passagem de anticorpos, contra o sistema ABO, da mãe para o feto, com ligação às hemácias do feto.

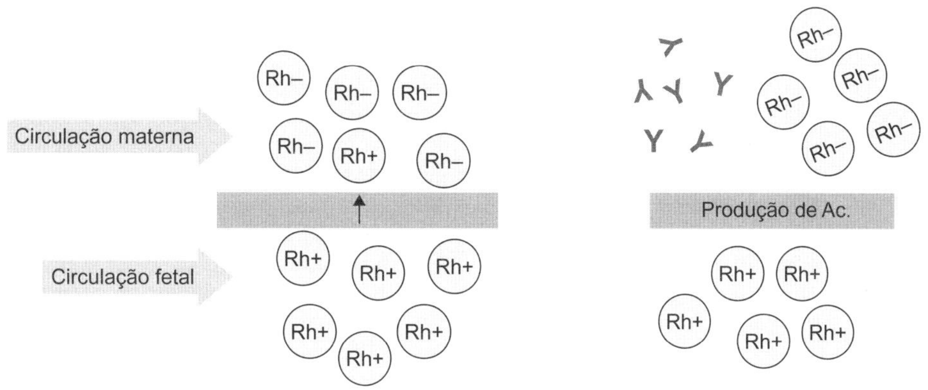

Figura 27.17 Ilustração da passagem de hemácias Rh+ do bebê para a mãe Rh-, com formação de anti-D.

A incompatibilidade ABO entre o sangue materno e o do bebê pode prevenir a imunização materna pelo RhD e outros antígenos. Isso acontece devido à presença de aglutininas antiA e/ou -B. Assim, hemácias B do feto ao entrarem na corrente sanguínea de uma mãe A ou O serão imediatamente destruídas pelos anti-B presentes no plasma materno pela ação do complemento. Portanto, o sistema imune materno não tem tempo hábil para reconhecer o antígeno estranho. Para prevenir a incompatibilidade materno-fetal, as normas técnicas recomendam administrar, até 72 h após o parto ou a intercorrência de sangramento, a imunoglobulina anti-D às mulheres RhD negativo com bebês RhD positivo (Figura 27.18).

Incompatibilidade sanguínea materno-fetal decorrente de antígenos de outros sistemas

A DHRN devido à incompatibilidade materno-fetal por outro grupo sanguíneo que não ABO e Rh é mais rara. A gravidade vai depender do título do anticorpo, imunogenicidade e antigenicidade, isto é, da capacidade e intensidade de sensibilização das hemácias do recém-nascido.

Para confirmar incompatibilidade materno-fetal alguns testes laboratoriais são necessários, tanto no sangue materno quanto no do recém-nascido. Na amostra da mãe, os testes de ABO, Rh e PAI, e no sangue do recém-nascido, ABO, Rh e TAD.

A DHRN provocada pelo anti-K é muito peculiar porque a passagem transplacentária desse anticorpo em feto portador do antígeno K pode causar depleção medular com aplasia eritroide, na qual a anemia ocorre principalmente por depleção medular em vez de hemólise, muitas vezes apresentando plaquetopenia.

Antígenos plaquetários

As plaquetas apresentam antígenos específicos e eritrocitários, como os dos sistemas ABO, Lewis, I e P. Os antígenos (Rh, Duffy, Kidd, Kell, Ss, MN e Lutheran) não estão expressos.

Vários antígenos específicos das plaquetas foram descritos e relacionados com trombocitopenias decorrentes de incompatibilidade transfusional ou em recém-nascidos que apresentaram trombocitopenia aloimune neonatal.

Esses antígenos receberam nomenclaturas diversas. Recentemente, ocorreu a padronização da nomenclatura para HPA (*human platelet antigen*), variando de 1 a 5 (HPA-1, HPA-2, HPA-3, HPA-4 e HPA-5). O sistema de antígenos plaquetários mais importante é o HPA-1, chamado antigamente de PI^{A1} ou Zw^{a}. Esse sistema apresenta dois alelos: HPA-1ª (PI^{A1} ou Zw^{a}) e HPA-1b (PI^{A2} ou Zw^{b}). Os principais antígenos específicos das plaquetas estão descritos na Tabela 27.11.

Pacientes com trombocitopenia de Glanzmann tipo I não apresentam glicoproteínas IIb e IIIa nas plaquetas e, portanto, são incapazes de expressar os antígenos HPA-1.

Tabela 27.11 Principais antígenos específicos das plaquetas.

Sistemas antigênicos plaquetários	Localização da glicoproteína	Descoberto por	Alelos	Associação com púrpura pós-transfusional ou púrpura trombocitopênica aloimune neonatal (PTAN)	Polimorfismos
HPA-1	GPIIIa	van Loghem *et al.* (1959)	HPA – 1a HPA – 1b	Anti-HPA-1a Púrpura pós-transfusional e PTAN	Substituição de única base na posição 33 DNA HPA-1a – leucina HPA-1b – prolina
HPA-2	GpIb	van der Weerdt *et al.* (1962)	HPA – 2a HPA – 2b		Substituição de única base na posição 434 DNA HPA-2a – treonina HPA-2b – metionina
HPA-3	GPIIb	von dem Borne *et al.* (1980)	HPA – 3a HPA – 3b	Anti-HPA-3a PTAN Anti-HPA- 3b púrpura pós-transfusional	Substituição de única base leva à substituição do aminoácido 843 na proteína. HPA-3a – isoleucina HPA-3b – serina
HPA-4	GPIIIa	Shibata *et al.* (1986)	HPA – 4a HPA – 4b	Anti-HPA 4a PTAN Anti-HPA 4b PTAN	Substituição de única base leva à substituição do aminoácido 526 na proteína. HPA-4a – arginina HPA-4b – glutamina
HPA-5	GpIa	Kiefel *et al.* (1988 e 1989)	HPA – 5a HPA – 5b	Anti-HPA 5a PTAN Anti-HPA 5b PTAN	

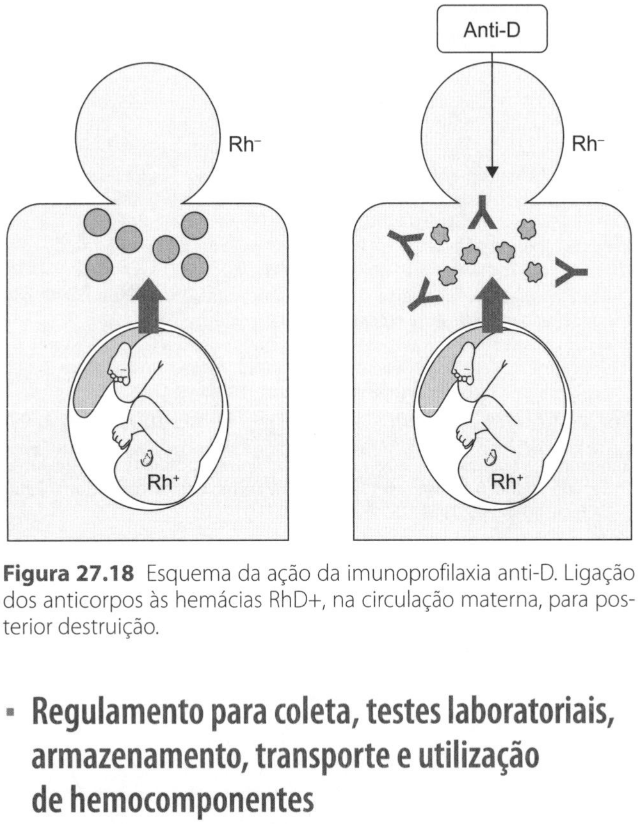

Figura 27.18 Esquema da ação da imunoprofilaxia anti-D. Ligação dos anticorpos às hemácias RhD+, na circulação materna, para posterior destruição.

Regulamento para coleta, testes laboratoriais, armazenamento, transporte e utilização de hemocomponentes

Apesar da descoberta dos grupos sanguíneos e sua capacidade de sensibilização, no passado a hemoterapia era responsável por um número razoável de óbitos pela negligência de muitos serviços. A legislação era precária, com normas insuficientes para a garantia da segurança na execução dos diversos procedimentos.

Nesse sentido, desde os anos 1990, por meio de Portarias do Ministério da Saúde, e de Resoluções da Diretoria Colegiada (RDC) da Agência Nacional de Vigilância Sanitária (ANVISA), foram determinados regulamentos técnicos para todos os procedimentos hemoterápicos, desde a captação do doador, triagem clínica e hematológica, à coleta, processamento, armazenamento e transporte. Preconizam também controle de qualidade interno, externo, de hemocomponentes e insumos para os ensaios laboratoriais, bem como para a utilização de sangue e componentes obtidos de sangue venoso, cordão umbilical, placenta e da medula óssea. Para a imuno-hematologia e sorologia, os regulamentos também especificam os procedimentos a serem executados.

Os exames imuno-hematológicos determinados pela Portaria do Ministério da Saúde para amostras de doadores de sangue são: ABO/RhD; PAI; pesquisa de hemolisina sérica anti-A e -B; pesquisa de hemoglobina S. Para os receptores: ABO/RhD; PAI; identificação de anticorpos irregulares para amostras com PAI positivo; pesquisa de hemolisina sérica anti-A e -B em RN incompatíveis ABO com a mãe; retipagem ABO de todas as bolsas e RhD somente para as negativas. Nenhum desses exames substitui a necessidade da prova de compatibilidade transfusional entre doador e receptor.

A tipagem ABO direta poderá ser executada apenas com soros anti-A e anti-B, desde que sejam monoclonais. Para a tipagem ABO reversa, as normas determinam a utilização das hemácias A_1 e B, sendo opcionais a A_2 e O. A bolsa de sangue jamais poderá ser liberada enquanto persistir discrepância entre as tipagens direta e reversa. Para o receptor, na indefinição sobre a tipagem ABO, a transfusão deverá ser prorrogada até que possa ser definida, porém, na impossibilidade de espera, este deverá ser transfundido com hemácias do grupo O.

O fator Rh_o (D) para doador deve ser realizado com soro anti-D de pelo menos duas marcas diferentes e, preferencialmente, de clones diferentes, utilizando-se paralelamente um soro-controle de Rh do mesmo fabricante que o anti-D. Para o caso Rh negativo, deve-se continuar a técnica até a pesquisa de D_{fraco}.

Para a amostra do receptor, a Portaria GM/MS permite utilizar o soro anti-D salino, que dispensa controle Rh e pesquisa do D_{fraco}. O uso de soro anti-D albuminoso deve ser em paralelo ao controle Rh do mesmo fabricante. Quando o serviço pesquisar o D_{fraco} na amostra do receptor com soro anti-D que reage com D categoria VI, a Portaria determina que a amostra também deve ser testada contra outro antissoro que não reaja com D categoria VI, e a discrepância deverá ser investigada antes da liberação de uma bolsa RhD positiva.

Todas as vezes que um doador de sangue comparecer a um serviço de hemoterapia, a tipagem ABO/Rh deverá ser efetuada. Para o sangue de doador com PAI positiva, é recomendável não empregar plasma para transfusão e as hemácias deverão ser "lavadas" com solução salina fisiológica antes da transfusão (processo executado em ambiente e técnicas apropriadas).

O sangue com hemoglobina S (HbS) não poderá ser transfundido em pacientes que apresentem hemoglobinopatias, acidose grave, recém-nascidos, procedimentos cirúrgicos com circulação extracorpórea ou hipotermia e hipoxia.

Nas amostras de doadores também deverão ser pesquisadas hemolisinas séricas anti-A e/ou anti-B para que as bolsas que apresentem anticorpos com caráter hemolítico sejam transfundidas para pacientes do mesmo grupo sanguíneo (isogrupo).

As amostras pré-transfusionais de receptores, de acordo com as normas técnicas atuais, deverão ser guardadas por no mínimo 3 dias; no entanto, considerando que já foram relatadas reações transfusionais após 10 dias do procedimento, as boas práticas demonstram a necessidade de maior tempo de guarda.

Referências bibliográficas

1. Landsteiner K. Ueber agglutinationsercheinungen normalen menschlichen Blutes. Wien Klin Wschr. 1901;14:1132-4.
2. Lewis M, Anstee DJ, Bird GWG, Brodheim E, Cartrom JP, Contreras M et al. Blood group terminology 1990. Vox Sang. 1990;58:152-69.
3. International Society of Blood Transfusion. Group terminology 2014. Disponível em: http://www.isbtweb.org. Acesso em 23 abr 2018.
4. Castilho L, Pellegrino Jr J, Reid M E. Fundamentos de Imuno-hematologia. São Paulo: Atheneu; 2015.
5. Wiener AS, Wexler IB. An Rh-Hr Syllabus. 2.ed. New York: Grune & Stratton; 1963.
6. Levine P, Stetson RE. An unusual case of intragroup agglutination JAMA. 1939;113:126-7.
7. Tippett P, Lomas-Francis C, Wallace M. The Rh antigen D: partial D antigens and associated low incidence antigens. Vox Sang. 1996;70:123-31.

Bibliografia

AABB. Technical Manual. 12.ed. Bethesda: American Association of Blood Banks; 1996.

Beiguelman B. Os sistemas sanguíneos eritrocitários. 3. ed. Ribeirão Preto: FUNPEC Editora; 2003.

Bryant NJ. An introduction to immunohematology. 3. ed. Philadelphia: Saunders; 1994.

Daniels G. The molecular genetics of blood group polymorphism. Transpl Immunol. 2005;14:143-53.

Daniels GL, Fletcher A, Garraty G, Henry S, Jorgensen J, Judd WJ et al. Blood group terminology 2004: from the International Society of Blood Transfusion committee on terminology for red cell surface antigens. Vox Sang. 2004;87:304-16.

Daniels GL. Human blood groups. 3.ed. Oxford, UK: Wiley-Blackwell; 2013.

Fischer RA, Race RR. Rh gene frequencies in Britain. Nature. 1946;157:48-9.

Fischer RA. The fitting of gene frequencies to data on rhesus reaction. Ann Eugen. 1946;13:150-5.

Fischer RA. The rhesus factor. A study in scientific method. Ann Sci. 1947;35:95-103.

Flegel WA, Wagner FF. Molecular biology of partial D and weak D: implications for blood bank practice. Clin Lab. 2002;48:53-59.

Kiefel V, Santoso S, Katzmann B, Mueller-Eckhardt CH. A new platelet-specific alloantigen Br(a). Report on four cases with neonatal alloimmune thrombocytopenia. Vox Sang. 1988;54:101-6.

Kiefel V, Santoso S, Katzmann B, Mueller-Eckhardt CH. The Br(a)/Br(b) alloantigen systems on platelets. Blood. 1989;73:2219-3.

Landsteiner K. Zur Kenntnis der antifermentativen, lytischen und agglutinierenden Wierkungen dês B1 lutserums und der Lymphe. Zbl Bakt. 1900;27:357-62.

Lee AH, Reid ME. ABO blood group system: a review of molecular aspects. Immunohematology. 2000;16:01-6.

Miller LH, Mason SJ, Clyde DF, McGinniss MH. The resistance factor to Plasmodium vivax in blacks. The Duffy-blood-group genotype FyFy. N Engl J Med. 1976;295:302-4.

Mollison PL, Engelfriet CP, Contreras M. Blood transfusion in clinical medicine. 3. ed. Blackwell Science; 1997.

Reid ME, Lomas-Francis C, Olsson ML. The Blood Group Antigen FactsBook. 3. ed. San Diego, CA: Elsevier; 2012.

Rosenfield RE. A hemolytic disease of the newborn. Analysis of 1.480 cprd blood specimens with special reference to the direct antiglobulin test and to the group O mothers. Blood. 1955;10:17-28.

Rudmann SV. Textbook of blood banking and transfusion medicine. Philadelphia: Saunders; 1995.

Schoroeder ML, Rayner HL: antígenos de hemácias, plaquetas e leucócitos. In: Lee GR. Wintrobe Hematologia Clínica. São Paulo: Manole; 1996.

Shibata Y, Miyaji T, Ischikawa Y, Matsuda I. Yuk a/Yuk b, a new platelet antigen involved in two cases of neonatal alloimmune thrombocytopenia. Vox Sang. 1986;51:334-7.

Van Loghem JJ, Peetoom F, van der Hart M, van der Giesse M, Prins HK, Zurcher C et al. Serological and immunochemical studies in haemolytic anaemia with high-titre cold agglutinins. Vox Sang. 1963;8:33.

Von dem Borne AEGK, von Riesz E, Verheught FWA, Ten Cate JW, Koppe JG, Engelfriet CP et al. Bak[a], a new platelet-specific antigen involved in neonatal alloimmune thrombocytopenia. Vox Sang. 1980;39:113-20.

Wagner FF, Flegel WA. Review: the molecular basis of the Rh blood group phenotypes. Immunoematology. 2004;20:23-36.

Yamamoto F, Hakomori S. Sugar-nucleotide donor specificity of histo-blood group A and B transferases is based on amino acid substitutions. J Biol Chem. 1990;265(31):19257-62.

- Fase cognitiva: ocorre o estabelecimento do reconhecimento dos antígenos pelas células apresentadoras de antígenos.
- Fase de ativação celular: depende da interação de receptores presentes na membrana citoplasmática dos diversos tipos celulares envolvidos na resposta imunológica com seus agonistas, pelos contatos célula-célula ou mediador solúvel-célula. Esses contatos levam à internalização dos sinais originados na membrana, por meio de cascatas de proteínas transdutoras, que, por fim, ativam estruturas nucleares específicas para a transcrição do DNA e subsequente síntese proteica. As proteínas produzidas podem ser importantes na divisão celular ou na sua diferenciação. Caso haja secreção desses fatores proteicos, pode haver interação com novos tipos celulares e subsequente amplificação dessa resposta imunológica.

Bases da resposta imunológica

O sistema imunológico desenvolveu-se, no decorrer da filogenia, adaptando-se à necessidade de proteger o organismo contra agentes infecciosos e, ao mesmo tempo, manter a homeostasia interna. Mecanismos imunológicos estão presentes tanto suprimindo uma reação imunológica contra os antígenos ingeridos nas refeições e o antígeno paterno na gestação, quanto na defesa contra os diversos agentes patogênicos aos quais estamos expostos todo o tempo.

Conceitualmente, a resposta imunológica pode ser dividida em celular e humoral. A primeira envolve a participação direta das células do sistema imunológico e a segunda abrange

Capítulo 28

Imunodeficiências e Avaliação da Imunocompetência

Dewton de Moraes Vasconcelos

Introdução

Os recentes avanços nas técnicas de investigação imunológica, decorrentes da crescente disponibilidade de novas ferramentas diagnósticas, genéticas e moleculares, vêm permitindo aos profissionais de saúde a oportunidade de confirmar doenças de maneira precoce e eficiente, bem como preveni-las identificando e quantificando marcadores fisiológicos que antecedem a patologia propriamente dita. Além disso, muitas enfermidades podem ser adequadamente monitoradas por exames laboratoriais. Esses dados possibilitam melhor adequação do tratamento às condições do paciente. As avaliações laboratoriais podem também estabelecer parâmetros de cura, essenciais para a suspensão da medicação, readequação das doses ou mudança dos medicamentos, tornando possível o melhor uso do arsenal terapêutico e o menor risco de efeitos indesejados.

Particularmente, a avaliação de parâmetros imunológicos é usada para a abordagem de diversos processos infecciosos e inflamatórios, bem como de distúrbios decorrentes do desequilíbrio do sistema imunológico, como as imunodeficiências, doenças autoimunes e alérgicas.

Para que se possa compreender os testes laboratoriais utilizados em imunologia é necessário entender o funcionamento básico da resposta imunológica. Atualmente, a resposta imune é conhecida como um conjunto de mecanismos compartimentalizados e como uma intrincada rede de comunicações.

Bases da resposta imunológica

O sistema imunológico desenvolveu-se, no decorrer da filogenia, adaptando-se à necessidade de proteger o organismo contra agentes infecciosos e, ao mesmo tempo, manter a homeostasia interna. Mecanismos imunológicos estão presentes tanto suprimindo uma reação imunológica contra os antígenos ingeridos nas refeições e na manutenção do tecido semialogênico (haploidêntico) na gestação, quanto na defesa contra os diversos agentes patogênicos aos quais estamos expostos todo o tempo.

Conceitualmente, a resposta imunológica pode ser dividida em celular e humoral. A primeira envolve a participação direta das células do sistema imunológico e a segunda abrange as proteínas e moléculas plasmáticas, que atuam em diversas fases da resposta imunológica. Do ponto de vista fisiológico, as duas respostas são relacionadas e interdependentes na sua natureza. É possível ainda dividir os mecanismos de defesa em dois grandes ramos: *inespecífico* (ou *inato*) e *específico* (ou *adaptativo*). Os primeiros mecanismos a atuar são os inespecíficos, como as barreiras cutaneomucosas e as substâncias que estas secretam. Quando essa barreira é ultrapassada, outros fatores relativamente inespecíficos, como células NK, sistema complemento e citocinas, são envolvidos. Recentemente, observou-se que a imunidade inata é altamente eficiente na destruição de inúmeros agentes patogênicos, em decorrência de sua capacidade de reconhecimento de padrões moleculares associados aos patógenos, como o RNA de dupla hélice viral, o DNA não metilado, o lipopolissacáride das bactérias Gram-negativas, os açúcares das paredes bacterianas e fúngicas etc. Caso essa segunda barreira também seja rompida, os mecanismos específicos, dependentes de linfócitos T e de anticorpos produzidos pelos linfócitos B são ativados e, devido à "especificidade" do segundo ramo, que apresenta caráter cognitivo, ou seja, aprende com a experiência e tem "memória", ocorre intensa potencialização e direcionamento da resposta imunológica, que pode atuar na resistência às diversas patologias a que os animais estão sujeitos. De maneira geral, é possível dizer que a resposta imune específica ante um agente patogênico qualquer é dependente de diversos passos:

- Fase cognitiva: quando ocorre o estabelecimento do processamento e a apresentação de antígenos pelas células apresentadoras de antígenos
- Fase de ativação celular: depende da interação de receptores presentes na membrana citoplasmática dos diversos tipos celulares envolvidos na resposta imunológica com seus agonistas pelos contatos célula-célula ou mediador solúvel-célula. Esses contatos levam à internalização dos sinais originados na membrana, por meio de cascatas de proteínas transdutoras, que, por fim, ativam estruturas nucleares específicas para a transcrição do DNA e subsequente síntese proteica. As proteínas produzidas podem ser importantes na divisão celular ou na sua diferenciação. Caso haja secreção desses fatores proteicos, pode haver interação com novos tipos celulares e subsequente amplificação dessa resposta imunológica

- Fase de amplificação e direcionamento: ocorre pela interação celular de linfócitos T indutores/auxiliadores (geralmente CD4+), os quais secretarão citocinas que, em diversas combinações, levam a uma diversidade de células, denominadas T_1 e T_{17}, T_2 e T_9, T_3 e T_{reg} ou T_0, de padrões responsáveis por tipos diferentes de respostas, fundamentais para a defesa a diversos tipos de patógenos intracelulares, como vírus, bactérias e fungos, helmintos, processos alérgicos, imunomodulação, ou inespecífica, respectivamente
- Fase efetora: ocorre também de forma interativa, variando de acordo com o estímulo advindo dos linfócitos T auxiliadores, genericamente, do seguinte modo: no braço celular, dependem de linfócitos T citotóxicos específicos, células NK e macrófagos ativados. Por outro lado, no ramo humoral, dependem do sistema complemento, ativado em sua via clássica pelas imunoglobulinas (Ig) dos isótipos IgM, IgG_1, IgG_2 e IgG_3, assim como de fagócitos, tanto mononucleares quanto polimorfonucleares neutrófilos e eosinófilos, que possuem receptores para as regiões Fc das Ig e também para diversas frações do sistema complemento. Dessa maneira, a ativação dessas células efetoras promove grande especificidade e amplificação da fagocitose, além de uma resposta inflamatória concomitante, dependente, parcialmente, da produção de radicais altamente reativos, como os superóxidos, peróxidos, oxigênio singleto e haletos metálicos. Esses compostos provocarão extenso dano principalmente a bactérias e fungos, e o NO_2 a parasitas. É importante ressaltar que esses fagócitos "profissionais" contêm também diversas enzimas proteolíticas e nucleolíticas que potencializam sobremaneira a capacidade destrutiva dessas células sobre os mais variados tipos de patógenos.

Distúrbios da resposta imunológica

A grande complexidade e a interatividade dos diversos tipos de células e moléculas envolvidas na resposta inflamatória e imunológica fazem com que existam inúmeras possibilidades de defeitos genéticos da imunidade, denominados genericamente imunodeficiências primárias (IDP; Figura 28.1).

Para entender a enorme diversidade de doenças caracterizadas por imunodeficiência de caráter genético-hereditário, é preciso observar a classificação proposta pelo Conselho de Experts em Imunodeficiências Primárias da Organização Mundial da Saúde, publicada em novembro de 2014 (Al Herz *et al.*, 2014). É importante ressaltar que, a cada reunião, novas doenças são descritas ou reclassificadas, de modo que o número de distúrbios descritos aumenta rapidamente. É também importante enfatizar que a nomenclatura atual tenta evitar epônimos e se utiliza da definição da causa presumida ou da expressão mais característica da doença. Assim, as imunodeficiências primárias são atualmente classificadas da seguinte forma (IUIS/OMS, 2014):

- Imunodeficiências combinadas (Tabela 28.1)
- Imunodeficiências predominantemente de anticorpos (Tabela 28.2)
- Imunodeficiências com desregulação imunológica (Tabela 28.3)
- Outras imunodeficiências bem definidas (Tabela 28.4)
- Deficiências do número e função fagocítica (Tabela 28.5)
- Defeitos da imunidade inata (Tabela 28.6)
- Doenças autoinflamatórias (Tabela 28.7)
- Deficiências do sistema complemento (Tabela 28.8)
- Fenocópias das imunodeficiências primárias (Tabela 28.9).

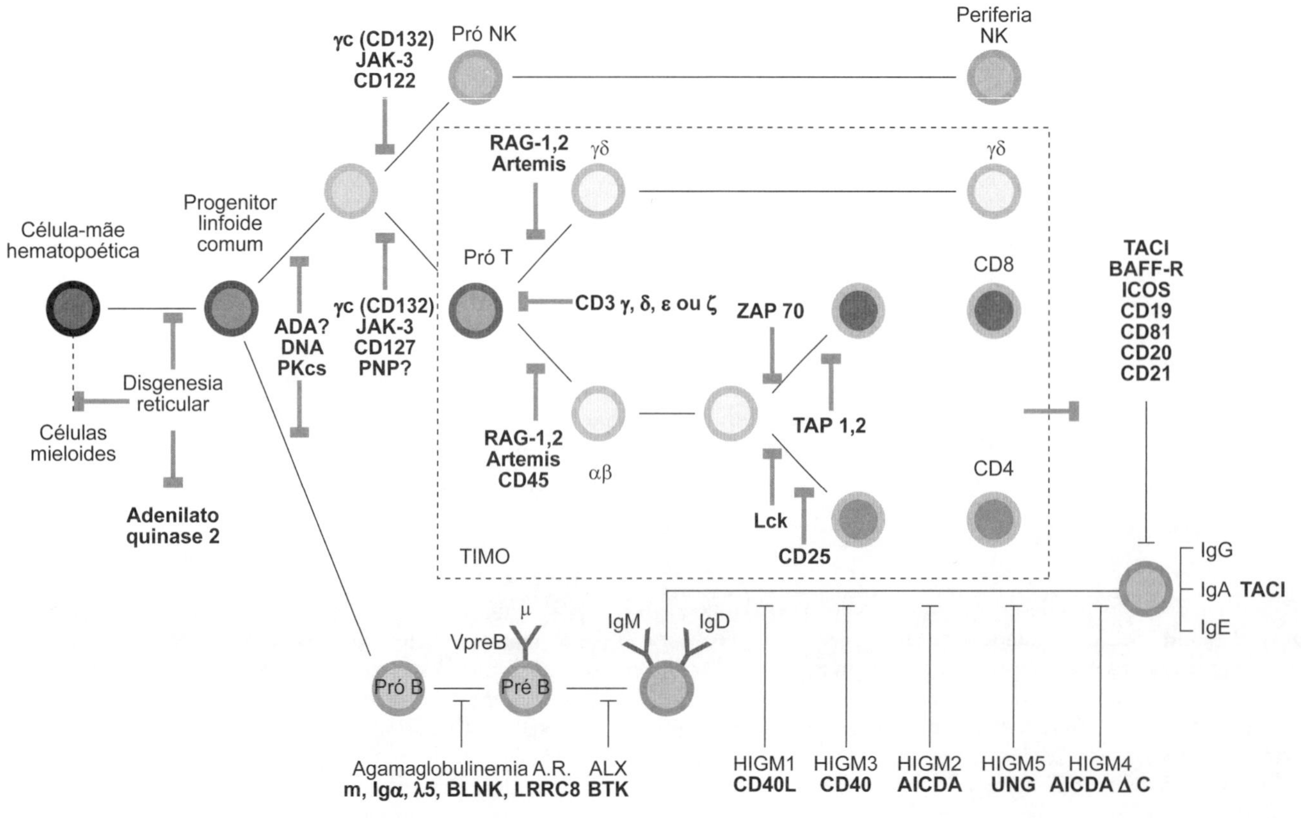

Figura 28.1 Esquema simplificado da ontogênese das células linfo-hematopoéticas mostrando diversos pontos de bloqueio associados a imunodeficiências primárias atualmente definidas. O timo é representado no retângulo. Quanto mais precoce for o ponto de bloqueio (mais próximo às células tronco-hematopoéticas), mais grave será o defeito, por afetar mais linhagens ou mais subtipos celulares simultaneamente.

Tabela 28.1 Imunodeficiências combinadas e celulares.

Designação	Ig sérica	Células B circulantes	Células T circulantes	Patogênese presumida	Herança	Achados associados
IDCG (T-B-)						
• Disgenesia reticular (deficiência de AK2)	⇓⇓↓	⇓⇓↓	⇓⇓↓	Defeito na adenilato quinase mitocondrial afetando as células T, B, NK e mieloides (defeito das *stem-cells*)	AR	Granulocitopenia, anemia, trombocitopenia e surdez
• Deficiência de RAG1/2	⇓⇓↓	⇓⇓↓	⇓⇓↓	Mutações nos genes RAG1/RAG2	AR	–
• Deficiência de Artemis	⇓⇓↓	⇓⇓↓	⇓⇓↓	Recombinação VDJ e reparo de DNA defeituosos	AR	Radiossensibilidade
• Deficiência de DNA PKcs	⇓⇓↓	⇓⇓↓	⇓⇓↓	Similar à IDCG do camundongo e do cavalo árabe, amplamente estudadas	AR	–
• Deficiência de adenosina deaminase (ADA)	⇓⇓↓	⇓⇓⇓ progressiva	⇓⇓⇓ progressiva	Distúrbios das células T, B e NK por metabólitos tóxicos (p. ex., dATP, s-adenosil homocisteína) devido à deficiência enzimática	AR	Anormalidades de cartilagens, neurológicas, hipoacusia, manifestações pulmonares e hepáticas
IDCG (T-B+)						
• Deficiência da cadeia gama comum (ligada ao X)	⇓⇓↓	Normal ou ↑	Muito ⇓⇓↓	Mutações na cadeia γ dos receptores de IL-2, 4, 7, 9, 15 e 21	LX	Células NK ⇓↓
• Deficiência de JAK3	⇓⇓↓	Normal ou ↑	Muito ⇓⇓↓	Mutações no gene da tirosinoquinase JAK3	AR	Células NK ⇓↓
• Deficiência de IL-7 Rα	⇓⇓↓	Normal ou ↑	Muito ⇓⇓↓	Mutação na cadeia α do receptor de IL-7	AR	Células NK normais
• Deficiência de CD45	⇓⇓↓	Normal	Muito ⇓⇓↓	Mutações no gene de CD45	AR	Células NK ⇓, células T γ/δ normais
• Deficiência de CD3δ, ε ou ζ	⇓⇓↓	Normal	Muito ⇓⇓↓	Mutações nos genes das cadeias CD3δ, CD3ε, ou CD3ζ do complexo TCR/CD3	AR	Células NK normais
• Deficiência de coronina-1A	⇓⇓↓	Normal	Muito ⇓⇓↓	Mutação no gene de coronina-1A	AR	Células NK normais, timo detectável
• Deficiência de purina nucleosídeo fosforilase (PNP)	Normal ou ↓	Normal	⇓⇓⇓ progressiva	Defeitos das células T por metabólitos tóxicos (p. ex., dGTP) devido à deficiência enzimática	AR	Anemia hemolítica autoimune, sintomas neurológicos
• Deficiência de CD3γ	Normal	Normal	Normal, mas com expressão reduzida do TCR	Transcrição defeituosa da cadeia CD3γ	AR	Manifestações clínicas que variam de IDCG a relativamente leve
Síndrome de Omenn	⇓⇓; IgE ↑	Normal ou ↓	Presentes; Diversidade ⇓↓	Mutações nos genes RAG1/RAG2, Artemis, IL7Rα, RMRP, ADA, DNA Ligase IV, gc, ou associada com a síndrome de DiGeorge	–	Eritrodermia, eosinofilia, hepatoesplenomegalia
Deficiência de DNA ligase IV	⇓⇓↓	⇓⇓↓	⇓⇓↓	Recombinação VDJ e reparo de DNA defeituosos	AR	Radiossensibilidade, microcefalia, dismorfismo facial
Deficiência de Cernunnos/ NHEJ1	⇓⇓↓	⇓⇓↓	⇓⇓↓	Recombinação VDJ e reparo de DNA defeituosos	AR	Radiossensibilidade, microcefalia, retardo de crescimento intrauterino
Deficiência de CD40-L	IgM e IgD aumentada ou normal; outros isótipos ↓	Células IgM e IgD + presentes; outras ausentes	Normais em número	Mutações no gene do ligante de CD40 (CD154) causando distúrbio de comutação isotípica e de sinalização das células dendríticas	–	Neutropenia, trombocitopenia, anemia hemolítica, doença gastrintestinal e hepática (colangite esclerosante)
Deficiência de CD40	IgM e IgD aumentada ou normal; outros isótipos ↓	Células IgM e IgD + presentes; outras ausentes	Normais em número	Mutações no gene de CD40 causando distúrbio de comutação isotípica e de sinalização das células dendríticas	–	Neutropenia, trombocitopenia, anemia hemolítica, doença gastrintestinal e hepática (colangite esclerosante)

(continua)

Tabela 28.1 (*Continuação*) Imunodeficiências combinadas e celulares.

Designação	Ig sérica	Células B circulantes	Células T circulantes	Patogênese presumida	Herança	Achados associados
Deficiência de CD8α	Normal	Normal	CD8 ⇓, CD4 normal	Mutações no gene da cadeia α de CD8	AR	–
Deficiência de ZAP-70	Normal	Normal	CD8 ⇓, CD4 normal	Mutações no gene da quinase ZAP-70	AR	–
Deficiência de canais de Ca++ (Orai-1 e Stim-1)	Normal	Normal	Normais em número	Mutações nos genes de Orai-1 ou Stim-1, componentes dos canais de cálcio	AR	Autoimunidade, displasia ectodérmica anidrótica, miopatia não progressiva
Deficiência de CHP de classe I	Normal	Normal	CD8 ⇓, CD4 normal	Mutações no gene de TAP-1, TAP-2 ou Tapasina (TAP-BP)	AR	Vasculite granulomatosa
Deficiência de CHP de classe II	Normal ou ↓	Normal	CD4 ⇓, CD8 normal	Mutação em genes de fatores transcripcionais (CIITA, RFX-5, RFXANK, RFXAP) para as moléculas de classe II	AR	Déficit de crescimento, diarreia crônica
Deficiência da hélice alada (*Winged helix – Nude*)	Normal	Normal	⇓⇓↓	Defeitos no fator de transcrição *forkhead box* N1 codificado por FOXN1, o gene mutado no camundongo nude	AR	Alopecia, epitélio tímico anormal, maturação prejudicada de células T
Síndrome de DiGeorge completa	↓	Normal ou ↓	⇓⇓↓	Deleção de 22q11.2, raros casos com deleção de 10 p, mutações heterozigotas de TBX1, um fator de transcrição	AD ou de novo	Malformação conotruncal, fácies anormal, hipoparatireoidismo
Hipoplasia de cartilagem e pelos	Normal ou ⇓; anticorpos variavelmente afetados	Normal ou ↓	Normal	Mutações em RMRP (RNase MRP RNA) envolvida no processamento de RNA ribossômico, replicação de DNA mitocondrial e controle do ciclo celular	AR	Nanismo de membros curtos com disostose metafisária, cabelos esparsos, falência da medula óssea, autoimunidade, suscetibilidade a linfoma, espermatogênese reduzida, displasia neuronal do intestino
Deficiência de IKAROS	↓	Ausentes	Normal, mas com proliferação reduzida	Mutação em IKAROS, uma proteína *zinc-finger* hematopoética específica e um regulador central da diferenciação linfoide	AD de novo	Anemia, neutropenia, trombocitopenia
Deficiência de IL-2Rα (CD25)	Normal	Normal	↓	Mutação no gene de CD25	AR	Linfoproliferação, linfadenopatia, hepatoesplenomegalia, autoimunidade (pode lembrar IPEX), proliferação de células T reduzidas
Deficiência de STAT-5b	Normal	Normal	↓	Defeitos de STAT5b, desenvolvimento e função alterada de células T gδ, T reg, e células NK, proliferação alterada de células T	AR	Nanismo insensível ao hormônio de crescimento, dismorfismos, eczema, pneumonite intersticial linfoide, autoimunidade
Deficiência de ITK	Normal ou ↓	Normal	↓	Defeito em ITK, linfoproliferação associada ao EBV	AR	–
Deficiência de MAGT1	Normal	Normal	⇓ de T CD4+	Mutações em MAGT1, com fluxo de Mg++ alterado levando a sinalização reduzida pelo TCR	LX	Infecção por EBV, linfoma, infecções virais, respiratórias e gastrintestinais
Deficiência de DOCK8	IgM ⇓, IgE ↑	Normal ou ⇓	⇓↓	Defeito em DOCK8, uma proteína trocadora de guanina fosfatos (GDP – GTP) para proteínas G como Ras e CDC42	AR	Células NK reduzidas, hipereosinofilia, infecções recorrentes, atopia grave, infecções virais cutâneas extensas, estafilococcias, suscetibilidade a neoplasias
Deficiência primária de células CD4	Normal ou ↓	Normal	CD4 ⇓⇓, CD8 normal	Desconhecida; um caso descrito de deficiência de p56 lck; um caso de deficiência de UNC119	AR (p56 lck), AD (UNC119)	–

AD: Herança autossômica dominante; AR: herança autossômica recessiva; LX: herança ligada ao X; IDCG: imunodeficiência combinada grave; EBV: vírus *Epstein-Barr*; CHP: complexo de histocompatibilidade principal.

Tabela 28.2 Deficiências predominantemente de anticorpos.

Designação	Ig sérica	Células B circulantes	Patogênese presumida	Herança	Achados associados
Redução grave de todos os isótipos com diminuição ou ausência de células B					
Agamaglobulinemia ligada ao X (AGMX1)	Todos os isótipos ↓	Profundamente ↓	Mutações no gene *BTK*, uma tirosinoquinase ativada pela ligação ao BCR (receptor da célula B)	LX	Suscetibilidade a enterovírus, dependente da ativação prejudicada de TLR9
Agamaglobulinemia autossômica recessiva (AGM1)	Todos os isótipos ↓	Profundamente ↓	Mutações no gene da cadeia pesada das imunoglobulinas (Cμ)	AR	–
Agamaglobulinemia autossômica recessiva (AGM2)	Todos os isótipos ↓	Profundamente ↓	Mutações no gene *IGLL1* (λ5/14.1)	AR	–
Agamaglobulinemia autossômica recessiva (AGM3)	Todos os isótipos ↓	Profundamente ↓	Mutações no gene *CD79A* (CD79a)	AR	–
Agamaglobulinemia autossômica recessiva (AGM4)	Todos os isótipos ↓	Profundamente ↓	Mutações do gene de slp-76 (BLNK)	AR	–
Agamaglobulinemia autossômica recessiva (AGM5)	Todos os isótipos ↓	Profundamente ↓	Mutações do gene de LRRC8	AR	Anomalias faciais
Agamaglobulinemia autossômica recessiva (AGM6)	Todos os isótipos ↓	Profundamente ↓	Mutações no gene *CD79B* (CD79b)	AR	–
Timoma com imunodeficiência	Um ou mais isótipos ⇓	Profundamente ↓	Desconhecida	Nenhuma	Autoimunidade, redução de células pró-B
Mielodisplasia com hipogamaglobulinemia	Um ou mais isótipos ⇓	Profundamente ↓	Pode ter monossomia do cromossomo 7, trissomia do 8, ou disqueratose congênita	Variável	Redução de células pró-B
Redução de todos os isótipos com redução ou números normais de células B					
Imunodeficiência comum variável (ICV)	⇓ variável de múltiplos isótipos	Normais, imaturas ou ↓	Variável; Indeterminada	Variada: AR, AD, desconhecida	Hipogamaglobulinemia, distúrbios variados na imunidade mediada por células, autoimunidade, doença granulomatosa e suscetibilidade a neoplasias
Deficiência de ICOS (ICV1)	⇓ de IgA e IgG, IgM normal ou reduzida	Normais, imaturas ou ↓	Mutações no gene de ICOS	AR	Distúrbios de imunidade celular e autoimunidade
Deficiência de TACI (ICV2)	⇓ de IgA e IgG, IgM normal ou reduzida	Normais, imaturas ou ↓	Mutações no gene de *TNFRSF13B* (TACI)	AD ou AR, ou complexa	Autoimunidade, doença granulomatosa e suscetibilidade a neoplasias
Deficiência de CD19 (ICV3)	⇓ de IgA e IgG, IgM normal ou reduzida	Redução de células B de memória, ausência de CD19	Mutações no gene de CD19	AR	Pode ter glomerulonefrite
Deficiência de BAFF-R (ICV4)	⇓ de IgG e IgM	⇓ ou imaturas	Mutações no gene de *TNFRSF13C* (BAFF-R)	AR	Expressão clínica menos intensa, com baixo risco de neoplasias
Deficiência de CD20 (ICV5)	⇓ de IgG, IgA e IgM normal ou elevada	Normais, ausência de CD20	Mutações no gene de CD20	AR	–
Deficiência de CD81 (ICV6)	⇓ de IgG, IgA e IgM normal ou reduzida	Redução de células B de memória, ausência de CD81 (e CD19)	Mutações no gene de CD81	AR	Pode ter glomerulonefrite
Deficiência de CD21 (ICV7)	⇓ de IgG, IgA e IgM normal ou elevada	Redução de células B de memória, ausência de CD21	Mutações no gene de CD21	AR	–
Deficiência de LRBA (ICV8)	⇓ de IgG e IgA	Redução de populações variadas de células B	Mutações de LRBA	AR	Manifestações autoimunes e granulomas, doença inflamatória intestinal

(continua)

Tabela 28.2 (*Continuação*) Deficiências predominantemente de anticorpos.

Designação	Ig sérica	Células B circulantes	Patogênese presumida	Herança	Achados associados
Redução grave de IgG e IgA com IgM normal ou elevada e números normais de células B					
Deficiência de CD40 I Síndrome de hiper IgM ligada ao X	IgM e IgD ⇑ ou normal Outros isótipos ↓	Células B portando IgM e IgD presentes; outras ausentes	Mutações do gene da CD40 *LG* (CD154 ou TNFSF5)	LX	Infecções oportunistas, neutropenia, trombocitopenia, anemia hemolítica
Deficiência de CD40	IgM e IgD ⇑ ou normal Outros isótipos ↓	Células B portando IgM e IgD presentes; outras ausentes	Mutações do gene da CD40 (TNFRSF5)	AR	Infecções oportunistas, neutropenia, trombocitopenia, anemia hemolítica
Deficiência de AID	IgM e IgD ⇑ ou normal Outros isótipos ↓	Células B portando IgM e IgD presentes; outras ausentes	Mutações do gene da AID	AR	Hipertrofia de linfonodos e centros germinativos
Deficiência de UNG	IgM e IgD ⇑ ou normal Outros isótipos ↓	Células B portando IgM e IgD presentes; outras ausentes	Mutações do gene da UNG	AR	Hipertrofia de linfonodos e centros germinativos
Síndrome de hiper IgM com displasia ectodérmica anidrótica ligada ao X	IgM e IgD ⇑ ou normal Outros isótipos ↓	Células B portando IgM e IgD presentes; outras ausentes	Mutações do gene da NEMO (IKKγ)	LX	Displasia ectodérmica anidrótica
Deficiências de isótipos ou cadeias leves com números normais de células B					
Deleções de genes de cadeias pesadas	IgG1, IgG2 ou IgG4 ausentes, às vezes IgE e IgA2 também ausentes	Normal ou ↓	Deleção cromossômica em 14q32	AR (14q 32.3)	Podem ser assintomáticos
Deficiência de cadeia K	Ig(K) ⇓; resposta anticórpica normal ou ↓	Normal ou ⇓ (K)	Mutações pontuais no cromossomo 2 p11 em alguns pacientes	AR (2 p 11)	Assintomáticos
Deficiência seletiva de subclasses de IgG	⇓ em um ou mais isótipos de IgG	Normais	Defeitos na diferenciação isotípica	Desconhecida	Em geral assintomáticos, alguns pacientes têm resposta reduzida a alguns Ag e infecções virais ou bacterianas recidivantes
Deficiência seletiva de subclasses de IgG com deficiência de IgA	⇓ em um ou mais isótipos de IgG e IgA	Normais ou imaturas	Defeitos na diferenciação isotípica	Desconhecida	Infecções bacterianas recidivantes na maioria
Deficiência de IgA	IgA1 e IgA2 ↓	Normais ou imaturas sIgA+	Falência na diferenciação terminal de células B IgA+	Variada: AR, AD ou desconhecida	Alergias e doenças autoimunes, alguns evoluem para ICV
Deficiência de IgA (D IgA1)	IgA1 e IgA2 ↓	Normais ou imaturas sIgA+	Falência na diferenciação terminal de células B IgA+	MHCII? III? 6 p21.3; MSH5?	Alergias e doenças autoimunes, alguns evoluem para ICV
Deficiência de IgA (D IgA2)	IgA1 e IgA2 ↓	Normais ou imaturas sIgA+	Mutação em *TNFRSF13B* (TACI)	AR ou AD	Alergias e doenças autoimunes, alguns evoluem para ICV
Deficiência de anticorpos específicos e hipogamaglobulinemia					
Deficiência de anticorpos específicos com concentrações normais de Ig e células B	Normal	Normal	Desconhecida	Desconhecida	–
Hipogamaglobulinemia transitória da infância	IgG e IgA ↓	Normais	Defeito de diferenciação: maturação tardia da função auxiliadora T	Desconhecida	Frequente em famílias com outras imunodeficiências

BTK: tirosinoquinase de Bruton; BLNK: proteína ligadora de células B; AID: citidina deaminase induzida pela ativação; UNG: uracila nDNA-glicosilase; ICOS: coestimulador indutível; TACI: ativador transmembrana e interador com modulador de cálcio e ligante da ciclofilina; BAFF-R: receptor de fator ativador das células B; LRBA: proteína de tráfego de vesículas responsiva ao LPS contendo domínios BeACH e âncora.

Tabela 28.3 Deficiências com desregulação imunológica.

Designação	Células T circulantes	Células B circulantes	Ig sérica	Patogênese presumida	Herança	Achados associados
Imunodeficiência com hipopigmentação						
Síndrome de Chédiak-Higashi	Normal	Normal	Normal	Mutações em *Lyst*, tráfego lisossomal prejudicado	AR	Albinismo parcial, infecções recorrentes, encefalopatia primária de início tardio, risco elevado de linfoma, neutropenia, lisossomos gigantes, redução de atividade NK e de células T citotóxicas, síndrome hemofagocítica
Síndrome de Griscelli	Normal	Normal	Normal	Mutações em *Rab27a*, uma GTPase que promove o ancoramento de vesículas secretoras à membrana celular	AR	Albinismo parcial, infecções recorrentes, encefalopatia primária em alguns pacientes, redução de atividade NK e de células T citotóxicas, síndrome hemofagocítica
Síndrome de Hermansky-Pudlak do tipo 2	Normal	Normal	Normal	Mutações em *AP3B1*, que codifica a unidade beta do complexo AP3	AR	Albinismo parcial, sangramentos, neutropenia, redução de atividade NK e de células T citotóxicas
Síndromes de linfoistiocitose hemofagocítica familiar						
Deficiência de perfurina (LHF2)	Normal	Normal	Normal	Mutações em *PRF1*, que codifica a perfurina, uma proteína citolítica principal	AR	Inflamação grave, febre persistente, citopenias, esplenomegalia, redução de atividade NK e de células T citotóxicas, síndrome hemofagocítica
Deficiência de UNC-13D (Munc13-4; LHF3)	Normal	Normal	Normal	Mutações em *UNC-13D*, necessária para primar as vesículas para fusão	AR	Inflamação grave, febre persistente, esplenomegalia, redução de atividade NK e de células T citotóxicas, síndrome hemofagocítica
Deficiência de sintaxina 11 (LHF4)	Normal	Normal	Normal	Mutações em *STX11*, necessária para fusão das vesículas secretórias com a membrana celular e liberação de seu conteúdo	AR	Inflamação grave, febre persistente, esplenomegalia, redução a ausência de atividade NK, síndrome hemofagocítica
Deficiência de STXBP2 (Munc18-2) (LHF5)	Normal	Normal	Normal	Mutações em *STXBP2*, necessária para fusão das vesículas secretórias com a membrana celular e liberação de seu conteúdo	AR	Inflamação grave, febre, esplenomegalia, redução de atividade NK e de células T citotóxicas com restauração parcial após adição de IL-2, síndrome hemofagocítica, possível doença inflamatória intestinal
Síndromes linfoproliferativas						
Deficiência de SH2D1A (SLP-X1)	Normal	Normal ou reduzido	Normal ou reduzida	Mutações em *SH2D1A*, que codifica uma proteína adaptadora que regula sinais intracelulares	LX	Anormalidades clínicas e laboratoriais desencadeadas pela infecção pelo EBV, incluindo hepatite, síndrome hemofagocítica, anemia aplásica e linfoma Disgamaglobulinemia ou hipogamaglobulinemia, ausência ou redução de células NKT
Deficiência de XIAP (SLPX-2)	Normal	Normal ou reduzido	Normal ou reduzida	Mutações em *XIAP*, que codifica um inibidor da apoptose	LX	Anormalidades clínicas e laboratoriais desencadeadas pela infecção pelo EBV, incluindo hepatite, síndrome hemofagocítica, esplenomegalia e colite
Síndromes com autoimunidade						
ALPS-FAS	Aumento de células T duplo-negativas CD4– CD8– com TCR alfabeta (T-DN)	Normal, com aumento de células B CD5+	Normal ou aumentada	Mutações em *TNFRSF6*, receptor de superfície para a apoptose celular; além de mutações germinais, mutações somáticas causam fenótipo similar (ALPS-sFAS).	AD (os casos AR são raros e graves)	Esplenomegalia, adenopatias, citopenias autoimunes, aumento de risco de linfoma. Apoptose de linfócitos deficiente

(*continua*)

Tabela 28.3 (*Continuação*) Deficiências com desregulação imunológica.

Designação	Células T circulantes	Células B circulantes	Ig sérica	Patogênese presumida	Herança	Achados associados
ALPS-FASL	Aumento de células T-DN	Normal	Normal	Mutações em *TNFSF6*, ligante do receptor de apoptose CD95	AD ou AR	Esplenomegalia, adenopatias, lúpus eritematoso sistêmico, citopenias autoimunes, apoptose de linfócitos deficiente
ALPS-CASP10	Aumento de células T-DN	Normal	Normal	Mutações em *CASP10*, da via intracelular de apoptose	AD	Esplenomegalia, adenopatias, autoimunidade, apoptose de linfócitos deficiente
Defeito de Caspase 8	Discreto aumento de células T-DN	Normal	Normal ou reduzida	Mutações em *CASP8*, das vias intracelulares de apoptose e ativação celular	AD	Esplenomegalia, adenopatias, infecções recorrentes virais e bacterianas, apoptose e ativação de linfócitos deficiente, hipogamaglobulinemia
Defeito de ativação de N-RAS ou de K-RAS	Normal ou aumento de células T-DN	Elevação de células B CD5+	Normal	Mutações somáticas em N-RAS ou K-RAS, que codificam proteína ligadora de GTP com diversas funções de sinalização; mutações ativadoras que prejudicam a apoptose mitocondrial	Esporádica	Esplenomegalia, adenopatias, linfomas e leucemias. Apoptose de linfócitos deficiente após retirada de IL-2
Deficiência de FADD	Aumento de células T-DN	Normal	Normal	Mutações em FADD, uma proteína que codifica uma molécula adaptadora que interage com FAS e promove apoptose, inflamação e imunidade inata	AR	Hipoesplenismo funcional, infecções bacterianas e virais recorrentes, episódios recorrentes de encefalopatia e disfunção hepática. Apoptose de linfócitos deficiente
APECED (APS-1) poliendocrinopatia autoimune com candidíase e distrofia ectodérmica	Normal	Normal	Normal	Mutações em *AIRE*, que codifica um regulador transcripcional necessário para estabelecer autotolerância no timo; a proteína Aire também participa da sinalização de lectinas do tipo C como a Dectina-1	AR	Autoimunidade, particularmente da paratireoide, adrenal e outros órgãos endócrinos, candidíase crônica, hipoplasia de esmalte dentário e outras anormalidades
IPEX Imunodesregulação com poliendocrinopatia e enteropatia ligada ao X	Falta ou função prejudicada das células T reguladoras CD4+CD25+FoxP3+	Normal	IgA e igE elevadas	Mutações em *FOXP3*, que codifica um fator transcripcional de células T	LX	Enteropatia autoimune, diabetes de início precoce, anemia hemolítica, trombocitopenia, tireoidite e eczema
Deficiência de CD25	Normal ou discretamente reduzida	Normal	Normal	Mutações no gene de IL-2Rα (CD25)	AR	Linfoproliferação, autoimunidade Proliferação de células T prejudicada
Deficiência de ITCH	Não avaliada (desvio para Th2 em murinos)	Não avaliada (distúrbio de células B em murinos)	Não avaliada (elevada em murinos)	Mutações em *ITCH*, uma ligase de U3 ubiquitina	AR	Autoimunidade em múltiplos órgãos, doença pulmonar crônica, distúrbio de crescimento, retardo de desenvolvimento, macrocefalia

Dentre as LHF, não se identificou ainda o gene afetado na FHL1. A deficiência de FADD é classificada entre as causas de ALPS, apesar de ser uma síndrome complexa que apresenta alterações em outros órgãos. Linfoproliferação induzida pelo EBV é também encontrada nas deficiências de ITK e de MAGT1 (ver Tabela 8).

SLHF: síndromes de linfoistiocitose hemofagocítica familiar; SLP: síndromes linfoproliferativas.

Tabela 28.4 Outras imunodeficiências bem definidas.

Designação	Ig sérica e Ac	Células B circulantes	Células T circulantes	Patogênese presumida	Herança	Achados associados
Síndrome de Wiskott-Aldrich	IgM diminuída: Ac a polissacárides particularmente ⇓; IgA e IgE geralmente ↑	Normais	Diminuição progressiva, resposta anormal a anti-CD3	Defeito no citoesqueleto afetando derivados da *stem cell*; hematopoética; mutações no gene *WAS*	LX	Trombocitopenia: plaquetas pequenas e disfuncionantes, eczema, neoplasias linforreticulares, doenças autoimunes Variantes: trombocitopenia ligada ao X e neutropenia ligada ao X
Defeitos de reparo de DNA (exceto os da Tabela 8)						
• Ataxia-telangiectasia	Frequente diminuição de IgA, IgE e subclasses de IgG; monômeros de IgM aumentados; Ac variavelmente ↓	Normais	Diminuição progressiva	Distúrbio das vias de checagem do ciclo celular levando à instabilidade cromossômica (gene *AT*, de uma tirosina fosfatase similar à fosfatidil-inositol 3-fosfatase (PI3 P)	AR	Ataxia, telangiectasia, aumento de α–fetoproteína, neoplasias linforreticulares e outras, sensibilidade aos raios X, instabilidade cromossômica
• Ataxia-telangiectasia símile	Ac variavelmente ↓	Normais	Diminuição progressiva	Mutações hipomórficas em *MRE11*, distúrbio das vias de checagem do ciclo celular e do reparo de quebra de dupla fita do DNA	AR	Ataxia moderada; Infecções pulmonares; radiossensibilidade muito elevada
• Síndrome de Nijmegen	Frequente diminuição de IgA, IgE e subclasses de IgG; IgM aumentada; Ac variavelmente ↓	Variavelmente ↓	Diminuição progressiva	Mutações hipomórficas em *NBS1* (Nibrin); distúrbio das vias de checagem do ciclo celular e do reparo de quebra de dupla fita do DNA	AR	Microcefalia; face de pássaro; linfomas; tumores sólidos; sensibilidade a radiação ionizante; instabilidade cromossômica
• Síndrome de Bloom	Reduzida	Normal	Normal	Mutações em *BLM* Helicase similar a RecQ	AR	Nanismo proporcionado; face de pássaro; fotossensibilidade; falência medular; leucemia; linfoma; instabilidade cromossômica
• Imunodeficiência com instabilidade centromérica e anomalias faciais (ICF)	Hipogamaglobulinemia; deficiência variável de anticorpos	Normal ou ↓	Normal ou ↓	Mutações na DNA metiltransferase *DNMT3B*, resultando em metilação de DNA defeituosa	AR	Dismorfismo facial; macroglossia; infecções bacterianas e oportunistas; má absorção; configurações multirradiais dos cromossomos 1, 9 e 16; ausência de quebras no DNA
• Deficiência de PMS2 (deficiência da recombinação de comutação isotípica [CSR] causada por defeito de reparo de DNA)	Diminuição de IgA e IgG; IgM aumentada; Respostas de Ac anormais	Células B comutadas e não comutadas reduzidas	Normal	Mutações em *PMS2*, resultando em duplas quebras de DNA nas regiões de comutação isotípica alteradas	AR	Infecções recorrentes; manchas café com leite; linfoma, carcinoma colorretal, tumor cerebral
• Síndrome de Riddle	IgG reduzida	Normal	Normal	Mutações em *RNF168*, resultando em reparo defeituoso de quebras de dupla hélice de DNA	AR	Dificuldade de aprendizado e de controle motor leve, dismorfismo facial leve, estatura reduzida
Defeitos tímicos						
• Anomalia de DiGeorge	Normal ou diminuída	Normais	Normais ou diminuídas	Deleção de 22q11.2; raros casos com deleção de 10 p; mutações heterozigotas de *TBX1*, um fator de transcrição	AD ou de novo	Hipoparatireoidismo; malformações cardíacas; fácies anormal
Displasias Imuno-ósseas						
• Hipoplasia de cartilagem e pelos	Normal ou ⇓; anticorpos variavelmente afetados	Normal ou ↓	Normal	Mutações em *RMRP* (RNase MRP RNA) envolvida no processamento de RNA ribossômico, replicação de DNA mitocondrial e controle do ciclo celular	AR	Nanismo de membros curtos com disostose metafisária, cabelos esparsos, falência da medula óssea, autoimunidade, suscetibilidade a linfoma, espermatogênese reduzida, displasia neuronal do intestino

(continua)

Tabela 28.4 (*Continuação*) Outras imunodeficiências bem definidas.

Designação	Ig sérica e Ac	Células B circulantes	Células T circulantes	Patogênese presumida	Herança	Achados associados
• Síndrome de Schimke	Normal	Normal	$\downarrow$	Mutações em *SMARCAL1*, envolvida na remodelação de cromatina	AR	Nanismo, displasia espondiloepifisária, retardo de crescimento intrauterino, nefropatia; infecções bacterianas, virais, fúngicas; pode se apresentar como IDCG; falência de medula óssea
Síndrome de Comèl-Netherton	IgE e IgA elevadas; anticorpos variavelmente reduzidos	Células B comutadas e não comutadas reduzidas	Normal	Mutações em *SPINK5* resultando em falta do inibidor de proteases de serina LEKTI, expresso em células epiteliais	AR	Ictiose congênita, cabelo em bambu, diátese atópica, infecções bacterianas, déficit de crescimento
Síndromes de hiper IgE						
• Síndrome de hiper IgE AD HIES-AD (Sínd. Job)	IgE elevada; produção de anticorpos específicos reduzida	Normal	Normal Células TH17 $\downarrow$	Mutações heterozigotas dominante-negativas em *STAT3*	AD – geralmente de novo	Achados faciais distintivos (ponte nasal alargada), eczema, osteoporose e fraturas, escoliose, retardo na queda dos dentes primários, juntas hiperextensíveis, infecções bacterianas (abscessos de pele e pneumatoceles pulmonares) causados por *Staphylococcus aureus*, candidíase
• HIES-AR:	–	–	–	–	AR	Sem anormalidades esqueléticas e pulmonares
• Deficiência de Tyk2	IgE normal ou elevada	Normal	Normal, mas com múltiplos defeitos de sinalização de citocinas	Mutação em *Tyk2*	–	Suscetibilidade a bactérias intracelulares (micobactérias, *Salmonella*), fungos, e vírus
• Deficiência de DOCK8	IgM $\Downarrow$, IgE $\Uparrow$	Normal ou $\Downarrow$	$\Downarrow\downarrow$	Defeito em *DOCK8*, uma proteína trocadora de guanina fosfatos (GDP – GTP) para proteínas G como Ras e CDC42	–	Células NK reduzidas, hipereosinofilia, infecções recorrentes, atopia grave, infecções virais cutâneas extensas, estafilococcias, suscetibilidade a neoplasias
• Desconhecida	IgE $\uparrow$	Normal	Normal	–	–	Hemorragia do SNC, infecções fúngicas e virais
Doença hepática venoclusiva com imunodeficiência (VODI)	IgG, IgA, IgM $\Downarrow$, centros germinativos ausentes, plasmócitos teciduais ausentes	Normal ($\Downarrow$ de células B de memória)	Normal ($\Downarrow$ de células T de memória)	Mutações em *SP110*	AR	Doença hepática venoclusiva, pneumonia por *Pneumocystis jiroveci*; suscetibilidade a CMV e cândida, trombocitopenia, hepatoesplenomegalia
Disqueratose congênita (DKC)						
• DKC-LX (síndrome de Hoyeraal-Hreidarsson)	Variável	$\Downarrow$ Progressiva	$\Downarrow$ Progressiva	Mutações na disquerina (*DKC1*)	LX	Retardo de crescimento Intrauterino, microcefalia, distrofia ungueal, infecções recorrentes, envolvimento do trato digestivo, pancitopenia, número e função reduzida de células NK
• DKC-AR	Variável	Variável	Anormal	Mutações em *NOLA2* (NHP2) ou *NOLA3* (NOP10)	AR	Pancitopenia, cabelo e sobrancelhas esparsas, telangiectasia periorbital, e unhas hipoplásticas ou displásticas
• DKC-AD	Variável	Variável	Variável	Mutação em *TERC* Mutação em *TERT* Mutação em *TINF2*	–	Hiperpigmentação reticular da pele, unhas distróficas, osteoporose, leucoqueratose pré-maligna da mucosa oral, hiperqueratose palmar, anemia, pancitopenia
Deficiência de IKAROS	$\downarrow$	Ausentes	Normal, mas com proliferação reduzida	Mutação em *IKAROS*, uma proteína *zinc-finger* hematopoética específica e um regulador central da diferenciação linfoide	AD de novo	Anemia, neutropenia, trombocitopenia

STAT: transdutor de sinais e ativador da transcrição; Tyk: quinase de tirosina; DOCK8: dedicador da citocinese 8.

Tabela 28.5 Deficiências de número e função de fagócitos.

Denominação	Células afetadas	Defeitos funcionais	Herança	Gene afetado	Características
Defeitos da diferenciação de neutrófilos					
Neutropenia congênita grave 1 (SCN1): deficiência da elastase neutrofílica – ELANE	Neutrófilos	Diferenciação mieloide	AD	*ELANE*: resposta a proteínas mal dobradas	Subgrupo com mielodisplasia
• SCN2: deficiência de GFI1	Neutrófilos	Diferenciação mieloide	AD	*GFI1*: perda de repressão de *ELANE*	Linfopenia B e T
• SCN3: doença de Kostmann	Neutrófilos	Diferenciação mieloide	AR	*HAX1*: controle da apoptose	Defeitos neurológicos em alguns pacientes
• SCN4: deficiência de G6 PC3	Neutrófilos e fibroblastos	Diferenciação mieloide, quimiotaxia, produção de O_2^-	AR	*G6 PC3*: atividade enzimática abolida da glicose-6-fosfatase, glicosilação aberrante, apoptose aumentada de PMN e fibroblastos	Defeitos cardíacos estruturais, anormalidades urogenitais, angiectasias venosas de tronco e membros
Doença de acúmulo de glicogênio tipo 1b	Neutrófilos e monócitos	Diferenciação mieloide, quimiotaxia, produção de O_2^-	AR	*G6 PT1*: transportador 1 da glicose 6 fosfato	Hipoglicemia de jejum, acidose láctica, hiperlipidemia, hepatomegalia
• Neutropenia cíclica	Neutrófilos	?	AD	*ELANE*: resposta a proteínas mal dobradas	Oscilações no número de leucócitos e plaquetas
• Neutropenia ligada ao x, às vezes/ mielodisplasia	Neutrófilos e monócitos	Mitose	LX	*WAS*: regulador do citoesqueleto de actina (perda da autoinibição)	Monocitopenia
• Deficiência de p14	Neutrófilos, linfócitos e melanócitos	Biogênese do endossomo	AR	*ROBLD3*: proteína adaptadora endossomal 14	Neutropenia, hipogamaglobulinemia, citotoxicidade CD8 ⇓, albinismo parcial, déficit de crescimento
• Síndrome de Barth	Neutrófilos	Diferenciação mieloide	LX	*TAZ (Taffazin)*: estrutura lipídica da membrana mitocondrial anormal	Cardiomiopatia, retardo de crescimento
• Síndrome de Cohen	Neutrófilos	Diferenciação mieloide	AR	*COH1*: patogênese desconhecida	Retinopatia, retardo de desenvolvimento, dismorfismos faciais
• Poiquilodermia com neutropenia	Neutrófilos	Diferenciação mieloide, produção de O_2^-	AR	*C16orf57*: patogênese desconhecida	Poiquilodermia, mielodisplasia
Defeitos de motilidade					
• Defeito de adesão de leucócitos tipo 1 (LAD1) (Deficiência de CD18)	Neutrófilos, monócitos, linfócitos e células NK	Motilidade, quimiotaxia, aderência, endocitose, citotoxicidade de T/NK	AR	*INTGB2*: proteína de adesão (CD18)	Cicatrização retardada; úlceras crônicas de pele, periodontite, leucocitose
• Defeito de adesão de leucócitos tipo 2 (LAD2)	Neutrófilos e monócitos	Rolagem e quimiotaxia	AR	*FUCT1*: transportador de fucose-GDP	Quadro similar a LAD leve + grupo sanguíneo hh + retardo mental e de crescimento
• Defeito de adesão de leucócitos tipo 3 (LAD3)	Neutrófilos, monócitos, linfócitos e células NK	Aderência e quimiotaxia	AR	*KINDLIN3*: ativação via Rap-1 das betaintegrinas 1 e 3	Quadro similar a LAD1 + tendência a sangramentos
• Deficiência de Rac2	Neutrófilos	Aderência, quimiotaxia, produção de O_2^-	AD	*RAC2*: regulação do citoesqueleto de actina	Cicatrização retardada, leucocitose
• Deficiência de beta-actina	Neutrófilos e monócitos	Motilidade	AD	*ACTB*: actina citoplasmática	Retardo mental, baixa estatura

(continua)

Tabela 28.5 (*Continuação*) Deficiências de número e função de fagócitos.

Denominação	Células afetadas	Defeitos funcionais	Herança	Gene afetado	Características
• Periodontite juvenil localizada	Neutrófilos	Quimiotaxia induzida por formil-peptídeos	AR	*FPR1:* receptor de quimiocina	Periodontite isolada
• Síndrome de Papillon-Lefèvre	Neutrófilos e monócitos	Quimiotaxia	AR	*CTSC: catepsina C,* ativação anormal de proteases da serina	Periodontite, hiperqueratose palmo-plantar em alguns pacientes
Deficiência de grânulos específicos	Neutrófilos	Quimiotaxia	AR	*C/EBPE:* fator de transcrição mieloide	Neutrófilos com núcleos bilobulados
Síndrome de Shwachman-Diamond	Neutrófilos	Quimiotaxia	AR	*SBDS:* síntese de ribossomos defeituosa	Anemia, trombocitopenia, insuficiência pancreática exócrina, condrodisplasia
Defeitos da explosão oxidativa (*burst* respiratório)					
• DGC ligada ao X (deficiência da gp91 phox)	Neutrófilos e monócitos	Morte intracelular (produção insuficiente de metabólitos reativos derivados do O_2)	LX	*CYBB:* proteína transportadora de elétrons (gp91 phox)	Fenótipo McLeod (alguns pacientes têm deleções que se estendem ao *locus* contíguo Kell, apresentando distrofia muscular, retinite pigmentosa e queda tardia do cordão umbilical)
• DGC autossômica recessiva: • p22 phox • p47 phox • p67 phox • p40 phox	Neutrófilos e monócitos	Morte intracelular (produção insuficiente de metabólitos reativos derivados do O_2)	AR	*CYBA:* proteína transportadora de elétrons (p22 phox) *NCF1*: proteína adaptadora p47 phox *NCF2*: proteína ativadora p67 phox *NCF4*: proteína ativadora p40 phox	–
• Deficiência de G6 PD	Neutrófilos	Morte intracelular (produção insuficiente de metabólitos reativos derivados do O_2)	LX	*G6 PD:* glicose 6-fosfato desidrogenase	Anemia hemolítica, icterícia neonatal prolongada, furunculose, abscessos
• Deficiência de mieloperoxidase	Neutrófilos	Morte intracelular (produção insuficiente de haletos, p. ex., hipoclorito)	AR	*MPO:* mieloperoxidase neutrofílica	Furúnculos, abscessos e infecções mucocutâneas por *Candida spp* Manifesta-se somente na vigência de outros distúrbios da imunidade (p. ex., diabetes *mellitus*)
Defeitos do eixo IL-12/IFN-γ (Suscetibilidade mendeliana a doenças micobacterianas)					
• Deficiência completa de IFN-γ R1	Linfócitos e monócitos	Distúrbio na sinalização por IFN-γ	AR	Mutações de IFN-γ R1	Micobacterioses
• Deficiência parcial de IFN-γ R1	Linfócitos e monócitos	Distúrbio na sinalização por IFN-γ	AD (dominante negativa)	Mutações de IFN-γ R1	Micobacterioses e eventuais micoses profundas
• Deficiência completa de IFN-γ R2	Linfócitos e monócitos	Distúrbio na sinalização por IFN-γ	AR	Mutações de IFN-γ R2	Micobacterioses e eventuais micoses profundas
• Deficiência de IL-12 p40	Monócitos	Secreção reduzida de IFN-γ	AR	Mutações de IL-12 p40	Micobacterioses + salmoneloses
• Deficiência de IL-12 Rb1	Linfócitos e células NK	Secreção reduzida de IFN-γ	AR	Mutações de IL-12 Rb1	Micobacterioses + salmoneloses + eventuais micoses profundas
• Deficiência parcial de STAT-1	Linfócitos e monócitos	Distúrbio na sinalização por IFN-γ	AD (dominante negativa)	Mutações de STAT-1 (dominante negativo sobre GAF e recessivo sobre ISGF3)	Micobacterioses

(*continua*)

Tabela 28.5 (*Continuação*) Deficiências de número e função de fagócitos.

Denominação	Células afetadas	Defeitos funcionais	Herança	Gene afetado	Características
• Deficiência completa de STAT-1	Linfócitos e monócitos	Distúrbio na sinalização por IFN-γ e IFN-α	AR	Mutações de STAT-1	Micobacterioses + Herpes viroses
• Deficiência da gp91 phox de macrófagos	Macrófagos	Morte intracelular (produção insuficiente de metabólitos reativos derivados do O_2)	LX	*CYBB:* proteína transportadora de elétrons (gp91 phox)	Suscetibilidade isolada a micobacterioses
• Deficiência de IRF-8 (forma AD)	Células dendríticas (DC) mieloides CD1 c+	Diferenciação de DC mieloides do tipo 1	AD	*IRF8*: produção reduzida de IL-12 por células dendríticas mieloides CD1 c+	Suscetibilidade isolada a micobacterioses
• Deficiência de IRF-8 (forma AR)	Monócitos e células dendríticas mieloides	Citopenias	AR	*IRF8*: produção reduzida de IL-12	Suscetibilidade a micobacterioses, Candida, mieloproliferação
• Deficiência de GATA-2 síndrome Mono-MAC	Monócitos e DC, células NK e B	Citopenias em múltiplas linhagens	AD	*GATA2:* perda de células-tronco	Suscetibilidade a micobactérias, papilomavírus, histoplasmose, proteinose alveolar, mielodisplasia/leucemia mieloide aguda/leucemia mielomonocítica crônica
• Proteinose alveolar pulmonar	Macrófagos alveolares	Sinalização de GM-CSF	Mutações bialélicas em genes pseudo-autossômicos	CSF2RA	Proteinose alveolar

ACTB: actina beta; B: linfócitos B; CEBPE: CCAAT/proteína potencializadora de ligação epsilon; CYBA: subunidade alfa do citocromo b; CYBB: subunidade beta do citocromo b; DC: células dendríticas; ELANE: elastase neutrofílica; GATA2: proteína ligante de GATA 2; IFN: interferon; IFNGR1: subunidade 1 do receptor de interferon-gama; IFNGR2: subunidade 2 do receptor de interferon-g6ama; IL12B: subunidade beta (p40) da interleucina-12; IL12RB1: receptor beta 1 da interleucina-12; IFR8: fator regulador da interferon 8; F: fibroblastos; FPR1: receptor 1 de formilpeptideo; FUCT1: transportador 1 de fucose; GFI1: independente de fatores tróficos 1; HAX1: proteína associada a HLCS1 – X1; ITGB2: integrina-beta-2; L: linfócitos; M: monócitos–macrófagos; MDC: células dendríticas mieloides; MDS: mielodisplasia; Mel: melanócitos; Mφ: macrófagos; MSMD: suscetibilidade mendeliana a doença micobacteriana; N: neutrófilos; NCF1: fator citosólico de neutrófilos 1; NCF2: fator citosólico de neutrófilos 2; NCF4: fator citosólico de neutrófilos 4; NK: células citotóxicas naturais; ROBLD3: proteína que apresenta domínio *roadblock* 3; SBDS: síndrome de Shwachman–Bodian–Diamond; STAT: transdutor de sinais e ativador da transcrição.

Tabela 28.6 Defeitos da imunidade inata.

Denominação	Células afetadas	Defeitos funcionais	Herança	Gene afetado	Características
Displasia ectodérmica anidrótica com imunodeficiência (EDA-ID)					
EDA-ID ligada ao X (deficiência de NEMO)	Linfócitos e monócitos	Via de sinalização do NF-κB	LX	*IKBKG* (NEMO) um modulador da ativação do NF-κB	Displasia ectodérmica anidrótica + deficiências de anticorpos a polissacárides + infecções variadas (micobactérias e piogênicas)
EDA-ID autossômica dominante	Linfócitos e monócitos	Via de sinalização do NF-κB	AD	Mutação com ganho de função de *IKBA*, com ativação inadequada de NF-κB	Displasia ectodérmica anidrótica + deficiências de células T + infecções variadas
Deficiência de IRAK4	Linfócitos e monócitos	Via de sinalização de TIR-IRAK	AR	Mutação de *IRAK4*, um componente das vias de sinalização de IL-1R e TLR	Infecções bacterianas piogênicas
Deficiência de MyD88	Linfócitos e monócitos	Via de sinalização de TIR-MyD88	AR	Mutação de *MyD88*, um componente das vias de sinalização de IL-1R e TLR	Infecções bacterianas piogênicas
WHIM – Verrugas, hipogamaglobulinemia, infecções e mielocatexia	Granulócitos e monócitos	Resposta aumentada do receptor de quimiocina CXCR4 ao seu ligante CXCL12 (SDF-1)	AD	Mutação com ganho de função de *CXCR4*, o receptor para CXCL12	Hipogamaglobulinemia, número reduzido de células B, neutropenia, verrugas por HPV
Epidermodisplasia verruciforme	Queratinócitos e leucócitos		AR	Mutações de *EVER1* e *EVER2*	Infecção por HPV do grupo B1 e câncer de pele
Encefalite por herpes simples (HSE)					
• Deficiência de TLR3	Células residentes do SNC e fibroblastos	Indução de IFN-α, β e λ dependente de TLR3	AD	Mutações de *TLR3*	Encefalite por Herpes simples tipo 1
• Deficiência de UNC93B1	Células residentes do SNC e fibroblastos	Indução de IFN-α, β e λ dependente de UNC93B	AR	Mutações de *UNC93B1*	Encefalite por Herpes simples tipo 1
• Deficiência de TRAF3	Células residentes do SNC e fibroblastos	Indução de IFN-α, β e λ dependente de TRAF3	AD	Mutações de *TRAF3*	Encefalite por Herpes simples tipo 1
Predisposição a doenças fúngicas	Fagócitos mononucleares	Via de sinalização de CARD9	AR	Mutações de *CARD9*	Candidíase invasiva e dermatofitose periférica
Candidíase mucocutânea crônica (CMC)					
• Deficiência de IL17RA	Células epiteliais, fibroblastos, fagócitos mononucleares	Via de sinalização de IL17RA	AR	Mutações de *IL17RA*	Candidíase mucocutânea crônica
• Deficiência de IL17F	Células epiteliais, fibroblastos, fagócitos mononucleares	Dímeros contendo IL17F	AD	Mutações de *IL17F*	Candidíase mucocutânea crônica
• Deficiência parcial de STAT-1 com ganho de função	Linfócitos e monócitos	Distúrbio na sinalização por IL-17	AD	Mutações de *STAT-1* com ganho de função (no domínio *coiled-coil*)	Candidíase mucocutânea crônica
Tripanossomíase	APOL-1	Tripanossomíase	AD	Mutações de *APOL-1*	

NF-κB: fator nuclear κB; TIR: receptor de *toll* e interleucina 1; IFN: interferona; HP: papiloma vírus humano; TLR: receptor *toll-like*; IL: interleucina.

Tabela 28.7 Síndromes autoinflamatórias.

Denominação	Células afetadas	Defeitos funcionais	Herança	Gene afetado	Características
Doenças afetando o inflamassomo					
• Febre familiar do Mediterrâneo	Granulócitos maduros, monócitos ativados por citocinas	Produção reduzida de pirina permite o processamento de IL-1 induzido por ASC e inflamação após dano subclínico da serosa; apoptose de macrófagos reduzida	AR	Mutações de *MEFV*	Febre recorrente, serosite e inflamação responsiva à colchicina. Predispõe a vasculites e doença inflamatória intestinal
• Síndrome de hiper-IgD		Deficiência de mevalonato quinase afetando a síntese de colesterol; patogênese da doença desconhecida	AR	Mutações de *MVK*	Febre periódica e leucocitose com adenomegalias e níveis elevados de IgD e IgA
• Síndrome de Muckle-Wells	PMN, monócitos	Defeito na criopirina, envolvida na apoptose de leucócitos, sinalização do NFκB e processamento da IL-1	AD	Mutações de *CIAS1* (também chamado de *PYFAP1* ou *NALP3*)	Urticária, surdez neurossensorial, amiloidose
• Síndrome autoinflamatória familiar ao frio	PMN, monócitos	Defeito na criopirina, envolvida na apoptose de leucócitos, sinalização do NFκB e processamento da IL-1	AD	Mutações de *CIAS1* (também chamado de *PYFAP1* ou *NALP3*)	Urticária não pruriginosa, artrite, calafrios, febre e leucocitose após exposição ao frio
• Doença inflamatória multissistêmica de início neonatal (NOMID) ou síndrome articular, cutânea e neurológica infantil crônica (CINCA)	PMN, condrócitos	Defeito na criopirina, envolvida na apoptose de leucócitos, sinalização do NFκB e processamento da IL-1	AD	Mutações de *CIAS1* (também chamado de *PYFAP1* ou *NALP3*)	*Rash* neonatal com febre, artrite, meningite crônica e inflamação
Doenças não relacionadas ao inflamassomo					
• Síndrome periódica associada ao receptor de TNF (TRAPS)	PMN, monócitos	Mutações do receptor de TNF de 55-kD levando à retenção intracelular do receptor ou redução do receptor solúvel disponível para se ligar ao TNF	AD	Mutações de *TNFRSF1A*	Febre recorrente, serosite, *rash*, inflamação ocular e articular
• Doença inflamatória intestinal de início precoce	Monócitos, células T ativadas	Mutação na IL-10 ou no receptor de IL-10 induzindo aumento de TNFγ e outras citocinas pró-inflamatórias	AR	Mutações em *IL10, IL10RA* ou *IL10RB*	Enterocolite de início precoce, fístulas entéricas, abscessos perianais, foliculite crônica
• Síndrome PAPA: artrite piogênica estéril, pioderma gangrenoso, acne	Tecidos hematopoéticos, regulação positiva de células T ativadas	Distúrbio da reorganização da actina levando a compromisso da sinalização fisiológica durante a inflamação	AD	Mutações em *PSTPIP1* (também conhecida como *CD2BP1*)	
• Síndrome de Blau	Monócitos	Mutações no sítio de ligações de nucleotídios de CARD15, possivelmente rompendo as interações com lipopolissacárides e sinalização do NF-κB	AD	Mutações em *NOD2* (também denominado *CARD15*)	Uveíte, sinovite granulomatosa, camptodactilia, *rash*, neuropatias cranianas, 30% desenvolvem doença de Crohn
• Osteomielite crônica multifocal recorrente e anemia diseritropoética congênita (síndrome de Majeed)	Neutrófilos, células da medula óssea	Indefinido	AR	Mutações em *LPIN2*	Osteomielite crônica multifocal recorrente, anemia dependente de transfusões, doença inflamatória cutânea
• Deficiência do antagonista do receptor de IL-1 (DIRA)	Neutrófilos e monócitos	Mutações no antagonista do receptor de IL1 permitindo ação contínua da interleucina 1	AR	Mutações de *IL-1RN*	Osteomielite multifocal estéril, periostite e pustulose

PMN: células polimorfonucleares; ASC: proteína associada a apoptose similar a *speck* com um domínio de recrutamento de caspases; CARD: domínio de recrutamento de caspases; CD2BP1: proteína 1 ligadora de CD2; PSTPIP1: proteína 1 interativa com fosfatase de prolina/serina/treonina; CIAS1: síndrome autoinflamatória induzida pelo frio 1.

Tabela 28.8 Deficiências do sistema complemento.

Designação/Deficiência	Defeito funcional	Herança	Defeito genético	Sintomas
C1q	Ausência de atividade hemolítica do CH50, complexo de ataque à membrana (MAC) defeituoso, dissolução prejudicada de imunocomplexos, *clearance* prejudicado de células apoptóticas	AR	Mutações em *C1QA, C1QB* e *C1QC*	Síndrome lúpus-símile, doença reumatoide, infecções
C1r*	Ausência de atividade hemolítica do CH50, MAC defeituoso, dissolução prejudicada de imunocomplexos, *clearance* prejudicado de células apoptóticas	AR	Mutações em *C1R*	Síndrome lúpus-símile, doença reumatoide, múltiplas doenças autoimunes, infecções
C1 s	Ausência de atividade hemolítica do CH50, MAC defeituoso, dissolução prejudicada de imunocomplexos, *clearance* prejudicado de células apoptóticas	AR	Mutações em *C1S*	Síndrome lúpus-símile, múltiplas doenças autoimunes
C4	Ausência de atividade hemolítica do CH50, MAC defeituoso, dissolução prejudicada de imunocomplexos, resposta imune humoral prejudicada a antígenos de carboidratos em alguns pacientes	AR	Mutações em *C4A* ou *C4B*	Síndrome lúpus-símile, doença reumatoide, infecções C4A homozigoto: LES, diabetes tipo I; C4B homozigoto: meningite bacteriana
C2	Ausência de atividade hemolítica do CH50, MAC defeituoso, dissolução prejudicada de imunocomplexos	AR	Mutações em *C2*	Síndrome lúpus-símile, vasculite, polimiosite, aterosclerose, infecções piogênicas, glomerulonefrite
C3	Ausência de atividade hemolítica do CH50 e APH50, MAC defeituoso, resposta imune humoral prejudicada, atividade bactericida defeituosa	AR	Mutações em *C3*	Infecções piogênicas recorrentes graves; síndrome lúpus-símile, glomerulonefrite; síndrome hemolítica urêmica atípica; SNP selecionados relacionados com degeneração macular associada à idade
C5	Ausência de atividade hemolítica do CH50 e APH50, MAC defeituoso, atividade bactericida defeituosa	AR	Mutações em *C5α* e *C5β*	Infecções por *Neisseria*, síndrome lúpus-símile
C6	Ausência de atividade hemolítica do CH50 e APH50, MAC defeituoso, atividade bactericida defeituosa	AR	Mutações em *C6*	Infecções por *Neisseria*, síndrome lúpus-símile
C7	Ausência de atividade hemolítica do CH50 e APH50, MAC defeituoso, atividade bactericida defeituosa	AR	Mutações em *C7*	Infecções por *Neisseria*, síndrome lúpus-símile, vasculite
C8α***	Ausência de atividade hemolítica do CH50 e APH50, MAC defeituoso, atividade bactericida defeituosa	AR	Mutações em *C8α*	Infecções por *Neisseria*, síndrome lúpus-símile
C8β	Ausência de atividade hemolítica do CH50 e APH50, MAC defeituoso, atividade bactericida defeituosa	AR	Mutações em *C8β*	Infecções por *Neisseria*, síndrome lúpus-símile
C9	Redução de atividade hemolítica do CH50 e APH50, MAC defeituoso, atividade bactericida defeituosa	AR	Mutações em *C9*	Infecções por *Neisseria*, menos grave que nas deficiências de C5, C6, C7 e C8
Inibidor de C1	Ativação espontânea das vias de complemento com consumo de C4/C2, ativação espontânea do sistema de contato com geração de bradicinina do cininogênio de alto peso molecular	AD	Mutações em *C1INH*	Angioedema hereditário
Fator I	Ativação espontânea da via alternativa do complemento com consumo de C3	AR	Mutações no fator I – *CFI* – levando a catabolismo acelerado de *C3*	Infecções piogênicas recorrentes, glomerulonefrite, LES, síndrome hemolítica urêmica atípica, alguns SNP – pré-eclâmpsia grave
Fator H	Ativação espontânea da via alternativa do complemento com consumo de C3	AR	Mutações no fator H – *CFH* – levando a catabolismo acelerado de *C3*	Síndrome hemolítica urêmica atípica, infecções piogênicas recorrentes, glomerulonefrite membranoproliferativa, alguns SNP – pré-eclâmpsia grave
Fator D	Ausência de atividade hemolítica do APH50	AR	Mutações em *CFD*, prejudicando a ativação de complemento pela via alternativa	Infecções por *Neisseria*

(*continua*)

Tabela 28.8 (*Continuação*) Deficiências do sistema complemento.

Designação/Deficiência	Defeito funcional	Herança	Defeito genético	Sintomas
Properdina	Ausência de atividade hemolítica do APH50	LX	Mutações em *PFC* – properdina, prejudicando a ativação de complemento pela via alternativa	Infecções por *Neisseria*
MASP1	Perda potencial de sinais de migração celular embrionários	AR	Mutações em *MASP1* levando a distúrbio da via de complemento através das proteases de serina associados à lectina ligadora de manose	Síndrome de dismorfismo facial, lábio e/ou palato leporino, craniossinostose, dificuldade de aprendizado e anomalias genitais, vesicorrenais e de membros
Síndrome 3 MC: deficiência de COLEC11	Perda potencial de sinais de migração celular embrionários	AR	Mutações em *CLK1*, gene que codifica uma lectina do tipo C que deve servir como quimioatraente	Síndrome de dismorfismo facial, lábio e/ou palato leporino, craniossinostose, dificuldade de aprendizado e anomalias genitais, vesicorrenais e de membros
MASP2	Ausência de atividade hemolítica da via das lectinas	AR	Mutações em *MASP2* levando a distúrbio da via de complemento através das proteases de serina associados à lectina ligadora de manose	Infecções piogênicas; doença inflamatória pulmonar; manifestações mais leves
Deficiência do receptor de complemento 3 (CR3)	Veja LAD1 na Tabela 8	AR	Mutações em *INTGB2*	—
Deficiência de proteína cofator de membrana (CD46)	Inibidor da via alternativa de complemento, ligação a C3b reduzida	AR	Mutações em *MCP* levando à perda da atividade do cofator necessário para a clivagem de *C3B* e *C4B* dependente de fator I	Infecções piogênicas recidivantes, glomerulonefrite, LES; síndrome hemolítica-urêmica; em alguns SNP: pré-eclâmpsia grave
Deficiência do inibidor do complexo de ataque à membrana (CD59)	Hemácias altamente suscetíveis à lise por complemento	AR	Mutações em *CD59* levando à perda deste inibidor dos complexos de ataque à membrana	Anemia hemolítica, trombose
Hemoglobinúria paroxística noturna	Hemólise mediada por complemento	Mutação adquirida ligada ao X	Doença que resulta da expansão de células-tronco hematopoéticas portando mutações em *PIGA* e subsequente perda da biossíntese de glicosilfosfatidilinositol (GPI), uma parte da molécula que liga as proteínas à superfície celular	Hemólise recorrente; hemoglobinúria, dor abdominal, distonias da musculatura lisa, fadiga e trombose
Deficiência de ficolina 3	Ausência de ativação de complemento pela via da ficolina3	AR	Mutações em *FCN3*, levando à deposição defeituosa de complemento	Infecções piogênicas graves e recorrentes principalmente nos pulmões; enterocolite necrosante na infância; defeito seletivo de anticorpos a polissacárides pneumocócicos

MAC: complexo de ataque à membrana; SLE: lúpus eritematoso sistêmico; MBP: proteína ligadora de manose; MASP2: protease de serina 2 associada a MBP.

Tabela 28.9 Fenocópias das imunodeficiências primárias.

Doença	Defeito genético; patogênese presumida	Células T circulantes	Células B circulantes	Ig sérica	Achados associados; IDP similar
Associada com mutações somáticas					
Síndrome linfoproliferativa autoimune (ALPS-SFAS)	Mutação somática em TNFRSF6	Aumento de células T alfabeta duplo-negativas (CD4-CD8-)	Normal, mas com células CD5+ aumentadas	Normal ou aumentada	Esplenomegalia, linfadenomegalia, citopenias autoimunes; apoptose de linfócitos defeituosa/ALPS-FAS (= ALPS tipo 1 m)
Doença leucoproliferativa autoimune associada a RAS (RALD)	Mutação somática de KRAS (ganho de função)	Normal	Linfocitose de células B	Normal ou aumentada	Esplenomegalia, linfadenomegalia, citopenias autoimunes, granulocitose, monocitose/ALPS-símile
Doença leucoproliferativa autoimune associada a RAS (RALD)	Mutação somática de NRAS (ganho de função)	Aumento de células T alfabeta duplo-negativas (CD4-CD8-)	Linfocitose		Esplenomegalia, linfadenomegalia, autoanticorpos/ALPS-símile
Associada com autoanticorpos					
Candidíase mucocutânea crônica (isolada ou com APECED)	Mutação em *AIRE* Autoanticorpos anti-IL17 e/ou IL22	Normal	Normal	Normal	Endocrinopatia, candidíase mucocutânea crônica (CMC)
Imunodeficiência de início na idade adulta	Autoanticorpos anti-IFN-gama	Redução de células T virgens	Normal	Normal	Infecções por micobactérias, fungos, salmonelas, herpes-zóster ou imunodeficiência combinada
Infecções cutâneas recorrentes	Autoanticorpos anti-IL6	Normal	Normal	Normal	Infecções estafilocócicas/deficiência de STAT3
Proteinose alveolar pulmonar	Autoanticorpos anti-GM-CSF	Normal	Normal	Normal	Proteinose alveolar pulmonar, meningite criptocócica/deficiência de CSF2RA
Angioedema adquirido	Autoanticorpos anti-inibidores de C1 (C1INH)	Normal	Normal	Normal	Angioedema/deficiência de C1 INH (angioedema hereditário)

Desse modo, pela aplicação de um enfoque estratégico para avaliação imunológica, a maioria dos casos de pacientes supostamente imunodeficientes pode ser descartada de modo eficaz e com custo razoável por testes laboratoriais padronizados. Para os casos considerados reais portadores de imunodeficiências, a avaliação necessita de um laboratório capaz de realizar testes de imunologia e de biologia molecular sofisticados, além de uma equipe especializada para obter e interpretar os resultados.

Enfoque sequencial na avaliação de imunodeficiências

É fundamental que se reconheçam as características que definem um paciente em risco de imunodeficiência, devido ao fato de que sem um diagnóstico precoce e intervenção adequada algumas doenças podem ser fatais (Quadro 28.1).

Uma vez que um paciente com suspeita de imunodeficiência tenha sido identificado, o diagnóstico diferencial frequentemente exige investigação de mais de um ramo da resposta imune. Uma característica importante relaciona-se com os agentes patogênicos envolvidos, que direcionam para o ramo afetado (Quadro 28.2).

Os achados clínicos das alterações de fagócitos, sejam estas numéricas ou funcionais, demonstram a suscetibilidade a infecções, em geral bactérias ou fungos acometendo as barreiras do hospedeiro com o ambiente, ou seja, a pele e as mucosas, havendo frequentemente infecções supurativas e disseminação.

Os pacientes portadores de distúrbios da imunidade celular adaptativa costumam apresentar processos infecciosos, comumente denominados oportunistas, por agentes intracelulares de baixa patogenicidade ou neoplasias. É importante ressaltar que, devido à função reguladora das células T sobre o ramo humoral e mesmo sobre o ramo fagocítico, grande parte dos distúrbios de linfócitos T se caracteriza por imunodeficiências combinadas, ou seja, afetam mais de um ramo da resposta imunológica.

A cascata de complemento é responsável pela opsonização (facilitação da fagocitose), quimiotaxia, anafilaxia e atividades bactericidas por ativação sequencial dos componentes tanto da via clássica (ativada por imunocomplexos), quanto da via alternativa (deflagrada pela ativação de C3 por mecanismos independentes de anticorpos e também por endotoxina, fragmentos de parede celular ou imunoglobulina agregada), ou ainda da via dependente da proteína ligante de manose, açúcar presente em grande parte das paredes celulares de fungos. Nos distúrbios da cascata de complemento, tem-se: angioedema hereditário, na deficiência do inibidor da C1 esterase; síndromes lúpus-símile e glomerulonefrites nos déficits dos componentes iniciais da via clássica (C1, C2, C4); e, finalmente, infecções de repetição por bactérias capsuladas, principalmente do gênero *Neisseria* nas deficiências dos componentes da via alternativa e do complexo de ataque à membrana.

Por fim, os distúrbios da imunidade humoral variam em gravidade dependendo do grau de acometimento na produção dos diversos isótipos de imunoglobulinas, assim como em sua função contra diferentes tipos de antígenos. Por exemplo, indivíduos deficientes de IgA podem levar vida normal, sendo ocasionalmente diagnosticados em virtude da presença de imunodeficiências na família ou mesmo em análises de doadores de bancos de sangue. Por outro lado, portadores de deficiências mais amplas, acometendo diversos isótipos, apresentam manifestações infecciosas frequentes e mais graves. Por isso, uma avaliação passo a passo deve ser utilizada para a investigação desses pacientes (Figura 28.2).

Primeira fase

Pode ser realizada em qualquer serviço de saúde. Deve compreender (Quadro 28.3) um hemograma completo, incluindo avaliação de número e tamanho das plaquetas, contagem de linfócitos e morfologia das células. A análise quantitativa dos leucócitos é essencial para avaliação da imunidade, porém, deve-se sempre lembrar que seus números variam de acordo com a faixa etária. O número reduzido de neutrófilos pode diagnosticar uma neutropenia grave, assim como uma neutrofilia pode, além das leucoses, sugerir uma deficiência de moléculas de adesão. A linfopenia em um recém-nato ou criança pequena é altamente sugestiva de uma imunodeficiência combinada grave, enquanto a plaquetopenia com volume reduzido das plaquetas em uma criança do sexo masculino pode indicar síndrome de Wiskott-Aldrich ou plaquetopenia ligada ao sexo (mutações do gene *WASp*).

A ação fagocítica depende de diversos mecanismos celulares, entre eles expressão de receptores, quimiotaxia e *burst* respiratório. Este último mecanismo é normalmente avaliado na primeira fase da análise da fagocitose. A destruição dos patógenos ingeridos pela célula por fagocitose depende da produção do ânion superóxido (O_2^-), processo chamado *burst* oxidativo ou respiratório (Figura 28.3). Ele pode ser abordado pelo teste em lâmina com *nitrobluetetrazolium* (NBT). O reagente NBT é transformado em *formazan* por ação do O_2^- produzido pelos polimorfonucleares (PMN) ativados *in vitro* com ésteres de forbol (PMA), lipopolissacáride (LPS) ou partículas opsonizadas, produzindo uma cor azul. As células ativadas são visualizadas por microscopia óptica e podem ser contadas, originando um resultado semiquantitativo (Figura 28.4).

Para a avaliação inicial da cascata de complemento utilizam-se ensaios funcionais de triagem para a via clássica e para a via alternativa, que quantificam a capacidade de lise de alvos suscetíveis à destruição pelo complexo de ataque à membrana (MAC) do sistema complemento. Esses ensaios são:

- Ensaio de CH50: avalia funcionalmente os componentes da via clássica e da via final comum (MAC). Eritrócitos de carneiro pré-sensibilizados com anticorpos anti-hemácias são incubados a 37 °C com diluições do soro do paciente. A atividade do complemento é determinada pela diluição do soro que consegue lisar 50% das hemácias, comparadas ao 0% de lise (hemácias e solução salina isotônica) e aos 100% de lise (hemácias e água destilada; Figura 28.5)
- Ensaio de APH50: avalia funcionalmente os componentes da via alternativa. O soro do paciente deve ser colhido com um quelante de cálcio como o ácido etilenodiamino tetra-acético (EDTA) para assegurar a inativação da via clássica. Eritrócitos de coelho são expostos a diluições da amostra e o resultado é expresso pela diluição do soro que causa 50% de lise das hemácias, sempre comparadas com padrões de 0 e 100% de lise. Esse teste avalia componentes unicamente presentes na via alternativa – fatores B, D e properdina, mas é importante ressaltar que ambos (CH50 e APH50) avaliam os componentes C3 e C5-C9 do complexo de ataque à membrana.

Quadro 28.1 Sinais de possível imunodeficiência.

Sinais infecciosos

- Mais de quatro infecções bacterianas ao ano (comprovadas)
- Bronquiectasias inexplicadas
- Infecções graves recorrentes (meningites, osteomielites, artrites)
- Infecções atípicas, muito graves ou crônicas, com patógenos incomuns ou oportunistas
- Verrugas graves
- Complicações de vacinação (BCGite, doença paralítica pela vacina Sabin etc.)

Sinais gerais

- Déficit de crescimento
- Diarreia crônica (má absorção/insuficiência pancreática)
- História familiar positiva

Outros sinais

- Eczema
- Fotossensibilidade
- Albinismo parcial
- Vasculite e telangiectasia
- Queda tardia do cordão umbilical (> 4 semanas)
- Dismorfismo
- Microcefalia
- Parada de crescimento ou crescimento desproporcional
- Ataxia
- Neoplasia (principalmente linfoma)

Quadro 28.2 Relação entre microrganismo e imunodeficiência.

Defeitos celulares	
Disfunções de fagócitos	• Principalmente *Staphylococcus aureus*, também *Serratia marcescens, Escherichia coli etc.* • *Candida* spp. (infecções profundas) e *Aspergillus fumigatus*
Disfunções de células T	• Bactérias intracelulares (*Mycobacterium* spp. – inclusive BCG), *Salmonella* spp., *Listeria* spp. • Vírus • Fungos: *Candida* spp. (infecções superficiais), *Aspergillus fumigatus, Cryptococcus neoformans, Histoplasma capsulatum, Pneumocystis jiroveci etc.* • Parasitas (*Toxoplasma gondii, Microsporidium* spp., *Cryptosporidium* spp, *Isospora* spp.)
Defeitos de opsonização	
Deficiência de IgA ou subclasses de IgG	• *Haemophilus influenzae* tipo b, *Streptococcus pneumoniae, Staphylococcus aureus, Neisseria meningitidis*
Respostas de potencialização (*booster*) anormais	• *Haemophilus influenzae* tipo b, *Streptococcus pneumoniae, Neisseria meningitidis, Campylobacter jejuni, Mycoplasma pneumoniae, M. urealyticum*
Agamaglobulinemia	• Enterovírus (Vírus ECHO/Coxsackie/Poliovírus), hepatite B, *Giardia lamblia*
Deficiências de complemento	• *Haemophilus influenzae* tipo b, *Streptococcus pneumoniae* (C3, C2, properdina), *Neisseria meningitidis, N. gonorrheae* (C6-9)

Outro exame dessa fase inicial de avaliação consiste na radiografia de tórax e de *cavum*, para verificar a imagem tímica e o tecido adenoidiano, evidentes nas crianças normais e atróficas nos imunodeficientes celulares e humorais, respectivamente. A seguir, vem a quantificação de imunoglobulinas (IgA, IgE, IgG e IgM). Essas proteínas representam, principalmente, a fração gama das globulinas no soro. Assim, a eletroforese de proteínas séricas é útil na triagem de pacientes com suspeita de agamaglobulinemia ou hipogamaglobulinemia, contudo, não serve para identificação dos isótipos faltantes ou sua função (Figura 28.6). É importante ressaltar que as deficiências da síntese de anticorpos constituem o grupo mais frequente de imunodeficiências primárias. No contexto funcional, é possível realizar a tipagem sanguínea com os títulos das iso-hemaglutininas (anticorpos da classe IgM dirigidas aos antígenos do sistema ABH[0] eritrocitário), que possibilitam a avaliação da função da IgM. Em indivíduos normais, a partir dos 6 meses de idade (exceto naqueles do grupo sanguíneo AB), detectam-se esses anticorpos e o título das iso-hemaglutininas deve ser igual ou superior a 1:16. Ainda nessa fase, é possível realizar sorologias a antígenos a que o paciente tenha sido previamente sensibilizado, tanto naturalmente quanto por vacinação. Como exemplos, podem ser citados a hepatite B, o sarampo, a varicela, o tétano, o citomegalovírus etc., para os quais é possível avaliar a resposta de IgM e de IgG verificando-se tanto a resposta primária como a de memória.

A avaliação da imunidade celular nessa primeira fase corresponde à realização de testes cutâneos intradérmicos de hipersensibilidade tardia (Figura 28.7). Esses testes são de baixo custo e provêm informações valiosas, pelo fato de avaliar a resposta imune celular como um todo, desde o braço aferente até o ramo eferente, ou seja, da apresentação antigênica pelas células dendríticas até a ativação do processo inflamatório dependente de macrófagos ativados. Nesse tipo de teste, o mais importante é a escolha dos antígenos adequados, visto que a exposição antigênica se dá no decorrer da vida de um indivíduo; assim, em crianças pequenas existe maior chance de negatividade a diversos antígenos. No Brasil, onde a BCG é aplicada

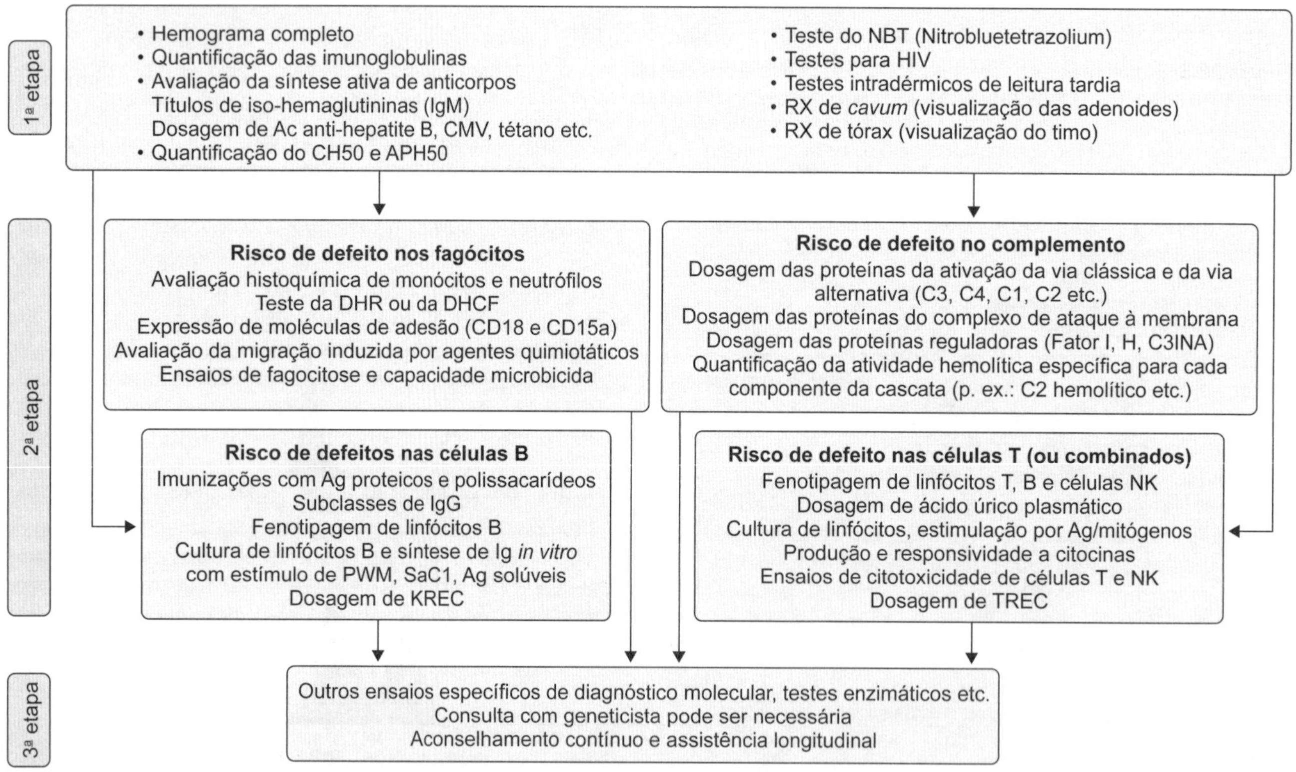

Figura 28.2 Esquema geral das etapas de investigação imunológica nas imunodeficiências primárias. A primeira etapa pode ser realizada em serviços de atenção primária de saúde por médicos generalistas, enquanto a segunda e a terceira etapas, desenvolvidas especificamente dependendo do ramo afetado da imunidade, em geral são realizadas em laboratórios especializados, sob a orientação de imunologistas clínicos. O diagnóstico precoce e correto das imunodeficiências primárias, assim como a orientação quanto ao prognóstico e a orientação genética familiar possibilitam melhora substancial de morbidade e mortalidade desses distúrbios.

Quadro 28.3 Investigação inicial.

- Hemograma completo com avaliação da morfologia dos linfócitos, neutrófilos, monócitos e plaquetas no sangue periférico
- Radiografia simples de tórax (em PA e perfil), e de *cavum*
- Níveis séricos de IgA, IgG e IgM
- Avaliação da síntese ativa de anticorpos: títulos de iso-hemaglutininas (IgM) e dosagem de anticorpo anti-hepatite B, CMV, sarampo, tétano (IgG e IgM)
- Testes intradérmicos de leitura tardia (PPD)
- Testes para HIV
- Teste do NBT (*nitrobluetetrazolium*)
- Quantificação do CH50 e APH50

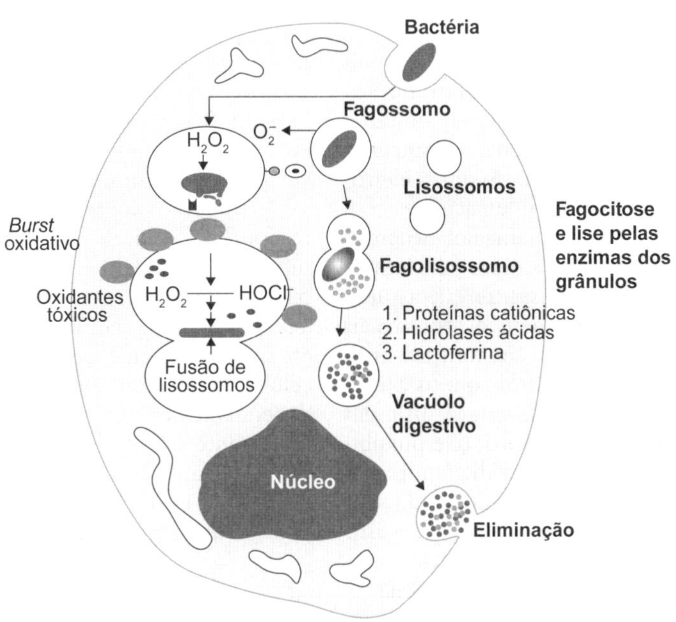

Figura 28.3 Esquema geral da fagocitose. Do lado direito, é possível observar o englobamento do agente patogênico (no caso uma bactéria), a formação do vacúolo fagossômico, a fusão com os lisossomos possibilitando a destruição do patógeno pelas enzimas lisossomais presentes nos grânulos das células fagocíticas e a eliminação dos resíduos. Concomitantemente, ocorre ativação do *burst* oxidativo, apresentado do lado esquerdo da figura. O NADPH originado pelo *shunt* hexose-monofosfato serve como substrato para a NADPH-oxidase, que produz compostos altamente reativos derivados do oxigênio, como o oxigênio *singlet* e o superóxido (O_2^-), que se degrada a peróxido (H_2O_2) e sob a ação da peroxidase é convertido em hipoclorito ($HOCl^-$).

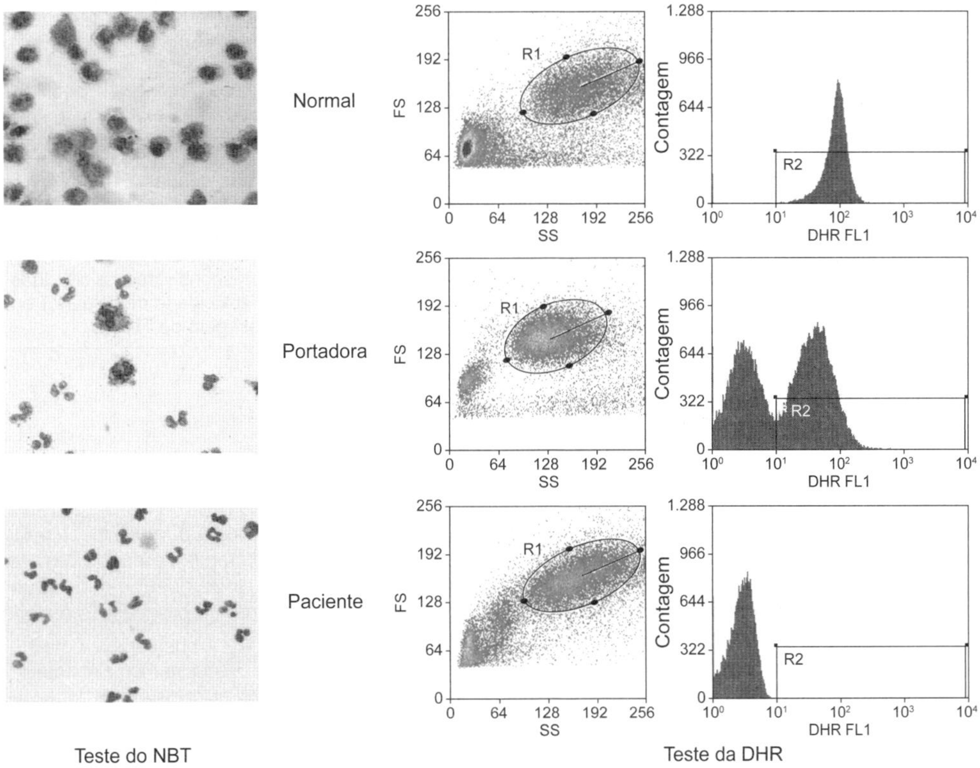

Figura 28.4 O teste de triagem para a atividade do *burst* oxidativo é realizado pelo teste do *nitrobluetetrazolium* (NBT), um corante amarelo que se torna azul-escuro na presença de superóxido (mostrado no lado esquerdo da figura). Na parte superior, tem-se a avaliação de um indivíduo normal, com todas as células fagocíticas apresentando grânulos corados em azul. No centro, vê-se a avaliação de uma portadora de doença granulomatosa crônica (DGC) ligada ao X, que tem aproximadamente metade das células normal (coradas em azul) e metade deficiente (em vermelho). Na parte inferior, tem-se um paciente portador de DGC, que não consegue reduzir o NBT (todas as células vermelhas). Do lado direito da figura, encontra-se o teste da di-hidrorodamina (DHR). Na região central, tem-se a seleção dos granulócitos (*gating*) pelo tamanho, que é proporcional à dispersão frontal (FS, do inglês *forward scatter*) do *laser* do citômetro de fluxo, e pela granulosidade obtida pela análise da dispersão lateral (SS, de *side scatter*); e do lado direito, a intensidade da fluorescência da DHR, que possibilita facilmente identificar o indivíduo normal, a portadora e o deficiente.

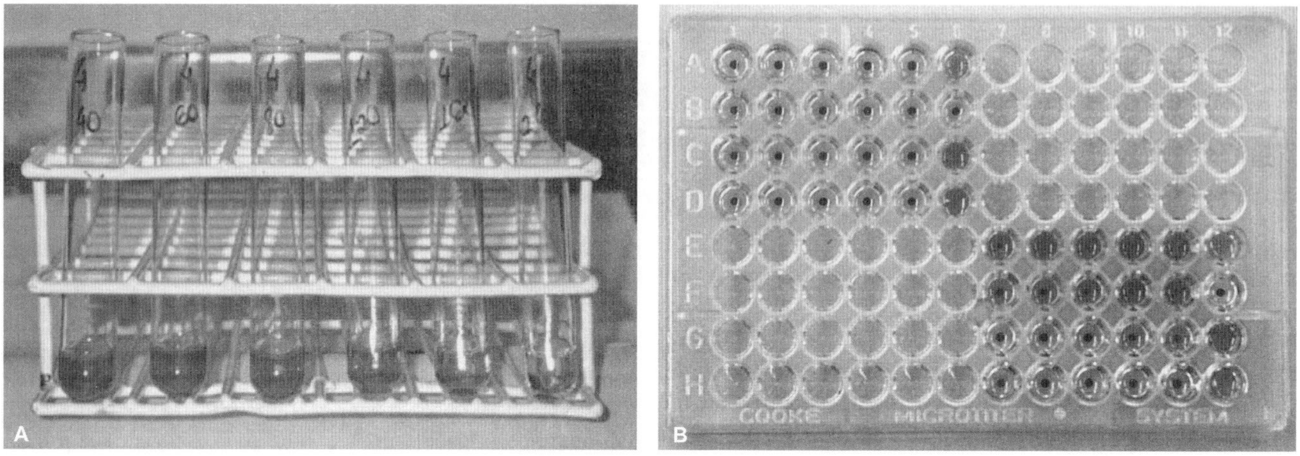

Figura 28.5 A avaliação funcional da atividade do sistema complemento é realizada por meio da hemólise de hemácias de carneiro sensibilizadas por anticorpos (CH50) ou por hemácias de coelho ou galinha (APH50) em tubos (**A**) ou em placas (**B**).

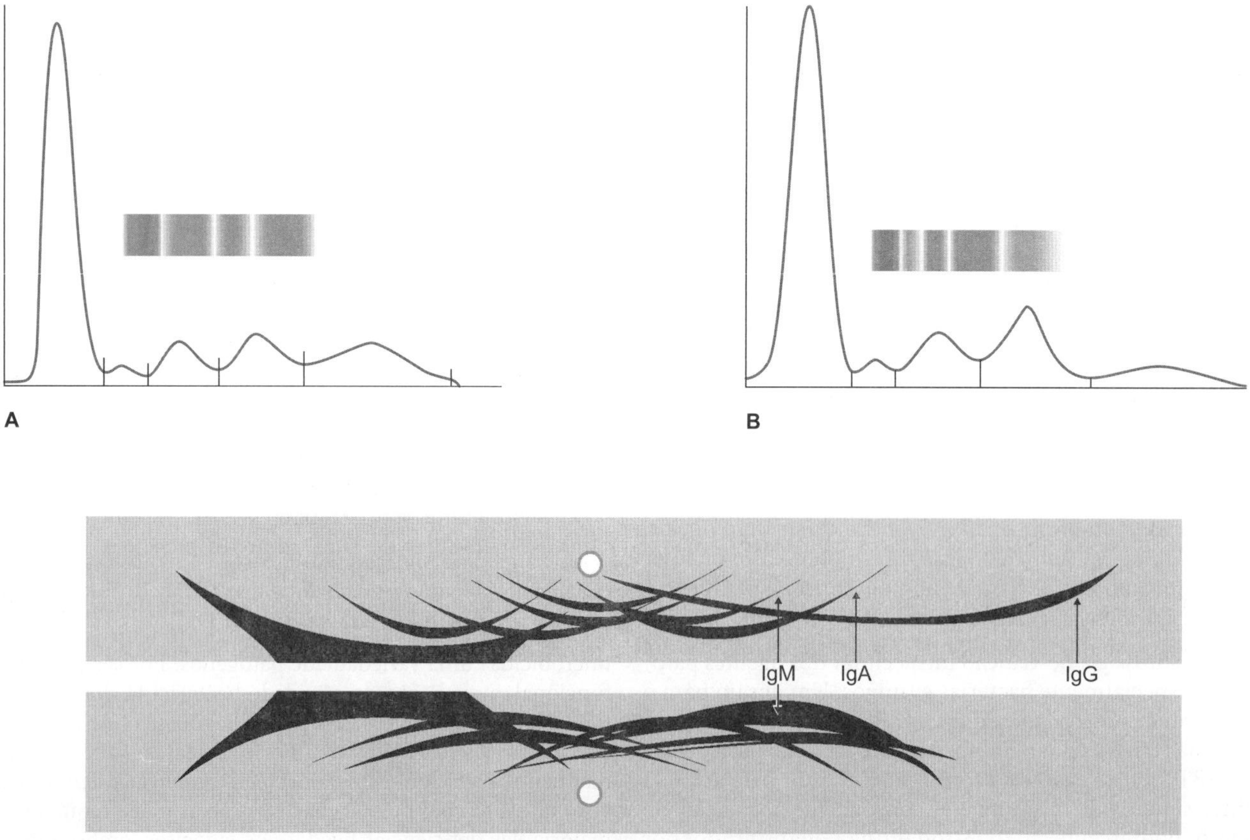

C Imunoeletroforese: normal (acima) e hiper-IgM (abaixo)

Figura 28.6 A eletroforese de proteínas (EFP) séricas serve como teste de triagem nas hipogamaglobulinemias. **A.** EFP de um indivíduo normal. **B.** Paciente hipogamaglobulinêmico. **C.** Imunoeletroforese (IEF) de um indivíduo normal e de um paciente portador de síndrome de hiper IgM, que não consegue trocar de isótipo (classe) de imunoglobulina, de IgM para IgG ou IgA ou IgE.

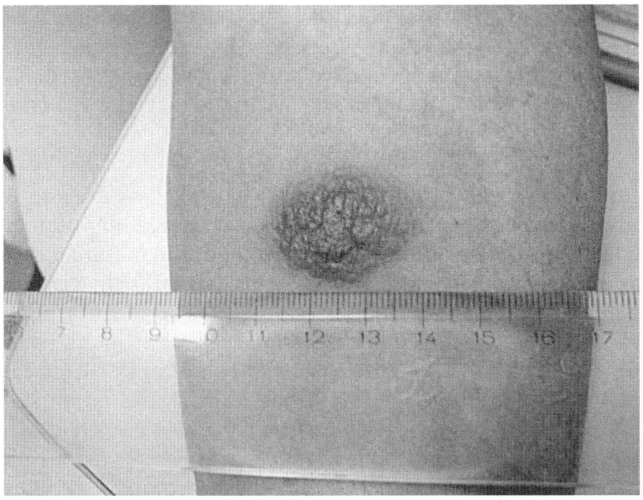

Figura 28.7 A triagem da imunidade celular é realizada por meio de testes cutâneos de hipersensibilidade tardia, como o teste de Mantoux aqui ilustrado, induzido pela injeção intradérmica de uma solução de um derivado proteico purificado da tuberculina (PPD) em um indivíduo sensibilizado.

no 1º mês de vida, o PPD é um antígeno viável, assim como a *Candida*, à qual se tem contato precocemente. Na realização desses testes, é importante ressaltar que devem ser utilizados seis ou mais antígenos, sendo a norma a positividade a pelo menos metade dos testes. Deve-se também solicitar sorologia para o vírus da imunodeficiência humana (HIV), importante causa de imunodeficiência em todo o mundo atualmente.

Segunda fase

Realizada em serviços secundários ou terciários de saúde (ver Figura 28.2). A segunda fase da avaliação deve se direcionar de acordo com o ramo afetado da imunidade. No início dessa fase, deve-se solicitar uma avaliação fenotípica dos linfócitos B, NK, T e de suas subpopulações (CD19, CD16/CD56, CD3, CD4 e CD8), visto que existe importante correlação entre fenótipo e função, possibilitando inferências a partir da suscetibilidade a infecções apresentada por um paciente em particular (Figura 28.8).

Fagócitos

Com a finalidade de investigação mais detalhada da atividade das células fagocíticas, utilizam-se outros ensaios que verificam a integridade das funções dos fagócitos (Quadro 28.4), como o *burst* oxidativo, a adesão celular, a quimiotaxia, a fagocitose e a destruição intracelular dos agentes patogênicos, especialmente bactérias e fungos. Um ensaio para o *burst* que tem sido cada vez mais utilizado é o com di-hidrorodamina (DHR), com o mesmo tipo de ativação para o teste com NBT, que se baseia na formação de H_2O_2 pela ação da enzima superóxido dismutase e consequente formação do produto fluorescente 1, 2, 3-rodamina, quantificado por citometria de fluxo (ver Figura 28.4). A citometria torna o ensaio bastante sensível e possibilita a quantificação de H_2O_2 produzido, bem como a avaliação da função da NADPH-oxidase ao nível de cada célula. Isso torna possível identificar mulheres portadoras sadias da forma ligada ao sexo, além de variantes com redução parcial da função enzimática. Ensaio similar pode ser feito com o corante fluorescente di-hidroclorofluoresceína (DHCF).

Quadro 28.4 Investigação da imunidade de fagócitos.

- Contagem do número de monócitos e neutrófilos, com avaliação morfológica e histoquímica
- Teste do DHR (di-hidrorodamina) ou DHCF (di-hidroclorofluoresceína)
- Avaliação da expressão de moléculas acessórias de adesão (CD18 e CD15a)
- Avaliação da migração induzida por agentes quimiotáticos
- Ensaios de fagocitose e capacidade microbicida
- Avaliação dos genes relacionados a esses defeitos

A avaliação da capacidade de adesão celular é, em geral, realizada por quantificação da expressão de moléculas acessórias de adesão por citometria de fluxo, que podem estar deficitárias, dando origem às deficiências de adesão leucocitária´: LAD-1 (deficiência da cadeia β CD18 da b2 integrina), LAD-2 (deficiência de sialização de CD15 a CD15a) e LAD-3 (deficiência de Kindlin, que leva à deficiência da expressão de b1 e b2 integrinas e consequente alteração da coagulação e dos fagócitos). Esses distúrbios se caracterizam por leucocitose persistente, queda tardia do coto umbilical, distúrbios de cicatrização e infecções recorrentes por bactérias e fungos (Figura 28.9).

A quimiotaxia de fagócitos é uma função que está comprometida em diversas deficiências do sistema fagocitário. Observa-se atividade quimiotática deficiente em LAD-1, LAD-2, LAD-3; síndrome de Chédiak-Higashi – deficiência do transportador lisossomal LysT, que se caracteriza pela presença de grânulos gigantes em todas as células, como, por exemplo, os neutrófilos e os cabelos (Figura 28.10); síndrome da hiper IgE; periodontite agressiva da infância etc. Existem inúmeras variações metodológicas para o estudo da quimiotaxia, utilizando como fatores quimiotáticos derivados de ativação de complemento como C5a, quimiocinas como IL-8, leucotrieno LTB4 e o lipopolissacarídeo (LPS) de *E. coli*, para citar os mais empregados. Os métodos mais utilizados baseiam-se na migração dos leucócitos em câmaras bicompartimentalizadas (câmaras de Boyden) através de membranas de éster de celulose. É frequente a leitura em microscópio óptico, que avalia a distância percorrida pelas células através da membrana (Figura 28.11). Métodos que utilizam a citometria de fluxo têm sido empregados, fazendo-se a contagem da diferença das células que conseguiram ultrapassar a membrana do total de células depositadas na sua superfície.

Existem muitas opções para avaliar a fagocitose, utilizando-se partículas de látex, zimosan etc., mas os ensaios com microrganismos vivos são mais interessantes por permitirem observações diretas da capacidade intrínseca das células de ingerir (atividade fagocitária) e de destruir (capacidade microbicida) uma variedade de patógenos. Por ser um ensaio funcional, a avaliação da atividade bactericida dos polimorfonucleares é bastante sensível no diagnóstico de distúrbios que afetam os leucócitos polimorfonucleares. O teste é normalmente realizado com a bactéria *Staphylococcus aureus*, visto que infecções por esta bactéria são as mais frequentes na maioria das deficiências ligadas aos fagócitos, embora outras bactérias e fungos possam ser empregados. Os dois tipos de ensaios mais comuns são descritos a seguir.

Os PMN recém-isolados são incubados com bactérias previamente opsonizadas por proteínas do complemento e IgG do soro humano, em uma relação de cinco ou dez bactérias para cada célula. Após 30 min, a adição de gentamicina propicia a morte somente das bactérias não fagocitadas. A cada meia hora, alíquotas de células são retiradas e lisadas

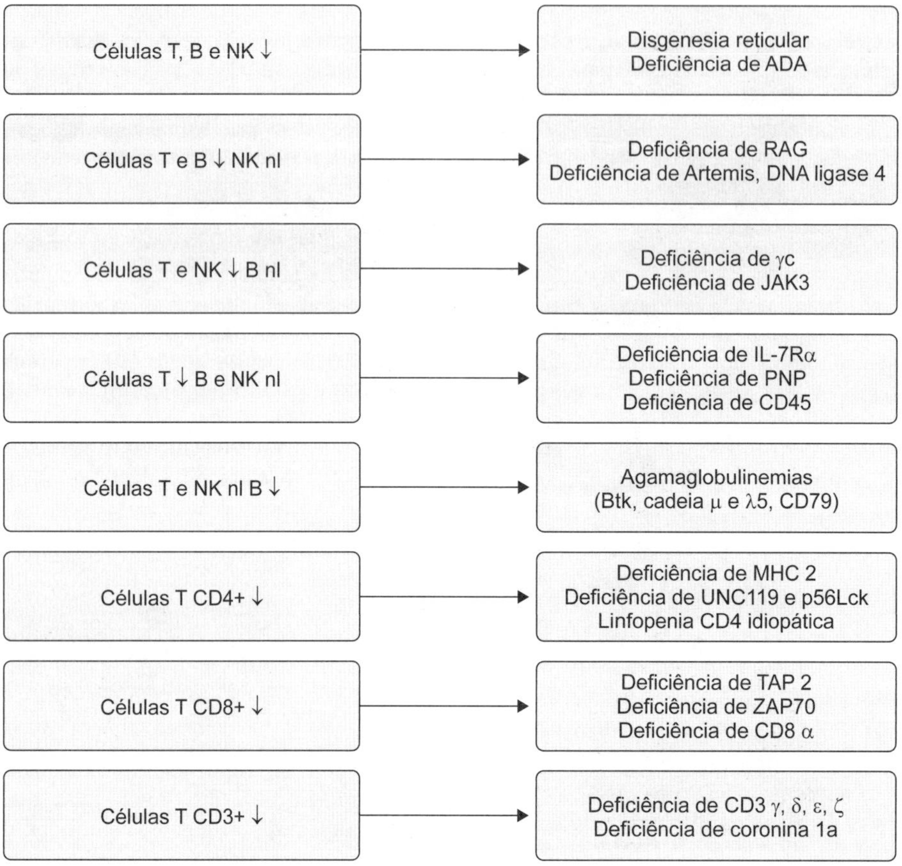

Figura 28.8 A quantificação das células T (e suas subpopulações), B e NK por citometria de fluxo possibilita classificar diversas imunodeficiências primárias, como as imunodeficiências combinadas graves.

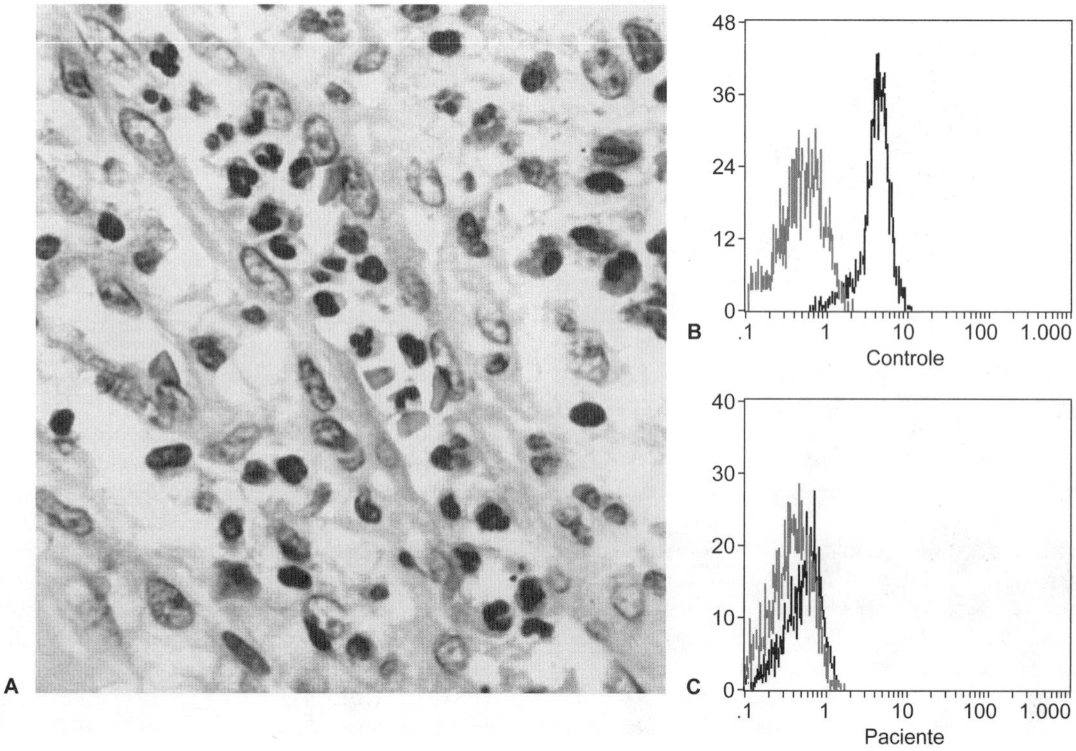

Figura 28.9 A. Biopsia de lesão em paciente portadora de deficiência de CD18. Observa-se a abundância de fagócitos dentro do vaso e a virtual ausência dessas células no tecido decorrente da ausência de moléculas de adesão que possibilitam a ligação das células no vaso para a diapedese (passagem das células para o tecido). Avaliação da expressão de CD18 em indivíduo normal (**B**) e em deficiente de CD18 (**C**).

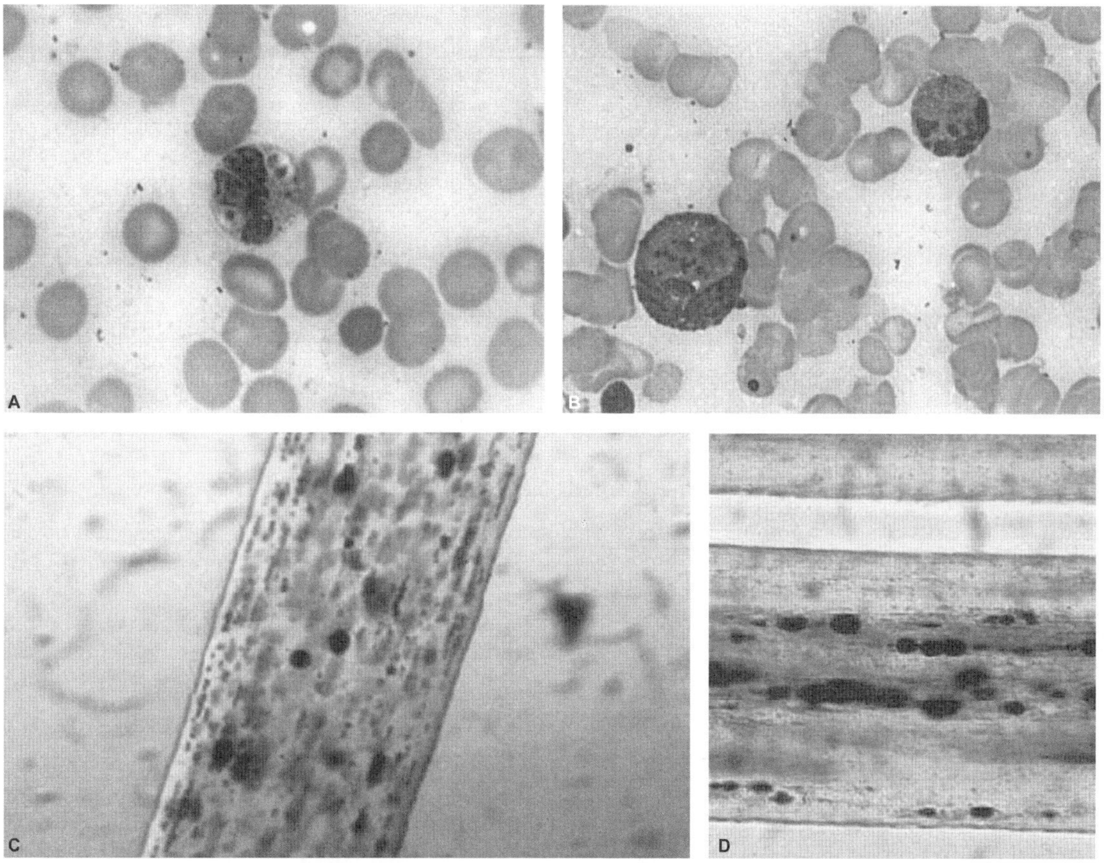

Figura 28.10 **A** a **D**. Grânulos gigantes nos fagócitos e em cabelos de pacientes portadores da síndrome de Chédiak-Higashi (deficiência do transportador lisossomal LysT).

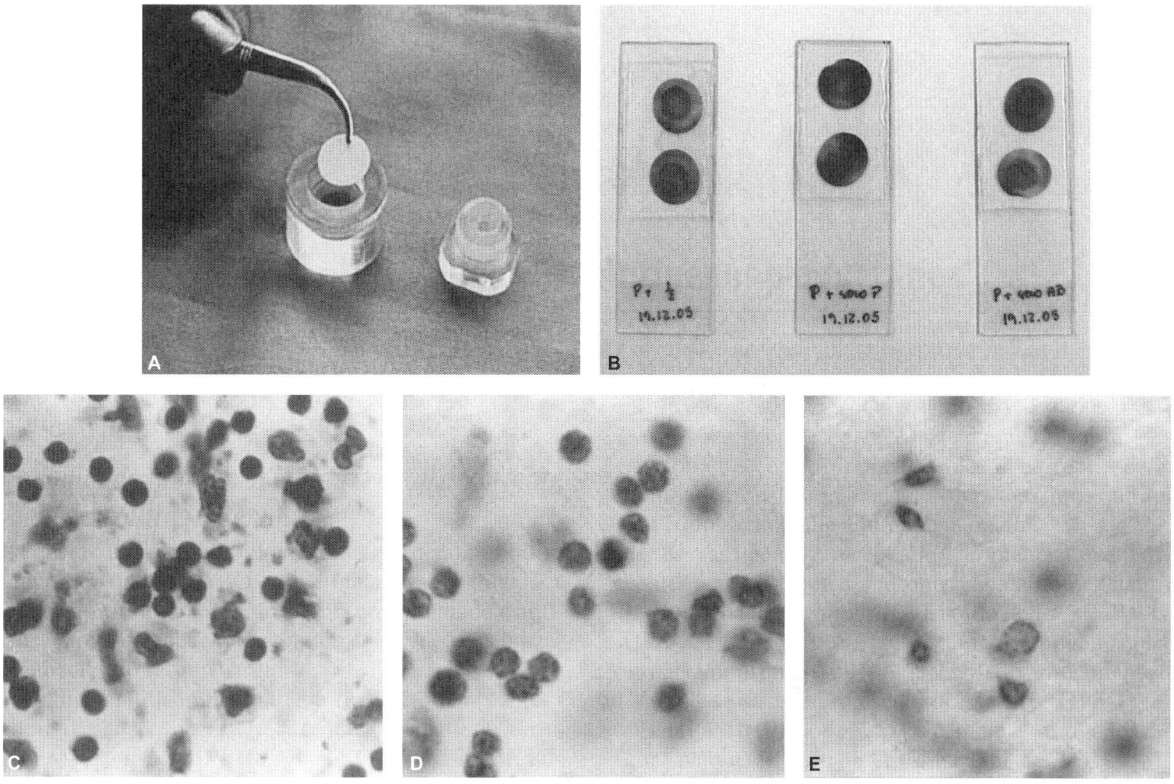

Figura 28.11 Ensaio de quimiotaxia de neutrófilos. **A.** Câmara de Boyden (bicompartimentalizada), em que se coloca um agente quimiotático, por exemplo, a formil-metionil-leucil-fenilalanina (fMLP), na parte inferior e as células na parte superior da câmara. **B.** Membranas diafanizadas nas diferentes condições (somente com meio, soro do paciente e soro AB normal) para visualização em microscópio óptico. **C** a **E.** Após alguns minutos, observa-se a passagem das células pelos poros da membrana.

pela adição de água destilada, liberando as bactérias fagocitadas, que são cultivadas em meio adequado. Indivíduos normais exibem dois *logs* de redução no número de bactérias viáveis após 1 hora.

Em outro tipo de ensaio, bactérias ou fungos são marcados com laranja de acridina, um corante vital fluorescente que se liga ao DNA íntegro. As células fagocíticas são colocadas em contato com as bactérias e o corante marca em verde o DNA íntegro e em laranja, o DNA degradado. A proporção entre bactérias vivas e mortas possibilita o cálculo do índice de fagocitose e de lise intrafagocítica. Atualmente, variantes que utilizam a citometria de fluxo têm sido desenvolvidas, tornando possível a avaliação da opsonofagocitose de diversos agentes patogênicos (Figura 28.12).

Complemento

A atividade do sistema complemento pode ser identificada por meio dos ensaios previamente citados na fase inicial (Quadro 28.5), e a partir desses dois ensaios podem-se ter os seguintes resultados:

- Ambos (CH50 e APH50) normais: integridade do sistema complemento
- CH50 reduzido e APH50 normal: defeito no complexo de ativação da via clássica (C1, C4, C2)
- CH50 normal e APH50 reduzido: defeito no complexo de ativação da via alternativa (fator B, fator D, properdina)
- CH50 e APH50 reduzidos: defeito em C3 ou no complexo de ataque à membrana.

Com base nesses dados, é possível direcionar a avaliação dos componentes individuais da cascata por método imunoenzimático (ELISA), assim como por nefelometria, turbidimetria, imunodifusão etc. A confirmação das deficiências dos diversos componentes pode ser efetuada por ensaios de CH50 e APH50, com diferentes diluições do soro e suplementada somente com um determinado componente do complemento, buscando a restauração da atividade lítica do soro.

A avaliação da via de ativação das lectinas depende de ensaios de quantificação das proteínas lectinas ligantes de manose (MBL) e das *MBL-associated serine protease* (MASP-1, MASP-2 e MASP-3), as quais apresentam atividade de serina proteases semelhantes a C1r e C1s.

A qualidade da amostra é extremamente relevante quando se trata da avaliação do sistema complemento. Diversos componentes são termolábeis e a amostra deve ser imediatamente processada e congelada a -70°C. Períodos prolongados de armazenagem ou congelamento e degelo da amostra podem causar alterações significativas dos resultados. Essas observações são relevantes quando exames colhidos em um laboratório

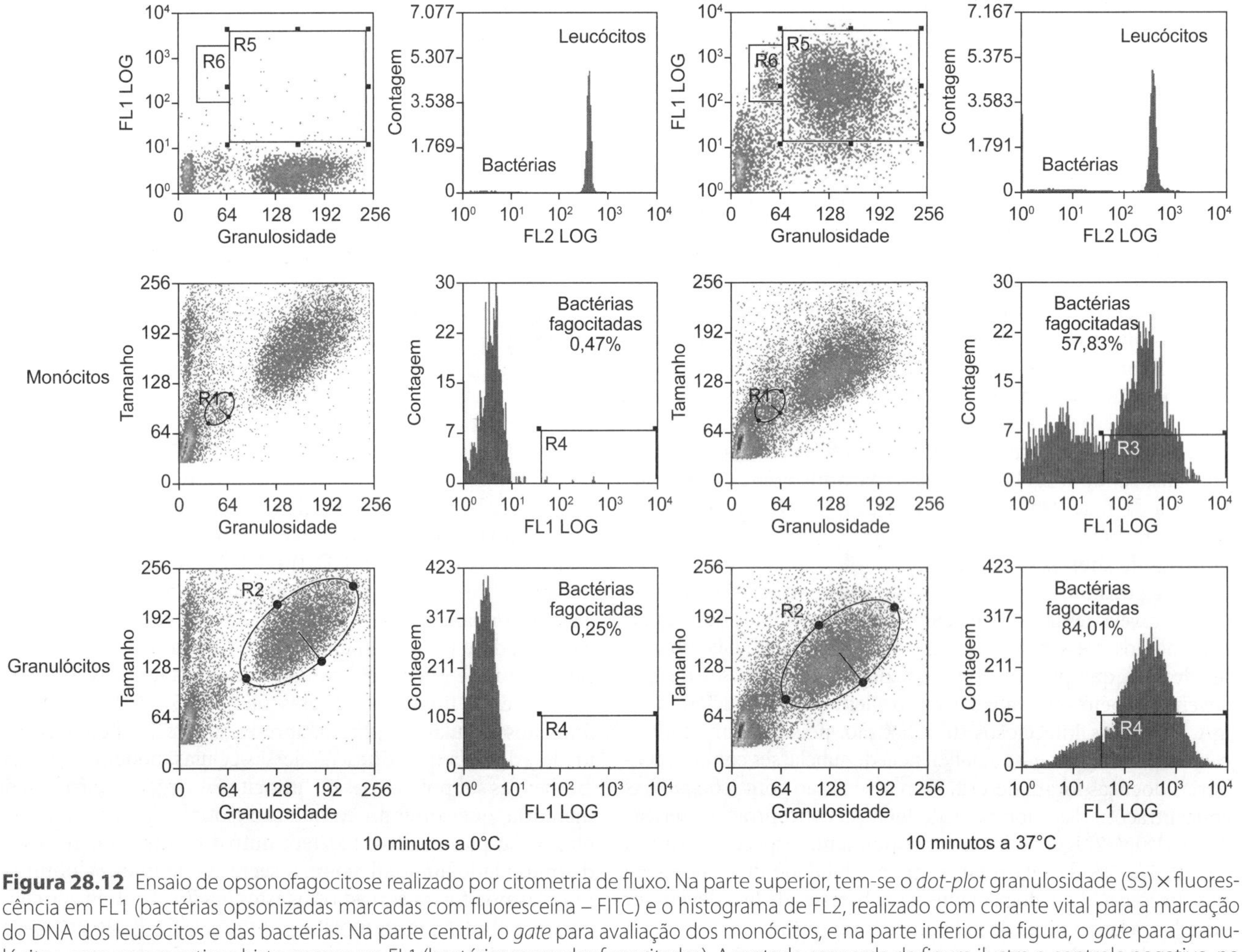

Figura 28.12 Ensaio de opsonofagocitose realizado por citometria de fluxo. Na parte superior, tem-se o *dot-plot* granulosidade (SS) × fluorescência em FL1 (bactérias opsonizadas marcadas com fluoresceína – FITC) e o histograma de FL2, realizado com corante vital para a marcação do DNA dos leucócitos e das bactérias. Na parte central, o *gate* para avaliação dos monócitos, e na parte inferior da figura, o *gate* para granulócitos, com os respectivos histogramas em FL1 (bactérias marcadas fagocitadas). A metade esquerda da figura ilustra o controle negativo, no qual as células são mantidas a 0°C para bloquear a fagocitose; e do lado direito tem-se o mesmo ensaio a 37°C, para quantificar a fagocitose das bactérias marcadas.

Quadro 28.5 Investigação da função do complemento.

- Quantificação da atividade hemolítica da via clássica (CH50)
- Quantificação da atividade hemolítica da via alternativa (APH50)
- Quantificação dos níveis das diversas proteínas das vias de ativação da via clássica e da via alternativa (C3, C4, C1, C2 etc.)
- Quantificação dos níveis das diversas proteínas do complexo de ataque à membrana (C5, C6, C7, C8)
- Quantificação das proteínas reguladoras da cascata do complemento (C1INH, C4BP, C3INA etc.)
- Quantificação da atividade hemolítica específica para cada componente da cascata (p. ex., C2 hemolítico etc.)
- Avaliação dos genes relacionados a esses defeitos

são executados por serviços terceirizados. Nesses casos, deve-se ter convicção de que a amostra foi adequadamente transportada e qualquer alteração merece uma reavaliação. Outros fatores responsáveis por resultados alterados são:

- Plasma mantido em contato com as células
- Amostra contaminada por bactérias
- Presença de imunocomplexos e crioglobulinas
- Amostras hemolisadas
- Uso de anticoagulante inadequado.

Humoral (anticorpos)

Corresponde à avaliação da imunidade humoral, representado principalmente pela produção de imunoglobulinas pelos plasmócitos (Quadro 28.6). Portanto, a avaliação da resposta humoral deve enfocar a capacidade funcional dos linfócitos B, células precursoras dos plasmócitos. A dosagem das imunoglobulinas séricas (IgG, IgA e IgM) deve ser realizada em todos os pacientes com suspeita clínica de imunodeficiência humoral, feita já na fase inicial. Desse modo, a imunodeficiência humoral mais comum, a deficiência de IgA, já pode ser diagnosticada. Geralmente, a dosagem sérica dessas três classes de imunoglobulinas (IgG, IgM e IgA) é suficiente para a avaliação inicial da resposta imune humoral adaptativa. Os métodos laboratoriais mais utilizados atualmente para dosagem dos níveis séricos de imunoglobulinas são a turbidimetria e a nefelometria. A idade do paciente é extremamente importante na interpretação dos níveis de imunoglobulinas. Todos os lactentes entre 3 e 6 meses de idade são hipogamaglobulinêmicos se comparados aos valores de referência para adultos normais, sendo a IgG proveniente da transferência transplacentária da mãe. Há um gradual e progressivo aumento dos valores de IgG, IgA e IgM até o final da adolescência, quando os níveis de adultos são alcançados.

Em alguns indivíduos com processos infecciosos de repetição, os níveis de IgG séricos encontram-se normais ou mesmo aumentados. Nesses casos, é importante a dosagem das subclasses de IgG, que podem estar reduzidas. As subclasses de IgG devem também ser avaliadas em pacientes com deficiência de IgA e quadros infecciosos de repetição, pois essa imunodeficiência pode associar-se à deficiência de subclasses como a IgG_2. Várias doenças foram descritas em associação com redução das concentrações das subclasses de IgG. As concentrações séricas de IgG1, IgG2, IgG3 e IgG4 correspondem, respectivamente, a 70, 20, 7 e 3% da IgG total, com variabilidade dos valores de acordo com a idade do paciente. As subclasses de IgG devem ser dosadas pelas técnicas de nefelometria ou ELISA.

A avaliação da imunidade humoral não se restringe à dosagem das imunoglobulinas, por isso é importante verificar se essas proteínas são funcionalmente adequadas. Podem-se pesquisar anticorpos naturais ou ativamente produzidos. Na fase inicial da investigação, determinam-se os títulos de iso-hemaglutininas anti-A e anti-B, bem como a titulação de anticorpos específicos a antígenos aos quais o indivíduo foi imunizado por vacinação, como hepatite B, sarampo, varicela, rubéola e tétano, particularmente importantes em indivíduos com imunoglobulinas séricas normais. Em crianças não imunizadas, a avaliação da produção de anticorpos específicos após imunização com vacinas constitui a melhor maneira de definir a capacidade funcional do sistema humoral. Antígenos proteicos ou polissacarídeos podem ser utilizados, contudo, deve-se lembrar que os antígenos polissacarídeos não conjugados não são úteis na avaliação de crianças com menos de 2 anos de idade, pois nessa faixa etária normalmente não existe resposta para esse tipo de antígeno. A pesquisa de anticorpos contra polissacarídeos é particularmente relevante em pacientes com infecções sino-pulmonares. O soro do paciente deve ser coletado antes da administração do antígeno e 4 a 6 semanas após, quando a resposta anticórpica ao antígeno deve ser detectada no sangue. Os polissacarídeos capsulares do *Streptococcus pneumoniae* ou da *Neisseria meningitidis*, o toxoide tetânico ou a vacina da poliomielite (tipo Salk) podem ser utilizados. Vacinas com bactérias ou vírus atenuados (BCG e vacinas Sabin, sarampo, caxumba e rubéola) nunca devem ser utilizadas para a pesquisa ativa de produção de anticorpos quando há suspeita de imunodeficiência primária, pois a sua aplicação pode resultar em complicações como a disseminação do bacilo ou vírus vacinal.

Quadro 28.6 Investigação da imunidade humoral.

- Fenotipagem dos linfócitos B e suas subpopulações (CD19+, CD20+, CD21+, CD27+, CD38+, sIgM+, sIgD+, sIgG+)
- Dosagem de classes e subclasses de Ig
- Avaliação de anticorpos antes e após imunização com toxoides ou vacinas polissacarídeas bacterianas
- Síntese policlonal de Ig induzida por *Staphylococcus aureus Cowan* I (independente de linfócitos T)
- Síntese policlonal de Ig induzida pelo mitógeno do *Pokeweed* (dependente de linfócitos T)
- Síntese de Ig específicas induzidas por Ag solúveis
- Análises de KREC (*kappa-deleting recombination excision circles*) – Pode ser usado como triagem neonatal
- Avaliação dos genes relacionados a esses defeitos

Os linfócitos B são os precursores dos plasmócitos e são caracterizados pela presença de uma ou mais classes de imunoglobulina, assim como antígenos na superfície da membrana, tais como CD19, CD20 e CD21. A quantificação dos linfócitos B é indicada quando as imunoglobulinas séricas se encontram baixas ou ausentes. Atualmente, os linfócitos B são identificados, principalmente, por citometria de fluxo, utilizando-se anticorpos monoclonais que detectam marcadores de superfície. Os linfócitos B representam de 5 a 15% do total de linfócitos circulantes, porém, apresentam variabilidade com a idade. Além da quantificação dessas células, podem-se avaliar também as subpopulações de linfócitos B virgens (*naive*) ou de memória, que sofreram comutação isotípica ou não, plasmablastos ou plasmócitos. Existem outros recursos de avaliação da imunidade humoral, como a secreção de imunoglobulinas por plasmócitos, observada em testes *in vitro*. Culturas de células constituídas por monócitos, linfócitos T e B são estimuladas por substâncias que induzem à produção de imunoglobulinas. Mitógenos como proteína estafilocócica, *pokeweed*, ou ainda antígenos específicos, moléculas coestimulatórias como o CD154 e algumas citocinas que atuam em linfócitos B, são adicionados e a proliferação e subsequente produção *in vitro* de imunoglobulinas é verificada no sobrenadante das culturas.

Celular (linfócitos T)

A avaliação funcional de linfócitos T *in vitro* é, em geral, realizada por meio de ensaios dependentes de proliferação celular, com suspensões de células mononucleares obtidas da separação por centrifugação em gradientes de densidade de Ficoll-Hypaque (Quadro 28.7). Essas suspensões celulares compreendem monócitos, linfócitos e células NK, e a partir delas estimula-se com lectinas mitogênicas como a fito-hemaglutinina (PHA), a concanavalina-A (Con-A) e anticorpos monoclonais anti-CD3/anti-CD28, ou antígenos como o PPD, toxoide tetânico, antígenos de *Candida*, citomegalovírus (CMV), ou mesmo peptídeos antigênicos específicos para algum patógeno em particular. Esse tipo de teste baseia-se na síntese de DNA necessária para a atividade proliferativa, avaliada pela incorporação da timidina tritiada (Figura 28.13). E são mais sensíveis que os testes cutâneos de hipersensibilidade tardia, possibilitando detectar a resposta a antígenos contra os quais exista imunidade sem hipersensibilidade. Dessa maneira, pacientes com distúrbios mais graves da imunidade celular apresentam, além de depressão quantitativa do número de células, resposta proliferativa reduzida à estimulação por mitógenos e antígenos. Por outro lado, portadores de distúrbios mais seletivos da imunidade celular, como os de candidíase mucocutânea crônica, apresentam redução específica da resposta a antígenos de *Candida*. Vale ressaltar que esses testes apresentam fundamental importância na avaliação das doenças caracterizadas por imunodeficiências, visto que provêm dados fundamentais para a compreensão do tipo e grau de distúrbio apresentado pelos pacientes em particular.

Pode-se ainda, a partir dessas culturas, quantificar citocinas que possibilitam identificar padrões de resposta (do tipo 1 ou do tipo 2, por exemplo), receptores de citocinas ou moléculas coestimulatórias, como o CD154 e o CD40, nas síndromes de hiper IgM. Esses ensaios mostram a capacidade de transdução de sinais intercelulares, fenômeno fundamental para o funcionamento do sistema imunitário. As citocinas produzidas podem ser quantificadas tanto por ensaio imunoenzimático (ELISA) em sobrenadantes de cultura celular, como por ELISPOT, que determinará os clones produtores de citocinas, ou ainda por citometria de fluxo após permeabilização da membrana citoplasmática, possibilitando a quantificação das células produtoras de cada citocina em particular. Além dessas, exames baseados em reação em cadeia da polimerase (PCR) proporcionam a quantificação de RNA mensageiros-específicos (Figura 28.14).

Quadro 28.7 Investigação da imunidade celular.

- Fenotipagem de linfócitos T (CD2+, CD3+, CD4+, CD8+, CD45RA+, CD45RO+, CD31+ etc.)
- Proliferação de linfócitos induzida por lectinas ou Ac monoclonais mitogênicos (PHA, ConA, OKT3)
- Proliferação de linfócitos induzida por Ag solúveis (*Candida*, PPD, toxoide tetânico etc.)
- Análise de TREC (*T cell receptor recombination excision circles*) – Pode ser usado como triagem neonatal
- Produção de citocinas (IL-2, IL-4, IL-5, IFN-γ, TNF-β etc.)
- Responsividade a citocinas (IL-1, IL-2, IL-4, IFN-γ etc.)
- Fosforilação de proteínas intracelulares (STAT-1, STAT-3, STAT-5 etc.)
- Citotoxicidade mediada por linfócitos, restrita ou não pelo complexo principal de histocompatibilidade
- Ensaios de auxílio e de supressão: da síntese de Ig, da citotoxicidade celular, da mitogênese induzida por lectinas ou Ag, na avaliação do efeito de citocinas
- Contagem do número de células NK e suas subpopulações (CD16+, CD56+, CD57+)
- Avaliação da citotoxicidade celular dependente de anticorpos (ADCC)
- Avaliação da citotoxicidade celular de células-alvo da eritroleucemia humana K-562
- Avaliação dos genes relacionados a esses defeitos

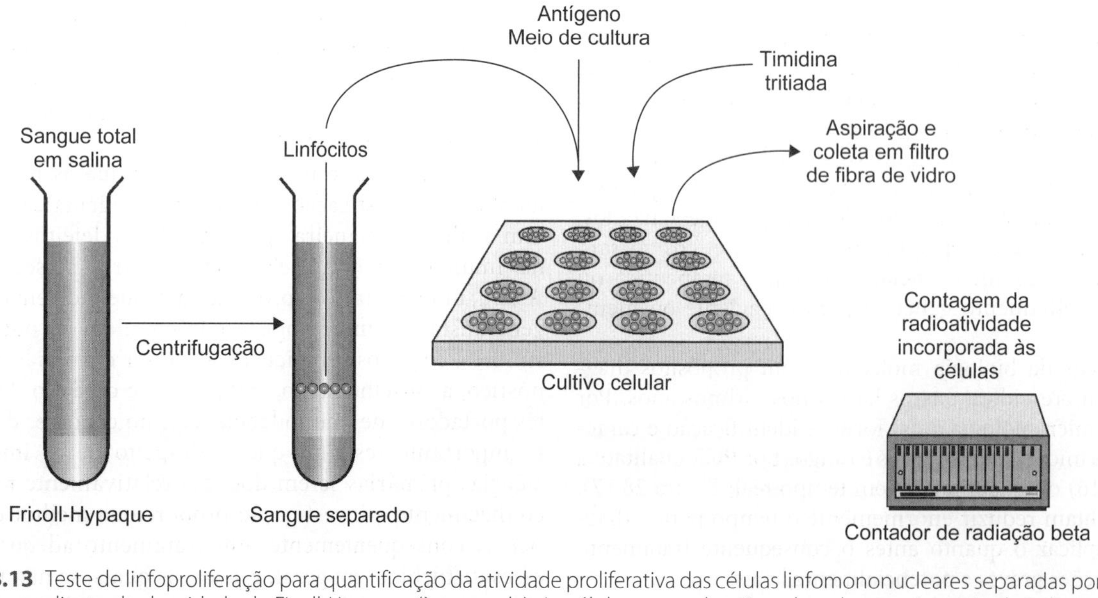

Figura 28.13 Teste de linfoproliferação para quantificação da atividade proliferativa das células linfomononucleares separadas por centrifugação em um gradiente de densidade de Ficoll-Hypaque (à esquerda). As células separadas são colocadas em um meio de cultura enriquecido com substâncias mitogênicas ou antígenos específicos, em uma placa de microtitulação estéril, e mantidas em cultivo por um período variável (dependente do estímulo). Entre 16 e 20 h antes do final do período, adiciona-se timidina tritiada para marcar o DNA incorporado nas células em proliferação. As células são aspiradas em um filtro e a radioatividade é quantificada em um contador de cintilação líquida, possibilitando, assim, calcular a proliferação celular.

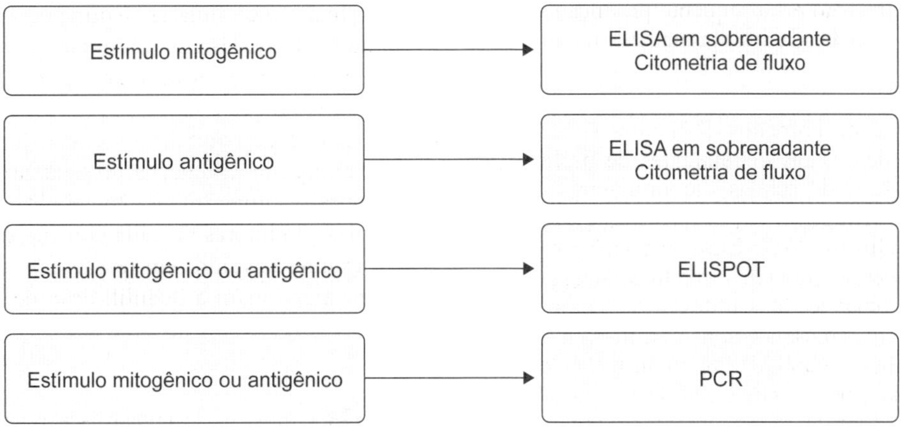

Figura 28.14 Pelo estímulo utilizado para os estudos de linfoproliferação pode-se também induzir a síntese de citocinas ou a expressão de moléculas relacionadas à ativação celular, possibilitando a quantificação dessas moléculas ou a identificação da fosforilação de intermediários. Como exemplo, na figura, tem-se a quantificação de citocinas, que pode ser realizada por técnica imunoenzimática (ELISA), por citometria de fluxo em células permeabilizadas para a identificação de antígenos intracelulares (ELISPOT) ou por biologia molecular (PCR).

Além das funções de ativação e amplificação da resposta de linfócitos T, é possível avaliar também a função efetora dessas células por meio de testes que demonstram a lise de células-alvo específicas pela liberação de marcadores como o cromo 51 radioativo, que pode ser quantificado com contadores de radiação gama. Outras técnicas como as que avaliam alterações da membrana das células-alvo podem ser utilizadas com esse intuito.

Há ainda, além da imunidade celular específica referida, um tipo de imunidade celular "inespecífica" exercida pelas células citotóxicas naturais (NK, do inglês *natural killers*). Essas células apresentam a capacidade de reconhecimento de células neoplásicas ou infectadas por alguns patógenos, em particular os herpes-vírus. A atividade dessas células pode ser avaliada *in vitro* por quantificação da citotoxicidade de células-alvo da eritroleucemia humana K-562, que não expressa moléculas do complexo de histocompatibilidade de classe I, sendo, assim, reconhecida como célula estranha ao sistema imunológico (Figura 28.15).

Afora esses testes quantitativos e qualitativos descritos anteriormente, podem ser necessários exames subsequentes, nos casos em que os resultados de ensaios especializados, diagnóstico molecular específico ou testes genéticos possam apontar uma imunodeficiência, melhorar a terapêutica ou definir aconselhamento genético para o paciente ou membros da família.

Os avanços da biologia molecular com propósitos diagnósticos têm crescido a passos largos nos últimos anos. Por exemplo, a microbiologia atual fornece identificação e caracterização de micobactérias, vírus e fungos por PCR qualitativa (Figura 28.16) ou quantitativa (em tempo real; Figura 28.17), que possibilitam reduzir enormemente o tempo para o diagnóstico e aplicar o quanto antes o consequente tratamento dessas infecções graves e potencialmente letais.

Por outro lado, em relação ao hospedeiro, testes de expressão gênica e de sequenciamento genético têm possibilitado identificar com precisão as mutações existentes em um determinado paciente. O sequenciamento automatizado capilar (técnica de Sanger; Figuras 28.18 e 28.19) proporciona grande acurácia e foi um significativo avanço em relação às técnicas manuais de sequenciamento; além disso, técnicas de nova geração promoveram um enorme progresso na velocidade de obtenção de dados (Figura 28.20), possibilitando sequenciar bibliotecas gênicas com dezenas ou centenas de genes simultaneamente. Hoje, também é possível sequenciar genomas e exomas completos de indivíduos dos quais não se conheça a doença, facilitando sobremaneira a descoberta de novas doenças. Assim, o maior gargalo, atualmente, situa-se na análise dos dados de sequenciamentos, sendo necessário o treinamento de bioinformatas especializados na criação e gerenciamento de *pipelines* de análise genética, filtrando os dados que, subsequentemente, serão analisados por geneticistas ou especialistas empenhados em genética das diversas áreas da Medicina, possibilitando o diagnóstico definitivo das moléstias (Figura 28.21).

Dessa maneira, é possível concluir que as novas ferramentas de investigação imunológica e genética possibilitam avaliar de maneira aprofundada os defeitos existentes nas imunodeficiências, sejam elas primárias ou secundárias. Assim, um conjunto de profissionais, que incluem o médico generalista e o imunologista clínico, além de outros consultores, como os geneticistas, deve ser envolvido no diagnóstico, aconselhamento, tratamento e cuidado de pacientes portadores de imunodeficiências no decorrer do tempo. É importante ressaltar que, a despeito de as imunodeficiências primárias serem doenças relativamente raras, seu conhecimento e investigação proporciona melhor diagnóstico e, consequentemente, um tratamento adequado para esses distúrbios, em geral, graves, os quais, se não reconhecidos rápida e eficientemente, apresentam elevadas morbidade e mortalidade.

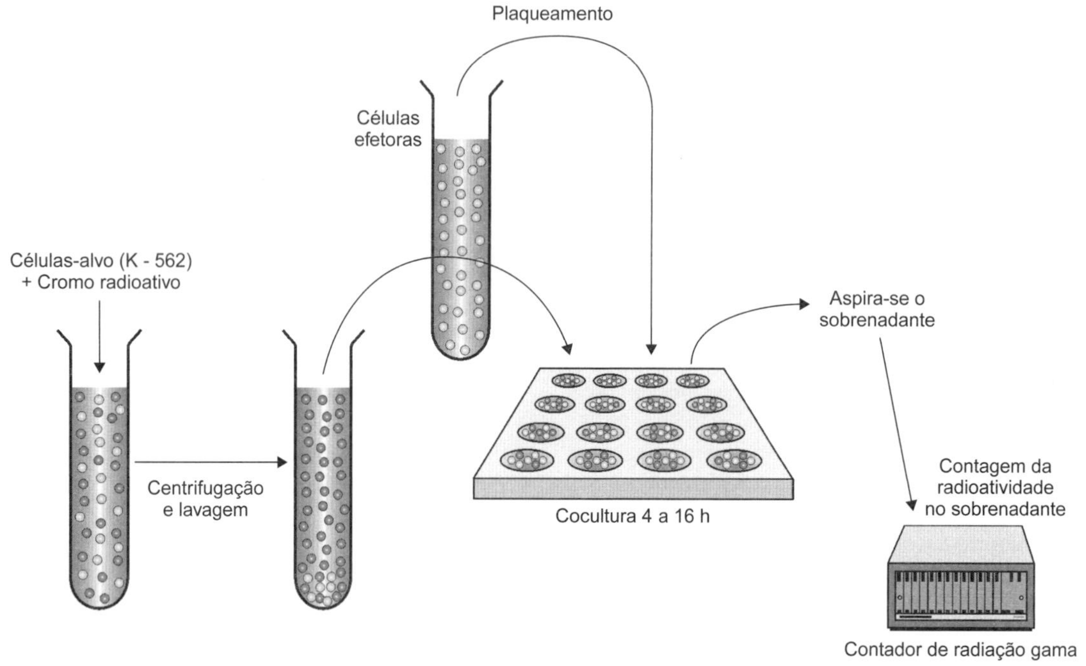

Figura 28.15 Ensaio de citotoxicidade específico para células citotóxicas naturais (NK, do inglês *natural killers*). Nesse tipo de ensaio marcam-se as células-alvo com cromo radioativo. Essas células são colocadas em contato com as células efetoras por algumas horas. Como somente as células-alvo estão marcadas com o radiofármaco, todo o cromo radioativo presente no meio de cultura decorre da lise das células-alvo. Assim, aspira-se o sobrenadante e conta-se a radiação em um contador de radiação gama, tornando possível o cálculo da atividade citotóxica das células NK.

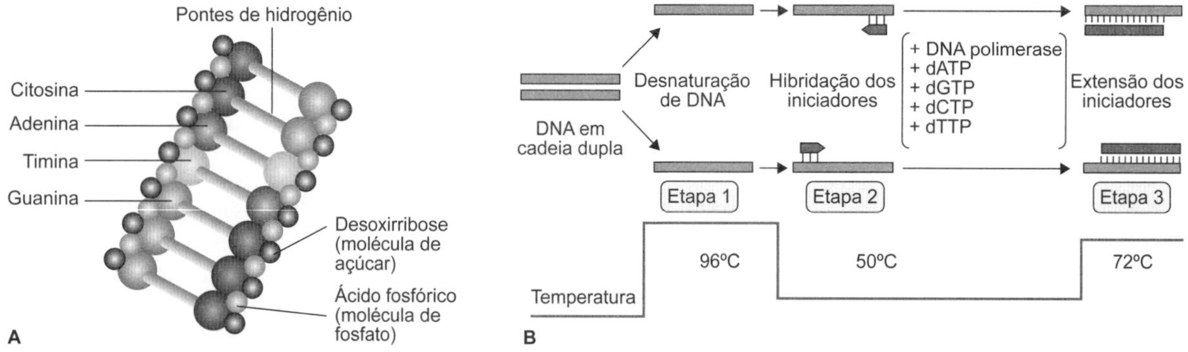

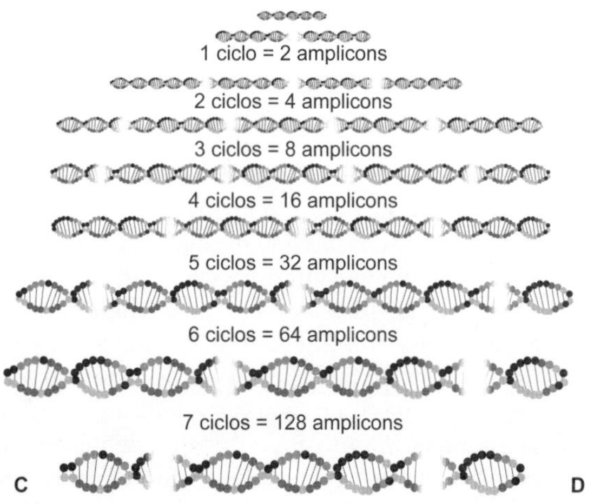

Número de ciclos	Número de amplicons
1	2
2	4
3	8
4	16
5	32
10	1.024
20	1.048.576
30	1.073.741.824

D

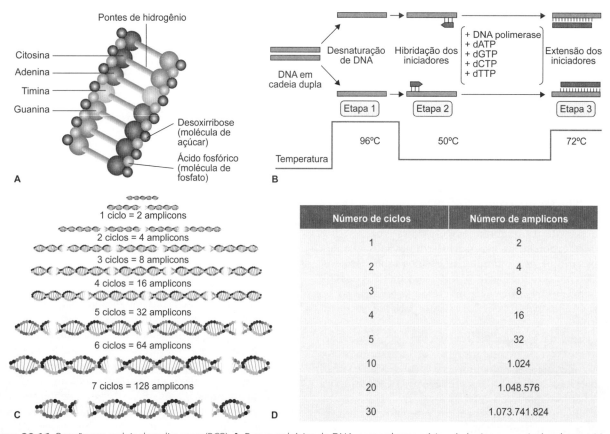

Figura 28.16 Reação em cadeia da polimerase (PCR). **A.** Estrutura básica do DNA, com as bases púricas (adenina e guanina), as bases pirimídicas (citosina e timina), o açúcar (desoxirribose) e os grupamentos fosfato. **B.** O DNA em cadeia dupla é desnaturado pelo aumento da temperatura (quebra das pontes de hidrogênio) abrindo as duas fitas do DNA. Reduz-se a temperatura e um par de iniciadores (*primers*) hibridiza-se a cada uma das fitas do DNA na sua ponta 5'. Adicionam-se os deoxinucleotídios (dNTP) de cada uma das bases (A, C, G e T) e uma enzima com atividade de DNA polimerase, que funciona em temperaturas elevadas (Taq polimerase obtida originalmente da bactéria *Thermus aquaticus*), eleva-se à temperatura ideal para a Taq polimerase, levando-se à extensão das fitas de DNA. Esse processo é repetido dezenas de vezes, ocasionando a duplicação do número de cópias do DNA a cada ciclo (**C** e **D**).

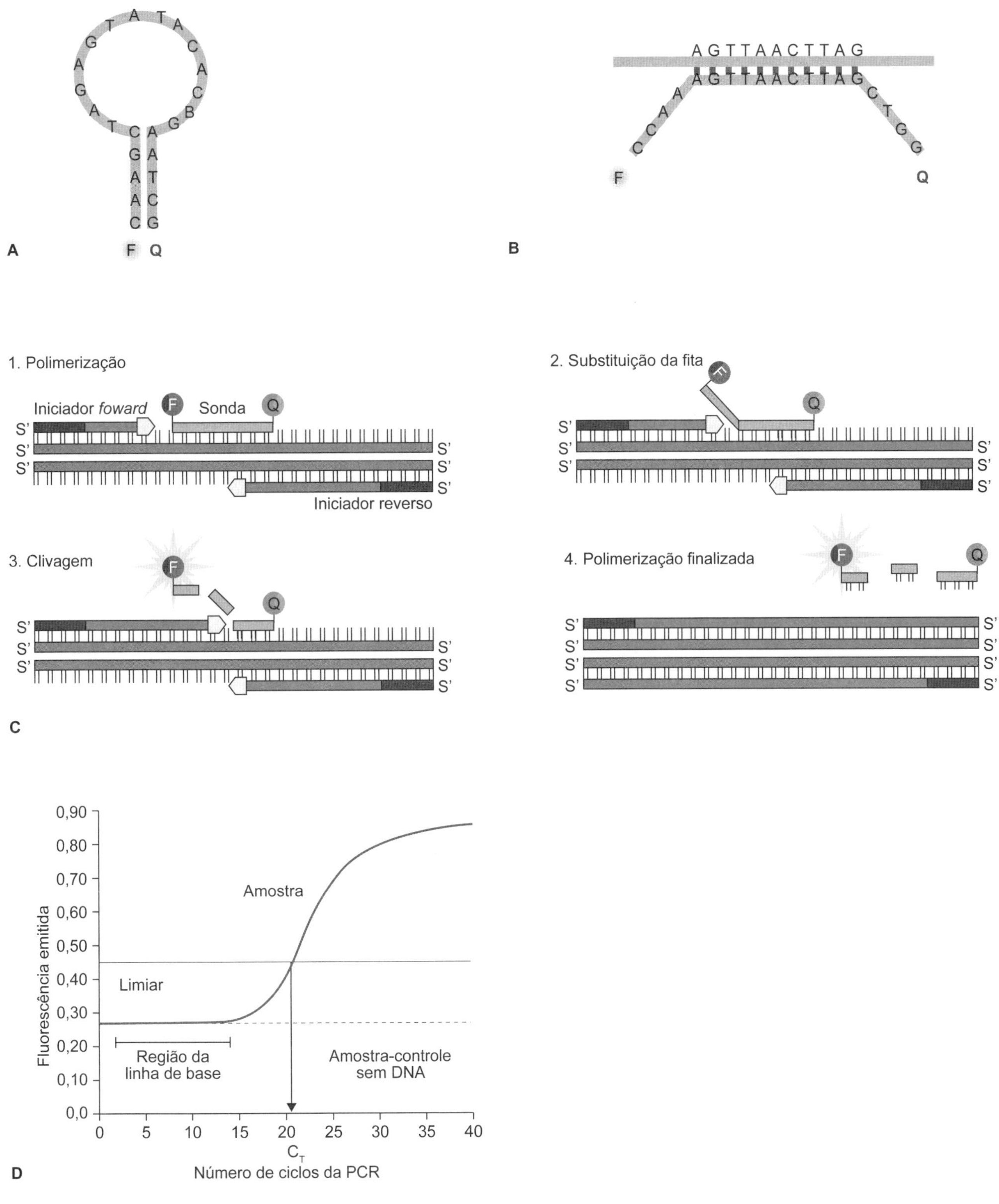

Figura 28.17 Reação em cadeia da polimerase (PCR) em tempo real: possibilita quantificar a amplificação de um fragmento de DNA, na fase exponencial da reação, em tempo real, e, com isso, identificar alelos em DNA genômico, análise de sequências virais, bacterianas ou de protozoários a partir de várias fontes, análise de patógenos em alimentos, análise de produtos transgênicos etc. Esse tipo de reação depende da adição de um fluoróforo e de um inibidor (*quencher*) a uma sonda oligonucleotídica que se liga a uma região do DNA abaixo do ponto de ligação do iniciador. **A.** A sonda é adicionada à reação em forma de grampo, quando o fluoróforo está próximo do *quencher* e não emite fluorescência. **B.** Quando a sonda se liga ao DNA molde (*template*), o fluoróforo se distancia do *quencher* e emite fluorescência. A PCR em tempo real ocorre como em **C**, com diversos ciclos, demonstrados em **D.** Quando se atinge o limiar (Ct), a fluorescência fica detectável e torna possível quantificar o DNA testado. F: fluorófo; Q: *quencher*; C_T: ponto onde a reação atinge o limiar da fase exponencial (*cycle threshold*).

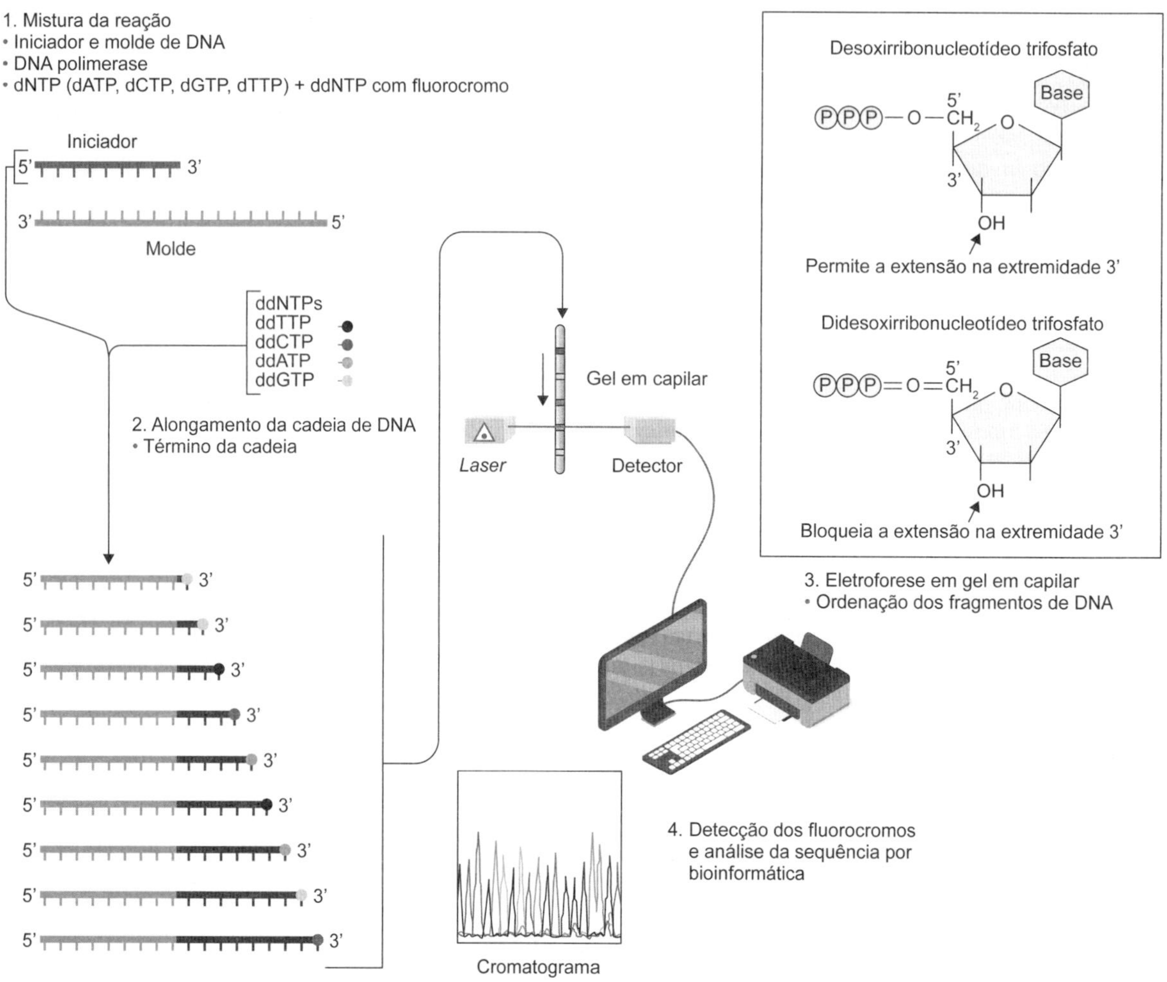

Figura 28.18 Reação de sequenciamento automático pela técnica de Sanger. Inicialmente, faz-se uma PCR para obter cópias do DNA de interesse. Esse DNA é purificado e, a seguir, faz-se nova reação de PCR utilizando os dNTP e os dideoxinucleotídios (ddNTP; quadro à direita) marcados com diferentes fluorocromos (1). Os dideoxinucleotídeos impedem o prolongamento da cadeia de DNA, que é interrompida ao acaso, dependendo da entrada do ddNTP na reação (2). Essas cadeias de DNA são ordenadas por uma eletroforese em gel realizada no interior de um tubo capilar. A eletroforese contínua faz com que as cadeias de DNA passem na frente de um *laser* que ilumina o fluorocromo acoplado aos ddNTP, da cadeia de menor tamanho para a de maior tamanho, lidos por um detector ligado a um computador que armazena esses dados para serem analisados por um sistema informatizado.

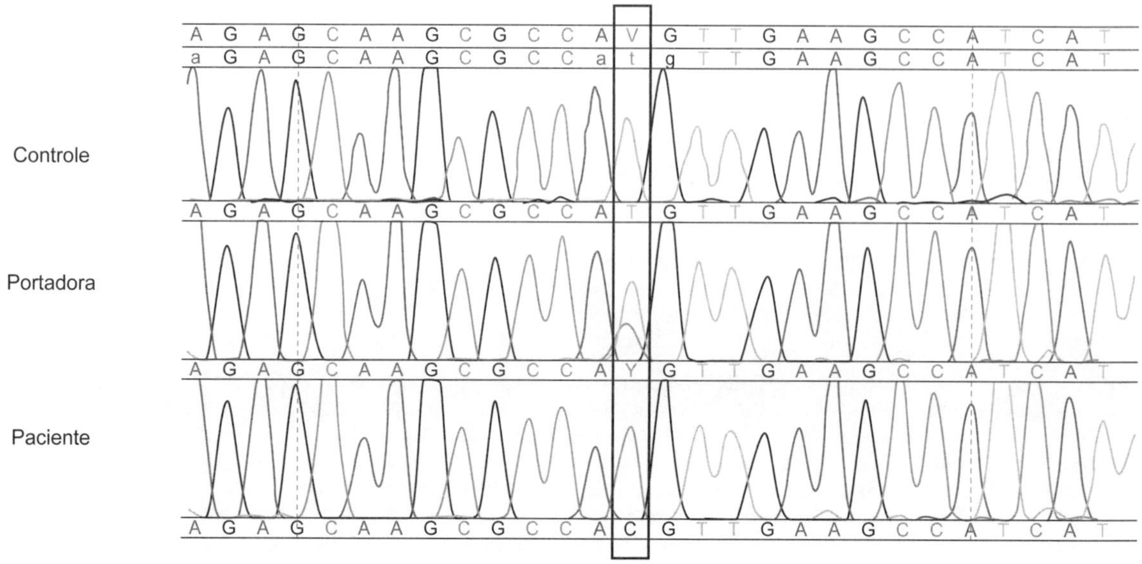

Figura 28.19 Exemplo de cromatograma obtido do sequenciamento do DNA de um paciente portador de imunodeficiência combinada grave ligada ao X. Na linha superior, tem-se a sequência de um indivíduo normal; na do meio, a sequência da mãe portadora da mutação em um alelo do cromossomo X; e na linha inferior, a sequência de um paciente apresentando uma mutação (troca de um T por um C).

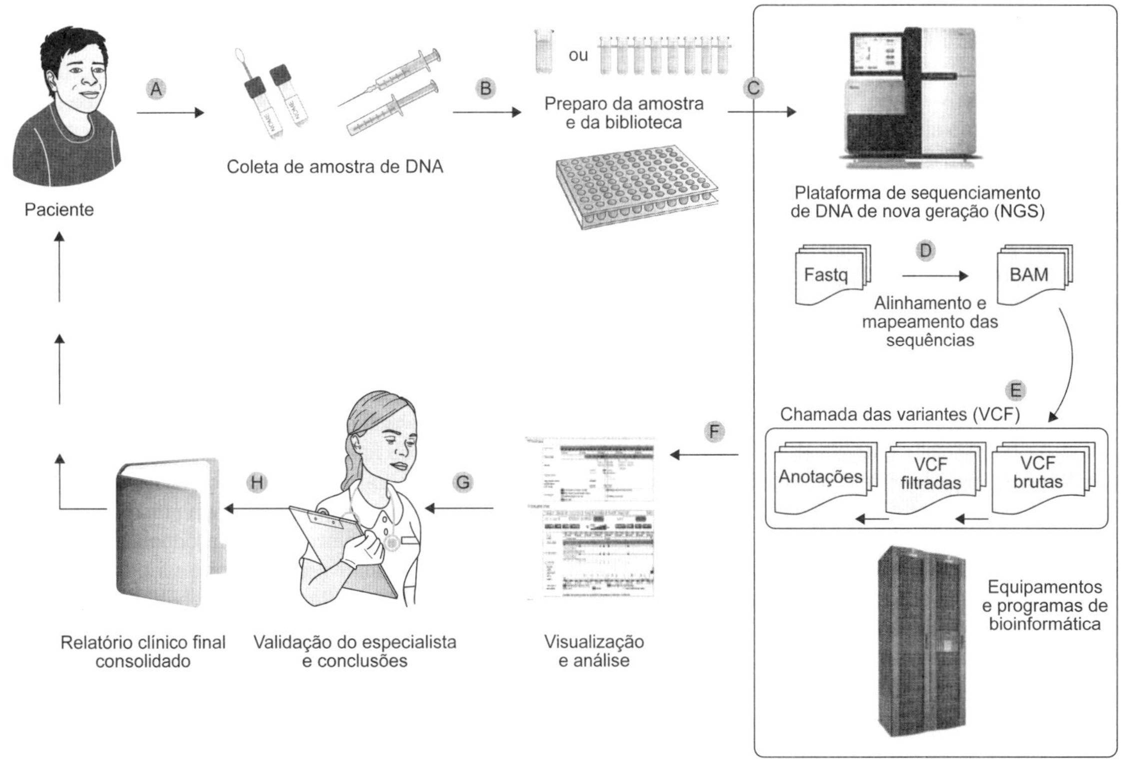

Figura 28.20 Figura esquemática da reação de sequenciamento automático de nova geração. De um paciente, coleta-se a amostra (**A**), que será preparada e incorporada a uma biblioteca gênica, composta de iniciadores para todos os genes de interesse (**B**), sequenciada em uma plataforma de sequenciamento de nova geração (NGS; **C**). Os dados obtidos do NGS são alinhados e comparados a dados existentes de indivíduos normais (**D**). A partir daí são chamadas as variantes alélicas encontradas por *softwares* de bioinformática (**E**), sendo os dados visualizados e analisados de modo que se encontrem as variantes alélicas possivelmente relevantes para o caso (**F**), validados por um especialista (**G**) que produz um relatório clínico a ser entregue ao paciente e seus médicos (**H**).

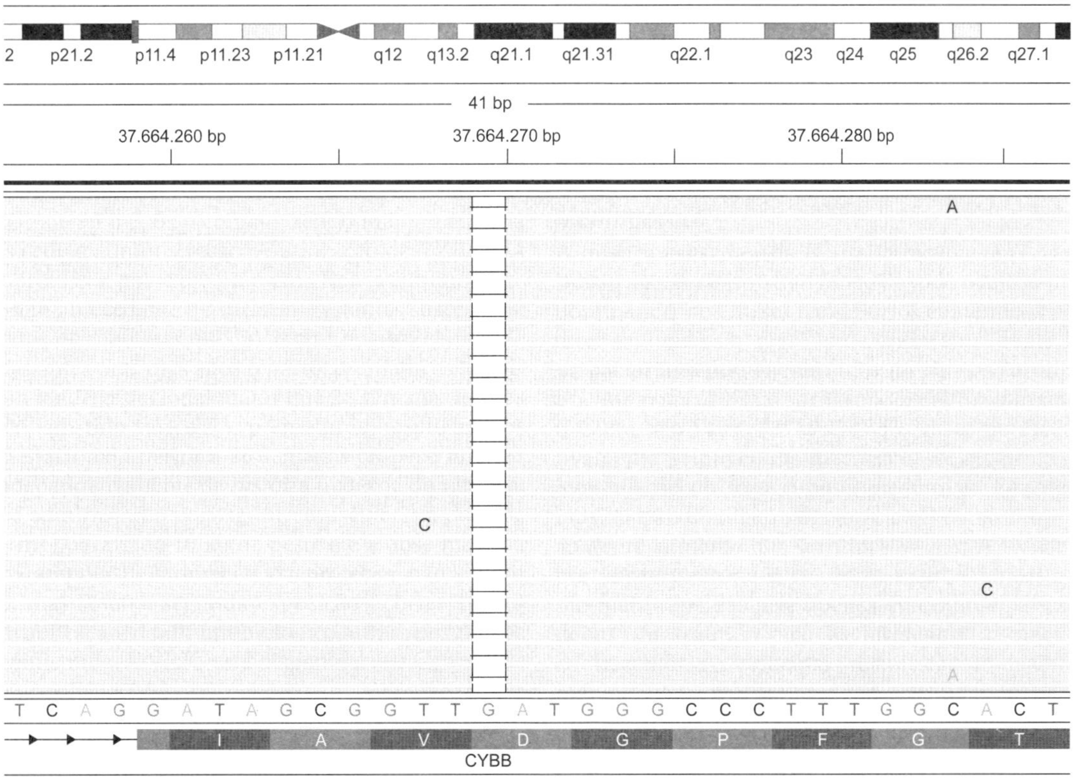

Figura 28.21 Exemplo de análise de sequenciamento de nova geração para o gene CYBB (gp91 phox da NADPH oxidase) de um paciente portador de doença granulomatosa crônica ligada ao X. Pode ser claramente observada a deleção de um nucleotídio (**G**) gerando uma mutação com perda da sequência de leitura (*out of frame*). Esse tipo de mutação, em geral, é causador de doenças mais graves.

Bibliografia

Admou B, Haouach K, Ailal F et al. Déficits immunitaires primitifs: approche diagnostique pour les pays émergents. Immuno-analyse & Biologie Spécialisée. 2010;5-6:257-65.

Ahmed AEE, Peter JB. Clinical utility of complement assessment. Clin Diag Lab Immunol. 1995; 2: 509.

Al Herz W, Bousfiha A, Casanova J-L et al. Primary immunodeficiency diseases: an update on the classification from the IUIS expert committee for PID. Frontiers in Immunology. 2014; 5(162): 1-33.

Baehner RL, Nathan DG. Quantitative nitrobluetetrazolium test in chronic granulomatous disease. N Engl J Med. 1968; 278: 971-6.

Ballow M. Historical perspectives in the diagnosis and treatment of primary immune deficiencies. Clinic Rev Allergy Immunol. 2014; 46: 101-3.

Bellinati-Pires R, Melki SE, Colletto GDD, Carneiro-Sampaio MMS. Evaluation of a fluorochrome assay for assessing the bactericidal activity of neutrophils in human phagocyte dysfunctions. J Immunol Methods. 1989; 119: 189-96.

Botto M, Dell'Agnola C, Bygrave AE, Thompson EM, Cook HT, Petry F et al. Homozygous C1q deficiency causes glomerulonephritis associated with multiple apoptotic bodies. Nat Genet. 1998; 19(1): 56-9.

Bousfiha AA, Jeddane L, Ailal F et al. A phenotypic approach for IUIS PID classification and diagnosis: guidelines for clinicians at the bedside. J Clin Immunol. 2013; 33(6): 1078-87

Boxer LA, Smolen JE. Neutrophil granule constituents and their release in health and disease. Hematol Oncol Clin North Am. 1988; 2: 10-34.

Boyden S. The chemotactic effect of mixtures of antibody and antigen in polymorphonuclear leukocytes. J Exp Med. 1962; 115: 453-66.

Boyle JM, Buckley RH. Population prevalence of diagnosed primary immunodeficiency diseases in the United States. J Clin Immunol. 2007; 27: 497-502.

Browne SK. Anti-cytokine autoantibody-associated immunodeficiency. Annu Rev Immunol. 2014; 32: 635-57.

Candotti F, Notarangelo L, Visconti R, O'Shea J. Molecular aspects of primary immunodeficiencies: lessons from cytokine and other signaling pathways. J Clin Invest. 2002; 109: 1261-9.

Carneiro-Sampaio M, Coutinho A. Early-onset autoimmune disease as a manifestation of primary immunodeficiency. Front Immunol. 2015; 6: 185.

Casanova J-L, Conley ME, Seligman SJ et al. Guidelines for genetic studies in single patients: lessons from primary immunodeficiencies. J Exp Med. 2014; 211(11): 2137-49.

Colten HR, Rosen FS. Complement deficiencies. Annu Rev Immunol. 1992; 10: 809-34.

Curnutte JT. Disorders of granulocyte function and granulopoiesis. In: Nathan DG. Oski FA. Hematology of infancy and childhood. Philadelphia: Saunder Company; 1993. p. 904-77.

Ding L, Jutivorakool K, Pancholi M et al. Determination of anti-cytokine autoantibody profiles using a particle based approach. J Clin Immunol. 2012; 32: 238-45.

Dropulic LK, Chen JI. Severe viral infections and primary immunodeficiencies. Clin Infect Dis. Clin Infect Dis. 2011 Nov; 53(9): 897-909.

Emmendorffer A, Nakamura M, Rothe G, Spiekermann K, Lohmann-Matthes NL, Roesler J. Evaluation of flow cytometric methods for diagnosis of chronic granulomatous disease variants under routine laboratory conditions. Cytometry. 1994; 18: 147-55.

Fischer A. Primary immunodeficiency diseases: an experimental model for molecular medicine. Lancet. 2001; 357: 1863-9.

Fukumori Y, Horiu T. Terminal complement component deficiencies in Japan. Exp Clin Immunogenet. 1998; 15: 244-8.

Hernandez-Trujillo V. New genetic discoveries and primary immunodeficiencies. Clinic Rev Allergy Immunol. 2014; 46: 143-56.

Hong R. Immunodeficiency disorders. In: Henry JB. Clinical diagnosis and management by laboratory methods. 19th ed. Philadelphia: W. B. Saunders; 1996. p. 1003-12.

Hong R, Clement LT, Gatti RA, Kirkpatrick CH. Disorders of the T-Cell system. In: Stiehm ER. Immunologic disorders in infants and children. 4th ed. Philadelphia: W. B. Saunders; 1996. p. 339-408.

Hsu AP, McReynolds LJ, Holland SM. GATA2 deficiency. Curr Opin Allergy Clin Immunol. 2015; 15: 104-9.

Janeway Jr. CA. How the immune system protects the host from infection. Microbes and infection. 2001; 3: 1167-71.

Jesus AA, Goldbach-Mansky R. Newly recognized Mendelian disorders with rheumatic manifestations. Current opinion Rheumatol. 2015; 27: 511-9.

Kishimoto TK, Hollander N, Roberts TM Anderson DC, Springer TA. Heterogeneous mutations in the b subunit common to the LFA-1, Mac-1 and p150,95 glycoproteins cause leukocyte adhesion deficiency. Cell. 1987; 50: 193-202.

Klebanoff SJ, Clark RA. The neutrophil: function and clinical disorders. In: Klebanoff SJ, Clark RA. Amsterdam: North Holland Publishing Co; 1993.

Kutukculer N, Azarsiz E, Karaca NE, Ulusoy E, Koturoglu G, Aksu G. A clinical and laboratory approach to the evaluation of innate immunity in pediatric CVID patients. Frontiers in Immunology. 2015; 6(145): 1-12.

Kwan A, Abraham RS, Currier R, Brower A, Andruszewski K, Abbott JK et al. Newborn screening for severe combined immunodeficiencies in 11 screening programs in the United States. JAMA. 2015; 312(7): 729-38.

Levinsky RJ, Harvey BAM, Rodeck CH, Soothill JL. Phorbol myristate acetate stimulated NBT test: a simple method suitable for antenatal diagnosis of chronic granulomatous disease. Clin Exp Immunol. 1983; 54: 595-8.

Locke BA, Dasu T, Verbsky JA. Laboratory diagnosis of primary immunodeficiencies. Clinic Rev Allergy Immunol. 2014; 46: 154-68.

Lowell C. Clinical laboratory methods for detection of antigens and antibodies. In: Parslow TG, Stites DP, Terr AI, Imboden JB. Medical immunology. 10th ed. New York: McGraw Hill; 2001. p. 215-33.

Lowell C. Clinical laboratory methods for detection of cellular immunity. In: Parslow TG, Stites DP, Terr AI, Imboden JB. Medical immunology. 10th ed. New York: McGraw Hill; 2001. p. 234-49.

Maggina P, Gennery AR. Classification of primary immunodeficiencies: need for a revised approach? J Allergy Clin Immunol. 2012; 131: 292-4.

Matsushita M, Endo Y, Fujita T. Complement-activating complex of ficollin and mannose-binding lectin-associated serine protease. J Immunol. 2000; 164: 2281-4.

Moraes Vasconcelos D, Oliveira JB. Investigação laboratorial das imunodeficiências. In: Jacob CMA, Pastorino AC, Schvartsman BGS, Maluf Junior PT. Alergia e imunologia para o pediatra. 2. ed. Barueri: Manole; 2010.

Moraes-Vasconcelos D. Imunodeficiências primárias combinadas. In: Grumach AS. Alergia e imunologia na infância e adolescência. São Paulo: Atheneu; 2001. p. 445-66.

Moraes-Vasconcelos D, Spalter SH, Duarte AJS. Imunodeficiências primárias celulares e combinadas. In: Carneiro-Sampaio MMS, Grumach AS. Alergia e imunologia em pediatria. São Paulo: Sarvier; 1992. p. 141-56.

Nijman IJ, van Montfrans JM, Hoogstraat M et al. Targeted next-generation sequencing: a novel diagnostic tool for primary immunodeficiencies. J Allergy Clin Immunol. 2014; 133: 529-34.

Noroski LM, Shearer WT. Screening for primary immunodeficiencies in the clinical immunology laboratory. Clin Immunol Immunopathol. 1998; 86: 237-45.

Orange JS. Natural killer cell deficiency. J Allergy Clin Immunol. 2013; 132: 515-25.

Pacheco SE, Shearer WT. Laboratory aspects of immunology. Pediatr Clin North Am. 1994; 41: 623-55.

Peterson PK, Verhoef J, Schmeling D, Quie PG. Kinetics of phagocytosis and bacterial killing by human polymorphonuclear leukocytes and monocytes. J Infect Dis. 1977; 136: 502-9.

Porcel JM. Methods for assessing complement activation in the clinical immunology laboratory. J Immunol Methods. 1993; 157: 1.

Puck JM, Nussbaum RL. Genetic principles and technologies in the study of immune disorders. In: Ochs HD, Edvard-Smith CI, Puck JM. Primary immunodeficiencies: a molecular and genetic approach. 3th ed. Oxford: Oxford University Press; 2014.

Quie PG, Mills EL, Roberts RL, Noya FJD. Disorders of the polymorphonuclear phagocytic system. In: Stiehm ER. Immunological disorders in infant and children. Philadelphia: Saunders; 1996. p. 443-68.

Roesler J, Hecht M, Freihorst J, Lohmann-Matthes ML, Emmendorffer A. Diagnosis of chronic granulomatous disease and its mode of inheritance by dihydrorhodamine 123 and flow microcytofluorometry. Eur J Pediatr. 1991; 150: 161-5.

Shearer WT, Paul ME, Wayne Smith C, Huston DP. Laboratory assessment of immune deficiency disorders. In: Huston DP. Diagnostic laboratory immunology – immunology and allergy clinics of North America. 1994; 14(2): 265-99.

Stiehm ER, Ammann AJ. Combined antibody (B-cell) and cellular (T-Cell) immunodeficiency disorders. In: Stites DP, Terr AI, Parslow TG. Medical immunology. 9th ed. Stamford, CT: Appleton & Lange; 1997. p. 352-63.

Stites DP Folds JD, Schmitz J. Clinical laboratory methods for detection of cellular immunity. In: Medical immunology. Stites DP, Terr AI, Parslow TG. 9th ed. Stamford, CT: Appleton & Lange; 1997. p. 254-74.

Todd III RF. The continuing saga of complement receptor Type 3 (CR3). J Clin Invest. 1996; 98: 1-2.

Valiathan R, Lewis JE, Melillo AB. Evaluation of a flow cytometric method for natural killer cell activity in clinical settings. Scand J Immunol. 2011; 75: 455-62.

Vasconcelos DM. Avaliação laboratorial da resposta imune imunidade celular. In: Grumach AS. Alergia e imunologia na infância e na adolescência. 2. ed. São Paulo: Atheneu; 2009. p. 469-74.

Walport MJ. Complement deficiency and autoimmunity. Ann NY Acad Sci. 1997; 815: 267-81.

Wilkinson PC. Locomotion and chemotaxis of leukocytes. In: Wier DM. Handbook of experimental immunology. Oxford: Blackwell Scientific Publications; 1986.

Wright DG. Human neutrophil degranulation. Methods Enzymol. 1988; 162: 538-51.

Zwirner J, Wittig A, Kremmer E, Gotze O. A novel ELISA for the evaluation of the classical pathway of complement. J Immunol Methods. 1998; 211: 183-90.

Capítulo 29

Imunoprofilaxia e Imunização Ativa

Marcelo Genofre Vallada e Adelaide J. Vaz

Introdução

A prevenção (profilaxia) de algumas afecções graves humanas é obtida pelo desenvolvimento de estratégias com base na compreensão dos mecanismos da resposta de defesa protetora específica. Assim, a imunoprofilaxia é definida como um conjunto de métodos terapêuticos preventivos e curativos que utilizam a resposta imune como mecanismo de ação na produção dos produtos terapêuticos.

Na área de conhecimento da imunoprofilaxia, aplicam-se os conceitos básicos da imunologia e os fundamentos da aplicação de terapêuticas para diversas afecções. Os imunoensaios funcionam como ferramentas na pesquisa básica e também no desenvolvimento e no controle de qualidade dos produtos utilizados na imunoprofilaxia, que compreende dois tipos: a passiva e a ativa.

Na imunoprofilaxia ativa, o próprio organismo irá desenvolver a resposta imune para o antígeno administrado previamente à infecção natural. Já na prevenção passiva, o organismo recebe os produtos da resposta imune produzidos por outro animal ou indivíduo. Resumindo, a imunoprofilaxia passiva se dá por soroterapia com imunoglobulinas imunoespecíficas e a ativa, pela vacinação.

Imunoprofilaxia

Alguns conceitos são muito utilizados na discussão dos mecanismos de imunoprofilaxia e merecem ser revistos de maneira resumida (ver Capítulo 2), como:

- Imunogenicidade: capacidade de uma substância ou molécula induzir resposta imune em um indivíduo
- Antigenicidade: capacidade de uma substância ou molécula se ligar a anticorpos ou receptores de antígenos nas células do sistema imune
- Afinidade: intensidade da interação entre o antígeno e o anticorpo ou receptor de antígeno; é uma medida de intensidade das forças (reversíveis) da interação. O somatório das afinidades para os diversos anticorpos para o conjunto de epítopos do antígeno é chamado de avidez
- Determinante antigênico: menor porção da molécula antigênica; inclui o epítopo, que é responsável pela ligação com o anticorpo ou com o receptor de antígeno de linfócitos e é formado por quatro a seis resíduos de aminoácido e/ou açúcares. Do ponto de vista prático, epítopo é considerado sinônimo de determinante antigênico, mas este inclui parte da estrutura da molécula necessária para manter a conformação do epítopo
- Reatividade cruzada: ocorre quando duas substâncias diferentes apresentam epítopos idênticos ou semelhantes. Assim, os produtos da resposta imune induzida por uma das substâncias interagem com a outra. Por exemplo, toxoide tetânico e toxina tetânica são moléculas parcialmente diferentes, já que a primeira é derivada da segunda e o toxoide induz resposta imune cruzada para a toxina
- Haptenos: substâncias de baixo peso molecular e reduzida complexidade conformacional. São moléculas inorgânicas que, por si só, não induzem resposta imune. Essas substâncias apresentam imunogenicidade quando conjugadas a carreadores de elevada massa molecular e complexidade (proteínas e células). O hapteno é capaz de interagir com os anticorpos sem precisar da conjugação, ou seja, não apresenta imunogenicidade, mas mantém a antigenicidade.

Para que o processo de imunização tenha sucesso, é necessário compreender claramente:

- O mecanismo e o tipo de imunidade necessária à proteção contra o agente causal envolvido na afecção/infecção
- O(s) antígeno(s) envolvido(s) nessa imunidade protetora e que, de fato, pode(m) impedir a doença.

Como exemplos de processos diferentes de proteção, podem-se citar a imunização passiva contra o tétano pela administração do soro antitetânico e a imunização ativa contra a hepatite com a utilização da vacina.

Em ferimentos profundos, há o risco de contaminação com *Clostridium tetani* em indivíduos não previamente vacinados ou que foram imunizados, mas há dúvida sobre a persistência da imunidade ativa. Nesse caso, o fator de virulência é a toxina tetânica produzida e excretada pela bactéria infectante. Essa toxina causa o tétano, doença com elevada letalidade, ganhando a circulação sanguínea a partir do foco infeccioso, com início de ação em poucas horas ou dias. O período entre a infecção e o efeito da toxina é muito curto e o hospedeiro infectado, não previamente imunizado, muito provavelmente não conseguirá, a tempo, produzir resposta imune de defesa protetora. Assim, para a prevenção do tétano (não há como impedir a infecção já instalada pelo *C. tetani*) basta neutralizar a toxina, bloqueando-a pela interação com anticorpos específicos. Administra-se soro hiperimune heterólogo (animal) ou homólogo (humano) com anticorpos de alta avidez específicos para a toxina tetânica. De fato, administra-se a fração $F(ab')_2$ da IgG produzida por cavalos imunizados com o toxoide.

A prevenção de infecção futura pelo vírus da hepatite B (HBV) é um exemplo de imunização ativa. O HBV é complexo quanto à composição antigênica. Evidências demonstraram que o vírus adere ao hepatócito pelo antígeno "s" (HBsAg) do envelope viral.[1] Assim, pacientes que produzem anticorpos anti-HBs evoluem para cura e ficam protegidos contra reinfecções futuras. Os anticorpos anti-HBs ligam-se ao HBsAg do envoltório do HBV e inibem a aderência viral ao hepatócito, impedindo a infecção. Com base nesse conhecimento, foram desenvolvidas estratégias de obtenção de proteínas recombinantes e peptídeos sintéticos que mimetizam o HBsAg *in natura*. O HBV não é cultivável, o que dificulta a obtenção de extratos antigênicos naturais, e para o desenvolvimento da resposta imune protetora não são necessários outros antígenos virais (core, nucleocapsídio, enzimas etc.). As vacinas para hepatite B hoje disponíveis usam apenas o antígeno HBs como imunógeno e os indivíduos respondedores (> 95%) produzem elevados níveis de anticorpos anti-HBs que perduram alguns anos. As falhas vacinais que ainda persistem se devem a dois prováveis motivos: ou o mecanismo de imunização é muito brando, ou há indivíduos tolerantes a esse antígeno. Essa possível tolerância imune pode explicar por que alguns indivíduos infectados pelo HBV não conseguem resolver a infecção.

Imunoensaios utilizados no desenvolvimento e na produção de soros e vacinas

Soros hiperimunes e extratos antigênicos concentrados são inicialmente avaliados por técnicas de menor sensibilidade e custo. São muito usuais técnicas de imunoprecipitação por imunodifusão radial dupla (*Ouchterlony*), cujos resultados comparativos com amostras de referência já podem indicar se a amostra obtida está fora dos padrões esperados (ver Capítulo 5). Por outro lado, técnicas mais sofisticadas como o *immunoblot* fornecem dados refinados da imunorreatividade (ver Capítulo 7).

Nas etapas de pesquisa para investigar a *imunodominância* de extratos de antígenos são utilizados soros hiperimunes experimentais, amostras de indivíduos com a doença e, por fim, anticorpos monoclonais. Técnicas cromatográficas e eletroforéticas ajudam na identificação e na caracterização parcial de moléculas antigênicas.

A eletroforese bidimensional também tem sido empregada e é de grande valia para estudos iniciais de extratos mais complexos. A análise dos eletroferogramas obtidos depende de sofisticados *softwares* e inúmeros experimentos (análise proteômica). O sequenciamento de peptídeos que compõem a proteína é muito usual, mas limitado quanto ao tamanho da sequência analisada.

Resultados de estudos genômicos dos microrganismos causadores são incorporados e utilizados para implementar o conhecimento das estruturas antigênicas e dos mecanismos fisiopatológicos das infecções (ver Capítulo 3).

Tolerância imunológica

O conceito de tolerância imunológica pode ser dado como "ausência ou não de resposta imune para determinado(s) epítopo(s). Quando esse(s) epítopo(s) é (são) imunodominante(s), pode acontecer a tolerância para determinado antígeno ou molécula".[2] Ou seja, há tolerância em indivíduos imunocompetentes. O melhor exemplo de mecanismo de tolerância é a *autotolerância* que ocorre para os antígenos *self*, um processo dinâmico e complexo que, quando quebrado, desencadeia lesões de autoagressão em doenças autoimunes (ver Capítulos 24 e 25). Como a tolerância é um mecanismo imunológico, também mantém as características da resposta imune:

- É antigeno-específica (no sentido de epitopo-específica)
- Tem memória imunológica, ou seja, mantém-se por longos períodos em um equilíbrio complexo entre imunidade ↔ tolerância
- Pode ser afetada por condições inerentes à apresentação de antígenos, desencadeando, por vezes, imunidade (p. ex., a autoimunidade).

Fatores genéticos e ambientais parecem estar envolvidos na dinâmica entre tolerância e imunidade. Para explicar alguns desequilíbrios, o melhor caminho é compreender que ocorrem alterações na molécula antigênica, tornando-a estranha ao sistema imune, ou ainda a estimulação de clones de linfócitos antes suprimidos (tolerantes).

Estudos genéticos e moleculares com animais isogênicos têm fornecido informações importantes, cuja perspectiva é a possibilidade de interferência terapêutica na indução de tolerância em indivíduos apresentando respostas indesejadas (alergias, doenças autoimunes e rejeição a transplantes).[2] Esses estudos mostram que algumas condições são importantes para a *indução de tolerância*:

- Imunocompetência do hospedeiro: a resposta imune é incipiente no neonato e desenvolvida no adulto. Assim, é mais fácil induzir a tolerância imune em recém-nascidos e animais muito jovens. Essa observação experimental é coerente com a de que recém-nascidos humanos com infecção congênita podem não apresentar resposta imune adequada e, por isso, tornam-se infectados cronicamente, de modo anormal. Por exemplo, com rubéola congênita, o bebê continua excretando o vírus por meses, ao contrário da infecção em crianças e adultos, quando a excreção viral perdura poucas semanas
- Características do antígeno: proteínas complexas são bons imunógenos, mas quando administradas na forma solúvel podem induzir tolerância. Esse mecanismo deve justificar por que somos tolerantes a moléculas de alimentos que chegam à nossa circulação na forma solúvel degradada. Também é possível que a persistência do antígeno por longos períodos e em elevadas concentrações possa induzir tolerância. Isso parece ocorrer com os autoantígenos, ao menos na maioria da população
- Apresentação do antígeno: é facilitada em ambiente inflamatório com elevados níveis de mediadores inflamatórios, citocinas e expressão celular de moléculas coestimulatórias.

Esse mecanismo justifica algumas autorreatividades em processos inflamatórios crônicos, por exemplo, na infecção chagásica ou na síndrome de Crohn e na colite ulcerativa. A ausência de inflamação facilita a tolerância, o que ocorre com ingestão e absorção de proteínas heterólogas

- Via e forma de administração: a via oral digestiva degrada os antígenos que, quando absorvidos, geralmente não são imunógenos. Vale lembrar que na vacina oral Sabin com vírus A, B e C da pólio vivos atenuados e na vacina de rotavírus há multiplicação viral e estimulação do tecido linfoide associado à mucosa do intestino. A via endovenosa para administração de drogas solúveis também é indutora de tolerância. Contrariamente, as vias intramuscular, subcutânea ou intradérmica, com o uso de antígenos insolúveis ou em suspensão com adjuvantes, acabam geralmente induzindo resposta imune. Neste caso, há dois eventos que facilitam a imunização: inflamação, pois há lesão tecidual na deposição do antígeno insolubilizado, e esse antígeno é liberado lentamente, de modo que há tempo hábil para ocorrer a fagocitose e a migração de células de defesa para o local (efeito chamado de depósito ou *depot*)
- Sítios de privilégio imunológico: alguns tecidos e órgãos são poupados de maneira especial da resposta imune. Por um lado, são protegidos do acesso de invasores, por outro, dificultam a chegada de células de defesa. Câmara anterior do olho, córnea, sistema nervoso central, ovários, placenta e testículos, por exemplo, são locais que não apresentam drenagem linfática adequada e os antígenos não chegam facilmente até eles porque há barreiras órgão-sangue, tais como as barreiras hematencefálica e hematorretiniana. No entanto, quando há invasão de patógenos, há intensa resposta imunoinflamatória nesses locais. A ideia de privilégio deve ser encarada do ponto de vista funcional. Se há o privilégio é porque há o benefício. Nesses tecidos, as consequências do processo imunoinflamatório poderiam ser danosas ao tecido. Assim, a tolerância nesses locais deve incluir mecanismos regulatórios que limitem a resposta celular T, por meio de citocinas, fatores supressores, reduzida expressão de moléculas de histocompatibilidade HLA classes I e II, além da própria regulação de populações de linfócitos T por células supressoras.

Experimentalmente, a *interrupção da tolerância* imune parece fácil. Do ponto de vista terapêutico, ela tem aplicação em algumas situações. Por exemplo, certos indivíduos imunocompetentes não são bons respondedores para determinados patógenos e mostram infecções repetitivas por esses agentes. Outra situação se dá quando alguns indivíduos não respondem aos esquemas de vacinação, principalmente quando são usados peptídeos ou proteínas muito purificados e contendo poucos epítopos, se comparados ao patógeno selvagem.

Algumas estratégias aplicáveis para interromper a tolerância, ou seja, tornar respondedor o animal tolerante (sempre para determinado antígeno, já que não se trata de imunodeficiência) são:

- Injetar linfócitos T de animal não tolerante no animal tolerante, após irradiação do animal tolerante. Esse procedimento é válido para animais isogênicos, quando não ocorre a reação enxerto *versus* hospedeiro (ver Capítulo 26)
- Usar hiperimunização com antígenos de reatividade cruzada para os quais havia tolerância
- Usar imunoestimuladores e imunização repetitiva com o antígeno tolerado.

Imunoprofilaxia passiva

Modelo natural de imunoprofilaxia passiva

O primeiro modelo de imunização passiva natural ocorre já na vida intrauterina, a partir da segunda metade da gestação, mais intensamente no último trimestre. O feto recebe passivamente a IgG materna, que irá protegê-lo contra vários agentes infecciosos nos primeiros meses de vida.

Bebês prematuros nascem com menor concentração de IgG materna e são mais suscetíveis a infecções nos primeiros meses de vida. A subclasse IgG2 atravessa a placenta, mas em menor quantidade que as outras subclasses. Como a IgG2 parece ter papel preponderante na neutralização de antígenos polissacarídicos capsulares, entende-se maior risco e frequência de infecções por patógenos capsulares em recém-nascidos. Os níveis de anticorpos maternos caem gradativamente em função da meia-vida da IgG, em torno de 3 a 4 semanas. Assim, já com 2 a 3 meses de idade, pouco menos de 50% da IgG do bebê é de origem materna.

Outro exemplo natural de imunização passiva é a passagem da IgA secretora do colostro e do leite materno pelos tratos respiratório superior e gastrintestinal do lactente. O colostro mostra concentração de IgA até três vezes maior que o valor sérico da mãe. Esses valores vão se reduzindo e no leite estarão por volta de 40% do valor de IgA no soro materno. Lactentes de mães deficientes de IgA mostram maior frequência de infecções de mucosas.

A presença de IgA secretora no leite materno é o mecanismo mais específico de defesa. Os linfócitos B de memória da mãe, que estejam sendo estimulados por antígenos no intestino materno, na etapa do *switch* para IgA migram para a glândula mamária (sistema enteromamário) e aí se diferenciam em plasmócitos secretores. No epitélio mamário, a IgA ganha o componente secretor e é secretada com o colostro ou com o leite. A especificidade dessas IgA é para enteropatógenos, bactérias Gram-negativas, enterovírus e para algumas toxinas bacterianas. Embora em menor concentração, também IgG e IgM maternas são encontradas no leite humano. O papel de outras células (leucócitos) presentes no leite ainda não é claro.

Soroterapia

A terapia passiva utilizando anticorpos imunes de doadores surgiu como opção terapêutica em situações de urgência para neutralizar venenos de animais peçonhentos ou toxinas bacterianas letais. Pacientes debilitados, imunodeficientes humorais graves ou na vigência de infecções agudas graves, podem também se beneficiar da imunização passiva com imunoglobulinas imunes de doadores saudáveis da população.

As imunoglobulinas administradas são catabolizadas em algumas semanas e como não são produzidas pelo paciente, não há memória imunológica (como na imunização ativa); se o risco permanece ou se repete, nova administração deve ser feita.

As imunoglobulinas com função de anticorpo podem ser obtidas por hiperimunização de animais, preferencialmente cavalos ou coelhos, e são chamadas de imunoglobulinas *heterólogas*. Já o *pool* de soros ou plasmas de doadores humanos contém imunoglobulinas imunes *homólogas*. Anticorpos monoclonais de camundongos são considerados heterólogos, mas podem ser humanizados (ver Capítulos 2 e 3).

Como em toda medida terapêutica, também na imunização passiva deve-se avaliar claramente o binômio risco-benefício. Um dos riscos na imunização passiva é a transmissão acidental de agentes infecciosos ou afecções ainda desconhecidas que possam estar presentes nos produtos, soros e imunoglobulinas. Por exemplo, deve-se sempre lembrar do HIV na década de 1970, ainda desconhecido, mas já se disseminando via transfusional, ou então do potencial risco de transmissão de príons (encefalite espongiforme bovina).

Outro risco, mais evidente, ocorre na administração de soros heterólogos. As imunoglobulinas são espécie-específicas e as principais diferenças se encontram na porção carboxiterminal da porção Fc das cadeias pesadas. Essa característica, por um lado, possibilita que sejam produzidos anticorpos anti-IgG humana, por exemplo, que são muito úteis na obtenção de conjugados para os *kits* diagnósticos. Por outro lado, a administração de Ig heteróloga induz à produção de anticorpos contra essa imunoglobulina. Lesões teciduais decorrentes desse risco são agrupadas em uma entidade chamada doença do soro.

A administração de imunoglobulinas ou soros heterólogos induz produção de anticorpos contra essas proteínas. Já na primeira administração do soro, podem ser percebidas as consequências dessa imunização. Em 10 a 15 dias após receber o soro, o indivíduo já produz quantidades significativas de anticorpos anti-Ig heteróloga, que começa a se complexar com as Ig heterólogas ainda não catabolizadas. Em um segundo contato com essa Ig heteróloga, já haverá maior quantidade de anti-Ig (memória), então, imunocomplexos Ig/anti-Ig se formam imediatamente após a administração do soro.

Os imunocomplexos macromoleculares de elevado peso molecular (Ig-anti-Ig) se depositam na membrana basal de glomérulos e de endotélio vascular, ativando o sistema complemento. As células do hospedeiro contêm receptores para C3b e C5b, e a formação do complexo de ataque à membrana (C56789), com função de perforina altamente citotóxica, acaba causando lesões nos tecidos onde se depositaram os imunocomplexos. Glomerulonefrites e vasculites são os sinais que evidenciam esse mecanismo de hipersensibilidade por imunocomplexos (hipersensibilidade do tipo III). A ativação do sistema complemento produz anafilatoxinas e causa opsonização com facilitação de macrófagos. A inflamação exagerada provoca mais lesões teciduais e o processo se amplifica.

A estratégia tecnológica para minimizar esses efeitos é o tratamento da IgG heteróloga com enzimas do tipo pepsina ou tripsina que digerem a Fc pela região carboxiterminal livre. O produto final $F(ab')_2$ deve ser obtido por filtração em gel ou exclusão por peso molecular, de modo que elimine os subfragmentos Fc da digestão enzimática. Caso os subfragmentos Fc permaneçam na preparação, pode persistir a imunogenicidade com produção de anticorpos anti-Fc.

Soros imunes para venenos de peçonhas

Entre os acidentes com animais peçonhentos, o ofídico (picada por cobras e serpentes) é o principal deles, pela frequência e gravidade, principalmente em áreas rurais do país. Os gêneros de serpentes brasileiras de importância médica são quatro (*Bothrops*, *Crotalus*, *Lachesis* e *Micrurus*) e compreendem mais de 60 espécies. O veneno produzido por cada gênero contém antígenos distintos, por isso a identificação morfológica da serpente envolvida no acidente é importante. Soros imunes multivalentes (polivalentes) são destinados aos casos em que a identificação é difícil. O Ministério da Saúde disponibiliza os soros imunes heterólogos (imunoglobulina após tratamento enzimático = $F[ab']_2$) antibotrópico, antibotrópico/crotálico, antibotrópico/laquético, anticrotálico e antielapídico.

Os acidentes com escorpião têm menor importância, pois dependem da quantidade de picadas e da massa corpórea da vítima. Várias espécies de escorpião do gênero *Tityus* são comuns e o soro antiescorpiônico está disponível na rede pública.

Algumas aranhas também são peçonhentas, mas os acidentes com elas são mais raros. Os soros antiloxoscélicos são encontrados em Centros de Soroterapia no mundo todo. Igualmente raros são os acidentes por contato com lagartas do tipo *Lonomia* (taturanas) e os soros também podem ser adquiridos.

Os soros hiperimunes específicos para venenos de peçonhas produzidos no Brasil seguem rigorosas normas de boas práticas de fabricação (BPF) próprias da indústria farmacêutica, com a peculiaridade de que o produto final também deve demonstrar comprovada eficiência imunológica. Nesses ensaios de controle de qualidade de soros imunes, a avidez das imunoglobulinas do produto obtido bem como sua capacidade de neutralizar o veneno devem ser comprovadas. Os imunoensaios nessa etapa são realizados *in vitro* e também em animais de laboratório (*in vivo*).

Imunobiológicos

O termo imunobiológico tem sido empregado para agrupar produtos de aplicação terapêutica humana da classe dos soros hiperimunes heterólogos ou de imunoglobulinas imunes de origem humana, obtidas de plasma de doadores saudáveis que apresentem elevados títulos de anticorpos para determinada afecção. Os seres humanos doadores produzem esses anticorpos em processo de rotina de imunização ativa ou são pacientes curados da doença.

Parte desses produtos ainda precisa ser mais bem padronizada quanto ao índice de anticorpos específicos por meio de testes biológicos que comprovem a capacidade de efetivamente neutralizar o antígeno. Esses índices de eficiência são medidos em UI (unidades internacionais) e podem ser obtidos de ensaios do produto em paralelo com amostras de referência internacionais, preconizadas por organizações do ramo, como a Organização Mundial da Saúde (OMS), ou instituições reconhecidas, como o Centers for Diseases Control and Prevention (CDC).[3]

O Ministério da Saúde do Brasil lista alguns imunobiológicos especiais disponíveis na rede pública. Alguns são produzidos em instituições públicas e outros podem ser adquiridos de empresas farmacêuticas.[4] São exemplos: imunoglobulina antirrábica, antivaricela-zóster, antitetânica e anti-hepatite B.

A gamaglobulina humana obtida de plasma de doadores saudáveis contém principalmente IgG em decorrência do método de precipitação e fracionamento empregado. A principal aplicação dessa gamaglobulina é em indivíduos com imunodeficiência humoral IgG grave. Pacientes com imunodeficiência seletiva IgA não podem receber gamaglobulina humana por dois motivos:

- A preparação quase não contém IgA, não suprindo a deficiência do paciente
- A IgA presente na preparação administrada atua como antígeno e induz à produção de anticorpos anti-IgA no paciente.

Pacientes com deficiência seletiva de IgA conseguem produzir resposta imune IgG. Em uma segunda administração, os imunocomplexos IgA/anti-IgA desencadeiam citotoxicidade mediada por imunocomplexos. Pacientes deficientes de IgA não devem receber plasma humano e transfusão de sangue total está contraindicada. Concentrado de hemácias lavadas para retirar todas as proteínas plasmáticas e hemoderivados processados são as opções para esses casos.

Doença hemolítica do recém-nascido

A imunoprofilaxia passiva de mães Rh negativo com filhos Rh positivo é feita pela administração de gamaglobulina anti-D (antígeno D do sistema eritrocitário Rh) dentro de 48 h após o parto. Os anticorpos anti-D removem do sangue materno as células Rh positivo por destruição hemolítica, às quais a mãe é exposta durante o parto. Desse modo, o sistema imune materno não tem chance de perceber o antígeno (D) estranho e não haverá imunização ativa da mãe.

Mulheres Rh negativo, que produzem resposta imune de memória com anticorpos IgG anti-Rh, afetarão seus futuros fetos Rh positivo. IgG atravessam a placenta (a partir da segunda metade da gestação) e destroem as células Rh positivo do feto, desencadeando a doença hemolítica do recém-nascido, também chamada eritroblastose fetal.

As preparações de gamaglobulina com anticorpos anti-D (Rh) comercializados são de fonte humana, por isso não há risco de imunização contra imunoglobulina heteróloga. Assim, após cada parto de bebê Rh positivo deve ser feita a soroterapia anti-Rh.

Imunização ativa

Ao lado do tratamento da água, as ações de imunização são aquelas de maior impacto em prevenção primária, tanto no que diz respeito ao próprio indivíduo quanto à comunidade da qual ele faz parte. A introdução da vacinação foi a maior responsável pela diminuição da incidência de diversas doenças, como o sarampo e a rubéola, pelo controle da poliomielite e pela erradicação da varíola.

No Brasil, o Ministério da Saúde é o órgão responsável por vacinas e imunobiológicos. O Programa Nacional de Imunizações (PNI) preconiza a imunização para 18 microrganismos, sendo o esquema iniciado já no 1º mês de vida. Essas vacinas são obrigatórias e gratuitas à população.[5] Algumas vacinas adicionais às do PNI podem ser administradas em clínicas privadas e/ou estão disponíveis nos Centros de Referência de Imunobiológicos Especiais (CRIE) para populações especiais. São vacinas recomendadas pela Sociedade Brasileira de Pediatria (SBP) e pela Sociedade Brasileira de Imunização e devem ser oferecidas por todos os pediatras a seus pacientes, respeitando as devidas indicações. As Tabelas 29.1 e 29.2 mostram as vacinas do calendário básico e as adicionais disponíveis.

O Ministério da Saúde também disponibiliza vacinas para adolescentes (11 a 19 anos) e adultos (20 anos ou mais) que não foram vacinados anteriormente. Basicamente, são contra difteria e tétano (DT), tríplice viral (SRC), hepatite B e febre amarela, esta última só para áreas endêmicas ou de risco e para viajantes que tenham tais regiões como destino ou passagem. No caso da DT, é recomendado reforço a cada 10 anos. Há dois programas especiais de vacinação, um para a vacinação anual contra a *influenza* (gripe) para idosos (60 anos ou mais) e outro voltado para gestantes, com a vacinação contra a hepatite B, a *influenza* e a administração de uma dose da vacina tríplice acelular contra tétano, difteria e coqueluche (DTaP).

Vacinas para hepatite A, meningococo C, febre tifoide, pneumococos e do vírus da pólio inativado estão disponíveis para administração em adultos em situações especiais, como surtos epidêmicos, viagem ou pacientes imunocomprometidos. A vacina da raiva para humanos (obtida de cultivo celular) está disponível para profilaxia pós-exposição ou prevenção pré-exposição para trabalhadores sob risco, como veterinários e tratadores (contato com animais silvestres ou não vacinados).

Cobertura vacinal

É a porcentagem de pessoas (crianças ou adultos) de uma determinada região geográfica que receberam determinada vacina. Estudos epidemiológicos definem a porcentagem mínima da população que deve ser vacinada para garantir que a cepa selvagem de determinado vírus ou bactéria circule muito menos (menor prevalência), garantindo um controle da doença

Tabela 29.1 Programa Nacional de Imunizações.

Idade	Vacinas
A partir do nascimento	BCG, hepatite B
2 meses	Poliomielite (VIP); hepatite B + DTP + Hib (pentavalente); rotavírus monovalente; pneumococo 10-valente conjugada
3 meses	Meningococo C conjugada
4 meses	Poliomielite (VIP); hepatite B + DTP + Hib (pentavalente); rotavírus monovalente; pneumococo 10-valente conjugada
5 meses	Meningococo C conjugada
6 meses	Poliomielite (VIP); hepatite B + DTP + Hib (pentavalente)
A partir de 6 meses até 5 anos	*Influenza* A + B (trivalente) nas campanhas nacionais, 2 doses no 1º ano e a seguir: 1 por ano
9 meses	Febre amarela
12 meses	Sarampo + caxumba + rubéola (SCR); pneumococo 10-valente conjugada, meningococo C conjugada
15 meses	DTP; poliomielite (VOP); sarampo + caxumba + rubéola + varicela (SCRV); hepatite A
Entre 4 e 6 anos	DTP, poliomielite (VOP), varicela
A partir de 9 anos	Papilomavírus humano (HPV)
12 a 13 anos	Meningococo C conjugada
14 a 15 anos	dT

O intervalo mínimo entre a 1ª e a 2ª dose da vacina contra a hepatite B é de 30 dias. O intervalo mínimo entre a 2ª e a 3ª dose da vacina para hepatite B é de 2 meses, desde que o intervalo de tempo decorrido da 1ª dose seja, no mínimo, de 4 meses e a criança já tenha completado 6 meses de idade.
A vacinação para o HPV é administrada no esquema de duas doses com intervalo de 6 meses.
A vacina para febre amarela é administrada nas regiões onde haja indicação, de acordo com a situação epidemiológica.
A partir dos 14 anos, está indicada uma dose da vacina dupla tipo adulto DT a cada 10 anos, por toda a vida.
VOP: vacina oral da poliomielite; VIP: vacina inativada da poliomielite.

Tabela 29.2 Algumas vacinas e esquemas alternativos ao Programa Nacional de Imunizações disponíveis em clínicas privadas.

Vacinas	Idade	Doses e observações
Varicela	A partir de 12 meses (a partir de 9 meses em situações de surto)	2 doses, intervalo mínimo de 3 meses para crianças com idade inferior a 13 anos. Intervalo mínimo de 1 mês para crianças maiores e adultos
Sarampo + caxumba + rubéola + varicela (SCRV)	A partir de 12 meses	2 doses, intervalo mínimo de 3 meses
Pneumocócica 23-valente	A partir de 2 anos	1 dose (reforço opcional após 5 anos)
Pneumocócica conjugada 13-valente	2 a 7 meses	3 doses + 1 reforço
	7 a 12 meses	2 doses + 1 reforço
	12 a 24 meses	2 doses
	A partir de 24 meses	1 dose
Influenza A + B quadrivalente (GRIPE)	6 meses a 9 anos	2 doses no primeiro ano. Depois: 1 por ano
	A partir de 9 anos	1 dose por ano
Hepatite A	A partir de 12 meses	2 doses (intervalo de 6 a 12 meses)
Papilomavirus humano	Entre 9 e 14 anos	2 doses (intervalo de 6 meses)
	A partir de 15 anos	3 doses (1 a 2 meses entre a 1ª e a 2ª dose, 4 a 5 meses entre a 2ª e a 3ª dose)
Meningocócica ACWY-TT	A partir de 1 ano	1 dose
Meningocócica ACWY-CRM_{197}	2 a 7 meses	3 doses + reforço após 1 ano
	7 a 24 meses	2 doses, a segunda após 12 meses
	2 anos	1 dose
Dengue	A partir de 9 anos	3 doses
Tríplice acelular de reforço (dTap)	A partir de 4 anos	No reforço da vacinação de rotina
Meningocócica C ou ACWY	Reforço	5 anos e 11 anos
Meningococo B recombinante	2 a 5 meses	3 doses + 1 reforço
	6 a 11 meses	2 doses + 1 reforço
	12 a 23 meses	2 doses
	2 a 10 anos	2 doses, intervalo mínimo de 2 meses
	A partir de 11 anos	2 doses, intervalo mínimo de 1 mês

naquela população, beneficiando, inclusive, os indivíduos não vacinados, uma vez que o risco de exposição é muito menor.[6]

Por exemplo, se 95 a 98% das crianças de uma localidade forem vacinadas contra a poliomielite e desenvolverem imunidade, a circulação do vírus selvagem é interrompida, propiciando o controle da doença naquela região. Além disso, com a administração da vacina de vírus vivo atenuado por meio de campanhas, há a excreção viral nas fezes. As crianças não vacinadas que entram em contato com a cepa atenuada têm grande chance de se infectarem com esta cepa, o que acaba funcionando como uma imunização branda, sem consequências de doença grave ou sequelas.

Vacinação em situações especiais

Nos indivíduos com alterações do sistema imunológico, tanto na imunodeficiência congênita como nas adquiridas (ou secundárias), fica comprometido o procedimento normal de vacinação. Por um lado, essa população é de elevado risco para infecções graves; por outro, como respondem de maneira inadequada aos estímulos, a resposta à vacinação pode ser muito reduzida e não induzir proteção.

A essa população deve ser dispensado um cuidado especial no caso de vacina com microrganismos vivos, que pode por si só causar graves infecções nesse grupo de indivíduos. As vacinas BCG, contra sarampo, caxumba, rubéola, varicela e febre amarela são formalmente contraindicadas aos indivíduos imunocomprometidos. Já as vacinas inativadas e constituídas de polissacarídeos, proteínas, peptídeos e toxoides podem ser mais benéficas do que a não vacinação. A aplicação de um número maior de doses nesses indivíduos deve ser avaliada, com acompanhamento laboratorial da cinética da resposta imune induzida pela vacinação.

Um grupo especial é constituído de indivíduos de risco para imunodeficiência adquirida, por exemplo, HIV positivos com baixa carga viral e contagem de linfócitos T CD4 + normal, pacientes aguardando transplantes, pacientes com neoplasias antes da introdução de quimioterapia. Nesses casos, é conveniente a primovacinação ou reforços vacinais antes que o comprometimento imunológico se instale, inclusive, em alguns casos, com a utilização de vacinas de agentes vivos atenuados.

As gestantes compõem outro grupo ao qual se exige atenção especial na imunização. A qualquer idade gestacional indica-se a vacinação para hepatite B em mulheres ainda não vacinadas e suscetíveis e, a partir da 20ª semana gestacional, a administração da vacina tríplice acelular, apresentação de reforço, para tétano, difteria e coqueluche. O reforço vacinal irá induzir na gestante um aumento do título de anticorpos IgG, que passará para o feto, protegendo o recém-nascido e o lactente jovem nos primeiros meses de vida contra essas doenças, até que receba suas próprias vacinas. Também é indicada a vacinação rotineira contra gripe para todas as gestantes durante o período de circulação sazonal do vírus, independentemente da idade gestacional. Gestantes têm um risco muito maior de desenvolver complicações por infecção pelo vírus da *influenza* em relação a mulheres sadias da mesma faixa etária e não gestantes.

O ideal é que, ao planejar uma futura gestação, a mulher seja avaliada quanto à imunidade para os agentes infecciosos frequentes na população da qual faz parte e que as vacinas disponíveis sejam administradas. A imunidade prévia para rubéola é o requisito mais importante para as gestantes. Às que não apresentam anticorpos, a infecção acidental no curso da gestação pode trazer sérias consequências ao feto. Atualmente, estão sendo avaliadas vacinas com proteínas recombinantes do vírus da rubéola para essas gestantes, sendo mais importante a segurança que a duração da imunidade; afinal, a mulher pode ser revacinada após o nascimento do bebê.

Vacinas combinadas

Algumas vacinas podem ser administradas na mesma aplicação sem comprometimento da resposta imune. As vacinas combinadas são mais confortáveis para as crianças, pois reduzem o número de injeções e a necessidade de retornos, facilitando a adesão aos calendários de vacinação.

Algumas dessas vacinas já são utilizadas na rotina no Brasil há anos, como a DPT (tétano + difteria + coqueluche), a poliomielite (poliovírus 1 + 2 + 3), a tríplice viral (sarampo + caxumba + rubéola), a vacina pentavalente (DTP + *Haemophilus influenzae* tipo b + hepatite B), a vacina conjugada contra o pneumococo (10 sorotipos) e, mais recentemente, houve a introdução no calendário da vacina tetraviral (sarampo + caxumba + rubéola + varicela).

No desenvolvimento de vacinas combinadas para serem incluídas em novos programas vacinais em substituição às vacinas isoladas, tornando-os mais amplos e simples, é muito importante que se garanta que a eficiência vacinal seja pelo menos idêntica à da vacinação não combinada habitualmente utilizada, sem aumento do risco de eventos adversos.

Principais vacinas disponíveis no Brasil

BCG

O Bacilo de Calmette-Guérin (BCG) é obtido pela atenuação do *Mycobacterium bovis*, sendo utilizado na imunização contra a tuberculose. Os resultados dos diferentes estudos existentes mostram grande variação na eficácia da vacina, porém, a maioria considera que ela confere proteção para 80% ou mais dos pacientes contra as formas graves da doença, incluindo a tuberculose miliar e a neurotuberculose.[7] O calendário nacional adota a BCG aplicada por via intradérmica, enquanto em alguns países é realizada a administração percutânea, utilizando-se um aplicador especial com nove ou 16 agulhas.

Na BCG por via intradérmica, após 2 a 4 semanas da aplicação, forma-se uma pápula no local, que evolui para pústula e, posteriormente, para úlcera, em um período médio de 3 meses, dando finalmente lugar à cicatriz. Ocasionalmente, há o desenvolvimento de enfartamento ganglionar do mesmo lado da aplicação da vacina, em geral axilar e, com menor frequência, supra ou infraclavicular. São gânglios firmes à palpação, indolores e sem sinais flogísticos, com menos de 3 centímetros de diâmetro e que não exigem nenhum tipo de intervenção. Reações locais e regionais mais intensas são bastante raras.

A vacina deve ser administrada já no 1º mês de vida, podendo inclusive ser feita na maternidade. Não se recomenda rotineiramente a administração de doses de reforço na adolescência, uma vez que não há nenhum benefício no que diz respeito ao aumento da proteção contra a tuberculose. Deve ser aplicada de preferência no braço direito, na altura da inserção do músculo deltoide. Sua administração é contraindicada a pessoas com imunodeficiência congênita ou adquirida, incluindo os infectados pelo HIV e que já apresentem comprometimento imunológico grave e sintomas de AIDS. E sua aplicação deve ser adiada em crianças que ainda não atingiram 2 quilos de peso e na presença de doença dermatológica extensa e em atividade.

Hepatite B

A vacinação contra a hepatite B foi incluída no calendário básico de vacinação pela grande prevalência da infecção; por sua alta morbidade e mortalidade, principalmente quando ocorre na infância; pela dificuldade de imunizar grupos de risco para a infecção; e pela falta de adesão dos pacientes mais velhos ao esquema de três doses. A vacina disponível é produzida com a tecnologia de DNA recombinante, com a produção do antígeno de superfície (HBsAg) em leveduras, e não contém plasma humano.

A vacinação da criança durante o período neonatal ou em lactente é efetiva na proteção. Após o esquema completo, mais de 95% das crianças desenvolvem anticorpos. Adultos jovens têm uma soroconversão por volta de 90%, a qual cai até 75% em pessoas com 60 anos ou mais. Apesar da diminuição do título de anticorpos com o passar do tempo, a maioria das pessoas permanece protegida em decorrência da indução de memória imunológica humoral (linfócitos B). Assim, o período de incubação relativamente longo da infecção e a memória imunológica possibilitam que esses indivíduos produzam quantidade suficiente de anticorpos quando de uma exposição ao vírus.

Recém-nascidos prematuros, com menos de 2 mil g de peso ao nascimento, podem apresentar uma diminuição da resposta à vacinação para hepatite B e devem receber a vacina após 1 mês de vida ou, se a condição de imunidade da mãe for ignorada ou for positiva para infecção crônica pelo HBV, está indicada a vacina nas primeiras 12 h de vida e uma dose adicional após 1 mês.

Doença renal, imunossupressão, tabagismo e obesidade também estão associados à diminuição da soroconversão. A sorologia não é recomendada rotineiramente, devendo ser reservada àqueles pacientes com alto risco de exposição e que necessitam ter certeza da imunidade.

A vacina é bem tolerada no geral, sendo a queixa de dor no local da aplicação relatada por 13 a 29% dos adultos e 3 a 9% das crianças. Uma pequena porcentagem dos pacientes refere sintomas gerais moderados, como cefaleia e fadiga, sendo a febre considerada rara.

O esquema de imunização recomendado para a hepatite B é de três doses, com intervalos de 1 mês entre a primeira e a segunda doses e de 5 meses entre a segunda e a terceira. No caso de não haver soroconversão, o esquema deve ser repetido. No Programa Nacional de Imunizações, como há a aplicação da vacina na maternidade e nas doses subsequentes é utilizada a vacina pentavalente (HepB + DTP + Hib), as crianças recebem um total de quatro doses da vacina contra a hepatite B.

A dose administrada de vacina a crianças e adolescentes até 19 anos é diferente daquela administrada a adultos. A vacina pode ser encontrada combinada com hepatite A, com o esquema de três doses semelhante ao da hepatite B. Também está disponível combinada com a tríplice acelular, Hib e IPV (vacina hexavalente).

Poliomielite

Existem disponíveis no Brasil dois tipos de vacina contra a poliomielite, a vacina oral de vírus atenuado (OPV, também conhecida como vacina Sabin), de administração oral, e a vacina inativada de poliovírus (IPV, também conhecida como vacina Salk), de administração intramuscular.

A vacina inativada é trivalente (sorotipos 1, 2 e 3) e a formulação atualmente utilizada da vacina atenuada oral é bivalente (sorotipos 1 e 3), ambas usadas no PNI e consideradas muito eficazes na indução de imunidade aos poliovírus. A introdução da vacina na rotina, com o subsequente aumento da cobertura vacinal, e as repetidas campanhas levaram à erradicação da doença nas Américas.

A vacina oral apresenta como vantagens a facilidade de administração e a indução de imunidade precoce de mucosa intestinal. Porém, por se tratar de uma vacina de vírus vivo atenuado, há o risco de aparecimento da doença em crianças vacinadas. Tal risco é estimado em um caso para cada 2,4 milhões de doses administradas, sendo mais frequente na primeira dose (um caso para cada 750 mil doses).[3] Além disso, a multiplicação viral no trato gastrintestinal com posterior excreção do vírus pode levar à infecção de comunicantes domiciliares, constituindo um grande risco para aqueles indivíduos com algum tipo de imunodeficiência. Por esses motivos, após o controle ou eliminação da doença autóctone, a OPV deixou de ser utilizada nos EUA e em alguns outros países. A OPV está contraindicada ainda a pacientes com doenças do sistema imunológico e nos seus comunicantes domiciliares, sendo sempre indicada a IPV nessas situações.

No PNI, a vacinação para poliomielite começa no 2º mês de vida, em esquema de três doses da vacina IPV (nos 2º, 4º e 6º meses de vida). Há uma dose de reforço entre 15 e 18 meses de vida e um segundo reforço entre 4 e 6 anos, realizados com OPV. Qualquer combinação entre IPV e OPV no esquema vacinal é aceitável. Na rede privada, a vacina Salk está disponível associada à vacina tríplice acelular e Hib (pentavalente), ou também associada à tríplice acelular, Hib e Hepatite B (hexavalente).

Haemophilus influenzae

O *Haemophilus influenzae* tipo b (Hib) é uma bactéria Gram-negativa envolta por uma cápsula de polissacáride, associada a infecções invasivas em crianças menores de 5 anos. Essas infecções manifestam-se como meningite, epiglotite, celulite facial e periorbital, pneumonia, osteomielite, artrite séptica, pericardite e bacteriemia, todas com alta letalidade e risco de sequelas neurológicas nos sobreviventes de meningites.

A virulência do *Haemophilus* está associada à sua cápsula de polissacáride. As vacinas disponíveis contêm em sua composição esse polissacáride conjugado a uma proteína carreadora, o que possibilita uma excelente resposta humoral mesmo em lactentes jovens. As proteínas conjugadas habitualmente utilizadas são o toxoide tetânico e o toxoide diftérico modificado.

A vacinação deve começar aos 2 meses de idade e são preconizadas três doses, o intervalo entre as doses podendo variar conforme o esquema adotado por diferentes países. No Brasil, as doses são administradas aos 2, 4 e 6 meses de idade. A vacina é bem tolerada, sendo rara a ocorrência de eventos adversos. A eficácia na prevenção de doença invasiva é da ordem de 95 a 100%.

A vacina para *Haemophilus influenzae* tipo b está disponível no Brasil isolada ou combinada com a tríplice de células inteiras e hepatite B (vacina pentavalente do PNI), com a tríplice acelular e IPV (vacina pentavalente) e combinada com a tríplice acelular, IPV e hepatite B (vacina hexavalente).

Difteria

É uma doença causada pelo *Corynebacterium diphtheriae* por consequência da produção de uma exotoxina. A introdução da vacina nos esquemas de rotina fez com que a doença praticamente desaparecesse do nosso meio, restando apenas casos esporádicos.

A vacina é composta pelo toxoide diftérico, que é a própria toxina privada de sua capacidade de causar doença. O toxoide está presente nas vacinas em diferentes concentrações, variando de acordo com o laboratório produtor e a idade do paciente. A crianças com mais de 7 anos de idade e adultos, recomenda-se a imunização com uma dose menor do toxoide, devido ao risco aumentado de efeitos adversos intensos.

A criança deve receber três doses da vacina no 1º ano de vida e aos 2, 4 e 6 meses, e duas doses de reforço, a primeira entre 15 e 18 meses e a segunda entre 4 e 6 anos de idade. A partir dos 5 anos, deve-se fazer uma dose a cada 10 anos, para se manter títulos adequados de anticorpos protetores. Gestantes podem receber a vacina sem risco para o feto.

A vacina é de administração intramuscular e cerca de 95% das crianças apresentam proteção após o esquema inicial de três doses. Com o passar do tempo, os títulos de anticorpos vão se reduzindo. Uma ampla cobertura vacinal é importante para se evitar a disseminação da doença a partir de um caso importado.

Os eventos adversos associados à vacina são frequentes, principalmente o edema e a hiperemia no local da aplicação. Alguns pacientes também se queixam de mal-estar, febre transitória e cefaleia. No local da vacina pode se formar um pequeno nódulo, que desaparece em poucas semanas. As reações locais e sistêmicas são mais frequentes e intensas no paciente com mais de 7 anos, sendo indicada, por esse motivo, uma dose menor nesses indivíduos. É considerada contraindicação a essa vacina a reação anafilática em dose prévia.

Está disponível no Brasil em combinação com as vacinas de tétano e coqueluche (tríplice de células inteiras [DTP] ou tríplice acelular [DTPa]), ou só com a vacina para o tétano, nas apresentações pediátrica (DT) e adulta (dT).

Tétano

A toxina tetânica produzida pelo bacilo anaeróbico Gram-negativo *Clostridium tetani* é a responsável pelos sinais e sintomas que caracterizam o tétano, e o toxoide que constitui a vacina é obtido pelo tratamento da toxina com formol. O toxoide mantém sua capacidade imunogênica original, mas não é capaz de causar a doença. A capacidade da vacina em produzir imunidade é aumentada pela adição de adjuvante, o hidróxido de alumínio.

A vacinação é iniciada no 2º mês de vida, sendo recomendadas três doses no 1º ano de vida, com intervalo de 2 meses entre elas, seguidas por duas doses de reforço, com 15 meses e 5 anos. A partir daí, está indicada uma dose de reforço a cada 10 anos. Os eventos adversos relacionados à vacina não são frequentes, geralmente restritos ao aparecimento de dor e hiperemia local.

O adulto que nunca recebeu nenhuma dose da vacina deve utilizar um esquema de três doses, com intervalos de 2 meses entre a primeira e a segunda e de 4 meses entre a segunda e a terceira doses. Caso haja um intervalo maior entre as doses, o esquema não necessita ser reiniciado, basta completar as doses faltantes.

Como o título de anticorpos pode diminuir rapidamente em uma pequena parcela dos indivíduos, caso haja um ferimento extenso ou potencialmente contaminado após 5 anos da última dose de vacina, o reforço deve ser antecipado.

A recomendação tradicional para a vacinação de mulheres grávidas estabelecia que aquelas que tivessem feito a última dose da vacina há mais de 5 anos, deviam receber uma dose de reforço após o 1º trimestre da gravidez. Gestantes que nunca tivessem recebido a vacina ou se não existisse informação confiável disponível, deviam receber um esquema completo. Em 2015, contudo, passou a ser disponibilizada no Programa Nacional de Imunizações a vacina tríplice acelular apresentação de reforço (DTaP) para todas as gestantes, independentemente da situação vacinal em relação ao tétano. A vacina deve ser administrada a partir da 20ª semana gestacional.

Desde a introdução da vacina antitetânica no PNI, a queda do número de casos e óbitos pela doença em todas as idades foi constante, estando o tétano sob controle na maior parte dos estados brasileiros. Atualmente, a maioria dos casos de tétano se concentra nas faixas etárias mais velhas, pela falta de reforço vacinal.

A casos de ferimentos potencialmente contaminados, além das medidas usuais de limpeza, é indicada a profilaxia com a utilização concomitante da vacina e da imunoglobulina hiperimune específica, conforme Tabela 29.3.

A vacina está disponível no Brasil em combinação com as de difteria e de coqueluche (tríplice de células inteiras [DTP], e tríplice acelular [DTPa]) ou só com a vacina para a difteria, nas apresentações pediátrica (DT) e adulta (dT).

Coqueluche

É uma doença altamente contagiosa causada pela *Bordetella pertussis* que, classicamente, se apresenta em três fases. A primeira, chamada catarral, é o período mais contagioso. Na segunda fase, a tosse irritativa passa a apresentar paroxismos, podendo durar até 2 a 3 meses. Por fim, vem a fase de convalescença. As complicações da doença incluem pneumonia, convulsões e encefalopatia hipóxica com lesão cerebral permanente. O risco de transmissão existe entre 7 dias após a infecção e 3 semanas depois do início dos sintomas. As principais fontes de infecção para as crianças pequenas são os adultos e adolescentes. Com a introdução da vacinação para coqueluche na rotina, a incidência da doença diminuiu mais de 95%.

Estão disponíveis dois tipos de vacina para a coqueluche: a de células inteiras, constituída por células de *Bordetella pertussis* inativadas em suspensão, com concentração superior a 4 UI e que contém o hidróxido de alumínio como adjuvante; e a vacina acelular, que contém antígenos purificados da bactéria, em número de dois a quatro, dependendo do fabricante. Os antígenos que podem ser utilizados são:

- Fator indutor da linfocitose (*pertussis toxin*), o qual interfere na função imune celular, contribui para a lesão celular e participa da aderência bacteriana ao epitélio respiratório
- Hemaglutinina filamentosa, que auxilia a aderência bacteriana às células ciliares do epitélio respiratório
- Pertactina, que também participa da aderência bacteriana ao epitélio ciliar
- Aglutinógeno, que contribui para que a aderência ao epitélio seja permanente.

No Brasil, a vacina utilizada no calendário básico de imunização é a de células inteiras, pela sua alta eficácia e baixo custo. A vacinação para coqueluche também está indicada a partir de 2 meses de idade, sendo administradas três doses no 1º ano de vida, com intervalo de 2 meses entre elas. Duas doses de reforço são indicadas, a primeira entre 15 e 18 meses e a segunda, entre 4 e 6 anos.

Em virtude da possibilidade de reações muito intensas após os 7 anos de idade, a vacina de células inteiras contra a coqueluche está contraindicada após tal idade. Encontra-se atualmente disponível uma formulação da vacina acelular combinada com as vacinas para tétano e difteria, a qual pode ser administrada para adolescentes e adultos como reforço. Essa vacina é utilizada na imunização de gestantes a partir da 20ª semana gestacional e também é recomendada a profissionais de saúde e adultos com filhos recém-nascidos.

A vacina de células inteiras tem eficácia variando de 36 a 98% nos diferentes estudos, e a proteção contra a coqueluche diminui com o passar do tempo, aceitando-se que seja quase nenhuma após 12 anos da última dose.[8] A vacina acelular tem eficácia entre 80 e 89% e a duração da proteção ainda não está definitivamente estabelecida, mas parece ser menor do que aquela obtida com a vacina de células inteiras. Nos estudos que compararam a eficácia das boas vacinas de células inteiras com as acelulares não se demonstrou clara superioridade de uma sobre a outra.[8]

A grande vantagem das vacinas acelulares é a menor incidência de efeitos adversos. As reações mais frequentes são a dor no local da aplicação, hiperemia e febre, geralmente entre 38 e 39 °C.

Quando utilizada a vacina de células inteiras, podem ocorrer reações de maior intensidade, como febre acima de 40 °C, choro persistente e inconsolável por 3 h ou mais, episódio transitório de hipotonia (síndrome hipotônica hiporreativa), convulsões, aparecimento de sinais neurológicos de encefalopatia e choque. Essas manifestações se resolvem espontaneamente na maioria absoluta dos casos, porém, a sua ocorrência obriga à adoção de precauções para uma nova dose, quando se deve preferir a administração da vacina acelular. Quando houver reação anafilática ou encefalopatia, doses posteriores de qualquer um dos dois tipos da vacina tríplice são contraindicadas.

No Brasil, a vacina para a *Bordetella pertussis* existe associada à vacina para tétano e difteria na forma de vacina de células inteiras (DTP) ou acelular (DTPa), para uso infantil ou adulto (dTpa). A vacina tríplice de células inteiras pode ainda estar combinada às vacinas para *Haemophilus influenzae* do tipo B e para hepatite B (vacina pentavalente), e a vacina tríplice acelular pode estar combinada às vacinas para *Haemophilus* e IPV (pentavalente) ou também para hepatite B (hexavalente).

Tabela 29.3 Profilaxia do tétano após ferimento.

História de imunização contra o tétano	Ferimento limpo e superficial		Ferimentos perfurantes ou contaminados	
	Vacina	Imunização passiva	Vacina	Imunização passiva
Incerta ou menos de três doses	Sim	Não	Sim	Sim
Três doses ou mais				
Última dose há menos de 5 anos	Não	Não	Não	Não
Última dose entre 5 e 10 anos	Não	Não	Sim	Não
Última dose há mais de 10 anos	Sim	Não	Sim	Não

Imunização passiva: preferentemente com imunoglobulina humana antitetânica, na dose de 250 unidades, IM. Utilizar em local diferente daquele no qual foi aplicada a vacina.

Sarampo, caxumba e rubéola

São doenças virais altamente contagiosas que, no passado, atingiam crianças desde a mais tenra idade, mas que, em virtude da introdução da vacinação no calendário básico e da alta cobertura vacinal, tiveram uma diminuição marcante de incidência na última década. São doenças de transmissão respiratória e de maior gravidade em determinados grupos populacionais, como o sarampo no lactente jovem e a rubéola na gestante.

Atualmente, são utilizadas na rotina no Brasil as vacinas tríplice e tetraviral, que contém os três vírus em forma atenuada e, na tetraviral, há também o vírus atenuado da varicela. Eventualmente, durante as campanhas, é utilizada a vacina dupla viral, para o sarampo e para a rubéola, por falta de disponibilidade da tríplice em número suficiente de doses. A administração é preferencialmente subcutânea, mas pode excepcionalmente ser realizada por via intramuscular. Os vários laboratórios fabricantes da vacina podem utilizar cepas diferentes desses vírus, de modo que a frequência de eventos adversos relacionados à vacinação também é variável, de acordo com a cepa presente em um dado produto.

A vacinação é recomendada a crianças a partir de 1 ano de idade, com uma dose de reforço a partir de 15 meses de vida, desde que respeitado um intervalo mínimo de 1 mês entre as duas doses. No PNI, a primeira dose é feita com a administração da vacina tríplice e a segunda, com a tetraviral. Quando a primeira dose da vacina é feita aos 12 meses, 95% das crianças apresentam títulos protetores de anticorpos para o sarampo, e a proteção ocorre em 98% das crianças quando a primeira dose da vacina é administrada após os 15 meses. Para a rubéola e para a caxumba, a proteção na primeira dose varia entre 91 e 96% dos vacinados. A proteção para as três doenças é próxima de 100% após a segunda dose e é considerada de longa duração.

Adultos suscetíveis devem receber duas doses da vacina com um intervalo mínimo de 1 mês entre elas. A vacina está especialmente recomendada a mulheres em idade fértil, não gestantes e suscetíveis à rubéola, sendo a melhor forma de se prevenir o quadro grave da rubéola congênita.

As reações locais são raras e, quando presentes, de pequena intensidade. Entre 4 e 12 dias após a administração da vacina, pode ocorrer febre, raramente superior a 38 °C e com duração de 2 dias, a qual em alguns pacientes é acompanhada por um exantema morbiliforme e quadro catarral. Adenopatia e artrite são infrequentes, ocorrendo principalmente em mulheres jovens. Homens podem ter orquite transitória. Pode haver aumento de volume da parótida, mas é indolor. Há relatos de trombocitopenia após administração da vacina, com incidência bastante baixa. A meningite pós-vacinal geralmente está associada ao componente de caxumba da vacina e sua incidência é variável conforme a cepa utilizada na fabricação do produto. Entre as utilizadas no Brasil, a cepa Urabe apresenta risco maior para tal complicação, tendo sido abandonada em vários países.

A vacina tríplice viral está contraindicada a pacientes imunocomprometidos e gestantes, por ser uma vacina de vírus vivo atenuado. É recomendado um intervalo de 1 mês entre a administração da vacina e a gravidez, porém, a lesão do feto pelo vírus vacinal da rubéola, apesar de teoricamente possível, não foi descrita na literatura médica. O acompanhamento de mulheres grávidas que inadvertidamente receberam a vacina não detectou nenhum caso de malformação fetal, mesmo naqueles em que se comprovou a infecção do feto pelo vírus vacinal. Desse modo, a administração da vacina em mulheres que desconheciam estarem grávidas não é indicação para a interrupção da gestação.

Hepatite A

É uma doença viral de transmissão fecal-oral, cuja principal característica é o fato de crianças apresentarem uma doença oligossintomática, ou mesmo a infecção assintomática, enquanto, na idade adulta, a maioria dos casos é acompanhado de sintomas.

A vacinação pode ser iniciada a partir de 1 ano de idade, sendo recomendada a todos os suscetíveis em qualquer faixa etária. A vacina é especialmente importante para os adultos suscetíveis cuja atividade profissional aumente o risco de exposição à infecção, como profissionais de creches e de instituições dedicadas ao cuidado de crianças com déficits neurológicos, profissionais da saúde que mantêm contato direto com pacientes, especialmente crianças, profissionais dos serviços de saneamento básico e coleta de lixo e profissionais que trabalhem diretamente no preparo de alimentos em restaurantes. Também é indicada a indivíduos que viajem para áreas endêmicas.

A vacina é constituída de vírus inativado pelo formol, sendo administrada por via intramuscular. O PNI adotou um esquema de dose única, administrada aos 15 meses. A Sociedade Brasileira de Pediatria recomenda o esquema de duas doses, com intervalo de 6 a 12 meses entre elas. Cerca de 1 mês após a primeira dose, 95 a 98% dos indivíduos desenvolvem proteção para a doença, e praticamente 100% dos vacinados estão protegidos após a segunda dose. Estima-se que a proteção dure ao menos 20 anos. A vacina é bem tolerada e os raros efeitos adversos observados restringem-se à dor e hiperemia no local da administração.

A vacina está disponível no Brasil nas apresentações pediátrica e adulta. Encontra-se também disponível em combinação com a vacina da hepatite B, devendo, nesse caso, ser respeitado o esquema posológico de três doses com intervalo de 1 mês entre a primeira e a segunda dose e de 5 meses entre a segunda e a terceira.

Varicela

Causada pelo vírus da varicela-zóster, um herpes-vírus humano, a varicela é uma doença altamente contagiosa, cuja transmissão se dá quando há o contato com uma pessoa doente. A primoinfecção pelo vírus se manifesta na forma de doença exantemática maculopapulovesicular, com polimorfismo regional. O vírus pode se reativar ao longo da vida, na forma de herpes-zóster. Alguns pacientes, como gestantes e imunocomprometidos, têm risco aumentado de doença grave com complicações, incluindo morte.

No Brasil, está disponível a vacina de vírus vivo atenuado (cepa Oka), que deve ser aplicada SC. Atualmente, o esquema utilizado no PNI é de uma dose aos 15 meses de vida, com a utilização da vacina tetraviral (sarampo, caxumba, rubéola e varicela). A Sociedade Brasileira de Pediatria recomenda duas doses em crianças de 1 a 12 anos, com intervalo mínimo de 3 meses entre elas, e duas doses com intervalo mínimo de 1 mês em adolescentes maiores de 13 anos e adultos não imunes. A eficácia vacinal é boa, cerca de 95% das crianças entre 1 e 12 anos desenvolvem anticorpos e resposta imune celular após uma dose da vacina. Nos adolescentes e adultos, a soroconversão ocorre em 80% dos vacinados após a primeira dose e em 99% após a segunda dose. Não existem dados precisos sobre a duração da imunidade induzida pela vacinação, mas parece haver proteção prolongada. Os raros pacientes que, mesmo adequadamente vacinados desenvolvem a doença, apresentam sintomas muito leves, com duração mais curta.

Essa vacina pode ser também utilizada na profilaxia pós-exposição, com eficácia na prevenção da doença superior a 80%. Para tanto, precisa ser aplicada até 72 h após o contato.

Quando utilizada até 120 h após a exposição, a eficácia na proteção do aparecimento de doença é menor, mas deve ser considerada como opção.

Os eventos adversos relacionados à vacinação são leves e sem gravidade: dor local e eritema ocorrem em 2 a 20% das crianças e 10 a 25% dos adultos após a primeira dose. Entre 4 e 10% dos indivíduos vacinados desenvolvem algumas lesões (média de 5) semelhantes às da varicela no local da aplicação ou no tronco, no intervalo entre 4 e 42 dias após a administração da vacina, geralmente acompanhada de febre baixa, que persistem 4 dias. Alguns pacientes apresentam apenas a febre nesse período, sem lesões cutâneas.

A vacinação para o herpes-zóster pode ser realizada a partir dos 50 anos, mas está especialmente indicada aos adultos com 60 anos ou mais, em dose única e que sabidamente já tenham tido varicela anteriormente. A vacina de zóster contém a mesma cepa da vacina de varicela, no entanto, com uma quantidade de vírus quase 14 vezes maior. A vacina de herpes-zóster diminui em média 51% o risco da doença naqueles pacientes que nunca apresentaram um episódio anterior, sendo a maior eficácia encontrada nos adultos com idade entre 60 e 69 anos (64%). A eficácia da vacina diminui a partir dos 70 anos. Porém, naqueles indivíduos vacinados que desenvolveram as lesões de zóster, a doença foi mais leve e o risco da neuralgia pós-herpética foi 66% menor. A duração da proteção pela vacina ainda não foi estabelecida.

Por se tratar de vacinas de vírus vivo atenuado, tanto a de varicela quanto a de zóster, quando administradas simultaneamente a outras vacinas parenterais de vírus vivo (tríplice viral ou febre amarela), podem ser aplicadas no mesmo dia. Se a administração não ocorrer no mesmo dia, deve ser respeitado um intervalo mínimo de 30 dias entre elas, pela possibilidade de diminuição da eficácia vacinal. A administração da vacina é contraindicada a pacientes com comprometimento da função imune, incluindo aqueles com leucemia, linfoma, outras neoplasias em quimioterapia, imunodeficiência congênita e AIDS com comprometimento imunológico instalado, além de pacientes em uso continuado de corticosteroides e gestantes. A vacina de zóster não deve ser administrada em adultos que não tiveram varicela.

Pacientes suscetíveis que tenham algum fator de risco que os tornem candidatos a desenvolver uma doença grave, devem receber a imunoglobulina hiperimune para varicela-zóster (VZIG) até 96 h após o contato, sendo maior a eficácia quanto mais cedo a administração. A utilização de VZIG está indicada na profilaxia pós-exposição em crianças imunocomprometidas sem antecedente de varicela, gestantes suscetíveis, recém-nascidos de mulheres que iniciaram quadro clínico de varicela 5 dias antes ou 2 dias após o parto, prematuros hospitalizados com idade gestacional maior que 28 semanas e cujas mães não tenham tido varicela, e prematuros hospitalizados com idade gestacional inferior a 28 semanas ou peso inferior a 1.000 g, independentemente da história materna de varicela.

A VZIG é administrada por via intramuscular, na dose de 125 U (1,25 mℓ) para cada 10 kg de peso, até a dose máxima de 625 U (5 ampolas). A duração da proteção não é bem estabelecida, mas se uma segunda exposição ocorrer após 3 semanas da aplicação do imunobiológico, uma nova dose deve ser administrada. A VZIG está disponível nos Centros de Imunobiológicos Especiais.

Febre amarela

É causada por um vírus do gênero *Flavivirus*, transmitido pela picada de mosquitos silvestres do gênero *Haemagogus*, nas selvas da América do Sul, e pelo *Aedes aegypti* nas zonas urbanas e em alguns aglomerados rurais.

Trata-se de uma vacina de vírus vivo atenuado, originário da cepa 17D do vírus da febre amarela, cultivada em ovos embrionados de galinha. A vacina é administrada em crianças a partir dos 9 meses de vida e adultos, sendo indicada a todos aqueles que residam ou viajem para zonas endêmicas. Se forem suscetíveis e viajarem para zona endêmica, mulheres grávidas podem receber a vacina, uma vez que os riscos da doença excedem o da vacinação. No Programa Nacional de Imunizações a vacina é administrada rotineiramente aos 9 meses de idade em todas as crianças que residam em áreas onde há risco de circulação do vírus.

A vacina confere imunidade a quase 98% dos indivíduos vacinados, a qual está presente a partir do 10º dia após a vacinação. O Regulamento Sanitário Internacional foi alterado em 2014 e, atualmente, preconiza uma dose única da vacina, válida por toda a vida.

A vacina não deve ser utilizada em crianças com menos de 6 meses de idade pelo risco alto de eventos adversos graves, incluindo a encefalite. Por se tratar de uma vacina de vírus atenuado, pacientes imunocomprometidos, por doença ou por uso de drogas, não devem recebê-la. Pessoas com antecedente de reação anafilática grave após a ingestão de ovo também não devem tomá-la. Mulheres que estão amamentando crianças menores de 6 meses não devem ser vacinadas, pelo risco de transmissão do vírus vacinal pelo leite, ainda que muito baixo, e eventual encefalite no lactente. Deve-se respeitar um intervalo mínimo de 4 semanas, se possível, entre a administração da vacina da febre amarela e outras de vírus atenuados. A vacina de febre amarela preferencialmente não deve ser administrada concomitantemente à de sarampo, por interferência na resposta imune.

A vacina para a febre amarela é bem tolerada, os eventos adversos relatados costumam se restringir à dor local no dia da administração e ao aparecimento de cefaleia, febre, mialgia e mal-estar entre o 3º e o 10º dia após a vacinação. Reações de hipersensibilidade e encefalite são consideradas muito raras. Após a confirmação de poucos óbitos relacionados à vacinação, esta passou a não ser utilizada rotineiramente fora de áreas endêmicas para a doença, permanecendo recomendada apenas a pessoas que habitem ou viajem para tais regiões.

Meningococo

A doença causada pela *Neisseria meningitidis* é endêmica no Brasil, distribuindo-se ao longo de todo o ano, com nítida predominância nos meses frios. Surtos epidêmicos podem acontecer esporadicamente. São descritos atualmente 12 sorotipos da bactéria, sendo encontrados no país os sorotipos B, C, W e Y. Até o ano 2000, o sorogrupo B era mais frequente do que o C em São Paulo (59 e 33% dos casos notificados, respectivamente). Houve uma inversão desse quadro e, atualmente, a circulação do sorogrupo C predomina. Em alguns estados brasileiros a circulação do sorotipo B é mais importante, com aparente aumento dos sorotipos W e Y. A transmissão se dá por via respiratória e, no nosso meio, crianças pré-escolares são mais atingidas pela doença. Em outros países é mais evidente um segundo pico de incidência da doença entre os adolescentes. As principais manifestações da infecção são a meningococcemia e a meningite, com alta morbidade e mortalidade, se não diagnosticadas e tratadas precocemente, e alto índice de sequelas.

A vacina conjugada para o meningococo C faz parte do PNI e tem o polissacáride do meningococo C conjugado à proteína CRM_{197} da toxina diftérica ou ao toxoide tetânico. A vantagem dessas vacinas está relacionada com conjugação com uma proteína, a qual possibilita que a mesma seja eficaz em crianças muito jovens e induz ao aparecimento de imunidade T-dependente, com a possibilidade de memória imunológica. As vacinas podem ser utilizadas a partir de 2 meses de vida e são recomendadas duas doses da vacina conjugada, com intervalo de 2 meses entre elas, seguidas por uma dose de reforço após 1 ano de idade e na adolescência. Quando o esquema vacinal é iniciado após 1 ano, é administrada apenas uma dose da vacina. Ambas as vacinas têm eficácia superior a 95%. Foi identificada a diminuição dos títulos de anticorpos ao longo dos anos, particularmente em crianças vacinadas no 1º ano de vida. A Sociedade Brasileira de Pediatria recomenda uma dose de reforço aos 5 anos e outra dose no início da adolescência.

As vacinas conjugadas para o meningococo C são muito bem toleradas, apenas 2 a 5% dos lactentes apresentam algum evento adverso, basicamente hiperemia, dor no local da aplicação e febre baixa. Uma pequena proporção dos adultos e adolescentes vacinados se queixam de mialgia, artralgia, cefaleia e náuseas.

Também estão licenciadas no Brasil duas vacinas quadrivalentes para o meningococo, constituídas dos polissacárides da cápsula de quatro tipos de meningococo (A, C, W e Y), conjugadas à proteína diftérica modificada CRM_{197} (MenACWY-CRM_{197}) ou conjugada ao toxoide tetânico (MenACWY-TT). A primeira vacina está licenciada para uso em crianças a partir de 2 meses de idade e a segunda, em crianças a partir de 12 meses, com a perspectiva de ser licenciada para uso a partir dos 2 meses em um futuro próximo. As vacinas foram licenciadas com base em estudos de imunogenicidade que avaliaram a atividade bactericida do soro (SBA) induzida pelos quatro componentes da vacina, o que é considerado um indicador de imunidade e presença de proteção contra a doença.[9] Os eventos adversos mais frequentes são aqueles relacionados a reações locais, como hiperemia, edema e dor, mas alguns sistêmicos, como cefaleia, mialgia e náuseas, também são relatados. O número de doses depende da vacina e da idade da administração da primeira dose. A SBP recomenda um reforço após 5 anos, dependendo da idade da vacinação inicial, e na adolescência. Estas vacinas podem ser utilizadas tanto na vacinação primária como nos reforços de crianças que receberam a vacina conjugada meningococo C.

O polissacáride da cápsula do meningococo B não induz resposta imune protetora, o que dificultou por muito tempo o desenvolvimento de uma vacina eficaz. Recentemente, foi licenciada para uso no Brasil uma vacina recombinante de quatro componentes contra o meningococo B. A vacina é composta pela proteína de fusão NHBA recombinante (antígeno de ligação de *Neisseria* com heparina), proteína NadA recombinante (adesina A de *Neisseria*), proteína de fusão fHbp recombinante (proteína de ligação com o fator H) e vesículas de membrana externa (OMV) de *Neisseria meningitidis* grupo B cepa NZ98/254.

Pode ser administrada a partir de 2 meses de idade e está licenciada para uso em adultos até os 50 anos. O número de doses administradas depende da idade no momento do início do esquema vacinal. Eventos adversos locais, tais como dor, hiperemia e edema no local da aplicação, são bastante frequentes, e aparece febre alta (> 39 °C) em mais de 10% dos pacientes. A eficácia vacinal foi estimada por meio da demonstração de indução de resposta de anticorpos bactericidas séricos contra cada um dos antígenos da vacina, mas ainda não foi avaliada por estudos clínicos.[10]

Foi desenvolvido um Sistema de Tipagem de Antígenos Meningocócicos (MATS, *meningococcal antigen typing system*) para relacionar os perfis antigênicos de diferentes cepas por ensaio de anticorpos bactericidas séricos (SBA) e, assim, se obter uma estimativa da cobertura vacinal para as cepas circulantes em determinada área geográfica. A estimativa atual para o Brasil é de uma cobertura vacinal de 81% das cepas circulantes (IC 95%: 71 a 95%). Estudos clínicos ainda são necessários para se confirmar essa expectativa.

Pneumococo

É uma bactéria Gram-positiva anaeróbica facultativa, mundialmente reconhecida como uma das principais causas de pneumonia, meningite e bacteriemia, tanto em crianças como em adultos. Também é um agente frequentemente implicado em doenças respiratórias das vias respiratórias superiores, em especial sinusites e otites. A bactéria é envolvida por uma cápsula de polissacáride que determina os sorotipos bacterianos e tem papel importante na virulência e imunogenicidade. São descritos 90 sorotipos de acordo com as características moleculares da cápsula, porém, a maioria das doenças invasivas está associada a cerca de 10 desses sorotipos. Existem três vacinas disponíveis para o pneumococo: a vacina polissacarídica 23-valente e as vacinas conjugadas 10-valente e 13-valente.

A vacina polissacarídica 23-valente para o pneumococo foi licenciada em 1983 nos EUA e contém uma mistura de 23 sorotipos diferentes de pneumococo (1, 2, 3, 4, 5, 6B, 7F, 8, 9N, 9V, 10A, 11A, 12F, 14, 15B, 17F, 18C, 19F, 19A, 20, 22F, 23F, 33F). Os polissacárides capsulares presentes na vacina induzem à formação de anticorpos específicos, os quais se ligam a estes mesmos polissacárides na superfície bacteriana e aumentam a opsonização, a fagocitose e a eliminação dos pneumococos.

Alguns sorotipos podem induzir imunidade cruzada com sorotipos relacionados. A vacina de polissacárides estimula a resposta imune T-independente, com estimulação apenas de linfócitos B e sem indução de memória imunológica, não sendo adequada para crianças menores de 2 anos, faixa etária sob grande risco para doença invasiva. Para crianças maiores de 2 anos, adolescentes e adultos, a eficácia vacinal é de 60 a 70% na prevenção de doenças invasivas. A vacina é aplicada via intramuscular e não há consenso sobre a necessidade de uma segunda dose, sendo a revacinação geralmente indicada a pessoas com alto risco para infecção pneumocócica grave e para indivíduos que receberam a vacina antes de completar 65 anos. A revacinação ocorre em dose única 5 anos após a primeira dose. Crianças fazem uma dose de reforço entre 3 e 5 anos após a primeira, dependendo do estado imunitário.

Os eventos adversos relacionados a essa vacina são proporcionais à exposição prévia do indivíduo à bactéria e, geralmente, se restringem a reações locais, com dor e hiperemia, que se resolvem em 48 h. Reações sistêmicas moderadas, como febre e mialgia, ocorrem em menos de 1% das aplicações. As reações são mais comuns e mais intensas na revacinação ou em pacientes com história recente de pneumonia.

Com a finalidade de proporcionar proteção para lactentes jovens, grupo mais propenso à doença invasiva e que apresenta as maiores taxas de mortalidade, foi desenvolvida a vacina conjugada para o pneumococo. A primeira vacina foi licenciada em 2000, nos EUA, e era constituída de polissacarídeos de sete sorotipos de pneumococos (4, 9V, 14, 19F, 23F, 18C, 6B), conjugados a uma variante da proteína diftérica, o CRM_{197}. Nos EUA, esses sete sorotipos respondiam por aproximadamente 88% das doenças invasivas e, após quatro doses, todas as crianças imunocompetentes desenvolviam anticorpos para todos os sorotipos. Estudo realizado após a introdução da vacinação mostrou redução de cerca de 90% na incidência de doenças invasivas no grupo de crianças vacinadas.[11] A vacina também foi responsável por uma modesta diminuição na incidência de otite média aguda. Em 2010, foi substituída por uma apresentação 13-valente que, além dos sete sorotipos prévios, também contém os sorotipos 1, 3, 5, 6A, 7F e 19A.

A administração da vacina é intramuscular e são comuns os eventos adversos locais, como dor e hiperemia, e sistêmicos, como febre e mialgia. O número de doses administradas depende da idade na qual é feita a primeira dose, e o intervalo entre elas é de 6 a 8 semanas.

A utilização da vacina conjugada 13-valente é uma opção para adultos com mais de 50 anos. Sua administração em adultos com idade entre 60 e 64 anos não imunizados previamente para o pneumococo mostrou, quando comparados a um grupo que recebeu a polissacarídica 23-valente, que a conjugada 13-valente levava a títulos de anticorpos não inferiores para os 12 tipos comuns a ambas as vacinas, sendo que a 13-valente estava associada a uma resposta imune significativamente maior para oito dos 12 sorotipos. A utilização da vacina para adultos com idade entre 50 e 59 anos mostrou não inferioridade dos títulos de anticorpos. Nos estudos nos quais se avaliou o uso sequencial das duas vacinas, evidenciou-se superioridade da resposta imune quando a vacina conjugada era administrada primeiro. A vacina também mostrou boa tolerabilidade, com os eventos adversos locais sendo os mais frequentes.[12] Em estudo realizado na Holanda, com pessoas de 65 anos ou mais de idade, a vacina mostrou eficácia de 45,56% na redução da incidência de primeiro episódio de pneumonia adquirida na comunidade causada por sorotipos vacinais.[12] Com base nos estudos de imunogenicidade, recomenda-se aos adultos com mais de 60 anos e não vacinados previamente para o pneumococo a administração de uma dose da vacina, seguida por uma dose da vacina polissacarídica 23-valente após um intervalo de 6 a 12 meses. Para os indivíduos previamente vacinados com a vacina polissacarídica, recomenda-se uma dose da vacina conjugada, respeitando-se um intervalo mínimo de 12 meses entre as duas administrações.[13]

No Brasil, foi introduzida no Programa Nacional de Imunizações a vacina conjugada 10-valente, composta pelo polissacáride de 10 tipos de pneumococo (1, 4, 5, 6B, 7F, 9V, 14, 18C, 19F, 23F) na sua maioria conjugados à proteína D do *Haemophilus influenzae* não tipável, sendo o sorotipo 18C conjugado ao toxoide tetânico e o sorotipo 19F ao toxoide diftérico. A proteína D é expressa na superfície do *Haemophilus influenzae* e participa da lesão das células epiteliais ciliadas da nasofaringe. A principal característica dessa proteína é que ela é imunologicamente ativa, induzindo à formação de anticorpos neutralizantes e protegendo contra a infecção pela *Haemophilus influenzae* não tipável. A vacina é utilizada a partir dos 2 meses de vida, no esquema de duas doses na vacinação primária (aos 2 e 4 6 meses) e uma dose de reforço aos 15 meses. Não está licenciada para ser administrada em crianças com mais de 24 meses ou adultos. É bem tolerada e os eventos adversos mais frequentes são locais, como hiperemia, edema e dor no local da aplicação.

Influenza

A gripe é uma doença infecciosa aguda, causada por três tipos distintos do vírus *influenza* (A, B e C), e de distribuição mundial. Apenas os vírus *influenza* A e B causam doença epidêmica. O tipo A é classificado em subtipos de acordo com seus dois principais antígenos de superfície: a hemaglutinina (H) e a neuraminidase (N). Existem nove subtipos de neuraminidase e 12 de hemaglutininas, sendo N1, N2 e N3, e H1 e H2 aqueles atualmente encontrados nos vírus circulantes que causam as infecções humanas. Já para o *influenza* B existem somente dois tipos: as linhagens Victoria e Yamagata.

Esses antígenos são glicopeptídeos e mostram pequenas variações resultantes de mutações contínuas, conhecidas como *drift* (desvio), que explicam os surtos e epidemias sazonais. Um vírus que sofre um *drift* guarda uma certa homologia com a cepa circulante anteriormente, de modo que o indivíduo ainda pode ter pequena proteção por anticorpos produzidos a partir da infecção anterior, embora não suficiente para evitar o quadro clínico.

A intervalos variáveis, geralmente cerca de 15 anos, é comum a entrada em circulação de vírus com antígenos completamente diferentes dos que circulavam até então, e para os quais grande parte da população não tem imunidade. Essa mudança radical do vírus circulante é chamada de *shift* (substituição, mudança) e é responsável pelas grandes epidemias e pandemias. Desde 1977, os vírus circulantes no mundo são: *influenza* A H1N1 e H3N2 e *influenza* B.

A vacina é eficaz na prevenção das complicações da infecção, diminuindo a morbidade e a letalidade nos grupos de risco.

No Brasil, está licenciada para uso a vacina constituída por antígenos de superfície purificados, chamada de vacina de subunidades. A vacina utilizada na rotina é trivalente, sendo sua composição determinada anualmente de acordo com as informações levantadas pela vigilância epidemiológica realizada por uma rede de laboratórios de referência da Organização Mundial da Saúde.

A vacina contém antígenos das cepas com maior probabilidade de circularem no período, um representante do *influenza* A H1N1, um representante do *influenza* A H3N2 e um representante do *influenza* B. Nos serviços privados de imunização há também disponível uma vacina quadrivalente, que conta com um tipo adicional de *influenza* B. Como existem apenas dois tipos de *influenza* B e a cada ano, geralmente, um deles predomina, eventualmente, portanto, o tipo contido na vacina trivalente não é o que está circulando com maior frequência naquele determinado ano. Assim, a vacina quadrivalente tem a vantagem de proteger para os dois tipos ao mesmo tempo, garantindo a proteção,

A vacina pode ser aplicada em crianças com idade acima de 6 meses, sendo especialmente indicada a pacientes com mais de 60 anos, pacientes com doenças crônicas (entre elas cardiopatias, pneumopatias, asma, diabetes, uso de drogas imunossupressoras, imunodeficiências adquiridas e congênitas), profissionais da saúde e comunicantes íntimos de pacientes com doença crônicas e comprometimento do sistema imunológico.

A sua eficácia varia conforme a similaridade entre os antígenos presentes na vacina e os vírus circulantes naquele dado período. Em crianças pequenas, a eficácia é menor, sendo a soroconversão em crianças entre 1 e 5 anos de cerca de 50%, aumentando para até 80% em crianças mais velhas.

Estima-se que a vacinação previna a doença em 70 a 90% dos indivíduos sadios com menos de 65 anos. Pessoas com mais de 65 anos e com doenças crônicas podem ter uma resposta menor à imunização. A imunidade conferida pela vacina não é permanente e tende a desaparecer em menos de 1 ano após a vacinação. A aplicação da vacina é intramuscular, sendo recomendadas duas doses em crianças menores de 9 anos não imunizadas previamente. Crianças entre 6 meses e 3 anos incompletos recebem metade da dose recomendada a crianças maiores e adultos.

Eventos adversos relacionados à vacinação são mais frequentes em crianças pequenas e, na maioria das vezes, são de pequena intensidade. Histórico pregresso de anafilaxia a proteínas do ovo pode contraindicar a administração da vacina.

Rotavírus

Infecção por rotavírus é uma causa comum de gastrenterite em todo o mundo e atinge principalmente crianças entre 6 meses e 2 anos. A doença pode ser intensa o bastante para levar à desidratação grave e mesmo à morte. Os rotavírus são classificados em tipos, baseados em duas proteínas do capsídio viral, as quais são capazes de induzir anticorpos neutralizantes: a proteína G (VP7) e a proteína P (VP4). Cinco sorotipos principais respondem por mais de 90% dos casos de diarreia por rotavírus em todo o mundo.

Em 2005, foi licenciada no Brasil uma vacina de vírus vivo atenuado, que passou a fazer parte do calendário nacional em 2006. Trata-se de uma vacina monovalente, de vírus humano atenuado, sorotipo P1 G1. A vacina se mostrou bastante eficaz em estudos clínicos conduzidos no Brasil, México, Venezuela e Finlândia, protegendo 85% das crianças contra as formas graves da doença e cerca de 70% contra qualquer diarreia por rotavírus.[14]

A vacina também induz proteção contra outros sorotipos além do P1 G1, com eficácia de 75%. Foram realizados ensaios clínicos com um número muito grande de crianças, e nos estudos iniciais não se observou nenhum aumento de eventos adversos significativos, em especial, não houve aumento do risco de intussuscepção, complicação que levou à suspensão de uma vacina anteriormente disponível.[14] Com a introdução da vacina na rotina de diferentes países, foi possível determinar um pequeno aumento do risco de invaginação após a segunda dose, mas significativamente muito menor do que o risco de internação ou morte pela doença.

A vacina é administrada por via oral, rotineiramente aos 2 e 4 meses de vida. A idade mínima para aplicação da 1ª dose é de 6 semanas e o intervalo habitual, de 2 meses, podendo ser de até 1 mês. A primeira dose da vacina não deve ser administrada após a idade de 3 meses e 15 dias, do mesmo modo que a segunda dose deve ser administrada até 7 meses e 29 dias de vida.

Foi também licenciada no Brasil uma segunda vacina oral para o rotavírus. Trata-se de uma pentavalente de vírus bovino recombinante, que tem em sua composição representantes dos sorotipos G mais comuns (G1-G4) e um representante do sorotipo P8. Em ensaios clínicos extensos, essa vacina mostrou eficácia de 98% na prevenção de diarreia grave e 74% na prevenção de qualquer tipo de diarreia, sem aumento do risco de eventos adversos, incluindo intussuscepção.[14] Essa vacina está disponível apenas nos serviços privados e é administrada em um esquema de três doses, aos 2, 4 e 6 meses de vida. A primeira dose também não deve ser administrada após a idade de 3 meses e 15 dias, e a terceira dose deve ser administrada até 7 meses e 29 dias de vida.

Vacina da dengue

A febre da dengue tem sido descrita clinicamente há mais de 200 anos. O vírus é transmitido pela picada de mosquitos. O *Aedes aegypti* se infecta ao ingerir sangue de uma pessoa durante a fase aguda da doença, estando apto a transmiti-lo para outras pessoa após um período de incubação de 10 dias.

A dengue é considerada atualmente a arbovirose mais importante em termos de morbidade e mortalidade, visto que 2/5 da população mundial estão em áreas de risco. O vírus da dengue pertence à família Flaviviridae e ao gênero *Flavivirus*. Há quatro sorotipos denominados Den-1, -2, -3, -4 e, embora eles tenham reação cruzada nos testes sorológicos, não existe proteção por imunidade cruzada. Por esse motivo, uma pessoa que vive em uma área endêmica de dengue pode ter até quatro infecções durante sua vida, uma por cada sorotipo.

As manifestações clínicas da infecção pelo vírus da dengue são muito variadas, desde infecções assintomáticas ou quadros febris inespecíficos, bem como a febre da dengue propriamente dita, até quadros graves, com alto índice de mortalidade. O período de incubação da doença é de 3 a 7 dias, podendo se estender por até 14 dias.

Atualmente, está licenciada uma vacina recombinante tetravalente, de vírus vivo atenuado, para proteção contra os quatro sorotipos do vírus da dengue. A vacina é obtida por técnicas de engenharia genética, com a expressão de antígenos do vírus da dengue na superfície do vírus da cepa vacinal da febre amarela. Os estudos clínicos iniciais mostraram que a eficácia da vacina é variável para cada um dos quatro sorotipos.[15] Assim, é maior para os tipos 3 e 4 do vírus da dengue e menor para os tipos 1 e 2. Também mostraram que a eficácia para crianças menores de 9 anos é muito pequena, não sendo a vacina indicada a essa faixa etária. Considerando a proteção para os quatro tipos virais, a vacina mostrou uma eficácia por volta de 60% para a prevenção da doença. Quando considerados apenas os quadro graves e de dengue hemorrágica, a vacina protegeu 93% dos indivíduos e diminuiu em mais de 80% o risco de internação.

A vacina está licenciada para uso em indivíduos com idade entre 9 e 45 anos, no esquema de três doses com intervalo de 6 meses entre elas. Por se tratar de vacina de microrganismo atenuado, ela é contraindicada a gestantes, mulheres que estejam amamentando e em pacientes imunocomprometidos. Os eventos adversos mais frequentes após a sua utilização foram reações locais, como dor, hiperemia e edema no local da aplicação, e reações sistêmicas, tais como cefaleia, mialgia, febre, tonturas, náuseas. A febre pode ocorrer nas primeiras 2 semanas após administração do produto.

Após o licenciamento da vacina, uma reavaliação dos dados dos estudos iniciais apontaram para um discreto aumento da incidência de formas graves de dengue após 3 anos da vacinação naqueles indivíduos que eram soronegativos quando receberam a primeira dose. Por esse motivo, atualmente a vacina é recomendada apenas para os pacientes que já tiveram um episódio anterior de dengue, comprovado sorologicamente.

Orientações gerais

Interações podem existir entre duas vacinas específicas, bem como entre vacinas com outros imunobiológicos, devendo sempre ser consultadas as respectivas bulas e bibliografia pertinente quando da administração concomitante. Porém, algumas regras gerais servem como orientação:

- Vacinas constituídas por microrganismos inativados, subunidades ou toxoides não sofrem interferência de anticorpos circulantes, podendo ser administradas antes, concomitantemente ou após imunoglobulina. Do mesmo modo, anticorpos adquiridos passivamente pelo feto durante a gestação não interferem na eficácia dessas vacinas
- As vacinas de agentes vivos atenuados devem replicar para induzir à resposta imune do recipiente. A presença de anticorpos contra esses agentes pode interferir na replicação,

consequentemente diminuindo ou inibindo a resposta imune ao antígeno vacinal

- A administração simultânea de vacinas atenuadas e inativadas não induz à diminuição da resposta imune nem ao aumento da frequência de reações adversas
- Vacinas parenterais de vírus vivo atenuado que não forem administradas simultaneamente devem ser separadas por um intervalo mínimo de 4 semanas entre elas, com o intuito de evitar a interferência da vacina aplicada primeiro sobre a vacina administrada a seguir
- Se por qualquer motivo as doses de uma mesma vacina forem administradas em intervalos maiores do que aqueles recomendados, não há comprometimento importante da eficácia. Desse modo, não há necessidade de se reiniciar o esquema vacinal quando o intervalo entre as doses for maior do que o recomendado. Deve-se apenas completar as doses faltantes
- As contraindicações ou a existência de precauções para a vacinação de um determinado indivíduo podem ser permanentes ou temporárias
    - Contraindicações permanentes: ocorrência de reação anafilática grave a algum dos componentes vacinais após a administração de dose prévia, por exemplo, o aparecimento de encefalopatia até 1 semana após a vacinação para coqueluche
    - Contraindicações temporárias: gravidez e imunossupressão para a vacinação com vacinas de vírus vivo atenuado
- Vacinas inativadas, de subunidades ou toxoides não trazem risco de malformação fetal e podem ser administradas durante a gravidez, se houver indicação específica, como no caso de exposição à hepatite A ou para profilaxia de tétano e gripe. Como regra geral, preferencialmente deve-se evitar a administração de vacinas durante o primeiro trimestre de gestação, exceto a da gripe, a qual deve ser utilizada nos meses de maior circulação do vírus independentemente da idade gestacional
- Os riscos de efeito adverso podem ser significativamente reduzidos questionando o paciente ou seu responsável sobre reações anteriores, presença de doença imunossupressora ou gravidez e alergia a algum dos componentes da vacina.

Referências bibliográficas

1. Yu AS, Cheung RC, Keeffe EB. Hepatitis B vaccines. Clin Liver Dis. 2004;8:283-300.
2. Rizzo LV, Barbuto AM. Tolerância imunológica. In: Calich V, Vaz C. Imunologia. Rio de Janeiro: Livraria e Editora Revinter; 2001. pp. 211-22.
3. American Academy of Pediatrics. Section 1: active and passive immunization. In: Kimberlin DW, Brady MT, Jackson MA, Long SS eds. Red Book: 2015 Report of The Committee on Infectious Diseases. 30. ed. Elk Grove Village, IL: American Academy of Pediatrics; 2015. pp. 1-109.
4. Ministério da Saúde. Secretaria de Vigilância em Saúde. Departamento de Vigilância das Doenças Transmissíveis. Manual dos centros de referência para imunobiológicos especiais. 4. ed. Brasília; 2014.
5. Ministério da Saúde. Secretaria de Vigilância em Saúde. Departamento de Vigilância das Doenças Transmissíveis. Manual de normas e procedimentos para vacinação. Brasília; 2014.
6. Centers for Disease Control and Prevention. General recommendation on immunization. Recommendations of the Advisory Committee on Immunization Practices (ACIP). MMWR. 2011;60(RR-02)1-60.
7. Dockrell HM, Smith SG. What have we learnt about BCG vaccination in the last 20 Years? Front Immunol. 2017;8:1134.
8. Tefon BE, Özcengiz E, Özcengiz G. Pertussis vaccines: state-of-the-art and future trends. Curr Top Med Chem. 2013;13(20):2581-96.
9. Zahlanie YC, Hammadi MM, Ghanem ST, Dbaibo GS. Review of meningococcal vaccines with updates on immunization in adults. Hum Vaccin Immunother. 2014;10(4).1-13.
10. Feavers IM, Maiden MCJ. Recent progress in the prevention of serogroup b meningococcal disease. Clin Vaccine Immunol. 2017;24(5).
11. Moreira M, Cintra O, Harriague J, Hausdorff WP, Hoet B. Impact of the introduction of the pneumococcal conjugate vaccine in the Brazilian routine childhood national immunization program. Vaccine. 2016;34(25):2766-78
12. Principi N, Esposito S. Prevention of community-acquired pneumonia with available pneumococcal vaccines. Int J Mol Sci. 2016;18(1).
13. Gnanasekaran G, Biedenbender R, Davidson HE, Gravenstein S. Vaccinations for the older adult. Clin Geriatr Med. 2016;32(3):609-25.
14. Kollaritsch H, Kundi M, Giaquinto C, Paulke-Korinek M. Rotavirus vaccines: a story of success. Clin Microbiol Infect. 2015;21(8):735-43
15. Guy B, Noriega F, Ochiai RL, L'azou M, Delore V, Skipetrova A et al. A recombinant live attenuated tetravalent vaccine for the prevention of dengue. Expert Rev Vaccines. 2017;16(7):1-13

Bibliografia

Bakker M, Bunge EM, Marano C, de Ridder M, De Moerlooze L. Immunogenicity, effectiveness and safety of combined hepatitis A and B vaccine: a systematic literature review. Expert Rev Vaccines. 2016;15(7):829-51.

Bosch FX, Broker TR, Forman D, Moscicki AB, Gillison ML, Doorbar J *et al.* Comprehensive control of human papillomavirus infections and related diseases. Vaccine. 2013;31(Suppl 6):G1-31.

Centers for Disease Control and Prevention. Prevention and control of sazonal influenza with vaccines. Recommendations of the Advisory Committee on Immunization Practices (ACIP). MMWR. 2017;66(RR-2):1-20.

Cesaro S, Giacchino M, Fioredda F, Barone A, Battisti L, Bezzio S *et al.* Guidelines on vaccinations in paediatric haematology and oncology patients. Biomed Res Int. 2014;2014:707691.

Dochez C, Bogers JJ, Verhelst R, Rees H. HPV vaccines to prevent cervical cancer and genital warts: an update. Vaccine. 2014;32(14):1595-601.

Guérin N. Vaccinations. EMC-Pédiatrie. 2005;2:65-95.

Hanquet G, Valenciano M, Simondon F, Moren A. Vaccine effects and impact of vaccination programmes in post-licensure studies. Vaccine. 2013;31(48):5634-42.

Harper DM, DeMars LR. HPV vaccines. A review of the first decade. Gynecol Oncol. 2017;146(1):196-204.

Hey A. History and practice: antibodies in infectious diseases. Microbiol Spectr. 2015;3(2):AID-0026-2014.

Jefferson T, Smith S, Demicheli V, Harnden A, Rivetti A, Di Pietrantonj C. Assessment of the efficacy and effectiveness of influenza vaccines in healthy children: systematic review. Lancet. 2005;365(9461):773-80.

Jonker EF, Visser LG, Roukens AH. Advances and controversies in yellow fever vaccination. Ther Adv Vaccines. 2013;1(4):144-52.

Kao JH. Hepatitis B vaccination and prevention of hepatocellular carcinoma. Best Pract Res Clin Gastroenterol. 2015;29(6):907-17.

Keegan R, Bilous J. Current issues in global immunizations. Semin Pediatr Infect Dis. 2004;15:130-6.

Kohl KS, Marcy SM, Blum M, Connell Jones M, Dagan R, Hansen J *et al.* Fever after immunization: current concepts and improved future scientific understanding. Clin Infect Dis. 2004;39:389-94.

Lee HJ, Choi JH. Tetanus-diphtheria-acellular *pertussis* vaccination for adults: an update. Clin Exp Vaccine Res. 2017;6(1):22-30.

Levine DA. Vaccine-preventable diseases in pediatric patients: a review of measles, mumps, rubella, and varicella. Pediatr Emerg Med Pract. 2016 Dec;13(12):1-20.

Lopalco PL. Wild and vaccine-derived poliovirus circulation, and implications for polio eradication. Epidemiol Infect. 2017;145(3):413-9.

Matheny SC, Kingery JE. Hepatitis A. Am Fam Physician. 2012;86(11):1027-34.

Ministério da Saúde. Secretaria de Vigilância em Saúde. Departamento de Vigilância das Doenças Transmissíveis. Manual de vigilância epidemiológica de eventos adversos pós-vacinação. 3. ed. Brasília; 2014.

Mirza A, Rathore MH. Immunization Update VI. Adv Pediatr. 2017;64(1):13-25.

Nannini P, Sokal EM. Hepatitis B: changing epidemiology and interventions. Arch Dis Child. 2017;102(7).

O'Hagan DT, Rappuoli R. The safety of vaccines. Drug Discov Today. 2004;9:846-54.

Pelton SI. The global evolution of meningococcal epidemiology following the introduction of meningococcal vaccines. J Adolesc Health. 2016;59(2 Suppl):S3-S1.

Perrett KP, Nolan TM. Immunization during pregnancy: impact on the infant. Paediatr Drugs. 2017;19(4):313-24.

Snape MD, Pollard AJ. Meningococcal polysaccharide-protein conjugate vaccines. Lancet Infect Dis. 2005;5:21-30.

Spencer JP, Trondsen Pawlowski RH, Thomas S. Vaccine adverse events: separating myth from reality. Am Fam Physician. 2017;95(12):786-94.

Toneatto D, Pizza M, Masignani V, Rappuoli R. Emerging experience with meningococcal serogroup B protein vaccines. Expert Rev Vaccines. 2017 May;16(5):433-51.

Zimmerman RK, Middleton DB, Burns IT, Clover RD, Kimmel SR. Routine vaccines across the life span, 2005. J Fam Pract. 2005;54(1 Suppl):S9-26.

Capítulo 30

Reações de Hipersensibilidade

Maria Fernanda Malaman e Sérgio Antonio Malaman

Introdução

A imunidade adaptativa constitui-se de importante função de defesa contra infecções, entretanto, pode causar lesão tecidual e produzir doenças. Os distúrbios causados pela resposta imunológica são chamados reações de hipersensibilidade. Normalmente, as respostas imunológicas eliminam o agente infeccioso sem agressão ao hospedeiro. Porém, essas respostas algumas vezes são descontroladas e direcionadas de forma inapropriada contra o tecido do hospedeiro, ou desencadeadas por antígenos, em geral, inofensivos. Nessas situações, a resposta imunológica, normalmente benéfica, é causa de doença.

Geralmente, as reações de hipersensibilidade são desencadeadas pela interação do antígeno com seus receptores, manifestando-se minutos ou dias após o contato. As reações de hipersensibilidade são caracterizadas em grande parte como respostas imunológicas secundárias ou de memória em indivíduos previamente sensibilizados. Essa caracterização ocorre por meio dos receptores de antígenos que promovem uma ativação prévia de células B e T específicas, dando origem aos plasmócitos secretores de anticorpos e células T ativadas, bem como de células B e T de memória. Coombs e Gell descreveram quatro tipos de reações de hipersensibilidade no início do século 20, que podem ser classificadas segundo a forma de reação imunológica.[1]

Hipersensibilidade tipo I

A hipersensibilidade imediata, comumente chamada de alergia ou atopia, é o exemplo de doença resultante da ativação de células T auxiliares produtoras de IL- 4, IL-5 e IL-13, classicamente denominadas células TH2, em que as células T estimulam a produção de anticorpos IgE e inflamação.

Pré-requisito para uma reação de hipersensibilidade do tipo I é que o organismo tenha produzido anticorpos IgE quando teve um contato inicial com o antígeno (sensibilização). A ligação da região constante da IgE ao seu receptor de alta afinidade, FceRI, é a mais forte das interações anticorpo-receptor. É expressa constitutivamente pelos mastócitos e pelos basófilos, e também por eosinófilos após terem sido ativados por citocinas.

Os alergênios são, em sua maior parte, proteínas solúveis, de baixo peso molecular, que geralmente penetram no corpo através das mucosas dos tratos respiratório, gastrintestinal, ou via cutânea, frequentemente em pequenas quantidades. Por conseguinte, apenas minúsculas quantidades de alergênios livres devem alcançar os linfonodos locais. Certa quantidade do alergênio é provavelmente internalizada por células dendríticas da mucosa e células de Langerhans da pele, que migram para os linfonodos locais apresentando o antígeno aos linfócitos T. Os linfócitos B alergênios-específicos são ativados pela sua interação com o alergênio e pelo auxílio das células T, com consequente proliferação, diferenciação e mudança para a produção e secreção de IgE. O anticorpo IgE alergênio-específico, bem como alguns dos linfócitos TH2 e B alergênio-específico ativados e linfócitos de memória, distribuem-se na circulação e, em seguida, dirigem-se para a submucosa e para a pele. Nesses locais, a IgE liga-se aos mastócitos, sensibilizando-os.

▪ Fase imediata e tardia

As reações de hipersensibilidade tipo I podem ser divididas em dois estágios resultantes da ligação cruzada dos anticorpos IgE mediada por alergênio nos mastócitos e basófilos. O primeiro estágio, denominado reação imediata, ocorre poucos minutos após o encontro com o alergênio. Essa reação é causada pela liberação de mediadores inflamatórios dos mastócitos e basófilos, tendo como consequência vasodilatação e aumento da permeabilidade vascular, além de grande concentração de eritrócitos e de líquido no local de penetração do alergênio, resultando nas manifestações clínicas iniciais das reações locais e sistêmicas de tipo I. O segundo estágio ocorre após a reação imediata, sendo denominada fase tardia. Essa fase, que se manifesta tardiamente após o contato com o alergênio, é causada por citocinas, incluindo quimiocinas, e outros fatores quimiotáticos no local de encontro com o alergênio. Entre as células recrutadas encontram-se os linfócitos TH2 e B ativados alergênios-específicos e as células TH2 ativadas, que secretam citocinas com a interleucina 5 que, por sua vez, promove a ativação, diferenciação e sobrevida dos eosinófilos recrutados. Os eosinófilos são particularmente importantes na fase tardia da reação imediata. A proteína básica principal e outras proteínas catiônicas liberadas pelos eosinófilos ativados provocam lesão do tecido e nervos locais (Figuras 30.1 e 30.2).

▪ Mediadores da reação imediata

As manifestações clínicas das reações de hipersensibilidade tipo I estão relacionadas aos efeitos biológicos dos mediadores que são liberados durante a desgranulação dos mastócitos e basófilos. Tais mediadores são agentes farmacologicamente ativos que agem nos tecidos locais e nas populações de células efetoras secundárias, incluindo eosinófilos, neutrófilos, linfócitos T, monócitos e plaquetas, resultando no desnecessário aumento da permeabilidade vascular e na inflamação, cujos efeitos prejudiciais excedem quaisquer outros benéficos. Os mediadores podem ser classificados como pré-formados e neoformados, sendo os primeiros produzidos antes da desgranulação e armazenados nos grânulos. Os mediadores pré-formados mais significativos são histaminas, proteases, fator quimiotático de eosinófilos, de neutrófilo e heparina. Já os neoformados são sintetizados após a ativação da célula-alvo e liberados pela degradação dos fosfolipídios de membrana, durante o processo de desgranulação. Os principais mediadores neoformados incluem o fator de ativação de plaquetas (PAF), leucotrienos, prostaglandinas, bradicinina e várias citocinas.

A histamina é sintetizada e liberada por diferentes células humanas, especialmente basófilos, mastócitos, plaquetas, neurônios histaminérgicos, linfócitos e células enterocromafínicas, se estocada em vesículas ou grânulos liberados sob estimulação. Pertence à classe das aminas biogênicas e é sintetizada do aminoácido histidina, sob ação L-histidina decarboxilase (HDC), a qual contém piridoxal fosfato (vitamina B6). A histamina é um potente mediador de numerosas reações fisiológicas. Os efeitos da histamina são mediados pela sua ligação com quatro subtipos de receptores: receptor de histamina (HR)1, HR2, HR3 e HR4. Todos eles pertencem à família dos receptores acoplados à proteína G (GPCR, *G protein-coupled receptors*). O HR1 é codificado no cromossomo humano 3, e o responsável por muitos sintomas das doenças alérgicas, tais como o prurido, a rinorreia, o broncospasmo e a contração da musculatura lisa intestinal. A ativação do HR1 estimula as vias sinalizadoras do fosfolipídio inositol, culminando na formação do inositol-1,4,5-trifosfato (InsP3) e do diacilglicerol (DAG), levando ao aumento do cálcio intracelular. Além disso, o HR1, quando estimulado, pode ativar outras vias de sinalização intracelular, como a via da fosfolipase D e a da fosfolipase A. O estímulo do HR1 pode levar à ativação do fator de transcrição nuclear NFκB, estando ambos envolvidos nas doenças alérgicas.

Como mediadores neoformados, os leucotrienos e as prostaglandinas não são formados até que os mastócitos sofram a desgranulação e a degradação enzimática dos fosfolipídios da membrana plasmática, processo que leva muito mais tempo para que seus efeitos biológicos se tornem aparentes. Contudo, os efeitos desses mediadores são muito mais pronunciados e duram muito mais tempo do que aqueles da histamina; os leucotrienos medeiam a broncoconstrição, o aumento da permeabilidade vascular e a produção de muco. Os leucotrienos são até 1.000 vezes mais potentes como broncoconstritores do que a histamina, além de potentes estimulantes da permeabilidade vascular e da secreção de muco. Em humanos, acredita-se que os leucotrienos contribuam para o broncospasmo prolongado e o acúmulo de muco observados nos asmáticos. A complexidade da reação do tipo I é corroborada pela variedade das citocinas liberadas pelos mastócitos e pelos eosinófilos. Algumas dessas células podem contribuir para as manifestações clínicas da hipersensibilidade imediata; os mastócitos humanos secretam as IL-4, IL-5, IL-6, e o TNFα. Essas citocinas alteram o microambiente local conduzindo ao recrutamento das células inflamatórias, tais como os neutrófilos e os eosinófilos. As IL-4 aumentam a produção de IgE pelas células B,

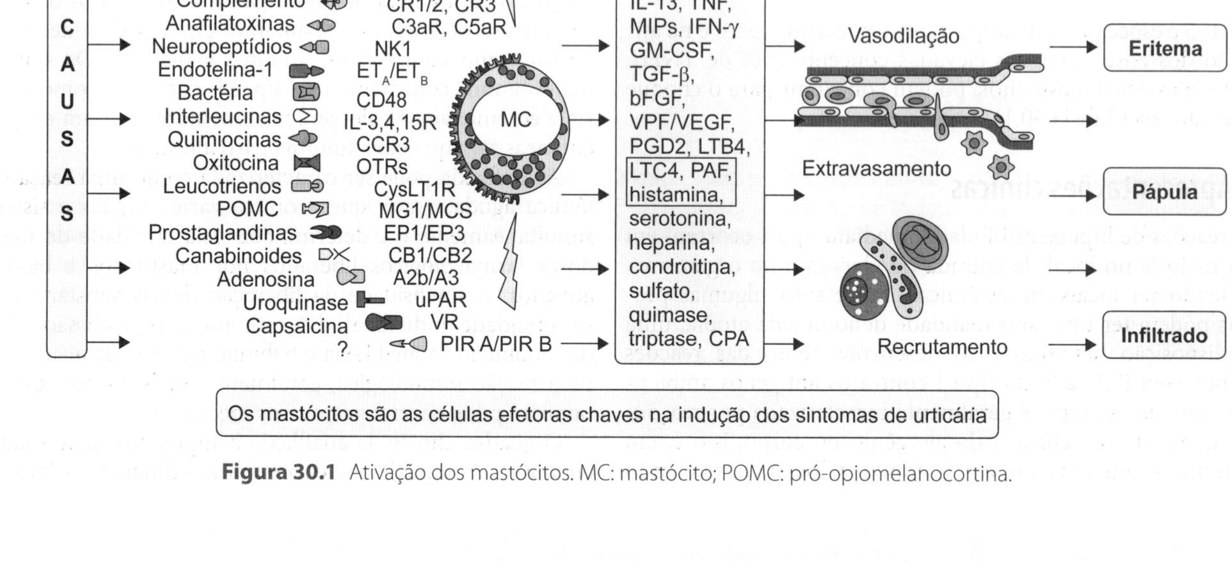

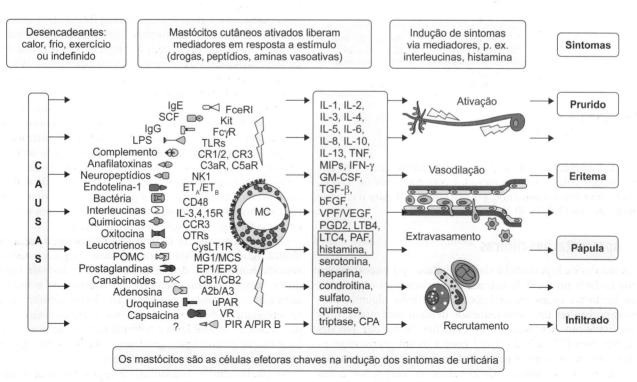

Figura 30.1 Ativação dos mastócitos. MC: mastócito; POMC: pró-opiomelanocortina.

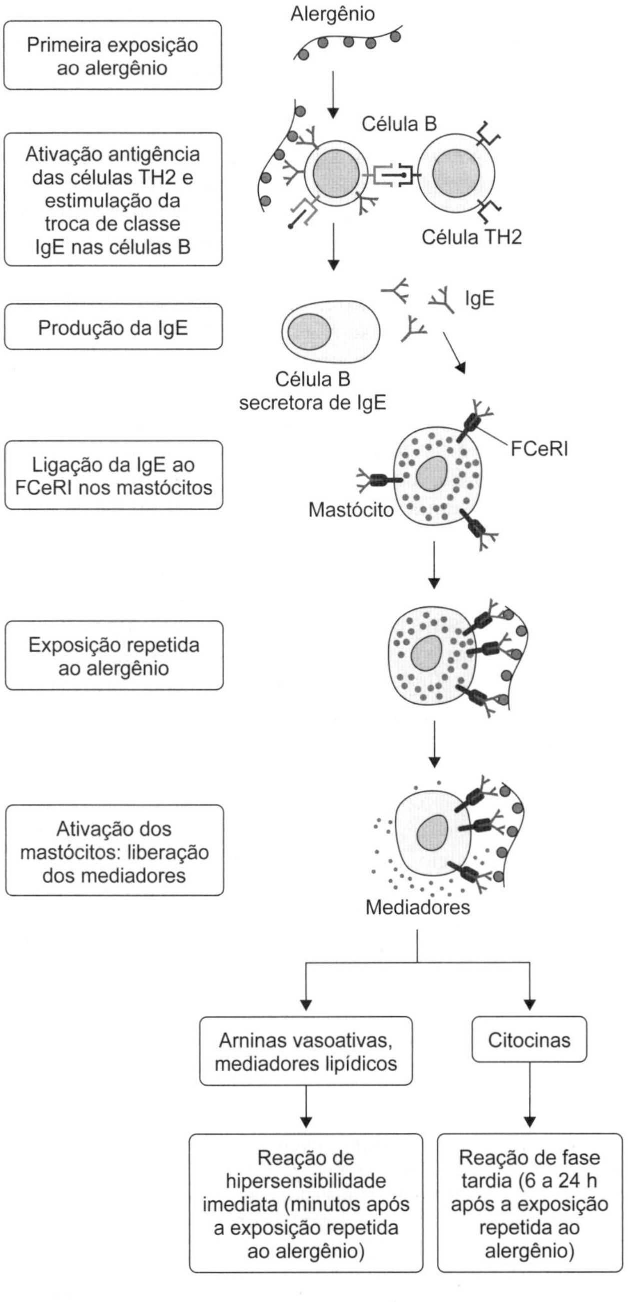

Figura 30.2 Fases imediata e tardia da hipersensibilidade tipo I. Adaptada de Abbas *et al.*, 2011.[2]

e a IL-5 é especialmente importante no recrutamento e na ativação dos eosinófilos. As elevadas concentrações de TNFα, secretadas pelos mastócitos, podem contribuir para o choque na anafilaxia (Tabela 30.1).

▪ Apresentações clínicas

As reações de hipersensibilidade imediata tipo I ocorrem em sua maioria no local de entrada do alergênio no organismo, podendo ser locais ou sistêmicas. Entretanto, algumas pessoas podem ter uma anormalidade denominada atopia, uma predisposição hereditária ao desenvolvimento das reações de hipersensibilidade do tipo I contra os antígenos ambientais comuns. A atopia é geralmente caracterizada por reações locais no sítio de entrada do alergênio no corpo, isto é, em superfícies mucosas ou em linfonodos locais, acarretando

Tabela 30.1 Principais mediadores envolvidos na hipersensibilidade tipo I.

Pré-formados	
Mediador	**Ação**
Histamina	Aumento permeabilidade vascular, contração musculatura lisa
Fator quimiotático para eosinófilo (ECF-A)	Quimiotaxia eosinófilo
Fator quimiotático para neutrófilo (NCF-A)	Quimiotaxia neutrófilo
Proteases (triptase, quinase)	Secreção muco nos brônquios, degradação da membrana basal endotelial, ativação complemento
Neoformados	
Fator ativador de plaquetas	Agregação e desgranulação de plaquetas, contração musculatura lisa brônquica
Leucotrienos	Aumento da permeabilidade vascular e contração musculatura lisa brônquica
Prostaglandinas	Vasodilatação, agregação plaquetária, contração musculatura lisa brônquica
Bradicininas	Aumento da permeabilidade vascular e contração musculatura lisa brônquica
Citocinas Il-1 e TNF-α Il-4 e IL-13	Anafilaxia, aumento da expressão de moléculas de adesão nas células endoteliais venulares Aumento da produção de IgE

Adaptada de Kindt *et al.*, 2006.[3]

algumas síndromes locais como a rinite alérgica, em que os alergênios consistem, em geral, em componentes de ácaros e epitélios de animais. A interação do alergênio com anticorpos IgE ligados aos mastócitos ocorre na submucosa nasal e nos tecidos da conjuntiva, produzindo espirros, secreção de muco, prurido e lacrimejamento.

Na asma, os alergênios são inalados e frequentemente constituídos por epitélios de animais e fezes de ácaros de poeira. A interação do alergênio com IgE ligados a mastócitos se dá na submucosa das vias respiratórias, resultando em aumento da secreção de muco, tosse e constrição das vias respiratórias, com consequente dificuldade de respiração.

Alergias a alimentos e medicamentos, em sua maioria, são provocadas por alimentos que fazem parte da nossa dieta diária, como ovos, leite, trigo, entre outros. A interação do alergênio com anticorpos IgE ligados a mastócitos ocorre na submucosa do intestino, resultando em acúmulo de líquido, peristaltismo com cólicas, vômitos e diarreia. Os sintomas mais comuns consistem em erupções cutâneas, como urticária e eczema; alguns alergênios alimentares causam erupções cutâneas sem qualquer sintoma gastrintestinal.

A anafilaxia pode ser caracterizada como uma reação sistêmica aguda, grave, que acomete vários órgãos e sistemas simultaneamente e é determinada pela atividade de mediadores farmacológicos liberados por mastócitos e basófilos ativados. A intensidade da liberação dessas substâncias e a sensibilidade individual determinam a repercussão clínica do fenômeno. A anafilaxia é habitualmente classificada como uma reação imunológica, geralmente mediada por IgE, mas também pode ocorrer por outros mecanismos.

O quadro clínico da anafilaxia compreende manifestações cutâneas, acompanhadas de comprometimento variável dos aparelhos respiratório, cardiovascular, sistema nervoso e trato gastrintestinal. A característica marcante e dramática dessa condição é a possibilidade de levar rapidamente a óbito uma pessoa antes saudável.

Hipersensibilidade tipo II

Os anticorpos IgG e IgM podem causar lesão tecidual por ativação do sistema complemento, recrutando células inflamatórias e interferindo nas funções celulares normais. Alguns desses anticorpos são específicos para antígenos de determinadas células ou da matriz extracelular e são encontrados ligados a essas células ou tecidos. Os anticorpos contra os antígenos celulares ou da matriz causam doenças que afetam especificamente as células ou tecidos nos quais esses antígenos estão presentes e, frequentemente, essas doenças não são sistêmicas. Os anticorpos contra antígenos de tecidos produzem doença por três mecanismos principais:

- Opsonização e fagocitose: os anticorpos ligados a antígenos da superfície celular podem opsonizar diretamente as células ou ativar o sistema complemento, o que resulta na produção de proteínas do complemento que opsonizam as células, que são então fagocitadas e destruídas pelos fagócitos que expressam receptores para as porções Fc dos anticorpos IgG e receptores para proteínas do complemento
- Inflamação: os anticorpos situados nos tecidos recrutam neutrófilos e macrófagos, que se ligam aos anticorpos ou às proteínas do complemento unidas aos receptores de Fc de IgG e do complemento. Esses leucócitos são ativados por sinalização dos receptores e produtos de leucócitos (enzimas lisossomais e espécies reativas de oxigênio), que são liberados e produzem lesão tecidual
- Funções celulares anormais: os anticorpos que se ligam a receptores celulares normais ou outras proteínas podem interferir nas funções desses receptores ou proteínas e causar doença sem inflamação ou dano tecidual. Os anticorpos específicos para o receptor do hormônio estimulante da tireoide e para o receptor nicotínico da acetilcolina provocam anormalidades funcionais que levam à doença de Graves e à miastenia grave, respectivamente. Menos frequentemente, os anticorpos podem ser produzidos contra um antígeno estranho (p. ex., microbiano), que é imunologicamente reativo a um componente de tecidos próprios. Em uma rara sequela de infeção estreptocócica conhecida como febre reumática, os anticorpos produzidos contra as bactérias reagem de forma cruzada com antígenos do coração, depositam-se nesse órgão e produzem inflamação e danos teciduais.

Hipersensibilidade tipo III

Outros anticorpos podem formar imunocomplexos quando se ligam a antígenos circulantes, subsequentemente depositados nos tecidos, em particular nas paredes dos vasos sanguíneos, causando lesões. Os imunocomplexos que causam doença podem ser compostos por anticorpos ligados a autoantígenos ou a antígenos estranhos. As características patológicas das doenças provocadas por imunocomplexos refletem o local de deposição do complexo antígeno-anticorpo e não são determinadas pela fonte celular do antígeno. Dessa maneira, as doenças mediadas por imunocomplexos tendem a ser sistêmicas e afetar vários órgãos e tecidos, embora alguns sejam particularmente suscetíveis, como os rins e as articulações (onde o fluxo sanguíneo é turbilhonado, favorecendo a deposição desses imunocomplexos).

Esses anticorpos ligam-se e formam complexos com o antígeno circulante, e os complexos são inicialmente captados por macrófagos no fígado e no baço. À medida que mais complexos antígeno-anticorpo são formados, alguns deles são depositados em leitos vasculares. Nesses tecidos, os complexos induzem inflamação rica em neutrófilos pela ativação da via clássica do complemento e pelo acoplamento a receptores de Fc em leucócitos. Como os complexos são frequentemente depositados em pequenas artérias, glomérulos renais e sinóvia das articulações, as manifestações clínicas e patológicas mais comuns são vasculite, nefrite e artrite. Os sintomas clínicos geralmente são de curta duração e as lesões se curam, a menos que o antígeno seja novamente injetado. Esse tipo de enfermidade é um exemplo de doença do soro aguda.

Hipersensibilidade tipo IV

A lesão tecidual pode decorrer de os linfócitos T induzirem inflamação ou matarem diretamente as células-alvo; tais condições são chamadas de hipersensibilidade do tipo IV. Elas são causadas principalmente pela ativação de células T auxiliares CD4+, que secretam citocinas e promovem a inflamação, ativando especialmente neutrófilos e macrófagos. As células T auxiliares também estimulam a produção de anticorpos que danificam os tecidos e induzem à inflamação. Os CTL (linfócitos T citolíticos ou citotóxicos, CD8+) contribuem para a lesão de tecidos em determinadas doenças.

Essa classificação é útil, pois diferentes tipos de respostas imunopatológicas mostram distintos padrões de lesão tecidual e podem variar em relação à especificidade para o tecido. Como resultado, os diferentes mecanismos imunológicos produzem distúrbios com características clínicas e patológicas distintas. No entanto, em humanos, as doenças imunológicas são frequentemente complexas e causadas por combinações de respostas imunes humorais e mediadas por células, além de múltiplos mecanismos efetores. Essa complexidade não é surpreendente, dado que um único antígeno pode normalmente estimular ambas as respostas, imune humoral e imune mediada por células, nas quais são produzidos diversos tipos de anticorpos e de células T efetoras.

Os linfócitos T danificam os tecidos pelo desencadeamento de inflamação ou por matar diretamente as células-alvo. Na inflamação imunomediada, as células TH1 e TH17 secretam citocinas que recrutam e ativam leucócitos. Assim, IL-17, produzida por células TH17, promove o recrutamento de neutrófilos; interferona-γ (IFN-γ), produzido por células TH1, ativa macrófagos; e o fator de necrose tumoral (TNF) e as quimiocinas, produzidos pelos linfócitos T e outras células, estão envolvidos no recrutamento e ativação de muitos tipos de leucócitos. A lesão tecidual resulta de produtos dos neutrófilos e macrófagos recrutados e ativados, tais como enzimas lisossomais, espécies reativas de oxigênio, óxido nítrico e citocinas pró-inflamatórias. Durante esse processo, as células endoteliais vasculares podem expressar níveis aumentados de proteínas de superfície, como moléculas de adesão e moléculas MHC classe II, regulados por citocinas. A inflamação associada a doenças mediadas por células T normalmente é crônica, mas crises de inflamação aguda podem ocorrer. As reações inflamatórias crônicas frequentemente produzem fibrose, como resultado da secreção de citocinas e de fatores de crescimento por macrófagos e células T. Muitas doenças autoimunes específicas de órgãos são causadas pela interação de células T autorreativas com autoantígenos, o que leva à liberação de citocinas e à inflamação. Acredita-se que esse seja o principal mecanismo de base da artrite reumatoide (AR), da esclerose múltipla, do diabetes *mellitus* do tipo 1, da psoríase e de outras doenças autoimunes.

Reações de células T específicas para microrganismos e outros antígenos estranhos também podem levar à inflamação e lesão dos tecidos. Bactérias intracelulares, tais como *Mycobacterium tuberculosis*, induzem fortes respostas de células T e de macrófagos que resultam em inflamação granulomatosa, formação de granulomas e fibrose; e a inflamação e a fibrose podem causar destruição extensa do tecido e incapacidade funcional. A tuberculose é um bom exemplo de doença infecciosa na qual a lesão tecidual se deve, principalmente, à resposta imune do hospedeiro.

Uma variedade de doenças cutâneas que resultam da exposição tópica a produtos químicos, chamada sensibilidade de contato (dermatite de contato alérgica), se dá em decorrência de reações inflamatórias, provavelmente desencadeadas por neoantígenos formados pela ligação dos produtos químicos (haptenos) a proteínas próprias. As células T CD4+ e CD8+ podem ser a fonte de citocinas nas reações de sensibilidade de contato. Exemplos de sensibilidade de contato incluem erupções cutâneas induzidas por hera venenosa, erupções cutâneas induzidas pelo contato com metais (níquel), além de uma variedade de produtos químicos.

A hipersensibilidade do tipo tardio (DTH) é uma reação inflamatória prejudicial mediada por citocinas resultantes da ativação de células T, particularmente das células T CD4+. A reação é chamada tardia porque se desenvolve tipicamente entre 24 e 48 h após o contato com o antígeno, em contraste com as reações de hipersensibilidade imediata tipo I (alérgicas), que se desenvolvem em minutos. As reações crônicas de DTH podem se desenvolver se uma resposta TH1 a uma infecção ativar os macrófagos, mas não conseguir eliminar os microrganismos fagocitados. Se os microrganismos estiverem localizados em uma área pequena, a reação produzirá nódulos de tecido inflamatório chamados de granulomas. Esse tipo de inflamação é uma resposta característica de alguns microrganismos persistentes, como *M. tuberculosis* e alguns fungos.

As respostas de linfócitos T citotóxicos (CTL) à infecção viral podem levar à lesão tecidual em decorrência da morte das células infectadas, mesmo se o vírus por si só não tiver efeitos citopáticos. A principal função fisiológica dos CTL é eliminar os microrganismos intracelulares, principalmente vírus, matando as células infectadas. Alguns vírus lesionam diretamente as células infectadas e são referidos como sendo citopáticos, ao passo que outros não o são. Como os CTL podem não ser capazes de distinguir entre os vírus citopáticos e não citopáticos, matam células infectadas por vírus, não importando se a própria infecção é prejudicial para o hospedeiro.

Os CTL podem contribuir para a lesão de tecidos em doenças autoimunes nas quais a destruição de determinadas células hospedeiras é um componente importante, como ocorre no diabetes *mellitus* tipo 1, em que as células β produtoras de insulina nas ilhotas pancreáticas são destruídas.

Referências bibliográficas

1. Gell PGH, Coombs RRA. The classification of allergic reactions underlying disease. Google scholar. In: Coombs RRA, Gell PGH. Clinical aspects of immunology. Blackwell Science; 1963.
2. Abbas AK, Lichtman AH, Pillaiis S. Cellular and molecular immunology. 8. ed. Elsevier Inc; 2015.
3. Kindt TJ, Osborne BA, Goldsby RA. Kuby Imunology. 6. ed. W. H. Freeman & Company; 2006.

Bibliografia

Berbet FS. Hipersensibilidade do tipo I. Centro Universitário de Brasília. Faculdade de Ciências da Saúde. Licenciatura em Ciências Biológicas. Brasília;2003.

Bernd LAG, Solé D, Pastorino AC, Prado EA, Morato Castro FF, Rizzo MCV *et al.* Anaphylaxis: practical guide for management. Rev Bras Alerg Imunopatol. 2006;29(6).

Criado PR, Criado RFJ, Maruta CW, Machado Filho CA. Histamine, histamine receptors and anti-histamines: new concepts. An Bras Dermatol. 2010;85(2):195-210.

Machado PRL, Araújo MIAS, Carvalho L, Carvalho EM. Immune response mechanisms to infections. An Bras Dermatol. 2004;79(6):647-64.

Mesquita Júnior D, Araújo JAP, Tieko T, Catelan T, Silva de Souza AW, Melo Cruvinel W *et al.* Sistema imunitário – Parte II – Fundamentos da resposta imunológica mediada por linfócitos T e B. Rev Bras Reumatol. 2010;50(5):552-80.

Índice Alfabético

A

E

L

M

W

Z

Pré-impressão, impressão e acabamento

GRÁFICA SANTUÁRIO

grafica@editorasantuario.com.br
www.graficasantuario.com.br
Aparecida-SP

2018 — 1 2 3 4 5 6 7 8 9 10